Álgebra Linear

UMA INTRODUÇÃO MODERNA

Tradução da 4ª edição norte-americana

Dados Internacionais de Catalogação na Publicação (CIP)
(Câmara Brasileira do Livro, SP, Brasil)

Poole, David
Álgebra linear: uma introdução moderna / David Poole; tradução técnica Martha Salerno Monteiro, Celia Mendes Carvalho Lopes. - 2. ed. - São Paulo: Cengage Learning, 2020.

2. reimpr. da 2. ed. de 2016.
Título original: Linear algebra: a modern introduction. 4. ed. norte-americana.
Bibliografia.
ISBN 978-85-221-2390-2

1. Algebra linear I. Título.

15-11228 CDD-512.5

Índice para catálogo sistemático:
1. Álgebra linear : Matemática 512.5

Álgebra Linear

UMA INTRODUÇÃO MODERNA

Tradução da 4ª edição norte-americana

David Poole

Tradução técnica

Martha Salerno Monteiro

Bacharel e mestre em Matemática pelo Instituto de Matemática e Estatística (IME) da Universidade de São Paulo. *PhD in Mathematics* pela *University of New Mexico* (EUA). Docente da Universidade de São Paulo junto ao Departamento de Matemática do IME-USP desde 1981. Membro da diretoria do Centro de Aperfeiçoamento do Ensino de Matemática do IME-USP de 1998 a 2015, tendo sido diretora desse Centro no período de 2007 a 2011.

Celia Mendes Carvalho Lopes

Bacharel e mestre em Matemática e doutora em Estatística pelo Instituto de Matemática e Estatística da Universidade de São Paulo. Professora adjunta I na Escola de Engenharia da Universidade Presbiteriana Mackenzie, onde trabalha desde 2002, já tendo ministrado disciplinas de Cálculo Diferencial e Integral e de Álgebra Linear.

CENGAGE

Austrália • Brasil • México • Cingapura • Reino Unido • Estados Unidos

CENGAGE

Álgebra Linear: Uma Introdução Moderna – Tradução da 4ª edição norte-americana

2ª edição brasileira

David Poole

Gerente editorial: Noelma Brocanelli

Editora de desenvolvimento: Viviane Akemi Uemura

Supervisora de produção gráfica: Fabiana Alencar Albuquerque

Título original: Linear algebra: a modern introduction

(ISBN 13: 978-1-285-46324-7; ISBN 10: 1-285-46324-2)

Tradução técnica da 1ª edição: Martha Salerno Monteiro (co-ord.), Célia Mendes Carvalho Lopes, Fernanda Soares Pinto Cardona, Iole de Freitas Druck, Leila Maria Vasconcellos Figueiredo, Maria Lúcia Sobral Singer e Zara Issa Abud

Tradução técnica desta edição: Martha Salerno Monteiro e Celia Mendes Carvalho Lopes

Revisão: Mayra Clara Albuquerque Venâncio dos Santos

Diagramação: Triall Editorial

Indexação: Maria Dolores Sierra Mata

Capa: BuonoDisegno

Imagem da capa: Mad Dog/Shutterstock e alex 74/Shutterstock

Especialista em direitos autorais: Jenis Oh

Editora de aquisições: Guacira Simonelli

ISBN 13: 978-85-221-2390-2

ISBN 10: 85-221-2390-X

Cengage Learning
Condomínio E-Business Park
Rua Werner Siemens, 111 – Prédio 11 – Torre A – Conjunto 12
Lapa de Baixo – CEP 05069-900 – São Paulo – SP
Tel.: (11) 3665-9900 Fax: 3665-9901
SAC: 0800 11 19 39

Para suas soluções de curso e aprendizado, visite **www.cengage.com.br**

Impresso no Brasil
Printed in Brazil
2. reimpr. – 2020

Dedicado à memória de
Peter Hilton, que era um
matemático, educador e
cidadão exemplar – um vetor
unitário em todos os sentidos.

Sumário

Capítulo 3 Matrizes 136

Capítulo 4 Autovalores e Autovetores 253

Capítulo 5 Ortogonalidade 366

Prefácio

A última coisa que se sabe quando se escreve um livro é o que colocar primeiro.

– Blaise Pascal
Pensées, 1670

A nova edição de *Álgebra Linear: Uma Introdução Moderna* preserva a abordagem e as características que os leitores acreditaram ser os pontos fortes das edições anteriores. No entanto, simplifiquei um tanto o texto, adicionei diversos esclarecimentos e renovei os exercícios.

Quero que os alunos vejam álgebra linear como uma disciplina estimulante e apreciem sua enorme utilidade. Ao mesmo tempo, pretendo ajudá-los a dominarem conceitos básicos e técnicas da álgebra linear necessários para outros cursos, tanto em matemática quanto em outras disciplinas. Também quero ajudá-los a admirar a reciprocidade entre matemática teórica, aplicada e numérica, que permeia o assunto.

Este livro foi pensado para uso em curso introdutório, de um ou dois semestres em álgebra linear. Em primeiro lugar, é direcionado a estudantes, e fiz o melhor que pude para escrever o livro de modo que alunos não apenas achem sua leitura agradável, mas também sintam vontade de lê-lo. Como nas primeiras três edições, levei em conta o fato que alunos que cursam álgebra linear provavelmente são provenientes de cursos variados. Além dos alunos de cursos superiores em matemática, haverá estudantes de engenharia, física, química, ciências da computação, biologia, ciência ambiental, geografia, economia, psicologia, administração e educação, bem como outros alunos que participam do curso como optativa ou para cumprir os requisitos de graduação. Sendo assim, o livro equilibra teoria e aplicações práticas; é escrito em estilo coloquial, mas permanece totalmente rigoroso; e combina uma exposição tradicional ao aprendizado centrado no aluno.

Não existe um estilo de aprendizado que seja universalmente o melhor. Em cada classe, haverá alguns alunos que trabalham melhor de maneira independente e outros que funcionam melhor em grupos; alguns que preferem aprender com aulas expositivas e outros que têm mais sucesso em ambientes de oficinas, fazendo atividades investigativas; uns que se divertem com manipulações algébricas, uns que são adeptos de cálculos numéricos (com ou sem um computador) e outros que exibem forte intuição geométrica. Nesta edição, continuo a apresentar o material em uma variedade de formas – *algébrica, geométrica, numérica* e *verbal* – de modo que todos os tipos de estudantes possam encontrar um caminho a seguir. Também procurei apresentar os tópicos teóricos, computacionais e aplicados de maneira flexível, porém integrada. Ao fazê-lo, tenho esperança de que todos os estudantes serão expostos às muitas facetas da álgebra linear.

Para saber mais sobre as recomendações do Grupo de Estudos Curriculares de Álgebra Linear, veja *The College Mathematics Journal* **24** (1993), 41–46.

Este livro é compatível com as recomendações do Grupo de Estudos Curriculares de Álgebra Linear. De um ponto de vista pedagógico, não há dúvida de que, para muitos alunos, exemplos concretos devem preceder abstrações. Segui essa abordagem aqui. Também acredito fortemente que a álgebra linear é essencialmente sobre vetores e que estudantes precisam ver vetores primeiro (em um cenário concreto) a fim de desenvolver alguma intuição geométrica. Além disso, ao apresentar vetores cedo, permitimos que alunos percebam como sistemas de equações lineares surgem naturalmente de problemas geométricos. Matrizes então aparecem de forma igualmente natural como matrizes dos coeficientes de sistemas lineares e como agentes de mudança (transformações lineares). Isso prepara o terreno para autovetores e projeções ortogonais, ambos melhor compreendidos geometricamente.

Tentei limitar o número de teoremas no texto. Na maioria dos casos, os resultados classificados como teoremas serão usados mais adiante no texto ou sintetizam trabalhos anteriores. Resultados interessantes que não são centrais para o livro foram acrescentados como exercícios ou investigações. Por exemplo, o produto vetorial de vetores é discutido apenas nas investigações (nos capítulos 1 e 4). Diferentemente da maioria dos livros didáticos de álgebra linear, este livro não tem um capítulo sobre determinantes. Os resultados essenciais estão todos na seção 4.2, com mais material interessante contido em uma investigação. O livro é, entretanto, abrangente para um texto introdutório. Sempre que possível, incluí demonstrações elementares e acessíveis de teoremas para evitar ter que dizer: "A demonstração deste resultado está além do escopo deste texto." O resultado é, espero eu, um trabalho independente de referências externas.

Não tenho sido econômico com as aplicações: o livro contém muito mais do que pode ser abordado em um único curso. No entanto, é importante que os alunos vejam a impressionante gama de problemas em que álgebra linear pode ser aplicada. Eu incluí um pouco de conteúdo moderno sobre álgebra linear finita e teoria de códigos, que não são normalmente encontrados em um texto introdutório de álgebra linear. Também há diversas aplicações surpreendentes de álgebra linear em problemas do mundo atual e um item de interesse histórico, se não prático; tais aplicações são apresentadas como "vinhetas" independentes.

Espero que os professores gostem de ensinar usando este livro. Mais importante, espero que os estudantes que usarem este livro saiam com uma apreciação pela beleza, poder e enorme utilidade da álgebra linear, e que eles se divirtam ao longo do caminho.

O que Mudou Nesta Edição

A estrutura geral e o estilo de *Álgebra Linear: Uma Introdução Moderna* permanecem os mesmos nesta edição.

Aqui está um resumo do que é novo:

- Para envolver ainda mais os alunos, cinco projetos de texto foram acrescentados aos conjuntos de exercícios. Esses projetos dão aos estudantes a chance de pesquisar e escrever sobre aspectos da história e desenvolvimento de álgebra linear. As investigações, as vinhetas e muitas das aplicações fornecem material adicional para projetos dos estudantes.

Veja as páginas 49, 82, 283, 301, 443

- Há mais de 200 exercícios novos ou modificados. Em resposta a comentários de revisores, há agora uma demonstração completa da desigualdade de Cauchy-Schwarz no capítulo 1, na forma de um exercício dirigido.
- Fiz diversas pequenas mudanças no fraseado para aperfeiçoar a clareza ou a precisão da exposição. Além disso, várias definições foram tornadas mais explícitas ao receberem sua própria caixa de definição e alguns resultados foram destacados por terem sido classificados como teoremas.

Características

Estilo Claro de Escrita

O texto é escrito em um estilo simples, direto e em tom de conversa. Tanto quanto possível, foi usada uma linguagem matemática "com palavras" em vez de se utilizar excessivamente a notação matemática. De qualquer modo, todas as demonstrações apresentadas são completamente rigorosas, e o apêndice A contém uma introdução à notação matemática para aqueles que desejarem aperfeiçoar seu próprio texto. Exemplos concretos quase sempre precedem os teoremas, que são então seguidos por exemplos adicionais e aplicações. Esse percurso — do específico para o geral e de volta ao específico — é realizado consistentemente ao longo do livro.

Conceitos-Chave Introduzidos no Início

Muitos alunos encontram dificuldade em álgebra linear quando o curso se move da parte prática (resolução de sistemas de equações lineares, manipulação de vetores e matrizes) para a parte teórica (conjuntos geradores, independência linear, subespaços, bases e dimensão). Este livro apresenta antecipadamente todos os conceitos importantes da álgebra linear em um cenário concreto, antes de revisitá-los com generalidade total. Conceitos vetoriais como produto escalar, comprimento, ortogonalidade e projeção são discutidos primeiramente no capítulo 1, no cenário concreto do $\mathbb{R}^2$ e $\mathbb{R}^3$, antes das noções mais gerais de produto interno, norma e projeção ortogonal aparecerem nos capítulos 5 e 7. Analogamente, as noções de conjunto gerador e independência linear recebem um tratamento concreto no capítulo 2, antes de serem generalizadas para espaços vetoriais no capítulo 6. Os conceitos fundamentais de subespaço, base e dimensão aparecem primeiro no capítulo 3, quando são apresentados o espaço linha, o espaço coluna e o espaço anulado por uma matriz, mas somente no capítulo 6 essas ideias recebem um tratamento geral. Autovetores e autovalores são apresentados e explorados no capítulo 4, para matrizes 2×2, antes de aparecerem no caso $n{\times}n$. Até o início do capítulo 4, todos os conceitos básicos da álgebra linear terão sido apresentados, com exemplos numéricos concretos para favorecer o aprendizado. Quando, mais adiante no livro, essas ideias aparecerem com toda a generalidade, os alunos já terão tido tempo de se acostumar com elas e por isso não ficarão tão intimidados.

Ênfase em Vetores e Geometria

Seguindo a filosofia de que álgebra linear é, fundamentalmente, o estudo sobre vetores, este livro enfatiza a intuição geométrica. Por isso, o primeiro capítulo é sobre vetores e desenvolve muitos conceitos que aparecem repetidamente ao longo do texto. Conceitos como ortogonalidade, projeção e combinação linear são todos encontrados no capítulo 1, assim como um estudo abrangente sobre retas e planos em $\mathbb{R}^3$ que proporciona discernimento essencial para a resolução de sistemas de equações lineares. Essa ênfase em vetores, geometria e visualização é encontrada ao longo de todo o texto. Transformações lineares são introduzidas na forma de transformações matriciais no capítulo 3, com muitos exemplos geométricos, antes das transformações lineares gerais serem incluídas no capítulo 6. No capítulo 4, os autovetores são introduzidos tendo "autofiguras" como um apoio visual. A demonstração do Teorema de Perron é feita heuristicamente em um primeiro momento e depois formalmente, em ambos os casos usando um argumento geométrico. A geometria dos sistemas dinâmicos lineares reforça e resume o material sobre autovalores e autovetores. No capítulo 5, projeções ortogonais, complementos ortogonais de subespaços e o processo de ortogonalização de Gram-Schmidt são todos apresentados no contexto concreto de $\mathbb{R}^3$ antes de serem generalizados para $\mathbb{R}^n$ e, no capítulo 7, para espaços com produto interno. A essência da decomposição por valores singulares também é explicada informalmente no capítulo 7 por meio de um argumento geométrico. Das mais de 300 figuras no texto, mais de 200 são dedicadas à promoção de um entendimento geométrico da álgebra linear.

Investigações

Veja as páginas 1, 136, 427, 529

Veja as páginas 32, 286, 460, 515, 543, 547

Veja as páginas 83, 84, 85, 396, 398

Cada capítulo começa com uma investigação dirigida (seção 0), na qual os alunos são convidados a descobrir — individualmente ou em grupos — algum aspecto do capítulo a ser apresentado. Por exemplo, "O Jogo da Pista de Corrida" introduz vetores, "Matrizes em Ação" apresenta multiplicação de matrizes e transformações lineares, "Fibonacci no Espaço (Vetorial)" toca em conceitos tratados em espaços vetoriais, e "A Geometria dos Taxistas" prepara para normas generalizadas e funções distância. Investigações adicionais encontradas ao longo do livro incluem aplicações de vetores e determinantes à geometria, uma exploração sobre quadrados mágicos 3×3, um estudo sobre simetrias por meio dos ladrilhamentos de M. C. Escher, uma introdução à algebra linear complexa, e problemas de otimização que empregam desigualdades geométricas. Há também investigações que apresentam importantes considerações numéricas e análise de algoritmos. Atribuir algumas dessas investigações como tarefas aos alunos é uma forma de encorajá-los a se tornarem aprendizes ativos e proporcionar-lhes o "domínio" sobre uma pequena parte da disciplina.

Aplicações

Veja as páginas 121, 226, 356, 607

O livro contém uma farta seleção de aplicações escolhidas de uma ampla gama de áreas, incluindo matemática, ciência da computação, física, química, engenharia, biologia, psicologia, geografia e sociologia. Dentre essas aplicações, destacam-se uma ênfase em teoria da codificação, desde os códigos detectores de erros (tais como o *International Standard Book Number*, ou ISBN) até os sofisticados códigos corretores de erros (como o código de Reed-Muller, empregado para transmitir fotografias feitas por satélites no espaço).

Exemplos e Exercícios

Há mais de 400 exemplos neste livro, a maior parte deles trabalhados com mais detalhes do que é de costume em um livro texto introdutório de álgebra linear. Esse nível de detalhe está de acordo com a filosofia de que os alunos devem querer (e serem capazes de) ler um livro texto. Não se espera que todos esses exemplos sejam vistos em classe; muitos podem ser designados para estudo individual ou em grupo, possivelmente como parte de um projeto. A maioria dos exemplos tem como contrapartida pelo menos um exercício, para que os alunos possam testar as habilidades cobertas no exemplo antes de explorarem generalizações.

Há mais de 2000 exercícios, mais do que a maioria dos livros texto de um mesmo nível. As respostas para a maior parte dos exercícios numéricos de número ímpar podem ser encontradas ao final do livro. Há exercícios em abundância, dentre os quais os professores poderão selecionar tarefas para casa. Os exercícios em cada seção são ordenados, progredindo gradativamente do rotineiro até o desafiador. Eles variam desde os voltados para o cálculo manual até os que requerem o uso de uma calculadora ou de um sistema de álgebra computacional, e de exercícios teóricos e numéricos a exercícios conceituais. Muitos dos exemplos e exercícios usam dados reais compilados de situações verídicas. Há, por exemplo, problemas sobre modelagem do crescimento das populações de caribus e focas, datação por carbono radioativo do monumento de Stonehenge e previsão dos salários de jogadores profissionais

Veja as páginas 248, 359, 526, 588

de beisebol. O trabalho nesses problemas reforça o fato da álgebra linear ser uma ferramenta valiosa para a modelagem de problemas da vida real.

Exercícios adicionais aparecem ao final de cada capítulo na forma de uma revisão. Em cada conjunto, há 10 questões do tipo verdadeiro ou falso projetadas para testar a compreensão dos conceitos, seguidas por 19 exercícios computacionais e teóricos que resumem os principais conceitos e técnicas daquele capítulo.

Esboços Biográficos e Notas Etimológicas

É importante que os estudantes aprendam alguma coisa sobre a história da matemática e que venham a percebê-la como um esforço social e cultural, assim como científico. Por isso, o texto contém pequenos esboços biográficos de muitos dos matemáticos que contribuíram para o desenvolvimento da álgebra linear. Espero que eles ajudem a colocar uma face humana no assunto e a proporcionar aos estudantes um outro modo de se relacionar com a matéria.

Veja a página 34

Percebi que muitos estudantes sentem-se alienados da matemática porque a terminologia não faz sentido para eles — ela é simplesmente uma coleção de palavras a serem aprendidas. Para ajudar a superar esse problema, incluí pequenas notas etimológicas que explicam a origem de muitos termos usados em álgebra linear. (Por exemplo, por que usamos a palavra "normal" para nos referirmos a um vetor perpendicular a um plano?)

Ícones nas Margens

As margens do livro contêm vários ícones que têm como objetivo chamar a atenção do leitor de várias maneiras. Cálculo diferencial e integral não é pré-requisito para este livro, mas a álgebra linear tem muitas aplicações interessantes e importantes no Cálculo. O ícone $\frac{dy}{dx}$ denota um exemplo ou exercício que requer Cálculo. (Estes podem ser omitidos se nem todos na classe tiveram pelo menos um semestre de Cálculo. Alternativamente, eles podem ser propostos como projetos.) O ícone a + bi denota um exemplo ou exercício que envolve números complexos. (Para estudantes que não têm familiaridade com números complexos, o Apêndice C contém todo o material básico necessário.) O ícone CAS indica que é necessário — ou pelo menos muito útil — um sistema de álgebra computacional (como Maple, Mathematica ou Matlab) ou uma calculadora com capacidade de operar com matrizes (como a maioria das calculadoras gráficas) para a resolução do exemplo ou exercício.

Com a intenção de ajudar os alunos a aprender como ler e usar este livro de maneira mais eficiente, assinalei vários lugares onde o leitor é aconselhado a fazer uma pausa. Esses podem ser lugares onde uma conta seja necessária, uma demonstração deva ser complementada, uma afirmação deva ser verificada ou algum pensamento extra seja necessário. Um ícone → aparece na margem em tais locais; a mensagem é "Vá mais devagar. Pegue seu lápis. Pense sobre isso."

Tecnologia

Este livro pode ser usado com sucesso por estudantes com ou sem acesso à tecnologia. Contudo, calculadoras com capacidade de efetuar operações com matrizes e sistemas de álgebra computacionais (CAS) são atualmente acessíveis e, se usadas de maneira apropriada, podem enriquecer a experiência do aprendizado, bem como ajudar com contas tediosas. Neste texto, adoto o ponto de vista de que os alunos precisam dominar todas as técnicas básicas de álgebra linear resolvendo à mão exemplos que não envolvam contas difíceis. A tecnologia pode então ser usada (no todo ou em parte) para resolver exemplos posteriores e aplicações, e para aplicar técnicas que se apoiem nos primeiros. Por exemplo, quando são introduzidos sistemas de equações lineares, são apresentadas soluções detalhadas; mais tarde, as soluções são simplesmente citadas e espera-se que o leitor as verifique. Esse é um bom momento para usar alguma forma de tecnologia. Da mesma maneira, quando aplicações usarem dados que tornem não práticos os cálculos a mão, use tecnologia. Todos os métodos numéricos que são discutidos dependem do uso de tecnologia.

Com a ajuda da tecnologia, os estudantes podem explorar a álgebra linear de algumas maneiras estimuladoras e descobrir muito por si mesmos. Por exemplo, se um dos coeficientes de um sistema linear for trocado por um parâmetro, quanto irão variar as soluções? Como a mudança de um único elemento de uma matriz afeta seus autovalores? Este livro não é um manual de tecnologia, e, em partes onde a tecnologia pode ser usada, não especifiquei um tipo particular de tecnologia. Ao imitar esses exemplos, os alunos poderão fazer mais cálculos e explorações usando qualquer um dos CAS que eles tiverem e explorar o poder de tais sistemas para auxiliar com os exercícios ao longo do livro, particularmente aqueles marcados com o ícone CAS.

Álgebra Linear Finita e Numérica

O texto aborda dois aspectos da álgebra linear que são raramente mencionados juntos: álgebra linear finita e álgebra linear numérica. Com a introdução, logo no início, de aritmética modular, é possível fazer da álgebra linear finita (mais apropriadamente, "álgebra linear sobre corpos finitos", embora eu não use essa frase) um tema recorrente ao longo do livro. Há também uma aplicação a jogos lineares finitos, na seção 2.4, que os estudantes realmente apreciam. Além de serem expostos a aplicações de álgebra linear finita, alunos de cursos da área de exatas irão se beneficiar de verem o assunto sobre corpos finitos, porque provavelmente irão encontrá-los em outras disciplinas, tais como Matemática Discreta, Álgebra Abstrata e Teoria dos Números.

Veja as páginas 83, 84, 124, 180, 311, 392, 555, 561, 568, 590

Veja as páginas 319, 563, 600

Todos os estudantes devem estar cientes de que, na prática, é impossível chegar a soluções exatas de problemas de larga escala em álgebra linear. A exposição a algumas das técnicas de álgebra linear numérica irá proporcionar uma indicação de como obter soluções aproximadas com grande precisão. Alguns dos tópicos numéricos incluídos no livro são: erros de arredondamento e pivoteamento parcial, métodos iterativos de resolução de sistemas lineares e cálculo de autovalores, as fatorações *LU* e *QR*, normas de matrizes e números condicionais, aproximação por mínimos quadrados e a decomposição por valores singulares. A inclusão de álgebra linear numérica também traz questões interessantes e importantes que são completamente ausentes da *teoria* da álgebra linear, tais como estratégias para pivoteamento, a condição de um sistema linear e a convergência dos métodos iterativos. Este livro não apenas levanta essas questões como também mostra como se pode abordá-las. Os discos de Gerschgorin, as normas de matrizes e os valores singulares de uma matriz, discutidos nos capítulos 4 e 7, são úteis a esse respeito.

Apêndices

O apêndice A contém uma visão geral da notação matemática e dos métodos de demonstração; o apêndice B discute a indução matemática. Todos os estudantes irão se beneficiar da leitura dessas seções, mas alunos em cursos da área de exatas poderão desejar dar uma atenção especial a eles. Alguns dos exemplos nesses apêndices são raros (como o exemplo B.6 no apêndice B) e salientam o poder dos métodos. O apêndice C é uma introdução aos números complexos. Para alunos familiarizados com esses resultados, esse apêndice pode servir como uma referência útil; para outros, a seção contém tudo o que é necessário saber para as partes do texto que usam números complexos. O apêndice D é sobre polinômios. Percebi que muitos estudantes precisam de uma revisão desse conhecimento. A maioria dos estudantes não terá familiaridade com a Regra de Sinais de Descartes; ela é usada no capítulo 4 para explicar o comportamento dos autovalores das matrizes de Leslie.

Respostas curtas à maioria dos exercícios de número ímpar que envolvem contas são dadas no final do livro.

Agradecimentos

Os revisores da edição anterior deste texto contribuíram com comentários valiosos e frequentemente perspicazes sobre o livro. Sou grato pelo tempo que cada um deles empregou para fazer isso. Suas críticas e sugestões contribuíram grandemente para o desenvolvimento e sucesso deste livro, e eu gostaria de agradecer nominalmente:

Jamey Bass, City College of San Francisco; Olga Brezhneva, Miami University; Karen Clark, The College of New Jersey; Marek Elzanowski, Portland State University; Christopher Francisco, Oklahoma State University; Brian Jue, California State University, Stanislaus; Alexander Kheyfits, Bronx Community College/CUNY; Henry Krieger, Harvey Mudd College; Rosanna Pearlstein, Michigan State University; William Sullivan, Portland State University; Matthias Weber, Indiana University.

Sou agradecido a um grande número de pessoas que, ao longo dos anos, influenciaram minha percepção sobre a álgebra linear e sobre o ensino de matemática em geral. Primeiramente, gostaria de agradecer coletivamente aos participantes das sessões especiais de álgebra linear e de educação nos encontros da *Mathematical Association of America* e da *Canadian Mathematical Society*. Também aprendi muito com a participação no grupo de estudos da *Canadian Mathematics Education* e no *Canadian Mathematics Education Forum*.

Em especial, quero agradecer a Ed Barbeau, Bill Higginson, Richard Hoshino, John Grant McLoughlin, Eric Muller, Morris Orzech, Bill Ralph, Pat Rogers, Peter Taylor, e Walter Whiteley, cujos conselhos e influência contribuíram grandemente para a filosofia e estilo do livro. Sou grato também a Robert Rogers, que desenvolveu as soluções para os estudantes e para o professor, bem como o excelente conteúdo do guia de estudos. Agradecimentos especiais vão para Jim Stewart por seu contínuo apoio e conselhos. Joe Rotman e seu livro *A First Course in Abstract Algebra* inspiraram as notas etimológicas deste livro, e eu contei fortemente com o livro *The Words of Mathematics*, de Steven Schwartzman, enquanto reunia material para essas notas. Agradeço a Art Benjamin por me ensinar sobre o sistema Codabar e a Joe Grcar por me esclarecer sobre aspectos da história do método de eliminação Gaussiana. Meus colegas Marcus Pivato e Reem Yassawi forneceram informações úteis sobre sistemas dinâmicos. Como sempre, sou grato aos meus alunos por formularem boas perguntas e proporcionando-me o retorno necessário para que eu me tornasse um melhor professor.

Agradeço sinceramente a todas as pessoas que estiveram envolvidas com a produção deste livro. Jitendra Kumar e a equipe do MPS Limited fizeram um trabalho maravilhoso na produção da quarta edição. Agradeço a Christine Sabooni pela edição minuciosa. Acima de tudo, tem sido um prazer trabalhar com as equipes editorial, de marketing e de produção da Cengage Learning: Richard Stratton, Molly Taylor, Laura Wheel, Cynthia Ashton, Danielle Hallock, Andrew Coppola, Alison Eigel Zade, and Janay Pryor. Eles deram conselhos sobre mudanças e acréscimos, assistência quando precisei, mas deixaram que eu escrevesse o livro da forma como eu queria escrever. Sou afortunado por ter trabalhado com eles, bem como com as equipes das edições anteriores.

Como sempre, agradeço a minha família por seu amor, apoio e compreensão. Sem eles, este livro não teria sido possível.

David Poole
dpoole@trentu.ca

Ao Professor

"Você poderia me dizer, por favor,
por onde eu deveria seguir daqui?"
"Isso depende muito de aonde
você pretende chegar", disse o Gato.

Lewis Carroll
Aventuras de Alice no
País das Maravilhas, 1865

Este texto foi escrito tendo em mente a flexibilidade. É destinado para ser usado em curso de um ou dois semestres, com 36 aulas por semestre. A gama de tópicos e aplicações o torna adequado para uma variedade de público e tipos de curso. No entanto, há mais material no livro do o que pode ser coberto em sala de aula, mesmo em um curso de dois semestres. Depois da descrição geral do texto a seguir, há algumas sugestões breves de modos de utilizar o livro.

Uma Descrição Geral do Texto

Capítulo 1: Vetores

Veja a página 1

O jogo da pista de corrida na seção 1.0 serve como introdução aos vetores de um modo informal. (É também bastante divertido de jogar!) Os vetores são depois introduzidos formalmente dos pontos de vista algébrico e geométrico. As operações de adição e multiplicação por escalar e suas propriedades são primeiramente desenvolvidas no caso concreto de $\mathbb{R}^2$ e $\mathbb{R}^3$ antes de serem generalizadas para $\mathbb{R}^n$. Também são introduzidas a aritmética modular e a álgebra linear finita. Na seção 1.2 definem-se o produto escalar e as noções a ele relacionadas de comprimento, ângulo e ortogonalidade. O importante conceito de projeção (ortogonal) é desenvolvido aqui; ele irá reaparecer nos capítulos 5 e 7. A investigação "Vetores e Geometria" mostra como métodos vetoriais podem ser usados para demonstrar certos resultados de geometria euclidiana. A seção 1.3 é uma introdução básica porém minuciosa a retas e planos em $\mathbb{R}^2$ e $\mathbb{R}^3$. Essa seção é crucial para a compreensão do significado geométrico das soluções de sistemas lineares no capítulo 2. Note que o produto vetorial de vetores em $\mathbb{R}^3$ é deixado como uma investigação. O capítulo termina com uma aplicação a vetores força.

Veja a página 32

Veja a página 48

Capítulo 2: Sistemas de Equações Lineares

Veja a página 57

A introdução desse capítulo ilustra que há mais de uma maneira de pensar na solução de um sistema de equações lineares. As seções 2.1 e 2.2 desenvolvem a principal

Veja a páginas 72, 205, 386, 486

Veja a página 121

Veja as páginas 83, 84, 85

ferramenta computacional para resolução de sistemas lineares: redução de matrizes por linhas (métodos de eliminação de Gauss e de Gauss-Jordan). Quase todos os métodos computacionais subsequentes neste livro dependem desse conhecimento. O Teorema do Posto aparece aqui pela primeira vez; ele aparece novamente, com mais generalidade, nos capítulos 3, 5 e 6. A seção 2.3 é muito importante: introduz as noções fundamentais de conjuntos geradores e independência linear de vetores. Não se apresse ao passar por esse tópico. A seção 2.4 contém seis aplicações, das quais os professores podem escolher algumas, de acordo com o tempo disponível e o interesse da classe. Os métodos iterativos na seção 2.5 serão opcionais para muitos cursos, mas essenciais para um curso com um foco aplicado ou numérico. O que as três investigações deste capítulo têm em comum é que todas elas lidam com aspectos sobre o uso de computadores para a resolução de sistemas lineares. Todos os estudantes devem pelo menos ser conscientizados quanto a essas questões.

Capítulo 3: Matrizes

Veja a página 136

Veja as páginas 172, 206, 296, 512, 605

Veja a página 226

Veja as páginas 230, 239

Este capítulo contém algumas das ideias mais importantes do livro. É um capítulo longo, mas o material inicial pode ser coberto de modo razoavelmente rápido, permitindo um tempo extra para o material crucial da seção 3.5. A seção 3.0 é uma investigação que introduz a noção de transformação linear: a ideia de que matrizes não são apenas objetos estáticos, mas sim um tipo de função, transformando vetores em outros vetores. Todos os fatos básicos sobre matrizes, operações com matrizes e suas propriedades são encontrados nas duas primeiras seções. Vale a pena dar ênfase ao material sobre o particionamento de matrizes e as múltiplas representações do produto de matrizes, pois ele será usado repetidamente em seções subsequentes. O Teorema Fundamental das Matrizes Invertíveis, na seção 3.3, é muito importante e irá aparecer outras vezes, quando novas caracterizações de inversibilidade forem apresentadas. A seção 3.4 discute a importante fatoração *LU* de uma matriz. Se esse tópico não for dado em sala, vale a pena propô-lo como um projeto ou discuti-lo em uma oficina. O objetivo da seção 3.5 é apresentar vários conceitos-chave da álgebra linear (subespaço, base, dimensão e posto) no contexto concreto de matrizes antes que os alunos os vejam em toda a generalidade. Embora os exemplos nessa seção sejam todos familiares, é importante que os alunos se acostumem com a nova terminologia e, em particular, compreendam o significado de base. O tratamento geométrico das transformações lineares na seção 3.6 tem a finalidade de suavizar a transição para as transformações lineares gerais no capítulo 6. O exemplo de projeção é particularmente importante, porque irá reaparecer no capítulo 5. A vinheta sobre braços robóticos é uma demonstração concreta de composição de transformações lineares (e afins). Há quatro aplicações na seção 3.7, de onde se pode escolher alguma. Pelo menos as cadeias de Markov ou o modelo de crescimento populacional de Leslie devem ser cobertos para que possam ser usados novamente no capítulo 4, onde seus comportamentos serão explicados.

Capítulo 4: Autovalores e Autovetores

Veja a página 253

A introdução da seção 4.0 apresenta um sistema dinâmico interessante envolvendo grafos. Essa investigação introduz a noção de autovalor e de autovetor e prepara para o método da potência apresentado na seção 4.5. Para manter a ênfase geométrica do livro, a seção 4.1 usa a inovadora apresentação de "autofiguras" como uma forma de visualizar os autovetores de matrizes 2×2. Os determinantes aparecem na seção 4.2, onde são usados para encontrar os polinômios característicos de matrizes pequenas. Esse "curso intensivo" sobre determinantes contém todo o material essencial de que os estudantes necessitam, incluindo uma demonstração opcional, porém elementar, do Teorema de Expansão de Laplace. A vinheta "Métodos de condensação de Lewis

Veja a página 284

Veja a página 286

Carroll" apresenta um método historicamente interessante, alternativo, de cálculo de determinantes, que os estudantes podem achar atraente. A investigação "Aplicações Geométricas de Determinantes" constitui um bom projeto que contém vários resultados interessantes e úteis. (Professores que queiram dar uma cobertura mais detalhada aos determinantes podem optar por mostrar parte dessa investigação em sala de aula.) A teoria básica de autovalores e autovetores é encontrada na seção 4.3, e a seção 4.4 trata do importante tópico sobre diagonalização. Vale a pena cobrir em sala de aula o exemplo 4.29, sobre potências de matrizes. O método de potências e suas variações, discutidos na seção 4.5, são opcionais, mas todos os alunos devem ser conscientizados sobre tal método e um curso aplicado deve cobri-lo em detalhes. O Teorema dos discos de Gerschgorin pode ser abrangido independentemente do restante da seção 4.5. As cadeias de Markov e o modelo de crescimento populacional de Leslie reaparecem na seção 4.6. Embora a demonstração do Teorema de Perron seja opcional, o teorema em si (assim como o mais forte Teorema de Perron-Frobenius) deve ser pelo menos mencionado, pois explica *por que* devemos esperar um único autovalor positivo com um autovetor correspondente positivo nessas aplicações. As aplicações sobre relações de recorrência e equações diferenciais conectam a álgebra linear à matemática discreta e ao Cálculo diferencial e integral, respectivamente. A matriz exponencial pode ser abordada em uma turma com uma boa base de Cálculo. O tópico final de sistemas dinâmicos lineares discretos revisita e resume muitas das ideias no capítulo 4, e as observa sob uma nova e geométrica luz. Os estudantes irão apreciar a leitura sobre como autovetores podem ser usados para ajudar a classificar times esportivos e *websites*. Essa vinheta pode ser facilmente estendida para um projeto ou atividade complementar.

Veja as páginas 325, 330

Veja a página 348

Veja a página 366

Capítulo 5: Ortogonalidade

A investigação introdutória "Sombras em uma Parede" é matemática da melhor qualidade: toma um conceito conhecido (projeção de um vetor sobre um outro vetor) e o generaliza de uma maneira útil (projeção de um vetor sobre um subespaço — um plano) enquanto revela algumas propriedades adicionais não observadas anteriormente. A seção 5.1 contém os resultados básicos sobre conjuntos de vetores ortogonais e ortonormais, que serão usados repetidamente daqui para a frente. Em particular, será dada ênfase às matrizes ortogonais. A seção 5.2 generaliza dois conceitos do capítulo 1: o complemento ortogonal de um subespaço e a projeção ortogonal de um vetor sobre um subespaço. O Teorema da Decomposição Ortogonal é importante aqui e ajuda a preparar para o Processo de Ortogonalização de Gram-Schmidt. Note também a demonstração curta do Teorema do Posto. O Processo de Gram-Schmidt é detalhado na seção 5.3, juntamente com a fatoração QR, que é extremamente importante. Duas investigações delineiam a maneira como a fatoração QR é calculada na prática e como ela pode ser utilizada para achar aproximações de autovalores. A seção 5.4, sobre diagonalização ortogonal de matrizes (reais) simétricas, é necessária para as aplicações que se seguem. A seção também contém o Teorema Espectral, um dos destaques da álgebra linear. As aplicações na seção 5.5 tratam de formas quadráticas e esboço de gráficos de equações quadráticas. Eu sempre incluo pelo menos a última dessas aplicações em meu curso, pois ela estende o que os alunos já conhecem sobre seções cônicas.

Veja as páginas 396, 398

Veja as páginas 408, 415

Veja a página 427

Capítulo 6: Espaços Vetoriais

A sequência de Fibonacci volta a aparecer na seção 6.0, embora não seja importante que os alunos a tenham visto anteriormente (seção 4.6). O objetivo desta investigação é mostrar que conceitos familiares de espaço vetorial (seção 3.5) podem ser usados proveitosamente em um novo cenário. Como todas as principais ideias sobre espaços vetoriais já foram apresentadas nos capítulos 1 a 3, os estudantes devem achar as seções 6.1 e 6.2 razoavelmente familiares. A ênfase aqui deve ser no uso dos axiomas de espaço vetorial para demonstrar as propriedades, em vez de confiar em técnicas computacionais. Ao discutir mudança de base, na seção 6.3, é útil mostrar aos estudantes como usar a notação para lembrar como a construção funciona. Enfim, o método de Gauss-Jordan é o mais eficiente aqui. As seções 6.4 e 6.5, sobre transformações lineares, são importantes. Os exemplos se relacionam com os resultados prévios sobre matrizes (e transformações matriciais). Em particular, é importante enfatizar que os conceitos de núcleo e de imagem de uma transformação linear são generalizações de espaço anulado e espaço coluna de uma matriz. A seção 6.6 estende a noção de que (quase) toda transformação linear é essencialmente uma transformação matricial. Como essa ideia foi semeada na seção 3.6, os estudantes não devem achá-la terrivelmente surpreendente. Entretanto, os exemplos devem ser trabalhados cuidadosamente. A conexão entre mudança de base e semelhança de matrizes é notável. A investigação "Mosaicos, Reticulados e a Restrição Cristalográfica" é uma aplicação admirável da mudança de base. A conexão com o trabalho artístico de M. C. Escher o torna ainda mais interessante. As aplicações na seção 6.7 somam-se às anteriores e podem ser incluídas conforme o tempo e o interesse permitirem.

Veja a página 515

Capítulo 7: Distância e Aproximação

A seção 7.0 contém a interessante investigação sobre a "A Geometria do Taxista". Seu objetivo é preparar o material sobre as funções norma e distância (métrica) generalizadas que aparecem em seguida. Espaços com produto interno são discutidos na seção 7.1; deve-se dar ênfase aqui aos exemplos e ao uso dos axiomas. A investigação "Vetores e Matrizes com Elementos Complexos" mostra como os conceitos de produto escalar, matrizes simétricas, matrizes ortogonais e diagonalização ortogonal podem ser estendidos de espaços vetoriais reais para espaços vetoriais complexos. Os estudantes geralmente gostam da investigação seguinte, "Desigualdades Geométricas e Problemas de Otimização". (Eles irão se divertir vendo como muitos problemas de Cálculo podem ser resolvidos sem nenhum uso de Cálculo!) A seção 7.2 cobre normas de vetores e de matrizes e mostra como o número condicional de uma matriz se relaciona com a noção de sistemas lineares mal condicionados estudados no capítulo 2. O método dos mínimos quadrados (seção 7.3) é uma aplicação importante da álgebra linear em muitas outras disciplinas. O Teorema da Melhor Aproximação e o Teorema dos Mínimos Quadrados são importantes, mas suas demonstrações são intuitivamente claras. Empregue o tempo aqui com exemplos – poucos devem ser suficientes. A decomposição por valores singulares (seção 7.4) é uma das mais admiráveis aplicações da álgebra linear. Se seu curso conseguir chegar até esse ponto, você será grandemente recompensado. Não apenas a decomposição liga várias noções discutidas previamente; ela também propicia algumas novas (e muito poderosas) aplicações. Se um CAS estiver disponível, vale à pena mostrar a vinheta sobre compressão de imagem digital; ela é uma exibição visualmente impressionante do poder da álgebra linear e uma culminação adequada para o curso. As aplicações adicionais na seção 7.5 podem ser escolhidas de acordo com o tempo disponível e o interesse da classe.

Veja a página 529

Veja a página 543

Veja a página 547

Veja a página 607

Como Usar o Livro

Os estudantes acham que este livro é de leitura fácil. Por isso, geralmente eu os faço ler uma seção antes de cobrir o assunto em sala de aula. Dessa forma, posso gastar mais tempo enfatizando os conceitos mais importantes, lidando com tópicos em que os estudantes têm mais dificuldade, explorando exemplos e discutindo aplicações. Não tento cobrir todo o material da leitura feita em casa durante a aula. Essa abordagem permite que eu mantenha o passo do curso bastante rápido, desacelerando nas seções que, tipicamente, os estudantes acham mais desafiadoras.

Em um curso de dois semestres, é possível cobrir o livro inteiro, incluindo uma razoável seleção de aplicações. Para obter uma flexibilidade extra, você pode omitir alguns dos tópicos (por exemplo, dar apenas um breve tratamento de álgebra linear numérica), liberando assim tempo para uma cobertura mais profunda dos demais tópicos, de mais aplicações ou de alguma das investigações. Em cursos que exijam maior profundidade em matemática e que enfatizem as demonstrações, muito do material dos capítulos 1 a 3 pode ser coberto rapidamente. O capítulo 6 pode então ser coberto em conjunto com as seções 3.5 e 3.6, e o capítulo 7 pode ser integrado ao capítulo 5. Para tais cursos, eu iria certamente garantir que os alunos estudassem os conteúdos das investigações dos capítulos 1, 4, 6 e 7.

Para um curso de um semestre, a natureza do curso e o público-alvo determinam quais tópicos incluir. Três tipos possíveis de curso são descritos a seguir. O curso básico, descrito primeiramente, tem menos do que as 36 horas sugeridas, permitindo tempo para tópicos extras, revisões em sala e provas. Os outros dois cursos são projetados a partir do curso básico, mais ainda são bastante flexíveis.

Um Curso Básico

Um curso concebido para alunos de cursos da área de exatas e estudantes de outros cursos é esboçado a seguir. Este curso não menciona espaço vetorial geral de modo algum (todos os conceitos são tratados em casos concretos) e é muito leve em demonstrações. Mesmo assim, é uma introdução bastante cuidadosa à álgebra linear.

Seção	Número de aulas	Seção	Número de aulas
1.1	1	**3.6**	1–2
1.2	1–1.5	**4.1**	1
1.3	1–1.5	**4.2**	2
2.1	0.5–1	**4.3**	1
2.2	1–2	**4.4**	1–2
2.3	1–2	**5.1**	1–1.5
3.1	1–2	**5.2**	1–1.5
3.2	1	**5.3**	0.5
3.3	2	**5.4**	1
3.5	2	**7.3**	2

Total: 23–30 aulas

Como o conjunto de estudantes de uma disciplina como essa representam uma variedade grande de cursos, eu sugeriria o uso das aulas remanescentes para aplicações. Outras aplicações podem ser atribuídas como projetos, juntamente com tantas investigações quantas forem desejáveis. Há ainda tempo de aula suficiente disponível para cobrir uma parte da teoria com detalhe.

Um Curso com uma Ênfase Numérica

Para um curso com ênfase numérica, o curso básico esboçado acima pode ser suplementado com as seções do texto que lidam com álgebra linear numérica. Em tais cursos, eu cobriria parcial ou totalmente as seções 2.5, 3.4, 4.5, 5.3, 7.2 e 7.4, terminando com a decomposição por valores singulares. As investigações nos capítulos 2 e 5 são particularmente convenientes para tais cursos, bem como quase qualquer uma das aplicações.

Um Curso para Estudantes que Já Estudaram Álgebra Linear

Alguns cursos serão dirigidos a estudantes que já se depararam com os princípios da álgebra linear em outras disciplinas. Por exemplo, uma disciplina de álgebra básica irá frequentemente incluir uma introdução a sistemas de equações lineares, matrizes e determinantes; uma disciplina de Cálculo com várias variáveis quase certamente irá conter material sobre vetores, retas e planos. Para estudantes que já viram tais tópicos, muito do material do início pode ser omitido e trocado por uma rápida revisão. Dependendo da experiência anterior dos alunos da classe, pode ser possível apresentar rapidamente o material até a seção 3.3, em cerca de seis aulas. Se a classe tiver um número significativo de alunos de cursos com ênfase em Matemática (e especialmente se este for o único curso de álgebra linear que eles terão), eu iria assegurar que fossem cobertas as seções 6.1 a 6.5 e 7.4 e tantas aplicações quanto o tempo permitisse. Se a classe tiver estudantes da área de ciências (mas não em Matemática), eu iria cobrir as seções 6.1 e 7.1 e uma larga seleção de aplicações, tendo a certeza de incluir o material sobre equações diferenciais e aproximações de funções. Se alunos de Ciência da Computação ou Engenharia forem proeminentemente representados, eu tentaria apresentar o máximo possível do material sobre códigos e álgebra linear numérica.

Há muitos outros tipos de curso que podem usar este texto com sucesso. Espero que você o ache útil para o seu curso e que goste de usá-lo.

Ao Estudante

"Por favor, sua Majestade,
por onde devo começar?", ele perguntou.
"Comece pelo começo",
disse o rei, gravemente, "e continue até que você
chegue ao final: então pare."

Lewis Carroll
Aventuras de Alice no
País das Maravilhas, 1865

Álgebra linear é um assunto empolgante. Ele tem muitos resultados interessantes, aplicações em outras disciplinas e conexões com outras áreas da matemática.

A álgebra linear tem muitas faces: há as *técnicas computacionais*, os *conceitos* e as *aplicações*. Uma das metas deste livro é ajudá-lo a dominar todas essas facetas do assunto e perceber a relação entre elas. Consequentemente, é importante que você leia e entenda cada seção do texto antes de tentar fazer os exercícios daquela seção. Se você ler apenas os exemplos que estão relacionados aos exercícios atribuídos como lição de casa, você vai perder muito. Certifique-se de que você compreende as definições dos termos e o significado dos teoremas. Não se preocupe se tiver que ler alguma coisa mais de uma vez antes de compreendê-la. Tenha à mão um lápis e uma calculadora com você quando estiver lendo. Pare para fazer você mesmo os exemplos ou para completar os cálculos que estiverem incompletos. O símbolo ➳ na margem indica um lugar onde você deve fazer uma pausa e pensar novamente sobre o que leu até aquele momento.

As respostas à maioria dos exercícios numéricos de número ímpar estão no final do livro. Resista à tentação de olhar a resposta antes de completar um exercício. Lembre-se de que, mesmo quando sua resposta for diferente da apresentada no fim do livro, ela ainda poderá estar correta; há mais de uma maneira correta de expressar algumas das soluções. Por exemplo, um valor de $1/\sqrt{2}$ pode também ser expresso como $\sqrt{2}/2$, e o conjunto de todos os múltiplos escalares do vetor $\begin{bmatrix} 3 \\ 1/2 \end{bmatrix}$ é o mesmo que o conjunto de todos os múltiplos escalares de $\begin{bmatrix} 6 \\ 1 \end{bmatrix}$.

Quando encontrar um conceito novo, tente relacioná-lo com exemplos que você conhece. Escreva as demonstrações e as soluções dos exercícios de uma maneira lógica, conexa, usando sentenças completas. Leia novamente o que você escreveu para ver se faz sentido. Melhor ainda: se puder, peça a um amigo de sua classe para ler o que você escreveu. Se não fizer sentido para outra pessoa, muito provavelmente não faz sentido mesmo.

Você irá achar útil uma calculadora com capacidade de operar com matrizes ou um sistema de álgebra computacional. Essas ferramentas podem ajudá-lo a conferir suas próprias contas feitas à mão e são indispensáveis para problemas que envolvem contas tediosas. A tecnologia também permitirá que você explore certos aspectos da álgebra linear por você mesmo. Você pode jogar "O que aconteceria se?": o que aconteceria se eu mudasse uma das coordenadas deste vetor? O que aconteceria se esta matriz fosse de um tamanho diferente? Posso forçar para que a solução seja como eu gostaria, mudando alguma coisa? Para sinalizar lugares no texto ou exercícios onde o uso de tecnologia é recomendado, coloquei o sinal CAS na margem.

Você está prestes a embarcar em uma jornada pela álgebra linear. Pense neste livro como um guia de viagem. Você está pronto? Vamos!

1 Vetores

Lá vêm elas como se viessem do nada. Pequenas flechas para mim e para você.

— Albert Hammond e Mike Hazelwood
Little arrows
Dutchess Music/BMI, 1968

1.0 Introdução: O Jogo da Pista de Corrida

Muitas quantidades mensuráveis — tais como comprimento, área, volume, massa e temperatura — podem ser completamente descritas pela especificação de sua magnitude. Outras quantidades — como velocidade, força e aceleração — requerem tanto uma magnitude como um sentido para serem descritas. Essas quantidades são *vetores*. Por exemplo, a velocidade do vento é um vetor que consiste na intensidade do vento e de seu sentido, tal como 10km/h no sentido sudoeste. Geometricamente, os vetores são frequentemente representados por setas ou segmentos de reta orientados.

Embora a ideia de vetor tenha sido introduzida no século XIX, sua utilidade em aplicações, particularmente as aplicações em ciências físicas, não foi percebida até o século XX. Mais recentemente, vetores tiveram aplicações em ciência da computação, estatística, economia e ciências sociais. Examinaremos algumas dessas muitas aplicações ao longo deste livro.

Este capítulo introduz a noção de vetores e começa a examinar algumas de suas propriedades geométricas e algébricas. Começaremos, entretanto, com um jogo simples que introduz algumas das ideias cruciais. [Você pode até querer jogá-lo com um amigo durante aqueles (muito raros!) momentos entediantes da aula de Álgebra Linear.]

O jogo acontece em um papel quadriculado. Uma pista, com uma linha de partida e uma linha de chegada, é desenhada no papel. A pista pode ser de qualquer comprimento e forma, desde que seja suficientemente larga para acomodar todos os jogadores. Neste exemplo, temos dois jogadores (vamos chamá-los de Ana e Beto) que usam canetas de cores diferentes para representar seus carros ou bicicletas, ou outra coisa que eles usem para percorrer a pista. (Vamos pensar em Ana e Beto como ciclistas.)

Ana e Beto começam, cada um, desenhando uma marca sobre a linha de partida, em um dos pontos da grade do papel quadriculado. Eles se revezam para avançar para um novo ponto da grade, de acordo com as seguintes regras:

1. Cada novo ponto da grade e o segmento de reta que o liga ao ponto anterior precisam estar inteiramente dentro da pista.
2. Dois jogadores não podem ocupar o mesmo ponto da grade ao mesmo tempo. (Esta é a regra que proíbe colisões.)

3. Cada novo movimento está relacionado com o movimento anterior da seguinte maneira: se em um movimento um jogador anda a unidades horizontalmente e b unidades verticalmente, então, em seu próximo movimento, esse jogador deve andar entre $a - 1$ e $a + 1$ unidades horizontalmente, e entre $b - 1$ e $b + 1$ unidades verticalmente. Em outras palavras, se o segundo movimento é de c unidades horizontalmente e d unidades verticalmente, então $|a - c| \leq 1$ e $|b - d| \leq 1$. (Esta é a regra da "aceleração/desaceleração".) Note que esta regra obriga o primeiro movimento a ser de uma unidade verticalmente e/ou de uma unidade horizontalmente.

O matemático irlandês William Rowan Hamilton (1805-1865) usou conceitos de vetores em seu estudo dos números complexos e das suas generalizações, os quatérnios.

É eliminado o jogador que colide com outro ou sai da pista. O vencedor é o primeiro jogador que cruza a linha de chegada. Se mais de um jogador cruzar a linha de chegada na mesma vez, aquele que ultrapassar mais a linha de chegada será o vencedor.

No exemplo de jogo mostrado na figura 1.1, a vencedora foi Ana. Beto acelerou demais e teve dificuldade para fazer a curva na parte superior da pista.

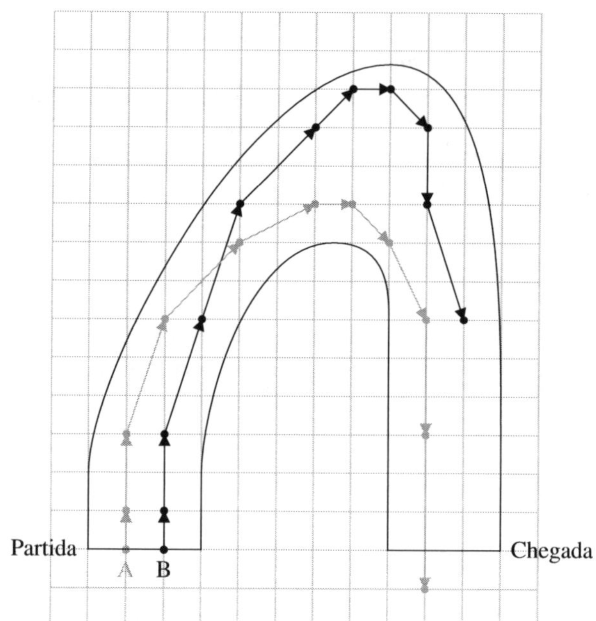

Figura 1.1

Um exemplo de jogo de pista de corrida

Para entender a regra 3, considere o terceiro e o quarto movimentos de Ana. Em seu terceiro movimento, ela andou uma unidade horizontalmente e três unidades verticalmente. Em seu quarto movimento, as opções que ela tinha eram andar de zero a duas unidades horizontalmente e de duas a quatro unidades verticalmente. (Note que algumas dessas combinações a teriam levado para fora da pista.) Ela escolheu andar duas unidades em cada direção.

Problema 1 Jogue alguns jogos de pista de corrida.

Problema 2 Seria possível Beto vencer essa corrida escolhendo uma sequência diferente de movimentos?

Problema 3 Use a notação $[a, b]$ para denotar um movimento de a unidades horizontalmente e b unidades verticalmente. (Tanto a como b podem ser negativos.)

Se o movimento [3, 4] acabou de ser feito, desenhe no papel quadriculado todos os pontos da grade que podem ser alcançados no próximo movimento.

Problema 4 Qual o efeito *líquido* de dois movimentos sucessivos? Em outras palavras, se você andar $[a, b]$ e depois $[c, d]$, quanto você andará horizontalmente e verticalmente no total?

Problema 5 Escreva a sequência de movimentos de Ana usando a notação $[a, b]$. Suponha que ela comece na origem (0, 0) dos eixos de coordenadas. Explique como você pode achar as coordenadas dos pontos da grade correspondentes a cada um dos movimentos dela, *sem olhar para o papel quadriculado*. Se os eixos tivessem sido traçados de um outro jeito, de modo que o ponto de partida de Ana fosse o ponto (2, 3), e não a origem, quais seriam as coordenadas do ponto onde ela parou?

Embora simples, esse jogo introduz várias ideias que serão úteis em nosso estudo de vetores. As três próximas seções consideram vetores dos pontos de vista geométrico e algébrico, começando como no jogo de pista de corrida, no plano.

1.1 A Geometria e a Álgebra de Vetores

Vetores no Plano

O plano cartesiano recebeu esse nome em homenagem ao filósofo e matemático francês René Descartes (1596-1650), que introduziu o conceito de coordenadas. Esse conceito permitiu que problemas *geométricos* fossem tratados com o uso de técnicas *algébricas*.

A palavra *vetor* vem de um radical latino que significa "carregar". Um vetor é formado quando um ponto é deslocado — ou "carregado" — por certa distância em certo sentido. Visto de outro modo, um vetor "carrega" duas informações: seu comprimento e seu sentido.

É difícil indicar negrito quando escrevemos vetores à mão. Algumas pessoas preferem escrever $\vec{v}$ para representar o vetor denotado por **v** no texto impresso, mas na maioria dos casos é aceitável usar simplesmente a letra v minúscula. Geralmente ficará claro, pelo contexto, se essa letra denota um vetor ou não.

A palavra *componente* é derivada das palavras latinas *co*, que significa "junto", e *ponere*, que significa "pôr". Um vetor é, portanto, formado por suas componentes postas uma junto da outra.

Começamos considerando o plano cartesiano com os conhecidos eixos x e y. Um ***vetor*** é um *segmento de reta orientado* que corresponde ao *deslocamento* de um ponto A até outro ponto B, conforme mostra a figura 1.2 a seguir.

O vetor de A até B é denotado por $\overrightarrow{AB}$; dizemos que o ponto A é o ***ponto inicial*** ou ***origem*** desse vetor, e que o ponto B é o seu ***ponto final*** ou ***extremidade***. Muitas vezes, um vetor é simplesmente denotado por uma só letra minúscula em negrito, como **v**.

O conjunto de todos os pontos do plano corresponde ao conjunto de todos os vetores cujos pontos iniciais coincidem com a origem O do plano cartesiano. A cada ponto A corresponde um vetor $\mathbf{a} = \overrightarrow{OA}$; a cada vetor **a** com ponto inicial em O corresponde seu ponto final A. (Vetores com essa forma são às vezes chamados *vetores posição*.)

É natural representar tais vetores usando coordenadas. Por exemplo, na figura 1.3, $A = (3, 2)$, e escrevemos o vetor $\mathbf{a} = \overrightarrow{OA} = [3, 2]$ usando colchetes. De modo análogo, os outros vetores da figura 1.3 são

$$\mathbf{b} = [-1, 3] \quad \text{e} \quad \mathbf{c} = [2, -1]$$

As coordenadas individuais (3 e 2, no caso de **a**) são chamadas ***componentes*** do vetor. Às vezes nos referimos a um vetor como um *par ordenado* de números reais. A ordem é importante, pois, por exemplo, [3, 2]   [2, 3]. Em geral, dois vetores são iguais se e somente se suas componentes correspondentes forem iguais. Assim, $[x, y] = [1, 5]$ implica que $x = 1$ e $y = 5$.

Muitas vezes é conveniente usar ***vetores coluna*** em vez de (ou além de) ***vetores linha***. Outra representação de [3, 2] é $\begin{bmatrix} 3 \\ 2 \end{bmatrix}$. (O ponto importante é que as

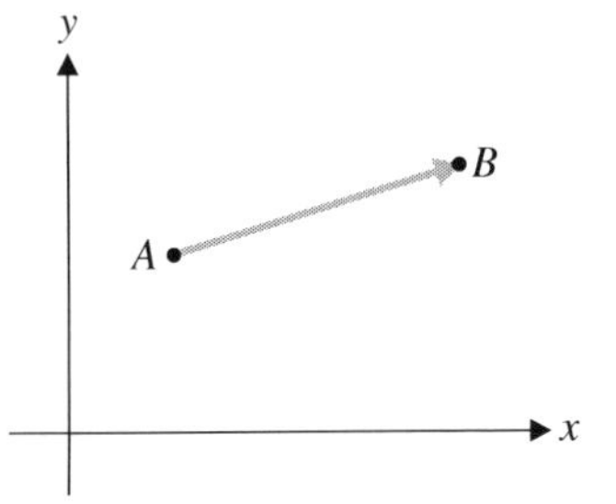

Figura 1.2

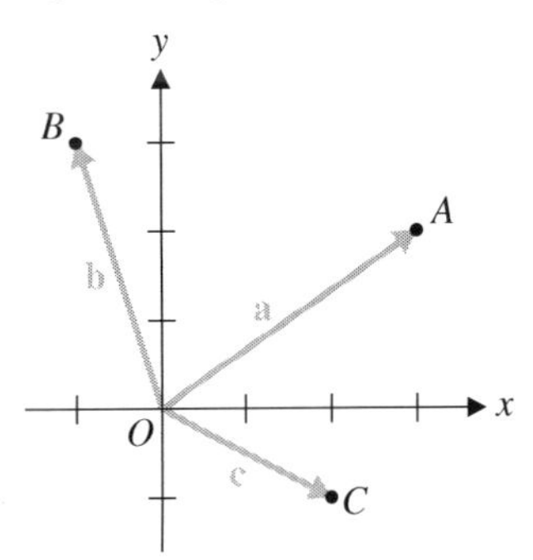

Figura 1.3

componentes estão *ordenadas*.) Em capítulos futuros, você verá que vetores coluna são um pouco melhores do ponto de vista computacional. Por ora, tente se acostumar com ambas as representações.

Você pode ter notado que não podemos realmente desenhar o vetor $[0, 0] = \overrightarrow{OO}$ da origem até ela mesma. Mesmo assim, esse é um vetor tão bom quanto qualquer outro e tem um nome especial: ***vetor nulo***. O vetor nulo é denotado por **0**.

$\mathbb{R}^2$ é pronunciado como "r dois".

O conjunto de todos os vetores com duas componentes é denotado por $\mathbb{R}^2$ (onde $\mathbb{R}$ denota o conjunto de todos os números reais, dentre os quais os componentes dos vetores em $\mathbb{R}^2$ são escolhidos). Assim, $[-1, 3{,}5]$, $[\sqrt{2}, \pi]$, e $[\frac{5}{3}, 4]$ estão todos no $\mathbb{R}^2$.

Pensando novamente no jogo da pista de corrida, tentemos relacionar todas essas ideias com vetores cujos pontos iniciais *não* estão na origem. O fato da palavra *vetor* ter sua raiz etimológica no verbo "carregar" nos dá uma pista. O vetor [3, 2] pode ser interpretado da seguinte maneira: começando na origem *O*, ande três unidades para a direita e depois duas unidades para cima, parando em *P*. O mesmo deslocamento pode ser aplicado com outros pontos iniciais. A figura 1.4 mostra dois deslocamentos equivalentes, representados pelos vetores $\overrightarrow{AB}$ e $\overrightarrow{CD}$.

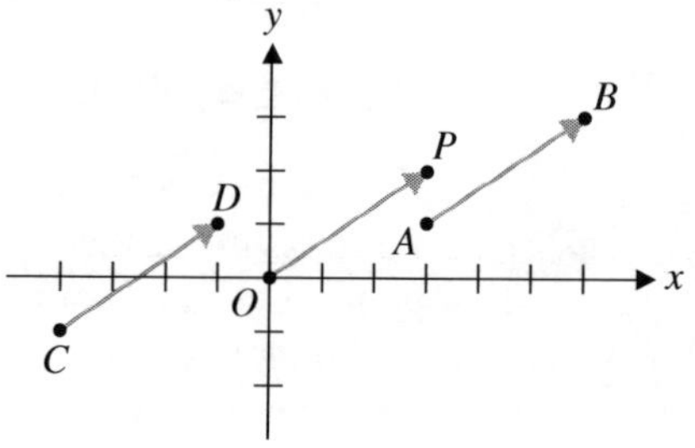

Figura 1.4

Quando os vetores são expressos em termos das suas coordenadas, eles estão sendo considerados *analiticamente*.

Dizemos que dois vetores são *iguais* se eles têm o mesmo comprimento e a mesma direção e sentido. Assim, $\overrightarrow{AB} = \overrightarrow{CD}$ na figura 1.4. (Embora tenham diferentes pontos iniciais e finais, eles representam o mesmo deslocamento.) Geometricamente, dois vetores são iguais se pudermos obter um deles deslocando o outro paralelamente a si próprio (ou seja, fazendo uma *translação*), até que os dois vetores coincidam. Em termos das componentes, na figura 1.4 temos $A = (3, 1)$ e $B = (6, 3)$. Note que o vetor [3, 2], que representa o deslocamento, é simplesmente a diferença das respectivas componentes:

$$\overrightarrow{AB} = [3, 2] = [6 - 3, 3 - 1]$$

De modo análogo, $\qquad \overrightarrow{CD} = [-1 - (-4), 1 - (-1)] = [3, 2]$

e, portanto, $\overrightarrow{AB} = \overrightarrow{CD}$, como se esperava.

Um vetor como $\overrightarrow{OP}$, que tem seu ponto inicial na origem do plano, está na ***posição padrão***. A discussão anterior mostra que todo vetor pode ser desenhado como um vetor na posição padrão. Reciprocamente, um vetor na posição padrão pode ser redesenhado (fazendo-se uma translação) de modo que seu ponto inicial seja um ponto qualquer do plano.

Exemplo 1.1

Dados $A = (-1, 2)$ e $B = (3, 4)$, ache $\overrightarrow{AB}$ e redesenhe-o (a) na posição padrão e (b) com o ponto inicial no ponto $C = (2, -1)$.

Solução Calculamos $\overrightarrow{AB} \approx [3 - (-1), 4 - 2] = [4, 2]$. Se fizermos a translação de $\overrightarrow{AB}$ para $\overrightarrow{CD}$ em que $C = (2, -1)$, precisaremos ter $D = (2 + 4, -1 + 2) = (6, 1)$. (Veja a figura 1.5.)

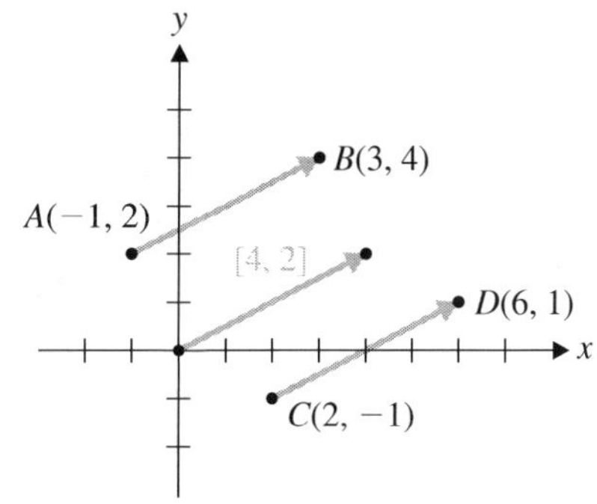

Figura 1.5

Novos Vetores a Partir de Vetores Existentes

Muitas vezes queremos colocar "um vetor depois do outro" e assim fazer um deslocamento suceder outro, como no jogo da pista de corrida. Isso nos leva à noção de ***adição de vetores***, a primeira das operações básicas com vetores.

Se colocarmos **v** depois de **u**, poderemos visualizar o deslocamento total como um terceiro vetor, denotado por **u** + **v**. Na figura 1.6, **u** = [1, 2] e **v** = [2, 2], de modo que o efeito resultante de colocar **v** depois de **u** é

$$[1 + 2, 2 + 2] = [3, 4]$$

que representa **u** + **v**. Em geral, se **u** = $[u_1, u_2]$ e **v** = $[v_1, v_2]$, então sua *soma* **u** + **v** é o vetor

$$\mathbf{u} + \mathbf{v} = [u_1 + v_1, u_2 + v_2]$$

É útil visualizar **u** + **v** geometricamente. A regra seguinte é a versão geométrica da discussão anterior.

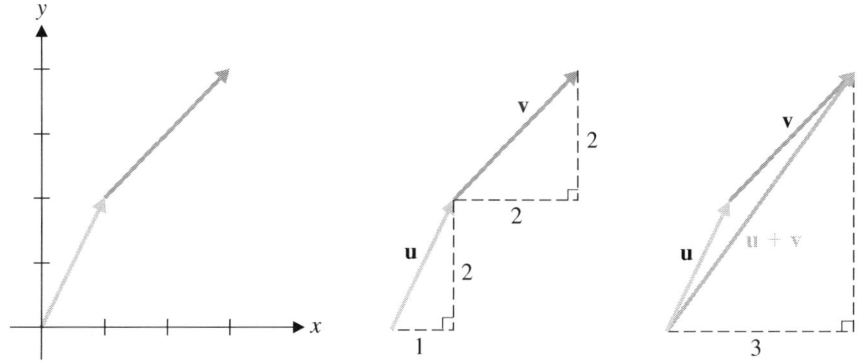

Figura 1.6
Adição de vetores

A Regra da Adição

Dados os vetores **u** e **v** de $\mathbb{R}^2$, faça uma translação de **v** de modo que seu ponto inicial coincida com o ponto final de **u**. A ***soma*** **u** + **v** de **u** e **v** é o vetor que sai do ponto inicial de **u** e vai até o ponto final de **v**. (Veja a figura 1.7.)

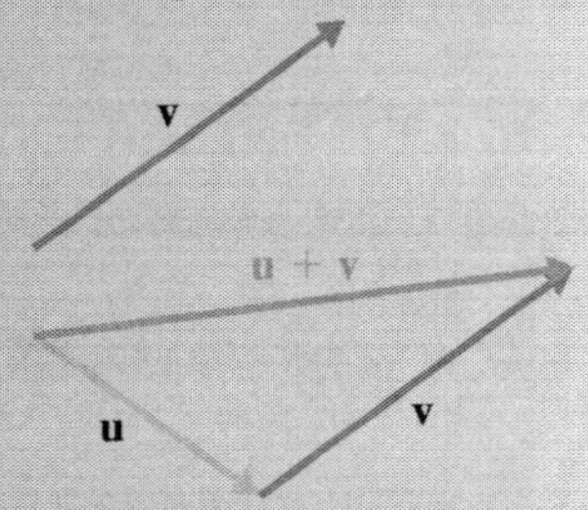

Figura 1.7
A regra da adição

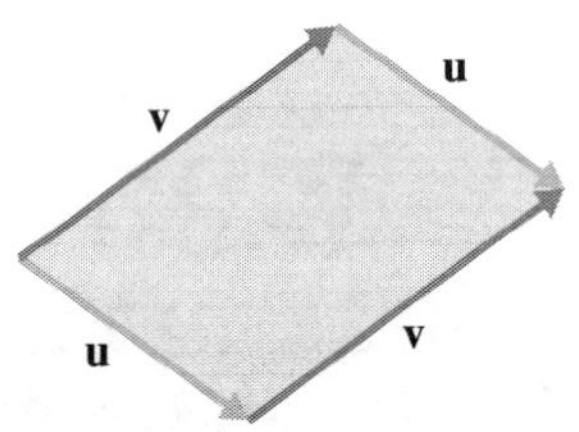

Figura 1.8
O paralelogramo determinado por **u** e **v**

Transladando **u** e **v** paralelamente a eles mesmos, obtemos um paralelogramo, conforme mostra a figura 1.8. Esse paralelogramo é chamado de *paralelogramo determinado por* **u** *e* **v**. Ele nos leva a uma versão equivalente à regra da adição, para vetores na posição padrão.

A Regra do Paralelogramo

Dados os vetores **u** e **v** de $\mathbb{R}^2$ (na posição padrão), sua ***soma*** **u** + **v** é o vetor na posição padrão sobre a diagonal do paralelogramo determinado por **u** e **v**. (Veja a figura 1.9.)

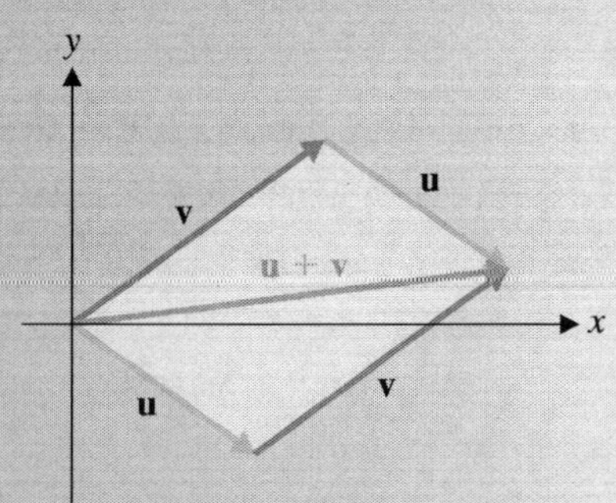

Figura 1.9
A regra do paralelogramo

Exemplo 1.2

Dados **u** = [3, −1] e **v** = [1, 4], calcule e desenhe **u** + **v**.

Solução Calculamos **u** + **v** = [3 + 1, −1 + 4] = [4, 3]. Esse vetor é desenhado por meio da regra da adição na figura 1.10(a) e da regra do paralelogramo na figura 1.10 (b).

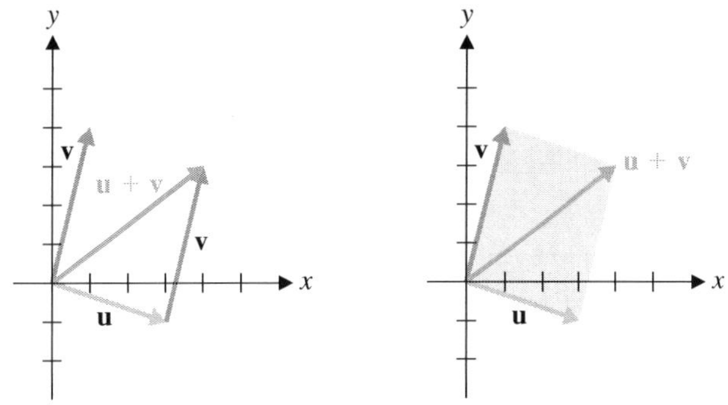

Figura 1.10

A segunda operação básica que fazemos com vetores é a ***multiplicação por escalar***. Dado um vetor **v** e um número real k, o ***múltiplo escalar*** $k\mathbf{v}$ é o vetor obtido pela multiplicação de cada componente de **v** por k. Por exemplo, $3[-2, 4] = [-6, 12]$. Em geral,

$$k\mathbf{v} = k\,[v_1, v_2] = [kv_1, kv_2]$$

Geometricamente, $k\mathbf{v}$ é uma versão de **v** em outra escala.

Exemplo 1.3

Se $\mathbf{v} = [-2, 4]$, determine e desenhe $2\mathbf{v}$, $\frac{1}{2}\mathbf{v}$, e $-2\mathbf{v}$.

Solução Calculamos da seguinte maneira:

$$\begin{aligned} 2\mathbf{v} &= [2(-2), 2(4)] = [-4, 8] \\ \tfrac{1}{2}\mathbf{v} &= [\tfrac{1}{2}(-2), \tfrac{1}{2}(4)] = [-1, 2] \\ -2\mathbf{v} &= [-2(-2), -2(4)] = [4, -8] \end{aligned}$$

Esses vetores são mostrados na figura 1.11.

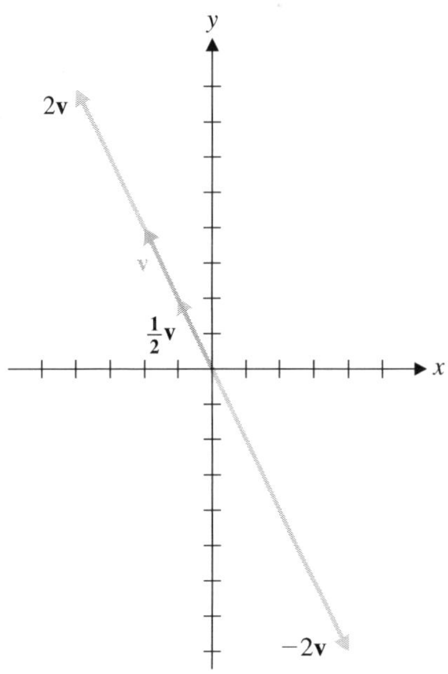

Figura 1.11

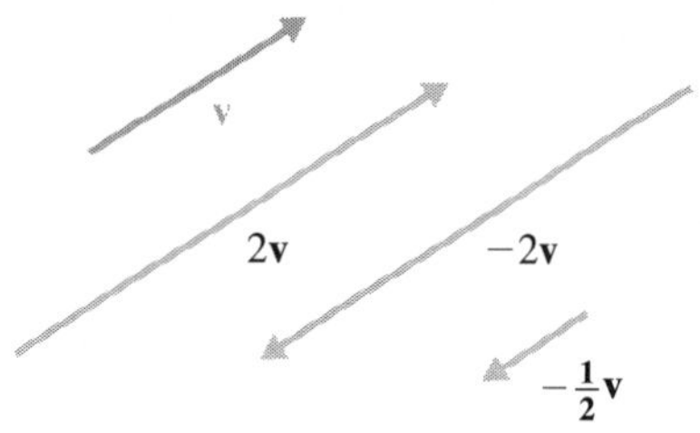

Figura 1.12

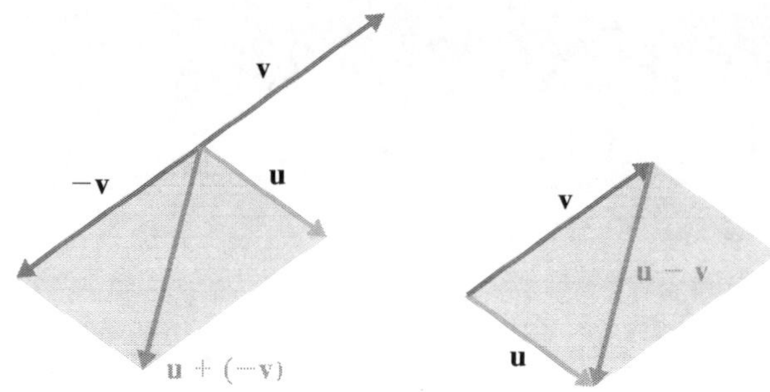

Figura 1.13
Subtração de vetores

O termo *escalar* vem da palavra grega *scala*, que significa "escada". Os degraus igualmente espaçados de uma escada sugerem uma escala, e, na aritmética vetorial, a multiplicação por uma constante altera apenas a escala (ou comprimento e sentido) de um vetor. Assim, as constantes são conhecidas como escalares.

Observe que $k\mathbf{v}$ tem o mesmo sentido de $\mathbf{v}$ se $k > 0$, e sentido oposto se $k < 0$. Além disso, o comprimento de $k\mathbf{v}$ é $|v|$ vezes o comprimento de $\mathbf{v}$. Por esse motivo, no contexto dos vetores, as constantes (isto é, os números reais) são chamadas de ***escalares***. Levando-se em conta a translação de vetores, dois vetores são múltiplos escalares um do outro se, e somente se, eles são ***paralelos***, como ilustrado na figura 1.12.

Um caso especial de múltiplo escalar é $(-1)\mathbf{v}$, também escrito como $-\mathbf{v}$ e chamado ***oposto de*** $\mathbf{v}$. Podemos usá-lo para definir ***subtração de vetores***: a ***diferença*** entre $\mathbf{u}$ e $\mathbf{v}$ é o vetor $\mathbf{u} - \mathbf{v}$, definido por

$$\mathbf{u} - \mathbf{v} = \mathbf{u} + (-\mathbf{v})$$

A figura 1.13 mostra que $\mathbf{u} - \mathbf{v}$ corresponde à "outra" diagonal do paralelogramo determinado por $\mathbf{u}$ e $\mathbf{v}$.

Exemplo 1.4

Se $\mathbf{u} = [1, 2]$ e $\mathbf{v} = [-3, 1]$, então $\mathbf{u} - \mathbf{v} = [1 - (-3), 2 - 1] = [4, 1]$.

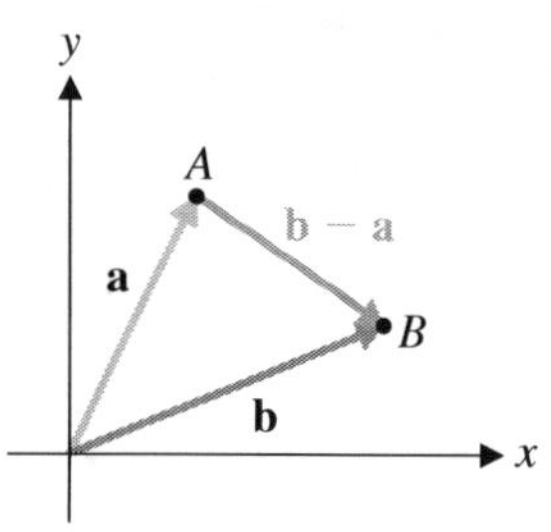

Figura 1.14

A definição de subtração no exemplo 1.4 também lembra o procedimento para determinarmos um vetor como $\overrightarrow{AB}$. Se os pontos A e B correspondem aos vetores $\mathbf{a}$ e $\mathbf{b}$ na posição padrão, então $\overrightarrow{AB} = \mathbf{b} - \mathbf{a}$, como mostra a figura 1.14. (Observe que a regra da adição, aplicada a esse diagrama, fornece a equação $\mathbf{a} + (\mathbf{b} - \mathbf{a}) = \mathbf{b}$. Se tivéssemos, acidentalmente, desenhado $\mathbf{b} - \mathbf{a}$ com extremidade em A e não em B, o diagrama seria lido como $\mathbf{b} + (\mathbf{b} - \mathbf{a}) = \mathbf{a}$, que é claramente falso! Ainda nesta seção, falaremos mais sobre expressões algébricas que envolvem vetores.)

Vetores de $\mathbb{R}^3$

Tudo o que fizemos até agora se generaliza facilmente para três dimensões. O conjunto de todas as *triplas ordenadas* de números reais é denotado por $\mathbb{R}^3$. Pontos e vetores são localizados usando-se três eixos coordenados perpendiculares dois a dois e que se encontram em uma origem O. Por exemplo, o ponto $A = (1, 2, 3)$ pode ser localizado assim: primeiro percorremos uma unidade ao longo do eixo x, então nos movemos duas unidades paralelamente ao eixo y e finalmente percorremos três unidades paralelamente ao eixo z. O vetor correspondente $\mathbf{a} = [1, 2, 3]$ é então $\overrightarrow{OA}$,, como mostra a figura 1.15.

Outra maneira de visualizar o vetor $\mathbf{a}$ de $\mathbb{R}^3$ é construir uma caixa cujos seis lados sejam determinados pelos três planos coordenados (os planos xy, xz, e yz) e pelos três planos paralelos aos planos coordenados e que passam por $(1, 2, 3)$. O vetor $[1, 2, 3]$ corresponde à diagonal que liga a origem ao vértice diametralmente oposto (figura 1.16).

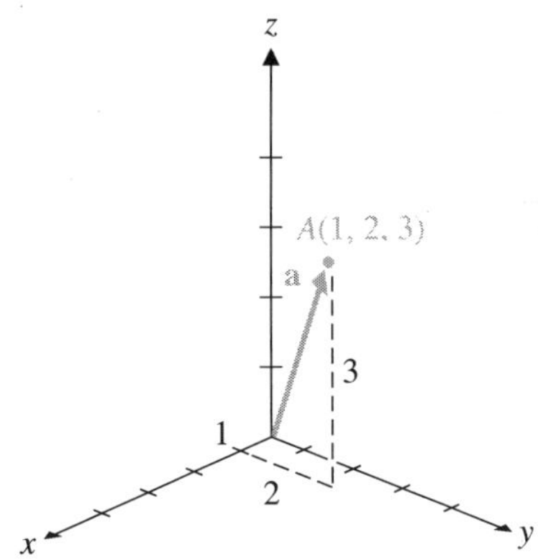

Figura 1.15

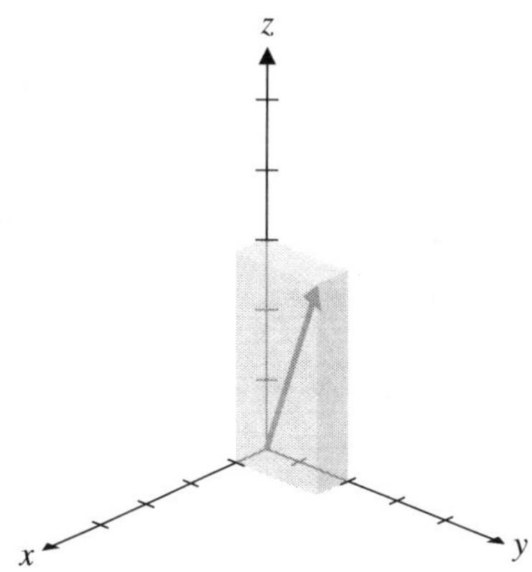

Figura 1.16

As definições "componente a componente" da adição de vetores e multiplicação por escalar se estendem ao $\mathbb{R}^3$ de maneira óbvia.

Vetores de $\mathbb{R}^n$

Em geral, definimos $\mathbb{R}^n$ como o conjunto de todas as *n-uplas ordenadas* de números reais, escritos como vetores linha ou coluna. Assim, um vetor **v** de $\mathbb{R}^n$ é da forma

$$[v_1, v_2, \ldots, v_n] \quad \text{ou} \quad \begin{bmatrix} v_1 \\ v_2 \\ \vdots \\ v_n \end{bmatrix}$$

As entradas individuais de **v** são as suas componentes; v_i é designada como a i-ésima componente.

Estendemos a definição de adição de vetores e multiplicação por escalar em $\mathbb{R}^n$ de maneira óbvia: se $\mathbf{u} = [u_1, u_2, ..., u_n]$ e $\mathbf{v} = [v_1, v_2, ..., v_n]$, a i-ésima componente de $\mathbf{u} + \mathbf{v}$ é $u_i + v_i$, e a i-ésima componente de $k\mathbf{v}$ é justamente kv_i.

Como não podemos desenhar vetores de $\mathbb{R}^n$, é importante que sejamos capazes de calcular com vetores. Devemos ser cuidadosos e não assumir que a aritmética vetorial seja similar à aritmética dos números reais. Frequentemente é, e os cálculos algébricos que fazemos com os vetores são similares aos que fazemos com escalares. No entanto, nas seções posteriores, encontraremos situações em que a álgebra vetorial é *bem diferente* das que encontramos em nossa experiência com os números reais. É importante, portanto, verificar todas as propriedades algébricas antes de ceder à tentação de usá-las.

Uma dessas propriedades é a *comutatividade* da adição: $\mathbf{u} + \mathbf{v} = \mathbf{v} + \mathbf{u}$ para vetores **u** e **v**. Isso é certamente verdadeiro em $\mathbb{R}^2$. Geometricamente, a regra da adição mostra que $\mathbf{u} + \mathbf{v}$ e $\mathbf{v} + \mathbf{u}$ são ambos a mesma diagonal do paralelogramo determinado por **u** e **v**. (A regra do paralelogramo também reflete essa simetria; veja a figura 1.17).

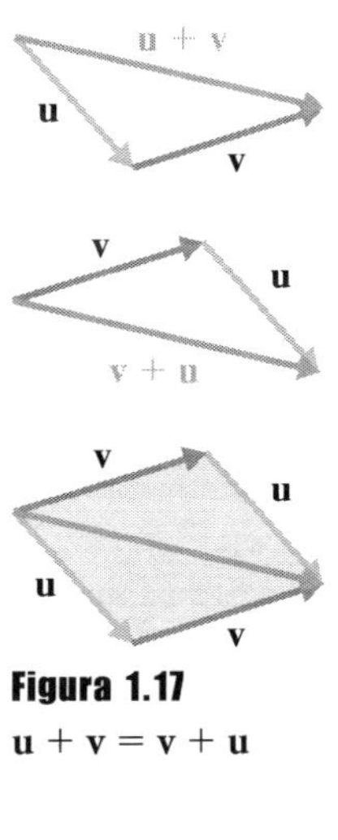

Figura 1.17
$\mathbf{u} + \mathbf{v} = \mathbf{v} + \mathbf{u}$

Note que a figura 1.17 é simplesmente uma ilustração da propriedade $\mathbf{u} + \mathbf{v} = \mathbf{v} + \mathbf{u}$. Não é uma demonstração, pois não considera todos os casos possíveis. Por exemplo, também devemos incluir os casos onde $\mathbf{u} = \mathbf{v}$, $\mathbf{u} = -\mathbf{v}$ e $\mathbf{u} = \mathbf{0}$. (Como seria o diagrama para estes casos?) Por esse motivo, é necessária uma prova algébrica. Entretanto, é tão fácil fornecer uma demonstração válida em $\mathbb{R}^n$ quanto uma válida em $\mathbb{R}^2$.

O teorema a seguir resume as propriedades algébricas da adição de vetores e multiplicação por escalar em $\mathbb{R}^n$. As demonstrações são consequências das correspondentes propriedades dos números reais.

Teorema 1.1 Propriedades Algébricas de Vetores em $\mathbb{R}^n$

Sejam **u**, **v** e **w** vetores de $\mathbb{R}^n$, e k e l, escalares. Então:

a. $\mathbf{u} + \mathbf{v} = \mathbf{v} + \mathbf{u}$ — Comutatividade
b. $(\mathbf{u} + \mathbf{v}) + \mathbf{w} = \mathbf{u} + (\mathbf{v} + \mathbf{w})$ — Associatividade
c. $\mathbf{u} + \mathbf{0} = \mathbf{u}$
d. $\mathbf{u} + (-\mathbf{u}) = \mathbf{0}$
e. $k(\mathbf{u} + \mathbf{v}) = k\mathbf{u} + k\mathbf{v}$ — Distributividade
f. $(k + l)\mathbf{u} = k\mathbf{u} + l\mathbf{u}$ — Distributividade
g. $k(l\mathbf{u}) = (kl)\mathbf{u}$
h. $1\mathbf{u} = \mathbf{u}$

Observações:

- As propriedades (c) e (d), juntamente com a propriedade (a) de comutatividade, implicam que $\mathbf{0} + \mathbf{u} = \mathbf{u}$, assim como $-\mathbf{u} + \mathbf{u} = \mathbf{0}$.
- Se lermos da direita para a esquerda as propriedades (c) e (d) de distributividade, elas dizem que podemos *fatorar* um escalar comum ou um vetor comum às parcelas de uma soma.

A palavra *teorema* se origina da palavra grega *theorema*, que vem de uma palavra que significa "procurar". Um teorema é baseado em ideias que temos quando estudamos exemplos e extraímos deles propriedades que tentamos provar que valem em geral. Analogamente, quando compreendemos alguma coisa em matemática — a demonstração de um teorema, por exemplo —, com frequência dizemos "Eu percebi".

DEMONSTRAÇÃO Provaremos as propriedades (a) e (b) e deixaremos as demonstrações das outras propriedades como exercícios. Sejam $\mathbf{u} = [u_1, u_2, ..., u_n]$, $\mathbf{v} = [v_1, v_2, ..., v_n]$ e $\mathbf{w} = [w_1, w_2, ..., w_n]$.

(a)

$$\begin{aligned}\mathbf{u} + \mathbf{v} &= [u_1, u_2, \ldots, u_n] + [v_1, v_2, \ldots, v_n]\\ &= [u_1 + v_1, u_2 + v_2, \ldots, u_n + v_n]\\ &= [v_1 + u_1, v_2 + u_2, \ldots, v_n + u_n]\\ &= [v_1, v_2, \ldots, v_n] + [u_1, u_2, \ldots, u_n]\\ &= \mathbf{v} + \mathbf{u}\end{aligned}$$

A segunda e a quarta igualdades valem pela definição de adição de vetores, e a terceira decorre da comutatividade da adição de números reais.

(b) A figura 1.18 ilustra a associatividade em $\mathbb{R}^2$. Algebricamente, temos:

$$\begin{aligned}(\mathbf{u} + \mathbf{v}) + \mathbf{w} &= ([u_1, u_2, \ldots, u_n] + [v_1, v_2, \ldots, v_n]) + [w_1, w_2, \ldots, w_n]\\ &= [u_1 + v_1, u_2 + v_2, \ldots, u_n + v_n] + [w_1, w_2, \ldots, w_n]\\ &= [(u_1 + v_1) + w_1, (u_2 + v_2) + w_2, \ldots, (u_n + v_n) + w_n]\\ &= [u_1 + (v_1 + w_1), u_2 + (v_2 + w_2), \ldots, u_n + (v_n + w_n)]\\ &= [u_1, u_2, \ldots, u_n] + [v_1 + w_1, v_2 + w_2, \ldots, v_n + w_n]\\ &= [u_1, u_2, \ldots, u_n] + ([v_1, v_2, \ldots, v_n] + [w_1, w_2, \ldots, w_n])\\ &= \mathbf{u} + (\mathbf{v} + \mathbf{w})\end{aligned}$$

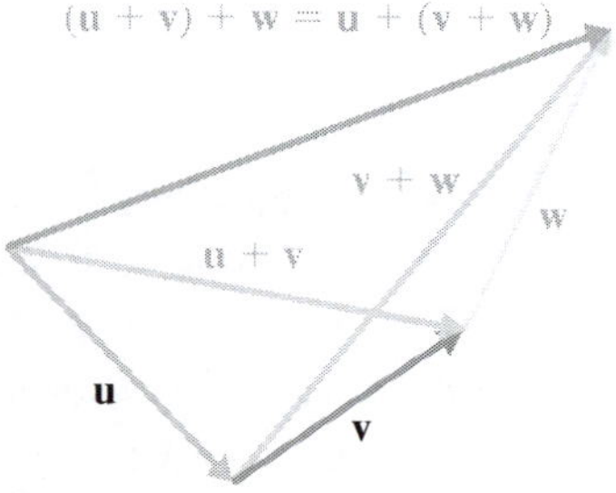

Figura 1.18

A quarta igualdade vale pela associatividade da adição de números reais. Note o uso cuidadoso dos parênteses.

Pela propriedade (b) do Teorema 1.1, podemos, sem ambiguidade, escrever $\mathbf{u} + \mathbf{v} + \mathbf{w}$ omitindo os parênteses, já que podemos agrupar as parcelas na ordem que quisermos. Por (a), também podemos rearranjar as parcelas — por exemplo, como $\mathbf{w} + \mathbf{u} + \mathbf{v}$ — se assim o quisermos. Da mesma maneira, somas de quatro ou mais vetores podem ser efetuadas sem levarmos em conta a ordem ou a maneira de agrupar. Em geral, se $\mathbf{v}_1, \mathbf{v}_2, \ldots, \mathbf{v}_k$ são vetores de $\mathbb{R}^n$, escrevemos sua soma sem parênteses:

$$\mathbf{v}_1 + \mathbf{v}_2 + \cdots + \mathbf{v}_k$$

O próximo exemplo ilustra o uso do Teorema 1.1 ao efetuarmos cálculos algébricos com vetores.

Exemplo 1.5

Suponhamos que **a**, **b** e **x** sejam vetores de $\mathbb{R}^n$.
(a) Simplifique $3\mathbf{a} + (5\mathbf{b} - 2\mathbf{a}) + 2(\mathbf{b} - \mathbf{a})$.
(b) Se $5\mathbf{x} - \mathbf{a} = 2(\mathbf{a} + 2\mathbf{x})$, encontre **x** em função de **a**.

Solução Daremos ambas as soluções com detalhes, referenciando todas as propriedades do Teorema 1.1 que usarmos. É uma boa prática justificar todos os passos nas primeiras vezes que você faz esse tipo de cálculo. Uma vez familiarizado com as propriedades dos vetores, é aceitável que você omita alguns dos passos intermediários para economizar tempo e espaço.

(a) Começamos inserindo parênteses.

$$\begin{aligned}
3\mathbf{a} + (5\mathbf{b} - 2\mathbf{a}) + 2(\mathbf{b} - \mathbf{a}) &= (3\mathbf{a} + (5\mathbf{b} - 2\mathbf{a})) + 2(\mathbf{b} - \mathbf{a}) \\
&= (3\mathbf{a} + (-2\mathbf{a} + 5\mathbf{b})) + (2\mathbf{b} - 2\mathbf{a}) && \text{(a), (e)} \\
&= ((3\mathbf{a} + (-2\mathbf{a})) + 5\mathbf{b}) + (2\mathbf{b} - 2\mathbf{a}) && \text{(b)} \\
&= ((3 + (-2))\mathbf{a} + 5\mathbf{b}) + (2\mathbf{b} - 2\mathbf{a}) && \text{(f)} \\
&= (1\mathbf{a} + 5\mathbf{b}) + (2\mathbf{b} - 2\mathbf{a}) \\
&= ((\mathbf{a} + 5\mathbf{b}) + 2\mathbf{b}) - 2\mathbf{a} && \text{(b), (h)} \\
&= (\mathbf{a} + (5\mathbf{b} + 2\mathbf{b})) - 2\mathbf{a} && \text{(b)} \\
&= (\mathbf{a} + (5 + 2)\mathbf{b}) - 2\mathbf{a} && \text{(f)} \\
&= (7\mathbf{b} + \mathbf{a}) - 2\mathbf{a} && \text{(a)} \\
&= 7\mathbf{b} + (\mathbf{a} - 2\mathbf{a}) && \text{(b)} \\
&= 7\mathbf{b} + (1 - 2)\mathbf{a} && \text{(f), (h)} \\
&= 7\mathbf{b} + (-1)\mathbf{a} \\
&= 7\mathbf{b} - \mathbf{a}
\end{aligned}$$

Agora você pode ver por que concordaremos em omitir algumas dessas etapas! Na prática, é aceitável simplificar essa sequência de operações como

$$\begin{aligned}
3\mathbf{a} + (5\mathbf{b} - 2\mathbf{a}) + 2(\mathbf{b} - \mathbf{a}) &= 3\mathbf{a} + 5\mathbf{b} - 2\mathbf{a} + 2\mathbf{b} - 2\mathbf{a} \\
&= (3\mathbf{a} - 2\mathbf{a} - 2\mathbf{a}) + (5\mathbf{b} + 2\mathbf{b}) \\
&= -\mathbf{a} + 7\mathbf{b}
\end{aligned}$$

ou então fazer a maior parte dos cálculos mentalmente.

(b) Com detalhes, temos:

$$
\begin{aligned}
5\mathbf{x} - \mathbf{a} &= 2(\mathbf{a} + 2\mathbf{x}) \\
5\mathbf{x} - \mathbf{a} &= 2\mathbf{a} + 2(2\mathbf{x}) && \text{(e)} \\
5\mathbf{x} - \mathbf{a} &= 2\mathbf{a} + (2\cdot 2)\mathbf{x} && \text{(g)} \\
5\mathbf{x} - \mathbf{a} &= 2\mathbf{a} + 4\mathbf{x} \\
(5\mathbf{x} - \mathbf{a}) - 4\mathbf{x} &= (2\mathbf{a} + 4\mathbf{x}) - 4\mathbf{x} \\
(-\mathbf{a} + 5\mathbf{x}) - 4\mathbf{x} &= 2\mathbf{a} + (4\mathbf{x} - 4\mathbf{x}) && \text{(a), (b)} \\
-\mathbf{a} + (5\mathbf{x} - 4\mathbf{x}) &= 2\mathbf{a} + \mathbf{0} && \text{(b), (d)} \\
-\mathbf{a} + (5 - 4)\mathbf{x} &= 2\mathbf{a} && \text{(f), (c)} \\
-\mathbf{a} + (1)\mathbf{x} &= 2\mathbf{a} \\
\mathbf{a} + (-\mathbf{a} + \mathbf{x}) &= \mathbf{a} + 2\mathbf{a} && \text{(h)} \\
(\mathbf{a} + (-\mathbf{a})) + \mathbf{x} &= (1 + 2)\mathbf{a} && \text{(b), (f)} \\
\mathbf{0} + \mathbf{x} &= 3\mathbf{a} && \text{(d)} \\
\mathbf{x} &= 3\mathbf{a} && \text{(c)}
\end{aligned}
$$

Novamente, omitiremos muitas dessas etapas na maioria dos casos.

Combinações Lineares e Coordenadas

Um vetor que é uma soma de múltiplos escalares de outros vetores é chamado *combinação linear* desses vetores. A definição formal é a que segue:

Definição Um vetor $\mathbf{v}$ é uma ***combinação linear*** de vetores $\mathbf{v}_1, \mathbf{v}_2, ..., \mathbf{v}_k$ se existem escalares $c_1, c_2, \ldots, c_k$ tais que $\mathbf{v} = c_1\mathbf{v}_1 + c_2\mathbf{v}_2 + \ldots + c_k\mathbf{v}_k$. Os escalares $c_1, c_2, \ldots c_k$ são chamados ***coeficientes*** da combinação linear.

Exemplo 1.6

O vetor $\begin{bmatrix} 2 \\ -2 \\ -1 \end{bmatrix}$ é uma combinação linear de $\begin{bmatrix} 1 \\ 0 \\ -1 \end{bmatrix}$, $\begin{bmatrix} 2 \\ -3 \\ 1 \end{bmatrix}$, e $\begin{bmatrix} 5 \\ -4 \\ 0 \end{bmatrix}$, pois

$$3\begin{bmatrix} 1 \\ 0 \\ -1 \end{bmatrix} + 2\begin{bmatrix} 2 \\ -3 \\ 1 \end{bmatrix} - \begin{bmatrix} 5 \\ -4 \\ 0 \end{bmatrix} = \begin{bmatrix} 2 \\ -2 \\ -1 \end{bmatrix}$$

Observação Determinar se um dado vetor é combinação linear de outros vetores é um problema do qual nos ocuparemos no capítulo 2.

Em $\mathbb{R}^2$, é possível desenhar combinações lineares de dois vetores (não paralelos) de modo conveniente.

Exemplo 1.7

Sejam $\mathbf{u} = \begin{bmatrix} 3 \\ 1 \end{bmatrix}$ e $\mathbf{v} = \begin{bmatrix} 1 \\ 2 \end{bmatrix}$. Podemos utilizar $\mathbf{u}$ e $\mathbf{v}$ para constituir um novo sistema de eixos (do mesmo modo que $\mathbf{e}_1 = \begin{bmatrix} 1 \\ 0 \end{bmatrix}$ e $\mathbf{e}_2 = \begin{bmatrix} 0 \\ 1 \end{bmatrix}$ determinam o sistema de eixos usual).

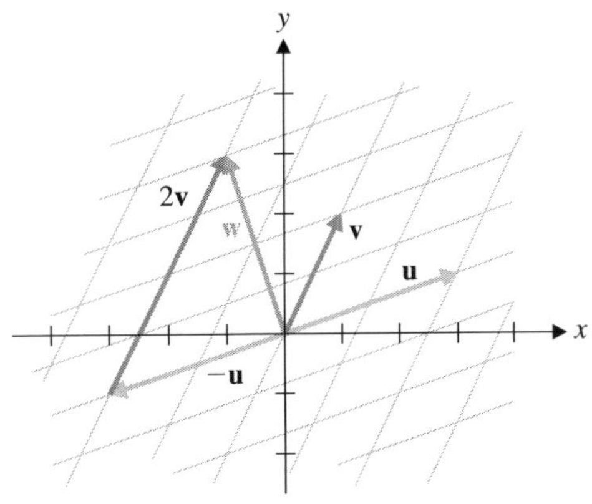

Figura 1.19

Com esses novos eixos, podemos obter uma ***rede coordenada*** que nos permita facilmente desenhar combinações lineares de **u** e **v**.

Como mostra a figura 1.19, **w** pode ser localizado partindo-se da origem e percorrendo-se $-\mathbf{u}$ seguido de $2\mathbf{v}$. Isto é,

$$\mathbf{w} = -\mathbf{u} + 2\mathbf{v}$$

Dizemos que as coordenadas de **w** em relação a **u** e a **v** são -1 e 2. (Note que essa é apenas outra maneira de interpretar os coeficientes de uma combinação linear.) Segue que

$$\mathbf{w} = -\begin{bmatrix} 3 \\ 1 \end{bmatrix} + 2\begin{bmatrix} 1 \\ 2 \end{bmatrix} = \begin{bmatrix} -1 \\ 3 \end{bmatrix}$$

(Observe que -1 e 3 são as coordenadas de **w** em relação a $\mathbf{e}_1$ e $\mathbf{e}_2$.)

Mudar do sistema de eixos usual para outro alternativo é uma ideia vantajosa e tem aplicações em química e geologia, já que as estruturas moleculares e cristalinas frequentemente não se adaptam à rede retangular. Neste livro, encontraremos essa ideia muitas vezes.

Vetores binários e aritmética modular

Encontramos, também, um tipo de vetor que não possui interpretação geométrica – pelo menos não na geometria euclidiana. Os dados em computadores são representados em função de 0s e 1s (que podem ser interpretados como desliga/liga, fechado/aberto, falso/verdadeiro, não/sim). **Vetores binários** são vetores em que cada uma de suas componentes é somente um 0 ou um 1. Veremos no capítulo 8 que tais vetores surgem naturalmente nos estudos de muitos tipos de códigos.

Nesse cenário, as regras usuais de aritmética devem ser modificadas, uma vez que o resultado de cada cálculo que envolva escalares deva ser 0 ou 1. A seguir estão as regras modificadas para a soma e multiplicação.

+	0	1
0	0	1
1	1	0

·	0	1
0	0	0
1	0	1

A única curiosidade aqui é a regra que diz que $1 + 1 = 0$. Isso não é tão estranho quanto parece; se trocarmos o 0 pela palavra "par" e o 1 pela palavra "ímpar", essas tabelas simplesmente resumem a conhecida regra de paridade para adição e multiplicação de números inteiros pares e ímpares. Por exemplo, $1 + 1 = 0$ representa o fato de que a soma de dois números ímpares é um número par. Com essas regras, nosso conjunto de escalares {0, 1} é denotado $\mathbb{Z}_2$ e é chamado conjunto dos ***inteiros módulo 2***.

Exemplo 1.8

Em $\mathbb{Z}_2$, $1 + 1 + 0 + 1 = 1$ e $1 + 1 + 1 + 1 = 0$. (Esses cálculos ilustram, mais uma vez, a regra de paridade: a soma de três números ímpares e um par é um número ímpar; a soma de quatro números ímpares é um número par.)

Estamos utilizando o termo *comprimento* de maneira diferente ao que usamos em $\mathbb{R}^n$. Isso não deve causar confusão uma vez que não há uma interpretação geométrica de comprimento para vetores binários.

Considerando $\mathbb{Z}_2$ nosso conjunto de escalares, podemos estender as regras acima para vetores. O conjunto de todas as n-uplas de 0s e 1s (com toda a aritmética trabalhada em módulo 2) é denotado $\mathbb{Z}_2^n$. Os vetores pertencentes a $\mathbb{Z}_2^n$ são chamados ***vetores binários de comprimento n***.

Exemplo 1.9

Os vetores de $\mathbb{Z}_2^2$ são [0, 0], [0, 1], [1, 0], e [1, 1]. (Em geral, quantos vetores há em $\mathbb{Z}_2^n$?)

Exemplo 1.10

Sejam $\mathbf{u} = [1, 1, 0, 1, 0]$ e $\mathrm{v} = [0, 1, 1, 1, 0]$ dois vetores binários de comprimento 5. Determine $\mathbf{u} + \mathbf{v}$.

Solução Como os cálculos de u + v se dão em $\mathbb{Z}_2$, temos

$$\begin{aligned}\mathbf{u} + \mathbf{v} &= [1, 1, 0, 1, 0] + [0, 1, 1, 1, 0] \\ &= [1 + 0, 1 + 1, 0 + 1, 1 + 1, 0 + 0] \\ &= [1, 0, 1, 0, 0]\end{aligned}$$

É possível generalizar o que acabamos de fazer com vetores binários para vetores cujas componentes pertencem a um conjunto finito {0, 1, 2, . . . , k} em que $k \geq 2$. Para isso, primeiro precisamos estender a ideia de aritmética binária.

Exemplo 1.11

Os ***inteiros módulo*** 3 formam o conjunto $\mathbb{Z}_3 = \{0, 1, 2\}$ em que a adição e multiplicação são definidas pelas tabelas a seguir:

+	0	1	2
0	0	1	2
1	1	2	0
2	2	0	1

·	0	1	2
0	0	0	0
1	0	1	2
2	0	2	1

Observe que o resultado de cada adição e de cada multiplicação pertence ao conjunto {0, 1, 2}; dizemos que $\mathbb{Z}_3$ é ***fechado*** para as operações de adição e multiplicação. Talvez seja mais fácil pensar neste conjunto como um relógio de 3 horas com 0, 1 e 2 em seu mostrador, como ilustrado na figura 1.20.

O cálculo de $1 + 2 = 0$ pode ser entendido como: 2 horas depois da 1 hora é 0 hora. Do mesmo modo que 24:00 e 12:00 são a mesma hora em um relógio de 12 horas, assim, 3 e 0 são equivalentes nesse relógio de 3 horas. Analogamente, todos os múltiplos de 3 — positivos e negativos — são equivalents a 0 aqui; 1 é equivalente a qualquer número que seja 1 mais um múltiplo de 3 (tais como −2, 4, e 7); e 2 é equivalente a qualquer número que seja 2 mais um múltiplo de 3 (tais como −1, 5, e 8). Podemos visualizar o número na linha de acordo com as voltas ao redor da circunferência, conforme figura 1.21.

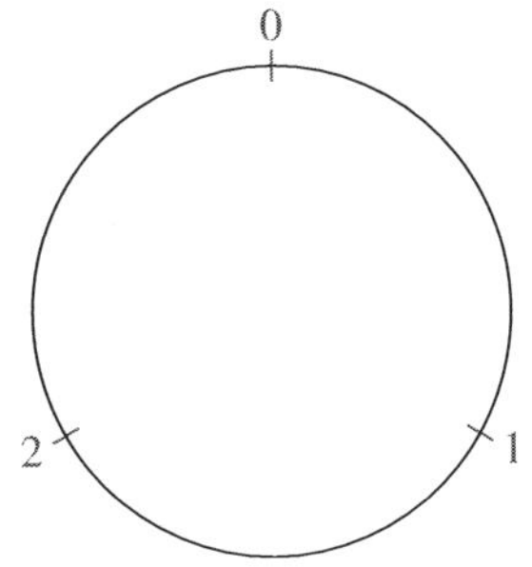

Figura 1.20
Aritimética módulo 3

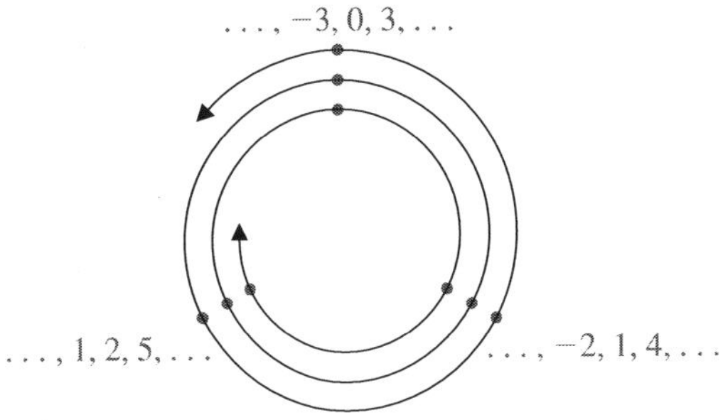

Figura 1.21

Exemplo 1.12 A que 3548 é equivalente em $\mathbb{Z}_3$?

Solução Isso é o mesmo que perguntar onde 3548 se posiciona em um relógio de 3 horas. A ideia é calcular quão distante este número está do mais próximo (o menor) múltiplo de 3; ou seja, precisamos saber o *resto* da divisão de 3548 por 3. Fazendo a divisão, obtemos que $3548 = 3 \cdot 1182 + 2$, de modo que o resto é 2. Portanto, 3548 é equivalente a 2 em $\mathbb{Z}_3$.

Em cursos de Álgebra Abstrata e Teoria de Números, em que esses conceitos são explorados mais detalhadamente, a equivalência acima é comumente escrita como $3548 = 2 \pmod 3$ ou $3548 \equiv 2 \pmod 3$, em que $\equiv$ é lido como "é congruente a." Não usaremos esta notação nem esta terminologia aqui.

Exemplo 1.13 Em $\mathbb{Z}_3$, calcule $2 + 2 + 1 + 2$.

Solução 1 Usaremos as mesmas ideias do exemplo 1.12. A soma simples é $2 + 2 + 1 + 2 = 7$, que corresponde a 1 a mais que 6, de modo que a divisão por 3 resulta em resto 1. Assim, $2 + 2 + 1 + 2 = 1$ em $\mathbb{Z}_3$.

Solução 2 Um procedimento melhor para fazer os cálculos é fazer toda a conta passo a passo em $\mathbb{Z}_3$.

$$\begin{aligned} 2 + 2 + 1 + 2 &= (2 + 2) + 1 + 2 \\ &= 1 + 1 + 2 \\ &= (1 + 1) + 2 \\ &= 2 + 2 \\ &= 1 \end{aligned}$$

Note que utilizamos os parêntesis para separar os termos que escolhemos agrupar. Podemos acelerar o procedimento agrupando as duas primeiras e as duas útimas parcelas:

$$\begin{aligned} (2 + 2) + (1 + 2) &= 1 + 0 \\ &= 1 \end{aligned}$$

Multiplicações sucessivas podem ser tratadas de modo análago. A ideia é utilizar as tabelas de adição e de multiplicação para reduzir o resultado do cálculo para 0, 1 ou 2.

Essas ideias podem ser generalizadas para vetores de modo direto.

Exemplo 1.14

Em $\mathbb{Z}_3^5$, considere $\mathbf{u} = [2, 2, 0, 1, 2]$ e $\mathbf{v} = [1, 2, 2, 2, 1]$. Assim

$$\begin{aligned}\mathbf{u} + \mathbf{v} &= [2, 2, 0, 1, 2] + [1, 2, 2, 2, 1] \\ &= [2 + 1, 2 + 2, 0 + 2, 1 + 2, 2 + 1] \\ &= [0, 1, 2, 0, 0]\end{aligned}$$

Vetores em $\mathbb{Z}_3^5$, são chamados ***vetores ternários de comprimento*** 5.

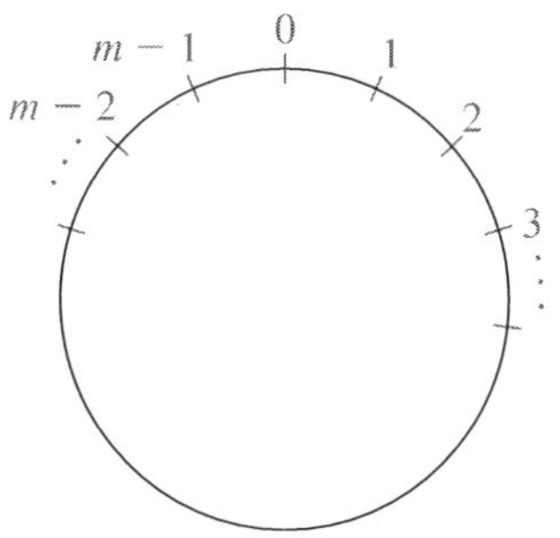

Figura 1.22
Aritmética módulo m

De modo geral, temos o conjunto $\mathbb{Z}_m = \{0, 1, 2, \ldots, m - 1\}$ de ***inteiros módulo m*** (que corresponde a um relógio de m horas, como ilustrado na figura 1.22). Um vetor de comprimento n cujas componentes estão em $\mathbb{Z}_m$ é chamado um **vetor m-ário de comprimento *n***. O conjunto de todos os *vetores m-ários de comprimento n* é denotado $\mathbb{Z}_m^n$.

Exercícios 1.1

1. Desenhe os seguintes vetores em posição padrão em $\mathbb{R}^2$:

(a) $\mathbf{a} = \begin{bmatrix} 3 \\ 0 \end{bmatrix}$ **(b)** $\mathbf{b} = \begin{bmatrix} 2 \\ 3 \end{bmatrix}$

(c) $\mathbf{c} = \begin{bmatrix} -2 \\ 3 \end{bmatrix}$ **(d)** $\mathbf{d} = \begin{bmatrix} 3 \\ -2 \end{bmatrix}$

2. Desenhe os vetores do exercício 1 com suas origens no ponto $(2, -3)$.

3. Desenhe os seguintes vetores na posição padrão em $\mathbb{R}^3$:

(a) $\mathbf{a} = [0, 2, 0]$ **(b)** $\mathbf{b} = [3, 2, 1]$
(c) $\mathbf{c} = [1, -2, 1]$ **(d)** $\mathbf{d} = [-1, -1, -2]$

4. Se os vetores do exercício 3 forem transladados de modo que suas extremidades estejam no ponto (3, 2, 1), ache os pontos correspondentes às suas origens.

5. Para cada um dos seguintes pares de pontos, desenhe o vetor $\overrightarrow{AB}$. Depois, determine e redesenhe $\overrightarrow{AB}$ na posição padrão.

(a) $A = (1, -1)$, $B = (4, 2)$
(b) $A = (0, -2)$, $B = (2, -1)$
(c) $A = (2, \frac{3}{2})$, $B = (\frac{1}{2}, 3)$
(d) $A = (\frac{1}{3}, \frac{1}{3})$, $B = (\frac{1}{6}, \frac{1}{2})$

6. Um excursionista anda 4 km no sentido norte e depois 5 km no sentido nordeste. Desenhe os vetores deslocamento que representam o passeio do excursionista e o vetor que representa o deslocamento real do ponto de partida.

Os exercícios de 7 a 10 se referem aos vetores do exercício 1. Determine os vetores indicados e mostre como os resultados podem ser obtidos geometricamente.

7. $\mathbf{a} + \mathbf{b}$ **8.** $\mathbf{b} - \mathbf{c}$
9. $\mathbf{d} - \mathbf{c}$ **10.** $\mathbf{a} + \mathbf{d}$

Os exercícios 11 e 12 se referem aos vetores do exercício 3. Determine os vetores indicados.

11. $2\mathbf{a} + 3\mathbf{c}$ **12.** $3\mathbf{b} - 2\mathbf{c} + \mathbf{d}$

13. Ache as componentes dos vetores $\mathbf{u}$, $\mathbf{v}$, $\mathbf{u} + \mathbf{v}$ e $\mathbf{u} - \mathbf{v}$, em que $\mathbf{u}$ e $\mathbf{v}$ aparecem na figura 1.23.

14. Na figura 1.24, A, B, C, D, E e F são os vértices de um hexágono regular centrado na origem.

Expresse cada um dos seguintes vetores em função de $\mathbf{a} = \overrightarrow{OA}$ e $\mathbf{b} = \overrightarrow{OB}$:

(a) $\overrightarrow{AB}$ **(b)** $\overrightarrow{BC}$
(c) $\overrightarrow{AD}$ **(d)** $\overrightarrow{CF}$
(e) $\overrightarrow{AC}$ **(f)** $\overrightarrow{BC} + \overrightarrow{DE} + \overrightarrow{FA}$

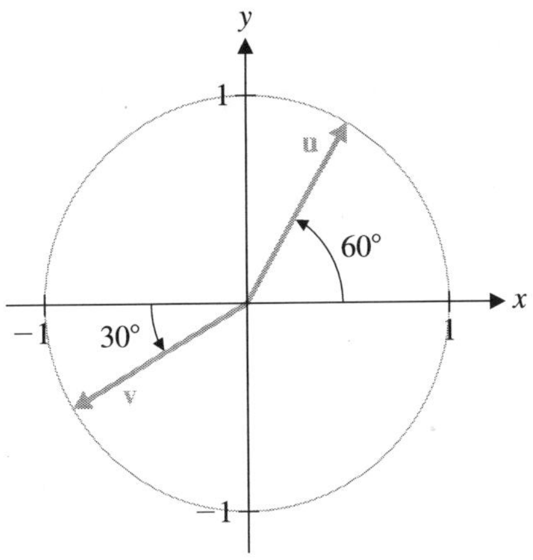

Figura 1.23

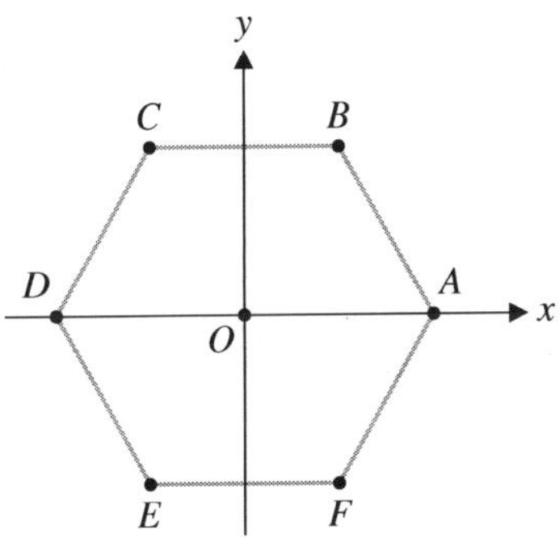

Figura 1.24

Nos exercícios 15 e 16, simplifique a expressão vetorial dada. Indique quais propriedades do Teorema 1.1 você usou.

15. $2(\mathbf{a} - 3\mathbf{b}) + 3(2\mathbf{b} + \mathbf{a})$

16. $-3(\mathbf{a} - \mathbf{c}) + 2(\mathbf{a} + 2\mathbf{b}) + 3(\mathbf{c} - \mathbf{b})$

Nos exercícios 17 e 18, encontre o vetor **x** *em função dos vetores* **a** *e* **b**.

17. $\mathbf{x} - \mathbf{a} = 2(\mathbf{x} - 2\mathbf{a})$

18. $\mathbf{x} + 2\mathbf{a} - \mathbf{b} = 3(\mathbf{x} + \mathbf{a}) - 2(2\mathbf{a} - \mathbf{b})$

Nos exercícios 19 e 20, desenhe os eixos coordenados relativos a **u** *e* **v** *e localize* **w**.

19. $\mathbf{u} = \begin{bmatrix} 1 \\ -1 \end{bmatrix}, \mathbf{v} = \begin{bmatrix} 1 \\ 1 \end{bmatrix}, \mathbf{w} = 2\mathbf{u} + 3\mathbf{v}$

20. $\mathbf{u} = \begin{bmatrix} -2 \\ 1 \end{bmatrix}, \mathbf{v} = \begin{bmatrix} 2 \\ -2 \end{bmatrix}, \mathbf{w} = -\mathbf{u} - 2\mathbf{v}$

Nos exercícios 21 e 22, desenhe os eixos coordenados usuais no mesmo diagrama que os eixos relativos a **u** *e* **v**. *Use estes últimos para obter* **w** *como combinação linear de* **u** *e* **v**.

21. $\mathbf{u} = \begin{bmatrix} 1 \\ -1 \end{bmatrix}, \mathbf{v} = \begin{bmatrix} 1 \\ 1 \end{bmatrix}, \mathbf{w} = \begin{bmatrix} 2 \\ 6 \end{bmatrix}$

22. $\mathbf{u} = \begin{bmatrix} -2 \\ 3 \end{bmatrix}, \mathbf{v} = \begin{bmatrix} 2 \\ 1 \end{bmatrix}, \mathbf{w} = \begin{bmatrix} 2 \\ 9 \end{bmatrix}$

23. Desenhe diagramas para ilustrar as propriedades (d) e (e) do Teorema 1.1.

24. Escreva demonstrações algébricas das propriedades (d) a (g) do Teorema 1.1.

Nos exercícios de 25 a 28, **u** *e* **v** *são vetores binários. Determine* **u** + **v** *em cada caso.*

25. $\mathbf{u} = \begin{bmatrix} 0 \\ 1 \end{bmatrix}, \mathbf{v} = \begin{bmatrix} 1 \\ 1 \end{bmatrix}$ **26.** $\mathbf{u} = \begin{bmatrix} 1 \\ 1 \\ 0 \end{bmatrix}, \mathbf{v} = \begin{bmatrix} 1 \\ 1 \\ 1 \end{bmatrix}$

27. $\mathbf{u} = [1, 0, 1, 1], \mathbf{v} = [1, 1, 1, 1]$

28. $\mathbf{u} = [1, 1, 0, 1, 0], \mathbf{v} = [0, 1, 1, 1, 0]$

29. Escreva as tabelas de adição e de multiplicação para $\mathbb{Z}_4$.

30. Escreva as tabelas de adição e de multiplicação para $\mathbb{Z}_5$.

Nos exercícios 31 a 43, realize os cálculos indicados.

31. $2 + 2 + 2$ em $\mathbb{Z}_3$ **32.** $2 \cdot 2 \cdot 2$ em $\mathbb{Z}_3$

33. $2(2 + 1 + 2)$ em $\mathbb{Z}_3$ **34.** $3 + 1 + 2 + 3$ em $\mathbb{Z}_4$

35. $2 \cdot 3 \cdot 2$ em $\mathbb{Z}_4$ **36.** $3(3 + 3 + 2)$ em $\mathbb{Z}_4$

37. $2 + 1 + 2 + 2 + 1$ em $\mathbb{Z}_3$, $\mathbb{Z}_4$, e $\mathbb{Z}_5$

38. $(3 + 4)(3 + 2 + 4 + 2)$ em $\mathbb{Z}_5$

39. $8(6 + 4 + 3)$ em $\mathbb{Z}_9$ **40.** 2^{100} em $\mathbb{Z}_{11}$

41. $[2, 1, 2] + [2, 0, 1]$ em $\mathbb{Z}_3^3$ **42.** $2[2, 2, 1]$ em $\mathbb{Z}_3^3$

43. $2([3, 1, 1, 2] + [3, 3, 2, 1])$ em $\mathbb{Z}_4^4$ e $\mathbb{Z}_5^4$

Nos exercícios de 44 a 55, resolva às equações dadas ou indique que não há solução.

44. $x + 3 = 2$ em $\mathbb{Z}_5$ **45.** $x + 5 = 1$ em $\mathbb{Z}_6$

46. $2x = 1$ em $\mathbb{Z}_3$ **47.** $2x = 1$ em $\mathbb{Z}_4$

48. $2x = 1$ em $\mathbb{Z}_5$ **49.** $3x = 4$ em $\mathbb{Z}_5$

50. $3x = 4$ em $\mathbb{Z}_6$ **51.** $6x = 5$ em $\mathbb{Z}_8$

52. $8x = 9$ em $\mathbb{Z}_{11}$ **53.** $2x + 3 = 2$ em $\mathbb{Z}_5$

54. $4x + 5 = 2$ em $\mathbb{Z}_6$ **55.** $6x + 3 = 1$ em $\mathbb{Z}_8$

56. **(a)** Para quais valores de a, $x + a = 0$ possui uma solução em $\mathbb{Z}_5$?

(b) Para quais valores de a e b, $x + a = b$ possui uma solução em $\mathbb{Z}_6$?

(c) Para quais valores de a, b e m, $x + a = b$ possui uma solução em $\mathbb{Z}_m$?

57. **(a)** Para quais valores de a, $ax = 1$ possui uma solução em $\mathbb{Z}_5$?

(b) Para quais valores de a, $ax = 1$ possui uma solução em $\mathbb{Z}_6$?

(c) Para quais valores de a e m, $ax = 1$ possui uma solução em $\mathbb{Z}_m$?

1.2 Comprimento e Ângulo: O Produto Escalar

É muito fácil reformular os conceitos geométricos familiares de comprimento, distância e ângulo em termos de vetores. Tal procedimento permitirá que utilizemos essas ideias importantes e poderosas em ambientes mais gerais do que $\mathbb{R}^2$ e $\mathbb{R}^3$. Nos capítulos subsequentes, estas ferramentas geométricas simples serão usadas para resolver uma grande variedade de problemas que aparecerão nas aplicações — mesmo quando não houver nenhuma geometria aparente!

O Produto Escalar

As versões vetoriais de comprimento, distância e ângulo podem ser todas descritas usando-se a noção de produto escalar de dois vetores.

Definição Se

$$\mathbf{u} = \begin{bmatrix} u_1 \\ u_2 \\ \vdots \\ u_n \end{bmatrix} \quad \text{e} \quad \mathbf{v} = \begin{bmatrix} v_1 \\ v_2 \\ \vdots \\ v_n \end{bmatrix}$$

então o ***produto escalar*** $\mathbf{u} \cdot \mathbf{v}$ de $\mathbf{u}$ e $\mathbf{v}$ é definido por

$$\mathbf{u} \cdot \mathbf{v} = u_1v_1 + u_2v_2 + \cdots + u_nv_n$$

Em palavras, $\mathbf{u} \cdot \mathbf{v}$ é a soma dos produtos das componentes correspondentes de $\mathbf{u}$ e $\mathbf{v}$. É importante observar dois aspectos sobre esse "produto" que acabamos de definir: primeiro, $\mathbf{u}$ e $\mathbf{v}$ devem ter o mesmo número de componentes; segundo, o produto escalar $\mathbf{u} \cdot \mathbf{v}$ é um *número*, não um vetor. (Este é o motivo pelo qual $\mathbf{u} \cdot \mathbf{v}$ chama-se ***produto escalar*** de $\mathbf{u}$ e $\mathbf{v}$.) O produto escalar de vetores de $\mathbb{R}^n$ é um caso especial e importante da noção mais geral de ***produto interno***, que será explorada no capítulo 7.

Exemplo 1.15

Calcule $\mathbf{u} \cdot \mathbf{v}$, em que $\mathbf{u} = \begin{bmatrix} 1 \\ 2 \\ -3 \end{bmatrix}$ e $\mathbf{v} = \begin{bmatrix} -3 \\ 5 \\ 2 \end{bmatrix}$.

Solução $\mathbf{u} \cdot \mathbf{v} = 1 \cdot (-3) + 2 \cdot 5 + (-3) \cdot 2 = 1$

Observe que, se tivéssemos calculado $\mathbf{v} \cdot \mathbf{u}$ no exemplo 1.15, teríamos obtido

$$\mathbf{v} \cdot \mathbf{u} = (-3) \cdot 1 + 5 \cdot 2 + 2 \cdot (-3) = 1$$

Fica claro que $\mathbf{u} \cdot \mathbf{v} = \mathbf{v} \cdot \mathbf{u}$, já que os produtos individuais das componentes comutam. A comutatividade é uma das propriedades do produto escalar que usaremos com frequência. As principais propriedades do produto escalar estão resumidas no Teorema 1.2.

Teorema 1.2 Sejam **u**, **v**, e **w** vetores de $\mathbb{R}^n$ k um escalar. Então

a. $\mathbf{u}\cdot\mathbf{v} = \mathbf{v}\cdot\mathbf{u}$ Comutatividade
b. $\mathbf{u}\cdot(\mathbf{v}+\mathbf{w}) = \mathbf{u}\cdot\mathbf{v} + \mathbf{u}\cdot\mathbf{w}$ Distributividade
c. $(k\mathbf{u})\cdot\mathbf{v} = k(\mathbf{u}\cdot\mathbf{v})$
d. $\mathbf{u}\cdot\mathbf{u} \geq 0$ e $\mathbf{u}\cdot\mathbf{u} = 0$ se e somente se $\mathbf{u} = \mathbf{0}$

Demonstração Provaremos (a) e (c) e deixaremos a demonstração das demais propriedades para o leitor.

(a) Aplicando a definição de produto escalar para $\mathbf{u}\cdot\mathbf{v}$ e $\mathbf{v}\cdot\mathbf{u}$, obtemos

$$\begin{aligned}\mathbf{u}\cdot\mathbf{v} &= u_1v_1 + u_2v_2 + \cdots + u_nv_n\\ &= v_1u_1 + v_2u_2 + \cdots + v_nu_n\\ &= \mathbf{v}\cdot\mathbf{u}\end{aligned}$$

em que a igualdade do meio segue do fato da multiplicação de números reais ser comutativa.

(c) Usando as definições de produto de números e produto escalar, temos

$$\begin{aligned}(k\mathbf{u})\cdot\mathbf{v} &= [ku_1, ku_2, \ldots, ku_n]\cdot[v_1, v_2, \ldots, v_n]\\ &= ku_1v_1 + ku_2v_2 + \cdots + ku_nv_n\\ &= k(u_1v_1 + u_2v_2 + \cdots + u_nv_n)\\ &= k(\mathbf{u}\cdot\mathbf{v})\end{aligned}$$

Observações

- A propriedade (b) pode ser lida da direita para a esquerda, e, neste caso, diz que podemos pôr o vetor **u** em evidência na soma dos produtos escalares. Tal propriedade também tem o análogo do "lado direito" que decorre das propriedades (b) e (a): $(\mathbf{v}+\mathbf{w})\cdot\mathbf{u} = \mathbf{v}\cdot\mathbf{u} + \mathbf{w}\cdot\mathbf{u}$.
- A propriedade (c) pode ser estendida para obtermos $\mathbf{u}\cdot(k\mathbf{v}) = k(\mathbf{u}\cdot\mathbf{v})$ (exercício 58).Tal versão estendida de (c) diz essencialmente que, tomando-se um múltiplo escalar de um produto escalar de vetores, o escalar pode primeiro ser combinado com o vetor mais conveniente. Por exemplo:

$$\left(\tfrac{1}{2}[-1,-3,2]\right)\cdot[6,-4,0] = [-1,-3,2]\cdot\left(\tfrac{1}{2}[6,-4,0]\right) = [-1,-3,2]\cdot[3,-2,0] = 3$$

Com essa abordagem, evitamos introduzir frações entre os vetores, como teria ocorrido com o agrupamento original.

- A segunda parte de (d) usa o conectivo lógico *se e somente se*. O apêndice A discute essa expressão com mais detalhe, mas, para o momento, vamos apenas observar que ela indica uma *dupla implicação* — isto é,

$$\text{se } \mathbf{u} = \mathbf{0}, \text{ então } \mathbf{u}\cdot\mathbf{u} = 0$$

e

$$\text{se } \mathbf{u}\cdot\mathbf{u} = 0, \text{ então } \mathbf{u} = \mathbf{0}$$

O Teorema 1.2 mostra que aspectos da álgebra de vetores se parecem com a álgebra dos números. O próximo exemplo mostra que algumas vezes podemos encontrar análogos vetoriais de identidades familiares.

Exemplo 1.16

Prove que $(\mathbf{u} + \mathbf{v}) \cdot (\mathbf{u} + \mathbf{v}) = \mathbf{u} \cdot \mathbf{u} + 2(\mathbf{u} \cdot \mathbf{v}) + \mathbf{v} \cdot \mathbf{v}$ para quaisquer vetores **u** e **v** de $\mathbb{R}^n$.

Solução

$$\begin{aligned}(\mathbf{u} + \mathbf{v}) \cdot (\mathbf{u} + \mathbf{v}) &= (\mathbf{u} + \mathbf{v}) \cdot \mathbf{u} + (\mathbf{u} + \mathbf{v}) \cdot \mathbf{v} \\ &= \mathbf{u} \cdot \mathbf{u} + \mathbf{v} \cdot \mathbf{u} + \mathbf{u} \cdot \mathbf{v} + \mathbf{v} \cdot \mathbf{v} \\ &= \mathbf{u} \cdot \mathbf{u} + \mathbf{u} \cdot \mathbf{v} + \mathbf{u} \cdot \mathbf{v} + \mathbf{v} \cdot \mathbf{v} \\ &= \mathbf{u} \cdot \mathbf{u} + 2(\mathbf{u} \cdot \mathbf{v}) + \mathbf{v} \cdot \mathbf{v}\end{aligned}$$

(Identifique as propriedades do Teorema 1.2 que foram usadas em cada etapa.)

Comprimento

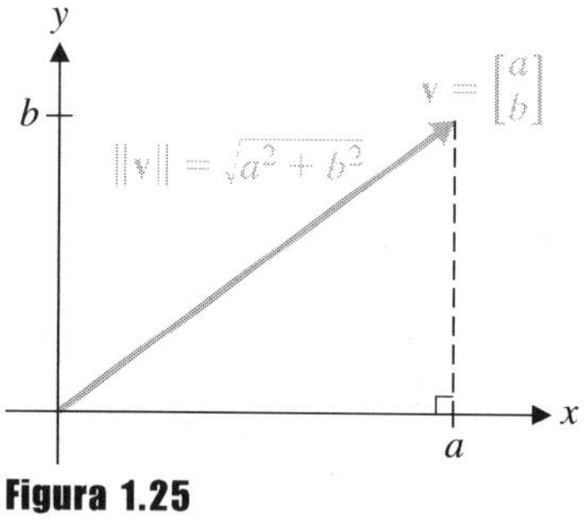

Figura 1.25

Para entender como o produto escalar desempenha seu papel no cálculo de comprimentos, relembremos como os comprimentos são calculados no plano. O teorema de Pitágoras é tudo o que precisamos.

Em $\mathbb{R}^2$, o comprimento do vetor $\mathbf{v} = \begin{bmatrix} a \\ b \end{bmatrix}$ é a distância da origem ao ponto (a, b), a qual, pelo teorema de Pitágoras, é dada por $\sqrt{a^2 + b^2}$,, como na figura 1.25. Observe que $a^2 + b^2 = \mathbf{v} \cdot \mathbf{v}$. Isso leva à definição a seguir.

Definição O ***comprimento*** (ou ***norma***) de um vetor $\mathbf{v} = \begin{bmatrix} v_1 \\ v_2 \\ \vdots \\ v_n \end{bmatrix}$ de $\mathbb{R}^n$ é o número não negativo $\|\mathbf{v}\|$ definido por

$$\|\mathbf{v}\| = \sqrt{\mathbf{v} \cdot \mathbf{v}} = \sqrt{v_1^2 + v_2^2 + \cdots + v_n^2}$$

Em palavras, o comprimento de um vetor é a raiz quadrada da soma dos quadrados de suas componentes. Observe que a raiz quadrada de $\mathbf{v} \cdot \mathbf{v}$ está sempre definida, pois $\mathbf{v} \cdot \mathbf{v} \geq 0$, pelo Teorema 1.2(d). Note também que a definição pode ser reescrita de modo que $\|\mathbf{v}\|^2 = \mathbf{v} \cdot \mathbf{v}$, a qual será de grande utilidade na demonstração de outras propriedades do produto escalar e de comprimento de vetores.

Exemplo 1.17

$$\|[2, 3]\| = \sqrt{2^2 + 3^2} = \sqrt{13}$$

O Teorema 1.3 enumera algumas das principais propriedades do comprimento de um vetor.

Teorema 1.3

Sejam **v** um vetor de $\mathbb{R}^n$ e k um escalar. Então:

a. $\|\mathbf{v}\| = 0$ se e somente se $\mathbf{v} = \mathbf{0}$

b. $\|k\mathbf{v}\| = |k|\,\|\mathbf{v}\|$

Demonstração A propriedade (a) segue imediatamente do Teorema 1.2(d). Para mostrar (b), temos

$$\|k\mathbf{v}\|^2 = (k\mathbf{v}) \cdot (k\mathbf{v}) = k^2(\mathbf{v} \cdot \mathbf{v}) = k^2\|\mathbf{v}\|^2$$

usando o Teorema 1.2(c). Tomando-se a raiz quadrada de ambos os lados, e usando o fato de que $\sqrt{k^2} = |k|$, para todo número real k, obtemos o resultado.

Um vetor de comprimento 1 é chamado ***vetor unitário***. Em $\mathbb{R}^2$, o conjunto de todos os vetores unitários pode ser identificado com o *círculo unitário*, o círculo de raio 1 centrado na origem (veja a figura 1.26). Dado qualquer vetor não nulo $\mathbf{v}$, podemos sempre encontrar um vetor unitário de mesmo sentido que $\mathbf{v}$ dividindo $\mathbf{v}$ por seu próprio comprimento (ou, equivalentemente, *multiplicando por* $1/\|\mathbf{v}\|$). Podemos mostrar esse fato algebricamente usando a propriedade (b) do Teorema 1.3: se $\mathbf{u} = (1/\|\mathbf{v}\|)\mathbf{v}$, então

$$\|\mathbf{u}\| = \|(1/\|\mathbf{v}\|)\mathbf{v}\| = |\,1/\|\mathbf{v}\|\,|\,\|\mathbf{v}\| = (1/\|\mathbf{v}\|)\|\mathbf{v}\| = 1$$

e $\mathbf{u}$ possui o mesmo sentido que $\mathbf{v}$, pois $1/\|\mathbf{v}\|$ é um número positivo. Achar um vetor unitário* de mesmo sentido é, em geral, um processo ao qual nos referimos como ***normalizar*** um vetor (veja a figura 1.27).

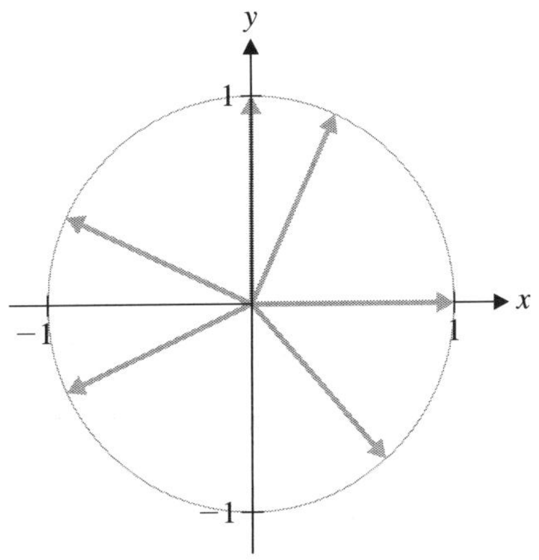

Figura 1.26
Vetores unitários em $\mathbb{R}^2$

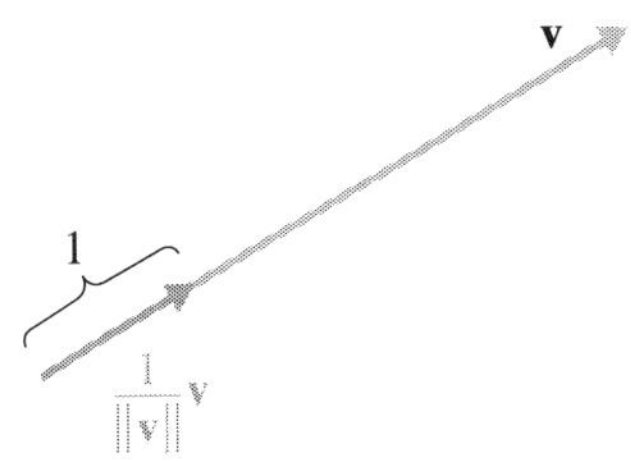

Figura 1.27
Normalizando um vetor

Exemplo 1.18

Em $\mathbb{R}^2$, sejam $\mathbf{e}_1 = \begin{bmatrix}1\\0\end{bmatrix}$ e $\mathbf{e}_2 = \begin{bmatrix}0\\1\end{bmatrix}$. Então, $\mathbf{e}_1$ e $\mathbf{e}_2$ são vetores unitários, pois a soma dos quadrados de suas componentes, em cada caso, é 1. Analogamente, em $\mathbb{R}^3$, podemos construir vetores unitários

$$\mathbf{e}_1 = \begin{bmatrix}1\\0\\0\end{bmatrix},\ \mathbf{e}_2 = \begin{bmatrix}0\\1\\0\end{bmatrix},\quad \text{e} \quad \mathbf{e}_3 = \begin{bmatrix}0\\0\\1\end{bmatrix}$$

Observe, na figura 1.28, que esses vetores identificam os eixos de coordenadas positivas em $\mathbb{R}^2$ e $\mathbb{R}^3$.

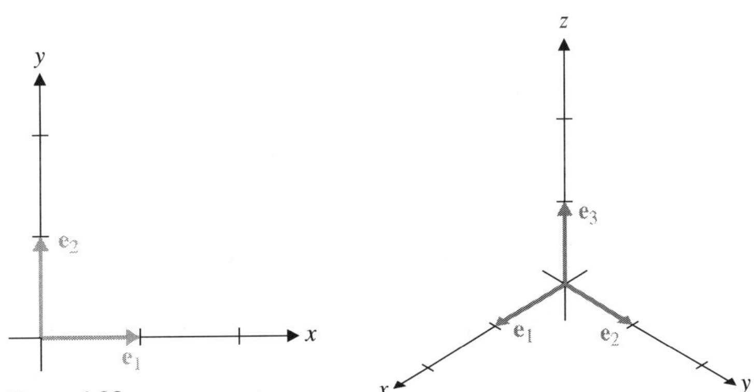

Figura 1.28
Vetores unitários canônicos em $\mathbb{R}^2$ e $\mathbb{R}^3$

* N.T.: em português, chamamos de *versor* de $\mathbf{v}$ ao vetor unitário $\mathbf{u} = (1/\|\mathbf{v}\|)\mathbf{v}$.

Em geral, em $\mathbb{R}^n$, definimos vetores unitários $\mathbf{e}_1, \mathbf{e}_2, \ldots, \mathbf{e}_n$, onde $\mathbf{e}_i$ possui 1 na i-ésima componente, e zero, nas demais. Tais vetores aparecem com frequência na álgebra linear e são chamados de ***vetores unitários canônicos***.

Exemplo 1.19

Normalize o vetor $\mathbf{v} = \begin{bmatrix} 2 \\ -1 \\ 3 \end{bmatrix}$.

Solução $\|\mathbf{v}\| = \sqrt{2^2 + (-1)^2 + 3^2} = \sqrt{14}$, portanto, um vetor unitário com mesmo sentido de **v** é dado por

$$\mathbf{u} = (1/\|\mathbf{v}\|)\mathbf{v} = (1/\sqrt{14})\begin{bmatrix} 2 \\ -1 \\ 3 \end{bmatrix} = \begin{bmatrix} 2/\sqrt{14} \\ -1/\sqrt{14} \\ 3/\sqrt{14} \end{bmatrix}$$

Devido ao fato de a propriedade (b) do Teorema 1.3 descrever como o comprimento se comporta em relação à multiplicação por escalar, a curiosidade natural sugere que perguntemos se comprimento e adição de vetores são compatíveis. Seria muito bom se tivéssemos uma identidade tal que $\|\mathbf{u} + \mathbf{v}\| = \|\mathbf{u}\| + \|\mathbf{v}\|$, mas, para quase toda escolha de vetores **u** e **v**, isso é falso. [Veja o exercício 52(a).] No entanto, nem tudo está perdido: se trocarmos o sinal = por $\leq$, a desigualdade resultante será verdadeira. A demonstração desse famoso e importante resultado — a Desigualdade Triangular — depende de outra importante desigualdade — a Desigualdade de Cauchy-Schwarz — que demonstraremos e discutiremos mais detalhadamente no capítulo 7.

Teorema 1.4 **A Desigualdade de Cauchy-Schwarz**

Para quaisquer vetores **u** e **v** de $\mathbb{R}^n$,

$$|\mathbf{u} \cdot \mathbf{v}| \leq \|\mathbf{u}\| \, \|\mathbf{v}\|$$

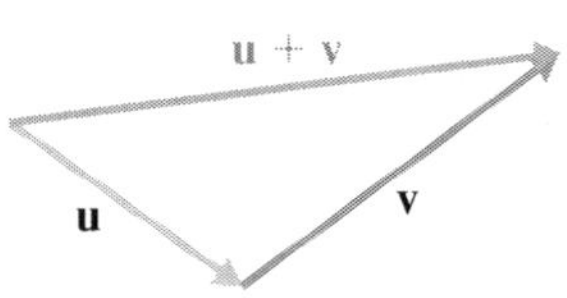

Figura 1.29
A Desigualdade Triangular

Veja os exercícios 71 e 72 para abordagens algébricas e geométricas das demonstrações dessa desigualdade.

Em $\mathbb{R}^2$ ou $\mathbb{R}^3$, onde podemos usar geometria, é claro, a partir de um diagrama como o da figura 1.29, que $\|\mathbf{u} + \mathbf{v}\| \leq \|\mathbf{u}\| + \|\mathbf{v}\|$, para quaisquer vetores **u** e **v**. Mostraremos agora que isso é verdade de modo mais geral.

Teorema 1.5 **A Desigualdade Triangular**

Para quaisquer vetores **u** e **v** de $\mathbb{R}^n$,

$$\|\mathbf{u} + \mathbf{v}\| \leq \|\mathbf{u}\| + \|\mathbf{v}\|$$

Demonstração Como ambos os lados da desigualdade são não negativos, mostrar que o *quadrado* do lado esquerdo é menor ou igual ao *quadrado* do lado direito é equivalente a provar o teorema. (Por quê?) Calculando, obtemos:

$$\begin{aligned} \|\mathbf{u}+\mathbf{v}\|^2 &= (\mathbf{u}+\mathbf{v})\cdot(\mathbf{u}+\mathbf{v}) \\ &= \mathbf{u}\cdot\mathbf{u} + 2(\mathbf{u}\cdot\mathbf{v}) + \mathbf{v}\cdot\mathbf{v} && \text{pelo exemplo 1.9} \\ &\le \|\mathbf{u}\|^2 + 2|\mathbf{u}\cdot\mathbf{v}| + \|\mathbf{v}\|^2 \\ &\le \|\mathbf{u}\|^2 + 2\|\mathbf{u}\|\,\|\mathbf{v}\| + \|\mathbf{v}\|^2 && \text{por Cauchy-Schwarz} \\ &= (\|\mathbf{u}\| + \|\mathbf{v}\|)^2 \end{aligned}$$

como desejado.

Distância

A distância entre dois vetores é o análogo direto da distância entre dois pontos na reta real ou dois pontos no plano cartesiano. Na reta numerada (figura 1.30), a distância entre os números a e b é dada por $|a - b|$. (Tomar o módulo assegura que não precisemos nos preocupar se o maior é a ou b.) A distância é também igual a $\sqrt{(a-b)^2}$, e sua generalização bidimensional é a fórmula familiar para a distância d entre pontos (a_1, a_2) e (b_1, b_2) — a saber, $d = \sqrt{(a_1 - b_1)^2 + (a_2 - b_2)^2}$.

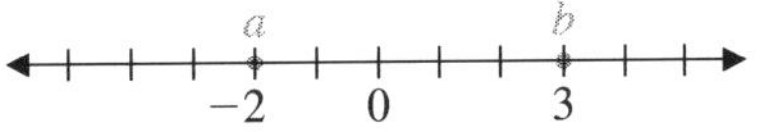

Figura 1.30
$d = |a - b| = |-2 - 3| = 5$

Em termos de vetores, se $\mathbf{a} = \begin{bmatrix} a_1 \\ a_2 \end{bmatrix}$ e $\mathbf{b} = \begin{bmatrix} b_1 \\ b_2 \end{bmatrix}$, d é exatamente o comprimento de $\mathbf{a} - \mathbf{b}$, como mostra a figura 1.31. Essa é a base da próxima definição.

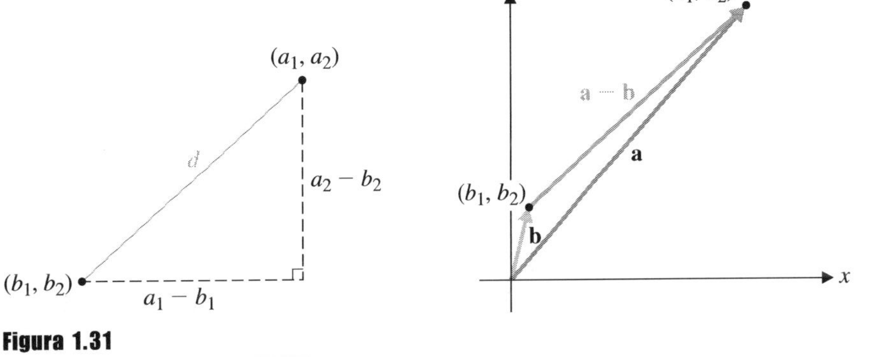

Figura 1.31
$d = \sqrt{(a_1 - b_1)^2 + (a_2 - b_2)^2} = \|\mathbf{a} - \mathbf{b}\|$

Definição A *distância* d(**u**, **v**) entre vetores **u** e **v** de $\mathbb{R}^n$ é definida por

$$d(\mathbf{u}, \mathbf{v}) = \|\mathbf{u} - \mathbf{v}\|$$

Exemplo 1.20

Determine a distância entre $\mathbf{u} = \begin{bmatrix} \sqrt{2} \\ 1 \\ -1 \end{bmatrix}$ e $\mathbf{v} = \begin{bmatrix} 0 \\ 2 \\ -2 \end{bmatrix}$.

Solução Calculamos $\mathbf{u} - \mathbf{v} = \begin{bmatrix} \sqrt{2} \\ -1 \\ 1 \end{bmatrix}$, e então

$$d(\mathbf{u}, \mathbf{v}) = \|\mathbf{u} - \mathbf{v}\| = \sqrt{(\sqrt{2})^2 + (-1)^2 + 1^2} = \sqrt{4} = 2$$

Ângulos

O produto escalar também pode ser usado para determinar o ângulo entre um par de vetores. Em $\mathbb{R}^2$ ou $\mathbb{R}^3$, o ângulo entre os vetores não nulos **u** e **v** será o ângulo θ determinado por esses vetores e que satisfizer $0 \leq \theta \leq 180°$ (veja a figura 1.32).

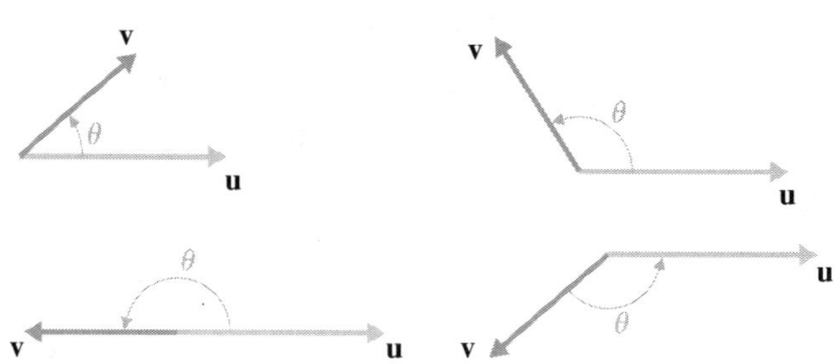

Figura 1.32
O ângulo entre **u** e **v**

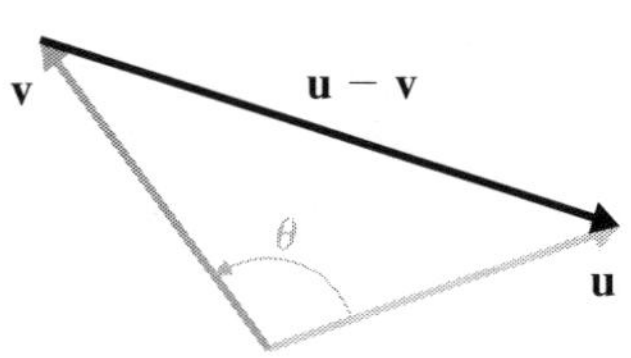

Figura 1.33

Na figura 1.33, considere o triângulo de lados **u**, **v** e **u** − **v**, em que θ é o ângulo entre **u** e **v**. Aplicando a lei dos cossenos a esse triângulo, vem que

$$\|\mathbf{u} - \mathbf{v}\|^2 = \|\mathbf{u}\|^2 + \|\mathbf{v}\|^2 - 2\|\mathbf{u}\|\,\|\mathbf{v}\| \cos\theta$$

Desenvolvendo o lado esquerdo e usando $\|\mathbf{v}\|^2 = \mathbf{v} \cdot \mathbf{v}$ várias vezes, obtemos

$$\|\mathbf{u}\|^2 - 2(\mathbf{u} \cdot \mathbf{v}) + \|\mathbf{v}\|^2 = \|\mathbf{u}\|^2 + \|\mathbf{v}\|^2 - 2\|\mathbf{u}\|\,\|\mathbf{v}\| \cos\theta$$

que, depois de simplificações, nos leva a $\mathbf{u} \cdot \mathbf{v} = \|\mathbf{u}\|\,\|\mathbf{v}\| \cos\theta$. A partir daí, obtemos a seguinte fórmula para cosseno do ângulo θ entre vetores não nulos **u** e **v**. Isso será usado como definição.

Definição Para vetores não nulos **u** and **v** de $\mathbb{R}^n$,

$$\cos\theta = \frac{\mathbf{u} \cdot \mathbf{v}}{\|\mathbf{u}\|\,\|\mathbf{v}\|}$$

Exemplo 1.21

Determine o ângulo entre os vetores $\mathbf{u} = [2, 1, -2]$ e $\mathbf{v} = [1, 1, 1]$.

Solução Calculamos $\mathbf{u}\cdot\mathbf{v} = 2\cdot1 + 1\cdot1 + (-2)\cdot1 = 1$, $\|\mathbf{u}\| = \sqrt{2^2 + 1^2 + (-2)^2} = \sqrt{9} = 3$, e $\|\mathbf{v}\| = \sqrt{1^2 + 1^2 + 1^2} = \sqrt{3}$. Logo, $\cos\theta = 1/3\sqrt{3}$, e, portanto, $\theta = \cos^{-1}(1/3\sqrt{3}) \approx 1{,}377$ radianos ou 78,9°.

Exemplo 1.22

Determine o ângulo entre as diagonais de duas faces adjacentes de um cubo.

Solução As dimensões do cubo não importam, por isso, consideraremos um cubo com lados de comprimento 1. Oriente o cubo relativo aos eixos coordenados em $\mathbb{R}^3$, como mostra a figura 1.34, e considere as duas diagonais representadas pelos vetores [1, 0, 1] e [0, 1, 1]. O ângulo θ entre esses vetores satisfaz

$$\cos\theta = \frac{1\cdot0 + 0\cdot1 + 1\cdot1}{\sqrt{2}\sqrt{2}} = \frac{1}{2}$$

de onde segue que o ângulo procurado é $\pi/3$ radianos, ou 60°.

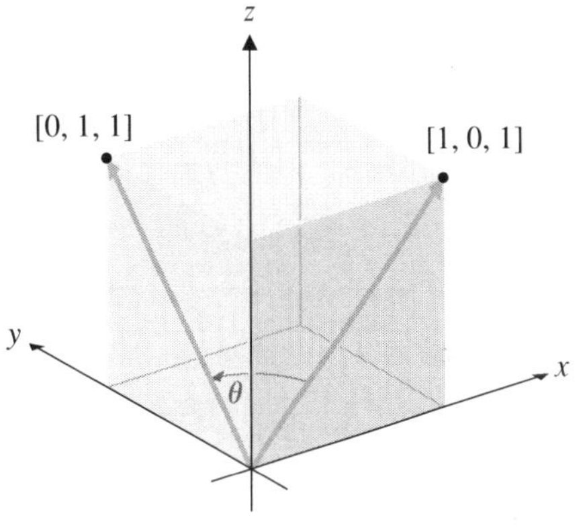

Figura 1.34

(Na verdade, não precisamos fazer nenhum cálculo para obter essa resposta. Se desenharmos uma terceira diagonal unindo os vértices (1, 0, 1) e (0, 1, 1), teremos um triângulo equilátero, já que todas as diagonais das faces têm o mesmo comprimento. O ângulo que procuramos é um dos ângulos desse triângulo, e, portanto, mede 60º. Às vezes, uma leve intuição pode economizar muitos cálculos; em casos como este, ela fornece uma verificação confortável em nosso trabalho!)

Observações

- Como mostra esta discussão, usualmente teremos de estabelecer uma aproximação para o ângulo entre dois vetores. Entretanto, quando o ângulo for um dos assim chamados ângulos especiais (0°, 30°, 45°, 60°, 90°, ou um múltiplo inteiro desses), deveremos ser capazes de reconhecer seu cosseno (Tabela 1.1) e então darmos o correspondente ângulo com exatidão. Em todos os outros casos, usaremos uma calculadora ou computador para aproximar o ângulo desejado por meio da função inversa do cosseno.

Tabela 1.1 Cossenos de Ângulos Especiais

θ	0°	30°	45°	60°	90°
$\cos\theta$	$\frac{\sqrt{4}}{2} = 1$	$\frac{\sqrt{3}}{2}$	$\frac{\sqrt{2}}{2} = \frac{1}{\sqrt{2}}$	$\frac{\sqrt{1}}{2} = \frac{1}{2}$	$\frac{\sqrt{0}}{2} = 0$

- A dedução da fórmula para o cosseno do ângulo entre dois vetores é válida somente em $\mathbb{R}^2$ ou $\mathbb{R}^3$, já que depende de um fato geométrico: a lei dos cossenos. Em $\mathbb{R}^n$, para $n > 3$, a fórmula pode ser considerada uma *definição*. Isso faz sentido, pois a desigualdade de Cauchy-Schwarz implica que $\left|\frac{\mathbf{u}\cdot\mathbf{v}}{\|\mathbf{u}\|\,\|\mathbf{v}\|}\right| \leq 1$, e, portanto, $\frac{\mathbf{u}\cdot\mathbf{v}}{\|\mathbf{u}\|\,\|\mathbf{v}\|}$ varia de -1 a 1, exatamente como o cosseno.

Vetores Ortogonais

A palavra *ortogonal* é derivada das palavras gregas *orthos*, que significa "vertical", e *gonia*, que significa "ângulo". Por isso, ortogonal significa literalmente "ângulo reto". O equivalente em latim é *retangular*.

O conceito de perpendicularidade é fundamental em geometria. Qualquer pessoa que estuda geometria compreende rapidamente a importância e utilidade dos ângulos retos. Generalizaremos, agora, a ideia de perpendicularidade para vetores em $\mathbb{R}^n$, onde ela é chamada de ***ortogonalidade***.

Em $\mathbb{R}^2$ ou $\mathbb{R}^3$, dois vetores não nulos $\mathbf{u}$ e $\mathbf{v}$ são perpendiculares se o ângulo θ entre eles é um ângulo reto — isto é, se $\theta = \pi/2$ radianos, ou 90°. Assim, $\frac{\mathbf{u}\cdot\mathbf{v}}{\|\mathbf{u}\|\|\mathbf{v}\|} = \cos 90° = 0$, e segue que $\mathbf{u}\cdot\mathbf{v} = 0$. Isso motiva a definição a seguir.

Definição Dois vetores $\mathbf{u}$ e $\mathbf{v}$ de $\mathbb{R}^n$ são ***ortogonais*** entre si se $\mathbf{u}\cdot\mathbf{v} = 0$.

Como $\mathbf{0}\cdot\mathbf{v} = 0$, para todo vetor $\mathbf{v}$ de $\mathbb{R}^n$, o vetor nulo é ortogonal a qualquer vetor.

Exemplo 1.23 Em $\mathbb{R}^3$, $\mathbf{u} = [1, 1, -2]$ e $\mathbf{v} = [3, 1, 2]$ são ortogonais, pois $\mathbf{u}\cdot\mathbf{v} = 3 + 1 - 4 = 0$.

Usando essa ideia de ortogonalidade, obtemos uma demonstração fácil para o teorema de Pitágoras, válida em $\mathbb{R}^n$.

Teorema 1.6 **Teorema de Pitágoras**

Para todos os vetores $\mathbf{u}$ e $\mathbf{v}$ de $\mathbb{R}^n$, $\|\mathbf{u} + \mathbf{v}\|^2 = \|\mathbf{u}\|^2 + \|\mathbf{v}\|^2$ se e somente se $\mathbf{u}$ e $\mathbf{v}$ são ortogonais.

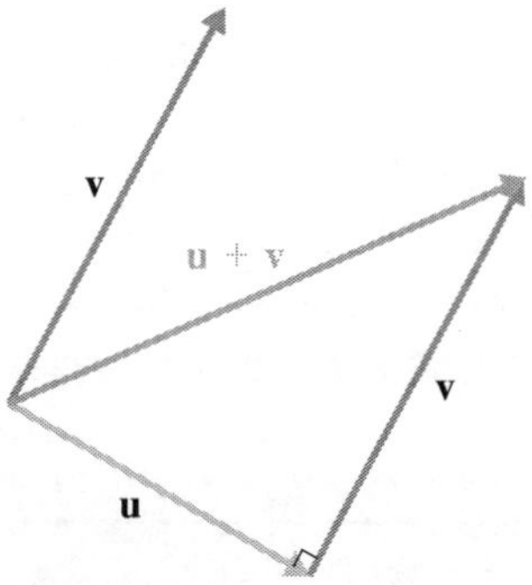

Figura 1.35

Demonstração A partir do exemplo 1.16, temos que $\|\mathbf{u} + \mathbf{v}\|^2 = \|\mathbf{u}\|^2 + 2(\mathbf{u}\cdot\mathbf{v}) + \|\mathbf{v}\|^2$, para quaisquer vetores $\mathbf{u}$ e $\mathbf{v}$ de $\mathbb{R}^n$. Segue imediatamente que $\|\mathbf{u} + \mathbf{v}\|^2 = \|\mathbf{u}\|^2 + \|\mathbf{v}\|^2$ se e somente se $\mathbf{u}\cdot\mathbf{v} = 0$. Veja figura 1.35.

O conceito de ortogonalidade é um dos mais importantes e úteis em álgebra linear, e frequentemente aparece de maneiras surpreendentes. O capítulo 5 oferece um tratamento detalhado deste tópico, mas perceberemos esse fato muitas vezes antes disso. Um problema onde aparece claramente a importância de seu papel é na determinação da distância de um ponto a uma reta, em que "baixar a perpendicular" é uma operação familiar.

Projeções

Consideraremos agora o problema de encontrar a distância de um ponto a uma reta no contexto dos vetores. Como veremos, essa técnica conduz a um importante conceito: o da projeção de um vetor sobre outro.

Como mostra a figura 1.36, o problema de achar a distância de um ponto B a uma reta ℓ (em $\mathbb{R}^2$ ou $\mathbb{R}^3$) se reduz ao problema de achar o comprimento do segmento de reta perpendicular $\overline{PB}$ ou, equivalentemente, o comprimento do vetor $\overrightarrow{PB}$. Se escolhemos um ponto A pertecente a ℓ, então, no triângulo retângulo $\Delta\, APB$, os outros dois vetores são o cateto $\overrightarrow{AP}$ e a hipotenusa $\overrightarrow{AB}$. $\overrightarrow{AP}$ é chamado de *projeção* de $\overrightarrow{AB}$ sobre a reta ℓ. Interpretaremos agora esta situação em termos de vetores.

Figura 1.36
A distância de um ponto a uma reta

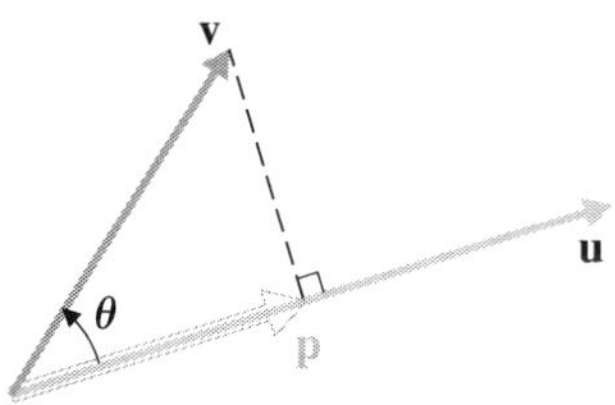

Figura 1.37
A projeção de **v** sobre **u**

Considere dois vetores não nulos **u** e **v**. Seja **p** o vetor obtido traçando-se a perpendicular da extremidade de **v** sobre **u**, e seja θ o ângulo entre **u** e **v**, como mostra a figura 1.37. Então, claramente $\mathbf{p} = \|\mathbf{p}\|\hat{\mathbf{u}}$, em que $\hat{\mathbf{u}} = (1/\|\mathbf{u}\|)\mathbf{u}$ é o vetor unitário no sentido de **u**. Além disso, a trigonometria elementar nos dá $\|\mathbf{p}\| = \|\mathbf{v}\| \cos\theta$, e sabemos que $\cos\theta = \dfrac{\mathbf{u}\cdot\mathbf{v}}{\|\mathbf{u}\|\,\|\mathbf{v}\|}$. Dessa forma, depois de substituições, obtemos:

$$\begin{aligned}\mathbf{p} &= \|\mathbf{v}\|\left(\frac{\mathbf{u}\cdot\mathbf{v}}{\|\mathbf{u}\|\,\|\mathbf{v}\|}\right)\left(\frac{1}{\|\mathbf{u}\|}\right)\mathbf{u}\\ &= \left(\frac{\mathbf{u}\cdot\mathbf{v}}{\|\mathbf{u}\|^2}\right)\mathbf{u}\\ &= \left(\frac{\mathbf{u}\cdot\mathbf{v}}{\mathbf{u}\cdot\mathbf{u}}\right)\mathbf{u}\end{aligned}$$

Essa é a fórmula que queremos, e é a base para a definição para vetores de $\mathbb{R}^n$ a seguir.

Definition Se **u** e **v** são vetores de $\mathbb{R}^n$ e $\mathbf{u} \neq \mathbf{0}$, a ***projeção de v sobre u*** é o vetor $\text{proj}_{\mathbf{u}}(\mathbf{v})$ definido por

$$\text{proj}_{\mathbf{u}}(\mathbf{v}) = \left(\frac{\mathbf{u}\cdot\mathbf{v}}{\mathbf{u}\cdot\mathbf{u}}\right)\mathbf{u}$$

Um modo alternativo de obter essa fórmula é descrito no exercício 73.

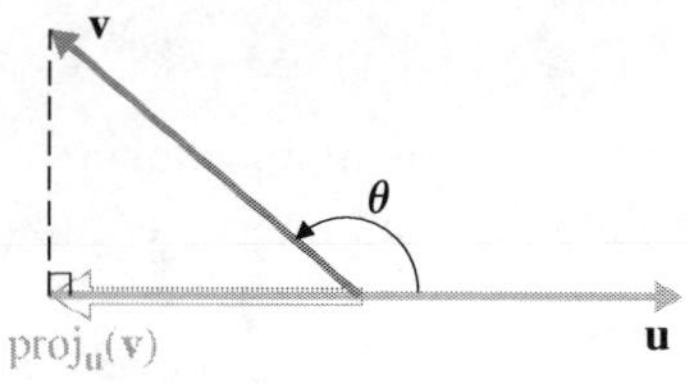

Figura 1.38

Observações

- O termo *projeção* vem da ideia de projetar uma imagem em uma parede (com um projetor de *slides*, por exemplo). Imagine um feixe de luz com raios paralelos entre si e perpendiculares a **u** incidindo sobre **v**. A projeção de **v** sobre **u** é justamente a sombra lançada, ou projetada, por **v** sobre **u**.
- Pode ser proveitoso pensar em $\text{proj}_{\mathbf{u}}(\mathbf{v})$ como uma função de variável **v**. Então, a variável **v** ocorre apenas uma vez no lado direito de sua definição. Além disso, é de grande ajuda ter em mente a figura 1.38, que nos lembra que $\text{proj}_{\mathbf{u}}(\mathbf{v})$ é um múltiplo escalar do vetor **u** (*não* **v**).
- Na definição de $\text{proj}_{\mathbf{u}}(\mathbf{v})$, embora tenhamos considerado **v** não nulo, assim como **u**, (por quê?), é claro para a geometria que a projeção do vetor nulo sobre **u** é **0**. A definição é coerente com esse fato, pois $\left(\dfrac{\mathbf{u}\cdot\mathbf{0}}{\mathbf{u}\cdot\mathbf{u}}\right)\mathbf{u} = 0\mathbf{u} = \mathbf{0}$.
- Se o ângulo entre **u** e **v** for obtuso, como na figura 1.38, $\text{proj}_{\mathbf{u}}(\mathbf{v})$ estará no sentido oposto ao de **u**, isto é, $\text{proj}_{\mathbf{u}}(\mathbf{v})$ será um múltiplo escalar *negativo* de **u**.
- Se **u** é um vetor unitário, $\text{proj}_{\mathbf{u}}(\mathbf{v}) = (\mathbf{u}\cdot\mathbf{v})\mathbf{u}$. (Por quê?)

Exemplo 1.24

Ache a projeção de **v** sobre **u** em cada caso.

(a) $\mathbf{v} = \begin{bmatrix} -1 \\ 3 \end{bmatrix}$ e $\mathbf{u} = \begin{bmatrix} 2 \\ 1 \end{bmatrix}$ (b) $\mathbf{v} = \begin{bmatrix} 1 \\ 2 \\ 3 \end{bmatrix}$ e $\mathbf{u} = \mathbf{e}_3$

(c) $\mathbf{v} = \begin{bmatrix} 1 \\ 2 \\ 3 \end{bmatrix}$ e $\mathbf{u} = \begin{bmatrix} 1/2 \\ 1/2 \\ 1/\sqrt{2} \end{bmatrix}$

Solução

(a) Calculamos $\mathbf{u}\cdot\mathbf{v} = \begin{bmatrix} 2 \\ 1 \end{bmatrix}\cdot\begin{bmatrix} -1 \\ 3 \end{bmatrix} = 1$ e $\mathbf{u}\cdot\mathbf{u} = \begin{bmatrix} 2 \\ 1 \end{bmatrix}\cdot\begin{bmatrix} 2 \\ 1 \end{bmatrix} = 5$, portanto,

$$\text{proj}_{\mathbf{u}}(\mathbf{v}) = \left(\frac{\mathbf{u}\cdot\mathbf{v}}{\mathbf{u}\cdot\mathbf{u}}\right)\mathbf{u} = \frac{1}{5}\begin{bmatrix} 2 \\ 1 \end{bmatrix} = \begin{bmatrix} 2/5 \\ 1/5 \end{bmatrix}$$

(b) Como $\mathbf{e}_3$ é um vetor unitário,

$$\text{proj}_{\mathbf{e}_3}(\mathbf{v}) = (\mathbf{e}_3\cdot\mathbf{v})\mathbf{e}_3 = 3\mathbf{e}_3 = \begin{bmatrix} 0 \\ 0 \\ 3 \end{bmatrix}$$

(c) Temos que $\|\mathbf{u}\| = \sqrt{\frac{1}{4} + \frac{1}{4} + \frac{1}{2}} = 1$. Então,

$$\text{proj}_{\mathbf{u}}(\mathbf{v}) = (\mathbf{u}\cdot\mathbf{v})\mathbf{u} = \left(\frac{1}{2} + 1 + \frac{3}{\sqrt{2}}\right)\begin{bmatrix} 1/2 \\ 1/2 \\ 1/\sqrt{2} \end{bmatrix} = \frac{3(1+\sqrt{2})}{2}\begin{bmatrix} 1/2 \\ 1/2 \\ 1/\sqrt{2} \end{bmatrix}$$

$$= \frac{3(1+\sqrt{2})}{4}\begin{bmatrix} 1 \\ 1 \\ \sqrt{2} \end{bmatrix}$$

Exercícios 1.2

Nos exercícios de 1 a 6, calcule $\mathbf{u} \cdot \mathbf{v}$.

1. $\mathbf{u} = \begin{bmatrix} -1 \\ 2 \end{bmatrix}, \mathbf{v} = \begin{bmatrix} 3 \\ 1 \end{bmatrix}$ **2.** $\mathbf{u} = \begin{bmatrix} 3 \\ -2 \end{bmatrix}, \mathbf{v} = \begin{bmatrix} 4 \\ 6 \end{bmatrix}$

3. $\mathbf{u} = \begin{bmatrix} 1 \\ 2 \\ 3 \end{bmatrix}, \mathbf{v} = \begin{bmatrix} 2 \\ 3 \\ 1 \end{bmatrix}$ CAS **4.** $\mathbf{u} = \begin{bmatrix} 3{,}2 \\ -0{,}6 \\ -1{,}4 \end{bmatrix}, \mathbf{v} = \begin{bmatrix} 1{,}5 \\ 4{,}1 \\ -0{,}2 \end{bmatrix}$

5. $\mathbf{u} = [1, \sqrt{2}, \sqrt{3}, 0], \mathbf{v} = [4, -\sqrt{2}, 0, -5]$

CAS **6.** $\mathbf{u} = [1{,}12, -3{,}25, 2{,}07, -1{,}83]$,
$\mathbf{v} = [-2{,}29, 1{,}72, 4{,}33, -1{,}54]$

Nos exercícios de 7 a 12, determine $\|\mathbf{u}\|$ *do exercício dado e dê um vetor unitário no sentido de* **u**.

7. Exercício 1 **8.** Exercício 2 **9.** Exercício 3

CAS **10.** Exercício 4 **11.** Exercício 5 CAS **12.** Exercício 6

Nos exercícios de 13 a 16, encontre a distância $d(\mathbf{u}, \mathbf{v})$ *entre* **u** *e* **v** *do exercício dado.*

13. Exercício 1 **14.** Exercício 2

15. Exercício 3 CAS **16.** Exercício 4

17. Se **u**, **v** e **w** são vetores de $\mathbb{R}^n$, $n \geq 2$, e k é um escalar, explique por que as seguintes expressões não fazem sentido:

(a) $\|\mathbf{u} \cdot \mathbf{v}\|$ (b) $\mathbf{u} \cdot \mathbf{v} + \mathbf{w}$

(c) $\mathbf{u} \cdot (\mathbf{v} \cdot \mathbf{w})$ (d) $k \cdot (\mathbf{u} + \mathbf{w})$

Nos exercícios de 18 a 23, determine se o ângulo entre **u** *e* **v** *é agudo, obtuso ou um ângulo reto.*

18. $\mathbf{u} = \begin{bmatrix} 3 \\ 0 \end{bmatrix}, \mathbf{v} = \begin{bmatrix} -1 \\ 1 \end{bmatrix}$ **19.** $\mathbf{u} = \begin{bmatrix} 2 \\ -1 \\ 1 \end{bmatrix}, \mathbf{v} = \begin{bmatrix} 1 \\ -2 \\ -1 \end{bmatrix}$

20. $\mathbf{u} = [4, 3, -1], \mathbf{v} = [1, -1, 1]$

CAS **21.** $\mathbf{u} = [0{,}9, 2{,}1, 1{,}2], \mathbf{v} = [-4{,}5, 2{,}6, -0{,}8]$

22. $\mathbf{u} = [1, 2, 3, 4], \mathbf{v} = [-3, 1, 2, -2]$

23. $\mathbf{u} = [1, 2, 3, 4], \mathbf{v} = [5, 6, 7, 8]$

Nos exercícios de 24 a 29, encontre o ângulo entre **u** *e* **v** *do exercício dado.*

24. Exercício 18 **25.** Exercício 19

26. Exercício 20 CAS **27.** Exercício 21

CAS **28.** Exercício 22 CAS **29.** Exercício 23

30. Sejam $A = (-3, 2)$, $B = (1, 0)$ e $C = (4, 6)$. Prove que ΔABC é um triângulo retângulo.

31. Sejam $A = (1, 1, -1)$, $B = (-3, 2, -2)$ e $C = (2, 2, -4)$. Prove que ΔABC é um triângulo retângulo.

CAS **32.** Determine o ângulo entre uma diagonal de um cubo e uma aresta adjacente.

33. Um cubo possui quatro diagonais. Mostre que não existem duas dessas diagonais que sejam perpendiculares entre si.

34. Um paralelograma possui diagonais determinadas pelos vetores

$$\mathbf{d}_1 = \begin{bmatrix} 2 \\ 2 \\ 0 \end{bmatrix} \quad \text{e} \quad \mathbf{d}_2 = \begin{bmatrix} 1 \\ -1 \\ 3 \end{bmatrix}$$

Mostre que este paralelograma é um losango (todos os lados têm o mesmo comprimento) e determine o comprimento do lado.

35. O retângulo ABCD tem vértices nos pontos $A = (1, 2, 3)$, $B = (3, 6, -2)$, e $C = (0, 5, -4)$. Determine as coordenadas do vértice D.

36. Um avião está voando para o leste com velocidade de 200 milhas por hora. Um vento está vindo do norte a 40 milhas por hora. Qual é a velocidade resultante do avião?

37. Um barco está indo para o norte, em um rio, a 4 milhas por hora. Se a correnteza do rio está fluindo para o leste a 3 milhas por hora, determine a velocidade resultante do barco.

38. Ana está pilotando um barco a motor por um rio de 2 km de largura. Em água parada, o barco teria velocidade de 20 km/h, e a correnteza do rio está com 5 km/h. Ana vai de uma margem do rio para uma doca que está exatamentente na outra margem do rio, diretamente oposta a ela. Ela pilota o barco em uma direção perpendicular à correnteza.

(a) Quão longe da doca Ana irá atracar?

(b) Quanto tempo demorará para Ana cruzar o rio?

39. Beto consegue nadar a uma velocidade de 2 milhas por hora em água parada. A correnteza de um rio está fluindo a uma velocidade de 1 milha por hora. Se Beto quer cruzar o rio a nado para chegar em um ponto exatamente oposto a ele, a qual ângulo em relação à margem do rio ele deverá nadar?

Nos exercícios de 40 a 45, determine a projeção de **v** *em* **u**. *Desenhe um esquema nos exercícios 40 e 41.*

40. $\mathbf{u} = \begin{bmatrix} -1 \\ 1 \end{bmatrix}, \mathbf{v} = \begin{bmatrix} -2 \\ 4 \end{bmatrix}$ **41.** $\mathbf{u} = \begin{bmatrix} 3/5 \\ -4/5 \end{bmatrix}, \mathbf{v} = \begin{bmatrix} 1 \\ 2 \end{bmatrix}$

42. $\mathbf{u} = \begin{bmatrix} 1/2 \\ -1/4 \\ -1/2 \end{bmatrix}, \mathbf{v} = \begin{bmatrix} 2 \\ 2 \\ -2 \end{bmatrix}$ **43.** $\mathbf{u} = \begin{bmatrix} 1 \\ -1 \\ 1 \\ -1 \end{bmatrix}, \mathbf{v} = \begin{bmatrix} 2 \\ -3 \\ -1 \\ -2 \end{bmatrix}$

CAS **44.** $\mathbf{u} = \begin{bmatrix} 0{,}5 \\ 1{,}5 \end{bmatrix}, \mathbf{v} = \begin{bmatrix} 2{,}1 \\ 1{,}2 \end{bmatrix}$

CAS **45.** $\mathbf{u} = \begin{bmatrix} 3{,}01 \\ -0{,}33 \\ 2{,}52 \end{bmatrix}, \mathbf{v} = \begin{bmatrix} 1{,}34 \\ 4{,}25 \\ -1{,}66 \end{bmatrix}$

A figura 1.39 sugere duas maneiras pelas quais os vetores podem ser usados para calcular a área de um triângulo. A área $\mathcal{A}$

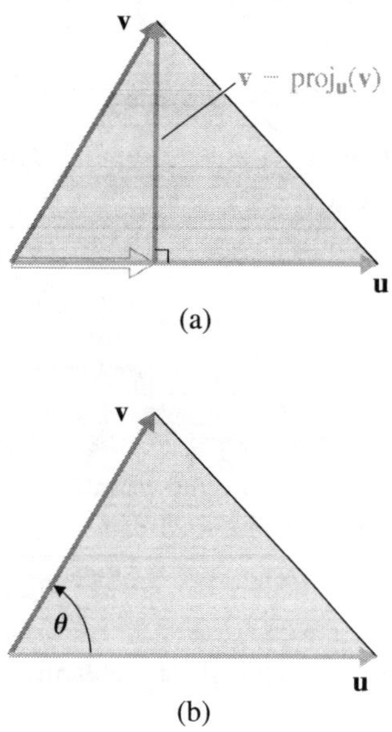

Figure 1.39

do triângulo na parte (a) é dada por $\frac{1}{2}\|\mathbf{u}\|\ \|\mathbf{v} - \text{proj}_\mathbf{u}(\mathbf{v})\|$, e a parte (b) sugere a forma trigonométrica da área de um triângulo: $\mathcal{A} = \frac{1}{2}\|\mathbf{u}\|\ \|\mathbf{v}\|\text{sen}\theta$. (Podemos usar a identidade $\text{sen}\theta = \sqrt{1 - \cos^2\theta}$ para achar $\text{sen}\theta$.)

Nos exercícios 46 e 47, calcule a área do triângulo de vértices dados, usando ambos os métodos.

46. $A = (1, -1), B = (2, 2), C = (4, 0)$

47. $A = (3, -1, 4), B = (4, -2, 6), C = (5, 0, 2)$

Nos exercícios 48 e 49, encontre todos os valores do número k *para os quais os dois vetores são ortogonais.*

48. $\mathbf{u} = \begin{bmatrix} 2 \\ 3 \end{bmatrix}, \mathbf{v} = \begin{bmatrix} k+1 \\ k-1 \end{bmatrix}$ **49.** $\mathbf{u} = \begin{bmatrix} 1 \\ -1 \\ 2 \end{bmatrix}, \mathbf{v} = \begin{bmatrix} k^2 \\ k \\ -3 \end{bmatrix}$

50. Descreva todos os vetores $\mathbf{v} = \begin{bmatrix} x \\ y \end{bmatrix}$ que são ortogonais a $\mathbf{u} = \begin{bmatrix} 3 \\ 1 \end{bmatrix}$.

51. Descreva todos os vetores $\mathbf{v} = \begin{bmatrix} x \\ y \end{bmatrix}$ que são ortogonais a $\mathbf{u} = \begin{bmatrix} a \\ b \end{bmatrix}$.

52. Sob que condições as seguintes igualdades são verdadeiras para vetores **u** e **v** de $\mathbb{R}^2$ ou $\mathbb{R}^3$?

(a) $\|\mathbf{u} + \mathbf{v}\| = \|\mathbf{u}\| + \|\mathbf{v}\|$ **(b)** $\|\mathbf{u} + \mathbf{v}\| = \|\mathbf{u}\| - \|\mathbf{v}\|$

53. Prove o teorema 1.2(b).

54. Prove o teorema 1.2(d).

Nos exercícios de 55 a 57, demostre as propriedades indicadas para a distância entre vetores.

55. $d(\mathbf{u}, \mathbf{v}) = d(\mathbf{v}, \mathbf{u})$ para todos os vetores **u** e **v**

56. $d(\mathbf{u}, \mathbf{w}) \leq d(\mathbf{u}, \mathbf{v}) + d(\mathbf{v}, \mathbf{w})$ para todos os vetores **u**, **v** e **w**

57. $d(\mathbf{u}, \mathbf{v}) = 0$ se e somente se $\mathbf{u} = \mathbf{v}$

58. Prove que $\mathbf{u} \cdot k\mathbf{v} = k(\mathbf{u} \cdot \mathbf{v})$, para todos os vetores **u** e **v** em $\mathbb{R}^n$ e todos os escalares k.

59. Prove que $\|\mathbf{u} - \mathbf{v}\| \geq \|\mathbf{u}\| - \|\mathbf{v}\|$, para quaisquer vetores **u** e **v** de $\mathbb{R}^n$. (*Sugestão*: substitua **u** por $\mathbf{u} - \mathbf{v}$ na Desigualdade Triangular.)

60. Suponha conhecido que $\mathbf{u} \cdot \mathbf{v} = \mathbf{u} \cdot \mathbf{w}$. Disso segue que $\mathbf{v} = \mathbf{w}$? Em caso positivo, dê uma prova válida em $\mathbb{R}^n$; caso contrário, dê um *contra exemplo* (isto é, um conjunto específico de vetores **u**, **v** e **w** para os quais $\mathbf{u} \cdot \mathbf{v} = \mathbf{u} . \mathbf{w}$, mas $\mathbf{v} \neq \mathbf{w}$).

61. Prove que $(\mathbf{u} + \mathbf{v}) \cdot (\mathbf{u} - \mathbf{v}) = \|\mathbf{u}\|^2 - \|\mathbf{v}\|^2$, para quaisquer vetores **u** e **v** de $\mathbb{R}^n$.

62. (a) Prove que $\|\mathbf{u} + \mathbf{v}\|^2 + \|\mathbf{u} - \mathbf{v}\|^2 = 2\|\mathbf{u}\|^2 + 2\|\mathbf{v}\|^2$, para quaisquer vetores **u** e **v** de $\mathbb{R}^n$.

(b) Desenhe um diagrama mostrando **u**, **v**, $\mathbf{u} + \mathbf{v}$ e $\mathbf{u} - \mathbf{v}$ em $\mathbb{R}^2$ e use a prova da parte (a) para deduzir uma propriedade de paralelogramos.

63. Prove que $\mathbf{u} \cdot \mathbf{v} = \frac{1}{4}\|\mathbf{u} + \mathbf{v}\|^2 - \frac{1}{4}\|\mathbf{u} - \mathbf{v}\|^2$, para quaisquer vetores **u** e **v** de $\mathbb{R}^n$.

64. **(a)** Prove que $\|\mathbf{u} + \mathbf{v}\| = \|\mathbf{u} - \mathbf{v}\|$ se e somente se $\mathbf{u}$ e $\mathbf{v}$ são ortogonais.
(b) Desenhe um diagrama mostrando $\mathbf{u}$, $\mathbf{v}$, $\mathbf{u} + \mathbf{v}$ e $\mathbf{u} - \mathbf{v}$ em $\mathbf{R}^2$ e use a prova da parte (a) para deduzir uma propriedade de paralelogramos.

65. **(a)** Prove que $\mathbf{u} + \mathbf{v}$ e $\mathbf{u} - \mathbf{v}$ são ortogonais em $\mathbb{R}^n$ se e somente se $\|\mathbf{u}\| = \|\mathbf{v}\|$.
(b) Desenhe um diagrama mostrando $\mathbf{u}$, $\mathbf{v}$, $\mathbf{u} + \mathbf{v}$ e $\mathbf{u} - \mathbf{v}$ em $\mathbb{R}^2$ e use a prova da parte (a) para deduzir uma propriedade de paralelogramos.

66. Se $\|\mathbf{u}\| = 2$, $\|\mathbf{v}\| = \sqrt{3}$ e $\mathbf{u} \cdot \mathbf{v} = 1$, determine $\|\mathbf{u} + \mathbf{v}\|$.

67. Mostre que não existem vetores $\mathbf{u}$ e $\mathbf{v}$ tais que $\|\mathbf{u}\| = 1$, $\|\mathbf{v}\| = 2$, e $\mathbf{u} \cdot \mathbf{v} = 3$.

68. **(a)** Prove que, se $\mathbf{u}$ é ortogonal a $\mathbf{v}$ e $\mathbf{w}$, então $\mathbf{u}$ é ortogonal a $\mathbf{v} + \mathbf{w}$.
(b) Prove que, se $\mathbf{u}$ é ortogonal a $\mathbf{v}$ e $\mathbf{w}$, então $\mathbf{u}$ é ortogonal a $s\mathbf{v} + t\mathbf{w}$, para quaisquer escalares s e t.

69. Prove que $\mathbf{u}$ é ortogonal a $\mathbf{v} - \text{proj}_{\mathbf{u}}(\mathbf{v})$, para quaisquer vetores $\mathbf{u}$ e $\mathbf{v}$ de $\mathbb{R}^n$, de que $\mathbf{u} \neq \mathbf{0}$.

70. **(a)** Prove que $\text{proj}_{\mathbf{u}}(\text{proj}_{\mathbf{u}}(\mathbf{v})) = \text{proj}_{\mathbf{u}}(\mathbf{v})$.
(b) Prove que $\text{proj}_{\mathbf{u}}(\mathbf{v} - \text{proj}_{\mathbf{u}}(\mathbf{v})) = \mathbf{0}$.
(c) Explique geometricamente os resultados dos itens (a) e (b).

71. A Desigualdade de Cauchy-Schwarz $|\mathbf{u} \cdot \mathbf{v}| \leq \|\mathbf{u}\| \, \|\mathbf{v}\|$ é equivalente à desigualdade que obtemos elevando ao quadrado ambos os lados: $(\mathbf{u} \cdot \mathbf{v})^2 \leq \|\mathbf{u}\|^2 \, \|\mathbf{v}\|^2$.

(a) Em $\mathbb{R}^2$, com $\mathbf{u} = \begin{bmatrix} u_1 \\ u_2 \end{bmatrix}$ e $\mathbf{v} = \begin{bmatrix} v_1 \\ v_2 \end{bmatrix}$, a desigualdade é escrita como

$$(u_1v_1 + u_2v_2)^2 \leq (u_1^2 + u_2^2)(v_1^2 + v_2^2)$$

Prove algebricamente essa desigualdade. (*Sugestão*: subtraia o lado esquerdo do lado direito e mostre que a diferença deve ser necessariamente não negativa.)
(b) Prove o análogo de (a) em $\mathbb{R}^3$.

72. A figura 1.40 mostra que, em $\mathbb{R}^2$ ou $\mathbb{R}^3$, $\|\text{proj}_{\mathbf{u}}(\mathbf{v})\| \leq \|\mathbf{v}\|$.
(a) Prove que, de modo geral, esta desigualdade é verdadeira. [*Sugestão:* Prove que $\text{proj}_{\mathbf{u}}(\mathbf{v})$ é ortogonal a $\mathbf{v} - \text{proj}_{\mathbf{u}}(\mathbf{v})$ e use o teorema de Pitágoras.]
(b) Prove que a desigualdade $\|\text{proj}_{\mathbf{u}}(\mathbf{v})\| \leq \|\mathbf{v}\|$ é equivalente à Desigualdade de Cauchy-Schwarz.

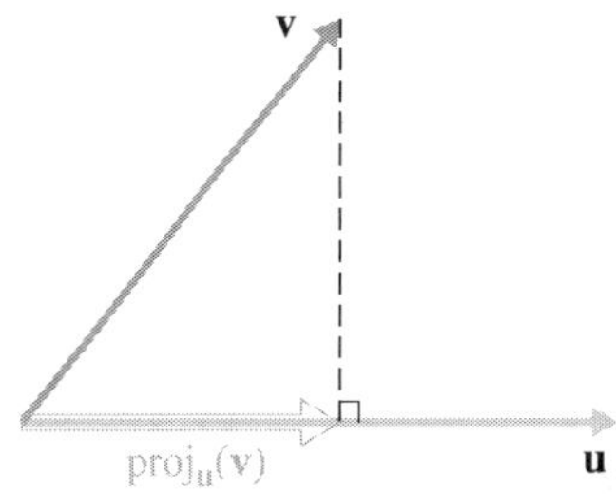

Figura 1.40

73. Use o fato de que $\text{proj}_{\mathbf{u}}(\mathbf{v}) = k\mathbf{u}$, para algum número k, juntamente com a figura 1.41, para determinar k e, desse modo, deduzir a fórmula para $\text{proj}_{\mathbf{u}}(\mathbf{v})$.

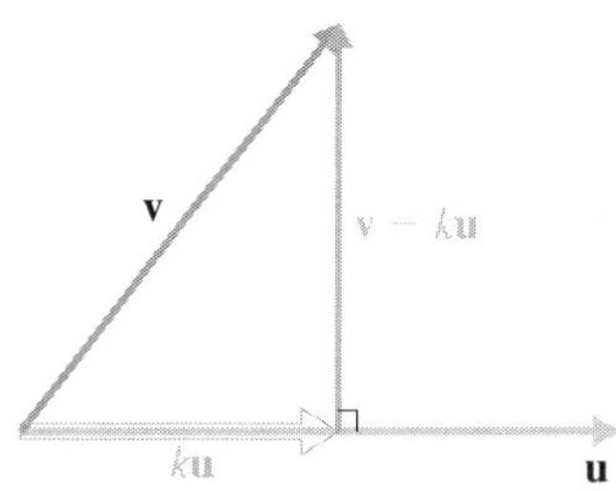

Figura 1.41

74. Utilizando indução matemática, prove a seguinte generalização para a Desigualdade Triangular:
$$\|\mathbf{v}_1 + \mathbf{v}_2 + \cdots + \mathbf{v}_n\| \leq \|\mathbf{v}_1\| + \|\mathbf{v}_2\| + \cdots + \|\mathbf{v}_n\|$$
para todo $n \geq 1$.

Investigação

Vetores e Geometria

Muitos resultados da geometria euclidiana plana podem ser demonstrados por meio de técnicas vetoriais. Por exemplo, no exemplo 1.24, usamos vetores para provar o teorema de Pitágoras. Nesta investigação, usaremos vetores para provar alguns outros teoremas da geometria euclidiana.

Como introdução à notação e à linguagem vetorial para abordar a geometria, considere o seguinte exemplo fácil:

Exemplo 1.25

Dê uma descrição vetorial do ponto médio M de um segmento de reta $\overline{AB}$.

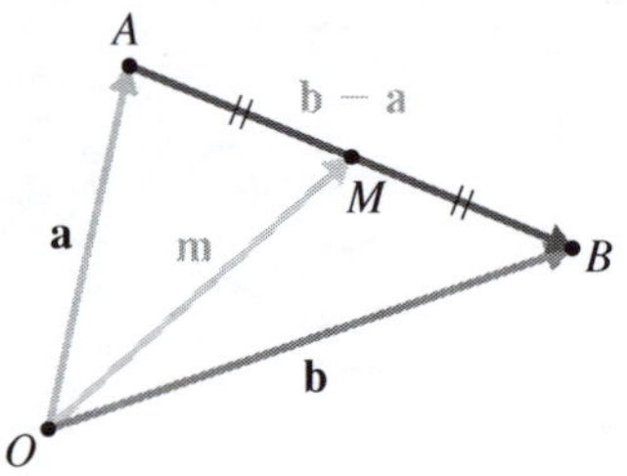

Figura 1.42
O ponto médio de $\overline{AB}$

Solução Primeiramente, converteremos tudo para a notação vetorial. Se O denota a origem e P é um ponto, designamos $\mathbf{p}$ como o vetor $\overrightarrow{OP}$. Nessas condições, $\mathbf{a} = \overrightarrow{OA}$, $\mathbf{b} = \overrightarrow{OB}$, $\mathbf{m} = \overrightarrow{OM}$ e $\overrightarrow{AB} = \overrightarrow{OB} - \overrightarrow{OA} = \mathbf{b} - \mathbf{a}$ (figura 1.42).

Como M é ponto médio de $\overline{AB}$, temos

$$\mathbf{m} - \mathbf{a} = \overrightarrow{AM} = \tfrac{1}{2}\overrightarrow{AB} = \tfrac{1}{2}(\mathbf{b} - \mathbf{a})$$

assim,

$$\mathbf{m} = \mathbf{a} + \tfrac{1}{2}(\mathbf{b} - \mathbf{a}) = \tfrac{1}{2}(\mathbf{a} + \mathbf{b})$$

1. Apresente uma descrição vetorial do ponto P que está a um terço do percurso de A para B no segmento de reta $\overline{AB}$. Generalize.

2. Prove que o segmento de reta que une os pontos médios de dois lados de um triângulo é paralelo ao terceiro lado e possui metade de seu comprimento. (Na notação vetorial, prove que $\overrightarrow{PQ} = \frac{1}{2}\overrightarrow{AB}$ na figura 1.43.)

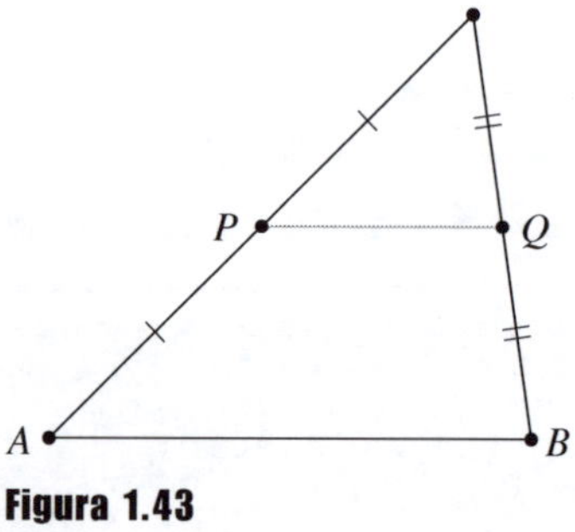

Figura 1.43

3. Prove que o quadrilátero $PQRS$ (figura 1.44), cujos vértices são pontos médios dos lados de um quadrilátero arbitrário $ABCD$, é um paralelogramo.

4. Uma ***mediana*** de um triângulo é um segmento de reta que une um vértice ao ponto médio do lado oposto (figura 1.45). Prove que as três medianas de qualquer triângulo são *concorrentes* (isto é, têm um ponto comum de interseção) em um ponto G que está a dois terços da distância de cada vértice ao ponto médio do lado oposto. (*Sugestão*: na figura 1.46, mostre que o ponto que está a dois terços da distância de A a P é dado por $\frac{1}{3}(\mathbf{a} + \mathbf{b} + \mathbf{c})$. Mostre então que $\frac{1}{3}(\mathbf{a} + \mathbf{b} + \mathbf{c})$ está a dois terços da distância de B a Q e a dois terços da distância de C a R.) O ponto G da figura 1.46 é chamado ***baricentro*** do triângulo.

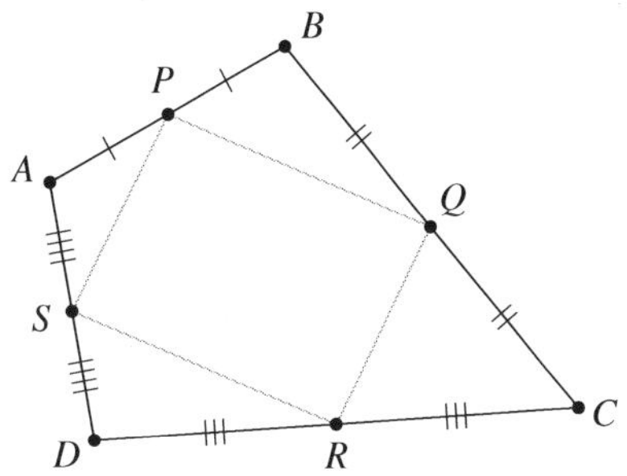

Figura 1.44

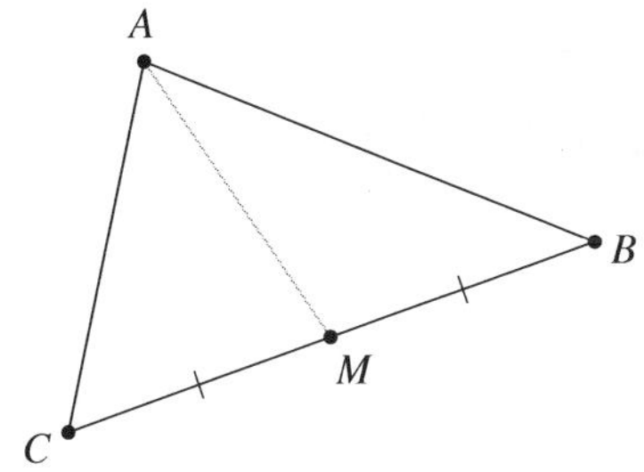

Figura 1.45
Uma mediana

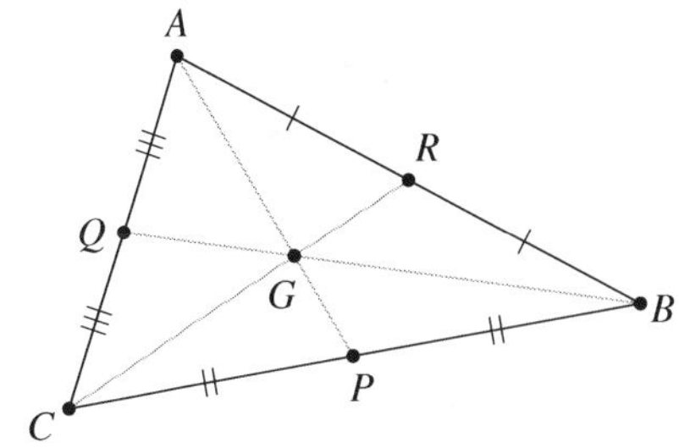

Figura 1.46
O baricentro

5. Uma ***altura*** de um triângulo é um segmento de reta que sai de um vértice e é perpendicular ao lado oposto (figura 1.47). Prove que as três alturas de um triângulo são concorrentes. (*Sugestão*: considere H o ponto de interseção das alturas correspondentes aos vértices A e B na figura 1.48. Prove que $\overrightarrow{CH}$ é ortogonal a $\overrightarrow{AB}$.) O ponto H na figura 1.48 é chamado ***ortocentro*** do triângulo.

6. Uma ***mediatriz*** de um segmento de reta é uma reta que passa pelo ponto médio do segmento, sendo perpendicular a ele (figura 1.49). Prove que as mediatrizes dos três lados de um triângulo são concorrentes. (*Sugestão*: considere K o ponto de interseção das mediatrizes de $\overline{AC}$ e $\overline{BC}$ na figura 1.50. Prove que $\overrightarrow{RK}$ é ortogonal a $\overrightarrow{AB}$.) O ponto K na figura 1.50 chama-se ***circuncentro*** do triângulo.

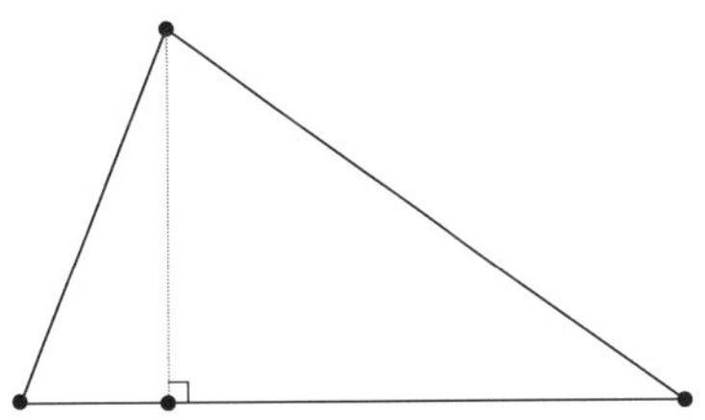

Figura 1.47
Uma altura

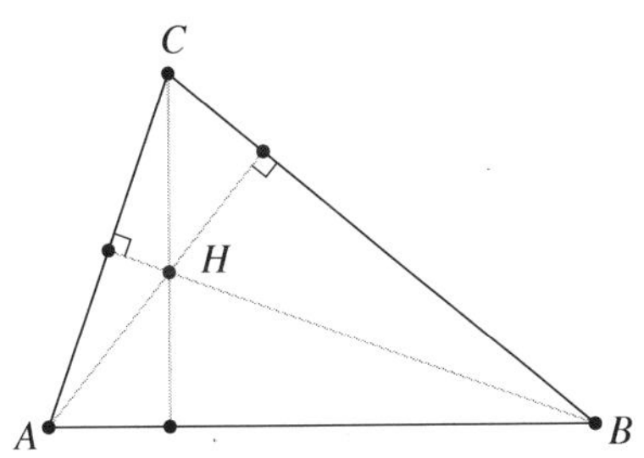

Figura 1.48
O ortocentro

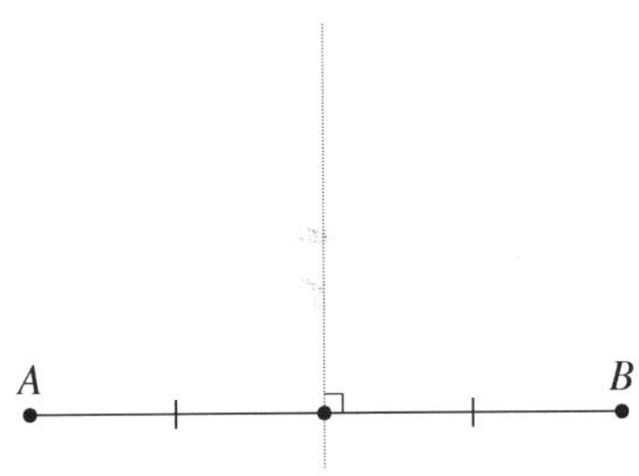

Figura 1.49
Uma mediatriz

7. Sejam A e B as extremidades de um diâmetro de um círculo. Se C é qualquer ponto do círculo, prove que $\angle ACB$ é um ângulo reto. (*Sugestão*: na figura 1.51, considere O o centro do círculo. Expresse todos os elementos em função de **a** e **c** e mostre que $\overrightarrow{AC}$ é ortogonal a $\overrightarrow{BC}$.)

8. Prove que os segmentos de reta que unem os pontos médios dos lados opostos de um quadrilátero se interceptam no ponto médio de ambos (figura 1.52).

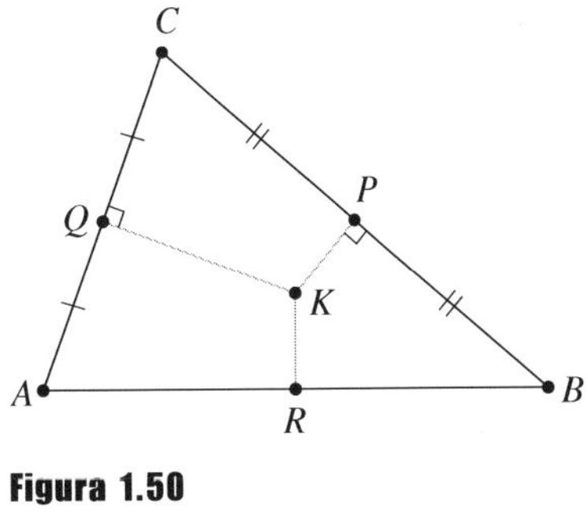

Figura 1.50
O circuncentro

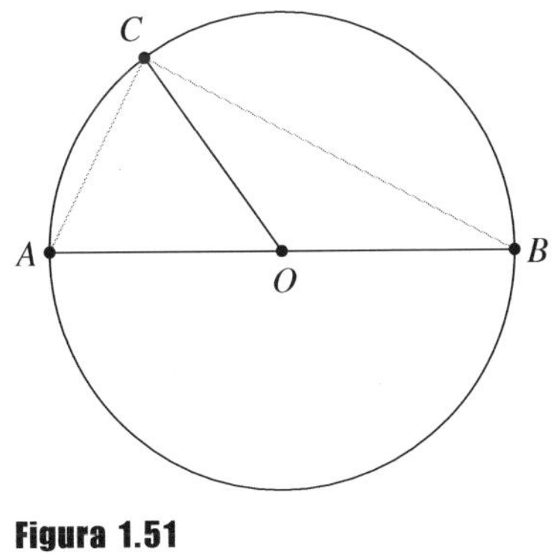

Figura 1.51

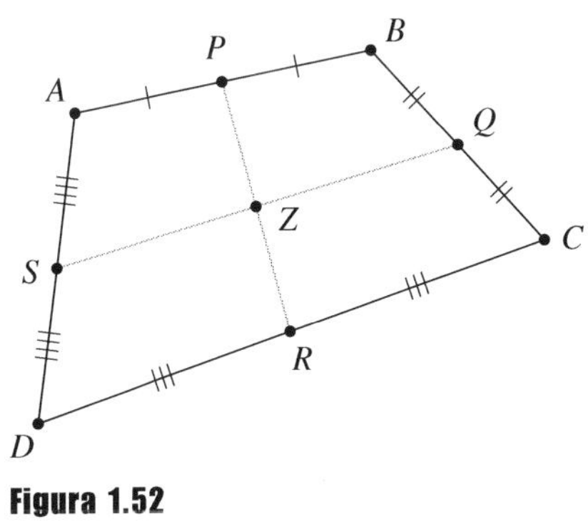

Figura 1.52

1.3 Retas e Planos

Todos estamos familiarizados com a equação de uma reta no plano cartesiano. Agora, vamos considerar retas em $\mathbb{R}^2$ do ponto de vista vetorial. As ideias que aparecem neste estudo nos permitem generalização para retas em $\mathbb{R}^3$ e planos em $\mathbb{R}^3$. Muito da álgebra linear que estudaremos nos capítulos posteriores tem sua origem na geometria simples de retas e planos; a habilidade de visualizar esses elementos e pensar em um problema geometricamente nos será de grande valia.

Retas em $\mathbb{R}^2$ e em $\mathbb{R}^3$

No plano *xy*, a forma geral da equação de uma reta é $ax + by = c$. Se $b \neq 0$, a equação pode ser reescrita como $y = -(a/b)x + c/b$, que tem a forma $y = mx + k$. (Esta é a forma coeficiente angular-interseção: *m* é a coeficiente angular da reta, e o ponto de coordenadas $(0, k)$ é sua interseção com o eixo *y*.) Para fazer essa descrição com vetores, vamos considerar um exemplo.

Exemplo 1.26

A reta ℓ de equação $2x + y = 0$ é mostrada na figura 1.53. É uma reta de coeficiente angular -2 passando pela origem. O lado esquerdo da equação tem a forma de um produto escalar; de fato, se consideramos $\mathbf{n} = \begin{bmatrix} 2 \\ 1 \end{bmatrix}$ e $\mathbf{x} = \begin{bmatrix} x \\ y \end{bmatrix}$, a equação se torna $\mathbf{n} \cdot \mathbf{x} = 0$. O vetor $\mathbf{n}$ é perpendicular à reta — isto é, *ortogonal* a qualquer vetor $\mathbf{x}$ paralelo à reta (figura 1.54) – e é chamado ***vetor normal*** à reta. A equação $\mathbf{n} \cdot \mathbf{x} = 0$. é a *forma normal* da equação de ℓ.

Uma outra maneira de pensar sobre essa reta é imaginar uma partícula movendo-se ao longo dela. Suponhamos que a partícula esteja na origem no instante $t = 0$ e se movimente ao longo da reta de modo que sua coordenada *x* varie em uma unidade por segundo. Então, no instante $t = 1$, a partícula está em $(1, -2)$; em $t = 1{,}5$, está em $(1{,}5, -3)$; se permitirmos valores negativos para *t* (isto é, se levarmos em conta onde a partícula estava no passado), em $t = -2$ estará (ou esteve) em $(-2, 4)$.

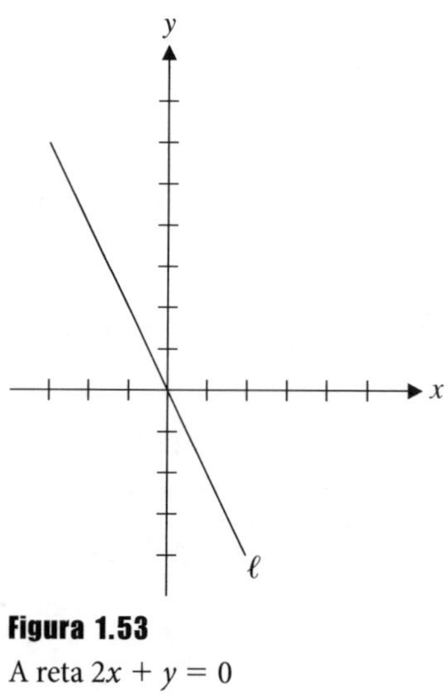

Figura 1.53
A reta $2x + y = 0$

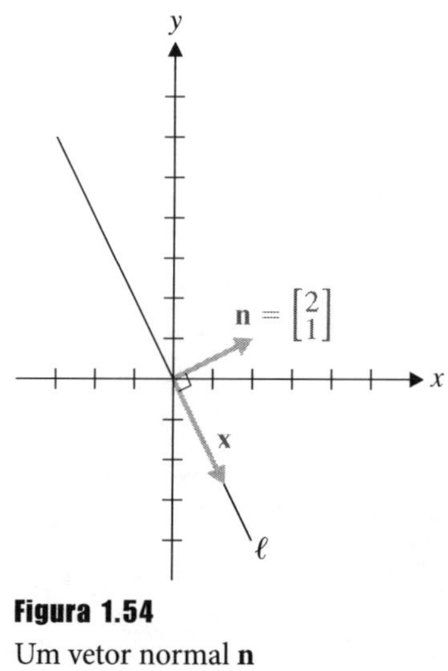

Figura 1.54
Um vetor normal $\mathbf{n}$

A palavra latina *norma* se refere ao esquadro de carpinteiro, usado para desenhar ângulos retos. Assim, vetor *normal* é o perpendicular a algum outro objeto, usualmente um plano.

Tal movimento está ilustrado na figura 1.55. Em geral, se $x = t$, então $y = -2t$, e podemos escrever essa relação na forma vetorial como

$$\begin{bmatrix} x \\ y \end{bmatrix} = \begin{bmatrix} t \\ -2t \end{bmatrix} = t\begin{bmatrix} 1 \\ -2 \end{bmatrix}$$

Qual é o significado do vetor $\mathbf{d} = \begin{bmatrix} 1 \\ -2 \end{bmatrix}$? Trata-se de um particular vetor paralelo a ℓ, chamado ***vetor diretor*** para a reta. Como mostra a figura 1.56, podemos escrever a equação de ℓ como $\mathbf{x} = t\mathbf{d}$. É a *forma vetorial* da equação da reta.

Se a reta não passa pela origem, temos de fazer algumas modificações.

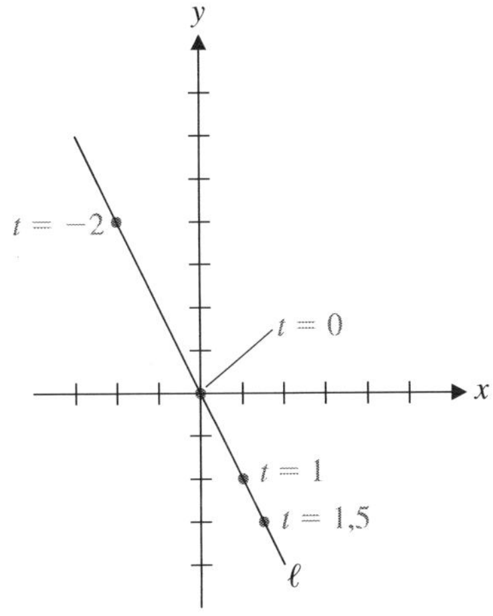

Figura 1.55

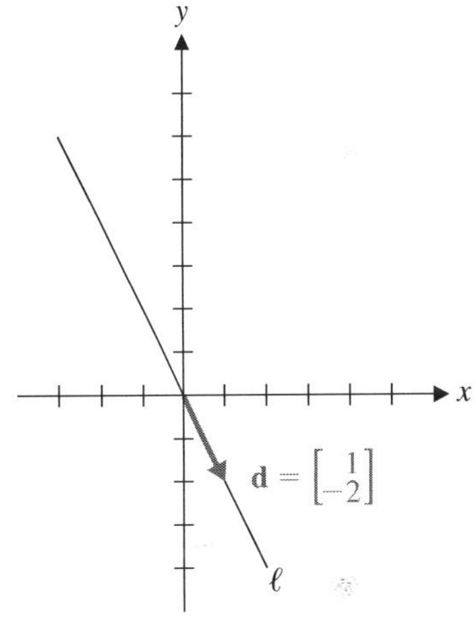

Figura 1.56
Um vetor diretor **d**

Exemplo 1.27

Considere a reta ℓ de equação $2x + y = 5$ (figura 1.57). É justamente a reta do exemplo 1.26, transladada superiormente em cinco unidades. Ela também possui coeficiente angular -2, mas sua interseção com o eixo y é no ponto $(0, 5)$. É claro que os vetores **d** e **n** do exemplo 1.26 são, respectivamente, um vetor diretor e um vetor normal a essa reta.

Assim, **n** é ortogonal a todo vetor que seja paralelo a ℓ. O ponto $P = (1, 3)$ pertence a ℓ. Se $X = (x, y)$ representa um ponto geral de ℓ, então o vetor $\overrightarrow{PX} = \mathbf{x} - \mathbf{p}$ é paralelo a ℓ e $\mathbf{n} \cdot (\mathbf{x} - \mathbf{p}) = 0$ (veja a figura 1.58). Simplificando, temos $\mathbf{n} \cdot \mathbf{x} = \mathbf{n} \cdot \mathbf{p}$. Para verificar, calculamos

$$\mathbf{n} \cdot \mathbf{x} = \begin{bmatrix} 2 \\ 1 \end{bmatrix} \cdot \begin{bmatrix} x \\ y \end{bmatrix} = 2x + y \quad \text{e} \quad n \cdot p = \begin{bmatrix} 2 \\ 1 \end{bmatrix} \cdot \begin{bmatrix} 1 \\ 3 \end{bmatrix} = 5$$

Assim, a forma normal $\mathbf{n} \cdot \mathbf{x} = \mathbf{n} \cdot \mathbf{p}$ é uma representação um pouco diferente da forma geral da equação da reta. (Observação que, no exemplo 1.26, **p** era o vetor nulo, por isso o lado direito da equação deu $\mathbf{n} \cdot \mathbf{p} = 0$.)

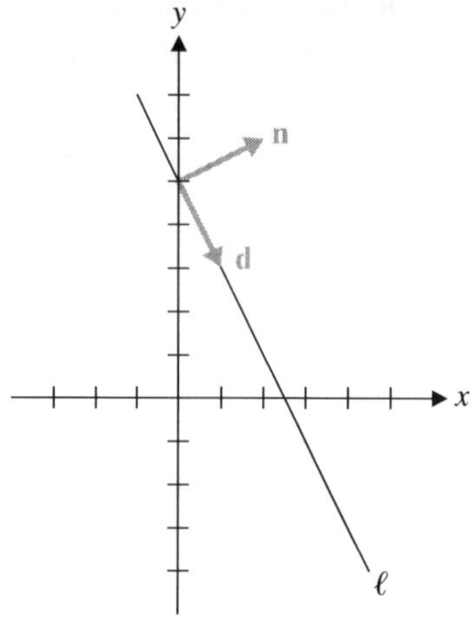

Figura 1.57
A reta $2x + y = 5$

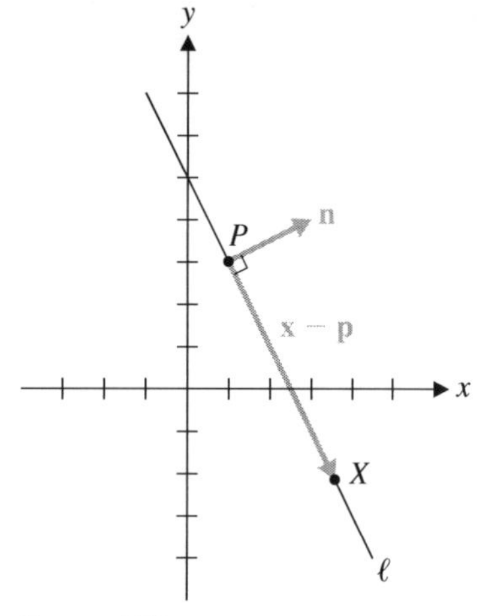

Figura 1.58
$\mathbf{n} \cdot (\mathbf{x} - \mathbf{p}) = 0$

Esses resultados conduzem à seguinte definição:

Definição A ***forma normal da equação de uma reta*** ℓ em $\mathbb{R}^2$ é do tipo

$$\mathbf{n} \cdot (\mathbf{x} - \mathbf{p}) = 0 \quad \text{ou} \quad \mathbf{n} \cdot \mathbf{x} = \mathbf{n} \cdot \mathbf{p}$$

em que $\mathbf{p}$ é um ponto específico de ℓ e $\mathbf{n} \neq \mathbf{0}$ é um vetor normal a ℓ.
A ***forma geral da equação de*** ℓ é $ax + by = c$, em que $\mathbf{n} = \begin{bmatrix} a \\ b \end{bmatrix}$ é um vetor normal a ℓ.

Continuando com o exemplo1.27, vamos encontrar a forma vetorial da equação de ℓ. Observe que, para cada escolha de $\mathbf{x}$, $\mathbf{x} - \mathbf{p}$ deve ser paralelo ao vetor diretor $\mathbf{d}$, e, portanto, um múltiplo de $\mathbf{d}$. Isto é, $\mathbf{x} - \mathbf{p} = t\mathbf{d}$ ou $\mathbf{x} = \mathbf{p} + t\mathbf{d}$ para algum escalar t. Em termos de componentes, temos

$$\begin{bmatrix} x \\ y \end{bmatrix} = \begin{bmatrix} 1 \\ 3 \end{bmatrix} + t\begin{bmatrix} 1 \\ -2 \end{bmatrix} \tag{1}$$

ou

$$\begin{aligned} x &= 1 + t \\ y &= 3 - 2t \end{aligned} \tag{2}$$

A equação (1) é a forma vetorial da equação de ℓ, e as equações das componentes (2) são chamadas *equações paramétricas* da reta. A variável t é chamada *parâmetro*.

Como generalizar para $\mathbb{R}^3$? Observe que as formas vetorial e paramétrica das equações da reta se adaptam perfeitamente. A noção de coeficiente angular de uma reta em $\mathbb{R}^2$ — que é difícil de generalizar para três dimensões — é substituída pela noção mais conveniente de vetor diretor, conduzindo à seguinte definição:

A palavra *parâmetro* e o adjetivo correspondente *paramétrico* vêm das palavras gregas *para*, que significa "lado a lado", e *metron*, que quer dizer "medida". Matematicamente falando, um parâmetro é uma variável em função da qual se expressam outras variáveis — uma nova "medida" colocada ao lado de outras antigas.

Definição A ***forma vetorial da equação de uma reta*** ℓ em $\mathbb{R}^2$ ou em $\mathbb{R}^3$ é do tipo

$$\mathbf{x} = \mathbf{p} + t\mathbf{d}$$

em que $\mathbf{p}$ é um ponto específico de ℓ e $\mathbf{d} \neq \mathbf{0}$ é um vetor diretor de ℓ.

As equações correspondentes às componentes da forma vetorial da equação são chamadas ***equações paramétricas*** de ℓ.

Frequentemente, abreviaremos um pouco essa terminologia, referindo-nos simplesmente às equações geral, normal, vetorial e paramétricas de uma reta ou plano.

Exemplo 1.28 Determine equações nas formas vetorial e paramétrica da reta em $\mathbb{R}^3$ que passa pelo ponto $P = (1, 2, -1)$ e é paralela ao vetor $\mathbf{d} = \begin{bmatrix} 5 \\ -1 \\ 3 \end{bmatrix}$.

Solução A equação vetorial $\mathbf{x} = \mathbf{p} + t\mathbf{d}$ é

$$\begin{bmatrix} x \\ y \\ z \end{bmatrix} = \begin{bmatrix} 1 \\ 2 \\ -1 \end{bmatrix} + t\begin{bmatrix} 5 \\ -1 \\ 3 \end{bmatrix}$$

A forma paramétrica é

$$\begin{aligned} x &= 1 + 5t \\ y &= 2 - t \\ z &= -1 + 3t \end{aligned}$$

Observações

- A equação vetorial e as equações paramétricas de uma dada reta ℓ não são únicas — de fato, existem infinitas, já que podemos considerar qualquer ponto de ℓ para determinar $\mathbf{p}$ e qualquer vetor diretor de ℓ. No entanto, todos os vetores diretores são claramente múltiplos um do outro.

No exemplo 1.28, $(6, 1, 2)$ é um outro ponto sobre a reta (considere $t = 1$), e $\begin{bmatrix} 10 \\ -2 \\ 6 \end{bmatrix}$ é outro vetor diretor. Dessa maneira,

$$\begin{bmatrix} x \\ y \\ z \end{bmatrix} = \begin{bmatrix} 6 \\ 1 \\ 2 \end{bmatrix} + s\begin{bmatrix} 10 \\ -2 \\ 6 \end{bmatrix}$$

dá uma equação vetorial diferente (mas equivalente) para a reta. A relação entre os dois parâmetros s e t pode ser obtida comparando-se as equações paramétricas: para cada ponto (x, y, z) de ℓ, temos

$$\begin{aligned} x &= 1 + 5t = 6 + 10s \\ y &= 2 - t = 1 - 2s \\ z &= -1 + 3t = 2 + 6s \end{aligned}$$

implicando que

$$\begin{aligned} -10s + 5t &= 5 \\ 2s - t &= -1 \\ -6s + 3t &= 3 \end{aligned}$$

Todas essas equações se reduzem a $t = 1 + 2s$.

- Intuitivamente, sabemos que uma reta é um objeto *unidimensional.* A ideia de dimensão será explicada nos capítulos 3 e 6, mas, para o momento, observe que essa ideia parece combinar com o fato de que a equação vetorial de uma reta requer apenas *um* parâmetro.

Exemplo 1.29

É frequente a expressão "dois pontos determinam uma reta". Encontre uma equação vetorial para a reta ℓ em $\mathbb{R}^3$ determinada pelos pontos $P = (-1, 5, 0)$ e $Q = (2, 1, 1)$.

Solução Podemos escolher qualquer ponto de ℓ como $\mathbf{p}$; então, usaremos P (Q também seria bom).

Um vetor diretor conveniente é $\mathbf{d} = \overrightarrow{PQ} = \begin{bmatrix} 3 \\ -4 \\ 1 \end{bmatrix}$ (ou qualquer múltiplo escalar deste). Assim, obtemos

$$\begin{aligned} \mathbf{x} &= \mathbf{p} + t\mathbf{d} \\ &= \begin{bmatrix} -1 \\ 5 \\ 0 \end{bmatrix} + t\begin{bmatrix} 3 \\ -4 \\ 1 \end{bmatrix} \end{aligned}$$

Planos em $\mathbb{R}^3$

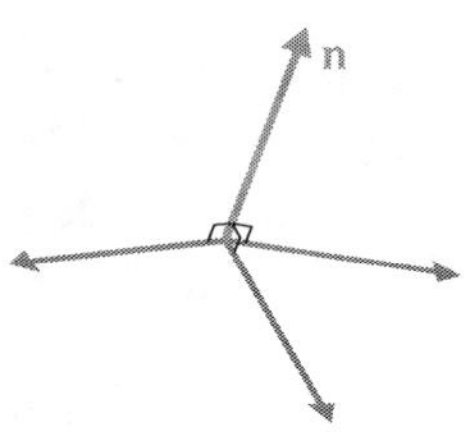

Figura 1.59
$\mathbf{n}$ é ortogonal a infinitos vetores

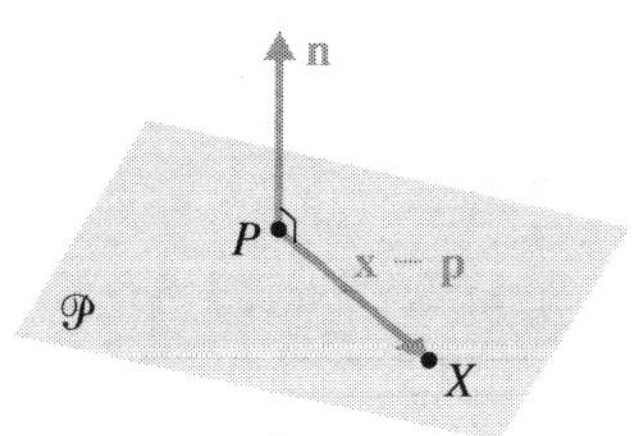

Figura 1.60
$\mathbf{n} \cdot (\mathbf{x} - \mathbf{p}) = 0$

A próxima pergunta que devemos nos fazer é "Como a equação geral de uma reta se generaliza para $\mathbb{R}^3$?". É razoável imaginar que, se $ax + by = c$ é a forma geral da equação de uma reta em $\mathbb{R}^2$, então $ax + by + cz = d$ deve representar uma reta em $\mathbb{R}^3$. Na forma normal, essa equação é $\mathbf{n} \cdot \mathbf{x} = \mathbf{n} \cdot \mathbf{p}$, em que $\mathbf{n}$ é um vetor normal à reta e $\mathbf{p}$ corresponde a um ponto dela.

Para verificar se essa é uma hipótese razoável, vamos refletir sobre o caso especial da equação $ax + by + cz = 0$. Na forma normal, ela é $\mathbf{n} \cdot \mathbf{x} = 0$, em que $\mathbf{n} = \begin{bmatrix} a \\ b \\ c \end{bmatrix}$. No entanto, o conjunto de todos os vetores $\mathbf{x}$ que satisfazem a essa equação é o conjunto de todos os vetores ortogonais a $\mathbf{n}$. Como mostra a figura 1.59, existem infinitos vetores de sentidos diferentes que possuem essa propriedade, determinando uma família de *planos* paralelos. Dessa forma, nossa suposição está incorreta: parece que $ax + by + cz = d$ é a equação de um plano — não uma reta — em $\mathbb{R}^3$.

Tornemos mais precisa essa descoberta. Todo plano $\mathcal{P}$ em $\mathbb{R}^3$ pode ser determinado especificando-se um ponto $\mathbf{p}$ em $\mathcal{P}$ e um vetor não nulo $\mathbf{n}$ normal a $\mathcal{P}$ (figura 1.60). Dessa maneira, se $\mathbf{x}$ representa um ponto arbitrário de $\mathcal{P}$, temos que $\mathbf{n} \cdot (\mathbf{x} - \mathbf{p}) = 0$ ou $\mathbf{n} \cdot \mathbf{x} = \mathbf{n} \cdot \mathbf{p}$. Se $\mathbf{n} = \begin{bmatrix} a \\ b \\ c \end{bmatrix}$ e $\mathbf{x} = \begin{bmatrix} x \\ y \\ z \end{bmatrix}$, então, em termos das componentes, a equação se torna $ax + by + cz = d$ (em que $d = \mathbf{n} \cdot \mathbf{p}$).

Definição A ***forma normal da equação de um plano*** $\mathcal{P}$ **em** $\mathbb{R}^3$ é do tipo

$$\mathbf{n} \cdot (\mathbf{x} - \mathbf{p}) = 0 \quad \text{ou} \quad \mathbf{n} \cdot \mathbf{x} = \mathbf{n} \cdot \mathbf{p}$$

em que $\mathbf{p}$ é um ponto específico de $\mathcal{P}$ e $\mathbf{n} \neq \mathbf{0}$ é um vetor normal a $\mathcal{P}$

A ***forma geral da equação*** de $\mathcal{P}$ é $ax + by + cz = d$, em que $\mathbf{n} = \begin{bmatrix} a \\ b \\ c \end{bmatrix}$ é um vetor normal a $\mathcal{P}$.

Note que qualquer múltiplo escalar de um vetor normal ao plano é outro vetor normal.

Exemplo 1.30 Ache formas normal e geral da equação do plano que contém o ponto $P = (6, 0, 1)$ e tem vetor normal $\mathbf{n} = \begin{bmatrix} 1 \\ 2 \\ 3 \end{bmatrix}$.

Solução Com $\mathbf{p} = \begin{bmatrix} 6 \\ 0 \\ 1 \end{bmatrix}$ e $\mathbf{x} = \begin{bmatrix} x \\ y \\ z \end{bmatrix}$, temos $\mathbf{n} \cdot \mathbf{p} = 1 \cdot 6 + 2 \cdot 0 + 3 \cdot 1 = 9$; portanto, a equação normal $\mathbf{n} \cdot \mathbf{x} = \mathbf{n} \cdot \mathbf{p}$ se transforma na equação geral $x + 2y + 3z = 9$.

Geometricamente, é claro que planos paralelos têm os mesmos vetores normais. Assim, as equações gerais têm os lados esquerdos múltiplos um do outro. Por exemplo, $2x + 4y + 6z = 10$ é uma equação geral de um plano paralelo ao plano do exemplo 1.30, já que podemos reescrever essa equação como $x + 2y + 3z = 5$ — a partir da qual percebemos que os dois planos têm o mesmo vetor normal **n**. (Note que os planos não coincidem, pois os lados direitos das equações dos dois planos são distintos.)

Também podemos expressar a equação do plano na forma vetorial ou paramétrica. Para isso, observe que um plano pode ser determinado especificando-se um de seus pontos P (pelo vetor **p**) e *dois* vetores diretores **u** e **v** paralelos ao plano

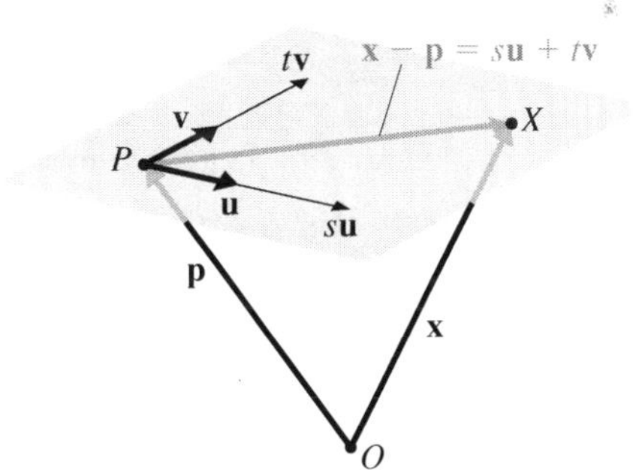

Figura 1.61
$\mathbf{x} - \mathbf{p} = s\mathbf{u} + t\mathbf{v}$

(mas não paralelos entre si). Como mostra a figura 1.61, dado qualquer ponto X do plano (localizado pelo vetor **x**), podemos sempre encontrar múltiplos apropriados $s\mathbf{u}$ e $t\mathbf{v}$ dos vetores diretores, de maneira que $\mathbf{x} - \mathbf{p} = s\mathbf{u} + t\mathbf{v}$ ou $\mathbf{x} = \mathbf{p} + s\mathbf{u} + t\mathbf{v}$. Se escrevermos essa equação em componentes, obtemos equações paramétricas para o plano.

Definição A ***forma vetorial da equação de um plano*** $\mathcal{P}$ em $\mathbb{R}^3$ é do tipo

$$\mathbf{x} = \mathbf{p} + s\mathbf{u} + t\mathbf{v}$$

em que **p** é um ponto de $\mathcal{P}$ e **u** e **v** são vetores diretores de $\mathcal{P}$ (**u** e **v** são não nulos e paralelos a $\mathcal{P}$, mas não paralelos entre si).

As equações correspondentes às componentes da equação vetorial são chamadas ***equações paramétricas*** de $\mathcal{P}$.

Exemplo 1.31

Encontre uma equação vetorial e uma paramétrica para o plano do exemplo 1.30.

Solução Precisamos determinar dois vetores diretores. Temos um ponto $P = (6, 0, 1)$ no plano; se encontrarmos dois outros pontos Q e R em $\mathcal{P}$, os vetores $\overrightarrow{PQ}$ e $\overrightarrow{PR}$ poderão servir como vetores diretores (a menos que, por falta de sorte, eles sejam paralelos!). Por tentativa e erro, observe que os pontos $Q = (9, 0, 0)$ e $R = (3, 3, 0)$ satisfazem a equação geral $x + 2y + 3z = 9$, e, portanto, estão no plano. Calculamos

$$\mathbf{u} = \overrightarrow{PQ} = \mathbf{q} - \mathbf{p} = \begin{bmatrix} 3 \\ 0 \\ -1 \end{bmatrix} \text{ e } \mathbf{v} = \overrightarrow{PR} = \mathbf{r} - \mathbf{p} = \begin{bmatrix} -3 \\ 3 \\ -1 \end{bmatrix}$$

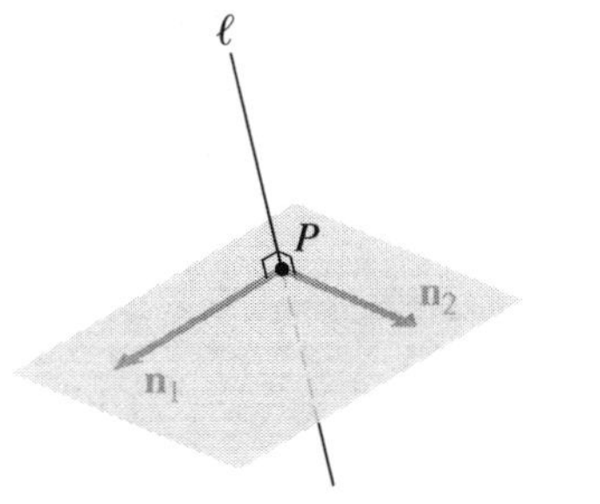

Figura 1.62
Dois vetores normais determinam uma reta

os quais, por não serem múltiplos escalares um do outro, servirão como vetores diretores. Por conseguinte, obtemos uma equação vetorial de $\mathcal{P}$,

$$\begin{bmatrix} x \\ y \\ z \end{bmatrix} = \begin{bmatrix} 6 \\ 0 \\ 1 \end{bmatrix} + s\begin{bmatrix} 3 \\ 0 \\ -1 \end{bmatrix} + t\begin{bmatrix} -3 \\ 3 \\ -1 \end{bmatrix}$$

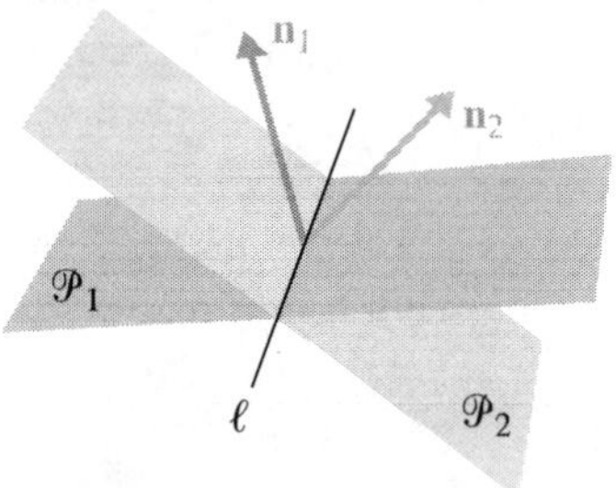

Figura 1.63
A interseção de dois planos é uma reta

e as correspondentes equações paramétricas,

$$\begin{aligned} x &= 6 + 3s - 3t \\ y &= 3t \\ z &= 1 - s - t \end{aligned}$$

[O que aconteceria se tivéssemos escolhido $R = (0, 0, 3)$?]

Observações

- Um plano é um objeto bidimensional, e suas equações, tanto vetoriais quanto paramétricas, requerem *dois* parâmetros.
- Como mostra a figura 1.59, dado um ponto P e um vetor não nulo $\mathbf{n}$ de $\mathbb{R}^3$, existem infinitas retas que passam por P tendo $\mathbf{n}$ como vetor normal. Por outro lado, P e dois vetores normais não paralelos, $\mathbf{n}_1$ e $\mathbf{n}_2$, servem para determinar uma reta ℓ univocamente, pois ℓ é a reta que passa por P e é perpendicular ao plano de equação $\mathbf{x} = \mathbf{p} + s\mathbf{n}_1 + t\mathbf{n}_2$ (figura 1.62). Dessa maneira, uma reta em $\mathbb{R}^3$ pode ser identificada por um par de equações

$$\begin{aligned} a_1x + b_1y + c_1z &= d_1 \\ a_2x + b_2y + c_2z &= d_2 \end{aligned}$$

cada uma delas correspondendo a um vetor normal. Como tais equações identificam um par de planos não paralelos (por que não paralelos?), essa é justamente a descrição de uma reta como interseção de dois planos não paralelos (figura 1.63). Algebricamente, a reta consiste em todos os pontos (x, y, z) que satisfazem simultaneamente ambas as equações. Exploraremos mais esse conceito no capítulo 2, quando discutirmos a solução de um sistema de equações lineares.

As tabelas 1.2 e 1.3 resumem as informações apresentadas até agora sobre equações de retas e planos.

Observe mais uma vez que uma única equação geral descreve uma reta em $\mathbb{R}^2$, mas em $\mathbb{R}^3$ descreve um plano. [Em dimensões maiores, um objeto (reta, plano etc.) determinado por uma única equação desse tipo é usualmente chamado ***hiperplano***.]

Tabela 1.2 Equações de Retas em $\mathbb{R}^2$

Forma Normal	Forma Geral	Forma Vetorial	Forma Paramétrica
$\mathbf{n}\cdot\mathbf{x}=\mathbf{n}\cdot\mathbf{p}$	$ax+by=c$	$\mathbf{x}=\mathbf{p}+t\mathbf{d}$	$\begin{cases} x = p_1 + td_1 \\ y = p_2 + td_2 \end{cases}$

Tabela 1.3 Retas e Planos em $\mathbb{R}^3$

	Forma Normal	Forma Geral	Forma Vetorial	Forma Paramétrica
Retas	$\begin{cases} \mathbf{n}_1\cdot\mathbf{x}=\mathbf{n}_1\cdot\mathbf{p}_1 \\ \mathbf{n}_2\cdot\mathbf{x}=\mathbf{n}_2\cdot\mathbf{p}_2 \end{cases}$	$\begin{cases} a_1x+b_1y+c_1z=d_1 \\ a_2x+b_2y+c_2z=d_2 \end{cases}$	$\mathbf{x}=\mathbf{p}+t\mathbf{d}$	$\begin{cases} x = p_1 + td_1 \\ y = p_2 + td_2 \\ z = p_3 + td_3 \end{cases}$
Planos	$\mathbf{n}\cdot\mathbf{x}=\mathbf{n}\cdot\mathbf{p}$	$ax+by+cz=d$	$\mathbf{x}=\mathbf{p}+s\mathbf{u}+t\mathbf{v}$	$\begin{cases} x = p_1 + su_1 + tv_1 \\ y = p_2 + su_2 + tv_2 \\ z = p_3 + su_3 + tv_3 \end{cases}$

A relação entre as dimensões do objeto, o número de equações necessárias para descrevê-lo e a dimensão do espaço é descrita pela seguinte "fórmula de equilíbrio" :

(*dimensão* do objeto) + (*número* de equações gerais) = dimensão do espaço

Quanto maior a dimensão do objeto, menor o número de equações necessárias. Por exemplo, um plano em $\mathbb{R}^3$ é bidimensional, requer uma equação geral e está no espaço tridimensional: $2 + 1 = 3$. Uma reta em $\mathbb{R}^3$ é unidimensional e, assim, precisa de $3 - 1 = 2$ equações para ser identificada. Note que a dimensão do objeto também combina com a quantidade de parâmetros da equação na forma vetorial ou paramétrica. Noções de "dimensão" serão estudadas nos capítulos 3 e 6, mas, por enquanto, essas observações intuitivas nos servirão.

Vamos agora achar a distância de um ponto a uma reta ou a um plano relacionando os resultados da seção 1.2 com os desta seção.

Exemplo 1.32

Determine a distância do ponto $B = (1, 0, 2)$ à reta ℓ que passa pelo ponto $A = (3, 1, 1)$ e tem vetor diretor $\mathbf{d} = \begin{bmatrix} -1 \\ 1 \\ 0 \end{bmatrix}$.

Solução Como já sabemos, é necessário calcular o comprimento de $\overrightarrow{PB}$, em que P é o ponto de ℓ no pé da perpendicular a partir de B. Se designarmos $\mathbf{v} = \overrightarrow{AB}$, então $\overrightarrow{AP} = \text{proj}_{\mathbf{d}}(\mathbf{v})$ e $\overrightarrow{PB} = \mathbf{v} - \text{proj}_{\mathbf{d}}(\mathbf{v})$ (veja a figura 1.64). Faremos os cálculos necessários em várias etapas.

Etapa 1: $\mathbf{v} = \overrightarrow{AB} = \mathbf{b} - \mathbf{a} = \begin{bmatrix} 1 \\ 0 \\ 2 \end{bmatrix} - \begin{bmatrix} 3 \\ 1 \\ 1 \end{bmatrix} = \begin{bmatrix} -2 \\ -1 \\ 1 \end{bmatrix}$

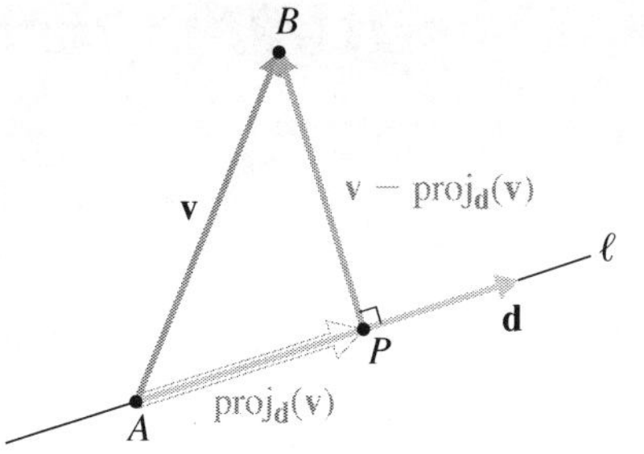

Figura 1.64
$d(B, \ell) = \|\mathbf{v} - \text{proj}_{\mathbf{d}}(\mathbf{v})\|$

Etapa 2: A projeção de **v** sobre **d** é

$$\begin{aligned}\text{proj}_{\mathbf{d}}(\mathbf{v}) &= \left(\frac{\mathbf{d}\cdot\mathbf{v}}{\mathbf{d}\cdot\mathbf{d}}\right)\mathbf{d}\\ &= \left(\frac{(-1)\cdot(-2)+1\cdot(-1)+0\cdot 1}{(-1)^2+1+0}\right)\begin{bmatrix}-1\\1\\0\end{bmatrix}\\ &= \tfrac{1}{2}\begin{bmatrix}-1\\1\\0\end{bmatrix}\\ &= \begin{bmatrix}-\frac{1}{2}\\ \frac{1}{2}\\ 0\end{bmatrix}\end{aligned}$$

Etapa 3: O vetor que queremos é

$$\mathbf{v} - \text{proj}_{\mathbf{d}}(\mathbf{v}) = \begin{bmatrix}-2\\-1\\1\end{bmatrix} - \begin{bmatrix}-\frac{1}{2}\\ \frac{1}{2}\\ 0\end{bmatrix} = \begin{bmatrix}-\frac{3}{2}\\ -\frac{3}{2}\\ 1\end{bmatrix}$$

Etapa 4: A distância $d(B, \ell)$ de B a ℓ é

$$\|\mathbf{v} - \text{proj}_{\mathbf{d}}(\mathbf{v})\| = \left\|\begin{bmatrix}-\frac{3}{2}\\ -\frac{3}{2}\\ 1\end{bmatrix}\right\|$$

Usando o Teorema 1.3(b) para simplificar os cálculos, temos

$$\begin{aligned}\|\mathbf{v} - \text{proj}_{\mathbf{d}}(\mathbf{v})\| &= \tfrac{1}{2}\left\|\begin{bmatrix}-3\\-3\\2\end{bmatrix}\right\|\\ &= \tfrac{1}{2}\sqrt{9+9+4}\\ &= \tfrac{1}{2}\sqrt{22}\end{aligned}$$

Observação

- Em termos de nossa notação anterior, $d(B, \ell) = d(\mathbf{v}, \text{proj}_{\mathbf{d}}(\mathbf{v}))$.

Quando a reta ℓ está em $\mathbb{R}^2$ e sua equação tem a forma geral $ax + by = c$, a distância $d(B, \ell)$ de $B = (x_0, y_0)$ à reta é dada pela fórmula

$$d(B, \ell) = \frac{|ax_0 + by_0 - c|}{\sqrt{a^2 + b^2}} \tag{3}$$

Você está convidado a provar essa fórmula no exercício 39.

Exemplo 1.33 Determine a distância do ponto $B = (1, 0, 2)$ ao plano $\mathcal{P}$ cuja equação geral é $x + y - z = 1$.

Solução Neste caso, precisamos calcular o comprimento de $\overrightarrow{PB}$, em que P é o ponto de $\mathcal{P}$ no pé da perpendicular a partir de B. Como mostra a figura 1.65, se A é um ponto qualquer de $\mathcal{P}$ e aplicamos o vetor normal $\mathbf{n} = \begin{bmatrix} 1 \\ 1 \\ -1 \end{bmatrix}$ de $\mathcal{P}$ com sua origem em A, precisamos achar o comprimento da projeção de $\overrightarrow{AB}$ sobre $\mathbf{n}$. Novamente, apresentamos os cálculos necessários em etapas.

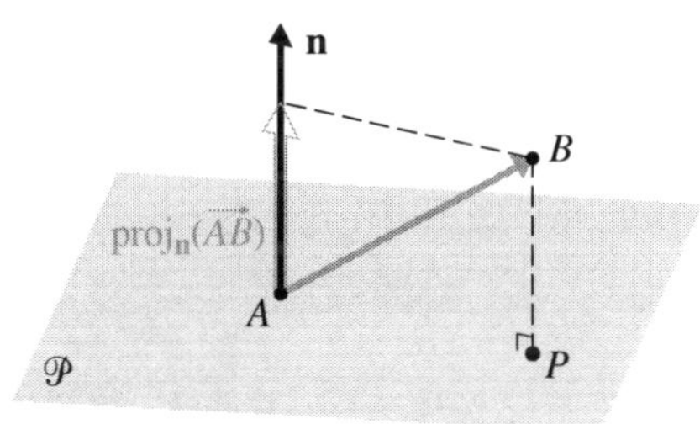

Figura 1.65
$d(B, \mathcal{P}) = \|\text{proj}_\mathbf{n}(\overrightarrow{AB})\|$

Etapa 1: Por tentativa e erro, procuramos um ponto cujas coordenadas satisfaçam a equação $x + y - z = 1$. $A = (1, 0, 0)$ é um deles.

Etapa 2: Seja

$$\mathbf{v} = \overrightarrow{AB} = \mathbf{b} - \mathbf{a} = \begin{bmatrix} 1 \\ 0 \\ 2 \end{bmatrix} - \begin{bmatrix} 1 \\ 0 \\ 0 \end{bmatrix} = \begin{bmatrix} 0 \\ 0 \\ 2 \end{bmatrix}$$

Etapa 3: A projeção de $\mathbf{v}$ sobre $\mathbf{n}$ é

$$\text{proj}_\mathbf{n}(\mathbf{v}) = \left(\frac{\mathbf{n} \cdot \mathbf{v}}{\mathbf{n} \cdot \mathbf{n}}\right)\mathbf{n}$$

$$= \left(\frac{1 \cdot 0 + 1 \cdot 0 - 1 \cdot 2}{1 + 1 + (-1)^2}\right)\begin{bmatrix} 1 \\ 1 \\ -1 \end{bmatrix}$$

$$= -\frac{2}{3}\begin{bmatrix} 1 \\ 1 \\ -1 \end{bmatrix} = \begin{bmatrix} -\frac{2}{3} \\ -\frac{2}{3} \\ \frac{2}{3} \end{bmatrix}$$

Etapa 4: A distância d(B, $\mathscr{P}$) de B a $\mathscr{P}$ é

$$\|\text{proj}_{\mathbf{n}}(\mathbf{v})\| = \left|-\tfrac{2}{3}\right| \left\| \begin{bmatrix} 1 \\ 1 \\ -1 \end{bmatrix} \right\|$$

$$= \tfrac{2}{3} \left\| \begin{bmatrix} 1 \\ 1 \\ -1 \end{bmatrix} \right\|$$

$$= \tfrac{2}{3}\sqrt{3}$$

Em geral, a distância d(B, $\mathscr{P}$) do ponto $B = (x_0, y_0, z_0)$ ao plano cuja equação geral é $ax + by + cz = d$ é dada pela fórmula

$$\text{d}(B, \mathscr{P}) = \frac{|ax_0 + by_0 + cz_0 - d|}{\sqrt{a^2 + b^2 + c^2}} \tag{4}$$

Você será convidado a deduzir essa fórmula no exercício 40.

Exercícios 1.3

Nos exercícios 1 e 2, escreva uma equação para a reta que passa por P e possui **n** *como vetor normal (a) na forma normal e (b) na forma geral.*

1. $P = (0, 0), \mathbf{n} = \begin{bmatrix} 3 \\ 2 \end{bmatrix}$ **2.** $P = (1, 2), \mathbf{n} = \begin{bmatrix} 3 \\ -4 \end{bmatrix}$

Nos exercícios de 3 a 6, escreva uma equação para a reta que passa por P e tem vetor diretor **d** *(a) na forma vetorial e (b) na forma paramétrica.*

3. $P = (1, 0), \mathbf{d} = \begin{bmatrix} -1 \\ 3 \end{bmatrix}$ **4.** $P = (-4, 4), \mathbf{d} = \begin{bmatrix} 1 \\ 1 \end{bmatrix}$

5. $P = (0, 0, 0), \mathbf{d} = \begin{bmatrix} 1 \\ -1 \\ 4 \end{bmatrix}$ **6.** $P = (3, 0, -2), \mathbf{d} = \begin{bmatrix} 2 \\ 5 \\ 0 \end{bmatrix}$

Nos exercícios 7 e 8, escreva uma equação para o plano que passa por P e possui vetor normal **n** *(a) na forma normal e (b) na forma geral.*

7. $P = (0, 1, 0), \mathbf{n} = \begin{bmatrix} 3 \\ 2 \\ 1 \end{bmatrix}$ **8.** $P = (3, 0, -2), \mathbf{n} = \begin{bmatrix} 2 \\ 5 \\ 0 \end{bmatrix}$

Nos exercícios 9 e 10, escreva uma equação para o plano que passa por P e possui vetores diretores **u** *e* **v** *(a) na forma vetorial e (b) na forma paramétrica.*

9. $P = (0, 0, 0), \mathbf{u} = \begin{bmatrix} 2 \\ 1 \\ 2 \end{bmatrix}, \mathbf{v} = \begin{bmatrix} -3 \\ 2 \\ 1 \end{bmatrix}$

10. $P = (6, -4, -3), \mathbf{u} = \begin{bmatrix} 0 \\ 1 \\ 1 \end{bmatrix}, \mathbf{v} = \begin{bmatrix} -1 \\ 1 \\ 1 \end{bmatrix}$

Nos exercícios 11 e 12, dê uma equação vetorial da reta que passa por P e Q.

11. $P = (1, -2), Q = (3, 0)$

12. $P = (0, 1, -1), Q = (-2, 1, 3)$

Nos exercícios 13 e 14, dê uma equação vetorial para o plano que passa pelos pontos P, Q e R.

13. $P = (1, 1, 1), Q = (4, 0, 2), R = (0, 1, -1)$

14. $P = (1, 1, 0), Q = (1, 0, 1), R = (0, 1, 1)$

15. Ache equações paramétricas e uma equação vetorial para as retas de $\mathbb{R}^2$ que possuem as seguintes equações:

(a) $y = 3x - 1$ **(b)** $3x + 2y = 5$

16. Considere a equação vetorial $\mathbf{x} = \mathbf{p} + t(\mathbf{q} - \mathbf{p})$, em que p e q correspondem a pontos distintos P e Q de $\mathbb{R}^2$ ou $\mathbb{R}^3$.

(a) Mostre que essa equação descreve o segmento de reta $\overline{PQ}$ quando t varia de 0 a 1.

(b) Para que valores de t temos $\mathbf{x}$ como ponto médio de $\overline{PQ}$? Qual é esse $\mathbf{x}$?

(c) Determine o ponto médio de $\overline{PQ}$ quando $P = (2, -3)$ e $Q = (0, 1)$.

(d) Determine o ponto médio de $\overline{PQ}$ quando $P = (1, 0, 1)$ e $Q = (4, 1, -2)$.

(e) Determine os dois pontos que dividem o segmento $\overline{PQ}$ da parte (c) em três partes iguais.

(f) Determine os dois pontos que dividem o segmento $\overline{PQ}$ da parte (d) em três partes iguais.

17. Faça a sugestão de uma "prova vetorial" do fato de que, em $\mathbb{R}^2$, duas retas com coeficientes angulares m_1 e m_2 são perpendiculares se e somente se $m_1 m_2 = -1$.

18. A reta ℓ passa pelo ponto $P = (1, -1, 1)$ e tem vetor diretor $\mathbf{d} = \begin{bmatrix} 2 \\ 3 \\ -1 \end{bmatrix}$. Para cada um dos seguintes planos $\mathcal{P}$, determine se ℓ e $\mathcal{P}$ são paralelos, perpendiculares ou nenhum desses dois:

(a) $2x + 3y - z = 1$ **(b)** $4x - y + 5z = 0$

(c) $x - y - z = 3$ **(d)** $4x + 6y - 2z = 0$

19. O plano $\mathcal{P}_1$ tem equação $4x - y + 5z = 2$. Para cada um dos planos $\mathcal{P}$ do exercício 18, determine se $\mathcal{P}_1$ e $\mathcal{P}$ são paralelos, perpendiculares ou nenhum desses dois.

20. Determine uma equação vetorial para a reta de $\mathbb{R}^2$ que passa por $P = (2, -1)$ e é perpendicular à reta de equação geral $2x - 3y = 1$.

21. Determine uma equação vetorial para a reta de $\mathbb{R}^2$ que passa por $P = (2, -1)$ e é paralela à reta de equação geral $2x - 3y = 1$.

22. Determine uma equação vetorial para a reta de $\mathbb{R}^3$ que passa por $P = (-1, 0, 3)$ e é perpendicular ao plano de equação geral $x - 3y + 2z = 5$.

23. Determine uma equação vetorial para a reta de R^3 que passa por $P = (-1, 0, 3)$ e é paralela à reta de equações paramétricas

$$\begin{aligned} x &= 1 - t \\ y &= 2 + 3t \\ z &= -2 - t \end{aligned}$$

24. Escreva uma equação na forma normal para o plano que passa por $P = (0, -2, 5)$ e é paralelo ao plano de equação geral $6x - y + 2z = 3$.

25. Os vértices de um cubo são os oito pontos (x, y, z) em que cada uma das coordenadas x, y e z valem 0 ou 1. (Veja a figura 1.34.)

(a) Encontre a equação geral para cada um dos planos que determinam as seis faces (lados) do cubo.

(b) Encontre a equação geral para o plano que contém a diagonal que vai da origem ao ponto (1, 1, 1) e é perpendicular ao plano xy.

(c) Encontre uma equação geral para o plano que contém as diagonais do lado mencionado no exemplo 1.22.

26. Encontre uma equação para o conjunto de todos os pontos equidistantes dos pontos $P = (1, 0, -2)$ e $Q = (5, 2, 4)$.

Nos exercícios 27 e 28, determine a distância do ponto Q à reta ℓ.

27. $Q = (2, 2)$, ℓ de equação $\begin{bmatrix} x \\ y \end{bmatrix} = \begin{bmatrix} -1 \\ 2 \end{bmatrix} + t\begin{bmatrix} 1 \\ -1 \end{bmatrix}$

28. $Q = (0, 1, 0)$, ℓ de equação $\begin{bmatrix} x \\ y \\ z \end{bmatrix} = \begin{bmatrix} 1 \\ 1 \\ 1 \end{bmatrix} + t\begin{bmatrix} -2 \\ 0 \\ 3 \end{bmatrix}$

Nos exercícios 29 e 30, determine a distância do ponto Q ao plano $\mathcal{P}$.

29. $Q = (2, 2, 2)$, $\mathcal{P}$ de equação $x + y - z = 0$

30. $Q = (0, 0, 0)$, $\mathcal{P}$ de equação $x - 2y + 2z = 1$

A figura 1.66 sugere uma maneira de usar vetores para localizar o ponto R da reta ℓ que está mais próximo de Q.

31. Encontre o ponto R de ℓ mais próximo de Q no exercício 27.

32. Encontre o ponto R de ℓ mais próximo de Q no exercício 28.

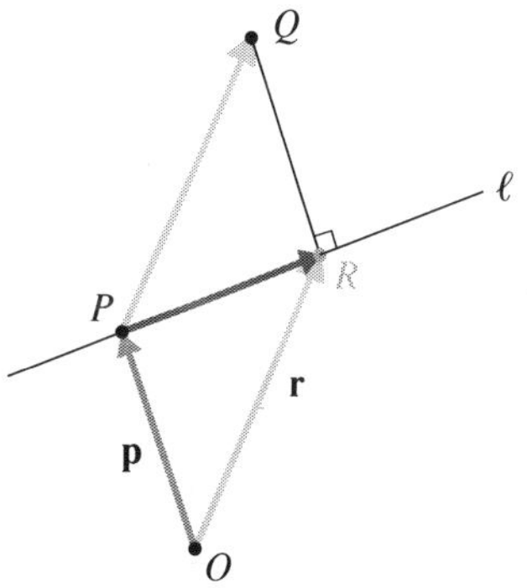

Figura 1.66
$\mathbf{r} = \mathbf{p} + \overrightarrow{PR}$

A figura 1.67 sugere uma maneira de localizar o ponto R de $\mathcal{P}$ mais próximo de Q, usando vetores.

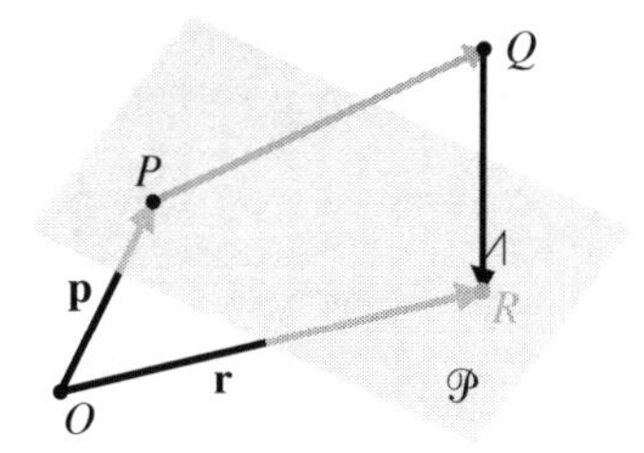

Figura 1.67
$\mathbf{r} = \mathbf{p} + \overrightarrow{PQ} + \overrightarrow{QR}$

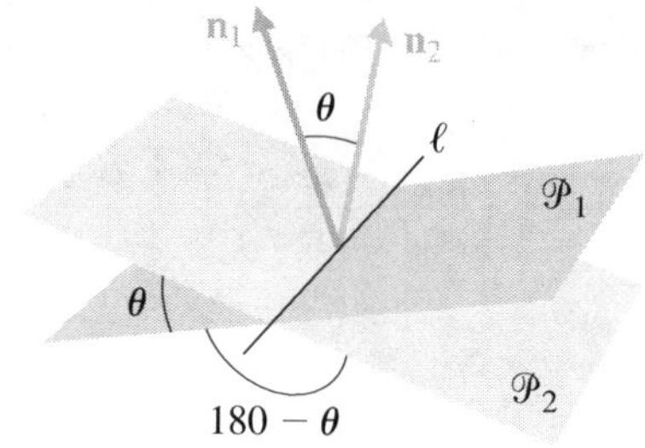

Figura 1.68

33. Encontre o ponto R de $\mathcal{P}$ mais próximo de Q no exercício 29.

34. Encontre o ponto R de $\mathcal{P}$ mais próximo de Q no exercício 30.

Nos exercícios 35 e 36, determine a distância entre as retas paralelas.

35. $\begin{bmatrix} x \\ y \end{bmatrix} = \begin{bmatrix} 1 \\ 1 \end{bmatrix} + s\begin{bmatrix} -2 \\ 3 \end{bmatrix}$ e $\begin{bmatrix} x \\ y \end{bmatrix} = \begin{bmatrix} 5 \\ 4 \end{bmatrix} + t\begin{bmatrix} -2 \\ 3 \end{bmatrix}$

36. $\begin{bmatrix} x \\ y \\ z \end{bmatrix} = \begin{bmatrix} 1 \\ 0 \\ -1 \end{bmatrix} + s\begin{bmatrix} 1 \\ 1 \\ 1 \end{bmatrix}$ e $\begin{bmatrix} x \\ y \\ z \end{bmatrix} = \begin{bmatrix} 0 \\ 1 \\ 1 \end{bmatrix} + t\begin{bmatrix} 1 \\ 1 \\ 1 \end{bmatrix}$

Nos exercícios 37 e 38, determine a distância entre os planos paralelos.

37. $2x + y - 2z = 0$ e $2x + y - 2z = 5$

38. $x + y + z = 1$ e $x + y + z = 3$

39. Prove a Equação (3) da página 43.

40. Prove a Equação (4) da página 44.

41. Prove que, em $\mathbb{R}^2$, a distância entre retas paralelas de equações $\mathbf{n} \cdot \mathbf{x} = c_1$ e $\mathbf{n} \cdot \mathbf{x} = c_2$ é dada por $\dfrac{|c_1 - c_2|}{\|\mathbf{n}\|}$.

42. Prove que a distância entre planos paralelos de equações $\mathbf{n} \cdot \mathbf{x} = d_1$ e $\mathbf{n} \cdot \mathbf{x} = d_2$ é dada por $\dfrac{|d_1 - d_2|}{\|\mathbf{n}\|}$.

Se dois planos não paralelos $\mathcal{P}_1$ e $\mathcal{P}_2$ têm vetores normais $\mathbf{n}_1$ e $\mathbf{n}_2$, e θ é o ângulo entre $\mathbf{n}_1$ e $\mathbf{n}_2$, então definimos o ângulo entre $\mathcal{P}_1$ e $\mathcal{P}_2$ como sendo ou θ ou $180° - \theta$, o que for um ângulo agudo. (figura 1.68)

Nos exercícios 43 e 44, determine o ângulo agudo entre os planos com as dadas equações.

43. $x + y + z = 0$ e $2x + y - 2z = 0$

44. $3x - y + 2z = 5$ e $x + 4y - z = 2$

Nos exercícios 45 e 46, mostre que o plano e a reta com as dadas equações se interceptam, e então determine o ângulo agudo da interseção entre eles.

45. O plano dado por $x + y + 2z = 0$ e a reta dada por

$$x = 2 + t$$
$$y = 1 - 2t$$
$$z = 3 + t$$

46. O plano dado por $4x - y - z = 6$ e a reta dada por

$$x = t$$
$$y = 1 + 2t$$
$$z = 2 + 3t$$

*Os exercícios 47 e 48 apresentam abordagens para o problema de determiner uma projeção de um vetor sobre um plano. Como mostrado na figura 1.69, se $\mathcal{P}$ é um plano que passa pela origem em $\mathbb{R}^3$ com vetor normal **n**, e **v** é um vetor de $\mathbb{R}^3$, então $\mathbf{p} = \text{proj}_{\mathcal{P}}(\mathbf{v})$ é um vetor em $\mathcal{P}$ tal que $\mathbf{v} - c\mathbf{n} = \mathbf{p}$ par algum escalar c.*

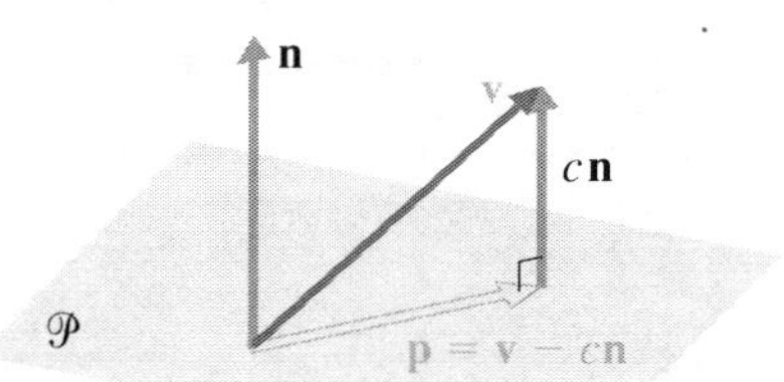

Figura 1.69
Projeção sobre um plano

47. Usando o fato de que **n** é ortogonal a todos os vetores em $\mathcal{P}$ (e, portanto, a **p**), determine c e, assim, obtenha uma expressão para **p** em funçãode **v** e **n**.

48. Use o método do exercício 43 para determinar a projeção de

$$\mathbf{v} = \begin{bmatrix} 1 \\ 0 \\ -2 \end{bmatrix}$$

sobre os planos dados pelas seguintes equações:

(a) $x + y + z = 0$ **(b)** $3x - y + z = 0$

(c) $x - 2z = 0$ **(d)** $2x - 3y + z = 0$

Investigação

O Produto Vetorial

Seria conveniente se pudéssemos converter facilmente a equação vetorial do plano $\mathbf{x} = \mathbf{p} + s\mathbf{u} + t\mathbf{v}$ na forma normal $\mathbf{n} \cdot \mathbf{x} = \mathbf{n} \cdot \mathbf{p}$. Dados dois vetores não paralelos **u** e **v**, o que precisamos é de um processo que produza um terceiro vetor **n** ortogonal a **u** e **v**. Uma maneira é usar a operação conhecida como ***produto vetorial*** de vetores. *Válida somente* em $\mathbb{R}^3$, é assim definida:

Definição O ***produto vetorial*** de $\mathbf{u} = \begin{bmatrix} u_1 \\ u_2 \\ u_3 \end{bmatrix}$ e $\mathbf{v} = \begin{bmatrix} v_1 \\ v_2 \\ v_3 \end{bmatrix}$ é o vetor $\mathbf{u} \times \mathbf{v}$ definido por

$$\mathbf{u} \times \mathbf{v} = \begin{bmatrix} u_2v_3 - u_3v_2 \\ u_3v_1 - u_1v_3 \\ u_1v_2 - u_2v_1 \end{bmatrix}$$

Ilustramos a seguir um diagrama que pode ajudá-lo a lembrar como se calcula o produto vetorial de dois vetores. Sob cada vetor completo escrito em coluna um ao lado do outro, escreva as duas primeiras componentes de cada vetor. Ignore as componentes da linha de cima e considere blocos de quatro linhas. Subtraia os produtos das componentes ligadas por linhas pontilhadas dos produtos das componentes ligadas por linhas cheias. (Esse processo ajuda a perceber que a primeira componente de $\mathbf{u} \times \mathbf{v}$ não possui índices 1 em seu cálculo, a segunda não tem índices 2 e a terceira não tem índices 3.)

$$\begin{array}{lll} u_1 & v_1 & \\ u_2 & v_2 & \\ u_3 & v_3 & u_2v_3 - u_3v_2 \\ u_1 & v_1 & u_3v_1 - u_1v_3 \\ u_2 & v_2 & u_1v_2 - u_2v_1 \end{array}$$

Os exercícios a seguir estudam brevemente o produto vetorial.

1. Calcule $\mathbf{u} \times \mathbf{v}$.

(a) $\mathbf{u} = \begin{bmatrix} 0 \\ 1 \\ 1 \end{bmatrix}, \mathbf{v} = \begin{bmatrix} 3 \\ -1 \\ 2 \end{bmatrix}$ (b) $\mathbf{u} = \begin{bmatrix} 3 \\ -1 \\ 2 \end{bmatrix}, \mathbf{v} = \begin{bmatrix} 0 \\ 1 \\ 1 \end{bmatrix}$

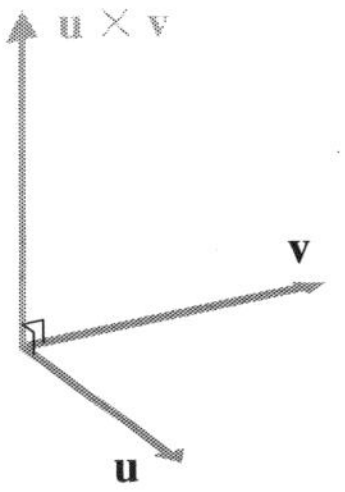

Figura 1.70

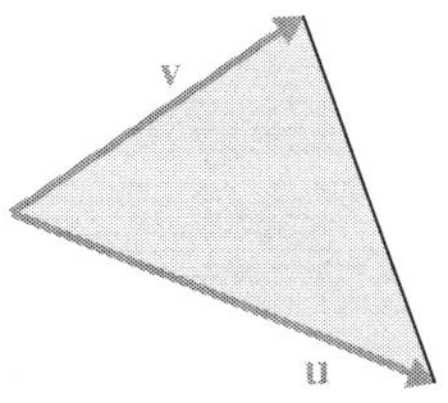

Figura 1.71

(c) $\mathbf{u} = \begin{bmatrix} -1 \\ 2 \\ 3 \end{bmatrix}, \mathbf{v} = \begin{bmatrix} 2 \\ -4 \\ -6 \end{bmatrix}$ (d) $\mathbf{u} = \begin{bmatrix} 1 \\ 1 \\ 1 \end{bmatrix}, \mathbf{v} = \begin{bmatrix} 1 \\ 2 \\ 3 \end{bmatrix}$

2. Mostre que $\mathbf{e}_1 \times \mathbf{e}_2 = \mathbf{e}_3$, $\mathbf{e}_2 \times \mathbf{e}_3 = \mathbf{e}_1$, e $\mathbf{e}_3 \times \mathbf{e}_1 = \mathbf{e}_2$.

3. Usando a definição de produto vetorial, prove que $\mathbf{u} \times \mathbf{v}$ (como mostrado na figura 1.70) é ortogonal a **u** e a **v**.

4. Com a ajuda do produto vetorial, encontre uma equação para o plano na forma normal.

(a) O plano que passa por $P = (1, 0, -2)$, paralelo a $\mathbf{u} = \begin{bmatrix} 0 \\ 1 \\ 1 \end{bmatrix}$ e $\mathbf{v} = \begin{bmatrix} 3 \\ -1 \\ 2 \end{bmatrix}$.

(b) O plano que passa por $P = (0, -1, 1)$, $Q = (2, 0, 2)$ e $R = (1, 2, -1)$.

5. Prove as seguintes propriedades do produto vetorial:

(a) $\mathbf{v} \times \mathbf{u} = -(\mathbf{u} \times \mathbf{v})$ (b) $\mathbf{u} \times \mathbf{0} = \mathbf{0}$

(c) $\mathbf{u} \times \mathbf{u} = \mathbf{0}$ (d) $\mathbf{u} \times k\mathbf{v} = k(\mathbf{u} \times \mathbf{v})$

(e) $\mathbf{u} \times k\mathbf{u} = \mathbf{0}$ (f) $\mathbf{u} \times (\mathbf{v} + \mathbf{w}) = \mathbf{u} \times \mathbf{v} + \mathbf{u} \times \mathbf{w}$

6. Prove as seguintes propriedades do produto vetorial:

(a) $\mathbf{u} \cdot (\mathbf{v} \times \mathbf{w}) = (\mathbf{u} \times \mathbf{v}) \cdot \mathbf{w}$ (b) $\mathbf{u} \times (\mathbf{v} \times \mathbf{w}) = (\mathbf{u} \cdot \mathbf{w})\mathbf{v} - (\mathbf{u} \cdot \mathbf{v})\mathbf{w}$

(c) $\|\mathbf{u} \times \mathbf{v}\|^2 = \|\mathbf{u}\|^2 \|\mathbf{v}\|^2 - (\mathbf{u} \cdot \mathbf{v})^2$

7. Refaça os exercícios 2 e 3 usando os exercícios 5 e 6.

8. Sejam **u** e **v** vetores de $\mathbb{R}^3$ e θ o ângulo entre **u** e **v**.

(a) Prove que $\|\mathbf{u} \times \mathbf{v}\| = \|\mathbf{u}\| \|\mathbf{v}\| \operatorname{sen} \theta$. [*Sugestão*: consulte o exercício 6(c).]

(b) Prove que a área $\mathcal{A}$ do triângulo determinado por **u** e **v** (como mostra a figura 1.71) é dada por

$$\mathcal{A} = \tfrac{1}{2}\|\mathbf{u} \times \mathbf{v}\|$$

(c) Use o resultado da parte (b) para determinar a área do triângulo de vértices $A = (1, 2, 1)$, $B = (2, 1, 0)$ e $C = (5, -1, 3)$.

Projeto de Texto

As Origens dos Produtos Escalar e Vetorial

As notações para os produtos escalar e vetorial que usamos foi introduzida ao final do século XIX por Josiah Willard Gibbs, um professor de física matemática da Universidade de Yale. Edwin B. Wilson foi aluno de um dos cursos de Gibbs, tomou nota de suas aulas, ampliou o conteúdo dessas anotações e mais tarde as publicou em 1901, com a aprovação de Gibbs, como *Vector Analysis: A Text-Book for the Use of Students of Mathematics and Physics.* Entretanto, os conceitos de produtos escalar e vetorial surgiram mais cedo e tiveram muitos outros nomes e notações.

Escreva um texto sobre a evolução dos nomes e das notações para os produtos escalar e vetorial.

1. Florian Cajori, *A History of Mathematical Notations* (New York: Dover, 1993).
2. J. Willard Gibbs e Edwin Bidwell Wilson, *Vector Analysis: A Text-Book for the Use of Students of Mathematics and Physics* (New York: Charles Scribner's Sons, 1901). Disponível em http://archive.org/details/117714283.
3. Ivor Grattan-Guinness, *Companion Encyclopedia of the History and Philosophy of the Mathematical Sciences* (London: Routledge, 2013).

1.4 Aplicações

Vetores Força

Podemos utilizar vetores para modelar força. Por exemplo, um vento assopra a 30km/h em sentido oeste, ou a ação da gravidade da Terra em 1 kg de massa com uma força de 9,8 Newtons para baixo podem ambas ser representadas por vetores já que cada uma delas consiste de uma magnitude e um sentido.

É frequente o caso em que muitas forças agem sobre o mesmo objeto. Em tais situações, a resultante de todas as forças agindo juntas é uma única força chamada ***resultante***, a qual é simplesmente o vetor soma das forças individuais (figura 1.72). Quando muitas forças agem sobre um objeto, é possível que a força resultante seja nula. Nesse caso, o objeto, claramente, não está se movendo em direção alguma e dizemos que ele está em ***equilíbrio***. Quando um objeto está em equilíbrio e os vetores força agindo sobre o objeto estão arrumados de modo que a extremidade de um está na origem do outro, a resultante é um polígono fechado (figura 1.73).

Força é definida como o produto de massa por aceleração devida à gravidade (que, na Terra, é 9,8m/s^2). Assim, uma massa de 1 kg exerce uma força para baixo de 1kg × 9,8 m/s^2 ou 9,8 kg • m/s^2. Essa unidade de medida é um ***Newton*** (N). Logo, a força exercida por uma massa de 1 kg é de 9,8 N.

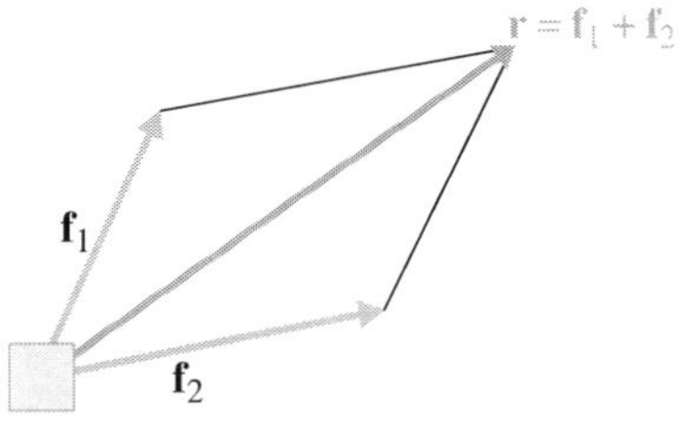

Figura 1.72
A resultante de duas forças

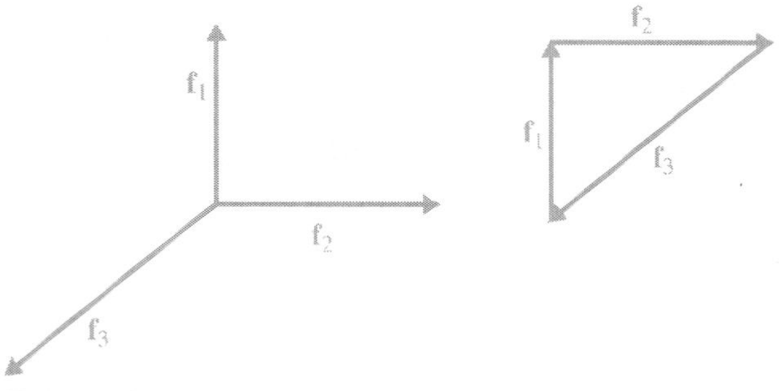

Figura 1.73
Equilíbrio

Exemplo 1.34

Ana e Beto estão tentando deslizar uma pedra para fora do caminho. Ana impõe uma força de 20 N no sentido norte enquanto Beto impõe uma força de 40 N no sentido leste.

(a) Qual é a força resultante sobre a pedra?

(b) Carla está tentando impedir Ana e Beto de moverem a pedra. Qual força Carla deve aplicar para manter a pedra em equilíbrio?

Solução (a) A figura 1.74 mostra a posição das duas forças. Usando a regra do paralelogramo, adicionamos as duas forças para obter a resultante **r** como mostrado. Pelo

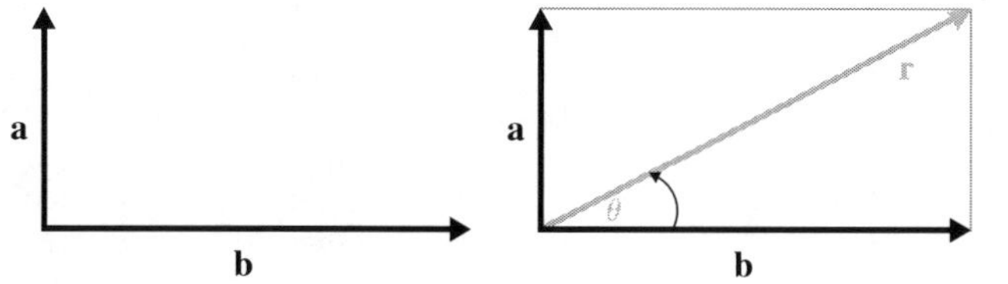

Figura 1.74
A resultante de duas forças

teorema de Pitágoras podemos ver que $\|\mathbf{r}\| = \sqrt{20^2 + 40^2} = \sqrt{2000} \approx 44{,}72$ N. Para o sentido de **r**, calculamos o ângulo θ entre **r** e a força leste de Beto. Assim, obtemos sen $\theta = 20/\|\mathbf{r}\| \approx 0{,}447$, de modo que $\theta \approx 26{,}57°$.

(b) Se denotarmos as forças exercidas por Ana, Beto e Carla por **a**, **b** e **c**, respectivamente, então é necessário que $\mathbf{a} + \mathbf{b} + \mathbf{c} = \mathbf{0}$. Portanto, $\mathbf{c} = -(\mathbf{a} + \mathbf{b}) = -\mathbf{r}$, ou seja, Carla precisa exercer uma força de 44,72 N no sentido oposto a **r**.

Muitas vezes estamos interessados em decompor o vetor força em outros vetores cuja resultante é o dado vetor. Esse processo é chamado ***decomposição de um vetor em componentes***. Em duas dimensões, desejamos decompor um vetor em duas componentes. Entretanto, há infinitos modos de se fazer isso; o mais útil será decompor o vetor em duas componentes *ortogonais*. (Os capítulos 5 e 7 irão explorar essa ideia de modo mais geral.) Isso é, frequentemente, feito intruduzindo-se os eixos coordenados e escolhendo-se as componentes de modo que uma seja paralela ao eixo x e a outra, ao eixo y. Muitas vezes nos referimos a essas componentes como as componentes horinzontal e vertical, respectivamente. Na figura 1.75, **f** é um dado vetor e $\mathbf{f}_x$ e $\mathbf{f}_y$ são as componentes horizontal e vertical.

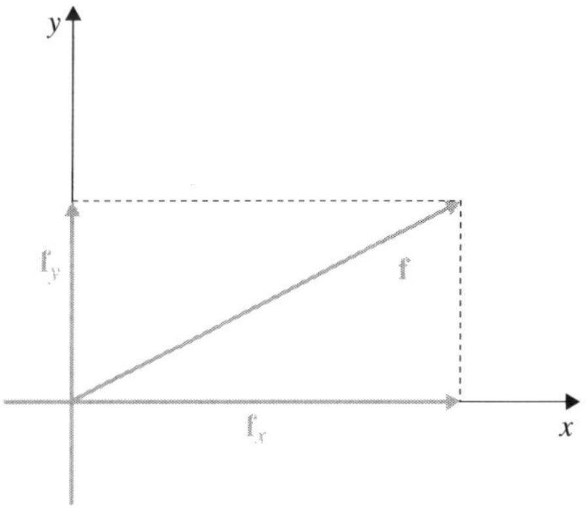

Figura 1.75
Decompondo um vetor em componentes

Exemplo 1.35

Ana puxa a alça de um vagão com uma força de 100 N. Se a alça faz um ângulo de 20° com a horizontal, qual a força que tende a puxar o vagão para frente e qual a força que tende a elevá-lo para fora do chão?

Solução A figura 1.76 ilustra esta situação e mostra o diagrama com os vetores que precisamos considerar.

Figura 1.76

Vemos que

$$\|\mathbf{f}_x\| = \|\mathbf{f}\| \cos 20^\circ \text{ e } \|\mathbf{f}_y\| = \|\mathbf{f}\| \,\mathrm{sen}\, 20^\circ$$

Assim, $\|\mathbf{f}_x\| \approx 100\ (0{,}9397) \approx 93{,}97$ e $\|\mathbf{f}_y\| \approx 100\ (0{,}3420) \approx 34{,}20$. Assim, o vagão é puxado para frente com força aproximada de 93,97 N e ele tende a sair do chão para cima com força aproximada de 34,20 N.

Iremos resolver o próximo exemplo usando dois métodos diferentes. A primeira solução considera um triângulo de forças em equilíbrio; a segunda usa resolução via componentes de forças.

Exemplo 1.36

A figura 1.77 mostra um quadro que está pendurado por dois cabos que saem do teto. Se o quadro tem massa de 5 kg e se os dois cabos formam ângulos de 45 e 60 graus com o teto, determine a tensão em cada cabo.

Figura 1.77

Solução 1 Vamos assumir que o quadro está em equilíbrio. Assim, os dois cabos devem ter força para cima suficiente para balancear a força, para baixo, da gravidade. A gravidade exerce uma força para baixo de $5 \times 9{,}8 = 49$ N no quadro, de modo que os dois cabos devem juntos ter uma força para cima de 49 N. Sejam $\mathbf{f}_1$ e $\mathbf{f}_2$ as tensões nos cabos e seja $\mathbf{r}$ a sua resultante (figura 1.78). Segue que $\|\mathbf{r}\| = 49$ já que há o equilíbrio.

Usando a lei dos senos, temos

$$\frac{\|\mathbf{f}_1\|}{\text{sen } 45°} = \frac{\|\mathbf{f}_2\|}{\text{sen } 30°} = \frac{\|\mathbf{r}\|}{\text{sen } 105°}$$

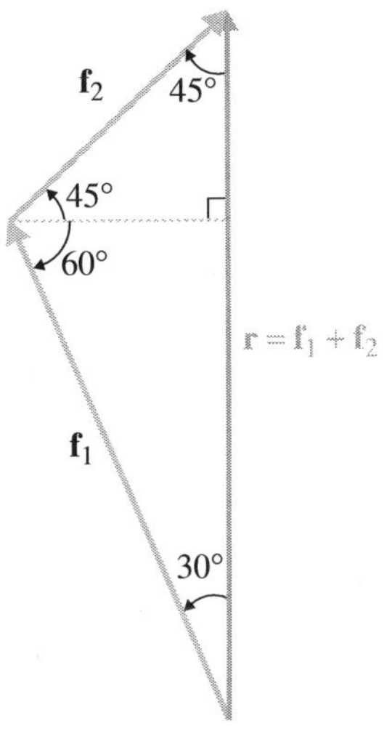

Figura 1.78

assim

$$\|\mathbf{f}_1\| = \frac{\|\mathbf{r}\| \text{ sen } 45°}{\text{sen } 105°} \approx \frac{49(0{,}7071)}{0{,}9659} \approx 35{,}87 \quad \text{e} \quad \|\mathbf{f}_2\| = \frac{\|\mathbf{r}\| \text{ sen } 30°}{\text{sen } 105°} \approx \frac{49(0{,}5)}{0{,}9659} \approx 25{,}36$$

Logo, as tensões nos cabos são aproximadamente de 35,87 N e 25,36 N.

Solução 2 Vamos determinar $\mathbf{f}_1$ e $\mathbf{f}_2$ como componentes horizontal e vertical, digamos, $\mathbf{f}_1 = \mathbf{h}_1 + \mathbf{v}_1$ e $\mathbf{f}_2 = \mathbf{h}_2 + \mathbf{v}_2$, e observe que, como acima, há uma força para baixo de 49 N (figura 1.79).

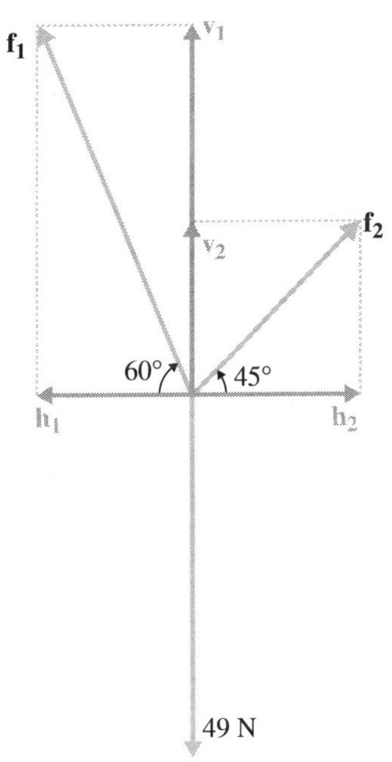

Figura 1.79

Segue que

$$\|\mathbf{h}_1\| = \|\mathbf{f}_1\| \cos 60° = \frac{\|\mathbf{f}_1\|}{2}, \quad \|\mathbf{v}_1\| = \|\mathbf{f}_1\| \text{ sen } 60° = \frac{\sqrt{3}\|\mathbf{f}_1\|}{2},$$

$$\|\mathbf{h}_2\| = \|\mathbf{f}_2\| \cos 45° = \frac{\|\mathbf{f}_2\|}{\sqrt{2}}, \quad \|\mathbf{v}_2\| = \|\mathbf{f}_2\| \text{ sen } 45° = \frac{\|\mathbf{f}_2\|}{\sqrt{2}}$$

Como o quadro está em equilíbrio, as componentes horizontais devem se balancear, assim como as verticais também. Portanto, $\|\mathbf{h}_1\| = \|\mathbf{h}_2\|$ e $\|\mathbf{v}_1\| + \|\mathbf{v}_2\| = 49$, de onde segue que

$$\|\mathbf{f}_1\| = \frac{2\|\mathbf{f}_2\|}{\sqrt{2}} = \sqrt{2}\|\mathbf{f}_2\| \quad \text{e} \quad \frac{\sqrt{3}\|\mathbf{f}_1\|}{2} + \frac{\|\mathbf{f}_2\|}{\sqrt{2}} = 49$$

Substituindo a primeira destas equações na segunda equação, temos

$$\frac{\sqrt{3}\|\mathbf{f}_2\|}{\sqrt{2}} + \frac{\|\mathbf{f}_2\|}{\sqrt{2}} = 49, \quad \text{ou} \quad \|\mathbf{f}_2\| = \frac{49\sqrt{2}}{1 + \sqrt{3}} \approx 25{,}36$$

Logo, $\|\mathbf{f}_1\| = \sqrt{2}\|\mathbf{f}_2\| \approx 1{,}4142\,(25{,}36) \approx 35{,}87$, e as tensões nos cabos são de aproximadamente 35,87 N e 25,36 N, como antes.

Exercícios 1.4

Vetores Força

Nos exercícios de 1 a 6, determine as resultantes das forças dadas.

1. $\mathbf{f}_1$ agindo no sentido norte e com magnitude de 12 N e $\mathbf{f}_2$ agindo no sentido leste e com magnitude de 5 N
2. $\mathbf{f}_1$ agindo no sentido oeste e com magnitude de 15 N e $\mathbf{f}_2$ agindo no sentido sul e com magnitude de 20 N
3. $\mathbf{f}_1$ agindo com magnitude de 8 N e $\mathbf{f}_2$ agindo com um ângulo de 60° com $\mathbf{f}_1$ e com magnitude de 8 N
4. $\mathbf{f}_1$ agindo com magnitude de 4 N e $\mathbf{f}_2$ agindo com um ângulo de 135° com $\mathbf{f}_1$ e com magnitude de 6 N

5. $\mathbf{f}_1$ agindo no sentido leste e com magnitude de 2 N, $\mathbf{f}_2$ agindo no sentido oeste e com magnitude de 6 N, e $\mathbf{f}_3$ agindo com um ângulo de 60° com $\mathbf{f}_1$ e com magnitude de 4 N
6. $\mathbf{f}_1$ agindo no sentido leste e com magnitude de 10 N, $\mathbf{f}_2$ agindo no sentido norte e com magnitude de 13 N, $\mathbf{f}_3$ agindo no sentido oeste e com magnitude de 5 N, e $\mathbf{f}_4$ agindo no sentido sul e com magnitude de 8 N
7. Decomponha uma força de 10 N em duas forças perpendiculares entre si de modo que uma componente forme um ângulo de 60° com a força de 10 N.
8. Um bloco de 10 kg está em uma rampa a qual está inclinada em um ângulo de 30° (figura 1.80). Supondo que não há atrito, qual força, paralela à rampa, deve ser aplicada para evitar que o bloco deslize para baixo pela rampa?

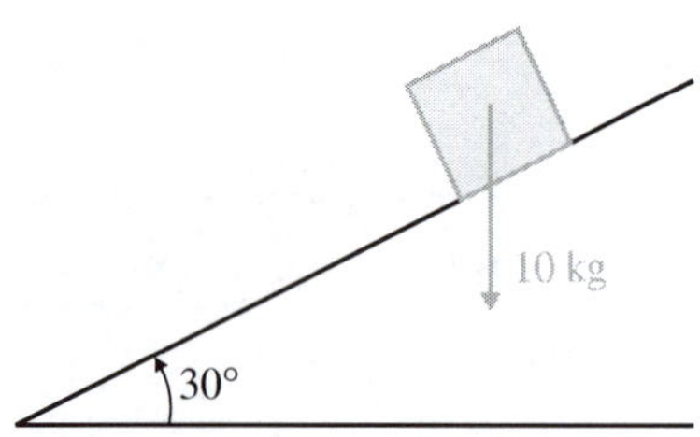

Figura 1.80

9. Um caminhão guincho está rebocando um carro. A tensão no cabo de reboque é de 1500 N e o cabo forma um ângulo de 45° com a horizontal, como ilustrado na figura 1.81. Qual é a força vertical que tende a elevar o carro do chão?

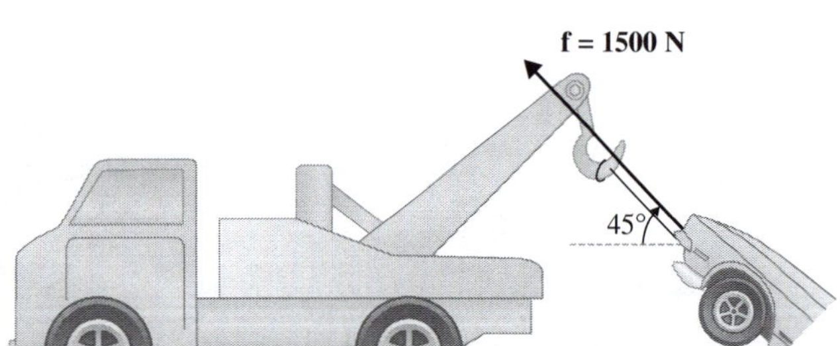

Figura 1.81

10. Um cortador de grama tem uma massa de 30 kg. Ele está sendo empurrado com uma força de 100 N. Se a alça do cortador de grama forma um ângulo de 45° com o solo, qual é a componente horizontal da força que está fazendo o cortador se mover para frente?
11. Uma placa pendurada pelo lado de fora do Restaurante do Joe tem uma massa de 50 kg (figura 1.82). Se o cabo de sustentação forma um ângulo de 60° com a parede do prédio, determine a tensão no cabo.

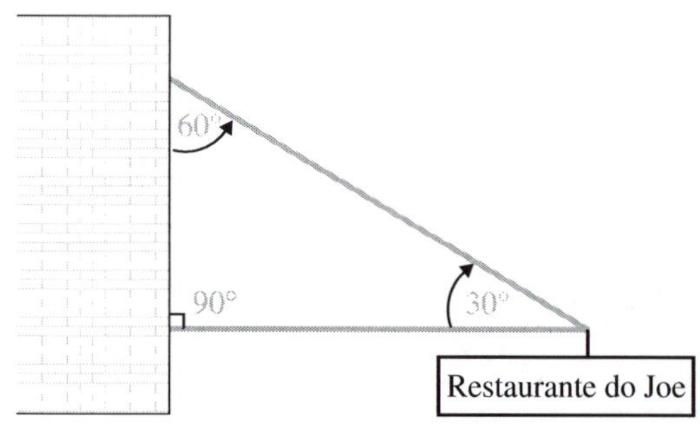

Figura 1.82

12. Uma placa pendurada na janela do Restaurante do Joe tem uma massa de 1 kg. Se os fios de sustentação fazem, cada um, um ângulo de 45° com a placa e os ganchos de apoio estão na mesma altura (figura 1.83), determine a tensão em cada fio.

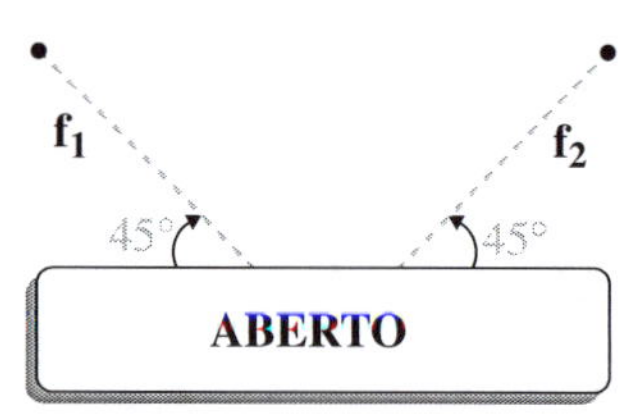

Figura 1.83

13. Um quadro de massa 15 kg está suspenso por dois cabos pendurados em ganchos no teto. Se os cabos têm comprimentos de 15 cm e 20 cm e a distância entre os ganchos é de 25 cm, determine a tensão em cada cabo.
14. Um quadro de massa 20 kg está suspenso por dois cabos pendurados em ganchos no teto. Se os cabos formam ângulos de 30° e 45° com o teto, determine a tensão em cada cabo.

Revisão do Capítulo

Definições e Conceitos Principais

Questões de Revisão

1. Marque cada uma das afirmações a seguir com verdadeira ou falsa:

(a) Para vetores **u**, **v** e **w** de $\mathbb{R}^n$, se $\mathbf{u} + \mathbf{w} = \mathbf{v} + \mathbf{w}$ então $\mathbf{u} = \mathbf{v}$.

(b) Para vetores **u**, **v** e **w** de $\mathbb{R}^n$, se $\mathbf{u} \cdot \mathbf{w} = \mathbf{v} \cdot \mathbf{w}$ então $\mathbf{u} = \mathbf{v}$.

(c) Para vetores **u**, **v** e **w** em $\mathbb{R}^3$, se **u** é ortogonal a **v**, e **v** é ortogonal a **w**, então **u** é ortogonal a **w**.

(d) Em $\mathbb{R}^3$, se uma reta ℓ é paralela ao plano $\mathcal{P}$ então o vetor diretor **d** para ℓ é paralelo a um vetor normal **n** a $\mathcal{P}$.

(e) Em $\mathbb{R}^3$, se uma reta ℓ é perpendicular ao plano $\mathcal{P}$ então um vetor diretor **d** para ℓ é paralelo a um vetor normal **n** a $\mathcal{P}$.

(f) Em $\mathbb{R}^3$, se dois planos são não paralelos então eles devem se interseptar em uma reta.

(g) Em $\mathbb{R}^3$, se duas retas são não paralelas então elas devem se interseptar em um ponto.

(h) Se **v** é um vetor binário tal que $\mathbf{v} \cdot \mathbf{v} = 0$ então $\mathbf{v} = \mathbf{0}$.

(i) Em $\mathbb{Z}_5$, se $ab = 0$ então ou $a = 0$ ou $b = 0$.

(j) Em $\mathbb{Z}_6$, se $ab = 0$ então ou $a = 0$ ou $b = 0$.

2. Se $\mathbf{u} = \begin{bmatrix} -1 \\ 5 \end{bmatrix}$, $\mathbf{v} = \begin{bmatrix} 3 \\ 2 \end{bmatrix}$, e o vetor $4\mathbf{u} + \mathbf{v}$ é desenhado com sua origem no ponto $(10, -10)$, determine as coordenadas do ponto que está na extremidade de $4\mathbf{u} + \mathbf{v}$.

3. Se $\mathbf{u} = \begin{bmatrix} -1 \\ 5 \end{bmatrix}$, $\mathbf{v} = \begin{bmatrix} 3 \\ 2 \end{bmatrix}$, e $2\mathbf{x} + \mathbf{u} = 3(\mathbf{x} - \mathbf{v})$, determine **x**.

4. Sejam A, B, C e D os vértices de um quadrado com centro na origem O, marcados em sentido horário. Se $\mathbf{a} = \overrightarrow{OA}$ e $\mathrm{b} = \overrightarrow{OB}$, determine $\overrightarrow{BC}$ em função de **a** e **b**.

5. Determine o ângulo entre os vetores $[-1, 1, 2]$ e $[2, 1, -1]$.

6. Determine a projeção de $\mathbf{v} = \begin{bmatrix} 1 \\ 1 \\ 1 \end{bmatrix}$ sobre $\mathbf{u} = \begin{bmatrix} 1 \\ -2 \\ 2 \end{bmatrix}$.

7. Determine um vetor unitário no plano xy que seja ortogonal a $\begin{bmatrix} 1 \\ 2 \\ 3 \end{bmatrix}$.

8. Determine a equação geral para o plano que passa pelo ponto $(1, 1, 1)$ e que é perpendicular à reta de equações paramétricas

$$\begin{aligned} x &= 2 + t \\ y &= 3 + 2t \\ z &= -1 + t \end{aligned}$$

9. Determine a equação geral do plano que passa pelo ponto $(3, 2, 5)$ e que é paralelo ao plano cuja equação geral é $2x + 3y - z = 0$.

10. Determine a equação geral do plano que passa pelos pontos $A(1, 1, 0)$, $B(1, 0, 1)$ e $C(0, 1, 2)$.

11. Determine a área do triângulo de vértices $A(1, 1, 0)$, $B(1, 0, 1)$ e $C(0, 1, 2)$.

12. Determine o ponto médio do segmento de reta entre os pontos $A = (5, 1, -2)$ e $B = (3, -7, 0)$.

13. Por que não há vetores **u** e **v** de $\mathbb{R}^n$ tais que $\|\mathbf{u}\| = 2$, $\|\mathbf{v}\| = 3$ e $\mathbf{u} \cdot \mathbf{v} = -7$?

14. Determine a distância do ponto (3, 2, 5) ao plano cuja equação geral é $2x + 3y - z = 0$.

15. Determine a distância do ponto (3, 2, 5) à reta de equações paramétricas $x = t$, $y = 1 + t$, $z = 2 + t$.

16. Calcule $3 - (2 + 4)^3(4 + 3)^2$ em $\mathbb{Z}_5$.

17. Se possível, resolva $3(x + 2) = 5$ em $\mathbb{Z}_7$.

18. Se possível, resolva $3(x + 2) = 5$ em $\mathbb{Z}_9$.

19. Calcule $[2, 1, 3, 3] \cdot [3, 4, 4, 2]$ em $\mathbb{Z}_5^4$.

20. Seja $\mathbf{u} = [1, 1, 1, 0]$ em $\mathbb{Z}_2^4$. Quantos vetores binários **v** satisfazem $\mathbf{u} \cdot \mathbf{v} = 0$?

2 Sistemas de Equações Lineares

O mundo estava cheio de equações . . . . Deve haver uma resposta para todas as coisas, se pelo menos você souber como colocar as questões.

— Anne Tyler
The accidental tourist
Alfred A. Knopf, 1985, p. 235

2.0 Introdução: Trivialidade

A palavra *trivial* deriva da raiz latina *tri* ("três") e da palavra latina *via* ("caminho"). Assim, literalmente, uma trivialidade se refere a um lugar onde três caminhos se encontram. Esse ponto de encontro comum dá origem a um outro significado, mais comum, para *trivial*: lugar-comum, ordinário, insignificante. Em universidades medievais, o *trivium* consistia de três assuntos "comuns" (gramática, retórica e lógica) que eram ensinados antes do *quadrivium* (aritimética, geometria, música e astronomia). Os "três caminhos" que geraram o *trivium* eram o início das artes liberais.

Nesta seção, começamos a examinar sistemas de equações lineares. O mesmo sistema de equações pode ser visto de três modos diferentes, mas igualmente importantes — esses serão nossos três caminhos, todos levando à mesma solução. Você precisará se acostumar com essas três maneiras de interpretar sistemas de equações lineares para que isso se torne ordinário (trivial!) para você.

O sistema de equações que iremos considerar é

$$\begin{aligned} 2x + y &= 8 \\ x - 3y &= -3 \end{aligned}$$

Problema 1: Desenhe duas retas representadas por essas equações. Qual é o seu ponto de interseção?

Problema 2: Considere os vetores $\mathbf{u} = \begin{bmatrix} 2 \\ 1 \end{bmatrix}$ e $\mathbf{v} = \begin{bmatrix} 1 \\ -3 \end{bmatrix}$. Desenhe o sistema de coordenadas determinado por **u** e **v**. (*Sugestão*: desenhe, de leve, primeiro o sistema de coordenadas padrão e use-o como ajuda para o desenho do novo sistema.)

Problema 3: No sistema *u*-*v*, encontre as coordenadas de $\mathbf{w} = \begin{bmatrix} 8 \\ -3 \end{bmatrix}$.

Problema 4: Uma outra maneira de colocar o problema 3 é pedir que se determine as coordenadas x e y para as quais $x\mathbf{u} + y\mathbf{v} = \mathbf{w}$. Escreva as duas equações às quais essa equação vetorial é equivalente (uma equação para cada componente). O que você observa?

Problema 5: Retorne agora às retas que você desenhou no problema 1. Vamos nos referir à reta de equação $2x + y = 8$ como reta 1, e à reta de equação $x - 3y = -3$, como reta 2. Marque o ponto (0, 0) em seu gráfico do problema 1 e chame-o de P_0.

Tabela 2.1

Ponto	x	y
P_0	0	0
P_1		
P_2		
P_3		
P_4		
P_5		
P_6		

Desenhe um segmento de reta *horizontal* de P_0 até encontrar a reta 1 e chame esse novo ponto de P_1. Em seguida, desenhe um segmento de reta *vertical* de P_1 até encontrar a reta 2 e chame esse novo ponto de P_2. Agora, desenhe um segmento de reta *horizontal* de P_2 até a reta 1, obtendo o ponto P_3. Continue desenhando segmentos verticais até encontrar a reta 2 seguidos de segmentos horizontais para a reta 1. O que parece estar acontecendo?

Problema 6: Usando uma calculadora com duas casas decimais de precisão, encontre as coordenadas (aproximadas) dos pontos $P_1, P_2, P_3, \ldots, P_6$. (Você achará útil primeiramente resolver a primeira equação para x em termos de y e a segunda equação para y em termos de x.) Registre seus resultados na Tabela 2.1, escrevendo as coordenadas x e y de cada ponto separadamente.

Os resultados desses problemas mostram que a tarefa de "resolver" um sistema de equações lineares pode ser vista de várias maneiras. Repita o processo descrito nos problemas com os seguintes sistemas de equações:

$$\text{(a)}\ \begin{aligned} 4x - 2y &= 0 \\ x + 2y &= 5 \end{aligned} \qquad \text{(b)}\ \begin{aligned} 3x + 2y &= 9 \\ x + 3y &= 10 \end{aligned} \qquad \text{(c)}\ \begin{aligned} x + y &= 5 \\ x - y &= 3 \end{aligned} \qquad \text{(d)}\ \begin{aligned} x + 2y &= 4 \\ 2x - y &= 3 \end{aligned}$$

Todas as suas observações feitas nos problemas 1 a 6 são ainda válidas para esses exemplos? Repare em quaisquer similaridades ou diferenças. Neste capítulo, iremos explorar essas ideias com mais detalhe.

2.1 Introdução aos Sistemas de Equações Lineares

Lembre-se de que a equação geral de uma reta de $\mathbb{R}^2$ é da forma

$$ax + by = c$$

e que a equação geral de um plano de $\mathbb{R}^2$ é da forma

$$ax + by + cz = d$$

Equações dessa forma são chamadas ***equações lineares***.

Definição Uma ***equação linear*** nas n variáveis $x_1, x_2, \ldots, x_n$ é uma equação que pode ser escrita na forma

$$a_1x_1 + a_2x_2 + \cdots + a_nx_n = b$$

em que os ***coeficientes*** $a_1, a_2, \ldots, a_n$ e o ***termo independente*** b são constantes.

Exemplo 2.1

As seguintes equações são lineares:

$$3x - 4y = -1 \qquad r - \tfrac{1}{2}s - \tfrac{15}{3}t = 9 \qquad x_1 + 5x_2 = 3 - x_3 + 2x_4$$

$$\sqrt{2}x + \frac{\pi}{4}y - \left(\operatorname{sen}\frac{\pi}{5}\right)z = 1 \qquad 3{,}2x_1 - 0{,}01x_2 = 4{,}6$$

Observe que a terceira equação é linear porque pode ser reescrita na forma $x_1 + 5x_2 + x_3 - 2x_4 = 3$. É também importante notar que, embora nesses exemplos (e na maioria das aplicações) os coeficientes e termos independentes sejam números reais, em alguns exemplos e aplicações eles serão números complexos ou elementos de $\mathbb{Z}_p$ para algum número primo p.

As seguintes equações são não lineares:

$$xy + 2z = 1 \qquad x_1^2 - x_2^3 = 3 \qquad \frac{x}{y} + z = 2$$

$$\sqrt{2x} + \frac{\pi}{4}y - \operatorname{sen}\left(\frac{\pi}{5}z\right) = 1 \qquad \operatorname{sen} x_1 - 3x_2 + 2^{x_3} = 0$$

Equações lineares, portanto, não contêm produtos, inversos ou outras funções das variáveis; as variáveis aparecem apenas na potência 1 e são multiplicadas apenas por constantes. Preste atenção especial no quarto exemplo de cada lista: por que a quarta equação na primeira lista é linear, mas a quarta equação na segunda lista não é?

Uma ***solução*** de uma equação linear $a_1x_1 + a_2x_2 + \ldots + a_n x_n = b$ é um vetor $[s_1, s_2, ..., s_n]$, cujas coordenadas satisfazem à equação quando substituímos $x_1 = s_1$, $x_2 = s_2, \ldots, x_n = s_n$.

Exemplo 2.2

(a) $[5, 4]$ é uma solução de $3x - 4y = -1$ porque, quando substituímos $x = 5$ e $y = 4$, a equação é satisfeita: $3(5) - 4(4) = -1$.$[1, 1]$ é uma outra solução. As soluções simplesmente correspondem aos pontos da reta determinada pela equação dada. Assim, colocando $x = t$ e resolvendo para y, vemos que o conjunto completo das soluções pode ser escrito na forma paramétrica $[t, \frac{1}{4} + \frac{3}{4}t]$. (Poderíamos também colocar y igual a algum parâmetro — digamos, s — e resolver a equação para x; as duas soluções paramétricas pareceriam diferentes, mas seriam equivalentes. Tente isso.)

(b) A equação linear $x_1 - x_2 + 2x_3 = 3$ tem $[3, 0, 0]$, $[0, 1, 2]$ e $[6, 1, -1]$ como soluções particulares. O conjunto completo de soluções corresponde ao conjunto de pontos do plano determinado pela equação dada. Se colocarmos $x_2 = s$ e $x_3 = t$, uma solução paramétrica será dada por $[3 + s - 2t, s, t]$. (Quais valores de s e de t produzem as três soluções particulares apontadas?)

Um ***sistema de equações lineares*** é um conjunto finito de equações lineares, todas com as mesmas variáveis. Uma ***solução*** de um sistema de equações lineares é um vetor que é *simultaneamente* solução de cada uma das equações do sistema. O ***conjunto solução*** de um sistema de equações lineares é o conjunto de *todas* as soluções do sistema. Vamos nos referir ao processo de encontrar o conjunto solução de um sistema de equações lineares como "resolver o sistema".

Exemplo 2.3

O sistema

$$\begin{aligned} 2x - y &= 3 \\ x + 3y &= 5 \end{aligned}$$

tem $[2, 1]$ como solução, pois esse vetor é uma solução de ambas as equações. Por outro lado, $[1, -1]$ não é uma solução do sistema, já que ele satisfaz apenas a primeira equação.

Exemplo 2.4

Resolva os seguintes sistemas de equações lineares:

$$\text{(a)}\ \begin{aligned} x - y &= 1 \\ x + y &= 3 \end{aligned} \qquad \text{(b)}\ \begin{aligned} x - y &= 2 \\ 2x - 2y &= 4 \end{aligned} \qquad \text{(c)}\ \begin{aligned} x - y &= 1 \\ x - y &= 3 \end{aligned}$$

Solução

(a) A soma das duas equações dá $2x = 4$, logo, $x = 2$, de onde concluímos que $y = 1$. Uma rápida conta confirma que [2, 1] é mesmo uma solução de ambas as equações. O fato de essa ser a *única* solução pode ser confirmado quando observamos que ela corresponde ao (único) ponto de interseção (2, 1) das retas com equações $x - y = 1$ e $x + y = 3$, como é mostrado na figura 2.1(a). Portanto, [2, 1] é uma *solução única*.

(b) A segunda equação nesse sistema é exatamente o dobro da primeira, por isso as soluções são as soluções da primeira equação apenas — a saber, os pontos da reta $x - y = 2$. Estes podem ser representados na forma paramétrica por $[2 + t, t]$. Assim, esse sistema tem *infinitas soluções* [figura 2.1(b)].

(c) Dois números x e y não podem ter uma diferença de 1 e de 3 simultaneamente. Portanto, esse sistema *não tem soluções*. (Uma forma mais algébrica de abordagem pode ser subtrair a segunda equação da primeira, levando à absurda conclusão de que $0 = -2$.) Como a figura 2.1(c) mostra, neste caso, as retas correspondentes às equações são paralelas.

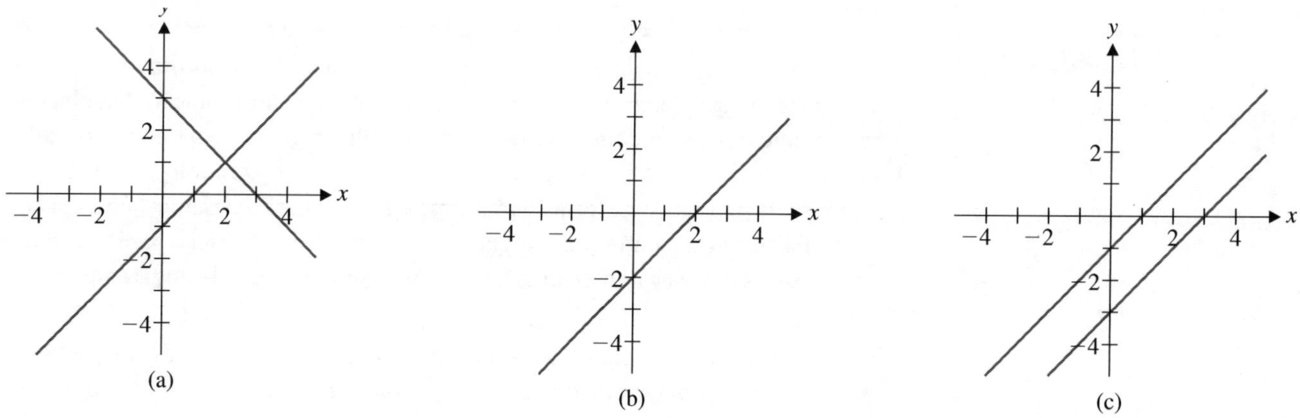

Figura 2.1

Um sistema de equações lineares é chamado de ***possível*** (ou **consistente** ou **compatível**.) quando tem pelo menos uma solução. Um sistema sem nenhuma solução é chamado ***impossível*** (ou **inconsistente** ou **incompatível**.). Embora sejam pequenos, os três sistemas no exemplo 2.4 ilustram as únicas três possibilidades para o número de soluções de um sistema de equações lineares com coeficientes reais. Provaremos mais tarde que essas mesmas três possibilidades valem para *qualquer* sistema de equações lineares sobre os números reais.

Um sistema de equações lineares com coeficientes reais tem

(a) uma única solução (um sistema possível),
(b) infinitas soluções (um sistema possível) ou
(c) nenhuma solução (um sistema impossível).

Resolução de um Sistema de Equações Lineares

Dois sistemas lineares são chamados ***equivalentes*** quando têm os mesmos conjuntos solução. Por exemplo,

$$\begin{aligned} x - y &= 1 \\ x + y &= 3 \end{aligned} \qquad \text{e} \qquad \begin{aligned} x - y &= 1 \\ y &= 1 \end{aligned}$$

são equivalentes, já que ambos têm a única solução [2, 1]. (Verifique.)

Nossa estratégia para a resolução de um sistema de equações lineares é transformar o sistema dado em um sistema equivalente que seja mais fácil de resolver. O formato triangular do segundo exemplo que acabamos de ver (no qual a segunda equação tem uma variável a menos que a primeira) é o que teremos como meta.

Exemplo 2.5

Resolva o sistema

$$\begin{aligned} x - y - z &= 2 \\ y + 3z &= 5 \\ 5z &= 10 \end{aligned}$$

Solução: Começando com a última equação e trabalhando de trás para a frente, encontramos sucessivamente $z = 2$, $y = 5 - 3(2) = -1$ e $x = 2 + (-1) + 2 = 3$. Portanto, a única solução é $[3, -1, 2]$.

Esse procedimento usado para resolver o sistema do exemplo 2.5 é chamado ***substituição de trás para a frente***.

Voltemos agora à estratégia geral de transformar um sistema dado em outro equivalente que possa ser resolvido facilmente por substituição de trás para a frente. Esse processo será descrito em mais detalhes na próxima seção; por ora, vamos simplesmente observá-lo em ação em um único exemplo.

Exemplo 2.6

Resolva o sistema

$$\begin{aligned} x - y - z &= 2 \\ 3x - 3y + 2z &= 16 \\ 2x - y + z &= 9 \end{aligned}$$

Solução Para transformar esse sistema em um que exiba a estrutura triangular do exemplo 2.5, precisamos primeiramente eliminar a variável x das equações 2 e 3. Observe que a subtração de múltiplos apropriados da equação 1 das equações 2 e 3 produz o resultado desejado. Em seguida, observe que estamos operando com os coeficientes, não com as variáveis, por isso podemos economizar alguma escrita se registrarmos apenas os coeficientes e os termos independentes na *matriz*

$$\left[\begin{array}{ccc|c} 1 & -1 & -1 & 2 \\ 3 & -3 & 2 & 16 \\ 2 & -1 & 1 & 9 \end{array}\right]$$

na qual as três primeiras colunas contêm os coeficientes das variáveis na ordem, a última coluna contém os termos independentes e a barra vertical serve para nos lembrar do sinal de igual nas equações. Essa matriz é chamada de ***matriz completa*** (ou **matriz aumentada**) do sistema.

A palavra *matriz* deriva da palavra latina *mater*, que significa "mãe". Quando o sufixo *–iz* é acrescentado, o significado torna-se "útero". Assim como um útero envolve um feto, os colchetes de uma matriz envolvem seus elementos, e, assim como o útero dá origem a um bebê, uma matriz gera certos tipos de funções, chamadas *transformações lineares*. Uma matriz com m linhas e n colunas é chamada matriz $m \times n$ (pronuncia-se "m por n").

Há várias maneiras de converter um sistema dado em um com a estrutura triangular que estamos buscando. Os passos que iremos usar aqui são os mais próximos ao método geral descrito na próxima seção. Realizaremos a sequência de operações no sistema dado e simultaneamente na matriz completa. Começaremos eliminando x das equações 2 e 3.

$$\begin{aligned} x - y - z &= 2 \\ 3x - 3y + 2z &= 16 \\ 2x - y + z &= 9 \end{aligned} \qquad \left[\begin{array}{ccc|c} 1 & -1 & -1 & 2 \\ 3 & -3 & 2 & 16 \\ 2 & -1 & 1 & 9 \end{array}\right]$$

Subtraindo três vezes a primeira equação da segunda equação:

$$\begin{aligned} x - y - z &= 2 \\ 5z &= 10 \\ 2x - y + z &= 9 \end{aligned}$$

Subtraindo três vezes a primeira linha da segunda linha:

$$\left[\begin{array}{rrr|r} 1 & -1 & -1 & 2 \\ 0 & 0 & 5 & 10 \\ 2 & -1 & 1 & 9 \end{array}\right]$$

Subtraindo duas vezes a primeira equação da terceira equação:

$$\begin{aligned} x - y - z &= 2 \\ 5z &= 10 \\ y + 3z &= 5 \end{aligned}$$

Subtraindo duas vezes a primeira linha da terceira linha:

$$\left[\begin{array}{rrr|r} 1 & -1 & -1 & 2 \\ 0 & 0 & 5 & 10 \\ 0 & 1 & 3 & 5 \end{array}\right]$$

Trocando as equações 2 e 3:

$$\begin{aligned} x - y - z &= 2 \\ y + 3z &= 5 \\ 5z &= 10 \end{aligned}$$

Trocando as linhas 2 e 3:

$$\left[\begin{array}{rrr|r} 1 & -1 & -1 & 2 \\ 0 & 1 & 3 & 5 \\ 0 & 0 & 5 & 10 \end{array}\right]$$

Esse é o mesmo sistema que resolvemos usando substituição de trás para a frente no exemplo 2.5, em que descobrimos que a solução era $[3, -1, 2]$. Portanto, essa também é a solução do sistema dado neste exemplo. Por quê? Os cálculos que acabamos de ver mostram que *qualquer solução do sistema dado é também uma solução do sistema final*. No entanto, como os passos que acabamos de dar são *reversíveis*, poderíamos recuperar o sistema original, começando pelo sistema final. (Como?) Assim, *qualquer solução do sistema final é também uma solução do sistema dado*. Portanto, os sistemas são equivalentes (assim como são todos os obtidos nos passos intermediários que acabamos de ver). Além disso, podemos trabalhar com matrizes em vez das equações, já que é somente uma questão de reinserir as variáveis antes de proceder com a substituição de trás para frente. (Trabalhar com matrizes é o assunto da próxima seção.)

Observação Calculadoras com recursos para operar com matrizes e sistemas computadorizados algébricos (CAS — *computer algebra system*) podem facilitar a resolução de sistemas de equações lineares, particularmente quando os sistemas são grandes ou têm coeficientes que não são "agradáveis", como frequentemente ocorre nas aplicações encontradas na vida real. Como sempre, entretanto, você deve fazer tantos exemplos quanto puder com lápis e papel até que se sinta confortável com as técnicas. Mesmo quando uma calculadora ou um CAS for utilizado, pense sobre *como* você faria os cálculos manualmente antes de fazer qualquer coisa. Depois de obter uma resposta, não se esqueça de avaliar se ela é razoável.

Não se iluda pensando que a tecnologia sempre lhe dará a resposta de modo mais rápido ou mais fácil do que fazendo os cálculos à mão. Às vezes ela pode não fornecer nenhuma resposta! Erros de arredondamento associados à aritmética de ponto flutuante usada por calculadoras e computadores podem causar sérios problemas e conduzir a respostas de problemas completamente erradas. Veja Investigação: Mentiras que meu Computador me Contou para ter uma ideia do problema. (Você foi alertado!)

Exercícios 2.1

Nos exercícios de 1 a 6, determine quais equações são lineares nas variáveis x, y e z. Se alguma equação não for linear, explique o motivo.

1. $x - \pi y + \sqrt[3]{5}z = 0$ **2.** $x^2 + y^2 + z^2 = 1$

3. $x^{-1} + 7y + z = \operatorname{sen}\left(\frac{\pi}{9}\right)$

4. $2x - xy - 5z = 0$ **5.** $3\cos x - 4y + z = \sqrt{3}$

6. $(\cos 3)x - 4y + z = \sqrt{3}$

Nos exercícios de 7 a 10, encontre uma equação linear que tenha o mesmo conjunto solução que a equação dada (possivelmente com alguma restrição nas variáveis).

7. $2x + y = 7 - 3y$ **8.** $\dfrac{x^2 - y^2}{x - y} = 1$

9. $\dfrac{1}{x} + \dfrac{1}{y} = \dfrac{4}{xy}$ **10.** $\log_{10} x - \log_{10} y = 2$

Nos exercícios de 11 a 14, encontre o conjunto solução de cada equação.

11. $3x - 6y = 0$ **12.** $2x_1 + 3x_2 = 5$

13. $x + 2y + 3z = 4$ **14.** $4x_1 + 3x_2 + 2x_3 = 1$

Nos exercícios de 15 a 18, desenhe gráficos correspondentes aos sistemas lineares dados. Determine geometricamente se cada sistema tem uma única solução, infinitas soluções ou nenhuma solução. Então resolva cada sistema algebricamente para confirmar sua resposta.

15. $\begin{aligned} x + y &= 0 \\ 2x + y &= 3 \end{aligned}$ **16.** $\begin{aligned} x - 2y &= 7 \\ 3x + y &= 7 \end{aligned}$

17. $\begin{aligned} 3x - 6y &= 3 \\ -x + 2y &= 1 \end{aligned}$ **18.** $\begin{aligned} 0{,}10x - 0{,}05y &= 0{,}20 \\ -0{,}06x + 0{,}03y &= -0{,}12 \end{aligned}$

Nos exercícios de 19 a 24, resolva por substituição de trás para frente o sistema dado.

19. $\begin{aligned} x - 2y &= 1 \\ y &= 3 \end{aligned}$ **20.** $\begin{aligned} 2u - 3v &= 5 \\ 2v &= 6 \end{aligned}$

21. $\begin{aligned} x - y + z &= 0 \\ 2y - z &= 1 \\ 3z &= -1 \end{aligned}$ **22.** $\begin{aligned} x_1 + 2x_2 + 3x_3 &= 0 \\ -5x_2 + 2x_3 &= 0 \\ 4x_3 &= 0 \end{aligned}$

23. $\begin{aligned} x_1 + x_2 - x_3 - x_4 &= 1 \\ x_2 + x_3 + x_4 &= 0 \\ x_3 - x_4 &= 0 \\ x_4 &= 1 \end{aligned}$ **24.** $\begin{aligned} x - 3y + z &= 5 \\ y - 2z &= -1 \end{aligned}$

Os sistemas dos exercícios 25 e 26 exibem um padrão "triangular inferior" que torna fácil resolvê-los por substituição de frente para trás. (Encontraremos substituição de frente para trás de novo no capítulo 3.) Resolva esses sistemas.

25. $\begin{aligned} x &= 2 \\ 2x + y &= -3 \\ -3x - 4y + z &= -10 \end{aligned}$ **26.** $\begin{aligned} x_1 &= -1 \\ -\tfrac{1}{2}x_1 + x_2 &= 5 \\ \tfrac{3}{2}x_1 + 2x_2 + x_3 &= 7 \end{aligned}$

Encontre as matrizes completas dos sistemas lineares dos exercícios 27 a 30.

27. $\begin{aligned} x - y &= 0 \\ 2x + y &= 3 \end{aligned}$ **28.** $\begin{aligned} 2x_1 + 3x_2 - x_3 &= 1 \\ x_1 + x_3 &= 0 \\ -x_1 + 2x_2 - 2x_3 &= 0 \end{aligned}$

29. $\begin{aligned} x + 5y &= -1 \\ -x + y &= -5 \\ 2x + 4y &= 4 \end{aligned}$ **30.** $\begin{aligned} a - 2b + d &= 2 \\ -a + b - c - 3d &= 1 \end{aligned}$

Nos exercícios 31 e 32, encontre um sistema de equações lineares que tenha a matriz dada como sua matriz completa.

31. $\left[\begin{array}{ccc|c} 0 & 1 & 1 & 1 \\ 1 & -1 & 0 & 1 \\ 2 & -1 & 1 & 1 \end{array}\right]$

32. $\left[\begin{array}{ccccc|c} 1 & -1 & 0 & 3 & 1 & 2 \\ 1 & 1 & 2 & 1 & -1 & 4 \\ 0 & 1 & 0 & 2 & 3 & 0 \end{array}\right]$

Nos exercícios de 33 a 38, resolva os sistemas lineares dos exercícios indicados.

33. Exercício 27 **34.** Exercício 28

35. Exercício 29 **36.** Exercício 30

37. Exercício 31 **38.** Exercício 32

39. (a) Encontre um sistema de duas equações lineares, nas variáveis x e y, cujo conjunto solução seja dado pelas equações paramétricas $x = t$ e $y = 3 - 2t$.

(b) Encontre uma outra solução paramétrica, para o sistema do item (a), na qual o parâmetro seja s e $y = s$.

40. (a) Encontre um sistema de duas equações lineares, nas variáveis x_1, x_2 e x_3, cujo conjunto solução seja dado pelas equações paramétricas $x_1 = t$, $x_2 = 1 + t$ e $x_3 = 2 - t$.

(b) Encontre uma outra solução paramétrica, para o sistema do item (a), na qual o parâmetro seja s e $x_3 = s$.

Nos exercícios de 41 a 44, os sistemas não são sistemas de equações lineares. Encontre substituições (mudanças de variáveis) que convertam cada sistema em um sistema linear e use esse sistema linear para ajudar a resolver o sistema dado.

41. $\dfrac{2}{x} + \dfrac{3}{y} = 0$
$\dfrac{3}{x} + \dfrac{4}{y} = 1$

42. $x^2 + 2y^2 = 6$
$x^2 - y^2 = 3$

43. $\operatorname{tg} x - 2 \operatorname{sen} y = 2$
$\operatorname{tg} x - \operatorname{sen} y + \cos z = 2$
$\operatorname{sen} y - \cos z = -1$

44. $-2^a + 2(3^b) = 1$
$3(2^a) - 4(3^b) = 1$

2.2 Métodos Diretos de Resolução de Sistemas Lineares

Nesta seção, veremos um procedimento geral e sistemático de resolução de sistema de equações lineares. Esse procedimento é baseado na ideia de reduzir a matriz completa do sistema dado a uma forma que possa então ser resolvida por substituição de trás para a frente. O método é *direto* no sentido de que leva diretamente à solução (se existir) em um número finito de passos. Na seção 2.5, consideraremos alguns métodos *indiretos* que funcionam de um modo completamente diferente.

As Matrizes e a Forma Escalonada

Há duas matrizes importantes associadas a um sistema linear. A ***matriz dos coeficientes*** contém os coeficientes das variáveis, e a ***matriz completa*** (que já vimos) é a matriz dos coeficientes acrescentada de uma coluna extra que contém os termos independentes.

Para o sistema

$$\begin{aligned} 2x + y - z &= 3 \\ x \quad\;\; + 5z &= 1 \\ -x + 3y - 2z &= 0 \end{aligned}$$

a matriz dos coeficientes é

$$\begin{bmatrix} 2 & 1 & -1 \\ 1 & 0 & 5 \\ -1 & 3 & -2 \end{bmatrix}$$

e a matriz completa é

$$\left[\begin{array}{ccc|c} 2 & 1 & -1 & 3 \\ 1 & 0 & 5 & 1 \\ -1 & 3 & -2 & 0 \end{array}\right]$$

Note que, se uma variável estiver faltando (como a variável y na segunda equação), seu coeficiente 0 será colocado na matriz na posição correspondente. Se denotarmos a matriz dos coeficientes de um sistema linear por A e o vetor coluna dos termos independentes por $\mathbf{b}$, a forma da matriz completa será $[A \mid \mathbf{b}]$.

Na resolução de um sistema linear, nem sempre será possível reduzir a matriz dos coeficientes à forma triangular, como fizemos no exemplo 2.6. Entretanto, sempre podemos conseguir um formato de escada nos elementos não nulos da matriz final.

A palavra *escalonar* vem da palavra latina *scala*, que significa "escada" ou "degraus". Escalonar uma matriz significa dar a ela a forma de escada.

Definição Uma matriz está na ***forma escalonada por linhas*** quando satisfaz às seguintes propriedades:

1. Todas as linhas que consistem inteiramente em zeros estão na parte inferior da matriz.
2. Em cada linha não nula, o primeiro elemento não nulo (chamado de ***elemento líder***) está em uma coluna à esquerda de qualquer outro elemento líder abaixo dele.

Note que essas propriedades garantem que os elementos líderes fiquem posicionados formando uma escada. Em particular, em qualquer coluna que contenha um elemento líder, todos os elementos abaixo dele são nulos, como ilustram os exemplos a seguir.

Exemplo 2.7

As seguintes matrizes estão na forma escalonada por linhas:

$$\begin{bmatrix} 2 & 4 & 1 \\ 0 & -1 & 2 \\ 0 & 0 & 0 \end{bmatrix} \quad \begin{bmatrix} 1 & 0 & 1 \\ 0 & 1 & 5 \\ 0 & 0 & 4 \end{bmatrix} \quad \begin{bmatrix} 1 & 1 & 2 & 1 \\ 0 & 0 & 1 & 3 \\ 0 & 0 & 0 & 0 \end{bmatrix} \quad \begin{bmatrix} 0 & 2 & 0 & 1 & -1 & 3 \\ 0 & 0 & -1 & 1 & 2 & 2 \\ 0 & 0 & 0 & 0 & 4 & 0 \\ 0 & 0 & 0 & 0 & 0 & 5 \end{bmatrix}$$

Se uma matriz escalonada por linhas for a matriz completa de um sistema linear, será fácil resolver o sistema usando apenas o método de substituição de trás para a frente.

Exemplo 2.8

Supondo que cada uma das matrizes do exemplo 2.7 seja uma matriz completa, escreva os sistemas de equações lineares correspondentes e resolva-os.

Solução Vamos primeiramente lembrar que a última coluna de uma matriz completa é o vetor dos termos independentes. A primeira matriz então corresponde ao sistema

$$\begin{aligned} 2x_1 + 4x_2 &= 1 \\ -x_2 &= 2 \end{aligned}$$

(Note que desprezamos a última equação $0 = 0$, ou $0x_1 + 0x_2 = 0$, que é claramente satisfeita por quaisquer valores de x_1 e de x_2.) A substituição de trás para a frente fornece: $x_2 = -2$ e então $2x_1 = 1 - 4(-2) = 9$, logo, $x_1 = \frac{9}{2}$. A solução é $[\frac{9}{2}, -2]$.

A segunda matriz corresponde ao seguinte sistema:

$$\begin{aligned} x_1 \quad &= 1 \\ x_2 &= 5 \\ 0 &= 4 \end{aligned}$$

A última equação representa $0x_1 + 0x_2 = 4$, que claramente não tem soluções. Assim, o sistema não tem soluções. Analogamente, o sistema que corresponde à quarta matriz não tem soluções. Para o sistema que corresponde à terceira matriz, temos:

$$\begin{aligned} x_1 + x_2 + 2x_3 &= 1 \\ x_3 &= 3 \end{aligned}$$

logo, $x_1 = 1 - 2(3) - x_2 = -5 - x_2$. Há infinitas soluções, já que podemos associar x_2 a qualquer valor t e encontrar a solução paramétrica $[-5 - t, t, 3]$.

Operações Elementares com as Linhas

Vamos agora descrever o procedimento pelo qual qualquer matriz pode ser reduzida a uma matriz na forma escalonada por linhas. As operações permitidas, chamadas ***operações elementares com as linhas***, correspondem às operações que podem ser realizadas em um sistema linear de equações lineares para transformá-lo em um sistema equivalente.

Definição As seguintes ***operações elementares com as linhas*** podem ser realizadas em uma matriz:

1. Trocar duas linhas.
2. Multiplicar uma linha por uma constante não nula.
3. Somar um múltiplo de uma linha com outra linha.

Observe que dividir uma linha por uma constante não nula é uma propriedade que está incluída nessa definição, já que, por exemplo, dividir uma linha por 2 é o mesmo que multiplicá-la por $\frac{1}{2}$. Analogamente, subtrair de uma linha um múltiplo de outra linha é o mesmo que somar a uma linha um múltiplo negativo de outra.

Usaremos a seguinte notação para as três operações elementares com linhas:

1. $L_i \leftrightarrow L_j$ significa trocar as linhas i e j.
2. kL_i significa multiplicar a linha i pelo número real k.
3. $L_i + kL_j$ significa somar k vezes a linha j à linha i (e trocar a linha i pelo resultado).

O processo de aplicar operações elementares com linhas para transformar uma matriz em uma matriz escalonada chamado ***escalonamento (ou redução por linha)***, é usado para reduzir uma matriz à forma escalonada.

Exemplo 2.9 Reduza a seguinte matriz à forma escalonada:

$$\begin{bmatrix} 1 & 2 & -4 & -4 & 5 \\ 2 & 4 & 0 & 0 & 2 \\ 2 & 3 & 2 & 1 & 5 \\ -1 & 1 & 3 & 6 & 5 \end{bmatrix}$$

Solução Trabalhamos coluna por coluna, da esquerda para a direita e de cima para baixo. A estratégia é criar um elemento líder em uma coluna e usá-lo para criar zeros sob ele. O elemento escolhido para ser o elemento líder é chamado ***pivô***, e essa fase do processo é chamada ***pivoteamento***. Embora não seja estritamente necessário, às vezes é conveniente usar a segunda operação elementar para transformar o elemento líder em 1.

Começamos por anular os elementos da primeira coluna, abaixo do líder 1 na primeira linha:

$$\begin{bmatrix} 1 & 2 & -4 & -4 & 5 \\ 2 & 4 & 0 & 0 & 2 \\ 2 & 3 & 2 & 1 & 5 \\ -1 & 1 & 3 & 6 & 5 \end{bmatrix} \xrightarrow[L_4 + L_1]{\substack{L_2 - 2L_1 \\ L_3 - 2L_1}} \begin{bmatrix} 1 & 2 & -4 & -4 & 5 \\ 0 & 0 & 8 & 8 & -8 \\ 0 & -1 & 10 & 9 & -5 \\ 0 & 3 & -1 & 2 & 10 \end{bmatrix}$$

A primeira coluna agora está como queremos; o próximo passo é criar um elemento líder na segunda linha, com o objetivo de chegar à forma escalonada. Neste caso, fazemos isso trocando as linhas. (Poderíamos também somar a linha 3 ou 4 à linha 2.)

$$\xrightarrow{L_2 \leftrightarrow L_3} \begin{bmatrix} 1 & 2 & -4 & -4 & 5 \\ 0 & -1 & 10 & 9 & -5 \\ 0 & 0 & 8 & 8 & -8 \\ 0 & 3 & -1 & 2 & 10 \end{bmatrix}$$

Desta vez o pivô é -1. Criamos zeros no restante da segunda coluna usando o elemento líder -1 na coluna 2:

$$\xrightarrow{L_4 + 3L_2} \begin{bmatrix} 1 & 2 & -4 & -4 & 5 \\ 0 & -1 & 10 & 9 & -5 \\ 0 & 0 & 8 & 8 & -8 \\ 0 & 0 & 29 & 29 & -5 \end{bmatrix}$$

A coluna 2 agora está pronta. Notando que já temos um elemento líder 8 na coluna 3, nós o escolhemos como pivô e começamos a tarefa de colocar zeros sob ele. Isso ficará mais fácil se primeiramente dividirmos a coluna 3 por 8:

$$\xrightarrow{\frac{1}{8}L_3} \begin{bmatrix} 1 & 2 & -4 & -4 & 5 \\ 0 & -1 & 10 & 9 & -5 \\ 0 & 0 & 1 & 1 & -1 \\ 0 & 0 & 29 & 29 & -5 \end{bmatrix}$$

Agora usamos o elemento líder 1 na coluna 3 para criar zeros sob ele:

$$\xrightarrow{L_4 - 29L_3} \begin{bmatrix} 1 & 2 & -4 & -4 & 5 \\ 0 & -1 & 10 & 9 & -5 \\ 0 & 0 & 1 & 1 & -1 \\ 0 & 0 & 0 & 0 & 24 \end{bmatrix}$$

Com esse passo final, reduzimos a matriz dada à forma escalonada.

Observações:

- A forma escalonada da matriz não é única. (Encontre uma forma escalonada diferente para a matriz do exemplo 2.9.)

- O elemento líder de cada linha é usado para criar zeros abaixo dele.
- Os pivôs não são necessariamente os elementos que estavam originalmente nas posições ocupadas pelos elementos líderes. No exemplo 2.9, os pivôs eram 1, -1, 8 e 24. A matriz original tinha 1, 4, 2 e 5 nessas posições.
- Uma vez que tenhamos realizado o pivoteamento e anulado os elementos sob o elemento líder em uma coluna, aquela coluna não muda mais. Em outras palavras, a forma escalonada por linhas é construída da esquerda para a direita e de cima para baixo.

Operações elementares com linhas são reversíveis — isto é, podem ser "desfeitas". Assim, se uma operação elementar sobre as linhas converte A em B, existe também uma operação elementar sobre as linhas que converte B em A. (Veja os exercícios 15 e 16.)

Definição As matrizes A e B serão ***equivalentes por linha*** se existir uma sequência de operações elementares com as linhas que converta A em B.

As matrizes do exemplo 2.9,

$$\begin{bmatrix} 1 & 2 & -4 & -4 & 5 \\ 2 & 4 & 0 & 0 & 2 \\ 2 & 3 & 2 & 1 & 5 \\ -1 & 1 & 3 & 6 & 5 \end{bmatrix} \quad \text{e} \quad \begin{bmatrix} 1 & 2 & -4 & -4 & 5 \\ 0 & -1 & 10 & 9 & -5 \\ 0 & 0 & 1 & 1 & -1 \\ 0 & 0 & 0 & 0 & 24 \end{bmatrix}$$

são equivalentes por linhas. Entretanto, em geral, como podemos dizer se duas matrizes são equivalentes por linhas?

Teorema 2.1 As matrizes A e B são equivalentes por linha se e somente se elas puderem ser reduzidas à mesma forma escalonada por linhas.

Demonstração Se A e B são equivalentes por linha, operações adicionais com linhas reduzirão B (e consequentemente A) à (mesma) forma escalonada por linhas.

Reciprocamente, se A e B têm a mesma forma escalonada por linhas R, então, por meio de operações elementares por linhas, podemos converter A em R e B em R. Revertendo a última sequência de operações, podemos converter R em B, e, portanto, a sequência $A \to R \to B$ produz o efeito desejado.

Observação Na prática, é mais fácil usar o Teorema 2.1 se R for a forma escalonada *reduzida* de A e de B, como será definido na página 73. Veja os exercícios 17 e 18.

O Método de Eliminação de Gauss

Quando um escalonamento é aplicado à matriz completa de um sistema de equações lineares, criamos um sistema equivalente que pode ser resolvido por substituição de trás para a frente. O processo inteiro é conhecido como ***método de eliminação de Gauss***, ou ***método de eliminação gaussiana***.

O Método de Eliminação de Gauss

1. Escreva a matriz completa do sistema de equações lineares.
2. Use operações elementares com as linhas para reduzir a matriz completa à forma escalonada por linhas.
3. Usando substituição de trás para a frente, resolva o sistema equivalente que corresponde à matriz escalonada reduzida por linhas.

Observação: Quando realizamos a mão, o passo 2 do método de eliminação de Gauss nos permite uma grande liberdade de escolha. Aqui estão algumas orientações úteis:

(a) Localize a coluna mais à esquerda que não é toda formada por zeros.

(b) Crie um líder no topo desta coluna. (Muitas vezes, será mais fácil se você transformar este líder em 1. Veja o exercício 22.)

(c) Use o líder para criar zeros abaixo dele.

(d) Faça a linha contendo este líder ir para a parte de cima e volte ao passo (a) para repetir o procedimento com o restante da submatriz. Pare quando toda a matriz estiver na forma escalonada por linhas.

Exemplo 2.10 Resolva o sistema

$$\begin{aligned} 2x_2 + 3x_3 &= 8 \\ 2x_1 + 3x_2 + x_3 &= 5 \\ x_1 - x_2 - 2x_3 &= -5 \end{aligned}$$

Solução A matriz completa é

$$\left[\begin{array}{ccc|c} 0 & 2 & 3 & 8 \\ 2 & 3 & 1 & 5 \\ 1 & -1 & -2 & -5 \end{array}\right]$$

Continuamos o processo reduzindo essa matriz à forma escalonada por linhas, seguindo as diretrizes dadas no passo 2 do método. A primeira coluna não nula é a coluna 1.

Foto: Bettmann/CORBIS

Carl Friedrich Gauss (1777-1855) é considerado um dos três maiores matemáticos de todos os tempos, juntamente com Arquimedes e Newton. Frequentemente chamado de "príncipe dos matemáticos", apelido que ele merece. Uma criança prodígio, conta-se que Gauss conseguia fazer aritmética antes de conseguir falar. Com três anos de idade, ele corrigiu um erro nos cálculos feitos por seu pai para a folha de pagamentos da companhia, e, quando jovem estudante, deduziu a fórmula $n(n + 1)/2$ para a soma dos n primeiros números naturais. Com 19 anos, provou que um polígono de 17 lados* poderia ser construído com o uso de apenas uma régua e um compasso; aos 21, provou, em sua dissertação de doutorado, que todo polinômio de grau n com coeficientes reais ou complexos tem exatamente n raízes, contando suas multiplicidades — o Teorema Fundamental da Álgebra.

A publicação de Gauss *Disquisitiones arithmeticae*, de 1801, é em geral considerada o fundamento da teoria moderna dos números, mas ele fez contribuições em praticamente todos os ramos da matemática, bem como à estatística, física, astronomia, e agrimensura. Gauss não publicou todos os seus resultados, possivelmente por ser muito crítico a respeito de seu próprio trabalho. Ele também não gostava de dar aulas e frequentemente era crítico de outros matemáticos, talvez por ter descoberto — mas não publicado — os resultados antes deles.

O método de eliminação de Gauss era conhecido pelos chineses no terceiro século a.C., e era bem conhecido na época de Gauss. O método leva o nome de Gauss por causa de seu uso em um artigo no qual ele resolveu um sistema de equações lineares para descrever a órbita de um asteroide.

* No original, o autor escreveu apenas "polígono de 17 lados", mas o correto é "polígono regular de 17 lados".

Começamos criando um elemento líder no topo desta coluna; trocar as linhas 1 e 3 de ordem é a melhor maneira de se obter isso.

$$\left[\begin{array}{ccc|c} 0 & 2 & 3 & 8 \\ 2 & 3 & 1 & 5 \\ 1 & -1 & -2 & -5 \end{array}\right] \xrightarrow{L_1 \leftrightarrow L_3} \left[\begin{array}{ccc|c} 1 & -1 & -2 & -5 \\ 2 & 3 & 1 & 5 \\ 0 & 2 & 3 & 8 \end{array}\right]$$

Usando o líder 1, criamos um segundo zero na primeira coluna:

$$\xrightarrow{L_2 - 2L_1} \left[\begin{array}{ccc|c} 1 & -1 & -2 & -5 \\ 0 & 5 & 5 & 15 \\ 0 & 2 & 3 & 8 \end{array}\right]$$

Agora que a primeira coluna já está pronta, repetimos o procedimento. A segunda coluna é a primeira coluna não nula da submatriz. Multiplicando a linha 2 por $\frac{1}{5}$ criamos um líder 1.

$$\left[\begin{array}{ccc|c} 1 & -1 & -2 & -5 \\ 0 & 5 & 5 & 15 \\ 0 & 2 & 3 & 8 \end{array}\right] \xrightarrow{\frac{1}{5}L_2} \left[\begin{array}{ccc|c} 1 & -1 & -2 & -5 \\ 0 & 1 & 1 & 3 \\ 0 & 2 & 3 & 8 \end{array}\right]$$

Em seguida, precisamos de um outro zero na base da coluna 2:

$$\xrightarrow{L_3 - 2L_2} \left[\begin{array}{ccc|c} 1 & -1 & -2 & -5 \\ 0 & 1 & 1 & 3 \\ 0 & 0 & 1 & 2 \end{array}\right]$$

A matriz completa já está na forma escalalonada por linhas, então passamos ao passo 3. O sistema correspodente é

$$\begin{aligned} x_1 - x_2 - 2x_3 &= -5 \\ x_2 + x_3 &= 3 \\ x_3 &= 2 \end{aligned}$$

e a substituição de trás para frente fornece $x_3 = 2$ e, portanto, $x_2 = 3 - x_3 = 3 - 2 = 1$, e finalmente $x_1 = -5 + x_2 + 2x_3 = -5 + 1 + 4 = 0$. Podemos escrever a solução na forma vetorial como

$$\begin{bmatrix} 0 \\ 1 \\ 2 \end{bmatrix}$$

(De agora em diante, escreveremos soluções vetoriais de sistemas de equações lineares como vetores-coluna. O motivo disso ficará claro no capítulo 3.)

Exemplo 2.11

Resolva o sistema

$$\begin{aligned} w - x - y + 2z &= 1 \\ 2w - 2x - y + 3z &= 3 \\ -w + x - y &= -3 \end{aligned}$$

Solução A matriz completa é

$$\left[\begin{array}{rrrr|r} 1 & -1 & -1 & 2 & 1 \\ 2 & -2 & -1 & 3 & 3 \\ -1 & 1 & -1 & 0 & -3 \end{array}\right]$$

que pode ser escalonada por linhas, como a seguir:

$$\left[\begin{array}{rrrr|r} 1 & -1 & -1 & 2 & 1 \\ 2 & -2 & -1 & 3 & 3 \\ -1 & 1 & -1 & 0 & -3 \end{array}\right] \xrightarrow[L_3+L_1]{L_2-2L_1} \left[\begin{array}{rrrr|r} 1 & -1 & -1 & 2 & 1 \\ 0 & 0 & 1 & -1 & 1 \\ 0 & 0 & -2 & 2 & -2 \end{array}\right]$$

$$\xrightarrow{L_3+2L_2} \left[\begin{array}{rrrr|r} 1 & -1 & -1 & 2 & 1 \\ 0 & 0 & 1 & -1 & 1 \\ 0 & 0 & 0 & 0 & 0 \end{array}\right]$$

O sistema associado agora é

$$\begin{aligned} w - x - y + 2z &= 1 \\ y - \ z &= 1 \end{aligned}$$

que tem infinitas soluções. Há mais de uma maneira de atribuir parâmetros, mas continuaremos usando a substituição de trás para a frente, escrevendo as variáveis correspondentes aos elementos líderes (as ***variáveis dependentes***) em termos das outras variáveis (as ***variáveis livres***).

Neste caso, as variáveis dependentes são w e y, e as variáveis livres, x e z. Então, $y = 1 + z$, e disso obtemos

$$\begin{aligned} w &= 1 + x + y - 2z \\ &= 1 + x + (1 + z) - 2z \\ &= 2 + x - z \end{aligned}$$

Se atribuirmos parâmetros $x = s$ e $z = t$, a solução pode ser escrita na forma vetorial como

$$\begin{bmatrix} w \\ x \\ y \\ z \end{bmatrix} = \begin{bmatrix} 2 + s - t \\ s \\ 1 + t \\ t \end{bmatrix} = \begin{bmatrix} 2 \\ 0 \\ 1 \\ 0 \end{bmatrix} + s\begin{bmatrix} 1 \\ 1 \\ 0 \\ 0 \end{bmatrix} + t\begin{bmatrix} -1 \\ 0 \\ 1 \\ 1 \end{bmatrix}$$

O exemplo 2.11 destaca uma propriedade muito importante: em um sistema possível, as variáveis livres são justamente as que não são variáveis dependentes. Como o número de variáveis dependentes é igual ao número de linhas não nulas na forma escalonada da matriz dos coeficientes, podemos predizer o número de variáveis livres (parâmetros) antes de acharmos a solução explícita usando substituição de trás para a frente. No capítulo 3, provaremos que, embora a forma escalonada da matriz não seja única, o número de linhas não nulas é o mesmo em *qualquer* forma escalonada de uma matriz dada. Portanto, faz sentido atribuir um nome a esse número.

Definição O *posto* de uma matriz é o número de linhas não nulas de qualquer uma de suas formas escalonadas por linhas.

Denotaremos o posto de uma matriz A por posto(A). No exemplo 2.10, o posto da matriz dos coeficientes é 3; no exemplo 2.11 o posto da matriz dos coeficientes é 2. As observações que acabamos de fazer justificam o teorema a seguir, que demonstraremos com mais generalidade nos capítulos 3 e 6.

Teorema 2.2 **O Teorema do Posto**

Seja A a matriz dos coeficientes de um sistema de equações lineares com n variáveis. Se o sistema for possível, então o

$$\text{número de variáveis livres} = n - \text{posto}(A)$$

Assim, no exemplo 2.10, temos $3 - 3 = 0$ variáveis livres (em outras palavras, uma *única* solução), e, no exemplo 2.11, temos $4 - 2 = 2$ variáveis livres, como havíamos encontrado.

Exemplo 2.12 Resolva o sistema

$$\begin{aligned} x_1 - x_2 + 2x_3 &= 3 \\ x_1 + 2x_2 - x_3 &= -3 \\ 2x_2 - 2x_3 &= 1 \end{aligned}$$

Solução Quando reduzimos a matriz completa à forma escalonada por linhas, obtemos:

$$\left[\begin{array}{ccc|c} 1 & -1 & 2 & 3 \\ 1 & 2 & -1 & -3 \\ 0 & 2 & -2 & 1 \end{array}\right] \xrightarrow{L_2 - L_1} \left[\begin{array}{ccc|c} 1 & -1 & 2 & 3 \\ 0 & 3 & -3 & -6 \\ 0 & 2 & -2 & 1 \end{array}\right]$$

$$\xrightarrow{\frac{1}{3}L_2} \left[\begin{array}{ccc|c} 1 & -1 & 2 & 3 \\ 0 & 1 & -1 & -2 \\ 0 & 2 & -2 & 1 \end{array}\right]$$

$$\xrightarrow{L_3 - 2L_2} \left[\begin{array}{ccc|c} 1 & -1 & 2 & 3 \\ 0 & 1 & -1 & -2 \\ 0 & 0 & 0 & 5 \end{array}\right]$$

levando à equação impossível $0 = 5$. (Poderíamos também ter feito $L_3 - \frac{2}{3} L_2$ como segunda operação elementar com as linhas, o que nos teria levado à mesma contradição, mas a uma forma escalonada diferente.) Assim, o sistema não tem solução — ele é impossível.

Wilhelm Jordan (1842-1899) era um professor alemão de geodésia. Sua contribuição à resolução de sistemas lineares foi um método sistemático de substituição de trás para a frente estreitamente relacionado com o método descrito aqui.

O Método de Eliminação de Gauss-Jordan

Uma modificação do método de eliminação de Gauss simplifica bastante a fase de substituição de trás para a frente e é particularmente útil quando os cálculos estão sendo feitos à mão em um sistema com infinitas soluções. Essa variante, conhecida como ***método de eliminação de Gauss-Jordan***, baseia-se em reduzir ainda mais a matriz completa.

Definição Uma matriz está na ***forma escalonada reduzida*** (por linhas) se ela satisfaz às seguintes propriedades:

1. Ela está na forma escalonada por linhas.
2. O elemento líder em cada linha não nula é igual a 1 (chamado ***1 líder***).
3. Cada coluna que contém um 1 líder tem zeros em todas as outras posições.

A seguinte matriz está na forma escalonada reduzida:

$$\begin{bmatrix} 1 & 2 & 0 & 0 & -3 & 1 & 0 \\ 0 & 0 & 1 & 0 & 4 & -1 & 0 \\ 0 & 0 & 0 & 1 & 3 & -2 & 0 \\ 0 & 0 & 0 & 0 & 0 & 0 & 1 \\ 0 & 0 & 0 & 0 & 0 & 0 & 0 \end{bmatrix}$$

Para matrizes 2×2, as formas escalonadas reduzidas possíveis são:

$$\begin{bmatrix} 1 & 0 \\ 0 & 1 \end{bmatrix}, \begin{bmatrix} 1 & * \\ 0 & 0 \end{bmatrix}, \begin{bmatrix} 0 & 1 \\ 0 & 0 \end{bmatrix}, \text{ e } \begin{bmatrix} 0 & 0 \\ 0 & 0 \end{bmatrix}$$

Para uma pequena demonstração de que a forma escalonada reduzida de uma matriz é única, veja o artigo "The reduced row echelon form of a matrix is unique: A simple proof", de Thomas Yuster, na edição de março de 1984 da revista *Mathematics magazine* (vol. 57, nº 2, pp. 93-94).

em que * pode ser qualquer número.

É claro que, depois de uma matriz ter sido reduzida à forma escalonada, mais operações elementares com as linhas irão levá-las à forma escalonada reduzida. O que não é claro (embora a intuição possa sugerir) é que, diferentemente do que ocorria com a forma escalonada por linhas, a forma escalonada reduzida de uma matriz é *única.*

No método de eliminação de Gauss-Jordan, procedemos como no método de eliminação de Gauss, mas reduzimos ainda mais a matriz completa até a forma escalonada *reduzida*.

Método de eliminação de Gauss-Jordan

1. Escreva a matriz completa do sistema de equações lineares.
2. Use operações elementares com linhas para escalonar a matriz completa à forma escalonada reduzida.
3. Se o sistema resultante for possível, resolva-o para as variáveis dependentes em termos de quaisquer variáveis livres que tenham sobrado.

Exemplo 2.13

Resolva o sistema do exemplo 2.11 pelo método de eliminação de Gauss-Jordan.

Solução O escalonamento é feito como fizemos no exemplo 2.11, até chegarmos à forma escalonada:

$$\left[\begin{array}{cccc|c} 1 & -1 & -1 & 2 & 1 \\ 0 & 0 & 1 & -1 & 1 \\ 0 & 0 & 0 & 0 & 0 \end{array}\right]$$

Agora, devemos criar um 0 acima do 1 líder da segunda linha, terceira coluna. Fazemos isso somando a linha 2 à linha 1, obtendo:

$$\left[\begin{array}{rrrr|r} 1 & -1 & 0 & 1 & 2 \\ 0 & 0 & 1 & -1 & 1 \\ 0 & 0 & 0 & 0 & 0 \end{array}\right]$$

O sistema foi então reduzido a

$$\begin{aligned} w - x \quad\quad + z &= 2 \\ y - z &= 1 \end{aligned}$$

Agora é bem mais fácil resolver o sistema em função das variáveis dependentes:

$$w = 2 + x - z \qquad \text{e} \qquad y = 1 + z$$

Se atribuirmos parâmetros $x = s$ e $z = t$, como anteriormente, a solução pode ser escrita na forma vetorial da seguinte maneira:

$$\begin{bmatrix} w \\ x \\ y \\ z \end{bmatrix} = \begin{bmatrix} 2 + s - t \\ s \\ 1 + t \\ t \end{bmatrix}$$

Observação Do ponto de vista computacional, é mais eficiente (no sentido de requerer menos cálculos) primeiro reduzir a matriz à forma escalonada por linhas e, depois, trabalhando *da direita para a esquerda*, transformar cada elemento líder em 1 e criar zeros acima desses 1 líderes. Entretanto, para cálculos à mão, você achará mais fácil trabalhar da esquerda para a direita e criar o 1 líder e os zeros em suas colunas à medida que for trabalhando.

Retornamos à geometria que nos trouxe até esse ponto. Assim como equações lineares com duas variáveis correspondem a retas de $\mathbb{R}^2$, equações lineares em três variáveis correspondem a planos de $\mathbb{R}^3$. De fato, muitas questões sobre retas e planos podem ser respondidas através da resolução de um sistema linear apropriado.

Exemplo 2.14 Encontre a reta interseção dos planos $x + 2y - z = 3$ e $2x + 3y + z = 1$.

Solução Observe primeiramente que *haverá* uma reta interseção, já que os vetores normais aos dois planos — $[1, 2, -1]$ e $[2, 3, 1]$ — não são paralelos. Os pontos que estão na interseção dos planos correspondem aos pontos do conjunto solução do sistema

$$\begin{aligned} x + 2y - z &= 3 \\ 2x + 3y + z &= 1 \end{aligned}$$

O método de eliminação de Gauss-Jordan, aplicado à matriz completa, fornece:

$$\left[\begin{array}{rrr|r} 1 & 2 & -1 & 3 \\ 2 & 3 & 1 & 1 \end{array}\right] \xrightarrow{L_2 - 2L_1} \left[\begin{array}{rrr|r} 1 & 2 & -1 & 3 \\ 0 & -1 & 3 & -5 \end{array}\right]$$

$$\xrightarrow[-L_2]{L_1 + 2L_2} \left[\begin{array}{rrr|r} 1 & 0 & 5 & -7 \\ 0 & 1 & -3 & 5 \end{array}\right]$$

Colocando novamente as variáveis, temos

$$\begin{aligned} x \quad + 5z &= -7 \\ y - 3z &= 5 \end{aligned}$$

Igualamos a variável livre z a um parâmetro t e então obtemos as equações paramétricas da reta interseção dos dois planos:

$$\begin{aligned} x &= -7 - 5t \\ y &= 5 + 3t \\ z &= t \end{aligned}$$

Na forma vetorial, a equação é

$$\begin{bmatrix} x \\ y \\ z \end{bmatrix} = \begin{bmatrix} -7 \\ 5 \\ 0 \end{bmatrix} + t\begin{bmatrix} -5 \\ 3 \\ 1 \end{bmatrix}$$

Veja a figura 2.2.

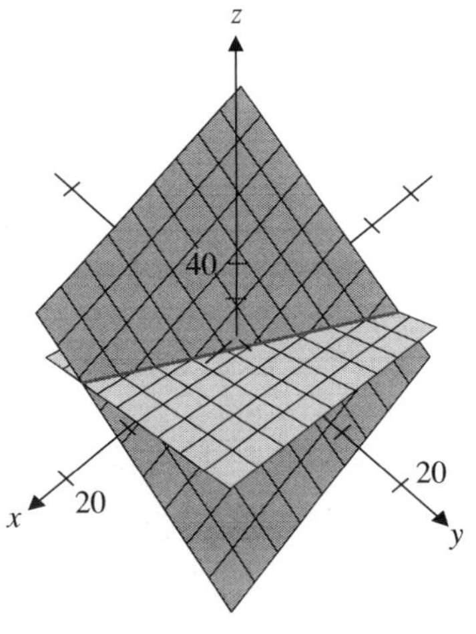

Figura 2.2
A interseção de dois planos

Exemplo 2.15

Sejam $\mathbf{p} = \begin{bmatrix} 1 \\ 0 \\ -1 \end{bmatrix}, \mathbf{q} = \begin{bmatrix} 0 \\ 2 \\ 1 \end{bmatrix}, \mathbf{u} = \begin{bmatrix} 1 \\ 1 \\ 1 \end{bmatrix}$, e $\mathbf{v} = \begin{bmatrix} 3 \\ -1 \\ -1 \end{bmatrix}$. Determine se as retas $\mathbf{x} = \mathbf{p} + t\mathbf{u}$ e $\mathbf{x} = \mathbf{q} + t\mathbf{v}$ se interceptam e, em caso afirmativo, encontre o ponto de interseção.

Solução Precisamos ser cuidadosos aqui. Embora a letra t tenha sido usada como parâmetro nas equações das duas retas, as retas são independentes e, portanto, seus parâmetros também o são. Vamos usar outro parâmetro — por exemplo, s — para a primeira reta; sua equação torna-se $\mathbf{x} = \mathbf{p} + s\mathbf{u}$. Se as retas se interceptarem, precisaremos encontrar um $\mathbf{x} = \begin{bmatrix} x \\ y \\ z \end{bmatrix}$ que satisfaça ambas as equações simultaneamente — isto é, $\mathbf{x} = \mathbf{p} + s\mathbf{u} = \mathbf{q} + t\mathbf{v}$ ou $s\mathbf{u} - t\mathbf{v} = \mathbf{q} - \mathbf{p}$.

Substituindo $\mathbf{p}$, $\mathbf{q}$, $\mathbf{u}$ e $\mathbf{v}$ dados, obtemos as equações

$$\begin{aligned} s - 3t &= -1 \\ s + t &= 2 \\ s + t &= 2 \end{aligned}$$

cuja solução, fácil de encontrar, é $s = \frac{5}{4}$ e $t = \frac{3}{4}$. O ponto de interseção é, portanto,

$$\begin{bmatrix} x \\ y \\ z \end{bmatrix} = \begin{bmatrix} 1 \\ 0 \\ -1 \end{bmatrix} + \tfrac{5}{4}\begin{bmatrix} 1 \\ 1 \\ 1 \end{bmatrix} = \begin{bmatrix} \frac{9}{4} \\ \frac{5}{4} \\ \frac{1}{4} \end{bmatrix}$$

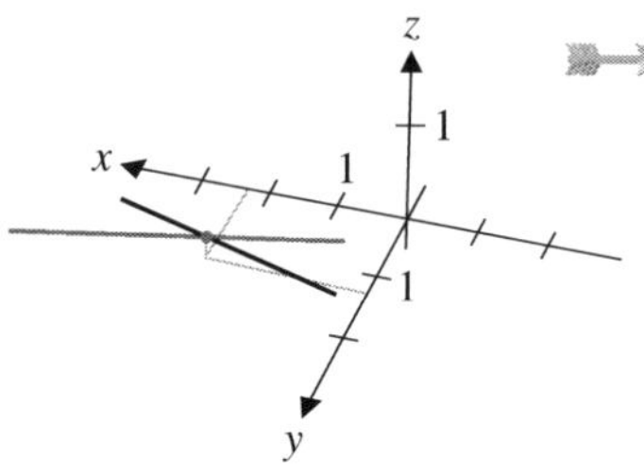

Figura 2.3
Duas retas concorrentes
(N.T.: Retas concorrentes são retas que se interceptam.)

Veja a figura 2.3. (Verifique que a substituição $t = \frac{3}{4}$ na outra equação dá o mesmo ponto.)

Observação Em $\mathbb{R}^3$, pode acontecer ou de duas retas distintas se interceptarem em um ponto, ou de serem paralelas, ou pode não ocorrer nenhum desses casos. Retas não paralelas que não se interceptam são chamadas *retas reversas*.

Sistemas Homogêneos

Vimos que todo sistema de equações lineares ou não tem nenhuma solução, ou tem uma única solução, ou tem infinitas soluções. Porém, existe um tipo de sistema linear que sempre tem pelo menos uma solução.

Definição Um sistema de equações lineares é chamado ***homogêneo*** se o termo independente em cada equação é igual a zero.

Em outras palavras, um sistema homogêneo tem uma matriz completa da forma $[A \mid \mathbf{0}]$. O seguinte sistema é homogêneo:

$$\begin{aligned} 2x + 3y - z &= 0 \\ -x + 5y + 2z &= 0 \end{aligned}$$

Como um sistema homogêneo não pode não ter solução (perdoe a dupla negação!), ele terá uma única solução (chamada solução nula ou solução trivial) ou infinitas soluções. O próximo teorema diz que o último caso *ocorrerá* sempre que o número de variáveis for maior que o número de equações.

Teorema 2.3 Se $[A \mid \mathbf{0}]$ for a matriz completa de um sistema homogênio de m equações lineares com n variáveis, em que $m < n$, então o sistema terá infinitas soluções.

Demonstração Como o sistema admite pelo menos a solução nula, ele é possível. Além disso, posto$(A) \le m$ (por quê?). Pelo Teorema do Posto, temos:

$$\text{número de variáveis livres} = n - \text{posto}(A) \ge n - m > 0$$

Existe, portanto, pelo menos uma variável livre e, consequentemente, infinitas soluções.

Nota: O teorema 2.3 não diz nada sobre o caso $m \ge n$. O exercício 44 pede a você exemplos que mostrem que, nesta situação, tanto pode haver sistemas com uma única solução quanto sistemas com infinitas soluções.

$\mathbb{R}$ e $\mathbb{Z}_p$ são exemplos de uma estrutura algébrica chamada *corpo*. O conjunto dos números racionais $\mathbb{Q}$ e o conjunto dos números complexos $\mathbb{C}$ também são outros exemplos. Corpos são ensinados com detalhes em cursos de álgebra abstrata.

Sistemas Lineares sobre $\mathbb{Z}_p$

Até aqui, todos os sistemas lineares que encontramos envolveram números reais, e as soluções, em concordância, têm sido vetores de algum $\mathbb{R}^n$. Vimos como outros sistemas numéricos podem surgir — notadamente, $\mathbb{Z}_p$. Quando p é um número primo, $\mathbb{Z}_p$ comporta-se como $\mathbb{R}$ sob muitos aspectos; em particular, podemos somar, subtrair, multiplicar e dividir (por números não nulos). Assim, podemos também resolver sistemas de equações lineares quando as variáveis e os coeficientes pertencem a algum $\mathbb{Z}_p$. Em tais situações, dizemos resolver um sistema *sobre* $\mathbb{Z}_p$.

Por exemplo, a equação linear $x_1 + x_2 + x_3 = 1$, quando vista como uma equação sobre $\mathbb{Z}_2$, tem exatamente quatro soluções:

$$\begin{bmatrix} x_1 \\ x_2 \\ x_3 \end{bmatrix} = \begin{bmatrix} 1 \\ 0 \\ 0 \end{bmatrix}, \quad \begin{bmatrix} x_1 \\ x_2 \\ x_3 \end{bmatrix} = \begin{bmatrix} 0 \\ 1 \\ 0 \end{bmatrix}, \quad \begin{bmatrix} x_1 \\ x_2 \\ x_3 \end{bmatrix} = \begin{bmatrix} 0 \\ 0 \\ 1 \end{bmatrix}, \quad \text{e} \quad \begin{bmatrix} x_1 \\ x_2 \\ x_3 \end{bmatrix} = \begin{bmatrix} 1 \\ 1 \\ 1 \end{bmatrix}$$

(A última solução surge porque, em $\mathbb{Z}_2$, $1 + 1 + 1 = 1$.)

Quando olhamos a equação $x_1 + x_2 + x_3 = 1$ sobre $\mathbb{Z}_3$, as soluções $\begin{bmatrix} x_1 \\ x_2 \\ x_3 \end{bmatrix}$ são

$$\begin{bmatrix} 1 \\ 0 \\ 0 \end{bmatrix}, \begin{bmatrix} 0 \\ 1 \\ 0 \end{bmatrix}, \begin{bmatrix} 0 \\ 0 \\ 1 \end{bmatrix}, \begin{bmatrix} 2 \\ 2 \\ 0 \end{bmatrix}, \begin{bmatrix} 0 \\ 2 \\ 2 \end{bmatrix}, \begin{bmatrix} 2 \\ 0 \\ 2 \end{bmatrix}, \begin{bmatrix} 1 \\ 1 \\ 2 \end{bmatrix}, \begin{bmatrix} 1 \\ 2 \\ 1 \end{bmatrix}, \begin{bmatrix} 2 \\ 1 \\ 1 \end{bmatrix}$$

(Verifique.)

Mas nós não precisamos usar métodos de tentativa e erro; os métodos de escalonamento de matrizes completas funcionam tão bem sobre $\mathbb{Z}_p$ como sobre $\mathbb{R}$.

Exemplo 2.16

Resolva os seguintes sistemas de equações lineares sobre $\mathbb{Z}_3$:

$$\begin{aligned} x_1 + 2x_2 + x_3 &= 0 \\ x_1 \qquad + x_3 &= 2 \\ x_2 + 2x_3 &= 1 \end{aligned}$$

Solução A primeira coisa a notar em exemplos como este é que subtração e divisão não são necessárias; podemos conseguir os mesmos efeitos usando adição e multiplicação. (Isto, contudo, requer que estejamos trabalhando sobre $\mathbb{Z}_p$, em que p é primo; veja o exercício 60, no final desta seção, e o exercício 57, na seção 1.1.)

Vamos agora escalonar a matriz completa do sistema usando cálculos módulo 3.

$$\left[\begin{array}{ccc|c} 1 & 2 & 1 & 0 \\ 1 & 0 & 1 & 2 \\ 0 & 1 & 2 & 1 \end{array}\right] \xrightarrow{L_2 + 2L_1} \left[\begin{array}{ccc|c} 1 & 2 & 1 & 0 \\ 0 & 1 & 0 & 2 \\ 0 & 1 & 2 & 1 \end{array}\right]$$

$$\xrightarrow[L_3 + 2L_2]{L_1 + L_2} \left[\begin{array}{ccc|c} 1 & 0 & 1 & 2 \\ 0 & 1 & 0 & 2 \\ 0 & 0 & 2 & 2 \end{array}\right]$$

$$\xrightarrow[2L_3]{L_1+L_3} \left[\begin{array}{ccc|c} 1 & 0 & 0 & 1 \\ 0 & 1 & 0 & 2 \\ 0 & 0 & 1 & 1 \end{array}\right]$$

A solução, portanto, é $x_1 = 1, x_2 = 2, x_3 = 1.$

Exemplo 2.17 Resolva o seguinte sistema de equações lineares sobre $\mathbb{Z}_2$:

$$\begin{aligned} x_1 + x_2 + x_3 + x_4 &= 1 \\ x_1 + x_2 &= 1 \\ x_2 + x_3 &= 0 \\ x_3 + x_4 &= 0 \\ x_1 + x_4 &= 1 \end{aligned}$$

Solução O escalonamento por linhas é feito da seguinte maneira:

$$\left[\begin{array}{cccc|c} 1 & 1 & 1 & 1 & 1 \\ 1 & 1 & 0 & 0 & 1 \\ 0 & 1 & 1 & 0 & 0 \\ 0 & 0 & 1 & 1 & 0 \\ 1 & 0 & 0 & 1 & 1 \end{array}\right] \xrightarrow[L_5+L_1]{L_2+L_1} \left[\begin{array}{cccc|c} 1 & 1 & 1 & 1 & 1 \\ 0 & 0 & 1 & 1 & 0 \\ 0 & 1 & 1 & 0 & 0 \\ 0 & 0 & 1 & 1 & 0 \\ 0 & 1 & 1 & 0 & 0 \end{array}\right]$$

$$\xrightarrow[\substack{L_1 + L_2 \\ L_5 + L_2}]{L_2 \leftrightarrow L_3} \left[\begin{array}{cccc|c} 1 & 0 & 0 & 1 & 1 \\ 0 & 1 & 1 & 0 & 0 \\ 0 & 0 & 1 & 1 & 0 \\ 0 & 0 & 1 & 1 & 0 \\ 0 & 0 & 0 & 0 & 0 \end{array}\right]$$

$$\xrightarrow[L_4 + L_3]{L_2 + L_3} \left[\begin{array}{cccc|c} 1 & 0 & 0 & 1 & 1 \\ 0 & 1 & 0 & 1 & 0 \\ 0 & 0 & 1 & 1 & 0 \\ 0 & 0 & 0 & 0 & 0 \\ 0 & 0 & 0 & 0 & 0 \end{array}\right]$$

Assim, temos

$$\begin{aligned} x_1 + x_4 &= 1 \\ x_2 + x_4 &= 0 \\ x_3 + x_4 &= 0 \end{aligned}$$

Fixando a variável livre $x_4 = t$, obtemos

$$\begin{bmatrix} x_1 \\ x_2 \\ x_3 \\ x_4 \end{bmatrix} = \begin{bmatrix} 1+t \\ t \\ t \\ t \end{bmatrix} = \begin{bmatrix} 1 \\ 0 \\ 0 \\ 0 \end{bmatrix} + t\begin{bmatrix} 1 \\ 1 \\ 1 \\ 1 \end{bmatrix}$$

Como t pode ter um dos valores 0 ou 1, existem exatamente duas soluções:

$$\begin{bmatrix} 1 \\ 0 \\ 0 \\ 0 \end{bmatrix} \quad \text{e} \quad \begin{bmatrix} 0 \\ 1 \\ 1 \\ 1 \end{bmatrix}$$

Observação: Sistemas lineares sobre $\mathbb{Z}_p$ nunca podem ter infinitas soluções. (Por quê não?) Mais precisamente, quando há mais de uma solução, o número de soluções é finito e é função tanto do número de variáveis livres como de p. (Veja o exercício 59.)

Exercícios 2.2

Nos exercícios de 1 a 8, determine se a matriz dada está na forma escalonada por linhas. Se estiver, decida se ela também está na forma escalonada reduzida por linhas.

1. $\begin{bmatrix} 1 & 0 & 1 \\ 0 & 0 & 3 \\ 0 & 1 & 0 \end{bmatrix}$

2. $\begin{bmatrix} 7 & 0 & 1 & 0 \\ 0 & 1 & -1 & 4 \\ 0 & 0 & 0 & 0 \end{bmatrix}$

3. $\begin{bmatrix} 0 & 1 & 3 & 0 \\ 0 & 0 & 0 & 1 \end{bmatrix}$

4. $\begin{bmatrix} 0 & 0 & 0 \\ 0 & 0 & 0 \\ 0 & 0 & 0 \end{bmatrix}$

5. $\begin{bmatrix} 1 & 0 & 3 & -4 & 0 \\ 0 & 0 & 0 & 0 & 0 \\ 0 & 1 & 5 & 0 & 1 \end{bmatrix}$

6. $\begin{bmatrix} 0 & 0 & 1 \\ 0 & 1 & 0 \\ 1 & 0 & 0 \end{bmatrix}$

7. $\begin{bmatrix} 1 & 2 & 3 \\ 1 & 0 & 0 \\ 0 & 1 & 1 \\ 0 & 0 & 1 \end{bmatrix}$

8. $\begin{bmatrix} 2 & 1 & 3 & 5 \\ 0 & 0 & 1 & -1 \\ 0 & 0 & 0 & 3 \\ 0 & 0 & 0 & 0 \end{bmatrix}$

Nos exercícios de 9 a 14, use operações elementares com as linhas para reduzir a matriz dada às formas (a) escalonada por linhas e (b) escalonada reduzida por linhas.

9. $\begin{bmatrix} 0 & 0 & 1 \\ 0 & 1 & 1 \\ 1 & 1 & 1 \end{bmatrix}$

10. $\begin{bmatrix} 4 & 3 \\ 2 & 1 \end{bmatrix}$

11. $\begin{bmatrix} 3 & 5 \\ 5 & -2 \\ 2 & 4 \end{bmatrix}$

12. $\begin{bmatrix} 2 & -4 & -2 & 6 \\ 3 & 1 & 6 & 6 \end{bmatrix}$

13. $\begin{bmatrix} 3 & -2 & -1 \\ 2 & -1 & -1 \\ 4 & -3 & -1 \end{bmatrix}$

14. $\begin{bmatrix} -2 & -4 & 7 \\ -3 & -6 & 10 \\ 1 & 2 & -3 \end{bmatrix}$

15. Reverta as operações elementares com as linhas usadas no exemplo 2.9 para mostrar que podemos converter

$$\begin{bmatrix} 1 & 2 & -4 & -4 & 5 \\ 0 & -1 & 10 & 9 & -5 \\ 0 & 0 & 1 & 1 & -1 \\ 0 & 0 & 0 & 0 & 24 \end{bmatrix} \quad \text{em}$$

$$\begin{bmatrix} 1 & 2 & -4 & -4 & 5 \\ 2 & 4 & 0 & 0 & 2 \\ 2 & 3 & 2 & 1 & 5 \\ -1 & 1 & 3 & 6 & 5 \end{bmatrix}$$

16. Em geral, qual é a operação elementar com linhas que desfaz cada uma das três operações elementares com linhas $L_i \leftrightarrow L_j$, kL_i, e $L_i + kL_j$?

Nos exercícios 17 e 18, mostre que as matrizes dadas são equivalentes por linha e encontre uma sequência de operações elementares com as linhas que convertem A em B.

17. $A = \begin{bmatrix} 1 & 2 \\ 3 & 4 \end{bmatrix}, B = \begin{bmatrix} 3 & -1 \\ 1 & 0 \end{bmatrix}$

18. $A = \begin{bmatrix} 2 & 0 & -1 \\ 1 & 1 & 0 \\ -1 & 1 & 1 \end{bmatrix}, B = \begin{bmatrix} 3 & 1 & -1 \\ 3 & 5 & 1 \\ 2 & 2 & 0 \end{bmatrix}$

19. O que está errado com a seguinte "demonstração" de que toda matriz com pelo menos duas linhas é equivalente por linha a uma matriz com uma linha nula?

Efetue $L_2 + L_1$ e $L_1 + L_2$. Agora as linhas 1 e 2 são idênticas. Efetue agora $L_2 - L_1$ para conseguir uma linha de zeros na segunda linha.

20. Qual o efeito resultante ao efetuar as seguintes operações elementares sobre linhas em uma matriz (com pelo menos duas linhas)?

$$L_2 + L_1, L_1 - L_2, L_2 + L_1, -L_1$$

21. Alunos, com frequência, realizam o seguinte tipo de cálculo para introduzir um zero na matriz:

$$\begin{bmatrix} 3 & 1 \\ 2 & 4 \end{bmatrix} \xrightarrow{3L_2 - 2L_1} \begin{bmatrix} 3 & 1 \\ 0 & 10 \end{bmatrix}$$

Entretanto, $3L_2 - 2L_1$ *não* é uma operação elementar com as linhas. Por que não? Mostre como poderíamos obter o mesmo resultado usando apenas operações elementares com as linhas.

22. Considere a matriz $A = \begin{bmatrix} 3 & 2 \\ 1 & 4 \end{bmatrix}$. Mostre que as linhas podem ser usadas para criar um 1 líder no topo da primeira coluna. Qual você prefere e por quê?

23. Qual é o posto de cada uma das matrizes dos exercícios 1 a 8?

24. Quais são as possíveis formas escalonadas reduzidas de matrizes 3×3?

Nos exercícios de 25 a 34, resolva o sistema de equações dado usando o método de eliminação de Gauss ou o método de eliminação de Gauss-Jordan.

25. $\begin{aligned} x_1 + 2x_2 - 3x_3 &= 9 \\ 2x_1 - x_2 + x_3 &= 0 \\ 4x_1 - x_2 + x_3 &= 4 \end{aligned}$

26. $\begin{aligned} x - y + z &= 0 \\ -x + 3y + z &= 5 \\ 3x + y + 7z &= 2 \end{aligned}$

27. $\begin{aligned} x_1 - 3x_2 - 2x_3 &= 0 \\ -x_1 + 2x_2 + x_3 &= 0 \\ 2x_1 + 4x_2 + 6x_3 &= 0 \end{aligned}$

28. $\begin{aligned} 2w + 3x - y + 4z &= 1 \\ 3w - x + z &= 1 \\ 3w - 4x + y - z &= 2 \end{aligned}$

29. $\begin{aligned} 2r + s &= 3 \\ 4r + s &= 7 \\ 2r + 5s &= -1 \end{aligned}$

30. $\begin{aligned} -x_1 + 3x_2 - 2x_3 + 4x_4 &= 0 \\ 2x_1 - 6x_2 + x_3 - 2x_4 &= -3 \\ x_1 - 3x_2 + 4x_3 - 8x_4 &= 2 \end{aligned}$

31. $\begin{aligned} \tfrac{1}{2}x_1 + x_2 - x_3 - 6x_4 &= 2 \\ \tfrac{1}{6}x_1 + \tfrac{1}{2}x_2 - 3x_4 + x_5 &= -1 \\ \tfrac{1}{3}x_1 - 2x_3 - 4x_5 &= 8 \end{aligned}$

32. $\begin{aligned} \sqrt{2}x + y + 2z &= 1 \\ \sqrt{2}y - 3z &= -\sqrt{2} \\ -y + \sqrt{2}z &= 1 \end{aligned}$

33. $\begin{aligned} w + x + 2y + z &= 1 \\ w - x - y + z &= 0 \\ x + y &= -1 \\ w + x + z &= 2 \end{aligned}$

34. $\begin{aligned} a + b + c + d &= 4 \\ a + 2b + 3c + 4d &= 10 \\ a + 3b + 6c + 10d &= 20 \\ a + 4b + 10c + 20d &= 35 \end{aligned}$

Nos exercícios de 35 a 38, determine, sem efetuar nenhum cálculo, se um sistema linear com a matriz completa dada tem uma única solução, infinitas soluções ou nenhuma solução. Justifique suas respostas.

35. $\left[\begin{array}{ccc|c} 0 & 0 & 1 & 2 \\ 0 & 1 & 3 & 1 \\ 1 & 0 & 1 & 1 \end{array}\right]$

36. $\left[\begin{array}{cccc|c} 3 & -2 & 0 & 1 & 1 \\ 1 & 2 & -3 & 1 & -1 \\ 2 & 4 & -6 & 2 & 0 \end{array}\right]$

37. $\left[\begin{array}{cccc|c} 1 & 2 & 3 & 4 & 0 \\ 5 & 6 & 7 & 8 & 0 \\ 9 & 10 & 11 & 12 & 0 \end{array}\right]$

38. $\left[\begin{array}{ccccc|c} 1 & 2 & 3 & 4 & 5 & 6 \\ 6 & 5 & 4 & 3 & 2 & 1 \\ 7 & 7 & 7 & 7 & 7 & 7 \end{array}\right]$

39. Mostre que, se $ad - bc \neq 0$, o sistema

$$\begin{aligned} ax + by &= r \\ cx + dy &= s \end{aligned}$$

tem uma única solução.

Nos exercícios de 40 a 43, para que valor(es) de k, se houver, o sistema terá (a) nenhuma solução, (b) uma única solução e (c) infinitas soluções?

40. $\begin{aligned} kx + 2y &= 3 \\ 2x - 4y &= -6 \end{aligned}$

41. $\begin{aligned} x + ky &= 1 \\ kx + y &= 1 \end{aligned}$

42. $\begin{aligned} x - 2y + 3z &= 2 \\ x + y + z &= k \\ 2x - y + 4z &= k^2 \end{aligned}$

43. $\begin{aligned} x + y + kz &= 1 \\ x + ky + z &= 1 \\ kx + y + z &= -2 \end{aligned}$

44. Dê exemplos de sistemas homogêneos com m equações lineares, em n variáveis com $m = n$ e com $m > n$, que tenham (a) infinitas soluções e (b) uma única solução.

Nos exercícios 45 e 46, encontre a reta interseção de cada par de planos dados.

45. $3x + 2y + z = -1$ e $2x - y + 4z = 5$

46. $4x + y + z = 0$ e $2x - y + 3z = 2$

47. **(a)** Dê um exemplo de três planos cuja interseção seja uma reta (figura 2.4).

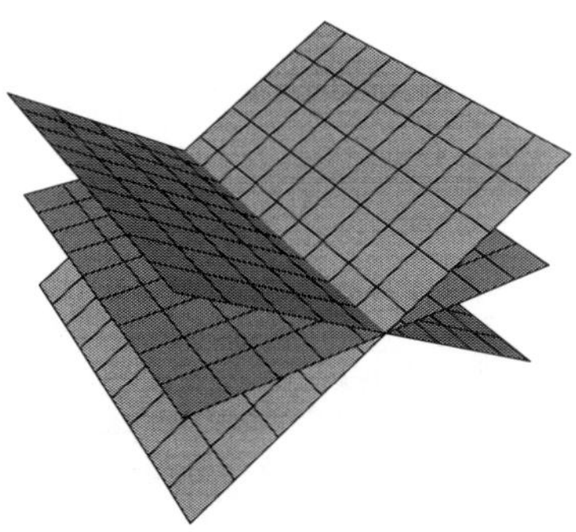

Figura 2.4

(b) Dê um exemplo de três planos que não tenham nenhum ponto em comum, mas se interceptem dois a dois (figura 2.5).

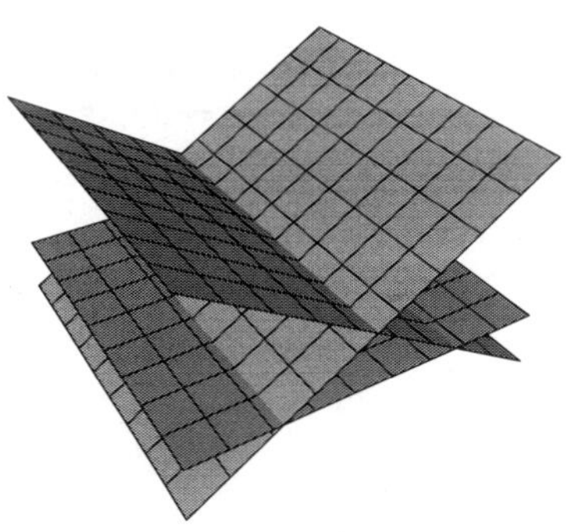

Figura 2.5

(c) Dê um exemplo de três planos, de modo que exatamente dois deles sejam paralelos (figura 2.6).

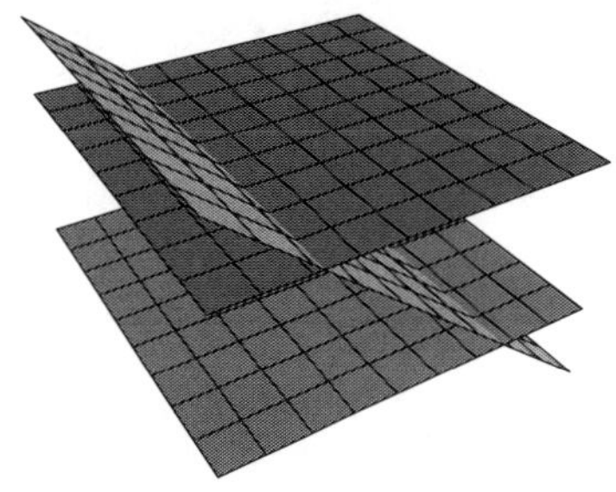

Figura 2.6

(d) Dê um exemplo de três planos que se interceptem em um único ponto (figura 2.7).

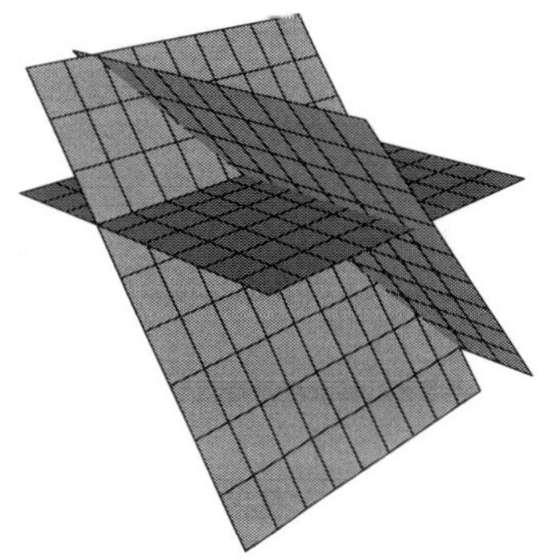

Figura 2.7

Nos exercícios 48 e 49, determine se as retas $\mathbf{x} = \mathbf{p} + s\mathbf{u}$ e $\mathbf{x} = \mathbf{q} + t\mathbf{v}$ se interceptam e, em caso afirmativo, encontre o ponto de interseção.

48. $\mathbf{p} = \begin{bmatrix} -1 \\ 2 \\ 1 \end{bmatrix}, \mathbf{q} = \begin{bmatrix} 2 \\ 2 \\ 0 \end{bmatrix}, \mathbf{u} = \begin{bmatrix} 1 \\ 2 \\ -1 \end{bmatrix}, \mathbf{v} = \begin{bmatrix} -1 \\ 1 \\ 0 \end{bmatrix}$

49. $\mathbf{p} = \begin{bmatrix} 3 \\ 1 \\ 0 \end{bmatrix}, \mathbf{q} = \begin{bmatrix} -1 \\ 1 \\ -1 \end{bmatrix}, \mathbf{u} = \begin{bmatrix} 1 \\ 0 \\ 1 \end{bmatrix}, \mathbf{v} = \begin{bmatrix} 2 \\ 3 \\ 1 \end{bmatrix}$

50. Sejam $\mathbf{p} = \begin{bmatrix} 1 \\ 2 \\ 3 \end{bmatrix}, \mathbf{u} = \begin{bmatrix} 1 \\ 1 \\ -1 \end{bmatrix},$ e $\mathbf{v} = \begin{bmatrix} 2 \\ 1 \\ 0 \end{bmatrix}$. Descreva todos os pontos $Q = (a, b, c)$ tais que a reta que passa por Q e tem vetor diretor $\mathbf{v}$ intercepta a reta de equação $\mathbf{x} = \mathbf{p} + s\mathbf{u}$.

51. Lembre-se de que o produto vetorial dos vetores **u** e **v** é um vetor $\mathbf{u} \times \mathbf{v}$ ortogonal a ambos os vetores **u** e **v**. (Veja Investigação: O Produto Vetorial, no capítulo 1.) Se

$$\mathbf{u} = \begin{bmatrix} u_1 \\ u_2 \\ u_3 \end{bmatrix} \quad \text{e} \quad \mathbf{v} = \begin{bmatrix} v_1 \\ v_2 \\ v_3 \end{bmatrix}$$

mostre que existem infinitos vetores

$$\mathbf{x} = \begin{bmatrix} x_1 \\ x_2 \\ x_3 \end{bmatrix}$$

que satisfazem $\mathbf{u} \cdot \mathbf{x} = 0$ e $\mathbf{v} \cdot \mathbf{x} = 0$ simultaneamente e que todos são múltiplos de

$$\mathbf{u} \times \mathbf{v} = \begin{bmatrix} u_2v_3 - u_3v_2 \\ u_3v_1 - u_1v_3 \\ u_1v_2 - u_2v_1 \end{bmatrix}$$

52. Sejam $\mathbf{p} = \begin{bmatrix} 1 \\ 1 \\ 0 \end{bmatrix}, \mathbf{q} = \begin{bmatrix} 0 \\ 1 \\ -1 \end{bmatrix}, \mathbf{u} = \begin{bmatrix} 2 \\ -3 \\ 1 \end{bmatrix}$, e $\mathbf{v} = \begin{bmatrix} 0 \\ 6 \\ -1 \end{bmatrix}$.

Mostre que as retas $\mathbf{x} = \mathbf{p} + s\mathbf{u}$ e $\mathbf{x} = \mathbf{q} + t\mathbf{v}$ são reversas. Encontre equações vetoriais de um par de planos paralelos, cada um deles contendo uma das retas.

Nos exercícios de 53 a 58, resolva o sistema de equações lineares sobre o corpo $\mathbb{Z}_p$ indicado.

53. $\begin{aligned} x + 2y &= 1 \\ x + y &= 2 \end{aligned}$ sobre $\mathbb{Z}_3$

54. $\begin{aligned} x + y &= 1 \\ y + z &= 0 \\ x + z &= 1 \end{aligned}$ sobre $\mathbb{Z}_2$

55. $\begin{aligned} x + y &= 1 \\ y + z &= 0 \\ x + z &= 1 \end{aligned}$ sobre $\mathbb{Z}_3$

56. $\begin{aligned} 3x + 2y &= 1 \\ x + 4y &= 1 \end{aligned}$ sobre $\mathbb{Z}_5$

57. $\begin{aligned} 3x + 2y &= 1 \\ x + 4y &= 1 \end{aligned}$ sobre $\mathbb{Z}_7$

58. $\begin{aligned} x_1 + 4x_4 &= 1 \\ x_1 + 2x_2 + 4x_3 &= 3 \\ 2x_1 + 2x_2 + x_4 &= 1 \\ x_1 + 3x_3 &= 2 \end{aligned}$ sobre $\mathbb{Z}_5$

59. Prove o seguinte corolário do Teorema do Posto: seja A uma matriz $m \times n$ com elementos em $\mathbb{Z}_p$. Qualquer sistema de equações lineares possível, com matriz dos coeficientes igual a A, tem exatamente $p^{n\text{-posto}(A)}$ soluções sobre $\mathbb{Z}_p$.

60. Quando p não é primo, um cuidado extra é necessário ao resolvermos um sistema linear (ou, na verdade, qualquer equação) sobre $\mathbb{Z}_p$. Usando o método de eliminação de Gauss, resolva o seguinte sistema sobre $\mathbb{Z}_6$. Quais complicações surgem?

$$\begin{aligned} 2x + 3y &= 4 \\ 4x + 3y &= 2 \end{aligned}$$

Projeto de Texto

Uma História sobre o Método de Eliminação de Gauss

Como observado no resumo biográfico de Gauss apresentado nesta seção, Gauss, de fato, não "inventou" o método de eliminação de Gauss. De alguma forma, tal método já era conhecido desde o século III a.C. e aparece em textos matemáticos por toda Europa e Ásia.

Escreva um texto sobre a história dos métodos de eliminação para resolução de sistemas de equações lineares. Qual papel Gauss, de fato, teve nesta história, e por que seu nome se vinculou ao método?

1. S. Athloen e R. McLaughlin, Gauss-Jordan reduction: A brief history, *American Mathematical Monthly* 94 (1987), pp. 130–142.
2. Joseph F. Grcar, Mathematicians of Gaussian Elimination, *Notices of the AMS,* Vol. 58, Nº. 6 (2011), pp. 782–792. (Disponível em http://www.ams.org/notices/201106/index.html)
3. Roger Hart, *The Chinese Roots of Linear Algebra* (Baltimore: Johns Hopkins University Press, 2011).
4. Victor J. Katz, *A History of Mathematics: An Introduction* (3ª edição) (Reading, MA: Addison Wesley Longman, 2008).

Investigação

CAS

Mentiras que Meu Computador me Contou

Computadores e calculadoras armazenam números reais em uma *representação em ponto flutuante*. Por exemplo, o número 2001 é armazenado como $0{,}2001 \times 10^4$, e o número $-0{,}00063$ é armazenado como $-0{,}63 \times 10^{-3}$. Em geral, uma representação em ponto flutuante de um número real é $\pm M \times 10^k$, em que k é um inteiro e a *mantissa* M é um número real (decimal) que satisfaz $0{,}1 \leq M < 1$.

O número máximo de casas decimais que podem ser armazenadas na mantissa depende do computador, da calculadora ou do sistema computacional algébrico. Se o número máximo de casa decimais que podem ser armazenadas for d, dizemos que há d *algarismos significativos*. Muitas calculadoras armazenam 8 ou 12 algarismos significativos. Computadores podem armazenar mais, mas ainda estão sujeitos a um limite. Algarismos não armazenados são omitidos (neste caso, dizemos que o número foi *truncado*) ou usados para *arredondamento*, de modo que o número fique com d algarismo significativos.

Por exemplo, $\pi \approx 3{,}141592654$, e sua representação em ponto flutuante é $0{,}3141592654 \times 10^1$. Em um computador que reduz a cinco algarismos significativos por truncamento, o número π é armazenado como $0{,}31415 \times 10^1$ (mostrado no visor como 3,1415); um computador que arredonda para cinco algarismos significativos armazenaria π como $0{,}31416 \times 10^1$ (mostrado no visor como 3,1416). Quando o algarismo desprezado é um 5, o arredondamento é feito de modo que o último algarismo que permanece seja par. Assim, arredondando para dois algarismos significativos, o número 0,735 torna-se 0,74, enquanto 0,725 torna-se 0,72.

Toda vez que um truncamento ou um arredondamento ocorre, um *erro de arredondamento* é causado, podendo ter um efeito dramático nos cálculos. Quanto mais operações forem realizadas, mais o erro se acumulará. Às vezes, infelizmente, não há o que possamos fazer a esse respeito. Esta investigação ilustra esse fenômeno com um sistema de equações lineares bastante simples.

1. Resolva o seguinte sistema de equações lineares *exatamente* (isto é, trabalhe com números fracionários durante os cálculos).

$$\begin{aligned} x + \quad y &= 0 \\ x + \tfrac{801}{800}y &= 1 \end{aligned}$$

2. Na forma decimal, $\frac{801}{800} = 1{,}00125$, portanto, se arredondarmos para cinco algarismos significativos, o sistema passará a ser

$$\begin{aligned} x + \quad\quad y &= 0 \\ x + 1{,}0012y &= 1 \end{aligned}$$

Usando sua calculadora ou CAS, resolva esse sistema, arredondando o resultado de cada cálculo para cinco algarismos significativos.

3. Resolva o sistema mais duas vezes, arredondando primeiramente para quatro algarismos significativos e depois para três algarismos significativos. O que acontece?

4. Claramente, um pequeno erro de arredondamento (menor ou igual a 0,00125) pode levar a erros bastante grandes no resultado. Explique o motivo geometricamente. (Pense nos gráficos dos vários sistemas lineares que você resolveu nos problemas de 1 a 3.)

Sistemas como esse que você acabou de ver são chamados **malcondicionados**. Eles são extremamente sensíveis para arredondamentos e não há muito que possamos fazer. Encontraremos sistemas malcondicionados nos capítulos 3 e 7. Aqui está outro exemplo para praticar:

$$\begin{aligned} 4{,}552x + 7{,}083y &= 1{,}931 \\ 1{,}731x + 2{,}693y &= 2{,}001 \end{aligned}$$

Brinque com vários números de algarismos significativos para ver o que acontece, começando com oito algarismos significativos (se puder).

Pivoteamento Parcial

Em Investigação: Mentiras que Meu Computador me Contou, vimos que sistemas lineares malcondicionados podem causar problemas quando erros de arredondamento ocorrem. Nesta investigação, você descobrirá um outro tipo de problema no qual sistemas lineares são sensíveis a erros de arredondamento, e verá que muito pequenas mudanças nos coeficientes podem levar a enormes imprecisões na solução. Felizmente, há uma coisa que se pode fazer para minimizar ou mesmo eliminar esse problema (ao contrário do problema com sistemas malcondicionados).

1. (a) Resolva a equação linear $0{,}00021x = 1$ para x.

   (b) Suponha que sua calculadora possa armazenar apenas quatro algarismos significativos. A equação será arredondada para $0{,}0002x = 1$. Resolva essa equação.

A diferença entre as respostas das partes (a) e (b) pode ser pensada como os efeitos de um erro de 0,00001 na solução da equação dada.

2. Agora estenda essa ideia a um sistema de equações lineares.

   (a) Usando o método de eliminação de Gauss, resolva o sistema linear

$$\begin{aligned} 0{,}400x + 99{,}6y &= 100 \\ 75{,}3x - 45{,}3y &= 30{,}0 \end{aligned}$$

   usando três algarismos significativos. Comece escolhendo 0,400 como pivô e faça cada conta usando três algarismos significativos. Você deverá obter a "solução" $x = -1{,}00$, $y = 1{,}01$. Verifique que a resposta verdadeira é $x = 1{,}00$, $y = 1{,}00$. Esse é um erro enorme de -200% no valor de x! Você pode descobrir o que o causou?

   (b) Resolva o sistema da parte (a) novamente, desta vez trocando de posição as duas equações (ou, equivalentemente, as duas linhas de sua matriz completa) e escolhendo 75,3 como pivô. De novo, use três algarismos significativos. Qual é a solução desta vez?

A moral desta história é que, quando usar o método de eliminação de Gauss ou de Gauss-Jordan para obter uma solução numérica para um sistema de equações lineares (isto é, uma aproximação decimal), você deve escolher os pivôs com cuidado. Especificamente, em cada passo de escolha de pivô, escolha, dentre todos os possíveis pivôs em uma coluna, o elemento com o maior valor absoluto. Use a troca de linhas para levar esse elemento para a posição correspondente e use-o para criar zeros na coluna, onde necessário. Essa estratégia é conhecida como ***pivoteamento parcial***.

3. Resolva os seguintes sistemas pelo método de eliminação de Gauss, primeiramente sem e depois com o pivoteamento parcial. Efetue cada cálculo usando três algarismos significativos. (As soluções exatas são dadas.)

$$\text{(a)}\quad \begin{aligned} 0{,}001x + 0{,}995y &= 1{,}00 \\ -10{,}2x + 1{,}00y &= -50{,}0 \end{aligned} \qquad \text{(b)}\quad \begin{aligned} 10x - 7y \phantom{{}+6z} &= 7 \\ -3x + 2{,}09y + 6z &= 3{,}91 \\ 5x - y + 5z &= 6 \end{aligned}$$

$$\text{Solução exata: } \begin{bmatrix} x \\ y \end{bmatrix} = \begin{bmatrix} 5{,}00 \\ 1{,}00 \end{bmatrix} \qquad \text{Solução exata: } \begin{bmatrix} x \\ y \\ z \end{bmatrix} = \begin{bmatrix} 0{,}00 \\ -1{,}00 \\ 1{,}00 \end{bmatrix}$$

Contando Operações: Uma Introdução à Análise de Algoritmos

© Thomas Bryson

Abu Ja'far Muhammad ibn Musa al-Khwarizmi (c. 780–850) foi um matemático persa cujo livro *Hisab al-jabr w'al muqabalah* (c. 825) descreveu o uso de numerais indo-arábicos e as regras básicas da aritmética. A segunda palavra do título do livro dá origem à palavra *álgebra*, já a palavra *algoritmo* deriva do nome de al-Khwarizmi.

Os métodos de eliminação de Gauss e de Gauss-Jordan são exemplos de ***algoritmos***: procedimentos sistemáticos projetados para implementar uma tarefa específica — neste caso, o escalonamento por linhas da matriz completa de um sistema de equações lineares. Algoritmos são especialmente adequados para serem implementados em computadores, mas nem todos os algoritmos são criados iguais. Independentemente de velocidade, memória e outros atributos do sistema computacional no qual eles estão rodando, alguns algoritmos são mais rápidos que outros. Uma medida da chamada *complexidade* de um algoritmo (uma medida de sua eficiência, ou habilidade de efetuar sua tarefa em um número razoável de passos) é o número de operações básicas que ele efetua expresso como função da quantidade de dados que ele recebe como entrada.

Vamos examinar essa proposição no caso dos dois algoritmos que temos para resolver sistemas lineares: os métodos de eliminação de Gauss e de Gauss-Jordan. Para nossos propósitos, as operações básicas são multiplicação e divisão; vamos supor que todas as outras operações sejam efetuadas muito mais rapidamente e possam ser ignoradas. (Esta é uma suposição razoável, mas não tentaremos justificá-la.) Vamos considerar apenas sistemas de equações cuja matriz dos coeficientes seja *quadrada*, de modo que, se a matriz dos coeficientes for $n \times n$, o número de variáveis do sistema será n. Assim, nossa tarefa é encontrar o número de operações efetuadas nos métodos de eliminação de Gauss e de Gauss-Jordan como uma função de n. Além disso, não iremos nos preocupar com casos especiais que possam ocorrer, mas sim estudar o *pior caso* que possa ocorrer — quando o algoritmo fica o mais longo possível. Como isso nos dará uma estimativa de tempo que o computador levará para executar o algoritmo (se soubermos quanto tempo o computador gasta para executar uma única operação), vamos denotar o número de operações efetuadas por um algoritmo por $T(n)$. Estamos interessados em $T(n)$ tipicamente para valores grandes de n. Logo, a comparação dessa função T para diferentes algoritmos nos permitirá determinar qual levará menos tempo para executar.

1. Considere a matriz completa

$$[A \mid \mathbf{b}] = \left[\begin{array}{rrr|r} 2 & 4 & 6 & 8 \\ 3 & 9 & 6 & 12 \\ -1 & 1 & -1 & 1 \end{array}\right]$$

Conte o número de operações necessárias para levar $[A \mid \mathbf{b}]$ à forma escalonada por linhas

$$\left[\begin{array}{ccc|c} 1 & 2 & 3 & 4 \\ 0 & 1 & -1 & 0 \\ 0 & 0 & 1 & 1 \end{array}\right]$$

(Por "operação", entendemos uma multiplicação ou divisão.) Agora, conte o número de operações necessárias para completar a fase de substituição de trás para a frente do método de eliminação de Gauss. Registre o número total de operações.

2. Conte o número de operações necessárias para realizar a eliminação segundo o método de eliminação de Gauss-Jordan — isto é, para reduzir $[A \mid \mathbf{b}]$ à forma escalonada reduzida

$$\left[\begin{array}{ccc|c} 1 & 0 & 0 & -1 \\ 0 & 1 & 0 & 1 \\ 0 & 0 & 1 & 1 \end{array}\right]$$

(onde os zeros são introduzidos em cada coluna imediatamente após o 1 líder ser criado naquela coluna). O que suas respostas sugerem sobre a eficiência relativa dos dois algoritmos?

Tentaremos agora analisar os algoritmos de um modo geral e sistemático. Suponha que a matriz completa $[A \mid \mathbf{b}]$ venha de um sistema linear com n equações e n variáveis; assim, $[A \mid \mathbf{b}]$ é uma matriz $n \times (n+1)$:

$$[A \mid \mathbf{b}] = \left[\begin{array}{cccc|c} a_{11} & a_{12} & \cdots & a_{1n} & b_1 \\ a_{21} & a_{22} & \cdots & a_{2n} & b_2 \\ \vdots & \vdots & \ddots & \vdots & \vdots \\ a_{n1} & a_{n2} & \cdots & a_{nn} & b_n \end{array}\right]$$

Vamos supor que trocas de linhas não sejam necessárias — que nós sempre podemos criar um 1 líder a partir de um pivô, dividindo pelo pivô.

3. (a) Mostre que são necessárias n operações para criar o primeiro 1 líder:

$$\left[\begin{array}{cccc|c} a_{11} & a_{12} & \cdots & a_{1n} & b_1 \\ a_{21} & a_{22} & \cdots & a_{2n} & b_2 \\ \vdots & \vdots & \ddots & \vdots & \vdots \\ a_{n1} & a_{n2} & \cdots & a_{nn} & b_n \end{array}\right] \longrightarrow \left[\begin{array}{cccc|c} 1 & * & \cdots & * & * \\ a_{21} & a_{22} & \cdots & a_{2n} & b_2 \\ \vdots & \vdots & \ddots & \vdots & \vdots \\ a_{n1} & a_{n2} & \cdots & a_{nn} & b_n \end{array}\right]$$

(Por que não precisamos contar uma operação para a criação do 1 líder?) Agora mostre que são necessárias n operações para obtermos o primeiro zero na coluna 1:

$$\left[\begin{array}{cccc|c} 1 & * & \cdots & * & * \\ 0 & * & \cdots & * & * \\ \vdots & \vdots & \ddots & \vdots & \vdots \\ a_{n1} & a_{n2} & \cdots & a_{nn} & b_n \end{array}\right]$$

(Por que não precisamos contar uma operação para a criação do próprio zero?) Quando a primeira coluna estiver “limpa”, obteremos a matriz

$$\left[\begin{array}{cccc|c} 1 & * & \cdots & * & * \\ 0 & * & \cdots & * & * \\ \vdots & \vdots & \ddots & \vdots & \vdots \\ 0 & * & \cdots & * & * \end{array}\right]$$

Mostre que o número total de operações necessárias até esse ponto é $n + (n - 1)n$.

(b) Mostre que o número total de operações necessárias para alcançarmos a forma escalonada

$$\left[\begin{array}{cccc|c} 1 & * & \cdots & * & * \\ 0 & 1 & \cdots & * & * \\ \vdots & \vdots & \ddots & \vdots & \vdots \\ 0 & 0 & \cdots & 1 & * \end{array}\right]$$

é

$$[n + (n - 1)n] + [(n - 1) + (n - 2)(n - 1)] + [(n - 2) + (n - 3)(n - 2)] \\ + \cdots + [2 + 1 \cdot 2] + 1$$

que pode ser simplificada para

$$n^2 + (n - 1)^2 + \cdots + 2^2 + 1^2$$

(c) Mostre que o número de operações necessárias para completar a fase de substituição de trás para a frente é

$$1 + 2 + \cdots + (n - 1)$$

(d) Usando fórmulas de somatórios para as somas nas partes (b) e (c) (veja os exercícios 51 e 52, na seção 2.4, e o apêndice B), mostre que o número total de operações, $T(n)$, realizadas no método de eliminação de Gauss é

$$T(n) = \tfrac{1}{3}n^3 + n^2 - \tfrac{1}{3}n$$

Como toda função polinomial é aproximada, para valores grandes da variável, por seu termo dominante, vemos que $T(n) \approx \frac{1}{3} n^3$ para valores grandes de n.

4. Mostre que o método de eliminação de Gauss-Jordan terá um total de $T(n) \approx \frac{1}{2} n^3$ operações se criarmos zeros acima e abaixo do 1 líder conforme efetuarmos os passos. (Isso mostra que, para sistemas grandes de equações lineares, o método de eliminação de Gauss é mais rápido que a versão de Gauss-Jordan.)

2.3 Conjuntos Geradores e Dependência Linear

O segundo dos três caminhos em nosso "trivium" do estudo de sistemas de equações lineares é voltado para as combinações lineares de vetores. Vimos que podemos encarar a resolução de um sistema de equações lineares como uma questão sobre a possibilidade de expressar um vetor como combinação linear de outros vetores dados. Vamos explorar essa ideia em mais detalhes nesta seção. Ela conduz a alguns conceitos muito importantes, que serão encontrados repetidamente em capítulos posteriores.

Conjuntos Geradores

Podemos agora facilmente responder à questão levantada na seção 1.1: quando um dado vetor é combinação linear de outros vetores dados?

Exemplo 2.18

(a) O vetor $\begin{bmatrix}1\\2\\3\end{bmatrix}$ é uma combinação linear dos vetores $\begin{bmatrix}1\\0\\3\end{bmatrix}$ e $\begin{bmatrix}-1\\1\\-3\end{bmatrix}$?

(b) O vetor $\begin{bmatrix}2\\3\\4\end{bmatrix}$ é uma combinação linear dos vetores $\begin{bmatrix}1\\0\\3\end{bmatrix}$ e $\begin{bmatrix}-1\\1\\-3\end{bmatrix}$?

Solução:

(a) Queremos encontrar escalares x e y tais que

$$x\begin{bmatrix}1\\0\\3\end{bmatrix} + y\begin{bmatrix}-1\\1\\-3\end{bmatrix} = \begin{bmatrix}1\\2\\3\end{bmatrix}$$

Desenvolvendo, obtemos o sistema

$$\begin{aligned} x - y &= 1 \\ y &= 2 \\ 3x - 3y &= 3 \end{aligned}$$

cuja matriz completa é

$$\left[\begin{array}{cc|c} 1 & -1 & 1 \\ 0 & 1 & 2 \\ 3 & -3 & 3 \end{array}\right]$$

(Observe que as colunas da matriz completa são justamente os vetores dados; repare na ordem dos vetores — em particular, qual vetor é o vetor constante.)

A forma escalonada reduzida dessa matriz é

$$\left[\begin{array}{cc|c} 1 & 0 & 3 \\ 0 & 1 & 2 \\ 0 & 0 & 0 \end{array}\right]$$

(Verifique esse fato.) Assim, a solução é $x = 3$, $y = 2$, e a combinação linear correspondente é

$$3\begin{bmatrix}1\\0\\3\end{bmatrix} + 2\begin{bmatrix}-1\\1\\-3\end{bmatrix} = \begin{bmatrix}1\\2\\3\end{bmatrix}$$

(b) Utilizando nossa observação feita no item (a), obtemos um sistema linear cuja matriz completa é

$$\left[\begin{array}{rr|r} 1 & -1 & 2 \\ 0 & 1 & 3 \\ 3 & -3 & 4 \end{array}\right]$$

que se reduz a

$$\left[\begin{array}{rr|r} 1 & 0 & 5 \\ 0 & 1 & 3 \\ 0 & 0 & -2 \end{array}\right]$$

revelando que o sistema não tem solução. Assim, neste caso, $\begin{bmatrix} 2 \\ 3 \\ 4 \end{bmatrix}$ não é uma combinação linear de $\begin{bmatrix} 1 \\ 0 \\ 3 \end{bmatrix}$ e $\begin{bmatrix} -1 \\ 1 \\ -3 \end{bmatrix}$.

O problema de verificar se um conjunto é gerador está intimamente relacionado com o problema da existência de solução de sistemas lineares. Veja novamente o exemplo 2.18. Nele, vimos que um sistema com matriz completa $[A \mid \mathbf{b}]$ tem solução exatamente quando $\mathbf{b}$ é uma combinação linear das colunas de A. Esse é um fato geral, resumido no próximo teorema.

Teorema 2.4 Um sistema de equações lineares com matriz completa $[A \mid \mathbf{b}]$ é possível se e somente se $\mathbf{b}$ é uma combinação linear das colunas de A.

Vamos revisitar o exemplo 2.4 , interpretando-o à luz do teorema 2.4.

(a) O sistema

$$\begin{aligned} x - y &= 1 \\ x + y &= 3 \end{aligned}$$

tem uma única solução $x = 2$, $y = 1$. Assim,

$$2\begin{bmatrix} 1 \\ 1 \end{bmatrix} + \begin{bmatrix} -1 \\ 1 \end{bmatrix} = \begin{bmatrix} 1 \\ 3 \end{bmatrix}$$

Veja a figura 2.8(a).

(b) O sistema

$$\begin{aligned} x - y &= 2 \\ 2x - 2y &= 4 \end{aligned}$$

tem infinitas soluções da forma $x = 2 + t$, $y = t$. Isso significa que

$$(2 + t)\begin{bmatrix} 1 \\ 2 \end{bmatrix} + t\begin{bmatrix} -1 \\ -2 \end{bmatrix} = \begin{bmatrix} 2 \\ 4 \end{bmatrix}$$

para todos os valores de t. Geometricamente, os vetores, $\begin{bmatrix} 1 \\ 2 \end{bmatrix}$, $\begin{bmatrix} -1 \\ -2 \end{bmatrix}$ e $\begin{bmatrix} 2 \\ 4 \end{bmatrix}$ são todos paralelos, por isso todos estão alinhados ao longo da mesma reta que passa pela origem [veja a figura 2.8 (b)].

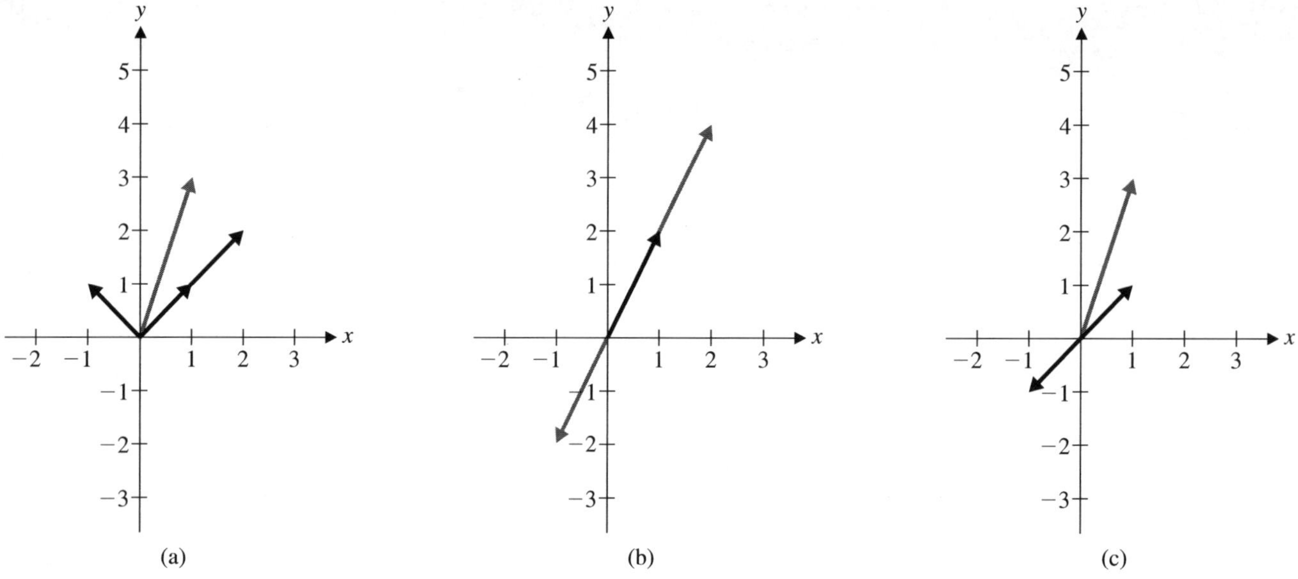

Figura 2.8

(c) O sistema

$$\begin{aligned} x - y &= 1 \\ x - y &= 3 \end{aligned}$$

não tem soluções, e, portanto, não existem valores x e y que satisfazem

$$x\begin{bmatrix}1\\1\end{bmatrix} + y\begin{bmatrix}-1\\-1\end{bmatrix} = \begin{bmatrix}1\\3\end{bmatrix}$$

Neste caso, $\begin{bmatrix}1\\1\end{bmatrix}$ e $\begin{bmatrix}-1\\-1\end{bmatrix}$ são paralelos, mas $\begin{bmatrix}1\\3\end{bmatrix}$ não está alinhado ao longo da mesma reta que passa pela origem sobre a qual se alinham os outros vetores [veja a figura 2.8(c)].

Estaremos frequentemente interessados na coleção de *todas* as combinações lineares de um dado conjunto de vetores.

Definição Se $S = \{\mathbf{v}_1, \mathbf{v}_2, \ldots, \mathbf{v}_k\}$ é um conjunto de vetores de $\mathbb{R}^n$, então o conjunto de todas as combinações lineares de $\mathbf{v}_1, \mathbf{v}_2, \ldots, \mathbf{v}_k$ é chamado ***conjunto gerado por*** $\mathbf{v}_1, \mathbf{v}_2, \ldots, \mathbf{v}_k$ e é denotado por ger$(\mathbf{v}_1, \mathbf{v}_2, \ldots, \mathbf{v}_k)$, ou ger$(S)$. Se ger$(S) = \mathbb{R}^n$, então S é chamado de ***conjunto gerador*** de $\mathbb{R}^n$.

Exemplo 2.19

Mostre que $\mathbb{R}^2 = \text{ger}\left(\begin{bmatrix}2\\-1\end{bmatrix}, \begin{bmatrix}1\\3\end{bmatrix}\right)$.

Solução: Precisamos mostrar que um vetor arbitrário $\begin{bmatrix}a\\b\end{bmatrix}$ pode ser escrito como uma combinação linear de $\begin{bmatrix}2\\-1\end{bmatrix}$ e $\begin{bmatrix}1\\3\end{bmatrix}$; precisamos, portanto, mostrar que a equação $x\begin{bmatrix}2\\-1\end{bmatrix} + y\begin{bmatrix}1\\3\end{bmatrix} = \begin{bmatrix}a\\b\end{bmatrix}$ pode sempre ser resolvida para x e y (em termos de a e b), independentemente dos valores de a e b.

A matriz completa é $\left[\begin{array}{rr|r} 2 & 1 & a \\ -1 & 3 & b \end{array}\right]$, e o escalonamento por linhas produz

$$\left[\begin{array}{rr|r} 2 & 1 & a \\ -1 & 3 & b \end{array}\right] \xrightarrow{L_1 \leftrightarrow L_2} \left[\begin{array}{rr|r} -1 & 3 & b \\ 2 & 1 & a \end{array}\right] \xrightarrow{L_2+2L_1} \left[\begin{array}{rr|c} -1 & 3 & b \\ 0 & 7 & a+2b \end{array}\right]$$

de modo que fica claro que o sistema tem uma (única) solução. (Por quê?) Se continuarmos, obteremos

$$\xrightarrow{\frac{1}{7}L_2} \left[\begin{array}{rr|c} -1 & 3 & b \\ 0 & 1 & (a+2b)/7 \end{array}\right] \xrightarrow{L_1-3L_2} \left[\begin{array}{rr|c} -1 & 0 & (b-3a)/7 \\ 0 & 1 & (a+2b)/7 \end{array}\right]$$

de onde veremos que $x = (3a - b)/7$ e $y = (a + 2b)/7$. Assim, para qualquer escolha de a e b, teremos

$$\left(\frac{3a-b}{7}\right)\begin{bmatrix} 2 \\ -1 \end{bmatrix} + \left(\frac{a+2b}{7}\right)\begin{bmatrix} 1 \\ 3 \end{bmatrix} = \begin{bmatrix} a \\ b \end{bmatrix}$$

(Verifique isso.)

Observação É verdade também que $\mathbb{R}^2 = \text{ger}\left(\begin{bmatrix} 2 \\ -1 \end{bmatrix}, \begin{bmatrix} 1 \\ 3 \end{bmatrix}, \begin{bmatrix} 5 \\ 7 \end{bmatrix}\right)$: se, dado $\begin{bmatrix} a \\ b \end{bmatrix}$, pudermos encontrar x e y tais que $x\begin{bmatrix} 2 \\ -1 \end{bmatrix} + y\begin{bmatrix} 1 \\ 3 \end{bmatrix} = \begin{bmatrix} a \\ b \end{bmatrix}$, então nós também teremos $x\begin{bmatrix} 2 \\ -1 \end{bmatrix} + y\begin{bmatrix} 1 \\ 3 \end{bmatrix} + 0\begin{bmatrix} 5 \\ 7 \end{bmatrix} = \begin{bmatrix} a \\ b \end{bmatrix}$. De fato, qualquer conjunto de vetores que *contenha* um conjunto gerador de $\mathbb{R}^2$ será também um conjunto gerador de $\mathbb{R}^2$ (veja o exercício 20).

O próximo exemplo é um caso importante (e fácil) de um conjunto gerador. Encontraremos versões desse exemplo muitas vezes.

Exemplo 2.20

Sejam $\mathbf{e}_1$, $\mathbf{e}_2$ e $\mathbf{e}_3$ os vetores unitários canônicos de $\mathbb{R}^3$. Para qualquer vetor $\begin{bmatrix} x \\ y \\ z \end{bmatrix}$, temos

$$\begin{bmatrix} x \\ y \\ z \end{bmatrix} = x\begin{bmatrix} 1 \\ 0 \\ 0 \end{bmatrix} + y\begin{bmatrix} 0 \\ 1 \\ 0 \end{bmatrix} + z\begin{bmatrix} 0 \\ 0 \\ 1 \end{bmatrix} = x\mathbf{e}_1 + y\mathbf{e}_2 + z\mathbf{e}_3$$

Portanto, $\mathbb{R}^3 = \text{ger}(\mathbf{e}_1, \mathbf{e}_2, \mathbf{e}_3)$.

Você não deverá ter dificuldade para verificar que, em geral, $\mathbb{R}^n = \text{ger}(\mathbf{e}_1, \mathbf{e}_2, \ldots, \mathbf{e}_n)$.

Quando o conjunto gerado por um conjunto de vetores de $\mathbb{R}^n$ não for todo o $\mathbb{R}^n$, será razoável procurar por uma descrição do conjunto gerado.

Exemplo 2.21

Encontre o conjunto gerado por $\begin{bmatrix} 1 \\ 0 \\ 3 \end{bmatrix}$ e $\begin{bmatrix} -1 \\ 1 \\ 3 \end{bmatrix}$. (Veja o exemplo 2.18.)

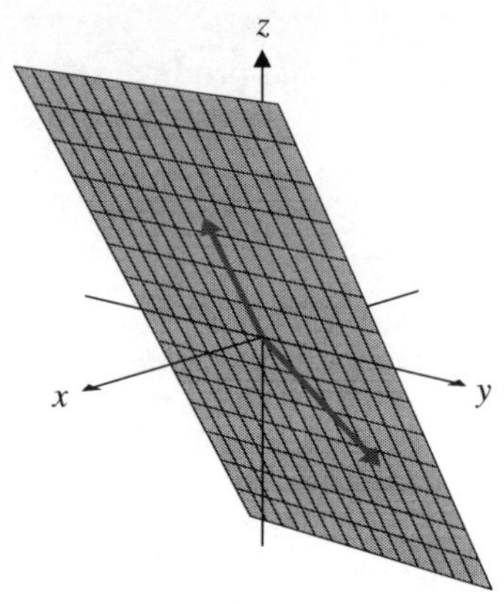

Figura 2.9
Dois vetores não paralelos geram um plano

Solução: Raciocinando do ponto de vista geométrico, podemos ver que o conjunto de todas as combinações lineares de $\begin{bmatrix}1\\0\\3\end{bmatrix}$ e $\begin{bmatrix}-1\\1\\-3\end{bmatrix}$ é justamente o plano que passa pela origem e tem $\begin{bmatrix}1\\0\\3\end{bmatrix}$ e $\begin{bmatrix}-1\\1\\-3\end{bmatrix}$ como vetores diretores (figura 2.9). A equação vetorial desse plano é $\begin{bmatrix}x\\y\\z\end{bmatrix} = s\begin{bmatrix}1\\0\\3\end{bmatrix} + t\begin{bmatrix}-1\\1\\-3\end{bmatrix}$, e essa é justamente uma outra maneira de dizer que $\begin{bmatrix}x\\y\\z\end{bmatrix}$ é gerado por $\begin{bmatrix}1\\0\\3\end{bmatrix}$ e $\begin{bmatrix}-1\\1\\-3\end{bmatrix}$.

Suponha que queiramos obter a equação geral desse plano. Há várias maneiras. Uma é usar o fato de que a equação $ax + by + cz = 0$ deve ser satisfeita pelos pontos (1, 0, 3) e (-1, 1, -3) determinados pelos vetores diretores. A substituição nos leva a um sistema de equações em *a, b,* e *c*. (Veja o exercício 17.)

Uma outra maneira é usar o sistema de equações originado pela equação vetorial:

$$\begin{aligned} s - t &= x \\ t &= y \\ 3s - 3t &= z \end{aligned}$$

Se reduzirmos a matriz completa, obteremos

$$\left[\begin{array}{rr|c} 1 & -1 & x \\ 0 & 1 & y \\ 3 & -3 & z \end{array}\right] \xrightarrow{L_3 - 3L_1} \left[\begin{array}{rr|c} 1 & -1 & x \\ 0 & 1 & y \\ 0 & 0 & z - 3x \end{array}\right]$$

Sabemos agora que esse sistema é possível, já que $\begin{bmatrix}x\\y\\z\end{bmatrix}$ *está*, por suposição, no conjunto gerado por $\begin{bmatrix}1\\0\\3\end{bmatrix}$ e $\begin{bmatrix}-1\\1\\-3\end{bmatrix}$. Assim, *devemos* ter $z - 3x = 0$ (ou $3x - z = 0$, na forma mais usual), fornecendo-nos a equação geral que procuramos.

Observação Um vetor normal ao plano desse exemplo também poderia ser dado pelo produto vetorial

$$\begin{bmatrix}1\\0\\3\end{bmatrix} \times \begin{bmatrix}-1\\1\\-3\end{bmatrix} = \begin{bmatrix}-3\\0\\1\end{bmatrix}$$

Dependência Linear

No exemplo 2.18, vimos que $3\begin{bmatrix}1\\0\\3\end{bmatrix} + 2\begin{bmatrix}-1\\1\\-3\end{bmatrix} = \begin{bmatrix}1\\2\\3\end{bmatrix}$. Vamos abreviar essa equação para $3\mathbf{u} + 2\mathbf{v} = \mathbf{w}$. O vetor $\mathbf{w}$ "depende" de $\mathbf{u}$ e de $\mathbf{v}$ por ser uma combinação linear deles. Dizemos que um conjunto de vetores é ***linearmente dependente*** se um dos vetores do conjunto pode ser escrito como combinação linear dos demais. Note que também temos $\mathbf{u} = -\frac{2}{3}\mathbf{v} + \frac{1}{3}\mathbf{w}$ e $\mathbf{v} = -\frac{3}{2}\mathbf{u} + \frac{1}{2}\mathbf{w}$. Para contornar a questão de descobrir qual dos vetores é expresso em função dos restantes, a definição formal é colocada da seguinte maneira:

Definição Um conjunto de vetores $\mathbf{v}_1, \mathbf{v}_2, \ldots, \mathbf{v}_k$ será ***linearmente dependente*** se existirem escalares $c_1, c_2, \ldots, c_k$, pelo menos um dos quais não nulo, tais que

$$c_1\mathbf{v}_1 + c_2\mathbf{v}_2 + \cdots + c_k\mathbf{v}_k = \mathbf{0}$$

Um conjunto de vetores não linearmente dependente é chamado ***linearmente independente***.

Observações

- Na definição de dependência linear, o requisito de que pelo menos um dos escalares $c_1, c_2, \ldots, c_k$ seja não nulo abre a possibilidade de algum ser zero. No exemplo que acabamos de ver, $\mathbf{u}$, $\mathbf{v}$, e $\mathbf{w}$ são linearmente dependentes, já que $3\mathbf{u} + 2\mathbf{v} - \mathbf{w} = \mathbf{0}$, e, de fato, *todos* os escalares são não nulos. Por outro lado,

$$\begin{bmatrix} 2 \\ 6 \end{bmatrix} - 2\begin{bmatrix} 1 \\ 3 \end{bmatrix} + 0\begin{bmatrix} 4 \\ 1 \end{bmatrix} = \begin{bmatrix} 0 \\ 0 \end{bmatrix}$$

logo, $\begin{bmatrix} 2 \\ 6 \end{bmatrix}, \begin{bmatrix} 1 \\ 3 \end{bmatrix}$, e $\begin{bmatrix} 4 \\ 1 \end{bmatrix}$ são linearmente dependentes, já que pelo menos um (de fato, dois) dos três escalares 1, -2 e 0 é não nulo. (Note que a dependência verdadeira vem simplesmente do fato de o primeiro vetor ser múltiplo do segundo.) (Veja o exercício 44.)

- Como $0\mathbf{v}_1 + 0\mathbf{v}_2 + \ldots + 0\mathbf{v}_k = \mathbf{0}$ para *quaisquer* vetores $\mathbf{v}_1, \mathbf{v}_2, \ldots, \mathbf{v}_k$, a dependência linear essencialmente diz que o vetor nulo pode ser expresso como uma combinação linear *não trivial* dc $\mathbf{v}_1, \mathbf{v}_2, \ldots, \mathbf{v}_k$. Portanto, independência linear significa que o vetor nulo pode ser expresso como uma combinação linear de $\mathbf{v}_1, \mathbf{v}_2, \ldots, \mathbf{v}_k$ *apenas* da maneira trivial: $c_1\mathbf{v}_1 + c_2\mathbf{v}_2 + \ldots + c_k\mathbf{v}_k = \mathbf{0}$ somente se $c_1 = 0, c_2 = 0, \ldots, c_k = 0$.

A relação entre a noção intuitiva de dependência e a definição formal é dada no próximo teorema. Felizmente, as duas noções são equivalentes!

Teorema 2.5 Vetores $\mathbf{v}_1, \mathbf{v}_2, \ldots, \mathbf{v}_m$ de $\mathbb{R}^n$ são linearmente dependentes se e somente se pelo menos um dos vetores puder ser escrito como uma combinação linear dos demais.

Demonstração Se um dos vetores — digamos, $\mathbf{v}_1$ — for uma combinação linear dos demais, existem escalares $c_2, \ldots, c_m$ tais que $\mathbf{v}_1 = c_2\mathbf{v}_2 + \ldots + c_m\mathbf{v}_m$. Rearranjando, obtemos $\mathbf{v}_1 - c_2\mathbf{v}_2 - \ldots - c_m\mathbf{v}_m = \mathbf{0}$, o que implica que $\mathbf{v}_1, \mathbf{v}_2, \ldots, \mathbf{v}_m$ são linearmente dependentes, pois pelo menos um dos escalares (a saber, o coeficiente 1 de $\mathbf{v}_1$) é não nulo.

Reciprocamente, suponha que $\mathbf{v}_1, \mathbf{v}_2, \ldots, \mathbf{v}_m$ sejam linearmente dependentes. Então existem escalares $c_1, c_2, \ldots, c_m$, nem todos nulos, tais que $c_1\mathbf{v}_1 + c_2\mathbf{v}_2 + \ldots + c_m\mathbf{v}_m = \mathbf{0}$. Suponha que c_1 seja diferente de zero. Então:

$$c_1\mathbf{v}_1 = -c_2\mathbf{v}_2 - \cdots - c_m\mathbf{v}_m$$

e podemos multiplicar ambos os lados da equação por $1/c_1$ para obter $\mathbf{v}_1$ como uma combinação linear dos outros vetores:

$$\mathbf{v}_1 = -\left(\frac{c_2}{c_1}\right)\mathbf{v}_2 - \cdots - \left(\frac{c_m}{c_1}\right)\mathbf{v}_m$$

Nota Pode parecer que estamos trapaceando um pouco nessa demonstração. Afinal de contas, não temos certeza se $\mathbf{v}_1$ é uma combinação linear dos outros vetores, nem se c_1 é não nulo. Entretanto, o argumento é análogo para algum outro vetor $\mathbf{v}_i$ ou para um escalar diferente c_j. Podemos, alternativamente, apenas renomear os índices de modo que eles funcionem como na demonstração. Em uma situação como essa, um matemático pode começar dizendo "sem perda de generalidade, podemos assumir que $\mathbf{v}_1$ é uma combinação linear dos outros vetores" e então continuar como acabamos de ver.

Exemplo 2.22

Qualquer conjunto de vetores que contenha o vetor nulo é linearmente dependente. Se $\mathbf{0}, \mathbf{v}_2, \ldots, \mathbf{v}_m$ estão em $\mathbb{R}^n$, podemos encontrar uma combinação linear não trivial da forma $c_1\mathbf{0} + c_2\mathbf{v}_2 + \ldots + c_m\mathbf{v}_m = \mathbf{0}$ colocando $c_1 = 1$ e $c_2 = c_3 = \ldots = c_m = 0$.

Exemplo 2.23

Determine se os seguintes conjuntos de vetores são linearmente independentes:

(a) $\begin{bmatrix} 1 \\ 4 \end{bmatrix}$ e $\begin{bmatrix} -1 \\ 2 \end{bmatrix}$ (b) $\begin{bmatrix} 1 \\ 1 \\ 0 \end{bmatrix}, \begin{bmatrix} 0 \\ 1 \\ 1 \end{bmatrix}$, e $\begin{bmatrix} 1 \\ 0 \\ 1 \end{bmatrix}$

(c) $\begin{bmatrix} 1 \\ -1 \\ 0 \end{bmatrix}, \begin{bmatrix} 0 \\ 1 \\ -1 \end{bmatrix}$, e $\begin{bmatrix} -1 \\ 0 \\ 1 \end{bmatrix}$ (d) $\begin{bmatrix} 1 \\ 2 \\ 0 \end{bmatrix}, \begin{bmatrix} 1 \\ 1 \\ -1 \end{bmatrix}$, e $\begin{bmatrix} 1 \\ 4 \\ 2 \end{bmatrix}$

Solução Ao responder a qualquer questão desse tipo, uma boa ideia é ver se você pode determinar por inspeção se um dos vetores é uma combinação linear dos outros. Com um pouco de observação, é possível economizar muitas contas!

(a) O único modo de dois vetores serem linearmente dependentes é quando um é múltiplo do outro. (Por quê?) Os dois vetores dados obviamente não são múltiplos, logo, são linearmente independentes.

(b) Não há uma relação de dependência óbvia neste caso, por isso, tentamos encontrar escalares c_1, c_2, c_3 tais que

$$c_1\begin{bmatrix} 1 \\ 1 \\ 0 \end{bmatrix} + c_2\begin{bmatrix} 0 \\ 1 \\ 1 \end{bmatrix} + c_3\begin{bmatrix} 1 \\ 0 \\ 1 \end{bmatrix} = \begin{bmatrix} 0 \\ 0 \\ 0 \end{bmatrix}$$

O sistema linear correspondente é

$$\begin{aligned} c_1 + c_3 &= 0 \\ c_1 + c_2 &= 0 \\ c_2 + c_3 &= 0 \end{aligned}$$

e a matriz completa é

$$\left[\begin{array}{ccc|c} 1 & 0 & 1 & 0 \\ 1 & 1 & 0 & 0 \\ 0 & 1 & 1 & 0 \end{array}\right]$$

Novamente, fazemos a observação fundamental de que as colunas da matriz dos coeficientes são exatamente os vetores em questão!

A forma escalonada reduzida é

$$\left[\begin{array}{ccc|c} 1 & 0 & 0 & 0 \\ 0 & 1 & 0 & 0 \\ 0 & 0 & 1 & 0 \end{array}\right]$$

(verifique), logo, $c_1 = 0$, $c_2 = 0$, $c_3 = 0$. Portanto, os vetores dados são linearmente independentes.

(c) Uma pequena reflexão revela que

$$\begin{bmatrix} 1 \\ -1 \\ 0 \end{bmatrix} + \begin{bmatrix} 0 \\ 1 \\ -1 \end{bmatrix} + \begin{bmatrix} -1 \\ 0 \\ 1 \end{bmatrix} = \begin{bmatrix} 0 \\ 0 \\ 0 \end{bmatrix}$$

e, portanto, os três vetores são linearmente dependentes. [Monte um sistema linear como na parte (b) para verificar isso algebricamente.]

(d) Novamente, observamos que não há dependência óbvia. Logo, passamos imediatamente à redução a um sistema linear homogêneo cuja matriz completa tem como colunas os vetores dados:

$$\left[\begin{array}{ccc|c} 1 & 1 & 1 & 0 \\ 2 & 1 & 4 & 0 \\ 0 & -1 & 2 & 0 \end{array}\right] \xrightarrow{L_2 - 2L_1} \left[\begin{array}{ccc|c} 1 & 1 & 1 & 0 \\ 0 & -1 & 2 & 0 \\ 0 & -1 & 2 & 0 \end{array}\right] \xrightarrow[-R_2]{\substack{L_1 + L_2 \\ L_3 - L_2}} \left[\begin{array}{ccc|c} 1 & 0 & 3 & 0 \\ 0 & 1 & -2 & 0 \\ 0 & 0 & 0 & 0 \end{array}\right]$$

Se chamarmos os escalares de c_1, c_2 e c_3, teremos

$$\begin{aligned} c_1 + \quad 3c_3 &= 0 \\ c_2 - 2c_3 &= 0 \end{aligned}$$

de onde vemos que o sistema tem infinitas soluções. Em particular, deverá existir uma solução não nula e, portanto, os vetores dados são linearmente dependentes.

Se continuarmos, poderemos descrever essas soluções exatamente: $c_1 = -3c_3$ e $c_2 = 2c_3$. Logo, para qualquer valor não nulo de c_3, temos a relação de dependência linear

$$-3c_3\begin{bmatrix} 1 \\ 2 \\ 0 \end{bmatrix} + 2c_3\begin{bmatrix} 1 \\ 1 \\ -1 \end{bmatrix} + c_3\begin{bmatrix} 1 \\ 4 \\ 2 \end{bmatrix} = \begin{bmatrix} 0 \\ 0 \\ 0 \end{bmatrix}$$

(Mais uma vez, verifique que isso está correto.)

Resumimos esse procedimento de verificação de dependência linear no teorema a seguir.

Teorema 2.6 Sejam $\mathbf{v}_1, \mathbf{v}_2, ..., \mathbf{v}_m$ vetores (coluna) de $\mathbb{R}^n$, e A a matriz $n \times m$ $[\mathbf{v}_1\ \mathbf{v}_2 \ldots \mathbf{v}_m]$ que tem esses vetores como suas colunas. Então, $\mathbf{v}_1, \mathbf{v}_2, \cdots, \mathbf{v}_m$ serão linearmente dependentes se e somente se o sistema linear homogêneo cuja matriz completa for $[A \mid \mathbf{0}]$ tiver uma solução não trivial.

Demonstração Os vetores $\mathbf{v}_1, \mathbf{v}_2, \ldots, \mathbf{v}_m$ serão linearmente dependentes se e somente se existirem escalares $c_1, c_2, \ldots c_m$, não todos nulos, tais que $c_1\mathbf{v}_1 + c_2\mathbf{v}_2 + \ldots + c_m\mathbf{v}_m = \mathbf{0}$. Pelo teorema 2.4, isso é equivalente a dizer que o vetor não nulo $\begin{bmatrix} c_1 \\ c_2 \\ \vdots \\ c_m \end{bmatrix}$ é uma solução do sistema cuja matriz completa é $[\mathbf{v}_1\ \mathbf{v}_2 \ldots \mathbf{v}_m \mid \mathbf{0}]$.

Exemplo 2.24

Os vetores unitários canônicos $\mathbf{e}_1$, $\mathbf{e}_2$, e $\mathbf{e}_3$ são linearmente independentes em $\mathbb{R}^3$, considerando que o sistema de matriz completa $[\mathbf{e}_1\ \mathbf{e}_2\ \ \mathbf{e}_3 \mid \mathbf{0}\ ]$, que já está na forma escalonada reduzida,

$$\left[\begin{array}{ccc|c} 1 & 0 & 0 & 0 \\ 0 & 1 & 0 & 0 \\ 0 & 0 & 1 & 0 \end{array}\right]$$

claramente admite apenas a solução trivial. Em geral, vemos que $\mathbf{e}_1, \mathbf{e}_2, \ldots, \mathbf{e}_n$ será linearmente independente em $\mathbb{R}^n$.

A realização de operações elementares com linhas em uma matriz constrói combinações lineares das linhas. Podemos usar esse fato para trazer mais um modo de testar a dependência linear de vetores.

Exemplo 2.25

Considere os três vetores do exemplo 2.23(d) como vetores-*linha*:

$$[1, 2, 0], \quad [1, 1, -1], \quad \text{e} \quad [1, 4, 2]$$

Construímos uma matriz com esses vetores como suas linhas e passamos ao escalonamento. Cada vez que uma linha muda, denotamos a nova linha adicionando um apóstrofo:

$$\begin{bmatrix} 1 & 2 & 0 \\ 1 & 1 & -1 \\ 1 & 4 & 2 \end{bmatrix} \xrightarrow[L_3' = L_3 - L_1]{L_2' = L_2 - L_1} \begin{bmatrix} 1 & 2 & 0 \\ 0 & -1 & -1 \\ 0 & 2 & 2 \end{bmatrix} \xrightarrow{L_3'' = L_3' + 2L_2'} \begin{bmatrix} 1 & 2 & 0 \\ 0 & -1 & -1 \\ 0 & 0 & 0 \end{bmatrix}$$

Disso, vemos que

$$\mathbf{0} = L_3'' = L_3' + 2L_2' = (L_3 - L_1) + 2(L_2 - L_1) = -3L_1 + 2L_2 + L_3$$

ou, em termos dos vetores originais,

$$-3[1, 2, 0] + 2[1, 1, -1] + [1, 4, 2] = [0, 0, 0]$$

[Note que essa abordagem corresponde a tomar $c_3 = 1$ na solução do exemplo 2.23 (d).]

As linhas de uma matriz, portanto, serão linearmente dependentes se operações elementares com linhas puderem ser usadas para criar uma linha nula. Resumimos essa descoberta da seguinte maneira:

Teorema 2.7

Sejam $\mathbf{v}_1, \mathbf{v}_2, \ldots, \mathbf{v}_m$ vetores (linha) de $\mathbb{R}^n$, e A a matriz $m \times n$ $\begin{bmatrix} \mathbf{v}_1 \\ \mathbf{v}_2 \\ \vdots \\ \mathbf{v}_m \end{bmatrix}$ que tem esses vetores como suas linhas. Então, $\mathbf{v}_1, \mathbf{v}_2, \ldots, \mathbf{v}_m$ serão linearmente dependentes se e somente se posto$(A) < m$.

Demonstração Assuma que $\mathbf{v}_1, \mathbf{v}_2, \ldots, \mathbf{v}_m$ são linearmente dependentes. Então, pelo teorema 2.2, pelo menos um dos vetores pode ser escrito como combinação linear dos demais. Se necessário, reindexamos os vetores de modo que possamos escrever $\mathbf{v}_m = c_1\mathbf{v}_1 + c_2\mathbf{v}_2 + \ldots + c_{m-1}\mathbf{v}_{m-1}$. Então, as operações elementares com as linhas, $L_m - c_1L_1, L_m - c_2L_2, \ldots, L_m - c_{m-1}L_{m-1}$, aplicadas à matriz A, criarão uma linha nula na linha m. Logo, o posto$(A) < m$.

Reciprocamente, assuma que posto$(A) < m$. Existe então uma sequência de operações com linhas que irá criar uma linha nula. Um argumento de substituição sucessiva, análogo ao usado no exemplo 2.25, pode ser usado para mostrar que **0** é uma combinação linear não trivial de $\mathbf{v}_1, \mathbf{v}_2, \ldots, \mathbf{v}_m$. Assim, $\mathbf{v}_1, \mathbf{v}_2, \ldots, \mathbf{v}_m$ são linearmente dependentes.

Em algumas situações, podemos deduzir sem nenhum trabalho que um conjunto de vetores é linearmente dependente. Essa situação ocorre, por exemplo, quando o vetor nulo pertence ao conjunto (como no exemplo 2.22). Outro exemplo é quando há "vetores demais" para serem independentes. O teorema a seguir resume esse caso. (Veremos uma versão mais aguçada desse resultado no capítulo 6.)

Teorema 2.8 Qualquer conjunto de m vetores de $\mathbb{R}^n$ é linearmente dependente se $m > n$.

Demonstração Sejam $\mathbf{v}_1, \mathbf{v}_2, \ldots, \mathbf{v}_m$ vetores (coluna) de $\mathbb{R}^n$, e A a matriz $n \times m$ $[\mathbf{v}_1\ \mathbf{v}_2\ \ldots\ \mathbf{v}_m]$ com esses vetores como suas colunas. Pelo teorema 2.6, $\mathbf{v}_1, \mathbf{v}_2, \ldots, \mathbf{v}_m$ são linearmente dependentes se e somente se o sistema linear homogêneo de matriz completa $[A \mid \mathbf{0}]$ tiver uma solução não trivial. Mas, de acordo com o teorema 2.6, esse será sempre o caso se A tiver mais colunas do que linhas; é esse o caso aqui, já que o número de colunas m é maior que o número de linhas n.

Exemplo 2.26

Os vetores $\begin{bmatrix}1\\3\end{bmatrix}, \begin{bmatrix}2\\4\end{bmatrix}$, e $\begin{bmatrix}3\\1\end{bmatrix}$ são linearmente dependentes, pois não pode haver mais do que dois vetores linearmente independentes em $\mathbb{R}^2$. (Note que, se quisermos encontrar a relação de dependência entre esses três vetores, devemos resolver o sistema linear homogêneo cuja matriz dos coeficientes tem os vetores dados como colunas. Faça isso!)

Exercícios 2.3

Nos exercícios de 1 a 6, determine se o vetor **v** *é uma combinação linear dos demais vetores.*

1. $\mathbf{v} = \begin{bmatrix}1\\2\end{bmatrix}, \mathbf{u}_1 = \begin{bmatrix}1\\-1\end{bmatrix}, \mathbf{u}_2 = \begin{bmatrix}2\\-1\end{bmatrix}$

2. $\mathbf{v} = \begin{bmatrix}2\\1\end{bmatrix}, \mathbf{u}_1 = \begin{bmatrix}4\\-2\end{bmatrix}, \mathbf{u}_2 = \begin{bmatrix}-2\\1\end{bmatrix}$

3. $\mathbf{v} = \begin{bmatrix}1\\2\\3\end{bmatrix}, \mathbf{u}_1 = \begin{bmatrix}1\\1\\0\end{bmatrix}, \mathbf{u}_2 = \begin{bmatrix}0\\1\\1\end{bmatrix}$

4. $\mathbf{v} = \begin{bmatrix}3\\2\\1\end{bmatrix}, \mathbf{u}_1 = \begin{bmatrix}1\\1\\0\end{bmatrix}, \mathbf{u}_2 = \begin{bmatrix}0\\1\\1\end{bmatrix}$

5. $\mathbf{v} = \begin{bmatrix}1\\2\\3\end{bmatrix}, \mathbf{u}_1 = \begin{bmatrix}1\\1\\0\end{bmatrix}, \mathbf{u}_2 = \begin{bmatrix}0\\1\\1\end{bmatrix},$ $\mathbf{u}_3 = \begin{bmatrix}1\\0\\1\end{bmatrix}$

CAS **6.** $\mathbf{v} = \begin{bmatrix}3{,}2\\2{,}0\\-2{,}6\end{bmatrix}, \mathbf{u}_1 = \begin{bmatrix}1{,}0\\0{,}4\\4{,}8\end{bmatrix}, \mathbf{u}_2 = \begin{bmatrix}3{,}4\\1{,}4\\-6{,}4\end{bmatrix},$ $\mathbf{u}_3 = \begin{bmatrix}-1{,}2\\0{,}2\\-1{,}0\end{bmatrix}$

Nos exercícios 7 e 8, determine se o vetor **b** *pertence ao conjunto gerado pelas colunas da matriz A.*

7. $A = \begin{bmatrix} 1 & 2 \\ 3 & 4 \end{bmatrix}, \mathbf{b} = \begin{bmatrix} 5 \\ 6 \end{bmatrix}$

8. $A = \begin{bmatrix} 1 & 2 & 3 \\ 5 & 6 & 7 \\ 9 & 10 & 11 \end{bmatrix}, \mathbf{b} = \begin{bmatrix} 4 \\ 8 \\ 12 \end{bmatrix}$

9. Mostre que $\mathbb{R}^2 = \text{ger}\left(\begin{bmatrix} 1 \\ 1 \end{bmatrix}, \begin{bmatrix} 1 \\ -1 \end{bmatrix}\right)$.

10. Mostre que $\mathbb{R}^2 = \text{ger}\left(\begin{bmatrix} 3 \\ -2 \end{bmatrix}, \begin{bmatrix} 0 \\ 1 \end{bmatrix}\right)$.

11. Mostre que $\mathbb{R}^3 = \text{ger}\left(\begin{bmatrix} 1 \\ 0 \\ 1 \end{bmatrix}, \begin{bmatrix} 1 \\ 1 \\ 0 \end{bmatrix}, \begin{bmatrix} 0 \\ 1 \\ 1 \end{bmatrix}\right)$.

12. Mostre que $\mathbb{R}^3 = \text{ger}\left(\begin{bmatrix} 1 \\ 1 \\ 0 \end{bmatrix}, \begin{bmatrix} 1 \\ 2 \\ 3 \end{bmatrix}, \begin{bmatrix} 2 \\ 1 \\ -1 \end{bmatrix}\right)$.

Nos exercícios de 13 a 16, descreva (a) geometricamente e (b) algebricamente o conjunto gerado pelos vetores dados.

13. $\begin{bmatrix} 2 \\ -4 \end{bmatrix}, \begin{bmatrix} -1 \\ 2 \end{bmatrix}$

14. $\begin{bmatrix} 0 \\ 0 \end{bmatrix}, \begin{bmatrix} 3 \\ 4 \end{bmatrix}$

15. $\begin{bmatrix} 1 \\ 2 \\ 0 \end{bmatrix}, \begin{bmatrix} 3 \\ 2 \\ -1 \end{bmatrix}$

16. $\begin{bmatrix} 1 \\ 0 \\ -1 \end{bmatrix}, \begin{bmatrix} -1 \\ 1 \\ 0 \end{bmatrix}, \begin{bmatrix} 0 \\ -1 \\ 1 \end{bmatrix}$

17. A equação geral do plano que contém os pontos (1, 0, 3), (−1, 1, −3) e a origem é da forma $ax + by + cz = 0$. Ache *a*, *b*, e *c*.

18. Prove que **u**, **v** e **w** estão todos em ger(**u**, **v**, **w**).

19. Prove que **u**, **v**, e **w** estão todos em ger(**u**, **u** + **v**, **u** + **v** + **w**).

20. **(a)** Prove que, se $\mathbf{u}_1, \mathbf{u}_2, \ldots, \mathbf{u}_m$ são vetores de $\mathbb{R}^n$, $S = \{\mathbf{u}_1, \mathbf{u}_2, \ldots, \mathbf{u}_k\}$ e $T = \{\mathbf{u}_1, \ldots, \mathbf{u}_k, \mathbf{u}_{k+1}, \ldots, \mathbf{u}_m\}$, então ger($S$) $\subseteq$ ger(T). (*Sugestão:* refraseie esta questão em termos de combinações lineares.)

(b) Deduza que, se $\mathbb{R}^n$ = ger(S), então $\mathbb{R}^n$ = ger(T) também.

21. **(a)** Suponha que o vetor **w** seja uma combinação linear dos vetores $\mathbf{u}_1, \ldots, \mathbf{u}_k$, e que cada $\mathbf{u}_i$ seja uma combinação linear dos vetores $\mathbf{v}_1, \ldots, \mathbf{v}_m$. Prove que **w** é uma combinação linear de $\mathbf{v}_1, \ldots, \mathbf{v}_m$ e, portanto, ger($\mathbf{u}_1, \ldots, \mathbf{u}_k$) $\subseteq$ ger($\mathbf{v}_1, \ldots, \mathbf{v}_m$).

(b) Na parte (a), suponha também que cada $\mathbf{v}_j$ seja combinação linear de $\mathbf{u}_1, \ldots, \mathbf{u}_k$. Prove que ger($\mathbf{u}_1, \ldots, \mathbf{u}_k$) = ger($\mathbf{v}_1, \ldots, \mathbf{v}_m$).

(c) Use o resultado da parte (b) para provar que

$$\mathbb{R}^3 = \text{ger}\left(\begin{bmatrix} 1 \\ 0 \\ 0 \end{bmatrix}, \begin{bmatrix} 1 \\ 1 \\ 0 \end{bmatrix}, \begin{bmatrix} 1 \\ 1 \\ 1 \end{bmatrix}\right)$$

[*Sugestão:* sabemos que $\mathbb{R}^3$ = ger($\mathbf{e}_1, \mathbf{e}_2, \mathbf{e}_3$).]

Use o método do exemplo 2.23 e o teorema 2.6 para determinar se os conjuntos de vetores nos exercícios de 22 a 31 são linearmente independentes. Se, para algum deles, a resposta puder ser determinada por inspeção (isto é, sem contas), diga por quê. Para quaisquer conjuntos linearmente dependentes, encontre a relação de dependência entre os vetores.

22. $\begin{bmatrix} 2 \\ -1 \\ 3 \end{bmatrix}, \begin{bmatrix} -1 \\ 2 \\ 3 \end{bmatrix}$

23. $\begin{bmatrix} 1 \\ 1 \\ 1 \end{bmatrix}, \begin{bmatrix} 1 \\ 2 \\ 3 \end{bmatrix}, \begin{bmatrix} 1 \\ -1 \\ 2 \end{bmatrix}$

24. $\begin{bmatrix} 2 \\ 2 \\ 1 \end{bmatrix}, \begin{bmatrix} 3 \\ 1 \\ 2 \end{bmatrix}, \begin{bmatrix} 1 \\ -5 \\ 2 \end{bmatrix}$

25. $\begin{bmatrix} 0 \\ 1 \\ 2 \end{bmatrix}, \begin{bmatrix} 2 \\ 1 \\ 3 \end{bmatrix}, \begin{bmatrix} 2 \\ 0 \\ 1 \end{bmatrix}$

26. $\begin{bmatrix} -2 \\ 3 \\ 7 \end{bmatrix}, \begin{bmatrix} 4 \\ -1 \\ 5 \end{bmatrix}, \begin{bmatrix} 3 \\ 1 \\ 3 \end{bmatrix}, \begin{bmatrix} 5 \\ 0 \\ 2 \end{bmatrix}$

27. $\begin{bmatrix} 3 \\ 4 \\ 5 \end{bmatrix}, \begin{bmatrix} 6 \\ 7 \\ 8 \end{bmatrix}, \begin{bmatrix} 0 \\ 0 \\ 0 \end{bmatrix}$

28. $\begin{bmatrix} -1 \\ 1 \\ 2 \\ 1 \end{bmatrix}, \begin{bmatrix} 3 \\ 2 \\ 2 \\ 4 \end{bmatrix}, \begin{bmatrix} 2 \\ 3 \\ 1 \\ -1 \end{bmatrix}$

29. $\begin{bmatrix} 1 \\ -1 \\ 1 \\ 0 \end{bmatrix}, \begin{bmatrix} -1 \\ 1 \\ 0 \\ 1 \end{bmatrix}, \begin{bmatrix} 1 \\ 0 \\ 1 \\ -1 \end{bmatrix}, \begin{bmatrix} 0 \\ 1 \\ -1 \\ 1 \end{bmatrix}$

30. $\begin{bmatrix} 0 \\ 0 \\ 0 \\ 1 \end{bmatrix}, \begin{bmatrix} 0 \\ 0 \\ 2 \\ 1 \end{bmatrix}, \begin{bmatrix} 0 \\ 3 \\ 2 \\ 1 \end{bmatrix}, \begin{bmatrix} 4 \\ 3 \\ 2 \\ 1 \end{bmatrix}$

31. $\begin{bmatrix} 3 \\ -1 \\ 1 \\ -1 \end{bmatrix}, \begin{bmatrix} -1 \\ 3 \\ 1 \\ -1 \end{bmatrix}, \begin{bmatrix} 1 \\ 1 \\ 3 \\ 1 \end{bmatrix}, \begin{bmatrix} -1 \\ -1 \\ 1 \\ 3 \end{bmatrix}$

Nos exercícios de 32 a 41, determine se os conjuntos de vetores no exercício dado são linearmente independentes, convertendo os vetores em vetores-linha e usando o método do exemplo 2.25 e do teorema 2.7. Para os conjuntos linearmente dependentes, encontre uma relação de dependência entre os vetores.

32. Exercício 22 **33.** Exercício 23

34. Exercício 24 **35.** Exercício 25

36. Exercício 26 **37.** Exercício 27

38. Exercício 28 **39.** Exercício 29

40. Exercício 30 **41.** Exercício 31

42. **(a)** Qual será o posto de uma matriz A $n\times n$ se suas colunas, vistas como vetores de $\mathbb{R}^n$, forem linearmente independentes? Explique.

(b) Qual será o posto de uma matriz A $n\times n$ se suas linhas, vistas como vetores de $\mathbb{R}^n$, forem linearmente independentes? Explique.

43. **(a)** Se os vetores **u**, **v** e **w** forem linearmente independentes, também serão os vetores $\mathbf{u} + \mathbf{v}, \mathbf{v} + \mathbf{w}$ e $\mathbf{u} + \mathbf{w}$ linearmente independentes? Justifique sua resposta.

(b) Se os vetores **u**, **v** e **w** forem linearmente independentes, também serão os vetores $\mathbf{u} - \mathbf{v}, \mathbf{v} - \mathbf{w}$ e $\mathbf{u} - \mathbf{w}$ linearmente independentes? Justifique sua resposta.

44. Prove que dois vetores são linearmente dependentes se e somente se um deles for um múltiplo escalar do outro. (*Sugestão*: considere separadamente o caso em que um dos vetores é **0**.)

45. Dê uma demonstração "vetor-linha" para o Teorema 2.8.

46. Demonstre que todo subconjunto de um conjunto linearmente independente é linearmente independente.

47. Suponha que $S = \{\mathbf{v}_1, ..., \mathbf{v}_k, \mathbf{v}\}$ seja um conjunto de vetores de algum $\mathbb{R}^n$ e que **v** seja uma combinação linear de $\mathbf{v}_1, ..., \mathbf{v}_k$. Se $S' = \{\mathbf{v}_1, ..., \mathbf{v}_k\}$, mostre que ger($S$) = ger($S'$). [*Sugestão*: o exercício 21(b) é útil aqui.]

48. Seja $\{\mathbf{v}_1, ..., \mathbf{v}_k\}$ um conjunto de vetores linearmente independentes de $\mathbb{R}^n$ e seja **v** um vetor de $\mathbb{R}^n$. Suponha que $\mathbf{v} = c_1\mathbf{v}_1 + c_2\mathbf{v}_2 + \ldots + c_k\mathbf{v}_k$ com $c_1 \neq 0$. Prove que $\{\mathbf{v}, \mathbf{v}_2, ..., \mathbf{v}_k\}$ é linearmente independente.

2.4 Aplicações

Há uma quantidade muito grande de aplicações de sistemas de equações lineares para que se possa fazer justiça a elas em uma única seção. Esta seção introduzirá algumas poucas aplicações, com o objetivo de ilustrar diversas situações em que elas surgem.

Alocação de Recursos

Uma grande quantidade de aplicações dos sistemas de equações lineares envolve a alocação de recursos limitados sujeitos a um conjunto de restrições.

Exemplo 2.27 Um biólogo colocou três espécies de bactéria (denotadas por I, II e III) em um tubo de ensaio, onde elas serão alimentadas por três fontes diferentes de alimentos (A, B e C). A cada dia serão colocadas no tubo de ensaio 2300 unidades de A, 800 unidades de B e 1500 unidades de C. Cada bactéria consome um certo número de unidades de cada alimento por dia, como mostra a tabela 2.2. Quantas bactérias de cada espécie podem coexistir no tubo de ensaio de modo a consumir todo o alimento?

Tabela 2.2

	Bactéria da Espécie I	Bactéria da Espécie II	Bactéria da Espécie III
Alimento A	2	2	4
Alimento B	1	2	0
Alimento C	1	3	1

Solução Sejam x_1, x_2 e x_3 os números de bactérias das espécies I, II e III, respectivamente. Como cada uma das x_1 bactérias da espécie I consome 2 unidades de A por dia, o grupo I consome um total de $2x_1$ unidades por dia. Analogamente, os grupos II e III consomem um total de $2x_2$ e $4x_3$ unidades do alimento A diariamente. Como queremos usar todas as 2300 unidades de A, temos a equação

$$2x_1 + 2x_2 + 4x_3 = 2300$$

Da mesma forma, obtemos as equações correspondentes ao consumo de B e C:

$$\begin{aligned} x_1 + 2x_2 &= 800 \\ x_1 + 3x_2 + x_3 &= 1500 \end{aligned}$$

Assim, obtemos um sistema de três equações lineares em três variáveis. A redução por linhas da matriz completa associada ao sistema fornece:

$$\left[\begin{array}{ccc|c} 2 & 2 & 4 & 2300 \\ 1 & 2 & 0 & 800 \\ 1 & 3 & 1 & 1500 \end{array}\right] \longrightarrow \left[\begin{array}{ccc|c} 1 & 0 & 0 & 100 \\ 0 & 1 & 0 & 350 \\ 0 & 0 & 1 & 350 \end{array}\right]$$

Portanto, $x_1 = 100$, $x_2 = 350$ e $x_3 = 350$. O biólogo deve colocar 100 bactérias da espécie I e 350 de cada uma das espécies II e III no tubo de ensaio para que todo o alimento seja consumido.

Exemplo 2.28

Repita o exemplo 2.27 usando os dados de consumo diário de alimento (unidades por dia) mostrados na tabela 2.3. Assuma, desta vez, que serão colocados no tubo de ensaio 1500 unidades de A, 3000 unidades de B e 4500 unidades de C por dia.

Tabela 2.3

	Bactéria da Espécie I	Bactéria da Espécie II	Bactéria da Espécie III
Alimento A	1	1	1
Alimento B	1	2	3
Alimento C	1	3	5

Solução Sejam x_1, x_2 e x_3, novamente, os números de bactérias de cada espécie. A matriz completa do sistema linear resultante e a matriz escalonada reduzida correspondente são

$$\left[\begin{array}{ccc|c} 1 & 1 & 1 & 1500 \\ 1 & 2 & 3 & 3000 \\ 1 & 3 & 5 & 4500 \end{array}\right] \longrightarrow \left[\begin{array}{ccc|c} 1 & 0 & -1 & 0 \\ 0 & 1 & 2 & 1500 \\ 0 & 0 & 0 & 0 \end{array}\right]$$

Vemos que, neste caso, temos mais de uma solução. As soluções são dadas por

$$\begin{aligned} x_1 - x_3 &= 0 \\ x_2 + 2x_3 &= 1500 \end{aligned}$$

Fazendo $x_3 = t$, obtemos $x_1 = t$, $x_2 = 1500 - 2t$ e $x_3 = t$. Em qualquer problema aplicado, devemos ser cuidadosos para interpretarmos soluções adequadamente.

Certamente, o número de bactérias não pode ser negativo. Assim, $t \geq 0$ e $1500 - 2t \geq 0$. A última desigualdade implica que $t \leq 750$; temos, portanto, $0 \leq t \leq 750$. O número de bactérias deve ser inteiro, logo, há exatamente 751 valores de t que satisfazem a desigualdade. Portanto, nossas 751 soluções são da forma

$$\begin{bmatrix} x_1 \\ x_2 \\ x_3 \end{bmatrix} = \begin{bmatrix} t \\ 1500 - 2t \\ t \end{bmatrix} = \begin{bmatrix} 0 \\ 1500 \\ 0 \end{bmatrix} + t\begin{bmatrix} 1 \\ -2 \\ 1 \end{bmatrix}$$

uma para cada valor inteiro de t tal que $0 \leq t \leq 750$. (Assim, embora matematicamente esse sistema tenha infinitas soluções, *fisicamente* há apenas uma quantidade finita.)

Balanceamento de Equações Químicas

Quando uma reação química ocorre, certas moléculas (os *reagentes*) se combinam para formar novas moléculas (os *produtos*). Uma ***equação química balanceada*** é uma equação algébrica que dá o número relativo de reagentes e produtos na reação e tem o mesmo número de átomos de cada tipo dos lados esquerdo e direito. A equação é usualmente escrita com os reagentes à esquerda, os produtos à direita e uma seta entre os dois lados para mostrar a direção da reação.

Por exemplo, para a reação na qual os gases hidrogênio (H_2) e oxigênio (O_2) se combinam para formar água (H_2O), uma equação química balanceada é

$$2H_2 + O_2 \longrightarrow 2H_2O$$

indicando que duas moléculas de hidrogênio se combinam com uma molécula de oxigênio para formar duas moléculas de água. Observe que a equação está balanceada, pois há quatro átomos de hidrogênio e dois átomos de oxigênio em cada lado. Note que nunca haverá uma única equação balanceada para uma reação, já que todo múltiplo inteiro positivo de uma equação balanceada será também uma equação balanceada. Por exemplo, $6H_2 + 3O_2 \longrightarrow 6H_2O$ está também balanceada. Assim, usualmente procuramos a equação balanceada *mais simples* para uma reação dada.

Embora o método de tentativa e erro frequentemente funcione em exemplos simples, o processo de balanceamento de equações químicas na verdade envolve a resolução de um sistema de equações lineares homogêneo, e por essa razão podemos usar as técnicas que desenvolvemos para evitar os "chutes".

Exemplo 2.29 A combustão de amônia (NH_3) em oxigênio produz nitrogênio (N_2) e água. Encontre uma equação química balanceada para essa reação.

Solução Se denotarmos os números de moléculas de amônia, oxigênio, nitrogênio e água por w, x, y e z, respectivamente, então estaremos procurando uma equação da forma

$$wNH_3 + xO_2 \longrightarrow yN_2 + zH_2O$$

Comparando os números de átomos de nitrogênio, hidrogênio e oxigênio nos reagentes e nos produtos, obtemos o três equações lineares:

$$\begin{array}{ll} \text{Nitrogênio:} & w = 2y \\ \text{Hidrogênio:} & 3w = 2z \\ \text{Oxigênio:} & 2x = z \end{array}$$

Reescrever essas equações na forma padrão nos fornece um sistema homogêneo de três equações lineares em quatro variáveis. (Repare que o teorema 2.3 garante que tal sistema terá infinitas soluções não triviais.) Escalonamos a matriz completa correspondente pelo método de eliminação de Gauss-Jordan.

$$\begin{aligned} w \quad - 2y \quad &= 0 \\ 3w \quad\quad -2z &= 0 \\ 2x \quad - z &= 0 \end{aligned} \longrightarrow \left[\begin{array}{cccc|c} 1 & 0 & -2 & 0 & 0 \\ 3 & 0 & 0 & -2 & 0 \\ 0 & 2 & 0 & -1 & 0 \end{array}\right] \longrightarrow \left[\begin{array}{cccc|c} 1 & 0 & 0 & -\frac{2}{3} & 0 \\ 0 & 1 & 0 & -\frac{1}{2} & 0 \\ 0 & 0 & 1 & -\frac{1}{3} & 0 \end{array}\right]$$

Logo, $w = \frac{2}{3}z$, $x = \frac{1}{2}z$ e $y = \frac{1}{3}z$. O menor valor positivo de z que fornecerá valores *inteiros* para todas as quatro variáveis é o menor denominador comum das frações $\frac{2}{3}$, $\frac{1}{2}$, e $\frac{1}{3}$ — a saber, 6 — que fornece $w = 4$, $x = 3$, $y = 2$ e $z = 6$. Assim, a equação química balanceada é

$$4NH_3 + 3O_2 \longrightarrow 2N_2 + 6H_2O$$

Análise de Redes

Redes aparecem em várias situações práticas: redes de transporte, redes de comunicação e redes econômicas, para mencionar algumas. São particularmente interessantes os possíveis *fluxos* através de redes. Por exemplo, veículos fluem através de redes de estradas, informação flui através de uma rede de dados, bens e serviços fluem através de uma rede econômica.

Para nós, uma ***rede*** consiste em um número finito de ***nós*** (também chamados ***junções*** ou ***vértices***) conectados por uma série de segmentos dirigidos, conhecidos como ***ramos*** ou ***arcos***. Cada ramo é rotulado com um ***fluxo*** que representa a quantidade de alguma mercadoria que pode fluir ao longo ou através daquele ramo na direção indicada. (Pense em carros viajando ao longo de uma rede de ruas de mão única.) A regra fundamental que governa o fluxo através de uma rede é a ***conservação de fluxo***:

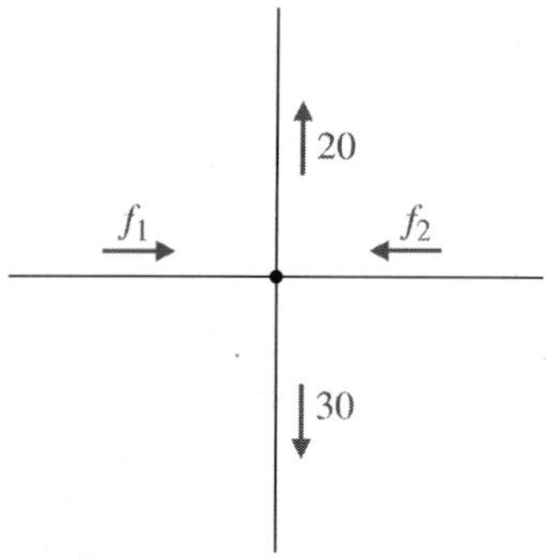

Figura 2.10
Fluxo em um nó: $f_1 + f_2 = 50$

> Em cada nó, o fluxo de entrada é igual ao fluxo de saída.

A figura 2.10 mostra uma parte de uma rede, com dois ramos entrando em um nó e dois saindo. A regra de conservação de fluxo implica que o fluxo total de entrada, $f_1 + f_2$ unidades, deve coincidir com o fluxo total de saída, $20 + 30$ unidades. Assim, temos a equação linear $f_1 + f_2 = 50$ correspondente a esse nó.

Podemos analisar o fluxo através de uma rede inteira construindo tais equações e resolvendo o sistema de equações lineares resultante.

Exemplo 2.30

Descreva os possíveis fluxos através da rede de encanamento de água mostrada na figura 2.11, em que o fluxo é medido em litros por minuto.

Solução Escrevemos as equações que representam a conservação do fluxo em cada nó. Depois, reescrevemos cada equação com as variáveis do lado esquerdo e a constante do lado direito, obtendo um sistema linear na forma padrão.

$$\begin{aligned} \text{Nó } A&: \ 15 = f_1 + f_4 \\ \text{Nó } B&: \ f_1 = f_2 + 10 \\ \text{Nó } C&: \ f_2 + f_3 + 5 = 30 \\ \text{Nó } D&: \ f_4 + 20 = f_3 \end{aligned} \longrightarrow \begin{aligned} f_1 \qquad\quad + f_4 &= 15 \\ f_1 - f_2 \qquad\quad &= 10 \\ f_2 + f_3 \qquad &= 25 \\ f_3 - f_4 &= 20 \end{aligned}$$

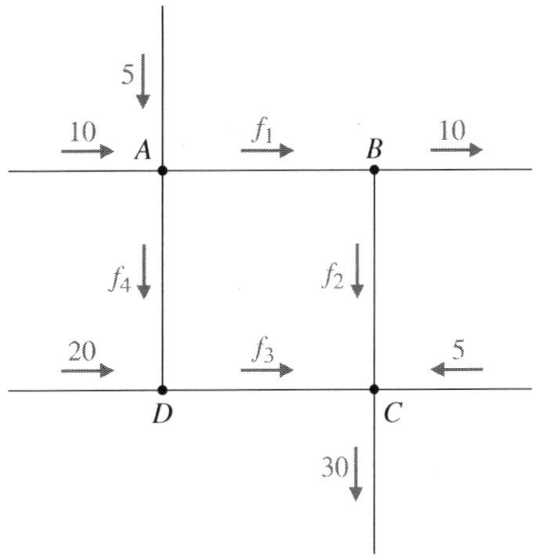

Figura 2.11

Usando o método de eliminação de Gauss-Jordan, escalonamos a matriz completa:

$$\left[\begin{array}{cccc|c} 1 & 0 & 0 & 1 & 15 \\ 1 & -1 & 0 & 0 & 10 \\ 0 & 1 & 1 & 0 & 25 \\ 0 & 0 & 1 & -1 & 20 \end{array}\right] \longrightarrow \left[\begin{array}{cccc|c} 1 & 0 & 0 & 1 & 15 \\ 0 & 1 & 0 & 1 & 5 \\ 0 & 0 & 1 & -1 & 20 \\ 0 & 0 & 0 & 0 & 0 \end{array}\right]$$

(Verifique.) Vemos que há uma variável livre, f_4, e, portanto, temos infinitas soluções. Fazendo $f_4 = t$ e expressando as variáveis dependentes em função de f_4, obtemos

$$\begin{aligned} f_1 &= 15 - t \\ f_2 &= 5 - t \\ f_3 &= 20 + t \\ f_4 &= t \end{aligned}$$

Essas equações descrevem todos os possíveis fluxos e nos permitem analisar a rede. Por exemplo, vemos que, se controlarmos o fluxo no ramo AD de modo que $t = 5$ L/min, os outros fluxos são $f_1 = 10$, $f_2 = 0$ e $f_3 = 25$.

Podemos fazer ainda melhor: encontrar os fluxos máximos e mínimos em cada ramo. Cada um dos fluxos deve ser não negativo. Examinando a primeira e a segunda equações, vemos que $t \le 15$ (caso contrário, f_1 seria negativo) e $t \le 5$ (caso contrário, f_2 seria negativo). A segunda dessas desigualdades é mais restritiva que a primeira, por isso devemos usá-la. A terceira equação não traz novas restrições para nosso parâmetro t, então deduzimos que $0 \le t \le 5$. Combinando esse resultado com as quatro equações, vemos que

$$\begin{aligned} 10 \le f_1 &\le 15 \\ 0 \le f_2 &\le 5 \\ 20 \le f_3 &\le 25 \\ 0 \le f_4 &\le 5 \end{aligned}$$

Com isso, temos uma descrição completa dos possíveis fluxos através dessa rede.

Circuitos Elétricos

Circuitos elétricos formam um tipo especializado de rede com informações sobre fontes de energia, tais como baterias, e dispositivos alimentados por essas fontes, tais como lâmpadas ou motores. Uma fonte de energia "força" o fluxo de uma corrente de elétrons através da rede, onde a corrente encontra vários *resistores*, cada um dos quais requerendo a aplicação de uma certa quantidade de força elétrica para que a corrente flua através dele.

A lei fundamental da eletricidade é a lei de Ohm, que estabelece exatamente quanta força elétrica E é necessária para fazer uma corrente I atravessar um resistor com resistência R.

Lei de Ohm

$$\text{força elétrica} = \text{resistência} \times \text{corrente}$$

ou

$$E = RI$$

A força elétrica é medida em *volts*, a resistência, em *ohms*, e a corrente, em *amperes*. Assim, em termos dessas unidades, a lei de Ohm torna-se "volts = ohms x amperes", e ela nos diz qual é a "queda de voltagem" quando uma corrente passa por um resistor — isto é, quanta voltagem é utilizada.

A corrente sai pelo terminal positivo de uma bateria e entra pelo terminal negativo, viajando por um ou mais circuitos fechados no processo. Em um diagrama de um circuito elétrico, baterias são representadas por —|⊢ (em que o terminal positivo é indicado pela barra vertical mais longa), e resistores são representados por —\/\/\/—. As duas leis que aparecem a seguir, cujas descobertas se devem a Kirchhoff, governam os circuitos elétricos. A primeira é uma lei de "conservação do fluxo" em cada nó; a segunda é uma lei de "balanceamento da voltagem" ao longo de cada circuito.

Lei de Kirchhoff

Lei da Corrente (nós)
A soma das correntes que entram em qualquer nó é igual à soma das correntes que saem dele.

Lei da Voltagem (circuitos)
A soma das quedas de voltagem ao longo de qualquer circuito é igual à voltagem total em torno do circuito (fornecida pelas baterias).

A figura 2.12 ilustra as leis de Kirchhoff. Na parte (a), a lei da corrente dá $I_1 = I_2 + I_3$ (ou $I_1 - I_2 - I_3 = 0$, como iremos escrever); a parte (b) dá $4I = 10$, em que usamos a lei de Ohm para calcular a queda de voltagem $4I$ do resistor. Usando as leis de Kirchhoff, podemos montar um sistema de equações lineares que nos permitirá determinar a corrente no circuito elétrico.

Exemplo 2.31

Determine as correntes I_1, I_2 e I_3 no circuito elétrico mostrado na figura 2.13.

Solução Esse circuito tem duas baterias e quatro resistores. A corrente I_1 flui pelo ramo superior BCA; a corrente I_2 flui através do ramo do meio, AB, e a corrente I_3 flui através do ramo inferior, BDA.

No nó A, a lei da corrente fornece $I_1 + I_3 = I_2$, ou

$$I_1 - I_2 + I_3 = 0$$

(Observe que obtivemos a mesma equação no nó B.)

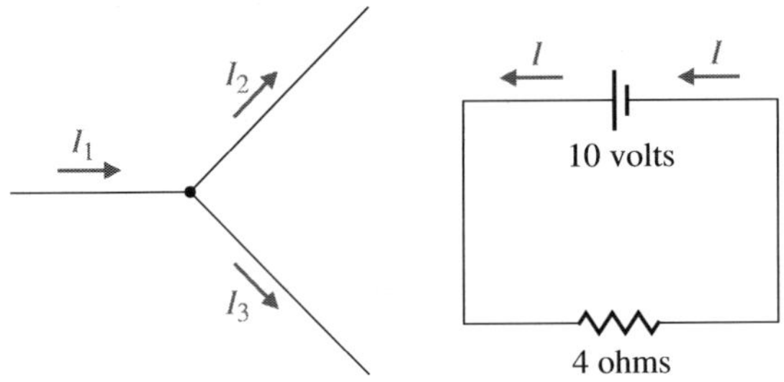

(a) $I_1 = I_2 + I_3$ (b) $4I = 10$

Figura 2.12

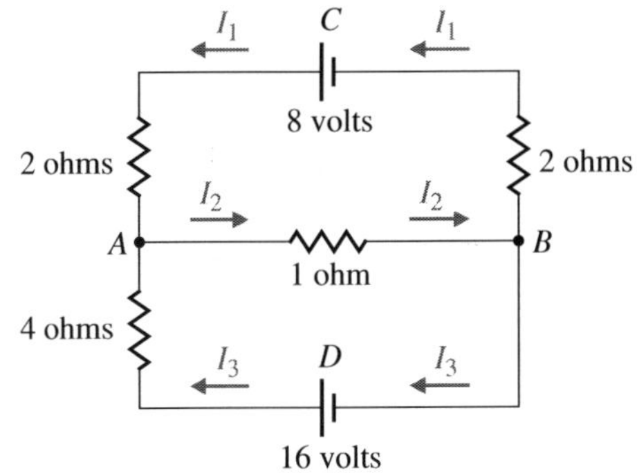

Figura 2.13

Em seguida, aplicamos a lei da voltagem para cada circuito. Para o circuito *CABC*, as quedas de voltagem nos resistores são $2I_1$, I_2 e $2I_1$. Assim, temos a equação

$$4I_1 + I_2 = 8$$

Analogamente, para o circuito *DABD*, obtemos

$$I_2 + 4I_3 = 16$$

(Note que haverá, na verdade, um terceiro circuito, *CADBC*, se "andarmos contra o fluxo". Neste caso, devemos tratar as voltagens e resistências sobre os caminhos "reversos" como negativas. Com isso, obtemos $2I_1 + 2I_1 - 4I_3 = 8 - 16 = -8$, ou $4I_1 - 4I_3 = -8$, que observamos ser justamente a diferença das equações de voltagem para os outros dois circuitos. Assim, podemos omitir essa equação, já que ela não contribui com nenhuma informação nova. Por outro lado, acrescentá-la não faria mal.)

Temos agora um sistema de três equações lineares em três variáveis:

$$\begin{aligned} I_1 - I_2 + I_3 &= 0 \\ 4I_1 + I_2 \qquad &= 8 \\ I_2 + 4I_3 &= 16 \end{aligned}$$

O método de eliminação de Gauss-Jordan fornece:

$$\left[\begin{array}{ccc|c} 1 & -1 & 1 & 0 \\ 4 & 1 & 0 & 8 \\ 0 & 1 & 4 & 16 \end{array}\right] \longrightarrow \left[\begin{array}{ccc|c} 1 & 0 & 0 & 1 \\ 0 & 1 & 0 & 4 \\ 0 & 0 & 1 & 3 \end{array}\right]$$

Logo, as correntes são $I_1 = 1$ ampere, $I_2 = 4$ amperes, $I_3 = 3$ amperes.

Observação: Em alguns circuitos elétricos, as correntes podem ter valores fracionários ou até mesmo negativos. Um valor negativo simplesmente significa que a corrente no ramo correspondente flui no sentido oposto ao mostrado no diagrama do circuito.

CAS

Exemplo 2.32

O circuito mostrado na figura 2.14 tem uma única fonte de energia *A* e cinco resistores. Encontre as correntes $I, I_1, \ldots, I_5$. Este é um exemplo de um circuito conhecido em engenharia elétrica como *ponte de Wheatstone*.

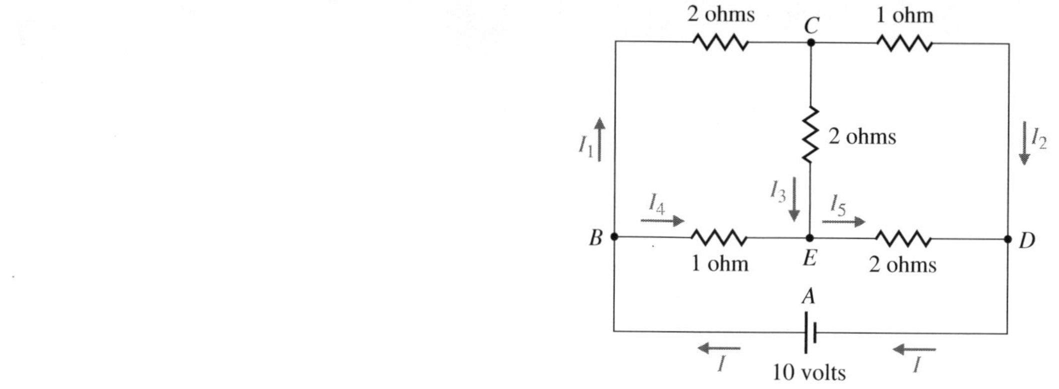

Figura 2.14
Um circuito ponte

Solução A lei da corrente de Kirchhoff dá as seguintes equações nos quatro nós:

$$\begin{aligned}
&\text{Nó } B\text{:} \quad I - I_1 - I_4 = 0\\
&\text{Nó } C\text{:} \quad I_1 - I_2 - I_3 = 0\\
&\text{Nó } D\text{:} \quad I - I_2 - I_5 = 0\\
&\text{Nó } E\text{:} \quad I_3 + I_4 - I_5 = 0
\end{aligned}$$

Para os três circuitos básicos, a lei da voltagem nos dá

$$\begin{aligned}
&\text{Circuito } ABEDA\text{:} \quad I_4 + 2I_5 = 10\\
&\text{Circuito } BCEB\text{:} \quad 2I_1 + 2I_3 - I_4 = 0\\
&\text{Circuito } CDEC\text{:} \quad I_2 - 2I_5 - 2I_3 = 0
\end{aligned}$$

(Observe que o ramo DAB não possui resistor e, portanto, não tem queda de voltagem; logo, não há termo I na equação para o circuito $ABEDA$. Note também que tivemos que mudar de sinal três vezes porque fomos "contra a corrente". Isso não causa problema, já que o sinal da resposta determinará o sentido do fluxo da corrente.)

Agora, temos um sistema de sete equações e seis variáveis. O método de escalonamento por linhas nos dá

$$\left[\begin{array}{cccccc|c}
1 & -1 & 0 & 0 & -1 & 0 & 0\\
0 & 1 & -1 & -1 & 0 & 0 & 0\\
1 & 0 & -1 & 0 & 0 & -1 & 0\\
0 & 0 & 0 & 1 & 1 & -1 & 0\\
0 & 0 & 0 & 0 & 1 & 2 & 10\\
0 & 2 & 0 & 2 & -1 & 0 & 0\\
0 & 0 & 1 & -2 & 0 & -2 & 0
\end{array}\right] \longrightarrow \left[\begin{array}{cccccc|c}
1 & 0 & 0 & 0 & 0 & 0 & 7\\
0 & 1 & 0 & 0 & 0 & 0 & 3\\
0 & 0 & 1 & 0 & 0 & 0 & 4\\
0 & 0 & 0 & 1 & 0 & 0 & -1\\
0 & 0 & 0 & 0 & 1 & 0 & 4\\
0 & 0 & 0 & 0 & 0 & 1 & 3\\
0 & 0 & 0 & 0 & 0 & 0 & 0
\end{array}\right]$$

(Use sua calculadora ou CAS para conferir esse resultado.) Assim, a solução (em amperes) é $I = 7, I_1 = I_5 = 3, I_2 = I_4 = 4$, e $I_3 = -1$. O significado do valor negativo aqui é que a corrente que passa através do ramo CE está fluindo no sentido oposto ao marcado no diagrama.

Observação: Há apenas uma fonte de energia neste exemplo. Portanto, a única bateria de 10 volts fornece uma corrente de 7 amperes à rede. Se substituirmos esses valores na lei de Ohm, $E = RI$, obteremos $10 = 7R$, ou $R = \frac{10}{7}$. Assim, todo o circuito se comporta como se houvesse um único resistor de $\frac{10}{7}$ ohms. Esse valor é chamado *resistência efetiva* (R_{ef}) do circuito.

Modelos Econômicos Lineares

Uma economia é um sistema bastante complexo com muitas relações entre os diversos setores da economia e os bens e serviços que produzem e consomem. Determinar preços e níveis de produção ótimos sujeitos a metas econômicas desejadas requer modelos matemáticos sofisticados. A álgebra linear tem provado ser uma ferramenta poderosa para o desenvolvimento e análise de tais modelos econômicos.

Nesta seção, apresentamos dois modelos baseados no trabalho do economista de Harvard, Wassily Leontief, na década de 1930. Seus métodos, muitas vezes referidos como ***análise de entrada e saída***, são agora ferramentas padrão em economia matemática e são usados por cidades, empresas e países inteiros para o planejamento e previsão econômicos.

Começamos com um exemplo simples.

Exemplo 2.33

A economia de uma região é constituída por três indústrias ou setores: serviços, eletricidade e produção de petróleo. Por simplicidade, assumimos que cada indústria produz um único produto (bens ou serviços) em um determinado ano e que *a receita (saída)* é gerada a partir da venda deste produto. Cada indústria compra produtos das outras indústrias, inclusive de si mesma, a fim de gerar rendimento. Nenhum produto é comprado de fora da região e nenhum produto é vendido fora da região. Além disso, para cada indústria, assumimos que a produção é exatamente igual ao consumo (a saída é igual a entrada, a receita é igual a despesa). Neste sentido, isto é uma ***economia fechada*** e que está em ***equilíbrio***. A tabela 2.4 resume quanto da produção de cada indústria é consumida por cada indústria.

Bettmann/CORBIS

Wassily Leontief (1906–1999) nasceu em São Petersburgo na Rússia. Estudou na Universidade de Leningrado e obteve seu doutorado pela Universidade de Berlin. Ele emigrou para os Estados Unidos em 1931, lecionando na Universidade de Harvard e, posteriormente, na Universidade de Nova York. Em 1932, Leontief começou a compilar dados para a tarefa monumental de realizar uma análise da economia dos Estados Unidos, cujos resultados foram publicados em 1941. Ele também foi um dos primeiros usuários de computadores, que ele precisava para poder resolver os sistemas lineares de grande escala nos seus modelos. Por seu trabalho pioneiro, Leontief foi agraciado com o Prêmio Nobel de Economia em 1973.

Tabela 2.4

		Produção de		
		Serviços	**Eletricidade**	**Petróleo**
	Serviços	1/4	1/3	1/2
Consumo de	**Eletricidade**	1/4	1/3	1/4
	Petróleo	1/2	1/3	1/4

Pela primeira coluna da tabela, vemos que a indústria de serviços consome ¼ de sua própria produção, a de eletricidade consome outros 1/4, e a indústria de petróleo usa ½ da produção da indústria de serviços. As outras duas colunas têm interpretações análogas. Note que a soma dos elementos de cada coluna é 1, indicando que toda a produção de cada indústria é consumida.

Sejam x_1, x_2, e x_3 a produção anual (receita) das indústrias de serviços, eletricidade e petróleo, respectivamente, em milhões de dólares. Como o consumo corresponde à despesa, a indústria de serviços gasta $\frac{1}{4}\,x_1$ em sua própria produção, $\frac{1}{3}\,x_2$ em eletricidade e $\frac{1}{2}\,x_3$ em petróleo. Isso significa que a despesa anual total da indústria de serviços é $\frac{1}{4}\,x_1 + \frac{1}{3}\,x_2 + \frac{1}{2}\,x_3$. Como a economia está em equilíbrio, a despesa da indústria de serviços deve ser igual à sua receita anual x_1. Isso nos dá a primeira das equações a seguir; as outras duas são obtidas analizando-se as despesas das indústrias de eletricidade e petróleo.

$$\begin{array}{ll} \text{Serviços:} & \frac{1}{4}x_1 + \frac{1}{3}x_2 + \frac{1}{2}x_3 = x_1 \\ \text{Eletricidade:} & \frac{1}{4}x_1 + \frac{1}{3}x_2 + \frac{1}{4}x_3 = x_2 \\ \text{Petróleo:} & \frac{1}{2}x_1 + \frac{1}{3}x_2 + \frac{1}{4}x_3 = x_3 \end{array}$$

Reagrupando cada equação, obtemos um sistema linear homogêneo, que podemos, então, resolver. (Verifique!)

$$\begin{array}{l} -\frac{3}{4}x_1 + \frac{1}{3}x_2 + \frac{1}{2}x_3 = 0 \\ \frac{1}{4}x_1 - \frac{2}{3}x_2 - \frac{1}{4}x_3 = 0 \\ \frac{1}{2}x_1 + \frac{1}{3}x_2 - \frac{3}{4}x_3 = 0 \end{array} \longrightarrow \left[\begin{array}{ccc|c} -\frac{3}{4} & \frac{1}{3} & \frac{1}{2} & 0 \\ \frac{1}{4} & -\frac{2}{3} & \frac{1}{4} & 0 \\ \frac{1}{2} & \frac{1}{3} & -\frac{3}{4} & 0 \end{array}\right] \longrightarrow \left[\begin{array}{ccc|c} 1 & 0 & -1 & 0 \\ 0 & 1 & -\frac{3}{4} & 0 \\ 0 & 0 & 0 & 0 \end{array}\right]$$

Considerando $x_3 = t$, temos que $x_1 = t$ e $x_2 = \frac{3}{4}t$. Assim, vemos que as saídas *relativas* das indústrias de serviços, eletricidade e petróleo devem estar na razão $x_1 : x_2 : x_3 = 4 : 3 : 4$ para que a economia esteja em equilíbrio.

Observações:

- O último exemplo ilustra o que é comumemente chamado ***modelo fechado de Leontief***.
- Como a saída corresponde à receita, também podemos pensar em x_1, x_2, e x_3 como os *preços* de cada um dos três produtos.

Agora, modificamos o exemplo 2.33 para uma ***economia aberta***, uma em que existam demandas internas e *externas* para os produtos sendo produzidos. Não é de se surpreender que esta versão é conhecida como o ***modelo aberto de Leontief***.

Exemplo 2.34

Considere as três indústrias do exemplo 2.33 mas com a composição dada pela tabela 2.5. Vemos que, da produção da indústria de serviços, 20% são consumidos própria indústria de serviços, 40% pela indústria de eletricidade e 10% pela indústria de petróleo. Assim, somente 70% da produção da indústria de serviços é consumida por esta economia. Esses cálculos implicam que há um excesso de saída (receita) em relação à entrada (despesas) para a indústria de serviços. Dizemos que a indústria de serviços é ***produtiva***. Analogamente, tem-se que a indústria de petróleo também é produtiva. Mas, a indústria de eletricidade é ***não produtiva***. (Isto está refletido no fato de que as somas dos elementos das primeira e terceira colunas são menores do que 1 e a soma dos elementos da segunda coluna é igual a 1). Esta produção em excesso pode ser usada para satisfazer a uma demanda externa.

Tabela 2.5

		Produção de		
		Serviços	**Eletricidade**	**Petróleo**
Consumo de	**Serviços**	0,20	0,50	0,10
	Eletricidade	0,40	0,20	0,20
	Petróleo	0,10	0,30	0,30

Por exemplo, suponha que haja uma demanda externa anual (em milhões de dólares) de 10, 10 e 30 das indústrias de serviços, eletricidade e petróleo, respectivamente. Assim, igualando as despesas (demandas internas e externas) com as receitas, obtemos as seguintes equações:

	receita	demanda interna	demanda externa
Serviços	x_1	$= 0{,}2x_1 + 0{,}5x_2 + 0{,}1x_3$	$+ 10$
Eletricidade	x_2	$= 0{,}4x_1 + 0{,}2x_2 + 0{,}2x_3$	$+ 10$
Petróleo	x_3	$= 0{,}1x_1 + 0{,}3x_2 + 0{,}3x_3$	$+ 30$

Reagrupando, obtemos o seguinte sistema linear e sua matriz completa:

$$\begin{aligned} 0{,}8x_1 - 0{,}5x_2 - 0{,}1x_3 &= 10 \\ -0{,}4x_1 + 0{,}8x_2 - 0{,}2x_3 &= 10 \\ -0{,}1x_1 - 0{,}3x_2 + 0{,}7x_3 &= 30 \end{aligned} \quad \longrightarrow \quad \left[\begin{array}{ccc|c} 0{,}8 & -0{,}5 & -0{,}1 & 10 \\ -0{,}4 & 0{,}8 & -0{,}2 & 10 \\ -0{,}1 & -0{,}3 & 0{,}7 & 30 \end{array}\right]$$

CAS Escalonando por linhas obtemos

$$\left[\begin{array}{ccc|c} 1 & 0 & 0 & 61{,}74 \\ 0 & 1 & 0 & 63{,}04 \\ 0 & 0 & 1 & 78{,}70 \end{array}\right]$$

de onde se vê que as indústrias de serviços, eletricidade e petróleo devem ter uma produção anual de US\$61,74, US\$63,04 e US\$78,70 (milhões), respectivamente, de modo a atender a ambas as demandas interna e externa de seus produtos.

Iremos visitar novamente esses modelos na seção 3.7.

Jogos Lineares Finitos

Há muitas situações nas quais devemos considerar um sistema físico que tem apenas um número finito de *estados*. Às vezes esses estados podem ser alterados por meio de aplicação de certos processos, cada um dos quais produzindo uma quantidade finita de efeitos. Por exemplo, uma lâmpada pode estar acesa ou apagada, e um interruptor pode mudar o estado da lâmpada de acesa para apagada, e vice-versa. Sistemas digitais que surgiram em ciências da computação muitas vezes são desse tipo. Muitos jogos de computador retratam quebra-cabeças nos quais um certo esquema deve ser manipulado por vários interruptores a fim de produzir o efeito desejado. A natureza finita de tais situações é perfeitamente adequada a análises que fazem uso de aritmética modular, e frequentemente sistemas lineares sobre $\mathbb{Z}_p$ entram em cena. Problemas que envolvem esse tipo de situação são chamados ***jogos lineares finitos***.

Exemplo 2.35

Uma fileira de cinco lâmpadas é controlada por cinco interruptores. Cada interruptor muda o estado (ligado ou desligado) da lâmpada diretamente sobre ele e os estados das lâmpadas imediatamente adjacentes à esquerda e à direita. Por exemplo, se a primeira e a terceira lâmpadas estão acesas, como na figura 2.15(a), ao ser pressionado o interruptor A, muda-se o estado do sistema para o mostrado na figura 2.15 (b). Se depois pressionarmos o interruptor C, o resultado será o estado mostrado na figura 2.15 (c).

(a) (b) (c)

Figura 2.15

Suponha inicialmente que todas as luzes estejam apagadas. Podemos pressionar os interruptores em alguma ordem de modo que a primeira, a terceira e a quinta lâmpadas fiquem acesas? Podemos pressionar os interruptores em alguma ordem de modo que só a primeira lâmpada fique acesa?

Solução: A natureza liga/desliga deste problema sugere que a notação binária será útil e que deveremos trabalhar em $\mathbb{Z}_2$. Assim, representamos os estados das cinco lâmpadas por um vetor de $\mathbb{Z}_2^5$, de modo que 0 representa desligado e 1, ligado. Por exemplo, o vetor

$$\begin{bmatrix} 0 \\ 1 \\ 1 \\ 0 \\ 0 \end{bmatrix}$$

corresponde à figura 2.15 (b).

Podemos também usar vetores de $\mathbb{Z}_2^5$ para representar a ação de cada interruptor. Se um interruptor muda o estado de uma lâmpada, a componente correspondente é um 1; caso contrário, ela é 0. Com essa convenção, as ações dos cinco interruptores são dadas por

$$\mathbf{a} = \begin{bmatrix} 1 \\ 1 \\ 0 \\ 0 \\ 0 \end{bmatrix}, \mathbf{b} = \begin{bmatrix} 1 \\ 1 \\ 1 \\ 0 \\ 0 \end{bmatrix}, \mathbf{c} = \begin{bmatrix} 0 \\ 1 \\ 1 \\ 1 \\ 0 \end{bmatrix}, \mathbf{d} = \begin{bmatrix} 0 \\ 0 \\ 1 \\ 1 \\ 1 \end{bmatrix}, \mathbf{e} = \begin{bmatrix} 0 \\ 0 \\ 0 \\ 1 \\ 1 \end{bmatrix}$$

A situação ilustrada na figura 2.15 (a) corresponde ao estado inicial

$$\mathbf{s} = \begin{bmatrix} 1 \\ 0 \\ 1 \\ 0 \\ 0 \end{bmatrix}$$

seguida por

$$\mathbf{a} = \begin{bmatrix} 1 \\ 1 \\ 0 \\ 0 \\ 0 \end{bmatrix}$$

A soma (em $\mathbb{Z}_2^5$) é

$$\mathbf{s} + \mathbf{a} = \begin{bmatrix} 0 \\ 1 \\ 1 \\ 0 \\ 0 \end{bmatrix}$$

Observe que esse resultado está de acordo com o encontrado na figura 2.15(b).

Começando com qualquer configuração **s**, suponha que pressionemos os interruptores na ordem A, C, D, A, C, B. Isso corresponde à soma vetorial $\mathbf{s} + \mathbf{a} + \mathbf{c} + \mathbf{d} + \mathbf{a} + \mathbf{c} + \mathbf{b}$. Como em $\mathbb{Z}_2^5$ a adição é comutativa, temos

$$\begin{aligned} \mathbf{s} + \mathbf{a} + \mathbf{c} + \mathbf{d} + \mathbf{a} + \mathbf{c} + \mathbf{b} &= \mathbf{s} + 2\mathbf{a} + \mathbf{b} + 2\mathbf{c} + \mathbf{d} \\ &= \mathbf{s} + \mathbf{b} + \mathbf{d} \end{aligned}$$

já que $2 = 0$ em $\mathbb{Z}_2$. Assim, poderíamos chegar ao mesmo resultado pressionando apenas B e D – não importando a ordem. (Verifique que essa afirmação está correta.) Logo, neste exemplo, não precisamos pressionar nenhum interruptor mais de uma vez.

Para decidir se é possível chegar a uma configuração alvo **t**, começando de uma configuração inicial **s**, precisamos determinar se existem escalares $x_1, \ldots, x_5$ em $\mathbb{Z}_2$ tais que

$$\mathbf{s} + x_1\mathbf{a} + x_2\mathbf{b} + \cdots + x_5\mathbf{e} = \mathbf{t}$$

Em outras palavras, precisamos resolver (se possível) o sistema linear sobre $\mathbb{Z}_2$ que corresponde à equação vetorial

$$x_1\mathbf{a} + x_2\mathbf{b} + \cdots + x_5\mathbf{e} = \mathbf{t} - \mathbf{s} = \mathbf{t} + \mathbf{s}$$

Neste caso, $\mathbf{s} = \mathbf{0}$ e nossa primeira configuração alvo é

$$\mathbf{t} = \begin{bmatrix} 1 \\ 0 \\ 1 \\ 0 \\ 1 \end{bmatrix}$$

A matriz completa desse sistema tem os vetores dados como colunas:

$$\left[\begin{array}{ccccc|c} 1 & 1 & 0 & 0 & 0 & 1 \\ 1 & 1 & 1 & 0 & 0 & 0 \\ 0 & 1 & 1 & 1 & 0 & 1 \\ 0 & 0 & 1 & 1 & 1 & 0 \\ 0 & 0 & 0 & 1 & 1 & 1 \end{array}\right]$$

Escalonando-a sobre $\mathbb{Z}_2$, obtemos

$$\left[\begin{array}{ccccc|c} 1 & 0 & 0 & 0 & 1 & 0 \\ 0 & 1 & 0 & 0 & 1 & 1 \\ 0 & 0 & 1 & 0 & 0 & 1 \\ 0 & 0 & 0 & 1 & 1 & 1 \\ 0 & 0 & 0 & 0 & 0 & 0 \end{array}\right]$$

Vemos que x_5 é uma variável livre. Portanto, há exatamente duas soluções (correspondentes a $x_5 = 0$ e $x_5 = 1$). Resolvendo o sistema para as outras variáveis em função de x_5, obtemos

$$\begin{aligned} x_1 &= \phantom{1 + {}} x_5 \\ x_2 &= 1 + x_5 \\ x_3 &= 1 \\ x_4 &= 1 + x_5 \end{aligned}$$

Logo, quando $x_5 = 0$ e $x_5 = 1$, temos respectivamente as soluções

$$\begin{bmatrix} x_1 \\ x_2 \\ x_3 \\ x_4 \\ x_5 \end{bmatrix} = \begin{bmatrix} 0 \\ 1 \\ 1 \\ 1 \\ 0 \end{bmatrix} \quad \text{e} \quad \begin{bmatrix} x_1 \\ x_2 \\ x_3 \\ x_4 \\ x_5 \end{bmatrix} = \begin{bmatrix} 1 \\ 0 \\ 1 \\ 0 \\ 1 \end{bmatrix}$$

(Verifique que essas duas soluções funcionam.)

Analogamente, no segundo caso, temos

$$\mathbf{t} = \begin{bmatrix} 1 \\ 0 \\ 0 \\ 0 \\ 0 \end{bmatrix}$$

A matriz completa se reduz, por escalonamento, da seguinte maneira:

$$\left[\begin{array}{ccccc|c} 1 & 1 & 0 & 0 & 0 & 1 \\ 1 & 1 & 1 & 0 & 0 & 0 \\ 0 & 1 & 1 & 1 & 0 & 0 \\ 0 & 0 & 1 & 1 & 1 & 0 \\ 0 & 0 & 0 & 1 & 1 & 0 \end{array}\right] \longrightarrow \left[\begin{array}{ccccc|c} 1 & 0 & 0 & 0 & 1 & 0 \\ 0 & 1 & 0 & 0 & 1 & 1 \\ 0 & 0 & 1 & 0 & 0 & 1 \\ 0 & 0 & 0 & 1 & 1 & 1 \\ 0 & 0 & 0 & 0 & 0 & 1 \end{array}\right]$$

mostrando que não há solução neste caso; é impossível começar com todas as lâmpadas apagadas e acender apenas a primeira.

O exemplo 2.35 mostra o poder da álgebra linear. Embora pudéssemos ter descoberto por tentativa e erro que não havia solução, testar todas as possíveis maneiras de ligar os interruptores teria sido extremamente tedioso. Além disso, poderíamos ter deixado de notar o fato de que nenhum dos interruptores precisa ser acionado mais do que uma vez.

Exemplo 2.36

Considere uma fileira com apenas três lâmpadas, que podem estar apagadas, acesas com luz azul clara ou acesas com luz azul escura. Sob as lâmpadas estão três interruptores, A, B e C; cada um deles muda o estado das lâmpadas ao *próximo* estado, na ordem mostrada na figura 2.16. O interruptor A muda o estado das duas primeiras lâmpadas, o interruptor B muda todas as três lâmpadas e o interruptor C muda as últimas duas. Se todas as três lâmpadas estiverem inicialmente desligadas, é possível

Figura 2.16

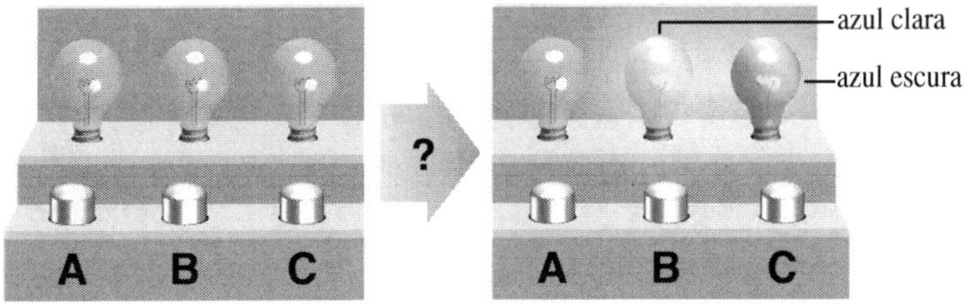

Figura 2.17

pressionar os interruptores de um jeito que as lâmpadas fiquem, nessa ordem, desligada, azul clara e azul escura (como na figura 2.17)?

Solução: Enquanto o exemplo 2.35 utilizou $\mathbb{Z}_2$, este exemplo claramente (é claro?) utiliza $\mathbb{Z}_3$. De acordo com isso, os interruptores correspondem aos vetores

$$\mathbf{a} = \begin{bmatrix} 1 \\ 1 \\ 0 \end{bmatrix}, \ \mathbf{b} = \begin{bmatrix} 1 \\ 1 \\ 1 \end{bmatrix}, \ \mathbf{c} = \begin{bmatrix} 0 \\ 1 \\ 1 \end{bmatrix}$$

em $\mathbb{Z}_3^3$, e a configuração final que queremos obter é $\mathbf{t} = \begin{bmatrix} 0 \\ 1 \\ 2 \end{bmatrix}$. (Desligado é 0, azul claro é 1 e azul escuro é 2.) Queremos encontrar escalares x_1, x_2, x_3 em $\mathbb{Z}_3$ tais que

$$x_1\mathbf{a} + x_2\mathbf{b} + x_3\mathbf{c} = \mathbf{t}$$

(em que x_i representa o número de vezes que o i-ésimo interruptor é pressionado). Essa equação faz surgir a matriz completa $[\mathbf{a}\ \mathbf{b}\ \mathbf{c} \mid \mathbf{t}]$, que, ao ser escalonada, se reduz em $\mathbb{Z}_3$ da seguinte maneira:

$$\left[\begin{array}{ccc|c} 1 & 1 & 0 & 0 \\ 1 & 1 & 1 & 1 \\ 0 & 1 & 1 & 2 \end{array}\right] \longrightarrow \left[\begin{array}{ccc|c} 1 & 0 & 0 & 2 \\ 0 & 1 & 0 & 1 \\ 0 & 0 & 1 & 1 \end{array}\right]$$

Logo, há uma única solução para o sistema: $x_1 = 2$, $x_2 = 1$, $x_3 = 1$. Em outras palavras, devemos pressionar duas vezes o interruptor A e uma vez cada um dos outros dois interruptores. (Verifique isso.)

Exercícios 2.4

Alocação de Recursos

1. Suponha que, no exemplo 2.27, 400 unidades de alimento A, 600 unidades de alimento B e 600 unidades de alimento C sejam colocadas no tubo de ensaio a cada dia, e que os dados sobre o consumo diário de alimentos pelas bactérias (em unidades por dia) sejam como mostra a tabela 2.6. Quantas bactérias de cada espécie podem coexistir no tubo de ensaio e consumir todo o alimento?

Tabela 2.6

	Bactéria da Espécie I	Bactéria da Espécie II	Bactéria da Espécie III
Alimento A	1	2	0
Alimento B	2	1	1
Alimento C	1	1	2

2. Suponha que, no exemplo 2.27, 400 unidades de alimento A, 500 unidades de B e 600 unidades de C sejam colocadas no tubo de ensaio a cada dia, e que os dados sobre o consumo diário de alimento pelas

Tabela 2.7

	Bactéria da Espécie I	Bactéria da Espécie II	Bactéria da Espécie III
Alimento A	1	2	0
Alimento B	2	1	3
Alimento C	1	1	1

bactérias (em unidades por dia) sejam como mostra a tabela 2.7. Quantas bactérias de cada espécie podem coexistir no tubo de ensaio e consumir todo o alimento?

3. Uma florista oferece três tamanhos de arranjos de flores com rosas, margaridas e crisântemos. Cada arranjo pequeno contém uma rosa, três margaridas e três crisântemos. Cada arranjo médio contém duas rosas, quatro margaridas e seis crisântemos. Cada arranjo grande contém quatro rosas, oito margaridas e seis crisântemos. Um dia, a florista notou que havia usado um total de 24 rosas, 50 margaridas e 48 crisântemos ao preparar as encomendas desses três tipos de arranjos. Quantos arranjos de cada tipo ela fez?

4. **(a)** Você tem no bolso algumas moedas de 5 centavos, de 10 centavos e de 25 centavos. Há 20 moedas no total e exatamente duas vezes mais moedas de 10 centavos do que de 5 centavos. O valor total das moedas é R$3,00. Encontre o número de moedas de cada tipo.

(b) Encontre *todas* as possíveis combinações de 20 moedas (de 5, 10 e 25 centavos) que totalizam exatamente R$3,00.

5. Um comerciante de café vende três misturas de grãos. Um pacote com a "mistura da casa" contém 300 gramas de café colombiano e 200 gramas de café tostado tipo francês. Um pacote com a "mistura especial" contém 200 gramas de café colombiano, 200 gramas de café queniano e 100 gramas de café tostado tipo francês. Um pacote com "mistura gourmet" contém 100 gramas de café colombiano, 200 gramas de café queniano e 200 gramas de café tostado tipo francês. O comerciante tem 30 quilogramas de café colombiano, 15 de café queniano e 25 de café tostado francês. Se ele deseja utilizar todos os grãos de café, quantos pacotes de cada mistura deve preparar?

6. Refaça o exercício 5, assumindo que a "mistura da casa" contém 300 gramas de café colombiano, 50 gramas de café queniano e 150 gramas de café tostado tipo francês, e a "mistura gourmet" contém 100 gramas de café colombiano, 350 gramas de café queniano e 50 gramas de café tostado tipo francês. Desta vez o comerciante tem à disposição 30 quilogramas de café colombiano, 15 de café queniano e 15 de café tostado tipo francês. Suponha que um pacote da "mistura da casa" dê um lucro de R$0,50, um pacote da mistura especial dê um lucro de R$1,50 e um pacote de "mistura gourmet" produza um lucro de R$2,00. Quantos pacotes de cada tipo o comerciante deve preparar se ele quer usar todo o estoque *e* maximizar seu lucro? Qual é o lucro máximo?

Balanceamento de Equações Químicas

Nos exercícios de 7 a 14, faça o balanceamento da equação química para cada reação.

7. $FeS_2 + O_2 \longrightarrow Fe_2O_3 + SO_2$

8. $CO_2 + H_2O \longrightarrow C_6H_{12}O_6 + O_2$ (Essa reação ocorre quando uma planta verde converte dióxido de carbono e água em glicose e oxigênio durante a fotossíntese.)

9. $C_4H_{10} + O_2 \longrightarrow CO_2 + H_2O$ (Essa reação acontece quando o gás butano, C_4H_{10}, queima na presença de oxigênio para formar dióxido de carbono e água.)

10. $C_7H_6O_2 + O_2 \longrightarrow H_2O + CO_2$

11. $C_5H_{11}OH + O_2 \longrightarrow H_2O + CO_2$ (Essa equação representa a combustão do álcool amílico.)

12. $HClO_4 + P_4O_{10} \longrightarrow H_3PO_4 + Cl_2O_7$

CAS **13.** $Na_2CO_3 + C + N_2 \longrightarrow NaCN + CO$

14. $C_2H_2Cl_4 + Ca(OH)_2 \longrightarrow C_2HCl_3 + CaCl_2 + H_2O$

Análise de Redes

15. A figura 2.18 mostra uma rede de canos de água com fluxo medido em litros por minuto.

(a) Monte e resolva um sistema de equações lineares para encontrar os fluxos possíveis.

(b) Se o fluxo através de AB é restrito a 5L/min, qual será o fluxo através dos outros dois ramos?

(c) Quais são os fluxos mínimo e máximo possíveis através de cada ramo?

(d) Até aqui, assumimos que o fluxo é sempre *positivo*. Qual seria o significado de um fluxo *negativo*, se o permitíssemos? Dê uma ilustração deste exemplo.

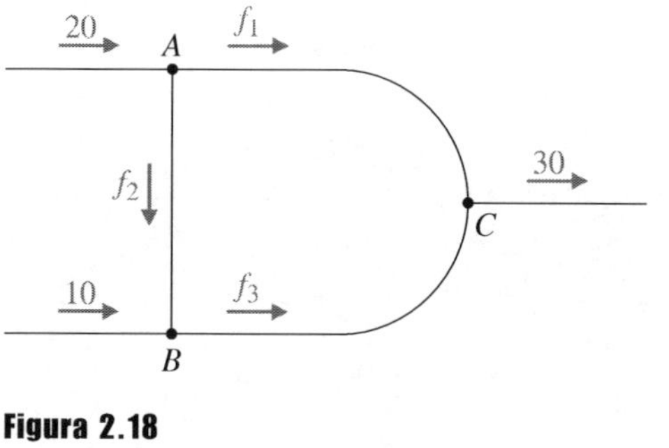

Figura 2.18

16. O coração do centro da cidade de Gotham consiste em ruas de mão única; o fluxo do tráfego é medido em cada cruzamento. Para os quarteirões mostrados na figura 2.19, os números representam o número médio de veículos por minuto entrando e saindo dos cruzamentos *A*, *B*, *C* e *D* durante o horário comercial.

(a) Monte e resolva um sistema de equações lineares para encontrar os valores possíveis para os fluxos $f_1, \ldots, f_4$.

(b) Se o tráfego em *CD* for regulado de modo que $f_4 = 10$ veículos por minuto, qual será o fluxo médio nas outras ruas?

(c) Quais são os fluxos mínimo e máximo possíveis em cada rua?

(d) De que forma o resultado mudaria se *todos* os sentidos do fluxo fossem invertidos?

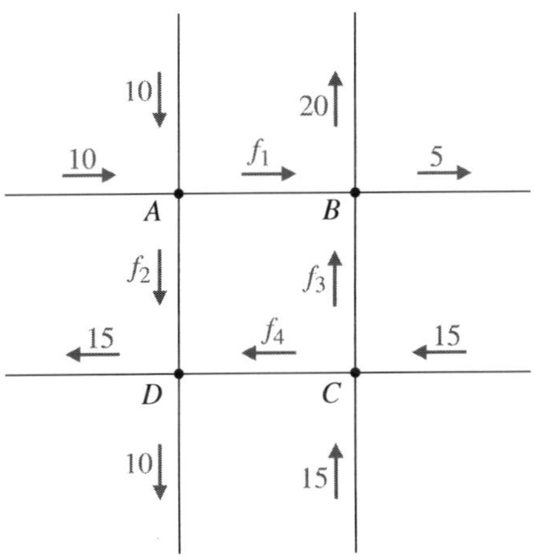

Figura 2.19

17. Uma rede de canais de irrigação é mostrada na figura 2.20, com fluxo medido em milhares de litros por dia.

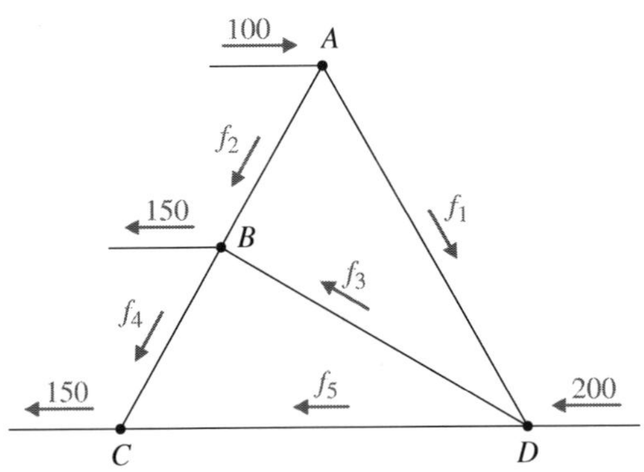

Figura 2.20

(a) Monte e resolva um sistema de equações lineares para encontrar os possíveis fluxos $f_1, \ldots, f_5$.

(b) Suponha que o canal *DC* esteja fechado. Qual intervalo de fluxo será necessário manter através de *DB*?

(c) Pela figura 2.20, fica claro que *DB* não pode ser fechado. (Por que não?) De que forma sua solução do item (a) mostra isso?

(d) Através de sua solução do item (a), determine os fluxos máximo e mínimo através de *DB*.

18. **(a)** Monte e resolva um sistema de equações lineares para encontrar os fluxos possíveis na rede mostrada na figura 2.21.

(b) É possível ter $f_1 = 100$ e $f_6 = 150$? (Responda a essa pergunta primeiramente olhando sua solução do item (a) e depois diretamente de acordo com a figura 2.21.)

(c) Se $f_4 = 0$, qual será o intervalo de fluxo em cada um dos outros ramos?

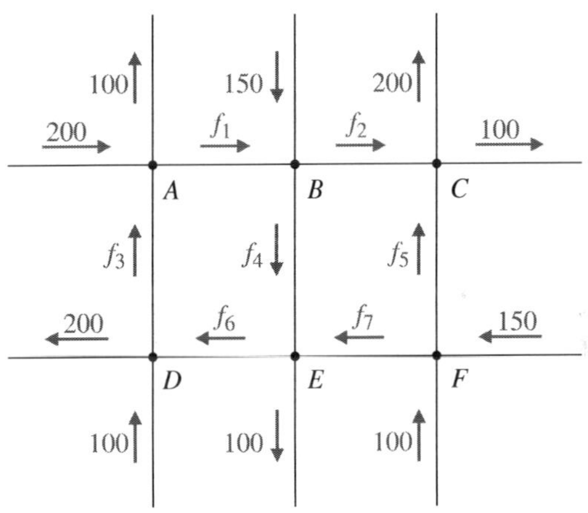

Figura 2.21

Circuitos Elétricos

Nos exercícios 19 e 20, determine as correntes para cada circuito elétrico dado.

19.

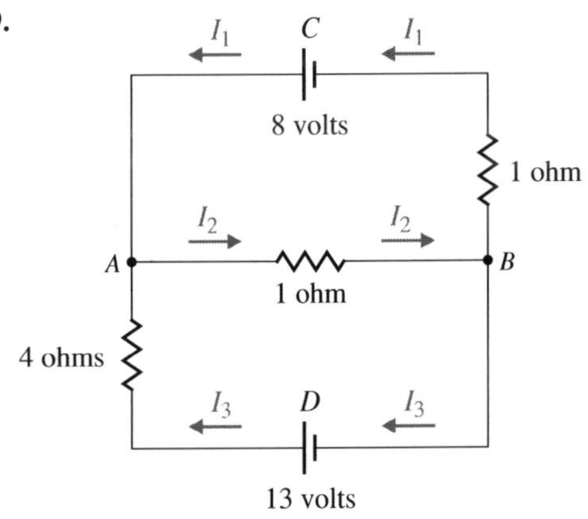

20.

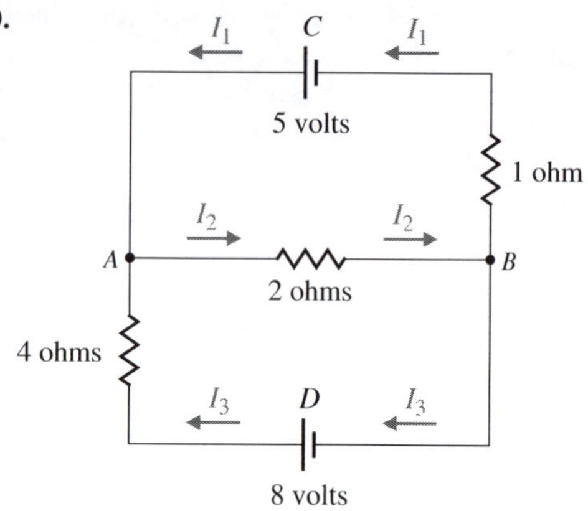

21. **(a)** Encontre o valor das correntes $I, I_1, \ldots, I_5$ no circuito ponte da figura 2.22.

(b) Encontre a resistência efetiva dessa rede.

(c) É possível mudar a resistência no ramo BC (mas deixando todo o restante sem alteração) de modo que a corrente pelo ramo CE se anule?

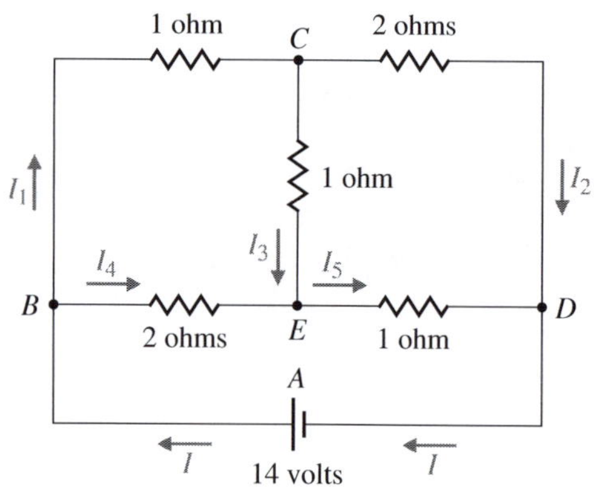

Figura 2.22

22. Os circuitos nas partes (a) e (b) da figura 2.23 mostram dois resistores ligados em *série* e em *paralelo*, respectivamente. Nosso objetivo é encontrar uma fórmula geral para a resistência efetiva de cada circuito — isto é, encontrar R_{ef} de modo que $E = R_{ef}I$.

(a) Mostre que a resistência efetiva R_{ef} de um circuito com dois resistores ligados em série [figura 2.23(a)] é dada por

$$R_{ef} = R_1 + R_2$$

(b) Mostre que a resistência efetiva R_{ef} de um circuito com duas resistências ligadas em paralelo [figura 2.23(b)] é dada por

$$R_{ef} = \frac{1}{\dfrac{1}{R_1} + \dfrac{1}{R_2}}$$

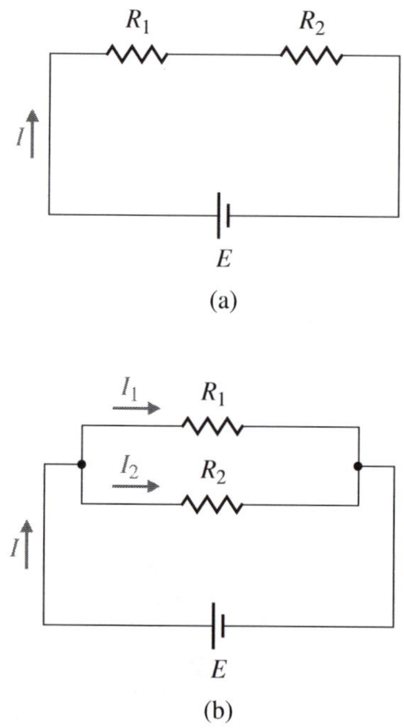

Figura 2.23
Resistores em série e em paralelo

Modelos econômicos lineares

23. Considere uma economia simples, com apenas dois setores: agricultura e manufatura. Agricultura consome 1/2 da comida e 1/3 dos bens manufaturados. Manufatura consome 1/2 da comida e 2/3 dos bens manufaturados. Assumindo que a economia é fechada e está em equilíbrio, encontre as saídas relativas dos setores de agricultura e de manufatura.

24. Suponha que as indústrias do carvão e do aço formem uma economia fechada. Cada \$1,00 produzido pela indústria do carvão usa \$0,30 de carvão e \$0,70 de aço. Cada \$1,00 produzido por aço requer \$0,80 de carvão e \$0,20 de aço. Encontre a produção anual (saída) de carvão e de aço, se a produção anual total é de \$20 milhões.

25. Um pintor, um encanador e um eletricista fazem parte de uma cooperativa em que cada um deles aceita trabalhar para ele mesmo e para os outros dois num total de 10 horas por semana de acordo com o apresentado na tabela 2.8. Para efeitos fiscais, cada pessoa deve estabelecer um valor para seus serviços. Eles concordam em fazer isso para que cada um deles saia quite, isto é, de modo que o montante total pago por cada pessoa seja igual à quantidade que ele recebe. Qual valor por hora cada pessoa deve cobrar se as taxas são todas números inteiros entre \$30 e \$60 por hora?

Tabela 2.8

		Fornecedor		
		Pintor	Encanador	Eletricista
	Pintor	2	1	5
Consumidor	**Pintor**	4	5	1
	Eletricista	4	4	4

26. Quatro vizinhos, cada um com uma horta, concordam em compartilhar seus produtos. Um vai plantar feijão (**F**), um vai plantar alface (**A**), um vai plantar tomates (**T**), e um vai plantar pepino (**P**). A tabela 2.9 mostra que fração de cada cultura cada vizinho receberá. Que preços os vizinhos devem cobrar para as suas culturas, se todas as pessoas devem sair quites e se a safra de menor preço tem um valor de \$50?

Tabela 2.9

		Produtor			
		F	A	T	P
	F	0	1/4	1/8	1/6
Consumidor	**A**	1/2	1/4	1/4	1/6
	T	1/4	1/4	1/2	1/3
	P	1/4	1/4	1/8	1/3

27. Suponha que as indústrias do carvão e do aço formam uma economia aberta. Cada \$1 produzido pela indústria do carvão requer \$0,15 de carvão e \$0,20 de aço. Cada \$1 produzido por aço requer \$0,25 de carvão e \$0,10 de aço. Suponha que há uma demanda externa anual por \$45 milhões em carvão e \$124 milhões de aço.

(a) Quanto cada indústria deve produzir para satisfazer a essas demandas?

(b) Se a demanda por carvão diminui em \$5 milhões por ano, enquanto a demanda por aço aumenta em \$6 milhões por ano, como as indústrias do carvão e do aço devem adaptar suas produções?

28. Na cidade de Gotham, os departamentos de Administração (A), Saúde (S) e Transporte (T) são interdependentes. Para cada valor em dólares de serviços que produzem, cada departamento utiliza uma certa quantidade de serviços produzidos por si mesmo e pelos outros departamentos, como mostra a tabela 2.10. Suponha que, durante o ano, outros departamentos da cidade requerem \$1 milhão em serviços administrativos, \$1,2 milhão no serviços de saúde, e \$0,8 milhão em serviços de transporte. Qual deve ser o valor em dólares de serviços produzidos por cada departamento de modo a se atender a essas demandas?

Tabela 2.10

		Departamento		
		A	S	T
	A	\$0,20	0,10	0,20
Comprar	**S**	0,10	0,10	0,20
	T	0,20	0,40	0,30

Jogos Lineares Finitos

29. (a) No exemplo 2.35, suponha que todas as lâmpadas estejam inicialmente desligadas. É possível pressionar os interruptores em alguma ordem de modo que apenas a segunda e a quarta lâmpadas fiquem acesas?

(b) É possível pressionar os interruptores em alguma ordem de modo que apenas a segunda lâmpada fique acesa?

30. (a) No exemplo 2.35, suponha que a quarta lâmpada esteja inicialmente acesa e as outras quatro apagadas. Podemos pressionar os interruptores em alguma ordem de modo que apenas a segunda e a quarta lâmpadas fiquem acesas?

(b) Podemos pressionar os interruptores em alguma ordem de modo que apenas a segunda lâmpada fique acesa?

31. No exemplo 2.35, descreva todas as possíveis configurações de lâmpadas que podem ser obtidas se começarmos com todas as lâmpadas apagadas.

32. (a) No exemplo 2.36, suponha que todas as lâmpadas estejam inicialmente desligadas. Mostre que é possível pressionar os interruptores em alguma ordem de modo que as lâmpadas fiquem, nesta ordem: desligada, azul escura e azul clara.

(b) Mostre que é possível pressionar os interruptores em alguma ordem de modo que as lâmpadas fiquem, nesta ordem: azul clara, desligada e azul clara.

(c) Prove que *qualquer* configuração das três lâmpadas pode ser obtida.

33. Suponha que as lâmpadas do exemplo 2.35 possam estar desligadas, azuis claras ou azuis escuras, e que os interruptores funcionem como descrito no exemplo 2.36 (isto é, os interruptores controlam as mesmas lâmpadas do exemplo 2.35, mas por ciclos de cores, como no exemplo 2.36.) Mostre que é possível começar com todas as lâmpadas apagadas e pressionar os interruptores em alguma ordem de modo que as lâmpadas fiquem azul escura, azul clara, azul escura, azul clara e azul escura, nessa ordem.

34. Para a mesma situação do exercício 33, descreva todas as possíveis configurações das lâmpadas que podem ser obtidas, começando com todas as lâmpadas apagadas.

CAS **35.** Nove quadrados, cada um ou branco ou preto, estão organizados em uma grade 3×3. A figura 2.24 mostra

Figura 2.24
O quebra-cabeça de nove quadrados.

uma configuração possível. Quando tocado, cada quadrado muda sua própria cor e a cor de alguns de seus vizinhos (preto ⟶ branco e branco ⟶ preto). A figura 2.25 mostra como a mudança de cores

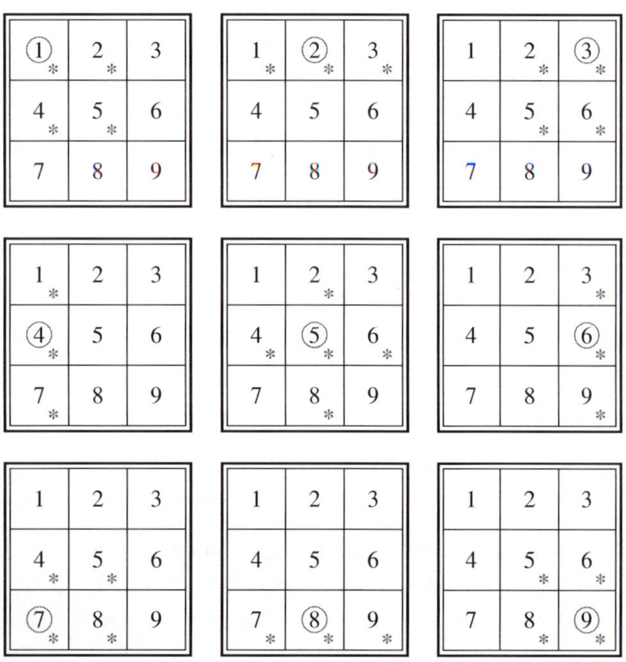

Figura 2.25
Mudanças de cores para o quebra-cabeça de nove quadrados

funciona. (Ao se tocar nos quadrados cujo número está circulado, mudam as cores dos quadrados marcados com *.) O objetivo do jogo é fazer todos os nove quadrados ficarem pretos. [Os exercícios 35 e 36 são adaptações de quebra-cabeças que podem ser encontrados no CD-ROM de jogos interativos *The seventh guest* (Trilobyte Software/Virgin Games, 1992).]

(a) Se a configuração inicial é a mostrada na figura 2.24, mostre que o jogo pode ser ganho e descreva uma sequência de movimentos vencedora.

(b) Prove que o jogo pode sempre ser ganho, independentemente da configuração inicial.

CAS **36.** Considere uma variação do quebra-cabeça de nove quadrados. O jogo funciona como descrito no exercício 35, exceto pelo fato de que há três cores possíveis para cada quadrado: branco, cinza ou preto. Os quadrados mudam de cor, como mostra a figura 2.25, mas agora as mudanças de cores seguem o ciclo branco ⟶ cinza ⟶ preto ⟶ branco. Mostre como a configuração vencedora toda preta pode ser obtida a partir da configuração inicial mostrada na figura 2.26.

Figura 2.26
O quebra-cabeça de nove quadrados com mais estados

Miscelânea de Problemas

Nos exercícios de 37 a 53, monte e resolva um sistema de equações lineares apropriado para responder às questões.

37. Graça é três vezes mais velha que Heitor, mas daqui a cinco anos ela terá o dobro da idade que Heitor terá. Qual a idade deles agora?

38. A soma das idades de Ana, Beto e Cristina é 60 anos. Ana é mais velha que Beto pelo mesmo número de anos que Beto é mais velho que Cristina. Quando Beto tiver a idade que Ana tem hoje, Ana terá três vezes a idade que Cristina tem hoje. Quais são suas idades?

Os dois problemas anteriores são típicos daqueles encontrados em livros populares de quebra-cabeças matemáticos. Entretanto, eles têm origem na antiguidade. Uma tábua de argila da Babilônia, de cerca de 300 a.C., contém o problema a seguir.

39. Há dois campos cuja área total é de 1800 jardas quadradas. Um campo produz grãos na proporção de $\frac{2}{3}$ de sacas por jarda quadrada; o outro campo produz grãos na proporção de $\frac{1}{2}$ de sacas por jarda quadrada. Se a produção total é de 1100 sacas, qual é o tamanho de cada campo?

Há mais de 2000 anos, os chineses desenvolveram métodos de resolução de sistemas de equações lineares, incluindo uma versão do método de eliminação de Gauss, que não se tornou conhecido na Europa até o século XIX. (Não há evidências de que Gauss conhecesse os métodos chineses quando desenvolveu aquele que chamamos atualmente de método de eliminação de Gauss. Porém, é evidente que os chineses já conheciam a essência do método, embora eles não justificassem seu uso.) O problema a seguir foi extraído do texto chinês Jiuzhang suanshu (Nove capítulos em arte matemática), escrito durante o início da Dinastia de Han, cerca de 200 a.C.

40. Há três tipos de milho. Três feixes do primeiro tipo, dois do segundo e um do terceiro fazem 39 medidas. Dois feixes do primeiro tipo, três do segundo e um do terceiro fazem 34 medidas. Um feixe do primeiro tipo, dois do segundo e três do terceiro fazem 26 medidas. Quantas medidas de milho há em um feixe de cada tipo?

41. Descreva todos os possíveis valores de a, b, c e d que tornarão válidas cada uma das tabelas de adição a seguir. [Os problemas de 41 a 44 são baseados no artigo "An application of matrix theory", escrito por Paul Glaister em *The mathematics teacher*, 85 (1992), pp. 220-223.]

(a)

+	a	b
c	2	3
d	4	5

(b)

+	a	b
c	3	6
d	4	5

42. Que condições sobre w, x, y e z irão garantir que possamos encontrar a, b, c e d de modo que a tabela de adição a seguir seja válida?

+	a	b
c	w	x
d	y	z

43. Descreva todos os valores de a, b, c, d, e e f que tornarão válidas as tabelas de adição a seguir.

(a)

+	a	b	c
d	3	2	1
e	5	4	3
f	4	3	1

(b)

+	a	b	c
d	1	2	3
e	3	4	5
f	4	5	6

44. Generalizando o exercício 42, encontre condições sobre os dados de uma tabela de adição 3×3 que garantam que os valores de a, b, c, d, e e f possam sempre ser encontrados, como acabamos de ver.

45. Sabemos, da geometria elementar, que existe uma única reta que passa por dois pontos distintos de um plano. É menos conhecido o fato de que existe uma única parábola que passa por quaisquer *três* pontos não colineares de um plano. Para cada conjunto de pontos a seguir, encontre uma parábola, com equação da forma $y = ax^2 + bx + c$, que passe pelos pontos dados. (Esboce a parábola resultante para conferir a validade de sua resposta.)

(a) $(0, 1), (-1, 4)$, e $(2, 1)$

(b) $(-3, 1), (-2, 2)$, e $(-1, 5)$

46. Por três pontos não colineares também passa uma única circunferência. Encontre a circunferência (cuja equação geral é da forma $x^2 + y^2 + ax + by + c = 0$) que passa por cada conjunto de pontos dados no exercício 45. (Para conferir a validade de sua resposta, encontre o centro e o raio de cada circunferência e desenhe um esboço.)

A adição de funções racionais (quociente de polinômios), obtida através de uma escolha de um denominador comum, é feita de modo análogo à adição de números racionais. O processo reverso, de separar uma função racional escrevendo-a como uma soma de funções racionais mais simples, é útil em muitas áreas da matemática; por exemplo, aparece em Cálculo, quando precisamos integrar uma função racional, e em matemática discreta, quando usamos funções geradoras para resolver relações de recorrência. A decomposição de uma função racional como soma de frações parciais leva a um sistema de equações lineares. Nos exercícios de 47 a 50, encontre a decomposição em frações parciais da forma dada. (As letras maiúsculas indicam constantes.)

47. $$\frac{3x + 1}{x^2 + 2x - 3} = \frac{A}{x - 1} + \frac{B}{x + 3}$$

48. $$\frac{x^2 - 3x + 3}{x^3 + 2x^2 + x} = \frac{A}{x} + \frac{B}{x + 1} + \frac{C}{(x + 1)^2}$$

CAS **49.** $$\frac{x - 1}{(x + 1)(x^2 + 1)(x^2 + 4)} = \frac{A}{x + 1} + \frac{Bx + C}{x^2 + 1} + \frac{Dx + E}{x^2 + 4}$$

CAS **50.** $$\frac{x^3 + x + 1}{x(x - 1)(x^2 + x + 1)(x^2 + 1)^3} = \frac{A}{x} + \frac{B}{x - 1} + \frac{Cx + D}{x^2 + x + 1} + \frac{Ex + F}{x^2 + 1} + \frac{Gx + H}{(x^2 + 1)^2} + \frac{Ix + J}{(x^2 + 1)^3}$$

Veja a seguir duas fórmulas úteis para as somas de potências de números naturais consecutivos:

$$1 + 2 + \cdots + n = \frac{n(n+1)}{2}$$

e

$$1^2 + 2^2 + \cdots + n^2 = \frac{n(n+1)(2n+1)}{6}$$

A validade dessas fórmulas para todos os valores de $n \geq 1$ (ou mesmo $n \geq 0$) pode ser estabelecida pela indução matemática (veja o apêndice B). Para fazer um "chute" com boas chances de acerto sobre como devem ser as fórmulas, observamos que é possível reescrever as duas fórmulas como

$$\tfrac{1}{2}n^2 + \tfrac{1}{2} \quad e \quad \tfrac{1}{3}n^3 + \tfrac{1}{2}n^2 + \tfrac{1}{6}n$$

respectivamente. Isso leva à conjectura de que a soma das p-ésimas potências dos primeiros n números naturais é um polinômio de grau $p + 1$ na variável n.

51. Assumindo que $1 + 2 + ... + n = an^2 + bn + c$, encontre a, b e c substituindo três valores de n e, portanto, obtendo um sistema de equações lineares em a, b e c.

52. Assuma que $1^2 + 2^2 + \ldots + n^2 = an^3 + bn^2 + cn + d$. Encontre a, b, c e d. (*Sugestão:* é correto usar $n = 0$. Como fica o lado esquerdo da equação neste caso?)

53. Mostre que $1^3 + 2^3 + \ldots + n^3 = (n(n+1)/2)^2$.

Vinheta

O Sistema de Posicionamento Global

O Sistema de Posicionamento Global (do inglês, GPS) é utilizado em uma variedade de situações para determinar localizações geográficas. Os militares, topógrafos, companhias aéreas, companhias de navegação e caminhantes todos fazem uso dele. A tecnologia do GPS está se tornando tão comum que alguns automóveis, telefones celulares e vários dispositivos portáteis já estão equipados com ele.

A ideia básica do GPS é uma variante da triangulação tridimensional: um ponto na superfície da Terra é determinado de modo único ao se saber suas distâncias a três outros pontos. Aqui, o ponto que queremos determinar é a localização do receptor GPS, os outros pontos são satélites, e as distâncias são calculadas usando os tempos de viagem de sinais de rádio dos satélites até o receptor.

Vamos supor que a Terra é uma esfera sobre a qual impomos um sistema de coordenadas xyz. Vamos supor ainda que a Terra está centrada na origem e com a parte positiva do eixo z atravessando o pólo norte e fixo em relação à Terra.

Para simplificar, vamos considerar como 1 o raio da esfera que representa a Terra. Assim, a superfície da Terra se torna a esfera unitária com equação $x^2 + y^2 + z^2 = 1$. O tempo será medido em centésimos de segundo. O GPS encontra distâncias ao saber quanto tempo um sinal de rádio leva para ir de um ponto a outro. Para isso, precisamos saber a velocidade da luz, que é aproximadamente igual a 0,47 (raios terrestres por centésimos de segundo).

Vamos imaginar que você está a pé e está perdido na mata no ponto (x, y, z) em algum momento t. Você não sabe onde você está, e, além disso, você não tem relógio, então você não sabe que horas são. No entanto, você tem o seu dispositivo GPS, e ele recebe sinais simultâneos de quatro satélites, dando as suas posições e tempos como mostra a tabela 2.11. (As distâncias são medidas em raios terrestres e o tempo em centésimos de segundo após meia-noite.)

Esta aplicação é baseada no artigo "An Underdetermined Linear System for GPS" de Dan Kalman publicado em *The College Mathematics Journal*, 33 (2002), pp. 384–390. Para informações mais aprofundadas sobre o que apresentamos aqui, veja G. Strang e K. Borre, *Linear Algebra, Geodesy, and GPS* (Wellesley-Cambridge Press, MA, 1997).

Tabela 2.11 Dados de Satélites

Satélite	Posição	Tempo
1	(1,11, 2,55, 2,14)	1,29
2	(2,87, 0,00, 1,43)	1,31
3	(0,00, 1,08, 2,29)	2,75
4	(1,54, 1,01, 1,23)	4,06

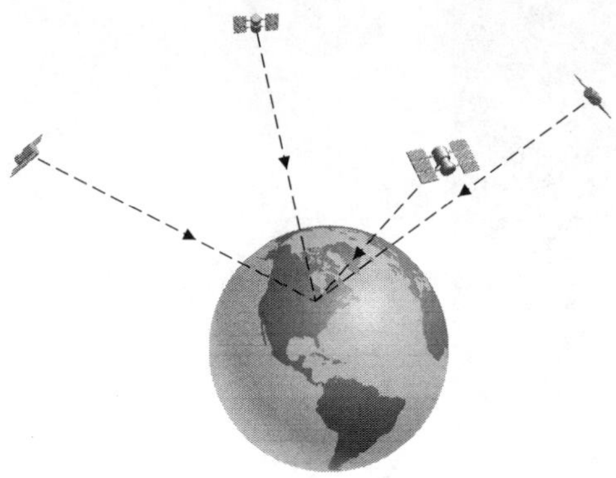

Sejam (x, y, z) a sua posição e t o instante em que os sinais chegam. O objetivo é resolver para x, y, z e t. Sua distância do satélite 1 pode ser calculada da seguinte forma: o sinal, viajando a uma velocidade de 0,47 raios terrestres/10^{-2} s, foi enviado no instante 1,29 e chegou no tempo t, ou seja, demorou t – 1,29 centésimos de segundo para chegar até você. Como distância é igual a velocidade multiplicada por tempo (decorrido),

$$d = 0{,}47(t - 1{,}29)$$

Também podemos escrever d em função de (x, y, z) e da posição do satélite (1,11, 2,55, 2,14) usando a fórmula de distância:

$$d = \sqrt{(x - 1{,}11)^2 + (y - 2{,}55)^2 + (z - 2{,}14)^2}$$

Igualando estes dois resultados, obtemos a equação

$$(x - 1{,}11)^2 + (y - 2{,}55)^2 + (z - 2{,}14)^2 = 0{,}47^2(t - 1{,}29)^2 \qquad (1)$$

Expandindo, simplificando e reagrupando a equação (1), ela se torna

$$2{,}22x + 5{,}10y + 4{,}28z - 0{,}57t = x^2 + y^2 + z^2 - 0{,}22t^2 + 11{,}95$$

De modo análogo, podemos obter uma equação correspondente para cada um dos outros três satélites. Vamos acabar tendo um sistema de quatro equações em x, y, z e t:

$$\begin{aligned}
2{,}22x + 5{,}10y + 4{,}28z - 0{,}57t &= x^2 + y^2 + z^2 - 0{,}22t^2 + 11{,}95\\
5{,}74x \phantom{+ 5{,}10y} + 2{,}86z - 0{,}58t &= x^2 + y^2 + z^2 - 0{,}22t^2 + 9{,}90\\
2{,}16y + 4{,}58z - 1{,}21t &= x^2 + y^2 + z^2 - 0{,}22t^2 + 4{,}74\\
3{,}08x + 2{,}02y + 2{,}46z - 1{,}79t &= x^2 + y^2 + z^2 - 0{,}22t^2 + 1{,}26
\end{aligned}$$

Estas equações não são lineares, mas os termos não lineares são os mesmos em todas as equações. Se subtrairmos a primeira equação de cada uma das outras três equações, obtemos um sistema linear:

$$\begin{aligned}
3{,}52x - 5{,}10y - 1{,}42z - 0{,}01t &= 2{,}05\\
-2{,}22x - 2{,}94y + 0{,}30z - 0{,}64t &= 7{,}21\\
0{,}86x - 3{,}08y - 1{,}82z - 1{,}22t &= -10{,}69
\end{aligned}$$

Fazendo o escalonamento da matriz completa obtemos

$$\left[\begin{array}{rrrr|r} 3{,}52 & -5{,}10 & -1{,}42 & -0{,}01 & -2{,}05\\ -2{,}22 & -2{,}94 & 0{,}30 & -0{,}64 & -7{,}21\\ 0{,}86 & -3{,}08 & -1{,}82 & -1{,}22 & -10{,}69 \end{array}\right] \longrightarrow \left[\begin{array}{cccc|c} 1 & 0 & 0 & 0{,}36 & 2{,}97\\ 0 & 1 & 0 & 0{,}03 & 0{,}81\\ 0 & 0 & 1 & 0{,}79 & 5{,}91 \end{array}\right]$$

de onde vemos que

$$\begin{aligned} x &= 2{,}97 - 0{,}36t \\ y &= 0{,}81 - 0{,}03t \\ z &= 5{,}91 - 0{,}79t \end{aligned} \qquad (2)$$

em que t é livre. Substituindo essas equações em (1), obtemos

$$(2{,}97 - 0{,}36t - 1{,}11)^2 + (0{,}81 - 0{,}03t - 2{,}55)^2 \\ + (5{,}91 - 0{,}79t - 2{,}14)^2 = 0{,}47^2(t - 1{,}29)^2$$

que pode ser simplificada para a equação quadrática

$$0{,}54t^2 - 6{,}65t + 20{,}32 = 0$$

Existems duas soluções:

$$t = 6{,}74 \quad \text{e} \quad t = 5{,}60$$

Substituindo em (2), encontramos que a primeira solução corresponde a $(x, y, z) = (0{,}55,\ 0{,}61,\ 0{,}56)$ e a segunda a $(x, y, z) = (0{,}96,\ 0{,}65,\ 1{,}46)$. Claramente, a segunda solução não pertence à esfera unitária (Terra), então nós a descartamos. A primeira solução resulta em $x^2 + y^2 + z^2 = 0{,}99$, de modo que estamos satisfeitos, com um erro de arredondamento aceitável, e obtemos suas coordenadas como sendo $(0{,}55,\ 0{,}61,\ 0{,}56)$.

Na prática, GPS leva em consideração um número significantemente maior de fatores, como, por exemplo, o fato de que a superfície da Terra não é uma esfera exata, de modo que são necessárias técnicas de refinamentos como aproximação por mínimos quadrados (veja o capítulo 7). Além disso, os resultados dos cálculos por GPS são convertidos das coordenadas cartesianas (retangulares) para latitudes e longitudes, um exercício por si só interessante e que envolve outros ramos da matemática.

CAS

2.5 Métodos Iterativos de Resolução de Sistemas Lineares

Os métodos diretos de resolução de sistemas lineares por meio de operações elementares com as linhas levam a soluções exatas em muitos casos, mas estão sujeitos a erros devidos aos arredondamentos e a outros fatores, como já vimos. A terceira estrada de nosso "trivium" nos leva a um caminho, na verdade, bastante diferente. Nesta seção, vamos explorar métodos que funcionam *iterativamente*, gerando sequências sucessivas de vetores que se aproximam de uma solução de um sistema linear. Em muitos exemplos (tais como quando a matriz dos coeficientes é *esparsa* — isto é, contém muitos elementos nulos), os métodos iterativos podem ser mais rápidos e mais precisos que os métodos diretos. Além disso, métodos iterativos podem ser interrompidos sempre que a solução aproximada gerada por ele está suficientemente precisa. Os métodos iterativos, ainda, frequentemente se *favorecem* da imprecisão: erros de arredondamento podem até acelerar sua convergência para uma solução.

Vamos explorar dois métodos iterativos para resolução de sistemas lineares: o ***método de Jacobi*** e um refinamento dele, o ***método de Gauss-Seidel***. Em todos os exemplos, consideraremos sistemas lineares com o mesmo número de variáveis e de equações, e assumiremos que existe uma única solução. Nosso interesse é encontrar essa solução usando métodos iterativos.

Exemplo 2.37

Considere o sistema

$$\begin{aligned} 7x_1 - x_2 &= 5 \\ 3x_1 - 5x_2 &= -7 \end{aligned}$$

O método de Jacobi começa com a solução da primeira equação para x_1 e da segunda equação para x_2, para obter

$$\begin{aligned} x_1 &= \frac{5 + x_2}{7} \\ x_2 &= \frac{7 + 3x_1}{5} \end{aligned} \qquad (1)$$

Precisamos agora de uma ***aproximação inicial*** da solução. Acontece que não importa qual seja a aproximação inicial, assim podemos escolher $x_1 = 0$, $x_2 = 0$. Usamos esses valores nas equações (1) para conseguirmos novos valores de x_1 e x_2:

$$\begin{aligned} x_1 &= \frac{5 + 0}{7} = \frac{5}{7} \approx 0{,}714 \\ x_2 &= \frac{7 + 3 \cdot 0}{5} = \frac{7}{5} = 1{,}400 \end{aligned}$$

Agora, substituímos esses valores em (1) e obtemos

$$\begin{aligned} x_1 &= \frac{5 + 1{,}4}{7} \approx 0{,}914 \\ x_2 &= \frac{7 + 3 \cdot \frac{5}{7}}{5} \approx 1{,}829 \end{aligned}$$

(valores escritos com três casas decimais). Repetimos esse processo (usando os valores anteriores de x_2 e de x_1 para obter os novos valores de x_1 e x_2), produzindo a sequência de aproximações mostrada na tabela 2.12.

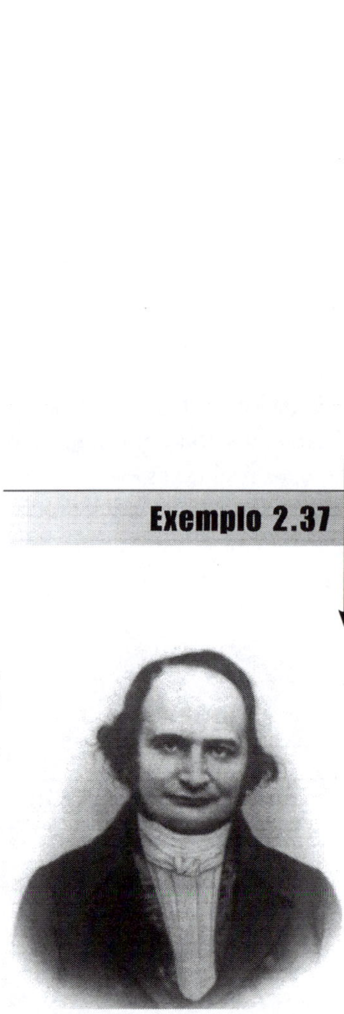

Cortesia de Smithsonian Institution Libraries, Washington, D.C.

Carl Gustav Jacobi (1804-1851) foi um matemático alemão que fez contribuições importantes a muitas áreas da matemática e da física, incluindo geometria, teoria dos números, análise, mecânica e dinâmica dos fluidos. Embora boa parte de seu trabalho tenha sido em matemática aplicada, Jacobi acreditava na importância de fazer matemática pura. Bom professor, ele ocupou posições nas Universidades de Berlim e Königsberg e foi um dos mais famosos matemáticos na Europa.

Tabela 2.12

n	0	1	2	3	4	5	6
x_1	0	0,714	0,914	0,976	0,993	0,998	0,999
x_2	0	1,400	1,829	1,949	1,985	1,996	1,999

Os vetores sucessivos $\begin{bmatrix} x_1 \\ x_2 \end{bmatrix}$ são chamados de ***iterados***. Por exemplo, quando $n = 4$, o quarto iterado é $\begin{bmatrix} 0{,}993 \\ 1{,}985 \end{bmatrix}$. Podemos ver que os iterados, neste exemplo, estão se aproximando de $\begin{bmatrix} 1 \\ 2 \end{bmatrix}$, que é a solução exata do sistema dado. (Verifique.) Em um caso como esse, dizemos que o método de Jacobi ***converge***.

O método de Jacobi é usado para calcular os iterados em um sistema de duas variáveis de acordo com um padrão cruzado, conforme mostra a tabela 2.13.

Tabela 2.13

n	0	1	2	3
x_1				
x_2				

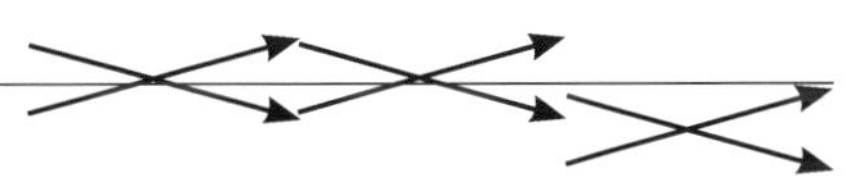

O método de Gauss-Seidel tem esse nome em homenagem a C. F. Gauss e Philipp Ludwig von Seidel (1821-1896). Seidel trabalhou em análise, teoria da probabilidade, astronomia e óptica. Infelizmente, teve problemas na vista e se aposentou ainda jovem. O artigo no qual ele descreveu o método conhecido como Gauss-Seidel foi publicado em 1874. Gauss, ao que parece, não conhecia o método!

Antes de considerarmos o método de Jacobi no caso geral, vamos olhar uma modificação dele que frequentemente converge de modo mais rápido para a solução. O *método de Gauss-Seidel* é o mesmo que o método de Jacobi, exceto pelo fato de usarmos cada valor novo *logo que possível*. Assim, em nosso exemplo, começamos calculando $x_1 = (5 + 0)/7 = \frac{5}{7} \approx 0{,}714$ como antes, mas agora usamos esse valor de x_1 para conseguir o próximo valor de x_2:

$$x_2 = \frac{7 + 3 \cdot \frac{5}{7}}{5} \approx 1{,}829$$

Usamos agora esse valor de x_2 para recalcular x_1, e assim por diante. Os iterados obtidos dessa maneira aparecem na tabela 2.14.

Observamos que o método de Gauss-Seidel convergiu para a solução mais rapidamente. Os iterados, desta vez, foram calculados de acordo com o padrão ziguezague mostrado na tabela 2.15.

Tabela 2.14

n	0	1	2	3	4	5
x_1	0	0,714	0,976	0,998	1,000	1,000
x_2	0	1,829	1,985	1,999	2,000	2,000

Tabela 2.15

n	0	1	2	3
x_1				
x_2				

O método de Gauss-Seidel também tem uma interpretação geométrica interessante no caso de duas variáveis. Podemos pensar que x_1 e x_2 são as coordenadas de pontos do plano. Nosso ponto de partida é o ponto correspondente a nossa aproximação inicial, (0, 0). Nosso primeiro cálculo fornece $x_1 = \frac{5}{7}$, logo, nos movemos para o ponto $(\frac{5}{7}, 0) \approx (0{,}714, 0)$. Então calculamos $x_2 = \frac{64}{35} \approx 1{,}829$, que nos move para o ponto $(\frac{5}{7}, \frac{64}{35}) \approx (0{,}714, 1{,}829)$. Continuando dessa maneira, nossos cálculos pelo método de Gauss-Seidel farão surgir uma sequência de pontos, cada um diferente do anterior em exatamente uma coordenada. Se fizermos os gráficos das retas $7x_1 - x_2 = 5$ e $3x_1 - 5x_2 = -7$, correspondentes às duas equações dadas, veremos que os pontos calculados há pouco estão localizados sobre as duas retas alternadamente, como é mostrado na figura 2.27. Além disso, eles se aproximam do ponto de interseção das retas, que corresponde à solução do sistema de equações. É esse o significado de *convergência*!

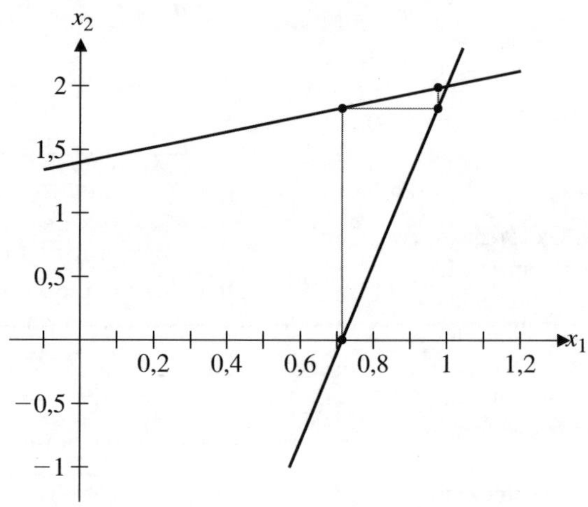

Figura 2.27
Iterados convergentes

Os casos gerais dos dois métodos são análogos. Dado um sistema de n equações lineares em n variáveis,

$$\begin{aligned} a_{11}x_1 + a_{12}x_2 + \cdots + a_{1n}x_n &= b_1 \\ a_{21}x_1 + a_{22}x_2 + \cdots + a_{2n}x_n &= b_2 \\ &\vdots \\ a_{n1}x_1 + a_{n2}x_2 + \cdots + a_{nn}x_n &= b_n \end{aligned} \tag{2}$$

resolvemos a primeira equação para x_1, a segunda para x_2, e assim por diante. Depois, começando com uma aproximação inicial qualquer, usamos essas novas equações para iterativamente atualizar cada variável. No método de Jacobi não usados *todos* os valores obtidos na k-ésima iteração para calcular o $(k+1)$-ésimo iterado, enquanto no método de Gauss-Seidel sempre usamos *os mais recentes* valores de cada variável em cada cálculo. O exemplo 2.39 a seguir ilustra o método de Gauss-Seidel em um problema com três variáveis.

A essa altura, você deve ter algumas questões ou preocupações sobre esses métodos iterativos. (Você tem?) Várias vêm à mente: esses métodos sempre convergem? Se não, quando eles *realmente* convergem? *Se* convergem, é sempre para a solução? A resposta para a primeira questão é não, como mostra o exemplo 2.38.

Exemplo 2.38

Aplique o método de Gauss-Seidel ao sistema

$$x_1 - x_2 = 1$$
$$2x_1 + x_2 = 5$$

com aproximação inicial $\begin{bmatrix} 0 \\ 0 \end{bmatrix}$.

Solução Rearranjamos as equações para obter

$$x_1 = 1 + x_2$$
$$x_2 = 5 - 2x_1$$

Os primeiros iterados são dados na tabela 2.16. (Confira.)

A solução real do sistema é $\begin{bmatrix} x_1 \\ x_2 \end{bmatrix} = \begin{bmatrix} 2 \\ 1 \end{bmatrix}$. Os iterados na tabela 2.16 não estão se aproximando desse ponto, como a figura 2.28 mostra claramente através de um gráfico que exemplifica uma ***divergência***.

Tabela 2.16

n	0	1	2	3	4	5
x_1	0	1	4	−2	10	−14
x_2	0	3	−3	9	−15	33

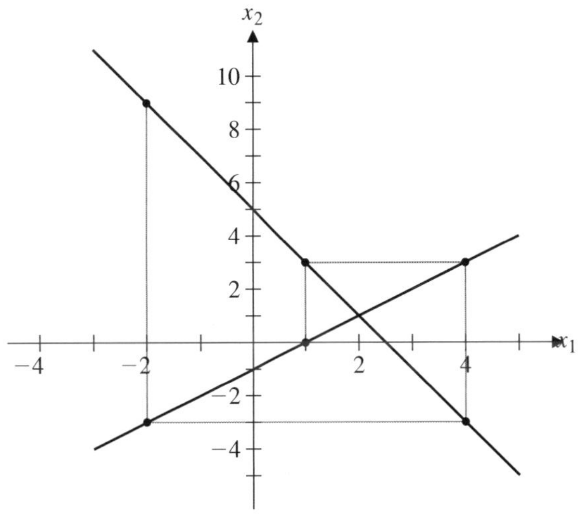

Figura 2.28
Iterados divergentes

Então, quando esses métodos de iteração convergem? Infelizmente, a resposta a essa questão é bastante sutil. Ela será dada completamente no capítulo 7, mas por enquanto mostraremos uma resposta parcial, sem demonstração.

Seja A a matriz $n \times n$

$$A = \begin{bmatrix} a_{11} & a_{12} & \cdots & a_{1n} \\ a_{21} & a_{22} & \cdots & a_{2n} \\ \vdots & \vdots & \ddots & \vdots \\ a_{n1} & a_{n2} & \cdots & a_{nn} \end{bmatrix}$$

Dizemos que A *tem **diagonal estritamente dominante*** se

$$|a_{11}| > |a_{12}| + |a_{13}| + \cdots + |a_{1n}|$$
$$|a_{22}| > |a_{21}| + |a_{23}| + \cdots + |a_{2n}|$$
$$\vdots$$
$$|a_{nn}| > |a_{n1}| + |a_{n2}| + \cdots + |a_{n,n-1}|$$

Ou seja, o valor absoluto de cada elemento $a_{11}, a_{22}, \ldots\ a_{nn}$ da diagonal da matriz é maior que a soma dos valores absolutos dos demais elementos daquela linha.

Teorema 2.9 Se um sistema de n equações lineares com n variáveis tem uma matriz de coeficientes de diagonal estritamente dominante, então ela tem uma única solução e os métodos de Jacobi e de Gauss-Seidel convergem para essa solução.

Observação: Cuidado! Esse teorema é uma implicação em um sentido apenas. O fato de um sistema *não* ter matriz dos coeficientes de diagonal estritamente dominante *não* significa que os métodos iterados divergem. Eles podem ou não convergir. (Veja os exercícios de 15 a 19.) Na verdade, há exemplos nos quais um desses métodos converge e o outro diverge. Porém, *se* algum dos métodos convergir, ele deverá convergir para a solução — não poderá convergir para nenhum outro ponto

Teorema 2.10 Se o método de Jacobi ou o de Gauss-Seidel convergir em um sistema de n equações lineares em n variáveis, ele deve convergir para a solução do sistema.

Demonstração Ilustraremos a ideia por trás da demonstração esboçando-a para o caso do método de Jacobi, usando o sistema de equações lineares do exemplo 2.37. A prova geral é similar.

Convergência significa que"conforme o número de iterações aumenta, os valores dos iterados ficam mais e mais próximos de um valor limite." Isso significa que x_1 e x_2 convergem para r e s, respectivamente, como mostra a tabela 2.17.

Devemos provar que $\begin{bmatrix} x_1 \\ x_2 \end{bmatrix} = \begin{bmatrix} r \\ s \end{bmatrix}$ é a solução do sistema de equações. Em outras palavras, na $(k + 1)$-ésima iteração, os valores de x_1 e x_2 devem permanecer os

Tabela 2.17

n	$\cdots$	k	$k+1$	$k+2$	$\cdots$
x_1	$\cdots$	r	r	r	$\cdots$
x_2	$\cdots$	s	s	s	$\cdots$

mesmos que na k-ésima iteração. Mas os cálculos dão $x_1 = (5 + x_2)/7 = (5 + s)/7$ e $x_2 = (7 + 3x_1)/5 = (7 + 3r)/5$. Portanto,

$$\frac{5 + s}{7} = r \quad \text{e} \quad \frac{7 + 3r}{5} = s$$

Rearranjando, vemos que

$$\begin{aligned} 7r - s &= 5 \\ 3r - 5s &= -7 \end{aligned}$$

Logo, $x_1 = r$, $x_2 = s$ satisfazem às equações originais, como desejado.

Agora você deve estar curioso. Se os métodos iterativos nem sempre convergem para a solução, para que eles servem? Por que não usamos apenas o método de eliminação de Gauss? Primeiramente, vimos que o método de eliminação de Gauss é sensível a erros de arredondamento e pode nos levar a respostas não precisas ou até mesmo totalmente erradas. Além disso, mesmo quando o método de eliminação de Gauss não se desvia, não é possível melhorar uma solução que já tenhamos encontrado. Por exemplo, se usamos o método de eliminação de Gauss para calcular uma solução com duas casas decimais de precisão, não há como obter a solução com quatro casas de precisão, exceto começando-se novamente e trabalhando com maior precisão.

Por outro lado, podemos alcançar precisão adicional com métodos iterativos simplesmente fazendo mais iterações. Para sistemas grandes, particularmente aqueles com matrizes dos coeficientes esparsas, métodos iterativos são muito mais rápidos que métodos diretos quando implementados em um computador. Em muitas aplicações, os sistemas que aparecem de diagonais estritamente dominantes, e, nesses casos, os métodos iterativos serão certamente convergentes. O próximo exemplo ilustra uma aplicação dessas.

Exemplo 2.39

Suponha que esquentemos cada lado de uma placa de metal a uma temperatura constante, como mostrado na figura 2.29.

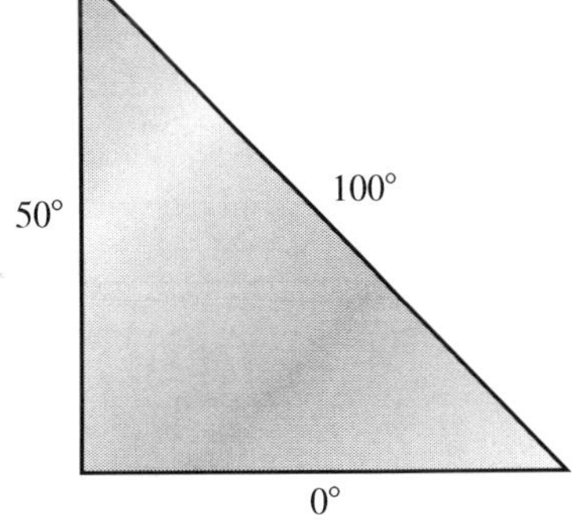

Figura 2.29
Uma placa de metal aquecida

Com o passar do tempo, a temperatura em cada ponto do interior da placa alcançará um *equilíbrio*, e a seguinte propriedade poderá ser comprovada:

A temperatura em cada ponto P interior a uma placa é a média das temperaturas na circunferência de qualquer círculo dentro da placa, centrado em P (figura 2.30).

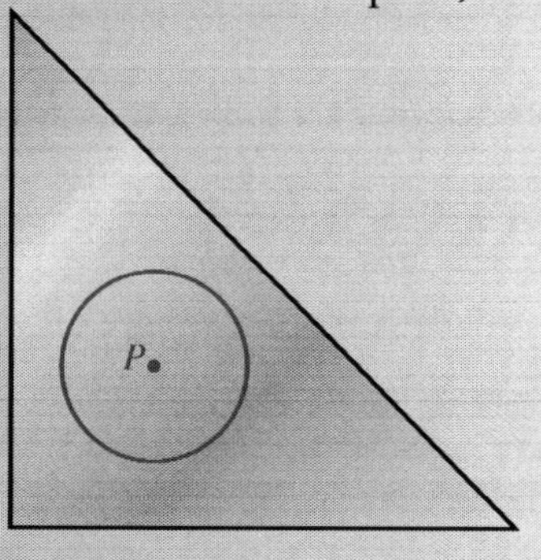

Figura 2.30

A aplicação dessa propriedade em um exemplo real requer técnicas de cálculo. Como alternativa, podemos aproximar a situação colocando sobre a placa uma malha com um número finito de pontos interiores, como mostrado na figura 2.31.

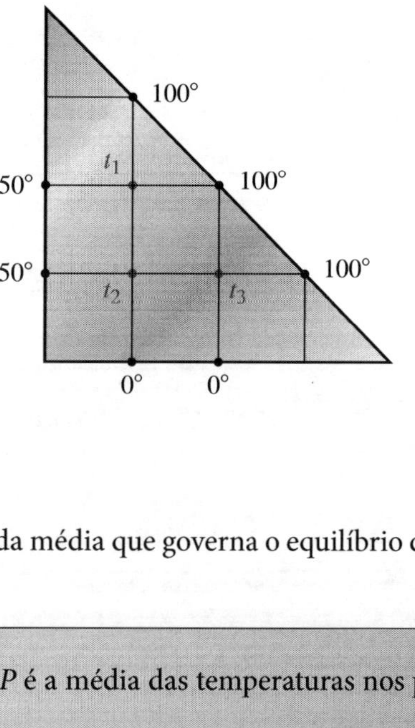

Figura 2.31
A versão discreta do problema da placa aquecida.

O análogo discreto da propriedade da média que governa o equilíbrio de temperaturas é assim enunciado:

A temperatura em cada ponto interior P é a média das temperaturas nos pontos adjacentes a P.

No exemplo mostrado na figura 2.31, há três pontos interiores, cada um adjacente a quatro outros pontos. Sejam t_1, t_2, e t_3 as temperaturas de equilíbrio dos pontos interiores, como mostrado. Então, pela propriedade da temperatura média, temos

$$t_1 = \frac{100 + 100 + t_2 + 50}{4}$$
$$t_2 = \frac{t_1 + t_3 + 0 + 50}{4} \qquad (3)$$
$$t_3 = \frac{100 + 100 + 0 + t_2}{4}$$

ou

$$\begin{aligned} 4t_1 - t_2 \quad\quad &= 250 \\ -t_1 + 4t_2 - t_3 &= 50 \\ - t_2 + 4t_3 &= 200 \end{aligned}$$

Note que esse sistema é de diagonal estritamente dominante. Note também que as equações (3) são da forma requerida pelos métodos de iteração de Jacobi ou de Gauss-Seidel. Com uma aproximação inicial de $t_1 = 0$, $t_2 = 0$, $t_3 = 0$, pelo método de Gauss-Seidel temos as seguintes iterações:

Interação 1:
$$t_1 = \frac{100 + 100 + 0 + 50}{4} = 62{,}5$$
$$t_2 = \frac{62{,}5 + 0 + 0 + 50}{4} = 28{,}125$$
$$t_3 = \frac{100 + 100 + 0 + 28{,}125}{4} = 57{,}031$$

Interação 2:
$$t_1 = \frac{100 + 100 + 28{,}125 + 50}{4} = 69{,}531$$
$$t_2 = \frac{69{,}531 + 57{,}031 + 0 + 50}{4} = 44{,}141$$
$$t_3 = \frac{100 + 100 + 0 + 44{,}141}{4} = 61{,}035$$

Continuando, encontramos os iterados listados na tabela 2.18. Trabalhamos com cinco algarismos significativos e paramos quando dois iterados sucessivos têm valores que diferem em menos de 0,001 nas três variáveis.

Assim, as temperaturas de equilíbrio nos pontos interiores são (dentro da faixa de erro de 0,001) $t_1 = 74{,}108$, $t_2 = 46{,}430$, e $t_3 = 61{,}607$. (Confira esses cálculos.)

Usando uma malha mais fina (com mais pontos interiores), podemos obter informações tão precisas quanto quisermos sobre as temperaturas de equilíbrio em vários pontos do plano.

Tabela 2.18

n	0	1	2	3	...	7	8
t_1	0	62,500	69,531	73,535	...	74,107	74,107
t_2	0	28,125	44,141	46,143	...	46,429	46,429
t_3	0	57,031	61,035	61,536	...	61,607	61,607

Exercícios 2.5

CAS

Nos exercícios de 1 a 6, aplique o método de Jacobi ao sistema dado. Tome o vetor nulo como a aproximação inicial e trabalhe com quatro algarismos significativos de precisão até que dois iterados sucessivos coincidam a menos de 0,001 em cada variável. Em cada caso, compare sua resposta com a solução exata encontrada usando qualquer método direto de que você goste.

1. $\begin{aligned} 7x_1 - x_2 &= 6 \\ x_1 - 5x_2 &= -4 \end{aligned}$

2. $\begin{aligned} 2x_1 + x_2 &= 5 \\ x_1 - x_2 &= 1 \end{aligned}$

3. $\begin{aligned} 4{,}5x_1 - 0{,}5x_2 &= 1 \\ x_1 - 3{,}5x_2 &= -1 \end{aligned}$

4. $\begin{aligned} 20x_1 + x_2 - x_3 &= 17 \\ x_1 - 10x_2 + x_3 &= 13 \\ -x_1 + x_2 + 10x_3 &= 18 \end{aligned}$

5. $\begin{aligned} 3x_1 + x_2 &= 1 \\ x_1 + 4x_2 + x_3 &= 1 \\ x_2 + 3x_3 &= 1 \end{aligned}$

6. $\begin{aligned} 3x_1 - x_2 &= 1 \\ -x_1 + 3x_2 - x_3 &= 0 \\ -x_2 + 3x_3 - x_4 &= 1 \\ -x_3 + 3x_4 &= 1 \end{aligned}$

Nos exercícios de 7 a 12, repita os exercícios dados usando o método de Gauss-Seidel. Tome o vetor nulo como a aproximação inicial e trabalhe com quatro algarismos significativos de precisão até que dois iterados sucessivos coincidam a menos de 0,001 em cada variável. Compare o número de iterações necessárias nos métodos de Jacobi e de Gauss-Seidel para conseguir a solução aproximada.

7. Exercício 1 **8.** Exercício 2

9. Exercício 3 **10.** Exercício 4

11. Exercício 5 **12.** Exercício 6

Nos exercícios 13 e 14, desenhe diagramas para ilustrar a convergência do método de Gauss-Seidel nos sistemas dados.

13. O sistema do exercício 1

14. O sistema do exercício 2

Nos exercícios 15 e 16, calcule os quatro primeiros iterados usando o vetor nulo como aproximação inicial para mostrar que o método de Gauss-Seidel diverge. Em seguida, mostre que as equações podem ser rearranjadas de modo a se obter uma matriz dos coeficientes de diagonal estritamente dominante, e aplique o método de Gauss-Seidel para obter uma solução aproximada com precisão de 0,001.

15. $\begin{aligned} x_1 - 2x_2 &= 3 \\ 3x_1 + 2x_2 &= 1 \end{aligned}$

16. $\begin{aligned} x_1 - 4x_2 + 2x_3 &= 2 \\ 2x_2 + 4x_3 &= 1 \\ 6x_1 - x_2 - 2x_3 &= 1 \end{aligned}$

17. Desenhe um diagrama para ilustrar a divergência do método de Gauss-Seidel no exercício 15.

Nos exercícios 18 e 19, a matriz dos coeficientes não é de diagonal estritamente dominante, nem as equações podem ser rearranjadas para deixá-la assim. Entretanto, ambos os métodos, de Jacobi e de Gauss-Seidel, convergem. Demonstre que essa afirmação é verdadeira para o método de Gauss-Seidel, começando com o vetor nulo como aproximação inicial e obtendo uma solução com precisão de 0,01.

18. $\begin{aligned} -4x_1 + 5x_2 &= 14 \\ x_1 - 3x_2 &= -7 \end{aligned}$

19. $\begin{aligned} 5x_1 - 2x_2 + 3x_3 &= -8 \\ x_1 + 4x_2 - 4x_3 &= 102 \\ -2x_1 - 2x_2 + 4x_3 &= -90 \end{aligned}$

20. Continue fazendo iterações no exercício 18 para obter uma solução que tenha precisão de 0,001.

21. Continue fazendo iterações no exercício 19 para obter uma solução que tenha precisão de 0,001.

Nos exercícios de 22 a 24, a fronteira da placa de metal tem as temperaturas constantes mostradas. Encontre a temperatura de equilíbrio em cada um dos pontos interiores indicados, montando um sistema de equações lineares e aplicando o método de Jacobi ou o método de Gauss-Seidel. Obtenha uma solução que tenha precisão de 0,001.

22.

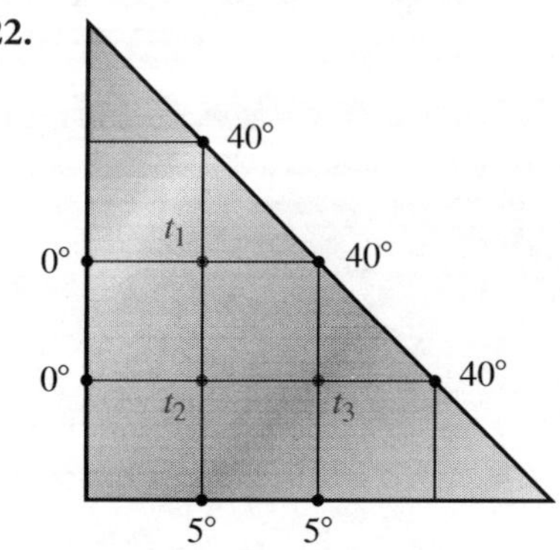

23.

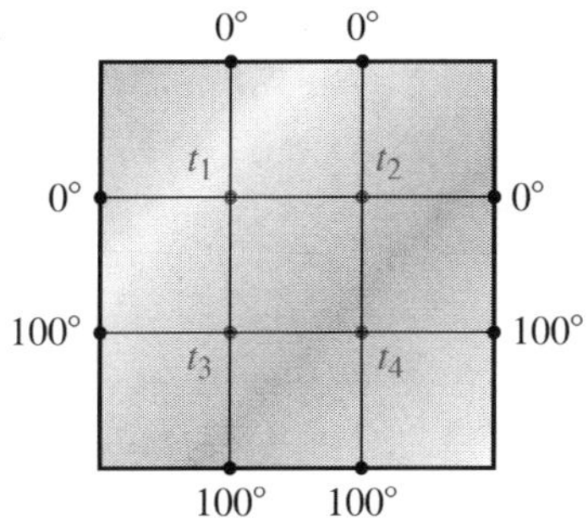

24.

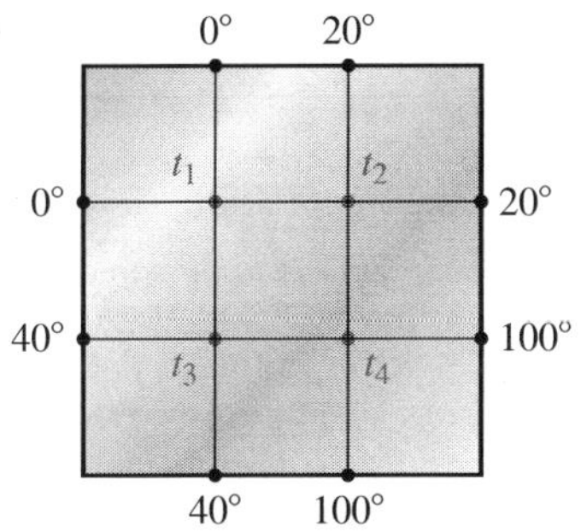

Nos exercícios 25 e 26, refinamos as malhas usadas nos exercícios 22 e 24 para obter informação mais precisa sobre as temperaturas de equilíbrio nos pontos do interior da placa. Obtenha soluções que tenham precisão de 0,001, usando o método de Jacobi ou o de Gauss-Seidel.

25.

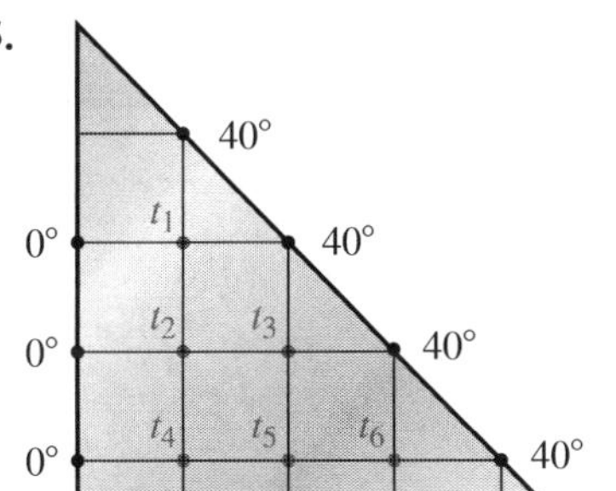

26.

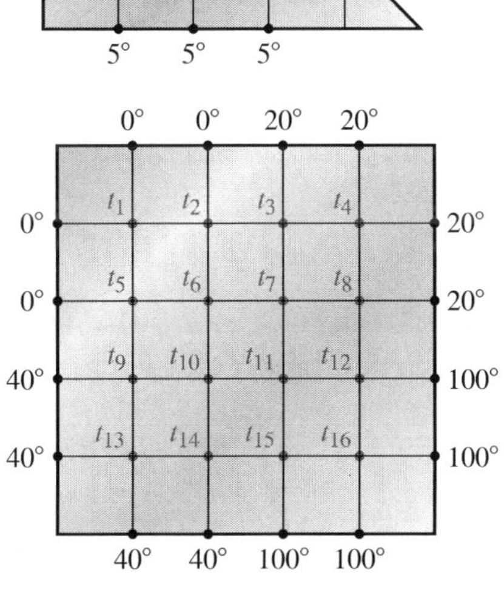

Os exercícios 27 e 28 demonstram que, às vezes, se tivermos sorte, a forma de um problema iterativo pode nos permitir usar um pouco de percepção para obter uma solução exata.

27. Uma estreita tira de papel com unidade de comprimento 1 é colocada ao longo de uma reta numerada de modo que suas extremidades sejam 0 e 1. O papel é dobrado na metade, ponta direita sobre a esquerda, assim, agora, suas extremidades são 0 e $\frac{1}{2}$. Em seguida, ele é dobrado ao meio novamente, desta vez a ponta esquerda sobre a direita, de modo que suas extremidades sejam $\frac{1}{4}$ e $\frac{1}{2}$. A figura 2.32 mostra esse processo. Continuamos dobrando o papel na metade, alternando direita sobre esquerda e esquerda sobre direita. Se pudéssemos continuar indefinidamente, é claro que as extremidades do papel convergiriam para um ponto. É esse ponto que queremos encontrar.

(a) Sejam x_1 o valor correspondente à extremidade esquerda do papel e x_2 à extremidade direita. Faça uma tabela com os seis primeiros valores de $[x_1, x_2]$ e marque os pontos no sistema de coordenadas $x_1 x_2$.

(b) Encontre duas equações lineares, da forma $x_2 = ax_1 + b$ e $x_1 = cx_2 + d$, que determinem os novos valores das extremidades em cada iteração. Desenhe as retas correspondentes em seus eixos coordenados e mostre que esse diagrama seria o resultado da aplicação do método de Gauss-Seidel ao sistema de equações lineares que você encontrou. (Seu diagrama deve ser parecido com a figura 2.27 na página 126.)

(c) Trocando para representação decimal, continue aplicando o método de Gauss-Seidel para obter uma aproximação do ponto para o qual as extremidades do papel convergem, com precisão de 0,001.

(d) Resolva o sistema de equações exatamente e compare suas respostas.

28. Uma formiga está parada sobre o ponto A de uma reta numerada. Ela anda metade do caminho para o ponto B e se vira. Em seguida, anda metade do caminho de volta para o ponto A, vira-se novamente e anda metade do caminho para o ponto B. Continua a fazer isso indefinidamente. Suponha que o ponto A seja 0, e o ponto B, 1. O passeio da formiga é feito de uma sequência de segmentos de reta que se sobrepõem. Sejam x_1 o registro das posições dos extremos à esquerda desses segmentos e x_2 o das posições à direita. (Assim, começamos com $x_1 = 0$ e $x_2 = \frac{1}{2}$. Depois, temos $x_1 = \frac{1}{4}$ e $x_2 = \frac{1}{2}$, e assim por diante.) A figura 2.33 mostra o começo do passeio da formiga.

(a) Faça uma tabela com os seis primeiros valores de $[x_1, x_2]$ e marque os pontos correspondentes em um sistema de coordenadas $x_1 x_2$.

(b) Encontre duas equações lineares, da forma $x_2 = ax_1 + b$ e $x_1 = cx_2 + d$, que determinem os novos valores das extremidades em cada iteração. Desenhe as retas correspondentes em seu sistema de coordenadas e mostre que esse diagrama resultaria da aplicação do método de Gauss-Seidel ao sistema de equações lineares que você encontrou. (Seu diagrama deve ser parecido com a figura 2.27 na página 126.)

(c) Trocando para representação decimal, continue aplicando o método de Gauss-Seidel para aproximar os valores para os quais x_1 e x_2 estão convergindo, com precisão de 0,001.

(d) Resolva o sistema de equações exatamente e compare suas respostas. Interprete seus resultados.

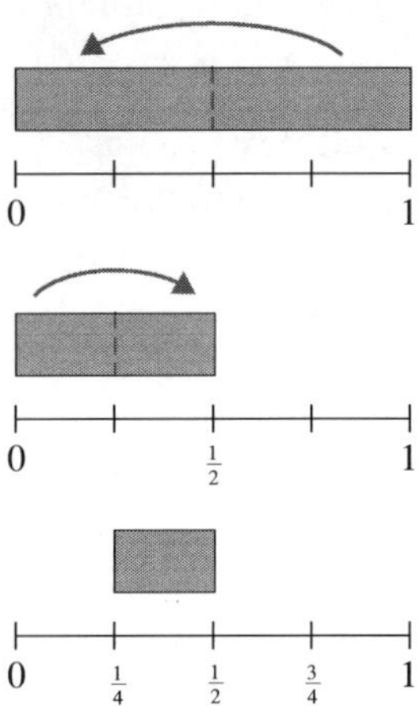

Figura 2.32
Dobrando uma tira de papel

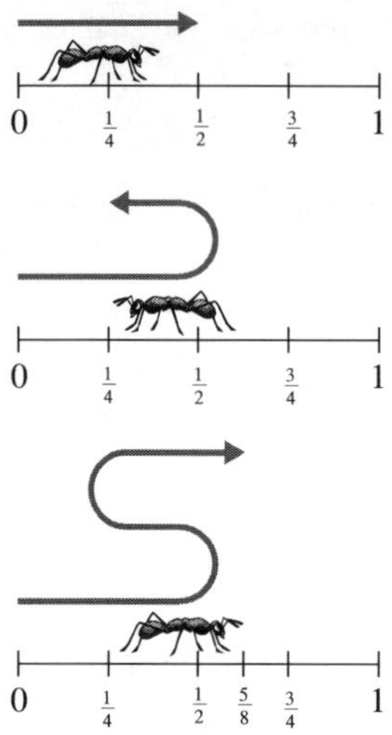

Figura 2.33
O passeio da formiga

Revisão do Capítulo

Definições e Conceitos Principais

Questões de Revisão

1. Marque cada uma das afirmações a seguir com verdadeira ou falsa:

(a) Todo sistema de equações lineares possui uma solução.

(b) Todo sistema de equações lineares homogêneas possui uma solução.

(c) Se um sistema de equações lineares tem mais variáveis do que equações então ele possui infinitas soluções.

(d) Se um sistema de equações lineares tem mais equações do que variáveis então ele não possui solução.

(e) Determinar se **b** pretence a ger($\mathbf{a}_1, \ldots, \mathbf{a}_n$) é equivalente a determinar se o sistema $[A \mid \mathbf{b}]$ é possível, em que $A = [\mathbf{a}_1, \ldots, \mathbf{a}_n]$.

(f) Em $\mathbb{R}^3$, ger(**u**, **v**) é sempre um plano que passa pela origem.

(g) Em $\mathbb{R}^3$, se vetores não nulos **u** e **v** são não paralelos então eles são linearmente independentes.

(h) Em $\mathbb{R}^3$, se um conjunto de vetores pode ser desenhado de modo que a extremidade de um vetor está na origem do outro, um após o outro, de modo que um caminho fechado (polígono) é formado então os vetores são linearmente dependentes.

(i) Se um conjunto de vetores tem a propriedade de que quaisquer dois vetores do conjunto não são múltiplos escalares um do outro então o conjunto de vetores é linearmente independente

(j) Se há mais vetores em um conjunto do que o número de coordenadas em cada vetor então o conjunto de vetores é linearmente dependente.

2. Determine o posto da matriz

$$\begin{bmatrix} 1 & -2 & 0 & 3 & 2 \\ 3 & -1 & 1 & 3 & 4 \\ 3 & 4 & 2 & -3 & 2 \\ 0 & -5 & -1 & 6 & 2 \end{bmatrix}.$$

3. Resolva o sistema linear

$$\begin{aligned} x + y - 2z &= 4 \\ x + 3y - z &= 7 \\ 2x + y - 5z &= 7 \end{aligned}$$

4. Resolva o sistema linear

$$\begin{aligned} 3w + 8x - 18y + z &= 35 \\ w + 2x - 4y &= 11 \\ w + 3x - 7y + z &= 10 \end{aligned}$$

5. Em $\mathbb{Z}_7$, resolva o sistema linear

$$\begin{aligned} 2x + 3y &= 4 \\ x + 2y &= 3 \end{aligned}$$

6. Em $\mathbb{Z}_5$, resolva o sistema linear

$$\begin{aligned} 3x + 2y &= 1 \\ x + 4y &= 2 \end{aligned}$$

7. Para quais valores de k o sistema linear com matriz completa $\left[\begin{array}{cc|c} k & 2 & 1 \\ 1 & 2k & 1 \end{array}\right]$ é impossível?

8. Determine equações paramétricas para a reta que é a interseção dos planos $x + 2y + 3z = 4$ e $5x + 6y + 7z = 8$.

9. Determine, se existir, o ponto de interseção das retas a seguir.

$$\begin{bmatrix} x \\ y \\ z \end{bmatrix} = \begin{bmatrix} 1 \\ 2 \\ 3 \end{bmatrix} + s\begin{bmatrix} 1 \\ -1 \\ 2 \end{bmatrix} \quad \text{e} \quad \begin{bmatrix} x \\ y \\ z \end{bmatrix} = \begin{bmatrix} 5 \\ -2 \\ -4 \end{bmatrix} + t\begin{bmatrix} -1 \\ 1 \\ 1 \end{bmatrix}$$

10. Determine se $\begin{bmatrix} 3 \\ 5 \\ -1 \end{bmatrix}$ está no conjunto gerado por

$$\begin{bmatrix} 1 \\ 1 \\ 3 \end{bmatrix} \text{ e } \begin{bmatrix} 1 \\ 2 \\ -2 \end{bmatrix}.$$

11. Ache a equação geral para o plano gerado por

$$\begin{bmatrix} 1 \\ 1 \\ 1 \end{bmatrix} \text{ e } \begin{bmatrix} 3 \\ 2 \\ 1 \end{bmatrix}.$$

12. Determine se $\begin{bmatrix} 2 \\ 1 \\ -3 \end{bmatrix}, \begin{bmatrix} 1 \\ -1 \\ -2 \end{bmatrix}, \begin{bmatrix} 3 \\ 9 \\ -2 \end{bmatrix}$ são linearmente independentes.

13. Determine se $\mathbb{R}^3 = \text{ger}(\mathbf{u}, \mathbf{v}, \mathbf{w})$ para:

(a) $\mathbf{u} = \begin{bmatrix} 1 \\ 1 \\ 0 \end{bmatrix}, \mathbf{v} = \begin{bmatrix} 1 \\ 0 \\ 1 \end{bmatrix}, \mathbf{w} = \begin{bmatrix} 0 \\ 1 \\ 1 \end{bmatrix}$

(b) $\mathbf{u} = \begin{bmatrix} 1 \\ -1 \\ 0 \end{bmatrix}, \mathbf{v} = \begin{bmatrix} -1 \\ 0 \\ 1 \end{bmatrix}, \mathbf{w} = \begin{bmatrix} 0 \\ -1 \\ 1 \end{bmatrix}$

14. Considere $\mathbf{a}_1, \mathbf{a}_2, \mathbf{a}_3$ vetores linearmente independentes de $\mathbb{R}^3$, e seja $A = [\mathbf{a}_1\ \mathbf{a}_2\ \mathbf{a}_3]$. Quais das afirmações a seguir são verdadeiras?

(a) A forma escalonada reduzida por linhas de A é I_3.

(b) O posto de A é 3.

(c) O sistema $[A \mid \mathbf{b}]$ possui uma única solução para qualquer vetor $\mathbf{b}$ de $\mathbb{R}^3$.

(d) (a), (b), e (c) são todas verdadeiras.

(e) (a) e (b) são ambas verdadeiras, mas (c) é falsa.

15. Sejam $\mathbf{a}_1, \mathbf{a}_2, \mathbf{a}_3$ vetores linearmente dependentes de $\mathbb{R}^3$, não todos nulos, e seja $A = [\mathbf{a}_1\ \mathbf{a}_2\ \mathbf{a}_3]$. Quais são os possíveis valores para o posto de A?

16. Qual o posto máximo para uma matriz 5×3? Qual o posto mínimo de uma matriz 5×3?

17. Mostre que se $\mathbf{u}$ e $\mathbf{v}$ são vetores linearmente independentes então $\mathbf{u} + \mathbf{v}$ e $\mathbf{u} - \mathbf{v}$ também são.

18. Mostre que $\text{ger}(\mathbf{u}, \mathbf{v}) = \text{ger}(\mathbf{u}, \mathbf{u} + \mathbf{v})$ para quaisquer vetores $\mathbf{u}$ e $\mathbf{v}$.

19. Para que um sistema linear com matriz completa $[A \mid \mathbf{b}]$ ser possível, o que tem que ser válido para os postos de A e de $[A \mid \mathbf{b}]$?

20. As matrizes $\begin{bmatrix} 1 & 1 & 1 \\ 2 & 3 & -1 \\ -1 & 4 & 1 \end{bmatrix}$ e $\begin{bmatrix} 1 & 0 & -1 \\ 1 & 1 & 1 \\ 0 & 1 & 3 \end{bmatrix}$ são equivalentes por linhas? Por quê ou por quê não?

3 Matrizes

Nós [Halmos e Kaplansky] compartilhamos uma filosofia sobre álgebra linear: pensamos sem fazer uso de bases, escrevemos sem fazer uso de bases, mas quando surgem dificuldades, fechamos a porta de nossos escritórios e calculamos com matrizes furiosamente.

— Irving Kaplansky
Em Paul Halmos: Celebrating 50 years of mathematics
J. H. Ewing and F. W. Gehring, Eds. Spriger-Verlag, 1991, p. 88

3.0 Introdução: Matrizes em Ação

Neste capítulo, estudaremos matrizes por si mesmas. Já usamos matrizes — na forma de matrizes completas — para gravar informações sobre sistemas de equações lineares e para facilitar suas resoluções. Agora você verá que as matrizes têm propriedades algébricas próprias que nos permitem calcular seguindo as regras da álgebra de matrizes. Além disso, você irá observar que matrizes não são objetos estáticos que gravam informações e dados; mais do que isso, elas representam certos tipos de funções que "agem" em vetores, transformando-os em outros vetores. Essas "transformações matriciais" começarão a representar um papel-chave em nosso estudo da álgebra linear e darão uma nova visão ao que você já aprendeu sobre vetores e sobre sistemas de equações lineares. Mais ainda, matrizes surgem em muitas formas além da forma de matrizes completas; iremos explorar algumas das muitas aplicações de matrizes no final deste capítulo.

Nesta seção, apresentaremos alguns exemplos simples para ilustrar como matrizes podem transformar vetores. No processo, você terá uma primeira noção da "aritmética matricial".

Considere as equações

$$\begin{aligned} y_1 &= x_1 + 2x_2 \\ y_2 &= \phantom{x_1 + {}} 3x_2 \end{aligned} \qquad (1)$$

Podemos ver que essas equações descrevem a transformação do vetor $\mathbf{x} = \begin{bmatrix} x_1 \\ x_2 \end{bmatrix}$ no vetor $\mathbf{y} = \begin{bmatrix} y_1 \\ y_2 \end{bmatrix}$. Se denotarmos a matriz de coeficientes do lado direito da equação por F, então $F = \begin{bmatrix} 1 & 2 \\ 0 & 3 \end{bmatrix}$, e poderemos reescrever a transformação como

$$\begin{bmatrix} y_1 \\ y_2 \end{bmatrix} = \begin{bmatrix} 1 & 2 \\ 0 & 3 \end{bmatrix} \begin{bmatrix} x_1 \\ x_2 \end{bmatrix}$$

ou, mais sucintamente, $\mathbf{y} = F\mathbf{x}$. (Pense nessa expressão como análoga à notação de função $y = f(x)$, com a qual você está familiarizado: $\mathbf{x}$ é aqui a "variável" independente, $\mathbf{y}$ é a "variável" dependente e F é o nome da "função".)

Assim, se $\mathbf{x} = \begin{bmatrix} -2 \\ 1 \end{bmatrix}$, as equações (1) resultam em

$$\begin{aligned} y_1 &= -2 + 2 \cdot 1 = 0 \\ y_2 &= \quad\;\; 3 \cdot 1 = 3 \end{aligned} \quad \text{ou} \quad \mathbf{y} = \begin{bmatrix} 0 \\ 3 \end{bmatrix}$$

Podemos escrever essa expressão como $\begin{bmatrix} 0 \\ 3 \end{bmatrix} = \begin{bmatrix} 1 & 2 \\ 0 & 3 \end{bmatrix}\begin{bmatrix} -2 \\ 1 \end{bmatrix}$.

Problema 1 Calcule $F\mathbf{x}$ para os seguintes vetores $\mathbf{x}$:

(a) $\mathbf{x} = \begin{bmatrix} 1 \\ 1 \end{bmatrix}$ (b) $\mathbf{x} = \begin{bmatrix} 1 \\ -1 \end{bmatrix}$ (c) $\mathbf{x} = \begin{bmatrix} -1 \\ -1 \end{bmatrix}$ (d) $\mathbf{x} = \begin{bmatrix} -1 \\ 1 \end{bmatrix}$

Problema 2 Os quatro vetores $\mathbf{x}$ do problema 1 representam os quatro vértices de um quadrado no plano x_1x_2. Desenhe esse quadrado e nomeie seus vértices como A, B, C e D, respectivamente correspondendo aos itens (a), (b), (c), e (d) do problema 1.

Em um outro par de eixos coordenados (indicados por y_1 e y_2), marque os quatro pontos determinados por $F\mathbf{x}$ no problema 1. Nomeie esses pontos como A', B', C' e D'. Façamos a suposição (razoável) de que o segmento de reta $\overline{AB}$ seja transformado no segmento de reta $\overline{A'B'}$, o mesmo acontecendo com os outros três lados do quadrado $ABCD$. Que figura geométrica é representada por $A'B'C'D'$?

Problema 3 O centro do quadrado $ABCD$ é a origem $\mathbf{0} = \begin{bmatrix} 0 \\ 0 \end{bmatrix}$. Qual é o centro de $A'B'C'D'$? Que cálculo algébrico confirma isso?

Agora, considere as equações

$$\begin{aligned} z_1 &= \quad y_1 - y_2 \\ z_2 &= -2y_1 \end{aligned} \tag{2}$$

que transformam um vetor $\mathbf{y} = \begin{bmatrix} y_1 \\ y_2 \end{bmatrix}$ no vetor $\mathbf{z} = \begin{bmatrix} z_1 \\ z_2 \end{bmatrix}$. Podemos abreviar essa transformação como $\mathbf{z} = G\mathbf{y}$, em que

$$G = \begin{bmatrix} 1 & -1 \\ -2 & 0 \end{bmatrix}$$

Problema 4 Iremos descobrir como G transforma a figura $A'B'C'D'$. Calcule $G\mathbf{y}$ para cada um dos quatro vetores $\mathbf{y}$ que você calculou no problema 1 [isto é, calcule $\mathbf{z} = G(F\mathbf{x})$. Você pode reconhecer essa expressão como análoga à composição de funções que já lhe é familiar.] Chame os novos pontos de A'', B'', C'', e D'' e desenhe a figura $A'B'C'D'$ no sistema de eixos coordenados z_1z_2.

Problema 5 Substituindo as equações (1) nas equações (2), obtenha equações para z_1 e z_2 em termos de x_1 e x_2. Se denotarmos a matriz dessas equações como H, teremos $\mathbf{z} = H\mathbf{x}$. Como também temos que $\mathbf{z} = GF\mathbf{x}$, é razoável escrever

$$H = GF$$

Você consegue perceber como os elementos de H estão relacionados com os elementos de F e de G?

Problema 6 Vamos resolver de trás para a frente o processo que acabamos de ver. Primeiro, transforme o quadrado $ABCD$, usando G, para obter a figura $A^*B^*C^*D^*$. Depois, transforme a figura resultante usando F para obter $A^{**}B^{**}C^{**}D^{**}$.

[*Observação*: não se preocupe aqui com as "variáveis" **x**, **y** e **z**. Simplesmente substitua as coordenadas de A, B, C e D nas equações (2) e então substitua os resultados nas equações (1).] $A^{**}B^{**}C^{**}D^{**}$ e $A''B''C''D''$ são iguais? O que isso lhe mostra sobre a ordem em que aplicamos as transformações F e G?

problema 7 Repita o problema 5 com matrizes genéricas

$$F = \begin{bmatrix} f_{11} & f_{12} \\ f_{21} & f_{22} \end{bmatrix}, \quad G = \begin{bmatrix} g_{11} & g_{12} \\ g_{21} & g_{22} \end{bmatrix}, \quad \text{e} \quad H = \begin{bmatrix} h_{11} & h_{12} \\ h_{21} & h_{22} \end{bmatrix}$$

Ou seja, se as equações (1) e (2) tiverem coeficientes especificados por F e G, determine os elementos de H em termos dos elementos de F e G. O resultado será uma fórmula para o "produto" $H = GF$.

problema 8 Repita os problemas 1 a 6 com as matrizes a seguir. (Sua fórmula obtida no problema 7 pode ajudar a agilizar os cálculos algébricos.) Anote qualquer semelhança ou diferença que você considerar significativa.

(a) $F = \begin{bmatrix} 0 & -1 \\ 1 & 0 \end{bmatrix}, G = \begin{bmatrix} 2 & 0 \\ 0 & 3 \end{bmatrix}$ (b) $F = \begin{bmatrix} 1 & 1 \\ 1 & 2 \end{bmatrix}, G = \begin{bmatrix} 2 & 1 \\ 1 & 1 \end{bmatrix}$

(c) $F = \begin{bmatrix} 1 & 1 \\ 1 & 2 \end{bmatrix}, G = \begin{bmatrix} 2 & -1 \\ -1 & 1 \end{bmatrix}$ (d) $F = \begin{bmatrix} 1 & -2 \\ -2 & 4 \end{bmatrix}, G = \begin{bmatrix} 2 & 1 \\ 1 & 1 \end{bmatrix}$

3.1 Operações com Matrizes

Embora já tenhamos visto matrizes, vamos iniciar estabelecendo uma definição formal e registrando alguns fatos para referência futura.

Definição Uma ***matriz*** é uma tabela retangular de números chamados ***elementos*** ou ***termos*** da matriz.

Embora esses números sejam normalmente escolhidos no conjunto $\mathbb{R}$ dos números reais, eles também podem ser tomados no conjunto $\mathbb{C}$ dos números complexos ou em $\mathbb{Z}_p$, em que p é um número primo.

Estes são exemplos de matrizes:

$$\begin{bmatrix} 1 & 2 \\ 0 & 3 \end{bmatrix}, \quad \begin{bmatrix} \sqrt{5} & -1 & 0 \\ 2 & \pi & \frac{1}{2} \end{bmatrix}, \quad \begin{bmatrix} 2 \\ 4 \\ 17 \end{bmatrix}, \quad [1 \quad 1 \quad 1 \quad 1], \quad \begin{bmatrix} 5{,}1 & 1{,}2 & -1 \\ 6{,}9 & 0 & 4{,}4 \\ -7{,}3 & 9 & 8{,}5 \end{bmatrix}, \quad [7]$$

A ***ordem*** de uma matriz descreve o número de linhas e colunas que ela tem. Uma matriz é dita $m \times n$ (pronuncia-se "m por n") quando tem m linhas e n colunas. Assim, os exemplos que acabamos de ver são matrizes de ordem 2×2, 2×3, 3×1, 1×4, 3×3 e 1×1 respectivamente. Uma matriz $1 \times m$ é chamada ***matriz linha*** (ou ***vetor linha***), e uma matriz $n \times 1$ é chamada ***matriz coluna*** (ou ***vetor coluna***).

Tecnicamente, existe uma diferença entre matrizes linha ou coluna e vetores, mas não focaremos essa distinção. Entretanto, *distinguiremos* matrizes ou vetores *linha* de matrizes ou vetores *coluna*. Essa distinção é importante — pelo menos — para cálculos algébricos, como iremos mostrar.

Usamos a notação de *índice subscrito duplo* para nos referirmos aos elementos de uma matriz A: o elemento de A na linha i e coluna j é denotado por a_{ij}. Assim, se

$$A = \begin{bmatrix} 3 & 9 & -1 \\ 0 & 5 & 4 \end{bmatrix}$$

$a_{13} = -1$ e $a_{22} = 5$. (A notação A_{ij} é usada algumas vezes no lugar de a_{ij}). Podemos assim denotar uma matriz A *de forma compacta* por $[a_{ij}]$ (ou $[a_{ij}]_{m \times n}$, se for importante especificar a ordem de A, embora geralmente a ordem esteja clara a partir do contexto.)

Com essa notação, uma matriz genérica $m \times n$ A tem a forma

$$A = \begin{bmatrix} a_{11} & a_{12} & \cdots & a_{1n} \\ a_{21} & a_{22} & \cdots & a_{2n} \\ \vdots & \vdots & \ddots & \vdots \\ a_{m1} & a_{m2} & \cdots & a_{mn} \end{bmatrix}$$

Se as colunas de A são os vetores $\mathbf{a}_1, \mathbf{a}_2, \ldots, \mathbf{a}_n$, podemos representar A por

$$A = [\mathbf{a}_1 \quad \mathbf{a}_2 \quad \cdots \quad \mathbf{a}_n]$$

Se as linhas de A são $\mathbf{A}_1, \mathbf{A}_2, \ldots, \mathbf{A}_m$, podemos representar A por

$$A = \begin{bmatrix} \mathbf{A}_1 \\ \mathbf{A}_2 \\ \vdots \\ \mathbf{A}_m \end{bmatrix}$$

Os ***elementos da diagonal*** de A são $a_{11}, a_{22}, a_{33}, \ldots$, e, se $m = n$ (isto é, se A tem o mesmo número de linhas e de colunas), dizemos que A é uma ***matriz quadrada***. Uma matriz quadrada cujos elementos fora da diagonal são todos nulos é chamada ***matriz diagonal***. Uma matriz diagonal em que todos os elementos da diagonal são iguais é chamada ***matriz escalar***. Se o escalar na diagonal for 1, a matriz escalar é chamada ***matriz identidade***.

Por exemplo, sejam

$$A = \begin{bmatrix} 2 & 5 & 0 \\ -1 & 4 & 1 \end{bmatrix}, \quad B = \begin{bmatrix} 3 & 1 \\ 4 & 5 \end{bmatrix}, \quad C = \begin{bmatrix} 3 & 0 & 0 \\ 0 & 6 & 0 \\ 0 & 0 & 2 \end{bmatrix}, \quad \text{e} \quad D = \begin{bmatrix} 1 & 0 & 0 \\ 0 & 1 & 0 \\ 0 & 0 & 1 \end{bmatrix}$$

Os elementos da diagonal de A são 2 e 4, mas A não é quadrada; B é uma matriz quadrada de ordem 2×2 cujos elementos da diagonal são 3 e 5; C é uma matriz diagonal; D é a matriz identidade 3×3. A matriz identidade $n \times n$ é denotada por I_n (ou simplesmente por I, se sua ordem estiver subentendida).

Por podermos ver matrizes como generalizações de vetores (e, de fato, matrizes podem e devem ser imaginadas como formadas tanto por vetores linha como por vetores coluna), muitas das convenções e operações para vetores são levadas (de uma maneira óbvia) para matrizes.

Duas matrizes são ***iguais*** quando têm a mesma ordem e os elementos correspondentes são iguais. Assim, se $A = [a_{ij}]_{m\times n}$ e $B = [b_{ij}]_{r\times s}$, então $A = B$ se e somente se $m = r$, $n = s$ e $a_{ij} = b_{ij}$ para todo i e j.

Exemplo 3.1

Considere as matrizes

$$A = \begin{bmatrix} a & b \\ c & d \end{bmatrix}, \quad B = \begin{bmatrix} 2 & 0 \\ 5 & 3 \end{bmatrix}, \quad \text{e} \quad C = \begin{bmatrix} 2 & 0 & x \\ 5 & 3 & y \end{bmatrix}$$

Nem A nem B podem ser iguais a C (independentemente dos valores de x e y), já que A e B são matrizes 2×2 e C é 2×3. Entretanto, $A = B$ se e somente se $a = 2$, $b = 0$, $c = 5$ e $d = 3$.

Exemplo 3.2

Considere as matrizes

$$R = [1 \quad 4 \quad 3] \quad \text{e} \quad C = \begin{bmatrix} 1 \\ 4 \\ 3 \end{bmatrix}$$

Apesar de R e C terem os mesmos elementos e estes aparecerem na mesma ordem, $R \neq C$, pois R é 1×3 e C é 3×1. (Se lemos R e C em voz alta, elas parecerão iguais: "um, quatro, três".) Portanto, a distinção entre matrizes ou vetores linha e matrizes ou vetores coluna é importante.

Adição de Matrizes e Multiplicação de Matriz por Escalar

Como na adição de vetores, definimos a adição de matrizes *termo a termo*. Se $A = [a_{ij}]$ e $B = [b_{ij}]$ são matrizes $m \times n$, sua ***soma*** $A + B$ é a matriz $m \times n$ obtida por meio da adição dos elementos correspondentes. Assim,

$$A + B = [a_{ij} + b_{ij}]$$

[Poderíamos igualmente ter definido $A + B$ em termos de adição de vetores, especificando que cada coluna (ou linha) de $A + B$ seja a soma das colunas (ou linhas) de A com as correspondentes de B.] Se A e B não tiverem a mesma ordem, $A + B$ não estará definida.

Exemplo 3.3 Sejam

$$A = \begin{bmatrix} 1 & 4 & 0 \\ -2 & 6 & 5 \end{bmatrix}, \quad B = \begin{bmatrix} -3 & 1 & -1 \\ 3 & 0 & 2 \end{bmatrix}, \quad \text{e} \quad C = \begin{bmatrix} 4 & 3 \\ 2 & 1 \end{bmatrix}$$

Então

$$A + B = \begin{bmatrix} -2 & 5 & -1 \\ 1 & 6 & 7 \end{bmatrix}$$

entretanto, nem $A + C$ nem $B + C$ estão definidas.

A definição termo a termo de multiplicação de matriz por escalar não trará surpresa. Se A é uma matriz $m \times n$ e c é um escalar, o ***múltiplo escalar*** cA é a matriz $m \times n$ obtida pela multiplicação de cada elemento de A por c. Mais formalmente, temos

$$cA = c[a_{ij}] = [ca_{ij}]$$

[Em termos de vetores, poderíamos, equivalentemente, estipular que cada coluna (ou linha) de cA seja c vezes a coluna (ou linha) correspondente de A.]

Exemplo 3.4 Para a matriz A do exemplo 3.3,

$$2A = \begin{bmatrix} 2 & 8 & 0 \\ -4 & 12 & 10 \end{bmatrix}, \quad \tfrac{1}{2}A = \begin{bmatrix} \frac{1}{2} & 2 & 0 \\ -1 & 3 & \frac{5}{2} \end{bmatrix}, \quad \text{e} \quad (-1)A = \begin{bmatrix} -1 & -4 & 0 \\ 2 & -6 & -5 \end{bmatrix}$$

A matriz $(-1)A$ é escrita como $-A$ e chamada de ***oposta*** de A. Como com vetores, podemos usar esse fato para definir a ***diferença*** de duas matrizes: se A e B têm a mesma ordem, então

$$A - B = A + (-B)$$

Exemplo 3.5 Para as matrizes A e B do exemplo 3.3,

$$A - B = \begin{bmatrix} 1 & 4 & 0 \\ -2 & 6 & 5 \end{bmatrix} - \begin{bmatrix} -3 & 1 & -1 \\ 3 & 0 & 2 \end{bmatrix} = \begin{bmatrix} 4 & 3 & 1 \\ -5 & 6 & 3 \end{bmatrix}$$

Uma matriz A com todos os elementos iguais a zero é chamada ***matriz nula*** e denotada por O (ou $O_{m \times n}$, se for importante especificar sua ordem). Deve ficar claro que, se A é uma matriz qualquer e O é a matriz nula de mesma ordem, então

$$A + O = A = O + A$$

e

$$A - A = O = -A + A$$

Multiplicação de Matrizes

A introdução na seção 3.0 sugeriu que existe um "produto" de matrizes que é análogo à composição de funções. Iremos agora tornar essa noção mais precisa. A definição que daremos generaliza o que você deve ter descoberto nos problemas 5 e 7 da seção 3.0. Ao contrário das definições de adição de matriz e de multiplicação de matriz por escalar, a definição do produto de duas matrizes *não* é uma definição termo a termo. É claro que não há o que nos impeça de definir um produto de matrizes elemento a elemento; infelizmente, tal definição tem poucas aplicações e não é tão "natural" como a que damos agora.

Às vezes, matemáticos são como *Humpty Dumpty*, de Lewis Carroll: "Quando eu uso uma palavra," disse *Humpty Dumpty*, "ela significa exatamente o que eu quero que ela signifique — nem mais, nem menos." (tirado de *Alice no País dos Espelhos*)

Definição Se A é uma matriz $m \times n$ e B é uma matriz $n \times r$, então o ***produto*** $C = AB$ é uma matriz $m \times r$. O elemento (i, j) do produto é calculado da seguinte forma:

$$c_{ij} = a_{i1}b_{1j} + a_{i2}b_{2j} + \cdots + a_{in}b_{nj}$$

Observações

- Note que A e B não precisam ter a mesma ordem. Entretanto, o número de *colunas* de A deve ser igual ao número de *linhas* de B. Se escrevermos as ordens de A, B e AB *nessa ordem*, poderemos ver rapidamente se esse requisito está satisfeito. Mais ainda, poderemos dizer a ordem do produto antes mesmo de fazer contas, já que o número de *linhas* de AB será o mesmo número de linhas de A, enquanto o número de *colunas* de AB será o mesmo número de colunas de B, como se mostra a seguir:

$$\begin{matrix} A & B & = & AB \\ m \times n & n \times r & & m \times r \end{matrix}$$

Mesmo

ordem de AB

- A fórmula para os elementos do produto lembra um produto escalar, e na verdade, é. Essa fórmula diz que o elemento (i, j) da matriz AB é o produto escalar da i-ésima linha de A com a j-ésima coluna de B:

$$\begin{bmatrix} a_{11} & a_{12} & \cdots & a_{1n} \\ \vdots & \vdots & & \vdots \\ a_{i1} & a_{i2} & \cdots & a_{in} \\ \vdots & \vdots & & \vdots \\ a_{m1} & a_{m2} & \cdots & a_{mn} \end{bmatrix} \begin{bmatrix} b_{11} & \cdots & b_{1j} & \cdots & b_{1r} \\ b_{21} & \cdots & b_{2j} & \cdots & b_{2r} \\ \vdots & & \vdots & & \vdots \\ b_{n1} & \cdots & b_{nj} & \cdots & b_{nr} \end{bmatrix}$$

Observe que, na expressão $c_{ij} = a_{i1}b_{1j} + a_{i2}b_{2j} + \cdots + a_{in}b_{nj}$, os "subscritos externos" em cada termo ab da soma são sempre i e j, enquanto os "subscritos internos" são sempre iguais e variam de 1 a n. Vemos esse padrão claramente quando usamos a notação com somatório:

$$c_{ij} = \sum_{k=1}^{n} a_{ik}b_{kj}$$

Exemplo 3.6 Calcule AB, dados

$$A = \begin{bmatrix} 1 & 3 & -1 \\ -2 & -1 & 1 \end{bmatrix} \quad \text{e} \quad B = \begin{bmatrix} -4 & 0 & 3 & -1 \\ 5 & -2 & -1 & 1 \\ -1 & 2 & 0 & 6 \end{bmatrix}$$

Solução Solução: Como A tem ordem 2×3 e B tem ordem 3×4, o produto AB está definido e será uma matriz 2×4. A primeira linha do produto $C = AB$ é calculada fazendo-se o produto escalar da primeira linha de A com cada uma das colunas de B. Assim,

$$\begin{aligned} c_{11} &= 1(-4) + 3(5) + (-1)(-1) = 12 \\ c_{12} &= 1(0) + 3(-2) + (-1)(2) = -8 \\ c_{13} &= 1(3) + 3(-1) + (-1)(0) = 0 \\ c_{14} &= 1(-1) + 3(1) + (-1)(6) = -4 \end{aligned}$$

A segunda linha de C é calculada fazendo-se o produto escalar da segunda linha de A com cada uma das colunas de B:

$$\begin{aligned} c_{21} &= (-2)(-4) + (-1)(5) + (1)(-1) = 2 \\ c_{22} &= (-2)(0) + (-1)(-2) + (1)(2) = 4 \\ c_{23} &= (-2)(3) + (-1)(-1) + (1)(0) = -5 \\ c_{24} &= (-2)(-1) + (-1)(1) + (1)(6) = 7 \end{aligned}$$

Assim, a matriz produto é

$$AB = \begin{bmatrix} 12 & -8 & 0 & -4 \\ 2 & 4 & -5 & 7 \end{bmatrix}$$

(Com um pouco de prática, você será capaz de fazer esses cálculos mentalmente sem ter que escrever todos os detalhes, como fizemos aqui. Para exemplos mais complicados, uma calculadora com operações matriciais ou um sistema de computação algébrica é preferível).

Antes de continuarmos, apresentaremos dois exemplos que justificam nossa escolha da definição de multiplicação de matriz.

Exemplo 3.7

Ana e Beto estão planejando comprar frutas para a próxima semana. Cada um deles quer comprar algumas maçãs, tangerinas e laranjas, porém em quantidades diferentes. A tabela 3.1 mostra o que eles pretendem comprar. Nas proximidades existem duas bancas de frutas — a do Sam e a do Téo — cujos preços estão apresentados na tabela 3.2. Quanto gastarão Ana e Beto para fazer suas compras em cada uma das duas bancas?

Tabela 3.1

	Maça	Tangerina	Laranjas
Ana	6	3	10
Beto	4	8	5

Tabela 3.2

	Sam	Téo
Maça	\$0,10	\$0,15
Tangerina	\$0,40	\$0,30
Laranjas	\$0,10	\$0,20

Solução Se Ana comprar na banca de Sam, gastará

$$6(0{,}10) + 3(0{,}40) + 10(0{,}10) = \$2{,}80$$

Se ela comprar na banca de Téo, gastará

$$6(0{,}15) + 3(0{,}30) + 10(0{,}20) = \$3{,}80$$

Beto gastará, na banca de Sam,

$$4(0{,}10) + 8(0{,}40) + 5(0{,}10) = \$4{,}10$$

e, na banca de Téo,

$$4(0{,}15) + 8(0{,}30) + 5(0{,}20) = \$4{,}00$$

(Provavelmente, Ana fará suas compras na banca de Sam e Beto na banca de Téo.)

A "forma de produto escalar" desses cálculos mostra que a multiplicação de matrizes funciona aqui. Se organizarmos as informações dadas em uma matriz demanda D e uma matriz de preços P, teremos

$$D = \begin{bmatrix} 6 & 3 & 10 \\ 4 & 8 & 5 \end{bmatrix} \quad \text{e} \quad P = \begin{bmatrix} 0{,}10 & 0{,}15 \\ 0{,}40 & 0{,}30 \\ 0{,}10 & 0{,}20 \end{bmatrix}$$

Os cálculos acima são equivalentes a efetuar o produto

$$DP = \begin{bmatrix} 6 & 3 & 10 \\ 4 & 8 & 5 \end{bmatrix} \begin{bmatrix} 0{,}10 & 0{,}15 \\ 0{,}40 & 0{,}30 \\ 0{,}10 & 0{,}20 \end{bmatrix} = \begin{bmatrix} 2{,}80 & 3{,}80 \\ 4{,}10 & 4{,}00 \end{bmatrix}$$

Assim, a matriz produto DP nos mostra quanto irá custar a compra de cada um em cada banca. (tabela 3.3)

Tabela 3.3

	Sam	Théo
Ana	\$2,80	\$3,80
Beto	\$4,10	\$4,00

Exemplo 3.8 Considere o sistema linear

$$\begin{aligned} x_1 - 2x_2 + 3x_3 &= 5 \\ -x_1 + 3x_2 + x_3 &= 1 \\ 2x_1 - x_2 + 4x_3 &= 14 \end{aligned} \qquad (1)$$

Observe que o lado esquerdo dessa igualdade resulta do produto de matrizes

$$\begin{bmatrix} 1 & -2 & 3 \\ -1 & 3 & 1 \\ 2 & -1 & 4 \end{bmatrix}\begin{bmatrix} x_1 \\ x_2 \\ x_3 \end{bmatrix}$$

Portanto, o sistema (1) pode ser escrito da forma

$$\begin{bmatrix} 1 & -2 & 3 \\ -1 & 3 & 1 \\ 2 & -1 & 4 \end{bmatrix}\begin{bmatrix} x_1 \\ x_2 \\ x_3 \end{bmatrix} = \begin{bmatrix} 5 \\ 1 \\ 14 \end{bmatrix}$$

ou $A\mathbf{x} = \mathbf{b}$, em que A é a matriz de coeficientes, $\mathbf{x}$ é o vetor (coluna) das variáveis e $\mathbf{b}$ é o vetor (coluna) dos termos constantes.

Você não deve ter dificuldades em perceber que *todos* os sistemas lineares podem ser escritos na forma $A\mathbf{x} = \mathbf{b}$. Na verdade, a notação $[A \mid \mathbf{b}]$ para a matriz completa de um sistema linear é simplesmente uma abreviação para a equação matricial $A\mathbf{x} = \mathbf{b}$. Essa forma irá revelar-se uma maneira extremamente útil de expressar um sistema de equações lineares, e nós iremos explorá-la frequentemente daqui por diante.

Combinando essa ideia com o teorema 2.4, vemos que $A\mathbf{x} = \mathbf{b}$ tem solução se e somente se $\mathbf{b}$ for uma combinação linear das colunas de A.

Também mostraremos ser muito útil um outro fato sobre operações com matrizes: a multiplicação de uma matriz por um vetor canônico unitário pode ser usada para "selecionar" ou "reproduzir" uma coluna ou uma linha de uma matriz. Seja $A = \begin{bmatrix} 4 & 2 & 1 \\ 0 & 5 & -1 \end{bmatrix}$ e considere os produtos $A\mathbf{e}_3$ e $\mathbf{e}_2A$, com os vetores unitários $\mathbf{e}_3$ e $\mathbf{e}_2$ escolhidos de forma que os produtos façam sentido. Assim,

$$A\mathbf{e}_3 = \begin{bmatrix} 4 & 2 & 1 \\ 0 & 5 & -1 \end{bmatrix}\begin{bmatrix} 0 \\ 0 \\ 1 \end{bmatrix} = \begin{bmatrix} 1 \\ -1 \end{bmatrix} \quad \text{e} \quad \mathbf{e}_2A = [0 \quad 1]\begin{bmatrix} 4 & 2 & 1 \\ 0 & 5 & -1 \end{bmatrix} = [0 \quad 5 \quad -1]$$

Observe que $A\mathbf{e}_3$ nos dá a terceira coluna de A, e $\mathbf{e}_2A$ nos dá a segunda linha de A. Enunciamos o resultado geral como um teorema.

Teorema 3.1 Sejam A uma matriz $m \times n$, $\mathbf{e}_i$ um vetor canônico unitário $1 \times m$ e $\mathbf{e}_j$ um vetor canônico unitário $n \times 1$. Então

a. $\mathbf{e}_iA$ é a i-ésima linha da matriz A e
b. $A\,\mathbf{e}_j$ é a j-ésima coluna da matriz A.

Demonstração Vamos provar (b) e deixar a demonstração de (a) no exercício 41. Se $\mathbf{a}_1, \ldots, \mathbf{a}_n$ são as colunas de A, então o produto $A\mathbf{e}_j$ pode ser escrito na forma

$$A\mathbf{e}_j = 0\mathbf{a}_1 + 0\mathbf{a}_2 + \cdots + 1\mathbf{a}_j + \cdots + 0\mathbf{a}_n = \mathbf{a}_j$$

Poderíamos também provar (b) diretamente:

$$A\mathbf{e}_j = \begin{bmatrix} a_{11} & \cdots & a_{1j} & \cdots & a_{1n} \\ a_{21} & \cdots & a_{2j} & \cdots & a_{2n} \\ \vdots & & \vdots & & \vdots \\ a_{m1} & \cdots & a_{mj} & \cdots & a_{mn} \end{bmatrix} \begin{bmatrix} 0 \\ \vdots \\ 1 \\ \vdots \\ 0 \end{bmatrix} = \begin{bmatrix} a_{1j} \\ a_{2j} \\ \vdots \\ a_{mj} \end{bmatrix}$$

pois o 1 em $\mathbf{e}_j$ é o j-ésimo elemento.

Particionamento de Matrizes

Muitas vezes é conveniente olhar uma matriz como sendo composta por um número de ***submatrizes*** menores. Traçando-se linhas horizontais e verticais em uma matriz podemos particioná-la ***em blocos***. Existe uma maneira natural de particionar matrizes em blocos, particularmente aquelas provenientes de certas aplicações. Por exemplo, considere a matriz

$$A = \begin{bmatrix} 1 & 0 & 0 & 2 & -1 \\ 0 & 1 & 0 & 1 & 3 \\ 0 & 0 & 1 & 4 & 0 \\ 0 & 0 & 0 & 1 & 7 \\ 0 & 0 & 0 & 7 & 2 \end{bmatrix}$$

Parece natural particionar A na forma

$$\left[\begin{array}{ccc:cc} 1 & 0 & 0 & 2 & -1 \\ 0 & 1 & 0 & 1 & 3 \\ 0 & 0 & 1 & 4 & 0 \\ \hdashline 0 & 0 & 0 & 1 & 7 \\ 0 & 0 & 0 & 7 & 2 \end{array}\right] = \begin{bmatrix} I & B \\ O & C \end{bmatrix}$$

em que I é a matriz identidade 3×3, B é 3×2, O é a matriz nula 2×3 e C é 2×2. Dessa forma, podemos ver A como uma matriz 2×2 cujos elementos são matrizes.

Quando matrizes são multiplicadas, frequentemente há vantagem em vê-las como matrizes particionadas. Isso não só muitas vezes revela estruturas subjacentes como também frequentemente torna o cálculo mais rápido, especialmente quando as matrizes são grandes e têm muitos blocos de zeros. Ocorre que a multiplicação de matrizes particionadas é igual à multiplicação comum de matrizes.

Começamos considerando alguns casos especiais de matrizes particionadas. Cada um deles mostra um modo diferente de ver o produto de duas matrizes.

Suponha que A seja uma matriz $m \times n$, e B, $n \times r$. O produto AB, portanto, existe. Se decompusermos B em termos de seus vetores coluna, como $B = [\mathbf{b}_1 \vdots \mathbf{b}_2 \vdots \cdots \vdots \mathbf{b}_r]$, então

$$AB = A[\mathbf{b}_1 \vdots \mathbf{b}_2 \vdots \cdots \vdots \mathbf{b}_r] = [A\mathbf{b}_1 \vdots A\mathbf{b}_2 \vdots \cdots \vdots A\mathbf{b}_r]$$

Esse resultado é uma consequência imediata da definição de multiplicação de matrizes. A forma da direita é chamada **representação *matriz-coluna*** do produto.

Exemplo 3.9

Se

$$A = \begin{bmatrix} 1 & 3 & 2 \\ 0 & -1 & 1 \end{bmatrix} \quad \text{e} \quad B = \begin{bmatrix} 4 & -1 \\ 1 & 2 \\ 3 & 0 \end{bmatrix}$$

Então

$$A\mathbf{b}_1 = \begin{bmatrix} 1 & 3 & 2 \\ 0 & -1 & 1 \end{bmatrix}\begin{bmatrix} 4 \\ 1 \\ 3 \end{bmatrix} = \begin{bmatrix} 13 \\ 2 \end{bmatrix} \quad \text{e} \quad A\mathbf{b}_2 = \begin{bmatrix} 1 & 3 & 2 \\ 0 & -1 & 1 \end{bmatrix}\begin{bmatrix} -1 \\ 2 \\ 0 \end{bmatrix} = \begin{bmatrix} 5 \\ -2 \end{bmatrix}$$

Portanto, $AB = [A\mathbf{b}_1 \vdots A\mathbf{b}_2] = \begin{bmatrix} 13 & \vdots & 5 \\ 2 & \vdots & -2 \end{bmatrix}$. (Verifique, fazendo a multiplicação usual.)

Observação Repare que a representação matriz-coluna de AB nos permite escrever cada coluna de AB como uma combinação das colunas de A, tendo os elementos de B como coeficientes. Por exemplo,

$$\begin{bmatrix} 13 \\ 2 \end{bmatrix} = \begin{bmatrix} 1 & 3 & 2 \\ 0 & -1 & 1 \end{bmatrix}\begin{bmatrix} 4 \\ 1 \\ 3 \end{bmatrix} = 4\begin{bmatrix} 1 \\ 0 \end{bmatrix} + \begin{bmatrix} 3 \\ -1 \end{bmatrix} + 3\begin{bmatrix} 2 \\ 1 \end{bmatrix}$$

(Veja os exercícios 23 e 26.)

Suponha que A seja uma matriz $m \times n$, e B, $n \times r$. O produto AB, portanto, existe. Se decompusermos A em termos de seus vetores linha, como

$$A = \begin{bmatrix} \mathbf{A}_1 \\ \hdashline \mathbf{A}_2 \\ \hdashline \vdots \\ \hdashline \mathbf{A}_m \end{bmatrix}$$

então

$$AB = \begin{bmatrix} \mathbf{A}_1 \\ \hdashline \mathbf{A}_2 \\ \hdashline \vdots \\ \hdashline \mathbf{A}_m \end{bmatrix} B = \begin{bmatrix} \mathbf{A}_1 B \\ \hdashline \mathbf{A}_2 B \\ \hdashline \vdots \\ \hdashline \mathbf{A}_m B \end{bmatrix}$$

Novamente, esse resultado é uma consequência da definição de multiplicação de matrizes. A forma da direita é chamada **representação matriz-linha** do produto.

Exemplo 3.10

Usando a representação matriz-linha, calcule AB para as matrizes do exemplo 3.9.

Solução Calculamos

$$\mathbf{A}_1B = [1 \quad 3 \quad 2]\begin{bmatrix} 4 & -1 \\ 1 & 2 \\ 3 & 0 \end{bmatrix} = [13 \quad 5] \quad \text{e} \quad \mathbf{A}_2B = [0 \quad -1 \quad 1]\begin{bmatrix} 4 & -1 \\ 1 & 2 \\ 3 & 0 \end{bmatrix}$$
$$= [2 \quad -2]$$

Portanto, $AB = \begin{bmatrix} \mathbf{A}_1B \\ \hline \mathbf{A}_2B \end{bmatrix} = \begin{bmatrix} 13 & 5 \\ \hline 2 & -2 \end{bmatrix}$, como anteriormente.

A definição da matriz produto AB usa a partição natural de A em linhas e de B em colunas; essa forma pode ser chamada de ***representação linha-coluna*** do produto. Podemos também decompor A em colunas e B em linhas; essa forma é chamada ***representação coluna-linha*** do produto.

Nesse caso, temos

$$A = [\mathbf{a}_1 \,\vdots\, \mathbf{a}_2 \,\vdots\, \cdots \,\vdots\, \mathbf{a}_n] \quad \text{e} \quad B = \begin{bmatrix} \mathbf{B}_1 \\ \hline \mathbf{B}_2 \\ \hline \vdots \\ \hline \mathbf{B}_n \end{bmatrix}$$

Assim,

$$AB = [\mathbf{a}_1 \,\vdots\, \mathbf{a}_2 \,\vdots\, \cdots \,\vdots\, \mathbf{a}_n]\begin{bmatrix} \mathbf{B}_1 \\ \hline \mathbf{B}_2 \\ \hline \vdots \\ \hline \mathbf{B}_n \end{bmatrix} = \mathbf{a}_1\mathbf{B}_1 + \mathbf{a}_2\mathbf{B}_2 + \cdots + \mathbf{a}_n\mathbf{B}_n \tag{2}$$

Observe que essa soma se assemelha a uma expansão de produto escalar; a diferença é que seus termos são matrizes, e não escalares. Tenhamos certeza de que isso faz sentido. Cada termo $\mathbf{a}_i\mathbf{B}_i$ é o produto de uma matriz $m \times 1$ por uma matriz $1 \times r$. Assim, cada $\mathbf{a}_i\mathbf{B}_i$ é uma matriz $m \times r$, da mesma ordem que AB. Os produtos $\mathbf{a}_i\mathbf{B}_i$ são chamados ***produtos externos***, e (2) é chamada ***expansão em produto externo*** de AB.

Exemplo 3.11

Calcule a expansão em produto externo de AB para as matrizes do exemplo 3.9.

Solução Temos

$$A = [\mathbf{a}_1 \,\vdots\, \mathbf{a}_2 \,\vdots\, \mathbf{a}_3] = \left[\begin{array}{c:c:c} 1 & 3 & 2 \\ 0 & -1 & 1 \end{array}\right] \quad \text{e} \quad B = \begin{bmatrix} \mathbf{B}_1 \\ \hline \mathbf{B}_2 \\ \hline \mathbf{B}_3 \end{bmatrix} = \begin{bmatrix} 4 & -1 \\ \hline 1 & 2 \\ \hline 3 & 0 \end{bmatrix}$$

Os produtos externos são

$$\mathbf{a}_1\mathbf{B}_1 = \begin{bmatrix} 1 \\ 0 \end{bmatrix}[4 \quad -1] = \begin{bmatrix} 4 & -1 \\ 0 & 0 \end{bmatrix}, \quad \mathbf{a}_2\mathbf{B}_2 = \begin{bmatrix} 3 \\ -1 \end{bmatrix}[1 \quad 2] = \begin{bmatrix} 3 & 6 \\ -1 & -2 \end{bmatrix},$$

e

$$\mathbf{a}_3\mathbf{B}_3 = \begin{bmatrix} 2 \\ 1 \end{bmatrix}[3 \quad 0] = \begin{bmatrix} 6 & 0 \\ 3 & 0 \end{bmatrix}$$

(Observe que calcular cada produto externo é exatamente como preencher uma tabela de multiplicação.) Portanto, a expansão em produto externo de AB é

$$\mathbf{a}_1\mathbf{B}_1 + \mathbf{a}_2\mathbf{B}_2 + \mathbf{a}_3\mathbf{B}_3 = \begin{bmatrix} 4 & -1 \\ 0 & 0 \end{bmatrix} + \begin{bmatrix} 3 & 6 \\ -1 & -2 \end{bmatrix} + \begin{bmatrix} 6 & 0 \\ 3 & 0 \end{bmatrix} = \begin{bmatrix} 13 & 5 \\ 2 & -2 \end{bmatrix} = AB$$

Usaremos a expansão em produto externo nos capítulos 5 e 7, quando discutirmos o Teorema Espectral e a decomposição por valores singulares, respectivamente.

Cada uma das partições mostradas acima é um caso particular de particionamento em geral. Dizemos que uma matriz A está particionada se linhas horizontais e verticais forem introduzidas subdividindo A em submatrizes chamadas de blocos. A partição permite que A seja escrita como uma matriz cujos elementos são seus blocos.

Por exemplo,

$$A = \left[\begin{array}{ccc|cc} 1 & 0 & 0 & 2 & -1 \\ 0 & 1 & 0 & 1 & 3 \\ 0 & 0 & 1 & 4 & 0 \\ \hline 0 & 0 & 0 & 1 & 7 \\ 0 & 0 & 0 & 7 & 2 \end{array}\right] \quad \text{e} \quad B = \left[\begin{array}{cc|cc|c} 4 & 3 & 1 & 2 & 1 \\ -1 & 2 & 2 & 1 & 1 \\ 1 & -5 & 3 & 3 & 1 \\ \hline 1 & 0 & 0 & 0 & 2 \\ 0 & 1 & 0 & 0 & 3 \end{array}\right]$$

são matrizes decompostas em blocos. Elas têm a estrutura em blocos

$$A = \begin{bmatrix} A_{11} & A_{12} \\ A_{21} & A_{22} \end{bmatrix} \quad \text{e} \quad B = \begin{bmatrix} B_{11} & B_{12} & B_{13} \\ B_{21} & B_{22} & B_{23} \end{bmatrix}$$

Se duas matrizes têm a mesma ordem e são particionadas em blocos da mesma forma, é claro que elas podem ser adicionadas e multiplicadas por escalar, bloco por bloco. Menos evidente é o fato que, com uma partição adequada, matrizes podem também ser multiplicadas por blocos. O próximo exemplo ilustra esse processo.

Exemplo 3.12

Considere as matrizes A e B que acabamos de ver. Se ignorarmos por um momento o fato de que seus elementos são matrizes, A assemelha-se a uma matriz 2×2, e B, a uma matriz 2×3. Seu produto deve então ser uma matriz 2×3, dada por

$$AB = \begin{bmatrix} A_{11} & A_{12} \\ A_{21} & A_{22} \end{bmatrix}\begin{bmatrix} B_{11} & B_{12} & B_{13} \\ B_{21} & B_{22} & B_{23} \end{bmatrix}$$
$$= \begin{bmatrix} A_{11}B_{11} + A_{12}B_{21} & A_{11}B_{12} + A_{12}B_{22} & A_{11}B_{13} + A_{12}B_{23} \\ A_{21}B_{11} + A_{22}B_{21} & A_{21}B_{12} + A_{22}B_{22} & A_{21}B_{13} + A_{22}B_{23} \end{bmatrix}$$

No entanto, *todos* os produtos nesse cálculo são, na verdade, produtos de matrizes. Logo precisamos nos assegurar de que todos eles estão bem definidos. Uma verificação rápida revela que esse é realmente o caso, pois o número de *colunas* nos blocos de A (3 e 2) combinam com o número de *linhas* nos blocos de B. Dizemos que as matrizes A e B estão ***particionadas adequadamente para multiplicação por blocos***.

Efetuando os cálculos indicados obtemos o produto AB na forma decomposta:

$$A_{11}B_{11} + A_{12}B_{21} = I_3B_{11} + A_{12}I_2 = B_{11} + A_{12} = \begin{bmatrix} 4 & 3 \\ -1 & 2 \\ 1 & -5 \end{bmatrix} + \begin{bmatrix} 2 & -1 \\ 1 & 3 \\ 4 & 0 \end{bmatrix} = \begin{bmatrix} 6 & 2 \\ 0 & 5 \\ 5 & -5 \end{bmatrix}$$

(Quando alguns dos blocos são matrizes nulas, ou matrizes identidade, como neste exemplo, esses cálculos podem ser feitos muito rapidamente.) Os cálculos para os outros cinco blocos de AB são análogos. Verifique que o resultado é

$$\left[\begin{array}{cc|cc|c} 6 & 2 & 1 & 2 & 2 \\ 0 & 5 & 2 & 1 & 12 \\ 5 & -5 & 3 & 3 & 9 \\ \hline 1 & 7 & 0 & 0 & 23 \\ 7 & 2 & 0 & 0 & 20 \end{array}\right]$$

(Observe que o bloco do lado superior esquerdo é o resultado do nosso último cálculo.) Verifique que você obtém a mesma resposta multiplicando A por B da forma usual.

Potências de Matriz

Quando A e B são duas matrizes $n \times n$, o produto delas também será uma matriz $n \times n$. Um caso especial ocorre quando $A = B$. Faz sentido definir $A^2 = AA$, e, em geral, definir A^k como

$$A^k = \underbrace{AA \cdots A}_{k \text{ fatores}}$$

sendo k um inteiro positivo. Assim, $A^1 = A$, e é conveniente definir $A^0 = I_n$.

Antes de fazer muitas conjecturas, precisamos nos perguntar até que ponto potências de matrizes se comportam como potências dos números reais. As propriedades a seguir decorrem imediatamente das definições que acabamos de dar e são as análogas para matrizes das propriedades correspondentes para potências de números reais.

Se A é uma matriz quadrada e r e s são inteiros não negativos, então

1. $A^r A^s = A^{r+s}$
2. $(A^r)^s = A^{rs}$

Na seção 3.3, estenderemos a definição e as propriedades para incluir potências com expoentes inteiros negativos.

Exemplo 3.13

(a) Se $A = \begin{bmatrix} 1 & 1 \\ 1 & 1 \end{bmatrix}$, então

$$A^2 = \begin{bmatrix} 1 & 1 \\ 1 & 1 \end{bmatrix}\begin{bmatrix} 1 & 1 \\ 1 & 1 \end{bmatrix} = \begin{bmatrix} 2 & 2 \\ 2 & 2 \end{bmatrix}, \; A^3 = A^2A = \begin{bmatrix} 2 & 2 \\ 2 & 2 \end{bmatrix}\begin{bmatrix} 1 & 1 \\ 1 & 1 \end{bmatrix} = \begin{bmatrix} 4 & 4 \\ 4 & 4 \end{bmatrix}$$

e, em geral,

$$A^n = \begin{bmatrix} 2^{n-1} & 2^{n-1} \\ 2^{n-1} & 2^{n-1} \end{bmatrix} \quad \text{para todo} \quad n \geq 1$$

Essa afirmação pode ser provada por indução matemática, já que ela é dada para uma coleção *infinita* de afirmações, uma para cada número natural n. (O apêndice

B mostra uma breve revisão de indução matemática.) O primeiro passo da demonstração consiste em provar que a fórmula vale para $n = 1$. Neste caso

$$A^1 = \begin{bmatrix} 2^{1-1} & 2^{1-1} \\ 2^{1-1} & 2^{1-1} \end{bmatrix} = \begin{bmatrix} 2^0 & 2^0 \\ 2^0 & 2^0 \end{bmatrix} = \begin{bmatrix} 1 & 1 \\ 1 & 1 \end{bmatrix} = A$$

como queríamos.

A hipótese de indução consiste em assumir que vale

$$A^k = \begin{bmatrix} 2^{k-1} & 2^{k-1} \\ 2^{k-1} & 2^{k-1} \end{bmatrix}$$

para algum número inteiro $k \geq 1$. O passo de indução consiste em provar que a fórmula vale para $n = k + 1$. Usando a definição de potência de matriz e a hipótese de indução, calculamos

$$\begin{aligned} A^{k+1} = A^k A &= \begin{bmatrix} 2^{k-1} & 2^{k-1} \\ 2^{k-1} & 2^{k-1} \end{bmatrix}\begin{bmatrix} 1 & 1 \\ 1 & 1 \end{bmatrix} \\ &= \begin{bmatrix} 2^{k-1} + 2^{k-1} & 2^{k-1} + 2^{k-1} \\ 2^{k-1} + 2^{k-1} & 2^{k-1} + 2^{k-1} \end{bmatrix} \\ &= \begin{bmatrix} 2^k & 2^k \\ 2^k & 2^k \end{bmatrix} \\ &= \begin{bmatrix} 2^{(k+1)-1} & 2^{(k+1)-1} \\ 2^{(k+1)-1} & 2^{(k+1)-1} \end{bmatrix} \end{aligned}$$

Assim, pelo princípio da indução matemática, a fórmula vale para todo $n \geq 1$.

(b) Se $B = \begin{bmatrix} 0 & -1 \\ 1 & 0 \end{bmatrix}$, então $B^2 = \begin{bmatrix} 0 & -1 \\ 1 & 0 \end{bmatrix}\begin{bmatrix} 0 & -1 \\ 1 & 0 \end{bmatrix} = \begin{bmatrix} -1 & 0 \\ 0 & -1 \end{bmatrix}$. Continuando, encontramos

$$B^3 = B^2 B = \begin{bmatrix} -1 & 0 \\ 0 & -1 \end{bmatrix}\begin{bmatrix} 0 & -1 \\ 1 & 0 \end{bmatrix} = \begin{bmatrix} 0 & 1 \\ -1 & 0 \end{bmatrix}$$

e

$$B^4 = B^3 B = \begin{bmatrix} 0 & 1 \\ -1 & 0 \end{bmatrix}\begin{bmatrix} 0 & -1 \\ 1 & 0 \end{bmatrix} = \begin{bmatrix} 1 & 0 \\ 0 & 1 \end{bmatrix}$$

Assim, $B^5 = B$, e a sequência de potências de B se repete em um ciclo de quatro:

$$\begin{bmatrix} 0 & -1 \\ 1 & 0 \end{bmatrix}, \begin{bmatrix} -1 & 0 \\ 0 & -1 \end{bmatrix}, \begin{bmatrix} 0 & 1 \\ -1 & 0 \end{bmatrix}, \begin{bmatrix} 1 & 0 \\ 0 & 1 \end{bmatrix}, \begin{bmatrix} 0 & -1 \\ 1 & 0 \end{bmatrix}, \ldots$$

A Transposta de uma Matriz

Até agora, todas as operações com matrizes que definimos são análogas a operações com números reais, embora nem sempre elas se comportem da mesma maneira. A próxima operação não tem essa analogia.

Definição A *transposta* de uma matriz A de ordem $m \times n$ é uma matriz A^T *de ordem* $n \times m$ obtida pela troca entre linhas e colunas de A. Isto é, a i-ésima coluna de A^T é a i-ésima linha de A para todo i.

Exemplo 3.14

Sejam

$$A = \begin{bmatrix} 1 & 3 & 2 \\ 5 & 0 & 1 \end{bmatrix}, \quad B = \begin{bmatrix} a & b \\ c & d \end{bmatrix}, \quad \text{e} \quad C = [5 \quad -1 \quad 2]$$

Então, suas transpostas são

$$A^T = \begin{bmatrix} 1 & 5 \\ 3 & 0 \\ 2 & 1 \end{bmatrix}, \quad B^T = \begin{bmatrix} a & c \\ b & d \end{bmatrix}, \quad \text{e} \quad C^T = \begin{bmatrix} 5 \\ -1 \\ 2 \end{bmatrix}$$

A transposta é usada algumas vezes para dar uma definição alternativa para o produto escalar de dois vetores em termos de multiplicação de matriz. Se

$$\mathbf{u} = \begin{bmatrix} u_1 \\ u_2 \\ \vdots \\ u_n \end{bmatrix} \quad \text{e} \quad \mathbf{v} = \begin{bmatrix} v_1 \\ v_2 \\ \vdots \\ v_n \end{bmatrix}$$

então

$$\begin{aligned} \mathbf{u} \cdot \mathbf{v} &= u_1v_1 + u_2v_2 + \cdots + u_nv_n \\ &= [u_1 \quad u_2 \quad \cdots \quad u_n] \begin{bmatrix} v_1 \\ v_2 \\ \vdots \\ v_n \end{bmatrix} \\ &= \mathbf{u}^T\mathbf{v} \end{aligned}$$

Uma definição alternativa útil para a transposta é dada elemento a elemento:

$$(A^T)_{ij} = A_{ji} \quad \text{para todo } i \text{ e } j$$

Em palavras, o elemento na linha i e coluna j de A^T é igual ao elemento na linha j e coluna i de A.

A transposta é também usada para definir um tipo muito importante de matriz quadrada: uma matriz simétrica.

Definição Uma matriz quadrada A é ***simétrica*** se $A^T = A$, isto é, se A é igual à sua transposta.

Exemplo 3.15

Sejam

$$A = \begin{bmatrix} 1 & 3 & 2 \\ 3 & 5 & 0 \\ 2 & 0 & 4 \end{bmatrix} \quad \text{e} \quad B = \begin{bmatrix} 1 & 2 \\ -1 & 3 \end{bmatrix}$$

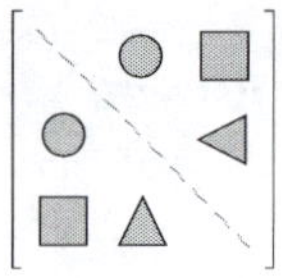

Figura 3.1
Uma matriz simétrica

Então, A é simétrica, pois $A^T = A$; entretanto, B não é simétrica, já que

$$B^T = \begin{bmatrix} 1 & -1 \\ 2 & 3 \end{bmatrix} \neq B.$$

Uma matriz simétrica tem a propriedade de ser a sua própria "imagem espelhada" na diagonal principal. A figura 3.1 ilustra essa propriedade para uma matriz 3×3. As formas geométricas correspondentes representam elementos iguais; os elementos da diagonal (que estão na linha pontilhada) são arbitrários.

Uma definição de matriz simétrica elemento a elemento também é útil. Ela é simplesmente a descrição algébrica da propriedade da "reflexão".

Uma matriz quadrada é simétrica se e somente se $A_{ij} = A_{ji}$ para todo i e j.

Exercícios 3.1

Sejam

$$A = \begin{bmatrix} 3 & 0 \\ -1 & 5 \end{bmatrix}, \quad B = \begin{bmatrix} 4 & -2 & 1 \\ 0 & 2 & 3 \end{bmatrix}, \quad C = \begin{bmatrix} 1 & 2 \\ 3 & 4 \\ 5 & 6 \end{bmatrix},$$

$$D = \begin{bmatrix} 0 & -3 \\ -2 & 1 \end{bmatrix}, \quad E = [4 \quad 2], \quad F = \begin{bmatrix} -1 \\ 2 \end{bmatrix}$$

Nos exercícios de 1 a 16, calcule a matriz indicada (se possível).

1. $A + 2D$
2. $3D - 2A$
3. $B - C$
4. $C - B^T$
5. AB
6. BD
7. $D + BC$
8. BB^T
9. $E(AF)$
10. $F(DF)$
11. FE
12. EF
13. $B^TC^T - (CB)^T$
14. $DA - AD$
15. A^3
16. $(I_2 - D)^2$

17. Dê um exemplo de uma matriz 2×2 não nula tal que $A^2 = O$.

18. Seja $A = \begin{bmatrix} 2 & 1 \\ 6 & 3 \end{bmatrix}$. Ache matrizes B e C de ordem 2×2 tais que $AB = AC$, mas $B \neq C$.

19. Uma fábrica produz três produtos (banheiras, pias e tanques) e os envia para armazenamento em dois depósitos. O número de unidades de cada produto enviadas para cada depósito é dado pela matriz

$$A = \begin{bmatrix} 200 & 75 \\ 150 & 100 \\ 100 & 125 \end{bmatrix}$$

(em que a_{ij} é o número de unidades enviadas do produto i para o depósito j, e os produtos são colocados em ordem alfabética). O custo de remessa de uma unidade de cada produto, por caminhão, é: \$1,50 por banheira, \$1,00 por pia e \$2,00 por tanque. Os custos unitários correspondentes ao envio por trem são: \$1,75, \$1,50 e \$1,00. Organize esses custos em uma matriz B e use multiplicação de matrizes para mostrar como a fábrica pode comparar os custos de remessa — por caminhão e por trem — de seus produtos para cada um dos dois depósitos.

20. Em relação ao exercício 19, suponha que o custo unitário de distribuição dos produtos para as lojas seja o mesmo para todos os produtos, mas que varie dependendo do depósito por causa das distâncias envolvidas. Custa \$0,75 para distribuir uma unidade do depósito 1 e \$1,00 para distribuir uma unidade do depósito 2. Organize esses custos em uma matriz C e use multiplicação de matrizes para calcular o custo total de distribuição de cada produto.

Nos exercícios 21 e 22, escreva o sistema de equações lineares dado como uma equação matricial da forma $A\mathbf{x} = \mathbf{b}$.

21. $$\begin{aligned} x_1 - 2x_2 + 3x_3 &= 0 \\ 2x_1 + x_2 - 5x_3 &= 4 \end{aligned}$$

22. $$\begin{aligned} -x_1 \qquad + 2x_3 &= 1 \\ x_1 - x_2 \qquad &= -2 \\ x_2 + x_3 &= -1 \end{aligned}$$

Nos exercícios de 23 a 28, sejam

$$A = \begin{bmatrix} 1 & 0 & -2 \\ -3 & 1 & 1 \\ 2 & 0 & -1 \end{bmatrix}$$

e

$$B = \begin{bmatrix} 2 & 3 & 0 \\ 1 & -1 & 1 \\ -1 & 6 & 4 \end{bmatrix}$$

23. Use a representação matriz-coluna do produto para escrever cada coluna de AB como combinação linear das colunas de A.

24. Use a representação matriz-linha do produto para escrever cada linha de AB como combinação linear das linhas de B.

25. Calcule o produto externo da expansão de AB.

26. Use a representação matriz-coluna do produto para escrever cada coluna de BA como combinação linear das colunas de B.

27. Use a representação matriz-linha do produto para escrever cada linha de BA como combinação linear das linhas de A.

28. Calcule o produto externo da expansão de BA.

Nos exercícios 29 e 30, assuma que o produto AB faz sentido.

29. Prove que, se as colunas de B são linearmente dependentes então as colunas de AB também o são.

30. Prove que, se as linhas de A são linearmente dependentes então as linhas de AB também o são.

Nos exercícios de 31 a 34, calcule AB usando multiplicação por blocos com o particionamento indicado.

31. $A = \left[\begin{array}{cc|cc} 1 & -1 & 0 & 0 \\ 0 & 1 & 0 & 0 \\ \hline 0 & 0 & 2 & 3 \end{array}\right]$, $B = \left[\begin{array}{cc|c} 2 & 3 & 0 \\ -1 & 1 & 0 \\ \hline 0 & 0 & 1 \\ 0 & 0 & 1 \end{array}\right]$

32. $A = \left[\begin{array}{cc|cc} 2 & 3 & 1 & 0 \\ 4 & 5 & 0 & 1 \end{array}\right]$, $B = \left[\begin{array}{c|cc} 0 & 1 & 0 \\ 0 & 0 & 1 \\ \hline 1 & 5 & 4 \\ -2 & 3 & 2 \end{array}\right]$

33. $A = \left[\begin{array}{cc|cc} 1 & 2 & 1 & 0 \\ 3 & 4 & 0 & 1 \\ \hline 1 & 0 & -1 & 1 \\ 0 & 1 & 1 & -1 \end{array}\right]$, $B = \left[\begin{array}{cc|cc} 1 & 0 & 0 & 1 \\ 0 & 1 & 1 & 0 \\ \hline 0 & 0 & 0 & -1 \\ 0 & 0 & 1 & 0 \end{array}\right]$

34. $A = \left[\begin{array}{ccc|c} 1 & 0 & 0 & 1 \\ 0 & 1 & 0 & 2 \\ 0 & 0 & 1 & 3 \\ \hline 0 & 0 & 0 & 4 \end{array}\right]$, $B = \left[\begin{array}{ccc|c} 1 & 2 & 3 & 1 \\ 0 & 1 & 4 & 1 \\ 0 & 0 & 1 & 1 \\ \hline 1 & 1 & 1 & -1 \end{array}\right]$

35. Seja $A = \begin{bmatrix} 0 & 1 \\ -1 & 1 \end{bmatrix}$.

(a) Calcule $A^2, A^3, \ldots, A^7$.
(b) O que é A^{2015}? Por quê?

36. Seja $B = \begin{bmatrix} \frac{1}{\sqrt{2}} & -\frac{1}{\sqrt{2}} \\ \frac{1}{\sqrt{2}} & \frac{1}{\sqrt{2}} \end{bmatrix}$. Determine B^{2015}. Justifique.

37. Seja $A = \begin{bmatrix} 1 & 1 \\ 0 & 1 \end{bmatrix}$. Encontre uma fórmula para A^n $(n \geq 1)$ e demonstre a sua fórmula usando indução matemática.

38. Seja $A = \begin{bmatrix} \cos\theta & -\operatorname{sen}\theta \\ \operatorname{sen}\theta & \cos\theta \end{bmatrix}$.

(a) Mostre que $A^2 = \begin{bmatrix} \cos 2\theta & -\operatorname{sen} 2\theta \\ \operatorname{sen} 2\theta & \cos 2\theta \end{bmatrix}$.

(b) Prove, usando indução matemática, que

$$A^n = \begin{bmatrix} \cos n\theta & -\operatorname{sen} n\theta \\ \operatorname{sen} n\theta & \cos n\theta \end{bmatrix} \text{ para } n \geq 1$$

39. Em cada um dos itens a seguir, ache a matriz $A = [\,a_{ij}\,]$ de ordem 4×4 que satisfaz a condição dada:

(a) $a_{ij} = (-1)^{i+j}$ **(b)** $a_{ij} = j - i$

(c) $a_{ij} = (i - 1)^j$ **(d)** $a_{ij} = \operatorname{sen}\left(\dfrac{(i + j - 1)\pi}{4}\right)$

40. Em cada um dos itens a seguir, ache a matriz $A = [a_{ij}]$ de ordem 6×6 que satisfaz a condição dada:

(a) $a_{ij} = \begin{cases} i + j & \text{se } i \leq j \\ 0 & \text{se } i > j \end{cases}$ **(b)** $a_{ij} = \begin{cases} 1 & \text{se } |i - j| \leq 1 \\ 0 & \text{se } |i - j| > 1 \end{cases}$

(c) $a_{ij} = \begin{cases} 1 & \text{se } 6 \leq i + j \leq 8 \\ 0 & \text{nos outros casos} \end{cases}$

41. Prove o teorema 3.1(a).

3.2 A Álgebra de Matrizes

De certo modo, a aritmética das matrizes generaliza a dos vetores. Não esperamos surpresas com respeito à adição de matrizes e à multiplicação de escalar por matriz, e de fato elas não ocorrem. Isso nos permitirá estender para matrizes vários conceitos com os quais já temos familiaridade, por nosso trabalho com os vetores. Em particular, combinações lineares, conjuntos geradores e independência linear serão definidos para matrizes sem nenhuma dificuldade.

Matrizes, entretanto, admitem outras operações, como por exemplo a multiplicação de matrizes, que vetores não têm. Não devemos esperar que a multiplicação de matrizes se comporte como a multiplicação dos números reais, a menos que possamos provar isso; de fato, ela não se comporta como tal. Nesta seção, iremos resumir e demonstrar algumas das principais propriedades das operações com matrizes e iremos começar a desenvolver uma álgebra de matrizes.

Propriedades da Adição e da Multiplicação por Escalar

Todas as propriedades algébricas da adição e da multiplicação por escalar dos vetores (teorema 1.1) valem para matrizes. Resumimos essas propriedades no próximo teorema.

Teorema 3.2 **Propriedades Algébricas da Adição de Matrizes e da Multiplicação por Escalar**

Sejam A, B e C matrizes de mesma ordem, e c e d, escalares. Então

a. $A + B = B + A$ Comutativa
b. $(A + B) + C = A + (B + C)$ Associativa
c. $A + O = A$
d. $A + (-A) = O$
e. $c(A + B) = cA + cB$ Distributiva
f. $(c + d)A = cA + dA$ Distributiva
g. $c(dA) = (cd)A$
h. $1A = A$

As demonstrações dessas propriedades são análogas às demonstrações correspondentes das propriedades dos vetores. Da mesma forma, os comentários que seguem o teorema 1.1 são igualmente válidos aqui, e você não deve ter dificuldades em usar essas propriedades para fazer manipulações algébricas com matrizes. (Recapitule o exemplo 1.5 e veja os exercícios 17 e 18 no final desta seção.)

A propriedade associativa nos permite combinar a multiplicação por escalar e a adição sem fazer uso de parêneses. Se A, B e C são matrizes de mesma ordem, então

$$(2A + 3B) - C = 2A + (3B - C)$$

e assim podemos simplesmente escrever $2A + 3B - C$. Mais geralmente, se $A_1, A_2, \ldots, A_k$ são matrizes de mesma ordem e $c_1, c_2, \ldots, c_k$ são escalares, podemos fazer a ***combinação linear***

$$c_1A_1 + c_2A_2 + \cdots + c_kA_k$$

Iremos nos referir aos números $c_1, c_2, \ldots, c_k$ como ***coeficientes*** da combinação linear. Vamos agora formular e responder questões sobre combinações lineares de matrizes.

Exemplo 3.16

Sejam $A_1 = \begin{bmatrix} 0 & 1 \\ -1 & 0 \end{bmatrix}$, $A_2 = \begin{bmatrix} 1 & 0 \\ 0 & 1 \end{bmatrix}$, e $A_3 = \begin{bmatrix} 1 & 1 \\ 1 & 1 \end{bmatrix}$.

(a) A matriz $B = \begin{bmatrix} 1 & 4 \\ 2 & 1 \end{bmatrix}$ é combinação linear de A_1, A_2 e A_3?

(b) A matriz $C = \begin{bmatrix} 1 & 2 \\ 3 & 4 \end{bmatrix}$ é combinação linear de A_1, A_2 e A_3?

Solução

(a) Queremos encontrar escalares c_1, c_2 e c_3 tais que $c_1A_1 + c_2A_2 + c_3A_3 = B$. Assim,

$$c_1\begin{bmatrix} 0 & 1 \\ -1 & 0 \end{bmatrix} + c_2\begin{bmatrix} 1 & 0 \\ 0 & 1 \end{bmatrix} + c_3\begin{bmatrix} 1 & 1 \\ 1 & 1 \end{bmatrix} = \begin{bmatrix} 1 & 4 \\ 2 & 1 \end{bmatrix}$$

O lado esquerdo dessa equação pode ser escrito na forma:

$$\begin{bmatrix} c_2 + c_3 & c_1 + c_3 \\ -c_1 + c_3 & c_2 + c_3 \end{bmatrix}$$

Comparando os elementos e usando a definição de igualdade de matrizes, temos as quatro equações lineares

$$\begin{aligned} c_2 + c_3 &= 1 \\ c_1 \quad\quad + c_3 &= 4 \\ -c_1 \quad\quad + c_3 &= 2 \\ c_2 + c_3 &= 1 \end{aligned}$$

A eliminação de Gauss-Jordan facilmente nos dá

$$\left[\begin{array}{rrr|r} 0 & 1 & 1 & 1 \\ 1 & 0 & 1 & 4 \\ -1 & 0 & 1 & 2 \\ 0 & 1 & 1 & 1 \end{array}\right] \longrightarrow \left[\begin{array}{rrr|r} 1 & 0 & 0 & 1 \\ 0 & 1 & 0 & -2 \\ 0 & 0 & 1 & 3 \\ 0 & 0 & 0 & 0 \end{array}\right]$$

(verifique isso!) assim, $c_1 = 1$, $c_2 = -2$ e $c_3 = 3$. Portanto, $A_1 - 2A_2 + 3A_3 = B$, o que pode ser facilmente verificado.

(b) Desta vez queremos resolver

$$c_1\begin{bmatrix} 0 & 1 \\ -1 & 0 \end{bmatrix} + c_2\begin{bmatrix} 1 & 0 \\ 0 & 1 \end{bmatrix} + c_3\begin{bmatrix} 1 & 1 \\ 1 & 1 \end{bmatrix} = \begin{bmatrix} 1 & 2 \\ 3 & 4 \end{bmatrix}$$

Procedendo como na parte (a), obtemos o sistema linear

$$\begin{aligned} c_2 + c_3 &= 1 \\ c_1 \quad\quad + c_3 &= 2 \\ -c_1 \quad\quad + c_3 &= 3 \\ c_2 + c_3 &= 4 \end{aligned}$$

O escalonamento por linhas nos dá

$$\left[\begin{array}{rrr|r} 0 & 1 & 1 & 1 \\ 1 & 0 & 1 & 2 \\ -1 & 0 & 1 & 3 \\ 0 & 1 & 1 & 4 \end{array}\right] \xrightarrow{L_4 - L_1} \left[\begin{array}{rrr|r} 0 & 1 & 1 & 1 \\ 1 & 0 & 1 & 2 \\ -1 & 0 & 1 & 3 \\ 0 & 0 & 0 & 3 \end{array}\right]$$

Não precisamos continuar: a última linha implica que o sistema não tem solução. Portanto, neste caso, C não é combinação linear de A_1, A_2 e A_3.

Observação Note que as colunas da matriz completa contêm os elementos das matrizes que nos foram dadas. Se lermos os elementos de cada uma das matrizes da esquerda para a direita e de cima para baixo, obtemos a ordem em que elas aparecem na matriz completa. Por exemplo, lemos A_1 como "0, 1, −1, 0", que corresponde à primeira coluna da matriz completa. É como se tivéssemos "esticado" a matriz dada formando um vetor coluna. Dessa forma, teríamos obtido exatamente o mesmo sistema de equações lineares da parte (a) com esta pergunta:

$$\text{O vetor } \begin{bmatrix} 1 \\ 4 \\ 2 \\ 1 \end{bmatrix} \text{ é combinação linear dos vetores } \begin{bmatrix} 0 \\ 1 \\ -1 \\ 0 \end{bmatrix}, \begin{bmatrix} 1 \\ 0 \\ 0 \\ 1 \end{bmatrix}, \text{ e } \begin{bmatrix} 1 \\ 1 \\ 1 \\ 1 \end{bmatrix}?$$

Encontraremos tais paralelos repetidamente daqui por diante. No capítulo 6, eles serão explorados com mais detalhes.

Definimos o ***espaço gerado*** por um conjunto de matrizes como sendo o conjunto de todas as combinações lineares dessas matrizes.

Exemplo 3.17

Descreva o conjunto gerado pelas matrizes A_1, A_2 e A_3 do exemplo 3.16.

Solução Um maneira de fazer isso é simplesmente escrever uma combinação linear genérica de A_1, A_2 e A_3. Assim,

$$\begin{aligned} c_1A_1 + c_2A_2 + c_3A_3 &= c_1\begin{bmatrix} 0 & 1 \\ -1 & 0 \end{bmatrix} + c_2\begin{bmatrix} 1 & 0 \\ 0 & 1 \end{bmatrix} + c_3\begin{bmatrix} 1 & 1 \\ 1 & 1 \end{bmatrix} \\ &= \begin{bmatrix} c_2 + c_3 & c_1 + c_3 \\ -c_1 + c_3 & c_2 + c_3 \end{bmatrix} \end{aligned}$$

(que é análogo à representação paramétrica de um plano). Porém, suponha que queremos saber se a matriz $\begin{bmatrix} w & x \\ y & z \end{bmatrix}$ **pertence ao conjunto** ger(A_1, A_2, A_3). Da representação que acabamos de ver, sabemos que isso irá acontecer quando

$$\begin{bmatrix} c_2 + c_3 & c_1 + c_3 \\ -c_1 + c_3 & c_2 + c_3 \end{bmatrix} = \begin{bmatrix} w & x \\ y & z \end{bmatrix}$$

para alguma escolha de escalares c_1, c_2, c_3. Isso dá origem a um sistema de equações lineares cujo lado esquerdo é exatamente o mesmo do exemplo 3.16, mas cujo lado direito é genérico. A matriz completa desse sistema é

$$\left[\begin{array}{rrr|c} 0 & 1 & 1 & w \\ 1 & 0 & 1 & x \\ -1 & 0 & 1 & y \\ 0 & 1 & 1 & z \end{array}\right]$$

e o escalonamento por linhas produz

$$\left[\begin{array}{rrr|c} 0 & 1 & 1 & w \\ 1 & 0 & 1 & x \\ -1 & 0 & 1 & y \\ 0 & 1 & 1 & z \end{array}\right] \longrightarrow \left[\begin{array}{ccc|c} 1 & 0 & 0 & \frac{1}{2}x - \frac{1}{2}y \\ 0 & 1 & 0 & -\frac{1}{2}x - \frac{1}{2}y + w \\ 0 & 0 & 1 & \frac{1}{2}x + \frac{1}{2}y \\ 0 & 0 & 0 & w - z \end{array}\right]$$

(Verifique isso cuidadosamente.) A única restrição vem na última linha, em que claramente devemos ter $w - z = 0$ para que haja solução. Portanto, o conjunto gerado por A_1, A_2 e A_3 consiste de todas as matrizes $\begin{bmatrix} w & x \\ y & z \end{bmatrix}$ para as quais $w = z$. Ou seja, $\text{ger}(A_1, A_2, A_3) = \left\{\begin{bmatrix} w & x \\ y & w \end{bmatrix}\right\}$.

Nota Se tivéssemos observado isso *antes* de resolver o exemplo 3.16, teríamos visto imediatamente que $B = \begin{bmatrix} 1 & 4 \\ 2 & 1 \end{bmatrix}$ é uma combinação linear de A_1, A_2 e A_3, pois B tem a forma necessária (tome $w = 1$, $x = 4$ e $y = 2$), mas $C = \begin{bmatrix} 1 & 2 \\ 3 & 4 \end{bmatrix}$ não pode ser uma combinação linear de A_1, A_2 e A_3, pois não tem a forma apropriada ($1 \neq 4$).

A independência linear também faz sentido para as matrizes. Dizemos que matrizes $A_1, A_2, ..., A_k$ de mesma ordem são ***linearmente independentes*** se a única solução da equação

$$c_1A_1 + c_2A_2 + \cdots + c_kA_k = O \tag{1}$$

for a solução trivial: $c_1 = c_2 = \ldots = c_k = 0$. Se existirem coeficientes não triviais que satisfaçam (1), então $A_1, A_2, ..., A_k$ serão chamadas de ***linearmente dependentes***.

Exemplo 3.18 Determine se as matrizes A_1, A_2 e A_3 do exemplo 3.16 são linearmente independentes.

Solução Queremos resolver a equação $c_1A_1 + c_2A_2 + c_3A_3 = O$. Escrevendo as matrizes, temos

$$c_1\begin{bmatrix} 0 & 1 \\ -1 & 0 \end{bmatrix} + c_2\begin{bmatrix} 1 & 0 \\ 0 & 1 \end{bmatrix} + c_3\begin{bmatrix} 1 & 1 \\ 1 & 1 \end{bmatrix} = \begin{bmatrix} 0 & 0 \\ 0 & 0 \end{bmatrix}$$

Desta vez, obtemos um sistema linear *homogêneo* cujo lado esquerdo é o mesmo que o dos exemplos 3.16 e 3.17. (Você já está conseguindo vislumbrar um padrão?) O escalonamento por linhas da matriz completa se reduz a

$$\left[\begin{array}{rrr|c} 0 & 1 & 1 & 0 \\ 1 & 0 & 1 & 0 \\ -1 & 0 & 1 & 0 \\ 0 & 1 & 1 & 0 \end{array}\right] \longrightarrow \left[\begin{array}{ccc|c} 1 & 0 & 0 & 0 \\ 0 & 1 & 0 & 0 \\ 0 & 0 & 1 & 0 \\ 0 & 0 & 0 & 0 \end{array}\right]$$

Portanto, $c_1 = c_2 = c_3 = 0$, e concluímos que as matrizes A_1, A_2 e A_3 são linearmente independentes.

Propriedades da Multiplicação de Matrizes

Sempre que nos deparamos com uma operação nova, como a multiplicação de matrizes, devemos ser cuidadosos para não presumir muito sobre ela. Seria bom se a multiplicação de matrizes se comportasse como a multiplicação de números reais. Embora em muitos aspectos isso aconteça, existem algumas diferenças significativas.

Exemplo 3.19

Considere as matrizes

$$A = \begin{bmatrix} 2 & 4 \\ -1 & -2 \end{bmatrix} \quad \text{e} \quad B = \begin{bmatrix} 1 & 0 \\ 1 & 1 \end{bmatrix}$$

Multiplicando-as, temos

$$AB = \begin{bmatrix} 2 & 4 \\ -1 & -2 \end{bmatrix}\begin{bmatrix} 1 & 0 \\ 1 & 1 \end{bmatrix} = \begin{bmatrix} 6 & 4 \\ -3 & -2 \end{bmatrix} \quad \text{e} \quad BA = \begin{bmatrix} 1 & 0 \\ 1 & 1 \end{bmatrix}\begin{bmatrix} 2 & 4 \\ -1 & -2 \end{bmatrix} = \begin{bmatrix} 2 & 4 \\ 1 & 2 \end{bmatrix}$$

Portanto, $AB \neq BA$. Assim, em contraste com a multiplicação de números reais, a multiplicação de matrizes *não é comutativa* — a ordem dos fatores em um produto é importante!

É fácil verificar que $A^2 = \begin{bmatrix} 0 & 0 \\ 0 & 0 \end{bmatrix}$ (faça-o!). Assim, para matrizes, a equação $A^2 = O$ não implica que $A = O$ (diferentemente da situação para números reais, em que a equação $x^2 = 0$ tem somente $x = 0$ como solução).

Apesar de coisas obscuras poderem aparecer depois do último exemplo, a situação não é tão ruim — você precisa somente se acostumar a trabalhar com as matrizes e lembrar-se constantemente de que elas não são números. O próximo teorema resume as propriedades principais de multiplicação de matrizes.

Teorema 3.3 **Propriedades da Multiplicação de Matrizes**

Sejam A, B e C matrizes (cujas ordens possibilitem que as operações indicadas sejam realizadas) e seja k um escalar. Então

a. $A(BC) = (AB)C$	Associativa
b. $A(B + C) = AB + AC$	Distributiva à esquerda
c. $(A + B)C = AC + BC$	Distributiva à direita
d. $k(AB) = (kA)B = A(kB)$	
e. $I_mA = A = AI_n$ se A for $m \times n$	Identidade da multiplicação

Demonstração Iremos provar (b) e encaminhar a demonstração de (e). Deixamos a demonstração da propriedade (a) para a seção 3.6. As demais propriedades serão consideradas nos exercícios.

(b) Para provar que $A(B + C) = AB + AC$, denotaremos as linhas de A por $\mathbf{A}_i$ e as colunas de B e C por $\mathbf{b}_j$ e $\mathbf{c}_j$, respectivamente. Então, a j-ésima coluna de $B + C$ é $\mathbf{b}_j + \mathbf{c}_j$ (já que a adição é feita elemento a elemento), e assim

$$\begin{aligned}[A(B + C)]_{ij} &= \mathbf{A}_i \cdot (\mathbf{b}_j + \mathbf{c}_j) \\ &= \mathbf{A}_i \cdot \mathbf{b}_j + \mathbf{A}_i \cdot \mathbf{c}_j \\ &= (AB)_{ij} + (AC)_{ij} \\ &= (AB + AC)_{ij}\end{aligned}$$

Como isso é verdadeiro para todo i e j, devemos ter $AB + AC$.

(e) Para provar que $AI_n = A$, observamos que a matriz identidade I_n pode ser decomposta em colunas por

$$I_n = [\mathbf{e}_1 \vdots \mathbf{e}_2 \vdots \cdots \vdots \mathbf{e}_n]$$

em que $\mathbf{e}_i$ é um vetor canônico unitário. Portanto,

$$\begin{aligned}AI_n &= [A\mathbf{e}_1 \vdots A\mathbf{e}_2 \vdots \cdots \vdots A\mathbf{e}_n] \\ &= [\mathbf{a}_1 \vdots \mathbf{a}_2 \vdots \cdots \vdots \mathbf{a}_n] \\ &= A\end{aligned}$$

pelo teorema 3.1(b).

Podemos usar essas propriedades para explorar mais profundamente o quanto a multiplicação de matrizes se assemelha à multiplicação de números reais.

Exemplo 3.20

Se A e B são matrizes quadradas de mesma ordem, é verdade que $(A + B)^2 = A^2 + 2AB + B^2$?

Solução Usando as propriedades de multiplicação de matrizes, calculamos

$$\begin{aligned}(A + B)^2 &= (A + B)(A + B) \\ &= (A + B)A + (A + B)B && \text{pela propriedade distributiva à esquerda} \\ &= A^2 + BA + AB + B^2 && \text{pela propriedade distributiva à direita}\end{aligned}$$

Portanto, $(A + B)^2 = A^2 + 2AB + B^2$ se e somente se $A^2 + BA + AB + B^2 = A^2 + 2AB + B^2$. Subtraindo A^2 e B^2 de ambos os lados, temos $BA + AB = 2AB$. Subtraindo AB de ambos os lados, temos $BA = AB$. Assim, $(A + B)^2 = A^2 + 2AB + B^2$ se e somente se A e B se comutam. (Você consegue dar um exemplo de um par de matrizes que satisfaça essa condição? Você pode encontrar um par de matrizes que não satisfaça essa propriedade?)

Propriedades da Transposta

Teorema 3.4 **Propriedades da Transposta**

Sejam A e B matrizes (cujas ordens são tais que as operações indicadas podem ser realizadas) e seja k um escalar. Então

a. $(A^T)^T = A$ b. $(A + B)^T = A^T + B^T$

c. $(kA)^T = k(A^T)$ d. $(AB)^T = B^TA^T$

e. $(A^r)^T = (A^T)^r$ para todos os inteiros r não negativos

Demonstração As propriedades (a), (b) e (c) são intuitivamente claras e simples de serem demonstradas (veja o exercício 30). Provar a propriedade (e) é um bom exercício de indução matemática (veja o exercício 31). Provaremos (d), já que essa não é uma propriedade que você poderia ter imaginado. [Você achou que $(AB)^T = A^TB^T$ poderia ser verdadeira?]

Primeiramente, se A for $m \times n$ e B for $n \times r$, B^T é $r \times n$, e A^T, $n \times m$. Portanto, o produto B^TA^T está definido e sua ordem é $r \times m$. Como AB é $m \times r$, $(AB)^T$ é $r \times m$ e, assim, $(AB)^T$ e B^TA^T têm a mesma ordem. Devemos provar que os elementos correspondentes são iguais.

Iremos denotar a i-ésima linha de uma matriz X por $\text{lin}_i(X)$, e sua j-ésima coluna, por $\text{col}_j(X)$. Usando essas convenções, vemos que

$$\begin{aligned}
[(AB)^T]_{ij} &= (AB)_{ji} \\
&= \text{lin}_j(A) \cdot \text{col}_i(B) \\
&= \text{col}_j(A^T) \cdot \text{lin}_i(B^T) \\
&= \text{lin}_i(B^T) \cdot \text{col}_j(A^T) = [B^TA^T]_{ij}
\end{aligned}$$

(Note que usamos a definição de multiplicação de matriz, a definição de transposta e o fato de o produto escalar ser comutativo.) Como i e j são arbitrários, concluímos que $(AB)^T = B^TA^T$.

Observação As propriedades (b) e (d) do teorema 3.4 podem ser generalizadas para somas e produtos de um número finito de matrizes:

$$(A_1 + A_2 + \cdots + A_k)^T = A_1^T + A_2^T + \cdots + A_k^T \quad \text{and} \quad (A_1A_2 \cdots A_k)^T = A_k^T \cdots A_2^TA_1^T$$

assumindo que as ordens das matrizes são tais que todas as operações indicadas podem ser realizadas. Fica para você provar esses fatos, usando indução matemática, nos exercícios 32 e 33.

Exemplo 3.21

Sejam

$$A = \begin{bmatrix} 1 & 2 \\ 3 & 4 \end{bmatrix} \quad \text{e} \quad B = \begin{bmatrix} 4 & -1 & 0 \\ 2 & 3 & 1 \end{bmatrix}$$

Então, $A^T = \begin{bmatrix} 1 & 3 \\ 2 & 4 \end{bmatrix}$, por isso $A + A^T = \begin{bmatrix} 2 & 5 \\ 5 & 8 \end{bmatrix}$, uma matriz simétrica.

Temos

$$B^T = \begin{bmatrix} 4 & 2 \\ -1 & 3 \\ 0 & 1 \end{bmatrix}$$

assim,

$$BB^T = \begin{bmatrix} 4 & -1 & 0 \\ 2 & 3 & 1 \end{bmatrix}\begin{bmatrix} 4 & 2 \\ -1 & 3 \\ 0 & 1 \end{bmatrix} = \begin{bmatrix} 17 & 5 \\ 5 & 14 \end{bmatrix}$$

e

$$B^TB = \begin{bmatrix} 4 & 2 \\ -1 & 3 \\ 0 & 1 \end{bmatrix}\begin{bmatrix} 4 & -1 & 0 \\ 2 & 3 & 1 \end{bmatrix} = \begin{bmatrix} 20 & 2 & 2 \\ 2 & 10 & 3 \\ 2 & 3 & 1 \end{bmatrix}$$

Portanto, BB^T e B^TB são simétricas, embora B nem mesmo seja quadrada! (Verifique que AA^T e A^TA são também simétricas).

O próximo teorema diz que os resultados do exemplo 3.21 são verdadeiros em geral.

Teorema 3.5

a. Se A é uma matriz quadrada, então $A + A^T$ é uma matriz simétrica.

b. Para toda matriz A, as matrizes AA^T e A^TA são simétricas.

Demonstração Iremos provar (a) e deixar (b) como exercício 34. Verificamos simplesmente que

$$(A + A^T)^T = A^T + (A^T)^T = A^T + A = A + A^T$$

(usando propriedades da transposta e a comutatividade da adição de matrizes). Assim, $A + A^T$ é igual à sua transposta e, portanto, por definição, é simétrica.

Exercícios 3.2

Nos exercícios de 1 a 4, determine X, dadas as matrizes

$$A = \begin{bmatrix} 1 & 2 \\ 3 & 4 \end{bmatrix} \quad e \quad B = \begin{bmatrix} -1 & 0 \\ 1 & 1 \end{bmatrix}.$$

1. $X - 2A + 3B = O$

2. $2X = A - B$

3. $2(A + 2B) = 3X$

4. $2(A - B + X) = 3(X - A)$

Nos exercícios de 5 a 8, escreva B como combinação linear das outras matrizes, se possível.

5. $B = \begin{bmatrix} 2 & 5 \\ 0 & 3 \end{bmatrix}, A_1 = \begin{bmatrix} 1 & 2 \\ -1 & 1 \end{bmatrix}, A_2 = \begin{bmatrix} 0 & 1 \\ 2 & 1 \end{bmatrix}$

6. $B = \begin{bmatrix} 2 & 3 \\ -4 & 2 \end{bmatrix}, A_1 = \begin{bmatrix} 1 & 0 \\ 0 & 1 \end{bmatrix}, A_2 = \begin{bmatrix} 0 & -1 \\ 1 & 0 \end{bmatrix},$
$A_3 = \begin{bmatrix} 1 & 1 \\ 0 & 1 \end{bmatrix}$

7. $B = \begin{bmatrix} 3 & 1 & 1 \\ 0 & 1 & 0 \end{bmatrix}, A_1 = \begin{bmatrix} 1 & 0 & -1 \\ 0 & 1 & 0 \end{bmatrix},$
$A_2 = \begin{bmatrix} -1 & 2 & 0 \\ 0 & 1 & 0 \end{bmatrix}, A_3 = \begin{bmatrix} 1 & 1 & 1 \\ 0 & 0 & 0 \end{bmatrix}$

8. $B = \begin{bmatrix} 2 & -2 & 3 \\ 0 & 0 & -2 \\ 0 & 0 & 2 \end{bmatrix}, A_1 = \begin{bmatrix} 1 & 0 & 0 \\ 0 & 1 & 0 \\ 0 & 0 & 1 \end{bmatrix},$
$A_2 = \begin{bmatrix} 0 & 1 & 1 \\ 0 & 0 & 1 \\ 0 & 0 & 0 \end{bmatrix}, A_3 = \begin{bmatrix} -1 & 0 & -1 \\ 0 & 1 & 0 \\ 0 & 0 & -1 \end{bmatrix},$
$A_4 = \begin{bmatrix} 1 & -1 & 1 \\ 0 & -1 & -1 \\ 0 & 0 & 1 \end{bmatrix}$

Nos exercícios de 9 a 12, ache a expressão geral do conjunto gerado pelas matrizes dadas, como no exemplo 3.17.

9. ger(A_1, A_2) do exercício 5

10. ger(A_1, A_2, A_3) do exercício 6

11. ger(A_1, A_2, A_3) do exercício 7

12. ger(A_1, A_2, A_3, A_4) do exercício 88

Nos exercícios de 13 a 16, determine se as matrizes dadas são linearmente independentes.

13. $\begin{bmatrix} 1 & 2 \\ 3 & 4 \end{bmatrix}, \begin{bmatrix} 4 & 3 \\ 2 & 1 \end{bmatrix}$

14. $\begin{bmatrix} 1 & 2 \\ 4 & 3 \end{bmatrix}, \begin{bmatrix} 2 & 1 \\ -1 & 0 \end{bmatrix}, \begin{bmatrix} 1 & 1 \\ 1 & 1 \end{bmatrix}$

15. $\begin{bmatrix} 0 & 1 \\ 5 & 2 \\ -1 & 0 \end{bmatrix}, \begin{bmatrix} 1 & 0 \\ 2 & 3 \\ 1 & 1 \end{bmatrix}, \begin{bmatrix} -2 & -1 \\ 0 & 1 \\ 0 & 2 \end{bmatrix}, \begin{bmatrix} -1 & -3 \\ 1 & 9 \\ 4 & 5 \end{bmatrix}$

16. $\begin{bmatrix} 1 & -1 & 0 \\ 0 & 2 & 0 \\ 0 & 2 & 6 \end{bmatrix}, \begin{bmatrix} 2 & 1 & 0 \\ 0 & 3 & 0 \\ 0 & 4 & 9 \end{bmatrix}, \begin{bmatrix} 1 & 2 & 0 \\ 0 & 1 & 0 \\ 0 & 3 & 5 \end{bmatrix},$
$\begin{bmatrix} -1 & 1 & 0 \\ 0 & -1 & 0 \\ 0 & 0 & -4 \end{bmatrix}$

17. Prove o teorema 3.2 (a) - (d).

18. Prove o teorema 3.2 (e) - (h).

19. Prove o teorema 3.3 (c).

20. Prove o teorema 3.3 (d).

21. Prove a parte do teorema 3.3 (e) que não foi provada no texto.

22. Prove que, para matrizes A e B quadradas, $AB = BA$ se e somente se $(A - B)(A + B) = A^2 - B^2$.

Nos exercícios de 23 a 25, se $B = \begin{bmatrix} a & b \\ c & d \end{bmatrix}$, *encontre condições sobre a, b, c e d para que AB = BA.*

23. $A = \begin{bmatrix} 1 & 1 \\ 0 & 1 \end{bmatrix}$ **24.** $A = \begin{bmatrix} 1 & -1 \\ -1 & 1 \end{bmatrix}$ **25.** $A = \begin{bmatrix} 1 & 2 \\ 3 & 4 \end{bmatrix}$

26. Ache condições sobre a, b, c e d para que $B = \begin{bmatrix} a & b \\ c & d \end{bmatrix}$ comute com $\begin{bmatrix} 1 & 0 \\ 0 & 0 \end{bmatrix}$ e $\begin{bmatrix} 0 & 0 \\ 0 & 1 \end{bmatrix}$.

27. Ache condições sobre a, b, c e d para que $B = \begin{bmatrix} a & b \\ c & d \end{bmatrix}$ comute com todas as matrizes 2×2.

28. Prove que, se AB e BA estiverem definidas, então AB e BA são matrizes quadradas.

Dizemos que uma matriz quadrada é ***triangular superior*** *quando todos os elementos abaixo da diagonal principal são iguais a zero. Assim, a forma de uma matriz triangular superior é*

$$\begin{bmatrix} * & * & \cdots & * & * \\ 0 & * & \cdots & * & * \\ 0 & 0 & \ddots & \vdots & \vdots \\ \vdots & \vdots & & * & * \\ 0 & 0 & \cdots & 0 & * \end{bmatrix}$$

em que os elementos marcados por $*$ *são arbitrários. Uma definição mais formal de uma tal matriz* $A = [a_{ij}]$ *é que* $a_{ij} = 0$ *se* $i > j$.

29. Prove que o produto de duas matrizes triangulares superiores de ordem $n \times n$ é uma matriz triangular superior.

30. Prove o teorema 3.4 (a)-(c).

31. Prove o teorema 3.4 (e).

32. Usando indução, prove que $(A_1 + A_2 + \cdots + A_n)^T = A_1^T + A_2^T + \cdots + A_n^T$ para todo $n \geq 1$.

33. Usando indução, prove que $(A_1 A_2 \cdots A_n)^T = A_n^T \cdots A_2^T A_1^T$ para todo $n \geq 1$.

34. Prove o teorema 3.5 (b).

35. **(a)** Prove que, se A e B são matrizes $n \times n$ simétricas, $A + B$ também é simétrica.
(b) Prove que, se A é uma matriz $n \times n$ simétrica, kA também é simétrica, para todo escalar k.

36. **(a)** Dê um exemplo para mostrar que, se A e B são matrizes $n \times n$ simétricas, AB não necessariamente é simétrica.
(b) Prove que, se A e B são matrizes $n \times n$ simétricas, AB é simétrica se e somente se $AB = BA$.

Dizemos que uma matriz quadrada é ***antissimétrica*** *se* $A^T = -A$.

37. Quais das seguintes matrizes são antissimétricas?

(a) $\begin{bmatrix} 1 & 2 \\ -2 & 3 \end{bmatrix}$ **(b)** $\begin{bmatrix} 0 & -1 \\ 1 & 0 \end{bmatrix}$

(c) $\begin{bmatrix} 0 & 3 & -1 \\ -3 & 0 & 2 \\ 1 & -2 & 0 \end{bmatrix}$ **(d)** $\begin{bmatrix} 0 & 1 & 2 \\ -1 & 0 & 5 \\ 2 & 5 & 0 \end{bmatrix}$

38. Dê uma definição termo a termo de matriz antissimétrica.

39. Prove que a diagonal principal de uma matriz antissimétrica precisa ser formada unicamente por zeros.

40. Prove que, se A e B são matrizes $n \times n$ antissimétricas, $A + B$ também é antissimétrica.

41. Se A e B são matrizes 2×2 antissimétricas, sob que condições a matriz AB é antissimétrica?

42. Prove que, se A é uma matriz $n \times n$ então $A - A^T$ é antissimétrica.

43. **(a)** Prove que toda matriz quadrada A pode ser escrita como a soma de uma matriz simétrica com uma matriz antissimétrica. (*Sugestão:* use o teorema 3.5 e o exercício 42).
(b) Ilustre o item (a) usando a matriz $A = \begin{bmatrix} 1 & 2 & 3 \\ 4 & 5 & 6 \\ 7 & 8 & 9 \end{bmatrix}$.

O ***traço*** *de uma matriz* $A = [a_{ij}]$ *de ordem* $n \times n$ *é a soma dos elementos da sua diagonal principal e é denotado por tr(A). Ou seja,*

$$\mathrm{tr}(A) = a_{11} + a_{22} + \cdots + a_{nn}$$

44. Se A e B são matrizes $n \times n$, prove as seguintes propriedades do traço:
(a) $\mathrm{tr}(A + B) = \mathrm{tr}(A) + \mathrm{tr}(B)$
(b) $\mathrm{tr}(kA) = k\mathrm{tr}(A)$, em que k é um escalar

45. Prove que, se A e B são matrizes $n \times n$ então $\mathrm{tr}(AB) = \mathrm{tr}(BA)$.

46. Se A é uma matriz qualquer, $\mathrm{tr}(AA^T)$ é igual a quê?

47. Mostre que não existem matrizes A e B de ordem 2×2 tais que $AB - BA = I_2$.

3.3 A Inversa de uma Matriz

Nesta seção, vamos retornar para a descrição matricial $A\mathbf{x}=\mathbf{b}$ de um sistema de equações lineares e procurar maneiras de usar álgebra matricial para resolver o sistema. Para fazer uma analogia, considere a equação $ax = b$, em que a, b e x representam números reais e queremos resolver a equação em x. Rapidamente, vemos que $x = b/a$ é a solução, mas precisamos nos lembrar de que isso só é verdade se $a \neq 0$. Procedendo mais lentamente, assumindo que $a \neq 0$, iremos obter a solução por meio da seguinte sequência de passos:

$$ax = b \Rightarrow \frac{1}{a}(ax) = \frac{1}{a}(b) \Rightarrow \left(\frac{1}{a}(a)\right)x = \frac{b}{a} \Rightarrow 1 \cdot x = \frac{b}{a} \Rightarrow x = \frac{b}{a}$$

(Esse exemplo mostra quanto fazemos de cabeça e quantas propriedades da aritmética e da álgebra assumimos como certo!)

Para imitar esse procedimento para a equação matricial $A\mathbf{x} = \mathbf{b}$, do que precisamos? Precisamos encontrar uma matriz A' (a análoga a $1/a$) tal que $A'A = I$, uma matriz identidade (análoga a 1). Se tal matriz existir (um requisito análogo à suposição que $a \neq 0$), então podemos efetuar a seguinte sequência de cálculos:

$$A\mathbf{x} = \mathbf{b} \Rightarrow A'(A\mathbf{x}) = A'\mathbf{b} \Rightarrow (A'A)\mathbf{x} = A'\mathbf{b} \Rightarrow I\mathbf{x} = A'\mathbf{b} \Rightarrow \mathbf{x} = A'\mathbf{b}$$

(Como se justifica cada um desses passos?)

Nosso objetivo nesta seção é determinar precisamente quando podemos achar uma matriz A' como acima. Na verdade, vamos insistir um pouco mais: não queremos somente que $A'A = I$, mas queremos também que $AA' = I$. Essa imposição força A e A' a serem matrizes quadradas. (Por quê?)

Definição Se A é uma matriz $n \times n$, uma **inversa** de A é uma matriz $n \times n$ A' que satisfaz

$$AA' = I \quad \text{e} \quad A'A = I$$

sendo $I = I_n$ a matriz identidade $n \times n$. Se existir uma matriz A' assim, diremos que A é ***invertível***.

Exemplo 3.22

Se $A = \begin{bmatrix} 2 & 5 \\ 1 & 3 \end{bmatrix}$, então $A' = \begin{bmatrix} 3 & -5 \\ -1 & 2 \end{bmatrix}$ é uma inversa de A, pois

$$AA' = \begin{bmatrix} 2 & 5 \\ 1 & 3 \end{bmatrix}\begin{bmatrix} 3 & -5 \\ -1 & 2 \end{bmatrix} = \begin{bmatrix} 1 & 0 \\ 0 & 1 \end{bmatrix} \quad \text{e} \quad A'A = \begin{bmatrix} 3 & -5 \\ -1 & 2 \end{bmatrix}\begin{bmatrix} 2 & 5 \\ 1 & 3 \end{bmatrix} = \begin{bmatrix} 1 & 0 \\ 0 & 1 \end{bmatrix}$$

Exemplo 3.23

Mostre que as seguintes matrizes não são invertíveis:

(a) $O = \begin{bmatrix} 0 & 0 \\ 0 & 0 \end{bmatrix}$ (b) $B = \begin{bmatrix} 1 & 2 \\ 2 & 4 \end{bmatrix}$

Solução

É fácil ver que a matriz nula O não tem inversa. Se tivesse, existiria uma matriz O' tal que $OO' = I = O'O$. Entretanto, o produto da matriz nula por qualquer outra matriz é a matriz nula, e assim OO' nunca será igual à matriz identidade I.(Observe que essa demonstração não faz referência à ordem das matrizes, por isso ela é verdadeira para matrizes $n \times n$ em geral.)

(b) Suponha que B tenha uma inversa $B' = \begin{bmatrix} w & x \\ y & z \end{bmatrix}$. A equação $BB' = I$ nos dá

$$\begin{bmatrix} 1 & 2 \\ 2 & 4 \end{bmatrix}\begin{bmatrix} w & x \\ y & z \end{bmatrix} = \begin{bmatrix} 1 & 0 \\ 0 & 1 \end{bmatrix}$$

da qual obtemos as equações

$$\begin{aligned} w \quad\quad + 2y \quad\quad &= 1 \\ x \quad\quad + 2z &= 0 \\ 2w \quad\quad + 4y \quad\quad &= 0 \\ 2x \quad\quad + 4z &= 1 \end{aligned}$$

Subtraindo duas vezes a primeira equação da terceira, obtemos $0 = -2$, que claramente é um absurdo. Assim, não existe solução. (O escalonamento por linhas fornece o mesmo resultado, mas ele não é realmente necessário neste caso.) Deduzimos que não existe uma matriz B' tal que $BB' = I$; ou seja, B não é invertível. (De fato, ela não tem nem mesmo uma inversa que funcione em um dos lados, muito menos nos dois!)

Observações

- Embora tenhamos visto que a multiplicação de matrizes não é, em geral, comutativa, A' (se existir) deve satisfazer $A'A = AA'$.
- Os exemplos que acabamos de ver levantaram duas questões que iremos responder nesta seção:

(1) Como podemos saber quando uma matriz tem uma inversa?
(2) Se uma matriz tem uma inversa, como podemos achá-la?

- Não eliminamos ainda a possibilidade de uma matriz A ter mais de uma inversa. O próximo teorema nos assegura que isso não pode acontecer.

Teorema 3.6 Se A é uma matriz invertível então sua inversa é única.

Demonstração Em matemática, um modo padrão de mostrar que existe apenas uma de alguma coisa é mostrar que não pode existir mais de uma. Assim, suponha que A tenha duas inversas — digamos, A' e A''. Então:

$$AA' = I = A'A \quad \text{e} \quad AA'' = I = A''A$$

Assim, $$A' = A'I = A'(AA'') = (A'A)A'' = IA'' = A''$$

Portanto, $A' = A''$, e a inversa é única.

Graças a esse teorema, podemos agora nos referir *à* inversa de uma matriz invertível. De agora em diante, quando A for invertível, denotaremos a sua inversa (única) por A^{-1} (chamada inversa de A).

Aviso Não pense em escrever $A^{-1} = \dfrac{1}{A}$! Não existe uma operação "divisão por matriz". Mesmo que existisse, como poderíamos dividir o *escalar* 1 pela *matriz A*? Se você alguma vez se sentir tentado a "dividir" por uma matriz, o que você realmente quer fazer é multiplicar por sua inversa.

Podemos agora completar a analogia que mencionamos no começo desta seção.

Teorema 3.7 Se A é uma matriz $n \times n$ invertível, o sistema de equações lineares dado por $A\mathbf{x} = \mathbf{b}$ tem uma única solução $\mathbf{x} = A^{-1}\mathbf{b}$ para cada $\mathbf{b}$ em $\mathbb{R}^n$.

Demonstração O teorema 3.7 essencialmente formaliza a observação que fizemos no começo desta seção. Vamos passar por ela novamente, um pouco mais cuidadosamente desta vez. Precisamos provar duas coisas: que $A\mathbf{x} = \mathbf{b}$ *tem* uma solução e que essa solução é *única*. (Em matemática, essa demonstração é chamada "demonstração de existência e unicidade".)

Para mostrar que uma solução existe, precisamos apenas verificar que $\boldsymbol{x} = A^{-1}\mathbf{b}$ funciona. Calculamos

$$A(A^{-1}\mathbf{b}) = (AA^{-1})\mathbf{b} = I\mathbf{b} = \mathbf{b}$$

Assim, $A^{-1}\mathbf{b}$ satisfaz a equação $A\mathbf{x} = \mathbf{b}$, e, portanto, existe *pelo menos* essa solução.

Para mostrar que essa solução é única, suponha que $\mathbf{y}$ seja uma outra solução. Então, $A\mathbf{y} = \mathbf{b}$, e, multiplicando ambos os lados da equação por A^{-1} à esquerda, obtemos

$$A^{-1}(A\mathbf{y}) = A^{-1}\mathbf{b} \Rightarrow (A^{-1}A)\mathbf{y} = A^{-1}\mathbf{b} \Rightarrow I\mathbf{y} = A^{-1}\mathbf{b} \Rightarrow \mathbf{y} = A^{-1}\mathbf{b}$$

Portanto, $\mathbf{y}$ é a mesma solução que tínhamos antes, e por isso a solução é única.

Agora, retornando às questões que levantamos nas observações anteriores ao teorema 3.6, como podemos saber se uma matriz tem uma inversa e como podemos encontrar a inversa quando a matriz é invertível? Iremos dar um procedimento geral em breve, mas a situação para matrizes 2×2 é suficientemente simples para justificar um destaque.

Teorema 3.8 Se $A = \begin{bmatrix} a & b \\ c & d \end{bmatrix}$, então A será invertível se $ad - bc \neq 0$, caso em que

$$A^{-1} = \frac{1}{ad - bc}\begin{bmatrix} d & -b \\ -c & a \end{bmatrix}$$

Se $ad - bc = 0$, A não será invertível.

A expressão $ad - bc$ é chamada ***determinante*** de A e denotada por $\det A$. A fórmula para a inversa de $\begin{bmatrix} a & b \\ c & d \end{bmatrix}$ (quando ela existe) é, portanto, $\frac{1}{\det A}$ vezes a matriz obtida permutando-se os elementos da diagonal principal e trocando-se os sinais dos outros dois elementos. Além de dar essa fórmula, o teorema 3.8 nos diz que uma matriz 2×2 é invertível se e somente se $\det A \neq 0$. Veremos, no capítulo 4, que o determinante pode ser definido para todas as matrizes quadradas e que esse resultado permanece verdadeiro, embora não exista uma fórmula simples para a inversa de matrizes quadradas de ordem maior.

Demonstração Suponha que $\det A = ad - bc \neq 0$. Então

$$\begin{bmatrix} a & b \\ c & d \end{bmatrix}\begin{bmatrix} d & -b \\ -c & a \end{bmatrix} = \begin{bmatrix} ad - bc & -ab + ba \\ cd - dc & -cb + da \end{bmatrix} = \begin{bmatrix} ad - bc & 0 \\ 0 & ad - bc \end{bmatrix} = \det A\begin{bmatrix} 1 & 0 \\ 0 & 1 \end{bmatrix}$$

Analogamente,

$$\begin{bmatrix} d & -b \\ -c & a \end{bmatrix}\begin{bmatrix} a & b \\ c & d \end{bmatrix} = \det A\begin{bmatrix} 1 & 0 \\ 0 & 1 \end{bmatrix}$$

Como $\det A \neq 0$, podemos multiplicar ambos os lados da equação por $1/\det A$ para obter

$$\begin{bmatrix} a & b \\ c & d \end{bmatrix}\left(\frac{1}{\det A}\begin{bmatrix} d & -b \\ -c & a \end{bmatrix}\right) = \begin{bmatrix} 1 & 0 \\ 0 & 1 \end{bmatrix}$$

e

$$\left(\frac{1}{\det A}\begin{bmatrix} d & -b \\ -c & a \end{bmatrix}\right)\begin{bmatrix} a & b \\ c & d \end{bmatrix} = \begin{bmatrix} 1 & 0 \\ 0 & 1 \end{bmatrix}$$

[Note que usamos a propriedade (d) do teorema 3.3]. Assim, a matriz

$$\frac{1}{\det A}\begin{bmatrix} d & -b \\ -c & a \end{bmatrix}$$

satisfaz a definição de inversa e por isso A é invertível. Como a inversa de A é única, pelo teorema 3.6 devemos ter

$$A^{-1} = \frac{1}{\det A}\begin{bmatrix} d & -b \\ -c & a \end{bmatrix}$$

Reciprocamente, assuma que $ad - bc = 0$. Consideraremos separadamente os casos em que $a \neq 0$ e $a = 0$. Se $a \neq 0$, então $d = bc/a$, e assim a matriz pode ser escrita da forma

$$A = \begin{bmatrix} a & b \\ c & d \end{bmatrix} = \begin{bmatrix} a & b \\ ac/a & bc/a \end{bmatrix} = \begin{bmatrix} a & b \\ ka & kb \end{bmatrix}$$

sendo $k = c/a$. Em outras palavras, a segunda linha de A é um múltiplo da primeira. Como no exemplo 3.23(b), vemos que, se A tem uma inversa $\begin{bmatrix} w & x \\ y & z \end{bmatrix}$, então

$$\begin{bmatrix} a & b \\ ka & kb \end{bmatrix}\begin{bmatrix} w & x \\ y & z \end{bmatrix} = \begin{bmatrix} 1 & 0 \\ 0 & 1 \end{bmatrix}$$

e o sistema de equações lineares correspondente

$$\begin{aligned} aw \qquad + by \qquad &= 1 \\ ax \qquad + bz &= 0 \\ kaw \qquad + kby \qquad &= 0 \\ kax \qquad + kbz &= 1 \end{aligned}$$

não tem solução. (Por quê?)

Se $a = 0$, então $ad - bc = 0$ implica que $bc = 0$, e, portanto, ou b ou c é igual a 0. Assim, A é da forma

$$\begin{bmatrix} 0 & 0 \\ c & d \end{bmatrix} \quad \text{ou} \quad \begin{bmatrix} 0 & b \\ 0 & d \end{bmatrix}$$

No primeiro caso, $\begin{bmatrix} 0 & 0 \\ c & d \end{bmatrix}\begin{bmatrix} w & x \\ y & z \end{bmatrix} = \begin{bmatrix} 0 & 0 \\ * & * \end{bmatrix} \neq \begin{bmatrix} 1 & 0 \\ 0 & 1 \end{bmatrix}$. Analogamente, $\begin{bmatrix} 0 & b \\ 0 & d \end{bmatrix}$ não pode ter uma inversa. (Verifique isso.)

Consequentemente, se $ad - bc = 0$, A não é invertível.

Exemplo 3.24

Encontre as inversas de $A = \begin{bmatrix} 1 & 2 \\ 3 & 4 \end{bmatrix}$ e $B = \begin{bmatrix} 12 & -15 \\ 4 & -5 \end{bmatrix}$, se elas existirem.

Solução Temos $\det A = 1(4) - 2(3) = -2 \neq 0$, portanto, A é invertível, com

$$A^{-1} = \frac{1}{-2}\begin{bmatrix} 4 & -2 \\ -3 & 1 \end{bmatrix} = \begin{bmatrix} -2 & 1 \\ \frac{3}{2} & -\frac{1}{2} \end{bmatrix}$$

(Verifique isso.)

Por outro lado, $\det B = 12(-5) - (-15)(4) = 0$, logo B não é invertível.

Exemplo 3.25

Use a inversa da matriz dos coeficientes para resolver o sistema linear

$$\begin{aligned} x + 2y &= 3 \\ 3x + 4y &= -2 \end{aligned}$$

Solução A matriz dos coeficientes é $A = \begin{bmatrix} 1 & 2 \\ 3 & 4 \end{bmatrix}$, cuja inversa calculamos no exemplo 3.24. Pelo teorema 3.7, $A\mathbf{x} = \mathbf{b}$ tem a solução única $\mathbf{x} = A^{-1}\mathbf{b}$. Em nosso caso temos $\mathbf{b} = \begin{bmatrix} 3 \\ -2 \end{bmatrix}$; portanto, a solução do sistema dado é

$$\mathbf{x} = \begin{bmatrix} -2 & 1 \\ \frac{3}{2} & -\frac{1}{2} \end{bmatrix}\begin{bmatrix} 3 \\ -2 \end{bmatrix} = \begin{bmatrix} -8 \\ \frac{11}{2} \end{bmatrix}$$

Observação Resolver um sistema linear $A\mathbf{x} = \mathbf{b}$ via $\mathbf{x} = A^{-1}\mathbf{b}$ pode parecer um bom método. Infelizmente, exceto para matrizes dos coeficientes de ordem 2×2 e para matrizes que tenham certas formas especiais, é quase sempre mais rápido usar o método de eliminação de Gauss ou Gauss-Jordan para encontrar a solução diretamente. (Veja o exercício 13). Além disso, a técnica do exemplo 3.25 funciona somente quando a matriz dos coeficientes é quadrada e invertível, enquanto os métodos de eliminação podem ser aplicados sempre.

Propriedades das Matrizes Invertíveis

O teorema seguinte registra algumas das propriedades mais importantes das matrizes invertíveis.

Teorema 3.9

a. Se A é uma matriz invertível, então A^{-1} é invertível e

$$(A^{-1})^{-1} = A$$

b. Se A é uma matriz invertível e c é um escalar não nulo, então cA é uma matriz invertível e

$$(cA)^{-1} = \frac{1}{c}A^{-1}$$

c. Se A e B são matrizes invertíveis de mesma ordem, então AB é invertível e

$$(AB)^{-1} = B^{-1}A^{-1}$$

d. Se A é uma matriz invertível, então A^T é invertível e

$$(A^T)^{-1} = (A^{-1})^T$$

e. Se A é uma matriz invertível então, para todo inteiro não negativo n, a matriz A^n é invertível e

$$(A^n)^{-1} = (A^{-1})^n$$

Demonstração Vamos provar as propriedades (a), (c) e (e), deixando as propriedades (b) e (d) para serem provadas nos exercícios 14 e 15.

(a) Para mostrar que A^{-1} é invertível, devemos provar que existe uma matriz X tal que

$$A^{-1}X = I = XA^{-1}$$

Mas A certamente satisfaz essas equações no lugar de X. Por isso A^{-1} é invertível e A é *uma* inversa de A^{-1}. Como inversas são únicas, concluímos que $(A^{-1})^{-1} = A$.

(c) Aqui, devemos mostrar que existe uma matriz X tal que

$$(AB)X = I = X(AB)$$

O enunciado afirma que a substituição de X por $B^{-1}A^{-1}$ funciona. Verificamos que

$$(AB)(B^{-1}A^{-1}) = A(BB^{-1})A^{-1} = AIA^{-1} = AA^{-1} = I$$

sendo que usamos a associatividade para mudar os parênteses. Analogamente, $(B^{-1}A^{-1})(AB) = I$ (verifique!). Portanto, AB é invertível e sua inversa é $B^{-1}A^{-1}$.

(e) A ideia básica aqui é relativamente fácil. Por exemplo, quando $n = 2$, temos

$$A^2(A^{-1})^2 = AAA^{-1}A^{-1} = AIA^{-1} = AA^{-1} = I$$

Da mesma forma, $(A^{-1})^2A^2 = I$. Portanto, $(A^{-1})^2$ é a inversa de A^2. Não é difícil ver que um argumento análogo funciona para quaisquer valores inteiros maiores de n. Entretanto, a indução matemática é a forma de fazer a demonstração corretamente.

O primeiro passo é demonstrar a afirmação no caso $n = 0$, ou seja, devemos provar que A^0 é invertível e que

$$(A^0)^{-1} = (A^{-1})^0$$

Isso é equivalente a mostrar que I é invertível e que $I^{-1} = I$, o que é claramente verdadeiro. (Por quê? Veja o exercício 16).

Agora nós assumimos que o resultado é verdadeiro para $n = k$, sendo k um inteiro não negativo fixado. Isto é, assumimos, pela hipótese de indução, que A^k é invertível e que

$$(A^k)^{-1} = (A^{-1})^k$$

O passo de indução requer que provemos que A^{k+1} é invertível e que $(A^{k+1})^{-1} = (A^{-1})^{k+1}$. Sabemos, por (c), que $A^{k+1} = A^kA$ é invertível, já que A e A^k são (por hipótese) invertíveis. Mais ainda,

$$\begin{aligned}
(A^{-1})^{k+1} &= (A^{-1})^kA^{-1} \\
&= (A^k)^{-1}A^{-1} && \text{Por hipótese de indução} \\
&= (AA^k)^{-1} && \text{Pela propriedade (c)} \\
&= (A^{k+1})^{-1}
\end{aligned}$$

Portanto, pelo princípio de indução matemática, A^n é invertível e $(A^n)^{-1} = (A^{-1})^n$, para todo inteiro não negativo n.

Observações

- Mesmo sendo úteis todas as propriedades do teorema 3.9, (c) é aquela que deve ser destacada. Talvez ela seja a propriedade algébrica mais importante das matrizes invertíveis. É também a mais fácil de ser aplicada erroneamente. No exercício 17, você deve dar um contraexemplo para mostrar que, ao contrário do que gostaríamos, em geral $(AB)^{-1} \neq A^{-1}B^{-1}$. A propriedade correta, $(AB)^{-1} = B^{-1}A^{-1}$, é algumas vezes chamada regra da meia e sapato: embora calcemos as meias antes dos sapatos, nós os retiramos na ordem inversa.
- A propriedade (c) pode ser generalizada para o produto de um número finito de matrizes invertíveis: se $A_1, A_2, \ldots, A_n$ são matrizes invertíveis de mesma ordem, então $A_1A_2 \ldots A_n$ é invertível e

$$(A_1A_2\cdots A_n)^{-1} = A_n^{-1}\cdots A_2^{-1}A_1^{-1}$$

(Veja o exercício 18). Assim, podemos afirmar:

A inversa de um produto de matrizes invertíveis é o produto de suas inversas na ordem reversa.

- Como, para números reais, $\dfrac{1}{a+b} \neq \dfrac{1}{a} + \dfrac{1}{b}$, não devemos esperar que, para matrizes quadradas, $(A + B)^{-1} = A^{-1} + B^{-1}$ (e isso realmente não é verdade em geral; veja o exercício 19). De fato, exceto para matrizes especiais, não existe nenhuma fórmula para $(A + B)^{-1}$.
- A propriedade (e) nos permite definir potências inteiras negativas de uma matriz invertível:

Definição Se A é uma matriz invertível e n é um inteiro positivo, então A^{-n} é definida por

$$A^{-n} = (A^{-1})^n = (A^n)^{-1}$$

Com essa definição, pode ser demonstrado que as regras para exponenciação, $A^rA^s = A^{r+s}$ e $(A^r)^s = A^{rs}$, valem para todos os inteiros r e s, desde que A seja invertível.

Uma utilização das propriedades algébricas das matrizes é feita na resolução de equações que envolvem matrizes. O próximo exemplo ilustra o processo. Note que devemos dar uma atenção especial à ordem das matrizes no produto.

Exemplo 3.26

Resolva a seguinte equação matricial em X (assuma que as matrizes são tais que todas as operações indicadas estão definidas):

$$A^{-1}(BX)^{-1} = (A^{-1}B^3)^2$$

Solução Há várias maneiras de proceder aqui. Uma solução é

$$\begin{aligned} A^{-1}(BX)^{-1} = (A^{-1}B^3)^2 &\Rightarrow ((BX)A)^{-1} = (A^{-1}B^3)^2 \\ &\Rightarrow [((BX)A)^{-1}]^{-1} = [(A^{-1}B^3)^2]^{-1} \\ &\Rightarrow (BX)A = [(A^{-1}B^3)(A^{-1}B^3)]^{-1} \\ &\Rightarrow (BX)A = B^{-3}(A^{-1})^{-1}B^{-3}(A^{-1})^{-1} \\ &\Rightarrow BXA = B^{-3}AB^{-3}A \\ &\Rightarrow B^{-1}BXAA^{-1} = B^{-1}B^{-3}AB^{-3}AA^{-1} \\ &\Rightarrow IXI = B^{-4}AB^{-3}I \\ &\Rightarrow X = B^{-4}AB^{-3} \end{aligned}$$

(Você consegue justificar cada passo?) Observe o uso cuidadoso do teorema 3.9(c) e a expansão de $(A^{-1}B^3)^2$. Fizemos também um uso liberal da associatividade da multiplicação de matrizes para simplificar (ou eliminar) a colocação de parênteses.

Matrizes Elementares

Vamos usar multiplicação de matrizes para ter uma perspectiva diferente do escalonamento de matrizes. Nesse processo, você descobrirá muitas ideias novas e importantes sobre a natureza das matrizes invertíveis.

Se

$$E = \begin{bmatrix} 1 & 0 & 0 \\ 0 & 0 & 1 \\ 0 & 1 & 0 \end{bmatrix} \quad \text{e} \quad A = \begin{bmatrix} 5 & 7 \\ -1 & 0 \\ 8 & 3 \end{bmatrix}$$

calculamos

$$EA = \begin{bmatrix} 5 & 7 \\ 8 & 3 \\ -1 & 0 \end{bmatrix}$$

Em outras palavras, multiplicar A por E (à esquerda) tem o mesmo efeito que permutar as linhas 2 e 3 de A. O que é importante sobre E? A matriz E é simplesmente a matriz obtida aplicando-se à matriz identidade I_3 a mesma operação elementar com as linhas, $L_2 \leftrightarrow L_3$. É possível verificar que isso sempre funciona.

Definição Uma ***matriz elementar*** é uma matriz que pode ser obtida por meio de uma operação elementar com as linhas de uma matriz identidade.

Como existem três tipos de operações elementares com as linhas de uma matriz, há três tipos correspondentes de matrizes elementares. Apresentamos mais algumas matrizes elementares.

Exemplo 3.27 Sejam

$$E_1 = \begin{bmatrix} 1 & 0 & 0 & 0 \\ 0 & 3 & 0 & 0 \\ 0 & 0 & 1 & 0 \\ 0 & 0 & 0 & 1 \end{bmatrix}, \quad E_2 = \begin{bmatrix} 0 & 0 & 1 & 0 \\ 0 & 1 & 0 & 0 \\ 1 & 0 & 0 & 0 \\ 0 & 0 & 0 & 1 \end{bmatrix}, \quad \text{e} \quad E_3 = \begin{bmatrix} 1 & 0 & 0 & 0 \\ 0 & 1 & 0 & 0 \\ 0 & 0 & 1 & 0 \\ 0 & -2 & 0 & 1 \end{bmatrix}$$

Cada uma dessas matrizes foi obtida da matriz identidade I_4 pela aplicação de uma única operação elementar em suas linhas. A matriz E_1 corresponde a $3L_2$, E_2 corresponde a $L_1 \leftrightarrow L_3$ e E_3, a $L_4 - 2L_2$. Observe que, quando multiplicamos à esquerda uma matriz $4 \times n$ por uma dessas matrizes elementares, a operação elementar correspondente é realizada nas linhas dessa matriz. Por exemplo, se

$$A = \begin{bmatrix} a_{11} & a_{12} & a_{13} \\ a_{21} & a_{22} & a_{23} \\ a_{31} & a_{32} & a_{33} \\ a_{41} & a_{42} & a_{43} \end{bmatrix}$$

então

$$E_1A = \begin{bmatrix} a_{11} & a_{12} & a_{13} \\ 3a_{21} & 3a_{22} & 3a_{23} \\ a_{31} & a_{32} & a_{33} \\ a_{41} & a_{42} & a_{43} \end{bmatrix}, \quad E_2A = \begin{bmatrix} a_{31} & a_{32} & a_{33} \\ a_{21} & a_{22} & a_{23} \\ a_{11} & a_{12} & a_{13} \\ a_{41} & a_{42} & a_{43} \end{bmatrix},$$

e

$$E_3A = \begin{bmatrix} a_{11} & a_{12} & a_{13} \\ a_{21} & a_{22} & a_{23} \\ a_{31} & a_{32} & a_{33} \\ a_{41} - 2a_{21} & a_{42} - 2a_{22} & a_{43} - 2a_{23} \end{bmatrix}$$

O exemplo 3.27 e os exercícios 24 a 30 devem convencê-lo de que *toda* operação elementar com as linhas de *qualquer* matriz pode ser obtida pela multiplicação à esquerda por uma matriz elementar adequada. Enunciamos esse fato em um teorema cuja demonstração será omitida.

Teorema 3.10 Seja E a matriz elementar obtida fazendo-se uma operação elementar nas linhas de I_n. Se a mesma operação elementar for feita nas linhas de uma matriz A de ordem $n \times r$, o resultado será igual à matriz EA.

Observação Do ponto de vista computacional, não é boa ideia usar matrizes elementares para fazer operações elementares — faça-as diretamente. Entretanto, matrizes elementares nos dão algumas ideias valiosas sobre matrizes invertíveis e resolução de sistemas de equações lineares.

Já observamos que toda operação elementar pode ser "desfeita" ou "revertida". Essa mesma observação, aplicada a matrizes elementares, nos mostra que elas são invertíveis.

Exemplo 3.28 Sejam

$$E_1 = \begin{bmatrix} 1 & 0 & 0 \\ 0 & 0 & 1 \\ 0 & 1 & 0 \end{bmatrix}, \; E_2 = \begin{bmatrix} 1 & 0 & 0 \\ 0 & 4 & 0 \\ 0 & 0 & 1 \end{bmatrix}, \quad \text{e} \quad E_3 = \begin{bmatrix} 1 & 0 & 0 \\ 0 & 1 & 0 \\ -2 & 0 & 1 \end{bmatrix}$$

Então, E_1 corresponde a $L_2 \leftrightarrow L_3$, que é desfeita fazendo-se $L_2 \leftrightarrow L_3$ novamente. Assim $E_1^{-1} = E_1$. (Verifique isso provando que $E_1^{\,2} = E_1E_1 = I$.) A matriz E_2 corresponde a $4L_2$, que pode ser revertida fazendo-se $\frac{1}{4}L_2$. Assim,

$$E_2^{-1} = \begin{bmatrix} 1 & 0 & 0 \\ 0 & \frac{1}{4} & 0 \\ 0 & 0 & 1 \end{bmatrix}$$

o que pode ser facilmente verificado. Finalmente, E_3 corresponde à operação elementar $L_3 - 2L_1$, que pode ser desfeita pela operação elementar $L_3 + 2L_1$. Assim, neste caso,

$$E_3^{-1} = \begin{bmatrix} 1 & 0 & 0 \\ 0 & 1 & 0 \\ 2 & 0 & 1 \end{bmatrix}$$

(Novamente, é fácil verificar que o produto dessa matriz por E_3, em ambos os lados, é igual a I.)

Note que não só toda matriz elementar é invertível, mas a sua inversa é também uma matriz elementar e do mesmo tipo. Enunciamos esse resultado no próximo teorema.

Teorema 3.11 Toda matriz elementar é invertível, e a sua inversa é uma matriz elementar do mesmo tipo.

O Teorema Fundamental das Matrizes Invertíveis

Estamos prontos para provar um dos principais resultados deste livro — uma lista de caracterizações equivalentes sobre o que significa ser uma matriz invertível. De certa forma, muito da álgebra linear está relacionado com esse teorema, tanto no desenvolvimento dessas caracterizações quanto em suas aplicações. Como você deve esperar, depois desta introdução, iremos usar muito esse teorema. Torne-o seu amigo!

Referimo-nos ao teorema 3.12 como sendo a primeira versão do Teorema Fundamental, já que ele será ampliado nos próximos capítulos. Lembre-se de que, quando dizemos que afirmações sobre uma matriz são equivalentes, isso significa que, para uma matriz A dada, as afirmações são ou todas verdadeiras ou todas falsas.

Teorema 3.12 **O Teorema Fundamental das Matrizes Invertíveis: Versão 1**

Seja A uma matriz $n \times n$. As seguintes afirmações são equivalentes:

a. A é invertível.
b. $A\mathbf{x} = \mathbf{b}$ tem uma única solução para cada $\mathbf{b}$ em $\mathbb{R}^n$.
c. $A\mathbf{x} = \mathbf{0}$ tem apenas a solução trivial.
d. A forma escalonada reduzida de A é I_n.
e. A é um produto de matrizes elementares.

Demonstração Provaremos o teorema fazendo a cadeia circular de implicações

$$(a) \Rightarrow (b) \Rightarrow (c) \Rightarrow (d) \Rightarrow (e) \Rightarrow (a)$$

(a) $\Rightarrow$ (b) Já provamos que, se A é invertível, então $A\mathbf{x} = \mathbf{b}$ tem a única solução $\mathbf{x} = A^{-1}\mathbf{b}$ para cada $\mathbf{b}$ em $\mathbb{R}^n$ (teorema 3.7).

(b) $\Rightarrow$ (c) Assuma que $A\mathbf{x} = \mathbf{b}$ tem uma única solução para cada $\mathbf{b}$ em $\mathbb{R}^n$. Isso implica, em particular, que $A\mathbf{x} = \mathbf{0}$ tem uma única solução. Mas um sistema homogêneo $A\mathbf{x} = \mathbf{0}$ admite sempre $\mathbf{x} = \mathbf{0}$ como *uma* solução. Portanto, neste caso, $\mathbf{x} = \mathbf{0}$ tem que ser *a* solução.

(c) $\Rightarrow$ (d) Suponha que $A\mathbf{x} = \mathbf{0}$ admita apenas a solução trivial. O sistema de equações lineares correspondente é

$$\begin{aligned} a_{11}x_1 + a_{12}x_2 + \cdots + a_{1n}x_n &= 0 \\ a_{21}x_1 + a_{22}x_2 + \cdots + a_{2n}x_n &= 0 \\ &\vdots \\ a_{n1}x_1 + a_{n2}x_2 + \cdots + a_{nn}x_n &= 0 \end{aligned}$$

e estamos assumindo que a solução seja

$$\begin{aligned} x_1 \qquad\qquad &= 0 \\ x_2 \qquad &= 0 \\ \ddots \quad & \\ x_n &= 0 \end{aligned}$$

Em outras palavras, o escalonamento de Gauss-Jordan aplicado à matriz completa do sistema dá

$$[A|\mathbf{0}] = \left[\begin{array}{cccc|c} a_{11} & a_{12} & \cdots & a_{1n} & 0 \\ a_{21} & a_{22} & \cdots & a_{2n} & 0 \\ \vdots & \vdots & \ddots & \vdots & \vdots \\ a_{n1} & a_{n2} & \cdots & a_{nn} & 0 \end{array}\right] \longrightarrow \left[\begin{array}{cccc|c} 1 & 0 & \cdots & 0 & 0 \\ 0 & 1 & \cdots & 0 & 0 \\ \vdots & \vdots & \ddots & \vdots & \vdots \\ 0 & 0 & \cdots & 1 & 0 \end{array}\right] = [I_n|\mathbf{0}]$$

Assim, a forma escalonada reduzida de A é I_n.

(d) $\Rightarrow$ (e) Se assumirmos que a forma escalonada reduzida de A é I_n, então A pode ser transformada em I_n por meio de uma sequência finita de operações elementares em suas linhas. Pelo teorema 3.10, cada uma dessas operações elementares com as linhas pode ser obtida pela multiplicação à esquerda por uma matriz elementar adequada. Se a sequência apropriada dessas matrizes elementares for $E_1, E_2, ..., E_k$ (nesta ordem), teremos

$$E_k \cdots E_2E_1A = I_n$$

Conforme o teorema 3.11, essas matrizes elementares são todas invertíveis. Portanto, o produto delas também o é, e temos

$$A = (E_k \cdots E_2E_1)^{-1}I_n = (E_k \cdots E_2E_1)^{-1} = E_1^{-1}E_2^{-1} \cdots E_k^{-1}$$

Novamente, cada E_i^{-1} é uma matriz elementar, pelo teorema 3.11. Dessa forma, foi possível escrever A como um produto de matrizes elementares, como queríamos.

(e) $\Rightarrow$ (a) Se A é um produto de matrizes elementares, então A é invertível, já que matrizes elementares são invertíveis e produtos de matrizes invertíveis são invertíveis.

Exemplo 3.29 Se possível, expresse $A = \begin{bmatrix} 2 & 3 \\ 1 & 3 \end{bmatrix}$ como um produto de matrizes elementares.

Solução Fazemos a redução por linhas da matriz A da seguinte maneira:

$$A = \begin{bmatrix} 2 & 3 \\ 1 & 3 \end{bmatrix} \xrightarrow{L_1 \leftrightarrow L_2} \begin{bmatrix} 1 & 3 \\ 2 & 3 \end{bmatrix} \xrightarrow{L_2 - 2L_1} \begin{bmatrix} 1 & 3 \\ 0 & -3 \end{bmatrix}$$

$$\xrightarrow{L_1 + L_2} \begin{bmatrix} 1 & 0 \\ 0 & -3 \end{bmatrix} \xrightarrow{-\frac{1}{3}L_2} \begin{bmatrix} 1 & 0 \\ 0 & 1 \end{bmatrix} = I_2$$

Assim, a forma escalonada reduzida de A é a matriz identidade e, portanto, o Teorema Fundamental nos assegura que A é invertível e pode ser escrita como um produto de matrizes elementares. Temos $E_4E_3E_2E_1A = I$, sendo

$$E_1 = \begin{bmatrix} 0 & 1 \\ 1 & 0 \end{bmatrix}, \quad E_2 = \begin{bmatrix} 1 & 0 \\ -2 & 1 \end{bmatrix}, \quad E_3 = \begin{bmatrix} 1 & 1 \\ 0 & 1 \end{bmatrix}, \quad E_4 = \begin{bmatrix} 1 & 0 \\ 0 & -\frac{1}{3} \end{bmatrix}$$

as matrizes elementares que correspondem às quatro operações elementares com as linhas usadas para fazer a redução de A para I. Como na demonstração do teorema, temos

$$A = (E_4E_3E_2E_1)^{-1} = E_1^{-1}E_2^{-1}E_3^{-1}E_4^{-1} = \begin{bmatrix} 0 & 1 \\ 1 & 0 \end{bmatrix}\begin{bmatrix} 1 & 0 \\ 2 & 1 \end{bmatrix}\begin{bmatrix} 1 & -1 \\ 0 & 1 \end{bmatrix}\begin{bmatrix} 1 & 0 \\ 0 & -3 \end{bmatrix}$$

como solicitado.

Observação Como a sequência de operações elementares que transformam A em I não é única, também não é única a representação de A como um produto de matrizes elementares. (Encontre uma maneira diferente de expressar A como um produto de matrizes elementares.)

"Nunca traga um canhão para o palco no primeiro ato a menos que você pretenda dispará-lo pelo último ato." - Anton Chekhov

O Teorema Fundamental é surpreendentemente poderoso. Para ilustrar sua influência, consideraremos duas de suas consequências. A primeira é que, embora a definição de matrizes invertíveis afirme que uma matriz A é invertível se existe uma matriz B tal que *ambas* as relações, $AB = I$ e $BA = I$, sejam satisfeitas, precisamos verificar somente uma delas. Dessa forma, eliminamos metade de nosso trabalho!

Teorema 3.13 Seja A uma matriz quadrada. Se B é uma matriz quadrada tal que $AB = I$ ou $BA = I$, então A é invertível e $B = A^{-1}$.

Demonstração Suponha que $BA = I$. Considere a equação $A\mathbf{x} = \mathbf{0}$. Multiplicando-se à esquerda por B, temos $BA\mathbf{x} = B\mathbf{0}$. Isso implica que $\mathbf{x} = I\mathbf{x} = \mathbf{0}$. Assim, o sistema representado por $A\mathbf{x} = \mathbf{0}$ admite a única solução $\mathbf{x} = \mathbf{0}$. Da equivalência entre (c) e (a) no Teorema Fundamental, sabemos que A é invertível. (Isto é, A^{-1} existe e satisfaz $AA^{-1} = I = A^{-1}A$.)

Se multiplicarmos agora ambos os lados de $BA = I$ por A^{-1}, pela direita, obtemos

$$BAA^{-1} = IA^{-1} \Rightarrow BI = A^{-1} \Rightarrow B = A^{-1}$$

(A demonstração no caso de $AB = I$ é deixada como exercício 41.)

A próxima consequência do Teorema Fundamental é a base para um método eficiente de cálculo da inversa de uma matriz.

Teorema 3.14 Seja A uma matriz quadrada. Se uma sequência de operações elementares com as linhas reduz A em I, a mesma sequência de operações elementares transforma I em A^{-1}.

Demonstração Sendo A equivalente por linhas à matriz I, podemos conseguir essa redução multiplicando A à esquerda por uma sequência de matrizes elementares $E_1, E_2, \ldots, E_k$. Portanto, temos $E_k \ldots E_2E_1A = I$. Denotando $B = E_k \ldots E_2E_1$, temos $BA = I$. Pelo teorema 3.13, A é invertível e $A^{-1} = B$. Assim sendo, aplicar a mesma sequência de operações elementares em I é equivalente a multiplicar I à esquerda por $E_k \ldots E_2E_1 = B$. O resultado é

$$E_k \cdots E_2E_1I = BI = B = A^{-1}$$

Dessa forma, I é transformada em A^{-1} pela mesma sequência de operações elementares de linhas.

O método de Gauss-Jordan para o cálculo da inversa

Podemos efetuar operações com as linhas em A e I simultaneamente, montando uma "matriz supercompleta", $[A \mid I]$. O teorema 3.14 mostra que, se A é equivalente por linhas a I [o que, pela equivalência (d) $\Leftrightarrow$ (a) do Teorema Fundamental, significa que A é invertível], então operações elementares em suas linhas resultarão em

$$[A \mid I] \longrightarrow [I \mid A^{-1}]$$

Se A não puder ser reduzida a I, então o Teorema Fundamental nos garante que A não é invertível.

O método que acabamos de descrever é simplesmente o método de eliminação de Gauss-Jordan aplicado a uma matriz $n \times 2n$ ao invés de uma matriz completa $n \times (n+1)$. Uma outra maneira de compreender esse método é considerar o problema de encontrar A^{-1} por meio da resolução da equação matricial $AX = I_n$ para uma matriz X de ordem $n \times n$. (Isso é suficiente, pelo Teorema Fundamental, já que uma inversa de A à direita deve ser a sua inversa.) Se denotarmos as colunas de X por $\mathbf{x}_1, \ldots, \mathbf{x}_n$, essa equação matricial será equivalente à resolução da equação para as colunas de X, uma de cada vez. Sendo as colunas de I_n os vetores canônicos unitários $\mathbf{e}_1, \ldots, \mathbf{e}_n$, temos n sistemas de equações lineares, todos com A sendo a matriz dos coeficientes:

$$A\mathbf{x}_1 = \mathbf{e}_1, \ldots, A\mathbf{x}_n = \mathbf{e}_n$$

Como é necessária a mesma sequência de operações com as linhas para transformar A na sua forma escalonada reduzida, as matrizes completas desses sistemas, $[A \mid \mathbf{e}_1], \ldots, [A \mid \mathbf{e}_n]$, podem ser reunidas como

$$[A \mid \mathbf{e}_1\, \mathbf{e}_2 \cdots \mathbf{e}_n] = [A \mid I_n]$$

Agora, efetuamos operações com as linhas para tentar reduzir A a I_n que, se bem sucedidas, irão simultaneamente determinar as colunas de A^{-1}, transformando I_n em A^{-1}.

Ilustramos esse uso do método de eliminação de Gauss-Jordan com três exemplos.

Exemplo 3.30 Ache a inversa de

$$A = \begin{bmatrix} 1 & 2 & -1 \\ 2 & 2 & 4 \\ 1 & 3 & -3 \end{bmatrix}$$

se ela existir.

Solução O método de eliminação de Gauss-Jordan mostra que

$$[A|I] = \left[\begin{array}{ccc|ccc} 1 & 2 & -1 & 1 & 0 & 0 \\ 2 & 2 & 4 & 0 & 1 & 0 \\ 1 & 3 & -3 & 0 & 0 & 1 \end{array}\right]$$

$$\xrightarrow[L_3-L_1]{L_2-2L_1} \left[\begin{array}{ccc|ccc} 1 & 2 & -1 & 1 & 0 & 0 \\ 0 & -2 & 6 & -2 & 1 & 0 \\ 0 & 1 & -2 & -1 & 0 & 1 \end{array}\right]$$

$$\xrightarrow{(-\frac{1}{2})L_2} \left[\begin{array}{ccc|ccc} 1 & 2 & -1 & 1 & 0 & 0 \\ 0 & 1 & -3 & 1 & -\frac{1}{2} & 0 \\ 0 & 1 & -2 & -1 & 0 & 1 \end{array}\right]$$

$$\xrightarrow{L_3-L_2} \left[\begin{array}{ccc|ccc} 1 & 2 & -1 & 1 & 0 & 0 \\ 0 & 1 & -3 & 1 & -\frac{1}{2} & 0 \\ 0 & 0 & 1 & -2 & \frac{1}{2} & 1 \end{array}\right]$$

$$\xrightarrow[L_2+3L_3]{L_1+L_3} \left[\begin{array}{ccc|ccc} 1 & 2 & 0 & -1 & \frac{1}{2} & 1 \\ 0 & 1 & 0 & -5 & 1 & 3 \\ 0 & 0 & 1 & -2 & \frac{1}{2} & 1 \end{array}\right]$$

$$\xrightarrow{L_1-2L_2} \left[\begin{array}{ccc|ccc} 1 & 0 & 0 & 9 & -\frac{3}{2} & -5 \\ 0 & 1 & 0 & -5 & 1 & 3 \\ 0 & 0 & 1 & -2 & \frac{1}{2} & 1 \end{array}\right]$$

Portanto,

$$A^{-1} = \begin{bmatrix} 9 & -\frac{3}{2} & -5 \\ -5 & 1 & 3 \\ -2 & \frac{1}{2} & 1 \end{bmatrix}$$

(Você deve sempre verificar que $AA^{-1} = I$ multiplicando diretamente. Pelo teorema 3.13, não precisamos verificar que $A^{-1}A = I$.)

Observação Note que usamos uma variante do método de eliminação de Gauss-Jordan, que primeiro introduz todos os zeros *abaixo* dos 1s líderes, da esquerda para a direita e de cima para baixo, e depois cria os zeros *acima* dos pivôs, da direita para a esquerda e de baixo para cima. Essa forma economiza cálculos, como já observamos no capítulo 2, mas você pode achar mais fácil, quando fizer as contas à mão, criar *todos* os zeros de cada coluna conforme for trabalhando. A resposta obviamente será a mesma.

Exemplo 3.31 Ache a inversa de

$$A = \begin{bmatrix} 2 & 1 & -4 \\ -4 & -1 & 6 \\ -2 & 2 & -2 \end{bmatrix}$$

se ela existir.

Solução Iremos proceder como no exemplo 3.30, colocando a matriz identidade ao lado da matriz A e então tentar manipular $[A \mid I]$ para obter $[I \mid A^{-1}]$.

$$[A \mid I] = \left[\begin{array}{rrr|rrr} 2 & 1 & -4 & 1 & 0 & 0 \\ -4 & -1 & 6 & 0 & 1 & 0 \\ -2 & 2 & -2 & 0 & 0 & 1 \end{array}\right]$$

$$\xrightarrow[L_3+L_1]{L_2+2L_1} \left[\begin{array}{rrr|rrr} 2 & 1 & -4 & 1 & 0 & 0 \\ 0 & 1 & -2 & 2 & 1 & 0 \\ 0 & 3 & -6 & 1 & 0 & 1 \end{array}\right]$$

$$\xrightarrow{L_3-3L_2} \left[\begin{array}{rrr|rrr} 1 & 2 & -1 & 1 & 0 & 0 \\ 0 & 1 & -3 & 2 & 1 & 0 \\ 0 & 0 & 0 & -5 & -3 & 1 \end{array}\right]$$

Neste ponto, vemos que não é possível reduzir A a I, já que encontramos uma linha de zeros no lado esquerdo da matriz completa. Consequentemente, A não é invertível.

Como o próximo exemplo ilustra, tudo funciona da mesma maneira em $\mathbb{Z}_p$, em que p é um inteiro primo.

Exemplo 3.32 Ache a inversa de

$$A = \begin{bmatrix} 2 & 2 \\ 2 & 0 \end{bmatrix}$$

em $\mathbb{Z}_3$, se ela existir.

Solução 1 Usamos o método de Gauss-Jordan lembrando que os cálculos são feitos em $\mathbb{Z}_3$.

$$[A \mid I] = \left[\begin{array}{rr|rr} 2 & 2 & 1 & 0 \\ 2 & 0 & 0 & 1 \end{array}\right]$$

$$\xrightarrow{2L_1} \left[\begin{array}{rr|rr} 1 & 1 & 2 & 0 \\ 2 & 0 & 0 & 1 \end{array}\right]$$

$$\xrightarrow{L_2+L_1} \left[\begin{array}{rr|rr} 1 & 1 & 2 & 0 \\ 0 & 1 & 2 & 1 \end{array}\right]$$

$$\xrightarrow{L_1+2L_2} \left[\begin{array}{rr|rr} 1 & 0 & 0 & 2 \\ 0 & 1 & 2 & 1 \end{array}\right]$$

Portanto, $A^{-1} = \begin{bmatrix} 0 & 2 \\ 2 & 1 \end{bmatrix}$, e é fácil verificar que, em $\mathbb{Z}_3$, $AA^{-1} = I$.

Solução 2 Como A é uma matriz 2×2, podemos calcular a sua inversa usando a fórmula dada no teorema 3.8. O determinante de A é

$$\det A = 2(0) - 2(2) = -1 = 2$$

em $\mathbb{Z}_3$ (pois $2 + 1 = 0$). Portanto, A^{-1} existe e é dada pela fórmula do teorema 3.8. Devemos ser cuidadosos aqui, já que a fórmula introduz a "fração" $1/\det A$

e não há frações em $\mathbb{Z}_3$. Precisamos usar inversos multiplicativos em vez de divisão.

No lugar de $1/\det A = 1/2$, usamos 2^{-1}; isto é, vamos encontrar um número x que satisfaz a equação $2x = 1$ em $\mathbb{Z}_3$. É fácil ver que $x = 2$ é a solução que queremos: em $\mathbb{Z}_3$, $2^{-1} = 2$, pois $2(2) = 1$. A fórmula para A^{-1} agora se torna

$$A^{-1} = 2^{-1}\begin{bmatrix} 0 & -2 \\ -2 & 2 \end{bmatrix} = 2\begin{bmatrix} 0 & 1 \\ 1 & 2 \end{bmatrix} = \begin{bmatrix} 0 & 2 \\ 2 & 1 \end{bmatrix}$$

que concorda com a nossa primeira solução.

Exercícios 3.3

Nos exercícios de 1 a 10, ache a inversa da matriz dada (se ela existir) usando o teorema 3.8.

1. $\begin{bmatrix} 4 & 7 \\ 1 & 2 \end{bmatrix}$ **2.** $\begin{bmatrix} 4 & -2 \\ 2 & 0 \end{bmatrix}$

3. $\begin{bmatrix} 3 & 4 \\ 6 & 8 \end{bmatrix}$ **4.** $\begin{bmatrix} 0 & 1 \\ -1 & 0 \end{bmatrix}$

5. $\begin{bmatrix} \frac{3}{4} & \frac{3}{5} \\ \frac{5}{6} & \frac{2}{3} \end{bmatrix}$ **6.** $\begin{bmatrix} 1/\sqrt{2} & 1/\sqrt{2} \\ -1/\sqrt{2} & 1/\sqrt{2} \end{bmatrix}$

7. $\begin{bmatrix} -1{,}5 & -4{,}2 \\ 0{,}5 & 2{,}4 \end{bmatrix}$ **8.** $\begin{bmatrix} 3{,}55 & 0{,}25 \\ 8{,}52 & 0{,}60 \end{bmatrix}$

9. $\begin{bmatrix} a & -b \\ b & a \end{bmatrix}$

10. $\begin{bmatrix} 1/a & 1/b \\ 1/c & 1/d \end{bmatrix}$, em que a, b, c e d são todos não nulos.

Nos exercícios de 11 a 12, resolva os sistemas dados usando o método do exemplo 3.25.

11. $\begin{aligned} 2x + y &= -1 \\ 5x + 3y &= 2 \end{aligned}$ **12.** $\begin{aligned} x_1 - x_2 &= 1 \\ 2x_1 + x_2 &= 2 \end{aligned}$

13. Sejam $A = \begin{bmatrix} 1 & 2 \\ 2 & 6 \end{bmatrix}$, $\mathbf{b}_1 = \begin{bmatrix} 3 \\ 5 \end{bmatrix}$, $\mathbf{b}_2 = \begin{bmatrix} -1 \\ 2 \end{bmatrix}$, e $\mathbf{b}_3 = \begin{bmatrix} 2 \\ 0 \end{bmatrix}$.

(a) Determine A^{-1} e use-a para resolver os três sistemas $A\mathbf{x} = \mathbf{b}_1$, $A\mathbf{x} = \mathbf{b}_2$ e $A\mathbf{x} = \mathbf{b}_3$.

(b) Resolva os três sistemas simultaneamente reduzindo por linhas a matriz completa $[A \mid \mathbf{b}_1\,\mathbf{b}_2\,\mathbf{b}_3]$, por meio do método de eliminação de Gauss-Jordan.

(c) Conte cuidadosamente o número total de multiplicações individuais que você efetuou em (a) e em (b). Você deve descobrir que, mesmo para esse exemplo 2×2, um dos métodos usa menos operações. Para sistemas maiores, a diferença é ainda mais acentuada, e isso explica por que sistemas computacionais não usam um desses métodos para resolver sistemas lineares.

14. Prove o teorema 3.9(b).

15. Prove o teorema 3.9(d).

16. Prove que a matriz identidade I_n de ordem $n \times n$ é invertível e que $I_n^{-1} = I_n$.

17. **(a)** Dê um contraexemplo para mostrar que, em geral, $(AB)^{-1} \neq A^{-1}B^{-1}$.

(b) Sob que condições em A e B é verdade que $(AB)^{-1} = A^{-1}B^{-1}$? Prove sua afirmação.

18. Por indução, prove que, se $A_1, A_2, \ldots, A_n$ são matrizes invertíveis de mesmo tamanho, o produto $A_1A_2 \cdots A_n$ é invertível e $(A_1A_2 \cdots A_n)^{-1} = A_n^{-1} \cdots A_2^{-1}A_1^{-1}$.

19. Dê um contraexemplo para mostrar que, em geral, $(A + B)^{-1} \neq A^{-1} + B^{-1}$.

Nos exercícios de 20 a 23, resolva a equação matricial em X. Simplifique suas respostas tanto quanto possível. (Nas palavras de Albert Einstein, "Tudo deve ser feito tão simples quanto possível, mas não mais simples".) Assuma que todas as matrizes são invertíveis.

20. $XA^2 = A^{-1}$ **21.** $AXB = (BA)^2$

22. $(A^{-1}X)^{-1} = A(B^{-2}A)^{-1}$ **23.** $ABXA^{-1}B^{-1} = I + A$

Nos exercícios de 24 a 30, sejam

$$A = \begin{bmatrix} 1 & 2 & -1 \\ 1 & 1 & 1 \\ 1 & -1 & 0 \end{bmatrix}, \quad B = \begin{bmatrix} 1 & -1 & 0 \\ 1 & 1 & 1 \\ 1 & 2 & -1 \end{bmatrix},$$

$$C = \begin{bmatrix} 1 & 2 & -1 \\ 1 & 1 & 1 \\ 2 & 1 & -1 \end{bmatrix}, \quad D = \begin{bmatrix} 1 & 2 & -1 \\ -3 & -1 & 3 \\ 2 & 1 & -1 \end{bmatrix}$$

Em cada caso, ache a matriz elementar E que satisfaça a equação dada.

24. $EA = B$ **25.** $EB = A$ **26.** $EA = C$

27. $EC = A$ **28.** $EC = D$ **29.** $ED = C$

30. Existe uma matriz elementar E tal que $EA = D$? Por quê?

Nos exercícios de 31 a 38, ache a inversa da matriz elementar dada.

31. $\begin{bmatrix} 3 & 0 \\ 0 & 1 \end{bmatrix}$ **32.** $\begin{bmatrix} 1 & 2 \\ 0 & 1 \end{bmatrix}$

33. $\begin{bmatrix} 0 & 1 \\ 1 & 0 \end{bmatrix}$ **34.** $\begin{bmatrix} 1 & 0 \\ -\frac{1}{2} & 1 \end{bmatrix}$

35. $\begin{bmatrix} 1 & 0 & 0 \\ 0 & 1 & -2 \\ 0 & 0 & 1 \end{bmatrix}$ **36.** $\begin{bmatrix} 0 & 0 & 1 \\ 0 & 1 & 0 \\ 1 & 0 & 0 \end{bmatrix}$

37. $\begin{bmatrix} 1 & 0 & 0 \\ 0 & c & 0 \\ 0 & 0 & 1 \end{bmatrix}, c \neq 0$ **38.** $\begin{bmatrix} 1 & 0 & 0 \\ 0 & 1 & c \\ 0 & 0 & 1 \end{bmatrix}, c \neq 0$

Nos exercícios 39 e 40, ache uma sequência de matrizes elementares $E_1, E_2, ..., E_k$ tais que $E_k \cdots E_2E_1A = I$. Use essa sequência para escrever A e A^{-1} como produtos de matrizes elementares.

39. $A = \begin{bmatrix} 1 & 0 \\ -1 & -2 \end{bmatrix}$ **40.** $A = \begin{bmatrix} 2 & 4 \\ 1 & 1 \end{bmatrix}$

41. Prove o teorema 3.13 para o caso de $AB = I$.

42. **(a)** Prove que se A é invertível e $AB = O$, então $B = O$.

(b) Dê um contraexemplo para mostrar que o resultado da parte (a) pode falhar se A não for invertível.

43. **(a)** Prove que, se A é invertível e $BA = CA$, então $B = C$.

(b) Dê um contraexemplo para mostrar que o resultado da parte (a) pode falhar se A não for invertível.

44. Uma matriz quadrada A é chamada ***idempotente*** se $A^2 = A$. (A palavra *idempotente* vem do Latim *idem*, que significa "mesmo", e *potere*, que significa "ter poder ou potência".

(a) Ache três matrizes 2×2 idempotentes.

(b) Prove que a única matriz $n \times n$ idempotente invertível é a matriz identidade.

45. Mostre que, se A é uma matriz quadrada que satisfaz a equação $A^2 - 2A + I = O$, então $A^{-1} = 2I - A$.

46. Prove que, se uma matriz simétrica é invertível, sua inversa também é simétrica.

47. Prove que, se A e B são matrizes quadradas e AB é invertível, A e B são ambas invertíveis.

Nos exercícios de 48 a 63, use o método de Gauss-Jordan para achar a inversa da matriz dada (se existir).

48. $\begin{bmatrix} 1 & 5 \\ 1 & 4 \end{bmatrix}$ **49.** $\begin{bmatrix} -2 & 4 \\ 3 & -1 \end{bmatrix}$

50. $\begin{bmatrix} 4 & -2 \\ 2 & 0 \end{bmatrix}$ **51.** $\begin{bmatrix} 1 & a \\ -a & 1 \end{bmatrix}$

52. $\begin{bmatrix} 2 & 3 & 0 \\ 1 & -2 & -1 \\ 2 & 0 & -1 \end{bmatrix}$ **53.** $\begin{bmatrix} 1 & -1 & 2 \\ 3 & 1 & 2 \\ 2 & 3 & -1 \end{bmatrix}$

54. $\begin{bmatrix} 1 & 1 & 0 \\ 1 & 0 & 1 \\ 0 & 1 & 1 \end{bmatrix}$ **55.** $\begin{bmatrix} a & 0 & 0 \\ 1 & a & 0 \\ 0 & 1 & a \end{bmatrix}$

56. $\begin{bmatrix} 0 & a & 0 \\ b & 0 & c \\ 0 & d & 0 \end{bmatrix}$ **57.** $\begin{bmatrix} 0 & -1 & 1 & 0 \\ 2 & 1 & 0 & 2 \\ 1 & -1 & 3 & 0 \\ 0 & 1 & 1 & -1 \end{bmatrix}$

58. $\begin{bmatrix} \sqrt{2} & 0 & 2\sqrt{2} & 0 \\ -4\sqrt{2} & \sqrt{2} & 0 & 0 \\ 0 & 0 & 1 & 0 \\ 0 & 0 & 3 & 1 \end{bmatrix}$

59. $\begin{bmatrix} 1 & 0 & 0 & 0 \\ 0 & 1 & 0 & 0 \\ 0 & 0 & 1 & 0 \\ a & b & c & d \end{bmatrix}$ **60.** $\begin{bmatrix} 0 & 1 \\ 1 & 1 \end{bmatrix}$ em $\mathbb{Z}_2$

61. $\begin{bmatrix} 4 & 2 \\ 3 & 4 \end{bmatrix}$ em $\mathbb{Z}_5$ **62.** $\begin{bmatrix} 2 & 1 & 0 \\ 1 & 1 & 2 \\ 0 & 2 & 1 \end{bmatrix}$ em $\mathbb{Z}_3$

63. $\begin{bmatrix} 1 & 5 & 0 \\ 1 & 2 & 4 \\ 3 & 6 & 1 \end{bmatrix}$ em $\mathbb{Z}_7$

O particionamento de matrizes quadradas grandes às vezes pode tornar mais fácil o cálculo de suas inversas, particularmente se os blocos tiverem uma forma adequada. Nos exercícios de 64 a 68, verifique, por multiplicação por blocos, que a inversa de uma matriz, particionada como apresentado, resulta na matriz dada. (Assuma que todas as inversas existem, quando necessário.)

64. $\begin{bmatrix} A & B \\ O & D \end{bmatrix}^{-1} = \begin{bmatrix} A^{-1} & -A^{-1}BD^{-1} \\ O & D^{-1} \end{bmatrix}$

65. $\begin{bmatrix} O & B \\ C & I \end{bmatrix}^{-1} = \begin{bmatrix} -(BC)^{-1} & (BC)^{-1}B \\ C(BC)^{-1} & I - C(BC)^{-1}B \end{bmatrix}$

66. $\begin{bmatrix} I & B \\ C & I \end{bmatrix}^{-1} = \begin{bmatrix} (I - BC)^{-1} & -(I - BC)^{-1}B \\ -C(I - BC)^{-1} & I + C(I - BC)^{-1}B \end{bmatrix}$

67. $\begin{bmatrix} O & B \\ C & D \end{bmatrix}^{-1}$

$= \begin{bmatrix} -(BD^{-1}C)^{-1} & (BD^{-1}C)^{-1}BD^{-1} \\ D^{-1}C(BD^{-1}C)^{-1} & D^{-1} - D^{-1}C(BD^{-1}C)^{-1}BD^{-1} \end{bmatrix}$

68. $\begin{bmatrix} A & B \\ C & D \end{bmatrix}^{-1} = \begin{bmatrix} P & Q \\ R & S \end{bmatrix}$, em $P = (A - BD^{-1}C)^{-1}$, $Q = -PBD^{-1}$, $R = -D^{-1}CP$, e $S = D^{-1} + D^{-1}CPBD^{-1}$

Nos exercícios de 69 a 72, particione as matrizes dadas de modo que você possa aplicar uma das fórmulas dos exercícios 64 a 68, e então calcule a inversa usando aquela fórmula.

69. $\begin{bmatrix} 1 & 0 & 0 & 0 \\ 0 & 1 & 0 & 0 \\ 2 & 3 & 1 & 0 \\ 1 & 2 & 0 & 1 \end{bmatrix}$

70. A matriz do exercício 58.

71. $\begin{bmatrix} 0 & 0 & 1 & 1 \\ 0 & 0 & 1 & 0 \\ 0 & -1 & 1 & 0 \\ 1 & 1 & 0 & 1 \end{bmatrix}$

72. $\begin{bmatrix} 0 & 1 & 1 \\ 1 & 3 & 1 \\ -1 & 5 & 2 \end{bmatrix}$

3.4 A Fatoração *LU*

Assim como é natural (e esclarecedor) fatorar um número natural como um produto de outros números naturais — por exemplo, $30 = 2 \times 3 \times 5$ — frequentemente também é útil fatorar matrizes como produto de outras matrizes. Qualquer representação de uma matriz como um produto de outras duas ou mais matrizes é uma **fatoração matricial**. Por exemplo,

$$\begin{bmatrix} 3 & -1 \\ 9 & -5 \end{bmatrix} = \begin{bmatrix} 1 & 0 \\ 3 & 1 \end{bmatrix}\begin{bmatrix} 3 & -1 \\ 0 & -2 \end{bmatrix}$$

é uma fatoração matricial.

Algumas fatorações são mais úteis do que outras. Nesta seção, iremos introduzir uma fatoração que surge na solução de sistemas de equações lineares pelo método de eliminação de Gauss e se adapta particularmente bem a implementações em computadores. Nos capítulos subsequentes, iremos estudar outras fatorações matriciais igualmente úteis. O assunto é, de fato, muito rico. Há livros e cursos inteiros dedicados a ele.

Considere um sistema de equações lineares da forma $A\mathbf{x}=\mathbf{b}$, sendo A uma matriz $n \times n$. Nosso objetivo é mostrar que o método de eliminação de Gauss implicitamente fatora A num produto de matrizes que nos permite resolver facilmente o sistema dado (e qualquer outro sistema com a mesma matriz dos coeficientes).

O exemplo a seguir ilustra a ideia básica.

Exemplo 3.33

Seja

$$A = \begin{bmatrix} 2 & 1 & 3 \\ 4 & -1 & 3 \\ -2 & 5 & 5 \end{bmatrix}$$

O escalonamento por linhas de A pode ser feito da seguinte maneira:

$$A = \begin{bmatrix} 2 & 1 & 3 \\ 4 & -1 & 3 \\ -2 & 5 & 5 \end{bmatrix} \xrightarrow[L_3+L_1]{L_2-2L_1} \begin{bmatrix} 2 & 1 & 3 \\ 0 & -3 & -3 \\ 0 & 6 & 8 \end{bmatrix} \xrightarrow{L_3+3L_2} \begin{bmatrix} 2 & 1 & 3 \\ 0 & -3 & -3 \\ 0 & 6 & 8 \end{bmatrix} = U \quad (1)$$

As três matrizes elementares E_1, E_2, E_3 que efetuam essa redução de A em sua forma escalonada U são (na ordem):

$$E_1 = \begin{bmatrix} 1 & 0 & 0 \\ -2 & 1 & 0 \\ 0 & 0 & 1 \end{bmatrix}, \quad E_2 = \begin{bmatrix} 1 & 0 & 0 \\ 0 & 1 & 0 \\ 1 & 0 & 1 \end{bmatrix}, \quad E_3 = \begin{bmatrix} 1 & 0 & 0 \\ 0 & 1 & 0 \\ 0 & 2 & 1 \end{bmatrix}$$

Por issso,

$$E_3E_2E_1A = U$$

Isolando A, obtemos

$$A = E_1^{-1}E_2^{-1}E_3^{-1}U = \begin{bmatrix} 1 & 0 & 0 \\ 2 & 1 & 0 \\ 0 & 0 & 1 \end{bmatrix} \begin{bmatrix} 1 & 0 & 0 \\ 0 & 1 & 0 \\ -1 & 0 & 1 \end{bmatrix} \begin{bmatrix} 1 & 0 & 0 \\ 0 & 1 & 0 \\ 0 & -2 & 1 \end{bmatrix} U$$

$$= \begin{bmatrix} 1 & 0 & 0 \\ 2 & 1 & 0 \\ -1 & -2 & 1 \end{bmatrix} U = LU$$

National Portrait Gallery, London

A fatoração *LU* foi introduzida em 1948 pelo grande matemático inglês Alan M. Turing (1912–1954) em um artigo intitulado "Rounding-off Errors in Matrix Processes" (*Quarterly Journal of Mechanics and Applied Mathematics, 1* (1948), pp. 287–308). Durante a segunda guerra mundial, Turing foi fundamental para quebrar o código alemão "Enigma". Entretanto, ele é mais conhecido por seu trabalho em lógica matemática, que estabeleceu a base teórica para o desenvolvimento do computador digital e do que hoje é a área de inteligência artificial. O "teste de Turing", proposto por ele em 1950, ainda é usado como um dos critérios de referência para abordar a questão de saber se um computador pode ser considerado "inteligente".

Assim, A pode ser fatorada como

$$A = LU$$

em que U é uma *matriz triangular superior* (veja os exercícios da seção 3.2), e L é *triangular inferior* com 1s na diagonal principal. Isto é, L tem a forma

$$L = \begin{bmatrix} 1 & 0 & \cdots & 0 \\ * & 1 & \cdots & 0 \\ \vdots & \vdots & \ddots & \vdots \\ * & * & \cdots & 1 \end{bmatrix}$$

em que todos os elementos na diagonal principal são iguais a 1 e os elementos acima da diagonal são todos nulos.

O exemplo anterior motiva a definição a seguir.

Definição Seja A uma matriz quadrada. Uma fatoração de A na forma $A = LU$, em que L é uma matriz triangular inferior com 1s na diagonal principal e U é triangular superior, é chamada ***fatoração LU de A***.

Observações

- Note que a matriz A do exemplo 3.33 admite uma fatoração LU porque nenhuma troca de linhas foi necessária no escalonamento de A. Consequentemente, todas as matrizes elementares que apareceram são triangulares inferiores com 1s na diagonal principal. Desse modo, L é garantidamente triangular inferior com 1s na diagonal principal porque inversas e produtos de matrizes triangulares inferiores com 1s na diagonal principal são também triangulares inferiores com 1s na diagonal principal. (Veja os exercícios 29 e 30.)

Se um zero tivesse aparecido na posição de um pivô em algum passo do escalonamento, teríamos que fazer uma troca de linhas para conseguir um pivô não nulo. Com isso, a matriz L não seria mais triangular inferior com 1s na diagonal principal. Abaixo iremos comentar mais sobre essa observação. (Você consegue encontrar uma matriz para a qual seja necessário fazer trocas de linhas?)

- A ideia de uma fatoração LU pode ser generalizada para matrizes não quadradas simplesmente exigindo que U seja uma matriz escalonada. (Veja os exercícios 13 e 14.)
- Alguns livros definem fatoração LU de uma matriz quadrada A como sendo qualquer fatoração $A = LU$, em que L é triangular inferior e U é triangular superior.

A primeira observação acima é essencialmente uma demonstração do próximo teorema.

Teorema 3.15 Se A é uma matriz quadrada que pode ser escalonada por linhas sem que seja usada nenhuma troca de linhas, então A admite uma fatoração LU.

Para saber por que a fatoração LU é útil, considere um sistema linear $A\mathbf{x}=\mathbf{b}$, em que a matriz dos coeficientes admite uma fatoração $A= LU$. Podemos reescrever o sistema $A\mathbf{x}=\mathbf{b}$ como $LU\mathbf{x}=\mathbf{b}$ ou $L(U\mathbf{x}) = \mathbf{b}$. Se agora definirmos $\mathbf{y} = U\mathbf{x}$, então podemos resolver a equação em $\mathbf{x}$ em duas etapas:

1. Resolver $L\mathbf{y}=\mathbf{b}$ em $\mathbf{y}$ por substituição de frente para trás (veja os exercícios 25 e 26 da seção 2.1).
2. Resolver $U\mathbf{x} = \mathbf{y}$ em $\mathbf{x}$ por substituição de trás para frente.

Cada um desses sistemas lineares pode ser resolvido de modo direto porque as matrizes dos coeficientes L e U são ambas triangulares. O próximo exemplo ilustra o método.

Examplo 3.34

Use uma fatoração LU de $A = \begin{bmatrix} 2 & 1 & 3 \\ 4 & -1 & 3 \\ -2 & 5 & 5 \end{bmatrix}$ para resolver $A\mathbf{x}=\mathbf{b}$, sendo $\mathbf{b} = \begin{bmatrix} 1 \\ -4 \\ 9 \end{bmatrix}$.

Solução No exemplo 3.33, nós encontramos

$$A = \begin{bmatrix} 1 & 0 & 0 \\ 2 & 1 & 0 \\ -1 & -2 & 1 \end{bmatrix} \begin{bmatrix} 2 & 1 & 3 \\ 0 & -3 & -3 \\ 0 & 0 & 2 \end{bmatrix} = LU$$

Como esboçado acima, para resolver $A\mathbf{x} = \mathbf{b}$ (que é o mesmo que $L(U\mathbf{x})=\mathbf{b}$, primeiramente resolvemos $L\mathbf{y}=\mathbf{b}$ para $\mathbf{y} = \begin{bmatrix} y_1 \\ y_2 \\ y_3 \end{bmatrix}$. Esse é simplesmente o sistema linear

$$\begin{aligned} y_1 \quad\quad\quad\quad &= 1 \\ 2y_1 + y_2 \quad\quad &= -4 \\ -y_1 - 2y_2 + y_3 &= 9 \end{aligned}$$

A substituição de frente para trás (ou seja, a que trabalha de cima para baixo) resulta em

$$y_1 = 1, y_2 = -4 - 2y_1 = -6, y_3 = 9 + y_1 + 2y_2 = -2$$

Assim, $\mathbf{y} = \begin{bmatrix} 1 \\ -6 \\ -2 \end{bmatrix}$ e agora passamos a resolver $U\mathbf{x}=\mathbf{y}$ para $\mathbf{x} = \begin{bmatrix} x_1 \\ x_2 \\ x_3 \end{bmatrix}$. Esse sistema linear é

$$\begin{aligned} 2x_1 + \quad x_2 + 3x_3 &= 1 \\ -3x_2 - 3x_3 &= -6 \\ 2x_3 &= -2 \end{aligned}$$

e a substituição de trás para frente rapidamente resulta em

$$\begin{aligned} x_3 &= -1, \\ -3x_2 &= -6 + 3x_3 = -9 \quad \text{logo} \quad x_2 = 3, \text{ e} \\ 2x_1 &= 1 - x_2 - 3x_3 = 1 \quad \text{logo} \quad x_1 = \tfrac{1}{2} \end{aligned}$$

Portanto, a solução para o sistema $A\mathbf{x}=\mathbf{b}$ dado é $\mathbf{x} = \begin{bmatrix} \frac{1}{2} \\ 3 \\ -1 \end{bmatrix}$.

Uma maneira fácil de encontrar fatorações *LU*

No exemplo 3.33, nós calculamos a matriz L como um produto de matrizes elementares. Felizmente, L pode ser calculada diretamente a partir do processo de escalonamento sem que seja necessário determinar matrizes elementares. Lembre-se de que estamos supondo que A pode ser levada à forma escalonada por linhas sem que se use nenhuma troca de linhas. Nesse caso, todo o processo de escalonamento por linhas pode ser feito apenas usando operações elementares com as linhas da forma $L_i - kL_j$. (Por que nós não precisamos usar a outra operação elementar com as linhas, que é multiplicar uma linha por um escalar não nulo?) Na operação $L_i - kL_j$, iremos nos referir ao escalar k como o ***multiplicador***.

No exemplo 3.33, as operações elementares com as linhas usadas foram, na ordem,

$$\begin{aligned} &R_2 - 2R_1 && \text{(multiplicador} = 2) \\ &R_3 + R_1 = R_3 - (-1)R_1 && \text{(multiplicador} = -1) \\ &R_3 + 2R_2 = R_3 - (-2)R_2 && \text{(multiplicador} = -2) \end{aligned}$$

Os multiplicadores são precisamente os elementos de L que estão abaixo de sua diagonal! Na verdade,

$$L = \begin{bmatrix} 1 & 0 & 0 \\ 2 & 1 & 0 \\ -1 & -2 & 1 \end{bmatrix}$$

e $L_{21} = 2$, $L_{31} = -1$, e $L_{32} = -2$. Observe que a operação elementar com as linhas L_i - kL_j tem seu multiplicador k colocado na posição (i, j) da matriz L.

Exemplo 3.35

Determine uma fatoração LU para

$$A = \begin{bmatrix} 3 & 1 & 3 & -4 \\ 6 & 4 & 8 & -10 \\ 3 & 2 & 5 & -1 \\ -9 & 5 & -2 & -4 \end{bmatrix}$$

Solução Fazendo o escalonamento por linhas de A iremos obter

$$A=\begin{bmatrix}3&1&3&-4\\6&4&8&-10\\3&2&5&-1\\-9&5&-2&-4\end{bmatrix}\xrightarrow[L_4-(-3)L_1]{\substack{L_2-2L_1\\L_3-L_1}}\begin{bmatrix}3&1&3&-4\\0&2&2&-2\\0&1&2&3\\0&8&7&-16\end{bmatrix}$$

$$\xrightarrow[L_4-4L_2]{L_3-\frac{1}{2}L_2}\begin{bmatrix}3&1&3&-4\\0&2&2&-2\\0&0&1&4\\0&0&-1&-8\end{bmatrix}$$

$$\xrightarrow{L_4-(-1)L_3}\begin{bmatrix}3&1&3&-4\\0&2&2&-2\\0&0&1&4\\0&0&0&-4\end{bmatrix}=U$$

Os três primeiros multiplicadores são 2, 1, e -3, e esses são os elementos das posições abaixo da diagonal na primeira coluna de L. Assim, até aqui,

$$L=\begin{bmatrix}1&0&0&0\\2&1&0&0\\1&*&1&0\\-3&*&*&1\end{bmatrix}$$

Os próximos dois multiplicadores são $\frac{1}{2}$ e 4, e assim, continuamos a completar L:

$$L=\begin{bmatrix}1&0&0&0\\2&1&0&0\\1&\frac{1}{2}&1&0\\-3&4&*&1\end{bmatrix}$$

O último multiplicador, -1, substitui o último * em L para se chegar a

$$L=\begin{bmatrix}1&0&0&0\\2&1&0&0\\1&\frac{1}{2}&1&0\\-3&4&-1&1\end{bmatrix}$$

Desse modo, uma fatoração LU de A é

$$A=\begin{bmatrix}3&1&3&-4\\6&4&8&-10\\3&2&5&-1\\-9&5&-2&-4\end{bmatrix}=\begin{bmatrix}1&0&0&0\\2&1&0&0\\1&\frac{1}{2}&1&0\\-3&4&-1&1\end{bmatrix}\begin{bmatrix}3&1&3&-4\\0&2&2&-2\\0&0&1&4\\0&0&0&-4\end{bmatrix}=LU$$

como pode ser facilmente verificado.

Observações

• Na aplicação deste método, é importante observar que as operações elementares com as linhas $L_i - kL_j$ devem ser realizadas de cima para baixo em cada coluna, (usando o elemento da diagonal como pivô), e coluna por coluna da esquerda para a direita. Para ilustrar o que pode acontecer de errado se essas regras não forem obedecidas, considere o seguinte escalonamento por linhas:

$$A = \begin{bmatrix} 1 & 2 & 2 \\ 1 & 1 & 1 \\ 2 & 2 & 1 \end{bmatrix} \xrightarrow{L_3 - 2L_2} \begin{bmatrix} 1 & 2 & 2 \\ 1 & 1 & 1 \\ 0 & 0 & -1 \end{bmatrix} \xrightarrow{L_3 - L_1} \begin{bmatrix} 1 & 2 & 2 \\ 0 & -1 & -1 \\ 0 & 0 & -1 \end{bmatrix} = U$$

Desta vez, os multiplicadores seriam colocados na matriz L da seguinte maneira: $L_{32} = 2$, $L_{21} = 1$. Iríamos obter

$$L = \begin{bmatrix} 1 & 0 & 0 \\ 1 & 1 & 0 \\ 0 & 2 & 1 \end{bmatrix}$$

mas $A \neq LU$. (Verifique isso! Encontre uma fatoração LU correta de A.)

• Uma maneira alternativa de construir L é observar que os multiplicadores podem ser conseguidos diretamente a partir das matrizes obtidas nos passos intermediários do processo de escalonamento por linhas. No exemplo 3.33, observe os pivôs e as colunas correspondentes das matrizes que resultam do escalonamento

$$A = \begin{bmatrix} 2 & 1 & 3 \\ 4 & -1 & 3 \\ -2 & 5 & 5 \end{bmatrix} \to A_1 = \begin{bmatrix} 2 & 1 & 3 \\ 0 & -3 & -3 \\ 0 & 6 & 8 \end{bmatrix} \to \begin{bmatrix} 2 & 1 & 3 \\ 0 & -3 & -3 \\ 0 & 0 & 2 \end{bmatrix} = U$$

O primeiro pivô é 2, que aparece na primeira coluna de A. A divisão dos elementos desse vetor coluna que estão na diagonal ou abaixo dela pelo pivô resulta em

$$\frac{1}{2}\begin{bmatrix} 2 \\ 4 \\ -2 \end{bmatrix} = \begin{bmatrix} 1 \\ 2 \\ -1 \end{bmatrix}$$

O próximo pivô é -3, que aparece na segunda coluna de A_1. Se dividirmos os elementos desse vetor coluna que estão na diagonal ou abaixo dela pelo pivô iremos obter

$$\frac{1}{(-3)}\begin{bmatrix} \\ -3 \\ 6 \end{bmatrix} = \begin{bmatrix} \\ 1 \\ -2 \end{bmatrix}$$

O último pivô (que não precisaremos utilizar) é 2, na terceira coluna de U. A divisão dos elementos desse vetor coluna que estão na diagonal ou abaixo dela pelo pivô resulta em

$$\frac{1}{2}\begin{bmatrix} \\ \\ 2 \end{bmatrix} = \begin{bmatrix} \\ \\ 1 \end{bmatrix}$$

Se colocarmos as três colunas obtidas lado a lado em uma matriz, iremos obter

$$\begin{bmatrix} 1 & & \\ 2 & 1 & \\ -1 & -2 & 1 \end{bmatrix}$$

que é exatamente L, uma vez que os elementos acima da diagonal são preenchidos com zeros.

No capítulo 2, observamos que o escalonamento por linhas de uma matriz não é único. Entretanto, se uma matriz *invertível* A tem uma fatoração $A = LU$, então essa fatoração é única.

Teorema 3.16 Se A é uma matriz invertível que admite uma fatoração LU, então L e U são únicas.

Demonstração Suponha que $A = LU$ e $A = L_1U_1$ sejam duas fatorações LU de A. Então $LU = L_1U_1$, sendo L e L_1 matrizes triangulares inferiores com 1s na diagonal e U e U_1 matrizes triangulares superiores. De fato, U e U_1 são duas formas escalonadas por linhas (possivelmente distintas) de A.

De acordo com o exercício 30, L_1 é invertível. Como A é invertível, sua forma escalonada reduzida por linhas é uma matriz identidade I, pelo Teorema Fundamental das Matrizes Invertíveis.

$$L_1^{-1}(LU)U^{-1} = L_1^{-1}(L_1U_1)U^{-1} \quad \text{portanto} \quad (L_1^{-1}L)(UU^{-1}) = (L_1^{-1}L_1)(U_1U^{-1})$$

Logo,

$$(L_1^{-1}L)I = I(U_1U^{-1}) \quad \text{portanto} \quad L_1^{-1}L = U_1U^{-1}$$

Mas $L_1{}^{-1}L$ é triangular inferior com 1s na diagonal, pelo exercício 29, e U_1U^{-1} é triangular superior. (Por quê?) Segue que $L_1^{-1}L = U_1U^{-1}$ é tanto triangular inferior com 1s na diagonal quanto triangular superior. A única matriz com essas propriedades é a matriz identidade. Logo $L_1^{-1}L = I$ e $U_1U^{-1} = I$. Resulta então que $L = L_1$ e $U = U_1$. Logo, a fatoração LU de A é única.

A fatoração $P^T LU$

Iremos agora explorar o problema de adaptar a fatoração LU de modo a lidar com casos em que trocas de linhas sejam necessárias durante o escalonamento. Considere a matriz

$$A = \begin{bmatrix} 1 & 2 & -1 \\ 3 & 6 & 2 \\ -1 & 1 & 4 \end{bmatrix}$$

Um escalonamento por linhas resulta em

$$A \to B = \begin{bmatrix} 1 & 2 & -1 \\ 0 & 0 & 5 \\ 0 & 3 & 3 \end{bmatrix}$$

que não é uma matriz triangular superior. Entretanto, podemos facilmente colocar esta matriz na forma triangular superior trocando as linhas 2 e 3 de B para obter

$$U = \begin{bmatrix} 1 & 2 & -1 \\ 0 & 3 & 3 \\ 0 & 0 & 5 \end{bmatrix}$$

De modo alternativo, podemos primeiro trocar as linhas 2 e 3 de A. Para isso, seja P a matriz elementar

$$\begin{bmatrix} 1 & 0 & 0 \\ 0 & 0 & 1 \\ 0 & 1 & 0 \end{bmatrix}$$

que corresponde à troca de linhas 2 e 3, e seja E o produto das matrizes elementares que então levam PA até U (de modo que $E^{-1} = L$ seja triangular inferior com 1s na diagonal). Desse modo, $EPA = U$, e assim $A = (EP)^{-1}U = P^{-1}E^{-1}U = P^{-1}LU$.

Isto trata apenas do caso de *uma única* troca de linhas. No caso geral, P será o produto $P = P_k \ldots P_2P_1$ de todas as matrizes de trocas de linhas $P_1, P_2, \ldots, P_k$ (em que P_1 é realizada primeiro, e assim por diante). Uma matriz P desse tipo é chamada ***matriz de permutação***. Observe que uma matriz de permutação resulta da permutação de linhas de uma matriz identidade de alguma ordem. Por exemplo, as seguintes matrizes são matrizes de permutação:

$$\begin{bmatrix} 0 & 1 \\ 1 & 0 \end{bmatrix}, \begin{bmatrix} 0 & 0 & 1 \\ 1 & 0 & 0 \\ 0 & 1 & 0 \end{bmatrix}, \begin{bmatrix} 0 & 1 & 0 & 0 \\ 0 & 0 & 0 & 1 \\ 1 & 0 & 0 & 0 \\ 0 & 0 & 1 & 0 \end{bmatrix}$$

Felizmente, a inversa de uma matriz de permutação é fácil de ser calculada; de fato, nenhum cálculo é necessário!

Teorema 3.17 Se P é uma matriz de permutação, então $P^{-1} = P^T$.

Demonstração Devemos mostrar que $P^TP = I$. Mas a i-ésima linha de P^T é igual à i-ésima coluna de P, e ambas são iguais ao mesmo vetor unitário canônico **e**, porque P é uma matriz de permutação. Assim,

$$(P^TP)_{ii} = (i\text{-ésima linha de } P^T)(i\text{-ésima coluna de } P) = \mathbf{e}^T\mathbf{e} = \mathbf{e}\cdot\mathbf{e} = 1$$

Isso mostra que os elementos da diagonal de P^TP são todos iguais a 1. Por outro lado, se $j \neq i$, então a j-ésima coluna de P é um vetor unitário canônico *diferente* de **e** — digamos **e**'. Desse modo, tipicamente, um elemento de uma posição fora da diagonal de P^TP é dado por

$$(P^TP)_{ij} = (i\text{-ésima linha de } P^T)(j\text{-ésima coluna de } P) = \mathbf{e}^T\mathbf{e}' = \mathbf{e}\cdot\mathbf{e}\mathrm{r} = 0$$

Consequentemente P^TP é uma matriz identidade, como queríamos mostrar.

Assim, em geral, podemos fatorar uma matriz quadrada A como $A = P^{-1}LU = P^TLU$.

Definição Seja A uma matriz quadrada. Uma fatoração de A na forma $A = P^TLU$, em que P é uma matriz de permutação, L é triangular inferior com 1s na diagonal e U é triangular superior é chamada ***fatoração* P^TLU** de A.

Exemplo 3.36

Encontre uma fatoração P^TLU de $A = \begin{bmatrix} 0 & 0 & 6 \\ 1 & 2 & 3 \\ 2 & 1 & 4 \end{bmatrix}$.

Solução Primeiramente, fazemos o escalonamento por linhas de A. É claro que precisamos fazer, pelo menos, uma troca de linhas.

$$A = \begin{bmatrix} 0 & 0 & 6 \\ 1 & 2 & 3 \\ 2 & 1 & 4 \end{bmatrix} \xrightarrow{L_1 \leftrightarrow L_2} \begin{bmatrix} 1 & 2 & 3 \\ 0 & 0 & 6 \\ 2 & 1 & 4 \end{bmatrix} \xrightarrow{L_3 - 2L_1} \begin{bmatrix} 1 & 2 & 3 \\ 0 & 0 & 6 \\ 0 & -3 & -2 \end{bmatrix}$$

$$\xrightarrow{L_2 \leftrightarrow L_3} \begin{bmatrix} 1 & 2 & 3 \\ 0 & -3 & -2 \\ 0 & 0 & 6 \end{bmatrix}$$

Nós usamos duas trocas de linhas ($L_1 \leftrightarrow L_2$ e depois $L_2 \leftrightarrow L_3$). Portanto, a matriz de permutações necessária é

$$P = P_2P_1 = \begin{bmatrix} 1 & 0 & 0 \\ 0 & 0 & 1 \\ 0 & 1 & 0 \end{bmatrix}\begin{bmatrix} 0 & 1 & 0 \\ 1 & 0 & 0 \\ 0 & 0 & 1 \end{bmatrix} = \begin{bmatrix} 0 & 1 & 0 \\ 0 & 0 & 1 \\ 1 & 0 & 0 \end{bmatrix}$$

Vamos agora encontrar uma fatoração LU de PA.

$$PA = \begin{bmatrix} 0 & 1 & 0 \\ 0 & 0 & 1 \\ 1 & 0 & 0 \end{bmatrix}\begin{bmatrix} 0 & 0 & 6 \\ 1 & 2 & 3 \\ 2 & 1 & 4 \end{bmatrix} = \begin{bmatrix} 1 & 2 & 3 \\ 2 & 1 & 4 \\ 0 & 0 & 6 \end{bmatrix} \xrightarrow{L_2 - 2L_1} \begin{bmatrix} 1 & 2 & 3 \\ 0 & -3 & -2 \\ 0 & 0 & 6 \end{bmatrix} = U$$

Disso, o elemento $L_{21} = 2$, e portanto

$$A = P^TLU = \begin{bmatrix} 0 & 0 & 1 \\ 1 & 0 & 0 \\ 0 & 1 & 0 \end{bmatrix}\begin{bmatrix} 1 & 0 & 0 \\ 2 & 1 & 0 \\ 0 & 0 & 1 \end{bmatrix}\begin{bmatrix} 1 & 2 & 3 \\ 0 & -3 & -2 \\ 0 & 0 & 6 \end{bmatrix}$$

A argumentação acima justifica o teorema a seguir.

Teorema 3.18 Toda matriz quadrada admite uma fatoração P^TLU.

Observação Mesmo para uma matriz invertível, a fatoração P^TLU não é única. No exemplo 3.36, uma única troca de linhas $L_1 \leftrightarrow L_3$ também teria funcionado, levando a uma matriz P diferente. Entretanto, uma vez determinada a matriz P, as matrizes L e U são únicas.

Considerações Computacionais

Se A é uma matriz $n \times n$, então o número total de operações (multiplicações e divisões) necessárias para resolver um sistema linear $A\mathbf{x} = \mathbf{b}$ usando uma fatoração LU de A é $T(n) \approx n^3/3$, o mesmo que é necessário para o escalonamento. (Veja a investigação "Contando Operações" no capítulo 2.) Isso não surpreende já que a fase de escalonamento produz a fatoração LU em $\approx n^3/3$ passos, enquanto que ambas as substituições de trás para frente e de frente para trás necessitam de $\approx n^2/2$ passos. Assim sendo, para valores grandes de n, o termo $\approx n^3/3$ é dominante. Desse ponto de vista, o método de eliminação de Gauss e a fatoração LU são equivalentes.

Entretanto, a fatoração LU tem outras vantagens:

- Do ponto de vista de armazenamento, a fatoração LU é bastante compacta porque podemos sobrepor os elementos de A com os elementos de L e U *conforme eles vão sendo calculados*. No exemplo 3.33, verificamos que

$$A = \begin{bmatrix} 2 & 1 & 3 \\ 4 & -1 & 3 \\ -2 & 5 & 5 \end{bmatrix} = \begin{bmatrix} 1 & 0 & 0 \\ 2 & 1 & 0 \\ -1 & -2 & 1 \end{bmatrix}\begin{bmatrix} 2 & 1 & 3 \\ 0 & -3 & -3 \\ 0 & 0 & 2 \end{bmatrix} = LU$$

Isso pode ser armazenado como

$$\begin{bmatrix} 2 & -1 & 3 \\ 2 & -3 & -3 \\ -1 & -2 & 2 \end{bmatrix}$$

com os elementos colocados na ordem (1,1), (1,2), (1,3), (2,1), (3,1), (2,2), (2,3), (3,2), (3,3). Em outras palavras, os elementos abaixo da diagonal de A são trocados pelos multiplicadores correspondentes. (Verifique que isso funciona!)

- Uma vez que uma fatoração LU de A tenha sido calculada, ela pode ser usada para resolver quantos sistemas lineares da forma $A\mathbf{x} = \mathbf{b}$ quisermos. Nós apenas precisamos aplicar o método do exemplo 3.34, mudando o vetor $\mathbf{b}$ a cada vez.
- Para matrizes de formas especiais, sobretudo aquelas com uma grande quantidade de zeros concentrados fora da diagonal (às vezes chamadas matrizes "esparsas"), há métodos que simplificam o cálculo de uma fatoração LU. Nesses casos, este método de resolução de $A\mathbf{x} = \mathbf{b}$ é mais rápido do que o método de eliminação de Gauss.
- Para uma matriz invertível A, uma fatoração LU de A pode ser usada para encontrar A^{-1}, se necessário. Além disso, ela pode ser realizada de modo que leve simultaneamente a uma fatoração de A^{-1}. (Veja os exercícios de 15 a 18.)

Observações Se você tem um CAS que tem fatoração LU (como por exemplo o MATLAB), você pode notar algumas diferenças entre seus cálculos feitos à mão e o produzido pelo computador. Isso acontece principalmente porque o CAS tenta realizar automaticamente um pivoteamento parcial para reduzir os erros de arredondamento. (Veja a investigação "Pivoteamento Parcial" no capítulo 2.) O artigo de Turing apresenta uma extensa discussão sobre tais erros no contexto de fatoração de matrizes.

Esta seção serviu para introduzir uma das mais úteis fatorações de matrizes. Nos capítulos subsequentes, iremos encontrar outras fatorações igualmente úteis.

Exercícios 3.4

Nos exercícios de 1 a 6, resolva o sistema $A\mathbf{x} = \mathbf{b}$ usando a fatoração LU de A dada.

1. $A = \begin{bmatrix} -2 & 1 \\ 2 & 5 \end{bmatrix} = \begin{bmatrix} 1 & 0 \\ -1 & 1 \end{bmatrix}\begin{bmatrix} -2 & 1 \\ 0 & 6 \end{bmatrix}, \mathbf{b} = \begin{bmatrix} 5 \\ 1 \end{bmatrix}$

2. $A = \begin{bmatrix} 4 & -2 \\ 2 & 3 \end{bmatrix} = \begin{bmatrix} 1 & 0 \\ \frac{1}{2} & 1 \end{bmatrix}\begin{bmatrix} 4 & -2 \\ 0 & 4 \end{bmatrix}, \mathbf{b} = \begin{bmatrix} 0 \\ 8 \end{bmatrix}$

3. $A = \begin{bmatrix} 2 & 1 & -2 \\ -2 & 3 & -4 \\ 4 & -3 & 0 \end{bmatrix} = \begin{bmatrix} 1 & 0 & 0 \\ -1 & 1 & 0 \\ 2 & -\frac{5}{4} & 1 \end{bmatrix} \times \begin{bmatrix} 2 & 1 & -2 \\ 0 & 4 & -6 \\ 0 & 0 & -\frac{7}{2} \end{bmatrix}, \mathbf{b} = \begin{bmatrix} -3 \\ 1 \\ 0 \end{bmatrix}$

4. $A = \begin{bmatrix} 2 & -4 & 0 \\ 3 & -1 & 4 \\ -1 & 2 & 2 \end{bmatrix} = \begin{bmatrix} 1 & 0 & 0 \\ \frac{3}{2} & 1 & 0 \\ -\frac{1}{2} & 0 & 1 \end{bmatrix} \times \begin{bmatrix} 2 & -4 & 0 \\ 0 & 5 & 4 \\ 0 & 0 & 2 \end{bmatrix}, \mathbf{b} = \begin{bmatrix} 2 \\ 0 \\ -5 \end{bmatrix}$

5. $A = \begin{bmatrix} 2 & -1 & 0 & 0 \\ 6 & -4 & 5 & -3 \\ 8 & -4 & 1 & 0 \\ 4 & -1 & 0 & 7 \end{bmatrix} = \begin{bmatrix} 1 & 0 & 0 & 0 \\ 3 & 1 & 0 & 0 \\ 4 & 0 & 1 & 0 \\ 2 & -1 & 5 & 1 \end{bmatrix} \times \begin{bmatrix} 2 & -1 & 0 & 0 \\ 0 & -1 & 5 & -3 \\ 0 & 0 & 1 & 0 \\ 0 & 0 & 0 & 4 \end{bmatrix}, \mathbf{b} = \begin{bmatrix} 1 \\ 2 \\ 2 \\ 1 \end{bmatrix}$

6. $A = \begin{bmatrix} 1 & 4 & 3 & 0 \\ -2 & -5 & -1 & 2 \\ 3 & 6 & -3 & -4 \\ -5 & -8 & 9 & 9 \end{bmatrix} = \begin{bmatrix} 1 & 0 & 0 & 0 \\ -2 & 1 & 0 & 0 \\ 3 & -2 & 1 & 0 \\ -5 & 4 & -2 & 1 \end{bmatrix} \times \begin{bmatrix} 1 & 4 & 3 & 0 \\ 0 & 3 & 5 & 2 \\ 0 & 0 & -2 & 0 \\ 0 & 0 & 0 & 1 \end{bmatrix}, \mathbf{b} = \begin{bmatrix} 1 \\ -3 \\ -1 \\ 0 \end{bmatrix}$

Nos exercícios de 7 a 12, encontre uma fatoração LU da matriz dada.

7. $\begin{bmatrix} 1 & 2 \\ -3 & -1 \end{bmatrix}$

8. $\begin{bmatrix} 2 & -4 \\ 3 & 1 \end{bmatrix}$

9. $\begin{bmatrix} 1 & 2 & 3 \\ 4 & 5 & 6 \\ 8 & 7 & 9 \end{bmatrix}$ 10. $\begin{bmatrix} 2 & 2 & -1 \\ 4 & 0 & 4 \\ 3 & 4 & 4 \end{bmatrix}$

11. $\begin{bmatrix} 1 & 2 & 3 & -1 \\ 2 & 6 & 3 & 0 \\ 0 & 6 & -6 & 7 \\ -1 & -2 & -9 & 0 \end{bmatrix}$

12. $\begin{bmatrix} 2 & 2 & 2 & 1 \\ -2 & 4 & -1 & 2 \\ 4 & 4 & 7 & 3 \\ 6 & 9 & 5 & 8 \end{bmatrix}$

Generalize a definição de fatoração LU para matrizes não quadradas simplesmente exigindo que U seja uma matriz na forma escalonada. Com essa modificação, encontre uma fatoração LU das matrizes nos exercícios 13 e 14.

13. $\begin{bmatrix} 1 & 0 & 1 & -2 \\ 0 & 3 & 3 & 1 \\ 0 & 0 & 0 & 5 \end{bmatrix}$

14. $\begin{bmatrix} 1 & 2 & 0 & -1 & 1 \\ -2 & -7 & 3 & 8 & -2 \\ 1 & 1 & 3 & 5 & 2 \\ 0 & 3 & -3 & -6 & 0 \end{bmatrix}$

Para uma matriz A invertível com uma fatoração $A = LU$, ambas as matrizes L e U serão invertíveis e $A^{-1} = U^{-1}L^{-1}$. Nos exercícios 15 e 16, encontre L^{-1}, U^{-1}, A^{-1} para a matriz dada.

15. *A* do exercício 1 **16.** *A* do exercício 4

A inversa de uma matriz também pode ser determinada por meio da resolução de vários sistemas de equações usando o método do exemplo 3.34. Dada uma matriz A de ordem $n \times n$, para encontrar sua inversa precisamos resolver a equação $AX = I_n$, na matriz X de ordem $n \times n$. Escrevendo essa equação como $A[\mathbf{x}_1\ \ \mathbf{x}_2 \cdots \mathbf{x}_n] = [\mathbf{e}_1\ \ \mathbf{e}_2 \cdots \mathbf{e}_n]$, e usando a representação matriz-coluna do produto AX, vemos que é necessário resolver n sistemas de equações lineares: $A\mathbf{x}_1 = \mathbf{e}_1, A\mathbf{x}_2 = \mathbf{e}_2, \ldots, A\mathbf{x}_n = \mathbf{e}_n$. Além disso, podemos usar a fatoração $A = LU$ para resolver cada um desses sistemas.

Nos exercícios 17 e 18, use a abordagem acima esboçada para encontrar A^{-1} para a matriz dada. Compare com o método dos exercícios 15 e 16.

17. *A* do exercício 1 **18.** *A* do exercício 4

Nos exercícios de 19 a 22, escreva a matriz de permutação dada como um produto de matrizes elementares (troca de linhas).

19. $\begin{bmatrix} 0 & 0 & 1 \\ 1 & 0 & 0 \\ 0 & 1 & 0 \end{bmatrix}$ 20. $\begin{bmatrix} 0 & 0 & 0 & 1 \\ 0 & 0 & 1 & 0 \\ 0 & 1 & 0 & 0 \\ 1 & 0 & 0 & 0 \end{bmatrix}$

21. $\begin{bmatrix} 0 & 1 & 0 & 0 \\ 0 & 0 & 0 & 1 \\ 1 & 0 & 0 & 0 \\ 0 & 0 & 1 & 0 \end{bmatrix}$ 22. $\begin{bmatrix} 0 & 0 & 1 & 0 & 0 \\ 1 & 0 & 0 & 0 & 0 \\ 0 & 0 & 0 & 1 & 0 \\ 0 & 0 & 0 & 0 & 1 \\ 0 & 1 & 0 & 0 & 0 \end{bmatrix}$

Nos exercícios de 23 a 25, encontre uma fatoração P^TLU da matriz A dada.

23. $A = \begin{bmatrix} 0 & 1 & 4 \\ -1 & 2 & 1 \\ 1 & 3 & 3 \end{bmatrix}$ **24.** $A = \begin{bmatrix} 0 & 0 & 1 & 2 \\ -1 & 1 & 3 & 2 \\ 0 & 2 & 1 & 1 \\ 1 & 1 & -1 & 0 \end{bmatrix}$

25. $A = \begin{bmatrix} 0 & -1 & 1 & 3 \\ -1 & 1 & 1 & 2 \\ 0 & 1 & -1 & 1 \\ 0 & 0 & 1 & 1 \end{bmatrix}$

26. Prove que existem exatamente *n*! *matrizes de permutação de ordem $n \times n$.*

Nos exercícios de 27 a 28, resolva o sistema $A\mathbf{x} = \mathbf{b}$ usando a fatoração $A = P^TLU$ *dada. Como $PP^T = I$, o sistema $P^TLU\mathbf{x} = \mathbf{b}$* pode ser reescrito como $LU\mathbf{x} = P\mathbf{b}$. *Este sistema pode então ser resolvido usando o método do exemplo 3.34.*

27. $A = \begin{bmatrix} 0 & 1 & -1 \\ 2 & 3 & 2 \\ 1 & 1 & -1 \end{bmatrix} = \begin{bmatrix} 0 & 1 & 0 \\ 1 & 0 & 0 \\ 0 & 0 & 1 \end{bmatrix} \begin{bmatrix} 1 & 0 & 0 \\ 0 & 1 & 0 \\ \frac{1}{2} & -\frac{1}{2} & 1 \end{bmatrix}$

$\times \begin{bmatrix} 2 & 3 & 2 \\ 0 & 1 & -1 \\ 0 & 0 & -\frac{5}{2} \end{bmatrix} = P^TLU,\ \mathbf{b} = \begin{bmatrix} 1 \\ 1 \\ 5 \end{bmatrix}$

28. $A = \begin{bmatrix} 8 & 3 & 5 \\ 4 & 1 & 2 \\ 4 & 0 & 3 \end{bmatrix} = \begin{bmatrix} 0 & 1 & 0 \\ 0 & 0 & 1 \\ 1 & 0 & 0 \end{bmatrix} \begin{bmatrix} 1 & 0 & 0 \\ 1 & 1 & 0 \\ 2 & -1 & 1 \end{bmatrix}$

$\times \begin{bmatrix} 4 & 1 & 2 \\ 0 & -1 & 1 \\ 0 & 0 & 2 \end{bmatrix} = P^TLU,\ \mathbf{b} = \begin{bmatrix} 16 \\ -4 \\ 4 \end{bmatrix}$

29. Prove que um produto de matrizes triangulares inferiores com 1s na diagonal é triangular inferior com 1s na diagonal.

30. Prove que toda matriz triangular inferior com 1s na diagonal é invertível e que sua inversa é também triangular inferior com 1s na diagonal.

*Uma **fatoração LDU** de uma matriz quadrada A é uma fatoração $A = LDU$, em que L é uma matriz triangular inferior com 1s na diagonal, D é uma matriz diagonal, e U é uma matriz triangular superior com 1s na diagonal. Nos exercícios 31 e 32, encontre uma fatoração LDU de A.*

31. A do exercício 1

32. A do exercício 4

33. Se A é simétrica, invertível e tem uma fatoração LDU, mostre que $U = L^T$.

34. Se A é simétrica, invertível e $A = LDL^T$ (*sendo L uma matriz triangular inferior com 1s na diagonal* e *D uma matriz* diagonal), prove que essa fatoração é única. Isto é, prove que se também tivermos $A = L_1D_1L_1^T$ (*sendo L_1 uma matriz triangular inferior com 1s na diagonal e D_1 uma matriz diagonal*), *então $L = L_1$ e $D = D_1$.*

3.5 Subespaços, Base, Dimensão e Posto

Esta seção introduz as ideias que talvez sejam as mais importantes de todo o livro. Já vimos que há uma interação entre geometria e álgebra: frequentemente, podemos usar intuição geométrica e lógica para obter resultados algébricos, e o poder da álgebra normalmente nos permite estender nossos achados bem além das situações geométricas em que eles surgiram inicialmente.

Em nosso estudo de vetores, nós já nos deparamos com todos os conceitos desta seção, de modo informal. Aqui, começaremos a nos tornar mais formais estabelecendo definições para as ideias-chave. Como você verá, a noção de um *subespaço* é simplesmente uma generalização algébrica dos exemplos geométricos de retas e planos que passam pela origem. O conceito fundamental de uma *base* para um subespaço é então derivado da ideia de vetores diretores para tais retas e planos. O conceito de base nos permitirá dar uma definição precisa de *dimensão* que está de acordo com uma ideia intuitiva e geométrica do termo, mas ainda assim suficientemente flexível para permitir a generalização para outras situações.

Você também começará a ver que essas ideias dão mais luz ao que você já sabe sobre as matrizes e a solução de sistemas de equações lineares. No capítulo 6, encontraremos todas essas ideias fundamentais novamente, em mais detalhes. Considere esta seção uma sessão do tipo "conhecendo um pouco mais ".

Um plano que passa pela origem em $\mathbb{R}^3$ "assemelha-se" a uma cópia de $\mathbb{R}^2$. Intuitivamente, concordaríamos que ambos são "bidimensionais". Aprofundando-nos, podemos dizer também que todo cálculo que pode ser feito com vetores em $\mathbb{R}^2$) também pode ser feito em um plano que passa pela origem. Em particular, podemos fazer adição e multiplicação por escalares (e, mais geralmente, fazer combinações lineares) de vetores em tal plano e os resultados serão outros vetores *no mesmo plano.* Dizemos que, como em $\mathbb{R}^2$, um plano que passa pela origem é *fechado* em relação às operações de adição e de multiplicação por escalar. (Veja a figura 3.2).

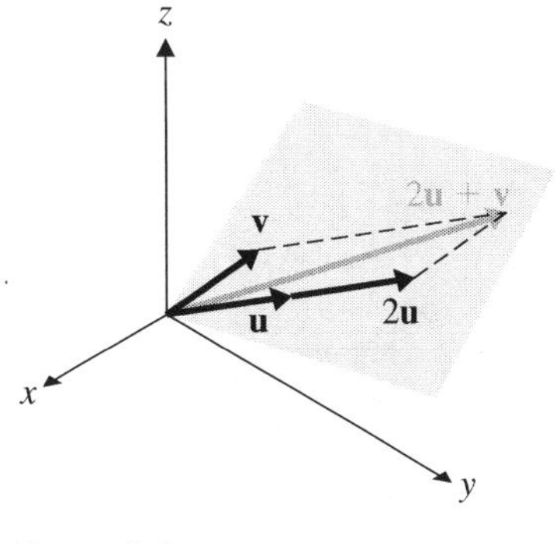

Figura 3.2

Os vetores desse plano são objetos bi ou tridimensionais? Podemos argumentar que eles são tridimensionais, porque estão em $\mathbb{R}^3$ e, consequentemente, têm três componentes. Por outro lado, esses vetores podem ser descritos como combinações lineares de apenas dois vetores — os vetores diretores do plano —, e desse ponto de vista eles são objetos bidimensionais dentro de um plano bidimensional. A noção de subespaço é a chave para resolver esse dilema.

Definição Um *subespaço* de $\mathbb{R}^n$ é uma coleção S de vetores de $\mathbb{R}^n$ tal que

1. O vetor $\mathbf{0}$ pertence a S.
2. Se $\mathbf{u}$ e $\mathbf{v}$ pertencem a S, então $\mathbf{u} + \mathbf{v}$ também pertence a S. (S é *fechado para a adição*.)
3. Se $\mathbf{u}$ está em S e a é um escalar, então $a\mathbf{u}$ também pertence a S. (S é *fechado para a multiplicação por escalar*.)

Poderíamos ter combinado as propriedades (2) e (3) e exigido, equivalentemente, que S seja *fechado para combinações lineares*:

$$\mathbf{u}_2, \ldots, \mathbf{u}_k \text{ pertencem a } S \text{ e } a_1, a_2, \ldots, a_k \text{ são escalares,}$$

$$\text{então } a_1\mathbf{u}_1 + a_2\mathbf{u}_2 + \cdots + a_k\mathbf{u}_k \text{ pertence a } S.$$

Exemplo 3.37

Cada reta e cada plano que passa pela origem de $\mathbb{R}^3$ é um subespaço de $\mathbb{R}^3$. Geometricamente, deve ficar claro que as propriedades de (1) a (3) estão satisfeitas. Vamos dar uma demonstração algébrica para o caso de um plano que passa pela origem. Deixamos para você a demonstração correspondente para o caso de uma reta que passa pela origem no exercício 9.

Seja $\mathcal{P}$ um plano que passa pela origem com vetores diretores $\mathbf{v}_1$ e $\mathbf{v}_2$. Então, $\mathcal{P} = \text{ger}(\mathbf{v}_1, \mathbf{v}_2)$. O vetor nulo $\mathbf{0}$ pertence a $\mathcal{P}$, pois $\mathbf{0} = 0\mathbf{v}_1 + 0\mathbf{v}_2$. Agora, considere

$$\mathbf{u} = a_1\mathbf{v}_1 + a_2\mathbf{v}_2 \quad \text{e} \quad \mathbf{v} = b_1\mathbf{v}_1 + b_2\mathbf{v}_2$$

como dois vetores em $\mathcal{P}$. Então:

$$\mathbf{u} + \mathbf{v} = (a_1\mathbf{v}_1 + a_2\mathbf{v}_2) + (b_1\mathbf{v}_1 + b_2\mathbf{v}_2) = (a_1 + b_1)\mathbf{v}_1 + (a_2 + b_2)\mathbf{v}_2$$

Portanto, $\mathbf{u} + \mathbf{v}$ é uma combinação linear de $\mathbf{v}_1$ e $\mathbf{v}_2$, por isso pertence a $\mathcal{P}$.

Agora, considere a um escalar. Então:

$$a\mathbf{u} = a(a_1\mathbf{v}_1 + a_2\mathbf{v}_2) = (aa_1)\mathbf{v}_1 + (aa_2)\mathbf{v}$$

que mostra que $a\mathbf{u}$ é também uma combinação linear de $\mathbf{v}_1$ e $\mathbf{v}_2$ e está, portanto, em $\mathcal{P}$. Mostramos que $\mathcal{P}$ satisfaz as propriedades de (1) a (3), e por essa razão é um subespaço de $\mathbb{R}^3$.

Se você olhar cuidadosamente os detalhes do exemplo 3.37, irá notar que o fato de $\mathbf{v}_1$ e $\mathbf{v}_2$ serem vetores de $\mathbb{R}^3$ não tem influência nenhuma na verificação das propriedades. Por esse motivo, é provável que o método algébrico que utilizamos possa ser generalizado além de $\mathbb{R}^3$ e ser aplicável em situações nas quais não mais podemos visualizar a geometria. Ele é. Além disso, o método do exemplo 3.37 pode servir como "modelo" para situações mais gerais. Quando generalizamos o exemplo 3.37 para o conjunto gerado por um conjunto arbitrário de vetores de $\mathbb{R}^3$, o resultado é suficientemente importante para ser chamado de teorema.

Teorema 3.19 Seja $\mathbf{v}_1, \mathbf{v}_2, \ldots, \mathbf{v}_k$ vetores em $\mathbb{R}^n$. Então $\text{ger}(\mathbf{v}_1, \mathbf{v}_2, \ldots, \mathbf{v}_k)$ é um subespaço de $\mathbb{R}^n$.

Demonstração Para verificar a propriedade (1) da definição, simplesmente observamos que o vetor $\mathbf{0}$ está em S, já que $\mathbf{0} = 0\mathbf{v}_1 + 0\mathbf{v}_2 + \ldots + 0\mathbf{v}_k$.

Agora, sejam

$$\mathbf{u} = a_1\mathbf{v}_1 + a_2\mathbf{v}_2 + \cdots + a_k\mathbf{v}_k \quad \text{e} \quad \mathbf{v} = b_1\mathbf{v}_1 + b_2\mathbf{v}_2 + \cdots + b_k\mathbf{v}_k$$

dois vetores em S. Então

$$\begin{aligned}\mathbf{u} + \mathbf{v} &= (a_1\mathbf{v}_1 + a_2\mathbf{v}_2 + \cdots + a_k\mathbf{v}_k) + (b_1\mathbf{v}_1 + b_2\mathbf{v}_2 + \cdots + b_k\mathbf{v}_k)\\ &= (a_1 + b_1)\mathbf{v}_1 + (a_2 + b_2)\mathbf{v}_2 + \cdots + (a_k + b_k)\mathbf{v}_k\end{aligned}$$

Dessa maneira, $\mathbf{u} + \mathbf{v}$ é uma combinação linear de $\mathbf{v}_1, \mathbf{v}_2, \ldots, \mathbf{v}_k$ e, portanto, está em S. Isso verifica a propriedade (2).

Para mostrar a propriedade (3), considere um escalar a. Então:

$$\begin{aligned}a\mathbf{u} &= a(a_1\mathbf{v}_1 + a_2\mathbf{v}_2 + \cdots + a_k\mathbf{v}_k)\\ &= (aa_1)\mathbf{v}_1 + (aa_2)\mathbf{v}_2 + \cdots + (aa_k)\mathbf{v}_k\end{aligned}$$

o que mostra que $a\mathbf{u}$ é também uma combinação linear de $\mathbf{v}_1, \mathbf{v}_2, \ldots, \mathbf{v}_k$ e, portanto, está em S. Mostramos que S satisfaz as propriedades de (1) a (3), e por essa razão é um subespaço de $\mathbb{R}^n$.

Vamos nos referir a ger$(\mathbf{v}_1, \mathbf{v}_2, \ldots, \mathbf{v}_k)$ como ***o subespaço gerado por*** $\mathbf{v}_1, \mathbf{v}_2, \ldots, \mathbf{v}_k$. Podemos frequentemente economizar bastante trabalho reconhecendo quando o teorema 3.19 pode ser aplicado.

Exemplo 3.38

Mostre que o conjunto de todos os vetores $\begin{bmatrix} x \\ y \\ z \end{bmatrix}$ que satisfazem as condições $x = 3y$ e $z = -2y$ formam um subespaço de $\mathbb{R}^3$.

Solução Substituindo as duas condições em $\begin{bmatrix} x \\ y \\ z \end{bmatrix}$, obtemos

$$\begin{bmatrix} 3y \\ y \\ -2y \end{bmatrix} = y\begin{bmatrix} 3 \\ 1 \\ -2 \end{bmatrix}$$

Como y é arbitrário, o conjunto de vetores dado é ger$\left(\begin{bmatrix} 3 \\ 1 \\ -2 \end{bmatrix}\right)$ e, por isso, é um subespaço de $\mathbb{R}^3$, pelo teorema 3.19.

Geometricamente, o conjunto de vetores do exemplo 3.38 representa a reta que passa pela origem de $\mathbb{R}^3$ com vetor diretor $\begin{bmatrix} 3 \\ 1 \\ -2 \end{bmatrix}$.

Exemplo 3.39

Determine se o conjunto de todos os vetores $\begin{bmatrix} x \\ y \\ z \end{bmatrix}$ que satisfazem as condições $x = 3y + 1$ e $z = -2y$ é um subespaço de $\mathbb{R}^3$.

Solução Desta vez, temos todos os vetores na forma

$$\begin{bmatrix} 3y + 1 \\ y \\ -2y \end{bmatrix}$$

O vetor nulo não é dessa forma. (Por que não? Tente resolver $\begin{bmatrix} 3y + 1 \\ y \\ -2y \end{bmatrix} = \begin{bmatrix} 0 \\ 0 \\ 0 \end{bmatrix}$.) Consequentemente, a propriedade (1) não é válida e, portanto, esse conjunto não pode ser um subespaço de $\mathbb{R}^3$.

Exemplo 3.40

Determine se o conjunto de todos os vetores $\begin{bmatrix} x \\ y \end{bmatrix}$, em que $y = x^2$, é um subespaço de $\mathbb{R}^2$.

Solução Esses são os vetores da forma $\begin{bmatrix} x \\ x^2 \end{bmatrix}$ — chame esse conjunto de S. Desta vez, $\mathbf{0} = \begin{bmatrix} 0 \\ 0 \end{bmatrix}$ pertence a S (faça $x = 0$), por isso a propriedade (1) é válida. Sejam

$\mathbf{u} = \begin{bmatrix} x_1 \\ x_1^2 \end{bmatrix}$ e $\mathbf{v} = \begin{bmatrix} x_2 \\ x_2^2 \end{bmatrix}$, pertencentes a S. Então:

$$\mathbf{u} + \mathbf{v} = \begin{bmatrix} x_1 + x_2 \\ x_1^2 + x_2^2 \end{bmatrix}$$

que, em geral, não está em S, já que não tem a forma correta, ou seja, $x_1{}^2 + x_2{}^2 \neq (x_1 + x_2)^2$. Para sermos precisos, devemos procurar um contraexemplo. Se

$$\mathbf{u} = \begin{bmatrix} 1 \\ 1 \end{bmatrix} \quad \text{e} \quad \mathbf{v} = \begin{bmatrix} 2 \\ 4 \end{bmatrix}$$

então **u** e **v** estão em S, mas a sua soma $\mathbf{u} + \mathbf{v} = \begin{bmatrix} 3 \\ 5 \end{bmatrix}$ não está em S, já que $5 \neq 3^2$. Portanto, a propriedade (2) falha e S não é um subespaço de $\mathbb{R}^2$.

Observação Para que um conjunto S seja um subespaço de algum $\mathbb{R}^n$, é necessário que se *prove* que as propriedades de (1) a (3) valem *em geral*. Entretanto, para provar que S não é um subespaço de $\mathbb{R}^n$, é suficiente mostrar que uma das três propriedades não vale. Geralmente, o caminho mais fácil é achar um único e específico *contraexemplo* que ilustre a falha da propriedade. Feito isso, não há necessidade de considerar as outras propriedades.

Subespaços Associados a Matrizes

Muitos exemplos de subespaços originam-se no contexto de matrizes. Já encontramos os mais importantes no capítulo 2; neste momento, nós os revisamos com a noção de subespaço em mente.

Definição Seja A uma matriz $m \times n$.

1. O ***espaço linha*** de A é o subespaço $\text{lin}(A)$ de $\mathbb{R}^n$ gerado pelas linhas de A.
2. O ***espaço coluna*** de A é o subespaço $\text{col}(A)$ de $\mathbb{R}^m$ gerado pelas colunas de A.

Observação Pelo exemplo 3.9 e a observação logo em seguida a ele, $\text{col}(A)$ consiste precisamente de todos os vetores da forma $A\mathbf{x}$, em que $\mathbf{x}$ pertence a $\mathbb{R}^n$.

Exemplo 3.41 Considere a matriz

$$A = \begin{bmatrix} 1 & -1 \\ 0 & 1 \\ 3 & -3 \end{bmatrix}$$

(a) Determine se $\mathbf{b} = \begin{bmatrix} 1 \\ 2 \\ 3 \end{bmatrix}$ pertence ao espaço coluna de A.

(b) Determine se $\mathbf{w} = [4 \quad 5]$ pertence ao espaço linha de A.

(c) Descreva $\text{lin}(A)$ e $\text{col}(A)$.

Solução

(a) Pelo teorema 2.4 e a discussão que o precede, $\mathbf{b}$ é uma combinação linear das colunas de A se e somente se o sistema linear $A\mathbf{x} = \mathbf{b}$ for possível. Fazemos o escalonamento por linhas a matriz completa da seguinte forma:

$$\left[\begin{array}{cc|c} 1 & -1 & 1 \\ 0 & 1 & 2 \\ 3 & -3 & 3 \end{array}\right] \longrightarrow \left[\begin{array}{cc|c} 1 & 0 & 3 \\ 0 & 1 & 2 \\ 0 & 0 & 0 \end{array}\right]$$

O sistema, portanto, é possível (e, de fato, tem uma única solução), e $\mathbf{b}$ está em $\text{col}(A)$. (Este exemplo é simplesmente o exemplo 2.18 reescrito com a terminologia desta seção.)

(b) Como vimos também na seção 2.3, operações elementares com linhas simplesmente produzem combinações lineares das linhas de uma matriz. Isto é, elas produzem vetores apenas no espaço linha da matriz. Se o vetor $\mathbf{w}$ pertence a $\text{lin}(A)$, então $\mathbf{w}$ é uma combinação linear das linhas de A. Logo, se acrescentarmos $\mathbf{w}$ à matriz A como $\left[\begin{array}{c} A \\ \hline \mathbf{w} \end{array}\right]$, será possível aplicar operações elementares com linhas a essa matriz aumentada para reduzi-la à forma $\left[\begin{array}{c} A' \\ \hline \mathbf{0} \end{array}\right]$ usando apenas operações elementares com as linhas da forma $L_i + kL_j$, sendo $i > j$ — isto é, *trabalhando de cima para baixo em cada coluna*. (Por quê?)

Neste exemplo, temos

$$\left[\begin{array}{c} A \\ \hline \mathbf{w} \end{array}\right] = \left[\begin{array}{cc} 1 & -1 \\ 0 & 1 \\ 3 & -3 \\ \hline 4 & 5 \end{array}\right] \xrightarrow[L_4 - 4L_1]{L_3 - 3L_1} \left[\begin{array}{cc} 1 & -1 \\ 0 & 1 \\ 0 & 0 \\ \hline 0 & 9 \end{array}\right] \xrightarrow{L_4 - 9L_2} \left[\begin{array}{cc} 1 & -1 \\ 0 & 1 \\ 0 & 0 \\ \hline 0 & 0 \end{array}\right]$$

Assim, **w** é uma combinação linear das linhas de A (de fato, esses cálculos mostram que $\mathbf{w} = 4[1 \ \ -1] + 9[0 \ \ 1]$ — como?) e, portanto, **w** pertence a lin(A).

(c) É fácil verificar que, para qualquer vetor $\mathbf{w} = [x \ \ y]$, a matriz aumentada $\left[\begin{array}{c} A \\ \hline \mathbf{w} \end{array}\right]$ é reduzida a

$$\left[\begin{array}{cc} 1 & 0 \\ 0 & 1 \\ 0 & 0 \\ \hline 0 & 0 \end{array}\right]$$

de modo análogo. Portanto, todo vetor de $\mathbb{R}^2$ está em lin(A). Por isso, lin(A) $= \mathbb{R}^2$.

Encontrar col(A) é o mesmo que resolver o exemplo 2.21, em que determinamos que col(A) coincide com o plano (que passa pela origem) em $\mathbb{R}^3$ de equação $3x - z = 0$. (Em breve iremos descobrir outras maneiras de responder a esse tipo de questão.)

Observação Poderíamos também ter respondido à parte (b) e à primeira parte de (c) reparando que qualquer pergunta sobre as *linhas* de A é a questão correspondente sobre as *colunas* de A^T. Assim, para exemplificar, **w** está lin(A) se e somente se w^T está em col(A^T). Isto é verdade se e somente se o sistema $A^T\mathrm{x} = \mathrm{w}^T$ for consistente. Podemos agora continuar como na parte (a). (Ver exercícios de 21 a 24.)

As observações que fizemos sobre a relação entre as operações elementares com linhas e o espaço linha estão resumidas no seguinte teorema:

Teorema 3.20 Sejam A e B matrizes equivalentes por linhas. Então lin(B) = lin(A).

Demonstração A matriz A pode ser transformada em B por uma sequência de operações com as linhas. Consequentemente, as linhas de B são combinações lineares das linhas de A; por esta razão, combinações lineares das linhas de B são combinações lineares das linhas de A. (Veja o exercício 21 na seção 2.3.) Segue que lin(B) $\subseteq$ lin(A).

Por outro lado, a reversão dessas operações nas linhas transforma B em A. Portanto, o argumento do parágrafo anterior mostra que lin(A) $\subseteq$ lin(B). Combinando esses resultados, temos que lin(A) = lin(B).

Existe um outro subespaço importante que já encontramos: o conjunto de soluções de um sistema homogêneo de equações lineares. É fácil provar que esse conjunto satisfaz as três propriedades de subespaço.

Teorema 3.21 Sejam A uma matriz $m \times n$ e N o conjunto de soluções do sistema linear homogêneo $A\mathbf{x} = \mathbf{0}$. Então, N é um subespaço de $\mathbb{R}^n$.

Demonstração [Note que **x** precisa ser um vetor (coluna) em $\mathbb{R}^n$ para que $A\mathbf{x}$ esteja definido, e que $\mathbf{0} = \mathbf{0}_m$ é o vetor nulo de $\mathbb{R}^m$.] Como $A\mathbf{0}_n = \mathbf{0}_m$, $\mathbf{0}_n$ está em N. Agora, sejam **u** e **v** vetores em N. Então, $A\mathbf{u} = 0$ e $A\mathbf{v} = 0$. Segue que

$$A(\mathbf{u} + \mathbf{v}) = A\mathbf{u} + A\mathbf{v} = \mathbf{0} + \mathbf{0} = \mathbf{0}$$

Por essa razão, $\mathbf{u} + \mathbf{v}$ pertence a N. Finalmente, para qualquer escalar a,

$$A(a\mathbf{u}) = a(A\mathbf{u}) = a\mathbf{0} = \mathbf{0}$$

e portanto $a\mathbf{u}$ também está em N. Consequentemente, N é subespaço de $\mathbb{R}^n$.

Definição Seja A uma matriz $m \times n$. O ***espaço anulado*** por A é o subespaço de $\mathbb{R}^n$ formado pelas soluções do sistema linear homogêneo $A\mathbf{x} = \mathbf{0}$. Ele será denotado por anul(A).

O fato de o espaço anulado por uma matriz ser um subespaço nos permite provar o que a intuição e os exemplos nos levaram a entender sobre as soluções de sistemas lineares: eles têm ou nenhuma solução, ou uma única solução ou infinitas soluções.

Teorema 3.22 Seja A uma matriz cujos elementos são números reais. Para qualquer sistema de equações lineares $A\mathbf{x} = \mathbf{b}$, exatamente uma das seguintes afirmações é verdadeira:

a. Não há solução.
b. Há uma única solução.
c. Há infinitas soluções.

À primeira vista, não fica muito claro como devemos proceder para provar esse teorema. Uma pequena reflexão deve convencê-lo de que o que se precisa demonstrar é que, se (a) e (b) não forem verdadeiros, então (c) é a única outra possibilidade. Se houver mais de uma solução, não é possível que existam apenas duas ou um número finito de soluções, tem de haver infinitas soluções.

Demonstração Se o sistema $A\mathbf{x} = \mathbf{b}$ tem exatamente uma solução, ou não tem nenhuma solução, não há o que demonstrar. Assuma, então, que existam pelo menos duas soluções distintas de $A\mathbf{x} = \mathbf{b}$, digamos, $\mathbf{x}_1$ e $\mathbf{x}_2$. Assim,

$$A\mathbf{x}_1 = \mathbf{b} \quad \text{e} \quad A\mathbf{x}_2 = \mathbf{b}$$

com $\mathbf{x}_1 \neq \mathbf{x}_2$. Segue que

$$A(\mathbf{x}_1 - \mathbf{x}_2) = A\mathbf{x}_1 - A\mathbf{x}_2 = \mathbf{b} - \mathbf{b} = \mathbf{0}$$

Chame $\mathbf{x}_0 = \mathbf{x}_1 - \mathbf{x}_2$. Logo, $\mathbf{x}_0 \neq \mathbf{0}$ e $A\mathbf{x}_0 = \mathbf{0}$. Por essa razão, o espaço anulado por A é não trivial, e, como anul(A) é fechado para multiplicação por escalar, $c\mathbf{x}_0$ está em anul(A) para qualquer escalar c. Consequentemente, o espaço anulado por A contém um número infinito de vetores (já que contém *pelo menos* todos os vetores da forma $c\mathbf{x}_0$, e existem infinitos desses vetores).

Agora, considere os (infinitos) vetores da forma $\mathbf{x}_1 + c\mathbf{x}_0$, com c variando no conjunto dos números reais. Temos

$$A(\mathbf{x}_1 + c\mathbf{x}_0) = A\mathbf{x}_1 + cA\mathbf{x}_0 = \mathbf{b} + c\mathbf{0} = \mathbf{b}$$

Portanto, existem infinitas soluções para a equação $A\mathbf{x} = \mathbf{b}$.

Base

Podemos extrair um pouco mais da ideia intuitiva de que subespaços são generalizações de planos que passam pela origem em $\mathbb{R}^3$. Um plano é gerado por quaisquer dois vetores que são paralelos ao plano, mas não são paralelos entre si. Em linguagem algébrica, esses dois vetores geram o plano e são linearmente independentes. Não dá certo com menos de dois vetores, e mais de dois vetores não são necessários. Essa é a essência de uma *base* para um subespaço.

Definição Uma ***base*** de um subespaço de $\mathbb{R}^n$ é um conjunto de vetores em S que

1. gera S e
2. é linearmente independente.

Exemplo 3.42

Na seção 2.3, vimos que os vetores unitários canônicos $\mathbf{e}_1, \mathbf{e}_2, \ldots \mathbf{e}_n$ em $\mathbb{R}^n$ são linearmente independentes e geram $\mathbb{R}^n$. Portanto, eles formam uma base para$\mathbb{R}^n$, chamada ***base canônica***.

Exemplo 3.43

No exemplo 2.19, mostramos que $\mathbb{R}^2 = \text{ger}\left(\begin{bmatrix} 2 \\ -1 \end{bmatrix}, \begin{bmatrix} 1 \\ 3 \end{bmatrix}\right)$. Como $\begin{bmatrix} 2 \\ -1 \end{bmatrix}$ e $\begin{bmatrix} 1 \\ 3 \end{bmatrix}$ são também linearmente independentes (pois nenhum é múltiplo do outro), eles formam uma base de $\mathbb{R}^2$.

Um subespaço pode ter (e tem) mais de uma base. Por exemplo, acabamos de ver que $\mathbb{R}^2$ tem a base canônica $\left\{\begin{bmatrix} 1 \\ 0 \end{bmatrix}, \begin{bmatrix} 0 \\ 1 \end{bmatrix}\right\}$ e a base $\left\{\begin{bmatrix} 2 \\ -1 \end{bmatrix}, \begin{bmatrix} 1 \\ 3 \end{bmatrix}\right\}$. Entretanto, provaremos em breve que o *número* de vetores de uma base para um dado subespaço será sempre o mesmo.

Exemplo 3.44

Ache uma base para $S = \text{ger}(\mathbf{u}, \mathbf{v}, \mathbf{w})$, onde

$$\mathbf{u} = \begin{bmatrix} 3 \\ -1 \\ 5 \end{bmatrix}, \ \mathbf{v} = \begin{bmatrix} 2 \\ 1 \\ 3 \end{bmatrix}, \quad \text{e} \quad \mathbf{w} = \begin{bmatrix} 0 \\ -5 \\ 1 \end{bmatrix}$$

Solução Os vetores $\mathbf{u}$, $\mathbf{v}$ e $\mathbf{w}$ geram S. Assim, eles formarão uma base de S se também forem linearmente independentes. É fácil verificar que eles não são. Na verdade, $\mathbf{w} = 2\mathbf{u} - 3\mathbf{v}$. Assim, podemos ignorar $\mathbf{w}$, já que qualquer combinação linear envolvendo $\mathbf{u}$, $\mathbf{v}$ e $\mathbf{w}$ pode ser reescrita usando-se apenas $\mathbf{u}$ e $\mathbf{v}$. (Veja também o exercício 47 da seção 2.3.) Isso implica que $S = \text{ger}(\mathbf{u}, \mathbf{v}, \mathbf{w}) = \text{ger}(\mathbf{u}, \mathbf{v})$ e, como certamente $\mathbf{u}$ e $\mathbf{v}$ são linearmente independentes (por quê?), eles formam uma base para S. (Geometricamente, isso significa que $\mathbf{u}$, $\mathbf{v}$ e $\mathbf{w}$ estão em um mesmo plano, e $\mathbf{u}$ e $\mathbf{v}$ servem como um conjunto de vetores diretores para esse plano.)

Exemplo 3.45

Encontre uma base para o espaço linha de

$$A = \begin{bmatrix} 1 & 1 & 3 & 1 & 6 \\ 2 & -1 & 0 & 1 & -1 \\ -3 & 2 & 1 & -2 & 1 \\ 4 & 1 & 6 & 1 & 3 \end{bmatrix}$$

Solução A forma escalonada reduzida por linhas de A é

$$R = \begin{bmatrix} 1 & 0 & 1 & 0 & -1 \\ 0 & 1 & 2 & 0 & 3 \\ 0 & 0 & 0 & 1 & 4 \\ 0 & 0 & 0 & 0 & 0 \end{bmatrix}$$

Pelo teorema 3.20, $\text{lin}(A) = \text{lin}(R)$. Logo é suficiente achar uma base do espaço linha de R. Mas $\text{lin}(R)$ é claramente gerado pelas linhas não nulas, e é fácil verificar que a forma escalonada força as três primeiras linhas de R a serem linearmente independentes. (Isso é um fato geral, que você precisará verificar para resolver o exercício 33.) Portanto, uma base do espaço linha de A é

$$\{[1 \quad 0 \quad 1 \quad 0 \quad -1], [0 \quad 1 \quad 2 \quad 0 \quad 3], [0 \quad 0 \quad 0 \quad 1 \quad 4]\}$$

Podemos utilizar o método do exemplo 3.45 para achar uma base do subespaço gerado por um conjunto de vetores dado.

Exemplo 3.46

Refaça o exemplo 3.44 usando o método do exemplo 3.45.

Solução Para obter vetores linha, vamos transpor **u**, **v** e **w** e então formar uma matriz tendo esses vetores como suas linhas:

$$B = \begin{bmatrix} 3 & -1 & 5 \\ 2 & 1 & 3 \\ 0 & -5 & 1 \end{bmatrix}$$

Continuando como no exemplo 3.45, determinamos a forma escalonada reduzida por linhas de B

$$\begin{bmatrix} 1 & 0 & \frac{8}{5} \\ 0 & 1 & -\frac{1}{5} \\ 0 & 0 & 0 \end{bmatrix}$$

e usamos os vetores linha não nulos como uma base para o espaço linha. Como começamos com vetores coluna, precisamos transpor de novo. Desse modo, uma base para $\text{ger}(\mathbf{u}, \mathbf{v}, \mathbf{w})$ é

$$\left\{ \begin{bmatrix} 1 \\ 0 \\ \frac{8}{5} \end{bmatrix}, \begin{bmatrix} 0 \\ 1 \\ -\frac{1}{5} \end{bmatrix} \right\}$$

Observações

- Na verdade, não é necessário chegar até a forma escalonada *reduzida* por linhas — a forma escalonada por linhas já é suficiente. Se U é uma forma escalonada por linhas de A, então os vetores linha não nulos de U formarão uma base para lin(A) (veja o exercício 33). Esse enfoque tem a vantagem de (frequentemente) nos permitir evitar o uso de frações. No exemplo 3.46, B pode ser escalonada a

$$U = \begin{bmatrix} 3 & -1 & 5 \\ 0 & -5 & 1 \\ 0 & 0 & 0 \end{bmatrix}$$

o que nos dá a base

$$\left\{ \begin{bmatrix} 3 \\ -1 \\ 5 \end{bmatrix}, \begin{bmatrix} 0 \\ -5 \\ 1 \end{bmatrix} \right\}$$

para ger($\mathbf{u}, \mathbf{v}, \mathbf{w}$).

- Observe que os métodos usados no exemplo 3.44, no exemplo 3.46 e na observação que acabamos de ver irão, em geral, produzir bases diferentes.

Vamos agora olhar para o problema de determinar uma base para o espaço coluna de uma matriz A. Um método consiste em simplesmente transpor a matriz: os vetores coluna de A se transformam nos vetores linha de A^T, e podemos aplicar o método do exemplo 3.45 para achar uma base para lin(A^T). Transpondo esses vetores, teremos uma base para col(A). (Você fará isso nos exercícios de 21 a 24.) Essa abordagem, entretanto, requer a realização de um novo conjunto de operações com linhas em A^T.

Em vez disso, preferimos utilizar uma abordagem que nos permita usar a forma escalonada reduzida de A que já calculamos. Lembre-se de que um produto $A\mathbf{x}$ de uma matriz por um vetor correspondem a uma combinação linear das colunas de A tendo os elementos de $\mathbf{x}$ como coeficientes. Dessa maneira, uma solução não trivial para $A\mathbf{x} = \mathbf{0}$ representa uma *relação de dependência* entre as colunas da A. Como as operações elementares com linhas não afetam o conjunto solução do sistema, se A e R são equivalentes por linhas, *as colunas de A têm as mesmas relações de dependência que as colunas de R*. Essa observação importante é a base (nenhum trocadilho intencional!) para a técnica que usamos agora para achar uma base para col(A).

Exemplo 3.47

Ache uma base para o espaço coluna da matriz do exemplo 3.45,

$$A = \begin{bmatrix} 1 & 1 & 3 & 1 & 6 \\ 2 & -1 & 0 & 1 & -1 \\ -3 & 2 & 1 & -2 & 1 \\ 4 & 1 & 6 & 1 & 3 \end{bmatrix}$$

Solução Denote por $\mathbf{a}_i$ um vetor coluna de A e por $\mathbf{r}_i$ um vetor coluna da forma escalonada reduzida

$$R = \begin{bmatrix} 1 & 0 & 1 & 0 & -1 \\ 0 & 1 & 2 & 0 & 3 \\ 0 & 0 & 0 & 1 & 4 \\ 0 & 0 & 0 & 0 & 0 \end{bmatrix}$$

Podemos verificar rapidamente que $\mathbf{r}_3 = \mathbf{r}_1 + 2\mathbf{r}_2$ e $\mathbf{r}_5 = -\mathbf{r}_1 + 3\mathbf{r}_2 + 4\mathbf{r}_4$. (Verifique que, como previsto, os vetores coluna de A correspondentes satisfazem as mesmas relações de dependência.) Dessa maneira, $\mathbf{r}_3$ e $\mathbf{r}_5$ não contribuem em nada para col(R). Os vetores coluna restantes, $\mathbf{r}_1$, $\mathbf{r}_2$ e $\mathbf{r}_4$, são linearmente independentes, por serem exatamente vetores unitários canônicos. As afirmações correspondentes são, portanto, verdadeiras para os vetores coluna de A.

Dessa maneira, dentre os vetores coluna de A, eliminamos os dependentes ($\mathbf{a}_3$ e $\mathbf{a}_5$) e os restantes serão linearmente independentes. Por isso, formarão uma base para col(A). Qual é o modo mais rápido de achar uma base? Use as colunas de A que correspondem às colunas de R que *contêm os 1s líderes*. Uma base para col(A) é

$$\{\mathbf{a}_1, \mathbf{a}_2, \mathbf{a}_4\} = \left\{ \begin{bmatrix} 1 \\ 2 \\ -3 \\ 4 \end{bmatrix}, \begin{bmatrix} 1 \\ -1 \\ 2 \\ 1 \end{bmatrix}, \begin{bmatrix} 1 \\ 1 \\ -2 \\ 1 \end{bmatrix} \right\}$$

Atenção As operações elementares com linhas alteram o espaço coluna! Em nosso exemplo, col(A) $\neq$ col(R), já que todo vetor em col(R) tem sua quarta componente igual a 0, mas isso certamente não é verdade para col(A). Então, precisamos voltar à matriz original A para obter os vetores coluna para uma base de col(A). Para ser específico, no exemplo 3.47, $\mathbf{r}_1$, $\mathbf{r}_2$ e $\mathbf{r}_4$ *não* formam uma base para o espaço coluna de A.

Exemplo 3.48 Encontre uma base para o espaço anulado pela matriz A do exemplo 3.47.

Solução Na verdade, não há nada de novo aqui a não ser a terminologia. Simplesmente temos de achar e descrever as soluções do sistema homogêneo $A\mathbf{x} = \mathbf{0}$. Já calculamos a forma escalonada reduzida R de A. Logo, tudo o que resta a ser feito pelo método de eliminação de Gauss-Jordan é expressar as variáveis dependentes em termos das três variáveis livres. A matriz completa final é

$$[R\,|\,\mathbf{0}] = \left[\begin{array}{ccccc|c} 1 & 0 & 1 & 0 & -1 & 0 \\ 0 & 1 & 2 & 0 & 3 & 0 \\ 0 & 0 & 0 & 1 & 4 & 0 \\ 0 & 0 & 0 & 0 & 0 & 0 \end{array}\right]$$

Se

$$\mathbf{x} = \begin{bmatrix} x_1 \\ x_2 \\ x_3 \\ x_4 \\ x_5 \end{bmatrix}$$

então os 1s líderes estão nas colunas 1, 2 e 4. Por isso expressamos x_1, x_2 e x_4 em termos das variáveis livres x_3 e x_5. Obtemos $x_1 = -x_3 + x_5$, $x_2 = -2x_3 - 3x_5$ e $x_4 = -4x_5$. Colocando $x_3 = s$ e $x_5 = t$, obtemos

$$\mathbf{x} = \begin{bmatrix} x_1 \\ x_2 \\ x_3 \\ x_4 \\ x_5 \end{bmatrix} = \begin{bmatrix} -s + t \\ -2s - 3t \\ s \\ -4t \\ t \end{bmatrix} = s\begin{bmatrix} -1 \\ -2 \\ 1 \\ 0 \\ 0 \end{bmatrix} + t\begin{bmatrix} 1 \\ -3 \\ 0 \\ -4 \\ 1 \end{bmatrix} = s\mathbf{u} + t\mathbf{v}$$

Dessa forma, $\mathbf{u}$ e $\mathbf{v}$ geram anul(A) e, por serem linearmente independentes, eles formam uma base de anul(A).

A seguir, apresentamos um resumo do procedimento mais eficiente para encontrar bases para o espaço linha, o espaço coluna e a espaço anulado por uma matriz A.

1. Determine a forma escalonada reduzida R de A.
2. Use os vetores linha não nulos de R (que contêm os 1s líderes) para formar uma base de lin(A).
3. Use os vetores coluna de A correspondentes às colunas de R que contêm os 1s líderes (colunas pivô) para formar uma base de col(A).
4. Expresse as variáveis dependentes de $R\mathbf{x} = \mathbf{0}$ em termos das variáveis livres, coloque as variáveis livres iguais a parâmetros, substitua novamente em $\mathbf{x}$ e escreva o resultado como uma combinação linear de f vetores (em que f é o número de variáveis livres). Esses f vetores formam uma base para anul(A).

Quando não há necessidade de achar o espaço anulado, é mais rápido apenas reduzir A à sua forma escalonada por linhas para achar bases dos seus espaços linha e coluna. Os passos 2 e 3 que acabamos de ver continuam válidos (com a substituição da palavra "pivôs" no lugar de "1s líderes").

Dimensão e Posto

Observamos que, embora um subespaço tenha diferentes bases, cada base tem o mesmo número de vetores. Esse fato fundamental será de vital importância a partir daqui neste livro.

Teorema 3.23 **O Teorema da Base**

Seja S um subespaço de $\mathbb{R}^n$. Quaisquer duas bases em S têm o mesmo número de vetores.

Como Sherlock Holmes dizia: "Quando você elimina o impossível, o que sobra, mesmo que improvável, necessariamente é a verdade" (em *O signo dos quatro*, de *Sir* Arthur Conan Doyle).

Demonstração Sejam $\mathcal{B} = \{\mathbf{u}_1, \mathbf{u}_2, \ldots, \mathbf{u}_r\}$ e $\mathcal{C} = \{\mathbf{v}_1, \mathbf{v}_2, \ldots, \mathbf{v}_s\}$ bases de S. Precisamos provar que $r = s$. Fazemos isso mostrando que nenhuma das duas possibilidades, $r < s$ ou $r > s$, pode ocorrer.

Admita que $r < s$. Mostraremos que isso força $\mathcal{C}$ a ser um conjunto de vetores linearmente dependentes. Com essa finalidade, seja

$$c_1\mathbf{v}_1 + c_2\mathbf{v}_2 + \cdots + c_s\mathbf{v}_s = 0 \tag{1}$$

Como $\mathcal{B}$ é uma base para S, podemos escrever cada $\mathbf{v}_i$ como uma combinação linear dos elementos $\mathbf{u}_j$:

$$\begin{aligned} \mathbf{v}_1 &= a_{11}\mathbf{u}_1 + a_{12}\mathbf{u}_2 + \cdots + a_{1r}\mathbf{u}_r \\ \mathbf{v}_2 &= a_{21}\mathbf{u}_1 + a_{22}\mathbf{u}_2 + \cdots + a_{2r}\mathbf{u}_r \\ &\vdots \\ \mathbf{v}_s &= a_{s1}\mathbf{u}_1 + a_{s2}\mathbf{u}_2 + \cdots + a_{sr}\mathbf{u}_r \end{aligned} \tag{2}$$

Substituindo as equações (2) em (1), obtemos

$$c_1(a_{11}\mathbf{u}_1 + \cdots + a_{1r}\mathbf{u}_r) + c_2(a_{21}\mathbf{u}_1 + \cdots + a_{2r}\mathbf{u}_r) + \cdots + c_s(a_{s1}\mathbf{u}_1 + \cdots + a_{sr}\mathbf{u}_r) = 0$$

Reagrupando, temos

$$(c_1a_{11} + c_2a_{21} + \cdots + c_sa_{s1})\mathbf{u}_1 + (c_1a_{12} + c_2a_{22} + \cdots + c_sa_{s2})\mathbf{u}_2 + \cdots + (c_1a_{1r} + c_2a_{2r} + \cdots + c_sa_{sr})\mathbf{u}_r = 0$$

Agora, como $\mathcal{B}$ é uma base, os $\mathbf{u}_j$'s são linearmente independentes. Logo, cada expressão dentro dos parênteses deve ser igual a zero:

$$\begin{aligned} c_1a_{11} + c_2a_{21} + \cdots + c_sa_{s1} &= 0 \\ c_1a_{12} + c_2a_{22} + \cdots + c_sa_{s2} &= 0 \\ &\vdots \\ c_1a_{1r} + c_2a_{2r} + \cdots + c_sa_{sr} &= 0 \end{aligned}$$

Esse é um sistema homogêneo de r equações lineares nas s variáveis $c_1, c_2, \ldots, c_s$. (O fato de as variáveis aparecerem à esquerda do coeficiente não faz diferença nenhuma.) Como $r < s$, sabemos, pelo teorema 2.3, que existem infinitas soluções. Em particular, existe uma solução não trivial, que resulta em uma relação de dependência não trivial na equação (1). Desse modo, $\mathcal{C}$ é um conjunto linearmente dependente de vetores. Mas isso contradiz o fato de $\mathcal{C}$ ser uma base e, portanto, linearmente independente. Concluímos que $r < s$ não é possível. Analogamente (invertendo os papéis de $\mathcal{B}$ e $\mathcal{C}$), vemos que $r > s$ nos leva a uma contradição. Por isso, precisamos ter $r = s$, como desejado.

Como todas as bases de um subespaço dado devem ter o mesmo número de vetores, podemos atribuir um nome a esse número.

Definição Se S é um subespaço de $\mathbb{R}^n$, o número de vetores em uma base de S é chamado ***dimensão*** de S e denotado por dim(S).

Observações O conjunto formado apenas pelo vetor nulo $\mathbf{0}$ é sempre um subespaço de $\mathbb{R}^n$. (Por quê?) Porém, qualquer conjunto que contenha o vetor nulo (e, em particular, $\{\mathbf{0}\}$) é linearmente dependente. Por isso, $\{\mathbf{0}\}$ não pode ter uma base. Definimos dim $\{\mathbf{0}\}$ como 0.

Exemplo 3.49

Como a base canônica de $\mathbb{R}^n$ tem n vetores, dim $\mathbb{R}^n = n$. (Perceba que esse resultado concorda com nosso entendimento intuitivo de dimensão para $n \leq 3$).

Exemplo 3.50

Nos exemplos de 3.45 a 3.48, descobrimos que lin(A) tem uma base com três vetores, col(A) tem uma base com três vetores e anul(A) tem uma base com dois vetores. Por essa razão, dim (lin(A)) = 3, dim (col(A)) = 3 e dim (anul(A)) = 2.

Um único exemplo não é o suficiente para especularmos, mas o fato de os espaços linha e coluna, no exemplo 3.50, terem a mesma dimensão não é acidental. Nem mesmo o fato de a soma de dim (col(A)) e dim (anul(A)) ser 5, o número de colunas de A. Provaremos agora que essas relações são verdadeiras em geral.

Teorema 3.24 Os espaços linha e coluna de uma matriz A têm a mesma dimensão.

Demonstração Seja R a forma escalonada reduzida por linhas de A. Pelo teorema 3.20, $\text{lin}(A) = \text{lin}(R)$, então

$$\begin{aligned}\dim(\text{lin}(A)) &= \dim(\text{lin}(R))\\ &= \text{número de linhas não nulas de } R\\ &= \text{número de 1s líderes de } R\end{aligned}$$

Chame esse número de r.

Agora, $\text{col}(A) \neq \text{col}(R)$, mas as colunas de A e de R têm as mesmas relações de dependência. Portanto, $\dim(\text{col}(A)) = \dim(\text{col}(R))$. Como existem r 1s líderes, R tem r colunas que são vetores unitários canônicos, $\mathbf{e}_1, \mathbf{e}_2, \ldots, \mathbf{e}_r$. (Estes serão vetores em $\mathbb{R}^m$ se A e R forem matrizes $m \times n$.) Esses r vetores são linearmente independentes, e as colunas restantes de R são combinações lineares deles. Dessa maneira, $\dim(\text{col}(R)) = r$. Segue que $\dim(\text{lin}(A)) = r = \dim(\text{col}(A))$, como queríamos demonstrar.

O posto de uma matriz foi definido pela primeira vez em 1878 por **Georg Frobenius (1849-1917)**, embora ele o tenha definido utilizando determinantes, e não como fizemos aqui. (Veja o capítulo 4.) Frobenius foi um matemático alemão que obteve seu doutorado na Universidade de Berlim, onde mais tarde lecionou. Mais conhecido por suas contribuições à teoria de grupos, Frobenius utilizava matrizes em seu trabalho sobre representações de grupos.

Definição O ***posto*** de uma matriz A é a dimensão de seus espaços linha e coluna e é denotado por posto(A).

No exemplo 3.50, podemos então escrever posto$(A) = 3$.

Observações

- A definição anterior concorda com a definição mais informal de posto introduzida no capítulo 2. A vantagem de nossa nova definição é que ela é muito mais flexível.
- O posto de uma matriz nos dá simultaneamente informações sobre a dependência linear entre os vetores linha da matriz e entre seus vetores coluna. Particularmente, nos diz o número de linhas e de colunas que são linearmente independentes (e esse número é o mesmo em cada caso!).

Como os vetores linha de A são os vetores coluna de A^T, o teorema 3.24 tem o seguinte corolário imediato:

Teorema 3.25 Para qualquer matriz A,

$$\text{posto}(A^T) = \text{posto}(A)$$

Demonstração Temos

$$\begin{aligned}\text{posto}(A^T) &= \dim(\text{col}(A^T))\\ &= \dim(\text{lin}(A))\\ &= \text{posto}(A)\end{aligned}$$

Definição A ***nulidade*** de uma matriz A, denotada por nulidade(A), é a dimensão do espaço anulado por A.

Em outra palavras, nulidade(A) é a dimensão do espaço solução de $A\mathbf{x} = \mathbf{0}$, que é o mesmo que o número de variáveis livres na solução do sistema. Podemos agora rever o Teorema do Posto (teorema 2.2 da seção 2.2) em termos de nossas novas definições.

Teorema 3.26 O Teorema do Posto

Se A é uma matriz $m \times n$,

$$\text{posto}(A) + \text{nulidade}(A) = n$$

Demonstração Considere R a forma escalonada reduzida por linhas de A e suponha que posto(A) $= r$. Então, R tem r 1s líderes e por isso há r variáveis dependentes e $n - r$ variáveis livres na solução para $A\mathbf{x} = \mathbf{0}$. Como dim(anul(A)) $= n - r$, temos

$$\begin{aligned}\text{posto}\,(A) + \text{nulidade}(A) &= r + (n - r)\\ &= n\end{aligned}$$

Frequentemente, quando precisamos saber a nulidade de uma matriz, não é necessário conhecer o conjunto solução de $A\mathbf{x} = \mathbf{0}$. O Teorema do Posto é extremamente útil em tais situações, como o exemplo a seguir ilustra.

Exemplo 3.51 Determine a nulidade de cada uma das seguintes matrizes:

$$M = \begin{bmatrix} 2 & 3 \\ 1 & 5 \\ 4 & 7 \\ 3 & 6 \end{bmatrix} \quad \text{e}$$

$$N = \begin{bmatrix} 2 & 1 & -2 & -1 \\ 4 & 4 & -3 & 1 \\ 2 & 7 & 1 & 8 \end{bmatrix}$$

Solução Como as duas colunas de M são, sem dúvida, linearmente independentes, posto(M) $= 2$. Assim, pelo Teorema do Posto, nulidade(M) $= 2 -$ posto(M) $= 2 - 2 = 0$.

Não há nenhuma dependência óbvia entre as linhas ou entre as colunas de N. Por isso aplicamos operações com as linhas para reduzir N a

$$\begin{bmatrix} 2 & 1 & -2 & -1 \\ 0 & 2 & 1 & 3 \\ 0 & 0 & 0 & 0 \end{bmatrix}$$

Reduzimos a matriz o suficiente (não precisamos da forma escalonada *reduzida* por linhas aqui, já que não estamos procurando uma base do espaço anulado). Vemos que existem apenas duas linhas não nulas, logo, posto(N) $= 2$. Por isso, nulidade(N) $= 4 -$ posto(N) $= 4 - 2 = 2$.

Os resultados desta seção nos permitem estender o Teorema Fundamental das Matrizes Invertíveis (teorema 3.12).

Teorema 3.27 **O Teorema Fundamental das Matrizes Invertíveis: Versão 2**

Seja A uma matriz $n \times n$. As seguintes afirmações são equivalentes:

a. A é invertível.
b. Para cada $\mathbf{b}$ em $\mathbb{R}^n$, $A\mathbf{x} = \mathbf{b}$ tem uma única solução.
c. $A\mathbf{x} = \mathbf{0}$ tem apenas a solução trivial.
d. A forma escalonada reduzida por linhas de A é I_n.
e. A é um produto de matrizes elementares.
f. posto(A) $= n$
g. nulidade(A) $= 0$
h. Os vetores coluna de A são linearmente independentes.
i. Os vetores coluna de A geram $\mathbb{R}^n$.
j. Os vetores coluna de A formam um base de $\mathbb{R}^n$.
k. Os vetores linha de A são linearmente independentes.
l. Os vetores linha de A geram $\mathbb{R}^n$.
m. Os vetores linha de A formam um base de $\mathbb{R}^n$.

National Portrait Gallery, London

A nulidade de uma matriz foi definida em 1884 por **James Joseph Sylvester (1814-1887)**, que estava interessado em *invariantes* — propriedades de matrizes que não se alteram sob certos tipos de transformação. Nascido na Inglaterra, Sylvester se tornou o segundo presidente da London Mathematical Society. Em 1878, enquanto lecionava na Universidade John Hopkins, em Baltimore, fundou o *American Journal Of Mathematics*, o primeiro jornal de matemática dos Estados Unidos. (*Foto*: cortesia do National Portrait Gallery, Londres)

Demonstração Já verificamos a equivalência de (a) até (e). Precisamos mostrar que as afirmações de (f) a (m) são equivalentes às primeiras cinco.

(f) $\Leftrightarrow$ (g) Como posto(A) + nulidade(A) $= n$ quando A é uma matriz $n \times n$, segue, pelo Teorema do Posto, que posto(A) $= n$ se e somente se nulidade(A) $= 0$.

(f) $\Rightarrow$ (d) $\Rightarrow$ (c) $\Rightarrow$ (h) Se posto(A) $= n$, a forma escalonada reduzida por linhas de A tem n 1s líderes e então é I_n. De (d) $\Rightarrow$ (c) sabemos que $A\mathbf{x} = \mathbf{0}$ admite apenas a solução trivial, o que implica que os vetores coluna de A são linearmente independentes, já que $A\mathbf{x}$ é uma combinação linear dos vetores coluna de A.

(h) $\Rightarrow$ (i) Se os vetores coluna de A são linearmente independentes, $A\mathbf{x} = \mathbf{0}$ admite apenas a solução trivial. Dessa forma, por (c) $\Rightarrow$ (b), $A\mathbf{x} = \mathbf{b}$ admite uma única solução para cada $\mathbf{b}$ em $\mathbb{R}^n$. Isso significa que todo vetor $\mathbf{b}$ em $\mathbb{R}^n$ pode ser escrito como uma combinação linear dos vetores coluna de A, provando (i).

(i) $\Rightarrow$ (j) Se os vetores coluna de A geram $\mathbb{R}^n$, então col(A) $= \mathbb{R}^n$ por definição. Logo, posto(A) $=$ dim(col(A)) $= n$. Esta é a afirmação (f), e já provamos que (f) $\Rightarrow$ (h). Concluímos que os vetores coluna de A são linearmente independentes e, portanto, formam uma base de $\mathbb{R}^n$, já que, por hipótese, eles também geram $\mathbb{R}^n$.

(j) $\Rightarrow$ (f) Se os vetores coluna de A formam uma base de $\mathbb{R}^n$, então, em particular, eles são linearmente independentes. Segue que a forma escalonada reduzida por linhas de A contém n 1s líderes, e, dessa maneira, posto(A) $= n$.

A discussão acima mostra que (f) $\Rightarrow$ (d) $\Rightarrow$ (c) $\Rightarrow$ (h) $\Rightarrow$ (i) $\Rightarrow$ (j) $\Rightarrow$ (f) $\Leftrightarrow$ (g). Agora, lembre-se de que, pelo teorema 3.25, posto(A^T) $=$ posto(A). Por isso o que acabamos de provar nos dá resultados correspondentes sobre os vetores coluna de A^T. Esses são resultados sobre os vetores *linha* de A, trazendo (k), (l) e (m) para a rede de equivalências e completando a demonstração.

Teoremas como o Teorema Fundamental não são meramente de interesse teórico. Eles também são poderosos instrumentos "economizadores" de trabalho. O Teorema Fundamental já nos permitiu cortar pela metade o trabalho necessário para verificar que duas matrizes quadradas são inversas uma da outra. Também simplifica a tarefa de mostrar que alguns conjuntos de vetores são bases de $\mathbb{R}^n$. De fato, quando tivermos um conjunto de n vetores em $\mathbb{R}^n$, ele será uma base de $\mathbb{R}^n$ se alguma das propriedades necessárias de independência linear ou de conjunto gerador for verdadeira. O exemplo seguinte nos mostra quão fáceis os cálculos podem se tornar.

Exemplo 3.52

Mostre que os vetores

$$\begin{bmatrix} 1 \\ 2 \\ 3 \end{bmatrix}, \begin{bmatrix} -1 \\ 0 \\ 1 \end{bmatrix}, \text{ e } \begin{bmatrix} 4 \\ 9 \\ 7 \end{bmatrix}$$

formam uma base de $\mathbb{R}^3$.

Solução De acordo com o Teorema Fundamental, os vetores formarão uma base de $\mathbb{R}^3$ se e somente se a matriz que apresentar esses vetores como suas colunas (ou linhas) tiver posto 3. Fazemos então apenas o mínimo de operações nas linhas para determinar isso:

$$A = \begin{bmatrix} 1 & -1 & 4 \\ 2 & 0 & 9 \\ 3 & 1 & 7 \end{bmatrix} \longrightarrow \begin{bmatrix} 1 & -1 & 4 \\ 0 & 2 & 1 \\ 0 & 0 & -7 \end{bmatrix}$$

Vemos que A tem posto 3, logo, os vetores dados são uma base de $\mathbb{R}^3$ pela equivalência entre (f) e (j).

O próximo teorema é uma aplicação do Teorema do Posto e do Teorema Fundamental. Precisaremos desse resultado nos capítulos 5 e 7.

Teorema 3.28 Seja A uma matriz $m \times n$. Então:

a. $\text{posto}(A^TA) = \text{posto}(A)$

b. A matriz A^TA de ordem $n \times n$ será invertível se e somente se $\text{posto}(A) = n$.

Demonstração

(a) Como a ordem de A^TA é $n \times n$, ela tem o mesmo número de colunas que A. O Teorema do Posto nos diz que

$$\text{posto}\ (A) + \text{nulidade}\ (A) = n = \text{posto}(A^TA) + \text{nulidade}(A^TA)$$

Assim, para mostrarmos que $\text{posto}(A) = \text{posto}(A^TA)$, é suficiente mostrar que $\text{nulidade}(A) = \text{nulidade}(A^TA)$. Faremos isso verificando que os espaços anulados por A e por A^TA são os mesmos.

Para isso, considere $\mathbf{x}$ em $\text{anul}(A)$. Logo, $A\mathbf{x} = \mathbf{0}$. Assim, $A^TA\mathbf{x} = A^T\mathbf{0} = \mathbf{0}$, e, portanto, $\mathbf{x}$ está em $\text{anul}(A^TA)$. Reciprocamente, considere $\mathbf{x}$ em $\text{anul}(A^TA)$. Então, $A^TA\mathbf{x} = \mathbf{0}$, logo, $\mathbf{x}^TA^TA\mathbf{x} = \text{x}^T\mathbf{0} = \mathbf{0}$. Mas então

$$(A\mathbf{x}) \cdot (A\mathbf{x}) = (A\mathbf{x})^T(A\mathbf{x}) = \mathbf{x}^TA^TA\mathbf{x} = 0$$

e concluímos que $A\mathbf{x} = \mathbf{0}$, pelo teorema 1.2(d). Portanto, $\mathbf{x}$ está em $\text{anul}(A)$. Logo, $\text{anul}(A) = \text{anul}(A^TA)$, como queríamos.

(b) Pelo Teorema Fundamental, a matriz A^TA de ordem $n \times n$ será invertível se e somente se $\text{posto}(A^TA) = n$. Mas, por (a), isso será verdade se e somente se $\text{posto}(A) = n$.

Coordenadas

Voltamos agora a uma das questões propostas logo no início desta seção: como podemos descrever vetores de $\mathbb{R}^3$ que pertencem a um plano que passa pela origem? Eles são bi-dimensionais ou tri-dimensionais? As noções de base e dimensão nos ajudarão a deixar as coisas mais claras.

Um plano que passa pela origem é um subespaço de dimensão dois de $\mathbb{R}^3$, sendo que qualquer conjunto com dois vetores diretores do plano serve como base. Os vetores da base dão a direção dos eixos coordenados no plano/subespaço, e assim nos permitem ver o plano como uma "cópia" de $\mathbb{R}^2$. Antes de ilustrarmos essa abordagem, provaremos um teorema que garante que as "coordenadas" que surgem desse modo são únicas.

Teorema 3.29 Considere S um subespaço de $\mathbb{R}^n$ e seja $\mathcal{B} = \{\mathbf{v}_1, \mathbf{v}_2, \ldots, \mathbf{v}_k\}$ uma base de S. Para todo vetor $\mathbf{v}$ em S, existe exatamente um modo de escrever $\mathbf{v}$ como combinação linear dos vetores da base $\mathcal{B}$:

$$\mathbf{v} = c_1\mathbf{v}_1 + c_2\mathbf{v}_2 + \cdots + c_k\mathbf{v}_k$$

Demonstração Por ser uma base, $\mathcal{B}$ gera S, logo, $\mathbf{v}$ pode ser escrito *pelo menos de uma* forma como uma combinação linear de $\mathbf{v}_1, \mathbf{v}_2, \ldots, \mathbf{v}_k$. Seja

$$\mathbf{v} = c_1\mathbf{v}_1 + c_2\mathbf{v}_2 + \cdots + c_k\mathbf{v}_k$$

uma dessas combinações lineares.

Nossa tarefa é mostrar que essa é a única forma de escrever $\mathbf{v}$ como combinação linear de $\mathbf{v}_1, \mathbf{v}_2, \ldots, \mathbf{v}_k$. Para isso, suponha que também temos

$$\mathbf{v} = d_1\mathbf{v}_1 + d_2\mathbf{v}_2 + \cdots + d_k\mathbf{v}_k$$

Então

$$c_1\mathbf{v}_1 + c_2\mathbf{v}_2 + \cdots + c_k\mathbf{v}_k = d_1\mathbf{v}_1 + d_2\mathbf{v}_2 + \cdots + d_k\mathbf{v}_k$$

Rearranjando (usando propriedades de álgebra vetorial), obtemos

$$(c_1 - d_1)\mathbf{v}_1 + (c_2 - d_2)\mathbf{v}_2 + \cdots + (c_k - d_k)\mathbf{v}_k = \mathbf{0}$$

Como $\mathcal{B}$ é uma base, $\mathbf{v}_1, \mathbf{v}_2, \ldots, \mathbf{v}_k$ são linearmente independentes. Portanto,

$$(c_1 - d_1) = (c_2 - d_2) = \cdots = (c_k - d_k) = 0$$

Em outras palavras, $c_1 = d_1, c_2 = d_2, \ldots, c_k = d_k$, e as duas combinações na verdade são a mesma. Desse modo, existe exatamente um modo de escrever $\mathbf{v}$ como uma combinação linear dos vetores da base $\mathcal{B}$. ∎

Definição Seja S um subespaço de $\mathbb{R}^n$ e seja $\mathcal{B} = \{\mathbf{v}_1, \mathbf{v}_2, \ldots, \mathbf{v}_k\}$ uma base de S. Considere um vetor $\mathbf{v}$ em S e escreva $\mathbf{v} = c_1\mathbf{v}_1 + c_2\mathbf{v}_2 + \ldots + c_k\mathbf{v}_k$. Então, $c_1, c_2, \ldots, c_k$ são chamadas ***coordenadas de v em relação à base*** $\mathcal{B}$, e o vetor coluna

$$[\mathbf{v}]_{\mathcal{B}} = \begin{bmatrix} c_1 \\ c_2 \\ \vdots \\ c_k \end{bmatrix}$$

é chamado ***vetor das coordenadas de v em relação à base*** $\mathcal{B}$.

Exemplo 3.53 Considere $\mathcal{E} = \{\mathbf{e}_1, \mathbf{e}_2, \mathbf{e}_3\}$ a base canônica de $\mathbb{R}^3$. Ache o vetor das coordenadas de

$$\mathbf{v} = \begin{bmatrix} 2 \\ 7 \\ 4 \end{bmatrix}$$

em relação à base $\mathcal{E}$.

Solução Como $\mathbf{v} = 2\mathbf{e}_1 + 7\mathbf{e}_2 + 4\mathbf{e}_3$,

$$[\mathbf{v}]_{\mathcal{E}} = \begin{bmatrix} 2 \\ 7 \\ 4 \end{bmatrix}$$

Deve ficar claro que o vetor das coordenadas de todo vetor (coluna) de $\mathbb{R}^n$) em relação à base canônica é simplesmente o próprio vetor.

Exemplo 3.54

No exemplo 3.44, vimos que $\mathbf{u} = \begin{bmatrix} 3 \\ -1 \\ 5 \end{bmatrix}$, $\mathbf{v} = \begin{bmatrix} 2 \\ 1 \\ 3 \end{bmatrix}$, e $\mathbf{w} = \begin{bmatrix} 0 \\ -5 \\ 1 \end{bmatrix}$ são três vetores pertencentes ao mesmo subespaço (plano que passa pela origem) S de $\mathbb{R}^3$, e que $\mathcal{B} = \{\mathbf{u}, \mathbf{v}\}$ é uma base de S. Como $\mathbf{w} = 2\mathbf{u} - 3\mathbf{v}$, temos

$$[\mathbf{w}]_{\mathcal{B}} = \begin{bmatrix} 2 \\ -3 \end{bmatrix}$$

Veja a figura 3.3.

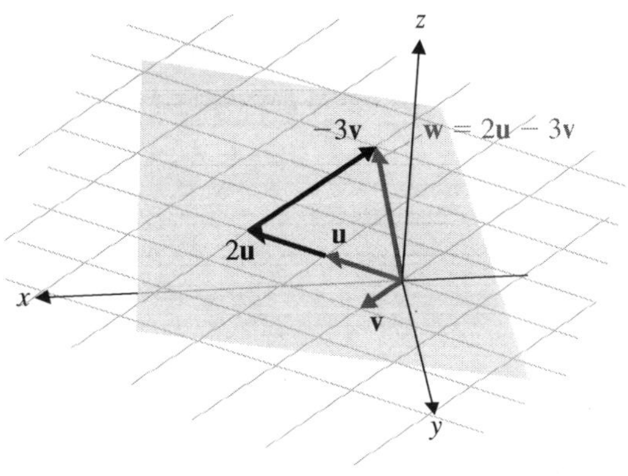

Figura 3.3
As coordenadas de um vetor em relação a uma base

Exercícios 3.5

Nos exercícios de 1 a 4, seja S a coleção de vetores $\begin{bmatrix} x \\ y \end{bmatrix}$ *de* $\mathbb{R}^2$ *que satisfazem a propriedade dada. Em cada caso, ou prove que S forma um subespaço de* $\mathbb{R}^2$*, ou dê um contraexemplo para mostrar que S não forma um subespaço.*

1. $x = 0$

2. $x \geq 0, y \geq 0$

3. $y = 2x$

4. $xy \geq 0$

Nos exercícios de 5 a 8, seja S a coleção de vetores $\begin{bmatrix} x \\ y \\ z \end{bmatrix}$ *de* $\mathbb{R}^3$ *que satisfazem a propriedade dada. Em cada caso, ou prove que S forma um subespaço de* $\mathbb{R}^3$*, ou dê um contraexemplo para mostrar que S não forma um subespaço.*

5. $x = y = z$

6. $z = 2x, y = 0$

7. $x - y + z = 1$

8. $|x - y| = |y - z|$

9. Prove que toda reta que passa pela origem de $\mathbb{R}^3$ é um subespaço de $\mathbb{R}^3$.

10. Suponha que S seja formado por todos os pontos de $\mathbb{R}^2$ que estão no eixo das abscissas ou das ordenadas (ou em ambos). (S é a *reunião* dos dois eixos.) S é um subespaço de $\mathbb{R}^2$? Por quê?

Nos exercícios 11 e 12, determine se **b** *está em col(A) e se* **w** *está em lin(A), como no exemplo 3.41.*

11. $A = \begin{bmatrix} 1 & 0 & -1 \\ 1 & 1 & 1 \end{bmatrix}$, $\mathbf{b} = \begin{bmatrix} 3 \\ 2 \end{bmatrix}$, $\mathbf{w} = [-1 \quad 1 \quad 1]$

12. $A = \begin{bmatrix} 1 & 1 & -3 \\ 0 & 2 & 1 \\ 1 & -1 & -4 \end{bmatrix}$, $\mathbf{b} = \begin{bmatrix} 1 \\ 1 \\ 0 \end{bmatrix}$, $\mathbf{w} = [2 \quad 4 \quad -5]$

13. No exercício 11, determine se **w** está em lin(A), utilizando o método descrito na observação após o exemplo 3.41.

14. No exercício 12, determine se **w** está em lin(A), utilizando o método descrito na observação após o exemplo 3.41.

15. Se A é a matriz do exercício 11, então $\mathbf{v} = \begin{bmatrix} -1 \\ 3 \\ -1 \end{bmatrix}$ está em anul(A)?

16. Se A é a matriz do exercício 12, então $\mathbf{v} = \begin{bmatrix} 7 \\ -1 \\ 2 \end{bmatrix}$ está em anul(A)?

Nos exercícios de 17 a 20, encontre bases para lin(A), col(A) e (A).

17. $A = \begin{bmatrix} 1 & 0 & -1 \\ 1 & 1 & 1 \end{bmatrix}$ **18.** $A = \begin{bmatrix} 1 & 1 & -3 \\ 0 & 2 & 1 \\ 1 & -1 & -4 \end{bmatrix}$

19. $A = \begin{bmatrix} 1 & 1 & 0 & 1 \\ 0 & 1 & -1 & 1 \\ 0 & 1 & -1 & -1 \end{bmatrix}$

20. $A = \begin{bmatrix} 2 & -4 & 0 & 2 & 1 \\ -1 & 2 & 1 & 2 & 3 \\ 1 & -2 & 1 & 4 & 4 \end{bmatrix}$

Nos exercícios de 21 a 24, encontre bases para lin(A) e col(A) nos exercícios citados, usando A^T.

21. Exercício 17 **22.** Exercício 18

23. Exercício 19 **24.** Exercício 20

25. Explique cuidadosamente por que suas respostas para os exercícios 17 e 21 são ambas corretas, embora pareçam haver diferenças.

26. Explique cuidadosamente por que suas respostas para os exercícios 18 e 22 são corretas, embora pareçam haver diferenças.

Nos exercícios de 27 a 30, determine uma base para o conjunto gerado pelos vetores dados.

27. $\begin{bmatrix} 1 \\ -1 \\ 0 \end{bmatrix}, \begin{bmatrix} -1 \\ 0 \\ 1 \end{bmatrix}, \begin{bmatrix} 0 \\ 1 \\ -1 \end{bmatrix}$ **28.** $\begin{bmatrix} 1 \\ -1 \\ 1 \end{bmatrix}, \begin{bmatrix} 1 \\ 2 \\ 0 \end{bmatrix}, \begin{bmatrix} 0 \\ 1 \\ 1 \end{bmatrix}, \begin{bmatrix} 2 \\ 1 \\ 2 \end{bmatrix}$

29. $[2 \quad -3 \quad 1], [1 \quad -1 \quad 0], [4 \quad -4 \quad 1]$

30. $[0 \quad 1 \quad -2 \quad 1], [3 \quad 1 \quad -1 \quad 0], [2 \quad 1 \quad 5 \quad 1]$

Nos exercícios 31 e 32, para cada subespaço gerado pelos vetores dados, ache uma base formadas por um subconjunto desses vetores.

31. Exercício 29 **32.** Exercício 30

33. Prove que, se R é uma matriz escalonada, uma base para lin(A) consiste nas linhas não nulas de R.

34. Prove que, se as colunas de A são linearmente independentes, elas formam necessariamente uma base para col(A).

Nos exercícios de 35 a 38, dê o posto e a nulidade das matrizes nos exercícios citados.

35. Exercício 17

36. Exercício 18

37. Exercício 19

38. Exercício 20

39. Se A é uma matriz 3×5, explique por que as colunas de A devem ser linearmente dependentes.

40. Se A é uma matriz 4×2, explique por que as linhas de A devem ser linearmente dependentes.

41. Se A é uma matriz 3×5, quais são os possíveis valores de nulidade(A)?

42. Se A é uma matriz 4×2, quais são os possíveis valores de nulidade(A)?

Nos exercícios 43 e 44, ache todos os valores possíveis para posto(A) em função dos valores de a.

43. $A = \begin{bmatrix} 1 & 2 & a \\ -2 & 4a & 2 \\ a & -2 & 1 \end{bmatrix}$ **44.** $A = \begin{bmatrix} a & 2 & -1 \\ 3 & 3 & -2 \\ -2 & -1 & a \end{bmatrix}$

Responda aos exercícios de 45 a 48 considerando a matriz cujas colunas são os vetores dados.

45. Os vetores $\begin{bmatrix} 1 \\ 1 \\ 0 \end{bmatrix}, \begin{bmatrix} 1 \\ 0 \\ 1 \end{bmatrix}, \begin{bmatrix} 0 \\ 1 \\ 1 \end{bmatrix}$ formam uma base de $\mathbb{R}^3$?

46. Os vetores $\begin{bmatrix} 1 \\ -1 \\ 3 \end{bmatrix}, \begin{bmatrix} -1 \\ 5 \\ 1 \end{bmatrix}, \begin{bmatrix} 1 \\ -3 \\ 1 \end{bmatrix}$ formam uma base de $\mathbb{R}^3$?

47. Os vetores $\begin{bmatrix} 1 \\ 1 \\ 1 \\ 0 \end{bmatrix}, \begin{bmatrix} 1 \\ 1 \\ 0 \\ 1 \end{bmatrix}, \begin{bmatrix} 1 \\ 0 \\ 1 \\ 1 \end{bmatrix}, \begin{bmatrix} 0 \\ 1 \\ 1 \\ 1 \end{bmatrix}$ formam uma base de $\mathbb{R}^4$?

48. Os vetores $\begin{bmatrix} 1 \\ -1 \\ 0 \\ 0 \end{bmatrix}, \begin{bmatrix} 0 \\ 1 \\ 0 \\ -1 \end{bmatrix}, \begin{bmatrix} 0 \\ 0 \\ -1 \\ 1 \end{bmatrix}, \begin{bmatrix} -1 \\ 0 \\ 1 \\ 0 \end{bmatrix}$ formam uma base de $\mathbb{R}^4$?

49. Os vetores $\begin{bmatrix} 1 \\ 1 \\ 0 \end{bmatrix}, \begin{bmatrix} 0 \\ 1 \\ 1 \end{bmatrix}, \begin{bmatrix} 1 \\ 0 \\ 1 \end{bmatrix}$ formam uma base de $\mathbb{Z}_2^3$?

50. Os vetores $\begin{bmatrix} 1 \\ 1 \\ 0 \end{bmatrix}, \begin{bmatrix} 0 \\ 1 \\ 1 \end{bmatrix}, \begin{bmatrix} 1 \\ 0 \\ 1 \end{bmatrix}$ formam uma base de $\mathbb{Z}_3^3$?

Nos exercícios 50 e 51, mostre que **w** *está em ger(*$\mathcal{B}$*) e ache o vetor das coordenadas* $[\mathbf{w}]_{\mathcal{B}}$.

51. $\mathcal{B} = \left\{ \begin{bmatrix} 1 \\ 2 \\ 0 \end{bmatrix}, \begin{bmatrix} 1 \\ 0 \\ -1 \end{bmatrix} \right\}, \mathbf{w} = \begin{bmatrix} 1 \\ 6 \\ 2 \end{bmatrix}$

52. $\mathcal{B} = \left\{ \begin{bmatrix} 3 \\ 1 \\ 4 \end{bmatrix}, \begin{bmatrix} 5 \\ 1 \\ 6 \end{bmatrix} \right\}, \mathbf{w} = \begin{bmatrix} 1 \\ 3 \\ 4 \end{bmatrix}$

Nos exercícios de 53 a 56, calcule o posto e a nulidade das matrizes dadas sobre o $\mathbb{Z}_p$ *indicado.*

53. $\begin{bmatrix} 1 & 1 & 0 \\ 0 & 1 & 1 \\ 1 & 0 & 1 \end{bmatrix}$ sobre $\mathbb{Z}_2$

54. $\begin{bmatrix} 1 & 1 & 2 \\ 2 & 1 & 2 \\ 2 & 0 & 0 \end{bmatrix}$ sobre $\mathbb{Z}_3$

55. $\begin{bmatrix} 1 & 3 & 1 & 4 \\ 2 & 3 & 0 & 1 \\ 1 & 0 & 4 & 0 \end{bmatrix}$ sobre $\mathbb{Z}_5$

56. $\begin{bmatrix} 2 & 4 & 0 & 0 & 1 \\ 6 & 3 & 5 & 1 & 0 \\ 1 & 0 & 2 & 2 & 5 \\ 1 & 1 & 1 & 1 & 1 \end{bmatrix}$ sobre $\mathbb{Z}_7$

57. Se A é uma matriz $m \times n$, prove que todo vetor em anul(A) é ortogonal a todo vetor em lin(A).

58. Se A e B são matrizes $n \times n$ de posto n, prove que AB tem posto n.

59. **(a)** Prove que posto(AB) $\leq$ posto(B). [*Sugestão*: reveja o exercício 29 da seção 3.1.]
(b) Dê um exemplo em que posto(AB) $<$ posto(B).

60. **(a)** Prove que posto(AB) $\leq$ posto(A). [*Sugestão*: reveja o exercício 30 da seção 3.1 ou use transpostas e o exercício 59(a).]
(b) Dê um exemplo em que posto(AB) $<$ posto(A).

61. **(a)** Prove que, se U é invertível, então posto(UA) $=$ posto(A). [*Sugestão*: $A = U^{-1}(UA)$.]
(b) Prove que, se V é invertível, então posto(AV) $=$ posto(A).

62. Prove que uma matriz A $m \times n$ tem posto 1 se e somente se A pode ser escrita como o produto externo $\mathbf{u}\mathbf{v}^T$ de um vetor $\mathbf{u}$ em $\mathbb{R}^m$ por $\mathbf{v}$ em $\mathbb{R}^n$.

63. Se uma matriz A *de ordem* $m \times n$ tem posto r, prove que A pode ser escrita como a soma de r matrizes, cada uma tendo posto 1. [*Sugestão*: ache um meio de utilizar o exercício 62.]

64. Prove que, para matrizes A e B *de ordem* $m \times n$, posto($A + B$) $\leq$ posto(A) $+$ posto(B).

65. Seja A uma matriz de ordem $n \times n$ tal que $A^2 = O$. Prove que posto(A) $\leq n/2$. [*Sugestão: Mostre que* col(A) $\subseteq$ anul(A) e use o Teorema do Posto.]

66. Seja A uma matriz $n \times n$ antissimétrica. (Veja a página 162).
(a) Prove que $\mathbf{x}^T A\mathbf{x} = 0$ para todo $\mathbf{x}$ em $\mathbb{R}^n$.
(b) Prove que $I + A$ é invertível. [*Sugestão:* Mostre que anul($I + A$) $= \{\mathbf{0}\}$.]

3.6 Introdução às Transformações Lineares

Nesta seção, começamos a explorar um dos temas da introdução deste capítulo. Lá, vimos que matrizes podem ser usadas para transformar vetores, agindo como um tipo de "função" da forma $\mathbf{w} = T(\mathbf{v})$, em que a variável independente $\mathbf{v}$ e a variável dependente $\mathbf{w}$ são vetores. Tornaremos agora mais precisa essa noção, e veremos diversos exemplos de tais transformações matriciais, que nos guiarão para o conceito de *transformação linear* — uma ideia forte que encontraremos repetidas vezes daqui em diante.

Começamos por relembrar alguns dos principais conceitos associados a funções. Você se sentirá familiarizado com a maior parte das ideias, vindas de outros cursos nos quais você encontrou funções da forma $f: \mathbb{R} \to \mathbb{R}$ [tal como $f(x) = x^2$], que transformam números reais em números reais. O que é novo aqui é que vetores estão envolvidos e estamos interessados somente em funções "compatíveis" com operações vetoriais de adição e de multiplicação por escalar.

Considere um exemplo. Sejam

$$A = \begin{bmatrix} 1 & 0 \\ 2 & -1 \\ 3 & 4 \end{bmatrix} \quad \text{e} \quad \mathbf{v} = \begin{bmatrix} 1 \\ -1 \end{bmatrix}$$

Então

$$A\mathbf{v} = \begin{bmatrix} 1 & 0 \\ 2 & -1 \\ 3 & 4 \end{bmatrix}\begin{bmatrix} 1 \\ -1 \end{bmatrix} = \begin{bmatrix} 1 \\ 3 \\ -1 \end{bmatrix}$$

Isso mostra que A transforma $\mathbf{v}$ em $\mathbf{w} = \begin{bmatrix} 1 \\ 3 \\ -1 \end{bmatrix}$.

Podemos descrever de forma mais geral essa transformação. A equação matricial

$$\begin{bmatrix} 1 & 0 \\ 2 & -1 \\ 3 & 4 \end{bmatrix}\begin{bmatrix} x \\ y \end{bmatrix} = \begin{bmatrix} x \\ 2x - y \\ 3x + 4y \end{bmatrix}$$

gera uma fórmula que nos mostra como A transforma um vetor arbitrário $\begin{bmatrix} x \\ y \end{bmatrix}$ de $\mathbb{R}^2$ em um vetor $\begin{bmatrix} x \\ 2x - y \\ 3x + 4y \end{bmatrix}$ de $\mathbb{R}^3$. Denotamos essa transformação por T_A e escrevemos

$$T_A\left(\begin{bmatrix} x \\ y \end{bmatrix}\right) = \begin{bmatrix} x \\ 2x - y \\ 3x + 4y \end{bmatrix}$$

(Embora tecnicamente descuidado, omitir os parênteses em definições como essa é uma convenção comum que simplifica a escrita. A descrição de T_A passa a ser

$$T_A\begin{bmatrix} x \\ y \end{bmatrix} = \begin{bmatrix} x \\ 2x - y \\ 3x + 4y \end{bmatrix}$$

com essa convenção.)

Com esse exemplo em mente, consideramos agora alguma terminologia. Uma ***transformação*** (ou ***aplicação*** ou ***função***) T de $\mathbb{R}^n$ em $\mathbb{R}^m$ é uma relação que associa, para cada vetor $\mathbf{v}$ de $\mathbb{R}^m$, um único vetor T($\mathbf{v}$) em $\mathbb{R}^m$. O ***domínio*** de T é $\mathbb{R}^n$, e o ***contradomínio*** de T é $\mathbb{R}^m$. Indicamos isso escrevendo $T: \mathbb{R}^n \to \mathbb{R}^m$. Para um vetor $\mathbf{v}$ no domínio de T, o vetor $T(\mathbf{v})$ no contradomínio é chamado ***imagem de* v** sob (a ação de) T. O conjunto de todas as imagens possíveis $T(\mathbf{v})$ (com $\mathbf{v}$ variando pelo domínio de T) é chamado ***imagem*** de T.

Em nosso exemplo, o domínio de T_A é $\mathbb{R}^2$, e seu contradomínio é $\mathbb{R}^3$. Escrevemos, portanto, $T_A: \mathbb{R}^2 \to \mathbb{R}^3$. A imagem de $\mathbf{v} = \begin{bmatrix} 1 \\ -1 \end{bmatrix}$ e $\mathbf{w} = T_A(\mathbf{v}) = \begin{bmatrix} 1 \\ 3 \\ -1 \end{bmatrix}$. Qual é a imagem de T_A? Ela consiste em todos os vetores no contradomínio $\mathbb{R}^3$ que são da forma

$$T_A\begin{bmatrix} x \\ y \end{bmatrix} = \begin{bmatrix} x \\ 2x - y \\ 3x + 4y \end{bmatrix} = x\begin{bmatrix} 1 \\ 2 \\ 3 \end{bmatrix} + y\begin{bmatrix} 0 \\ -1 \\ 4 \end{bmatrix}$$

que descreve o conjunto de todas as combinações lineares dos vetores coluna $\begin{bmatrix} 1 \\ 2 \\ 3 \end{bmatrix}$ e $\begin{bmatrix} 0 \\ -1 \\ 4 \end{bmatrix}$ de A. Em outras palavras, a imagem de T é o espaço coluna de A! (Falaremos mais sobre isso; por enquanto, simplesmente deixamos como uma simples observação.) Geometricamente, isso mostra que a imagem de T_A é o plano que passa pela origem em $\mathbb{R}^3$ com vetores diretores dados pelos vetores coluna de A. Note que a imagem de T_A é estritamente menor que o contradomínio de T_A.

Transformações Lineares

O exemplo T_A que acabamos de ver é um caso especial de um tipo mais geral de transformação chamada *transformação linear*. Consideraremos a definição geral no capítulo 6, mas sua essência é que essas transformações "preservam" as operações vetoriais de adição e de multiplicação por escalar.

Definição Uma transformação $T: \mathbb{R}^n \to \mathbb{R}^m$ é chamada ***transformação linear*** se

1. $T(\mathbf{u} + \mathbf{v}) = T(\mathbf{u}) + T(\mathbf{v})$ para todo $\mathbf{u}$ e $\mathbf{v}$ em $\mathbb{R}^n$ e
2. $T(c\mathbf{v}) = cT(\mathbf{v})$ para todo $\mathbf{v}$ em $\mathbb{R}^n$ e todos os escalares c.

Exemplo 3.55

Considere novamente a transformação $T: \mathbb{R}^2 \to \mathbb{R}^3$, definida por

$$T\begin{bmatrix} x \\ y \end{bmatrix} = \begin{bmatrix} x \\ 2x - y \\ 3x + 4y \end{bmatrix}$$

Vamos verificar se T é uma transformação linear. Para verificar (1), considere

$$\mathbf{u} = \begin{bmatrix} x_1 \\ y_1 \end{bmatrix} \quad \text{e} \quad \mathbf{v} = \begin{bmatrix} x_2 \\ y_2 \end{bmatrix}$$

Então

$$\begin{aligned} T(\mathbf{u} + \mathbf{v}) &= T\left(\begin{bmatrix} x_1 \\ y_1 \end{bmatrix} + \begin{bmatrix} x_2 \\ y_2 \end{bmatrix}\right) = T\left(\begin{bmatrix} x_1 + x_2 \\ y_1 + y_2 \end{bmatrix}\right) = \begin{bmatrix} x_1 + x_2 \\ 2(x_1 + x_2) - (y_1 + y_2) \\ 3(x_1 + x_2) + 4(y_1 + y_2) \end{bmatrix} \\ &= \begin{bmatrix} x_1 + x_2 \\ 2x_1 + 2x_2 - y_1 - y_2 \\ 3x_1 + 3x_2 + 4y_1 + 4y_2 \end{bmatrix} = \begin{bmatrix} x_1 + x_2 \\ (2x_1 - y_1) + (2x_2 - y_2) \\ (3x_1 + 4y_1) + (3x_2 + 4y_2) \end{bmatrix} \\ &= \begin{bmatrix} x_1 \\ 2x_1 - y_1 \\ 3x_1 + 4y_1 \end{bmatrix} + \begin{bmatrix} x_2 \\ 2x_2 - y_2 \\ 3x_2 + 4y_2 \end{bmatrix} = T\begin{bmatrix} x_1 \\ y_1 \end{bmatrix} + T\begin{bmatrix} x_2 \\ y_2 \end{bmatrix} = T(\mathbf{u}) + T(\mathbf{v}) \end{aligned}$$

Para mostrar (2), considere $\mathbf{v} = \begin{bmatrix} x \\ y \end{bmatrix}$ e c um escalar. Então:

$$T(c\mathbf{v}) = T\left(c\begin{bmatrix} x \\ y \end{bmatrix}\right) = T\left(\begin{bmatrix} cx \\ cy \end{bmatrix}\right)$$

$$= \begin{bmatrix} cx \\ 2(cx) - (cy) \\ 3(cx) + 4(cy) \end{bmatrix} = \begin{bmatrix} cx \\ c(2x - y) \\ c(3x + 4y) \end{bmatrix}$$

$$= c\begin{bmatrix} x \\ 2x - y \\ 3x + 4y \end{bmatrix} = cT\begin{bmatrix} x \\ y \end{bmatrix} = cT(\mathbf{v})$$

Portanto, T é uma transformação linear.

Observação A definição de uma transformação linear pode ser resumida combinando-se (1) e (2), como a seguir.

> $T: \mathbb{R}^n \to \mathbb{R}^m$ é uma transformação linear se
>
> $$T(c_1\mathbf{v}_1 + c_2\mathbf{v}_2) = c_1T(\mathbf{v}_1) + c_2T(\mathbf{v}_2) \quad \text{para todo } \mathbf{v}_1, \mathbf{v}_2 \text{ em } \mathbb{R}^n \text{ e escalares } c_1, c$$

No exercício 53, você irá mostrar que essa afirmação é equivalente à definição original. Na prática, essa formulação equivalente pode economizar alguma escrita — experimente!

Embora a transformação linear T do exemplo 3.55 tenha originalmente surgido como uma transformação *matricial* T_A, é simples recuperar a matriz A a partir da definição de T dada no exemplo. Observamos que

$$T\begin{bmatrix} x \\ y \end{bmatrix} = \begin{bmatrix} x \\ 2x - y \\ 3x + 4y \end{bmatrix} = x\begin{bmatrix} 1 \\ 2 \\ 3 \end{bmatrix} + y\begin{bmatrix} 0 \\ -1 \\ 4 \end{bmatrix} = \begin{bmatrix} 1 & 0 \\ 2 & -1 \\ 3 & 4 \end{bmatrix}\begin{bmatrix} x \\ y \end{bmatrix}$$

Logo, $T = T_A$, em que $A = \begin{bmatrix} 1 & 0 \\ 2 & -1 \\ 3 & 4 \end{bmatrix}$. (Perceba que, quando as variáveis x e y estão alinhadas, a matriz A é simplesmente a matriz dos seus coeficientes.)

Reconhecer que uma transformação é uma transformação matricial é importante já que, como o próximo teorema irá mostrar, todas as transformações matriciais são transformações lineares.

Teorema 3.30 Seja A uma matriz $m \times n$. A transformação matricial $T_A: \mathbb{R}^n \to \mathbb{R}^m$ definida por

$$T_A(\mathbf{x}) = A\mathbf{x} \quad (\text{para } \mathbf{x} \text{ em } \mathbb{R}^n)$$

é uma transformação linear.

Demonstração Sejam **u** e **v** vetores em $\mathbb{R}^n$ e c um escalar. Então

$$T_A(\mathbf{u} + \mathbf{v}) = A(\mathbf{u} + \mathbf{v}) = A\mathbf{u} + A\mathbf{v} = T_A(\mathbf{u}) + T_A(\mathbf{v})$$

e

$$T_A(c\mathbf{v}) = A(c\mathbf{v}) = c(A\mathbf{v}) = cT_A(\mathbf{v})$$

Por essa razão, T_A é uma transformação linear.

Exemplo 3.56

Seja F: $\mathbb{R}^2 \to \mathbb{R}^2$ a transformação que leva cada ponto ao seu simétrico em relação ao eixo x. Mostre que F é uma transformação linear.

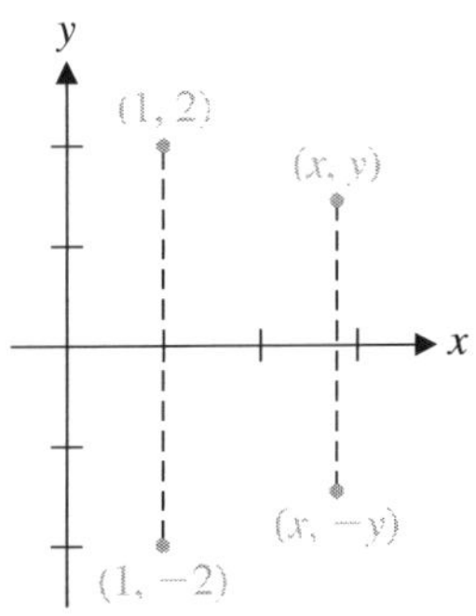

Figura 3.4
Simetria em relação ao eixo x

Solução Pela figura 3.4, fica claro que F leva o ponto (x, y) ao ponto $(x, -y)$. Dessa forma, podemos escrever

$$F\begin{bmatrix} x \\ y \end{bmatrix} = \begin{bmatrix} x \\ -y \end{bmatrix}$$

Poderíamos continuar a verificação de que F é linear, como no exemplo 3.55 (este é ainda mais fácil de se verificar!), mas é mais rápido observar que

$$\begin{bmatrix} x \\ -y \end{bmatrix} = x\begin{bmatrix} 1 \\ 0 \end{bmatrix} + y\begin{bmatrix} 0 \\ -1 \end{bmatrix} = \begin{bmatrix} 1 & 0 \\ 0 & -1 \end{bmatrix}\begin{bmatrix} x \\ y \end{bmatrix}$$

Portanto, $F\begin{bmatrix} x \\ y \end{bmatrix} = A\begin{bmatrix} x \\ y \end{bmatrix}$, em que $A = \begin{bmatrix} 1 & 0 \\ 0 & -1 \end{bmatrix}$; logo, F é uma transformação matricial. Segue agora, pelo teorema 3.30, que F é uma transformação linear.

Exemplo 3.57

Seja $R : \mathbb{R}^2 \to \mathbb{R}^2$ a transformação que faz a rotação de ângulo 90° no sentido anti-horário em torno da origem. Mostre que R é uma transformação linear.

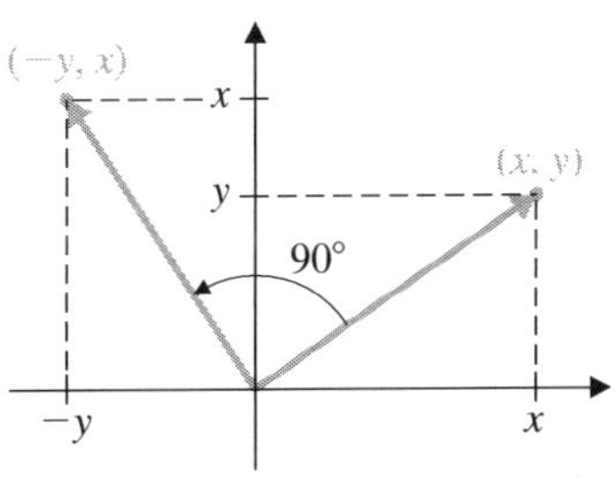

Figura 3.5
Uma rotação de 90°

Solução Como a figura 3.5 mostra, R leva o ponto (x, y) ao ponto $(-y, x)$. Dessa forma, temos

$$R\begin{bmatrix} x \\ y \end{bmatrix} = \begin{bmatrix} -y \\ x \end{bmatrix} = x\begin{bmatrix} 0 \\ 1 \end{bmatrix} + y\begin{bmatrix} -1 \\ 0 \end{bmatrix} = \begin{bmatrix} 0 & -1 \\ 1 & 0 \end{bmatrix}\begin{bmatrix} x \\ y \end{bmatrix}$$

Assim, R é uma transformação matricial e, portanto, linear.

Observe que, se multiplicarmos uma matriz por vetores de base canônica, obteremos as colunas da matriz. Por exemplo,

$$\begin{bmatrix} a & b \\ c & d \\ e & f \end{bmatrix}\begin{bmatrix} 1 \\ 0 \end{bmatrix} = \begin{bmatrix} a \\ c \\ e \end{bmatrix} \quad \text{e} \quad \begin{bmatrix} a & b \\ c & d \\ e & f \end{bmatrix}\begin{bmatrix} 0 \\ 1 \end{bmatrix} = \begin{bmatrix} b \\ d \\ f \end{bmatrix}$$

Podemos usar essa observação para mostrar que *toda* transformação linear de $\mathbb{R}^n$ em $\mathbb{R}^m$ surge como uma transformação matricial.

Teorema 3.31 Seja $T : \mathbb{R}^n \to \mathbb{R}^m$ uma transformação linear. Então, T é uma transformação matricial. Mais especificamente, $T = T_A$, em que A é a matriz $m \times n$ dada por

$$A = [T(\mathbf{e}_1) \vdots T(\mathbf{e}_2) \vdots \cdots \vdots T(\mathbf{e}_n)]$$

Demonstração Sejam $\mathbf{e}_1, \mathbf{e}_2, \ldots, \mathbf{e}_n$ os vetores de base canônica de $\mathbb{R}^n$ e $\mathbf{x}$ um vetor de $\mathbb{R}^n$. Podemos escrever $\mathbf{x} = x_1\mathbf{e}_1 + x_2\mathbf{e}_2 + \ldots + x_n\mathbf{e}_n$ (em que os x_i's são as componentes de $\mathbf{x}$). Sabemos também que $T(\mathbf{e}_1), T(\mathbf{e}_2), \ldots, T(\mathbf{e}_n)$ são vetores (coluna) em $\mathbb{R}^m$. Considere a matriz $A = [T(\mathbf{e}_1) \vdots T(\mathbf{e}_2) \vdots \cdots \vdots T(\mathbf{e}_n)]$ de ordem $m \times n$ que tem esses vetores como suas colunas. Então

$$\begin{aligned} T(\mathbf{x}) &= T(x_1\mathbf{e}_1 + x_2\mathbf{e}_2 + \cdots + x_n\mathbf{e}_n) \\ &= x_1T(\mathbf{e}_1) + x_2T(\mathbf{e}_2) + \cdots + x_nT(\mathbf{e}_n) \\ &= [T(\mathbf{e}_1) \vdots T(\mathbf{e}_2) \vdots \cdots \vdots T(\mathbf{e}_n)] \begin{bmatrix} x_1 \\ x_2 \\ \vdots \\ x_n \end{bmatrix} = A\mathbf{x} \end{aligned}$$

como queríamos.

A matriz A do teorema 3.31 é chamada de ***matriz canônica da transformação linear T***.

Exemplo 3.58 Mostre que uma rotação de ângulo θ em torno da origem define uma transformação linear de $\mathbb{R}^2$ em $\mathbb{R}^2$ e determine sua matriz canônica.

Solução Seja R_θ a rotação. Daremos um argumento geométrico para provar que R_θ é linear. Considere os vetores $\mathbf{u}$ e $\mathbf{v}$ de $\mathbb{R}^2$. Se eles não forem paralelos, a figura 3.6(a) mostra a regra do paralelogramo que determina $\mathbf{u} + \mathbf{v}$. Se aplicarmos R_θ, todo o paralelogramo é rodado do ângulo θ, como mostra a figura 3.6(b). Mas a diagonal desse paralelogramo é necessariamente $R_\theta(\mathbf{u}) + R_\theta(\mathbf{v})$, novamente pela regra do paralelogramo. Por isso, $R_\theta(\mathbf{u} + \mathbf{v}) = R_\theta(\mathbf{u}) + R_\theta(\mathbf{v})$. (O que acontece se $\mathbf{u}$ e $\mathbf{v}$ forem paralelos?)

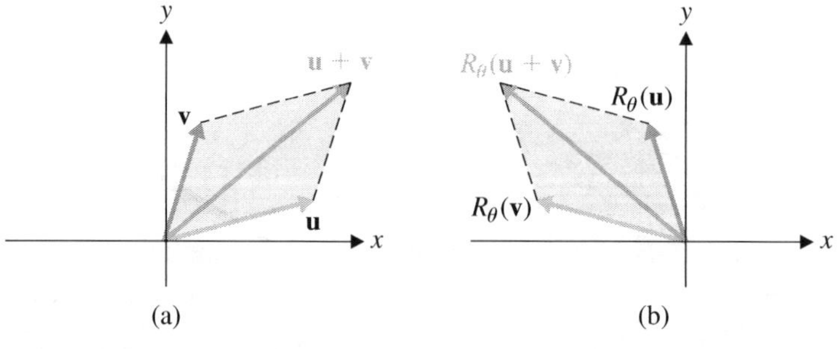

Figura 3.6

Analogamente, se aplicarmos R_θ em $\mathbf{v}$ e $c\mathbf{v}$, obteremos $R_\theta(\mathbf{v})$ e $R_\theta(c\mathbf{v})$, como mostra a figura 3.7. Entretanto, como as rotações não afetam o comprimento, é necessário que $R_\theta(c\mathbf{v}) = cR_\theta(\mathbf{v})$, como exigido. (Desenhe diagramas para os casos $0 < c < 1$, $-1 < c < 0$, e $c < -1$.)

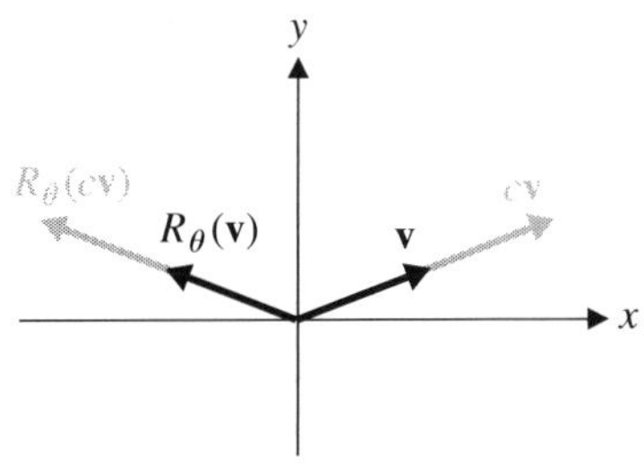

Figura 3.7

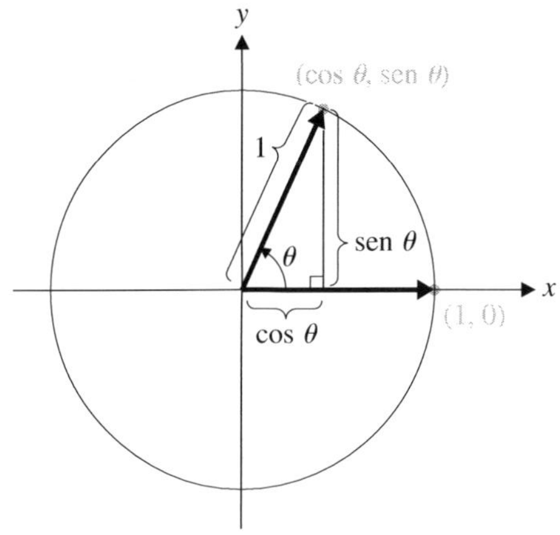

Figura 3.8
$R_\theta(\mathbf{e}_1)$

Portanto, R_θ é uma transformação linear. De acordo com o teorema 3.31, podemos achar sua matriz pela determinação de seu valor nos vetores de base canônica $\mathbf{e}_1$ e $\mathbf{e}_2$, de $\mathbb{R}^2$. Agora, como mostra a figura 3.8, $R_\theta\begin{bmatrix}1\\0\end{bmatrix} = \begin{bmatrix}\cos\theta\\ \operatorname{sen}\theta\end{bmatrix}$.

Podemos calcular $R_\theta\begin{bmatrix}0\\1\end{bmatrix}$ de modo análogo, mas é mais rápido observar que $R_\theta\begin{bmatrix}0\\1\end{bmatrix}$ é necessariamente perpendicular (no sentido anti-horário) a $R_\theta\begin{bmatrix}1\\0\end{bmatrix}$ e, então, pelo exemplo 3.57, $R_\theta\begin{bmatrix}0\\1\end{bmatrix} = \begin{bmatrix}-\operatorname{sen}\theta\\ \cos\theta\end{bmatrix}$ (figura 3.9).

A matriz canônica de R_θ é, portanto, $\begin{bmatrix}\cos\theta & -\operatorname{sen}\theta\\ \operatorname{sen}\theta & \cos\theta\end{bmatrix}$.

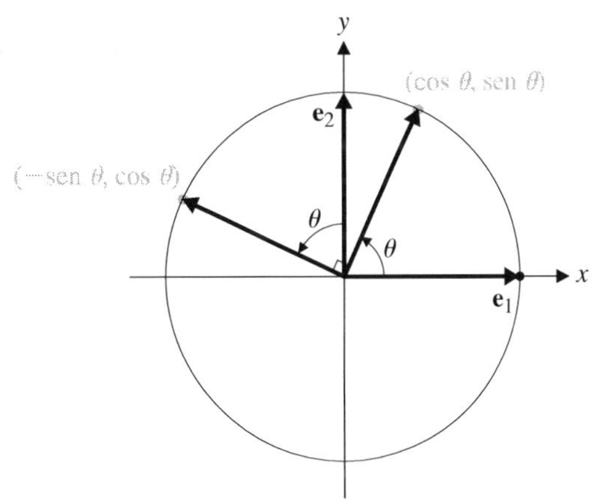

Figura 3.9
$R_\theta(\mathbf{e}_2)$

O resultado do exemplo 3.58 pode agora ser utilizado para o cálculo do efeito de qualquer rotação. Por exemplo, suponha que queiramos fazer a rotação de 60º do ponto (2, -1) em torno da origem. (A convenção é que um ângulo positivo

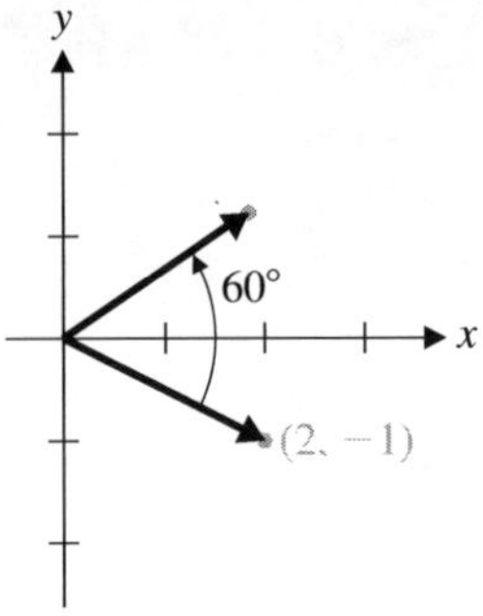

Figura 3.10
Uma rotação de 60º

corresponde a uma rotação no sentido anti-horário, e um ângulo negativo, a uma rotação no sentido horário.) Como cos 60º = ½ e sen 60º $=\sqrt{3}/2$, calculamos

$$R_{60}\begin{bmatrix} 2 \\ -1 \end{bmatrix} = \begin{bmatrix} \cos 60° & -\operatorname{sen} 60° \\ \operatorname{sen} 60° & \cos 60° \end{bmatrix}\begin{bmatrix} 2 \\ -1 \end{bmatrix} = \begin{bmatrix} 1/2 & -\sqrt{3}/2 \\ \sqrt{3}/2 & 1/2 \end{bmatrix}\begin{bmatrix} 2 \\ -1 \end{bmatrix}$$
$$= \begin{bmatrix} (2+\sqrt{3})/2 \\ (2\sqrt{3}-1)/2 \end{bmatrix}$$

Dessa maneira, a imagem do ponto (2, −1) sob essa rotação é o ponto $((2+\sqrt{3})/2, (2\sqrt{3}-1)/2) \approx (1{,}87, 1{,}23)$, como mostra a figura 3.10.

Exemplo 3.59

(a) Mostre que a transformação $P : \mathbb{R}^2 \to \mathbb{R}^2$, que projeta um ponto sobre o eixo x, é uma transformação linear, e determine sua matriz canônica.
(b) Mais geralmente, se ℓ é uma reta que passa pela origem em $\mathbb{R}^2$, mostre que a transformação $P_\ell : \mathbb{R}^2 \to \mathbb{R}^2$, que projeta um ponto sobre ℓ, é uma transformação linear, e determine sua matriz canônica.

Solução (a) Como mostra a figura 3.11, P leva o ponto (x, y) ao ponto $(x, 0)$. Dessa forma,

$$P\begin{bmatrix} x \\ y \end{bmatrix} = \begin{bmatrix} x \\ 0 \end{bmatrix} = x\begin{bmatrix} 1 \\ 0 \end{bmatrix} + y\begin{bmatrix} 0 \\ 0 \end{bmatrix} = \begin{bmatrix} 1 & 0 \\ 0 & 0 \end{bmatrix}\begin{bmatrix} x \\ y \end{bmatrix}$$

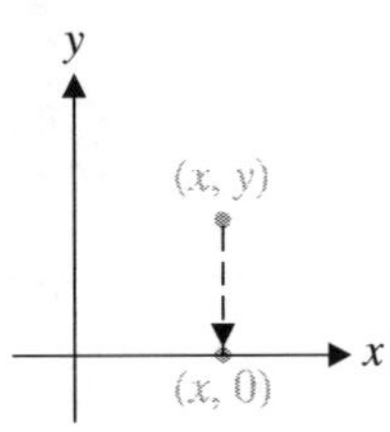

Figura 3.11
Uma projeção

Consequentemente, P é uma transformação matricial (e por isso, uma transformação linear) cuja matriz canônica é $\begin{bmatrix} 1 & 0 \\ 0 & 0 \end{bmatrix}$.

(b) Suponha que a reta ℓ tem vetor diretor $\mathbf{d}$ e seja $\mathbf{v}$ um vetor arbitrário. Então, P_ℓ é dada por $\text{proj}_s(\mathbf{v})$, a projeção de $\mathbf{v}$ sobre $\mathbf{d}$ que, como você pode recordar na seção 1.2, tem a fórmula

$$\text{proj}_{\mathbf{d}}(\mathbf{v}) = \left(\frac{\mathbf{d}\cdot\mathbf{v}}{\mathbf{d}\cdot\mathbf{d}}\right)\mathbf{d}$$

Assim, para mostrar que P_ℓ é linear, procedemos da seguinte forma:

$$\begin{aligned} P_\ell(\mathbf{u}+\mathbf{v}) &= \left(\frac{\mathbf{d}\cdot(\mathbf{u}+\mathbf{v})}{\mathbf{d}\cdot\mathbf{d}}\right)\mathbf{d} \\ &= \left(\frac{\mathbf{d}\cdot\mathbf{u}+\mathbf{d}\cdot\mathbf{v}}{\mathbf{d}\cdot\mathbf{d}}\right)\mathbf{d} \\ &= \left(\frac{\mathbf{d}\cdot\mathbf{u}}{\mathbf{d}\cdot\mathbf{d}} + \frac{\mathbf{d}\cdot\mathbf{v}}{\mathbf{d}\cdot\mathbf{d}}\right)\mathbf{d} \\ &= \left(\frac{\mathbf{d}\cdot\mathbf{u}}{\mathbf{d}\cdot\mathbf{d}}\right)\mathbf{d} + \left(\frac{\mathbf{d}\cdot\mathbf{v}}{\mathbf{d}\cdot\mathbf{d}}\right)\mathbf{d} = P_\ell(\mathbf{u}) + P_\ell(\mathbf{v}) \end{aligned}$$

Analogamente, $P_\ell(c\mathbf{v}) = cP_\ell(\mathbf{v})$ para todo escalar c (exercício 52). Por isso, P_ℓ é uma transformação linear.

Para achar a matriz canônica de P_ℓ, aplicamos o teorema 3.31. Sendo $\mathbf{d} = \begin{bmatrix} d_1 \\ d_2 \end{bmatrix}$, então

$$P_\ell(\mathbf{e}_1) = \left(\frac{\mathbf{d}\cdot\mathbf{e}_1}{\mathbf{d}\cdot\mathbf{d}}\right)\mathbf{d} = \frac{d_1}{d_1^2 + d_2^2}\begin{bmatrix} d_1 \\ d_2 \end{bmatrix} = \frac{1}{d_1^2 + d_2^2}\begin{bmatrix} d_1^2 \\ d_1 d_2 \end{bmatrix}$$

e

$$P_\ell(\mathbf{e}_2) = \left(\frac{\mathbf{d}\cdot\mathbf{e}_2}{\mathbf{d}\cdot\mathbf{d}}\right)\mathbf{d} = \frac{d_2}{d_1^2 + d_2^2}\begin{bmatrix} d_1 \\ d_2 \end{bmatrix} = \frac{1}{d_1^2 + d_2^2}\begin{bmatrix} d_1 d_2 \\ d_2^2 \end{bmatrix}$$

Dessa maneira, a matriz canônica da projeção é

$$A = \frac{1}{d_1^2 + d_2^2}\begin{bmatrix} d_1^2 & d_1 d_2 \\ d_1 d_2 & d_2^2 \end{bmatrix} = \begin{bmatrix} d_1^2/(d_1^2 + d_2^2) & d_1 d_2/(d_1^2 + d_2^2) \\ d_1 d_2/(d_1^2 + d_2^2) & d_2^2/(d_1^2 + d_2^2) \end{bmatrix}$$

Como verificação, note que, na parte (a), poderíamos considerar $\mathbf{d} = \mathbf{e}_1$ como um vetor diretor para o eixo x. Dessa forma, $d_1 = 1$ e $d_2 = 0$, e obteríamos $A =$ $A = \begin{bmatrix} 1 & 0 \\ 0 & 0 \end{bmatrix}$, como antes.

Novas Transformações Lineares a Partir de Antigas

Se $T\colon \mathbb{R}^m \to \mathbb{R}^n$ e $S : \mathbb{R}^n \to \mathbb{R}^p$ são transformações lineares, podemos aplicar T e depois S para formar a ***composta*** das duas transformações, que será denotada por $S \circ T$. Note que, para que $S \circ T$ faça sentido, o contradomínio de T e o domínio de S devem ser o mesmo (neste caso, ambos são $\mathbb{R}^n$), e a transformação composta resultante $S \circ T$ vai do domínio de T ao contradomínio de S (neste caso, $S \circ T : \mathbb{R}^m \to \mathbb{R}^p$). A figura 3.12 mostra esquematicamente como essa composição funciona. A definição formal da composta de transformações pode ser tirada diretamente dessa figura, e é a mesma que a definição correspondente de composta de funções ordinárias:

$$(S \circ T)(\mathbf{v}) = S(T(\mathbf{v}))$$

É claro que gostaríamos que $S \circ T$ também fosse uma transformação linear e, felizmente, descobrimos que ela é. Podemos demonstrar isso verificando que $S \circ T$ satisfaz a definição de transformação linear (o que faremos no capítulo 6), mas, como no momento assumimos que transformações lineares e transformações matriciais são a mesma coisa, é suficiente mostrar que $S \circ T$ é uma transformação matricial. Usaremos a notação $[T]$ para a matriz canônica de uma transformação linear T.

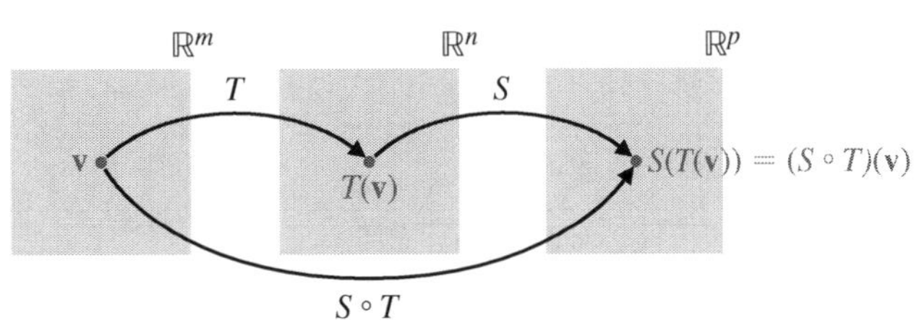

Figura 3.12
A composta de transformações

Teorema 3.32 Sejam $T: \mathbb{R}^m \to \mathbb{R}^n$ e $S: \mathbb{R}^n \to \mathbb{R}^p$ transformações lineares. Então, $S \circ T: \mathbb{R}^m \to \mathbb{R}^p$ é uma transformação linear. Além disso, suas matrizes canônicas são relacionadas por

$$[S \circ T] = [S][T]$$

Demonstração Sejam $[S] = A$ e $[T] = B$. (Note que a ordem de A é $p \times n$ e a de B é $n \times m$.) Se $\mathbf{v}$ é um vetor de $\mathbb{R}^m$, simplesmente calculamos

$$(S \circ T)(\mathbf{v}) = S(T(\mathbf{v})) = S(B\mathbf{v}) = A(B\mathbf{v}) = (AB)\mathbf{v}$$

(Perceba que as ordens de A e B garantem que o produto AB faz sentido.) Dessa forma, vemos que o efeito de $S \circ T$ é a multiplicação de vetores por AB. Disso segue imediatamente que $S \circ T$ é uma transformação matricial (logo, linear) com $[S \circ T] = [S][T]$.

Esse não é um grande resultado? Diga em palavras: "A matriz da composta é o produto das matrizes". Que fórmula encantadora!

Exemplo 3.60 Considere a transformação linear $T: \mathbb{R}^2 \to \mathbb{R}^3$ do exemplo 3.55, definida por

$$T\begin{bmatrix} x_1 \\ x_2 \end{bmatrix} = \begin{bmatrix} x_1 \\ 2x_1 - x_2 \\ 3x_1 + 4x_2 \end{bmatrix}$$

e a transformação linear $S: \mathbb{R}^3 \to \mathbb{R}^4$ definida por

$$S\begin{bmatrix} y_1 \\ y_2 \\ y_3 \end{bmatrix} = \begin{bmatrix} 2y_1 + y_3 \\ 3y_2 - y_3 \\ y_1 - y_2 \\ y_1 + y_2 + y_3 \end{bmatrix}$$

Ache $S \circ T: \mathbb{R}^2 \to \mathbb{R}^4$.

Solução Podemos ver que as matrizes canônicas são

$$[S] = \begin{bmatrix} 2 & 0 & 1 \\ 0 & 3 & -1 \\ 1 & -1 & 0 \\ 1 & 1 & 1 \end{bmatrix} \quad \text{e} \quad [T] = \begin{bmatrix} 1 & 0 \\ 2 & -1 \\ 3 & 4 \end{bmatrix}$$

Logo, pelo teorema 3.32,

$$[S \circ T] = [S][T] = \begin{bmatrix} 2 & 0 & 1 \\ 0 & 3 & -1 \\ 1 & -1 & 0 \\ 1 & 1 & 1 \end{bmatrix}\begin{bmatrix} 1 & 0 \\ 2 & -1 \\ 3 & 4 \end{bmatrix} = \begin{bmatrix} 5 & 4 \\ 3 & -7 \\ -1 & 1 \\ 6 & 3 \end{bmatrix}$$

Consequentemente,

$$(S \circ T)\begin{bmatrix} x_1 \\ x_2 \end{bmatrix} = \begin{bmatrix} 5 & 4 \\ 3 & -7 \\ -1 & 1 \\ 6 & 3 \end{bmatrix}\begin{bmatrix} x_1 \\ x_2 \end{bmatrix} = \begin{bmatrix} 5x_1 + 4x_2 \\ 3x_1 - 7x_2 \\ -x_1 + x_2 \\ 6x_1 + 3x_2 \end{bmatrix}$$

(No exercício 29, você irá verificar esse resultado calculando

$$\begin{bmatrix} y_1 \\ y_2 \\ y_3 \end{bmatrix} = T\begin{bmatrix} x_1 \\ x_2 \end{bmatrix} = \begin{bmatrix} x_1 \\ 2x_1 - x_2 \\ 3x_1 + 4x_2 \end{bmatrix}$$

e substituindo esses valores na definição de S, desse modo calculando $(S \circ T)\begin{bmatrix} x_1 \\ x_2 \end{bmatrix}$ diretamente.)

Exemplo 3.61

Ache a matriz canônica da transformação que primeiro faz a rotação de 90° no sentido anti-horário em torno da origem de um ponto e depois reflete o resultado no eixo x.

Solução A rotação R e a reflexão F foram discutidas nos exemplos 3.57 e 3.56, respectivamente, nos quais achamos suas matrizes canônicas $[R] = \begin{bmatrix} 0 & -1 \\ 1 & 0 \end{bmatrix}$ e $[F] = \begin{bmatrix} 1 & 0 \\ 0 & -1 \end{bmatrix}$. Portanto, a função composta $F \circ R$ tem por matriz

$$[F \circ R] = [F][R] = \begin{bmatrix} 1 & 0 \\ 0 & -1 \end{bmatrix}\begin{bmatrix} 0 & -1 \\ 1 & 0 \end{bmatrix} = \begin{bmatrix} 0 & -1 \\ -1 & 0 \end{bmatrix}$$

(Verifique que esse resultado está correto, considerando o efeito de $F \circ R$ nos vetores de base canônica $\mathbf{e}_1$ e $\mathbf{e}_2$. Note a importância da *ordem* das transformações: R é realizada antes de F, mas escrevemos $F \circ R$. Neste caso, $R \circ F$ também faz sentido. Vale a igualdade $R \circ F = F \circ R$?)

Inversas de Transformações Lineares

Considere o efeito de uma rotação de 90° no sentido anti-horário em torno da origem, seguida por uma rotação de 90° no sentido horário em torno da origem. Sem dúvida, isso deixa inalterado qualquer ponto de $\mathbb{R}^2$. Se denotarmos essas transformações por R_{90} e R_{-90} (lembre-se de que um ângulo negativo corresponde a uma rotação no sentido horário), poderemos expressar isso por $(R_{90} \circ R_{-90})(\mathbf{v}) = \mathbf{v}$ para todo $\mathbf{v}$ em $\mathbb{R}^2$. Note que, neste caso, se fizermos a transformação na ordem inversa, obteremos o mesmo resultado final: $(R_{-90} \circ R_{90})(\mathbf{v}) = \mathbf{v}$ para todo $\mathbf{v}$ em $\mathbb{R}^2$.

Dessa maneira, $R_{90} \circ R_{-90}$ (e $R_{-90} \circ R_{90}$ também) é uma transformação linear que deixa todo vetor de $\mathbb{R}^2$ inalterado. Essa transformação é chamada ***transformação identidade***. Em geral, temos uma transformação desse tipo para cada $\mathbb{R}^n$ — a saber, I: $\mathbb{R}^n \to \mathbb{R}^n$ tal que $I(\mathbf{v}) = \mathbf{v}$ para todo vetor $\mathbf{v}$ em $\mathbb{R}^n$ (Se for importante manter a ideia da dimensão do espaço, podemos escrever I_n para uma maior clareza.)

Com essa notação, temos $R_{90} \circ R_{-90} = I = R_{-90} \circ R_{90}$. Duas transformações que estão relacionadas desse modo são chamadas ***transformações inversas***.

Definição Sejam S e T transformações lineares de $\mathbb{R}^n$ em $\mathbb{R}^n$. S e T são ***transformações inversas*** se $S \circ T = I_n$ e $T \circ S = I_n$.

Observação Como nessa definição há uma simetria em relação a S e T, quando essa situação ocorre, dizemos que S é a inversa de T e T é a inversa de S. Além disso, dizemos que S e T são ***invertíveis***.

Em termos de matrizes, vemos imediatamente que, se S e T são transformações lineares inversas, $[S][T] = [S \circ T] = [I] = I$, sendo o último I a *matriz* identidade. (Por que a matriz canônica da transformação identidade é a matriz identidade?) Precisamos ter também $[T][S] = [T \circ S] = [I] = I$. Isso mostra que $[S]$ e $[T]$ são matrizes inversas. E mostra algo mais: se uma transformação linear T é invertível, sua matriz canônica $[T]$ tem que ser invertível, e, já que matrizes inversas são únicas, isso significa que a inversa de T também é única. Portanto, podemos usar sem ambiguidade a notação T^{-1} para nos referirmos à inversa de T. Dessa forma, podemos reescrever as equações acima como $[T][T^{-1}] = I = [T^{-1}][T]$, que mostra que a matriz de T^{-1} é a inversa de $[T]$. Acabamos de provar o teorema a seguir.

Teorema 3.33 Seja $T : \mathbb{R}^n \to \mathbb{R}^n$ uma transformação linear invertível. Então, sua matriz canônica $[T]$ é uma matriz invertível, e

$$[T^{-1}] = [T]^{-1}$$

Observação Diga também essa expressão em palavras: "A matriz da inversa é a inversa da matriz". Fabuloso!

Exemplo 3.62 Determine a matriz canônica de uma rotação de 60° no sentido horário, em torno da origem, em $\mathbb{R}^2$.

Solução Vimos que a matriz de uma rotação no sentido anti-horário de 60°, em torno da origem, é

$$[R_{60}] = \begin{bmatrix} 1/2 & -\sqrt{3}/2 \\ \sqrt{3}/2 & 1/2 \end{bmatrix}$$

Considerando que uma rotação de 60° no sentido horário é a inversa de uma rotação de 60° no sentido anti-horário, podemos aplicar o teorema 3.33 para obter

$$[R_{-60}] = [(R_{60})^{-1}] = \begin{bmatrix} 1/2 & -\sqrt{3}/2 \\ \sqrt{3}/2 & 1/2 \end{bmatrix}^{-1} = \begin{bmatrix} 1/2 & \sqrt{3}/2 \\ -\sqrt{3}/2 & 1/2 \end{bmatrix}$$

(Verifique o cálculo da matriz inversa. O caminho mais rápido, neste caso de matriz 2×2, é usar o teorema 3.8. Além disso, desenhe um diagrama para verificar que a matriz resultante tem o efeito desejado na base canônica de $\mathbb{R}^2$.)

Exemplo 3.63 Determine se a projeção sobre o eixo x é uma transformação invertível. Caso seja, ache sua inversa.

Solução A matriz canônica dessa projeção, P, é $\begin{bmatrix} 1 & 0 \\ 0 & 0 \end{bmatrix}$, que não é invertível, já que seu determinante é 0. Portanto, P também não é invertível.

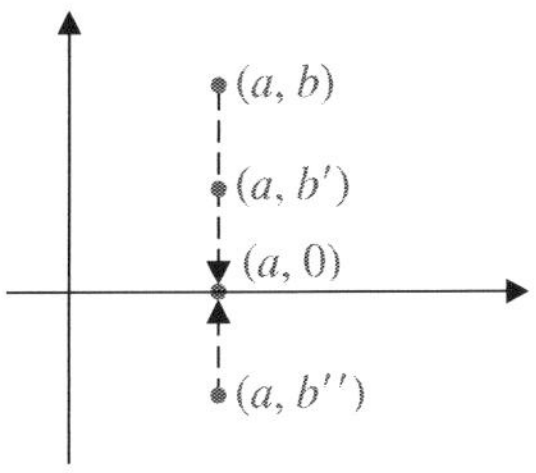

Figura 3.13
Projeções não são invertíveis

Observação A figura 3.13 nos dá alguma ideia de por que a transformação P do exemplo 3.63 não é invertível. A projeção "esmaga" $\mathbb{R}^2$ no eixo x. Para que P fosse invertível, precisaríamos de um modo de "desfazer" isso e recuperar o ponto (a, b) com o qual começamos. Entretanto, existem infinitos candidatos para serem a imagem de $(a, 0)$ sob tal "inversa" hipotética. Qual deles deveríamos usar? Não poderíamos simplesmente dizer que P^{-1} precisa levar $(a, 0)$ até (a, b): isso não seria uma *definição*, pois não teríamos meios de saber qual b deve ser escolhido. (Veja o exercício 42.)

Associatividade

O teorema 3.3(a) na seção 3.2 mostrou a propriedade associativa da multiplicação de matrizes: $A(BC) = (AB)C$. (Se você não tentou provar isso, tente agora. Mesmo que seja apenas com matrizes 2×2, você terá a noção da complexidade envolvida em uma demonstração "elemento a elemento"; isso o fará apreciar a demonstração que daremos em breve.)

Nossa abordagem nessa demonstração será via transformações lineares. Vimos que toda matriz A $m \times n$ dá origem a uma transformação linear $T_A: \mathbb{R}^n \to \mathbb{R}^m$; reciprocamente, toda transformação linear $T: \mathbb{R}^n \to \mathbb{R}^m$ tem uma matriz $[T]$ de ordem $m \times n$ correspondente. As duas correspondências são inversamente relacionadas; isto é, dada A, $[T_A] = A$, e, dada T, $T_{[T]} = T$.

Considere $R = T_A$, $S = T_B$, e $T = T_C$. Então, pelo teorema 3.32,

$$A(BC) = (AB)C \quad \text{se e somente se} \quad R \circ (S \circ T) = (R \circ S) \circ T$$

Provaremos agora a última igualdade. Considere $\mathbf{x}$ no domínio de T (e por isso no domínio de $R \circ (S \circ T)$ e $(R \circ S) \circ T$ — por quê?). Para provar que $R \circ (S \circ T) = (R \circ S) \circ T$, é suficiente mostrar que essas transformações têm o mesmo efeito em $\mathbf{x}$. Aplicando-se repetidas vezes a definição de composta de transformações, temos

$$\begin{aligned}(R \circ (S \circ T))(\mathbf{x}) &= R((S \circ T)(\mathbf{x}))\\ &= R(S(T(\mathbf{x})))\\ &= (R \circ S)(T(\mathbf{x})) = ((R \circ S) \circ T)(\mathbf{x})\end{aligned}$$

como desejado. (Verifique cuidadosamente como a definição de composta foi utilizada quatro vezes.)

Esta seção serviu como introdução às transformações lineares. No capítulo 6, daremos uma olhada mais detalhada e mais geral nessas transformações. Os exercícios a seguir contêm algumas explorações adicionais desse importante conceito.

Exercícios 3.6

1. Seja $T_A : \mathbb{R}^2 \to \mathbb{R}^2$ a transformação matricial correspondente a $A = \begin{bmatrix} 2 & -1 \\ 3 & 4 \end{bmatrix}$. Determine $T_A(\mathbf{u})$ e $T_A(\mathbf{v})$, sendo $\mathbf{u} = \begin{bmatrix} 1 \\ 2 \end{bmatrix}$ e $\mathbf{v} = \begin{bmatrix} 3 \\ -2 \end{bmatrix}$.

2. Seja $T_A : \mathbb{R}^2 \to \mathbb{R}^3$ a transformação matricial correspondente a $A = \begin{bmatrix} 3 & -1 \\ 1 & 2 \\ 1 & 4 \end{bmatrix}$. Determine $T_A(\mathbf{u})$ e $T_A(\mathbf{v})$, sendo $\mathbf{u} = \begin{bmatrix} 1 \\ 2 \end{bmatrix}$ e $\mathbf{v} = \begin{bmatrix} 3 \\ -2 \end{bmatrix}$.

Nos exercícios de 3 a 6, prove que a transformação dada é uma transformação linear, usando a definição (ou a observação após o exemplo 3.55).

3. $T\begin{bmatrix} x \\ y \end{bmatrix} = \begin{bmatrix} x + y \\ x - y \end{bmatrix}$

4. $T\begin{bmatrix} x \\ y \end{bmatrix} = \begin{bmatrix} -y \\ x + 2y \\ 3x - 4y \end{bmatrix}$

5. $T\begin{bmatrix} x \\ y \\ z \end{bmatrix} = \begin{bmatrix} x - y + z \\ 2x + y - 3z \end{bmatrix}$

6. $T\begin{bmatrix} x \\ y \\ z \end{bmatrix} = \begin{bmatrix} x + z \\ y + z \\ x + y \end{bmatrix}$

Nos exercícios de 7 a 10, dê um contraexemplo para mostrar que a transformação dada não é linear.

7. $T\begin{bmatrix} x \\ y \end{bmatrix} = \begin{bmatrix} y \\ x^2 \end{bmatrix}$

8. $T\begin{bmatrix} x \\ y \end{bmatrix} = \begin{bmatrix} |x| \\ |y| \end{bmatrix}$

9. $T\begin{bmatrix} x \\ y \end{bmatrix} = \begin{bmatrix} xy \\ x + y \end{bmatrix}$

10. $T\begin{bmatrix} x \\ y \end{bmatrix} = \begin{bmatrix} x + 1 \\ y - 1 \end{bmatrix}$

Nos exercícios de 11 a 14, ache a matriz canônica da transformação linear no exercício dado.

11. Exercício 3

12. Exercício 4

13. Exercício 5

14. Exercício 6

Nos exercícios de 15 a 18, mostre que a transformação dada de $\mathbb{R}^2$ em $\mathbb{R}^2$ é linear, mostrando que ela é uma transformação matricial.

15. *F* reflete um vetor em torno do eixo *y*.

16. *R* faz a rotação de 45º no sentido anti-horário em torno da origem.

17. *D* estende um vetor por um fator de 2 na componente *x* e por um fator de 3 na componente *y*.

18. *P* projeta um vetor sobre a reta $y = x$.

19. Os três tipos de matrizes elementares produzem cinco tipos de matrizes 2×2 com uma das seguintes formas:

$$\begin{bmatrix} k & 0 \\ 0 & 1 \end{bmatrix} \text{ou} \begin{bmatrix} 1 & 0 \\ 0 & k \end{bmatrix}$$

$$\begin{bmatrix} 0 & 1 \\ 1 & 0 \end{bmatrix}$$

$$\begin{bmatrix} 1 & k \\ 0 & 1 \end{bmatrix} \text{ou} \begin{bmatrix} 1 & 0 \\ k & 1 \end{bmatrix}$$

Cada uma dessas matrizes elementares corresponde a uma transformação linear de $\mathbb{R}^2$ em $\mathbb{R}^2$. Faça desenhos que ilustrem o efeito de cada uma no quadrado unitário de vértices em (0, 0), (1, 0), (0, 1) e (1, 1).

Nos exercícios de 20 a 25, ache as matrizes canônicas das transformações lineares de $\mathbb{R}^2$ em $\mathbb{R}^2$ dadas.

20. Rotação de 120º no sentido anti-horário em torno da origem.

21. Rotação de 30º no sentido horário em torno da origem.

22. Projeção sobre a reta $y = 2x$.

23. Projeção sobre a reta $y = -x$.

24. Reflexão em relação à reta $y = x$.

25. Reflexão em relação à reta $y = -x$.

26. Sejam ℓ uma reta que passa pela origem de $\mathbb{R}^2$, P_ℓ a transformação linear que projeta um vetor sobre ℓ e F_ℓ a transformação que reflete um vetor em relação a ℓ.

(a) Desenhe diagramas para mostrar que F_ℓ é linear.

(b) A figura 3.14 sugere um modo de achar a matriz de F_ℓ, usando o fato de que as diagonais de um paralelogramo se interceptam. Prove que $F_\ell(\mathbf{x}) = 2P_\ell(\mathbf{x}) - \mathbf{x}$ e use esse resultado para mostrar que a matriz canônica de F_ℓ é

$$\frac{1}{d_1^2 + d_2^2}\begin{bmatrix} d_1^2 - d_2^2 & 2d_1d_2 \\ 2d_1d_2 & -d_1^2 + d_2^2 \end{bmatrix}$$

(em que $\mathbf{d} = \begin{bmatrix} d_1 \\ d_2 \end{bmatrix}$ é o vetor diretor de ℓ).

(c) Se o ângulo entre ℓ e o semi-eixo positivo x é θ, mostre que a matriz de F_ℓ é

$$\begin{bmatrix} \cos 2\theta & \text{sen}\, 2\theta \\ \text{sen}\, 2\theta & -\cos 2\theta \end{bmatrix}$$

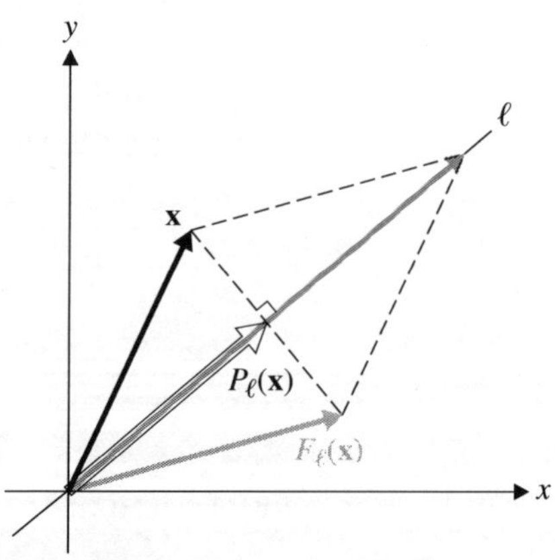

Figura 3.14

Nos exercícios 27 e 28, aplique as partes (b) e (c) do exercício 26 para achar a matriz canônica da transformação.

27. Reflexão em relação à reta $y = 2x$.

28. Reflexão em relação à reta $y = \sqrt{3}x$.

29. Verifique a fórmula para $S \circ T$ no exemplo 3.60, fazendo diretamente a substituição sugerida.

Nos exercícios de 30 a 35, verifique o teorema 3.32 achando a matriz de $S \circ T$ (a) por substituição direta e (b) por multiplicação de matrizes $[S][T]$.

30. $T\begin{bmatrix} x_1 \\ x_2 \end{bmatrix} = \begin{bmatrix} x_1 - x_2 \\ x_1 + x_2 \end{bmatrix}, S\begin{bmatrix} y_1 \\ y_2 \end{bmatrix} = \begin{bmatrix} 2y_1 \\ -y_2 \end{bmatrix}$

31. $T\begin{bmatrix} x_1 \\ x_2 \end{bmatrix} = \begin{bmatrix} x_1 + 2x_2 \\ -3x_1 + x_2 \end{bmatrix}, S\begin{bmatrix} y_1 \\ y_2 \end{bmatrix} = \begin{bmatrix} y_1 + 3y_2 \\ y_1 - y_2 \end{bmatrix}$

32. $T\begin{bmatrix} x_1 \\ x_2 \end{bmatrix} = \begin{bmatrix} x_2 \\ -x_1 \end{bmatrix}, S\begin{bmatrix} y_1 \\ y_2 \end{bmatrix} = \begin{bmatrix} y_1 + 3y_2 \\ 2y_1 + y_2 \\ y_1 - y_2 \end{bmatrix}$

33. $T\begin{bmatrix} x_1 \\ x_2 \\ x_3 \end{bmatrix} = \begin{bmatrix} x_1 + x_2 - x_3 \\ 2x_1 - x_2 + x_3 \end{bmatrix}, S\begin{bmatrix} y_1 \\ y_2 \end{bmatrix} = \begin{bmatrix} 4y_1 - 2y_2 \\ -y_1 + y_2 \end{bmatrix}$

34. $T\begin{bmatrix} x_1 \\ x_2 \\ x_3 \end{bmatrix} = \begin{bmatrix} x_1 + 2x_2 \\ 2x_2 - x_3 \end{bmatrix}, S\begin{bmatrix} y_1 \\ y_2 \end{bmatrix} = \begin{bmatrix} y_1 - y_2 \\ y_1 + y_2 \\ -y_1 + y_2 \end{bmatrix}$

35. $T\begin{bmatrix} x_1 \\ x_2 \\ x_3 \end{bmatrix} = \begin{bmatrix} x_1 + x_2 \\ x_2 + x_3 \\ x_1 + x_3 \end{bmatrix}, S\begin{bmatrix} y_1 \\ y_2 \\ y_3 \end{bmatrix} = \begin{bmatrix} y_1 - y_2 \\ y_2 - y_3 \\ -y_1 + y_3 \end{bmatrix}$

Nos exercícios de 36 a 39, ache a matriz canônica da transformação composta de $\mathbb{R}^2$ em $\mathbb{R}^2$.

36. Rotação de 60° no sentido anti-horário em torno da origem, seguida por uma reflexão em relação à reta $y = x$.

37. Reflexão em relação ao eixo y, seguida por uma rotação de 30° no sentido horário em torno da origem.

38. Rotação de 45° no sentido horário em torno da origem, seguida por uma projeção sobre o eixo y e depois por uma rotação de 45° no sentido horário em torno da origem.

39. Reflexão em relação à reta $y = x$, seguida por uma rotação de 30° no sentido anti-horário em torno da origem e depois por uma reflexão em relação à reta $y = -x$.

Nos exercícios de 40 a 43, use matrizes para provar as afirmações sobre transformações de $\mathbb{R}^2$ em $\mathbb{R}^2$.

40. Se R_θ denota uma rotação (em torno da origem) de um ângulo θ, então $R_\alpha \circ R_\beta = R_{\alpha+\beta}$.

41. Se θ é o ângulo entre as retas ℓ e m (que passam pela origem), então $F_m \circ F_\ell = R_{+2\theta}$. (Veja o exercício 26.)

42. **(a)** Se P é uma projeção, então $P \circ P = P$.

(b) A matriz de uma projeção nunca pode ser invertível.

43. Se ℓ, m e n são três retas que passam pela origem, então $F_n \circ F_m \circ F_\ell$ é também uma reflexão em relação a uma reta que passa pela origem.

44. Seja T uma transformação linear de $\mathbb{R}^2$ em $\mathbb{R}^2$ (ou de $\mathbb{R}^3$ em $\mathbb{R}^3$). Prove que T leva uma reta até outra reta ou ponto. (*Sugestão*: use a equação vetorial de uma reta.)

45. Seja T uma transformação linear de $\mathbb{R}^2$ em $\mathbb{R}^2$ (ou de $\mathbb{R}^3$ em $\mathbb{R}^3$). Prove que T leva retas paralelas em retas paralelas, em uma única reta, em um par de pontos ou em um ponto único.

Nos exercícios de 46 a 51, seja ABCD o quadrado com vértices $(-1, 1)$, $(1, 1)$, $(1, -1)$ e $(-1, -1)$. Use os resultados dos exercícios 44 e 45 para achar e desenhar a imagem de ABCD sob a transformação dada.

46. T do exercício 3

47. D do exercício 17

48. P do exercício 18

49. A projeção do exercício 22

50. T do exercício 31

51. A transformação no exercício 37

52. Prove que $P_\ell(c\mathbf{v}) = cP_\ell(\mathbf{v})$ para todo escalar c [exemplo 3.59(b)].

53. Prove que $T : \mathbb{R}^n \to \mathbb{R}^m$ é uma transformação linear se e somente se

$$T(c_1\mathbf{v}_1 + c_2\mathbf{v}_2) = c_1T(\mathbf{v}_1) + c_2T(\mathbf{v}_2)$$

para quaisquer $\mathbf{v}_1$, $\mathbf{v}_2$ em $\mathbb{R}^n$ e escalares c_1, c_2.

54. Prove que (como observado no início desta seção) a imagem de uma transformação linear $T : \mathbb{R}^n \to \mathbb{R}^m$ é o espaço coluna de sua matriz $[T]$.

55. Se A é uma matriz invertível 2×2, o que o Teorema Fundamental das Matrizes Invertíveis afirma sobre a transformação linear correspondente T_A? (Veja o exercício 19).

Vinheta

Robotics

Em 1981, o ônibus espacial *Columbia*, dos EUA, decolou equipado com um dispositivo chamado Sistema de Manipulação Remota (Shuttle Remote Manipulator System – SRMS). Esse braço robótico, conhecido como *Canadarm*, mostrou-se uma ferramenta vital em todas as missões subsequentes com ônibus espaciais, proporcionando manejo firme, porém preciso e delicado, às cargas do ônibus espacial. (Veja a figura 3.15).

O *Canadarm* tem sido usado para colocar satélites em suas órbitas corretas e recolher, para reparos, aqueles que estiverem funcionando mal. Ele tem também realizado reparos cruciais no próprio ônibus. Particularmente, o braço robótico contribuiu decisivamente para o conserto bem-sucedido do Telescópio Espacial *Hubble*. Desde 1998, o *Canadarm* tem desempenhado um papel importante na montagem e operação da *Estação Espacial International*.

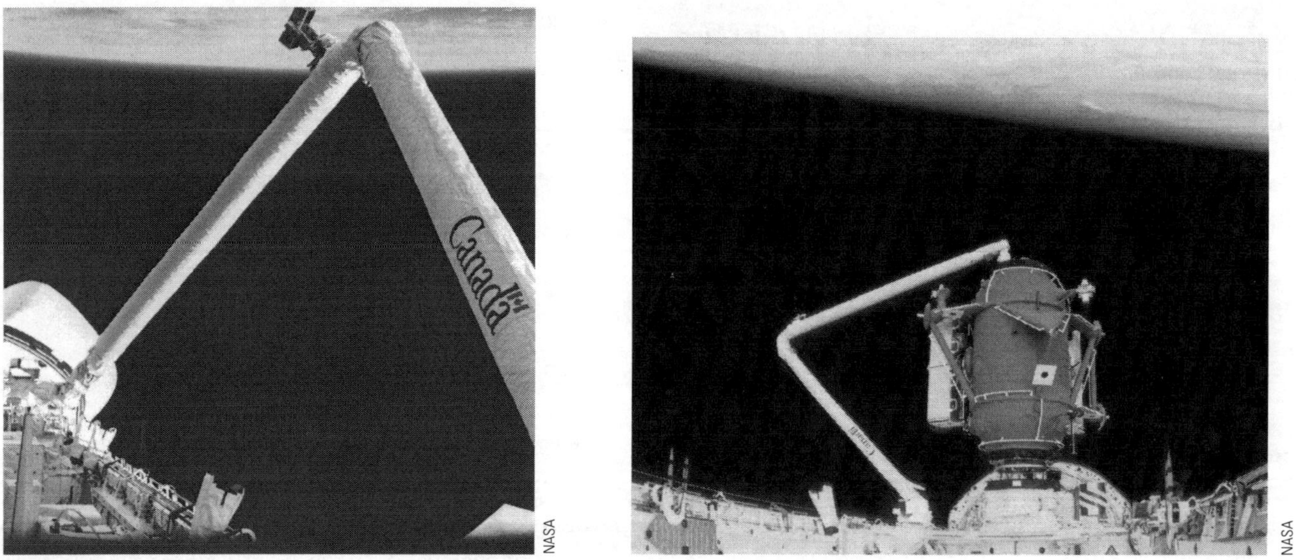

Figura 3.15
Canadarm

Um braço robótico consiste de uma série de *barras* de comprimento fixo conectadas por *juntas* que permitem que elas girem. Cada barra pode, portanto, fazer rotações no espaço, ou ser transladada paralelamente a si mesma (pelo efeito de outras barras), ou se mover por uma combinação (composição) de rotações e translações. Antes que possamos esboçar um modelo matemático para um braço robótico, precisamos compreender como rotações e translações se comportam quando compostas. Para simplificar, iremos assumir que nosso braço robótico está em $\mathbb{R}^2$.

Na seção 3.6, vimos que a matriz de rotação R de ângulo θ em torno da origem é uma transformação linear com matriz $\begin{bmatrix} \cos\theta & -\text{sen}\theta \\ \text{sen}\theta & \cos\theta \end{bmatrix}$ (figura 3.16(a)). Se $\mathbf{v} = \begin{bmatrix} a \\ b \end{bmatrix}$, então uma **translação determinada por v** é a transformação

$$T(\mathbf{x}) = \mathbf{x} + \mathbf{v} \quad \text{ou, equivalentemente,} \quad T\begin{bmatrix} x \\ y \end{bmatrix} = \begin{bmatrix} x + a \\ y + b \end{bmatrix}$$

(figura 3.16(b)).

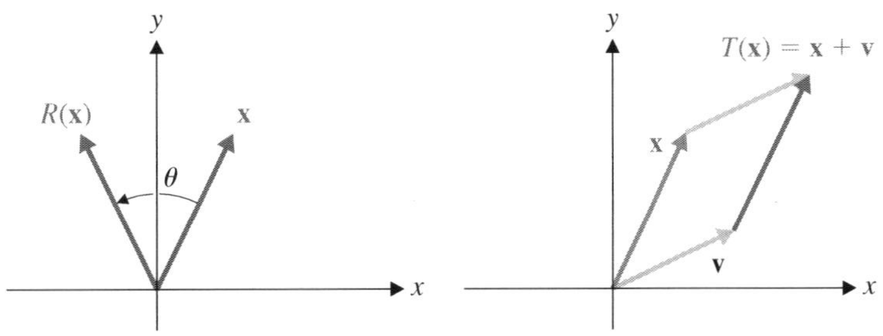

(a) Rotação (b) Translação

Figura 3.16

Infelizmente, uma translação não é uma transformação linear, porque $T(\mathbf{0}) \neq \mathbf{0}$. Entretanto, existe um truque que irá contornar esse problema. Podemos representar o vetor $\mathbf{x} = \begin{bmatrix} x \\ y \end{bmatrix}$ usando o vetor $\begin{bmatrix} x \\ y \\ 1 \end{bmatrix}$ de $\mathbb{R}^3$. Essa é a representação de **x** em ***coordenadas homogêneas***. Então o produto das matrizes

$$\begin{bmatrix} 1 & 0 & a \\ 0 & 1 & b \\ 0 & 0 & 1 \end{bmatrix}\begin{bmatrix} x \\ y \\ 1 \end{bmatrix} = \begin{bmatrix} x + a \\ y + b \\ 1 \end{bmatrix}$$

representa o vetor transladado $T(\mathbf{x})$ em coordenadas homogêneas.

Podemos também considerar rotações em coordenadas homogêneas. O produto das matrizes

$$\begin{bmatrix} \cos\theta & -\text{sen}\theta & 0 \\ \text{sen}\theta & \cos\theta & 0 \\ 0 & 0 & 1 \end{bmatrix}\begin{bmatrix} x \\ y \\ 1 \end{bmatrix} = \begin{bmatrix} x\cos\theta - y\,\text{sen}\theta \\ x\,\text{sen}\theta + y\cos\theta \\ 1 \end{bmatrix}$$

representa o vetor $R(\mathbf{x})$ em coordenadas homogêneas. A composta $T \circ R$ que calcula a rotação R seguida da translação T é então representada pelo produto

$$\begin{bmatrix} 1 & 0 & a \\ 0 & 1 & b \\ 0 & 0 & 1 \end{bmatrix}\begin{bmatrix} \cos\theta & -\text{sen}\theta & 0 \\ \text{sen}\theta & \cos\theta & 0 \\ 0 & 0 & 1 \end{bmatrix} = \begin{bmatrix} \cos\theta & -\text{sen}\theta & a \\ \text{sen}\theta & \cos\theta & b \\ 0 & 0 & 1 \end{bmatrix}$$

[Note qu $R \circ T \neq T \circ R$.]

Para modelar um braço robótico, nós definimos, para cada barra, um sistema de coordenadas próprio (chamado *quadro* de referências) e examinamos como uma barra se move em relação àquelas às quais ela está diretamente conectada. Mais especificamente, para a barra A_i nós consideramos um sistema de eixos coordenados

x_i e y_i, com o eixo x_i alinhado com a barra. O comprimento de A_i é denotado por a_i, e o ângulo entre x_i e x_{i-1} é denotado por θ_i. A junta entre A_i e A_{i-1} está no ponto $(0, 0)$ relativo a A_i e $(a_{i-1}, 0)$ relativo a A_{i-1}. Consequentemente, relativamente a A_{i-1}, o sistema de coordenadas de A_i foi girado de θ_i e então transladado por $\begin{bmatrix} a_{i-1} \\ 0 \end{bmatrix}$ (figura 3.17). Essa transformação é representada, em coordenadas homogêneas, pela matriz

$$T_i = \begin{bmatrix} \cos\theta_i & -\operatorname{sen}\theta_i & a_{i-1} \\ \operatorname{sen}\theta_i & \cos\theta_i & 0 \\ 0 & 0 & 1 \end{bmatrix}$$

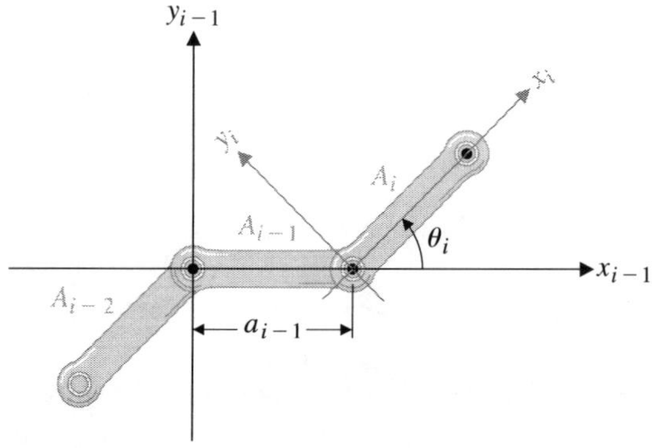

Figura 3.17

Para dar um exemplo explícito, considere a figura 3.18(a). Ela mostra um braço com três barras, em que A_1 está em sua posição inicial e cada uma das outras duas barras girou 45° em relação à barra anterior. Vamos supor que o comprimento de cada barra seja de 2 unidades. A figura 3.18(b) mostra A_3 em seu sistema de coordenadas inicial. A transformação

$$T_3 = \begin{bmatrix} \cos 45 & -\operatorname{sen} 45 & 2 \\ \operatorname{sen} 45 & \cos 45 & 0 \\ 0 & 0 & 1 \end{bmatrix} = \begin{bmatrix} 1/\sqrt{2} & -1/\sqrt{2} & 2 \\ 1/\sqrt{2} & 1/\sqrt{2} & 0 \\ 0 & 0 & 1 \end{bmatrix}$$

produz uma rotação de 45° seguida de uma translação de 2 unidades. Como mostrado em 3.18(c), esse movimento coloca A_3 em sua posição apropriada com relação ao sistema de coordenadas de A_2. Em seguida, a transformação

$$T_2 = \begin{bmatrix} \cos 45 & -\operatorname{sen} 45 & 2 \\ \operatorname{sen} 45 & \cos 45 & 0 \\ 0 & 0 & 1 \end{bmatrix} = \begin{bmatrix} 1/\sqrt{2} & -1/\sqrt{2} & 2 \\ 1/\sqrt{2} & 1/\sqrt{2} & 0 \\ 0 & 0 & 1 \end{bmatrix}$$

é aplicada ao resultado anterior. Isso coloca as barras A_3 e A_2 em suas posições corretas relativamente a A_1, como mostrado na figura 3.18(d). Normalmente, uma terceira transformação T_1 (uma rotação) seria aplicada ao resultado anterior, mas em nosso caso, T_1 é a transformação identidade porque A_1 fica em sua posição inicial.

Tipicamente, queremos saber as coordenadas do final (a "mão") do braço robótico, dados os comprimentos e os ângulos — isso é conhecido como *cinemática direta*. Seguindo a sequência de cálculos acima e observando a figura 3.18, vemos que

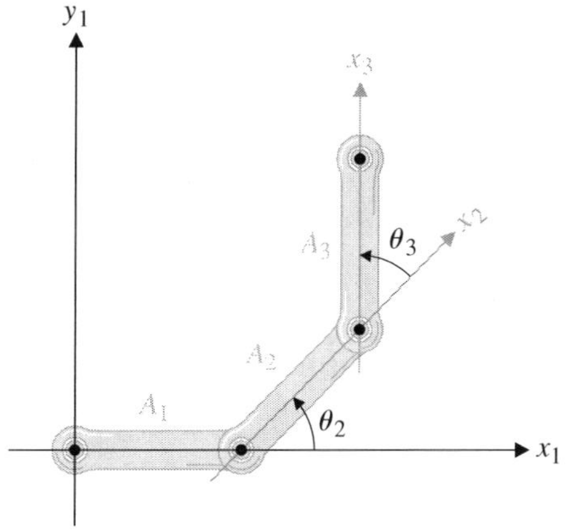

(a) Uma cadeia de três barras

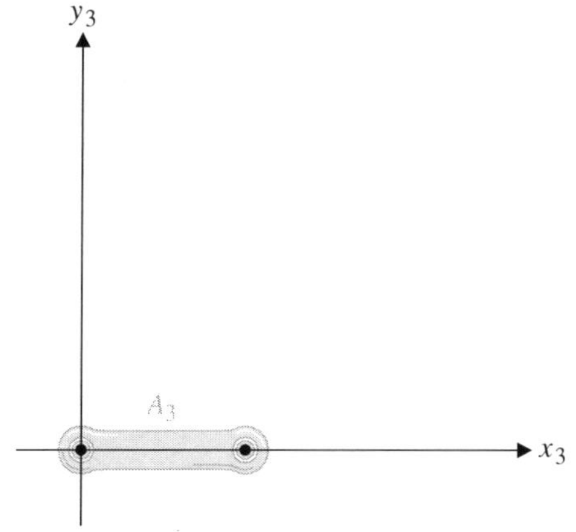

(b) A_3 em seu sistema de coordenadas inicial

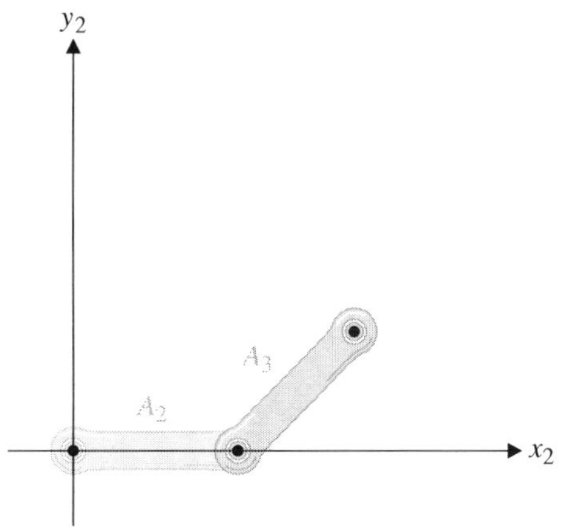

(c) T_3 coloca A_3 no sistema de coordenadas inicial de A_2

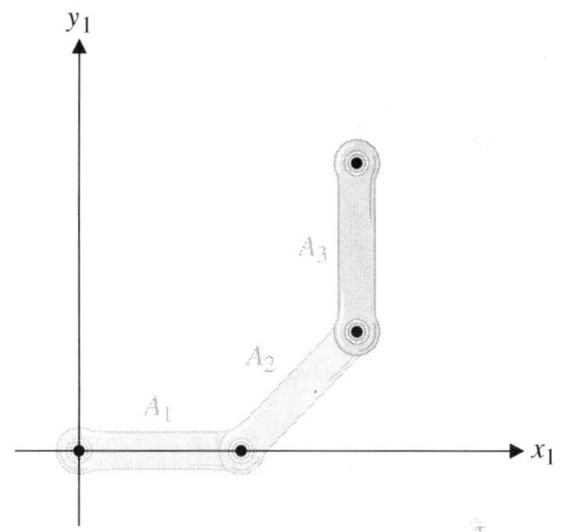

(d) T_2T_3 coloca A_3 no sistema de coordenadas inicial de A_1

Figura 3.18

precisamos determinar onde o ponto (2, 0) estará depois que T_3 e T_2 são aplicadas. Desse modo, a mão do braço está em

$$T_2T_3\begin{bmatrix}2\\0\\1\end{bmatrix} = \begin{bmatrix}1/\sqrt{2} & -1/\sqrt{2} & 2\\ 1/\sqrt{2} & 1/\sqrt{2} & 0\\ 0 & 0 & 1\end{bmatrix}^2\begin{bmatrix}2\\0\\1\end{bmatrix} = \begin{bmatrix}0 & -1 & 2+\sqrt{2}\\ 1 & 0 & \sqrt{2}\\ 0 & 0 & 1\end{bmatrix}\begin{bmatrix}2\\0\\1\end{bmatrix}$$

$$= \begin{bmatrix}2+\sqrt{2}\\ 2+\sqrt{2}\\ 1\end{bmatrix}$$

que representa o ponto $(2+\sqrt{2}, 2+\sqrt{2})$ em coordenadas homogêneas. É fácil verificar, com base na figura 3.18(a), que esse resultado está correto.

Os métodos usados neste exemplo se generalizam para braços robóticos em três dimensões, embora em $\mathbb{R}^3$ haja mais graus de liberdade e, portanto, mais variáveis. O método das coordenadas homogêneas é também útil em outras aplicações, notadamente em computação gráfica.

3.7 Aplicações

Cadeias de Markov

Uma equipe de pesquisa de mercado está conduzindo um levantamento para determinar a preferência das pessoas em relação a pastas de dentes. A amostra consiste em 200 pessoas; pede-se que cada uma experimente duas marcas de pasta de dentes por um período de vários meses. Baseada nas respostas do levantamento, a equipe de pesquisa compila a seguinte estatística sobre as preferências quanto a pastas de dentes.

Dos que usaram a marca A em qualquer mês, 70% continuaram a utilizá-la no mês seguinte, enquanto 30% mudaram para a marca B; dos que usaram a marca B em qualquer mês, 80% continuaram a utilizá-la no mês seguinte, enquanto 20% mudaram para a marca A. Esses resultados aparecem resumidos na figura 1, na qual as porcentagens foram convertidas em decimais; pensaremos neles como probabilidades.

Andrei A. Markov (1856-1922) foi um matemático russo que estudou e posteriormente lecionou na Universidade de São Petersburgo. Era interessado em teoria de números, em análise, e na teoria de frações continuadas, uma área recentemente desenvolvida que Markov aplicou em teoria da probabilidade. Markov também tinha interesse em poesia, e um dos usos que ele deu às cadeias de Markov foi na analise de padrões em poemas e em outros textos literários.

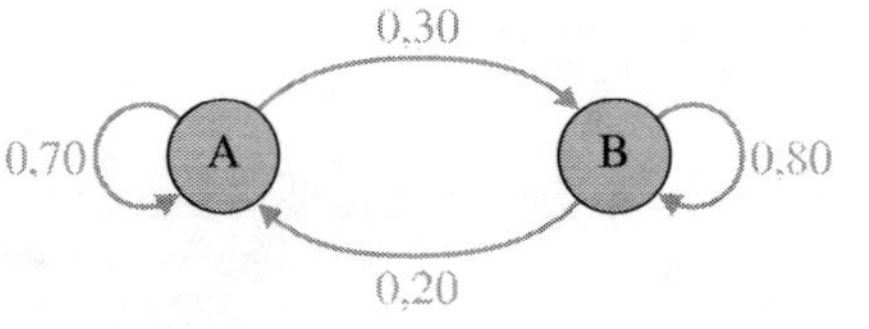

Figura 3.19

A figura 3.19 é um exemplo simples de uma ***cadeia de Markov*** (finita). Representa um processo em desenvolvimento que consiste em um número finito de *estados*. A cada passo, ou ponto no tempo, o processo pode estar em qualquer um dos estados; no passo seguinte, o processo pode permanecer no mesmo estado ou mudar para um dos outros estados. O estado para o qual o processo se muda no passo seguinte, e a probabilidade de isso acontecer, dependem *apenas* do estado presente e não da história pela qual o processo passou. Essas probabilidades são chamadas *probabilidades de transição*, e presume-se que sejam constantes — isto é, a probabilidade de alteração do estado i para o estado j é sempre a mesma.

Exemplo 3.64

Na pesquisa sobre pastas de dentes, existem apenas dois estados — o uso da marca A e o uso da marca B —, e as probabilidades de transição são as indicadas na figura 3.19. Suponha que, no começo da pesquisa, 120 pessoas estejam usando a marca A, e 80 pessoas, a marca B. Quantas pessoas estarão usando cada uma das marcas um mês depois? E dois meses depois?

Solução Após um mês, o número de usuários da marca A será 70% daqueles que inicialmente utilizaram a marca A (aqueles que se mantêm leais à marca A) mais 20% dos usuários da marca B (os que trocaram B por A):

$$0{,}70(120) + 0{,}20(80) = 100$$

Analogamente, o número de usuários da marca B, após um mês, será uma combinação dos que trocaram para a marca B e daqueles que continuaram a utilizá-la:

$$0{,}30(120) + 0{,}80(80) = 100$$

Podemos resumir essas duas equações em uma simples equação matricial:

$$\begin{bmatrix} 0{,}70 & 0{,}20 \\ 0{,}30 & 0{,}80 \end{bmatrix} \begin{bmatrix} 120 \\ 80 \end{bmatrix} = \begin{bmatrix} 100 \\ 100 \end{bmatrix}$$

Vamos chamar a matriz de P, e os vetores, de $\mathbf{x}_0 = \begin{bmatrix} 120 \\ 80 \end{bmatrix}$ e $\mathbf{x}_1 = \begin{bmatrix} 100 \\ 100 \end{bmatrix}$. (Note que as componentes de cada vetor são o número de usuários das marcas A e B, respectivamente, após o número de meses indicado pelo índice do vetor.) Dessa forma, temos $\mathbf{x}_1 = P\mathbf{x}_0$.

Estendendo a notação, considere $\mathbf{x}_k$ como o vetor cujas componentes registram a distribuição de usuários de cada pasta de dentes após k meses. Para determinar o número de usuários de cada marca após dois meses, simplesmente aplicamos a mesma equação matricial, começando com $\mathbf{x}_1$ em vez de $\mathbf{x}_0$. Obtemos

$$\mathbf{x}_2 = P\mathbf{x}_1 = \begin{bmatrix} 0{,}70 & 0{,}20 \\ 0{,}30 & 0{,}80 \end{bmatrix} \begin{bmatrix} 100 \\ 100 \end{bmatrix} = \begin{bmatrix} 90 \\ 110 \end{bmatrix}$$

na qual vemos que agora temos 90 usuários da marca A e 110 da marca B.

Os vetores $\mathbf{x}_k$ do exemplo 3.64 são chamados ***vetores de estado*** da cadeia de Markov, e a matriz P é chamada ***matriz de transição***. Acabamos de ver que uma cadeia de Markov satisfaz a relação

$$\mathbf{x}_{k+1} = P\mathbf{x}_k \text{ para } k = 0, 1, 2, \ldots$$

Desse resultado, segue que podemos calcular um vetor de estado arbitrário *iterativamente*, uma vez que conhecemos $\mathbf{x}_0$ e P. Em outras palavras, uma cadeia de Markov é *completamente determinada* por suas probabilidades de transição e por seu estado inicial.

Observações

- Se, no exemplo 3.64, quiséssemos acompanhar não o número *real* de usuários, mas o número *relativo* que utiliza cada marca, poderíamos converter os dados para porcentagens ou frações dividindo por 200, que é o número total de usuários. Dessa maneira, começaríamos com

$$\mathbf{x}_0 = \begin{bmatrix} \frac{120}{200} \\ \frac{80}{200} \end{bmatrix} = \begin{bmatrix} 0{,}60 \\ 0{,}40 \end{bmatrix}$$

para indicar o fato de que, inicialmente, a divisão entre as marcas A e B é de 60% e 40%, respectivamente. Verifique, por cálculo direto, que $P\mathbf{x}_0 = \begin{bmatrix} 0{,}50 \\ 0{,}50 \end{bmatrix}$, que pode ser visto como $\mathbf{x}_1$ (de acordo com a divisão 50% - 50% que calculamos acima). Vetores como esses, com componentes não negativas que somam 1, são chamados ***vetores de probabilidade***.

- Observe como as probabilidades de transição estão arranjadas dentro da matriz de transição P. Podemos pensar nas colunas de P como os estados *presentes*, e nas linhas de P como os estados *seguintes*:

$$\begin{array}{cc} & \textit{Presente} \\ & \begin{array}{cc} \mathrm{A} & \mathrm{B} \end{array} \\ \textit{Seguinte} \begin{array}{c} \mathrm{A} \\ \mathrm{B} \end{array} & \begin{bmatrix} 0{,}70 & 0{,}20 \\ 0{,}30 & 0{,}80 \end{bmatrix} \end{array}$$

A palavra *estocástico* é derivada do adjetivo grego *stokhastikos*, que significa "capaz de apontar" (ou adivinhar). É aplicada tudo o que for governado pelas leis da probabilidade, no sentido de que probabilidade faz previsões sobre a chance das coisas acontecerem. Na teoria da probabilidade, os "processos estocásticos" são uma generalização das cadeias de Markov.

Note também que as colunas de P são vetores de probabilidade; toda matriz quadrada com essa propriedade é chamada de ***matriz estocástica***.

Podemos perceber de outro modo a natureza determinística das cadeias de Markov. Note que podemos escrever

$$\mathbf{x}_2 = P\mathbf{x}_1 = P(P\mathbf{x}_0) = P^2\mathbf{x}_0$$

e, geralmente,

$$\mathbf{x}_k = P^k\mathbf{x}_0 \quad \text{para } k = 0, 1, 2, \ldots$$

Isso nos leva a examinar as potências de uma matriz de transição. No exemplo 3.64, temos

$$P^2 = \begin{bmatrix} 0{,}70 & 0{,}20 \\ 0{,}30 & 0{,}80 \end{bmatrix}\begin{bmatrix} 0{,}70 & 0{,}20 \\ 0{,}30 & 0{,}80 \end{bmatrix} = \begin{bmatrix} 0{,}55 & 0{,}30 \\ 0{,}45 & 0{,}70 \end{bmatrix}$$

O que podemos dizer sobre os elementos dessa matriz? A primeira coisa a observar é que P^2 é outra matriz estocástica, já que a soma dos elementos de suas colunas é igual a 1. (Você provará isso no exercício 14.) A matriz P^2 poderia ser também uma matriz de transição de algum tipo? Considere um de seus elementos — digamos, $(P^2)_{21} = 0{,}45$. O diagrama de árvore na figura 3.20 esclarece de onde veio esse elemento.

Quatro mudanças de estado podem ocorrer em dois meses, e elas correspondem aos quatro ramos (ou caminhos) de comprimento 2 na árvore. Alguém, inicialmente usando a marca A, pode terminar usando a marca B dois meses depois, por dois caminhos diferentes (marcados com * na figura): a pessoa pode continuar usando A depois de um mês e então mudar para B (com probabilidade $0{,}7(0{,}3) = 0{,}21$), ou mudar para B depois de um mês e permanecer com ela (com probabilidade $0{,}3(0{,}8) = 0{,}24$). A soma dessas probabilidades nos dá uma probabilidade total de 0,45. Observe que esses cálculos são *exatamente* o que fazemos quando calculamos $(P^2)_{21}$.

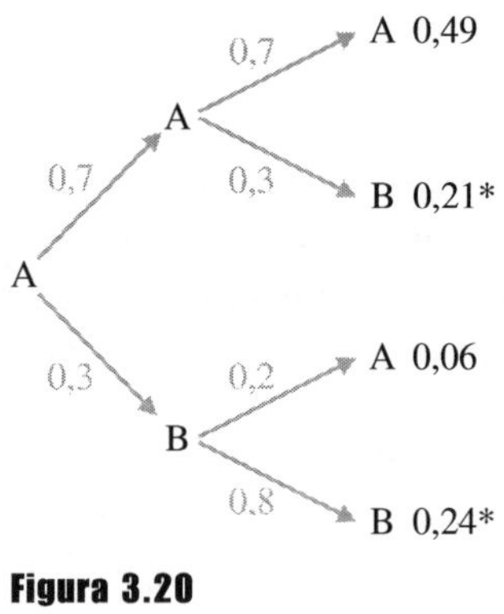

Figura 3.20

Portanto, $(P^2)_{21} = 0{,}45$ representa a probabilidade de passar do estado 1 (marca A) para o estado 2 (marca B) em duas transições. (Note que a ordem dos índices é a inversa da que você poderia supor.) Generalizando o argumento, pode-se mostrar que

> $(P^k)_{ij}$ é a probabilidade de se passar do estado j ao estado i em k transições.

No exemplo 3.64, o que irá acontecer com a distribuição dos usuários de pasta de dentes em um prazo longo? Vamos trabalhar com vetores de probabilidade como vetores de estado. Dando prosseguimento a nossos cálculos (arredondando para três casas decimais), encontramos

$$\mathbf{x}_0 = \begin{bmatrix} 0{,}60 \\ 0{,}40 \end{bmatrix}, \mathbf{x}_1 = \begin{bmatrix} 0{,}50 \\ 0{,}50 \end{bmatrix}, \mathbf{x}_2 = P\mathbf{x}_1 = \begin{bmatrix} 0{,}70 & 0{,}20 \\ 0{,}30 & 0{,}80 \end{bmatrix}\begin{bmatrix} 0{,}50 \\ 0{,}50 \end{bmatrix} = \begin{bmatrix} 0{,}45 \\ 0{,}55 \end{bmatrix},$$

$$\mathbf{x}_3 = P\mathbf{x}_2 = \begin{bmatrix} 0{,}70 & 0{,}20 \\ 0{,}30 & 0{,}80 \end{bmatrix}\begin{bmatrix} 0{,}45 \\ 0{,}55 \end{bmatrix} = \begin{bmatrix} 0{,}425 \\ 0{,}575 \end{bmatrix}, \mathbf{x}_4 = \begin{bmatrix} 0{,}412 \\ 0{,}588 \end{bmatrix}, \mathbf{x}_5 = \begin{bmatrix} 0{,}406 \\ 0{,}594 \end{bmatrix},$$

$$\mathbf{x}_6 = \begin{bmatrix} 0{,}403 \\ 0{,}597 \end{bmatrix}, \mathbf{x}_7 = \begin{bmatrix} 0{,}402 \\ 0{,}598 \end{bmatrix}, \mathbf{x}_8 = \begin{bmatrix} 0{,}401 \\ 0{,}599 \end{bmatrix}, \mathbf{x}_9 = \begin{bmatrix} 0{,}400 \\ 0{,}600 \end{bmatrix}, \mathbf{x}_{10} = \begin{bmatrix} 0{,}400 \\ 0{,}600 \end{bmatrix}$$

e assim por diante. Parece que os vetores de estado se aproximam do vetor $\begin{bmatrix} 0,4 \\ 0,6 \end{bmatrix}$, (ou *convergem* para ele), o que significa que, com o passar do tempo, 40% dos usuários de pasta de dentes na pesquisa irão usar a marca A e 60% usarão a marca B. De fato, é fácil verificar que, uma vez atingida essa distribuição, ela nunca mais mudará. Simplesmente calculamos

$$\begin{bmatrix} 0,70 & 0,20 \\ 0,30 & 0,80 \end{bmatrix}\begin{bmatrix} 0,4 \\ 0,6 \end{bmatrix} = \begin{bmatrix} 0,4 \\ 0,6 \end{bmatrix}$$

Um vetor de estado $\mathbf{x}$, com a propriedade $P\mathbf{x} = \mathbf{x}$, é chamado ***vetor de estado estacionário***. No capítulo 4, provaremos que toda cadeia de Markov tem um único vetor de estado estacionário. Por hora, aceitaremos isso como fato e veremos como achar esse vetor sem ter de fazer nenhuma iteração.

Começamos reescrevendo a equação matricial $P\mathbf{x} = \mathbf{x}$ na forma $P\mathbf{x} = I\mathbf{x}$, que pode ser reescrita como $(I - P)\mathbf{x} = \mathbf{0}$. Agora, esse é apenas um sistema de equações lineares homogêneo com matriz de coeficientes $I - P$. Logo, a matriz completa é $[I - P \mid 0]$. No exemplo 3.64, temos

$$[I - P \mid \mathbf{0}] = \left[\begin{array}{cc|c} 1 - 0,70 & -0,20 & 0 \\ -0,30 & 1 - 0,80 & 0 \end{array}\right] = \left[\begin{array}{cc|c} 0,30 & -0,20 & 0 \\ -0,30 & 0,20 & 0 \end{array}\right]$$

que se reduz a

$$\left[\begin{array}{cc|c} 1 & -\frac{2}{3} & 0 \\ 0 & 0 & 0 \end{array}\right]$$

Assim, se nosso vetor de estado estacionário é $\mathbf{x} = \begin{bmatrix} x_1 \\ x_2 \end{bmatrix}$, então x_2 é uma variável livre e a solução, na forma paramétrica, é

$$x_1 = \tfrac{2}{3}t, \quad x_2 = t$$

Se precisarmos que $\mathbf{x}$ seja um vetor de probabilidade, será necessário que

$$1 = x_1 + x_2 = \tfrac{2}{3}t + t = \tfrac{5}{3}t$$

Portanto, $x_2 = t = \frac{3}{5} = 0,6$ e $x_1 = \frac{2}{5} = 0,4$, então $\mathbf{x} = \begin{bmatrix} 0,4 \\ 0,6 \end{bmatrix}$, de acordo com nossos cálculos iterativos acima. (Se necessitarmos que $\mathbf{x}$ contenha a distribuição *real*, precisaremos, neste exemplo, ter $x_1 + x_2 = 200$, de onde segue que $\mathbf{x} = \begin{bmatrix} 80 \\ 120 \end{bmatrix}$.)

Exemplo 3.65

Um psicólogo coloca um rato em uma gaiola com três compartimentos, como mostra a figura 3.21. O rato foi treinado para, sempre que uma campainha tocar, escolher uma porta ao acaso, atravessá-la e passar para o próximo compartimento.

(a) Se o rato está inicialmente no compartimento 1, qual a probabilidade de ele estar no compartimento 2 depois de tocarem o sinal duas vezes? E depois de três vezes?
(b) Em um prazo longo, qual a proporção de tempo que o rato irá passar em cada compartimento?

Solução Seja $P = [p_{ij}]$ a matriz de transição dessa cadeia de Markov. Então

$$p_{21} = p_{31} = \tfrac{1}{2}, \; p_{12} = p_{13} = \tfrac{1}{3}, \; p_{32} = p_{23} = \tfrac{2}{3}, \quad \text{e} \quad p_{11} = p_{22} = p_{33} = 0$$

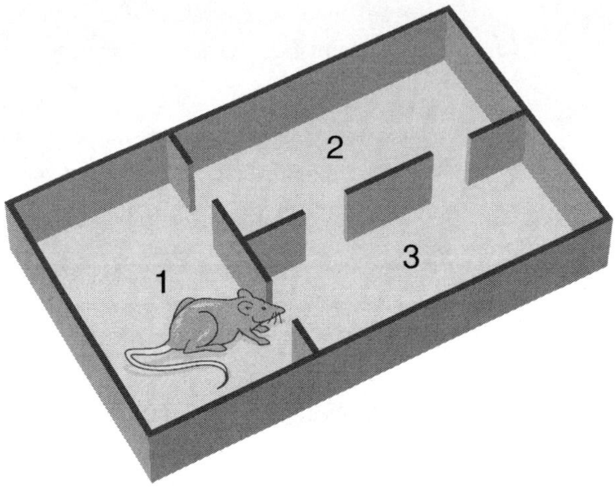

Figura 3.21

(Por quê? Lembre-se de que p_{ij} é a probabilidade de passar de j para i.) Portanto,

$$P = \begin{bmatrix} 0 & \frac{1}{3} & \frac{1}{3} \\ \frac{1}{2} & 0 & \frac{2}{3} \\ \frac{1}{2} & \frac{2}{3} & 0 \end{bmatrix}$$

e o vetor de estado inicial é

$$\mathbf{x}_0 = \begin{bmatrix} 1 \\ 0 \\ 0 \end{bmatrix}$$

(a) Após um toque da campainha, temos

$$\mathbf{x}_1 = P\mathbf{x}_0 = \begin{bmatrix} 0 & \frac{1}{3} & \frac{1}{3} \\ \frac{1}{2} & 0 & \frac{2}{3} \\ \frac{1}{2} & \frac{2}{3} & 0 \end{bmatrix}\begin{bmatrix} 1 \\ 0 \\ 0 \end{bmatrix} = \begin{bmatrix} 0 \\ \frac{1}{2} \\ \frac{1}{2} \end{bmatrix} = \begin{bmatrix} 0 \\ 0{,}5 \\ 0{,}5 \end{bmatrix}$$

Continuando (arredondando para três casas decimais), encontramos

$$\mathbf{x}_2 = P\mathbf{x}_1 = \begin{bmatrix} 0 & \frac{1}{3} & \frac{1}{3} \\ \frac{1}{2} & 0 & \frac{2}{3} \\ \frac{1}{2} & \frac{2}{3} & 0 \end{bmatrix}\begin{bmatrix} 0 \\ \frac{1}{2} \\ \frac{1}{2} \end{bmatrix} = \begin{bmatrix} \frac{1}{3} \\ \frac{1}{3} \\ \frac{1}{3} \end{bmatrix} \approx \begin{bmatrix} 0{,}333 \\ 0{,}333 \\ 0{,}333 \end{bmatrix}$$

e

$$\mathbf{x}_3 = P\mathbf{x}_2 = \begin{bmatrix} 0 & \frac{1}{3} & \frac{1}{3} \\ \frac{1}{2} & 0 & \frac{2}{3} \\ \frac{1}{2} & \frac{2}{3} & 0 \end{bmatrix}\begin{bmatrix} \frac{1}{3} \\ \frac{1}{3} \\ \frac{1}{3} \end{bmatrix} = \begin{bmatrix} \frac{2}{9} \\ \frac{7}{18} \\ \frac{7}{18} \end{bmatrix} \approx \begin{bmatrix} 0{,}222 \\ 0{,}389 \\ 0{,}389 \end{bmatrix}$$

Portanto, após dois toques, a probabilidade de o rato estar no compartimento 2 é de $\frac{1}{3} \approx 0{,}333$, e, após três toques, de $\frac{7}{18} \approx 0{,}389$. [Note que essas questões poderiam ter sido respondidas por meio do cálculo de $(P^2)_{21}$ e $(P^3)_{21}$.]

(b) Essa pergunta pede o vetor de estado estacionário **x** escrito como um vetor de probabilidade. Como vimos acima, **x** precisa estar no espaço anulado por $I - P$. Vamos então resolver o sistema

$$[I - P \mid \mathbf{0}] = \left[\begin{array}{ccc|c} 1 & -\frac{1}{3} & -\frac{1}{3} & 0 \\ -\frac{1}{2} & 1 & -\frac{2}{3} & 0 \\ -\frac{1}{2} & -\frac{2}{3} & 1 & 0 \end{array}\right] \longrightarrow \left[\begin{array}{ccc|c} 1 & 0 & -\frac{2}{3} & 0 \\ 0 & 1 & -1 & 0 \\ 0 & 0 & 0 & 0 \end{array}\right]$$

Assim, se $\mathbf{x} = \begin{bmatrix} x_1 \\ x_2 \\ x_3 \end{bmatrix}$, então $x_3 = t$ é livre e $x_1 = \frac{2}{3}t$, $x_2 = t$. Como **x** precisa ser um vetor de probabilidade, é necessário que $1 = x_1 + x_2 + x_3 = \frac{8}{3}t$. Portanto, $t = \frac{3}{8}$ e

$$\mathbf{x} = \begin{bmatrix} \frac{1}{4} \\ \frac{3}{8} \\ \frac{3}{8} \end{bmatrix}$$

o que nos diz que, em um prazo longo, o rato passará $\frac{1}{4}$ de seu tempo no compartimento 1 e $\frac{3}{8}$ de seu tempo em cada um dos outros dois.

Modelos Econômicos Lineares

Vamos agora revisitar os modelos econômicos que encontramos pela primeira vez na seção 2.4 e remodelá-los em temos de matrizes. O exemplo 2.33 ilustrou o modelo fechado de *Leontief.* O sistema de equações que precisávamos resolver era

$$\begin{aligned} \tfrac{1}{4}x_1 + \tfrac{1}{3}x_2 + \tfrac{1}{2}x_3 &= x_1 \\ \tfrac{1}{4}x_1 + \tfrac{1}{3}x_2 + \tfrac{1}{4}x_3 &= x_2 \\ \tfrac{1}{2}x_1 + \tfrac{1}{3}x_2 + \tfrac{1}{4}x_3 &= x_3 \end{aligned}$$

Na forma de matriz, ele é representado pela equação $E\mathbf{x} = \mathbf{x}$, sendo

$$E = \begin{bmatrix} 1/4 & 1/3 & 1/2 \\ 1/4 & 1/3 & 1/4 \\ 1/2 & 1/3 & 1/4 \end{bmatrix} \quad \text{e} \quad \mathbf{x} = \begin{bmatrix} x_1 \\ x_2 \\ x_3 \end{bmatrix}$$

A matriz E é chamada **matriz de trocas** e o vetor **x** é chamado **vetor de preços**. Em geral, se $E = [e_{ij}]$, então e_{ij} representa a fração (ou porcentagem) da produção da indústria j que é consumida pela indústria i e x_i é o preço cobrado pela indústria i por sua produção.

Em uma economia fechada, a soma dos elementos em cada coluna de E é 1. Como os elementos de E são também não negativos, E é uma matriz estocástica e o problema de encontrar uma solução para a equação

$$E\mathbf{x} = \mathbf{x} \tag{1}$$

é precisamente o mesmo que o problema de encontrar o vetor de estado estacionário de uma cadeia de Markov! Assim, para encontrar um vetor preços **x** que satisfaz $E\mathbf{x} = \mathbf{x}$, resolvemos a equação homogênea equivalente $(I - E)\mathbf{x} = \mathbf{0}$. Sempre haverá infinitas soluções. Procuramos uma solução em que todos os preços sejam não negativos e pelo menos um preço seja positivo.

O modelo aberto de Leontief é mais interessante. No exemplo 2.34, nós precisamos resolver o sistema

$$\begin{aligned} x_1 &= 0{,}2x_1 + 0{,}5x_2 + 0{,}1x_3 + 10 \\ x_2 &= 0{,}4x_1 + 0{,}2x_2 + 0{,}2x_3 + 10 \\ x_3 &= 0{,}1x_1 + 0{,}3x_2 + 0{,}3x_3 + 30 \end{aligned}$$

Na forma matricial temos

$$\mathbf{x} = C\mathbf{x} + \mathbf{d} \quad ou \quad (I - C)\mathbf{x} = \mathbf{d}$$

sendo

$$C = \begin{bmatrix} 0{,}2 & 0{,}5 & 0{,}1 \\ 0{,}4 & 0{,}2 & 0{,}2 \\ 0{,}1 & 0{,}3 & 0{,}3 \end{bmatrix}, \ \mathbf{x} = \begin{bmatrix} x_1 \\ x_2 \\ x_3 \end{bmatrix}, \ \mathbf{d} = \begin{bmatrix} 10 \\ 10 \\ 30 \end{bmatrix}$$

A matriz C é chamada **matriz de consumo**, $\mathbf{x}$ é o **vetor de produção** e $\mathbf{d}$ é o **vetor de demanda**. Em geral, se $C = [c_{ij}]$, $\mathbf{x} = [x_i]$, e $\mathbf{d} = [d_i]$, então c_{ij} representa o valor em dólares da produção da indústria i que é necessária para gerar 1 dólar da produção da indústria j, x_i é o valor em dólares (preço) da produção da indústria i, e d_i é o valor em dólares das demandas externas de produção da indústria i. Mais uma vez, estamos interessados em encontrar um vetor de produção $\mathbf{x}$ com elementos não negativos, tal que pelo menos um elemento seja positivo. Tal vetor $\mathbf{x}$ é chamado **solução viável**.

Exemplo 3.66

Determine se existe uma solução para o modelo aberto de Leontief determinado pelas seguintes matrizes de consumo:

$$\text{(a) } C = \begin{bmatrix} 1/4 & 1/3 \\ 1/2 & 1/3 \end{bmatrix} \qquad \text{(b) } C = \begin{bmatrix} 1/2 & 1/2 \\ 1/2 & 2/3 \end{bmatrix}$$

Solução (a) Temos

$$I - C = \begin{bmatrix} 1 & 0 \\ 0 & 1 \end{bmatrix} - \begin{bmatrix} 1/4 & 1/3 \\ 1/2 & 1/3 \end{bmatrix} = \begin{bmatrix} 3/4 & -1/3 \\ -1/2 & 2/3 \end{bmatrix}$$

Logo, a equação $(I - C)\mathbf{x} = \mathbf{d}$ pode ser escrita como

$$\begin{bmatrix} 3/4 & -1/3 \\ -1/2 & 2/3 \end{bmatrix} \begin{bmatrix} x_1 \\ x_2 \end{bmatrix} = \begin{bmatrix} d_1 \\ d_2 \end{bmatrix}$$

Na prática, nós faríamos o escalonamento por linhas da matriz completa do sistema para determinar uma solução. Entretanto, neste caso, é instrutivo observar que a matriz dos coeficientes $I - C$ é invertível e então aplicar o teorema 3.7. Calculamos

$$\begin{bmatrix} x_1 \\ x_2 \end{bmatrix} = \begin{bmatrix} 3/4 & -1/3 \\ -1/2 & 2/3 \end{bmatrix}^{-1} \begin{bmatrix} d_1 \\ d_2 \end{bmatrix} = \begin{bmatrix} 2 & 1 \\ 3/2 & 9/4 \end{bmatrix} \begin{bmatrix} d_1 \\ d_2 \end{bmatrix}$$

Como d_1, d_2, e todos os elementos de $(I - C)^{-1}$ são não negativos, então x_1 e x_2 também o são. Assim, é possível encontrar uma solução viável para *qualquer* vetor de demanda não nulo.

(b) Neste caso,

$$I - C = \begin{bmatrix} 1/2 & -1/2 \\ -1/2 & 2/3 \end{bmatrix} \quad \text{e} \quad (I - C)^{-1} = \begin{bmatrix} -4 & -6 \\ -6 & -6 \end{bmatrix}$$

de modo que

$$\mathbf{x} = (I - C)^{-1}\mathbf{d} = \begin{bmatrix} -4 & -6 \\ -6 & -6 \end{bmatrix}\mathbf{d}$$

Como todos os elementos de $(I - C)^{-1}$ são negativos, não é possível encontrar uma solução viável, qualquer que seja o vetor de demanda **d**.

Motivado pelo exemplo 3.66, temos a definição abaixo. (Dadas duas matrizes $A = [a_{ij}]$ e $B = [b_{ij}]$ de ordem $m \times n$, escrevemos $A \geq B$ se $a_{ij} \geq b_{ij}$ para todo i e j. De modo análogo podemos definir $A > B$, $A \leq B$, e assim por diante. Dizemos que uma matriz A é não negativa se $A \geq O$ e positiva se $A > O$.)

Definição Uma matriz de consumo C é chamada ***produtiva*** se $I - C$ for invertível e $(I - C)^{-1} \geq O$.

Daremos agora três resultados que apresentam critérios para que uma matriz de consumo seja produtiva.

Teorema 3.34 Seja C uma matriz de consumo. Então C é produtiva se e somente se existir um vetor de produção $\mathbf{x} \geq \mathbf{0}$ tal que $\mathbf{x} > C\mathbf{x}$.

Demonstração Assuma que C seja produtiva. Então $I - C$ é invertível e $(I - C)^{-1} \geq O$. Seja

$$\mathbf{j} = \begin{bmatrix} 1 \\ 1 \\ \vdots \\ 1 \end{bmatrix}$$

Então $\mathbf{x} = (I - C)^{-1}\mathbf{j} \geq \mathbf{0}$ e $(I - C)\mathbf{x} = \mathbf{j} > \mathbf{0}$. Portanto, $\mathbf{x} - C\mathbf{x} > \mathbf{0}$ ou, equivalentemente, $\mathbf{x} > C\mathbf{x}$.

Reciprocamente, assuma que exista um vetor $\mathbf{x} > \mathbf{0}$ tal que $\mathbf{x} > C\mathbf{x}$. Como $C \geq O$ e $C \neq O$, temos que $\mathbf{x} > \mathbf{0}$ pelo exercício 35. Além disso, existe necessariamente um número real λ com $0 < \lambda < 1$ tal que $C\mathbf{x} < \lambda\mathbf{x}$. Mas então

$$C^2\mathbf{x} = C(C\mathbf{x}) \leq C(\lambda\mathbf{x}) = \lambda(C\mathbf{x}) < \lambda(\lambda\mathbf{x}) = \lambda^2\mathbf{x}$$

Por indução, pode-se mostrar que $0 \leq C^n\mathbf{x} < \lambda^n\mathbf{x}$ para todo $n \geq 0$. (Escreva os detalhes dessa demonstração por indução.) Como $0 < \lambda < 1$, λ^n se aproxima de 0 conforme n aumenta. Assim sendo, quando $n \to \infty$, $\lambda^n \to 0$ e, portanto, $C^n\mathbf{x} \to 0$. Como $\mathbf{x} > \mathbf{0}$, devemos ter $C^n \to 0$ quando $n \to \infty$.

Considere agora a equação matricial

$$(I - C)(I + C + C^2 + \cdots + C^{n-1}) = I - C^n$$

Quando $n \to \infty$, $C^n \to O$. Logo, temos

$$(I - C)(I + C + C^2 + \ldots) = I - O = I$$

Portanto, $I - C$ é invertível, e sua inversa é dada pela série matricial infinita $I + C + C^2 + \ldots$. Como todos os termos dessa série são não negativos, temos também

$$(I - C)^{-1} = I + C + C^2 + \ldots \geq O$$

Consequentemente, C é produtiva.

Observações

- A série infinita $I + C + C^2 + \ldots$ é o análogo para matrizes da série geométrica $1 + x + x^2 + \ldots$. Você deve estar familiarizado com o fato que, para $|x| < 1$, a soma da série é $1 + x + x^2 + \ldots = 1/(1 - x)$.
- Como o vetor $C\mathbf{x}$ representa os totais consumidos por cada indústria, a desigualdade $\mathbf{x} > C\mathbf{x}$ significa que existe algum nível de produção para o qual cada indústria produz mais do que consome.
- Para uma abordagem alternativa à primeira parte da demonstração do teorema 3.34, veja o exercício 42 da seção 4.6.

Corolário 3.35 Seja C uma matriz de consumo. Se a soma dos elementos de cada linha de C é menor do que 1, então C é produtiva.

A palavra *corolário* vem da palavra latina *corollarium*, que se refere a uma guirlanda dada como recompensa. Assim, um corolário *é* uma pequena recompensa adicional que se tem de um teorema.

Demonstração Se

$$\mathbf{x} = \begin{bmatrix} 1 \\ 1 \\ \vdots \\ 1 \end{bmatrix}$$

então $C\mathbf{x}$ é um vetor que consiste nas somas das linhas de C. Se a soma de cada linha é menor do que 1, então a condição $\mathbf{x} > C\mathbf{x}$ é satisfeita. Por isso, C é produtiva.

Corolário 3.36 Seja C uma matriz de consumo. Se a soma dos elementos de cada coluna de C for menor do que 1, então C é produtiva.

Demonstração Se a soma em cada coluna de C é menor do que 1, então a soma em cada linha de C^T é menor do que 1. Assim, pelo corolário 3.35, C^T é produtiva. Portanto, pelos teoremas 3.9(d) e 3.4,

$$((I - C)^{-1})^T = ((I - C)^T)^{-1} = (I^T - C^T)^{-1} = (I - C^T)^{-1} \geq O$$

Segue que $(I - C)^{-1} \geq O$ também e, portanto, C é produtiva.
Será pedido que você apresente demonstrações alternativas para os corolários 3.35 e 3.36 no exercício 52 da seção 7.2.

Segue da definição de matriz de consumo que a soma dos elementos da coluna j é o valor total em dólares das despesas indústria j necessárias gerar o equivalente a 1 dólar de sua produção − logo, sendo a soma menor do que 1, a receita da indústria j excede sua despesa. Dizemos que tal indústria é **lucrativa**. O corolário 3.36 pode, portanto, ser reformulado e enunciar que uma matriz de consumo é produtiva se todas as indústrias forem lucrativas.

P. H. Leslie, "On the use of matrices in certain population mathematics", *Biometrika* 33 (1945), pp. 183-212.

Crescimento Populacional

Um dos modelos mais populares de crescimento populacional é um modelo baseado em matrizes introduzido pela primeira vez por P. H. Leslie em 1945. O *modelo Leslie* descreve o crescimento da quantidade de fêmeas de uma população, que pressupõe uma duração de vida máxima. As fêmeas são dividas em faixas etárias, tendo cada faixa o mesmo número de anos. Usando dados sobre a média de nascimentos e as probabilidades de sobrevivência de cada faixa, o modelo é capaz de determinar o crescimento da população ao longo do tempo.

Exemplo 3.67

Uma espécie de besouro alemão, o Vollmar-Wasserman (ou besouro VW, para abreviar), vive no máximo três anos. Dividimos as fêmeas em três faixas etárias de um ano cada: jovens (zero a um ano), adolescentes (um a dois anos) e adultos (dois a três anos). Os jovens não põem ovos; cada adolescente produz uma média de quatro fêmeas; e cada adulto produz uma média de três fêmeas.

A taxa de sobrevivência para os jovens é de 50% (isto é, a probabilidade de um jovem se tornar um adolescente é de 0,5), e a taxa de sobrevivência dos adolescentes é de 25%. Suponha que começamos a população com 100 fêmeas de VWs: 40 jovens, 40 adolescentes e 20 adultos. Preveja a população de besouros para os próximos cinco anos.

Solução Após um ano, o número de jovens será o produzido durante aquele ano:

$$40 \times 4 + 20 \times 3 = 220$$

O número de adolescentes será simplesmente o número de jovens sobreviventes:

$$40 \times 0{,}5 = 20$$

Da mesma forma, o número de adultos será o número de adolescentes que sobreviverem:

$$40 \times 0{,}25 = 10$$

Podemos combinar essas equações em uma equação matricial

$$\begin{bmatrix} 0 & 4 & 3 \\ 0{,}5 & 0 & 0 \\ 0 & 0{,}25 & 0 \end{bmatrix} \begin{bmatrix} 40 \\ 40 \\ 20 \end{bmatrix} = \begin{bmatrix} 220 \\ 20 \\ 10 \end{bmatrix}$$

ou $L\mathbf{x}_0 = \mathbf{x}_1$, em que $\mathbf{x}_0 = \begin{bmatrix} 40 \\ 40 \\ 20 \end{bmatrix}$ é o vetor de distribuição populacional inicial, e $\mathbf{x}_1 = \begin{bmatrix} 220 \\ 20 \\ 10 \end{bmatrix}$ é a distribuição após um ano. Vemos que a estrutura da equação é exatamente a mesma que a de uma cadeia de Markov: $\mathbf{x}_{k+1} = L\mathbf{x}_k$ para $k = 0, 1, 2, .$

. . (embora a interpretação seja bem diferente). Com isso, podemos calcular iterativamente os vetores de distribuição populacional. (Segue também que $\mathbf{x}_k = L^k\mathbf{x}_0$ para $k = 0, 1, 2, \ldots$, como para as cadeias de Markov, mas não faremos uso disso aqui.)

Calculamos

$$\mathbf{x}_2 = L\mathbf{x}_1 = \begin{bmatrix} 0 & 4 & 3 \\ 0{,}5 & 0 & 0 \\ 0 & 0{,}25 & 0 \end{bmatrix} \begin{bmatrix} 220 \\ 20 \\ 10 \end{bmatrix} = \begin{bmatrix} 110 \\ 110 \\ 5 \end{bmatrix}$$

$$\mathbf{x}_3 = L\mathbf{x}_2 = \begin{bmatrix} 0 & 4 & 3 \\ 0{,}5 & 0 & 0 \\ 0 & 0{,}25 & 0 \end{bmatrix} \begin{bmatrix} 110 \\ 110 \\ 5 \end{bmatrix} = \begin{bmatrix} 455 \\ 55 \\ 27{,}5 \end{bmatrix}$$

$$\mathbf{x}_4 = L\mathbf{x}_3 = \begin{bmatrix} 0 & 4 & 3 \\ 0,5 & 0 & 0 \\ 0 & 0,25 & 0 \end{bmatrix} \begin{bmatrix} 455 \\ 55 \\ 27,5 \end{bmatrix} = \begin{bmatrix} 302,5 \\ 227,5 \\ 13,75 \end{bmatrix}$$

$$\mathbf{x}_5 = L\mathbf{x}_4 = \begin{bmatrix} 0 & 4 & 3 \\ 0,5 & 0 & 0 \\ 0 & 0,25 & 0 \end{bmatrix} \begin{bmatrix} 302,5 \\ 227,5 \\ 13,75 \end{bmatrix} = \begin{bmatrix} 951,2 \\ 151,2 \\ 56,88 \end{bmatrix}$$

O modelo prevê, portanto, que, depois de cinco anos, existirão aproximadamente 951 fêmeas do besouro VW jovens, 151 adolescentes e 57 adultos. (*Nota*: você pode argumentar que devíamos ter arredondado os números ao inteiro mais próximo em cada passo — por exemplo, 28 adultos após o terceiro passo —, o que teria afetado as iterações subsequentes. Preferimos *não* fazer isso, já que os cálculos são somente aproximações e fica muito mais fácil usar uma calculadora ou CAS se você não arredondar no processo.)

A matriz L do exemplo 3.67 é chamada ***matriz de Leslie***. Em geral, se tivermos uma população com n faixas etárias de mesma duração, L será uma matriz $n \times n$ com a seguinte estrutura:

$$L = \begin{bmatrix} b_1 & b_2 & b_3 & \cdots & b_{n-1} & b_n \\ s_1 & 0 & 0 & \cdots & 0 & 0 \\ 0 & s_2 & 0 & \cdots & 0 & 0 \\ 0 & 0 & s_3 & \cdots & 0 & 0 \\ \vdots & \vdots & \vdots & \ddots & \vdots & \vdots \\ 0 & 0 & 0 & \cdots & s_{n-1} & 0 \end{bmatrix}$$

Aqui, $b_1, b_2, \ldots$ são os *parâmetros de nascimento* (b_i = número médio de fêmeas produzidas por cada fêmea da faixa i), e $s_1, s_2, \ldots$ são as *probabilidades de sobrevivência* (s_i = probabilidade de uma fêmea da faixa i sobreviver até a faixa $i + 1$).

O que podemos interpretar desses cálculos? De um modo geral, a população de besouros parece estar crescendo, embora haja algumas flutuações como, por exemplo, um decréscimo de 250 a 225 do ano 1 um para o ano 2. A figura 3.22 mostra as mudanças na população em cada uma das três faixas etárias e claramente mostra o crescimento, com flutuações.

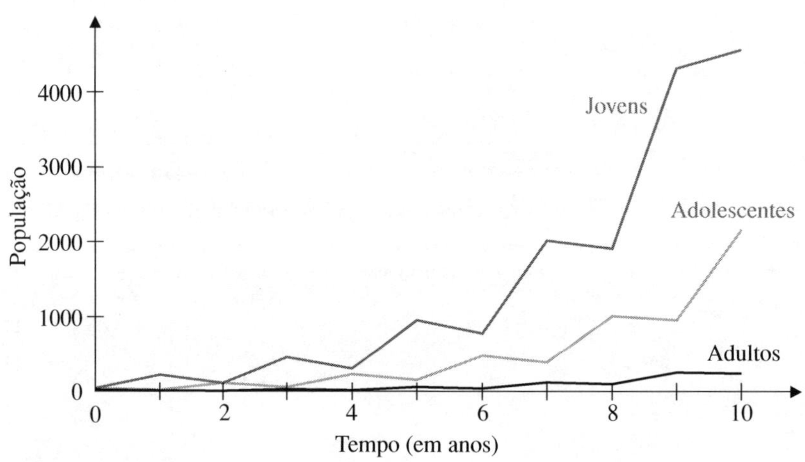

Figura 3.22

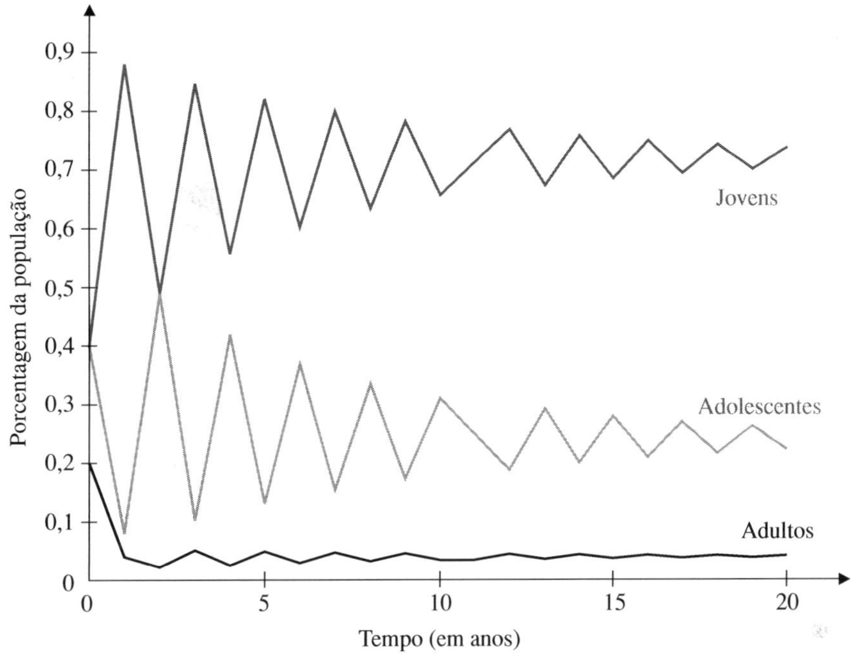

Figura 3.23

Se, em vez de trabalharmos com a população *real*, trabalharmos com a população *relativa* em cada faixa, um padrão diferente surgirá. Para fazer isso, precisamos calcular a fração da população em cada faixa etária em cada ano — isto é, precisamos dividir cada vetor de distribuição pela soma de seus componentes. Por exemplo, após um ano, temos

$$\frac{1}{250}\mathbf{x}_1 = \frac{1}{250}\begin{bmatrix} 220 \\ 20 \\ 10 \end{bmatrix} = \begin{bmatrix} 0{,}88 \\ 0{,}08 \\ 0{,}04 \end{bmatrix}$$

o que no diz que 88% da população consiste em jovens, 8% são adolescentes e 4% são adultos. Se calcularmos com esse tipo de dados ao longo do tempo, iremos obter um gráfico como o da figura 3.23, que mostra claramente que a proporção da população em cada faixa está se aproximando de um estado estacionário. Verifica-se que o vetor de estado estacionário, neste exemplo, é

$$\begin{bmatrix} 0{,}72 \\ 0{,}24 \\ 0{,}04 \end{bmatrix}$$

Isto é, no longo prazo, 72% da população será composta por jovens, 24% por adolescentes e 4% por adultos. (Em outras palavras, a população estará distribuída dentre essas faixas etárias segundo a razão 18:6:1.) Veremos como determinar exatamente essa razão no capítulo 4.

Grafos e Digrafos

Existem várias situações nas quais é importante poder modelar o inter-relacionamento entre um conjunto finito de objetos. Por exemplo, poderíamos querer descrever vários tipos de redes (estradas ligando cidades, rotas aéreas ligando cidades, conexões de comunicação ligando satélites etc.) ou relações entre grupos ou indivíduos (relações de

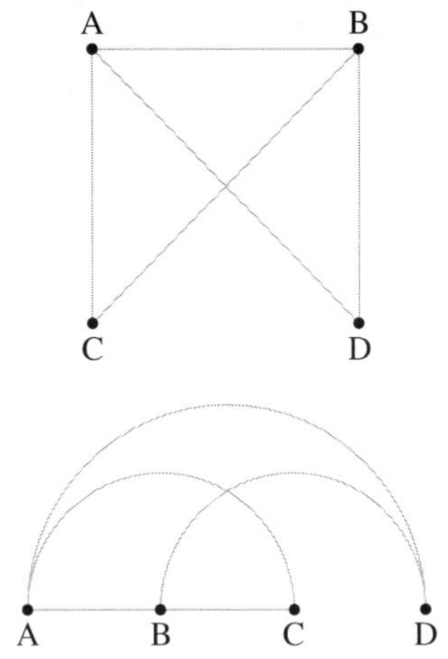

Figura 3.24
Duas representações de um mesmo grafo

amizade em uma sociedade, relações caçador-caça em um ecossistema, relações de domínio em um esporte etc.). Grafos são usados para modelagens de tais redes e relacionamentos, e matrizes são uma ferramenta muito útil em seu estudo.

Um ***grafo*** consiste em um conjunto finito de pontos (chamados *vértices*) e um conjunto finito de *arestas*, e cada uma destas conecta dois vértices (não necessariamente distintos). Dizemos que dois vértices são *adjacentes* se eles são os dois pontos finais de uma aresta. A figura 3.24 mostra um exemplo de um mesmo grafo desenhado de duas formas diferentes. Os grafos são "iguais", no sentido de que estamos preocupados somente com as relações de adjacência que identificam as arestas.

Podemos registrar a informação essencial de um grafo em uma matriz e usar álgebra matricial para nos ajudar a responder certas questões sobre o grafo. Isso é particularmente útil se os grafos são grandes, já que computadores podem fazer os cálculos muito rapidamente.

Definição Se G é um grafo com n vértices, sua ***matriz de adjacência*** é a matriz A [ou $A(G)$] *de ordem* $n \times n$, definida por

$$a_{ij} = \begin{cases} 1 & \text{se existir uma aresta entre os vertices } i \text{ e } j \\ 0 & \text{em caso contrário} \end{cases}$$

O termo *vértice* (vértices no plural) vem do verbo latino *vertere*, que significa "virar". No contexto dos grafos (e da geometria), um vértice é um canto — um ponto onde uma aresta "vira" uma aresta diferente.

A figura 3.25 mostra um grafo e sua matriz de adjacência associada.

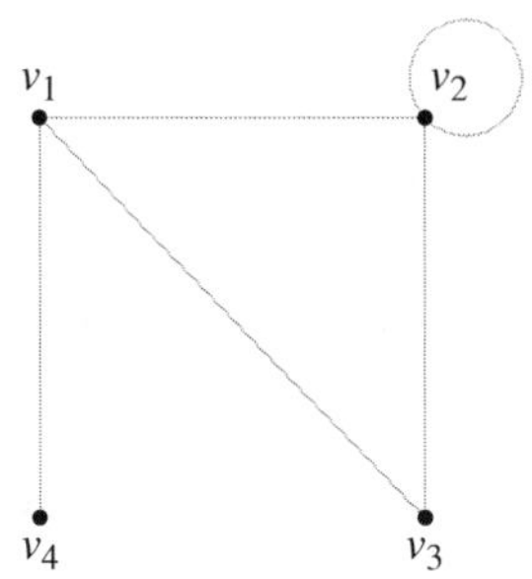

$$A = \begin{bmatrix} 0 & 1 & 1 & 1 \\ 1 & 1 & 1 & 0 \\ 1 & 1 & 0 & 0 \\ 1 & 0 & 0 & 0 \end{bmatrix}$$

Figura 3.25
Um grafo com matriz de adjacência A

Observações Observe que a matriz de adjacência de um grafo é necessariamente uma matriz simétrica. (Por quê?) Perceba também que um elemento diagonal a_{ii} de A é zero, a não ser que exista um laço no vértice i. Em algumas situações, um grafo pode ter mais de uma aresta entre um par de vértices. Em tais casos, pode fazer sentido modificar a definição de matriz de adjacência para que a_{ij} seja igual ao *número* de arestas que ligam os vértices i e j.

Definimos um ***caminho*** em um grafo como uma sequência de arestas que nos permite ir de um vértice a outro continuamente. O ***comprimento*** de um caminho é o número de arestas que ele contém. Por exemplo, no grafo da figura 3.25, $v_1v_3v_2v_1$ é um caminho de comprimento 3, e $v_4v_1v_2v_2v_1v_3$ é um caminho de comprimento 5. Perceba que o primeiro caminho é *fechado* (ele começa e termina no mesmo vértice); um tal caminho é chamado ***circuito***. O segundo usa a aresta entre v_1 e v_2 duas vezes; um caminho que *não* inclui a mesma aresta mais de uma vez é chamado caminho ***simples***.

Podemos usar as potências da matriz de adjacência de um grafo para obter informações sobre os caminhos de diversos comprimentos em um grafo. Considere o quadrado da matriz de adjacência da figura 3.25:

$$A^2 = \begin{bmatrix} 3 & 2 & 1 & 0 \\ 2 & 3 & 2 & 1 \\ 1 & 2 & 2 & 1 \\ 0 & 1 & 1 & 1 \end{bmatrix}$$

O que os elementos de A^2 representam? Olhe o elemento na posição (2, 3). Da definição de multiplicação de matrizes, sabemos que

$$(A^2)_{23} = a_{21}a_{13} + a_{22}a_{23} + a_{23}a_{33} + a_{24}a_{43}$$

O único modo de essa expressão ser um número diferente de zero é pelo menos um dos produtos $a_{2k}a_{k3}$ que aparece na soma ser não nulo. Mas $a_{2k}a_{k3}$ é não nulo se e somente se a_{2k} e a_{k3} forem não nulos, o que significa que existe uma aresta entre v_2 e v_k e também uma aresta entre v_k e v_3. Dessa forma, teremos um caminho de comprimento 2 entre os vértices 2 e 3 (passando pelo vértice k). Em nosso exemplo, isso acontece para $k = 1$ e $k = 2$, logo,

$$\begin{aligned}(A^2)_{23} &= a_{21}a_{13} + a_{22}a_{23} + a_{23}a_{33} + a_{24}a_{43} \\ &= 1 \cdot 1 + 1 \cdot 1 + 1 \cdot 0 + 0 \cdot 0 \\ &= 2\end{aligned}$$

que nos diz que existem dois caminhos de comprimento 2 entre os vértices 2 e 3. (Verifique que os outros elementos de A^2 dão corretamente os caminhos de comprimento 2 do grafo.) O argumento que acabamos de dar pode ser generalizado no seguinte resultado, cuja demonstração deixamos como exercício 72.

> Se A é a matriz de adjacência de um grafo G, o elemento (i, j) de A^k é igual ao número de caminhos de comprimento k entre os vértices i e j.

Exemplo 3.68

Quantos caminhos de comprimento 3 existem entre v_1 e v_2 mostrados na figura 3.25?

Solução Precisamos do elemento (1, 2) de A^3, que é o produto escalar da primeira linha de A^2 pela segunda coluna de A. Os cálculos dão

$$(A^3)_{12} = 3 \cdot 1 + 2 \cdot 1 + 1 \cdot 1 + 0 \cdot 0 = 6$$

de modo que há seis caminhos de comprimento 3 entre os vértices 1 e 2, o que pode ser facilmente verificado.

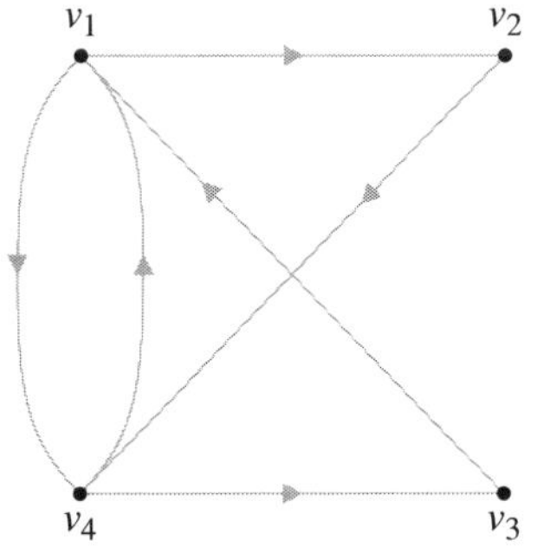

Figura 3.26
Um digrafo

Em muitas aplicações que podem ser modeladas por um grafo, os vértices são ordenados por algum tipo de relação que impõe uma direção às arestas. Por exemplo, arestas dirigidas podem ser usadas para representar rotas de mão única em um grafo que modela uma rede de transportes ou a relação caçador-caça em um grafo que modela um ecossistema. Um grafo com arestas dirigidas é chamado ***digrafo***. A figura 3.26 mostra um exemplo.

Uma modificação simples na definição de matriz de adjacência nos permite utilizá-la com digrafos.

Definição Se G é um digrafo com n vértices, sua ***matriz de adjacência*** é a matriz A [ou $A(G)$] de ordem $n \times n$, definida por

$$a_{ij} = \begin{cases} 1 & \text{se existir uma aresta do vértice } i \text{ até o vértice } j \\ 0 & \text{caso contrário} \end{cases}$$

Dessa forma, a matriz de adjacência para o digrafo na figura 3.26 é

$$A = \begin{bmatrix} 0 & 1 & 0 & 1 \\ 0 & 0 & 0 & 1 \\ 1 & 0 & 0 & 0 \\ 1 & 0 & 1 & 0 \end{bmatrix}$$

Não é de surpreender que a matriz de adjacência de um digrafo não seja simétrica em geral. (Quando ela seria?) Você não deve ter dificuldades em ver que A^k contém agora o número de *caminhos dirigidos de comprimento k* entre os vértices, onde insistimos que todas as arestas ao longo de um caminho seguem no mesmo sentido. (Veja o exercício 72.) O próximo exemplo nos dá uma aplicação dessa ideia.

Exemplo 3.69

Cinco tenistas (Djokovic, Federer, Nadal, Roddick, and Safin) competem em um torneio "todos-contra-todos" no qual cada jogador joga uma vez com cada um dos outros. O digrafo na figura 3.27 resume os resultados. Uma aresta dirigida do vértice i ao vértice j significa que o jogador i ganhou do jogador j. (Um digrafo no qual existe exatamente uma aresta dirigida entre cada par de vértices é chamado ***torneio***.)

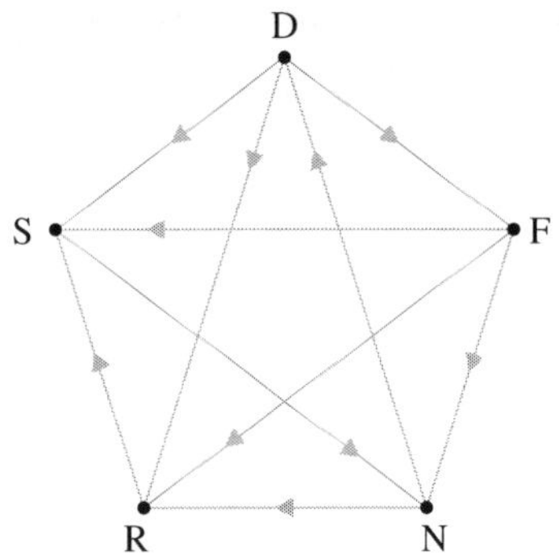

Figura 3.27
Um torneio

A matriz de adjacência para o digrafo da figura 3.27 é

$$A = \begin{bmatrix} 0 & 1 & 0 & 1 & 1 \\ 0 & 0 & 1 & 1 & 1 \\ 1 & 0 & 0 & 1 & 0 \\ 0 & 0 & 0 & 0 & 1 \\ 0 & 0 & 1 & 0 & 0 \end{bmatrix}$$

na qual a ordem dos vértices (e então das linhas e colunas de A) é determinada alfabeticamente. Dessa forma, Federer corresponde à linha 2 e à coluna 2, por exemplo.

Suponha que se queira classificar os cinco jogadores com base nos resultados de suas partidas. Um modo de fazer isso seria contar o número de vitórias de cada jogador. Observe que o número de vitórias de cada um é simplesmente a soma dos elementos na linha correspondente; equivalentemente, o vetor que contém todas as somas em cada linha é dado pelo produto $A\mathbf{j}$, em que

$$\mathbf{j} = \begin{bmatrix} 1 \\ 1 \\ 1 \\ 1 \\ 1 \end{bmatrix}$$

Em nosso caso, temos

$$A\mathbf{j} = \begin{bmatrix} 0 & 1 & 0 & 1 & 1 \\ 0 & 0 & 1 & 1 & 1 \\ 1 & 0 & 0 & 1 & 0 \\ 0 & 0 & 0 & 0 & 1 \\ 0 & 0 & 1 & 0 & 0 \end{bmatrix} \begin{bmatrix} 1 \\ 1 \\ 1 \\ 1 \\ 1 \end{bmatrix} = \begin{bmatrix} 3 \\ 3 \\ 2 \\ 1 \\ 1 \end{bmatrix}$$

que produz a seguinte classificação:

Primeiro:	Djokovic, Federer (empatados)
Segundo:	Nadal
Terceiro:	Roddick, Safin (empatados)

Os jogadores que empataram são igualmente fortes? Djokovic pode argumentar que, por ter derrotado Federer, merece o primeiro lugar. Roddick usaria o mesmo argumento para desempatar de Safin. Entretanto, Safin poderia argumentar que ele tem duas vitórias "indiretas", porque venceu Nadal, que derrotou outros *dois*; além disso, ele poderia argumentar que Roddick tem apenas *uma* vitória indireta (sobre Safin, que derrotou Nadal).

Como em um grupo de empatados pode não haver um jogador que tenha vencido todos os outros do grupo, a noção de vitória indireta parece ser mais útil. Além disso, uma vitória indireta corresponde a um caminho de comprimento 2 no digrafo. Logo podemos usar o quadrado da matriz de adjacência. Para calcular tanto as vitórias diretas quanto as indiretas para cada jogador, precisamos das somas das linhas da matriz $A + A^2$, que é dada por

$$(A + A^2)\mathbf{j} = \left(\begin{bmatrix} 0 & 1 & 0 & 1 & 1 \\ 0 & 0 & 1 & 1 & 1 \\ 1 & 0 & 0 & 1 & 0 \\ 0 & 0 & 0 & 0 & 1 \\ 0 & 0 & 1 & 0 & 0 \end{bmatrix} + \begin{bmatrix} 0 & 0 & 2 & 1 & 2 \\ 1 & 0 & 1 & 1 & 1 \\ 0 & 1 & 0 & 1 & 2 \\ 0 & 0 & 1 & 0 & 0 \\ 1 & 0 & 0 & 1 & 0 \end{bmatrix} \right) \begin{bmatrix} 1 \\ 1 \\ 1 \\ 1 \\ 1 \end{bmatrix}$$

$$= \begin{bmatrix} 0 & 1 & 2 & 2 & 3 \\ 1 & 0 & 2 & 2 & 2 \\ 1 & 1 & 0 & 2 & 2 \\ 0 & 0 & 1 & 0 & 1 \\ 1 & 0 & 1 & 1 & 0 \end{bmatrix} \begin{bmatrix} 1 \\ 1 \\ 1 \\ 1 \\ 1 \end{bmatrix} = \begin{bmatrix} 8 \\ 7 \\ 6 \\ 2 \\ 3 \end{bmatrix}$$

Dessa maneira, classificamos os jogadores da seguinte forma: Djokovic, Federer, Nadal, Safin, Roddick. Infelizmente, essa abordagem não é garantia de decidir todos os empates.

Exercícios 3.7

Cadeias de Markov

Nos exercícios de 1 a 4, seja $P = \begin{bmatrix} 0{,}5 & 0{,}3 \\ 0{,}5 & 0{,}7 \end{bmatrix}$ *a matriz de transição de uma cadeia de Markov com dois estados, e seja* $\mathbf{x}_0 = \begin{bmatrix} 0{,}5 \\ 0{,}5 \end{bmatrix}$ *o vetor de estado inicial para a população.*

1. Calcule $\mathbf{x}_1$ e $\mathbf{x}_2$.
2. Qual proporção da população do estado 1 estará no estado 2 após dois passos?
3. Qual proporção da população do estado 2 estará no estado 2 após dois passos?
4. Ache o vetor de estado estacionário.

Nos exercícios de 5 a 8, seja $P = \begin{bmatrix} \frac{1}{2} & \frac{1}{3} & \frac{1}{3} \\ 0 & \frac{1}{3} & \frac{2}{3} \\ \frac{1}{2} & \frac{1}{3} & 0 \end{bmatrix}$ *a matriz de transição de uma cadeia de Markov com três estados, e seja* $\mathbf{x}_0 = \begin{bmatrix} 120 \\ 180 \\ 90 \end{bmatrix}$ *o vetor de estado inicial para a população.*

5. Calcule $\mathbf{x}_1$ e $\mathbf{x}_2$.

6. Qual proporção da população do estado 1 estará no estado 1 após dois passos?

7. Qual proporção da população do estado 2 estará no estado 3 após dois passos?

8. Ache o vetor de estado estacionário.

9. Suponha que o clima em uma determinada região se comporte de acordo com uma cadeia de Markov. Especificamente, suponha que a probabilidade de amanhã ser um dia úmido seja de 0,662 se hoje for um dia úmido e de 0,250 se hoje estiver seco. A probabilidade de amanhã ser um dia seco é de 0,750 se hoje for um dia seco e de 0,338 se hoje estiver úmido. [Este exercício é baseado em um estudo real das chuvas em Tel Aviv durante um período de 27 anos. Veja K. R. Gabriel e J. Neumann, "A Markov chain model for daily rainfall occurence as Tel Aviv", *Quarterly journal of the Royal Meteorological Society*, *88* (1962), pp. 90-95.]

(a) Escreva a matriz de transição dessa cadeia de Markov.

(b) Se segunda-feira for um dia seco, qual a probabilidade de quarta-feira ser um dia úmido?

(c) A prazo longo, qual será a distribuição de dias secos e úmidos?

10. Dados sobre a altura dos filhos em relação à altura dos seus pais têm sido acumulados. Suponha que as probabilidades de pais altos terem filhos altos, medianos ou baixos sejam, respectivamente, 0,6, 0,2 e 0,2; as probabilidades de pais medianos terem filhos altos, medianos ou baixos sejam, respectivamente, 0,1, 0,7 e 0,2; e as probabilidades de pais baixos terem filhos altos, medianos ou baixos sejam, respectivamente, 0,2, 0,4 e 0,4.

(a) Escreva a matriz de transição dessa cadeia de Markov.

(b) Qual a probabilidade de uma pessoa baixa ter um neto alto?

(c) Se 20% da população atual for alta, 50% mediana e 30% baixa, qual será a distribuição em três gerações?

(d) Qual proporção da população será alta, mediana e baixa a longo prazo?

11. Um estudo sobre as safras de nozes-de-pinha no sudoeste estadunidense, de 1940 a 1947, levantou a hipótese de que a produção de nozes segue uma cadeia de Markov. [Veja D. H. Thomas, "A computer simulation model of great basin shoshonean subsistence and settlement pattern", em D. L. Clarke, ed., *Models in archaeology* (Londres: Methuen, 1972).] Os dados sugeriram que, se a safra de um ano fosse boa, as probabilidades da safra do ano seguinte ser boa, regular ou ruim seriam, respectivamente, 0,08, 0,07 e 0,85; se a safra de um ano fosse regular, as probabilidades da safra do ano seguinte ser boa, regular ou ruim seriam, respectivamente, 0,09, 0,11 e 0,80; se a safra de um ano fosse ruim, as probabilidades da safra do ano seguinte ser boa, regular ou ruim seriam, respectivamente, 0,11, 0,05 e 0,84.

(a) Escreva a matriz de transição dessa cadeia de Markov.

(b) Se a safra de noz-de-pinha foi boa em 1940, ache as probabilidades de uma boa safra nos anos 1941 até 1945.

(c) A longo prazo, qual proporção das safras será boa, regular e ruim?

12. Robôs foram programados para atravessar o labirinto mostrado na figura 3.28 e, em cada junção, escolher aleatoriamente um caminho para seguir.

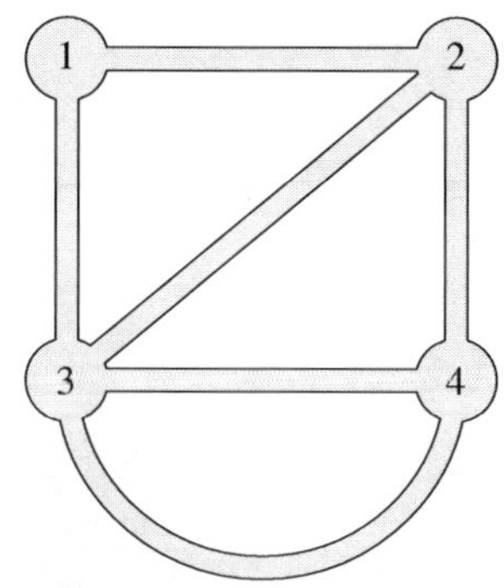

Figura 3.28

(a) Construa a matriz de transição da cadeia de Markov que modela essa situação.

(b) Suponha que comecemos com 15 robôs em cada junção. Ache a distribuição estacionária dos robôs. (Assuma que cada robô leve o mesmo tempo para ir de uma junção a outra adjacente.)

13. Denote por $\mathbf{j}$ um vetor linha que consiste inteiramente em 1s. Prove que uma matriz não negativa P é uma matriz estocástica se e somente se $\mathbf{j}P = \mathbf{j}$.

14. (a) Mostre que o produto de duas matrizes estocásticas 2×2 é também uma matriz estocástica.

(b) Prove que o produto de duas matrizes estocásticas $n \times n$ é também uma matriz estocástica.

(c) Se uma matriz estocástica P de ordem 2×2, é invertível, prove que P^{-1} é também uma matriz estocástica.

Suponha que queremos saber o número médio (ou esperado) de passos que daremos para ir do estado i ao estado j em uma cadeia de Markov. Pode-se mostrar que o seguinte cálculo responde a essa pergunta: apague a j-ésima linha e a j-ésima coluna da matriz de transição P para obter uma nova matriz Q. (Mantenha os índices das linhas e colunas de P na nova matriz Q.) O número esperado de passos do estado i ao j é dado pela soma dos elementos da i-ésima coluna de $(I - Q)^{-1}$.

15. No exercício 9, se segunda-feira for um dia seco, qual será o número esperado de dias até que se tenha um dia úmido?

16. No exercício 10, qual o número esperado de gerações para que uma pessoa baixa tenha um descendente alto?

17. No exercício 11, se a safra de noz-de-pinha é regular em um ano, qual o número esperado de anos para que se tenha uma safra boa?

18. No exercício 12, começando em cada uma das outras junções, qual o número esperado de movimentos para que um robô atinja a junção 4?

Modelos Lineares Econômicos

Nos exercícios de 19 a 26, determine quais matrizes são matrizes de trocas. Para aquelas que forem matrizes de troca, encontre um vetor de preços não negativo que satisfaz a equação (1).

19. $\begin{bmatrix} 1/2 & 1/4 \\ 1/2 & 3/4 \end{bmatrix}$ **20.** $\begin{bmatrix} 1/3 & 2/3 \\ 1/2 & 1/2 \end{bmatrix}$

21. $\begin{bmatrix} 0{,}4 & 0{,}7 \\ 0{,}6 & 0{,}4 \end{bmatrix}$ **22.** $\begin{bmatrix} 0{,}1 & 0{,}6 \\ 0{,}9 & 0{,}4 \end{bmatrix}$

23. $\begin{bmatrix} 1/3 & 0 & 0 \\ 1/3 & 3/2 & 0 \\ 1/3 & -1/2 & 1 \end{bmatrix}$ **24.** $\begin{bmatrix} 1/2 & 1 & 0 \\ 0 & 0 & 1/3 \\ 1/2 & 0 & 2/3 \end{bmatrix}$

25. $\begin{bmatrix} 0{,}3 & 0 & 0{,}2 \\ 0{,}3 & 0{,}5 & 0{,}3 \\ 0{,}4 & 0{,}5 & 0{,}5 \end{bmatrix}$ **26.** $\begin{bmatrix} 0{,}50 & 0{,}70 & 0{,}35 \\ 0{,}25 & 0{,}30 & 0{,}25 \\ 0{,}25 & 0 & 0{,}40 \end{bmatrix}$

Nos exercícios de 27 a 30, determine se a matriz de consumo dada é produtiva.

27. $\begin{bmatrix} 0{,}2 & 0{,}3 \\ 0{,}5 & 0{,}6 \end{bmatrix}$ **28.** $\begin{bmatrix} 0{,}20 & 0{,}10 & 0{,}10 \\ 0{,}30 & 0{,}15 & 0{,}45 \\ 0{,}15 & 0{,}30 & 0{,}50 \end{bmatrix}$

29. $\begin{bmatrix} 0{,}35 & 0{,}25 & 0 \\ 0{,}15 & 0{,}55 & 0{,}35 \\ 0{,}45 & 0{,}30 & 0{,}60 \end{bmatrix}$ **30.** $\begin{bmatrix} 0{,}2 & 0{,}4 & 0{,}1 & 0{,}4 \\ 0{,}3 & 0{,}2 & 0{,}2 & 0{,}1 \\ 0 & 0{,}4 & 0{,}5 & 0{,}3 \\ 0{,}5 & 0 & 0{,}2 & 0{,}2 \end{bmatrix}$

Nos exercícios de 31 a 34, são dados uma matriz de consumo C e um vetor de demanda **d**. *Em cada caso, encontre um vetor* **x** *de produção viável que satisfaz a equação (2).*

31. $C = \begin{bmatrix} 1/2 & 1/4 \\ 1/2 & 1/2 \end{bmatrix}, \mathbf{d} = \begin{bmatrix} 1 \\ 3 \end{bmatrix}$

32. $C = \begin{bmatrix} 0{,}1 & 0{,}4 \\ 0{,}3 & 0{,}2 \end{bmatrix}, \mathbf{d} = \begin{bmatrix} 2 \\ 1 \end{bmatrix}$

33. $C = \begin{bmatrix} 0{,}5 & 0{,}2 & 0{,}1 \\ 0 & 0{,}4 & 0{,}2 \\ 0 & 0 & 0{,}5 \end{bmatrix}, \mathbf{d} = \begin{bmatrix} 3 \\ 2 \\ 4 \end{bmatrix}$

CAS **34.** $C = \begin{bmatrix} 0{,}1 & 0{,}4 & 0{,}1 \\ 0 & 0{,}2 & 0{,}2 \\ 0{,}3 & 0{,}2 & 0{,}3 \end{bmatrix}, \mathbf{d} = \begin{bmatrix} 1{,}1 \\ 3{,}5 \\ 2{,}0 \end{bmatrix}$

35. Seja A uma matriz $n \times n$, $A \geq O$. Suponha que $A\mathbf{x} < \mathbf{x}$ para algum $\mathbf{x}$ em $\mathbb{R}^n$, $\mathbf{x} \geq \mathbf{0}$. Prove que $\mathbf{x} > \mathbf{0}$.

36. Sejam A, B, C, e D matrizes $n \times n$ e $\mathbf{x}$ e $\mathbf{y}$ vetores em $\mathbb{R}^n$. Prove as seguintes desigualdades:

(a) Se $A \geq B \geq O$ e $C \geq D \geq O$, então $AC \geq BD \geq O$.

(b) Se $A > B$ e $\mathbf{x} \geq \mathbf{0}$, $\mathbf{x} \neq \mathbf{0}$, então $A\mathbf{x} > B\mathbf{x}$.

Crescimento Populacional

37. Uma população com duas faixas etárias tem matriz de Leslie $L = \begin{bmatrix} 2 & 5 \\ 0{,}6 & 0 \end{bmatrix}$. Se o vetor da população inicial é $\mathbf{x}_0 = \begin{bmatrix} 10 \\ 5 \end{bmatrix}$, calcule $\mathbf{x}_1$, $\mathbf{x}_2$ e $\mathbf{x}_3$.

38. Uma população com três faixas etárias tem matriz de Leslie $L = \begin{bmatrix} 0 & 1 & 2 \\ 0{,}2 & 0 & 0 \\ 0 & 0{,}5 & 0 \end{bmatrix}$. Se o vetor da população inicial é $\mathbf{x}_0 = \begin{bmatrix} 10 \\ 4 \\ 3 \end{bmatrix}$, calcule $\mathbf{x}_1$, $\mathbf{x}_2$ e $\mathbf{x}_3$.

39. Uma população com três faixas etárias tem matriz de Leslie $L = \begin{bmatrix} 1 & 1 & 3 \\ 0,7 & 0 & 0 \\ 0 & 0,5 & 0 \end{bmatrix}$. Se o vetor da população inicial é $\mathbf{x}_0 = \begin{bmatrix} 100 \\ 100 \\ 100 \end{bmatrix}$, calcule $\mathbf{x}_1$, $\mathbf{x}_2$ e $\mathbf{x}_3$.

40. Uma população com quatro faixas etárias tem matriz de Leslie $L = \begin{bmatrix} 0 & 1 & 2 & 5 \\ 0,5 & 0 & 0 & 0 \\ 0 & 0,7 & 0 & 0 \\ 0 & 0 & 0,3 & 0 \end{bmatrix}$. Se o vetor da população inicial é $\mathbf{x}_0 = \begin{bmatrix} 10 \\ 10 \\ 10 \\ 10 \end{bmatrix}$, calcule $\mathbf{x}_1$, $\mathbf{x}_2$ e $\mathbf{x}_3$.

41. Uma certa espécie com duas faixas etárias de um ano de duração tem uma probabilidade de sobrevivência de 80% da faixa 1 para a 2. Evidências empíricas mostram que, em média, cada fêmea dá à luz outras cinco fêmeas por ano. Dessa maneira, duas formas possíveis para matriz de Leslie são:

$$L_1 = \begin{bmatrix} 0 & 5 \\ 0,8 & 0 \end{bmatrix} \quad \text{e} \quad L_2 = \begin{bmatrix} 4 & 1 \\ 0,8 & 0 \end{bmatrix}$$

(a) Começando com $\mathbf{x}_0 = \begin{bmatrix} 10 \\ 10 \end{bmatrix}$, calcule $\mathbf{x}_1, \ldots, \mathbf{x}_{10}$ em cada caso.

(b) Para cada caso, coloque em um gráfico o tamanho relativo de cada faixa etária ao longo do tempo (como na figura 3.23). O que seus gráficos sugerem?

42. Suponha que a matriz de Leslie para o besouro VW seja $\begin{bmatrix} 0 & 0 & 20 \\ 0,1 & 0 & 0 \\ 0 & 0,5 & 0 \end{bmatrix}$. Começando com um $\mathbf{x}_0$ arbitrário, determine o comportamento dessa população.

43. Suponha que uma matriz de Leslie para o besouro VW seja $L = \begin{bmatrix} 0 & 0 & 20 \\ s & 0 & 0 \\ 0 & 0,5 & 0 \end{bmatrix}$. Investigue o efeito da variação da probabilidade de sobrevivência s dos besouros jovens.

CAS **44.** Os caribous (espécie de cervos selvagens) são vistos principalmente nas províncias ocidentais do Canadá e no noroeste dos Estados Unidos. Uma fêmea vive cerca de 14 anos. As taxas de nascimento e sobrevivência para cada faixa etária são dadas na tabela 3.4, que mostra que as fêmeas dos cervos não dão à luz durante seus primeiros dois anos de vida, e dão à luz a um bezerro por ano, aproximadamente, durante sua meia-idade. A taxa de mortalidade para os bezerros jovens é muito alta.

Foto: © Jan L. Wassink/Visuals Unlimited

Tabela 3.4

Idade (anos)	Taxa de Nascimento	Taxa de Sobrevivência
0−2	0,0	0,3
2−4	0,4	0,7
4−6	1,8	0,9
6−8	1,8	0,9
8−10	1,8	0,9
10−12	1,6	0,6
12−14	0,6	0,0

O número de cervos selvagens informado pelo Jasper National Park, em Alberta, em 1990, aparece na tabela 3.5. Usando um CAS, preveja a população de cervos para 1992 e 1994. Em seguida, projete a população para os anos 2010 e 2020. O que você conclui? (Quais suposições esse modelo faz, e como ele pode ser melhorado?)

Tabela 3.5 População de Cervos Selvagens no Jasper National Park, 1990

Idade (anos)	Número
0−2	10
2−4	2
4−6	8
6−8	5
8−10	12
10−12	0
12−14	1

Fonte: World Wildlife Fund Canadá.

Grafos e Digrafos

Nos exercícios de 45 a 48, determine a matriz de adjacência do grafo dado.

45 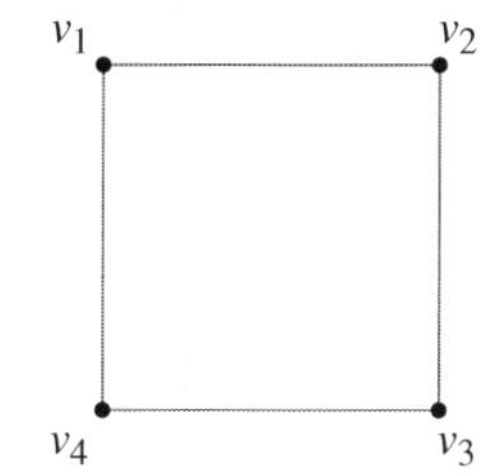

46. 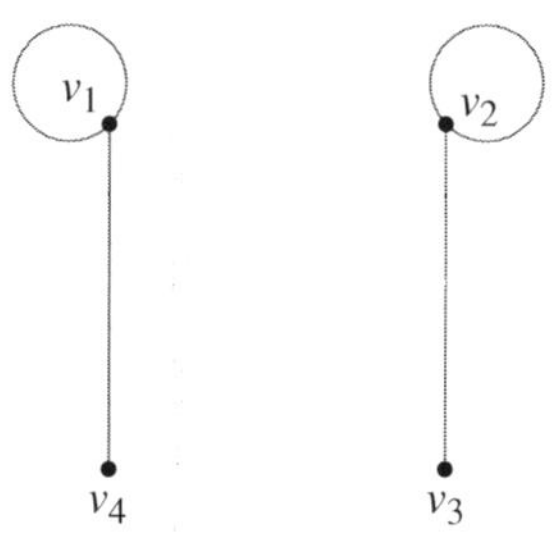

47. 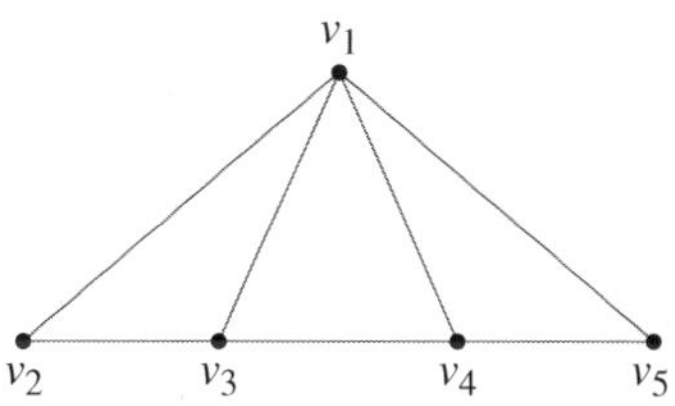

48. 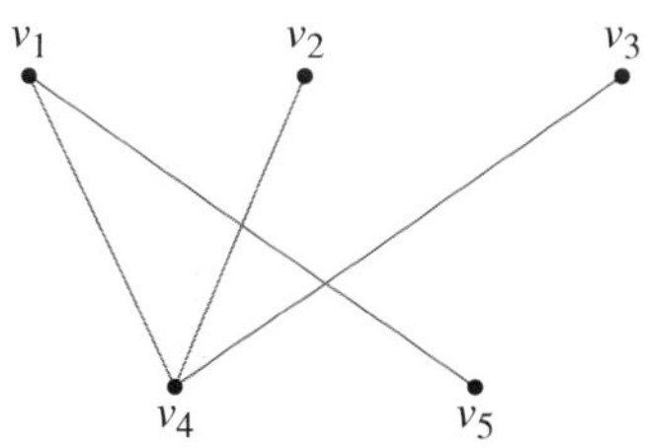

Nos exercícios de 49 a 52, desenhe um grafo que tenha a matriz de adjacência dada.

49. $\begin{bmatrix} 0 & 1 & 1 & 1 \\ 1 & 0 & 0 & 0 \\ 1 & 0 & 0 & 0 \\ 1 & 0 & 0 & 0 \end{bmatrix}$ 50. $\begin{bmatrix} 0 & 1 & 0 & 1 \\ 1 & 1 & 1 & 1 \\ 0 & 1 & 0 & 1 \\ 1 & 1 & 1 & 0 \end{bmatrix}$

51. $\begin{bmatrix} 0 & 0 & 1 & 1 & 0 \\ 0 & 0 & 0 & 1 & 1 \\ 1 & 0 & 0 & 0 & 1 \\ 1 & 1 & 0 & 0 & 0 \\ 0 & 1 & 1 & 0 & 0 \end{bmatrix}$ 52. $\begin{bmatrix} 0 & 0 & 0 & 1 & 1 \\ 0 & 0 & 0 & 1 & 1 \\ 0 & 0 & 0 & 1 & 1 \\ 1 & 1 & 1 & 0 & 0 \\ 1 & 1 & 1 & 0 & 0 \end{bmatrix}$

Nos exercícios de 53 a 56, determine a matriz de adjacência do digrafo dado.

53. 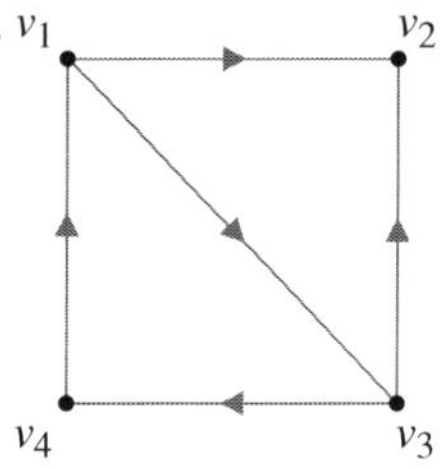

54. 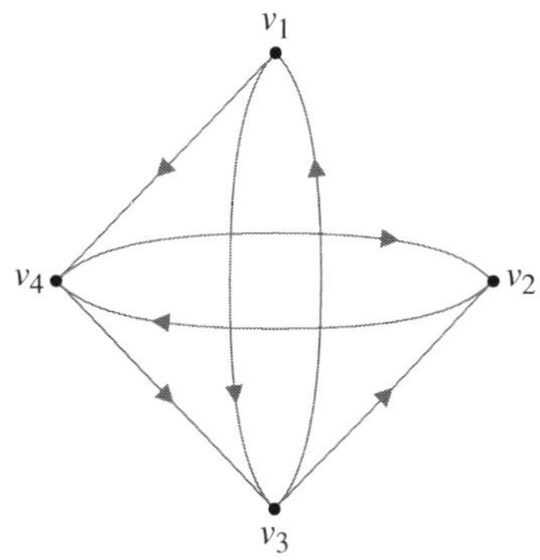

55. 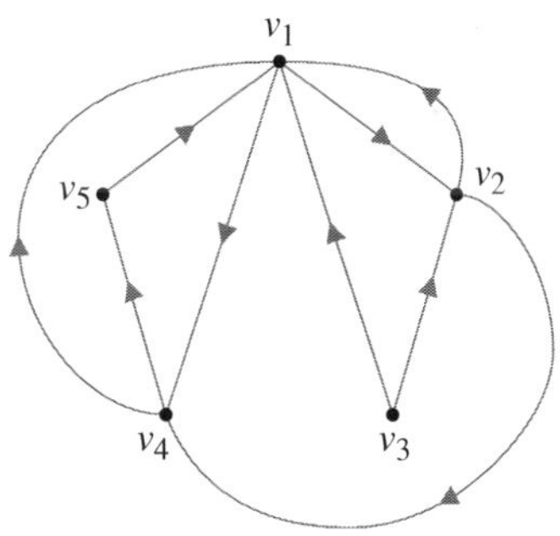

56. 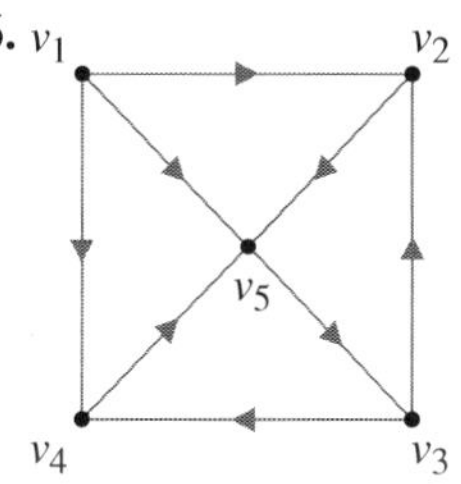

Nos exercícios de 57 a 60, desenhe um digrafo que tenha a matriz de adjacência dada.

57. $\begin{bmatrix} 0 & 1 & 0 & 0 \\ 1 & 0 & 0 & 1 \\ 0 & 1 & 0 & 0 \\ 1 & 0 & 1 & 1 \end{bmatrix}$ 58. $\begin{bmatrix} 0 & 1 & 0 & 0 \\ 0 & 0 & 0 & 1 \\ 1 & 0 & 0 & 0 \\ 0 & 0 & 1 & 0 \end{bmatrix}$

59. $\begin{bmatrix} 0 & 0 & 1 & 0 & 1 \\ 1 & 0 & 0 & 1 & 0 \\ 0 & 0 & 0 & 0 & 1 \\ 1 & 0 & 1 & 0 & 0 \\ 0 & 1 & 0 & 1 & 0 \end{bmatrix}$ **60.** $\begin{bmatrix} 0 & 1 & 0 & 0 & 1 \\ 0 & 0 & 0 & 1 & 0 \\ 1 & 0 & 0 & 1 & 1 \\ 1 & 0 & 1 & 0 & 0 \\ 1 & 1 & 0 & 0 & 0 \end{bmatrix}$

Nos exercícios de 61 a 68, use potências das matrizes de adjacência para determinar o número de caminhos com comprimento especificado entre os vértices dados.

61. Exercício 50, comprimento 2, v_1 e v_2

62. Exercício 52, comprimento 2, v_1 e v_2

63. Exercício 50, comprimento 3, v_1 e v_3

64. Exercício 52, comprimento 4, v_2 e v_2

65. Exercício 57, comprimento 2, v_1 para v_3

66. Exercício 57, comprimento 3, v_4 para v_1

67. Exercício 60, comprimento 3, v_4 para v_1

68. Exercício 60, comprimento 4, v_1 para v_4

69. Seja A a matriz de adjacência de um grafo G.

(a) Se a linha i de A é toda de zeros, o que isso informa sobre G?

(b) Se a coluna j de A é toda de zeros, o que isso informa sobre G?

70. Seja A a matriz de adjacência de um digrafo D.

(a) Se a linha i de A^2 é toda de zeros, o que isso informa sobre D?

(b) Se a coluna j de A^2 é toda de zeros, o que isso informa sobre D?

71. A figura 3.29 é o digrafo de um torneio com seis jogadores, P_1 a P_6. Usando matrizes de adjacência, classifique os jogadores primeiro considerando vitórias apenas e depois usando a noção de vitórias diretas e indiretas combinadas, como no exemplo 3.69.

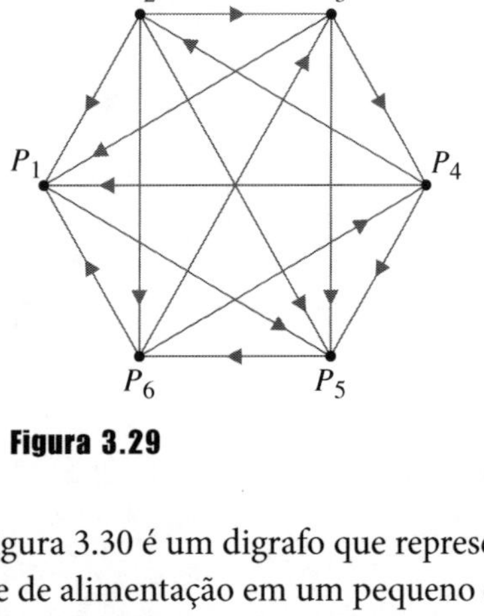

Figura 3.29

72. A figura 3.30 é um digrafo que representa uma rede de alimentação em um pequeno ecossistema. Uma aresta direcionada de a até b indica que a tem b como fonte de alimento. Construa a matriz de adjacência A para esse digrafo e use-a para responder às seguintes questões:

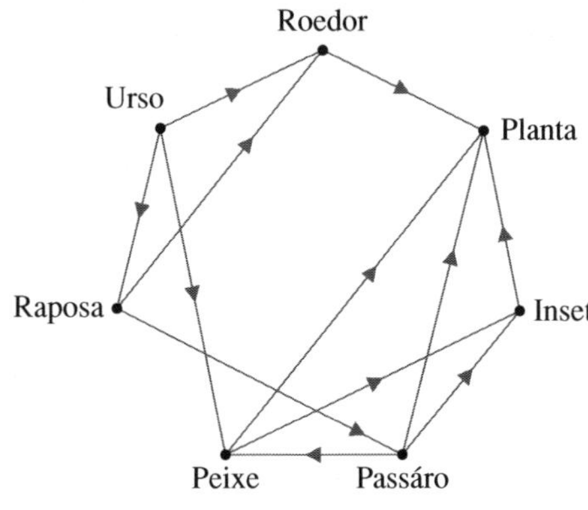

Figura 3.30

(a) Qual espécie tem mais fontes diretas de alimento? Como A mostra isso?

(b) Qual espécie é mais vezes fonte direta de alimento para outras espécies? Como A mostra isso?

(c) Se a come b e b come c, dizemos que a tem c como fonte indireta de alimento. Como podemos usar A para determinar qual espécie tem o maior número de fontes indiretas de alimento? Qual espécie tem o maior número de fontes diretas e indiretas de alimento combinadas?

(d) Suponha que poluentes matem as plantas nessa rede de alimentação, e que queiramos determinar o efeito que essa alteração causa no ecossistema. Construa uma nova matriz de adjacência A^* a partir de A, removendo a linha e a coluna correspondentes às plantas. Repita as partes (a) e (b) e determine quais são as espécies mais e menos afetadas pela alteração.

(e) Qual será o efeito, a longo prazo, da poluição? Que cálculos matriciais mostram isso?

73. Cinco pessoas estão conectadas por e-mail. Sempre que uma delas ouve alguma fofoca interessante, passa a fofoca às outras, mandando um e-mail para alguém do grupo, conforme a tabela 3.36.

(a) Desenhe o digrafo que modela essa "rede de fofocas" e ache sua matriz de adjacência A.

Tabela 3.6

Remetente	Destinatários
Ana	Carla, Edu
Beto	Carla, Dana
Carla	Edu
Dana	Ana, Carla
Edu	Beto

(b) Defina um *passo* como o tempo que leva para uma pessoa mandar um e-mail para todos em sua lista. (Dessa forma, em um passo, a fofoca vai de Ana para Carla e Edu.) Se Beto ouvir algum boato, quantos passos terão de ser dados para que todos saibam do boato? Qual cálculo matricial revela isso?

(c) Se Ana ouvir algum boato, quantos passos terão de ser dados para que todos saibam do boato? Qual cálculo matricial revela isso?

(d) Em geral, se A é a matriz de adjacência de um digrafo, como podemos determinar se o vértice i está conectado ao vértice j por um caminho (de algum comprimento)?

[A rede de fofocas deste exercício vem da noção de "seis graus de separação" (encontrado na peça e no filme de mesmo nome), que sugere que quaisquer duas pessoas estão conectadas por um caminho de conhecidos cujo comprimento é, no máximo, 6. O jogo "Seis graus de Kevin Bacon" afirma, de maneira frívola, que todos os atores estão conectados ao ator Kevin Bacon dessa maneira.]

74. Seja A a matriz de adjacência de um grafo G.

(a) Por indução, prove que, para todo $n \geq 1$, o elemento (i, j) de A^n é igual ao número de caminhos de comprimento n entre os vértices i e j.

(b) Como a afirmação e a demonstração da parte (a) devem ser modificadas se G for um digrafo?

75. Se A é a matriz de adjacência de um digrafo G, o que o elemento (i, j) de AA^T representa se $i \neq j$?

Um grafo é chamado ***bipartido*** *se seus vértices puderem ser subdivididos em dois conjuntos U e V de tal forma que cada aresta tenha um ponto final em U e outro em V. Por exemplo, o grafo do exercício 48 é bipartido com* $U = \{v_1, v_2, v_3\}$ *e* $V = \{v_4, v_5\}$. *Nos exercícios de 76 a 79, determine se um grafo com a matriz de adjacência dada é bipartido.*

76. A matriz de adjacência do exercício 49.

77. A matriz de adjacência do exercício 52.

78. A matriz de adjacência do exercício 51.

79. $\begin{bmatrix} 0 & 0 & 1 & 0 & 1 & 1 \\ 0 & 0 & 1 & 0 & 1 & 1 \\ 1 & 1 & 0 & 1 & 0 & 0 \\ 0 & 0 & 1 & 0 & 1 & 1 \\ 1 & 1 & 0 & 1 & 0 & 0 \\ 1 & 1 & 0 & 1 & 0 & 0 \end{bmatrix}$

80. (a) Prove que um grafo é bipartido se e somente se seus vértices puderem ser nomeados de tal modo que sua matriz de adjacência possa ser particionada em

$$A = \left[\begin{array}{c|c} O & B \\ \hline B^T & O \end{array}\right]$$

(b) Utilizando o resultado da parte (a), prove que um grafo bipartido não tem nenhum circuito de comprimento ímpar.

Revisão do Capítulo

Definições e Conceitos Principais

Questões de Revisão

1. Decida se cada uma das seguintes afirmações é verdadeira ou falsa:

(a) Para qualquer matriz A, ambas as matrizes AA^T e A^TA estão definidas.

(b) Se A e B são matrizes tais que $AB = O$ e $A \neq O$, então $B = O$.

(c) Se A, B, e X são matrizes invertíveis tais que $XA = B$, então $X = A^{-1}B$.

(d) A inversa de uma matriz elementar é uma matriz elementar.

(e) A transposta de uma matriz elementar é uma matriz elementar.

(f) O produto de duas matrizes elementares é uma matriz elementar.

(g) Se A é uma matriz $m \times n$, então o espaço anulado por A é um subespaço de $\mathbb{R}^n$.

(h) Todo plano em $\mathbb{R}^3$ é um subespaço de dimensão 2 de $\mathbb{R}^3$.

(i) A transformação $T: \mathbb{R}^2 \to \mathbb{R}^2$ definida por $T(\mathbf{x}) = -\mathbf{x}$ é uma transformação linear.

(j) Se $T: \mathbb{R}^4 \to \mathbb{R}^5$ é uma transformação linear, então existe uma matriz A de ordem 4×5 tal que $T(\mathrm{x}) = A\mathbf{x}$ para todo $\mathbf{x}$ no domínio de T.

Nos exercícios de 2 a 7, sejam $A = \begin{bmatrix} 1 & 2 \\ 3 & 5 \end{bmatrix}$ *e* $B = \begin{bmatrix} 2 & 0 & -1 \\ 3 & -3 & 4 \end{bmatrix}$. *Calcule as matrizes indicadas, se possível.*

2. A^2B **3.** A^2B^2 **4.** $B^TA^{-1}B$

5. $(BB^T)^{-1}$ **6.** $(B^TB)^{-1}$

7. A expansão em produto externo de AA^T

8. Se A é uma matriz tal que $A^{-1} = \begin{bmatrix} 1/2 & -1 \\ -3/2 & 4 \end{bmatrix}$, determine A.

9. Se $A = \begin{bmatrix} 1 & 0 & -1 \\ 2 & 3 & -1 \\ 0 & 1 & 1 \end{bmatrix}$ e X é uma matriz tal que $AX = \begin{bmatrix} -1 & -3 \\ 5 & 0 \\ 3 & -2 \end{bmatrix}$, determine X.

10. Se possível, expresse a matriz $A = \begin{bmatrix} 1 & 2 \\ 4 & 6 \end{bmatrix}$ como um produto de matrizes elementares.

11. Se A é uma matriz quadrada tal que $A^3 = O$, mostre que $(I - A)^{-1} = I + A + A^2$.

12. Encontre uma fatoração LU de $A = \begin{bmatrix} 1 & 1 & 1 \\ 3 & 1 & 1 \\ 2 & -1 & 1 \end{bmatrix}$.

13. Determine bases para o espaço linha, para o espaço coluna e para o espaço anulado por

$$A = \begin{bmatrix} 2 & -4 & 5 & 8 & 5 \\ 1 & -2 & 2 & 3 & 1 \\ 4 & -8 & 3 & 2 & 6 \end{bmatrix}.$$

14. Suponha que as matrizes A e B sejam equivalentes por linha. Elas têm o mesmo espaço linha? Por quê? As matrizes A e B têm o mesmo espaço coluna? Por quê?

15. Se A é uma matriz invertível, explique por quê A e A^T necessariamente têm o mesmo espaço anulado. Esse fato é verdadeiro se A for uma matriz quadrada não invertível? Explique.

16. Se A é uma matriz quadrada tal que as somas dos elementos de suas linhas resultam no vetor nulo, explique por que A não pode ser invertível.

17. Seja A uma matriz $m \times n$ com colunas linearmente independentes. Explique por que A^TA é necessariamente uma matriz invertível. Explique.

18. Encontre uma transformação linear $T: \mathbb{R}^2 \to \mathbb{R}^2$ tal que $T\begin{bmatrix} 1 \\ 1 \end{bmatrix} = \begin{bmatrix} 2 \\ 3 \end{bmatrix}$ e $T\begin{bmatrix} 1 \\ -1 \end{bmatrix} = \begin{bmatrix} 0 \\ 5 \end{bmatrix}$.

19. Encontre a matriz canônica da transformação linear $T: \mathbb{R}^2 \to \mathbb{R}^2$ que corresponde a uma rotação de 45° em torno da origem, no sentido anti-horário seguida de uma projeção sobre a reta $y = -2x$.

20. Suponha que $T: \mathbb{R}^n \to \mathbb{R}^n$ seja uma transformação linear e que $\mathbf{v}$ é um vetor tal que $T(\mathbf{v}) \neq 0$ mas $T^2(\mathbf{v}) = \mathbf{0}$ (sendo $T^2 = T \circ T$). Prove que $\mathbf{v}$ e $T(\mathbf{v})$ são linearmente independentes.

4 Autovalores e Autovetores

Quase todas as combinações dos adjetivos próprio, característico, auto *e* secular *com os substantivos* raízes, valor *e* número *têm sido utilizadas na literatura para o que chamamos de valor próprio.*

— Paul R. Halmos, *Finite dimensional vector spaces* (2ª edição) Van Nostrand, 1958, p. 102

4.0 Introdução: Um Sistema Dinâmico sobre Grafos

CAS

Vimos, no capítulo anterior, que iterar a multiplicação de matrizes produz seguidamente resultados interessantes. As cadeias de Markov e os modelos de Leslie para crescimento populacional exibem estados estacionários em algumas situações. Uma das metas deste capítulo é ajudar você a compreender esse comportamento. Primeiro, examinaremos um outro processo iterativo, ou ***sistema dinâmico***, que também emprega matrizes. (Nos problemas a seguir, será útil, para facilitar os cálculos, usar um CAS ou uma calculadora que opere com matrizes.)

Nosso exemplo envolve grafos (ver seção 3.7). Um ***grafo completo*** é um grafo onde cada vértice é adjacente a todos os outros vértices. Denotamos por K_n um grafo completo com n vértices. Por exemplo, a figura 4.1 mostra uma representação de K_4.

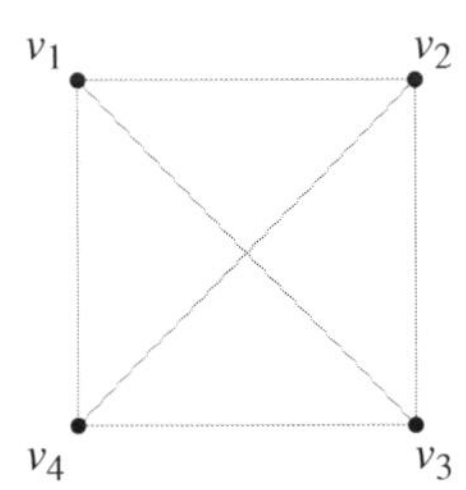

Figura 4.1
K_4

Problema 1 Considere um vetor qualquer $\mathbf{x}$ de $\mathbb{R}^4$, com coordenadas não negativas, e utilize tais coordenadas para nomear os vértices de K_4 de maneira que v_1 seja chamado de x_1, e assim por diante. Determine a matriz de adjacência A de K_4 e renomeie os vértices do grafo com as coordenadas correspondentes de $A\mathbf{x}$. Repita o procedimento para vários vetores $\mathbf{x}$ e explique, em termos do grafo, como os novos nomes podem ser determinados a partir dos velhos.

Problema 2 Agora, *faça uma iteração* do processo descrito no problema 1. Ou seja, para uma dada escolha de $\mathbf{x}$, renomeie os vértices como antes e em seguida aplique A novamente (depois de novo, e de novo) até que surja um padrão. Como as coordenadas dos vetores se tornarão números bastante elevados, faremos uma *mudança de escala*, dividindo cada vetor pelo valor correspondente à sua *maior coordenada* depois de cada iteração. Assim, se os cálculos nos fornecerem o vetor

$$\begin{bmatrix} 4 \\ 2 \\ 1 \\ 1 \end{bmatrix}$$

nós o substituiremos por

$$\frac{1}{4}\begin{bmatrix} 4 \\ 2 \\ 1 \\ 1 \end{bmatrix} = \begin{bmatrix} 1 \\ 0,5 \\ 0,25 \\ 0,25 \end{bmatrix}$$

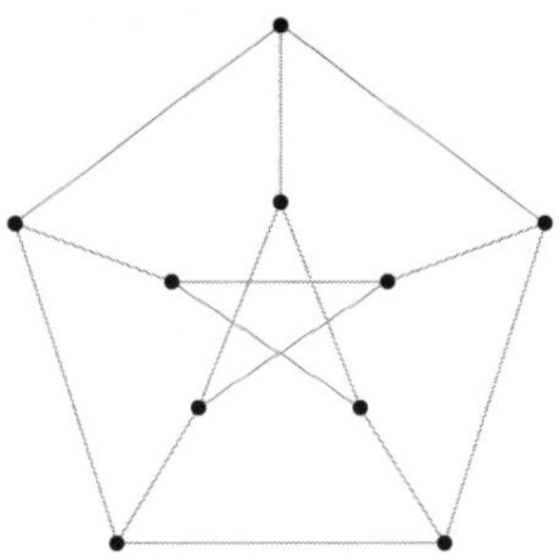

Figura 4.2

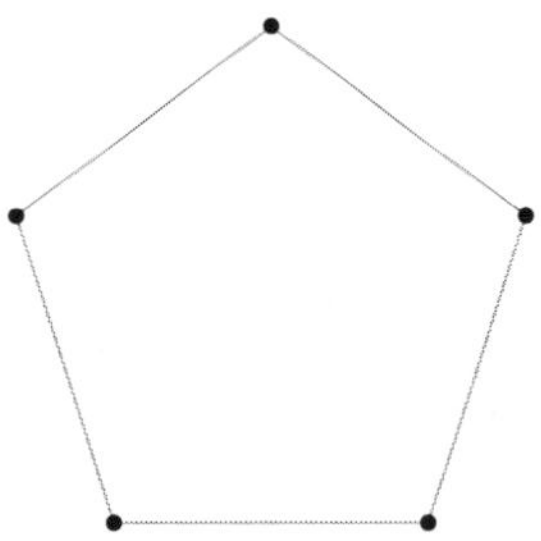

Figura 4.3

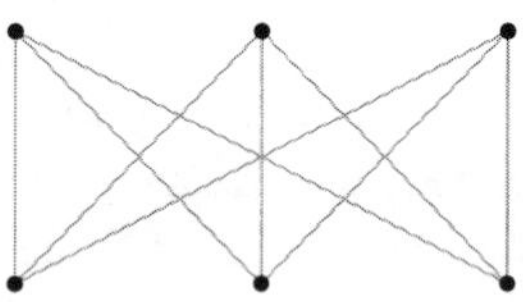

Figura 4.4

Observe que esse processo garante que a maior coordenada de cada vetor ficará sempre igual a 1. Faça isso para K_4, depois para K_3 e para K_5. Itere pelo menos dez vezes, dando os resultados com precisão de, no mínimo, até a segunda casa decimal. O que parece acontecer?

Problema 3 Você deve ter notado que, em cada caso, os vetores obtidos no processo de iteração se aproximam de um determinado vetor (um vetor em estado estacionário!). Nomeie os vértices do grafo completo com as coordenadas desse vetor e aplique mais uma vez a matriz de adjacência A (sem mudanças de escala). Qual a relação entre as novas coordenadas e as anteriores?

Problema 4 Faça uma conjectura para o caso geral K_n. Qual será o vetor em estado estacionário? O que acontecerá se nomearmos K_n com as coordenadas deste vetor em estado estacionário e aplicarmos a matriz de adjacência A, sem mudanças de escala?

Problema 5 Na figura 4.2, mostramos o ***grafo de Petersen***. Repita o procedimento dos problemas de 1 a 3 com esse grafo.

Vamos agora explorar o procedimento descrito anteriormente com outros tipos de grafos para ver se eles se comportam da mesma forma. O ***ciclo*** C_n é o grafo de n vértices apresentado em um formato cíclico. Por exemplo, C_5 é o grafo mostrado na figura 4.3.

Problema 6 Repita o procedimento descrito nos problemas de 1 a 3 com ciclos C_n, para alguns valores ímpares de n, e estabeleça uma conjectura para o caso geral.

Problema 7 Repita o problema 6, utilizando valores pares de n. O que acontece?

Um grafo bipartido é um ***grafo bipartido completo*** (veja os exercícios de 74 a 78 da seção 3.7) se seus vértices admitem uma partição em conjuntos U e V de maneira que cada vértice de U seja adjacente a todos os vértices de V, e vice-versa. Se U e V tiverem, cada um, n vértices, o grafo será denotado por $K_{n,n}$. Por exemplo, $K_{3,3}$ é o grafo da figura 4.4.

Problema 8 Repita o procedimento descrito nos problemas de 1 a 3 para grafos bipartidos completos $K_{n,n}$ para vários valores de n. O que acontece?

Ao final deste capítulo, você terá condições de explicar as observações que fez nesta Introdução.

4.1 Introdução aos Autovalores e Autovetores

No capítulo 3, encontramos a noção de vetor em estado estacionário, no contexto de duas aplicações: cadeias de Markov e modelos de Leslie para o crescimento populacional. Para uma cadeia de Markov com matriz de transição P, um vetor em estado estacionário $\mathbf{x}$ satisfazia a equação $P\mathbf{x} = \mathbf{x}$; para uma matriz de Leslie L, um vetor em estado estacionário correspondia a um vetor população $\mathbf{x}$ satisfazendo $L\mathbf{x} = r\mathbf{x}$, em que r representava a taxa de crescimento do estado estacionário. Por exemplo, vimos que

$$\begin{bmatrix} 0{,}7 & 0{,}2 \\ 0{,}3 & 0{,}8 \end{bmatrix}\begin{bmatrix} 0{,}4 \\ 0{,}6 \end{bmatrix} = \begin{bmatrix} 0.4 \\ 0.6 \end{bmatrix} \quad \text{e} \quad \begin{bmatrix} 0 & 4 & 3 \\ 0{,}5 & 0 & 0 \\ 0 & 0{,}25 & 0 \end{bmatrix}\begin{bmatrix} 18 \\ 6 \\ 1 \end{bmatrix} = 1{,}5\begin{bmatrix} 18 \\ 6 \\ 1 \end{bmatrix}$$

Neste capítulo, investigamos esse fenômeno de forma mais geral. Para uma matriz quadrada A, investigamos a existência de vetores não nulos $\mathbf{x}$ tais que $A\mathbf{x}$ seja um múltiplo escalar de $\mathbf{x}$. Esse é o *problema de autovalor*, sendo um dos problemas mais centrais da álgebra linear. Esse tipo de problema tem aplicações por todas as áreas da matemática, e fora dela também.

O adjetivo germânico *eigen** significa "próprio" ou "característico de". *Autovalores e autovetores* são característicos de uma matriz no sentido de conterem informações importantes sobre a natureza da matriz. A letra λ (lambda), letra grega equivalente ao L em português, é utilizada para designar autovalores porque anteriormente esses números também eram chamados de *valores latentes*. A pronúncia fonética do prefixo alemão *eigen* é "áiguen".**

Definição Considere A uma matriz $n \times n$. Um escalar λ é chamado ***autovalor* (ou valor próprio)** de A se existir um vetor não nulo $\mathbf{x}$ tal que $A\mathbf{x} = \lambda\mathbf{x}$. Esse vetor $\mathbf{x}$ é chamado ***autovetor (ou vetor próprio)*** de A associado a λ.

* N.T.: de *eigenvalue*, em inglês, e *autovalor ou valor próprio*, em português.)

** N.T.: na literatura especializada em português, também são empregados, como sinônimos de valores e vetores próprios, as expressões *valores* e *vetores característicos*, ou *autovalores* e *autovetores*. Ao longo do livro, empregaremos preferencialmente essa última designação.

Exemplo 4.1

Mostre que $\mathbf{x} = \begin{bmatrix} 1 \\ 1 \end{bmatrix}$ é um autovetor de $A = \begin{bmatrix} 3 & 1 \\ 1 & 3 \end{bmatrix}$ e encontre o autovalor correspondente.

Solução Fazendo os cálculos,

$$A\mathbf{x} = \begin{bmatrix} 3 & 1 \\ 1 & 3 \end{bmatrix}\begin{bmatrix} 1 \\ 1 \end{bmatrix} = \begin{bmatrix} 4 \\ 4 \end{bmatrix} = 4\begin{bmatrix} 1 \\ 1 \end{bmatrix} = 4\mathbf{x}$$

de onde segue que $\mathbf{x}$ é um autovetor de A associado ao autovalor 4.

Exemplo 4.2

Mostre que 5 é um autovalor de $A = \begin{bmatrix} 1 & 2 \\ 4 & 3 \end{bmatrix}$ e determine todos os autovetores associados a esse autovalor.

Solução Precisamos mostrar que existe um vetor *não nulo* $\mathbf{x}$ tal que $A\mathbf{x} = 5\mathbf{x}$. Mas essa equação é equivalente à equação $(A - 5I)\mathbf{x} = \mathbf{0}$, assim, basta determinar o espaço anulado pela matriz $A - 5I$. Concluímos que

$$A - 5I = \begin{bmatrix} 1 & 2 \\ 4 & 3 \end{bmatrix} - \begin{bmatrix} 5 & 0 \\ 0 & 5 \end{bmatrix} = \begin{bmatrix} -4 & 2 \\ 4 & -2 \end{bmatrix}$$

Como as colunas dessa matriz, sem dúvida, são linearmente dependentes, o Teorema Fundamental das Matrizes Invertíveis implica que seu espaço anulado é diferente de $\{\mathbf{0}\}$. Assim, $A\mathbf{x} = 5\mathbf{x}$ tem solução não trivial, por isso 5 é um autovalor de A. Encontramos seus autovetores determinando o espaço anulado:

$$[A - 5I \mid 0] = \left[\begin{array}{cc|c} -4 & 2 & 0 \\ 4 & -2 & 0 \end{array}\right] \longrightarrow \left[\begin{array}{cc|c} 1 & -\frac{1}{2} & 0 \\ 0 & 0 & 0 \end{array}\right]$$

Assim, se $\mathbf{x} = \begin{bmatrix} x_1 \\ x_2 \end{bmatrix}$ é um autovetor associado ao autovalor 5, suas coordenadas satisfazem $x_1 - \frac{1}{2}x_2 = 0$, ou $x_1 = \frac{1}{2}x_2$, logo, esses autovetores têm a forma

$$\mathbf{x} = \begin{bmatrix} \frac{1}{2}x_2 \\ x_2 \end{bmatrix}$$

Os autovetores, portanto, são os múltiplos não nulos de $\begin{bmatrix} \frac{1}{2} \\ 1 \end{bmatrix}$ (ou, equivalentemente, os múltiplos não nulos de $\begin{bmatrix} 1 \\ 2 \end{bmatrix}$).

O conjunto de todos os autovetores associados a um autovalor λ de uma matriz A $n \times n$ é exatamente o conjunto dos vetores *não nulos* do espaço anulado por $A - \lambda I$. Daí decorre que, se ao conjunto dos autovetores juntarmos o vetor nulo de $\mathbb{R}^n$, obteremos o espaço anulado por $A - \lambda I$.

Definição Considere A uma matriz $n \times n$ e λ um autovalor de A. O conjunto de todos os autovetores associados a λ, acrescido do vetor nulo, é chamado de ***autoespaço*** de λ, e é denotado por E_λ.

Portanto, no exemplo 4.2, temos que $E_5 = \left\{ t \begin{bmatrix} 1 \\ 2 \end{bmatrix} \right\}$.

Exemplo 4.3

Mostre que $\lambda = 6$ é um autovalor de $A = \begin{bmatrix} 7 & 1 & -2 \\ -3 & 3 & 6 \\ 2 & 2 & 2 \end{bmatrix}$ e encontre uma base para o seu autoespaço.

Solução Como no exemplo 4.2, determinamos o espaço anulado por $A - 6I$. Por meio de escalonamento nas linhas, obtemos

$$A - 6I = \begin{bmatrix} 1 & 1 & -2 \\ -3 & -3 & 6 \\ 2 & 2 & -4 \end{bmatrix} \longrightarrow \begin{bmatrix} 1 & 1 & -2 \\ 0 & 0 & 0 \\ 0 & 0 & 0 \end{bmatrix}$$

de onde podemos ver que o espaço anulado por $A - 6I$ é não nulo. Logo, 6 é um autovalor de A, e os autovetores associados a ele satisfazem a equação $x_1 + x_2 - 2x_3 = 0$, ou $x_1 = -x_2 + 2x_3$. Conclui-se, com isso, que

$$E_6 = \left\{ \begin{bmatrix} -x_2 + 2x_3 \\ x_2 \\ x_3 \end{bmatrix} \right\} = \left\{ x_2 \begin{bmatrix} -1 \\ 1 \\ 0 \end{bmatrix} + x_3 \begin{bmatrix} 2 \\ 0 \\ 1 \end{bmatrix} \right\} = \text{ger}\left(\begin{bmatrix} -1 \\ 1 \\ 0 \end{bmatrix}, \begin{bmatrix} 2 \\ 0 \\ 1 \end{bmatrix} \right)$$

Em $\mathbb{R}^2$, podemos dar uma interpretação geométrica à noção de autovetor. A equação $A\mathbf{x} = \lambda\mathbf{x}$ diz que os vetores $A\mathbf{x}$ e $\mathbf{x}$ são paralelos. Assim, $\mathbf{x}$ é um autovetor de A se e somente se A transforma $\mathbf{x}$ em um vetor paralelo [ou, equivalentemente, se e somente se $T_A(\mathbf{x})$ é paralelo a $\mathbf{x}$, em que T_A é a transformação matricial correspondente a A].

Exemplo 4.4

Encontre, geometricamente, os autovetores e autovalores de $A = \begin{bmatrix} 1 & 0 \\ 0 & -1 \end{bmatrix}$.

Solução Podemos observar que A é a matriz de uma reflexão F relativa ao eixo x (veja o exemplo 3.56). Os únicos vetores que F transforma em vetores paralelos a si mesmos são os vetores paralelos ao eixo y (isto é, múltiplos de $\begin{bmatrix} 0 \\ 1 \end{bmatrix}$), que são invertidos (autovalor -1), e os vetores paralelos ao eixo x (isto é, múltiplos de $\begin{bmatrix} 1 \\ 0 \end{bmatrix}$), que são levados a eles mesmos (autovalor 1) (veja a figura 4.5). Correspondendo a essa interpretação geométrica, temos que $\lambda = -1$ e $\lambda = 1$ são os autovalores de A, e seus autoespaços associados são

$$E_{-1} = \text{ger}\left(\begin{bmatrix} 0 \\ 1 \end{bmatrix} \right) \quad \text{e} \quad E_1 = \text{ger}\left(\begin{bmatrix} 1 \\ 0 \end{bmatrix} \right)$$

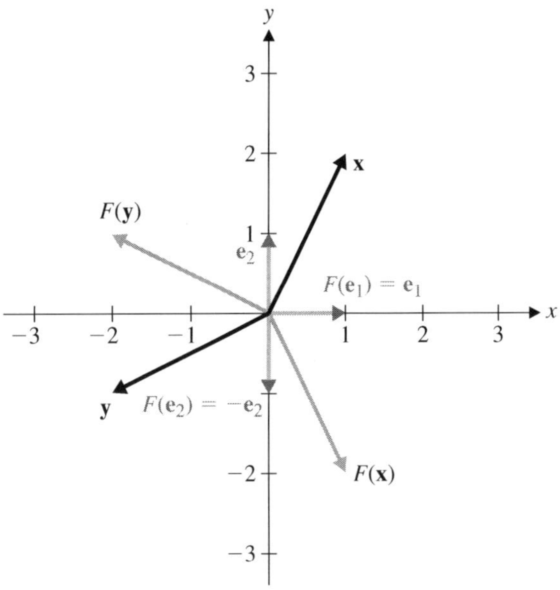

Figura 4.5
Os autovetores de uma reflexão

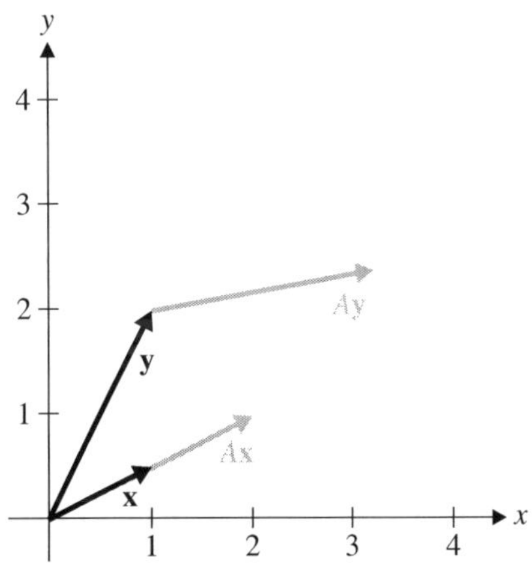

Figura 4.6

A discussão a seguir é baseada no artigo "Eigenpictures: Picturing the eigenvector problem", de Steven Schonefeld, publicado em *The college mathematics journal* 26 (1996), pp. 316-319.

Uma outra maneira de pensar geometricamente em autovetores é por meio de desenhos de $\mathbf{x}$ e $A\mathbf{x}$ colocados de modo que a origem de um está na extremidade do outro. Nessa situação, $\mathbf{x}$ será um autovetor de A se e somente se $\mathbf{x}$ e $A\mathbf{x}$ ficarem alinhados em uma linha reta. Na figura 4.6, $\mathbf{x}$ é um autovetor de A, mas $\mathbf{y}$ não é.

Se $\mathbf{x}$ é um autovetor de A associado ao autovalor λ, todo múltiplo não nulo de $\mathbf{x}$ também o é. Logo, para procurar geometricamente autovetores, basta considerar o efeito de A sobre vetores *unitários*. A figura 4.7(a) mostra o que acontece quando transformamos vetores unitários por meio da matriz $A = \begin{bmatrix} 3 & 1 \\ 1 & 3 \end{bmatrix}$ do exemplo 4.1 e desenhamos os vetores transformados colocando sua origem sobre a extremidade final dos respectivos vetores iniciais, como na figura 4.6. Podemos ver que o vetor $\mathbf{x} = \begin{bmatrix} 1/\sqrt{2} \\ 1/\sqrt{2} \end{bmatrix}$ é um autovetor, mas também podemos observar que parece haver um autovetor no segundo quadrante. De fato isso ocorre, sendo ele o vetor $\begin{bmatrix} -1/\sqrt{2} \\ 1/\sqrt{2} \end{bmatrix}$.

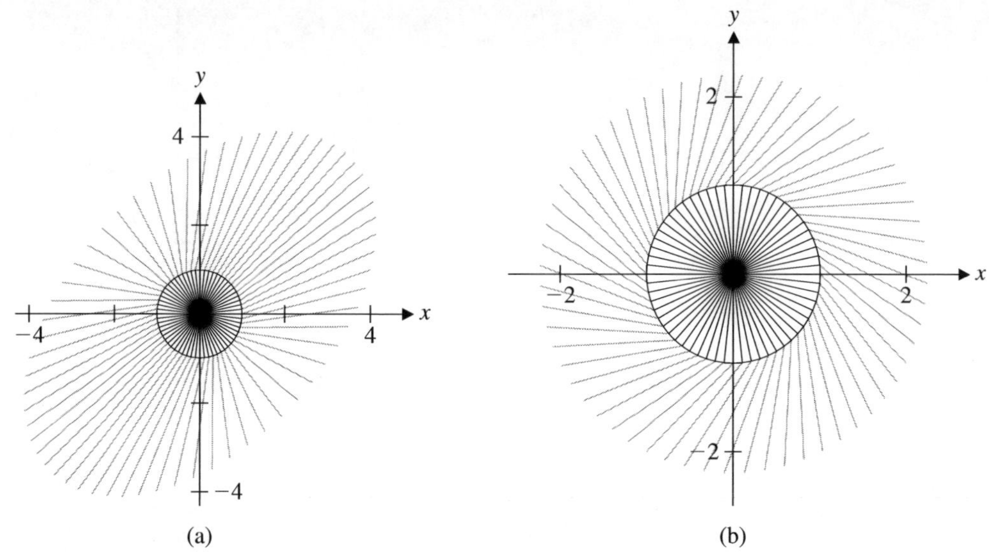

Figura 4.7

Na figura 4.7(b), vemos o que acontece quando usamos a matriz $A = \begin{bmatrix} 1 & 1 \\ -1 & 1 \end{bmatrix}$. Neste caso, não há nenhum autovetor!

Agora já sabemos como encontrar autovetores, considerando que sejam conhecidos seus correspondentes autovalores, e temos também uma interpretação geométrica para eles — mas ainda resta uma questão: como encontrar primeiro o autovalor de uma matriz? A chave é observar que λ é um autovalor de A se e somente se o espaço anulado por $A - \lambda I$ é não trivial.

Lembremos, da seção 3.3, que o determinante de uma matriz 2×2 $A = \begin{bmatrix} a & b \\ c & d \end{bmatrix}$ é dado pela expressão $\det A = ad - bc$, e que A é invertível se e somente se $\det A$ é não nulo. Além disso, o Teorema Fundamental das Matrizes Invertíveis garante que a matriz determina um espaço anulado não trivial se e somente se ela é não invertível — portanto, se e somente se o seu determinante é igual a zero. Colocando juntos todos esses fatos, vemos que (pelo menos para matrizes 2×2) λ é um autovalor de A se e somente se $\det(A - \lambda I) = 0$. Esse fato caracteriza os autovalores, e vamos, em breve, generalizar esse resultado para matrizes quadradas de qualquer ordem. Por enquanto, vejamos como usá-lo com matrizes 2×2.

Exemplo 4.5

Encontre todos os autovalores, e seus associados autovetores, da matriz $A = \begin{bmatrix} 3 & 1 \\ 1 & 3 \end{bmatrix}$ do exemplo 4.1.

Solução As observações anteriores mostram que precisamos determinar todas as soluções λ da equação $\det(A - \lambda I) = 0$. Como

$$\det(A - \lambda I) = \det \begin{bmatrix} 3 - \lambda & 1 \\ 1 & 3 - \lambda \end{bmatrix} = (3 - \lambda)(3 - \lambda) - 1 = \lambda^2 - 6\lambda + 8$$

precisamos resolver a equação do segundo grau $\lambda^2 - 6\lambda + 8 = 0$. Encontramos facilmente os valores $\lambda = 4$ e $\lambda = 2$ como soluções dessa equação. São esses, portanto, os autovalores de A.

Para obter os autovetores associados ao autovalor $\lambda = 4$, determinamos o espaço anulado de $A - 4I$. Temos

$$[A - 4I\,|\,\mathbf{0}] = \left[\begin{array}{rr|r} -1 & 1 & 0 \\ 1 & -1 & 0 \end{array}\right] \rightarrow \left[\begin{array}{rr|r} 1 & -1 & 0 \\ 0 & 0 & 0 \end{array}\right]$$

de onde segue que $\mathbf{x} = \begin{bmatrix} x_1 \\ x_2 \end{bmatrix}$ é um autovetor associado a $\lambda = 4$ se e somente se $x_1 - x_2 = 0$, ou seja, $x_1 = x_2$. Portanto, o autoespaço $E_4 = \left\{\begin{bmatrix} x_2 \\ x_2 \end{bmatrix}\right\} = \left\{x_2\begin{bmatrix} 1 \\ 1 \end{bmatrix}\right\} = \text{ger}\left(\begin{bmatrix} 1 \\ 1 \end{bmatrix}\right)$.

Analogamente, para $\lambda = 2$, temos

$$[A - 2I\,|\,0] = \left[\begin{array}{rr|r} 1 & 1 & 0 \\ 1 & 1 & 0 \end{array}\right] \rightarrow \left[\begin{array}{rr|r} 1 & 1 & 0 \\ 0 & 0 & 0 \end{array}\right]$$

logo $\mathbf{y} = \begin{bmatrix} y_1 \\ y_2 \end{bmatrix}$ é um autovetor associado a $\lambda = 2$ se e somente se $y_1 + y_2 = 0$, ou seja, $y_1 = -y_2$. Assim, o autoespaço $E_2 = \left\{\begin{bmatrix} -y_2 \\ y_2 \end{bmatrix}\right\} = \left\{y_2\begin{bmatrix} -1 \\ 1 \end{bmatrix}\right\} = \text{ger}\left(\begin{bmatrix} -1 \\ 1 \end{bmatrix}\right)$.

A figura 4.8 mostra graficamente como os autovetores de A são transformados quando multiplicados por A: um autovetor $\mathbf{x}$ no autoespaço E_4 é transformado em $4\mathbf{x}$, e um autovetor $\mathbf{y}$ no autoespaço E_2 é transformado em $2\mathbf{y}$. Como a figura 4.7(a) mostra, os autovetores de A são os *únicos* vetores de $\mathbb{R}^2$ que são transformados em múltiplos escalares deles mesmos quando multiplicados por A.

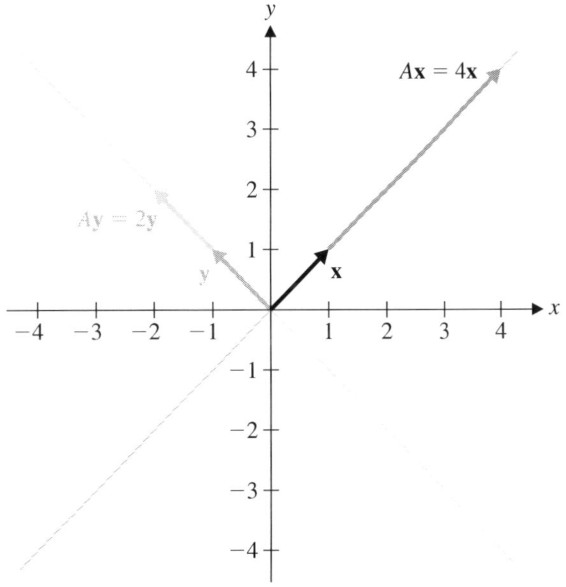

Figura 4.8
Como A transforma autovetores

Observação Você deve lembrar que uma equação polinomial com coeficientes reais (como a equação do segundo grau do exemplo 4.5) pode não admitir raízes reais; neste caso, ela possui raízes *complexas*. (Veja o apêndice C.) Também é possível calcular autovalores e autovetores quando os elementos da matriz são de $\mathbb{Z}_p$, com p primo. Assim, é importante especificar o contexto no qual pretendemos trabalhar antes de determinar os autovalores de uma matriz. Entretanto, a menos que seja expresso o contrário, consideraremos como números *reais* os autovalores de uma matriz composta igualmente por números reais.

Exemplo 4.6

Interprete a matriz do exemplo 4.5 como uma matriz sobre $\mathbb{Z}_3$ e encontre seus autovalores nesse corpo.

Solução A resolução procede exatamente como antes, exceto pelo fato de trabalharmos com inteiros módulo 3. Portanto, a equação $\lambda^2 - 6\lambda + 8 = 0$ se transforma em $\lambda^2 + 2 = 0$. Esta última é equivalente a $\lambda^2 = -2 = 1$, e obtemos $\lambda = 1$ e $\lambda = -1 = 2$ como autovalores em $\mathbb{Z}_3$. (Confira que obteríamos a mesma resposta se *primeiramente* reduzíssemos A, módulo 3, para obter $\begin{bmatrix} 0 & 1 \\ 1 & 0 \end{bmatrix}$, e depois trabalhássemos com essa matriz.)

Exemplo 4.7

Determine os autovalores de $A = \begin{bmatrix} 0 & -1 \\ 1 & 0 \end{bmatrix}$ (a) sobre $\mathbb{R}$ e (b) sobre os números complexos $\mathbb{C}$.

Solução Precisamos resolver a equação

$$0 = \det(A - \lambda I) = \det\begin{bmatrix} -\lambda & -1 \\ 1 & -\lambda \end{bmatrix} = \lambda^2 + 1$$

(a) Sobre $\mathbb{R}$ ela não admite soluções, logo, A não possui autovalores reais.

a + bi

(b) Sobre $\mathbb{C}$, as soluções são $\lambda = i$ e $\lambda = -i$. (Veja o apêndice C.)

Na próxima seção, estenderemos a noção de determinante de matrizes 2×2 a matrizes $n \times n$, o que nos permitirá determinar autovalores para matrizes quadradas arbitrárias. (De fato, isso não é bem verdade — mas poderemos ao menos ser capazes de encontrar, para cada matriz especificada, uma equação polinomial cujas soluções sejam os autovalores da matriz.)

Exercícios 4.1

Nos exercícios de 1 a 6, mostre que **v** *é um autovetor de A e determine o autovalor correspondente.*

1. $A = \begin{bmatrix} 0 & 3 \\ 3 & 0 \end{bmatrix}, \mathbf{v} = \begin{bmatrix} 1 \\ 1 \end{bmatrix}$

2. $A = \begin{bmatrix} 1 & 2 \\ 2 & 1 \end{bmatrix}, \mathbf{v} = \begin{bmatrix} 3 \\ -3 \end{bmatrix}$

3. $A = \begin{bmatrix} -1 & 1 \\ 6 & 0 \end{bmatrix}, \mathbf{v} = \begin{bmatrix} 1 \\ -2 \end{bmatrix}$

4. $A = \begin{bmatrix} 4 & -2 \\ 5 & -7 \end{bmatrix}, \mathbf{v} = \begin{bmatrix} 4 \\ 2 \end{bmatrix}$

5. $A = \begin{bmatrix} 3 & 0 & 0 \\ 0 & 1 & -2 \\ 1 & 0 & 1 \end{bmatrix}, \mathbf{v} = \begin{bmatrix} 2 \\ -1 \\ 1 \end{bmatrix}$

6. $A = \begin{bmatrix} 0 & 1 & -1 \\ 1 & 1 & 1 \\ 1 & 2 & 0 \end{bmatrix}, \mathbf{v} = \begin{bmatrix} -2 \\ 1 \\ 1 \end{bmatrix}$

Nos exercícios de 7 a 12, mostre que λ é um autovalor de A e encontre um autovetor associado a esse autovalor.

7. $A = \begin{bmatrix} 2 & 2 \\ 2 & -1 \end{bmatrix}, \lambda = 3$

8. $A = \begin{bmatrix} 2 & 3 \\ 3 & 2 \end{bmatrix}, \lambda = -1$

9. $A = \begin{bmatrix} 0 & 4 \\ -1 & 5 \end{bmatrix}, \lambda = 1$

10. $A = \begin{bmatrix} 4 & -2 \\ 5 & -7 \end{bmatrix}, \lambda = -6$

11. $A = \begin{bmatrix} 1 & 0 & 2 \\ -1 & 1 & 1 \\ 2 & 0 & 1 \end{bmatrix}, \lambda = -1$

12. $A = \begin{bmatrix} 3 & 1 & -1 \\ 1 & 1 & 1 \\ 4 & 2 & 0 \end{bmatrix}, \lambda = 2$

Nos exercícios de 13 a 18, encontre os autovalores e autovetores de A geometricamente.

13. $A = \begin{bmatrix} -1 & 0 \\ 0 & 1 \end{bmatrix}$ (reflexão relativa ao eixo y)

14. $A = \begin{bmatrix} 0 & 1 \\ 1 & 0 \end{bmatrix}$ (reflexão relativa à reta $y = x$)

15. $A = \begin{bmatrix} 1 & 0 \\ 0 & 0 \end{bmatrix}$ (projeção sobre o eixo x)

16. $A = \begin{bmatrix} \frac{16}{25} & \frac{12}{25} \\ \frac{12}{25} & \frac{9}{25} \end{bmatrix}$ (projeção sobre a reta que passa pela origem e tem vetor diretor $\begin{bmatrix} \frac{4}{5} \\ \frac{3}{5} \end{bmatrix}$)

17. $A = \begin{bmatrix} 2 & 0 \\ 0 & 3 \end{bmatrix}$ (ampliação por um fator 2 horizontalmente e por um fator 3 verticalmente)

18. $A = \begin{bmatrix} 0 & -1 \\ 1 & 0 \end{bmatrix}$ (rotação, no sentido anti-horário, de 90° a partir da origem)

Nos exercícios de 19 a 22, os vetores unitários $\mathbf{x}$ *de* $\mathbb{R}^2$ *e suas imagens* $A\mathbf{x}$ *sob a ação de uma matriz* 2×2 *A estão desenhados como na figura 4.7, colocando-se as origens dos segundos de forma a coincidir com a extremidade final dos primeiros. Faça uma estimativa para os autovetores e autovalores de A de cada "autofigura".*

19.

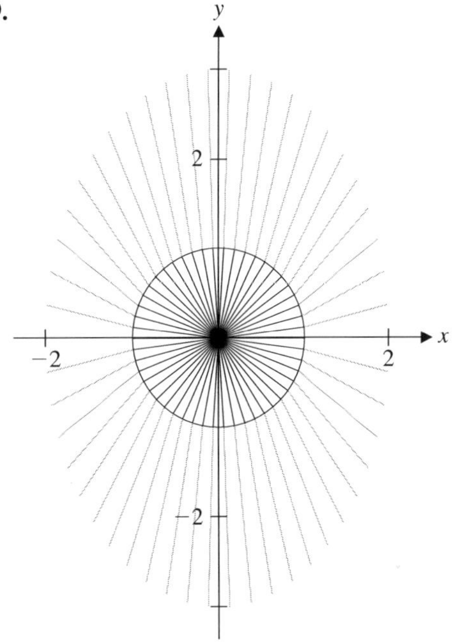

20.

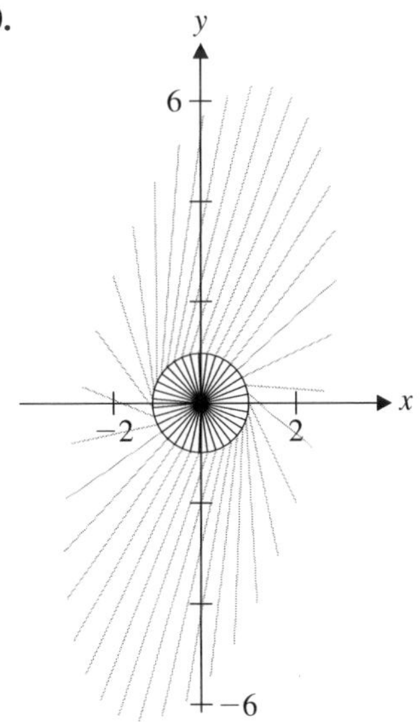

21.

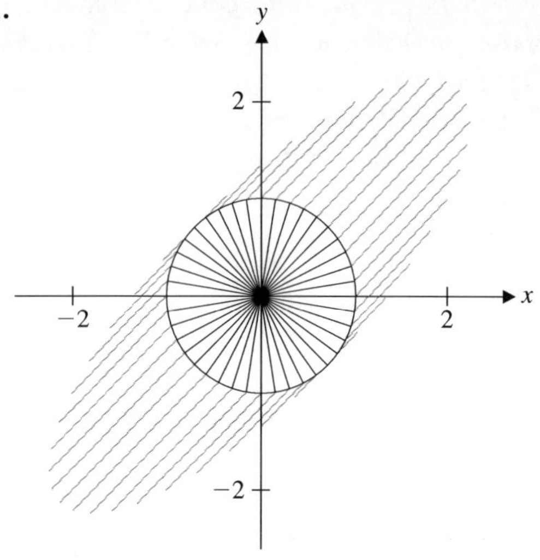

22.

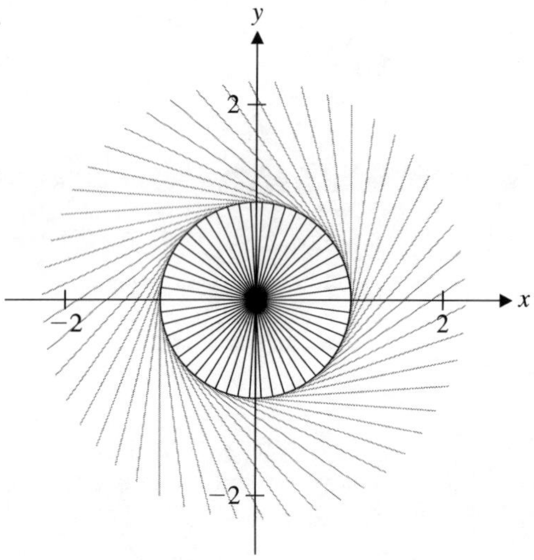

Nos exercícios de 23 a 26, utilize o método do exemplo 4.5 para determinar todos os autovalores da matriz A. Explicite bases para cada um dos autoespaços associados. Ilustre os autoespaços e o efeito de se multiplicar os autovetores por A como na figura 4.8.

23. $A = \begin{bmatrix} 4 & -1 \\ 2 & 1 \end{bmatrix}$ **24.** $A = \begin{bmatrix} 2 & 4 \\ 6 & 0 \end{bmatrix}$

25. $A = \begin{bmatrix} 2 & 5 \\ 0 & 2 \end{bmatrix}$ **26.** $A = \begin{bmatrix} 1 & 2 \\ -2 & 3 \end{bmatrix}$

a + bi *Nos exercícios de 27 a 30, encontre todos os autovalores da matriz A sobre os números complexos $\mathbb{C}$. Determine bases para cada um dos autoespaços associados.*

27. $A = \begin{bmatrix} 1 & 1 \\ -1 & 1 \end{bmatrix}$ **28.** $A = \begin{bmatrix} 2 & -3 \\ 1 & 0 \end{bmatrix}$

29. $A = \begin{bmatrix} 1 & i \\ i & 1 \end{bmatrix}$ **30.** $A = \begin{bmatrix} 0 & 1+i \\ 1-i & 1 \end{bmatrix}$

Nos exercícios de 31 a 34, encontre todos os autovalores da matriz A sobre o $\mathbb{Z}_p$ indicado.

31. $A = \begin{bmatrix} 1 & 0 \\ 1 & 2 \end{bmatrix}$ sobre $\mathbb{Z}_3$ **32.** $A = \begin{bmatrix} 2 & 1 \\ 1 & 2 \end{bmatrix}$ sobre $\mathbb{Z}_3$

33. $A = \begin{bmatrix} 3 & 1 \\ 4 & 0 \end{bmatrix}$ sobre $\mathbb{Z}_5$ **34.** $A = \begin{bmatrix} 1 & 4 \\ 4 & 0 \end{bmatrix}$ sobre $\mathbb{Z}_5$

35. (a) Mostre que os autovalores da matriz 2×2

$$A = \begin{bmatrix} a & b \\ c & d \end{bmatrix}$$

são as soluções da equação do segundo grau $\lambda^2 - \text{tr}(A)\lambda + \det A = 0$, em que tr($A$) é o traço de A. (Veja página 162.)

(b) Mostre que os autovalores da matriz A da parte (a) são

$$\lambda = \tfrac{1}{2}\left(a + d \pm \sqrt{(a-d)^2 + 4bc}\right)$$

(c) Mostre que o traço e o determinante da matriz A da parte (a) são dados por

$$\text{tr}(A) = \lambda_1 + \lambda_2 \quad \text{e} \quad \det A = \lambda_1\lambda_2$$

em que λ_1 e λ_2, são os autovalores de A.

36. Considere novamente a matriz A do exercício 35. Determine condições sobre a, b, c e d de forma que A tenha:

(a) dois autovalores reais distintos,
(b) um autovalor real e
(c) nenhum autovalor real.

37. Mostre que os autovalores da matriz triangular superior

$$A = \begin{bmatrix} a & b \\ 0 & d \end{bmatrix}$$

são $\lambda = a$ e $\lambda = d$, e encontre os autoespaços associados.

a + bi **38.** Sejam a e b números reais. Encontre os autovalores e os autoespaços associados de

$$A = \begin{bmatrix} a & b \\ -b & a \end{bmatrix}$$

sobre os números complexos.

4.2 Determinantes

Historicamente, os determinantes precederam as matrizes — um fato curioso à luz da maneira como a álgebra linear é ensinada hoje, com matrizes aparecendo antes de determinantes. Mesmo assim, os determinantes surgiram, de forma independente das matrizes, da solução de muitos problemas práticos, e a teoria dos determinantes já estava bem desenvolvida quase dois séculos antes de o estudo de matrizes despertar interesse por si só. Ao final desta seção, apresentamos uma pequena sinopse da história dos determinantes.

Lembremos que o determinante da matriz 2×2 $A = \begin{bmatrix} a_{11} & a_{12} \\ a_{21} & a_{22} \end{bmatrix}$ é

$$\det A = a_{11}a_{22} - a_{12}a_{21}$$

Encontramos primeiramente essa expressão ao determinar maneiras de calcular a inversa de uma matriz. Em particular, encontramos que

$$\begin{bmatrix} a_{11} & a_{12} \\ a_{21} & a_{22} \end{bmatrix}^{-1} = \frac{1}{a_{11}a_{22} - a_{12}a_{21}} \begin{bmatrix} a_{22} & -a_{12} \\ -a_{21} & a_{11} \end{bmatrix}$$

O determinante de uma matriz A é também denotado por $|A|$, logo, para a matriz 2×2 $A = \begin{bmatrix} a_{11} & a_{12} \\ a_{21} & a_{22} \end{bmatrix}$, também podemos escrever

$$|A| = \begin{vmatrix} a_{11} & a_{12} \\ a_{21} & a_{22} \end{vmatrix} = a_{11}a_{22} - a_{12}a_{21}$$

Atenção Essa notação para o determinante é uma reminiscência da notação de valor absoluto. É fácil confundir $\begin{vmatrix} a_{11} & a_{12} \\ a_{21} & a_{22} \end{vmatrix}$, a notação de determinante, com $\begin{bmatrix} a_{11} & a_{12} \\ a_{21} & a_{22} \end{bmatrix}$, a notação da própria matriz. Não confunda essas notações. Felizmente, o contexto usualmente deixa claro sobre de qual se trata.

Definimos o determinante de uma matriz 1×1 $A = [a]$ como

$$\det A = |a| = a$$

(Observe que temos que ser realmente cuidadosos com a notação aqui: neste caso, $|a|$ *não* indica o valor absoluto de a.) Como então poderíamos definir o determinante de uma matriz 3×3? Se você pedir ao seu CAS a inversa de

$$A = \begin{bmatrix} a & b & c \\ d & e & f \\ g & h & i \end{bmatrix}$$

a resposta será equivalente a

$$A^{-1} = \frac{1}{\Delta} \begin{bmatrix} ei - fh & ch - bi & bf - ce \\ fg - di & ai - cg & cd - af \\ dh - eg & bg - ah & ae - bd \end{bmatrix}$$

em que $\Delta = aei - afh - bdi + bfg + cdh - ceg$. Observe que

$$\begin{aligned} \Delta &= aei - afh - bdi + bfg + cdh - ceg \\ &= a(ei - fh) - b(di - fg) + c(dh - eg) \\ &= a\begin{vmatrix} e & f \\ h & i \end{vmatrix} - b\begin{vmatrix} d & f \\ g & i \end{vmatrix} + c\begin{vmatrix} d & e \\ g & h \end{vmatrix} \end{aligned}$$

e que cada um dos elementos da matriz que aparece na expressão anterior de A^{-1} nada mais é do que o determinante de uma submatriz 2×2 de A. De fato, isso é verdade, e é a base da definição de determinante de uma matriz 3×3. A definição é *recursiva* no sentido em que o determinante de uma matriz 3×3 é definido em termos de determinantes de matrizes 2×2.

Definição Seja $A = \begin{bmatrix} a_{11} & a_{12} & a_{13} \\ a_{21} & a_{22} & a_{23} \\ a_{31} & a_{32} & a_{33} \end{bmatrix}$. Então, o ***determinante*** de A é o escalar

$$\det A = |A| = a_{11}\begin{vmatrix} a_{22} & a_{23} \\ a_{32} & a_{33} \end{vmatrix} - a_{12}\begin{vmatrix} a_{21} & a_{23} \\ a_{31} & a_{33} \end{vmatrix} + a_{13}\begin{vmatrix} a_{21} & a_{22} \\ a_{31} & a_{32} \end{vmatrix} \quad (1)$$

Observe que cada determinante 2×2 multiplicado por um elemento da matriz A é obtido retirando de A a linha e a coluna que o contêm. Por exemplo, a primeira parcela é a_{11} multiplicado pelo determinante da submatriz obtida retirando-se de A a linha 1 e a coluna 1. Observe também que os sinais de mais e menos se alternam na equação (1). Se chamarmos de A_{ij} a submatriz de uma matriz A obtida pela eliminação da linha i e da coluna j, podemos abreviar assim a equação (1):

$$\begin{aligned} \det A &= a_{11} \det A_{11} - a_{12} \det A_{12} + a_{13} \det A_{13} \\ &= \sum_{j=1}^{3} (-1)^{1+j} a_{1j} \det A_{1j} \end{aligned}$$

Para toda matriz quadrada A, $\det A_{ij}$ é chamado de ***(i, j)-menor complementar*** de A.

Exemplo 4.8

Calcule o determinante de

$$A = \begin{bmatrix} 5 & -3 & 2 \\ 1 & 0 & 2 \\ 2 & -1 & 3 \end{bmatrix}$$

Solução Calculamos

$$\begin{aligned} \det A &= 5\begin{vmatrix} 0 & 2 \\ -1 & 3 \end{vmatrix} - (-3)\begin{vmatrix} 1 & 2 \\ 2 & 3 \end{vmatrix} + 2\begin{vmatrix} 1 & 0 \\ 2 & -1 \end{vmatrix} \\ &= 5(0 - (-2)) + 3(3 - 4) + 2(-1 - 0) \\ &= 5(2) + 3(-1) + 2(-1) = 5 \end{aligned}$$

Com um pouco de prática, você poderá achar que consegue calcular mentalmente determinantes 2×2. Então, será desnecessário escrever a segunda linha na solução que acabamos de ver.

Existe um outro método, para o cálculo do determinante de uma matriz 3×3, que é análogo ao método utilizado no caso de uma matriz 2×2. Copie as duas primeiras colunas de A à direita da matriz e efetue os produtos dos elementos que estão nas seis diagonais mostradas a seguir. Atribua o sinal de mais para os produtos correspondentes às diagonais descendentes e o sinal de menos aos produtos das ascendentes (no sentido da esquerda para a direita).

$$\begin{array}{ccccc} & & - & - & - \\ a_{11} & a_{12} & a_{13} & a_{11} & a_{12} \\ a_{21} & a_{22} & a_{23} & a_{21} & a_{22} \\ a_{31} & a_{32} & a_{33} & a_{31} & a_{32} \\ & & + & + & + \end{array} \qquad (2)$$

Esse método nos dá

$$a_{11}a_{22}a_{33} + a_{12}a_{23}a_{31} + a_{13}a_{21}a_{32} - a_{31}a_{22}a_{13} - a_{32}a_{23}a_{11} - a_{33}a_{21}a_{12}$$

No exercício 19, você será solicitado a verificar que esse resultado é equivalente ao da equação (1) para um determinante 3×3.

Exemplo 4.9 Calcule o determinante da matriz do exemplo 4.8 utilizando o método mostrado em (2).

Solução Acrescentamos a A suas primeiras duas colunas e calculamos os seis produtos indicados:

$$\begin{array}{ccccc} & & 0 & -10 & -9 \\ 5 & -3 & 2 & 5 & -3 \\ 1 & 0 & 2 & 1 & 0 \\ 2 & -1 & 3 & 2 & -1 \\ & & 0 & -12 & -2 \end{array}$$

Somando os três produtos de baixo e subtraindo os três de cima, obtemos

$$\det A = 0 + (-12) + (-2) - 0 - (-10) - (-9) = 5$$

como antes.

Atenção Estamos quase definindo determinantes para matrizes quadradas arbitrárias. No entanto, *não* existe método análogo ao do exemplo 4.9 para matrizes de ordem maior. Ele é válido *somente* para matrizes 3×3.

Determinantes de Matrizes $n \times n$

A definição de determinante de uma matriz 3×3 se estende naturalmente para matrizes quadradas arbitrárias.

Definição Seja $A = [a_{ij}]$ uma matriz $n \times n$, com $n \geq 2$. Então, o ***determinante*** de A é o escalar

$$\det A = |A| = a_{11} \det A_{11} - a_{12} \det A_{12} + \cdots + (-1)^{1+n} a_{1n} \det A_{1n} \qquad (3)$$
$$= \sum_{j=1}^{n} (-1)^{1+j} a_{1j} \det A_{1j}$$

É conveniente combinar um determinante menor complementar com o seu sinal de mais ou de menos. Com essa finalidade, definimos ***(i,j)-cofator de A*** como

$$C_{ij} = (-1)^{i+j} \det A_{ij}$$

Com essa notação, a definição (3) pode ser reescrita como

$$\det A = \sum_{j=1}^{n} a_{1j} C_{1j} \tag{4}$$

No exercício 20 será solicitado que você verifique que essa definição fornece corretamente a fórmula para o determinante de uma matriz 2×2 quando $n = 2$.

A definição (4) é frequentemente definida como ***a expansão de cofatores pela primeira linha***. O fato curioso é que obtemos exatamente o mesmo resultado com a expansão de cofatores por *qualquer* linha (ou mesmo por *qualquer coluna*)! Resumimos esse fato como um teorema, mas deixamos sua prova para o final desta seção (já que ela é meio demorada e interromperia nossa discussão se a apresentássemos aqui).

teorema 4.1 **Teorema da Expansão de Laplace**

O determinante de uma matriz $n \times n$ $A = [a_{ij}]$, com $n \geq 2$, pode ser calculado por

$$\begin{aligned} \det A &= a_{i1}C_{i1} + a_{i2}C_{i2} + \cdots + a_{in}C_{in} \\ &= \sum_{j=1}^{n} a_{ij}C_{ij} \end{aligned} \tag{5}$$

(que é a ***expansão de cofatores pela i-ésima linha***), e também por

$$\begin{aligned} \det A &= a_{1j}C_{1j} + a_{2j}C_{2j} + \cdots + a_{nj}C_{nj} \\ &= \sum_{i=1}^{n} a_{ij}C_{ij} \end{aligned} \tag{6}$$

(a ***expansão de cofatores pela j-ésima coluna***).

Como $C_{ij} = (-1)^{i+j} \det A_{ij}$, cada cofator é igual, a menos do sinal mais ou menos, ao seu correspondente determinante menor complementar, sendo o sinal correto dado pelo termo $(-1)^{i+j}$. Uma forma rápida para determinar se o sinal é + ou − é lembrar que os sinais compõem um padrão de um "tabuleiro de xadrez":

$$\begin{bmatrix} + & - & + & - & \cdots \\ - & + & - & + & \cdots \\ + & - & + & - & \cdots \\ - & + & - & + & \cdots \\ \vdots & \vdots & \vdots & \vdots & \ddots \end{bmatrix}$$

Exemplo 4.10

Calcule o determinante da matriz

$$A = \begin{bmatrix} 5 & -3 & 2 \\ 1 & 0 & 2 \\ 2 & -1 & 3 \end{bmatrix}$$

utilizando (a) expansão de cofatores pela terceira linha e (b) expansão de cofatores pela segunda coluna.

© CORBIS

Pierre Simon Laplace (1749-1827) nasceu na Normandia, França. Esperava-se que se tornasse padre, até que seus talentos matemáticos foram observados na escola. Fez muitas contribuições importantes para o cálculo, a probabilidade e a astronomia. Foi um dos examinadores de Napoleão Bonaparte no Corpo de Artilharia Real, e depois, quando Napoleão estava no poder, teve uma breve atuação como ministro do Interior e ainda como chanceler do Senado. Laplace foi agraciado com o título de Conde do Império em 1806 e recebeu o título de Marquês de Laplace em 1817.

Solução

(a) Calculamos

$$\begin{aligned} \det A &= a_{31}C_{31} + a_{32}C_{32} + a_{33}C_{33} \\ &= 2\begin{vmatrix} -3 & 2 \\ 0 & 2 \end{vmatrix} - (-1)\begin{vmatrix} 5 & 2 \\ 1 & 2 \end{vmatrix} + 3\begin{vmatrix} 5 & -3 \\ 1 & 0 \end{vmatrix} \\ &= 2(-6) + 8 + 3(3) \\ &= 5 \end{aligned}$$

(b) Neste caso, temos

$$\begin{aligned} \det A &= a_{12}C_{12} + a_{22}C_{22} + a_{32}C_{32} \\ &= -(-3)\begin{vmatrix} 1 & 2 \\ 2 & 3 \end{vmatrix} + 0\begin{vmatrix} 5 & 2 \\ 2 & 3 \end{vmatrix} - (-1)\begin{vmatrix} 5 & 2 \\ 1 & 2 \end{vmatrix} \\ &= 3(-1) + 0 + 8 \\ &= 5 \end{aligned}$$

Observe que, na parte (b) do exemplo 4.10, precisamos fazer menos quantidade de cálculos do que na parte (a), pois estávamos fazendo a expansão por uma coluna que continha um elemento nulo — a_{22}; assim, não tivemos que calcular o valor de C_{22}. Consequentemente, o Teorema da Expansão de Laplace é muito útil quando a matriz contém uma linha ou uma coluna com vários zeros, pois podemos minimizar o número de cofatores a calcular, escolhendo convenientemente a linha ou coluna pela qual fazemos a expansão de cofatores.

Exemplo 4.11

Calcule o determinante de

$$A = \begin{bmatrix} 2 & -3 & 0 & 1 \\ 5 & 4 & 2 & 0 \\ 1 & -1 & 0 & 3 \\ -2 & 1 & 0 & 0 \end{bmatrix}$$

Solução Note, primeiramente, que a coluna 3 tem somente um elemento diferente de zero; devemos, portanto, fazer a expansão de cofatores por essa coluna. Depois, observe que o padrão +/− atribui o sinal de menos a $a_{23} = 2$. Logo, temos

$$\begin{aligned}\det A &= a_{13}C_{13} + a_{23}C_{23} + a_{33}C_{33} + a_{43}C_{43} \\ &= 0(C_{13}) + 2C_{23} + 0(C_{33}) + 0(C_{43}) \\ &= -2\begin{vmatrix} 2 & -3 & 1 \\ 1 & -1 & 3 \\ -2 & 1 & 0 \end{vmatrix}\end{aligned}$$

Prosseguimos agora fazendo a expansão de cofatores pela terceira linha do último determinante (a terceira coluna também teria sido uma boa escolha) para obter

$$\begin{aligned}\det A &= -2\left(-2\begin{vmatrix} -3 & 1 \\ -1 & 3 \end{vmatrix} - \begin{vmatrix} 2 & 1 \\ 1 & 3 \end{vmatrix}\right) \\ &= -2(-2(-8) - 5) \\ &= -2(11) = -22\end{aligned}$$

(Observe que o padrão +/− para a matriz 3 × 3 menor complementar não é o que constava da matriz original, mas sim o de uma matriz 3 × 3 em geral.)

A expansão de Laplace é particularmente útil quando a matriz é triangular (superior ou inferior).

Exemplo 4.12 Calcule o determinante de

$$A = \begin{bmatrix} 2 & -3 & 1 & 0 & 4 \\ 0 & 3 & 2 & 5 & 7 \\ 0 & 0 & 1 & 6 & 0 \\ 0 & 0 & 0 & 5 & 2 \\ 0 & 0 & 0 & 0 & -1 \end{bmatrix}$$

Solução Fazemos a expansão de cofatores pela primeira coluna para obter

$$\det A = 2\begin{vmatrix} 3 & 2 & 5 & 7 \\ 0 & 1 & 6 & 0 \\ 0 & 0 & 5 & 2 \\ 0 & 0 & 0 & -1 \end{vmatrix}$$

(Omitimos todos os cofatores correspondentes aos elementos nulos.) Novamente, fazemos a expansão pela primeira coluna:

$$\det A = 2 \cdot 3\begin{vmatrix} 1 & 6 & 0 \\ 0 & 5 & 2 \\ 0 & 0 & -1 \end{vmatrix}$$

Continuando a fazer expansões pelas primeiras colunas completamos os cálculos:

$$\det A = 2 \cdot 3 \cdot 1\begin{vmatrix} 5 & 2 \\ 0 & -1 \end{vmatrix} = 2 \cdot 3 \cdot 1 \cdot (5(-1) - 2 \cdot 0) = 2 \cdot 3 \cdot 1 \cdot 5 \cdot (-1) = -30$$

O exemplo 4.12 deve tê-lo convencido de que o determinante de uma matriz triangular é o produto dos elementos da sua diagonal principal. No exercício 21, você será convidado a provar esse fato. Registraremos esse resultado como um teorema.

teorema 4.2 O determinante de uma matriz triangular é o produto dos elementos da sua diagonal principal. Especificamente, se $A = [a_{ij}]$ é uma matriz $n \times n$, então

$$\det A = a_{11}a_{22}\cdots a_{nn}$$

Nota Em geral (isto é, a menos que a matriz seja triangular ou tenha alguma outra forma especial), calcular um determinante por expansão de cofatores não é eficiente. Por exemplo, o determinante de uma matriz 3×3 tem $6 = 3!$ parcelas, cada uma envolvendo duas multiplicações, necessitando ainda cinco adições e subtrações para terminar os cálculos. Para uma matriz $n \times n$, haverá $n!$ parcelas, cada uma com $n - 1$ fatores, com ainda $n! - 1$ adições e subtrações. A quantidade total de operações é, portanto,

$$T(n) = (n - 1)n! + n! - 1 > n!$$

Mesmo o mais rápido dos supercomputadores não pode calcular o determinante de uma matriz de ordem moderadamente alta usando expansão de cofatores. Para ilustrar, suponha que precisemos calcular um determinante 50×50. (Matrizes *muito* maiores que 50×50 são utilizadas para armazenar dados de imagens digitais como as que são transmitidas pela Internet ou tiradas por uma câmera digital.) Para calcular diretamente o determinante, precisaríamos, em geral, de mais de $50!$ operações, e $50! \approx 3 \times 10^{64}$. Se tivéssemos um computador que pudesse realizar um trilhão (10^{12}) de operações por segundo, ele levaria aproximadamente 3×10^{52} segundos, ou quase 10^{45} anos, para terminar os cálculos. Colocando isso em perspectiva, considere que os astrônomos estimam que a idade do universo seja de pelo menos dez bilhões (10^{10}) de anos. Assim, mesmo para um computador muito rápido, o cálculo por expansão de cofatores de um determinante 50×50 levaria mais do que 10^{30} vezes a idade do universo!

Afortunadamente, existem outros métodos melhores — e passamos, agora, a desenvolver métodos computacionalmente mais eficientes para calcular determinantes. Precisamos, primeiramente, dar uma olhada em algumas propriedades dos determinantes.

Propriedades dos Determinantes

A maneira mais eficiente para calcular determinantes é utilizando escalonamento por linhas. No entanto, nem toda operação elementar com linhas deixa inalterado o valor do determinante de uma matriz. O próximo teorema resume as principais propriedades que você precisa compreender para usar efetivamente o escalonamento por linhas.

teorema 4.3 Seja $A = [a_{ij}]$ uma matriz quadrada.

a. Se A tem uma linha (coluna) só com zeros, $\det A = 0$.
b. Se B é obtida pela troca de duas linhas (colunas) de A, $\det B = -\det A$.
c. Se A tem duas linhas (colunas) idênticas, $\det A = 0$.
d. Se B é obtida pela multiplicação de uma linha (coluna) de A por k, $\det B = k \det A$.
e. Se A, B, e C são idênticas, a menos pelo fato de que a i-ésima linha (coluna) de C é a soma das i-ésimas linhas (colunas) de A e B, então $\det C = \det A + \det B$.
f. Se B é obtida ao se somar um multiplo de uma linha (coluna) de A a outra linha(coluna), $\det B = \det A$.

Demonstração Provaremos (b) no lema 4.14, ao final desta seção. As provas das propriedades (a) e (f) são deixadas como exercícios. Provaremos as demais propriedades para linhas; as provas correspondentes para colunas são análogas.

(c) Se A tem duas linhas idênticas, chamemos de B a matriz obtida pela troca dessas linhas. Claramente, $B = A$, logo, $\det B = \det A$. Por outro lado, por (b), $\det B = -\det A$. Portanto, $\det A = -\det A$, e assim, $\det A = 0$.

(d) Suponha que a linha i de A seja multiplicada por k para produzir B, ou seja, $b_{ij} = ka_{ij}$ para $j = 1, \dots, n$. Como os cofatores C_{ij} dos elementos das i-ésimas linhas de A e de B são idênticos (por quê?), fazer a expansão de cofatores pela i-ésima linha de B nos dá

$$\det B = \sum_{j=1}^{n} b_{ij}C_{ij} = \sum_{j=1}^{n} ka_{ij}C_{ij} = k\sum_{j=1}^{n} a_{ij}C_{ij} = k \det A$$

(e) Como em (d), os cofatores C_{ij} dos elementos da i-ésimas linhas de A, B e C são idênticos. Além disso, $c_{ij} = a_{ij} + b_{ij}$ para $j = 1, \dots, n$. Fazemos a expansão de cofatores pela i-ésima linha de C para obter

$$\det C = \sum_{j=1}^{n} c_{ij}C_{ij} = \sum_{j=1}^{n} (a_{ij} + b_{ij})C_{ij} = \sum_{j=1}^{n} a_{ij}C_{ij} + \sum_{j=1}^{n} b_{ij}C_{ij} = \det A + \det B$$

Observe que as propriedades (b), (d) e (f) estão relacionadas com operações elementares com linhas. Como a forma escalonada de uma matriz quadrada é necessariamente triangular superior, podemos combinar essas propriedades com o teorema 4.2 para calcular determinantes de maneira eficiente. (Veja Investigação: Contando Operações, no capítulo 2, onde é mostrado que o escalonamento de linhas de uma matriz $n \times n$ emprega da ordem de n^3 operações, número muito menor que as $n!$ envolvidas no caso da expansão de cofatores.) Os próximos exemplos ilustram o cálculo de determinantes por meio de escalonamento por linhas.

Exemplo 4.13

Calcule o $\det A$ se

(a) $A = \begin{bmatrix} 2 & 3 & -1 \\ 0 & 5 & 3 \\ -4 & -6 & 2 \end{bmatrix}$

(b) $A = \begin{bmatrix} 0 & 2 & -4 & 5 \\ 3 & 0 & -3 & 6 \\ 2 & 4 & 5 & 7 \\ 5 & -1 & -3 & 1 \end{bmatrix}$

Solução

(a) Utilizando a propriedade (f) e depois a propriedade (a), temos que:

$$\det A = \begin{vmatrix} 2 & 3 & -1 \\ 0 & 5 & 3 \\ -4 & -6 & 2 \end{vmatrix} \overset{L_3+2L_1}{=} \begin{vmatrix} 2 & 3 & -1 \\ 0 & 5 & 3 \\ 0 & 0 & 0 \end{vmatrix} = 0$$

(b) Escalonamos A como a seguir (existem outras maneiras de fazer isso):

$$\det A = \begin{vmatrix} 0 & 2 & -4 & 5 \\ 3 & 0 & -3 & 6 \\ 2 & 4 & 5 & 7 \\ 5 & -1 & -3 & 1 \end{vmatrix} \overset{L_1 \leftrightarrow L_2}{=} - \begin{vmatrix} 3 & 0 & -3 & 6 \\ 0 & 2 & -4 & 5 \\ 2 & 4 & 5 & 7 \\ 5 & -1 & -3 & 1 \end{vmatrix} \overset{L_1/3}{=} -3 \begin{vmatrix} 1 & 0 & -1 & 2 \\ 0 & 2 & -4 & 5 \\ 2 & 4 & 5 & 7 \\ 5 & -1 & -3 & 1 \end{vmatrix}$$

$$\overset{\substack{L_3 - 2L_1 \\ L_4 - 5L_1}}{=} -3 \begin{vmatrix} 1 & 0 & -1 & 2 \\ 0 & 2 & -4 & 5 \\ 0 & 4 & 7 & 3 \\ 0 & -1 & 2 & -9 \end{vmatrix} \overset{L_2 \leftrightarrow L_4}{=} -(-3) \begin{vmatrix} 1 & 0 & -1 & 2 \\ 0 & -1 & 2 & -9 \\ 0 & 4 & 7 & 3 \\ 0 & 2 & -4 & 5 \end{vmatrix}$$

$$\overset{\substack{L_3 + 4L_2 \\ L_4 + 2L_2}}{=} 3 \begin{vmatrix} 1 & 0 & -1 & 2 \\ 0 & -1 & 2 & -9 \\ 0 & 0 & 15 & -33 \\ 0 & 0 & 0 & -13 \end{vmatrix}$$

$$= 3 \cdot 1 \cdot (-1) \cdot 15 \cdot (-13) = 585$$

Observação Pelo teorema 4.3, no processo de calcular determinantes, podemos também usar operações elementares com colunas, ou ainda combinar convenientemente operações elementares com linhas e colunas. Por exemplo, no exemplo 4.13(a), poderíamos ter começado somando a coluna 3 com a coluna 1 para criar um 1 líder no canto superior esquerdo. De fato, o método utilizado era mais rápido, mas, em outros exemplos, operações com colunas podem apressar os cálculos. Mantenha isso em mente quando você calcular determinantes manualmente.

Determinantes de Matrizes Elementares

Lembre-se, da seção 3.3, que matriz elementar é toda matriz obtida de uma matriz identidade na qual se faz uma operação elementar com linhas. Tomando $A = I_n$ no teorema 4.3, chegamos ao teorema a seguir.

teorema 4.4 Seja E uma matriz elementar $n \times n$.

a. Se E é obtida pela troca de duas linhas em I_n, $\det E = -1$.
b. Se E é obtida por multiplicação de uma linha de I_n por k, $\det E = k$.
c. Se E é obtida pela soma de um múltiplo de uma linha de I_n com outra linha, $\det E = 1$.

A palavra *lema* é derivada do verbo grego *lambanein*, que significa "compreender". Na matemática, um lema é um "teorema de apoio", utilizado para provar um outro teorema, usualmente mais importante.

Demonstração Como $\det I_n = 1$, aplicando (b), (d) e (f) do teorema 4.3 chega-se imediatamente a (a), (b) e (c) do teorema 4.4, respectivamente.

A seguir, relembramos que a multiplicação de uma matriz B por uma matriz elementar, *pela esquerda*, provoca, em B, a correspondente operação elementar com linhas. Podemos, portanto, reescrever (b), (d) e (f) do teorema 4.3, sucintamente, no lema a seguir, cuja prova é natural e é objeto do exercício 43.

Lema 4.5 Seja B uma matriz $n \times n$ e E uma matriz elementar $n \times n$. Então:

$$\det(EB) = (\det E)(\det B)$$

Podemos usar o lema 4.5 para provar o teorema principal desta seção, que fornece uma caracterização da invertibilidade em termos de determinantes.

teorema 4.6 Uma matriz quadrada A é invertível se e somente se $\det A \neq 0$.

Demonstração Seja A uma matriz $n \times n$ e seja R a forma escalonada reduzida por linhas de A. Mostraremos primeiro que $\det A \neq 0$ se e somente se $\det R \neq 0$. Sejam $E_1, E_2, \ldots, E_r$ as matrizes elementares correspondentes às operações elementares com linhas necessárias para transformar A em R. Então:

$$E_r \cdots E_2 E_1 A = R$$

Tomando determinantes dos dois lados e aplicando o lema 4.5 sucessivamente, obtemos

$$(\det E_r) \cdots (\det E_2)(\det E_1)(\det A) = \det R$$

Pelo teorema 4.4, os determinantes de todas as matrizes elementares são diferentes de zero. Concluímos, assim, que $\det A \neq 0$ se e somente se $\det R \neq 0$.

Agora vamos supor que A seja invertível. Então, pelo teorema Fundamental das Matrizes Invertíveis, $R = I_n$ e $\det R = 1 \neq 0$. Portanto, temos também que $\det A \neq 0$. Reciprocamente, se $\det A \neq 0$, então $\det R \neq 0$, e assim, pelo teorema 4.3(a), R não pode conter uma linha formada somente de zeros. Segue então que R deve ser exatamente I_n (por quê?) e, portanto, A é invertível — novamente pelo teorema Fundamental citado.

Determinante e Operações com Matrizes

Agora, tentaremos examinar qual relação existe (se houver) entre determinantes e algumas das operações básicas com matrizes. Especificamente, gostaríamos de encontrar fórmulas para $\det(kA)$, $\det(A + B)$, $\det(AB)$, $\det(A^{-1})$ e $\det(A^T)$ em função do $\det A$ e do $\det B$.

O teorema 4.3(d) *não* diz que $\det(kA) = k \det A$. A relação correta entre a multiplicação de matriz por escalar e determinante é dada pelo teorema a seguir.

teorema 4.7 Se A é uma matriz $n \times n$, então

$$\det(kA) = k^n \det A$$

No exercício 44, você será solicitado a demonstrar esse teorema.

Infelizmente, não existe fórmula simples para $\det(A + B)$, e, em geral, $\det(A + B) \neq \det A + \det B$. (Escolha duas matrizes $2 \neq 2$ em que esse fato pode ser verificado.) É, portanto, uma grata surpresa a descoberta de que os determinantes são bastante compatíveis com a multiplicação de matrizes. De fato, temos a bela fórmula a seguir, devida a Cauchy.

Augustin Louis Cauchy (1789-1857) nasceu em Paris e estudou engenharia, mas mudou para a matemática por causa da sua saúde frágil. Foi um matemático brilhante e produtivo. Publicou mais de 700 artigos, muitos versando sobre problemas bastante difíceis. Seu nome pode ser encontrado em vários teoremas e definições nas áreas de equações diferenciais, séries infinitas, teorias das probabilidades, álgebra e física. Ele se destaca por ter introduzido o rigor nos cálculos diferencial e integral, lançando os fundamentos para o ramo da matemática hoje conhecido como análise. Politicamente conservador, Cauchy era monarquista, e, em 1830, seguiu Charles X no exílio. Retornou à França em 1838, mas não à sua posição na Sorbonne até a universidade descartar sua norma de exigir um juramento de lealdade ao novo rei.

teorema 4.8 Se A e B são matrizes $n \times n$, então

$$\det(AB) = (\det A)(\det B)$$

Demonstração Consideramos dois casos: A invertível e A não invertível.

Se A é invertível, então, pelo Teorema Fundamental das Matrizes Invertíveis, A pode ser escrita como um produto de matrizes elementares — digamos,

$$A = E_1E_2 \cdots E_k$$

Então, $AB = E_1E_2...E_kB$, por isso k aplicações do lema 4.5 nos dão

$$\det(AB) = \det(E_1E_2 \cdots E_kB) = (\det E_1)(\det E_2) \cdots (\det E_k)(\det B)$$

Continuando a aplicar o lema 4.5, obtemos

$$\det(AB) = \det(E_1E_2 \cdots E_k)\det B = (\det A)(\det B)$$

Por outro lado, se A não é invertível, AB também não é, pelo exercício 47 da seção 3.3. Assim, pelo teorema 4.6, $\det A = 0$ e $\det(AB) = 0$. Consequentemente, $\det(AB) = (\det A)(\det B)$, já que os dois lados valem zero.

Exemplo 4.14

Aplicando o teorema 4.8 a $A = \begin{bmatrix} 2 & 1 \\ 2 & 3 \end{bmatrix}$ e a $B = \begin{bmatrix} 5 & 1 \\ 2 & 1 \end{bmatrix}$, vemos que

$$AB = \begin{bmatrix} 12 & 3 \\ 16 & 5 \end{bmatrix}$$

e que $\det A = 4$, $\det B = 3$ e $\det(AB) = 12 = 4 \cdot 3 = (\det A)(\det B)$, como esperado. (Confira essas afirmações!)

O próximo teorema fornece uma bela relação entre o determinante de uma matriz invertível e o determinante da sua inversa.

teorema 4.9 Se A é invertível, então

$$\det(A^{-1}) = \frac{1}{\det A}$$

Demonstração Como A é invertível, $AA^{-1} = I$, logo, $\det(AA^{-1}) = \det I = 1$. Portanto, $(\det A)(\det A^{-1}) = 1$, pelo teorema 4.8, e, como $\det A \neq 0$ (por quê?), a divisão por $\det A$ nos dá o resultado.

Exemplo 4.15 Verifique a validade do teorema 4.9 para a matriz A do exemplo 4.14.

Solução Calculamos

$$A^{-1} = \tfrac{1}{4}\begin{bmatrix} 3 & -1 \\ -2 & 2 \end{bmatrix} = \begin{bmatrix} \frac{3}{4} & -\frac{1}{4} \\ -\frac{1}{2} & \frac{1}{2} \end{bmatrix}$$

logo,

$$\det A^{-1} = \left(\frac{3}{4}\right)\left(\frac{1}{2}\right) - \left(-\frac{1}{4}\right)\left(-\frac{1}{2}\right) = \frac{3}{8} - \frac{1}{8} = \frac{1}{4} = \frac{1}{\det A}$$

Observação A beleza do teorema 4.9 vem do fato de, algumas vezes, não precisarmos conhecer *qual é* a inversa de uma matriz, mas somente se ela *existe*, ou ainda saber o valor do seu determinante. Para a matriz A dos últimos dois exemplos, uma vez calculado que $\det A = 4 \neq 0$, imediatamente podemos deduzir que A é invertível e que $\det A^{-1} = \frac{1}{4}$, não sendo necessário o cálculo de A^{-1}.

Passamos a relacionar o determinante de uma matriz A ao determinante de sua transposta A^T. Como as linhas de A^T são exatamente as colunas de A, calcular $\det A^T$ pela expansão de cofatores pela primeira linha é o mesmo que calcular $\det A^T$ pela expansão de cofatores pela primeira coluna, o que o Teorema da Expansão de Laplace nos permite fazer. Assim, obtemos o resultado a seguir.

teorema 4.10 Para qualquer matriz quadrada A,

$$\det A = \det A^T$$

A Regra de Cramer e a Matriz Adjunta

Gabriel Cramer (1704-1752) foi um matemático suíço. A regra que leva seu nome foi publicada em 1750, em seu tratado *Introdução à análise de curvas algébricas*. No entanto, já em 1730, casos especiais da regra eram de conhecimento de outros matemáticos, incluindo o escocês Colin Maclaurin (1698-1746), talvez o maior dos matemáticos britânicos que foram os "sucessores de Newton".

Nesta seção, vamos desenvolver duas fórmulas úteis que relacionam determinantes às soluções de sistemas lineares e à inversa de uma matriz. A primeira delas, a ***Regra de Cramer***, dá uma fórmula que descreve a solução de um certo tipo de sistemas de n equações lineares com n variáveis, inteiramente em função de determinantes. Mesmo esse resultado tendo pouco valor prático para sistemas além dos 2×2, ele tem uma importância teórica muito grande.

Vamos precisar de algumas notações novas para esse resultado e sua demosntração. Para uma matriz $n \times n$ A e para um vetor $\mathbf{b}$ de $\mathbb{R}^n$, denotamos por $A_i(\mathbf{b})$ a matriz obtida pela troca da i-ésima coluna de A por $\mathbf{b}$. Ou seja,

$$A_i(\mathbf{b}) = [\mathbf{a}_1 \cdots \underset{\substack{\uparrow \\ \text{Coluna } i}}{\mathbf{b}} \cdots \mathbf{a}_n]$$

teorema 1.11 **A Regra de Cramer**

Sejam A uma matriz $n \times n$ invertível e **b** um vetor de $\mathbb{R}^n$. A única solução **x** do sistema $A\mathbf{x} = \mathbf{b}$ é dada por

$$x_i = \frac{\det(A_i(\mathbf{b}))}{\det A} \quad \text{para } i = 1, \ldots, n$$

Demonstração As colunas da matriz identidade $I = I_n$ são os vetores unitários canônicos de $\mathbb{R}^n$, $\mathbf{e}_1, \mathbf{e}_2, \ldots, \mathbf{e}_n$. Se $A\mathbf{x} = \mathbf{b}$, então

$$\begin{aligned} AI_i(\mathbf{x}) &= A[\mathbf{e}_1 \ \cdots \ \mathbf{x} \ \cdots \ \mathbf{e}_n] = [A\mathbf{e}_1 \ \cdots \ A\mathbf{x} \ \cdots \ A\mathbf{e}_n] \\ &= [\mathbf{a}_1 \ \cdots \ \mathbf{b} \ \cdots \ \mathbf{a}_n] = A_i(\mathbf{b}) \end{aligned}$$

Portanto, pelo teorema 4.8,

$$(\det A)(\det I_i(\mathbf{x})) = \det(AI_i(\mathbf{x})) = \det(A_i(\mathbf{b}))$$

Mas

$$\det I_i(\mathbf{x}) = \begin{vmatrix} 1 & 0 & \cdots & x_1 & \cdots & 0 & 0 \\ 0 & 1 & \cdots & x_2 & \cdots & 0 & 0 \\ \vdots & \vdots & \ddots & \vdots & & \vdots & \vdots \\ 0 & 0 & \cdots & x_i & \cdots & 0 & 0 \\ \vdots & \vdots & & \vdots & \ddots & \vdots & \vdots \\ 0 & 0 & \cdots & x_{n-1} & \cdots & 1 & 0 \\ 0 & 0 & \cdots & x_n & \cdots & 0 & 1 \end{vmatrix} = x_i$$

como pode ser verificado por meio da expansão de cofatores pela i-ésima linha. Assim, $(\det A)x_i = \det(A_i(\mathbf{b}))$, e o resultado é obtido pela divisão dos dois lados por $\det A$ (que não é zero, já que A é invertível).

Exemplo 4.16 Utilize a Regra de Cramer para resolver o sistema

$$\begin{aligned} x_1 + 2x_2 &= 2 \\ -x_1 + 4x_2 &= 1 \end{aligned}$$

Solução Calculamos

$$\det A = \begin{vmatrix} 1 & 2 \\ -1 & 4 \end{vmatrix} = 6, \quad \det(A_1(\mathbf{b})) = \begin{vmatrix} 2 & 2 \\ 1 & 4 \end{vmatrix} = 6, \quad \text{e} \quad \det(A_2(\mathbf{b})) = \begin{vmatrix} 1 & 2 \\ -1 & 1 \end{vmatrix} = 3$$

Pela Regra de Cramer,

$$x_1 = \frac{\det(A_1(\mathbf{b}))}{\det A} = \frac{6}{6} = 1 \quad \text{e} \quad x_2 = \frac{\det(A_2(\mathbf{b}))}{\det A} = \frac{3}{6} = \frac{1}{2}$$

Observação Como foi apontado antes, a Regra de Cramer é ineficiente, do ponto de vista computacional, para sistemas de equações que não sejam pequenos, pois envolve o cálculo de vários determinantes. O esforço para calcular apenas um desses determinantes, mesmo por métodos muito eficientes, seria mais bem empregado ao utilizarmos o método da eliminação de Gauss para resolver o sistema diretamente.

O resultado final desta seção é uma fórmula que fornece a inversa de uma matriz em termos de determinantes. Essa fórmula é sugerida pela fórmula da inversa de uma matriz 3×3, a qual foi dada sem demonstração no início desta mesma seção. Assim, chegamos a um círculo completo.

Tentemos descobrir a fórmula por nós mesmos. Se A é uma matriz invertível $n \times n$, sua inversa é a (única) matriz X que satisfaz a equação $AX = I$. Resolvendo para X uma coluna por vez, considere $\mathbf{x}_j$ a j-ésima coluna de X.Ou seja,

$$\mathbf{x}_j = \begin{bmatrix} x_{1j} \\ \vdots \\ x_{ij} \\ \vdots \\ x_{nj} \end{bmatrix}$$

Assim, $A\mathbf{x}_j = \mathbf{e}_j$, e pela Regra de Cramer,

$$x_{ij} = \frac{\det(A_i(\mathbf{e}_j))}{\det A}$$

No entanto,

$$\det(A_i(\mathbf{e}_j)) = \begin{vmatrix} a_{11} & a_{12} & \cdots & 0 & \cdots & a_{1n} \\ a_{21} & a_{22} & \cdots & 0 & \cdots & a_{2n} \\ \vdots & \vdots & \ddots & \vdots & \iddots & \vdots \\ a_{j1} & a_{j2} & \cdots & 1 & \cdots & a_{jn} \\ \vdots & \vdots & \iddots & \vdots & \ddots & \vdots \\ a_{n1} & a_{n2} & \cdots & 0 & \cdots & a_{nn} \end{vmatrix} = (-1)^{j+i}\det A_{ji} = C_{ji}$$

(i-ésima coluna indicada pela seta sobre a coluna central)

que é o (j,i)-cofator de A.

Daí segue que $x_{ij} = (1/\det A)C_{ji}$, logo, $A^{-1} = X = (1/\det A)[C_{ji}] = (1/\det A)[C_{ij}]^T$. Em palavras, a matriz inversa de A é a *transposta* da matriz dos cofatores de A, dividida pelo determinante de A.

A matriz

$$[C_{ji}] = [C_{ij}]^T = \begin{bmatrix} C_{11} & C_{21} & \cdots & C_{n1} \\ C_{12} & C_{22} & \cdots & C_{n2} \\ \vdots & \vdots & \ddots & \vdots \\ C_{1n} & C_{2n} & \cdots & C_{nn} \end{bmatrix}$$

é chamada ***matriz adjunta*** de A e é denotada por adj A. O resultado que acabamos de provar pode ser enunciado como a seguir.

teorema 4.12 Considere A uma matriz invertível $n \times n$. Então

$$A^{-1} = \frac{1}{\det A}\operatorname{adj} A$$

Exemplo 4.17 Utilize o método da matriz adjunta para calcular a inversa da matriz

$$A = \begin{bmatrix} 1 & 2 & -1 \\ 2 & 2 & 4 \\ 1 & 3 & -3 \end{bmatrix}$$

Solução Calculamos $\det A = -2$ e os nove cofatores

$$C_{11} = +\begin{vmatrix} 2 & 4 \\ 3 & -3 \end{vmatrix} = -18 \quad C_{12} = -\begin{vmatrix} 2 & 4 \\ 1 & -3 \end{vmatrix} = 10 \quad C_{13} = +\begin{vmatrix} 2 & 2 \\ 1 & 3 \end{vmatrix} = 4$$

$$C_{21} = -\begin{vmatrix} 2 & -1 \\ 3 & -3 \end{vmatrix} = 3 \quad C_{22} = +\begin{vmatrix} 1 & -1 \\ 1 & -3 \end{vmatrix} = -2 \quad C_{23} = -\begin{vmatrix} 1 & 2 \\ 1 & 3 \end{vmatrix} = -1$$

$$C_{31} = +\begin{vmatrix} 2 & -1 \\ 2 & 4 \end{vmatrix} = 10 \quad C_{32} = -\begin{vmatrix} 1 & -1 \\ 2 & 4 \end{vmatrix} = -6 \quad C_{33} = +\begin{vmatrix} 1 & 2 \\ 2 & 2 \end{vmatrix} = -2$$

A matriz adjunta é a *transposta* da matriz dos cofatores — a saber,

$$\operatorname{adj} A = \begin{bmatrix} -18 & 10 & 4 \\ 3 & -2 & -1 \\ 10 & -6 & -2 \end{bmatrix}^T = \begin{bmatrix} -18 & 3 & 10 \\ 10 & -2 & -6 \\ 4 & -1 & -2 \end{bmatrix}$$

Então,

$$A^{-1} = \frac{1}{\det A}\operatorname{adj} A = -\frac{1}{2}\begin{bmatrix} -18 & 3 & 10 \\ 10 & -2 & -6 \\ 4 & -1 & -2 \end{bmatrix} = \begin{bmatrix} 9 & -\frac{3}{2} & -5 \\ -5 & 1 & 3 \\ -2 & \frac{1}{2} & 1 \end{bmatrix}$$

que é a mesma resposta que obtivemos no exemplo 3.30 (com menos esforço).

Demonstração do Teorema da Expansão de Laplace

Infelizmente, não há nenhuma demonstração curta e fácil do Teorema da Expansão de Laplace. A prova que damos a seguir tem o mérito de ser relativamente natural. Vamos quebrá-la em vários passos, sendo o primeiro deles o que prova serem iguais as expansões de cofatores pela primeira linha ou pela primeira coluna de uma dada matriz.

Lema 4.13 Seja A uma matriz $n \times n$ matriz. Então

$$a_{11}C_{11} + a_{12}C_{12} + \cdots + a_{1n}C_{1n} = \det A = a_{11}C_{11} + a_{21}C_{21} + \cdots + a_{n1}C_{n1} \quad (7)$$

Demonstração Provamos esse lema por indução em n. Para $n = 1$, o resultado é trivial. Assumimos agora ser verdadeiro o resultado para matrizes $(n - 1) \times (n - 1)$: essa é a nossa hipótese de indução. Observe que, pela definição de cofator (ou de menor complementar), todos os termos com a_{11} estão incluídos na parcela $a_{11}C_{11}$. Podemos, assim, ignorar os termos que contêm a_{11}.

A i-ésima parcela na expressão à direita da equação (7) é $a_{i1}C_{i1} = a_{i1}(-1)^{i+1}\det A_{i1}$. Façamos agora a expansão de cofatores do det A_{i1} pela primeira linha:

$$\begin{vmatrix} a_{12} & a_{13} & \cdots & a_{1j} & \cdots & a_{1n} \\ \vdots & \vdots & \ddots & \vdots & \iddots & \vdots \\ a_{i-1,2} & a_{i-1,3} & \cdots & a_{i-1,j} & \cdots & a_{i-1,n} \\ a_{i+1,2} & a_{i+1,3} & \cdots & a_{i+1,j} & \cdots & a_{i+1,n} \\ \vdots & \vdots & \iddots & \vdots & \ddots & \vdots \\ a_{n2} & a_{n3} & \cdots & a_{nj} & \cdots & a_{n,n} \end{vmatrix}$$

O j-ésimo termo nessa expansão do det A_{i1} é $a_{1j}(-1)^{1+j-1}\det A_{1i,1j}$, em que a notação $A_{kl,rs}$ denota a submatriz de A obtida pela supressão das linhas k e l e das colunas r e s. Combinando tudo isso, vemos que o termo que contém $a_{i1}a_{1j}$ na expressão à direita da equação (7) é

$$a_{i1}(-1)^{i+1}a_{1j}(-1)^{1+j-1}\det A_{1i,1j} = (-1)^{i+j+1}a_{i1}a_{1j}\det A_{1i,1j}$$

Qual é o termo que contém $a_{i1}a_{1j}$ na expressão à esquerda da equação (7)? O fator a_{1j} ocorre na j-ésima parcela, $a_{1j}C_{1j} = a_{1j}(-1)^{1+j}\det A_{1j}$. Pela hipótese de indução, podemos fazer a expansão de cofatores do det A_{1j} pela primeira coluna:

$$\begin{vmatrix} a_{21} & \cdots & a_{2,j-1} & a_{2,j+1} & \cdots & a_{2n} \\ a_{31} & \cdots & a_{3,j-1} & a_{3,j+1} & \cdots & a_{3n} \\ \vdots & \ddots & \vdots & \vdots & \iddots & \vdots \\ a_{i1} & \cdots & a_{i,j-1} & a_{i,j+1} & \cdots & a_{in} \\ \vdots & \iddots & \vdots & \vdots & \ddots & \vdots \\ a_{n1} & \cdots & a_{n,j-1} & a_{n,j+1} & \cdots & a_{nn} \end{vmatrix}$$

O i-ésimo termo nessa expansão do det A_{1j} é $a_{i1}(-1)^{(i-1)+1}\det A_{1i,1j}$, logo, o termo que contém $a_{i1}a_{1j}$ na expressão à esquerda da equação (7) é

$$a_{1j}(-1)^{1+j}a_{i1}(-1)^{(i-1)+1}\det A_{1i,1j} = (-1)^{i+j+1}a_{i1}a_{1j}\det A_{1i,1j}$$

o que estabelece que as expressões à esquerda e à direita da equação (7) são equivalentes.

Provamos agora a propriedade (b) do teorema 4.3.

Lema 4.14 Seja A uma matriz $n \times n$ e seja B obtida pela troca de duas linhas (colunas) de A, uma com a outra. Então:

$$\det B = -\det A$$

Demonstração Mais uma vez, a prova é por indução em n. O resultado pode ser facilmente verificado diretamente quando $n = 2$. Vamos assumir agora que ele seja verdadeiro para matrizes $(n - 1) \times (n - 1)$. Provamos que o resultado é verdadeiro para matrizes $n \times n$. Primeiro, mostramos que ele vale quando duas linhas adjacentes são trocadas — digamos, linhas r e $r + 1$.

Pelo lema 4.13, podemos encontrar o valor do det B fazendo sua expansão de cofatores pela primeira coluna. O i-ésimo termo desta expansão é $(-1)^{1+i}b_{i1} \det B_{i1}$. Se $i \neq r$ e $i \neq r + 1$, então $b_{i1} = a_{i1}$ e B_{i1} é uma submatriz $(n - 1) \times (n - 1)$ idêntica a A_{i1}, exceto pelo fato de que duas linhas adjacentes foram intercambiadas.

$$\begin{vmatrix} a_{11} & a_{12} & \cdots & a_{1n} \\ \vdots & \vdots & & \vdots \\ a_{i1} & a_{i2} & \cdots & a_{in} \\ \vdots & \vdots & & \vdots \\ a_{r+1,1} & a_{r+1,2} & \cdots & a_{r+1,n} \\ a_{r1} & a_{r2} & \cdots & a_{rn} \\ \vdots & \vdots & & \vdots \\ a_{n1} & a_{n2} & \cdots & a_{nn} \end{vmatrix}$$

Assim, pela hipótese de indução, $\det B_{i1} = -\det A_{i1}$, se $i \neq r$ e $i \neq r + 1$.

Se $i = r$, então $b_{i1} = a_{r+1,1}$ e $B_{i1} = A_{r+1,1}$.

$$\text{Linha } i \rightarrow \begin{vmatrix} a_{11} & a_{12} & \cdots & a_{1n} \\ \vdots & \vdots & & \vdots \\ a_{r+1,1} & a_{r+1,2} & \cdots & a_{r+1,n} \\ a_{r1} & a_{r2} & \cdots & a_{rn} \\ \vdots & \vdots & & \vdots \\ a_{n1} & a_{n2} & \cdots & a_{nn} \end{vmatrix}$$

Portanto, a r-ésima parcela do det B é

$$(-1)^{r+1}b_{r1} \det B_{r1} = (-1)^{r+1}a_{r+1,1} \det A_{r+1,1} = -(-1)^{(r+1)+1}a_{r+1,1} \det A_{r+1,1}$$

Analogamente, se $i = r + 1$, então $b_{i1} = a_{r1}$, $B_{i1} = A_{r1}$ e a $(r + 1)$-ésima parcela no det B é

$$(-1)^{(r+1)+1}b_{r+1,1} \det B_{r+1,1} = (-1)^{r}a_{r1} \det A_{r1} = -(-1)^{r+1}a_{r1} \det A_{r1}$$

Em outras palavras, os r e $(r + 1)$-ésimos termos na expansão de cofatores do det B pela sua primeira coluna têm os *sinais opostos* aos dos $(r + 1)$ e r-ésimos termos, respectivamente, na expansão de cofatores do det A também por sua primeira coluna.

Substituindo todos esses resultados no det B e usando novamente o lema 4.13, obtemos:

$$\begin{aligned}
\det B &= \sum_{i=1}^{n}(-1)^{i+1}b_{i1} \det B_{i1} \\
&= \sum_{\substack{i=1 \\ i \neq r, r+1}}^{n} (-1)^{i+1}b_{i1} \det B_{i1} + (-1)^{r+1}b_{r1} \det B_{r1} + (-1)^{(r+1)+1}b_{r+1,1} \det B_{r+1,1} \\
&= \sum_{\substack{i=1 \\ i \neq r, r+1}}^{n} (-1)^{i+1}a_{i1}(-\det A_{i1}) - (-1)^{(r+1)+1}a_{r+1,1} \det A_{r+1,1} - (-1)^{r+1}a_{r1} \det A_{r1} \\
&= -\sum_{i=1}^{n}(-1)^{i+1}a_{i1} \det A_{i1} \\
&= -\det A
\end{aligned}$$

Isso demonstra o resultado para matrizes $n \times n$ quando linhas adjacentes são intercambiadas. Para ver que o resultado vale para intercâmbios arbitrários de duas linhas, precisamos somente notar que, por exemplo, as linhas r e s, com $r < s$, podem ser trocadas efetuando-se $2(s - r) - 1$ intercâmbios de linhas adjacentes (veja o exercício 67). Como o número de intercâmbios é *ímpar* e cada um deles troca o sinal do determinante, o efeito final será sempre o da troca do sinal inicial, como desejado.

A demonstração para trocas de colunas é inteiramente análoga, exceto pelo fato de fazermos as expansões pela linha 1 no lugar da coluna 1. ∎

Podemos agora provar o Teorema da Expansão de Laplace.

Demonstração do teorema 4.1 Seja B a matriz obtida pelo ato de mover a linha i de A para o topo, usando $i - 1$ intercâmbios de linhas adjacentes. Pelo lema 4.14, $\det B = (-1)^{i-1} \det A$. Mas $b_{1j} = a_{ij}$ e $B_{1j} = A_{ij}$ para $j = 1, \ldots, n$.

$$\det B = \begin{vmatrix} a_{i1} & \cdots & a_{ij} & \cdots & a_{in} \\ a_{11} & \cdots & a_{1j} & \cdots & a_{1n} \\ \vdots & & \vdots & & \vdots \\ a_{i-1,1} & \cdots & a_{i-1,j} & \cdots & a_{i-1,n} \\ a_{i+1,1} & \cdots & a_{i+1,j} & \cdots & a_{i+1,n} \\ \vdots & & \vdots & & \vdots \\ a_{n1} & \cdots & a_{nj} & \cdots & a_{nn} \end{vmatrix}$$

Assim,

$$\begin{aligned} \det A = (-1)^{i-1} \det B &= (-1)^{i-1} \sum_{j=1}^{n} (-1)^{1+j} b_{1j} \det B_{1j} \\ &= (-1)^{i-1} \sum_{j=1}^{n} (-1)^{1+j} a_{ij} \det A_{ij} = \sum_{j=1}^{n} (-1)^{i+j} a_{ij} \det A_{ij} \end{aligned}$$

o que fornece a fórmula para a expansão de cofatores pela linha i.

A prova para a expansão por coluna é análoga, envolvendo o lema 4.13 para que possamos usar a expansão por coluna no lugar da expansão por linha (veja o exercício 68). ∎

Uma Breve História dos Determinantes

Como observado no início desta seção, a história dos determinantes precede a das matrizes. De fato, determinantes foram introduzidos primeiro, de forma independente, por Seki, em 1683, e por Leibniz, em 1693. Em 1748, determinantes apareceram no *Tratado sobre álgebra*, de Maclaurin, que apresentava um tratamento da Regra de Cramer até o caso 4×4. Em 1750, o próprio Cramer provou o caso geral de sua regra, aplicando-a ao ajuste de curvas, e, em 1772, Laplace deu uma prova de seu teorema de expansão.

Criança prodígio autodidata, Takakazu Seki Kowa (1642-1708) era descendente de uma família de guerreiros samurais. Além de ter descoberto os determinantes, ele escreveu sobre equações diofantinas, quadrados mágicos e números de Bernoulli (antes de Bernoulli), além de aparentemente, ter feito descobertas em cálculos.

O termo *determinante* só foi cunhado em 1801, quando utilizado por Gauss. Cauchy fez o primeiro uso de determinantes no sentido moderno, em 1812. Ele foi, de fato, o responsável pelo desenvolvimento de grande parte da teoria inicial de determinantes, incluindo muitos resultados importantes que já mencionamos: a regra do produto para determinantes, o polinômio característico e a noção de matriz diagonalizável. Determinantes só ficaram amplamente conhecidos a partir de 1841, quando Jacobi os popularizou, embora no contexto de funções de várias variáveis, que encontramos em curso de cálculo de várias variáveis. (Este tipo de determinantes eram chamados "jacobianos", por Sylvestrer por volta de 1850, um termo utilizado até hoje.)

Gottfried Wilhelm von Leibniz (1646-1716) nasceu em Leipzig e estudou direito, teologia, filosofia e matemática. É provavelmente mais conhecido por ter desenvolvido (como Newton, independentemente) as principais idéias dos cálculos diferencial e integral. No entanto, também são impressionantes suas contribuições para outros ramos da matemática. Ele desenvolveu a noção de determinante, conhecia versões da Regra de Cramer e do teorema da Expansão de Laplace antes que outros tivessem dado os créditos a eles e lançou os fundamentos para a teoria de matrizes, por meio do trabalho que fez sobre as formas quadráticas. Leibniz foi também o primeiro a desenvolver o sistema de numeração binária da aritmética. Acreditava na importância de uma boa notação e, além da notação familiar para derivadas e integrais, introduziu uma espécie de notação com índices subscritos para os coeficientes de um sistema línear, que é, essencialmente, a notação que usamos hoje.

No final do século XIX, a teoria dos determinantes havia se desenvolvido a ponto de livros inteiros serem dedicados a ela, incluindo, em 1867, o livro *Uma teoria elementar de determinantes*, de Dodgson, e uma coleção monumental de cinco volumes de Thomas Muir, que apareceu no início do século XX. Mesmo que a sua história seja fascinante, determinantes hoje têm um interesse mais teórico do que prático. A Regra de Cramer é um método incorrigivelmente ineficaz na resolução de sistemas de equações lineares, enquanto métodos numéricos substituíram todo o uso que antes era feito de determinantes no cálculo de autovalores. Os determinantes são, no entanto, empregados para propiciar aos estudantes uma compreensão inicial do polinômio característico (como nas seções 4.1 e 4.3).

Exercícios 4.2

Calcule os determinantes dos exercícios de 1 a 6 usando expansão de cofatores pela primeira linha e pela primeira coluna.

1. $\begin{vmatrix} 1 & 0 & 3 \\ 5 & 1 & 1 \\ 0 & 1 & 2 \end{vmatrix}$

2. $\begin{vmatrix} 0 & 1 & -1 \\ 2 & 3 & -2 \\ -1 & 3 & 0 \end{vmatrix}$

3. $\begin{vmatrix} 1 & -1 & 0 \\ -1 & 0 & 1 \\ 0 & 1 & -1 \end{vmatrix}$

4. $\begin{vmatrix} 1 & 1 & 0 \\ 1 & 0 & 1 \\ 0 & 1 & 1 \end{vmatrix}$

5. $\begin{vmatrix} 1 & 2 & 3 \\ 2 & 3 & 1 \\ 3 & 1 & 2 \end{vmatrix}$

6. $\begin{vmatrix} 1 & 2 & 3 \\ 4 & 5 & 6 \\ 7 & 8 & 9 \end{vmatrix}$

Calcule os determinantes dos exercícios de 7 a 15 usando expansão de cofatores por qualquer linha ou coluna que pareça conveniente.

7. $\begin{vmatrix} 5 & 2 & 2 \\ -1 & 1 & 2 \\ 3 & 0 & 0 \end{vmatrix}$

8. $\begin{vmatrix} 1 & 1 & -1 \\ 2 & 0 & 1 \\ 3 & -2 & 1 \end{vmatrix}$

9. $\begin{vmatrix} -4 & 1 & 3 \\ 2 & -2 & 4 \\ 1 & -1 & 0 \end{vmatrix}$

10. $\begin{vmatrix} \cos\theta & \text{sen}\,\theta & \text{tg}\,\theta \\ 0 & \cos\theta & -\text{sen}\,\theta \\ 0 & \text{sen}\,\theta & \cos\theta \end{vmatrix}$

11. $\begin{vmatrix} a & b & 0 \\ 0 & a & b \\ a & 0 & b \end{vmatrix}$

12. $\begin{vmatrix} 0 & a & 0 \\ b & c & d \\ 0 & e & 0 \end{vmatrix}$

13. $\begin{vmatrix} 1 & -1 & 0 & 3 \\ 2 & 5 & 2 & 6 \\ 0 & 1 & 0 & 0 \\ 1 & 4 & 2 & 1 \end{vmatrix}$

14. $\begin{vmatrix} 2 & 0 & 3 & -1 \\ 1 & 0 & 2 & 2 \\ 0 & -1 & 1 & 4 \\ 2 & 0 & 1 & -3 \end{vmatrix}$

15. $\begin{vmatrix} 0 & 0 & 0 & a \\ 0 & 0 & b & c \\ 0 & d & e & f \\ g & h & i & j \end{vmatrix}$

Nos exercícios de 16 a 18, calcule os determinantes 3 × 3 indicados, usando o método do exemplo 4.9.

16. O determinante do exercício 6.

17. O determinante do exercício 8.

18. O determinante do exercício 11.

19. Verifique que o método indicado em (2) coincide com a equação (1) para um determinante 3 × 3.

20. Verifique que a definição (4) coincide com a definição de um determinante 2 × 2, quando $n = 2$.

21. Prove o teorema 4.2. (*Sugestão*: seria apropriada uma prova por indução neste caso.)

Nos exercícios de 22 a 25, encontre o determinante indicado usando operações elementares com linhas e/ou colunas e o teorema 4.3 para reduzir a matriz a uma matriz escalonada por linhas.

22. O determinante do exercício 1.

23. O determinante do exercício 9.

24. O determinante do exercício 13.

25. O determinante do exercício 14.

Nos exercícios de 26 a 34, empregue propriedades de determinantes para calcular o valor do determinante indicado por inspeção direta. Explique seu raciocínio.

26. $\begin{vmatrix} 1 & 1 & 1 \\ 3 & 0 & -2 \\ 2 & 2 & 2 \end{vmatrix}$ **27.** $\begin{vmatrix} 3 & 1 & 0 \\ 0 & -2 & 5 \\ 0 & 0 & 4 \end{vmatrix}$

28. $\begin{vmatrix} 0 & 0 & 1 \\ 0 & 5 & 2 \\ 3 & -1 & 4 \end{vmatrix}$ **29.** $\begin{vmatrix} 2 & 3 & -4 \\ 1 & -3 & -2 \\ -1 & 5 & 2 \end{vmatrix}$

30. $\begin{vmatrix} 1 & 2 & 3 \\ 0 & 4 & 1 \\ 1 & 6 & 4 \end{vmatrix}$ **31.** $\begin{vmatrix} 4 & 1 & 3 \\ -2 & 0 & -2 \\ 5 & 4 & 1 \end{vmatrix}$

32. $\begin{vmatrix} 1 & 0 & 0 & 0 \\ 0 & 0 & 1 & 0 \\ 0 & 1 & 0 & 0 \\ 0 & 0 & 0 & 1 \end{vmatrix}$ **33.** $\begin{vmatrix} 0 & 2 & 0 & 0 \\ -3 & 0 & 0 & 0 \\ 0 & 0 & 0 & 4 \\ 0 & 0 & 1 & 0 \end{vmatrix}$

34. $\begin{vmatrix} 1 & 0 & 1 & 0 \\ 0 & 1 & 0 & 1 \\ 1 & 1 & 0 & 0 \\ 0 & 0 & 1 & 1 \end{vmatrix}$

Nos exercícios de 35 a 40, encontre os determinantes, assumindo que

$$\begin{vmatrix} a & b & c \\ d & e & f \\ g & h & i \end{vmatrix} = 4$$

35. $\begin{vmatrix} 2a & 2b & 2c \\ d & e & f \\ g & h & i \end{vmatrix}$ **36.** $\begin{vmatrix} 2a & b/3 & -c \\ 2d & e/3 & -f \\ 2g & h/3 & -i \end{vmatrix}$

37. $\begin{vmatrix} d & e & f \\ a & b & c \\ g & h & i \end{vmatrix}$ **38.** $\begin{vmatrix} a-c & b & c \\ d-f & e & f \\ g-i & h & i \end{vmatrix}$

39. $\begin{vmatrix} 2c & b & a \\ 2f & e & d \\ 2i & h & g \end{vmatrix}$

40. $\begin{vmatrix} a+2g & b+2h & c+2i \\ 3d+2g & 3e+2h & 3f+2i \\ g & h & i \end{vmatrix}$

41. Prove o teorema 4.3(a). **42.** Prove o teorema 4.3(f).

43. Prove o lema 4.5. **44.** Prove o teorema 4.7.

Nos exercícios 45 e 46, utilize o teorema 4.6 para encontrar todos os valores de k para os quais A é invertível.

45. $A = \begin{bmatrix} k & -k & 3 \\ 0 & k+1 & 1 \\ k & -8 & k-1 \end{bmatrix}$

46. $A = \begin{bmatrix} k & k & 0 \\ k^2 & 2 & k \\ 0 & k & k \end{bmatrix}$

Nos exercícios de 47 a 52, suponha que A e B sejam matrizes n × n com det A = 3 e det B = −2. Ache os determinantes indicados.

47. $\det(AB)$ **48.** $\det(A^2)$ **49.** $\det(B^{-1}A)$

50. $\det(2A)$ **51.** $\det(3B^T)$ **52.** $\det(AA^T)$

Nos exercícios de 53 a 56, A e B são matrizes n × n.

53. Prove que $\det(AB) = \det(BA)$.

54. Se B é invertível, prove que $\det(B^{-1}AB) = \det(A)$.

55. Se A é idempotente (ou seja, se $A^2 = A$), ache todos os possíveis valores do $\det(A)$.

56. Uma matriz quadrada A é chamada **nilpotente** se $A^m = O$ para algum $m > 1$. (A palavra *nilpotente* vem do latim *nil*, que significa "nenhum", e *potere*, que significa "potência". Uma matriz nilpotente, assim, tem a propriedade de virar "uma nulidade" — ou seja, a matriz nula — quando elevada a alguma potência.) Ache todos os valores possíveis do det(A), se A for nilpotente.

Nos exercícios de 57 a 60, use a Regra de Cramer para resolver os sistemas de equações lineares dados.

57. $\begin{aligned} x + y &= 1 \\ x - y &= 2 \end{aligned}$

58. $\begin{aligned} 2x - y &= 5 \\ x + 3y &= -1 \end{aligned}$

59. $\begin{aligned} 2x + y + 3z &= 1 \\ y + z &= 1 \\ z &= 1 \end{aligned}$

60. $\begin{aligned} x + y - z &= 1 \\ x + y + z &= 2 \\ x - y &= 3 \end{aligned}$

Nos exercícios de 61 a 64, use o teorema 4.12 para calcular a inversa da matriz dos coeficientes para o exercício mencionado.

61. Exercício 57

62. Exercício 58

63. Exercício 59

64. Exercício 60

65. Se A é uma matriz $n \times n$ invertível, mostre que adj A também é invertível e que

$$(\text{adj } A)^{-1} = \frac{1}{\det A}A = \text{adj } (A^{-1})$$

66. Se A é uma matriz $n \times n$, prove que

$$\det(\text{adj } A) = (\det A)^{n-1}$$

67. Verifique que, se $r < s$, as linhas r e s de uma matriz podem ser intercambiadas com a realização de $2(s - r) - 1$ intercâmbios de linhas adjacentes.

68. Prove que o Teorema da Expansão de Laplace se verifica para a expansão de cofatores pela j-ésima coluna.

69. Seja A uma matriz quadrada que pode ser particionada como

$$A = \left[\begin{array}{c|c} P & Q \\ \hline O & S \end{array}\right]$$

em que P e S são matrizes quadradas. Diz-se que essa matriz está na ***forma de bloco triangular (superior)***. Prove que

$$\det A = (\det P)(\det S)$$

(*Sugestão*: tente uma prova por indução no número de linhas de P.)

70. (a) Dê um exemplo para mostrar que, se A pode ser particionada como

$$A = \left[\begin{array}{c|c} P & Q \\ \hline R & S \end{array}\right]$$

em que P, Q, R e S são todas matrizes quadradas, então não é necessariamente verdadeiro que

$$\det A = (\det P)(\det S) - (\det Q)(\det R)$$

(b) Suponha que A seja particionada como na parte (a), e que P seja invertível. Considere

$$B = \left[\begin{array}{c|c} P^{-1} & O \\ \hline -RP^{-1} & I \end{array}\right]$$

Calcule o det(BA) utilizando o exercício 69 e use o resultado para mostrar que

$$\det A = \det P \det(S - RP^{-1}Q)$$

[A matriz $S - RP^{-1}Q$ é denominada ***complemento de Schur*** de P em A, em referência a Issai Schur (1875-1941), que nasceu em Belarus mas viveu a maior parte de sua vida na Alemanha. Ele é conhecido principalmente pelo seu trabalho fundamental na teoria de representações de grupos, mas também trabalhou em teoria dos números, em análise e em outras áreas.]

(c) Suponha que A está particionada como na parte (a), que P é invertível e que $PR = RP$. Prove que

$$\det A = \det(PS - RQ)$$

Projeto de texto

O que Veio Primeiro: a Matriz ou o Determinante?

O modo como matrizes e determinantes são ensinados hoje em dia — matrizes antes de determinantes — tem pouca semelhança com a forma que estes tópicos foram desenvolvidos historicamente. Há uma breve história dos determinates ao final da seção 4.2.

Escreva um texto sobre a história das matrizes e dos determinantes. Como as notações utilizadas para cada um deles evoluiu ao longo do tempo? Quem foram os matemáticos mais importantes envolvidos e quais foram suas contribuições?

1. Florian Cajori, *A History of Mathematical Notations* (New York: Dover, 1993).
2. Howard Eves, *An Introduction to the History of Mathematics* (6ª edição) (Philadelphia: Saunders College Publishing, 1990).
3. Victor J. Katz, *A History of Mathematics: An Introduction* (3ª edição) (Reading, MA: Addison Wesley Longman, 2008).
4. Eberhard Knobloch, Determinants, em Ivor Grattan-Guinness, ed., *Companion Encyclopedia of the History and Philosophy of the Mathematical Sciences* (London: Routledge, 2013).

Vinheta

Método de Condensação de Lewis Carroll

Charles Lutwidge Dodgson (1832-1898) é muito mais conhecido por seu codinome, Lewis Carroll, com o qual assinou os livros *Alice no País das Maravilhas* e *Através do espelho*. Ele também escreveu vários livros de matemática e coleções de quebra-cabeças lógicos.

Esta vinheta é baseada no artigo "Lewis Carroll's Condensation Method for Evaluating Determinants" de Adrian Rice e Eve Torrence publicado em *Math Horizons*, Novembro de 2006, pp. 12–15. Para mais detalhes do método de condensação, veja David M. Bressoud, *Proofs and Confirmations: The Story of the Alternating Sign Matrix Conjecture*, MAA Spectrum Series (Cambridge University Press, 1999).

Em 1866, Charles Dodgson — mais conhecico por seu pseudônimo Lewis Carroll — publicou seu único artigo em matemática, em que ele descreve um "novo e curto método" para cálculo de determinantes, o qual chamou "condensação". Embora não muito conhecido nos dias de hoje e de ter se tornado obsoleto por métodos numéricos para se avaliar determinantes, o método de condensação é muito útil para o cálculo à mão. Quando calculadoras e sistemas de álgebra computacional não estão disponíveis, muitos estudantes adotam o método de condesação como sendo seu método de escolha. Ele exige apenas a habilidade de se calcular determinantes 2×2.

A terminologia a seguir será necessária.

Definição Se A é uma matriz $n \times n$ em que $n \geq 3$, a ***matriz interna** a* A, denotada int(A), é a matriz $(n-2) \times (n-2)$ obtida apagando-se a primeira linha, a última linha, a primeira coluna e a última coluna de A.

Vamos ilustrar o método de condensação para a matriz 5×5

$$A = \begin{bmatrix} 2 & 3 & -1 & 2 & 0 \\ 1 & 2 & 3 & 1 & -4 \\ 2 & -1 & 2 & 1 & 1 \\ 3 & 1 & -1 & 2 & -2 \\ -4 & 1 & 0 & 1 & 2 \end{bmatrix}$$

Comece considerando A_0 igual à matriz 6×6 que tem 1 em todos os seus elementos. Então, considere $A_1 = A$. É útil imaginar A_0 como sendo a base de uma pirâmide com A_1 centrada no topo de A_0. Iremos, sucessivamente, acrescentar camadas menores e menores à pirâmide até que tenhamos uma matriz 1×1 no topo — esta irá conter o det A (figura 4.9).

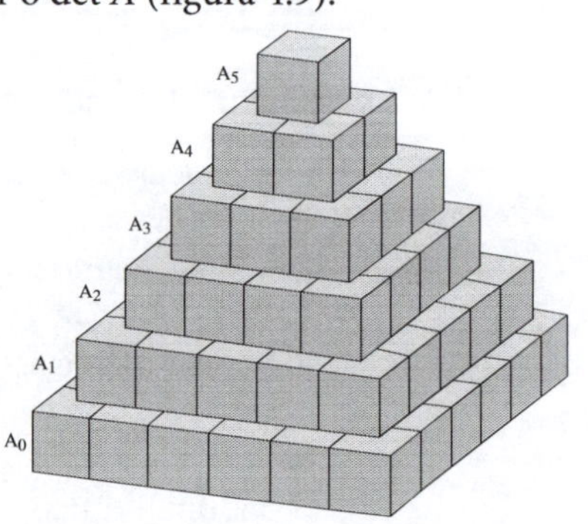

Figura 4.9

Em seguida, "condensamos" A_1 em uma matriz 4×4 A'_2 cujos elementos são os determinantes de todas as submatrizes 2×2 de A_1:

$$A'_2 = \begin{bmatrix} \begin{vmatrix} 2 & 3 \\ 1 & 2 \end{vmatrix} & \begin{vmatrix} 3 & -1 \\ 2 & 3 \end{vmatrix} & \begin{vmatrix} -1 & 2 \\ 3 & 1 \end{vmatrix} & \begin{vmatrix} 2 & 0 \\ 1 & -4 \end{vmatrix} \\ \begin{vmatrix} 1 & 2 \\ 2 & -1 \end{vmatrix} & \begin{vmatrix} 2 & 3 \\ -1 & 2 \end{vmatrix} & \begin{vmatrix} 3 & 1 \\ 2 & 1 \end{vmatrix} & \begin{vmatrix} 1 & -4 \\ 1 & 1 \end{vmatrix} \\ \begin{vmatrix} 2 & -1 \\ 3 & 1 \end{vmatrix} & \begin{vmatrix} -1 & 2 \\ 1 & -1 \end{vmatrix} & \begin{vmatrix} 2 & 1 \\ -1 & 2 \end{vmatrix} & \begin{vmatrix} 1 & 1 \\ 2 & -2 \end{vmatrix} \\ \begin{vmatrix} 3 & 1 \\ -4 & 1 \end{vmatrix} & \begin{vmatrix} 1 & -1 \\ 1 & 0 \end{vmatrix} & \begin{vmatrix} -1 & 2 \\ 0 & 1 \end{vmatrix} & \begin{vmatrix} 2 & -2 \\ 1 & 2 \end{vmatrix} \end{bmatrix} = \begin{bmatrix} 1 & 11 & -7 & -8 \\ -5 & 7 & 1 & 5 \\ 5 & -1 & 5 & -4 \\ 7 & 1 & -1 & 6 \end{bmatrix}$$

Agora, dividimos cada elemento de A'_2 pelo elemento correspondente de $\text{int}(A_0)$ para obter a matriz A_2. Como A_0 é toda formada de 1s, isso significa que $A_2 = A'_2$.

Repetimos este procedimento, construindo A'_3 a partir das submatrizes 2×2 de A_2 e então dividindo cada elemento de A'_3 pelo elemento correspondente de $\text{int}(A_1)$, e assim por diante. Obtemos:

$$A'_3 = \begin{bmatrix} \begin{vmatrix} 1 & 11 \\ -5 & 7 \end{vmatrix} & \begin{vmatrix} 11 & -7 \\ 7 & 1 \end{vmatrix} & \begin{vmatrix} -7 & -8 \\ 1 & 5 \end{vmatrix} \\ \begin{vmatrix} -5 & 7 \\ 5 & -1 \end{vmatrix} & \begin{vmatrix} 7 & 1 \\ -1 & 5 \end{vmatrix} & \begin{vmatrix} 1 & 5 \\ 5 & -4 \end{vmatrix} \\ \begin{vmatrix} 5 & -1 \\ 7 & 1 \end{vmatrix} & \begin{vmatrix} -1 & 5 \\ 1 & -1 \end{vmatrix} & \begin{vmatrix} 5 & -4 \\ -1 & 6 \end{vmatrix} \end{bmatrix} = \begin{bmatrix} 62 & 60 & -27 \\ -30 & 36 & -29 \\ 12 & -4 & 26 \end{bmatrix},$$

$$A_3 = \begin{bmatrix} 62/2 & 60/3 & -27/1 \\ -30/-1 & 36/2 & -29/1 \\ 12/1 & -4/-1 & 26/2 \end{bmatrix} = \begin{bmatrix} 31 & 20 & -27 \\ 30 & 18 & -29 \\ 12 & 4 & 13 \end{bmatrix},$$

$$A'_4 = \begin{bmatrix} \begin{vmatrix} 31 & 20 \\ 30 & 18 \end{vmatrix} & \begin{vmatrix} 20 & -27 \\ 18 & -29 \end{vmatrix} \\ \begin{vmatrix} 30 & 18 \\ 12 & 4 \end{vmatrix} & \begin{vmatrix} 18 & -29 \\ 4 & 13 \end{vmatrix} \end{bmatrix} = \begin{bmatrix} -42 & -94 \\ -96 & 350 \end{bmatrix},$$

$$A_4 = \begin{bmatrix} -42/7 & -94/1 \\ -96/(-1) & 350/5 \end{bmatrix} = \begin{bmatrix} -6 & -94 \\ 96 & 70 \end{bmatrix}$$

$$A'_5 = \left[\begin{vmatrix} -6 & -94 \\ 96 & 70 \end{vmatrix} \right] = [8604],$$

$$A_5 = [8604/18] = [478]$$

Como pode ser verificado por outros métodos, $\det A = 478$. Em geral, para uma matriz A, $n \times n$, o método de condensação irá produzir uma matriz A_n, 1×1, contendo $\det A$.

Claramente, o método deixa de funcionar se a matriz interna a alguma das matrizes A_i contiver um zero, já que estaríamos tentando dividir por zero para construir A_{i+1}. Entretanto, pode-se fazer uso cuidadoso de operações elementares com linhas e colunas para se eliminar os zeros e então continuar o procedimento.

Investigação

Aplicações Geométricas de Determinantes

Esta investigação revelará algumas das aplicações curiosas dos determinantes à geometria. Em particular, veremos que determinantes estão intimamente relacionados com as fórmulas de área e volume, e podem ser utilizados para produzir equações de retas, de planos e de algumas outras curvas. A maioria dessas ideias surgiu quando a teoria dos determinantes estava sendo desenvolvida como um tema independente.

O Produto Vetorial

Relembre que, na Investigação "O Produto Vetorial" do capítulo 1, o produto vetorial entre $\mathbf{u} = \begin{bmatrix} u_1 \\ u_2 \\ u_3 \end{bmatrix}$ e $\mathbf{v} = \begin{bmatrix} v_1 \\ v_2 \\ v_3 \end{bmatrix}$ foi denotado por $\mathbf{u} \times \mathbf{v}$ e definido por

$$\mathbf{u} \times \mathbf{v} = \begin{bmatrix} u_2v_3 - u_3v_2 \\ u_3v_1 - u_1v_3 \\ u_1v_2 - u_2v_1 \end{bmatrix}$$

Se escrevermos esse produto vetorial na forma $(u_2v_3 - u_3v_2)\mathbf{e}_1 - (u_1v_3 - u_3v_1)\mathbf{e}_2 + (u_1v_2 - u_2v_1)\mathbf{e}_3$, em que $\mathbf{e}_1$, $\mathbf{e}_2$ e $\mathbf{e}_3$ são os vetores da base canônica, então vemos que o *formato* dessa expressão pode ser dado por

$$\mathbf{u} \times \mathbf{v} = \det \begin{bmatrix} \mathbf{e}_1 & u_1 & v_1 \\ \mathbf{e}_2 & u_2 & v_2 \\ \mathbf{e}_3 & u_3 & v_3 \end{bmatrix}$$

se expandirmos o determinante pela primeira coluna. (Esse, evidentemente, não é um determinante propriamente dito, já que $\mathbf{e}_1$, $\mathbf{e}_2$ e $\mathbf{e}_3$ são vetores e não escalares; porém, a última igualdade nos fornece uma maneira de lembrar facilmente a fórmula das coordenadas do produto vetorial, que é meio estranha. Ela também nos permite utilizar propriedades dos determinantes para verificar algumas das propriedades do produto vetorial.)

Vamos agora repassar alguns dos exercícios do capítulo 1.

1. Utilize a versão com determinante para o produto vetorial para calcular $\mathbf{u} \times \mathbf{v}$.

$$\text{(a) } \mathbf{u} = \begin{bmatrix} 0 \\ 1 \\ 1 \end{bmatrix}, \mathbf{v} = \begin{bmatrix} 3 \\ -1 \\ 2 \end{bmatrix} \qquad \text{(b) } \mathbf{u} = \begin{bmatrix} 3 \\ -1 \\ 2 \end{bmatrix}, \mathbf{v} = \begin{bmatrix} 0 \\ 1 \\ 1 \end{bmatrix}$$

$$\text{(c) } \mathbf{u} = \begin{bmatrix} -1 \\ 2 \\ 3 \end{bmatrix}, \mathbf{v} = \begin{bmatrix} 2 \\ -4 \\ -6 \end{bmatrix} \qquad \text{(d) } \mathbf{u} = \begin{bmatrix} 1 \\ 1 \\ 1 \end{bmatrix}, \mathbf{v} = \begin{bmatrix} 1 \\ 2 \\ 3 \end{bmatrix}$$

2. Se $\mathbf{u} = \begin{bmatrix} u_1 \\ u_2 \\ u_3 \end{bmatrix}, \mathbf{v} = \begin{bmatrix} v_1 \\ v_2 \\ v_3 \end{bmatrix}$, e $\mathbf{w} = \begin{bmatrix} w_1 \\ w_2 \\ w_3 \end{bmatrix}$, mostre que

$$\mathbf{u} \cdot (\mathbf{v} \times \mathbf{w}) = \det \begin{bmatrix} u_1 & v_1 & w_1 \\ u_2 & v_2 & w_2 \\ u_3 & v_3 & w_3 \end{bmatrix}$$

3. Utilize propriedades dos determinantes (e o problema 2 anterior, se necessário) para provar as seguintes propriedades do produto vetorial:

(a) $\mathbf{v} \times \mathbf{u} = -(\mathbf{u} \times \mathbf{v})$ (b) $\mathbf{u} \times \mathbf{0} = \mathbf{0}$

(c) $\mathbf{u} \times \mathbf{u} = \mathbf{0}$ (d) $\mathbf{u} \times k\mathbf{v} = k(\mathbf{u} \times \mathbf{v})$

(e) $\mathbf{u} \times (\mathbf{v} + \mathbf{w}) = \mathbf{u} \times \mathbf{v} + \mathbf{u} \times \mathbf{w}$ (f) $\mathbf{u} \cdot (\mathbf{u} \times \mathbf{v}) = 0$ e $\mathbf{v} \cdot (\mathbf{u} \times \mathbf{v}) = 0$

(g) $\mathbf{u} \cdot (\mathbf{v} \times \mathbf{w}) = (\mathbf{u} \times \mathbf{v}) \cdot \mathbf{w}$ (a ***identidade do produto misto***)

Área e Volume

Podemos agora dar uma interpretação geométrica para os determinantes de matrizes 2×2 e 3×3. Lembre-se que, se u e v são vetores de $\mathbb{R}^3$, a área $\mathcal{A}$ do paralelogramo determinado por esses vetores é dada por $\mathcal{A} = \|\mathbf{u} \times \mathbf{v}\|$.(Veja Investigação: O Produto Vetorial, no capítulo 1.)

4. Considere $\mathbf{u} = \begin{bmatrix} u_1 \\ u_2 \end{bmatrix}$ e $\mathbf{v} = \begin{bmatrix} v_1 \\ v_2 \end{bmatrix}$. Mostre que a área $\mathcal{A}$ do paralelogramo determinado por u e v é dada por

$$\mathcal{A} = \left| \det \begin{bmatrix} u_1 & v_1 \\ u_2 & v_2 \end{bmatrix} \right|$$

(*Sugestão*: escreva **u** e **v** como $\begin{bmatrix} u_1 \\ u_2 \\ 0 \end{bmatrix}$ e $\begin{bmatrix} v_1 \\ v_2 \\ 0 \end{bmatrix}$.)

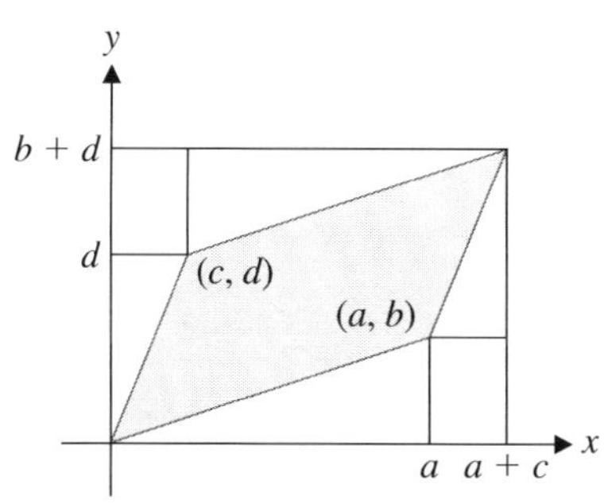

Figura 4.10

5. Deduza geometricamente a fórmula de área do problema 4, utilizando a figura 4.10 como guia. (*Sugestão*: subtraia áreas do maior retângulo até que reste somente o paralelogramo.) De onde aparece a necessidade do valor absoluto neste caso?

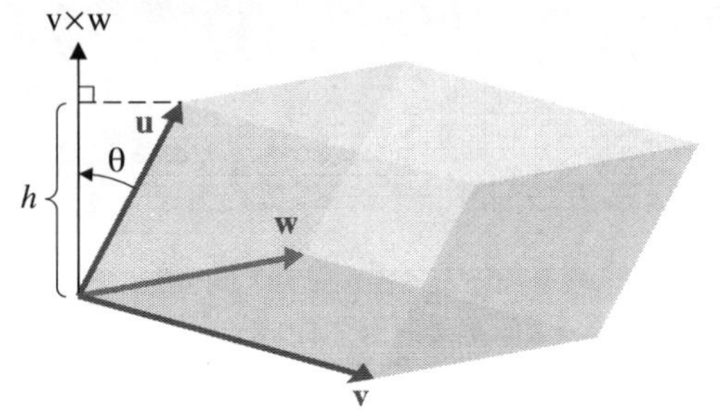

Figura 4.11

6. Ache a área do paralelogramo determinado por **u** e **v**.

$$\text{(a) } \mathbf{u} = \begin{bmatrix} 2 \\ 3 \end{bmatrix}, \mathbf{v} = \begin{bmatrix} -1 \\ 4 \end{bmatrix} \quad \text{(b) } \mathbf{u} = \begin{bmatrix} 3 \\ 4 \end{bmatrix}, \mathbf{v} = \begin{bmatrix} 5 \\ 5 \end{bmatrix}$$

Fazendo uma generalização dos problemas de 4 a 6, considere um ***paralelepípedo***, ou seja, um sólido tridimensional parecido com um tijolo "inclinado", cujas seis faces são paralelogramos com faces opostas paralelas e congruentes (figura 4.11). Seu volume é dado pelo produto da área da sua base por sua altura.

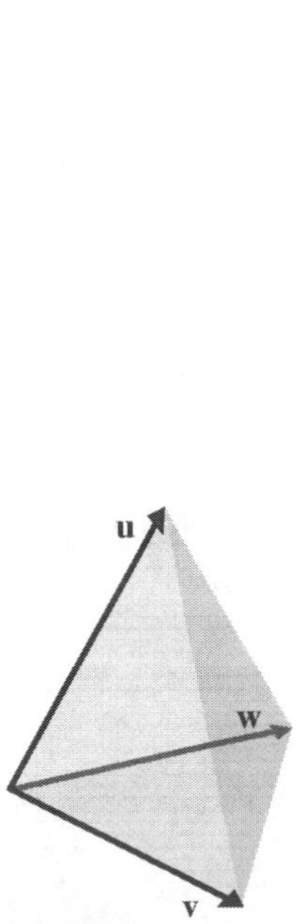

Figura 4.12

7. Prove que o volume $\mathcal{V}$ do paralelepípedo determinado por **u**, **v** e **w** é dado pelo valor absoluto do determinante da matriz 3×3 [**u** **v** **w**], em que **u**, **v** e **w** são as colunas. (*Sugestão*: você pode observar, na figura 4.11, que a altura h pode ser expressa como $h = \|\mathbf{u}\|\cos\theta$, em que θ é o ângulo entre **u** e $\mathbf{v} \times \mathbf{w}$. Use este fato para mostrar que $\mathcal{V} = |\mathbf{u} \cdot (\mathbf{v} \times \mathbf{w})|$ e aplique o resultado do problema 2.)

8. Mostre que o volume $\mathcal{V}$ do tetraedro determinado por **u**, **v** e **w** (figura 4.12) é dado por

$$\mathcal{V} = \tfrac{1}{6}|\mathbf{u} \cdot (\mathbf{v} \times \mathbf{w})|$$

[*Sugestão*: sabemos, da geometria, que o volume de um sólido desses é $= \frac{1}{3}$ (área da base)(altura).]

Vejamos agora essas interpretações geométricas de um ponto de vista de transformações. Seja A uma matriz 2×2 e seja P o paralelogramo determinado pelos vetores **u** e **v**. Vamos considerar o efeito da transformação T_A sobre a área de P. Denotemos por $T_A(P)$ o paralelogramo determinado por $T_A(\mathbf{u}) = A\mathbf{u}$ e $T_A(\mathbf{v}) = A\mathbf{v}$.

9. Prove que a área de $T_A(P)$ é dada por $|\det A|$(área de P).

10. Seja A uma matriz 3×3 e seja P o paralelepípedo determinado pelos vetores **u**, **v** e **w**. Denotemos por $T_A(P)$ o paralelepípedo determinado por $T_A(\mathbf{u}) = A\mathbf{u}$, $T_A(\mathbf{v}) = A\mathbf{v}$ e $T_A(\mathbf{w}) = A\mathbf{w}$. Prove que o volume de $T_A(P)$ é dado por $|\det A|$(volume de P).

Os problemas anteriores ilustram que o determinante de uma matriz captura aquilo que a transformação correspondente da matriz faz com a área ou com o volume das figuras sobre as quais a transformação atua. (Mesmo que tenhamos considerado somente certos tipos particulares de figuras, o resultado é perfeitamente geral e pode ser provado rigorosamente. Não faremos isso aqui.)

Retas e Planos

Suponha que tenhamos dois pontos distintos, (x_1, y_1) e (x_2, y_2) em um plano. Existe uma única reta passando por esses pontos, e sua equação é da forma

$$ax + by + c = 0$$

Como os dois pontos considerados estão sobre essa reta, suas coordenadas satisfazem esta equação. Assim,

$$\begin{aligned} ax_1 + by_1 + c &= 0 \\ ax_2 + by_2 + c &= 0 \end{aligned}$$

As três equações, juntas, podem ser vistas como um sistema de equações lineares nas variáveis *a*, *b* e *c*. Como *existe* uma solução não trivial (pois a reta existe), a matriz dos coeficientes

$$\begin{bmatrix} x & y & 1 \\ x_1 & y_1 & 1 \\ x_2 & y_2 & 1 \end{bmatrix}$$

não pode ser invertível, pelo teorema Fundamental das Matrizes Invertíveis. Consequentemente, seu determinante deve ser zero, pelo teorema 4.6. A expansão desse determinante fornece a equação da reta.

A equação da reta que passa pelos pontos (x_1, y_1) e (x_2, y_2) é dada por

$$\begin{vmatrix} x & y & 1 \\ x_1 & y_1 & 1 \\ x_2 & y_2 & 1 \end{vmatrix} = 0$$

---

11. Use o método descrito anteriormente para encontrar a equação da reta que passa pelos pontos dados.

(a) $(2, 3)$ e $(-1, 0)$ (b) $(1, 2)$ e $(4, 3)$

12. Prove que os três pontos (x_1, y_1), (x_2, y_2) e (x_3, y_3) são colineares (estão sobre uma mesma reta) se e somente se

$$\begin{vmatrix} x_1 & y_1 & 1 \\ x_2 & y_2 & 1 \\ x_3 & y_3 & 1 \end{vmatrix} = 0$$

13. Mostre que a equação do plano que passa pelos três pontos não colineares (x_1, y_1, z_1), (x_2, y_2, z_2) e (x_3, y_3, z_3) é dada por

$$\begin{vmatrix} x & y & z & 1 \\ x_1 & y_1 & z_1 & 1 \\ x_2 & y_2 & z_2 & 1 \\ x_3 & y_3 & z_3 & 1 \end{vmatrix} = 0$$

O que acontece se os três pontos *forem* colineares? [*Sugestão*: Explique o que acontece quando aplicamos escalonamento por linhas para calcular o determinante.]

14. Prove que os quatro pontos (x_1, y_1, z_1), (x_2, y_2, z_2), (x_3, y_3, z_3) e (x_4, y_4, z_4) são coplanares (estão sobre um mesmo plano) se e somente se

$$\begin{vmatrix} x_1 & y_1 & z_1 & 1 \\ x_2 & y_2 & z_2 & 1 \\ x_3 & y_3 & z_3 & 1 \\ x_4 & y_4 & z_4 & 1 \end{vmatrix} = 0$$

Ajuste de curvas

Quando dados experimentais são obtidos na forma de pontos (x,y) que podem ser colocados no plano cartesiano, é frequentemente interessante encontrar uma relação entre as variáveis x e y. Idealmente, gostaríamos de encontrar uma função cujo gráfico passasse por todos os pontos. Algumas vezes queremos somente aproximações (veja a seção 7.3), mas resultados exatos também são possíveis em certas situações.

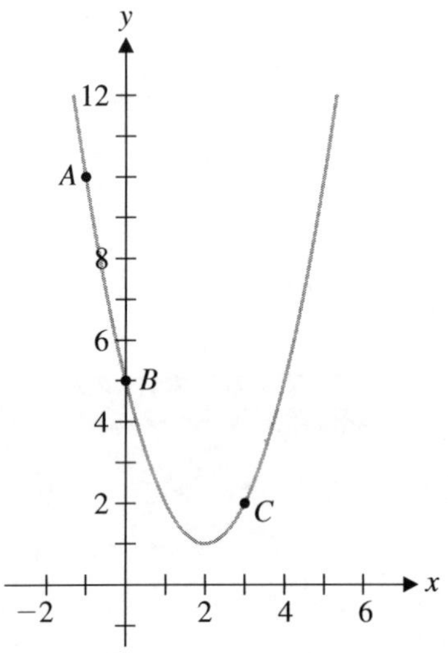

Figura 4.13

15. A figura 4.13 sugere a possibilidade de encontrar uma parábola que passe pelos pontos $A(-1,10)$, $B(0,5)$ e $C(3,2)$. A equação dessa parábola é da forma $y = a + bx + cx^2$. A substituição das coordenadas dos pontos dados nessa equação nos fornece um sistema de três equações lineares nas incógnitas a, b e c. *Sem resolver o sistema*, utilize o teorema 4.6 para argumentar que deve haver uma única solução. Depois, resolva o sistema par encontrar a equação da parábola da figura 4.13.

16. Use o método do problema 15 para determiner polinômios de graus maiores ou iguais a 2 que passem pelos conjuntos de pontos a seguir.

(a) $A(1, -1)$, $B(2, 4)$, $C(3, 3)$ (b) $A(-1, -3)$, $B(1, -1)$, $C(3, 1)$

17. Generalizando as ideias dos problemas 15 e 16, suponha que a_1, a_2 e a_3 sejam três números reais distintos. Para quaisquer números reais b_1, b_2 e b_3, queremos mostrar que existe uma única parábola, com equação da forma $y = a + bx + cx^2$, que passa pelos pontos (a_1, b_1), (a_2, b_2) e (a_3, b_3). Faça isso demonstrando que a matriz dos coeficientes do sistema de equações lineares associado tem o determinante

$$\begin{vmatrix} 1 & a_1 & a_1^2 \\ 1 & a_2 & a_2^2 \\ 1 & a_3 & a_3^2 \end{vmatrix} = (a_2 - a_1)(a_3 - a_1)(a_3 - a_2)$$

o qual é necessariamente não nulo. (Por quê?)

18. Sejam a_1, a_2, a_3 e a_4 números reais distintos. Mostre que

$$\begin{vmatrix} 1 & a_1 & a_1^2 & a_1^3 \\ 1 & a_2 & a_2^2 & a_2^3 \\ 1 & a_3 & a_3^2 & a_3^3 \\ 1 & a_4 & a_4^2 & a_4^3 \end{vmatrix} = (a_2 - a_1)(a_3 - a_1)(a_4 - a_1)(a_3 - a_2)(a_4 - a_2)(a_4 - a_3) \neq 0$$

Para quaisquer números reais b_1, b_2, b_3 e b_4, use esse resultado para provar que existe uma única curva cúbica, com equação $y = a + bx + cx^2 + dx^3$ que passa pelos quatro pontos (a_1, b_1), (a_2, b_2), (a_3, b_3) e (a_4, b_4). (*Não determine, de fato, os valores de a, b, c e d.*)

19. Considere os n números reais $a_1, a_2, \ldots, a_n$. Prove que

$$\begin{vmatrix} 1 & a_1 & a_1^2 & \cdots & a_1^{n-1} \\ 1 & a_2 & a_2^2 & \cdots & a_2^{n-1} \\ 1 & a_3 & a_3^2 & \cdots & a_3^{n-1} \\ \vdots & \vdots & \vdots & \ddots & \vdots \\ 1 & a_n & a_n^2 & \cdots & a_n^{n-1} \end{vmatrix} = \prod_{1 \leq i < j \leq n} (a_j - a_i)$$

em que $\prod_{1 \leq i < j \leq n} (a_j - a_i)$ significa o produto de todos os termos da forma $(a_j - a_i)$, em que $i < j$ e ambos i e j estão entre 1 e n. [O determinante de uma matriz dessa forma (ou de sua transposta) é chamado ***determinante de Vandermonde***, nome do matemático francês A. T. Vandermonde (1735-1796).]

Deduza que, para quaisquer n pontos do plano cartesiano, cujas coordenadas x sejam todas distintas, existe um único polinômio de grau $n - 1$ cujo gráfico passa pelos pontos dados.

4.3 Autovalores e Autovetores de Matrizes $n \times n$

Agora que definimos o determinante de uma matriz $n \times n$, podemos continuar nossa discussão sobre autovalores e autovetores em um contexto geral. Relembre da seção 4.1, que λ é um autovalor de A se e somente se $A - \lambda I$ é não invertível. Pelo teorema 4.6, isso é verdade se e somente se $\det(A - \lambda I) = 0$. Em resumo:

Os autovalores de uma matriz quadrada A são precisamente as soluções λ da equação

$$\det(A - \lambda I) = 0$$

Quando desenvolvemos $\det(A - \lambda I)$, obtemos um polinômio em λ, chamado ***polinômio característico*** de A. A equação $\det(A - \lambda I) = 0$ é chamada ***equação característica*** de A. Por exemplo, se $A = \begin{bmatrix} a & b \\ c & d \end{bmatrix}$, seu polinômio característico é

$$\det(A - \lambda I) = \begin{vmatrix} a - \lambda & b \\ c & d - \lambda \end{vmatrix} = (a - \lambda)(d - \lambda) - bc = \lambda^2 - (a + d)\lambda + (ad - bc)$$

Se A for uma matriz $n \times n$, seu polinômio característico será de grau n. O teorema Fundamental da Álgebra (veja o apêndice D) diz que um polinômio de grau n, com coeficientes reais ou complexos, tem no máximo n raízes distintas. Aplicando esse fato ao polinômio característico, vemos que uma matriz $n \times n$, com elementos reais ou complexos, tem no máximo n autovalores distintos.

Vamos fazer um resumo do procedimento que seguiremos (por agora) para determinar autovalores e autovetores (autoespaços) de uma matriz.

Seja A uma matriz $n \times n$.

1. Encontre o polinômio característico $\det(A - \lambda I)$ de A.
2. Ache os autovalores de A determinando os valores de λ na equação característica $\det(A - \lambda I) = 0$.
3. Para cada autovalor λ, determine o espaço anulado pela matriz $A - \lambda I$. Esse é o autoespaço E_λ, formado pelos vetores não nulos que são os autovetores de A associados a λ.
4. Ache uma base para cada autoespaço.

Exemplo 4.18

Ache os autovalores e os correspondentes autoespaços de

$$A = \begin{bmatrix} 0 & 1 & 0 \\ 0 & 0 & 1 \\ 2 & -5 & 4 \end{bmatrix}$$

Solução Vamos seguir o procedimento delineado anteriormente. O polinômio característico é

$$\det(A - \lambda I) = \begin{vmatrix} -\lambda & 1 & 0 \\ 0 & -\lambda & 1 \\ 2 & -5 & 4-\lambda \end{vmatrix}$$

$$= -\lambda \begin{vmatrix} -\lambda & 1 \\ -5 & 4-\lambda \end{vmatrix} - \begin{vmatrix} 0 & 1 \\ 2 & 4-\lambda \end{vmatrix}$$

$$= -\lambda(\lambda^2 - 4\lambda + 5) - (-2)$$

$$= -\lambda^3 + 4\lambda^2 - 5\lambda + 2$$

Para encontrar os autovalores, precisamos determinar o valor da λ na equação característica $\det(A - \lambda I) = 0$. O polinômio característico pode ser fatorado por $-(\lambda - 1)^2(\lambda - 2)$. (O Teorema da Fatoração é útil aqui; veja o apêndice D.) Assim, a equação característica é $-(\lambda - 1)^2(\lambda - 2) = 0$, cujas soluções são, sem dúvida, $\lambda = 1$ e $\lambda = 2$. Como $\lambda = 1$ é uma raiz múltipla e $\lambda = 2$ é uma raiz simples, vamos nomear os autovalores como $\lambda_1 = \lambda_2 = 1$ e $\lambda_3 = 2$.

Para procurar os autovetores associados a $\lambda_1 = \lambda_2 = 1$, encontramos o espaço anulado por

$$A - 1I = \begin{bmatrix} -1 & 1 & 0 \\ 0 & -1 & 1 \\ 2 & -5 & 4-1 \end{bmatrix} = \begin{bmatrix} -1 & 1 & 0 \\ 0 & -1 & 1 \\ 2 & -5 & 3 \end{bmatrix}$$

O escalonamento por linhas produz

$$[A - I \mid 0] = \left[\begin{array}{ccc|c} -1 & 1 & 0 & 0 \\ 0 & -1 & 1 & 0 \\ 2 & -5 & 3 & 0 \end{array}\right] \longrightarrow \left[\begin{array}{ccc|c} 1 & 0 & -1 & 0 \\ 0 & 1 & -1 & 0 \\ 0 & 0 & 0 & 0 \end{array}\right]$$

(Sabíamos antecipadamente que a matriz reduzida *obrigatoriamente* teria pelo menos uma linha de zeros. Por quê?) Assim, $\mathbf{x} = \begin{bmatrix} x_1 \\ x_2 \\ x_3 \end{bmatrix}$ pertence ao autoespaço E_1 se e somente se $x_1 - x_3 = 0$ e $x_2 - x_3 = 0$. Considerando a variável livre $x_3 = t$, vemos que $x_1 = t$ e $x_2 = t$, de onde segue que

$$E_1 = \left\{ \begin{bmatrix} t \\ t \\ t \end{bmatrix} \right\} = \left\{ t \begin{bmatrix} 1 \\ 1 \\ 1 \end{bmatrix} \right\} = \text{ger}\left(\begin{bmatrix} 1 \\ 1 \\ 1 \end{bmatrix} \right)$$

Para determinar os autovetores associados a $\lambda_3 = 2$, encontramos o espaço anulado por $A - 2I$ por meio de escalonamento por linhas:

$$[A - 2I \mid 0] = \left[\begin{array}{ccc|c} -2 & 1 & 0 & 0 \\ 0 & -2 & 1 & 0 \\ 2 & -5 & 2 & 0 \end{array}\right] \longrightarrow \left[\begin{array}{ccc|c} 1 & 0 & -\frac{1}{4} & 0 \\ 0 & 1 & -\frac{1}{2} & 0 \\ 0 & 0 & 0 & 0 \end{array}\right]$$

Logo $\mathbf{x} = \begin{bmatrix} x_1 \\ x_2 \\ x_3 \end{bmatrix}$ pertence ao autoespaço E_2 se e somente se $x_1 = \frac{1}{4}x_3$ e $x_2 = \frac{1}{2}x_3$. Considerando a variável livre $x_3 = t$, temos

$$E_2 = \left\{ \begin{bmatrix} \frac{1}{4}t \\ \frac{1}{2}t \\ t \end{bmatrix} \right\} = \left\{ t \begin{bmatrix} \frac{1}{4} \\ \frac{1}{2} \\ 1 \end{bmatrix} \right\} = \text{ger}\left(\begin{bmatrix} \frac{1}{4} \\ \frac{1}{2} \\ 1 \end{bmatrix} \right) = \text{ger}\left(\begin{bmatrix} 1 \\ 2 \\ 4 \end{bmatrix} \right)$$

em que eliminamos os denominadores da expressão da base, multiplicando todas as coordenadas pelo denominador comum 4. (Por que isso é permitido?)

Observação Note que, no exemplo 4.18, A é uma matriz 3×3 mas tem somente dois autovalores distintos. No entanto, se contarmos com as multiplicidades, A terá exatamente três autovalores ($\lambda = 1$ duplo e $\lambda = 2$ simples). Isso é o que o Teorema Fundamental da Álgebra garante. Vamos definir a ***multiplicidade algébrica*** de um autovalor como a sua multiplicidade como raiz da equação característica. Assim, $\lambda = 1$ tem multiplicidade algébrica 2, e $\lambda = 2$ tem multiplicidade algébrica 1.

A seguir, observe que cada autoespaço tem uma base que consiste em somente um vetor. Em outras palavras, $\dim E_1 = \dim E_2 = 1$. Vamos definir a ***multiplicidade geométrica*** de um autovalor λ como $\dim E_\lambda$, a dimensão do autoespaço associado a λ. Como você verá na seção 4.4, é importante uma comparação entre essas duas noções de multiplicidade.

Exemplo 4.19 Encontre os autovalores e os correspondentes autoespaços de

$$A = \begin{bmatrix} -1 & 0 & 1 \\ 3 & 0 & -3 \\ 1 & 0 & -1 \end{bmatrix}$$

Solução A equação característica é

$$0 = \det(A - \lambda I) = \begin{vmatrix} -1-\lambda & 0 & 1 \\ 3 & -\lambda & -3 \\ 1 & 0 & -1-\lambda \end{vmatrix} = -\lambda \begin{vmatrix} -1-\lambda & 1 \\ 1 & -1-\lambda \end{vmatrix}$$

$$= -\lambda(\lambda^2 + 2\lambda) = -\lambda^2(\lambda + 2)$$

Portanto, os autovalores são $\lambda_1 = \lambda_2 = 0$ e $\lambda_3 = -2$. Com isso, o autovalor 0 tem multiplicidade algébrica 2 e o autovalor -2 tem multiplicidade algébrica 1.

Para $\lambda_1 = \lambda_2 = 0$, calculamos

$$[A - 0I \,|\, 0] = [A \,|\, 0] = \left[\begin{array}{ccc|c} -1 & 0 & 1 & 0 \\ 3 & 0 & -3 & 0 \\ 1 & 0 & -1 & 0 \end{array}\right] \longrightarrow \left[\begin{array}{ccc|c} 1 & 0 & -1 & 0 \\ 0 & 0 & 0 & 0 \\ 0 & 0 & 0 & 0 \end{array}\right]$$

de onde segue que um autovetor $\mathbf{x} = \begin{bmatrix} x_1 \\ x_2 \\ x_3 \end{bmatrix}$ de E_0 satisfaz $x_1 = x_3$. Portanto, tanto x_2 como x_3 são livres. Fazendo $x_2 = s$ e $x_3 = t$, temos

$$E_0 = \left\{ \begin{bmatrix} t \\ s \\ t \end{bmatrix} \right\} = \left\{ s\begin{bmatrix} 0 \\ 1 \\ 0 \end{bmatrix} + t\begin{bmatrix} 1 \\ 0 \\ 1 \end{bmatrix} \right\} = \text{ger}\left(\begin{bmatrix} 0 \\ 1 \\ 0 \end{bmatrix}, \begin{bmatrix} 1 \\ 0 \\ 1 \end{bmatrix} \right)$$

Para $\lambda_3 = -2$,

$$[A - (-2)I|0] = [A + 2I|0] = \left[\begin{array}{ccc|c} 1 & 0 & 1 & 0 \\ 3 & 2 & -3 & 0 \\ 1 & 0 & 1 & 0 \end{array}\right] \longrightarrow \left[\begin{array}{ccc|c} 1 & 0 & 1 & 0 \\ 0 & 1 & -3 & 0 \\ 0 & 0 & 0 & 0 \end{array}\right]$$

logo, $x_3 = t$ é livre e $x_1 = -x_3 = -t$ e $x_2 = 3x_3 = 3t$. Consequentemente,

$$E_{-2} = \left\{ \begin{bmatrix} -t \\ 3t \\ t \end{bmatrix} \right\} = \left\{ t \begin{bmatrix} -1 \\ 3 \\ 1 \end{bmatrix} \right\} = \text{ger}\left(\begin{bmatrix} -1 \\ 3 \\ 1 \end{bmatrix} \right)$$

Com isso, $\lambda_1 = \lambda_2 = 0$ tem multiplicidade geométrica 2, e $\lambda_3 = -2$ tem multiplicidade geométrica 1. (Observe que a multiplicidade algébrica é igual à multiplicidade geométrica para cada um dos autovalores.)

Em algumas situações, os autovalores de uma matriz são muito fáceis de determinar. Se A é uma matriz triangular, então $A - \lambda I$ também é, e, neste caso, o teorema 4.2 diz que $\det(A - \lambda I)$ é exatamente o produto dos elementos da diagonal principal, o que implica que sua equação característica é

$$(a_{11} - \lambda)(a_{22} - \lambda)\cdots(a_{nn} - \lambda) = 0$$

de onde segue imediatamente que os autovalores são $\lambda_1 = a_{11}, \lambda_2 = a_{22}, \ldots, \lambda_n = a_{nn}$. A seguir, resumimos esse resultado como um teorema e o ilustramos com um exemplo.

Teorema 4.15 Os autovalores de uma matriz triangular são os elementos da sua diagonal principal.

Exemplo 4.20 Os autovalores de

$$A = \begin{bmatrix} 2 & 0 & 0 & 0 \\ -1 & 1 & 0 & 0 \\ 3 & 0 & 3 & 0 \\ 5 & 7 & 4 & -2 \end{bmatrix}$$

são $\lambda_1 = 2, \lambda_2 = 1, \lambda_3 = 3$ e $\lambda_4 = -2$, pelo teorema 4.15. De fato, o polinômio característico é $(2 - \lambda)(1 - \lambda)(3 - \lambda)(-2 - \lambda)$.

Observe que matrizes diagonais são casos particulares do teorema 4.15, já que uma matriz diagonal é ao mesmo tempo triangular superior e inferior.

Autovalores capturam muitas das informações importantes sobre o comportamento de uma matriz. Quando conhecemos os autovalores de uma matriz, podemos deduzir muitas coisas sem nenhum trabalho suplementar. O próximo teorema é um dos mais importantes a esse respeito.

Teorema 4.16 Uma matriz quadrada A é invertível se e somente se o 0 *não* é um autovalor de A.

Demonstração Seja A uma matriz quadrada. Pelo teorema 4.6, A é invertível se e somente se $\det A \neq 0$. Mas $\det A \neq 0$ é equivalente a $\det(A - 0I) \neq 0$, o que diz que o 0 não é uma raiz da equação característica de A (isto é, λ não é um autovalor de A).

Podemos agora estender o Teorema Fundamental das Matrizes Invertíveis incluindo os resultados provados neste capítulo.

Teorema 4.17 **O Teorema Fundamental das Matrizes Invertíveis: Versão 3**

Seja A uma matriz $n \times n$. As seguintes afirmações são equivalentes:

a. A é invertível.
b. Para cada $\mathbf{b}$ de $\mathbb{R}^n$, $A\mathbf{x} = \mathbf{b}$ tem uma única solução.
c. $A\mathbf{x} = \mathbf{0}$ tem apenas a solução trivial.
d. A matriz escalonada reduzida por linhas de A é I_n.
e. A é um produto de matrizes elementares.
f. posto$(A) = n$
g. nulidade$(A) = 0$
h. Os vetores coluna de A são linearmente independentes.
i. Os vetores coluna de A geram $\mathbb{R}^n$.
j. Os vetores coluna de A formam uma base para $\mathbb{R}^n$.
k. Os vetores linha de A são linearmente independentes.
l. Os vetores linha de A geram $\mathbb{R}^n$.
m. Os vetores linha de A formam uma base para $\mathbb{R}^n$.
n. $\det A \neq 0$
o. 0 não é um autovalor de A.

Demonstração A equivalência (a) $\Leftrightarrow$ (n) é o teorema 4.6, e acabamos de mostrar (a) $\Leftrightarrow$ (o) no teorema 4.16.

Existem fórmulas para os autovalores de potências e da inversa de uma matriz.

Teorema 4.18 Seja A uma matriz quadrada com autovalor λ e autovetor associado $\mathbf{x}$.

a. Para qualquer inteiro positivo n, λ^n é um autovalor de A^n com autovetor associado $\mathbf{x}$.
b. Se A é invertível, então $1/\lambda$ é um autovalor de A^{-1} com autovetor associado $\mathbf{x}$.
c. Se A é invertível, então para qualquer número inteiro n, λ^n é um autovalor de A^n com autovetor associado $\mathbf{x}$.

Demonstração É dado que $A\mathbf{x} = \lambda\mathbf{x}$.

(a) Faremos uma prova por indução em n. Para $n = 1$, o resultado coincide com o que foi dado. Vamos assumir que o resultado seja verdadeiro para $n = k$. *Ou* seja, que, para algum inteiro positivo k, $A^k\mathbf{x} = \lambda^k\mathrm{x}$. Precisamos provar o resultado para $n = k + 1$. Mas

$$A^{k+1}\mathbf{x} = A(A^k\mathbf{x}) = A(\lambda^k\mathbf{x})$$

pela hipótese de indução. Utilizando a propriedade (d) do teorema 3.3, temos que

$$A(\lambda^k\mathbf{x}) = \lambda^k(A\mathbf{x}) = \lambda^k(\lambda\mathbf{x}) = \lambda^{k+1}\mathbf{x}$$

Assim, $A^{k+1}\mathrm{x} = \lambda^{k+1}\mathrm{x}$, como desejado. Por indução, o resultado é verdadeiro para todos os inteiros $n \geq 1$.

(b) Você deverá provar essa propriedade no exercício 13.

(c) Você deverá provar essa propriedade no exercício 14.

O próximo exemplo mostra uma aplicação desse teorema.

Exemplo 4.21

Calcule $\begin{bmatrix} 0 & 1 \\ 2 & 1 \end{bmatrix}^{10} \begin{bmatrix} 5 \\ 1 \end{bmatrix}$.

Solução Considere $A = \begin{bmatrix} 0 & 1 \\ 2 & 1 \end{bmatrix}$ e $\mathbf{x} = \begin{bmatrix} 5 \\ 1 \end{bmatrix}$; então, o que queremos encontrar é $A^{10}\mathbf{x}$. Os autovalores de A são $\lambda_1 = -1$ e $\lambda_2 = 2$, com seus respectivos autovetores associados $\mathbf{v}_1 = \begin{bmatrix} 1 \\ -1 \end{bmatrix}$ e $\mathbf{v}_2 = \begin{bmatrix} 1 \\ 2 \end{bmatrix}$. Ou seja,

$$A\mathbf{v}_1 = -\mathbf{v}_1 \quad \text{e} \quad A\mathbf{v}_2 = 2\mathbf{v}_2$$

(Verifique isso.) Como $\{\mathbf{v}_1, \mathbf{v}_2\}$ forma uma base de $\mathbb{R}^2$ (por quê?), podemos escrever $\mathbf{x}$ como uma combinação linear de $\mathbf{v}_1$ e $\mathbf{v}_2$. De fato, como se pode verificar facilmente, $\mathbf{x} = 3\mathbf{v}_1 + 2\mathbf{v}_2$

Portanto, utilizando o teorema 4.18(a), temos

$$\begin{aligned} A^{10}\mathbf{x} &= A^{10}(3\mathbf{v}_1 + 2\mathbf{v}_2) = 3(A^{10}\mathbf{v}_1) + 2(A^{10}\mathbf{v}_2) \\ &= 3(\lambda_1^{10})\mathbf{v}_1 + 2(\lambda_2^{10})\mathbf{v}_2 \\ &= 3(-1)^{10}\begin{bmatrix} 1 \\ -1 \end{bmatrix} + 2(2^{10})\begin{bmatrix} 1 \\ 2 \end{bmatrix} = \begin{bmatrix} 3 + 2^{11} \\ -3 + 2^{12} \end{bmatrix} = \begin{bmatrix} 2051 \\ 4093 \end{bmatrix} \end{aligned}$$

Isso é certamente muito mais fácil que calcular primeiro A^{10}; de fato, não é necessário fazer nenhuma multiplicação de matrizes!

Sempre que pode ser usado, o método do exemplo 4.21 é bastante geral. Vamos resumi-lo no teorema a seguir, o qual será pedido para ser demonstrado por você no exercício 42.

Teorema 4.19

Suponha que a matriz $n \times n$ A tenha autovetores $\mathbf{v}_1, \mathbf{v}_2, \ldots, \mathbf{v}_m$ associados, respectivamente, aos autovalores $\lambda_1, \lambda_2, \ldots, \lambda_m$. Se $\mathbf{x}$ é um vetor de $\mathbb{R}^n$ que pode ser expresso como uma combinação linear desses autovetores — digamos,

$$\mathbf{x} = c_1\mathbf{v}_1 + c_2\mathbf{v}_2 + \cdots + c_m\mathbf{v}_m$$

então, para qualquer inteiro k,

$$A^k\mathbf{x} = c_1\lambda_1^k\mathbf{v}_1 + c_2\lambda_2^k\mathbf{v}_2 + \cdots + c_m\lambda_m^k\mathbf{v}_m$$

Atenção A hipótese (o "se") da última afirmação não pode ser menosprezada. Não há nenhuma garantia de que tal combinação linear seja possível. A melhor situação seria se existisse uma base de $\mathbb{R}^n$ formada por autovetores de A: exploraremos essa possibilidade em mais detalhes na próxima seção. No entanto, como um passo nessa direção, temos o teorema a seguir, que afirma que os autovalores associados a autovetores *distintos* são linearmente independentes.

Teorema 4.20

Seja A uma matriz $n \times n$ e sejam $\lambda_1, \lambda_2, \ldots, \lambda_m$ autovalores distintos de A com os respectivos autovetores associados $\mathbf{v}_1, \mathbf{v}_2, \ldots, \mathbf{v}_m$. Então, $\mathbf{v}_1, \mathbf{v}_2, \ldots, \mathbf{v}_m$ são linearmente independentes.

Demonstração A prova é indireta. Vamos assumir que $\mathbf{v}_1, \mathbf{v}_2, \ldots, \mathbf{v}_m$ são linearmente *dependentes* e mostrar que essa hipótese nos leva a uma contradição.

Se $\mathbf{v}_1, \mathbf{v}_2, \ldots, \mathbf{v}_m$ são linearmente dependentes, um desses vetores deve poder ser expresso como uma combinação linear dos vetores anteriores. Seja $\mathbf{v}_{k+1}$ o primeiro dos vetores v_i que podem assim ser expressos. Em outras palavras, $\mathbf{v}_1, \mathbf{v}_2, \ldots, \mathbf{v}_k$ são linearmente independentes, mas existem escalares $c_1, c_2, \ldots, c_k$ tais que

$$\mathbf{v}_{k+1} = c_1\mathbf{v}_1 + c_2\mathbf{v}_2 + \cdots + c_k\mathbf{v}_k \tag{1}$$

Multiplicando por A, à esquerda, os dois lados da equação (1) e utilizando o fato de que $A\mathbf{v}_i = \lambda_i\mathbf{v}_i$ para cada i, temos

$$\begin{aligned}\lambda_{k+1}\mathbf{v}_{k+1} = A\mathbf{v}_{k+1} &= A(c_1\mathbf{v}_1 + c_2\mathbf{v}_2 + \cdots + c_k\mathbf{v}_k) \\ &= c_1A\mathbf{v}_1 + c_2A\mathbf{v}_2 + \cdots + c_kA\mathbf{v}_k \\ &= c_1\lambda_1\mathbf{v}_1 + c_2\lambda_2\mathbf{v}_2 + \cdots + c_k\lambda_k\mathbf{v}_k\end{aligned} \tag{2}$$

Agora, multiplicamos os dois lados da equação (1) por λ_{k+1} para obter

$$\lambda_{k+1}\mathbf{v}_{k+1} = c_1\lambda_{k+1}\mathbf{v}_1 + c_2\lambda_{k+1}\mathbf{v}_2 + \cdots + c_k\lambda_{k+1}\mathbf{v}_k \tag{3}$$

Quando subtraímos a equação (3) da equação (2), obtemos

$$0 = c_1(\lambda_1 - \lambda_{k+1})\mathbf{v}_1 + c_2(\lambda_2 - \lambda_{k+1})\mathbf{v}_2 + \cdots + c_k(\lambda_k - \lambda_{k+1})\mathbf{v}_k$$

A independência linear de $\mathbf{v}_1, \mathbf{v}_2, \ldots, \mathbf{v}_k$ implica que

$$c_1(\lambda_1 - \lambda_{k+1}) = c_2(\lambda_2 - \lambda_{k+1}) = \cdots = c_k(\lambda_k - \lambda_{k+1}) = 0$$

Como os autovalores λ_i são todos distintos, os termos entre parênteses $(\lambda_i - \lambda_{k+1})$, $i = 1, \ldots, k$, são todos não nulos. Logo, $c_1 = c_2 = \ldots = c_k = 0$. Isso implica que

$$\mathbf{v}_{k+1} = c_1\mathbf{v}_1 + c_2\mathbf{v}_2 + \cdots + c_k\mathbf{v}_k = 0\mathbf{v}_1 + 0\mathbf{v}_2 + \cdots + 0\mathbf{v}_k = \mathbf{0}$$

o que é impossível, pois o autovetor v_{k+1} não pode ser zero. Assim, temos uma contradição, o que significa que a hipótese assumida — $\mathbf{v}_1, \mathbf{v}_2, \ldots, \mathbf{v}_m$ são linearmente dependentes — é falsa. Daí segue que $\mathbf{v}_1, \mathbf{v}_2, \ldots, \mathbf{v}_m$ têm que ser linearmente independentes.

Exercícios 4.3

Nos exercícios de 1 a 12, determine: (a) o polinômio característico de A, (b) os autovalores de A, (c) uma base para cada um dos autoespaços de A e (d) as multiplicidades algébrica e geométrica de cada autovalor.

1. $A = \begin{bmatrix} 1 & 3 \\ -2 & 6 \end{bmatrix}$

2. $A = \begin{bmatrix} 2 & 1 \\ -1 & 0 \end{bmatrix}$

3. $A = \begin{bmatrix} 1 & 1 & 0 \\ 0 & -2 & 1 \\ 0 & 0 & 3 \end{bmatrix}$

4. $A = \begin{bmatrix} 1 & 0 & 1 \\ 0 & 1 & 1 \\ 1 & 1 & 0 \end{bmatrix}$

5. $A = \begin{bmatrix} 1 & 2 & 0 \\ -1 & -1 & 1 \\ 0 & 1 & 1 \end{bmatrix}$

6. $A = \begin{bmatrix} 1 & 0 & 2 \\ 3 & -1 & 3 \\ 2 & 0 & 1 \end{bmatrix}$

7. $A = \begin{bmatrix} 4 & 0 & 1 \\ 2 & 3 & 2 \\ -1 & 0 & 2 \end{bmatrix}$

8. $A = \begin{bmatrix} 1 & -1 & -1 \\ 0 & 2 & 0 \\ -1 & -1 & 1 \end{bmatrix}$

9. $A = \begin{bmatrix} 3 & 1 & 0 & 0 \\ -1 & 1 & 0 & 0 \\ 0 & 0 & 1 & 4 \\ 0 & 0 & 1 & 1 \end{bmatrix}$

10. $A = \begin{bmatrix} 2 & 1 & 1 & 0 \\ 0 & 1 & 4 & 5 \\ 0 & 0 & 3 & 1 \\ 0 & 0 & 0 & 2 \end{bmatrix}$

11. $A = \begin{bmatrix} 1 & 0 & 0 & 0 \\ 0 & 1 & 0 & 0 \\ 1 & 1 & 3 & 0 \\ -2 & 1 & 2 & -1 \end{bmatrix}$

12. $A = \begin{bmatrix} 4 & 0 & 1 & 0 \\ 0 & 4 & 1 & 1 \\ 0 & 0 & 1 & 2 \\ 0 & 0 & 3 & 0 \end{bmatrix}$

13. Prove o teorema 4.18(b).

14. Prove o teorema 4.18(c). [*Sugestão*: faça uma combinação das demonstrações das partes (a) e (b) e veja a quarta observação que segue o teorema 3.9. (página 169).]

Nos exercícios 15 e 16, A é uma matriz 2×2 *com autovetores* $\mathbf{v}_1 = \begin{bmatrix} 1 \\ -1 \end{bmatrix}$ *e* $\mathbf{v}_2 = \begin{bmatrix} 1 \\ 1 \end{bmatrix}$ *associados aos autovalores* $\lambda_1 = \frac{1}{2}$ *e* $\lambda_2 = 2$, respectivamente, *e* $\mathbf{x} = \begin{bmatrix} 5 \\ 1 \end{bmatrix}$.

15. Determine $A^{10}\mathbf{x}$.

16. Determine $A^k\mathbf{x}$. O que acontece quando k aumenta muito (isto é, $k \to \infty$)?

Nos exercícios 17 e 18, A é uma matriz 3×3 *com autovetores* $\mathbf{v}_1 = \begin{bmatrix} 1 \\ 0 \\ 0 \end{bmatrix}$, $\mathbf{v}_2 = \begin{bmatrix} 1 \\ 1 \\ 0 \end{bmatrix}$, *e* $\mathbf{v}_3 = \begin{bmatrix} 1 \\ 1 \\ 1 \end{bmatrix}$, associados, respectivamente, aos autovalores $\lambda_1 = -\frac{1}{3}$, $\lambda_2 = \frac{1}{3}$, e $\lambda_3 = 1$, e $\mathbf{x} = \begin{bmatrix} 2 \\ 1 \\ 2 \end{bmatrix}$.

17. Determine $A^{20}\mathbf{x}$.

18. Determine $A^k\mathbf{x}$. O que acontece quando k aumenta muito (isto é, $k \to \infty$)?

19. **(a)** Mostre que, para qualquer matriz quadrada A, A^T e A têm o mesmo polinômio característico e, portanto, os mesmos autovalores.

(b) Dê um exemplo de uma matriz 2×2 A na qual A^T e A tenham autoespaços distintos.

20. Mostre que $\lambda = 0$ é o único autovalor de uma matriz nilpotente A (ou seja, $A^m = O$ para algum $m > 1$).

21. Mostre que $\lambda = 0$ e $\lambda = 1$ são os únicos autovalores possíveis para uma matriz idempotente A (ou seja, $A^2 = A$).

22. Se $\mathbf{v}$ é um autovetor de A associado ao autovalor λ e c é um escalar, mostre que $\mathbf{v}$ é um autovetor de $A - cI$ associado ao autovalor $\lambda - c$.

23. **(a)** Determine os autovalores e os autoespaços de

$$A = \begin{bmatrix} 3 & 2 \\ 5 & 0 \end{bmatrix}$$

(b) Usando o teorema 4.18 e o exercício 22, encontre os autovalores e os autoespaços de A^{-1}, $A - 2I$ e $A + 2I$.

24. Sejam A e B matrizes $n \times n$ com autovalores λ e μ, respectivamente.

(a) Dê um exemplo para mostrar que $\lambda + \mu$ não é necessariamente autovalor de A + B.

(b) Dê um exemplo para mostrar que $\lambda\mu$ não é necessariamente um autovalor de AB.

(c) Suponha que $\mathbf{x}$ seja um autovetor associado a ambos λ e μ. Mostre que, neste caso, $\lambda + \mu$ é um autovalor de $A + B$ e $\lambda\mu$ é um autovalor de AB.

25. Se A e B são duas matrizes equivalentes por reduções por linhas, elas têm necessariamente os mesmos autovalores? Prove que sim ou dê um contraexemplo.

Seja p(x) o polinômio

$$p(x) = x^n + a_{n-1}x^{n-1} + \cdots + a_1x + a_0$$

A ***matriz companheira*** *de p(x) é a matriz* $n \times n$

$$C(p) = \begin{bmatrix} -a_{n-1} & -a_{n-2} & \cdots & -a_1 & -a_0 \\ 1 & 0 & \cdots & 0 & 0 \\ 0 & 1 & \ddots & \vdots & \vdots \\ 0 & 0 & \cdots & 0 & 0 \\ 0 & 0 & \cdots & 1 & 0 \end{bmatrix} \quad (4)$$

26. Encontre a matriz companheira de $p(x) = x^2 - 7x + 12$ e depois determine o polinômio característico de $C(p)$.

27. Encontre a matriz companheira de $p(x) = x^3 + 3x^2 - 4x + 12$ e depois determine o polinômio característico de $C(p)$.

28. **(a)** Mostre que a matriz companheira $C(p)$ de $p(x) = x^2 + ax + b$ tem polinômio característico $\lambda^2 + a\lambda + b$.

(b) Mostre que, se λ é um autovalor da matriz companheira $C(p)$ da parte (a), $\begin{bmatrix} \lambda \\ 1 \end{bmatrix}$ é um autovetor de $C(p)$ associado a λ.

29. **(a)** Mostre que a matriz companheira $C(p)$ de $p(x) = x^3 + ax^2 + bx + c$ tem polinômio característico $-(\lambda^3 + a\lambda^2 + b\lambda + c)$.

(b) Mostre que se λ é um autovalor de uma matriz companheira $C(p)$ da parte (a), $\begin{bmatrix} \lambda^2 \\ \lambda \\ 1 \end{bmatrix}$ é um autovetor de $C(p)$ associado a λ.

30. Construa uma matriz 2×2 não triangular, com autovalores 2 e 5. (*Sugestão*: use o exercício 28.)

31. Construa uma matriz 3×3 não triangular, com autovalores -2, 1 e 3. (*Sugestão*: use o exercício 29.)

32. **(a)** Prove, por indução matemática, que, para $n \geq 2$, a matriz companheira $C(p)$ de $p(x) = x^n + a_{n-1}x^{n-1} + \ldots + a_1x + a_0$ tem polinômio característico igual a $(-1)^n p(\lambda)$. [*Sugestão*: faça a expansão de cofatores pela última coluna. Você poderá achar útil introduzir o polinômio $q(x) = (p(x) - a_0)/x$.]

(b) Mostre que, se λ é um autovalor da matriz companheira $C(p)$ na equação (4), o autovetor associado a λ é dado por

$$\begin{bmatrix} \lambda^{n-1} \\ \lambda^{n-2} \\ \vdots \\ \lambda \\ 1 \end{bmatrix}$$

Se $p(x) = x^n + a_{n-1}x^{n-1} + \ldots + a_1x + a_0$ *e A é uma matriz quadrada, podemos definir uma matriz quadrada* $p(A)$ *por*

$$p(A) = A^n + a_{n-1}A^{n-1} + \cdots + a_1A + a_0I$$

Um teorema importante da álgebra linear avançada afirma que, se $c_A(\lambda)$ *é o polinômio característico da matriz A, então* $c_A(A) = O$ *(em palavras, toda matriz satisfaz a sua equação característica). Esse é o célebre* ***Teorema de Cayley-Hamilton****, em homenagem a* Arthur Cayley (1821-1895), cuja foto está abaixo, *e a Sir William Rowan Hamilton* (veja a página 2). *Cayley provou esse teorema em 1858. Hamilton o descobriu, independentemente, em seu trabalho sobre os quatérnios, que são uma generalização dos números complexos.*

Bettmann/ CORBIS

33. Verifique o Teorema de Cayley-Hamilton para $A = \begin{bmatrix} 1 & -1 \\ 2 & 3 \end{bmatrix}$. Ou seja, determine o polinômio característico $c_A(\lambda)$ de A e mostre que $c_A(A) = O$.

34. Verifique o Teorema de Cayley-Hamilton para

$$A = \begin{bmatrix} 1 & 1 & 0 \\ 1 & 0 & 1 \\ 0 & 1 & 1 \end{bmatrix}.$$

O Teorema de Cayley-Hamilton pode ser usado para determinar potências e inversas de matrizes. Por exemplo, se A é uma matriz 2 × 2 com polinômio característico $c_A(\lambda) = \lambda^2 + a\lambda + b$*, então* $A^2 + aA + bI = O$*, e assim*

$$A^2 = -aA - bI$$

e

$$\begin{aligned} A^3 = AA^2 &= A(-aA - bI) \\ &= -aA^2 - bA \\ &= -a(-aA - bI) - bA \\ &= (a^2 - b)A + abI \end{aligned}$$

É fácil ver que, por aplicações sucessivas desse procedimento, podemos expressar qualquer potência positiva de A como uma combinação linear de I e A. De $A^2 + aA + bI = O$*, também obtemos* $A(A + aI) = -bI$*, e assim*

$$A^{-1} = -\frac{1}{b}A - \frac{a}{b}I$$

desde que $b \neq 0$.

35. Para a matriz A do exercício 33, utilize o Teorema de Cayley-Hamilton para encontrar A^2, A^3 e A^4, expressando cada uma como uma combinação linear de I e A.

36. Para a matriz A do exercício 34, utilize o Teorema de Cayley-Hamilton para encontrar A^3 e A^4, expressando cada uma como uma combinação linear de I, A e A^2.

37. Para a matriz A do exercício 33, utilize o Teorema de Cayley-Hamilton para encontrar A^{-1} e A^{-2}, expressando cada uma como uma combinação linear de I e A.

38. Para a matriz A do exercício 34, utilize o Teorema de Cayley-Hamilton para encontrar A^{-1} e A^{-2}, expressando cada uma como uma combinação linear de I, A e A^2.

39. Mostre que, se a matriz quadrada A pode ser particionada na forma

$$A = \left[\begin{array}{c|c} P & Q \\ \hline O & S \end{array}\right]$$

em que P e S são matrizes quadradas, então o polinômio característico de A é $c_A(\lambda) = c_P(\lambda)c_S(\lambda)$. (*Sugestão*: use o exercício 69 da seção 4.2.)

40. Seja $\lambda_1, \lambda_2, \ldots, \lambda_n$ um conjunto completo de autovalores (incluindo repetições) da matriz $n \times n$ A. Prove que

$$\det(A) = \lambda_1\lambda_2\cdots\lambda_n \quad \text{e}$$
$$\operatorname{tr}(A) = \lambda_1 + \lambda_2 + \cdots + \lambda_n$$

[*Sugestão:* o polinômio característico de A se fatora da seguinte maneira:

$$\det(A - \lambda I) = (-1)^n(\lambda - \lambda_1)(\lambda - \lambda_2)\cdots(\lambda - \lambda_n)$$

Encontre o termo independente e o coeficiente de λ^{n-1} nos lados esquerdo e direito dessa equação.]

41. Sejam A e B matrizes $n \times n$. Prove que a soma de *todos* os autovalores de $A + B$ é a soma de todos os autovalores de A com os de B individualmente. Prove que o produto de *todos* os autovalores de AB é o produto de todos os autovalores de A com os de B individualmente. (Compare este exercício com o exercício 24.)

42. Prove o teorema 4.19.

Projeto de Texto

A História de Autovalores

Como em muitos tópicos da álgebra linear, o modo como autovalores são ensinados hoje em dia não corresponde a seu desenvolvimento histórico. Autovalores surgiram de problemas em sistemas de equações diferenciais antes mesmo do conceito de uma matriz ser ao menos formulado.

Escreva um texto sobre o desenvolvimento histórico de autovalores. Descreva os tipos de problemas matemáticos que originaram seu surgimento. Quem foram os matemáticos mais significantes envolvidos nesses problemas? Como a terminologia para autovalores se modificou ao longo do tempo?

1. Thomas Hawkins, Cauchy and the Spectral Theory of Matrices, *Historia Mathematica 2* (1975), pp. 1–29.
2. Victor J. *Katz, A History of Mathematics: An Introduction (Terceira edição) (Reading, MA: Addison Wesley Longman, 2008).*
3. *Morris* Kline, *Mathematical Thought from Ancient to Modern Times* (Oxford: Oxford University Press, 1972).

4.4 Semelhança e Diagonalização

Como vimos na última seção, matrizes triangulares e matrizes diagonais são interessantes no sentido de que seus autovalores se manifestam de forma transparente. Seria agradável se pudéssemos relacionar uma dada matriz quadrada a uma matriz triangular ou diagonal de forma que ambas tivessem exatamente os mesmos autovalores. Evidentemente, já conhecemos um procedimento para a conversão de uma matriz quadrada em uma forma triangular — o método da eliminação de Gauss. Infelizmente, esse processo não preserva os autovalores da matriz. Nesta seção, vamos considerar um tipo diferente de transformação de uma matriz que é, sim, bem comportada em relação aos autovalores.

Matrizes Semelhantes

Definição Sejam A e B matrizes $n \times n$. Dizemos que A ***é semelhante** a* B se existir uma matriz $n \times n$ invertível P tal que $P^{-1}AP = B$. Se A é semelhante a B, escrevemos $A \sim B$.

Observações

- Se $A \sim B$, podemos escrever, de modo equivalente, que $A = PBP^{-1}$ ou $AP = PB$.
- Semelhança é uma *relação* entre matrizes quadradas, no mesmo sentido que "menor ou igual a" é uma relação entre inteiros. Note que há um *sentido* (ou uma *ordem*) implícito na definição. Assim como $a \leq b$ não implica necessariamente em $b \leq a$, não devemos assumir que $A \sim B$ implique em $B \sim A$. (De fato, isso *é verdade*, como demonstraremos no próximo teorema, mas o fato não surge imediatamente da definição.)
- A matriz P depende de A e de B. Ela não é única para um dado par de matrizes semelhantes A e B. Para comprovarmos, basta tomar $A = B = I$, caso em que $I \sim I$, já que $P^{-1}IP = I$, para *qualquer* matriz invertível P.

Exemplo 4.22

Sejam $A = \begin{bmatrix} 1 & 2 \\ 0 & -1 \end{bmatrix}$ e $B = \begin{bmatrix} 1 & 0 \\ -2 & -1 \end{bmatrix}$. Então $A \sim B$, já que

$$\begin{bmatrix} 1 & 2 \\ 0 & -1 \end{bmatrix}\begin{bmatrix} 1 & -1 \\ 1 & 1 \end{bmatrix} = \begin{bmatrix} 3 & 1 \\ -1 & -1 \end{bmatrix} = \begin{bmatrix} 1 & -1 \\ 1 & 1 \end{bmatrix}\begin{bmatrix} 1 & 0 \\ -2 & -1 \end{bmatrix}$$

Assim, $AP = PB$ com $P = \begin{bmatrix} 1 & -1 \\ 1 & 1 \end{bmatrix}$. (Observe que não é necessário calcular P^{-1}. Veja a primeira observação antes do exemplo 4.22.)

Teorema 4.21 Sejam A, B e C matrizes $n \times n$.

a. $A \sim A$
b. Se $A \sim B$, então $B \sim A$.
c. Se $A \sim B$ e $B \sim C$, então $A \sim C$.

Demonstração (a) Esta propriedade segue do fato que $I^{-1}AI = A$.

(b) Se $A \sim B$ então $P^{-1}AP = B$ para alguma matriz invertível P. Como visto na primeira observação da página anterior, isso é equivalente a $PBP^{-1} = A$. Considerando $Q = P^{-1}$, temos $Q^{-1}BQ = (P^{-1})^{-1}BP^{-1} = PBP^{-1} = A$. Portanto, por definição, B $\sim$ A.

(c) Você deverá fazer a demonstração da propriedade (c) no exercício 30.

Observação Qualquer relação que satisfaça às três propriedades do teorema 4.21 é chamada uma ***relação de equivalência***. Relações de equivalência aparecem frequentemente em matemática. Objetos que são relacionados por alguma relação de equivalência, geralmente, compartilham propriedades importantes. Estamos prestes a ver que isso é verdade para matrizes semelhantes.

Teorema 4.22 Sejam A e B matrizes $n \times n$ com $A \sim B$. Então:

a. $\det A = \det B$
b. A é invertível se e somente se B for invertível.
c. A e B têm o mesmo posto.
d. A e B têm o mesmo polinômio característico.
e. A e B têm os mesmos autovalores.
f. $A^m \sim B^m$ para todo número inteiro $m \geq 0$.
g. Se A é invertível então $A^m \sim B^m$ para tod número inteiro m.

Demonstração Provaremos (a) e (d), deixando as demais propriedades para serem demonstradas como exercício. Se $A \sim B$, então $P^{-1}AP = B$ para alguma matriz invertível P.

(a) Tomando determinantes nos dois lados da igualdade, temos

$$\begin{aligned} \det B &= \det(P^{-1}AP) = (\det P^{-1})(\det A)(\det P) \\ &= \left(\frac{1}{\det P}\right)(\det A)(\det P) = \det A \end{aligned}$$

(d) O polinômio característico de B é

$$\begin{aligned} \det(B - \lambda I) &= \det(P^{-1}AP - \lambda I) \\ &= \det(P^{-1}AP - \lambda P^{-1}IP) \end{aligned}$$

$$= \det(P^{-1}AP - P^{-1}(\lambda I)P)$$
$$= \det(P^{-1}(A - \lambda I)P) = \det(A - \lambda I)$$

em que a última passagem segue do item (a). Assim, $\det(B - \lambda I) = \det(A - \lambda I)$; ou seja, os polinômios característicos de B e de A são iguais.

Observação Duas matrizes podem ter as propriedades de (a) a (e) (e outras mais) em comum e mesmo assim não serem semelhantes. Por exemplo, $A = \begin{bmatrix} 1 & 0 \\ 0 & 1 \end{bmatrix}$ e $B = \begin{bmatrix} 1 & 1 \\ 0 & 1 \end{bmatrix}$ têm, ambas, determinante igual a 1 e posto 2, são invertíveis e possuem polinômio característico $(1 - \lambda)^2$ e autovalores $\lambda_1 = \lambda_2 = 1$. Mas A não é semelhante a B, já que $P^{-1}AP = P^{-1}IP = I \neq B$ para qualquer matriz invertível P.

O teorema 4.22 é bastante útil para provar que duas matrizes *não* são semelhantes, já que A e B não podem ser semelhantes se alguma das propriedades de (a) a (e) falhar.

Exemplo 4.23

(a) $A = \begin{bmatrix} 1 & 2 \\ 2 & 1 \end{bmatrix}$ e $B = \begin{bmatrix} 2 & 1 \\ 1 & 2 \end{bmatrix}$ não são semelhantes, já que $\det A = -3$, mas $\det B = 3$.

(b) $A = \begin{bmatrix} 1 & 3 \\ 2 & 2 \end{bmatrix}$ e $B = \begin{bmatrix} 1 & 1 \\ 3 & -1 \end{bmatrix}$ não são semelhantes, já que o polinômio característico de A é $\lambda^2 - 3\lambda - 4$, enquanto o de B é $\lambda^2 - 4$. (Verifique isso.) Observe que A e B têm, no entanto, o mesmo determinante e o mesmo posto.

Diagonalização

A melhor situação possível ocorre quando uma matriz quadrada é semelhante a uma matriz diagonal. Como veremos logo a seguir, uma matriz ser diagonalizável está fortemente relacionada com o os autovalores e autovetores da matriz.

Definição Uma matriz $n \times n$ A é ***diagonalizável*** se existe uma matriz diagonal D tal que A seja semelhante a D — ou seja, se existe uma matriz $n \times n$ invertível P tal que $P^{-1}AP = D$.

Exemplo 4.24

$A = \begin{bmatrix} 1 & 3 \\ 2 & 2 \end{bmatrix}$ é diagonalizável pois, se $P = \begin{bmatrix} 1 & 3 \\ 1 & -2 \end{bmatrix}$ e $D = \begin{bmatrix} 4 & 0 \\ 0 & -1 \end{bmatrix}$, então $P^{-1}AP = D$, como pode ser facilmente verificado. (De fato, é mais rápido verificar a propriedade equivalente $AP = PD$, pois ela não exige a determinação de P^{-1}.)

O exemplo 4.24 suscita a questão: de onde vieram as matrizes P e D? Observe que os elementos 4 e -1 da diagonal de D são os autovalores de A, já que são as raízes do seu polinômio característico, que encontramos no exemplo 4.23(b). A origem da matriz P é menos óbvia, mas, como iremos demonstrar a seguir, seus elementos são obtidos a partir dos autovetores de A. O teorema 4.23 faz essa conexão de modo mais preciso.

Teorema 4.23

Seja A uma matriz $n \times n$. Então, A é diagonalizável se e somente se A possui n autovetores linearmente independentes.

Mais precisamente, existem uma matriz invertível P e uma matriz diagonal D de maneira que $P^{-1}AP = D$ se e somente se as colunas de P forem n autovetores de A, linearmente independentes, e os elementos da diagonal principal de D forem os autovalores correspondentes aos autovetores em P, colocados na mesma ordem.

Demonstração Primeiro, suponha que A seja semelhante à matriz diagonal D via $P^{-1}AP = D$, ou equivalentemente, $AP = PD$. Sejam $\mathbf{p}_1, \mathbf{p}_2, \ldots, \mathbf{p}_n$ os vetores coluna de P, e $\lambda_1, \lambda_2, \ldots, \lambda_n$, os elementos da diagonal principal de D. Então:

$$A[\mathbf{p}_1 \quad \mathbf{p}_2 \quad \cdots \quad \mathbf{p}_n] = [\mathbf{p}_1 \quad \mathbf{p}_2 \quad \cdots \quad \mathbf{p}_n]\begin{bmatrix} \lambda_1 & 0 & \cdots & 0 \\ 0 & \lambda_2 & \cdots & 0 \\ \vdots & \vdots & \ddots & \vdots \\ 0 & 0 & \cdots & \lambda_n \end{bmatrix} \tag{1}$$

ou
$$[A\mathbf{p}_1 \quad A\mathbf{p}_2 \quad \cdots \quad A\mathbf{p}_n] = [\lambda_1\mathbf{p}_1 \quad \lambda_2\mathbf{p}_2 \quad \cdots \quad \lambda_n\mathbf{p}_n] \tag{2}$$

em que o lado direito da equação é exatamente a representação coluna-linha do produto PD. Temos, assim, n equações, uma para cada coluna:

$$A\mathbf{p}_1 = \lambda_1\mathbf{p}_1, A\mathbf{p}_2 = \lambda_2\mathbf{p}_2, \ldots, A\mathbf{p}_n = \lambda_n\mathbf{p}_n$$

o que comprova que os vetores coluna de P são autovetores de A cujos autovalores correspondentes são os elementos da diagonal de D, na mesma ordem. Como P é invertível, seus vetores coluna são linearmente independentes, pelo teorema Fundamental das Matrizes Invertíveis.

Reciprocamente, se A tem n autovetores $\mathbf{p}_1, \mathbf{p}_2, \ldots, \mathbf{p}_n$ linearmente independentes, com os autovalores correspondentes $\lambda_1, \lambda_2, \ldots, \lambda_n$, respectivamente, então

$$A\mathbf{p}_1 = \lambda_1\mathbf{p}_1, A\mathbf{p}_2 = \lambda_2\mathbf{p}_2, \ldots, A\mathbf{p}_n = \lambda_n\mathbf{p}_n$$

Isso gera a equação (2) que acabamos de ver, a qual é equivalente à equação (1). Consequentemente, se chamamos de P a matriz $n \times n$ com colunas $\mathbf{p}_1, \mathbf{p}_2, \ldots, \mathbf{p}_n$, a equação (1) pode ser escrita como $AP = PD$. Como as colunas de P são linearmente independentes, o teorema Fundamental das Matrizes Invertíveis garante que P é invertível, logo, $P^{-1}AP = D$. Portanto, A é diagonalizável. ■

Exemplo 4.25

Sendo possível, determine a matriz P que diagonaliza

$$A = \begin{bmatrix} 0 & 1 & 0 \\ 0 & 0 & 1 \\ 2 & -5 & 4 \end{bmatrix}$$

Solução Estudamos essa matriz no exemplo 4.18, em que descobrimos que seus autovalores são $\lambda_1 = \lambda_2 = 1$ e $\lambda_3 = 2$. Os autoespaços têm as seguintes bases:

$$\text{Para } \lambda_1 = \lambda_2 = 1, E_1 \text{ tem base } \begin{bmatrix} 1 \\ 1 \\ 1 \end{bmatrix}.$$

$$\text{Para } \lambda_3 = 2, E_2 \text{ tem base } \begin{bmatrix} 1 \\ 2 \\ 4 \end{bmatrix}.$$

Como todos os outros autovetores são somente múltiplos de algum desses dois vetores da base, não podem existir três autovetores linearmente independentes. Pelo teorema 4.23, portanto, A não é diagonalizável.

Exemplo 4.26

Sendo possível, encontre a matriz P que diagonaliza

$$A = \begin{bmatrix} -1 & 0 & 1 \\ 3 & 0 & -3 \\ 1 & 0 & -1 \end{bmatrix}$$

Solução Essa é a matriz do exemplo 4.19. Lá, vimos que os autovalores de A são $\lambda_1 = \lambda_2 = 0$ e $\lambda_3 = -2$, com as seguintes bases para os autoespaços:

$$\text{Para } \lambda_1 = \lambda_2 = 0, E_0 \text{ tem como base } \mathbf{p}_1 = \begin{bmatrix} 0 \\ 1 \\ 0 \end{bmatrix} \text{ e } \mathbf{p}_2 = \begin{bmatrix} 1 \\ 0 \\ 1 \end{bmatrix}.$$

$$\text{Para } \lambda_3 = -2, E_{-2} \text{ tem como base } \mathbf{p}_3 = \begin{bmatrix} -1 \\ 3 \\ 1 \end{bmatrix}.$$

Uma verificação direta mostra que esses três vetores são linearmente independentes. Assim, se tomarmos

$$P = [\mathbf{p}_1 \ \ \mathbf{p}_2 \ \ \mathbf{p}_3] = \begin{bmatrix} 0 & 1 & -1 \\ 1 & 0 & 3 \\ 0 & 1 & 1 \end{bmatrix}$$

então P será invertível. Além disso,

$$P^{-1}AP = \begin{bmatrix} 0 & 0 & 0 \\ 0 & 0 & 0 \\ 0 & 0 & -2 \end{bmatrix} = D$$

como pode ser verificado facilmente. (Se você estiver calculando à mão, será muito mais fácil verificar a equação equivalente $AP = PD$.)

Observações

- Quando temos autovetores em quantidade suficiente, podemos colocá-los nas colunas de P em qualquer ordem. Porém, devemos colocar os autovalores na diagonal principal de D na mesma ordem dos seus correspondentes autovetores em P. Por exemplo, se escolhemos

$$P = [\mathbf{p}_1 \ \ \mathbf{p}_3 \ \ \mathbf{p}_2] = \begin{bmatrix} 0 & -1 & 1 \\ 1 & 3 & 0 \\ 0 & 1 & 1 \end{bmatrix}$$

veremos que

$$P^{-1}AP = \begin{bmatrix} 0 & 0 & 0 \\ 0 & -2 & 0 \\ 0 & 0 & 0 \end{bmatrix}$$

- No exemplo 4.26, solicitamos que você verificasse se $\mathbf{p}_1$, $\mathbf{p}_2$ e $\mathbf{p}_3$ eram linearmente independentes. Seria necessário fazer essa verificação? Sabíamos que $\{\mathbf{p}_1, \mathbf{p}_2\}$ era linearmente independente, pois era uma base do autoespaço E_0. Também sabíamos que os conjuntos $\{\mathbf{p}_1, \mathbf{p}_3\}$ e $\{\mathbf{p}_2, \mathbf{p}_3\}$ eram linearmente independentes, pelo teorema 4.20. Mas *não* podíamos concluir daí que $\{\mathbf{p}_1, \mathbf{p}_2, \mathbf{p}_3\}$ fosse linearmente independente. O próximo teorema, no entanto, garante que a independência linear seja preservada quando bases de diferentes autoespaços são combinadas.

Teorema 4.24 Seja A uma matriz $n \times n$ e sejam $\lambda_1, \lambda_2, \ldots, \lambda_k$ autovalores distintos de A. Se $\mathcal{B}_i$ é uma base do autoespaço E_λ, então $\mathcal{B} = \mathcal{B}_1 \cup \mathcal{B}_2 \cup \cdots \cup \mathcal{B}_k$ (isto é, a coleção completa dos vetores das bases de todos os autoespaços) é linearmente independente.

Demonstração Seja $\mathcal{B}_i = \{\mathbf{v}_{i1}, \mathbf{v}_{i2}, \ldots, \mathbf{v}_{in_i}\}$ para $i = 1, \ldots, k$. Precisamos mostrar que

$$\mathcal{B} = \{\mathbf{v}_{11}, \mathbf{v}_{12}, \ldots, \mathbf{v}_{1n_1}, \mathbf{v}_{21}, \mathbf{v}_{22}, \ldots, \mathbf{v}_{2n_2}, \ldots, \mathbf{v}_{k1}, \mathbf{v}_{k2}, \ldots, \mathbf{v}_{kn_k}\}$$

é linearmente independente. Suponha que alguma combinação não trivial desses vetores seja o vetor nulo — digamos,

$$(c_{11}\mathbf{v}_{11} + \cdots + c_{1n_1}\mathbf{v}_{1n_1}) + (c_{21}\mathbf{v}_{21} + \cdots + c_{2n_2}\mathbf{v}_{2n_2}) + \cdots + (c_{k1}\mathbf{v}_{k1} + \cdots + c_{kn_k}\mathbf{v}_{kn_k}) = 0 \quad (3)$$

Denotando as somas entre parênteses, respectivamente, por $\mathbf{x}_1, \mathbf{x}_2, \ldots \mathbf{x}_k$, podemos reescrever a equação (3) como

$$\mathbf{x}_1 + \mathbf{x}_2 + \cdots + \mathbf{x}_k = 0 \quad (4)$$

Agora, cada x_i está em E_λ (por quê?), sendo, portanto, um autovetor associado a λ_i ou sendo 0. No entanto, como os autovalores λ_i são distintos entre si, se *alguma* das parcelas $\mathbf{x}_i$ for um autovetor eles serão linearmente independentes, pelo teorema 4.20. Mas a equação (4) estabelece uma relação de *dependência* linear; temos aí uma contradição. Concluímos que a equação (3) deve ser trivial; ou seja, todos os seus coeficientes são zero. Portanto, $\mathcal{B}$ é linearmente independente.

Existe um caso no qual a diagonalização é automática: o caso de uma matriz $n \times n$ com n autovalores distintos entre si.

Teorema 4.25 Se A é uma matriz $n \times n$ com n autovalores distintos entre si, então A é diagonalizável.

Demonstração Sejam $\mathbf{v}_1, \mathbf{v}_2, \ldots, \mathbf{v}_n$ os autovetores associados aos n distintos autovalores de A. (Por que não poderia haver *mais* do que n desses autovetores?) Pelo teorema 4.20, $\mathbf{v}_1, \mathbf{v}_2, \ldots, \mathbf{v}_n$ são linearmente independentes, assim, pelo teorema 4.23, A é diagonalizável.

Exemplo 4.27 A matriz

$$A = \begin{bmatrix} 2 & -3 & 7 \\ 0 & 5 & 1 \\ 0 & 0 & -1 \end{bmatrix}$$

tem autovalores $\lambda_1 = 2$, $\lambda_2 = 5$ e $\lambda_3 = -1$, pelo teorema 4.15. Como esses são três autovalores distintos de uma matriz 3×3, A é diagonalizável, pelo teorema 4.25. (Se quiséssemos de fato a matriz P tal que $P^{-1}AP$ fosse diagonal, seria necessário ainda determinar bases para os autoespaços, como no exemplo 4.19 e no exemplo 4.26 anterior.)

O último teorema desta seção é um resultado importante que caracteriza matrizes diagonalizáveis em termos das duas noções de multiplicidade introduzidas logo após o exemplo 4.18. Ele dá condições precisas sob as quais uma matriz $n \times n$ pode ser diagonalizada, mesmo quando ela tem menos do que n autovalores, como no exemplo 4.26. Antes, provamos um lema que tem validade sendo ou não a matriz diagonalizável.

Lema 4.26 Se A é uma matriz $n \times n$, a multiplicidade geométrica de cada autovalor é menor ou igual à sua multiplicidade algébrica.

Demonstração Suponha que λ_1 seja um autovalor de A com multiplicidade geométrica p; ou seja, $\dim E_{\lambda_1} = p$. Especificamente, vamos admitir que E_{λ_1} tem base $\mathcal{B}_1 = \{\mathbf{v}_1, \mathbf{v}_2, \ldots, \mathbf{v}_p\}$. Seja Q uma matriz invertível $n \times n$ qualquer e que tenha $\mathbf{v}_1, \mathbf{v}_2, \ldots, \mathbf{v}_p$ como suas primeiras p colunas — digamos,

$$Q = [\mathbf{v}_1 \quad \cdots \quad \mathbf{v}_p \quad \mathbf{v}_{p+1} \quad \cdots \quad \mathbf{v}_n]$$

ou, na notação de matriz particionada,

$$Q = [U \mid V]$$

Seja

$$Q^{-1} = \left[\begin{array}{c} C \\ \hline D \end{array}\right]$$

em que C é $p \times n$.

Como as colunas de U são autovetores associados a λ_1, $AU = \lambda_1 U$. Também temos

$$\left[\begin{array}{c|c} I_p & O \\ \hline O & I_{n-p} \end{array}\right] = I_n = Q^{-1}Q = \left[\begin{array}{c} C \\ \hline D \end{array}\right][U \mid V] = \left[\begin{array}{c|c} CU & CV \\ \hline DU & DV \end{array}\right]$$

de onde obtemos $CU = I_p$, $CV = O$, $DU = O$ e $DV = I_{n-p}$. Portanto,

$$Q^{-1}AQ = \left[\begin{array}{c} C \\ \hline D \end{array}\right]A[U \mid V] = \left[\begin{array}{c|c} CAU & CAV \\ \hline DAU & DAV \end{array}\right] = \left[\begin{array}{c|c} \lambda_1 CU & CAV \\ \hline \lambda_1 DU & DAV \end{array}\right] = \left[\begin{array}{c|c} \lambda_1 I_p & CAV \\ \hline O & DAV \end{array}\right]$$

Pelo exercício 69 da seção 4.2, temos que

$$\det(Q^{-1}AQ - \lambda I) = (\lambda_1 - \lambda)^p \det(DAV - \lambda I) \tag{5}$$

Mas $\det(Q^{-1}AQ - \lambda I)$ é o polinômio característico de $Q^{-1}AQ$, que é o mesmo polinômio característico de A, pelo teorema 4.22(d). Assim, a equação (5) implica que a multiplicidade algébrica de λ_1 é pelo menos p, sua multiplicidade geométrica.

Teorema 4.27 **O Teorema da Diagonalização**

Seja A uma matriz $n \times n$ cujos autovalores distintos são $\lambda_1, \lambda_2, \ldots, \lambda_k$. As seguintes afirmações são equivalentes:

a. A é diagonalizável.

b. A união $\mathcal{B}$ das bases dos autoespaços de A (como no teorema 4.24) contém n vetores.

c. A multiplicidade algébrica de cada autovalor é igual à sua multiplicidade geométrica.

Demonstração (a) $\Rightarrow$ (b) Se a matriz A é diagonalizável, ela tem n autovetores linearmente independentes, pelo teorema 4.23. Se n_i desses autovetores estão associados ao autovalor λ_i, então $\mathcal{B}_i$ contém pelo menos n_i vetores. (Já sabemos que esses n_i vetores são linearmente independentes; o único impedimento para que formem uma base para E_{λ_i} é que eles podem não gerar o subespaço.) Assim, $\mathcal{B}$ contém pelo menos n vetores. Mas, pelo teorema 4.24, $\mathcal{B}$ é um subconjunto de $\mathbb{R}^n$ linearmente independente; logo, ele contém exatamente n vetores.

(b) $\Rightarrow$ (c) Seja $d_i = \dim(E_{\lambda_i})$ a multiplicidade geométrica de λ_i e seja m_i sua multiplicidade algébrica. Pelo lema 4.26, $d_i \leq m_i$ para $i = 1, \ldots, k$. Assuma agora que vale a propriedade (b). Com isso, temos

$$n = d_1 + d_2 + \cdots + d_k \leq m_1 + m_2 + \cdots + m_k$$

Mas $m_1 + m_2 + \ldots + m_k = n$, já que a soma das multiplicidades algébricas dos autovalores de A é exatamente o grau do polinômio característico de A — a saber, n.

Com isso, segue que, $d_1 + d_2 + \ldots + d_k = m_1 + m_2 + \ldots + m_k$, o que implica

$$(m_1 - d_1) + (m_2 - d_2) + \cdots + (m_k - d_k) = 0 \qquad (6)$$

Usando novamente o lema 4.26, sabemos que $m_i - d_i \geq 0$ para $i = 1, \ldots, k$, de onde podemos deduzir que cada parcela da equação (6) é zero; ou seja, $m_i = d_i$ para $i = 1, \ldots, k$.

(c) $\Rightarrow$ (a) Se a multiplicidade algébrica m_i e a multiplicidade geométrica d_i são iguais para cada autovalor λ_i de A, então ($\mathcal{B}$) tem $d_1 + d_2 + \cdots + d_k = m_1 + m_2 + \cdots + m_k = n$ vetores, que são linearmente independentes pelo teorema 4.24. Assim, temos n autovetores de A linearmente independentes e, portanto, A é diagonalizável pelo teorema 4.23.

Exemplo 4.28

(a) A matriz $A = \begin{bmatrix} 0 & 1 & 0 \\ 0 & 0 & 1 \\ 2 & -5 & 4 \end{bmatrix}$ do exemplo 4.18 tem dois autovalores distintos, $\lambda_1 = \lambda_2 = 1$ e $\lambda_3 = 2$. Como o autovalor $\lambda_1 = \lambda_2 = 1$ tem multiplicidade algébrica igual a 2 mas multiplicidade geométrica igual a 1, A não é diagonalizável, de acordo com o Teorema da Diagonalização. (Veja também o exemplo 4.25.)

(b) A matriz $A = \begin{bmatrix} -1 & 0 & 1 \\ 3 & 0 & -3 \\ 1 & 0 & -1 \end{bmatrix}$ do exemplo 4.19 também tem dois autovalores distintos, $\lambda_1 = \lambda_2 = 0$ e $\lambda_3 = -2$. O autovalor 0 tem multiplicidades algébrica e geométrica iguais a 2, e o autovalor -2 as tem iguais a 1. Assim, essa matriz *é* diagonalizável, de acordo com o Teorema da Diagonalização. (Isso está de acordo com o que encontramos no exemplo 4.26.)

Concluímos esta seção com uma aplicação de diagonalização no cálculo de potências de uma matriz.

Exemplo 4.29

Calcule A^{10} para $A = \begin{bmatrix} 0 & 1 \\ 2 & 1 \end{bmatrix}$.

Solução No exemplo 4.21, encontramos que essa matriz tem autovalores $\lambda_1 = -1$ e $\lambda_2 = 2$, com autovetores associados $\mathbf{v}_1 = \begin{bmatrix} 1 \\ -1 \end{bmatrix}$ e $\mathbf{v}_2 = \begin{bmatrix} 1 \\ 2 \end{bmatrix}$. Daí segue (de alguns dos teoremas desta seção) que A é diagonalizável e $P^{-1}AP = D$, em que

$$P = [\mathbf{v}_1 \quad \mathbf{v}_2] = \begin{bmatrix} 1 & 1 \\ -1 & 2 \end{bmatrix} \quad \text{e} \quad D = \begin{bmatrix} -1 & 0 \\ 0 & 2 \end{bmatrix}$$

Assim, obtendo A, temos $A = PDP^{-1}$ e, pelo teorema 4.22(f), $A^n = PD^nP^{-1}$ para todo $n \geq 1$.
Como

$$D^n = \begin{bmatrix} -1 & 0 \\ 0 & 2 \end{bmatrix}^n = \begin{bmatrix} (-1)^n & 0 \\ 0 & 2^n \end{bmatrix}$$

temos que

$$\begin{aligned} A^n = PD^nP^{-1} &= \begin{bmatrix} 1 & 1 \\ -1 & 2 \end{bmatrix}\begin{bmatrix} (-1)^n & 0 \\ 0 & 2^n \end{bmatrix}\begin{bmatrix} 1 & 1 \\ -1 & 2 \end{bmatrix}^{-1} \\ &= \begin{bmatrix} 1 & 1 \\ -1 & 2 \end{bmatrix}\begin{bmatrix} (-1)^n & 0 \\ 0 & 2^n \end{bmatrix}\begin{bmatrix} \frac{2}{3} & -\frac{1}{3} \\ \frac{1}{3} & \frac{1}{3} \end{bmatrix} \\ &= \begin{bmatrix} \dfrac{2(-1)^n + 2^n}{3} & \dfrac{(-1)^{n+1} + 2^n}{3} \\ \dfrac{2(-1)^{n+1} + 2^{n+1}}{3} & \dfrac{(-1)^{n+2} + 2^{n+1}}{3} \end{bmatrix} \end{aligned}$$

Como foi solicitado somente A^{10}, isso é mais do que necessitávamos. Mas agora podemos simplesmente fazer $n = 10$ para encontrar

$$A^{10} = \begin{bmatrix} \dfrac{2(-1)^{10} + 2^{10}}{3} & \dfrac{(-1)^{11} + 2^{10}}{3} \\ \dfrac{2(-1)^{11} + 2^{11}}{3} & \dfrac{(-1)^{12} + 2^{11}}{3} \end{bmatrix} = \begin{bmatrix} 342 & 341 \\ 682 & 683 \end{bmatrix}$$

Exercícios 4.4

Nos exercícios de 1 a 4, mostre que A e B não são matrizes semelhantes.

1. $A = \begin{bmatrix} 4 & 1 \\ 3 & 1 \end{bmatrix}, B = \begin{bmatrix} 1 & 0 \\ 0 & 1 \end{bmatrix}$

2. $A = \begin{bmatrix} 2 & 1 \\ -4 & 6 \end{bmatrix}, B = \begin{bmatrix} 3 & -1 \\ -5 & 7 \end{bmatrix}$

3. $A = \begin{bmatrix} 2 & 1 & 4 \\ 0 & 2 & 3 \\ 0 & 0 & 4 \end{bmatrix}, B = \begin{bmatrix} 1 & 0 & 0 \\ -1 & 4 & 0 \\ 2 & 3 & 4 \end{bmatrix}$

4. $A = \begin{bmatrix} 1 & 2 & 0 \\ 0 & 1 & -1 \\ 0 & -1 & 1 \end{bmatrix}, B = \begin{bmatrix} 2 & 1 & 1 \\ 0 & 1 & 0 \\ 2 & 0 & 1 \end{bmatrix}$

Nos exercícios de 5 a 7, é dada uma diagonalização da matriz A na forma $P^{-1}AP = D$. Explicite os autovalores de A e as bases para os autoespaços associados.

5. $\begin{bmatrix} 2 & -1 \\ -1 & 1 \end{bmatrix}\begin{bmatrix} 5 & -1 \\ 2 & 2 \end{bmatrix}\begin{bmatrix} 1 & 1 \\ 1 & 2 \end{bmatrix} = \begin{bmatrix} 4 & 0 \\ 0 & 3 \end{bmatrix}$

6. $\begin{bmatrix} \frac{1}{6} & \frac{1}{6} & \frac{1}{6} \\ \frac{1}{2} & -\frac{1}{2} & -\frac{1}{2} \\ \frac{1}{3} & \frac{1}{3} & -\frac{2}{3} \end{bmatrix}\begin{bmatrix} 1 & 1 & 1 \\ 0 & 0 & 1 \\ 1 & 1 & 0 \end{bmatrix}\begin{bmatrix} 3 & 1 & 0 \\ 1 & -1 & 1 \\ 2 & 0 & -1 \end{bmatrix}$
$= \begin{bmatrix} 2 & 0 & 0 \\ 0 & 0 & 0 \\ 0 & 0 & -1 \end{bmatrix}$

7. $\begin{bmatrix} \frac{1}{8} & \frac{1}{8} & \frac{1}{8} \\ -\frac{1}{4} & \frac{3}{4} & -\frac{1}{4} \\ \frac{5}{8} & -\frac{3}{8} & -\frac{3}{8} \end{bmatrix} \begin{bmatrix} 1 & 3 & 3 \\ 2 & 0 & 2 \\ 3 & 3 & 1 \end{bmatrix} \begin{bmatrix} 3 & 0 & 1 \\ 2 & 1 & 0 \\ 3 & -1 & -1 \end{bmatrix}$
$= \begin{bmatrix} 6 & 0 & 0 \\ 0 & -2 & 0 \\ 0 & 0 & -2 \end{bmatrix}$

Nos exercícios de 8 a 15, determine se A é diagonalizável e, quando for, encontre uma matriz invertível P e uma matriz diagonal D tais que $P^{-1}AP = D$.

8. $A = \begin{bmatrix} 5 & 2 \\ 2 & 5 \end{bmatrix}$

9. $A = \begin{bmatrix} -3 & 4 \\ -1 & 1 \end{bmatrix}$

10. $A = \begin{bmatrix} 3 & 1 & 0 \\ 0 & 3 & 1 \\ 0 & 0 & 3 \end{bmatrix}$

11. $A = \begin{bmatrix} 1 & 0 & 1 \\ 0 & 1 & 1 \\ 1 & 1 & 0 \end{bmatrix}$

12. $A = \begin{bmatrix} 1 & 0 & 0 \\ 2 & 2 & 1 \\ 3 & 0 & 1 \end{bmatrix}$

13. $A = \begin{bmatrix} 1 & 2 & 1 \\ -1 & 0 & 1 \\ 1 & 1 & 0 \end{bmatrix}$

14. $A = \begin{bmatrix} 2 & 0 & 0 & 2 \\ 0 & 3 & 2 & 1 \\ 0 & 0 & 3 & 0 \\ 0 & 0 & 0 & 1 \end{bmatrix}$

15. $A = \begin{bmatrix} 2 & 0 & 0 & 4 \\ 0 & 2 & 0 & 0 \\ 0 & 0 & -2 & 0 \\ 0 & 0 & 0 & -2 \end{bmatrix}$

Nos exercícios de 16 a 23, utilize o método do exemplo 4.29 para calcular a potência indicada da matriz.

16. $\begin{bmatrix} -4 & 6 \\ -3 & 5 \end{bmatrix}^9$

17. $\begin{bmatrix} -1 & 6 \\ 1 & 0 \end{bmatrix}^{10}$

18. $\begin{bmatrix} 4 & -3 \\ -1 & 2 \end{bmatrix}^{-6}$

19. $\begin{bmatrix} 0 & 3 \\ 1 & 2 \end{bmatrix}^k$

20. $\begin{bmatrix} 2 & 1 & 2 \\ 2 & 1 & 2 \\ 2 & 1 & 2 \end{bmatrix}^8$

21. $\begin{bmatrix} 1 & 1 & 1 \\ 0 & -1 & 0 \\ 0 & 0 & -1 \end{bmatrix}^{2015}$

22. $\begin{bmatrix} 2 & 0 & 1 \\ 1 & 1 & 1 \\ 1 & 0 & 2 \end{bmatrix}^k$

23. $\begin{bmatrix} 1 & 1 & 0 \\ 2 & -2 & 2 \\ 0 & 1 & 1 \end{bmatrix}^k$

Nos exercícios de 24 a 29, ache todos os valores (reais) de k para os quais A é diagonalizável.

24. $A = \begin{bmatrix} 1 & 1 \\ 0 & k \end{bmatrix}$

25. $A = \begin{bmatrix} 1 & k \\ 0 & 1 \end{bmatrix}$

26. $A = \begin{bmatrix} k & 1 \\ 1 & 0 \end{bmatrix}$

27. $A = \begin{bmatrix} 1 & 0 & k \\ 0 & 1 & 0 \\ 0 & 0 & 1 \end{bmatrix}$

28. $A = \begin{bmatrix} 1 & k & 0 \\ 0 & 2 & 0 \\ 0 & 0 & 1 \end{bmatrix}$

29. $A = \begin{bmatrix} 1 & 1 & k \\ 1 & 1 & k \\ 1 & 1 & k \end{bmatrix}$

30. Prove o teorema 4.21(c).

31. Prove o teorema 4.22(b).

32. Prove o teorema 4.22(c).

33. Prove o teorema 4.22(e).

34. Prove o teorema 4.22(f).

35. Prove o teorema 4.22(g).

36. Se A e B são matrizes invertíveis, mostre que AB e BA são semelhantes.

37. Prove que, se A e B são matrizes semelhantes, $\text{tr}(A) = \text{tr}(B)$. (*Sugestão*: descubra uma maneira de usar o exercício 45 da seção 3.2.)

Em geral, é difícil mostrar que duas matrizes são semelhantes. No entanto, se duas matrizes semelhante são diagonalizáveis, a tarefa começa a ser mais fácil. Nos exercícios de 38 a 41, mostre que A e B são semelhantes mostrando que elas são semelhantes a uma mesma matriz diagonal. Depois, encontre uma matriz invertível P tal que $P^{-1}AP = B$.

38. $A = \begin{bmatrix} 3 & 1 \\ 0 & -1 \end{bmatrix}, B = \begin{bmatrix} 1 & 2 \\ 2 & 1 \end{bmatrix}$

39. $A = \begin{bmatrix} 5 & -3 \\ 4 & -2 \end{bmatrix}, B = \begin{bmatrix} -1 & 1 \\ -6 & 4 \end{bmatrix}$

40. $A = \begin{bmatrix} 2 & 1 & 0 \\ 0 & -2 & 1 \\ 0 & 0 & 1 \end{bmatrix}, B = \begin{bmatrix} 3 & 2 & -5 \\ 1 & 2 & -1 \\ 2 & 2 & -4 \end{bmatrix}$

41. $A = \begin{bmatrix} 1 & 0 & 2 \\ 1 & -1 & 1 \\ 2 & 0 & 1 \end{bmatrix}, B = \begin{bmatrix} -3 & -2 & 0 \\ 6 & 5 & 0 \\ 4 & 4 & -1 \end{bmatrix}$

42. Prove que, se A é semelhante a B, A^T é semelhante a B^T.

43. Prove que, se A é diagonalizável, A^T também é.

44. Seja A uma matriz invertível. Prove que, se A é diagonalizável, A^{-1} também é.

45. Prove que, se A é uma matriz diagonalizável com um único autovalor λ, então A tem a forma $A = \lambda I$. (Uma matriz dessas é chamada de ***matriz escalar***.)

46. Sejam A e B matrizes $n \times n$, cada uma com n autovalores distintos. Prove que A e B têm os mesmos autovetores se e somente se $AB = BA$.

47. Sejam A e B matrizes semelhantes. Prove que as multiplicidades algébricas dos autovalores de A e de B são iguais.

48. Sejam A e B matrizes semelhantes. Prove que as multiplicidades geométricas dos autovalores de A e de B são iguais. [*Sugestão*: mostre que, se $B = P^{-1}AP$, então todo autovetor de B tem a forma $P^{-1}\mathbf{v}$ para algum autovetor $\mathbf{v}$ de A.]

49. Prove que se A é uma matriz diaginalizável tal que todo autovalor de A é ou 0 ou 1 então A é idempotente (isto é, $A^2 = A$).

50. Seja A uma matriz nilpotente (isto é, $A^m = O$ para algum $m > 1$). Prove que se A é diagonalizável então A deve ser a matriz nula.

51. Suponha que A é uma matriz 6×6 com polinômio característico $c_A(\lambda) = (1 + \lambda)(1 - \lambda)^2(2 - \lambda)^3$.

(a) Prove que não é possível achar três vetores linearmente independentes $\mathbf{v}_1, \mathbf{v}_2, \mathbf{v}_3$ de $\mathbb{R}^6$ tal que $A\mathbf{v}_1 = \mathbf{v}_1, A\mathbf{v}_2 = \mathbf{v}_2$ e $A\mathbf{v}_3 = \mathbf{v}_3$.

(b) Se A é diagonalizável, quais são as dimensões dos autoespaços E_{-1}, E_1 e E_2?

52. Seja $A = \begin{bmatrix} a & b \\ c & d \end{bmatrix}$.

(a) Prove que A é diagonalizável se $(a - d)^2 + 4bc > 0$ e é não diagonalizável se $(a - d)^2 + 4bc < 0$.

(b) Encontre dois exemplos para demonstrar que se $(a - d)^2 + 4bc = 0$ então A pode ou não ser diagonalizável.

4.5 Métodos Iterativos para o Cálculo de Autovalores

Até aqui, o único método que temos para o cálculo de autovalores de uma matriz é achar as soluções da equação característica. No entanto, esse método enfrenta vários problemas que o tornam praticável somente em um número pequeno de exemplos. O primeiro problema é que ele depende do cálculo de um determinante, o que, para matrizes grandes, é um processo muito demorado. O segundo problema é que a equação característica é uma equação polinomial, e não existem fórmulas para determinar as soluções de equações polinomiais de grau maior do que 4 (equações dos graus 2, 3 e 4 podem ser solucionadas utilizando a fórmula de Bhaskara e suas análogas). Assim, somos forçados a encontrar *aproximações* para os autovalores na maioria dos problemas práticos. Infelizmente, métodos para a determinação de raízes aproximadas de uma equação polinomial não são em geral confiáveis por não garantirem uma margem de erro desejável.

Em 1824, o matemático norueguês Niels Henrik Abel (1802-1829) provou que uma equação polinomial genérica do quinto grau (uma quíntica) não era *solúvel por radicais;* ou seja, não há fórmula que determine suas soluções e que empregue somente as operações de adição, subtração, multiplicação, divisão e extração de raízes n-ésimas. Em um artigo escrito em 1830 e publicado postumamente em 1846, o matemático francês Evariste Galois (1811-1832) fez uma teoria mais completa em que estabeleceu condições sob as quais uma equação polinomial arbitrária poderia ser solúvel por radicais. O trabalho de Galois foi o instrumento que estabeleceu o ramo da álgebra chamado de *teoria de grupos;* sua própria abordagem das equações polinomiais é hoje conhecida como *teoria de Galois.*

Tomaremos um outro caminho para contornar as dificuldades com os polinômios característicos. Vamos primeiro aproximar autovetores e depois usá-los para encontrar seus correspondentes autovalores. Nesta seção, vamos explorar algumas variações desse método, baseado em uma técnica iterativa simples.

O Método da Potência

O método da potência se aplica a matrizes $n \times n$ que tenham um ***autovalor dominante*** λ_1 — ou seja, um autovalor cujo valor absoluto seja maior que todos os outros autovalores. Por exemplo, se uma matriz tem autovalores -4, -3, 1 e 3, então -4 é o autovalor dominante, já que $4 = |-4| > |-3| \geq |3| \geq |1|$. Por outro lado, uma matriz com autovalores -4, -3, 3 e 4 não tem autovalor dominante.

O método da potência procede de forma iterativa para produzir uma sequência de escalares que converge para λ_1 e uma sequência de vetores que converge para o autovetor associado $\mathbf{v}_1$, o ***autovetor dominante***. Por simplicidade, vamos assumir que a matriz A é diagonalizável. O teorema a seguir fornece a base para o método da potência.

Teorema 4.28 Seja A uma matriz $n \times n$ diagonalizável com autovalor dominante λ_1. Então, existe um vetor $\mathbf{x}_0$ não nulo tal que a sequência de vetores $\mathbf{x}_k$ definida por

$$\mathbf{x}_1 = A\mathbf{x}_0, \mathbf{x}_2 = A\mathbf{x}_1, \mathbf{x}_3 = A\mathbf{x}_2, \ldots, \mathbf{x}_k = A\mathbf{x}_{k-1}, \ldots$$

se aproxima de um autovetor dominante de A.

Demonstração Vamos considerar que os autovalores de A foram indexados para termos

$$|\lambda_1| > |\lambda_2| \geq |\lambda_3| \geq \cdots \geq |\lambda_n|$$

Sejam $\mathbf{v}_1, \mathbf{v}_2, \ldots, \mathbf{v}_n$ os autovetores associados. Como $\mathbf{v}_1, \mathbf{v}_2, \ldots, \mathbf{v}_n$ são linearmente independentes (por quê?), eles formam uma base de $\mathbb{R}^n$. Consequentemente, podemos escrever $\mathbf{x}_0$ como uma combinação linear desses autovetores — digamos,

$$\mathbf{x}_0 = c_1\mathbf{v}_1 + c_2\mathbf{v}_2 + \cdots + c_n\mathbf{v}_n$$

Agora $\mathbf{x}_1 = A\mathbf{x}_0, \mathbf{x}_2 = A\mathbf{x}_1 = A(A\mathbf{x}_0) = A^2\mathbf{x}_0, \mathbf{x}_3 = A\mathbf{x}_2 = A(A^2\mathbf{x}_0) = A^3\mathbf{x}_0$, e, de forma geral,

$$\mathbf{x}_k = A^k\mathbf{x}_0 \quad \text{for } k \geq 1$$

Como vimos no exemplo 4.21,

$$\begin{aligned} A^k\mathbf{x}_0 &= c_1\lambda_1^k\mathbf{v}_1 + c_2\lambda_2^k\mathbf{v}_2 + \cdots + c_n\lambda_n^k\mathbf{v}_n \\ &= \lambda_1^k\left(c_1\mathbf{v}_1 + c_2\left(\frac{\lambda_2}{\lambda_1}\right)^k\mathbf{v}_2 + \cdots + c_n\left(\frac{\lambda_n}{\lambda_1}\right)^k\mathbf{v}_n\right) \end{aligned} \tag{1}$$

em que utilizamos o fato de $\lambda_1 \neq 0$.

O fato de λ_1 ser o autovalor dominante significa que cada uma das frações λ_2/λ_1, $\lambda_3/\lambda_1, \ldots, \lambda_n/\lambda_1$ é menor que 1 em valor absoluto. Assim,

$$\left(\frac{\lambda_2}{\lambda_1}\right)^k, \left(\frac{\lambda_3}{\lambda_1}\right)^k, \ldots, \left(\frac{\lambda_n}{\lambda_1}\right)^k$$

todos tendem a zero quando $k \to \infty$. Daí segue que

$$\mathbf{x}_k = A^k\mathbf{x}_0 \to \lambda_1^k c_1\mathbf{v}_1 \quad \text{quando } k \to \infty \tag{2}$$

Agora, como $\lambda_1 \neq 0$ e $\mathbf{v}_1 \neq \mathbf{0}$, $\mathbf{x}_k$ se aproxima de um múltiplo *não nulo* de $\mathbf{v}_1$ (ou seja, de um autovetor associado a λ_1), *se* $c_1 \neq 0$. (Essa é a condição neccessária sobre o vetor $\mathbf{x}_0$ inicial: ele deve ter uma componente c_1 na direção do autovetor dominante $\mathbf{v}_1$.)

Exemplo 4.30

Encontre uma aproximação para o autovetor dominante de $A = \begin{bmatrix} 1 & 1 \\ 2 & 0 \end{bmatrix}$, utilizando o método do teorema 4.28.

Solução Tomaremos como vetor inicial $\mathbf{x}_0 = \begin{bmatrix} 1 \\ 0 \end{bmatrix}$. Então:

$$\mathbf{x}_1 = A\mathbf{x}_0 = \begin{bmatrix} 1 & 1 \\ 2 & 0 \end{bmatrix}\begin{bmatrix} 1 \\ 0 \end{bmatrix} = \begin{bmatrix} 1 \\ 2 \end{bmatrix}$$

$$\mathbf{x}_2 = A\mathbf{x}_1 = \begin{bmatrix} 1 & 1 \\ 2 & 0 \end{bmatrix}\begin{bmatrix} 1 \\ 2 \end{bmatrix} = \begin{bmatrix} 3 \\ 2 \end{bmatrix}$$

Continuamos, dessa maneira, para obter os valores de $\mathbf{x}_k$ da tabela 4.1.

Tabela 4.1

k	0	1	2	3	4	5	6	7	8
$\mathbf{x}_k$	$\begin{bmatrix}1\\0\end{bmatrix}$	$\begin{bmatrix}1\\2\end{bmatrix}$	$\begin{bmatrix}3\\2\end{bmatrix}$	$\begin{bmatrix}5\\6\end{bmatrix}$	$\begin{bmatrix}11\\10\end{bmatrix}$	$\begin{bmatrix}21\\22\end{bmatrix}$	$\begin{bmatrix}43\\42\end{bmatrix}$	$\begin{bmatrix}85\\86\end{bmatrix}$	$\begin{bmatrix}171\\170\end{bmatrix}$
r_k	—	0,50	1,50	0,83	1,10	0,95	1,02	0,99	1,01
l_k	—	1,00	3,00	1,67	2,20	1,91	2,05	1,98	2,01

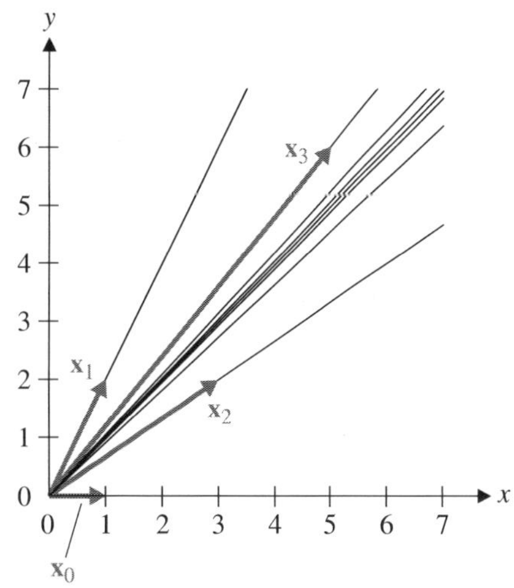

Figura 4.14

A figura 4.14 mostra o que está acontecendo geometricamente. Sabemos que o autoespaço para o autovetor dominante terá dimensão igual a 1. (Por quê? Veja o exercício 46.) Portanto, ele será representado por uma reta que passa pela origem, no plano $\mathbb{R}^2$. Alguns dos $\mathbf{x}_k$ iniciais do processo de iteração são mostrados, juntamente com os sentidos que eles determinam. Parece que as iterações estão convergindo para a reta cujo vetor diretor é $\begin{bmatrix}1\\1\end{bmatrix}$. Para confirmar que esse é o autovetor dominante que procuramos, precisamos somente observar que a razão r_k entre a primeira e a segunda componente do vetor $\mathbf{x}_k$ vai ficando muito perto de 1 à medida que k aumenta. A segunda linha da tabela 4.1 fornece esses valores, onde se pode ver, claramente, que r_k está de fato se aproximando de 1. Deduzimos, assim, que $\begin{bmatrix}1\\1\end{bmatrix}$ é um autovetor dominante de A.

Uma vez que encontramos um autovetor dominante, como podemos encontrar o correspondente autovalor dominante? Uma maneira de fazê-lo é observando que, se um $\mathbf{x}_k$ é aproximadamente um autovetor dominante de A associado ao autovalor dominante λ_1, então

$$\mathbf{x}_{k+1} = A\mathbf{x}_k \approx \lambda_1\mathbf{x}_k$$

Com isso, a razão l_k entre a primeira componente de $\mathbf{x}_{k+1}$ e a de $\mathbf{x}_k$ irá se aproximar de λ_1 à medida que k aumentar. A tabela 4.1 fornece os valores de l_k; você pode ver que eles se aproximam de 2, que é o autovalor dominante.

O método do exemplo 4.30 tem um senão: as componentes dos $\mathbf{x}_k$ obtidos na iteração viram rapidamente números muito grandes, o que pode ocasionar erros de arrendodamento significativos ao final do processo. Para evitar esse problema, podemos multiplicar, a cada passo da iteração, o vetor obtido por algum escalar que reduza a magnitude de suas componentes. Como múltiplos escalares dos $\mathbf{x}_k$ ainda irão convergir para um autovetor dominante, a estratégia é aceitável. Existem várias maneiras de proceder neste caso. Uma possibilidade é normalizar cada $\mathbf{x}_k$, dividindo-o por $||\mathbf{x}_k||$ (isto é, fazendo cada vetor obtido na iteração ficar *unitário*). Um método mais fácil — e o que iremos utilizar — é fazer a divisão de cada um dos $\mathbf{x}_k$ pela componente de maior valor absoluto, para que a maior componente seja igual a 1. Esse é o método chamado ***mudança de escala***. Assim, se m_k denota a componente de $\mathbf{x}_k$ de maior valor absoluto, substituímos $\mathbf{x}_k$ por $\mathbf{y}_k = (1/m_k)\mathbf{x}_k$.

Ilustraremos esse método com cálculos do exemplo 4.30. Para $\mathbf{x}_0$, não há nada a fazer, já que $m_0 = 1$. Logo,

$$\mathbf{y}_0 = \mathbf{x}_0 = \begin{bmatrix} 1 \\ 0 \end{bmatrix}$$

Calculamos agora $\mathbf{x}_1 = \begin{bmatrix} 1 \\ 2 \end{bmatrix}$ como antes, mas fazendo uma mudança de escala na qual $m_1 = 2$, para obter

$$\mathbf{y}_1 = \left(\frac{1}{2}\right)\mathbf{x}_1 = \left(\frac{1}{2}\right)\begin{bmatrix} 1 \\ 2 \end{bmatrix} = \begin{bmatrix} 0,5 \\ 1 \end{bmatrix}$$

A partir daqui os cálculos mudam. Tomamos

$$\mathbf{x}_2 = A\mathbf{y}_1 = \begin{bmatrix} 1 & 1 \\ 2 & 0 \end{bmatrix}\begin{bmatrix} 0,5 \\ 1 \end{bmatrix} = \begin{bmatrix} 1,5 \\ 1 \end{bmatrix}$$

que, com a mudança de escala, torna-se

$$\mathbf{y}_2 = \left(\frac{1}{1,5}\right)\begin{bmatrix} 1,5 \\ 1 \end{bmatrix} = \begin{bmatrix} 1 \\ 0,67 \end{bmatrix}$$

Os próximos cálculos estão resumidos na tabela 4.2.

Pode-se ver claramente que a sequência de vetores $\mathbf{y}_k$ converge para $\begin{bmatrix} 1 \\ 1 \end{bmatrix}$, que é um autovetor dominante. Além disso, a sequência de escalares m_k converge para o correspondente autovalor dominante $\lambda_1 = 2$.

Tabela 4.2

k	0	1	2	3	4	5	6	7	8
$\mathbf{x}_k$	$\begin{bmatrix} 1 \\ 0 \end{bmatrix}$	$\begin{bmatrix} 1 \\ 2 \end{bmatrix}$	$\begin{bmatrix} 1,5 \\ 1 \end{bmatrix}$	$\begin{bmatrix} 1,67 \\ 2 \end{bmatrix}$	$\begin{bmatrix} 1,83 \\ 1,67 \end{bmatrix}$	$\begin{bmatrix} 1,91 \\ 2 \end{bmatrix}$	$\begin{bmatrix} 1,95 \\ 1,91 \end{bmatrix}$	$\begin{bmatrix} 1,98 \\ 2 \end{bmatrix}$	$\begin{bmatrix} 1,99 \\ 1,98 \end{bmatrix}$
$\mathbf{y}_k$	$\begin{bmatrix} 1 \\ 0 \end{bmatrix}$	$\begin{bmatrix} 0,5 \\ 1 \end{bmatrix}$	$\begin{bmatrix} 1 \\ 0,67 \end{bmatrix}$	$\begin{bmatrix} 0,83 \\ 1 \end{bmatrix}$	$\begin{bmatrix} 1 \\ 0,91 \end{bmatrix}$	$\begin{bmatrix} 0,95 \\ 1 \end{bmatrix}$	$\begin{bmatrix} 1 \\ 0,98 \end{bmatrix}$	$\begin{bmatrix} 0,99 \\ 1 \end{bmatrix}$	$\begin{bmatrix} 1 \\ 0,99 \end{bmatrix}$
m_k	1	2	1,5	2	1,83	2	1,95	2	1,99

Resumimos a seguir os procedimentos do chamado ***método da potência***.

O MÉTODO DA POTÊNCIA

Considere A como uma matriz $n \times n$ diagonalizável com um autovalor dominante λ_1.

1. Seja $\mathbf{x}_0 = \mathbf{y}_0$ um vetor inicial de $\mathbb{R}^n$ cuja maior componente é 1.
2. Repita os seguintes passos para $k = 1, 2, \ldots$:
   (a) Calcule $\mathbf{x}_k = A\mathbf{y}_{k-1}$.
   (b) Seja m_k a componente de $\mathbf{x}_k$ com maior valor absoluto.
   (c) Considere $\mathbf{y}_k = (1/m_k)\mathbf{x}_k$.

Para a maioria das escolhas de $\mathbf{x}_0$, m_k converge para o autovalor dominante λ_1, e $\mathbf{y}_k$ converge para um autovetor dominante.

Exemplo 4.31

Use o método da potência para aproximar o autovalor dominante e um autovetor dominante de

$$A = \begin{bmatrix} 0 & 5 & -6 \\ -4 & 12 & -12 \\ -2 & -2 & 10 \end{bmatrix}$$

Solução Tomando como vetor inicial

$$\mathbf{x}_0 = \begin{bmatrix} 1 \\ 1 \\ 1 \end{bmatrix}$$

calculamos os dados da tabela 4.3.

Pode-se ver que os vetores $\mathbf{y}_k$ estão se aproximando de $\begin{bmatrix} 0{,}50 \\ 1 \\ -0{,}50 \end{bmatrix}$ e os escalares m_k, de 16. Isso sugere que eles são, respectivamente, um autovetor dominante e o autovalor dominante de A.

Observações:

• Se o vetor inicial $\mathbf{x}_0$ tiver uma componente nula na direção do autovetor dominante $\mathbf{v}_1$ (isto é, se $c = 0$ na demonstração do teorema 4.28), o método da potência não irá convergir para um autovetor dominante. No entanto, frequentemente, ao

Tabela 4.3

k	0	1	2	3	4	5	6	7
$\mathbf{x}_k$	$\begin{bmatrix} 1 \\ 1 \\ 1 \end{bmatrix}$	$\begin{bmatrix} -1 \\ -4 \\ 6 \end{bmatrix}$	$\begin{bmatrix} -9{,}33 \\ -19{,}33 \\ 11{,}67 \end{bmatrix}$	$\begin{bmatrix} 8{,}62 \\ 17{,}31 \\ -9{,}00 \end{bmatrix}$	$\begin{bmatrix} 8{,}12 \\ 16{,}25 \\ -8{,}20 \end{bmatrix}$	$\begin{bmatrix} 8{,}03 \\ 16{,}05 \\ -8{,}04 \end{bmatrix}$	$\begin{bmatrix} 8{,}01 \\ 16{,}01 \\ -8{,}01 \end{bmatrix}$	$\begin{bmatrix} 8{,}00 \\ 16{,}00 \\ -8{,}00 \end{bmatrix}$
$\mathbf{y}_k$	$\begin{bmatrix} 1 \\ 1 \\ 1 \end{bmatrix}$	$\begin{bmatrix} -0{,}17 \\ -0{,}67 \\ 1 \end{bmatrix}$	$\begin{bmatrix} 0{,}48 \\ 1 \\ -0{,}60 \end{bmatrix}$	$\begin{bmatrix} 0{,}50 \\ 1 \\ -0{,}52 \end{bmatrix}$	$\begin{bmatrix} 0{,}50 \\ 1 \\ -0{,}50 \end{bmatrix}$	$\begin{bmatrix} 0{,}50 \\ 1 \\ -0{,}50 \end{bmatrix}$	$\begin{bmatrix} 0{,}50 \\ 1 \\ -0{,}50 \end{bmatrix}$	$\begin{bmatrix} 0{,}50 \\ 1 \\ -0{,}50 \end{bmatrix}$
m_k	1	6	−19,33	17,31	16,25	16,05	16,01	16,00

John William Strutt (1842-1919), Barão Rayleigh, foi um físico britânico que fez grandes contribuições aos campos da acústica e da ótica. Em 1871, ele forneceu a primeira explanação correta da razão de o céu ser azul, e, em 1895, descobriu o gás inerte argônio, o que o fez receber o Prêmio Nobel em 1904. Rayleigh foi presidente da Royal Society de 1905 a 1908 e se tornou reitor da Universidade de Cambridge em 1908. Empregou os quocientes de Rayleigh em um artigo de 1873, sobre sistemas vibratórios, e depois em seu livro *A Teoria do som*.

longo das iterações subsequentes, em algum monento os erros de arredondamento produzirão um $\mathbf{x}_k$ com componente não nula na direção de $\mathbf{v}_1$. A partir daí, o método da potência começará a convergir para um múltiplo de $\mathbf{v}_1$. (Esse é um caso em que os erros de arredondamento de fato ajudam!)

- O método da potência ainda funciona, sob certas condições, quando se tem um autovalor dominante *repetido*, ou mesmo quando a matriz não é diagonalizável. Mais detalhes podem ser encontrados nos mais modernos livros sobre análise numérica. (Veja os exercícios de 21 a 24.)
- Para algumas matrizes, o método da potência converge rapidamente para um autovetor dominante; para outras, a convergência pode ser bastante vagarosa. Uma análise cuidadosa da demonstração do teorema 4.28 revela o motivo. Como $|\lambda_2/\lambda_1| \geq |\lambda_3/\lambda_1| \geq \ldots \geq |\lambda_n/\lambda_1|$, se $|\lambda_2/\lambda_1|$ for um valor próximo de zero, então $(\lambda_2/\lambda_1)^k, \ldots, (\lambda_n/\lambda_1)^k$ irá se aproximar de zero rapidamente. A equação (2) mostra que $\mathbf{x}_k = A^k\mathbf{x}_0$ também irá se aproximar rapidamente de $\lambda_1^k c_1 \mathbf{v}_1$.

Considere o exemplo 4.31 como ilustração. Os autovalores são 16, 4 e 2, de modo que $\lambda_2/\lambda_1 = 4/16 = 0{,}25$. Como $0{,}25^7 \approx 0{,}00006$, na sétima iteração devemos ter uma precisão até a quarta casa decimal. Foi exatamente isso que vimos.

- Há uma maneira alternativa para estimar o autovalor dominante λ_1 de uma matriz A, conjuntamente com o método da potência. Primeiro, observe que, se $A\mathbf{x} = \lambda_1\mathbf{x}$, então

$$\frac{(A\mathbf{x})\cdot\mathbf{x}}{\mathbf{x}\cdot\mathbf{x}} = \frac{(\lambda_1\mathbf{x})\cdot\mathbf{x}}{\mathbf{x}\cdot\mathbf{x}} = \frac{\lambda_1(\mathbf{x}\cdot\mathbf{x})}{\mathbf{x}\cdot\mathbf{x}} = \lambda_1$$

A expressão $R(\mathbf{x}) = ((A\mathbf{x})\cdot\mathbf{x})/(\mathbf{x}\cdot\mathbf{x})$ é chamada de ***quociente de Rayleigh***. À medida que encontramos os $\mathbf{x}_k$ por iteração, os sucessivos quocientes de Rayleigh $R(\mathbf{x}_k)$ devem aproximar-se de λ_1. De fato, para matrizes simétricas, o método do quociente de Rayleigh é praticamente duas vezes mais rápido que a mudança de escala de fatores. (Veja os exercícios de 17 a 20.)

O Método da Potência Deslocado e o Método da Potência Inversa

O método da potência pode nos ajudar a encontrar valores aproximados do autovalor *dominante* de uma matriz, mas o que podemos fazer se quisermos achar os outros autovalores? Afortunadamente, existem algumas variações do método das potências que podem ser aplicadas.

O ***método da potência deslocado*** considera que, se λ é um autovalor de A, então $\lambda - \alpha$ é um autovalor de $A - \alpha I$, para qualquer escalar α (exercício 22 da seção 4.3). Assim, se λ_1 for o autovalor dominante de A, os autovalores de $A - \lambda_1 I$ serão 0, $\lambda_2 - \lambda_1, \lambda_3 - \lambda_1, \ldots, \lambda_n - \lambda_1$. Podemos então aplicar o método da potência para calcular $\lambda_2 - \lambda_1$ e, a partir desse valor, encontrar λ_2. A repetição desse procedimento nos permitirá determinar todos os autovalores.

Exemplo 4.32

Utilize o método da potência deslocado para calcular o segundo autovalor da matriz $A = \begin{bmatrix} 1 & 1 \\ 2 & 0 \end{bmatrix}$ do exemplo 4.30.

Solução No exemplo 4.30, vimos que $\lambda_1 = 2$. Para encontrar λ_2, aplicamos o método da potência a

$$A - 2I = \begin{bmatrix} -1 & 1 \\ 2 & -2 \end{bmatrix}$$

Tomamos $\mathbf{x}_0 = \begin{bmatrix} 1 \\ 0 \end{bmatrix}$, mas outras escolhas também funcionariam. Os cálculos estão resumidos na tabela 4.4.

Tabela 4.4

k	0	1	2	3	4
$\mathbf{x}_k$	$\begin{bmatrix} 1 \\ 0 \end{bmatrix}$	$\begin{bmatrix} -1 \\ 2 \end{bmatrix}$	$\begin{bmatrix} 1,5 \\ -3 \end{bmatrix}$	$\begin{bmatrix} 1,5 \\ -3 \end{bmatrix}$	$\begin{bmatrix} 1,5 \\ -3 \end{bmatrix}$
$\mathbf{y}_k$	$\begin{bmatrix} 1 \\ 0 \end{bmatrix}$	$\begin{bmatrix} -0,5 \\ 1 \end{bmatrix}$	$\begin{bmatrix} -0,5 \\ 1 \end{bmatrix}$	$\begin{bmatrix} -0,5 \\ 1 \end{bmatrix}$	$\begin{bmatrix} -0,5 \\ 1 \end{bmatrix}$
m_k	1	2	-3	-3	-3

Nossa escolha de $\mathbf{x}_0$ produziu o autovalor -3 depois de somente duas iterações. Portanto, $\lambda_2 - \lambda_1 = -3$, logo, $\lambda_2 = \lambda_1 - 3 = 2 - 3 = -1$ é o segundo autovalor de A.

Lembre-se da propriedade (b) do teorema 4.18 que se A é invertível com autovalor λ, então A^{-1} tem autovalor $1/\lambda$. Portanto, se aplicarmos o método da potência para A^{-1}, seu autovalor dominante será o *inverso do menor* (em módulo) autovalor de A. Para utilizar esse ***método da potência inversa***, seguimos os mesmos passos que no método da potência, exceto que, no passo 2(a), calculamos $\mathbf{x}_k = A^{-1}\mathbf{y}_{k-1}$. (Na prática, não calculamos A^{-1} explicitamente; em vez disso, resolvemos a equação equivalente $A\mathbf{x}_k = \mathbf{y}_{k-1}$ par $\mathbf{x}_k$, usando o método de eliminação de Gauss. Isso deixa mais rápido o processo.)

Exemplo 4.33

Utilize o método da potência inversa para calcular o segundo autovalor da matriz $A = \begin{bmatrix} 1 & 1 \\ 2 & 0 \end{bmatrix}$ do exemplo 4.30.

Solução Iniciamos, como no exemplo 4.30, com $\mathbf{x}_0 = \mathbf{y}_0 = \begin{bmatrix} 1 \\ 0 \end{bmatrix}$. Para resolver a equação $A\mathbf{x}_1 = \mathbf{y}_0$, empregamos escalonamento por linhas:

$$[A \mid \mathbf{y}_0] = \left[\begin{array}{cc|c} 1 & 1 & 1 \\ 2 & 0 & 0 \end{array}\right] \longrightarrow \left[\begin{array}{cc|c} 1 & 0 & 0 \\ 0 & 1 & 1 \end{array}\right]$$

Assim, $\mathbf{x}_1 = \begin{bmatrix} 0 \\ 1 \end{bmatrix}$, logo $\mathbf{y}_1 = \begin{bmatrix} 0 \\ 1 \end{bmatrix}$. Obtemos então $\mathbf{x}_2$ de $A\mathbf{x}_2 = \mathbf{y}_1$:

$$[A \mid \mathbf{y}_1] = \left[\begin{array}{cc|c} 1 & 1 & 0 \\ 2 & 0 & 1 \end{array}\right] \longrightarrow \left[\begin{array}{cc|c} 1 & 0 & 0,5 \\ 0 & 1 & -0,5 \end{array}\right]$$

Portanto, $\mathbf{x}_2 = \begin{bmatrix} 0,5 \\ -0,5 \end{bmatrix}$, e, mudando a escala, obtemos $\mathbf{y}_2 = \begin{bmatrix} 1 \\ -1 \end{bmatrix}$. Continuando, obtemos os valores mostrados na tabela 4.5, em que os valores m_k convergem para -1. Assim, o menor autovalor de A é o inverso de -1 (que também é -1). Isso está de acordo com o que encontramos no exemplo 4.32.

Tabela 4.5

k	0	1	2	3	4	5	6	7	8	9
$\mathbf{x}_k$	$\begin{bmatrix}1\\0\end{bmatrix}$	$\begin{bmatrix}0\\1\end{bmatrix}$	$\begin{bmatrix}0{,}5\\-0{,}5\end{bmatrix}$	$\begin{bmatrix}-0{,}5\\1{,}5\end{bmatrix}$	$\begin{bmatrix}0{,}5\\-0{,}83\end{bmatrix}$	$\begin{bmatrix}0{,}5\\-1{,}1\end{bmatrix}$	$\begin{bmatrix}0{,}5\\-0{,}95\end{bmatrix}$	$\begin{bmatrix}0{,}5\\-1{,}02\end{bmatrix}$	$\begin{bmatrix}0{,}5\\-0{,}99\end{bmatrix}$	$\begin{bmatrix}0{,}5\\-1{,}01\end{bmatrix}$
$\mathbf{y}_k$	$\begin{bmatrix}0\\1\end{bmatrix}$	$\begin{bmatrix}1\\0\end{bmatrix}$	$\begin{bmatrix}1\\-1\end{bmatrix}$	$\begin{bmatrix}-0{,}33\\1\end{bmatrix}$	$\begin{bmatrix}-0{,}6\\1\end{bmatrix}$	$\begin{bmatrix}-0{,}45\\1\end{bmatrix}$	$\begin{bmatrix}-0{,}52\\1\end{bmatrix}$	$\begin{bmatrix}-0{,}49\\1\end{bmatrix}$	$\begin{bmatrix}-0{,}51\\1\end{bmatrix}$	$\begin{bmatrix}-0{,}50\\1\end{bmatrix}$
m_k	1	1	0,5	1,5	−0,83	−1,1	−0,95	−1,02	−0,99	−1,01

O Método da Potência Inversa Deslocado

A variante mais versátil do método da potência é uma que combina as duas mencionadas antes. Esse método pode ser usado para encontrar uma aproximação de *qualquer* autovalor, desde que se tenha uma boa aproximação dele. Em outras palavras, se for dado um escalar α, o ***método da potência inversa deslocado*** encontrará o autovalor λ de A que estiver mais próximo de α.

Se λ for um autovalor de A e $\alpha \neq \lambda$, então $A - \alpha I$ será invertível se α não for um autovalor de A, e $1/(\lambda - \alpha)$ será um autovalor de $(A - \alpha I)^{-1}$. (Veja o exercício 45.) Se α estiver próximo de λ, então $1/(\lambda - \alpha)$ será um autovalor dominante de $(A - \alpha I)^{-1}$. De fato, se α for um número *muito* próximo de λ, então $1/(\lambda - \alpha)$ será *muito* maior em módulo que o próximo autovalor, portanto (como mencionado na terceira observação feita após o exemplo 4.31), a convergência será muito rápida.

Exemplo 4.34

Empregue o método da potência inversa deslocado para encontrar aproximações do autovalor de

$$A = \begin{bmatrix} 0 & 5 & -6 \\ -4 & 12 & -12 \\ -2 & -2 & 10 \end{bmatrix}$$

que está mais próximo de 5.

Solução Deslocando, temos

$$A - 5I = \begin{bmatrix} -5 & 5 & -6 \\ -4 & 7 & -12 \\ -2 & -2 & 5 \end{bmatrix}$$

Aplicamos o método da potência inversa com

$$\mathbf{x}_0 = \mathbf{y}_0 = \begin{bmatrix} 1 \\ 1 \\ 1 \end{bmatrix}$$

Resolvemos $(A - 5I)\mathbf{x}_1 = \mathbf{y}_0$ para $\mathbf{x}_1$:

$$[A - 5I \mid \mathbf{y}_0] = \left[\begin{array}{ccc|c} -5 & 5 & -6 & 1 \\ -4 & 7 & -12 & 1 \\ -2 & -2 & 5 & 1 \end{array}\right] \longrightarrow \left[\begin{array}{ccc|c} 1 & 0 & 0 & -0{,}61 \\ 0 & 1 & 0 & -0{,}88 \\ 0 & 0 & 1 & -0{,}39 \end{array}\right]$$

Tabela 4.6

k	0	1	2	3	4	5	6	7
$\mathbf{x}_k$	$\begin{bmatrix}1\\1\\1\end{bmatrix}$	$\begin{bmatrix}-0{,}61\\-0{,}88\\-0{,}39\end{bmatrix}$	$\begin{bmatrix}-0{,}41\\-0{,}69\\-0{,}35\end{bmatrix}$	$\begin{bmatrix}-0{,}47\\-0{,}89\\-0{,}44\end{bmatrix}$	$\begin{bmatrix}-0{,}49\\-0{,}95\\-0{,}48\end{bmatrix}$	$\begin{bmatrix}-0{,}50\\-0{,}98\\-0{,}49\end{bmatrix}$	$\begin{bmatrix}-0{,}50\\-0{,}99\\-0{,}50\end{bmatrix}$	$\begin{bmatrix}-0{,}50\\-1{,}00\\-0{,}50\end{bmatrix}$
$\mathbf{y}_k$	$\begin{bmatrix}1\\1\\1\end{bmatrix}$	$\begin{bmatrix}0{,}69\\1{,}00\\0{,}45\end{bmatrix}$	$\begin{bmatrix}0{,}59\\1{,}00\\0{,}51\end{bmatrix}$	$\begin{bmatrix}0{,}53\\1{,}00\\0{,}50\end{bmatrix}$	$\begin{bmatrix}0{,}51\\1{,}00\\0{,}50\end{bmatrix}$	$\begin{bmatrix}0{,}50\\1{,}00\\0{,}50\end{bmatrix}$	$\begin{bmatrix}0{,}50\\1{,}00\\0{,}50\end{bmatrix}$	$\begin{bmatrix}0{,}50\\1{,}00\\0{,}50\end{bmatrix}$
m_k	1	$-0{,}88$	$-0{,}69$	$-0{,}89$	$-0{,}95$	$-0{,}98$	$-0{,}99$	$-1{,}00$

Isso nos dá

$$\mathbf{x}_1 = \begin{bmatrix}-0{,}61\\-0{,}88\\-0{,}39\end{bmatrix}, \quad m_1 = -0{,}88. \quad \text{e} \quad \mathbf{y}_1 = \frac{1}{m_1}\mathbf{x}_1 = -\frac{1}{0{,}88}\begin{bmatrix}-0{,}61\\-0{,}88\\-0{,}39\end{bmatrix} = \begin{bmatrix}0{,}69\\1\\0{,}45\end{bmatrix}$$

Continuando dessa maneira, obtemos os valores da tabela 4.6, de onde deduzimos que o autovalor de A mais próximo de 5 é aproximadamente $5 + 1/m_7 \approx 5 + 1/(-1) = 4$, que realmente é o valor exato.

O método da potência e suas variantes representam somente um tipo de abordagem do cálculo de autovalores. No capítulo 5, discutiremos outro método baseado na fatoração QR de uma matriz. Para um tratamento mais completo desse tópico, você pode consultar quase qualquer livro sobre métodos numéricos.

a + bi

Teorema de Gerschgorin

Esse teorema recebe o nome do matemático russo S. Gerschgorin (1901–1933), que o apresentou em 1931. Tal teorema não recebeu muita atenção até 1949, quando foi ressuscitado por Olga Taussky-Todd em uma nota que ela publicou no *American Mathematical Monthly.*

Nesta seção, discutimos algumas variantes do método da potência para aproximações de autovalores de uma matriz. Todos esses métodos são iterativos, e a rapidez com que eles convergem depende da escolha do vetor inicial. Se tivéssemos alguma "informação privilegiada" sobre a localização dos autovalores de uma dada matriz, poderíamos fazer uma escolha consciente para o vetor inicial e, talvez, acelerar a convergência do processo iterativo.

Felizmente, há um modo de se estimar a localização dos autovalores de qualquer matriz. O ***Teorema dos Discos de Gerschgorin*** afirma que todos os autovalores de uma matriz (real ou complexa) $n \times n$ estão dentro da união de n discos circulares do plano complexo.

Definição Seja $A = [a_{ij}]$ uma matriz (real ou complexa) $n \times n$, e seja r_i a soma dos valores absolutos dos elementos da linha i de A que estão fora da diagonal principal; ou seja, $r_i = \sum_{j \neq i} |a_{ij}|$. O ***i-ésimo disco de Gerschgorin*** é o disco circular D_i do plano complexo com centro a_{ii} e raio r_i. Isto é,

$$D_i = \{z \in \mathbb{C}: |z - a_{ii}| \leq r_i\}$$

Arquivos, California Institute of Technology

Olga Taussky-Todd (1906–1995) nasceu em Olmütz no Império Austro-Húngaro (hoje Olomou na República Tcheca). Recebeu seu doutorado em teoria dos números pela Universidade de Viena em 1930. Durante a 2ª Guerra Mundial, trabalhou no *National Physical Laboratory* em Londres, onde investigou o problema sobre vibrações nas asas de aviões supersônicos. Apesar do problema envolver equações diferenciais, a estabilidade de uma aeronave depende dos autovalores de uma matriz relacionada. Dos seus estudos de pós graduação em Viena, Taussky-Todd lembrou do teorema de Gerschgorin e foi capaz de usá-lo para simplificar os, de outro modo trabalhosos, cálculos necessários para se determinar os autovalores relevantes para o problema de vibração.

Taussky-Todd se mudou para os Estados Unidos em 1947 e, dez anos depois, tornou-se a primeira mulher nomeada para o Instituto de Tecnologia da Califórnia. Em sua carreia, fez mais de 200 publicações e recebeu inúmeros prêmios. Ela foi fundamental no desenvolvimento do ramo da matemática hoje conhecido como teoria das matrizes.

Exemplo 4.35

Esboce os discos de Gerschgorin e os autovalores das matrizes a seguir:

(a) $A = \begin{bmatrix} 2 & 1 \\ 2 & -3 \end{bmatrix}$ (b) $A = \begin{bmatrix} 1 & -3 \\ 2 & 3 \end{bmatrix}$

Solução (a) Os dois discos de Gerschgorin estão centrados em 2 e -3 e têm raios 1 e 2, respectivamente. O polinômio característico de A é $\lambda^2 + \lambda - 8$, de modo que os autovalores são

$$\lambda = (-1 \pm \sqrt{1^2 - 4(-8)})/2 \approx 2{,}37, -3{,}37$$

A figura 4.15 mostra que os autovalores estão contidos dentro de um dos dois discos de Gerschgorin.

(b) Os dois discos de Gerschgorin estão centrados em 1 e 3 e têm raios $|-3| = 3$ e 2, respectivamente. O polinômio característico de A é $\lambda^2 - 4\lambda + 9$, de modo que os autovalores são

$$\lambda = (4 \pm \sqrt{(-4)^2 - 4(9)})/2 = 2 \pm i\sqrt{5} \approx 2 + 2{,}23i, 2 - 2{,}23i$$

A figura 4.16 apresenta a localização dos autovalores em relação aos discos de Gerschgorin.

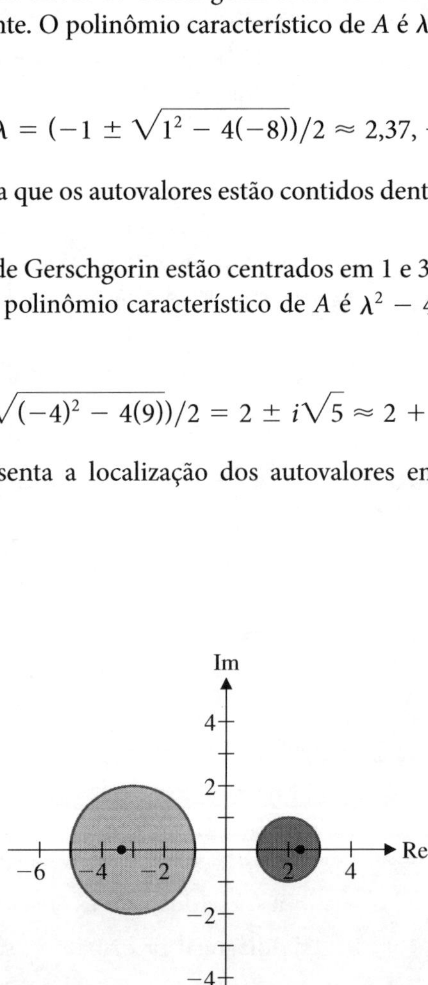

Figura 4.15

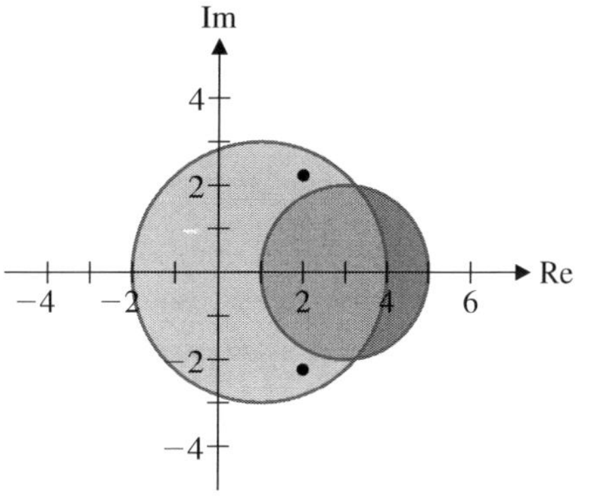

Figura 4.16

Como o exemplo 4.35 sugere, os autovalores de uma matriz estão contidos dentro de seus discos de Gerschgorin. O teorema a seguir atesta que isso é verdadeiro.

Teorema 4.29 **Teorema dos discos de Gerschgorin**

Seja A uma matriz (real ou complexa) $n \times n$. Todo autovalor de A está contido dentro de um disco de Gerschgorin.

Demonstração Seja λ um autovalor de A com correspondente autovetor $\mathbf{x}$. Seja x_i o elemento de $\mathbf{x}$ com o maior valor absoluto — e, portanto, não nulo. (Por quê?) Assim, $A\mathbf{x} = \lambda\mathbf{x}$, e sua i-ésima linha é

$$[a_{i1} \quad a_{i2} \cdots a_{in}]\begin{bmatrix} x_1 \\ x_2 \\ \vdots \\ x_n \end{bmatrix} = \lambda x_i \quad \text{ou} \quad \sum_{j=1}^{n} a_{ij}x_j = \lambda x_i$$

Rearrajando, temos

$$(\lambda - a_{ii})x_i = \sum_{j \neq i} a_{ij}x_j \quad \text{ou} \quad \lambda - a_{ii} = \frac{\sum_{j \neq i} a_{ij}x_j}{x_i}$$

já que $x_i \neq 0$. Tomando-se os valores absolutos e usando propriedades de valores absolutos (veja o apêndice C), obtemos

$$|\lambda - a_{ii}| = \left|\frac{\sum_{j \neq i} a_{ij}x_j}{x_i}\right| = \frac{\left|\sum_{j \neq i} a_{ij}x_j\right|}{|x_i|} \leq \frac{\sum_{j \neq i} |a_{ij}x_j|}{|x_i|} = \frac{\sum_{j \neq i} |a_{ij}||x_j|}{|x_i|} \leq \sum_{j \neq i} |a_{ij}| = r_i$$

porque $|x_j| \leq |x_i|$ para $j \neq i$.

Isso estabelece que o autovalor λ está contido no disco de Gerschgorin centrado em a_{ii} e com raio r_i.

Observações

- Existe uma versão análoga para o exposto teorema dos discos de Gerschgorin cujos raios são a soma dos elementos da i-ésima *coluna* de A que não estão na diagonal principal.
- Pode ser mostrado que se k dos discos de Gerschgorin são disjuntos dos demais discos, então exatamente k autovalores estão contidos na união destes k discos. Em particular, se um único disco é disjunto dos demais, então ele deve conter exatamente um autovalor da matriz. O exemplo 4.35(a) ilustra essa situação.
- Observe no exemplo 4.35(a), que o 0 não está contido em um disco de Gerschgorin; ou seja, 0 não é um autovalor de A. Portanto, sem nenhum cálculo adicional, podemos deduzir, pelo teorema 4.16, que a matriz A é invertível. Esta observação é particularmente útil quando aplicada a matrizes grandes, porque os discos de Gerschgorin podem ser determinados diretamente dos elementos da matriz.

Exemplo 4.36

Considere a matriz $A = \begin{bmatrix} 2 & 1 & 0 \\ \frac{1}{2} & 6 & \frac{1}{2} \\ 2 & 0 & 8 \end{bmatrix}$. O Teorema de Gerschgorin nos diz que os autovalores de A estão contidos dentro de três discos que estão centrados em 2, 6 e 8 e têm raios 1, 1 e 2, respectivamente. Veja a figura 4.17(a). Como o primeiro disco é disjunto dos outros dois, ele deve conter exatamente um autovalor, pela segunda observação feita após o teorema 4.29. Como o polinômio característico de A tem coeficientes reais, se ele tiver raízes complexas (isto é, autovalores de A), elas devem ocorrer em pares conjugados. (Veja o apêndice D.) Portanto, existe um único autovalor real entre 1 e 3, e a união dos outros dois discos contém dois (possivelmente complexos) autovalores cujas partes reais estão entre 5 e 10.

Por outro lado, a primeira observação feita após o teorema 4.29 nos diz que os mesmos três autovalores de A estão contidos em discos centrados em 2, 6 e 8 com raios $\frac{5}{2}$, 1 e $\frac{1}{2}$, respectivamente. Veja a figura 4.17(b). Estes discos são mutuamente disjuntos, de modo que cada um contém um único (e, portanto, real) autovalor. Combinando estes resultados, deduzimos que A tem três autovalores reais, um em cada um dos intevalos [1, 3], [5, 7] e [7,5, 8,5]. (Calcule, de fato, os autovalores de A para verificar isso.)

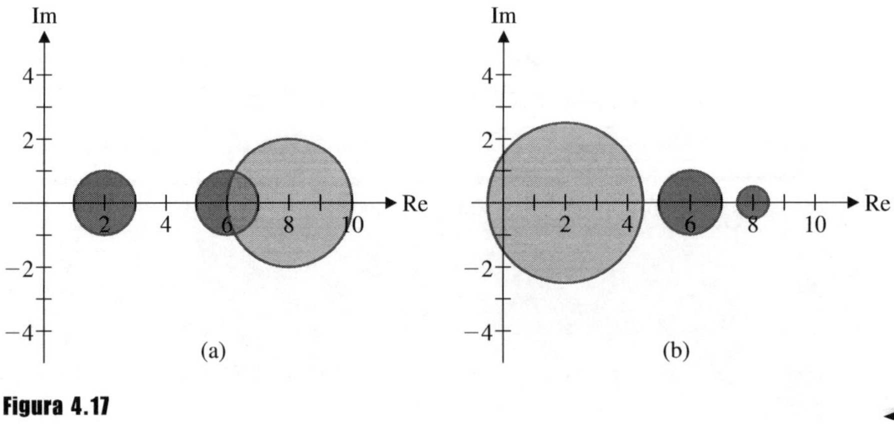

Figura 4.17

CAS Exercícios 4.5

Nos exercícios de 1 a 4, são dados uma matriz A e um vetor $\mathbf{x}_5$ produzido por iterações, como no exemplo 4.30. (a) Utilize esses dados para encontrar aproximações de um autovetor dominante cuja primeira componente seja 1 e um autovalor dominate correspondente. (Dê respostas com precisão até a terceira casa decimal.) (b) Compare seu autovalor aproximado da parte (a) com o verdadeiro autovalor dominante.

1. $A = \begin{bmatrix} 1 & 2 \\ 5 & 4 \end{bmatrix}, \mathbf{x}_5 = \begin{bmatrix} 4443 \\ 11109 \end{bmatrix}$

2. $A = \begin{bmatrix} 7 & 4 \\ -3 & -1 \end{bmatrix}, \mathbf{x}_5 = \begin{bmatrix} 7811 \\ -3904 \end{bmatrix}$

3. $A = \begin{bmatrix} 2 & 1 \\ 1 & 1 \end{bmatrix}, \mathbf{x}_5 = \begin{bmatrix} 144 \\ 89 \end{bmatrix}$

4. $A = \begin{bmatrix} 1{,}5 & 0{,}5 \\ 2{,}0 & 3{,}0 \end{bmatrix}, \mathbf{x}_5 = \begin{bmatrix} 60{,}625 \\ 239{,}500 \end{bmatrix}$

Nos exercícios de 5 a 8, são dados uma matriz A e um vetor $\mathbf{x}_k$, produzido por iterações, usando o método da potência, como no exemplo 4.31. (a) Encontre aproximações do autovalor e do autovetor dominantes de A, calculando os correspondentes m_k e $\mathbf{y}_k$. (b) Verifique que você encontrou aproximações de um autovalor e de um autovetor de A comparando $A\mathbf{y}_k$ com $m_k\mathbf{y}_k$.

5. $A = \begin{bmatrix} 2 & -3 \\ -3 & 10 \end{bmatrix}, \mathbf{x}_5 = \begin{bmatrix} -3{,}667 \\ 11{,}001 \end{bmatrix}$

6. $A = \begin{bmatrix} 5 & 2 \\ 2 & -2 \end{bmatrix}, \mathbf{x}_{10} = \begin{bmatrix} 5{,}530 \\ 1{,}470 \end{bmatrix}$

7. $A = \begin{bmatrix} 4 & 0 & 6 \\ -1 & 3 & 1 \\ 6 & 0 & 4 \end{bmatrix}, \mathbf{x}_8 = \begin{bmatrix} 10{,}000 \\ 0{,}001 \\ 10{,}000 \end{bmatrix}$

8. $A = \begin{bmatrix} 1 & 2 & -2 \\ 1 & 1 & -3 \\ 0 & -1 & 1 \end{bmatrix}, \mathbf{x}_{10} = \begin{bmatrix} 3{,}415 \\ 2{,}914 \\ -1{,}207 \end{bmatrix}$

Nos exercícios de 9 a 14, utilize o método da potência para encontrar aproximações do autovalor e do autovetor dominantes de A. Use o vetor inicial $\mathbf{x}_0$ fornecido, faça as k iterações solicitadas e dê seus resultados com precisão de três casas decimais.

9. $A = \begin{bmatrix} 14 & 12 \\ 5 & 3 \end{bmatrix}, \mathbf{x}_0 = \begin{bmatrix} 1 \\ 1 \end{bmatrix}, k = 5$

10. $A = \begin{bmatrix} -6 & 4 \\ 8 & -2 \end{bmatrix}, \mathbf{x}_0 = \begin{bmatrix} 1 \\ 0 \end{bmatrix}, k = 6$

11. $A = \begin{bmatrix} 7 & 2 \\ 2 & 3 \end{bmatrix}, \mathbf{x}_0 = \begin{bmatrix} 1 \\ 0 \end{bmatrix}, k = 6$

12. $A = \begin{bmatrix} 3{,}5 & 1{,}5 \\ 1{,}5 & -0{,}5 \end{bmatrix}, \mathbf{x}_0 = \begin{bmatrix} 1 \\ 0 \end{bmatrix}, k = 6$

13. $A = \begin{bmatrix} 9 & 4 & 8 \\ 4 & 15 & -4 \\ 8 & -4 & 9 \end{bmatrix}, \mathbf{x}_0 = \begin{bmatrix} 1 \\ 1 \\ 1 \end{bmatrix}, k = 5$

14. $A = \begin{bmatrix} 3 & 1 & 0 \\ 1 & 3 & 1 \\ 0 & 1 & 3 \end{bmatrix}, \mathbf{x}_0 = \begin{bmatrix} 1 \\ 1 \\ 1 \end{bmatrix}, k = 6$

Nos exercícios 15 e 16, utilize o método da potência para encontrar aproximações do autovalor e do autovetor dominantes de A, com uma precisão de duas casas decimais. Escolha qualquer vetor inicial que lhe agrade (mas lembre-se da primeira observação feita após o exemplo 4.31!) e aplique o método até que o dígito da segunda casa decimal, nas iterações, pare de mudar.

15. $A = \begin{bmatrix} 4 & 1 & 3 \\ 0 & 2 & 0 \\ 1 & 1 & 2 \end{bmatrix}$ **16.** $A = \begin{bmatrix} 12 & 6 & -6 \\ 2 & 0 & -2 \\ -6 & 6 & 12 \end{bmatrix}$

Os quocientes de Rayleigh estão descritos nesta seção 4.5. Nos exercícios de 17 a 20, para ver como o método dos quocientes de Rayleigh aproxima mais rapidamente o autovalor dominante, em comparação ao método da potência ordinário, calcule os sucessivos quocientes de Rayleigh $R(\mathbf{x}_i)$ com $i = 1, \ldots, k$ para a matriz A do exercício mencionado.

17. Exercício 11 **18.** Exercício 12

19. Exercício 13 **20.** Exercício 14

As matrizes dos exercícios 21 a 24 ou não são diagonalizáveis ou não têm um autovalor dominante (ou as duas coisas). Aplique, ainda assim, o método da potência com o vetor inicial $\mathbf{x}_0$ fornecido, fazendo, em cada caso, oito iterações. Calcule os autovalores e os autovetores exatos e explique o que está acontecendo.

21. $A = \begin{bmatrix} 4 & 1 \\ 0 & 4 \end{bmatrix}, \mathbf{x}_0 = \begin{bmatrix} 1 \\ 1 \end{bmatrix}$ **22.** $A = \begin{bmatrix} 3 & 1 \\ -1 & 1 \end{bmatrix}, \mathbf{x}_0 = \begin{bmatrix} 1 \\ 1 \end{bmatrix}$

23. $A = \begin{bmatrix} 4 & 0 & 1 \\ 0 & 4 & 0 \\ 0 & 0 & 1 \end{bmatrix}, \mathbf{x}_0 = \begin{bmatrix} 1 \\ 1 \\ 1 \end{bmatrix}$

24. $A = \begin{bmatrix} 0 & 0 & 0 \\ 0 & 5 & 1 \\ 0 & 0 & 5 \end{bmatrix}, \mathbf{x}_0 = \begin{bmatrix} 1 \\ 1 \\ 1 \end{bmatrix}$

Nos exercícios de 25 a 28, o método da potência não converge para o autovalor e autovetor dominantes. Verifique isso, usando o vetor inicial $\mathbf{x}_0$ dado. Calcule os autovalores e autovetores exatos e explique o que está acontecendo.

25. $A = \begin{bmatrix} -1 & 2 \\ -1 & 1 \end{bmatrix}, \mathbf{x}_0 = \begin{bmatrix} 1 \\ 1 \end{bmatrix}$

26. $A = \begin{bmatrix} 2 & 1 \\ -2 & 5 \end{bmatrix}, \mathbf{x}_0 = \begin{bmatrix} 1 \\ 1 \end{bmatrix}$

27. $A = \begin{bmatrix} -5 & 1 & 7 \\ 0 & 4 & 0 \\ 7 & 1 & -5 \end{bmatrix}, \mathbf{x}_0 = \begin{bmatrix} 1 \\ 1 \\ 1 \end{bmatrix}$

28. $A = \begin{bmatrix} 1 & -1 & 0 \\ 1 & 1 & 0 \\ 1 & -1 & 1 \end{bmatrix}, \mathbf{x}_0 = \begin{bmatrix} 1 \\ 1 \\ 1 \end{bmatrix}$

Nos exercícios de 29 a 32, aplique o método da potência deslocado para encontrar aproximações do segundo autovalor da matriz A do exercício mencionado. Use o vetor inicial fornecido, $\mathbf{x}_0$, faça k iterações e dê seus resultados com precisão de três casas decimais.

29. Exercício 9 **30.** Exercício 10

31. Exercício 13 **32.** Exercício 14

Nos exercícios de 33 a 36, aplique o método da potência inversa para encontrar aproximações do autovalor de menor módulo da matriz A do exercício indicado. Use os vetores iniciais $\mathbf{x}_0$ fornecidos, faça k iterações e dê resultados com precisão de até a terceira casa decimal.

33. Exercício 9 **34.** Exercício 10

35. Exercício 7, $\mathbf{x}_0 = \begin{bmatrix} 1 \\ 1 \\ -1 \end{bmatrix}, k = 5$

36. Exercício 14

Nos exercícios de 37 a 40, utilize o método da potência inversa deslocado para encontrar aproximações do autovalor mais próximo de α, para a matriz A dada no exercício.

37. Exercício 9, $\alpha = 0$ **38.** Exercício 12, $\alpha = 0$

39. Exercício 7, $\alpha = 5$ **40.** Exercício 13, $\alpha = -2$

O exercício 32 de seção 4.3 demonstra que todo polinômio é (mais ou menos) o polinômio característico de sua própria matriz companheira. Portanto, as raízes de um polinômio p são os autovalores de C(p). Assim, podemos usar os métodos desta seção para encontrar aproximações das raízes de qualquer polinômio, quando resultados exatos não estiverem disponíveis facilmente. Nos exercícios de 41 a 44, aplique o método da potência inversa deslocado à matriz companheira C(p) de p para encontrar a aproximação da raiz de p mais próxima de α, com precisão de três casas decimais.

41. $p(x) = x^2 + 2x - 2, \alpha = 0$

42. $p(x) = x^2 - x - 3, \alpha = 2$

43. $p(x) = x^3 - 2x^2 + 1, \alpha = 0$

44. $p(x) = x^3 - 5x^2 + x + 1, \alpha = 5$

45. Seja λ um autovalor de A com autovetor associado $\mathbf{x}$. Se $\alpha \neq \lambda$ e α não é um autovalor de A, mostre que $1/(\lambda - \alpha)$ é um autovalor de $(A - \alpha I)^{-1}$ com um autovetor associado $\mathbf{x}$. (Por que $A - \alpha I$ precisa ser invertível?)

46. Se A tem um autovalor dominante λ_1, prove que o autoespaço E_{λ_1} é unidimensional.

Nos exercícios de 47 a 50, esboce os discos de Gerschgorin para as matrizes dadas.

47. $\begin{bmatrix} 1 & 1 & 0 \\ \frac{1}{2} & 4 & \frac{1}{2} \\ 1 & 0 & 5 \end{bmatrix}$ **48.** $\begin{bmatrix} 2 & -i & 0 \\ 1 & 2i & 1+i \\ 0 & 1 & -2i \end{bmatrix}$

49. $\begin{bmatrix} 4-3i & i & 2 & -2 \\ i & -1+i & 0 & 0 \\ 1+i & -i & 5+6i & 2i \\ 1 & -2i & 2i & -5-5i \end{bmatrix}$

50. $\begin{bmatrix} 2 & \frac{1}{2} & 0 & 0 \\ \frac{1}{4} & 4 & \frac{1}{4} & 0 \\ 0 & \frac{1}{6} & 6 & \frac{1}{6} \\ 0 & 0 & \frac{1}{8} & 8 \end{bmatrix}$

51. Uma matriz quadrada é de ***diagonal estritamente dominante*** se o valor absoluto de cada elemento da diagonal principal for maior do que a soma dos valores absolutos dos demais elementos naquela linha. (Veja seção 2.5.) Use o teorema dos discos de Gerschgorin para demonstrar que uma matriz de diagonal estritamente dominante deve ser invertível. [*Sugestão:* Veja a terceira observação feita após o teorema 4.29.]

52. Se A é uma matriz $n \times n$, considere $\|A\|$ o máximo das somas dos valores absolutes das linhas de A; ou seja,

$$\|A\| = \max_{1 \le i \le n} \left(\sum_{j=1}^{n} |a_{ij}| \right).$$ (Veja a seção 7.2.) Prove que se λ é um autovalor de A, então $|\lambda| \le \|A\|$.

53. Seja λ um autovalor de uma matriz estocástica A (veja a seção 3.7). Prove que $|\lambda| \le 1$. [*Sugestão:* Aplique o exercício 52 para A^T.]

54. Prove que os autovalores de $A = \begin{bmatrix} 0 & 1 & 0 & 0 \\ 2 & 5 & 0 & 0 \\ \frac{1}{2} & 0 & 3 & \frac{1}{2} \\ 0 & 0 & \frac{3}{4} & 7 \end{bmatrix}$ são todos reais e localize cada um desses autovalores em um intervalo fechado da reta real.

4.6 Aplicações e o Teorema de Perron-Frobenius

Nesta seção, exploraremos várias aplicações de autovalores e autovetores. Começaremos revisitando algumas aplicações de capítulos anteriores.

Cadeias de Markov

A seção 3.7 introduziu cadeias de Markov e fez várias observações sobre a matriz de transição (estocástica) associada com elas. Em particular, observamos que, se P é a matriz de transição de uma cadeia de Markov, então P tem um vetor de estado estacionário $\mathbf{x}$. Ou seja, existe um vetor $\mathbf{x}$ tal que $P\mathbf{x} = \mathbf{x}$. Isso é equivalente a dizer que P tem o 1 como um autovalor. Agora podemos provar esse fato.

Teorema 4.30 Se P é a matriz $n \times n$ de transição de uma cadeia de Markov, então 1 é um autovalor de P.

Demonstração Lembre-se de que toda matriz de transição é estocástica; assim, cada uma de suas colunas tem soma 1. Portanto, se $\mathbf{j}$ é um vetor linha que consiste em n elementos iguais a 1, $\mathbf{j}P = \mathbf{j}$. (Veja o exercício 13 da seção 3.7.) Tomando transpostas, temos

$$P^T\mathbf{j}^T = (\mathbf{j}P)^T = \mathbf{j}^T$$

o que implica que $\mathbf{j}^T$ é um autovetor de P^T com associado autovalor igual a 1. Pelo exercício 19 de seção 4.3, P e P^T têm os mesmos autovalores, logo, 1 também é um autovalor de P.

Mais do que isso é, de fato, válido. Para a maioria das matrizes de transição, *todo* autovalor λ satisfaz $|\lambda| \leq 1$ e o autovalor 1 é *dominante*; ou seja, se $\lambda \neq 1$, então $|\lambda| < 1$. Necessitamos destas duas definições: uma matriz é chamada de ***positiva*** se todos os seus elementos forem positivos, e uma matriz quadrada é chamada de ***regular*** se alguma de suas potências for positiva. Por exemplo, $A = \begin{bmatrix} 3 & 1 \\ 2 & 2 \end{bmatrix}$ é positiva, mas $B = \begin{bmatrix} 3 & 1 \\ 2 & 0 \end{bmatrix}$ não é. No entanto, B é regular, pois $B^2 = \begin{bmatrix} 11 & 3 \\ 6 & 2 \end{bmatrix}$ é positiva.

Teorema 4.31 Seja P *uma matriz de transição* $n \times n$ com autovalor λ.

a. $|\lambda| \leq 1$

b. Se P é regular e $\lambda \neq 1$, então $|\lambda| < 1$.

Demonstração Como no teorema 4.30, o truque para provar esse teorema é usar o fato de P^T ter os mesmos autovalores de P.

(a) Seja $\mathbf{x}$ um autovetor de P^T associado a λ, e seja x_k a componente de $\mathbf{x}$ com o maior valor absoluto m. Então, $|x_i| \leq |x_k| = m$ para $i = 1, 2, \ldots, n$. Comparando as k-ésimas componentes da equação $P^T\mathbf{x} = \lambda\mathbf{x}$, temos

$$p_{1k}x_1 + p_{2k}x_2 + \cdots + p_{nk}x_n = \lambda x_k$$

(Lembre-se de que as linhas de P^T são as colunas de P.) Passando aos valores absolutos, obtemos

$$\begin{aligned} |\lambda|m = |\lambda||x_k| = |\lambda x_k| &= |p_{1k}x_1 + p_{2k}x_2 + \cdots + p_{nk}x_n| \\ &\le |p_{1k}x_1| + |p_{2k}x_2| + \cdots + |p_{nk}x_n| \\ &= p_{1k}|x_1| + p_{2k}|x_2| + \cdots + p_{nk}|x_n| \\ &\le p_{1k}m + p_{2k}m + \cdots + p_{nk}m \\ &= (p_{1k} + p_{2k} + \cdots + p_{nk})m = m \end{aligned} \tag{1}$$

A primeira desigualdade segue da Desigualdade Triangular em $\mathbb{R}$, e a última igualdade provém do fato de as linhas de P^T terem soma igual a 1. Assim, $|\lambda|m \le m$. Dividindo por m, ficamos com $|\lambda| \le 1$, como desejado.

(b) Provaremos a implicação equivalente: Se $|\lambda| = 1$, então $\lambda = 1$. Primeiro, mostramos que isso vale quando P (e, portanto, P^T) é uma matriz positiva. Se $|\lambda| = 1$, todas as desigualdades nas equações (1) são de fato igualdades. Em particular,

$$p_{1k}|x_1| + p_{2k}|x_2| + \cdots + p_{nk}|x_n| = p_{1k}m + p_{2k}m + \cdots + p_{nk}m$$

De forma equivalente,

$$p_{1k}(m - |x_1|) + p_{2k}(m - |x_2|) + \cdots + p_{nk}(m - |x_n|) = 0 \tag{2}$$

Como P é positiva, $p_{ik} > 0$ para $i = 1, 2, \ldots, n$. Além disso, $m - |x_i| \ge 0$ para $i = 1, 2, \ldots, n$. Portanto, cada parcela da equação (2) é necessariamente zero, e isso só pode acontecer se $|x_i| = m$ para $i = 1, 2, \ldots, n$. Além disso, temos igualdade na Desigualdade Triangular em $\mathbb{R}$ se e somente se todas as parcelas forem positivas ou todas forem negativas; em outras palavras, os números $p_{ik}x_i$ têm todos o mesmo sinal. Isso implica que

$$\mathbf{x} = \begin{bmatrix} m \\ m \\ \vdots \\ m \end{bmatrix} = m\mathbf{j}^T \quad \text{ou} \quad \mathbf{x} = \begin{bmatrix} -m \\ -m \\ \vdots \\ -m \end{bmatrix} = -m\mathbf{j}^T$$

em que $\mathbf{j}$ é um vetor linha com n elementos iguais a 1, como no teorema 4.30. Assim, nos dois casos, o autoespaço de P^T associado a λ é $E_\lambda = \text{ger}(\mathbf{j}^T)$.

Mas, usando a demonstração do teorema 4.30, vemos que $\mathbf{j}^T = P^T\mathbf{j}^T = \lambda\mathbf{j}^T$, e, comparando as componentes, constatamos que $\lambda = 1$. Fica, assim, provado o fato para quando P é positiva.

Se P é regular, alguma potência de P é positiva — digamos, P^k. Consequentemente, P^{k+1} também é necessariamente positiva. (Por quê?) Como λ^k e λ^{k+1} são autovalores de P^k e de P^{k+1}, respectivamente, pelo teorema 4.18, acabamos de provar que $\lambda^k = \lambda^{k+1} = 1$. Portanto, $\lambda^k(\lambda - 1) = 0$, o que implica que $\lambda = 1$, já que $\lambda = 0$ é impossível se $|\lambda| = 1$.

Podemos agora explicar algo que foi observado no capítulo 3, sobre o comportamento das cadeias de Markov. No exemplo 3.64, vimos que, para a matriz de transição

$$P = \begin{bmatrix} 0{,}7 & 0{,}2 \\ 0{,}3 & 0{,}8 \end{bmatrix}$$

e para o vetor de estado inicial $\mathbf{x}_0 = \begin{bmatrix} 0{,}6 \\ 0{,}4 \end{bmatrix}$, os vetores de estado $\mathbf{x}_k$ convergem para o vetor $\begin{bmatrix} 0{,}4 \\ 0{,}6 \end{bmatrix}$, um vetor de estado estacionário para P (isto é, $P\mathbf{x} = \mathbf{x}$). Vamos provar que, para cadeias de Markov regulares, isso acontece sempre. De fato, provaremos muito mais. Relembre que os vetores de estado $\mathbf{x}_k$ satisfazem $\mathbf{x}_k = P^k\mathbf{x}_0$. Vamos investigar o que acontece com a potência P^k quando k aumenta bastante.

Exemplo 4.37

A matriz de transição $P = \begin{bmatrix} 0{,}7 & 0{,}2 \\ 0{,}3 & 0{,}8 \end{bmatrix}$ tem equação característica

$$0 = \det(P - \lambda I) = \begin{vmatrix} 0{,}7 - \lambda & 0{,}2 \\ 0{,}3 & 0{,}8 - \lambda \end{vmatrix} = \lambda^2 - 1{,}5\lambda + 0{,}5 = (\lambda - 1)(\lambda - 0{,}5)$$

logo, seus autovalores são $\lambda_1 = 1$ e $\lambda_2 = 0{,}5$. (Note que, graças aos teoremas 4.30 e 4.31, sabíamos de antemão que 1 seria um autovalor e o outro teria que ser menor que 1 em valor absoluto. No entanto, ainda necessitávamos calcular efetivamente o λ_2.) Os autoespaços são

$$E_1 = \operatorname{ger}\left(\begin{bmatrix} 2 \\ 3 \end{bmatrix}\right) \quad \text{e} \quad E_{0,5} = \operatorname{ger}\left(\begin{bmatrix} 1 \\ -1 \end{bmatrix}\right)$$

Logo, fazendo $Q = \begin{bmatrix} 2 & 1 \\ 3 & -1 \end{bmatrix}$, sabemos que $Q^{-1}PQ = \begin{bmatrix} 1 & 0 \\ 0 & 0{,}5 \end{bmatrix} = D$. Como no método empregado no exemplo 4.29 da seção 4.4, temos

$$P^k = QD^kQ^{-1} = \begin{bmatrix} 2 & 1 \\ 3 & -1 \end{bmatrix}\begin{bmatrix} 1^k & 0 \\ 0 & (0{,}5)^k \end{bmatrix}\begin{bmatrix} 2 & 1 \\ 3 & -1 \end{bmatrix}^{-1}$$

Fazendo agora $k \to \infty$, $(0{,}5)^k \to 0$, e assim

$$D^k \to \begin{bmatrix} 1 & 0 \\ 0 & 0 \end{bmatrix} \quad \text{e} \quad P^k \to \begin{bmatrix} 2 & 1 \\ 3 & -1 \end{bmatrix}\begin{bmatrix} 1 & 0 \\ 0 & 0 \end{bmatrix}\begin{bmatrix} 2 & 1 \\ 3 & -1 \end{bmatrix}^{-1} = \begin{bmatrix} 0{,}4 & 0{,}4 \\ 0{,}6 & 0{,}6 \end{bmatrix}$$

(Observe que as colunas dessa "matriz limite" são idênticas e cada uma delas é um vetor de estado estacionário para P.) Considere agora $\mathbf{x}_0 = \begin{bmatrix} a \\ b \end{bmatrix}$ como um vetor de probabilidade inicial (isto é, $a + b = 1$). Então:

$$\mathbf{x}_k = P^k\mathbf{x}_0 \to \begin{bmatrix} 0{,}4 & 0{,}4 \\ 0{,}6 & 0{,}6 \end{bmatrix}\begin{bmatrix} a \\ b \end{bmatrix} = \begin{bmatrix} 0{,}4a + 0{,}4b \\ 0{,}6a + 0{,}6b \end{bmatrix} = \begin{bmatrix} 0{,}4 \\ 0{,}6 \end{bmatrix}$$

Além de explicar o que vimos no exemplo 3.64, isso nos diz que o vetor de estado $\mathbf{x}_k$ convergirá para o vetor de estado estacionário $\mathbf{x} = \begin{bmatrix} 0{,}4 \\ 0{,}6 \end{bmatrix}$ para *qualquer* escolha de $\mathbf{x}_0$!

Não há nada de especial com o exemplo 4.37. O próximo teorema mostra que esse tipo de comportamento *sempre* ocorre com matrizes de transição regulares. Para poder apresentar o teorema, necessitamos, antes, do seguinte lema:

Lema 4.32 Seja P uma matriz de transição regular $n \times n$. Se P é diagonalizável, o autovalor dominante $\lambda_1 = 1$ tem multiplicidade algébrica 1.

Demonstração Os autovalores de P e de P^T são os mesmos. Da demonstração do teorema 4.31(b), $\lambda_1 = 1$ tem multiplicidade geométrica igual a 1, como um autovalor de P^T. Como P é diagonalizável, P^T também é, de acordo com o exercício 41 da seção 4.4. Portanto, o autovalor $\lambda_1 = 1$ tem multiplicidade algébrica igual a 1, pelo Teorema da Diagonalização.

Teorema 4.33 Seja P uma matriz de transição regular $n \times n$. À medida que $k \to \infty$, P^k se aproxima de uma matriz $n \times n$ L cujas colunas são todas idênticas, cada uma delas igual ao mesmo vetor **x**. Esse vetor **x** é um vetor de probabilidade de estado estacionário para P.

Veja o livro *Finite Markov Chains*, de J. G. Kemeny e J. L. Snell (New York: Springer-Verlag, 1976).

Demonstração Para simplificar a prova, vamos considerar somente o caso em que P é diagonalizável. O teorema é, no entanto, verdadeiro sem essa hipótese.

Diagonalizamos P como $Q^{-1}PQ = D$, ou, de forma equivalente, como $P = QDQ^{-1}$, em que

$$D = \begin{bmatrix} \lambda_1 & 0 & \cdots & 0 \\ 0 & \lambda_2 & \cdots & 0 \\ \vdots & \vdots & \ddots & \vdots \\ 0 & 0 & \cdots & \lambda_n \end{bmatrix}$$

Dos teoremas 4.30 e 4.31 sabemos que cada autovalor λ_i vale 1 ou satisfaz $|\lambda_i| < 1$. Logo, quando $k \to \infty$, λ_i^k se aproxima de 1 ou de 0, para $i = 1, \ldots, n$. Daí segue que D^k se aproxima de uma matriz diagonal — digamos, D^* — cujos elementos da diagonal principal são os números 1 ou 0. Assim, $P^k = QD^kQ^{-1}$ se aproxima de $L = QD^*Q^{-1}$. Escrevemos

$$\lim_{k\to\infty} P^k = L$$

Estamos tomando algumas liberdades com a noção de limite aqui. No entanto, esses passos devem estar intuitivamente claros. As demonstrações rigorosas utilizam as propriedades dos limites, que você deve ter visto em um curso de Cálculo. Em vez de nos ocuparmos com discussões laterais sobre limites de matrizes, omitiremos as provas rigorosas.

Observe que

$$PL = P \lim_{k\to\infty} P^k = \lim_{k\to\infty} PP^k = \lim_{k\to\infty} P^{k+1} = L$$

Portanto, cada coluna de L é um autovetor de P associado a $\lambda_1 = 1$. Para ver que cada uma dessas colunas é um vetor de *probabilidade* (isto é, L é uma matriz estocástica), precisamos somente notar que, se **j** é o vetor linha com n elementos iguais a 1, então

$$\mathbf{j}L = \mathbf{j} \lim_{k\to\infty} P^k = \lim_{k\to\infty} \mathbf{j}P^k = \lim_{k\to\infty} \mathbf{j} = \mathbf{j}$$

já que P^k é uma matriz estocástica, de acordo com o exercício 14 da seção 3.7. O exercício 13 da seção 3.7 implica então que L é estocástica.

Precisamos ainda mostrar que as colunas de L são idênticas. A i-ésima coluna de L é exatamente $L\mathbf{e}_i$, em que $\mathbf{e}_i$ é o i-ésimo vetor de base canônica. Sejam $\mathbf{v}_1, \mathbf{v}_2, \ldots, \mathbf{v}_n$ autovetores de P que formam uma base de $\mathbb{R}^n$, com $\mathbf{v}_1$ associado a $\lambda_1 = 1$. Escreva

$$\mathbf{e}_i = c_1\mathbf{v}_1 + c_2\mathbf{v}_2 + \cdots + c_n\mathbf{v}_n$$

para escalares $c_1, c_2, \ldots, c_n$. Então, pelo teorema 4.19,

$$P^k\mathbf{e}_i = c_1 1^k\mathbf{v}_1 + c_2\lambda_2^k\mathbf{v}_2 + \cdots + c_n\lambda_n^k\mathbf{v}_n$$

Pelo lema 4.32, $\lambda_j \neq 1$ para $j \neq 1$, logo, de acordo com o teorema 4.31(b), $|\lambda_j| < 1$ para $j \neq 1$. Portanto, $\lambda_j^k \to 0$ quando $k \to \infty$, para $j \neq 1$. Daí segue que

$$L\mathbf{e}_i = \lim_{k\to\infty} P^k\mathbf{e}_i = c_1\mathbf{v}_1$$

Em outras palavras, a coluna i de L é um autovetor associado a $\lambda_1 = 1$. Mas mostramos também que as colunas de L são vetores de probabilidade, logo, $L\mathbf{e}_i$ é o *único* múltiplo $\mathbf{x}$ de $\mathbf{v}_I$ cujas componentes têm soma igual a 1. Como isso vale para cada coluna de L, todas as colunas de L são idênticas, cada uma igual a esse vetor $\mathbf{x}$.

Observação Como L é uma matriz estocástica, podemos interpretá-la como a ***matriz de transição de longo alcance*** da cadeia de Markov. Ou seja, L_{ij} representa a probabilidade de estar no estado i, tendo-se iniciado no estado j, *se a transição tivesse que continuar indefinidamente*. O fato de as colunas de L serem idênticas nos diz que *o estado de partida não importa*, como ilustrará o próximo exemplo.

Exemplo 4.38 Lembre-se do rato na gaiola citado no exemplo 3.65. A matriz de transição era

$$P = \begin{bmatrix} 0 & \frac{1}{3} & \frac{1}{3} \\ \frac{1}{2} & 0 & \frac{2}{3} \\ \frac{1}{2} & \frac{2}{3} & 0 \end{bmatrix}$$

Lá, determinamos que o vetor de probabilidade de estado estacionário era

$$\mathbf{x} = \begin{bmatrix} \frac{1}{4} \\ \frac{3}{8} \\ \frac{3}{8} \end{bmatrix}$$

Logo, as potências de P se aproximam de

$$L = \begin{bmatrix} \frac{1}{4} & \frac{1}{4} & \frac{1}{4} \\ \frac{3}{8} & \frac{3}{8} & \frac{3}{8} \\ \frac{3}{8} & \frac{3}{8} & \frac{3}{8} \end{bmatrix} = \begin{bmatrix} 0{,}250 & 0{,}250 & 0{,}250 \\ 0{,}375 & 0{,}375 & 0{,}375 \\ 0{,}375 & 0{,}375 & 0{,}375 \end{bmatrix}$$

de onde podemos ver que o rato *eventualmente* passará 25% do seu tempo no compartimento 1, e 37,5% do tempo em cada um dos outros dois compartimentos.

Concluímos nossa discussão sobre cadeias de Markov regulares provando que o vetor de estado estacionário $\mathbf{x}$ é independente do estado inicial. A demonstração é facilmente adaptável para cobrir também o caso de vetores de estado cujas componentes têm soma igual a uma constante arbitrária — digamos, s. Nos exercícios, você deverá provar algumas outras propriedades das cadeias de Markov regulares.

Teorema 4.34 Seja P uma matriz de transição regular $n \times n$, com $\mathbf{x}$ sendo o vetor de probabilidade de estado estacionário para P, como no teorema 4.33. Então, a sequência dos $\mathbf{x}_k$ iterados se aproxima de $\mathbf{x}$, seja qual for o vetor de probabilidade inicial $\mathbf{x}_0$ considerado.

Demonstração Seja

$$\mathbf{x}_0 = \begin{bmatrix} x_1 \\ x_2 \\ \vdots \\ x_n \end{bmatrix}$$

em que $x_1 + x_2 + \ldots + x_n = 1$. Como $\mathbf{x}_k = P^k\mathbf{x}_0$, precisamos mostrar que $\lim_{k\to\infty} P^k\mathbf{x}_0 = \mathbf{x}$. Agora, pelo teorema 4.33, a matriz de transição de longo alcance é $L = [\mathbf{x}\ \mathbf{x}\ \cdots\ \mathbf{x}]$ e $\lim_{k\to\infty} P^k = L$. Portanto,

$$\begin{aligned}\lim_{k\to\infty} P^k\mathbf{x}_0 &= (\lim_{k\to\infty} P^k)\mathbf{x}_0 = L\mathbf{x}_0 \\ &= [\mathbf{x}\ \mathbf{x}\ \cdots\ \mathbf{x}]\begin{bmatrix} x_1 \\ x_2 \\ \vdots \\ x_n \end{bmatrix} \\ &= x_1\mathbf{x} + x_2\mathbf{x} + \cdots + x_n\mathbf{x} \\ &= (x_1 + x_2 + \cdots + x_n)\mathbf{x} = \mathbf{x}\end{aligned}$$

Crescimento Populacional

Retomamos o modelo de Leslie para crescimento populacional, que foi primeiramente explorado na seção 3.7. No exemplo 3.67 daquela seção, vimos que, para a matriz de Leslie

$$L = \begin{bmatrix} 0 & 4 & 3 \\ 0{,}5 & 0 & 0 \\ 0 & 0{,}25 & 0 \end{bmatrix}$$

iterações dos vetores população começavam a se aproximar de um múltiplo do vetor

$$\mathbf{x} = \begin{bmatrix} 18 \\ 6 \\ 1 \end{bmatrix}$$

Em outras palavras, as três faixas etárias dessa população terminam eventualmente na razão 18:6:1. Além disso, quando atingido, esse estado é estável, já que as razões para o ano subsequente são dadas por

$$L\mathbf{x} = \begin{bmatrix} 0 & 4 & 3 \\ 0{,}5 & 0 & 0 \\ 0 & 0{,}25 & 0 \end{bmatrix}\begin{bmatrix} 18 \\ 6 \\ 1 \end{bmatrix} = \begin{bmatrix} 27 \\ 9 \\ 1{,}5 \end{bmatrix} = 1{,}5\mathbf{x}$$

e as componentes continuam obedecendo à razão de 27:9:1,5 = 18:6:1. Observe que 1,5 representa a *taxa de crescimento* dessa população quando ela atinge seu estado estacionário.

Podemos agora reconhecer que $\mathbf{x}$ é um autovetor de L associado ao autovalor $\lambda = 1{,}5$. Assim, a taxa de crescimento em estado estacionário é um autovalor *positivo* de L, e um autovetor associado a esse autovalor representa os tamanhos *relativos* das faixas etárias quando o estado estacionário é atingido. Podemos calcular isso diretamente, sem necessidade do processo iterativo realizado anteriormente.

Exemplo 4.39

Ache a taxa de crescimento em estado estacionário e as correspondentes razões entre as faixas etárias para a matriz de Leslie L dada anteriormente.

Solução Precisamos encontrar todos os autovalores positivos e os autovetores associados de L. O polinômio característico de L é

$$\det(L - \lambda I) = \begin{vmatrix} -\lambda & 4 & 3 \\ 0{,}5 & -\lambda & 0 \\ 0 & 0{,}25 & -\lambda \end{vmatrix} = -\lambda^3 + 2\lambda + 0{,}375$$

por isso temos que resolver a equação $-\lambda^3 + 2\lambda + 0{,}375 = 0$, ou seja, $8\lambda_3 - 16\lambda - 3 = 0$, que é equivalente. Fatorando, obtemos

$$(2\lambda - 3)(4\lambda^2 + 6\lambda + 1) = 0$$

(Veja o apêndice D.) Como o segundo fator tem somente as raízes $(-3 + \sqrt{5})/4 \approx -0{,}19$ e $(-3 - \sqrt{5})/4 \approx -1{,}31$, a única raiz positiva dessa equação é $\lambda = \frac{3}{2} = 1{,}5$. Os autovetores associados estão no espaço anulado por $L - 1{,}5I$, que podemos encontrar usando escalonamento por linhas:

$$[L - 1{,}5I|0] = \left[\begin{array}{ccc|c} -1{,}5 & 4 & 3 & 0 \\ 0{,}5 & -1{,}5 & 0 & 0 \\ 0 & 0{,}25 & -1{,}5 & 0 \end{array}\right] \longrightarrow \left[\begin{array}{ccc|c} 1 & 0 & -18 & 0 \\ 0 & 1 & -6 & 0 \\ 0 & 0 & 0 & 0 \end{array}\right]$$

Assim, se $\mathbf{x} = \begin{bmatrix} x_1 \\ x_2 \\ x_3 \end{bmatrix}$ for um autovetor associado a $\lambda = 1{,}5$, teremos $x_1 = 18x_3$ e $x_2 = 6x_3$. Ou seja,

$$E_{1,5} = \left\{\begin{bmatrix} 18x_3 \\ 6x_3 \\ x_3 \end{bmatrix}\right\} = \text{ger}\left(\begin{bmatrix} 18 \\ 6 \\ 1 \end{bmatrix}\right)$$

Logo, a taxa de crescimento em estado estacionário é 1,5, e, quando essa taxa é alcançada, as faixas etárias ficam na razão de 18:6:1, como antes.

No exemplo 4.39, havia só um candidato à taxa de crescimento em estado estacionário: o único autovalor positivo de L. Mas o que faríamos se L tivesse mais de um autovalor positivo, ou nenhum? Aparentemente, estaríamos também com sorte por haver um autovetor associado com todas as suas coordenadas positivas, o que nos permitiria relacionar essas componentes com o tamanho da população. Podemos provar que essa situação não é acidental; *toda* matriz de Leslie tem exatamente um autovalor positivo e um autovetor associado com coordenadas positivas.

Lembremos que a forma de uma matriz de Leslie é

$$L = \begin{bmatrix} b_1 & b_2 & b_3 & \cdots & b_{n-1} & b_n \\ s_1 & 0 & 0 & \cdots & 0 & 0 \\ 0 & s_2 & 0 & \cdots & 0 & 0 \\ 0 & 0 & s_3 & \cdots & 0 & 0 \\ \vdots & \vdots & \vdots & \ddots & \vdots & \vdots \\ 0 & 0 & 0 & \cdots & s_{n-1} & 0 \end{bmatrix} \qquad (3)$$

Como os elementos s_j representam probabilidades de sobrevivência, vamos considerá-los todos não nulos (caso contrário, a população iria rapidamente se extinguir). Também assumiremos que ao menos um dos parâmetros de nascimento b_i não é zero (de outra forma, não haveria nascimentos e, de novo, a população se extinguiria). Com essas hipóteses por base, podemos agora provar o enunciado como um teorema.

Teorema 4.35 Toda matriz de Leslie tem um único autovalor positivo e um autovetor associado cujas coordenadas são positivas.

Demonstração Considere L como na equação (3). O polinômio característico de L é

$$\begin{aligned} c_L(\lambda) &= \det(L - \lambda I) \\ &= (-1)^n(\lambda^n - b_1\lambda^{n-1} - b_2s_1\lambda^{n-2} - b_3s_1s_2\lambda^{n-3} - \cdots - b_ns_1s_2\cdots s_{n-1}) \\ &= (-1)^n f(\lambda) \end{aligned}$$

(Pediremos que você demonstre isso no exercício 16.) Os autovalores de L são, portanto, as raízes de $f(\lambda)$. Como pelo menos um dos parâmetros de nascimento b_i é positivo e todas as probabilidades de sobrevivência s_j são positivas, os coeficientes de $f(\lambda)$ mudam de sinal exatamente uma vez. Portanto, pela Regra de Sinais de Descartes (apêndice D), $f(\lambda)$ tem exatamente uma raiz positiva. Vamos chamá-la de λ_1.

Calculando diretamente, podemos comprovar que um autovetor associado a λ_1 é

$$\mathbf{x}_1 = \begin{bmatrix} 1 \\ s_1/\lambda_1 \\ s_1s_2/\lambda_1^2 \\ s_1s_2s_3/\lambda_1^3 \\ \vdots \\ s_1s_2s_3\cdots s_{n-1}/\lambda_1^{n-1} \end{bmatrix}$$

(Pediremos que você prove isso no exercício 18.) Claramente, todas as coordenadas de $\mathbf{x}_1$ são positivas.

De fato, vale ainda mais do que isso. Exigindo-se adicionalmente que dois parâmetros de nascimentos *consecutivos*, b_i e b_{i+1}, sejam positivos, obtemos ainda que o único autovalor positivo λ_1 de L é *dominante*; ou seja, todo outro autovalor (real ou complexo) λ de L satisfaz $|\lambda| < \lambda_1$. (Está além do escopo deste livro provar esse resultado, mas uma prova parcial é delineada no exercício 27 para leitores familiarizados com a álgebra dos números complexos.) Tudo isso explica a razão de obtermos convergência para um vetor de estado estacionário quando iteramos os vetores população: é somente o método da potência trabalhando a nosso favor!

O Teorema de Perron-Frobenius

Nas duas aplicações anteriores, cadeias de Markov e matrizes de Leslie, vimos que o autovalor de interesse era positivo e dominante. Mais ainda, podíamos encontrar um autovetor associado com coordenadas positivas. Descobrimos que um teorema notável garante que esse é o caso para uma classe numerosa de matrizes, incluindo muitas das matrizes que temos considerado. A primeira versão desse teorema é para matrizes positivas.

Oskar Perron (1880-1975) foi um matemático alemão que trabalhou em muitas áreas da matemática, incluindo análise, equações diferenciais, álgebra, geometria e teoria de números. O Teorema de Perron foi publicado em 1907 em um artigo sobre frações contínuas.

Primeiro, precisamos de alguma terminologia e notação. Vamos chamar um vetor de *positivo* se todas as suas coordenadas forem positivas. Para duas matrizes $m \times n$ $A = [a_{ij}]$ e $B = [b_{ij}]$, escreveremos $A \geq B$ se $a_{ij} \geq b_{ij}$ para todo i e todo j. (Definições semelhantes se aplicam também a $A > B$, $A \leq B$, e assim por diante.) Então, um vetor positivo $\mathbf{x}$ satisfaz $\mathbf{x} > \mathbf{0}$. Vamos definir $|A| = [|a_{ij}|]$ como a matriz cujos elementos são os módulos dos elementos da matriz A, na mesma ordem.

Teorema 4.36 **Teorema de Perron**

Seja A uma matriz positiva $n \times n$. Então, A tem um autovalor real λ_1 com as seguintes propriedades:

a. $\lambda_1 > 0$
b. λ_1 tem um autovetor associado que é positivo.
c. Se λ é qualquer outro autovalor de A, então $|\lambda| \leq \lambda_1$.

Intuitivamente, podemos ver o motivo de serem verdadeiras as duas primeiras afirmações. Considere o caso de uma matriz positiva 2×2 A. A imagem do primeiro quadrante do plano pela transformação linear correspondente a A é um subconjunto dele próprio, já que todas as componentes são positivas. Se considerarmos novamente a imagem dessa imagem, e assim sucessivamente, veremos que, necessariamente, esses subconjuntos do plano convergem para uma semirreta no primeiro quadrante (figura 4.18). Um vetor diretor para essa semirreta será um vetor positivo $\mathbf{x}$, o qual deverá ser levado pela mesma transformação em algum múltiplo positivo de si próprio (digamos, λ_1), já que A deixa fixa a semirreta. Em outras palavras, $A\mathbf{x} = \lambda_1\mathbf{x}$, com $\mathbf{x}$ e λ_1 ambos positivos.

Demonstração Para algum vetor não nulo $\mathbf{x}$, $A\mathbf{x} \geq \lambda\mathbf{x}$ para algum escalar λ. Quando isso acontece, $A(k\mathbf{x}) \geq \lambda(k\mathbf{x})$ para todo $k > 0$; assim, só precisamos considerar vetores $\mathbf{x}$ que sejam *unitários*. No capítulo 7, veremos que A leva o conjunto de todos os vetores unitários de $\mathbb{R}^n$ (a *esfera unitária*) em um "elipsoide generalizado". Logo, como $\mathbf{x}$ varia no conjunto dos vetores não negativos dessa esfera unitária, haverá um valor máximo de λ tal que $A\mathbf{x} \geq \lambda\mathbf{x}$. (Veja a figura 4.19.) Denote esse número por λ_1, e seu correspondente vetor unitário, por $\mathbf{x}_1$.

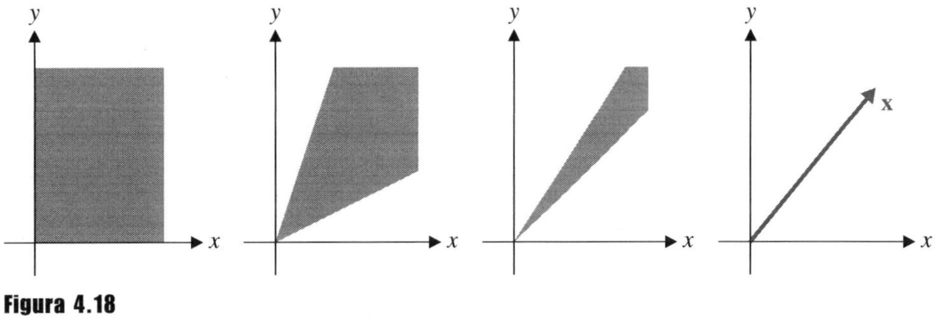

Figura 4.18

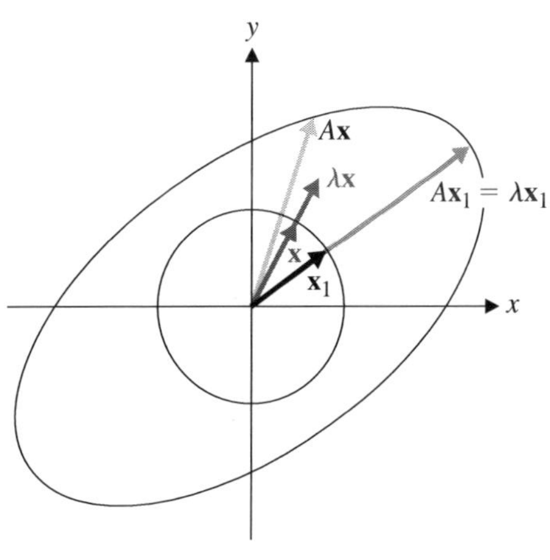

Figura 4.19

Agora, mostraremos que $A\mathbf{x}_1 = \lambda_1\mathbf{x}_1$. Caso contrário, $A\mathbf{x}_1 > \lambda_1\mathbf{x}_1$, e, aplicando novamente A, obtemos

$$A(A\mathbf{x}_1) > A(\lambda_1\mathbf{x}_1) = \lambda_1(A\mathbf{x}_1)$$

onde a desigualdade é preservada, pois A é positiva. (Veja o exercício 40 e, da seção 3.7, o exercício 36.) Mas então $y = (1/\|A\mathbf{x}_1\|)A\mathbf{x}_1$ é um vetor unitário que satisfaz $A\mathbf{y} > \lambda_1\mathbf{y}$, logo, haverá algum $\lambda_2 > \lambda_1$ tal que $A\mathbf{y} \geq \lambda_2\mathbf{y}$. Isso contradiz o fato de λ_1 ser o valor máximo com essa propriedade. Consequentemente, deve ser o caso de $A\mathbf{x}_1 = \lambda_1\mathbf{x}_1$, ou seja, λ_1 é um autovalor de A.

Agora, como A e $\mathbf{x}_1$ são positivos, também temos $\lambda_1\mathbf{x}_1 = A\mathbf{x}_1 > \mathbf{0}$. Isso significa que $\lambda_1 > 0$ e $\mathbf{x}_1 > \mathbf{0}$, o que completa as demonstrações de (a) e de (b).

Para provar (c), suponha que λ seja qualquer outro autovalor (real ou complexo) de A com um autovetor associado $\mathbf{z}$. Então, $A\mathbf{z} = \lambda\mathbf{z}$, e, tomando valores absolutos, temos

$$A|\mathbf{z}| = |A||\mathbf{z}| \geq |A\mathbf{z}| = |\lambda\mathbf{z}| = |\lambda||\mathbf{z}| \tag{4}$$

em que a desigualdade do meio segue da Desigualdade Triangular. (Veja o exercício 40.) Como $|\mathbf{z}| > \mathbf{0}$, o vetor unitário $\mathbf{u}$ na direção de $|\mathbf{z}|$ também é positivo e satisfaz $A\mathbf{u} \geq |\lambda|\mathbf{u}$. Pela maximalidade de λ_1 da primeira parte desta demonstração, devemos ter $|\lambda| \leq \lambda_1$.

Há mais a ser dito. É verdade que λ_1 é dominante, logo, $|\lambda| < \lambda_1$ para qualquer autovalor $\lambda \neq \lambda_1$. Também é o caso de λ_1 ter multiplicidade algébrica e, portanto, multiplicidade geométrica iguais a 1. Não demonstraremos esses fatos.

O Teorema de Perron também pode ser generalizado para algumas matrizes não negativas, a partir das positivas. Frobenius fez isso em 1912. O resultado requer uma condição técnica sobre a matriz. Uma matriz quadrada A é chamada ***redutível*** se, depois de submetida a alguma permutação de linhas e à mesma permutação de colunas, A pode ser escrita na forma de bloco, como a seguir:

$$\begin{bmatrix} B & C \\ O & D \end{bmatrix}$$

em que B e D são quadradas. De forma equivalente, A é redutível se existe alguma matriz de permutação P tal que

$$PAP^T = \begin{bmatrix} B & C \\ O & D \end{bmatrix}$$

(Veja página 187.) Por exemplo, a matriz

$$A = \begin{bmatrix} 2 & 0 & 0 & 1 & 3 \\ 4 & 2 & 1 & 5 & 5 \\ 1 & 2 & 7 & 3 & 0 \\ 6 & 0 & 0 & 2 & 1 \\ 1 & 0 & 0 & 7 & 2 \end{bmatrix}$$

é redutível, pois, intercambiando as linhas 1 e 3 e depois as colunas 1 e 3, obtemos

$$\left[\begin{array}{cc|ccc} 7 & 2 & 1 & 3 & 0 \\ 1 & 2 & 4 & 5 & 5 \\ \hline 0 & 0 & 2 & 1 & 3 \\ 0 & 0 & 6 & 2 & 1 \\ 0 & 0 & 1 & 7 & 2 \end{array}\right]$$

(Isso é exatamente PAP^T, em que

$$P = \begin{bmatrix} 0 & 0 & 1 & 0 & 0 \\ 0 & 1 & 0 & 0 & 0 \\ 1 & 0 & 0 & 0 & 0 \\ 0 & 0 & 0 & 1 & 0 \\ 0 & 0 & 0 & 0 & 1 \end{bmatrix}$$

Verifique isso!)

Uma matriz quadrada A não redutível é chamada ***irredutível***. Se $A^k > 0$ para algum k, A é chamada de ***primitiva***. Por exemplo, toda cadeia de Markov regular tem uma matriz de transição primitiva, por definição. Não é difícil mostrar que toda matriz primitiva é irredutível. (Você vê por quê? Tente mostrar a contrapositiva disso.)

Teorema 4.37 **O Teorema de Perron-Frobenius**

Seja A uma matriz $n \times n$ irredutível e não negativa. Então, A tem um autovalor λ_1 com as seguintes propriedades:

a. $\lambda_1 > 0$
b. λ_1 tem um autovetor associado positivo.
c. Se λ é qualquer outro autovalor de A, então $|\lambda| \leq \lambda_1$. Se A é primitiva, essa desigualdade é estrita.
d. Se λ é um autovalor de A tal que $|\lambda| = \lambda_1$, é uma raiz (complexa) da equação $\lambda^n - \lambda_1{}^n = 0$
e. λ_1 tem multiplicidade algébrica igual a 1.

Veja *Matrix analysis*, de R. A. Horn e C. R. Johnson (Cambridge, Inglaterra: Cambridge University Press, 1985).

O leitor interessado pode encontrar uma demonstração do Teorema de Perron-Frobenius em vários textos sobre matrizes não negativas ou sobre análise matricial. O autovalor λ_1 é frequentemente chamado ***raiz de Perron*** de A, e um autovetor *probabilidade* associado (que é necessariamente único) é chamado ***autovetor de Perron*** de A.

Relações de Recorrência Lineares

Os ***números de Fibonacci*** são os números da sequência 0, 1, 1, 2, 3, 5, 8, 13, 21, . . . , em que, depois dos dois primeiros termos, cada novo termo é obtido pela soma do dois termos que o precedem. Se denotarmos o n-ésimo número de Fibonacci por f_n, essa sequência será completamente definida pelas equações $f_0 = 0, f_1 = 1$ e, para $n \geq 2$,

$$f_n = f_{n-1} + f_{n-2}$$

Essa última equação é um exemplo de uma relação de recorrência linear. Retornaremos aos números de Fibonacci, mas antes vamos considerar as relações de recorrência linear de forma mais geral.

Bettmann/CORBIS

Leonardo de Pisa (1170-1250) é mais conhecido por seu apelido, Fibonacci, que significa "filho de Bonaccio". Escreveu muitos livros importantes; vários deles sobreviveram, incluindo os dois famosos *Liber abaci* e *Liber quadratorum*. A sequência de Fibonacci aparece como a solução de um problema no *Liber abaci*: "Um homem coloca um casal de coelhos entre quatro paredes. Quantos casais de coelhos haverá no local depois de um ano, se considerarmos que todo mês cada casal gera um novo casal, que, por sua vez, atingirá a idade de se reproduzir a partir do segundo mês?". O nome *números de Fibonacci* foi atribuído aos termos dessa sequência pelo matemático francês Edouard Lucas (1842-1891).

Definição Seja $(x_n) = (x_0, x_1, x_2, \ldots)$ uma sequência de números definida como a seguir:

1. $x_0 = a_0, x_1 = a_1, \ldots, x_{k-1} = a_{k-1}$, em que $a_0, a_1, \ldots, a_{k-1}$ são escalares.
2. Para todo $n \geq k$, $x_n = c_1x_{n-1} + c_2x_{n-2} + \cdots + c_kx_{n-k}$, em que $c_1, c_2, \ldots, c_k$ são escalares.

Se $c_k \neq 0$, a equação em (2) é chamada ***relação de recorrência linear de ordem k***. As equações em (1) são chamadas ***condições iniciais*** da recorrência.

Assim, os números de Fibonacci satisfazem uma relação de recorrência linear de ordem 2.

Observações:

- Se, para definir o n-ésimo termo de uma relação de recorrência, precisamos dos $(n - \text{k})$-ésimos termos precedentes e nenhum anterior a esses, então a relação de recorrência terá ordem k.
- O número de condições iniciais é a ordem da relação de recorrência.
- Não é necessário que o primeiro termo da sequência seja chamado de x_0. Poderíamos começar em x_1 ou em qualquer outro.
- É possível definir relações de recorrência lineares ainda mais gerais permitindo que os coeficientes c_i sejam *funções* em vez de escalares, e permitindo também um coeficiente extra, isolado, que também pode ser uma função. Um exemplo seria a recorrência

$$x_n = 2x_{n-1} - n^2x_{n-2} + \frac{1}{n}x_{n-3} + n$$

Não iremos considerar aqui esse tipo de recorrências.

Exemplo 4.40 Considere a sequência (x_n) definida pelas condições iniciais $x_1 = 1$, $x_2 = 5$ e a relação de recorrência $x_n = 5x_{n-1} - 6x_{n-2}$ para $n \geq 2$. Escreva os cinco primeiros termos dessa sequência.

Solução Os dois primeiros termos foram dados. Usaremos a relação de recorrência para calcular os próximos três termos. Temos

$$x_3 = 5x_2 - 6x_1 = 5 \cdot 5 - 6 \cdot 1 = 19$$

$$x_4 = 5x_3 - 6x_2 = 5 \cdot 19 - 6 \cdot 5 = 65$$

$$x_5 = 5x_4 - 6x_3 = 5 \cdot 65 - 6 \cdot 19 = 211$$

assim, a sequência inicia com os termos 1, 5, 19, 65, 211, ….

Claramente, se estivéssemos interessados, digamos, no centésimo termo da sequência do exemplo 4.40, sem dúvida a abordagem utilizada seria bastante enfadonha, já que teríamos de aplicar a relação de recorrência 98 vezes. Seria interessante se pudéssemos encontrar uma fórmula *explícita* para x_n como uma função de n. O procedimento que permite encontrar essa fórmula é chamado ***resolver*** a relação de recorrência. Ilustraremos o processo com a sequência do exemplo 4.40.

Iniciamos reescrevendo a relação de recorrência como uma equação matricial. Seja

$$A = \begin{bmatrix} 5 & -6 \\ 1 & 0 \end{bmatrix}$$

considere os vetores $\mathbf{x}_n = \begin{bmatrix} x_n \\ x_{n-1} \end{bmatrix}$ para $n \geq 2$. Assim, $\mathbf{x}_2 = \begin{bmatrix} x_2 \\ x_1 \end{bmatrix} = \begin{bmatrix} 5 \\ 1 \end{bmatrix}$, $\mathbf{x}_3 = \begin{bmatrix} x_3 \\ x_2 \end{bmatrix} = \begin{bmatrix} 19 \\ 5 \end{bmatrix}$, $\mathbf{x}_4 = \begin{bmatrix} x_4 \\ x_3 \end{bmatrix} = \begin{bmatrix} 65 \\ 19 \end{bmatrix}$, e assim por diante. Observe que, para $n \geq 2$, temos

$$A\mathbf{x}_{n-1} = \begin{bmatrix} 5 & -6 \\ 1 & 0 \end{bmatrix}\begin{bmatrix} x_{n-1} \\ x_{n-2} \end{bmatrix} = \begin{bmatrix} 5x_{n-1} - 6x_{n-2} \\ x_{n-1} \end{bmatrix} = \begin{bmatrix} x_n \\ x_{n-1} \end{bmatrix} = \mathbf{x}_n$$

Note que esse é o mesmo tipo de equação que encontramos com cadeias de Markov e com matrizes de Leslie. Como naqueles casos, podemos escrever

$$\mathbf{x}_n = A\mathbf{x}_{n-1} = A^2\mathbf{x}_{n-2} = \cdots = A^{n-2}\mathbf{x}_2$$

Agora, empregamos a técnica do exemplo 4.29 para calcular as potências de A.

A equação característica de A é

$$\lambda^2 - 5\lambda + 6 = 0$$

e, resolvendo-a, encontramos os autovalores $\lambda_1 = 3$ e $\lambda_2 = 2$. (Note que a forma da equação característica decorre da relação de recorrência. Se escrevermos a relação de recorrência como $x_n - 5x_{n-1} + 6x_{n-2} = 0$, ficará evidente que os coeficientes são exatamente os mesmos!) Os autoespaços associados são

$$E_3 = \text{ger}\left(\begin{bmatrix} 3 \\ 1 \end{bmatrix}\right) \quad \text{e} \quad E_2 = \text{ger}\left(\begin{bmatrix} 2 \\ 1 \end{bmatrix}\right)$$

Fazendo $P = \begin{bmatrix} 3 & 2 \\ 1 & 1 \end{bmatrix}$, sabemos que $P^{-1}AP = D = \begin{bmatrix} 3 & 0 \\ 0 & 2 \end{bmatrix}$. Então $A = PDP^{-1}$ e

$$\begin{aligned} A^k = PD^kP^{-1} &= \begin{bmatrix} 3 & 2 \\ 1 & 1 \end{bmatrix}\begin{bmatrix} 3^k & 0 \\ 0 & 2^k \end{bmatrix}\begin{bmatrix} 3 & 2 \\ 1 & 1 \end{bmatrix}^{-1} \\ &= \begin{bmatrix} 3 & 2 \\ 1 & 1 \end{bmatrix}\begin{bmatrix} 3^k & 0 \\ 0 & 2^k \end{bmatrix}\begin{bmatrix} 1 & -2 \\ -1 & 3 \end{bmatrix} \\ &= \begin{bmatrix} 3^{k+1} - 2^{k+1} & -2(3^{k+1}) + 3(2^{k+1}) \\ 3^k - 2^k & -2(3^k) + 3(2^k) \end{bmatrix} \end{aligned}$$

Com isso,

$$\begin{bmatrix} x_n \\ x_{n-1} \end{bmatrix} = \mathbf{x}_n = A^{n-2}\mathbf{x}_2 = \begin{bmatrix} 3^{n-1} - 2^{n-1} & -2(3^{n-1}) + 3(2^{n-1}) \\ 3^{n-2} - 2^{n-2} & -2(3^{n-2}) + 3(2^{n-2}) \end{bmatrix}\begin{bmatrix} 5 \\ 1 \end{bmatrix} = \begin{bmatrix} 3^n - 2^n \\ 3^{n-1} - 2^{n-1} \end{bmatrix}$$

o que nos dá a solução $x_n = 3^n - 2^n$. (Para fazer uma verificação do resultado, poderíamos substituir n por $1, 2, \ldots, 5$ e conferir que a fórmula dá os mesmos termos que já havíamos calculado usando a relação de recorrência diretamente. Tente fazer isso!)

Observe que x_n é uma combinação linear de potências dos autovalores. Isso necessariamente ocorre se os autovalores forem distintos [como o teorema 4.38(a) vai tornar explícito]. Usando essa observação, podemos economizar algum trabalho. Uma vez calculados os autovalores $\lambda_1 = 3$ e $\lambda_2 = 2$, podemos imediatamente escrever

$$x_n = c_1 3^n + c_2 2^n$$

em que c_1 e c_2 devem ser determinados. Usando as condições iniciais, temos

$$1 = x_1 = c_1 3^1 + c_2 2^1 = 3c_1 + 2c_2$$

quando $n = 1$, e

$$5 = x_2 = c_1 3^2 + c_2 2^2 = 9c_1 + 4c_2$$

quando $n = 2$. Agora, resolvemos o sistema

$$\begin{aligned} 3c_1 + 2c_2 &= 1 \\ 9c_1 + 4c_2 &= 5 \end{aligned}$$

com c_1 e c_2 como incógnitas, para obter $c_1 = 1$ e $c_2 = -1$. Assim, $x_n = 3^n - 2^n$, como antes.

Esse é o método que usaremos na prática. Agora, ilustramos seu uso para encontrar uma fórmula explícita para os números de Fibonacci.

Exemplo 4.41 Resolva a recorrência de Fibonacci $f_0 = 0, f_1 = 1$, e $f_n = f_{n-1} + f_{n-2}$ para $n \geq 2$.

Solução Escrevendo a recorrência como $f_n - f_{n-1} - f_{n-2} = 0$, vemos que a equação característica é $\lambda^2 - \lambda - 1 = 0$, logo, os autovalores são

$$\lambda_1 = \frac{1 + \sqrt{5}}{2} \quad \text{e} \quad \lambda_2 = \frac{1 - \sqrt{5}}{2}$$

A partir da discussão anterior, vemos que a solução da relação de recorrência tem a forma

$$f_n = c_1\lambda_1^n + c_2\lambda_2^n = c_1\left(\frac{1 + \sqrt{5}}{2}\right)^n + c_2\left(\frac{1 - \sqrt{5}}{2}\right)^n$$

para escalares c_1 e c_2.

Usando as condições iniciais, encontramos

$$0 = f_0 = c_1\lambda_1^0 + c_2\lambda_2^0 = c_1 + c_2$$

e

$$1 = f_1 = c_1\lambda_1^1 + c_2\lambda_2^1 = c_1\left(\frac{1 + \sqrt{5}}{2}\right) + c_2\left(\frac{1 - \sqrt{5}}{2}\right)$$

Resolvendo a equação em c_1 e c_2, obtemos $c_1 = 1/\sqrt{5}$ e $c_2 = -1/\sqrt{5}$. Logo, uma fórmula explícita para o n-ésimo número de Fibonacci é

$$f_n = \frac{1}{\sqrt{5}}\left(\frac{1 + \sqrt{5}}{2}\right)^n - \frac{1}{\sqrt{5}}\left(\frac{1 - \sqrt{5}}{2}\right)^n \tag{5}$$

Jacques Binet (1786-1856) fez contribuições à teoria das matrizes, à teoria dos números, à física e à astronomia. Descobriu a regra para a multiplicação de matrizes em 1812. A fórmula de Binet para os números de Fibonacci foi, de fato, desenvolvida por Euler, que a publicou em 1765; no entanto, ela foi esquecida até que Binet publicasse sua versão em 1843. Como Cauchy, Binet era monarquista e perdeu seu único emprego quando Charles X abdicou, em 1830. Recebeu muitas honrarias por seu trabalho, incluindo sua eleição para a *Académie des Sciences*, em 1843.

A fórmula (5) é notável por ser definida em termos do número *irracional* $\sqrt{5}$, apesar de os números de Fibonacci serem todos inteiros! Tente substituir alguns valores de n para constatar como os termos com $\sqrt{5}$ se cancelam e o resultado final f_n é um número inteiro. A fórmula (5) é conhecida como ***fórmula de Binet***.

O método que delineamos logo antes funciona para qualquer relação de recorrência linear de segunda ordem cujos autovalores associados sejam todos distintos entre si. Na presença de autovalores repetidos, a técnica precisa ser modificada, já que o método da diagonalização que utilizamos pode não mais funcionar. O próximo teorema dá o resumo das duas situações.

Teorema 4.38 Seja $x_n = ax_{n-1} + bx_{n-2}$ uma relação de recorrência satisfeita pela sequência (x_n). Sejam λ_1 e λ_2 os autovalores da equação característica associada: $\lambda^2 - a\lambda - b = 0$.

a. Se $\lambda_1 \neq \lambda_2$, então $x_n = c_1\lambda_1^n + c_2\lambda_2^n$ para algum par de escalares c_1 e c_2.

b. Se $\lambda_1 = \lambda_2 = \lambda$, então $x_n = c_1\lambda^n + c_2 n\lambda^n$ para algum par de escalares c_1 e c_2.

Nos dois casos, c_1 e c_2 podem ser calculados com o uso das condições iniciais.

Demonstração (a) Generalizando nossa discussão anterior, podemos escrever a recorrência como $\mathbf{x}_n = A\mathbf{x}_{n-1}$, em que

$$\mathbf{x}_n = \begin{bmatrix} x_n \\ x_{n-1} \end{bmatrix} \quad \text{e} \quad A = \begin{bmatrix} a & b \\ 1 & 0 \end{bmatrix}$$

Como A tem autovalores distintos, ela pode ser diagonalizada. Os detalhes restantes são deixados para o exercício 53.

(b) Mostraremos que $x_n = c_1\lambda^n + c_2 n\lambda^n$ satisfaz a relação de recorrência $x_n = ax_{n-1} + bx_{n-2}$, ou, de forma equivalente,

$$x_n - ax_{n-1} - bx_{n-2} = 0 \tag{6}$$

se $\lambda^2 - a\lambda - b = 0$. Como

$$x_{n-1} = c_1\lambda^{n-1} + c_2(n-1)\lambda^{n-1} \quad \text{e} \quad x_{n-2} = c_1\lambda^{n-2} + c_2(n-2)\lambda^{n-2}$$

a substituição na equação (6) resulta em

$$\begin{aligned} x_n - ax_{n-1} - bx_{n-2} &= (c_1\lambda^n + c_2 n\lambda^n) - a(c_1\lambda^{n-1} + c_2(n-1)\lambda^{n-1}) \\ &\quad - b(c_1\lambda^{n-2} + c_2(n-2)\lambda^{n-2}) \\ &= c_1(\lambda^n - a\lambda^{n-1} - b\lambda^{n-2}) + c_2(n\lambda^n - a(n-1)\lambda^{n-1} \\ &\quad - b(n-2)\lambda^{n-2}) \\ &= c_1\lambda^{n-2}(\lambda^2 - a\lambda - b) + c_2 n\lambda^{n-2}(\lambda^2 - a\lambda - b) + c_2\lambda^{n-2}(a\lambda + 2b) \\ &= c_1\lambda^{n-2}(0) + c_2 n\lambda^{n-2}(0) + c_2\lambda^{n-2}(a\lambda + 2b) \\ &= c_2\lambda^{n-2}(a\lambda + 2b) \end{aligned}$$

No entanto, como λ é uma raiz dupla de $\lambda^2 - a\lambda - b = 0$, devemos ter $a^2 + 4b = 0$ e $\lambda = a/2$, utilizando a fórmula de Bhaskara. Consequentemente, $a\lambda + 2b = a^2/2 + 2b = -4b/2 + 2b = 0$, logo,

$$x_n - ax_{n-1} - bx_{n-2} = c_2\lambda^{n-2}(a\lambda + 2b) = c_2\lambda^{n-2}(0) = 0$$

Suponha que as condições iniciais sejam $x_0 = r$ e $x_1 = s$. Então, tanto em (a) como em (b) existe uma única solução para c_1 e c_2. (Veja o exercício 54.)

Exemplo 4.42

Resolva a relação de recorrência $x_0 = 1$, $x_1 = 6$ e $x_n = 6x_{n-1} - 9x_{n-2}$, para $n \geq 2$.

Solução A equação característica é $\lambda^2 - 6\lambda + 9 = 0$, que admite $\lambda = 3$ como raiz dupla. Pelo teorema 4.38(b), precisamos ter $x_n = c_1 3^n + c_2 n 3^n = (c_1 + c_2 n)3^n$. Como $1 = x_0 = c_1$ e $6 = x_1 = (c_1 + c_2)3$, vemos que $c_2 = 1$, portanto,

$$x_n = (1 + n)3^n$$

As técnicas esboçadas no teorema 4.38 podem ser estendidas a relações de recorrência de ordens maiores. Enunciamos, sem demonstrar, o resultado geral.

Teorema 4.39

Seja $x_n = a_{m-1}x_{n-1} + a_{m-2}x_{n-2} + \cdots + a_0 x_{n-m}$ uma relação de recorrência de ordem m satisfeita pela sequência (x_n). Suponha que o polinômio característico associado

$$\lambda^m - a_{m-1}\lambda^{m-1} - a_{m-2}\lambda^{m-2} - \cdots - a_0$$

se fatore como $(\lambda - \lambda_1)^{m_1}(\lambda - \lambda_2)^{m_2}\cdots(\lambda - \lambda_k)^{m_k}$, em que $m_1 + m_2 + \ldots m_k = m$. Então, x_n tem a forma

$$x_n = (c_{11}\lambda_1^n + c_{12}n\lambda_1^n + c_{13}n^2\lambda_1^n + \cdots + c_{1m_1}n^{m_1-1}\lambda_1^n) + \cdots$$
$$+ (c_{k1}\lambda_k^n + c_{k2}n\lambda_k^n + c_{k3}n^2\lambda_k^n + \cdots + c_{km_k}n^{m_k-1}\lambda_k^n)$$

Sistemas de Equações Diferencias Lineares

Em cálculo, você aprendeu que, se $x = x(t)$ é uma função diferenciável que satisfaz uma equação diferencial da forma $x' = kx$, em que k é uma constante, então a solução geral é $x = Ce^{kt}$, em que C é uma constante. Se uma condição inicial $x(0) = x_0$ é especificada, então, substituindo $t = 0$ na solução geral, vemos que $C = x_0$. Portanto, a única solução da equação diferencial que satisfaz a condição inicial é

$$x = x_0 e^{kt}$$

Suponha que tenhamos n funções diferenciáveis em t — digamos, $x_1, x_2, \ldots, x_n$ — que satisfazem o ***sistema de equações diferenciais***

$$\begin{aligned} x_1' &= a_{11}x_1 + a_{12}x_2 + \cdots + a_{1n}x_n \\ x_2' &= a_{21}x_1 + a_{22}x_2 + \cdots + a_{2n}x_n \\ &\vdots \\ x_n' &= a_{n1}x_1 + a_{n2}x_2 + \cdots + a_{nn}x_n \end{aligned}$$

Podemos escrever esse sistema em forma matricial como $\mathbf{x}' = A\mathbf{x}$, em que

$$\mathbf{x}(t) = \begin{bmatrix} x_1(t) \\ x_2(t) \\ \vdots \\ x_n(t) \end{bmatrix}, \quad \mathbf{x}'(t) = \begin{bmatrix} x_1'(t) \\ x_2'(t) \\ \vdots \\ x_n'(t) \end{bmatrix}, \quad \text{e} \quad A = \begin{bmatrix} a_{11} & a_{12} & \cdots & a_{1n} \\ a_{21} & a_{22} & \cdots & a_{2n} \\ \vdots & \vdots & \ddots & \vdots \\ a_{n1} & a_{n2} & \cdots & a_{nn} \end{bmatrix}$$

Agora podemos usar métodos matriciais para nos ajudar a encontrar soluções.

Inicialmente, faremos algumas observações úteis. Suponha que queiramos resolver o seguinte sistema de equações diferenciais:

$$\begin{aligned} x_1' &= 2x_1 \\ x_2' &= 5x_2 \end{aligned}$$

Cada equação pode ser resolvida separadamente, como acabamos de fazer, para obter

$$\begin{aligned} x_1 &= C_1e^{2t} \\ x_2 &= C_2e^{5t} \end{aligned}$$

em que C_1 e C_2 são constantes. Note que, na forma matricial, nossa equação $\mathbf{x}' = A\mathbf{x}$ tem uma matriz de coeficientes *diagonal*

$$A = \begin{bmatrix} 2 & 0 \\ 0 & 5 \end{bmatrix}$$

e os autovalores 2 e 5 aparecem nas funções exponenciais e^{2t} e e^{5t} da solução. Isso sugere que, para um sistema arbitrário, devemos começar diagonalizando a matriz dos coeficientes, se possível.

Exemplo 4.43 Resolva o seguinte sistema de equações diferenciais:

$$\begin{aligned} x_1' &= x_1 + 2x_2 \\ x_2' &= 3x_1 + 2x_2 \end{aligned}$$

Solução Neste caso, a matriz dos coeficientes é $A = \begin{bmatrix} 1 & 2 \\ 3 & 2 \end{bmatrix}$, e verifica-se que os autovalores são $\lambda_1 = 4$ e $\lambda_2 = -1$, com os autovetores associados $\mathbf{v}_1 = \begin{bmatrix} 2 \\ 3 \end{bmatrix}$ e $\mathbf{v}_2 = \begin{bmatrix} -1 \\ 1 \end{bmatrix}$, respectivamente. Portanto, A é diagonalizável, e a matriz P que faz o serviço é

$$P = [\mathbf{v}_1 \ \ \mathbf{v}_2] = \begin{bmatrix} 2 & -1 \\ 3 & 1 \end{bmatrix}$$

Sabemos que

$$P^{-1}AP = \begin{bmatrix} 4 & 0 \\ 0 & -1 \end{bmatrix} = D$$

Considere $\mathbf{x} = P\mathbf{y}$ (e, assim, $\mathbf{x}' = P\mathbf{y}'$) e substitua esses resultados na equação original $\mathbf{x}' = A\mathbf{x}$ para obter $P\mathbf{y}' = AP\mathbf{y}$, ou, de forma equivalente,

$$\mathbf{y}' = P^{-1}AP\mathbf{y} = D\mathbf{y}$$

Isso é exatamente o sistema

$$\begin{aligned} y_1' &= 4y_1 \\ y_2' &= -y_2 \end{aligned}$$

cuja solução geral é

$$\begin{aligned} y_1 &= C_1e^{4t} \\ y_2 &= C_2e^{-t} \end{aligned} \quad \text{ou} \quad \mathbf{y} = \begin{bmatrix} C_1e^{4t} \\ C_2e^{-t} \end{bmatrix}$$

Para achar **x**, só precisamos calcular

$$\mathbf{x} = P\mathbf{y} = \begin{bmatrix} 2 & -1 \\ 3 & 1 \end{bmatrix}\begin{bmatrix} C_1e^{4t} \\ C_2e^{-t} \end{bmatrix} = \begin{bmatrix} 2C_1e^{4t} - C_2e^{-t} \\ 3C_1e^{4t} + C_2e^{-t} \end{bmatrix}$$

de modo que $x_1 = 2C_1e^{4t} - C_2e^{-t}$ e $x_2 = 3C_1e^{4t} + C_2e^{-t}$. (Verifique que esses valores satisfazem o sistema inicial dado.)

Observação Veja que também poderíamos ter expressado a solução no exemplo 4.43 como

$$\mathbf{x} = C_1e^{4t}\begin{bmatrix} 2 \\ 3 \end{bmatrix} + C_2e^{-t}\begin{bmatrix} -1 \\ 1 \end{bmatrix} = C_1e^{4t}\mathbf{v}_1 + C_2e^{-t}\mathbf{v}_2$$

Essa técnica se generaliza facilmente para sistemas $n \times n$ tais que a matriz dos coeficientes é diagonalizável. O próximo teorema, cuja prova será deixada como exercício, dá o resumo da situação.

Teorema 4.40 Sejam A uma matriz diagonalizável $n \times n$ e $P = [\mathbf{v}_1 \ \mathbf{v}_2 \ \ldots \ \mathbf{v}_n]$ tais que

$$P^{-1}AP = \begin{bmatrix} \lambda_1 & 0 & \cdots & 0 \\ 0 & \lambda_2 & \cdots & 0 \\ \vdots & \vdots & \ddots & \vdots \\ 0 & 0 & \cdots & \lambda_n \end{bmatrix}$$

Então, a solução geral do sistema $\mathbf{x}' = A\mathbf{x}$ é

$$\mathbf{x} = C_1e^{\lambda_1 t}\mathbf{v}_1 + C_2e^{\lambda_2 t}\mathbf{v}_2 + \cdots + C_ne^{\lambda_n t}\mathbf{v}_n$$

O próximo exemplo envolve um modelo biológico no qual duas espécies vivem no mesmo ecossistema. É razoável assumir que a taxa de crescimento de cada espécie depende dos tamanhos de *ambas* as populações. (Evidentemente, existem outros fatores que governam o crescimento, mas vamos manter simples nosso modelo, ignorando-os).

Se $x_1(t)$ e $x_2(t)$ denotam os tamanhos das duas populações no instante t, então $x_1'(t)$ e $x_2'(t)$ são suas respectivas taxas de crescimento no instante t. Nosso modelo é da forma

$$\begin{aligned} x_1'(t) &= ax_1(t) + bx_2(t) \\ x_2'(t) &= cx_1(t) + dx_2(t) \end{aligned}$$

em que os coeficientes a, b, c e d dependem das condições iniciais.

Exemplo 4.44 Guaxinins e esquilos habitam o mesmo ecossistema e competem entre si por comida, água e espaço. Digamos que os tamanhos das populações de guaxinins e de esquilos, em t anos, sejam expressos por $r(t)$ e $s(t)$, respectivamente. Na ausência de esquilos, a taxa de crescimento do guaxinim é $r'(t) = 2{,}5r(t)$; mas, quando esquilos estão presentes, a competição diminui a taxa de crescimento dos guaxinins para $r'(t) = 2{,}5r(t) - s(t)$. A população de esquilos é afetada de maneira similar pelos guaxinins. Na ausência de guaxinins, a taxa de crescimento da população de esquilos é $s'(t) = 2{,}5s(t)$; quando esquilos convivem com guaxinins, ela cai para $s'(t) = -\ 0{,}25r(t) +$

2,5$s(t)$. Suponha que haja inicialmente, no ecossistema, 60 guaxinins e 60 esquilos. Determine o que acontece a essas populações.

Solução Nosso sistema é $\mathbf{x}' = A\mathbf{x}$, em que

$$\mathbf{x} = \mathbf{x}(t) = \begin{bmatrix} r(t) \\ s(t) \end{bmatrix} \quad \text{e} \quad A = \begin{bmatrix} 2{,}5 & -1{,}0 \\ -0{,}25 & 2{,}5 \end{bmatrix}$$

Os autovalores de A são $\lambda_1 = 3$ e $\lambda_2 = 2$, com autovetores associados $\mathbf{v}_1 = \begin{bmatrix} -2 \\ 1 \end{bmatrix}$ e $\mathbf{v}_2 = \begin{bmatrix} 2 \\ 1 \end{bmatrix}$. Pelo teorema 4.40, a solução geral do nosso sistema é

$$\mathbf{x}(t) = C_1 e^{3t}\mathbf{v}_1 + C_2 e^{2t}\mathbf{v}_2 = C_1 e^{3t}\begin{bmatrix} -2 \\ 1 \end{bmatrix} + C_2 e^{2t}\begin{bmatrix} 2 \\ 1 \end{bmatrix} \qquad (7)$$

O vetor população inicial é $\mathbf{x}(0) = \begin{bmatrix} r(0) \\ s(0) \end{bmatrix} = \begin{bmatrix} 60 \\ 60 \end{bmatrix}$; assim, fazendo $t = 0$ na equação (7), temos

$$C_1\begin{bmatrix} -2 \\ 1 \end{bmatrix} + C_2\begin{bmatrix} 2 \\ 1 \end{bmatrix} = \begin{bmatrix} 60 \\ 60 \end{bmatrix}$$

Resolvendo essa equação, encontramos $C_1 = 15$ e $C_2 = 45$. Logo,

$$\mathbf{x}(t) = 15e^{3t}\begin{bmatrix} -2 \\ 1 \end{bmatrix} + 45e^{2t}\begin{bmatrix} 2 \\ 1 \end{bmatrix}$$

de onde tiramos que $r(t) = -30e^{3t} + 90e^{2t}$ e $s(t) = 15e^{3t} + 45e^{2t}$. A figura 4.20 mostra os gráficos dessas duas funções, e você pode ver claramente que a população de guaxinins é exterminada depois de pouco mais de um ano. (Você pode determinar quando *exatamente* ela desaparece?)

Vamos agora considerar um exemplo semelhante, no qual uma espécie é fonte de comida para a outra. Tal modelo é chamado ***modelo presa-predador***. Mais uma vez, nosso modelo será drasticamente simplificado, para podermos ilustrar as principais características.

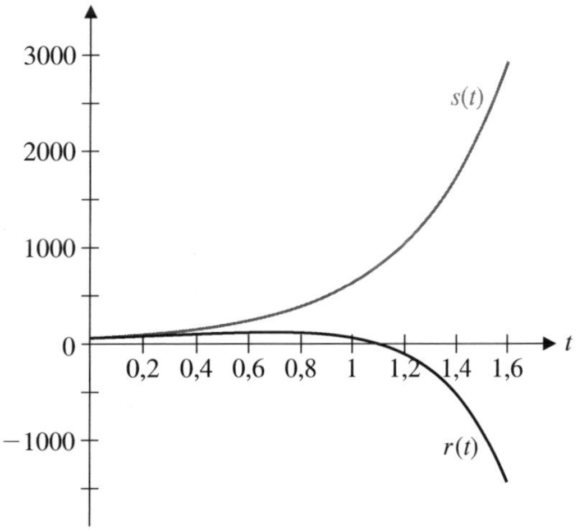

Figura 4.20
Populações de quaxinins e esquilos

a + bi **Exemplo 4.45**

Certos tipos de pássaros e de vermes coabitam em um ecossistema. Os pássaros (tordos) comem os vermes, que são sua única fonte de alimentação. Os tamanhos das populações de pássaros e de vermes, decorridos t anos, são denotados por $r(t)$ e $w(t)$, respectivamente, e as equações que governam o crescimento das duas populações são

$$\begin{aligned} r'(t) &= w(t) - 12 \\ w'(t) &= -r(t) + 10 \end{aligned} \tag{8}$$

Se inicialmente ocupam o ecossistema 6 pássaros e 20 vermes, determine o comportamento das duas populações ao longo do tempo.

Solução A primeira coisa a notar neste exemplo é a presença das constantes extras, -12 e 10, nas duas equações. Felizmente, podemos nos livrar delas com uma simples mudança de variáveis. Se fizermos $r(t) = x(t) + 10$ e $w(t) = y(t) + 12$, $r'(t) = x'(t)$ e $w'(t) = y'(t)$. Substituindo na equação (8), obtemos

$$\begin{aligned} x'(t) &= y(t) \\ y'(t) &= -x(t) \end{aligned} \tag{9}$$

que é um sistema mais fácil de trabalhar. As equações (9) têm a forma $\mathbf{x}' = A\mathbf{x}$, em que $A = \begin{bmatrix} 0 & 1 \\ -1 & 0 \end{bmatrix}$. Nossas novas condições iniciais são

$$x(0) = r(0) - 10 = 6 - 10 = -4 \quad \text{e} \quad y(0) = w(0) - 12 = 20 - 12 = 8$$

e, portanto, $\mathbf{x}(0) = \begin{bmatrix} -4 \\ 8 \end{bmatrix}$.

Procedendo como no último exemplo, encontramos os autovalores e autovetores de A. O polinômio característico é $\lambda^2 + 1$, que não tem raízes reais. O que podemos fazer? Só temos a opção de usar as raízes complexas, que são $\lambda_1 = i$ e $\lambda_2 = -i$. Os autovetores associados também são complexos — a saber, $\mathbf{v}_1 = \begin{bmatrix} 1 \\ i \end{bmatrix}$ e $\mathbf{v}_2 = \begin{bmatrix} 1 \\ -i \end{bmatrix}$. Pelo teorema 4.40, nossa solução tem a forma

$$\mathbf{x}(t) = C_1 e^{it}\mathbf{v}_1 + C_2 e^{-it}\mathbf{v}_2 = C_1 e^{it}\begin{bmatrix} 1 \\ i \end{bmatrix} + C_2 e^{-it}\begin{bmatrix} 1 \\ -i \end{bmatrix}$$

De $\mathbf{x}(0) = \begin{bmatrix} -4 \\ 8 \end{bmatrix}$, obtemos

$$C_1\begin{bmatrix} 1 \\ i \end{bmatrix} + C_2\begin{bmatrix} 1 \\ -i \end{bmatrix} = \begin{bmatrix} -4 \\ 8 \end{bmatrix}$$

cuja solução é $C_1 = -2 - 4i$ e $C_2 = -2 + 4i$. Assim, a solução do sistema (9) é

$$\mathbf{x}(t) = (-2 - 4i)e^{it}\begin{bmatrix} 1 \\ i \end{bmatrix} + (-2 + 4i)e^{-it}\begin{bmatrix} 1 \\ -i \end{bmatrix}$$

O que podemos fazer com essa solução? Pássaros e vermes habitam o mundo real — mas nossa solução envolve números complexos! Continuando sem medo, aplicamos a fórmula de Euler

$$e^{it} = \cos t + i \operatorname{sen} t$$

(apêndice C) para obter $e^{-it} = \cos(-t) + i\,\text{sen}(-t) = \cos t - i\,\text{sen}\,t$. Substituindo, temos

$$\begin{aligned}
\mathbf{x}(t) &= (-2 - 4i)(\cos t + i\,\text{sen}t)\begin{bmatrix}1\\ i\end{bmatrix} + (-2 + 4i)(\cos t - i\,\text{sen}t)\begin{bmatrix}1\\ -i\end{bmatrix}\\
&= \begin{bmatrix}(-2\cos t + 4\,\text{sen}t) + i(-4\cos t - 2\,\text{sen}t)\\ (4\cos t + 2\,\text{sen}t) + i(-2\cos t + 4\,\text{sen}t)\end{bmatrix}\\
&\quad + \begin{bmatrix}(-2\cos t + 4\,\text{sen}t) + i(4\cos t + 2\,\text{sen}t)\\ (4\cos t + 2\,\text{sen}t) + i(2\cos t - 4\,\text{sen}t)\end{bmatrix}\\
&= \begin{bmatrix}-4\cos t + 8\,\text{sen}t\\ 8\cos t + 4\,\text{sen}t\end{bmatrix}
\end{aligned}$$

Isso nos dá $x(t) = -4\cos t + 8\,\text{sen}\,t$ e $y(t) = 8\cos t + 4\,\text{sen}\,t$. Colocando tudo em função das nossas variáveis originais, concluímos que

$$r(t) = x(t) + 10 = -4\cos t + 8\,\text{sen}t + 10$$

e

$$w(t) = y(t) + 12 = 8\cos t + 4\,\text{sen}t + 12$$

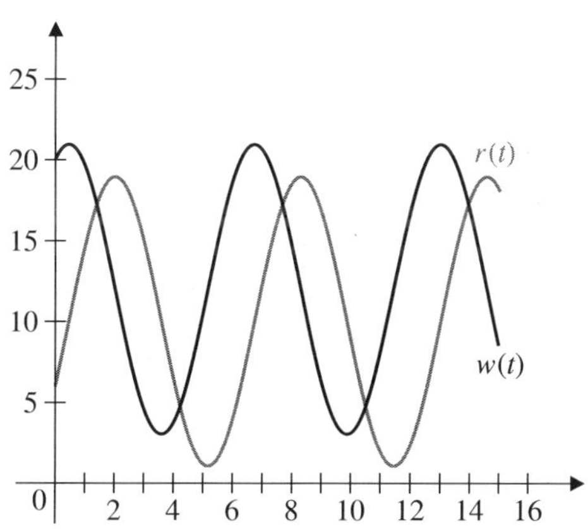

Figura 4.21
Populações de pássaros e vermes

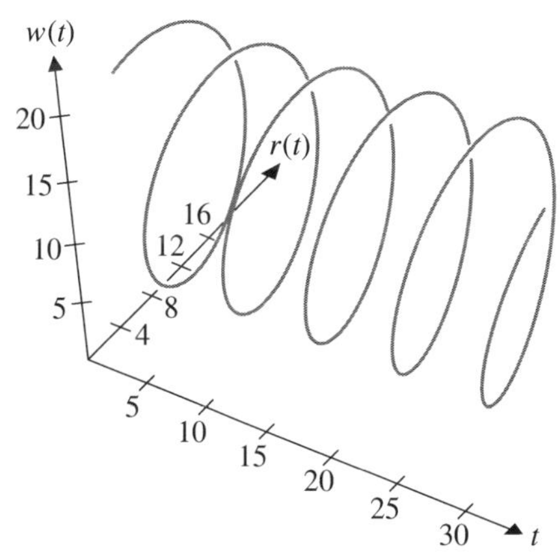

Figura 4.22

Agora nossa solução é real! Os gráficos de $r(t)$ e de $w(t)$ na figura 4.21 mostram que as duas populações oscilam periodicamente. À medida que a população de pássaros aumenta, a população de vermes começa a decrescer, mas, quando a única fonte de alimentação dos pássaros começa a diminuir, o número destes também começa a declinar. Quando os predadores desaparecem, os vermes ganham força de crescimento. Aumentando o suprimento de alimento, também voltam a aumentar o número de pássaros, e o ciclo se repete. Essa oscilação é típica de exemplos com autovalores complexos.

Colocando em um mesmo gráfico pássaros, vermes e o tempo, em eixos separados, como na figura 4.22, claramente aparece a natureza cíclica das duas populações.

Concluímos esta seção olhando o que fizemos de um ponto de vista diferente. Se $x = x(t)$ é uma função diferenciável em t, a solução geral da equação diferencial ordinária $x' = ax$ é $x = ce^{at}$, em que c é um escalar. Os sistemas de equações diferenciais lineares que estivemos considerando têm a forma $\mathbf{x}' = A\mathbf{x}$, portanto, fazendo uma analogia direta, sem pensar no significado, podemos ficar tentados a deduzir que a solução deveria ser $\mathbf{x} = \mathbf{c}e^{At}$, em que $\mathbf{c}$ seria um vetor. Mas que diabos isso poderia significar? No lado direto da igualdade, teríamos o *número e* com um expoente que seria uma *matriz*. Isso não parece fazer sentido, mas veremos que existe uma maneira de dar um sentido a tudo isso.

Comecemos considerando a expressão e^A. Em cálculo, você aprendeu que a função e^x tem uma expansão por série de potências

$$e^x = 1 + x + \frac{x^2}{2!} + \frac{x^3}{3!} + \cdots$$

que converge para todo número real x. Por analogia, vamos definir

$$e^A = I + A + \frac{A^2}{2!} + \frac{A^3}{3!} + \cdots$$

No lado direito da igualdade só aparecem potências de A, e pode-se mostrar que a série converge, para qualquer matriz real A. Então, com essa definição, e^A é uma matriz, chamada ***exponencial*** de A. Mas como podemos calcular e^A ou e^{At}? Para matrizes diagonais, isso é fácil.

Exemplo 4.46

Calcule e^{Dt} para $D = \begin{bmatrix} 4 & 0 \\ 0 & -1 \end{bmatrix}$.

Solução A partir da definição dada, temos

$$\begin{aligned} e^{Dt} &= I + Dt + \frac{(Dt)^2}{2!} + \frac{(Dt)^3}{3!} + \cdots \\ &= \begin{bmatrix} 1 & 0 \\ 0 & 1 \end{bmatrix} + \begin{bmatrix} 4t & 0 \\ 0 & -t \end{bmatrix} + \frac{1}{2!}\begin{bmatrix} (4t)^2 & 0 \\ 0 & (-t)^2 \end{bmatrix} + \frac{1}{3!}\begin{bmatrix} (4t)^3 & 0 \\ 0 & (-t)^3 \end{bmatrix} + \cdots \\ &= \begin{bmatrix} 1 + (4t) + \frac{1}{2!}(4t)^2 + \frac{1}{3!}(4t)^3 + \cdots & 0 \\ 0 & 1 + (-t) + \frac{1}{2!}(-t)^2 + \frac{1}{3!}(-t)^3 + \cdots \end{bmatrix} \\ &= \begin{bmatrix} e^{4t} & 0 \\ 0 & e^{-t} \end{bmatrix} \end{aligned}$$

A matriz exponencial também será simpática, caso A seja diagonalizável.

Exemplo 4.47

Calcule e^A para $A = \begin{bmatrix} 1 & 2 \\ 3 & 2 \end{bmatrix}$.

Solução No exemplo 4.43, vimos que os autovalores de A são $\lambda_1 = 4$ e $\lambda_2 = -1$, com os autovetores associados $\mathbf{v}_1 = \begin{bmatrix} 2 \\ 3 \end{bmatrix}$ e $\mathbf{v}_2 = \begin{bmatrix} -1 \\ 1 \end{bmatrix}$, respectivamente. Portanto, com $P = [\mathbf{v}_1 \ \ \mathbf{v}_2] = \begin{bmatrix} 2 & -1 \\ 3 & 1 \end{bmatrix}$, temos $P^{-1}AP = D = \begin{bmatrix} 4 & 0 \\ 0 & -1 \end{bmatrix}$. Como $A = PDP^{-1}$, temos $A^k = PD^kP^{-1}$ e, portanto,

$$\begin{aligned} e^A &= I + A + \frac{A^2}{2!} + \frac{A^3}{3!} + \cdots \\ &= PIP^{-1} + PDP^{-1} + \frac{1}{2!}PD^2P^{-1} + \frac{1}{3!}PD^3P^{-1} + \cdots \\ &= P\left(I + D + \frac{D^2}{2!} + \frac{D^3}{3!} + \cdots\right)P^{-1} \\ &= Pe^DP^{-1} \\ &= \begin{bmatrix} 2 & -1 \\ 3 & 1 \end{bmatrix}\begin{bmatrix} e^4 & 0 \\ 0 & e^{-1} \end{bmatrix}\begin{bmatrix} 2 & -1 \\ 3 & 1 \end{bmatrix}^{-1} \\ &= \frac{1}{5}\begin{bmatrix} 2e^4 + 3e^{-1} & 2e^4 - 2e^{-1} \\ 3e^4 - 3e^{-1} & 3e^4 + 2e^{-1} \end{bmatrix} \end{aligned}$$

Agora podemos mostrar que nosso palpite audacioso (e aparentemente tolo) sobre uma solução "exponencial" da equação $\mathbf{x}' = A\mathbf{x}$ não era assim tão discrepante!

Teorema 4.41

Seja A uma matriz $n \times n$ diagonalizável com autovalores $\lambda_1, \lambda_2, \ldots, \lambda_n$. A solução geral do sistema $\mathbf{x}' = A\mathbf{x}$ é $\mathbf{x} = e^{At}\mathbf{c}$, em que $\mathbf{c}$ é um vetor constante arbitrário. Se for especificada uma condição inicial $\mathbf{x}(0)$, então $\mathbf{c} = \mathbf{x}(0)$.

Demonstração Considere que P diaginaliza A. Então, $A = PDP^{-1}$, e, como no exemplo 4.47,

$$e^{At} = Pe^{Dt}P^{-1}$$

Assim, precisamos verificar que $\mathbf{x}' = A\mathbf{x}$ é satisfeita por $\mathbf{x} = Pe^{Dt}P^{-1}\mathbf{c}$. Agora tudo é constante, com exceção de e^{Dt}, de modo que

$$\mathbf{x}' = \frac{d\mathbf{x}}{dt} = \frac{d}{dt}(Pe^{Dt}P^{-1}\mathbf{c}) = P\frac{d}{dt}(e^{Dt})P^{-1}\mathbf{c} \tag{10}$$

Se

$$D = \begin{bmatrix} \lambda_1 & 0 & \cdots & 0 \\ 0 & \lambda_2 & \cdots & 0 \\ \vdots & \vdots & \ddots & \vdots \\ 0 & 0 & \cdots & \lambda_n \end{bmatrix}$$

então
$$e^{Dt} = \begin{bmatrix} e^{\lambda_1 t} & 0 & \cdots & 0 \\ 0 & e^{\lambda_2 t} & \cdots & 0 \\ \vdots & \vdots & \ddots & \vdots \\ 0 & 0 & \cdots & e^{\lambda_n t} \end{bmatrix}$$

Derivando, temos

$$\begin{aligned} \frac{d}{dt}(e^{Dt}) &= \begin{bmatrix} \frac{d}{dt}(e^{\lambda_1 t}) & 0 & \cdots & 0 \\ 0 & \frac{d}{dt}(e^{\lambda_2 t}) & \cdots & 0 \\ \vdots & \vdots & \ddots & \vdots \\ 0 & 0 & \cdots & \frac{d}{dt}(e^{\lambda_n t}) \end{bmatrix} \\ &= \begin{bmatrix} \lambda_1 e^{\lambda_1 t} & 0 & \cdots & 0 \\ 0 & \lambda_2 e^{\lambda_2 t} & \cdots & 0 \\ \vdots & \vdots & \ddots & \vdots \\ 0 & 0 & \cdots & \lambda_n e^{\lambda_n t} \end{bmatrix} \\ &= \begin{bmatrix} \lambda_1 & 0 & \cdots & 0 \\ 0 & \lambda_2 & \cdots & 0 \\ \vdots & \vdots & \ddots & \vdots \\ 0 & 0 & \cdots & \lambda_n \end{bmatrix} \begin{bmatrix} e^{\lambda_1 t} & 0 & \cdots & 0 \\ 0 & e^{\lambda_2 t} & \cdots & 0 \\ \vdots & \vdots & \ddots & \vdots \\ 0 & 0 & \cdots & e^{\lambda_n t} \end{bmatrix} \\ &= De^{Dt} \end{aligned}$$

Substituindo esse resultado na equação (10), obtemos

$$\mathbf{x}' = PDe^{Dt}P^{-1}\mathbf{c} = PDP^{-1}Pe^{Dt}P^{-1}\mathbf{c} = (PDP^{-1})(Pe^{Dt}P^{-1})\mathbf{c} = Ae^{At}\mathbf{c} = A\mathbf{x}$$

como se pretendia.

A última afirmação surge facilmente do fato de que se $\mathbf{x} = \mathbf{x}(t) = e^{At}\mathbf{c}$, então

$$\mathbf{x}(0) = e^{A\cdot 0}\mathbf{c} = e^{O}\mathbf{c} = I\mathbf{c} = \mathbf{c}$$

já que $e^{O} = I$. (Por quê?)

Por exemplo, veja Linear algebra, de S. H. Friedberg, A. J. Insel e L. E. Spence (Englewood Cliffs, NJ: Prentice-Hall, 1979).

Na verdade, o teorema 4.41 é verdadeiro mesmo quando A não é diagonalizável, mas não demonstraremos isso. Os cálculos de matriz exponencial para matrizes não diagonalizáveis requerem a *forma normal de Jordan* de uma matriz, um tópico que pode ser encontrado em textos mais avançados de álgebra linear.

Idealmente, essa breve digressão teve como intenção ilustrar o poder da matemática para generalizar e o valor do pensamento criativo. Matrizes exponenciais comprovaram ser ferramentas muito importantes em várias aplicações da álgebra linear, tanto teóricas como aplicadas.

a + bi

Sistemas Dinâmicos Lineares Discretos

Concluímos este capítulo do mesmo modo como começamos — olhando sistemas dinâmicos. Cadeias de Markov e modelos de Leslie para crescimentos populacionais são exemplos de ***sistemas dinâmicos lineares discretos***. Cada um pode ser descrito por uma equação matricial da forma

$$\mathbf{x}_{k+1} = A\mathbf{x}_k$$

em que o vetor $\mathbf{x}_k$ grava o estado do sistema no "tempo" k e A é uma matriz quadrada. Como vimos, o comportamento de longo prazo para esses sistemas está relacionado aos autovalores e autovetores da matriz A. O método da potência explora a natureza iterativa de tais sistemas dinâmicos para aproximar autovalores e autovetores, e o Teorema de Perron-Frobenius fornece informação especializada sobre o comportamneto de longo prazo de um sistema dinâmico linear discreto cuja matriz de coeficientes A é não negativa.

Quando A é uma matriz 2×2, podemos descrever geometricamente a evolução de um sistema dinâmico. A equação $\mathbf{x}_{k+1} = A\mathbf{x}_k$ é, na verdade, uma coleção infinita de equações. Começando com um vetor inicial $\mathbf{x}_0$, temos

$$\begin{aligned} \mathbf{x}_1 &= A\mathbf{x}_0 \\ \mathbf{x}_2 &= A\mathbf{x}_1 \\ \mathbf{x}_3 &= A\mathbf{x}_2 \\ &\vdots \end{aligned}$$

O conjunto $\{\mathbf{x}_0, \mathbf{x}_1, \mathbf{x}_2, \ldots\}$ é chamado ***trajetória*** do sistema. (Para finalidades gráficas, vamos identificar cada vetor em uma trajetória com sua extremidade de modo que possamos grafá-lo como um ponto.) Note que $\mathbf{x}_k = A^k\mathbf{x}_0$.

Exemplo 4.48

Seja $A = \begin{bmatrix} 0,5 & 0 \\ 0 & 0,8 \end{bmatrix}$. Para o sistema dinâmico $\mathbf{x}_{k+1} = A\mathbf{x}_k$, marque os cinco primeiros pontos da trajetória para os vetores iniciais a seguir:

(a) $\mathbf{x}_0 = \begin{bmatrix} 5 \\ 0 \end{bmatrix}$ (b) $\mathbf{x}_0 = \begin{bmatrix} 0 \\ -5 \end{bmatrix}$ (c) $\mathbf{x}_0 = \begin{bmatrix} 4 \\ 4 \end{bmatrix}$ (d) $\mathbf{x}_0 = \begin{bmatrix} -2 \\ 4 \end{bmatrix}$

Solução (a) Calculamos $\mathbf{x}_1 = A\mathbf{x}_0 = \begin{bmatrix} 2,5 \\ 0 \end{bmatrix}$, $\mathbf{x}_2 = A\mathbf{x}_1 = \begin{bmatrix} 1,25 \\ 0 \end{bmatrix}$, $\mathbf{x}_3 = A\mathbf{x}_2 = \begin{bmatrix} 0,625 \\ 0 \end{bmatrix}$, $\mathbf{x}_4 = A\mathbf{x}_3 = \begin{bmatrix} 0,3125 \\ 0 \end{bmatrix}$. Estes estão marcados na figura 4.23 e os pontos estão conectados para destacar a trajetória. Cálculos semelhantes produzem as trajetórias marcadas como (*b*), (*c*) e (*d*) na figura 4.23.

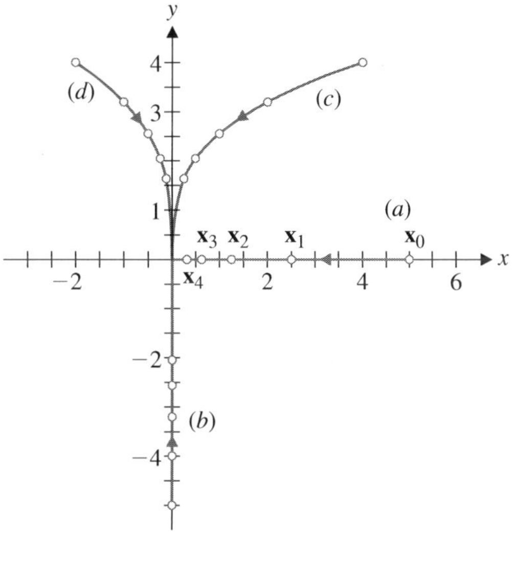

Figura 4.23

No exemplo 4.48, cada trajetória converge para **0**. A origem é chamada, nesse caso, um ***atrator***. Podemos entender o por quê disso pelo teorema 4.19. A matriz A do exemplo 4.48 tem autovetores $\begin{bmatrix}1\\0\end{bmatrix}$ e $\begin{bmatrix}0\\1\end{bmatrix}$ associados aos autovalores 0,5 e 0,8, respectivamente. (Verifique isso.) Assim, para qualquer vetor inicial

$$\mathbf{x}_0 = \begin{bmatrix}c_1\\c_2\end{bmatrix} = c_1\begin{bmatrix}1\\0\end{bmatrix} + c_2\begin{bmatrix}0\\1\end{bmatrix}$$

temos

$$\mathbf{x}_k = A^k\mathbf{x}_0 = c_1(0{,}5)^k\begin{bmatrix}1\\0\end{bmatrix} + c_2(0{,}8)^k\begin{bmatrix}0\\1\end{bmatrix}$$

Porque ambos $(0{,}5)^k$ e $(0{,}8)^k$ se aproximam de zero quando k aumenta muito, $\mathbf{x}_k$ se aproxima de **0** para qualquer escolha de $\mathbf{x}_0$. Além disso, sabemos, pelo teorema 4.28, que como 0,8 é o autovalor dominante de A, $\mathbf{x}_k$ irá se aproximar de um múltiplo do autovetor associado $\begin{bmatrix}0\\1\end{bmatrix}$ desde que $c_2 \neq 0$ (o coeficiente de $\mathbf{x}_0$ correspondente a $\begin{bmatrix}0\\1\end{bmatrix}$). Em outras palavras, todas as trajetórias com exceção daquelas começando no eixo x (em que $c_2 = 0$), irão se aproximar do eixo y, como mostrado na figura 4.23.

Exemplo 4.49

Discuta o comportamento do sistema dinâmico $\mathbf{x}_{k+1} = A\mathbf{x}_k$ correspondente a matriz $A = \begin{bmatrix}0{,}65 & -0{,}15\\-0{,}15 & 0{,}65\end{bmatrix}$.

Solução Os autovalores de A são 0,5 e 0,8 com autovetores associados $\begin{bmatrix}1\\1\end{bmatrix}$ e $\begin{bmatrix}-1\\1\end{bmatrix}$, respectivamente. (Verifique isso.) Assim, para um vetor inicial $\mathbf{x}_0 = c_1\begin{bmatrix}1\\1\end{bmatrix} + c_2\begin{bmatrix}-1\\1\end{bmatrix}$, temos

$$\mathbf{x}_k = A^k\mathbf{x}_0 = c_1(0{,}5)^k\begin{bmatrix}1\\1\end{bmatrix} + c_2(0{,}8)^k\begin{bmatrix}-1\\1\end{bmatrix}$$

Mais uma vez, a origem é um atrator, já que $\mathbf{x}_k$ se aproxima de **0** para qualquer escolha de $\mathbf{x}_0$. Se $c_2 \neq 0$, a trajetória irá se aproximar da reta que passa pela origem e tem vetor diretor $\begin{bmatrix}-1\\1\end{bmatrix}$. Algumas de tais trajetórias estão apresentadas na figura 4.24. Os vetores $\mathbf{x}_0$ em que $c_2 = 0$ estão na reta que passa pela origem e tem vetor diretor $\begin{bmatrix}1\\1\end{bmatrix}$, e a trajetória correspondente, neste caso, segue esta reta até a origem.

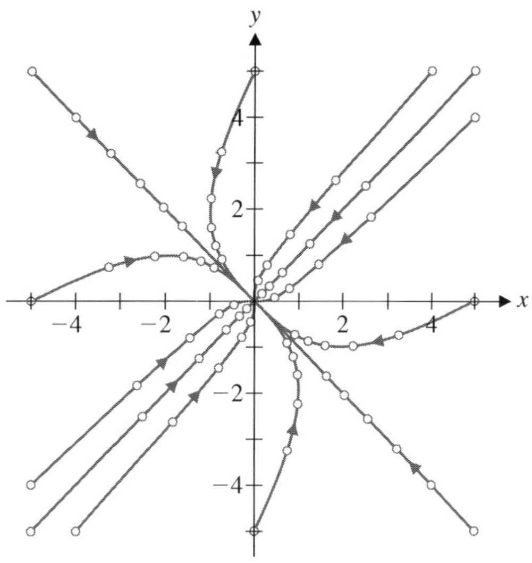

Figura 4.24

Exemplo 4.50

Discuta o comportamento dos sistemas dinâmicos $\mathbf{x}_{k+1} = A\mathbf{x}_k$ correspondentes às seguintes matrizes:

(a) $A = \begin{bmatrix} 4 & 1 \\ 1 & 4 \end{bmatrix}$ (b) $A = \begin{bmatrix} 1 & 0{,}5 \\ 0{,}5 & 1 \end{bmatrix}$

Solução (a) Os autovalores de A são 5 e 3 com autovetores associados $\begin{bmatrix} 1 \\ 1 \end{bmatrix}$ e $\begin{bmatrix} -1 \\ 1 \end{bmatrix}$, respectivamente. Assim, para um vetor inicial $\mathbf{x}_0 = c_1\begin{bmatrix} 1 \\ 1 \end{bmatrix} + c_2\begin{bmatrix} -1 \\ 1 \end{bmatrix}$, temos

$$\mathbf{x}_k = A^k\mathbf{x}_0 = c_1 5^k\begin{bmatrix} 1 \\ 1 \end{bmatrix} + c_2 3^k\begin{bmatrix} -1 \\ 1 \end{bmatrix}$$

Conforme k aumenta, ambos 5^k e 3^k também aumentam. Logo, $\mathbf{x}_k$ se afasta da origem. Como o autovalor dominante 5 tem autovetor associado $\begin{bmatrix} 1 \\ 1 \end{bmatrix}$, todas as trajetórias para as quais $c_1 \neq 0$ irão eventualmente terminar no primeiro ou terceiro quadrantes. Trajetórias com $c_1 = 0$ começam e permanecem na reta $y = -x$ cujo vetor diretor é $\begin{bmatrix} -1 \\ 1 \end{bmatrix}$. Veja a figura 4.25(a).

(b) Nesse exemplo, os autovalores são 1,5 e 0,5 com autovetores associados $\begin{bmatrix} 1 \\ 1 \end{bmatrix}$ e $\begin{bmatrix} -1 \\ 1 \end{bmatrix}$, respectivamente. Assim,

$$\mathbf{x}_k = c_1(1{,}5)^k\begin{bmatrix} 1 \\ 1 \end{bmatrix} + c_2(0{,}5)^k\begin{bmatrix} -1 \\ 1 \end{bmatrix} \quad \text{se} \quad \mathbf{x}_0 = c_1\begin{bmatrix} 1 \\ 1 \end{bmatrix} + c_2\begin{bmatrix} -1 \\ 1 \end{bmatrix}$$

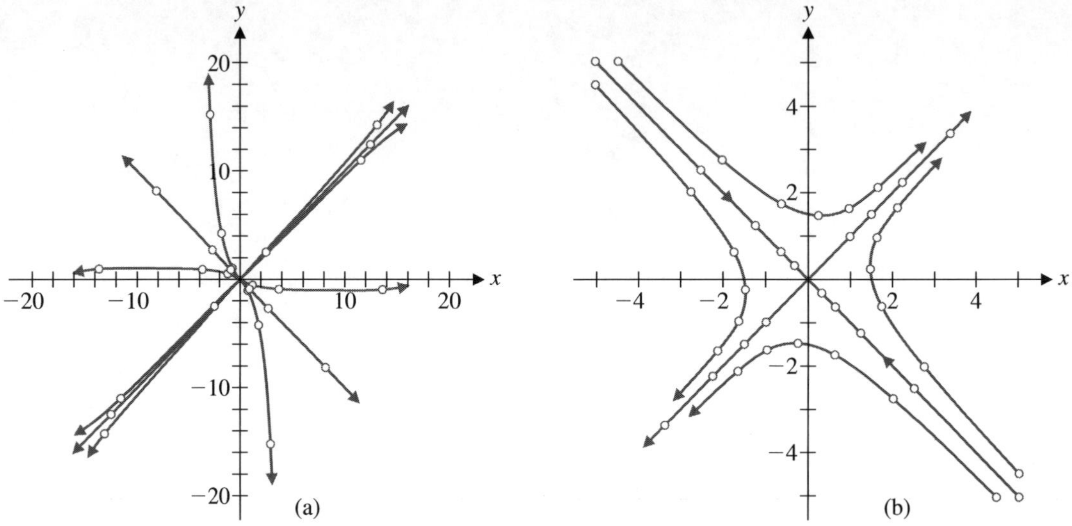

Figura 4.25

Se $c_1 = 0$, então $\mathbf{x}_k = c_2(0{,}5)^k\begin{bmatrix} -1 \\ 1 \end{bmatrix} \to \begin{bmatrix} 0 \\ 0 \end{bmatrix}$ quando $k \to \infty$. Mas se $c_1 \neq 0$, então

$$\mathbf{x}_k = c_1(1{,}5)^k\begin{bmatrix} 1 \\ 1 \end{bmatrix} + c_2(0{,}5)^k\begin{bmatrix} -1 \\ 1 \end{bmatrix} \approx c_1(1{,}5)^k\begin{bmatrix} 1 \\ 1 \end{bmatrix} \quad \text{quando } k \to \infty$$

e tais trajetórias se aproximam assintoticamente para $y = x$. Veja a figura 4.25(b).

No exemplo 4.50(a), todos os pontos que começam próximos da origem se tornam cada vez maiores em magnitude porque $|\lambda| > 1$para ambos os autovalores; **0** é chamado um ***repulsor***. No exemplo 4.50(b), **0** é chamado ***ponto de sela*** porque a origem atrai pontos em algumas direções e repele em outras. Nesse caso, $|\lambda_1| < 1$ e $|\lambda_2| > 1$.

O próximo exemplo mostra o que pode acontecer quando os autovalores de uma matriz real 2 × 2 são complexos (e, portanto, conjugados um do outro).

Exemplo 4.51

Esboce a trajetória começando com $\mathbf{x}_0 = \begin{bmatrix} 4 \\ 4 \end{bmatrix}$ para os sistemas dinâmicos $\mathbf{x}_{k+1} = A\mathbf{x}_k$ correspondentes às seguintes matrizes:

(a) $A = \begin{bmatrix} 0{,}5 & -0{,}5 \\ 0{,}5 & 0{,}5 \end{bmatrix}$ (b) $A = \begin{bmatrix} 0{,}2 & -1{,}2 \\ 0{,}6 & 1{,}4 \end{bmatrix}$

Solução As trajetórias estão mostradas na figura 4.26(a) e (b), respectivamente. Observe que (a) é uma trajetória que se espirala para a origem, enquanto (b) parece seguir uma órbita elítica.

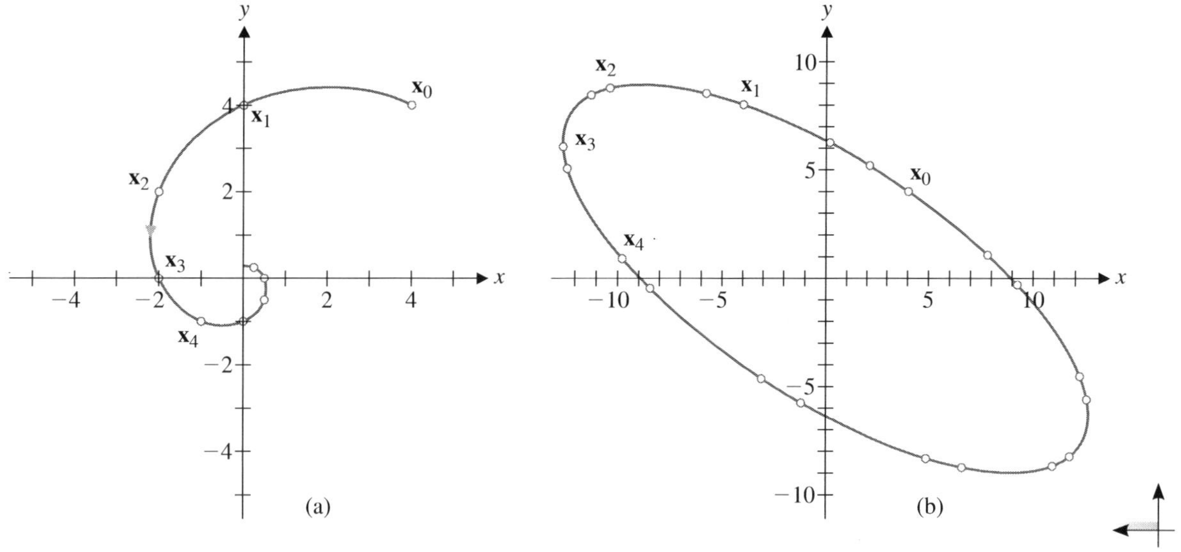

Figura 4.26

O teorema a seguir explica o comportamento em espiral da trajetória do exemplo 4.51(a)

Teorema 4.42

Seja $A = \begin{bmatrix} a & -b \\ b & a \end{bmatrix}$. Os autovalores de A são $\lambda = a \pm bi$, e se a e b não forem ambos nulos, então A pode ser fatorada como

$$A = \begin{bmatrix} a & -b \\ b & a \end{bmatrix} = \begin{bmatrix} r & 0 \\ 0 & r \end{bmatrix}\begin{bmatrix} \cos\theta & -\operatorname{sen}\theta \\ \operatorname{sen}\theta & \cos\theta \end{bmatrix}$$

em que $r = |\lambda| = \sqrt{a^2 + b^2}$ e θ é o argumento principal de $a + bi$.

Demonstração Os autovalores de A são

$$\lambda = \tfrac{1}{2}(2a \pm \sqrt{4(-b^2)}) = \tfrac{1}{2}(2a \pm 2\sqrt{b^2}\sqrt{-1}) = a \pm |b|i = a \pm bi$$

pelo exercício 35(b) da seção 4.1. A figura 4.27 apresenta $a + bi$, r, e θ. Segue que

$$A = \begin{bmatrix} a & -b \\ b & a \end{bmatrix} = r\begin{bmatrix} a/r & -b/r \\ b/r & a/r \end{bmatrix} = \begin{bmatrix} r & 0 \\ 0 & r \end{bmatrix}\begin{bmatrix} \cos\theta & -\operatorname{sen}\theta \\ \operatorname{sen}\theta & \cos\theta \end{bmatrix}$$

Observação Geometricamente, o teorema 4.42 indica que quando $A = \begin{bmatrix} a & -b \\ b & a \end{bmatrix} \neq O$, a transformação linear $T(\mathbf{x}) = A\mathbf{x}$ é a composição de uma rotação $R = \begin{bmatrix} \cos\theta & -\operatorname{sen}\theta \\ \operatorname{sen}\theta & \cos\theta \end{bmatrix}$ por um ângulo θ seguida de uma expansão/contração $S = \begin{bmatrix} r & 0 \\ 0 & r \end{bmatrix}$ por um fator r (figura 4.28). No exemplo 4.51(a), os autovalores são $\lambda = 0{,}5 \pm 0{,}5i$ de modo que $r = |\lambda| = \sqrt{2}/2 \approx 0{,}707 < 1$, e, portanto, todas as trajetórias estão espiralando para dentro em direção a $\mathbf{0}$.

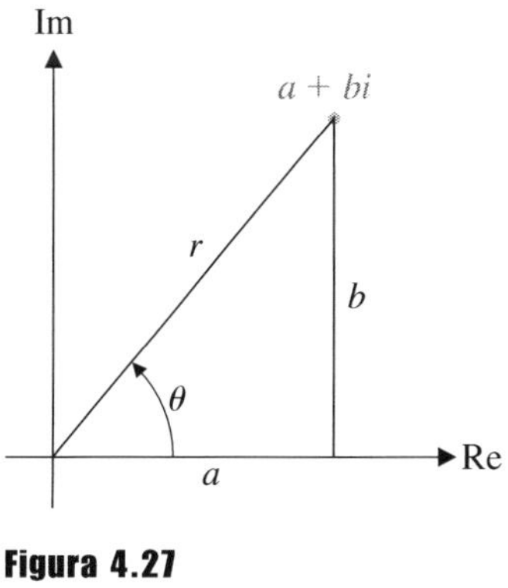

Figura 4.27

O teorema a seguir mostra que, em geral, quando uma matriz real 2×2 tem autovalores complexos, ela é semelhante a uma matriz da forma $\begin{bmatrix} a & -b \\ b & a \end{bmatrix}$. Para um vetor complexo

$$\mathbf{x} = \begin{bmatrix} z \\ w \end{bmatrix} = \begin{bmatrix} a + bi \\ c + di \end{bmatrix} = \begin{bmatrix} a \\ b \end{bmatrix} + \begin{bmatrix} c \\ d \end{bmatrix}i$$

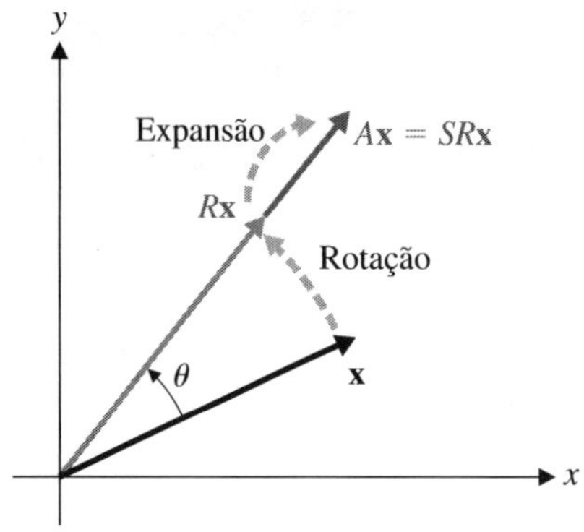

Figura 4.28
Uma rotação seguida de uma expansão

definimos a parte real, Re **x**, e a parte imaginária, Im **x**, de **x** como sendo

$$\text{Re}\,\mathbf{x} = \begin{bmatrix} a \\ b \end{bmatrix} = \begin{bmatrix} \text{Re}\,z \\ \text{Re}\,w \end{bmatrix} \quad \text{e} \quad \text{Im}\,\mathbf{x} = \begin{bmatrix} c \\ d \end{bmatrix} = \begin{bmatrix} \text{Im}\,z \\ \text{Im}\,w \end{bmatrix}$$

Teorema 4.43 Seja A uma matriz real 2×2 com um autovalor complexo $\lambda = a - bi$ (em que $b \neq 0$) e autovetor associado **x**. Então a matriz $P = [\text{Re}\,\mathbf{x} \quad \text{Im}\,\mathbf{x}]$ é invertível e

$$A = P\begin{bmatrix} a & -b \\ b & a \end{bmatrix}P^{-1}$$

Demonstração Seja $\mathbf{x} = \mathbf{u} + \mathbf{v}i$ de modo que $\text{Re}\,\mathbf{x} = \mathbf{u}$ e $\text{Im}\,\mathbf{x} = \mathbf{v}$. De $A\mathbf{x} = \lambda\mathbf{x}$, temos

$$\begin{aligned} A\mathbf{u} + A\mathbf{v}i = A\mathbf{x} = \lambda\mathbf{x} &= (a - bi)(\mathbf{u} + \mathbf{v}i) \\ &= a\mathbf{u} + a\mathbf{v}i - b\mathbf{u}i + b\mathbf{v} = (a\mathbf{u} + b\mathbf{v}) + (-b\mathbf{u} + a\mathbf{v})i \end{aligned}$$

Igualando-se as partes reais e as imaginárias, obtemos

$$A\mathbf{u} = a\mathbf{u} + b\mathbf{v} \quad \text{e} \quad A\mathbf{v} = -b\mathbf{u} + a\mathbf{v}$$

Agora $P = [\mathbf{u}\,|\,\mathbf{v}]$, de modo que

$$\begin{aligned} P\begin{bmatrix} a & -b \\ b & a \end{bmatrix} = [\mathbf{u}\,|\,\mathbf{v}]\begin{bmatrix} a & -b \\ b & a \end{bmatrix} &= [a\mathbf{u} + b\mathbf{v}\,|\,-b\mathbf{u} + a\mathbf{v}] = [A\mathbf{u}\,|\,A\mathbf{v}] = A[\mathbf{u}\,|\,\mathbf{v}] \\ &= AP \end{aligned}$$

Para mostrar que P é invertível, é suficiente mostrar que **u** e **v** são linearmente independentes. Se **u** e **v** não fossem linearmente independentes, então teríamos que $\mathbf{v} = k\mathbf{u}$ para algum escalar (complexo não nulo) k, já que nem **u** nem **v** são **0**. Assim,

$$\mathbf{x} = \mathbf{u} + \mathbf{v}i = \mathbf{u} + k\mathbf{u}i = (1 + ki)\mathbf{u}$$

Além disso, como A é real, $A\mathbf{x} = \lambda\mathbf{x}$ implica que

$$A\overline{\mathbf{x}} = \overline{A}\overline{\mathbf{x}} = \overline{A\mathbf{x}} = \overline{\lambda\mathbf{x}} = \overline{\lambda}\overline{\mathbf{x}}$$

de modo que $\overline{\mathbf{x}} = \mathbf{u} - \mathbf{v}i$ é um autovetor associado ao outro autovalor $\overline{\lambda} = a + bi$. Mas

$$\overline{\mathbf{x}} = \overline{(1 + ki)\mathbf{u}} = (1 - \overline{k}i)\mathbf{u}$$

porque **u** é um vetor real. Assim, os autovetores **x** e $\bar{\mathbf{x}}$ de A são ambos múltiplos não nulos de **u** e, portanto, são múltiplos um do outro. Isso é impossível porque autovetores associados a autovalores distintos devem ser linearmente independentes pelo teorema 4.20. (Esse teorema é válido para números complexos bem como para números reais.)

Esta contradição implica que **u** e **v** são linearmente independentes e, portanto, P é invertível. Agora, segue que

$$A = P\begin{bmatrix} a & -b \\ b & a \end{bmatrix}P^{-1}$$

O teorema 4.43 serve para explicar o exemplo 4.51(b). Os autovalores de $A = \begin{bmatrix} 0{,}2 & -1{,}2 \\ 0{,}6 & 1{,}4 \end{bmatrix}$ são $0{,}8 \pm 0{,}6i$. Para $\lambda = 0{,}8 - 0{,}6i$, um autovetor associado é

$$\mathbf{x} = \begin{bmatrix} -1-i \\ 1 \end{bmatrix} = \begin{bmatrix} -1 \\ 1 \end{bmatrix} + \begin{bmatrix} -1 \\ 0 \end{bmatrix}i$$

Pelo teorema 4.43, segue que para $P = \begin{bmatrix} -1 & -1 \\ 1 & 0 \end{bmatrix}$ e $C = \begin{bmatrix} 0{,}8 & -0{,}6 \\ 0{,}6 & 0{,}8 \end{bmatrix}$, temos

$$A = PCP^{-1} \quad \text{e} \quad P^{-1}AP = C$$

Para um dado sistema dinâmico $\mathbf{x}_{k+1} = A\mathbf{x}_k$, realizamos uma mudança de variáveis. Considere

$$\mathbf{x}_k = P\mathbf{y}_k \quad \text{(ou, de modo equivalente, } \mathbf{y}_k = P^{-1}\mathbf{x}_k\text{)}$$

Assim

$$P\mathbf{y}_{k+1} = \mathbf{x}_{k+1} = A\mathbf{x}_k = AP\mathbf{y}_k$$

então

$$\mathbf{y}_{k+1} = \mathbf{x}_{k+1} = A\mathbf{x}_k = P^{-1}AP\mathbf{y}_k = C\mathbf{y}_k$$

Agora C tem os mesmos autovalores que A (por quê?) e $|0{,}8 \pm 0{,}6i| = 1$. Assim, o sistema dinâmico $\mathbf{y}_{k+1} = C\mathbf{y}_k$ simplesmente rotaciona os pontos em cada trajetória em um círculo pela origem, pelo teorema 4.42.

Para determiner uma trajetória para o sistema dinâmico do exemplo 4.51(b), aplicamos iterativamente a transformação linear $T(\mathbf{x}) = A\mathbf{x} = PCP^{-1}\mathbf{x}$. A transformação pode ser entendida como a composição de uma mudança de variáveis (**x** para **y**), seguida de uma rotação determinada por C, seguida de uma inversão da mudança de variáveis (**y** voltando para **x**). Vamos encontrar esta ideia novamente na aplicação de esboços de gráficos de equações quadráticas na seção 5.5 e, mais em geral, como uma "mudança de bases" na seção 6.3. No exercício 74 da seção 5.5, você irá mostrar que a trajetória do exemplo 4.51(b) é, de fato, uma elipse, como aparentava ser pela figura 4.26(b).

Resumindo: se uma matriz real A 2×2 tem autovalores complexos $\lambda = a \pm bi$, então as trajetórias do sistema dinâmico $\mathbf{x}_{k+1} = A\mathbf{x}_k$ se espiralam para dentro se $|\lambda| < 1$ (**0** é um ***atrator espiral***), se espiralam para fora se $|\lambda| > 1$ (**0** é ***repulsor espiral***), e permanecem em uma órbita fechada se $|\lambda| = 1$ (**0** é um ***centro orbital***).

Vinheta

Classificando Times Esportivos e Pesquisando na Internet

Em qualquer liga esportiva competitiva, não é necessário que haja um processo direto para classificar os jogadores ou times. Contar somente vitórias e derrotas ignora o fato de que certo time pode acumular um grande número de vitórias em cima de times fracos, enquanto outro time pode ter menos vitórias, mas todas contra times fortes. Qual desses times é melhor? Como devemos comparar dois times que nunca jogaram um contra o outro? Pontos feitos devem ser levados em consideração? Pontos perdidos?

Apesar dessas complexidades, a classificação de atletas e de times esportivos tem se tornado frequente e muito aguardada nos meios de comunicação. Por exemplo, existem várias classificações anuais para os times de futebol americano universitários, jogadores de golfe e de tênis também são classificados internacionalmente. Existem muitos regimes de direitos autorais para proteger tais classificações, mas podemos imaginar como abordar esse problema usando ideias deste capítulo.

Para estabelecer a ideia básica, vamos revisitar o exemplo 3.69. Cinco tenistas competiram em um torneio "todos-contra-todos". Vitórias e derrotas ficam registradas na forma de um digrafo no qual uma aresta dirigida do vértice i ao vértice j significa que o jogador i ganhou do jogador j. A correspondente matriz de adjacência A, portanto, tem $a_{ij} = 1$ se o jogador i derrotar o jogador j e $a_{ij} = 0$ caso contrário.

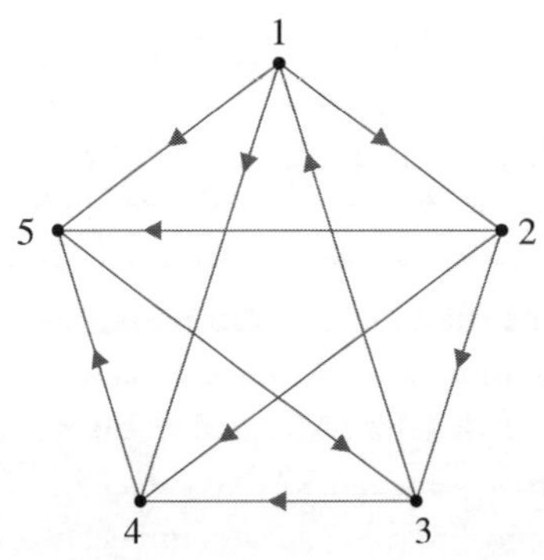

$$A = \begin{bmatrix} 0 & 1 & 0 & 1 & 1 \\ 0 & 0 & 1 & 1 & 1 \\ 1 & 0 & 0 & 1 & 0 \\ 0 & 0 & 0 & 0 & 1 \\ 0 & 0 & 1 & 0 & 0 \end{bmatrix}$$

gostaríamos de associar uma classificação r_i para o jogador i de modo que $r_i > r_j$ indica que o jogador i tem uma classificação mais alta do que o jogador j. Com essa finalidade, vamos pedir que as classificações r_i sejam probabilidades (isto é,

$0 \le r_i \le 1$ para todo i, e $r_1 + r_2 + r_3 + r_4 + r_5 = 1$) e então vamos organizar as classificações em um *vetor de classificação*

$$\mathbf{r} = \begin{bmatrix} r_1 \\ r_2 \\ r_3 \\ r_4 \\ r_5 \end{bmatrix}$$

Além disso, vamos requerer que a classificação do jogador i seja proporcional à soma das classificações dos jogadores que perderam para o jogador i. Por exemplo, se o jogador 1 derrotou os jogadores 2, 4 e 5 então

$$r_1 = \alpha(r_2 + r_4 + r_5)$$

em que α é a constante de proporcionalidade. Escrevendo equações semelhantes para os demais jogadores, geramos o seguinte sistema:

$$\begin{aligned} r_1 &= \alpha(r_2 + r_4 + r_5) \\ r_2 &= \alpha(r_3 + r_4 + r_5) \\ r_3 &= \alpha(r_1 + r_4) \\ r_4 &= \alpha r_5 \\ r_5 &= \alpha r_3 \end{aligned}$$

Observe que podemos escrever esse sistema na forma matricial como

$$\begin{bmatrix} r_1 \\ r_2 \\ r_3 \\ r_4 \\ r_5 \end{bmatrix} = \alpha \begin{bmatrix} 0 & 1 & 0 & 1 & 1 \\ 0 & 0 & 1 & 1 & 1 \\ 1 & 0 & 0 & 1 & 0 \\ 0 & 0 & 0 & 0 & 1 \\ 0 & 0 & 1 & 0 & 0 \end{bmatrix} \begin{bmatrix} r_1 \\ r_2 \\ r_3 \\ r_4 \\ r_5 \end{bmatrix} \quad \text{ou} \quad \mathbf{r} = \alpha A\mathbf{r}$$

De modo equivalente, vemos que o vetor de classificação $\mathbf{r}$ deve satisfazer $A\mathbf{r} = \frac{1}{\alpha}\mathbf{r}$. Em outras palavras, $\mathbf{r}$ é um autovetor da matriz A!

Além disso, A é uma matriz primitiva não negativa, logo, pelo teorema de Perron-Frobenius, temos que existe um *único* vetor de classificação $\mathbf{r}$. Nesse exemplo, o vetor de classificação acaba sendo

$$\mathbf{r} = \begin{bmatrix} 0{,}29 \\ 0{,}27 \\ 0{,}22 \\ 0{,}08 \\ 0{,}14 \end{bmatrix}$$

de modo que podemos classificar os jogadores na seguinte ordem 1, 2, 3, 5, 4.

Modificando a matriz A, é possível levar em consideração muitas das complexidades mencionadas no parágrafo de abertura. Entretanto, este exemplo simples já serviu para apresentar uma abordagem útil para o problema de classificação dos times.

A mesma ideia pode ser usada para entender como um mecanismo de busca na internet, como o Google, funciona. Mecanismos de busca mais velhos costumavam retornar os resultados de uma pesquisa de maneira *não ordenada*. Páginas de internet úteis costumavam aparecer quase enterradas entre as irrelevantes. Muita rolagem de página foi muitas vezes necessária para descobrir o que você estava procurando. Em contraste, o Google retorna resultados *ordenados* de acordo com a sua provável relevância. Assim, é necessário ter um método para classificação das páginas de internet.

Em vez de times jogando uns contra os outros, agora, temos páginas de internet ligadas umas às outras. Mais uma vez vamos usar digrafos para modelar esta situação, mas, desta vez, uma aresta dirigida do vértice i ao vértice j significa que a página da internet i se liga (ou faz referência) à página j. Deste modo, enquanto que para o digrafo dos times esportivos, receber uma aresta dirigida era ruim (indicavam derrotas), para o digrafo das páginas de internet, receber uma aresta dirigida é bom (indica que há ligações com outras páginas). Desse modo, queremos que a classificação da página de internet i seja proporcional à soma das classificações de todas as páginas que se ligam a i.

Usando o digrafo da página 356 para representar somente cinco páginas, temos

$$r_4 = \alpha(r_1 + r_2 + r_3)$$

por exemplo. É fácil ver que, agora, queremos usar a *transposta* da matriz de adjacência do digrafo. Portanto, o vetor de classificação $\mathbf{r}$ deve satisfazer $A^T\mathbf{r} = \frac{1}{a}\mathbf{r}$ e então será o autovetor de Perron de A^T. Nesse exemplo, obtemos

$$A^T = \begin{bmatrix} 0 & 0 & 1 & 0 & 0 \\ 1 & 0 & 0 & 0 & 0 \\ 0 & 1 & 0 & 0 & 1 \\ 1 & 1 & 1 & 0 & 0 \\ 1 & 1 & 0 & 1 & 0 \end{bmatrix} \quad \text{e} \quad \mathbf{r} = \begin{bmatrix} 0{,}14 \\ 0{,}08 \\ 0{,}22 \\ 0{,}27 \\ 0{,}29 \end{bmatrix}$$

de modo que a busca que retorna estas cinco páginas deverá apresentá-las na ordem 5, 4, 3, 1, 2.

Google, na verdade, usa uma variante do método descrito aqui e calcula o vetor de classificação por um método iterativo muito semelhante ao método da potência (seção 4.5).

Exercícios 4.6

Cadeias de Markov

Quais das matrizes estocásticas dos exercícios de 1 a 6 são regulares?

1. $\begin{bmatrix} 0 & 1 \\ 1 & 0 \end{bmatrix}$ **2.** $\begin{bmatrix} 1 & \frac{1}{2} \\ 0 & \frac{1}{2} \end{bmatrix}$

3. $\begin{bmatrix} \frac{1}{3} & 1 \\ \frac{2}{3} & 0 \end{bmatrix}$ **4.** $\begin{bmatrix} \frac{1}{2} & 0 & 1 \\ \frac{1}{2} & 0 & 0 \\ 0 & 1 & 0 \end{bmatrix}$

5. $\begin{bmatrix} 0{,}1 & 0 & 0{,}5 \\ 0{,}5 & 1 & 0 \\ 0{,}4 & 0 & 0{,}5 \end{bmatrix}$ **6.** $\begin{bmatrix} 0{,}5 & 1 & 0 \\ 0{,}5 & 0 & 1 \\ 0 & 0 & 0 \end{bmatrix}$

Nos exercícios de 7 a 9, P é a matriz de transição de uma cadeia de Markov regular. Determine L, a matriz de transição de longo alcance de P.

7. $P = \begin{bmatrix} \frac{1}{3} & \frac{1}{6} \\ \frac{2}{3} & \frac{5}{6} \end{bmatrix}$ **8.** $P = \begin{bmatrix} \frac{1}{2} & \frac{1}{3} & \frac{1}{6} \\ \frac{1}{2} & \frac{1}{2} & \frac{1}{3} \\ 0 & \frac{1}{6} & \frac{1}{2} \end{bmatrix}$

9. $P = \begin{bmatrix} 0{,}2 & 0{,}3 & 0{,}4 \\ 0{,}6 & 0{,}1 & 0{,}4 \\ 0{,}2 & 0{,}6 & 0{,}2 \end{bmatrix}$

10. Prove que o vetor de probabilbidade de estado estacionário de uma cadeia de Markov regular é único. (*Sugestão*: use o teorema 4.33 ou o teorema 4.34.)

Crescimento Populacional

Nos exercícios de 11 a 14, calcule o autovalor positivo e um autovetor positivo associado da matriz de Leslie L.

11. $L = \begin{bmatrix} 0 & 2 \\ 0{,}5 & 0 \end{bmatrix}$ **12.** $L = \begin{bmatrix} 1 & 1{,}5 \\ 0{,}5 & 0 \end{bmatrix}$

13. $L = \begin{bmatrix} 0 & 7 & 4 \\ 0{,}5 & 0 & 0 \\ 0 & 0{,}5 & 0 \end{bmatrix}$ **14.** $L = \begin{bmatrix} 1 & 5 & 3 \\ \frac{1}{3} & 0 & 0 \\ 0 & \frac{2}{3} & 0 \end{bmatrix}$

15. Se uma matriz de Leslie tem um único autovalor positivo λ_1, o que significa para a população se $\lambda_1 > 1$? $\lambda_1 < 1$? $\lambda_1 = 1$?

16. Verifique que o polinômio característico da matriz de Leslie L na equação (3) é

$$c_L(\lambda) = (-1)^n(\lambda^n - b_1\lambda^{n-1} - b_2s_1\lambda^{n-2} - b_3s_1s_2\lambda^{n-3} - \cdots - b_ns_1s_2\cdots s_{n-1})$$

[*Sugestão*: utilize indução matemática e expanda $\det(L - \lambda I)$ pela última coluna.]

17. Se todas as taxas de sobrevivência s_i, são não nulas, considere

$$P = \begin{bmatrix} 1 & 0 & 0 & \cdots & 0 \\ 0 & s_1 & 0 & \cdots & 0 \\ 0 & 0 & s_1s_2 & \cdots & 0 \\ \vdots & \vdots & \vdots & \ddots & \vdots \\ 0 & 0 & 0 & \cdots & s_1s_2\cdots s_{n-1} \end{bmatrix}$$

Calcule $P^{-1}LP$ e utilize-a para encontrar o polinômio característico de L. (*Sugestão*: consulte o exercício 32 da seção 4.3.)

18. Verifique que um autovetor de L associado a λ_1 é

$$\mathbf{x}_1 = \begin{bmatrix} 1 \\ s_1/\lambda_1 \\ s_1s_2/\lambda_1^2 \\ s_1s_2s_3/\lambda_1^3 \\ \vdots \\ s_1s_2s_3\cdots s_{n-1}/\lambda_1^{n-1} \end{bmatrix}$$

(*Sugestão*: combine o exercício 17 acima com os exercícios 32, da seção 4.3, e 46, da seção 4.4.)

CAS *Nos exercícios de 19 a 21, calcule a taxa de crescimento em estado estacionário da população com a matriz de Leslie L do exercício especificado. Depois, utilize o exercício 18 como auxiliar para encontrar as correspondentes distribuições de faixas etárias.*

19. Exercício 39 da seção 3.7

20. Exercício 40 da seção 3.7

21. Exercício 44 da seção 3.7

CAS **22.** Várias espécies de focas sofreram com a caça comercial. Elas foram mortas para aproveitamento de pele, presas e carne. O comércio de peles, em particular, reduziu algumas populações de focas ao ponto da extinção. Hoje, a maior ameaça às populações de focas é o declínio do estoque de peixes devido à pesca predatória, poluição, perturbação do habitat, emaranhamentos de detritos marinhos e abate por parte de pesqueiros. Algumas espécies foram declaradas em ameaça de extinção; outras estão sendo cuidadosamente vigiadas. A tabela 4.7 fornece as taxas de nascimento e de sobrevivência da espécie Northern Fur Seal, dividida em faixas etárias de dois anos. [Os dados estão baseados em A. E. York e J. R. Harley, "Pup production following harvest of female northern fur seals", *Canadian journal of fisheries and aquatic science, 38* (1981), pp. 84-90.]

© iStockphoto.com/Irena Mamaeva

Tabela 4.7

Idade (anos)	Taxa de nascimento	Taxa de Sobrevivência
0–2	0,00	0,91
2–4	0,02	0,88
4–6	0,70	0,85
6–8	1,53	0,80
8–10	1,67	0,74
10–12	1,65	0,67
12–14	1,56	0,59
14–16	1,45	0,49
16–18	1,22	0,38
18–20	0,91	0,27
20–22	0,70	0,17
22–24	0,22	0,15
24–26	0,00	0,00

(a) Construa a matriz de Leslie L para esses dados e calcule o autovalor positivo com um associado autovetor positivo.

(b) A longo prazo, que porcentagem de focas estará em cada faixa etária e qual será a taxa de crescimento?

O exercício 23 mostra que o comportamento de longo prazo de uma população pode ser determinado diretamente dos elementos da sua matriz de Leslie.

23. A *taxa de reprodução líquida* de uma população é definida por

$$r = b_1 + b_2s_1 + b_3s_1s_2 + \cdots + b_ns_1s_2\cdots s_{n-1}$$

em que os b_i são as taxas de nascimento e os s_j são as taxas de sobrevivência para a população.

(a) Explique por que r pode ser interpretado como o número médio de filhas nascidas de uma única fêmea ao longo de sua vida.

(b) Mostre que $r = 1$ se e somente se $\lambda_1 = 1$. (Isso representa *crescimento populacional zero*.) [*Sugestão*: considere

$$g(\lambda) = \frac{b_1}{\lambda} + \frac{b_2s_1}{\lambda^2} + \frac{b_3s_1s_2}{\lambda^3} + \cdots + \frac{b_ns_1s_2\cdots s_{n-1}}{\lambda^n}$$

Mostre que λ é um autovalor de L se e somente se $g(\lambda) = 1$.]

(c) Assumindo que exista um único autovalor positivo λ_1, mostre que $r < 1$ se e somente se a população estiver decrescendo, e $r > 1$ se e somente se a população estiver crescendo.

Uma política de ceifagem sustentável é um procedimento que permite que seja ceifada uma determinada fração da população (representada pelo vetor distribuição **x***) de maneira que, depois de um certo intervalo de tempo, a população retorne ao estado* **x** *(onde o intervalo de tempo é a extensão de uma faixa etária da população). Se h é a fração de cada faixa etária que foi ceifada, podemos expressar matematicamente o procedimento de ceifagem da seguinte maneira: se iniciarmos com um vetor população* **x***, depois de um intervalo de tempo teremos L***x***; a ceifagem retirará hL***x** *da população, deixando*

$$L\mathbf{x} - hL\mathbf{x} = (1 - h)L\mathbf{x}$$

A condição de a ceifagem ser sustentável requer a validade de

$$(1 - h)L\mathbf{x} = \mathbf{x}$$

24. Se λ_1 é o único autovalor positivo de uma matriz de Leslie L e h é a razão de ceifagem sustentável, prove que $h = 1 - 1/\lambda_1$.

CAS **25.** **(a)** Encontre a razão de ceifagem sustentável para caribus selvagens do exercício 44 da seção 3.7.

(b) Usando os dados do exercício 44 da seção 3.7, reduza o rebanho de caribus de acordo com a sua resposta na parte (a). Verifique que a população retorna ao seu nível original depois de um intervalo de tempo.

26. Determine a razão de ceifagem sustentável para as focas do exercício 22. (Ambientalistas tiveram que fazer uma ceifagem na população de focas quando a pesca predatória reduziu o alimento disponível a um ponto no qual a população estava em risco de inanição.)

a + bi **27.** Seja L uma matriz de Leslie com um único autovalor positivo λ_1. Mostre que, se λ é qualquer outro autovalor (real ou complexo) de L, então $|\lambda| \leq \lambda_1$. [*Sugestão*: escreva $\lambda = r(\cos\theta + i \operatorname{sen}\theta)$ e substitua esse valor na equação $g(\lambda) = 1$, como na parte (b) do exercício 23. Utilize o teorema de De Moivre e depois tome a parte real dos dois lados da igualdade. A Desigualdade Triangular deve ser útil na solução.]

O Teorema de Perron-Frobenius

Nos exercícios de 28 a 31, encontre a raiz de Perron e o correspondente autovetor de Perron para A.

28. $A = \begin{bmatrix} 2 & 0 \\ 1 & 1 \end{bmatrix}$ **29.** $A = \begin{bmatrix} 1 & 3 \\ 2 & 0 \end{bmatrix}$

30. $A = \begin{bmatrix} 0 & 1 & 1 \\ 1 & 0 & 1 \\ 1 & 1 & 0 \end{bmatrix}$ **31.** $A = \begin{bmatrix} 2 & 1 & 1 \\ 1 & 1 & 0 \\ 1 & 0 & 1 \end{bmatrix}$

É possível mostrar que uma matriz não negativa $n \times n$ é irredutível se e somente se $(I + A)^{n-1} > O$. Nos exercícios de 32 a 35, empregue esse critério para determinar se a matriz A é irredutível. Caso A seja redutível, encontre uma permutação de suas linhas e colunas de maneira que A fique na forma de blocos

$$\left[\begin{array}{c|c} B & C \\ \hline O & D \end{array}\right]$$

32. $A = \begin{bmatrix} 0 & 0 & 1 & 0 \\ 0 & 0 & 0 & 1 \\ 0 & 1 & 0 & 0 \\ 1 & 0 & 0 & 0 \end{bmatrix}$ **33.** $A = \begin{bmatrix} 0 & 0 & 1 & 0 \\ 0 & 0 & 1 & 1 \\ 1 & 0 & 0 & 0 \\ 1 & 1 & 0 & 0 \end{bmatrix}$

34. $A = \begin{bmatrix} 0 & 1 & 0 & 0 & 0 \\ 0 & 0 & 1 & 0 & 1 \\ 1 & 0 & 1 & 0 & 1 \\ 0 & 0 & 1 & 1 & 0 \\ 1 & 0 & 0 & 0 & 0 \end{bmatrix}$ **35.** $A = \begin{bmatrix} 0 & 1 & 0 & 0 & 0 \\ 0 & 0 & 0 & 0 & 1 \\ 1 & 0 & 0 & 0 & 1 \\ 0 & 0 & 1 & 0 & 0 \\ 0 & 0 & 0 & 1 & 1 \end{bmatrix}$

36. (a) Se A é a matriz de adjacência de uma grafo G, mostre que A é irredutível se e somente se G for conexo. (Um grafo é ***conexo*** quando possui um caminho entre cada par de vértices.)

(b) Quais dos grafos da seção 4.0 têm uma matriz de adjacência irredutível? Quais têm uma matriz de adjacência primitiva?

37. Seja G um grafo bipartido com matriz de adjacência A.

(a) Mostre que A não é primitiva.

(b) Mostre que, se λ é um autovalor de A, $-\lambda$ também o é. [*Sugestão*: use o exercício 80 da seção 3.7 e uma partição de um autovetor associado a λ que seja compatível com a partição de A. Utilize a partição para encontrar um autovetor para $-\lambda$.]

38. Um grafo é chamado de ***k-regular*** quando cada vértice é o encontro de k segmentos. Seja G um grafo k-regular.

(a) Mostre que a matriz de adjacência A de G tem $\lambda = k$ como autovalor. [*Sugestão*: adapte o teorema 4.30.]

(b) Mostre que, se A é primitiva, os outros autovalores são menores que k em valor absoluto. [*Sugestão*: adapte o teorema 4.31.]

39. Explique o resultado da sua investigação da seção 4.0 à luz dos exercícios de 36 a 38 e da seção 4.5.

No exercício 40, o módulo de uma matriz $A = [a_{ij}]$ é definido como a matriz $|A| = [|a_{ij}|]$.

40. Sejam A e B matrizes $n \times n$, $\mathbf{x}$ um vetor de $\mathbb{R}^n$, e c um escalar. Prove as desigualdades entre matrizes a seguir:

(a) $|cA| = |c|\,|A|$ **(b)** $|A + B| \leq |A| + |B|$

(c) $|A\mathbf{x}| \leq |A|\,|\mathbf{x}|$ **(d)** $|AB| \leq |A|\,|B|$

41. Prove que uma matriz 2×2 $A = \begin{bmatrix} a_{11} & a_{12} \\ a_{21} & a_{22} \end{bmatrix}$ é redutível se e somente se $a_{12} = 0$ ou $a_{21} = 0$.

42. Seja A uma matriz não negativa e irredutível tal que $I - A$ é invertível e $(I - A)^{-1} \geq O$. Considere λ_1 e v_1 a raiz de Perron e o autovetor de Perron de A.

(a) Prove que $0 < \lambda_1 < 1$. [*Sugestão*: Aplique o exercício 22 da seção 4.3 e o teorema 4.18(b).]

(b) A partir de (a), deduza que $\mathbf{v}_1 > A\mathbf{v}_1$.

Relações de Recorrência Lineares

Nos exercícios de 43 a 46, escreva os primeiros seis termos da sequência definida pelas dadas relações de recorrência com suas condições iniciais.

43. $x_0 = 1, x_n = 2x_{n-1}$ para $n \geq 1$

44. $a_1 = 128, a_n = a_{n-1}/2$ para $n \geq 2$

45. $y_0 = 0, y_1 = 1, y_n = y_{n-1} - y_{n-2}$ para $n \geq 2$

46. $b_0 = 1, b_1 = 1, b_n = 2b_{n-1} + b_{n-2}$ para $n \geq 2$

Nos exercícios de 47 a 52, resolva a relação de recorrência com as dadas condições iniciais.

47. $x_0 = 0, x_1 = 5, x_n = 3x_{n-1} + 4x_{n-2}$ para $n \geq 2$

48. $x_0 = 0, x_1 = 1, x_n = 4x_{n-1} - 3x_{n-2}$ para $n \geq 2$

49. $y_1 = 1, y_2 = 6, y_n = 4y_{n-1} - 4y_{n-2}$ para $n \geq 3$

50. $a_0 = 4, a_1 = 1, a_n = a_{n-1} - a_{n-2}/4$ para $n \geq 2$

51. $b_0 = 0, b_1 = 1, b_n = 2b_{n-1} + 2b_{n-2}$ para $n \geq 2$

a + bi **52.** Considere a relação de recorrência do exercício 45. Mostre que sua solução está de acordo como a resposta do exercício 45.

53. Complete a demonstração do teorema 4.38(a) mostrando que, se a relação de recorrência $x_n = ax_{n-1} +$

bx_{n-2} tiver autovalores distintos $\lambda_1 \neq \lambda_2$, a solução será da forma

$$x_n = c_1\lambda_1^n + c_2\lambda_2^n$$

[*Sugestão*: mostre que o método do exemplo 4.40 funciona em geral.]

54. **(a)** Mostre que, para qualquer escolha de condições iniciais $x_0 = r$ e $x_1 = s$, os escalares c_1 e c_2 podem ser encontrados, como é afirmado no teorema 4.38(a) e (b).

(b) Se os autovalores λ_1 e λ_2 são distintos e as condições iniciais são $\mathbf{x}_0 = 0$, $\mathbf{x}_1 = 1$, mostre

$$\mathbf{x}_n = \left(\frac{1}{\lambda_1 - \lambda_2}\right)(\lambda_1^n - \lambda_2^n).$$

55. A recorrência de Fibonacci $f_n = f_{n-1} + f_{n-2}$ tem associada a equação matricial $\mathbf{x}_n = A\mathbf{x}_{n-1}$, em que

$$\mathbf{x}_n = \begin{bmatrix} f_n \\ f_{n-1} \end{bmatrix} \quad \text{e} \quad A = \begin{bmatrix} 1 & 1 \\ 1 & 0 \end{bmatrix}$$

(a) Com $f_0 = 0$ e $f_1 = 1$, utilize indução matemática para provar que

$$A^n = \begin{bmatrix} f_{n+1} & f_n \\ f_n & f_{n-1} \end{bmatrix}$$

para todo $n \geq 1$.

(b) Usando a parte (a), prove que

$$f_{n+1}f_{n-1} - f_n^2 = (-1)^n$$

para todo $n \geq 1$. [Essa é a chamada ***Identidade de Cassini***, em homenagem ao astrônomo Giovanni Domenico Cassini (1625-1712). Cassini nasceu na Itália mas mudou-se para a França em 1669, a convite de Louis XIV, onde se tornou diretor do Observatório de Paris. Ele se tornou um cidadão francês e adotoua versão francesa de seu nome: Jean-Dominique Cassini. A matemática era um dos seus múltiplos interesses, além da astronomia. A Identidade de Cassini foi publicada em 1680 em um artigo submetido à Academia Real de Ciências de Paris.]

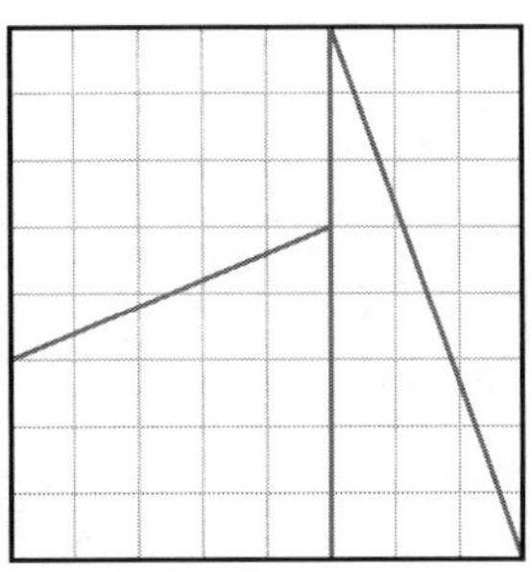

(a)

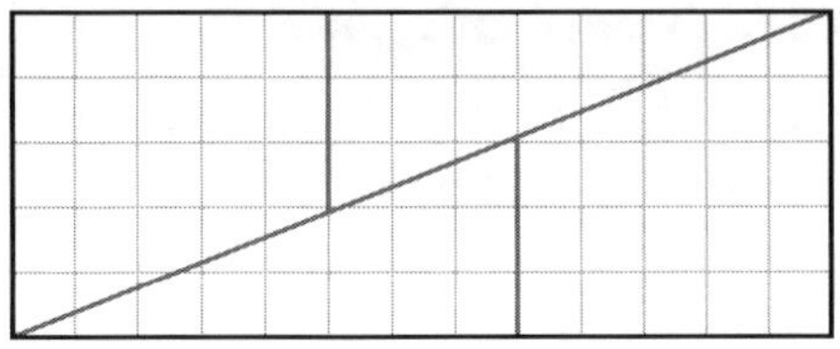

(b)

Figura 4.29

(c) Um tabuleiro de xadrez 8×8 pode ser repartido como mostra a figura 4.29 (a), e suas partes rearranjadas para formar o retângulo 5×13 da figura 4.29(b). A área do quadrado vale 64 unidades quadradas, mas a área do retângulo vale 65 unidades quadradas! De onde saiu o quadrado extra? [*Sugestão*: o que isso tem a ver com a sequência de Fibonacci?]

56. Você tem um suprimento de três tipos de ladrilhos: dois tipos de ladrilhos 1×2 e um outro tipo de ladrilho 1×1, como mostra a figura 4.30.

Figura 4.30

Seja t_n o número de diferentes maneiras de recobrir um retângulo $1 \times n$ com esses ladrilhos. Por exemplo, a figura 4.31 mostra que $t_3 = 5$.

(a) Determine $t_1, \ldots, t_5$.
(Será que t_0 faz algum sentido? Se sim, qual?)

(b) Determine uma relação de recorrência de segunda ordem para t_n.

(c) Usando t_1 e t_2 como condições iniciais, resolva a relação de recorrência da parte (b). Confira sua resposta com os dados da parte (a).

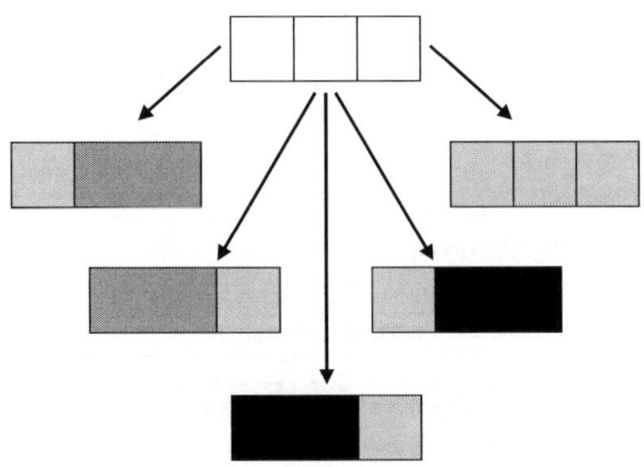

Figura 4.31
As cinco maneiras de ladrilhar um retângulo 1×3

57. Você tem um suprimento de dominós 1×2, com os quais irá recobrir um retângulo $2 \times n$. Seja d_n o número de diferentes maneiras de recobrir o retângulo. Por exemplo, a figura 4.32 mostra que $d_3 = 3$.

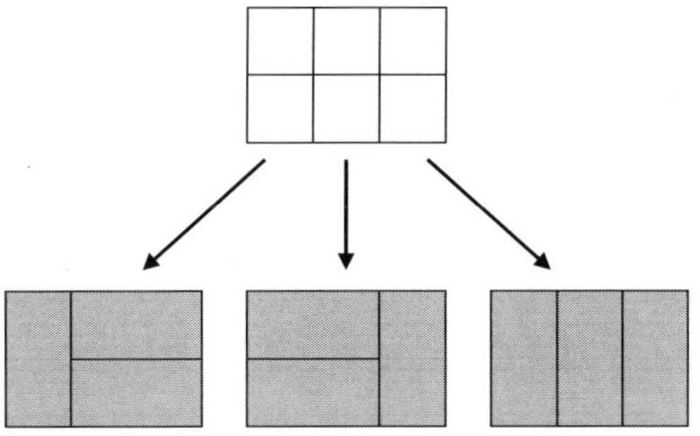

Figura 4.32
As três maneiras de recobrir um retângulo 2×3 com dominós 1×2

(a) Encontre $d_1, \ldots, d_5$.
(Será que d_0 faz algum sentido? Se sim, qual?)
(b) Determine uma relação de recorrência de segunda ordem para d_n.
(c) Usando d_1 e d_2 como condições iniciais, resolva a relação de recorrência da parte (b). Confira sua resposta com os dados da parte (a).

58. No exemplo 4.41, encontre autovetores $\mathbf{v}_1$ e $\mathbf{v}_2$ associados a $\lambda_1 = \dfrac{1 + \sqrt{5}}{2}$ e $\lambda_2 = \dfrac{1 - \sqrt{5}}{2}$. Com $\mathbf{x}_k = \begin{bmatrix} f_k \\ f_{k-1} \end{bmatrix}$, verifique a fórmula (2) da seção 4.5. Ou seja, mostre que, para algum escalar c_1,

$$\lim_{k \to \infty} \frac{\mathbf{x}_k}{\lambda_1^k} = c_1 \mathbf{v}_1$$

Sistemas de Equações Diferenciais Lineares

Nos exercícios de 59 a 64, encontre a solução geral dos sistemas de equações diferenciais indicados. Depois ache a solução particular que satisfaz às condições iniciais. (Considere todas as funções como funções de t.)

59. $\begin{aligned} x' &= x + 3y, & x(0) &= 0 \\ y' &= 2x + 2y, & y(0) &= 5 \end{aligned}$

60. $\begin{aligned} x' &= 2x - y, & x(0) &= 1 \\ y' &= -x + 2y, & y(0) &= 1 \end{aligned}$

61. $\begin{aligned} x_1' &= x_1 + x_2, & x_1(0) &= 1 \\ x_2' &= x_1 - x_2, & x_2(0) &= 0 \end{aligned}$

62. $\begin{aligned} y_1' &= y_1 - y_2, & y_1(0) &= 1 \\ y_2' &= y_1 + y_2, & y_2(0) &= 1 \end{aligned}$

63. $\begin{aligned} x' &= y - z, & x(0) &= 1 \\ y' &= x + z, & y(0) &= 0 \\ z' &= x + y, & z(0) &= -1 \end{aligned}$

64. $\begin{aligned} x' &= x + 3z, & x(0) &= 2 \\ y' &= x - 2y + z, & y(0) &= 3 \\ z' &= 3x + z, & z(0) &= 4 \end{aligned}$

65. Um cientista colocou duas cepas de bactérias, X e Y, em uma placa de petri. Inicialmente, havia 400 de X e 500 de Y. As duas bactérias competem por alimento e espaço, mas uma não come a outra. Se $x = x(t)$ e $y = y(t)$ representam os números em cada cepa no instante t dias, e as taxas de crescimento das duas populações são dadas pelo sistema

$$\begin{aligned} x' &= 1{,}2x - 0{,}2y \\ y' &= -0{,}2x + 1{,}5y \end{aligned}$$

(a) Determine o que acontece com essas duas populações, resolvendo o sistema de equações diferenciais;
(b) Explore o efeito ao se fazer a mudança nas populações iniciais colocando $x(0) = a$ e $y(0) = b$. Descreva o que acontece às populações em função de a e de b.

66. Duas espécies, X e Y, vivem em relação *simbiótica*. Isto é, nenhuma das espécies pode sobreviver por si só e cada uma depende da outra para sua própria sobrevivência. Inicialmente, existem 15 de X e 10 de Y. Se $x = x(t)$ e $y = y(t)$ são os tamanhos das populações no tempo t, em meses, as taxas de crescimento das duas populações são dadas pelo sistema

$$\begin{aligned} x' &= -0{,}8x + 0{,}4y \\ y' &= 0{,}4x - 0{,}2y \end{aligned}$$

Determine o que acontece a essas duas populações.

Nos exercícios 67 e 68, a espécie X é predadora da espécie Y. Os tamanhos das populações são representados por $x = x(t)$ e $y = y(t)$. A taxa de crescimento de cada população é governada pelo sistema de equações diferenciais $\mathbf{x}' = A\mathbf{x} + \mathbf{b}$, em que $\mathbf{x} = \begin{bmatrix} x \\ y \end{bmatrix}$ e $\mathbf{b}$ é um vetor constante. Determine o que acontece com as duas populações para A, $\mathbf{b}$ e as condições iniciais $\mathbf{x}(0)$ dadas. (Primeiro mostre que existem constantes a e b tais que as substituições $x = u + a$ e $y = v + b$ convertem o sistema em um outro equivalente sem termos constantes.)

67. $A = \begin{bmatrix} 1 & 1 \\ -1 & 1 \end{bmatrix}, \mathbf{b} = \begin{bmatrix} -30 \\ -10 \end{bmatrix}, \mathbf{x}(0) = \begin{bmatrix} 20 \\ 30 \end{bmatrix}$

68. $A = \begin{bmatrix} -1 & 1 \\ -1 & -1 \end{bmatrix}, \mathbf{b} = \begin{bmatrix} 0 \\ 40 \end{bmatrix}, \mathbf{x}(0) = \begin{bmatrix} 10 \\ 30 \end{bmatrix}$

69. Seja $x = x(t)$ uma função que possui segundas derivadas em cada ponto, e considere a *equação diferencial de segunda ordem*

$$x'' + ax' + bx = 0 \qquad (11)$$

(a) Mostre que a mudança de variáveis $y = x'$ e $z = x$ nos permite escrever a equação (11) como um sistema de duas equações diferenciais lineares em y e z.

(b) Mostre que a equação característica do sistema da parte (a) é $\lambda^2 + a\lambda + b = 0$.

70. Mostre que existe uma mudança de variáveis que converte a *equação diferencial de ordem n*

$$x^{(n)} + a_{n-1}x^{(n-1)} + \cdots + a_1x' + a_0 = 0$$

em um sistema de n equações diferenciais lineares cuja matriz dos coeficientes é a matriz companheira $C(p)$ do polinômio $p(\lambda) = \lambda^n + a_{n-1}\lambda^{n-1} + \ldots + a_1\lambda + a_0$. [A notação $x^{(k)}$ indica a k-ésima derivada de x. Veja os exercícios de 26 a 32 da seção 4.3 para a definição de matriz companheira.]

Nos exercícios 71 e 72, use o exercício 69 para determinar a solução geral para a equação dada.

71. $x'' - 5x' + 6x = 0$ **72.** $x'' + 4x' + 3x = 0$

Nos exercícios de 73 a 76, resolva os sistemas de equações diferenciais do exercício indicado utilizando o teorema 4.41.

73. Exercício 59 **74.** Exercício 60

75. Exercício 63 **76.** Exercício 64

Sistemas Dinâmicos Lineares Discretos

Nos exercícios de 77 a 84, considere o sistema dinâmico $\mathbf{x}_{k+1} = A\mathbf{x}_k$.

(a) Calcule e esboce $\mathbf{x}_0, \mathbf{x}_1, \mathbf{x}_2, \mathbf{x}_3$ *para* $\mathbf{x}_0 = \begin{bmatrix} 1 \\ 1 \end{bmatrix}$.

(b) Calcule e esboce $\mathbf{x}_0, \mathbf{x}_1, \mathbf{x}_2, \mathbf{x}_3$ *para* $\mathbf{x}_0 = \begin{bmatrix} 1 \\ 0 \end{bmatrix}$.

(c) Usando autovalores e autovetores, classique a origem como um atrator, repulsor, ponto de sela, ou nenhum destes.

(d) Esboce várias trajetórias típicas do sistema.

77. $A = \begin{bmatrix} 2 & 1 \\ 0 & 3 \end{bmatrix}$ **78.** $A = \begin{bmatrix} 0,5 & -0,5 \\ 0 & 0,5 \end{bmatrix}$

79. $A = \begin{bmatrix} 2 & -1 \\ -1 & 2 \end{bmatrix}$ **80.** $A = \begin{bmatrix} -4 & 2 \\ 1 & -3 \end{bmatrix}$

81. $A = \begin{bmatrix} 1,5 & -1 \\ -1 & 0 \end{bmatrix}$ **82.** $A = \begin{bmatrix} 0,1 & 0,9 \\ 0,5 & 0,5 \end{bmatrix}$

83. $A = \begin{bmatrix} 0,2 & 0,4 \\ -0,2 & 0,8 \end{bmatrix}$ **84.** $A = \begin{bmatrix} 0 & -1,5 \\ 1,2 & 3,6 \end{bmatrix}$

Nos exercícios de 85 a 88, a matriz dada tem a forma $A = \begin{bmatrix} a & -b \\ b & a \end{bmatrix}$. *Em cada caso, A pode ser fatorada como o produto de uma matriz de redução/expansão e uma matriz de rotação. Encontre o fator de redução/expansão r e o ângulo θ da rotação. Esboce os primeiros quatro pontos da trajetória para o sistema dinâmico* $\mathbf{x}_{k+1} = A\mathbf{x}_k$ *com* $\mathbf{x}_0 = \begin{bmatrix} 1 \\ 1 \end{bmatrix}$ *e classifique a origem como um atrator espiral, repulsor espiral ou centro orbital.*

85. $A = \begin{bmatrix} 1 & -1 \\ 1 & 1 \end{bmatrix}$ **86.** $A = \begin{bmatrix} 0 & 0,5 \\ -0,5 & 0 \end{bmatrix}$

87. $A = \begin{bmatrix} 1 & \sqrt{3} \\ -\sqrt{3} & 1 \end{bmatrix}$ **88.** $A = \begin{bmatrix} -\sqrt{3}/2 & -1/2 \\ 1/2 & -\sqrt{3}/2 \end{bmatrix}$

Nos exercícios 89 a 92, encontre a matriz invertível P e a matriz C da forma $C = \begin{bmatrix} a & -b \\ b & a \end{bmatrix}$ *tal que* $A = PCP^{-1}$. *Esboce os seis primeiros pontos da trajetória do sistema dinâmico* $\mathbf{x}_{k+1} = A\mathbf{x}_k$ *com* $\mathbf{x}_0 = \begin{bmatrix} 1 \\ 1 \end{bmatrix}$ *e classifique a origem como um atrator espiral, repulsor espiral ou centro orbital.*

89. $A = \begin{bmatrix} 0,1 & -0,2 \\ 0,1 & 0,3 \end{bmatrix}$ **90.** $A = \begin{bmatrix} 2 & 1 \\ -2 & 0 \end{bmatrix}$

91. $A = \begin{bmatrix} 1 & -1 \\ 1 & 0 \end{bmatrix}$ **92.** $A = \begin{bmatrix} 0 & -1 \\ 1 & \sqrt{3} \end{bmatrix}$

Revisão do Capítulo

Definições e Conceitos Principais

autovalor, 254
autovetor, 254
autoespaço, 256
determinante, 263–265
discos de Gerschgorin, 319
equação característica, 292
expansão de cofatores, 266
matriz adjunta, 276
matriz diagonalizável, 303
matrizes semelhantes, 301
método da potência (e suas variantes), 311–319
multiplicidade algébrica de um autovalor, 294
multiplicidade geométrica de um autovalor, 294
polinômio característico, 292
propriedades dos determinantes, 269–274
Regra de Cramer, 274–275
Teorema dos discos de Gerschgorin, 321
Teorema da Expansão de Laplace, 266
Teorema Fundamental das Matrizes Invertíveis, 296

Questões de Revisão

1. Assinale cada uma das afirmações a seguir como verdadeira ou falsa:

(a) Para toda matriz quadrada A, $\det(-A) = -\det A$.
(b) Se A e B são matrizes $n \times n$, então $\det(AB) = \det(BA)$.
(c) Se A e B são matrizes $n \times n$ cujas colunas são as mesmas mas em ordens diferentes, então $\det B = -\det A$.
(d) Se A é invertível, então $\det(A^{-1}) = \det A^T$.
(e) Se 0 é o único autovalor de uma matriz quadrada A, então A é a matriz nula.
(f) Dois autovetores associados ao mesmo autovalor devem ser linearmente dependentes.
(g) Se uma matriz $n \times n$ tem n autovalores distintos, então ela deve ser diagonálizável.
(h) Se uma matriz $n \times n$ matrix é diagonalizável, então ela deve ter n autovalores distintos.
(i) Matrizes semelhantes têm os mesmos autovetores.
(j) Se A e B são duas matrizes $n \times n$ com a mesma forma escalonada reduzida por linhas, então A é semelhante a B.

2. Seja $A = \begin{bmatrix} 1 & 3 & 5 \\ 3 & 5 & 7 \\ 7 & 9 & 11 \end{bmatrix}$.

(a) Calcule det A por expansão de cofatores por alguma linha ou coluna.
(b) Calcule det A reduzindo, primeiro, A a forma triangular.

3. Se $\begin{vmatrix} a & b & c \\ d & e & f \\ g & h & i \end{vmatrix} = 3$, encontre $\begin{vmatrix} 3d & 2e - 4f & f \\ 3a & 2b - 4c & c \\ 3g & 2h - 4i & i \end{vmatrix}$.

4. Sejam A e B matrizes 4×4 tais que $\det A = 2$ e $\det B = -\frac{1}{4}$. Determine det C para a matriz C indicada:

(a) $C = (AB)^{-1}$ **(b)** $C = A^2B(3A^T)$

5. Se A é uma matriz antissimétrica $n \times n$ e n é ímpar, prove que $\det A = 0$.

6. Determine todos os valores de k para os quais $\begin{vmatrix} 1 & -1 & 2 \\ 1 & 1 & k \\ 2 & 4 & k^2 \end{vmatrix} = 0$.

Nas questões 7 e 8, mostre que **x** *é um autovetor de A e determine o autovalor correspondente.*

7. $\mathbf{x} = \begin{bmatrix} 1 \\ 2 \end{bmatrix}$, $A = \begin{bmatrix} 3 & 1 \\ 4 & 3 \end{bmatrix}$

8. $\mathbf{x} = \begin{bmatrix} 3 \\ -1 \\ 2 \end{bmatrix}$, $A = \begin{bmatrix} 13 & -60 & -45 \\ -5 & 18 & 15 \\ 10 & -40 & -32 \end{bmatrix}$

9. Seja $A = \begin{bmatrix} -5 & -6 & 3 \\ 3 & 4 & -3 \\ 0 & 0 & -2 \end{bmatrix}$.

(a) Determine o polinômio característico de A.
(b) Determine todos os autovalores de A.
(c) Determine uma base para cada um dos autoespaços de A.
(d) Determine se A é diagonalizável. Se A não for diagonalizável, explique por que não. Se A for diagonalizável, encontre uma matriz invertível P e uma matriz diagonal D tais que $P^{-1}AP = D$.

10. Se A é uma matriz 3×3 diagonalizável com autovalores -2, 3 e 4, determine det A.

11. Se A é uma matriz 2×2 com autovalores $\lambda_1 = \frac{1}{2}$, $\lambda_2 = -1$, e autovetores associados $\mathbf{v}_1 = \begin{bmatrix} 1 \\ 1 \end{bmatrix}$, $\mathbf{v}_2 = \begin{bmatrix} 1 \\ -1 \end{bmatrix}$, determine $A^{-5}\begin{bmatrix} 3 \\ 7 \end{bmatrix}$.

12. Se A é uma matriz diagonalizável e todos os seus autovalores satisfazem $|\lambda| < 1$, prove que A^n tende a matriz nula quando n se torna grande.

Nas questões de 13 a 15, determine, com justificativas, se A é semelhante a B. Se A ~ B, dê uma matriz invertível P tal que $P^{-1}AP = B$.

13. $A = \begin{bmatrix} 4 & 2 \\ 3 & 1 \end{bmatrix}$, $B = \begin{bmatrix} 2 & 2 \\ 3 & 2 \end{bmatrix}$

14. $A = \begin{bmatrix} 2 & 0 \\ 0 & 3 \end{bmatrix}$, $B = \begin{bmatrix} 3 & 0 \\ 0 & 2 \end{bmatrix}$

15. $A = \begin{bmatrix} 1 & 1 & 0 \\ 0 & 1 & 1 \\ 0 & 0 & 1 \end{bmatrix}$, $B = \begin{bmatrix} 1 & 1 & 0 \\ 0 & 1 & 0 \\ 0 & 0 & 1 \end{bmatrix}$

16. Seja $A = \begin{bmatrix} 2 & k \\ 1 & 0 \end{bmatrix}$. Determine todos os valores de k para os quais:

(a) A tem autovalores 3 e -1.
(b) A tem um autovalor com multiplicidade algébrica 2.
(c) A não tem autovalores reais.

17. Se $A^3 = A$, quais são os possíveis autovalores de A?

18. Se uma matriz quadrada A tem duas linhas iguais, por que A deve ter 0 como um de seus autovalores?

19. Se **x** é um autovetor de A com autovalor $\lambda = 3$, mostre que **x** também é um autovetor de $A^2 - 5A + 2I$. Qual o autovalor correspondente?

20. Se A é semelhante a B com $P^{-1}AP = B$ e **x** é um autovetor de A, mostre que $P^{-1}\mathbf{x}$ é um autovetor de B.

5 Ortogonalidade

*"... e aquele escocês dos escoceses,
o esperto Douglas,
que sobe colinas perpendiculares acima
montado a cavalo..."*

William Shakespeare
Henrique IV, Parte I
Ato II, Cena IV

5.0 Introdução: Sombras em uma Parede

Neste capítulo, estenderemos a noção de projeção ortogonal que encontramos pela primeira vez no capítulo 1 e depois no capítulo 3. Até agora, discutimos apenas a projeção ortogonal sobre um único vetor (ou, equivalentemente, sobre o subespaço unidimensional gerado por esse vetor). Nesta seção, veremos a possibilidade de achar fórmulas análogas para a projeção sobre um plano de $\mathbb{R}^3$. A figura 5.1 mostra o que acontece, por exemplo, quando raios de luz paralelos criam uma sombra em uma parede. Um processo semelhante ocorre quando um objeto tridimensional é exibido em uma tela bidimensional, tal como o monitor de um computador. Mais tarde neste capítulo, consideraremos essas ideias em total generalidade.

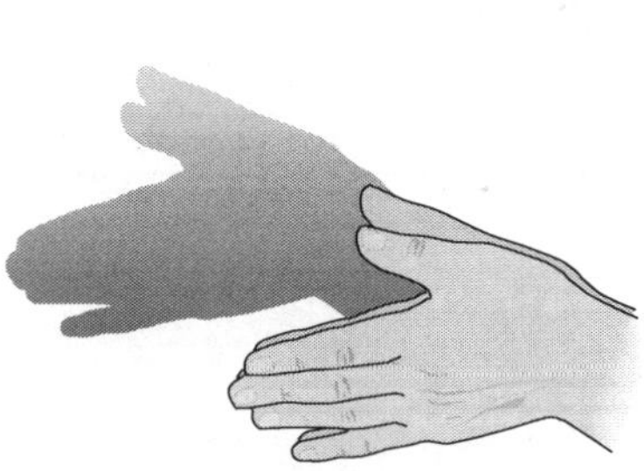

Figura 5.1
Sombras em uma parede são projeções.

Para começar, vamos rever o que já sabemos sobre projeções. Na seção 3.6, mostramos que, em $\mathbb{R}^2$, a matriz canônica de uma projeção sobre uma reta que passa pela origem e com vetor diretor $\mathbf{d} = \begin{bmatrix} d_1 \\ d_2 \end{bmatrix}$ é

$$P = \frac{1}{d_1^2 + d_2^2}\begin{bmatrix} d_1^2 & d_1d_2 \\ d_1d_2 & d_2^2 \end{bmatrix} = \begin{bmatrix} d_1^2/(d_1^2 + d_2^2) & d_1d_2/(d_1^2 + d_2^2) \\ d_1d_2/(d_1^2 + d_2^2) & d_2^2/(d_1^2 + d_2^2) \end{bmatrix}$$

Assim, a projeção do vetor $\mathbf{v}$ sobre essa reta é exatamente $P\mathbf{v}$.

Problema 1 Mostre que P pode ser escrita na forma equivalente

$$P = \begin{bmatrix} \cos^2\theta & \cos\theta\,\text{sen}\theta \\ \cos\theta\,\text{sen}\theta & \text{sen}^2\theta \end{bmatrix}$$

(O que θ representa aqui?)

Problema 2 Mostre que P também pode ser escrita na forma $P = \mathbf{u}\mathbf{u}^T$, onde $\mathbf{u}$ é um vetor *unitário* na direção de $\mathbf{d}$.

Problema 3 Usando o problema 2, ache P e a projeção de $\mathbf{v} = \begin{bmatrix} 3 \\ -4 \end{bmatrix}$ sobre retas que têm os seguintes vetores diretores unitários:

$$\text{(a) } \mathbf{u} = \begin{bmatrix} 1/\sqrt{2} \\ -1/\sqrt{2} \end{bmatrix} \quad \text{(b) } \mathbf{u} = \begin{bmatrix} \frac{4}{5} \\ \frac{3}{5} \end{bmatrix} \quad \text{(c) } \mathbf{u} = \begin{bmatrix} -\frac{3}{5} \\ \frac{4}{5} \end{bmatrix}$$

Problema 4 Usando a forma $P = \mathbf{u}\mathbf{u}^T$, mostre que (a) $P^T = P$ (isto é, P é simétrica) e (b) $P^2 = P$ (isto é, P é idempotente).

Problema 5 Quando P é uma matriz de projeção 2×2, a reta sobre a qual ela projeta vetores é o espaço coluna de P. Explique por quê.

Agora vamos mudar para $\mathbb{R}^3$ e considerar projeções sobre planos que passam pela origem. Investigaremos várias abordagens.

A figura 5.2 mostra uma maneira de se proceder. Se $\mathscr{P}$ é um plano que passa pela origem em $\mathbb{R}^3$ com vetor normal $\mathbf{n}$ e se $\mathbf{v}$ é um vetor de $\mathbb{R}^3$, então $\mathbf{p} = \text{proj}_{\mathscr{P}}(\mathbf{v})$ é um vetor em $\mathscr{P}$ tal que $\mathbf{v} - c\mathbf{n} = \mathbf{p}$ para algum escalar c.

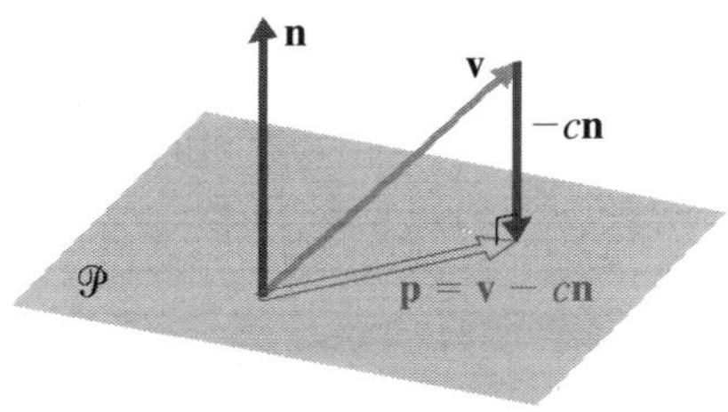

Figura 5.2
Projeção sobre um plano

Problema 6 Usando o fato de $\mathbf{n}$ ser ortogonal a todo vetor em $\mathscr{P}$, encontre c tal que $\mathbf{v} - c\mathbf{n} = \mathbf{p}$ para obter uma expressão para $\mathbf{p}$ em termos de $\mathbf{v}$ e $\mathbf{n}$.

Problema 7 Use o método do problema 6 para achar a projeção de

$$\mathbf{v} = \begin{bmatrix} 1 \\ 0 \\ -2 \end{bmatrix}$$

sobre os planos com as seguintes equações:

$$\text{(a) } x + y + z = 0 \quad \text{(b) } x - 2z = 0 \quad \text{(c) } 2x - 3y + z = 0$$

Uma outra abordagem para o problema de encontrar a projeção de um vetor sobre um plano é a sugerida pela figura 5.3. Podemos decompor a projeção de $\mathbf{v}$ sobre $\mathscr{P}$ na *soma* de suas projeções sobre os vetores diretores de $\mathscr{P}$. Esse procedimento dá certo apenas quando os vetores diretores são ortogonais e unitários. Assim, sejam $\mathbf{u}_1$ e $\mathbf{u}_2$ vetores diretores de $\mathscr{P}$ com a propriedade

$$\|\mathbf{u}_1\| = \|\mathbf{u}_2\| = 1 \quad \text{e} \quad \mathbf{u}_1 \cdot \mathbf{u}_2 = 0$$

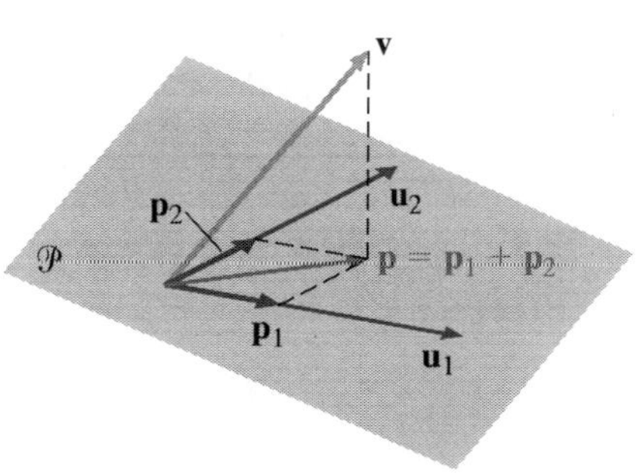

Figura 5.3

Pelo problema 2, as projeções de $\mathbf{v}$ sobre $\mathbf{u}_1$ e $\mathbf{u}_2$ são

$$\mathbf{p}_1 = \mathbf{u}_1\mathbf{u}_1^T\mathbf{v} \quad \text{e} \quad \mathbf{p}_2 = \mathbf{u}_2\mathbf{u}_2^T\mathbf{v}$$

respectivamente. Para mostrar que $\mathbf{p}_1 + \mathbf{p}_2$ é a projeção de $\mathbf{v}$ sobre $\mathcal{P}$, precisamos provar que $\mathbf{v} - (\mathbf{p}_1 + \mathbf{p}_2)$ é ortogonal a $\mathcal{P}$. É suficiente provar que $\mathbf{v} - (\mathbf{p}_1 + \mathbf{p}_2)$ é ortogonal a $\mathbf{u}_1$ e a $\mathbf{u}_2$. (Por quê?)

Problema 8 Mostre que $\mathbf{u}_1 \cdot (\mathbf{v} - (\mathbf{p}_1 + \mathbf{p}_2)) = 0$ e $\mathbf{u}_2 \cdot (\mathbf{v} - (\mathbf{p}_1 + \mathbf{p}_2)) = 0$. [*Sugestão*: use a forma alternativa do produto escalar $\mathbf{x}^T\mathbf{y} = \mathbf{x} \cdot \mathbf{y}$ e o fato de $\mathbf{u}_1$ e $\mathbf{u}_2$ serem vetores unitários ortogonais.]

De acordo com o problema 8 e os comentários que o precedem, a matriz da projeção sobre o subespaço $\mathcal{P}$ de $\mathbb{R}^3$ gerado pelos vetores ortogonais $\mathbf{u}_1$ e $\mathbf{u}_2$ é

$$P = \mathbf{u}_1\mathbf{u}_1^T + \mathbf{u}_2\mathbf{u}_2^T \tag{1}$$

Problema 9 Refaça o problema 7 usando a fórmula para P dada pela equação (1). Use o mesmo $\mathbf{v}$ e use $\mathbf{u}_1$ e $\mathbf{u}_2$, como indicados a seguir. (Primeiro verifique que $\mathbf{u}_1$ e $\mathbf{u}_2$ são vetores unitários ortogonais no plano dado.)

(a) $x + y + z = 0$ com $\mathbf{u}_1 = \begin{bmatrix} -2/\sqrt{6} \\ 1/\sqrt{6} \\ 1/\sqrt{6} \end{bmatrix}$ e $\mathbf{u}_2 = \begin{bmatrix} 0 \\ 1/\sqrt{2} \\ -1/\sqrt{2} \end{bmatrix}$

(b) $x - 2z = 0$ com $\mathbf{u}_1 = \begin{bmatrix} 2/\sqrt{5} \\ 0 \\ 1/\sqrt{5} \end{bmatrix}$ e $\mathbf{u}_2 = \begin{bmatrix} 0 \\ 1 \\ 0 \end{bmatrix}$

(c) $2x - 3y + z = 0$ com $\mathbf{u}_1 = \begin{bmatrix} 1/\sqrt{3} \\ -1/\sqrt{3} \\ 1/\sqrt{3} \end{bmatrix}$ e $\mathbf{u}_2 = \begin{bmatrix} 2/\sqrt{6} \\ 1/\sqrt{6} \\ -1/\sqrt{6} \end{bmatrix}$

problema 10 Mostre que uma matriz de projeção dada pela equação (1) satisfaz as propriedades (a) e (b) do problema 4.

Problema 11 Mostre que a matriz P de uma projeção sobre um plano em $\mathbb{R}^3$ pode ser expressa como

$$P = AA^T$$

em que A é uma matriz 3×2. [*Sugestão*: mostre que a equação (1) é uma expansão em produto externo.]

Problema 12 Mostre que, se P é a matriz de uma projeção sobre um plano em $\mathbb{R}^3$, então posto$(P) = 2$.

Neste capítulo, vamos examinar os conceitos de ortogonalidade e projeção ortogonal em maior detalhe. Veremos que as ideias introduzidas nesta seção podem ser generalizadas e têm muitas aplicações importantes.

5.1 Ortogonalidade em $\mathbb{R}^n$

Nesta seção, vamos generalizar a noção de ortogonalidade de dois vetores em $\mathbb{R}^n$ para um conjunto de vetores. Ao fazer isso, veremos que duas propriedades tornam a base canônica $\{\mathbf{e}_1, \mathbf{e}_2, \ldots, \mathbf{e}_n\}$ de $\mathbb{R}^n$ fácil de ser manipulada: primeiro, dois vetores distintos quaisquer dessa base são ortogonais; segundo, cada vetor no conjunto é unitário. Essas duas propriedades nos levam às noções de bases ortogonais e bases ortonormais — conceitos que poderemos usar proveitosamente em uma grande variedade de aplicações.

Conjuntos Ortogonais e Ortonormais de Vetores

Definição Um conjunto de vetores $\{\mathbf{v}_1, \mathbf{v}_2, \ldots, \mathbf{v}_k\}$ de $\mathbb{R}^n$ é um ***conjunto ortogonal*** se todos os pares de vetores distintos no conjunto são ortogonais — isto é, quando

$$\mathbf{v}_i \cdot \mathbf{v}_j = 0 \text{ sempre que } i \neq j \text{ para } i, j = 1, 2, \ldots, k$$

A base canônica $\{\mathbf{e}_1, \mathbf{e}_2, \ldots, \mathbf{e}_n\}$ de $\mathbb{R}^n$ é um conjunto ortogonal, assim como todos os seus subconjuntos. Como o primeiro exemplo ilustra, existem muitas outras possibilidades.

Exemplo 5.1

Mostre que $\{\mathbf{v}_1, \mathbf{v}_2, \mathbf{v}_3\}$ é um subconjunto ortogonal de $\mathbb{R}^3$ se

$$\mathbf{v}_1 = \begin{bmatrix} 2 \\ 1 \\ -1 \end{bmatrix}, \quad \mathbf{v}_2 = \begin{bmatrix} 0 \\ 1 \\ 1 \end{bmatrix}, \quad \mathbf{v}_3 = \begin{bmatrix} 1 \\ -1 \\ 1 \end{bmatrix}$$

Solução Precisamos mostrar que todo par de vetores desse conjunto é ortogonal. Isso é verdade, pois

$$\begin{aligned} \mathbf{v}_1 \cdot \mathbf{v}_2 &= 2(0) + 1(1) + (-1)(1) = 0 \\ \mathbf{v}_2 \cdot \mathbf{v}_3 &= 0(1) + 1(-1) + (1)(1) = 0 \\ \mathbf{v}_1 \cdot \mathbf{v}_3 &= 2(1) + 1(-1) + (-1)(1) = 0 \end{aligned}$$

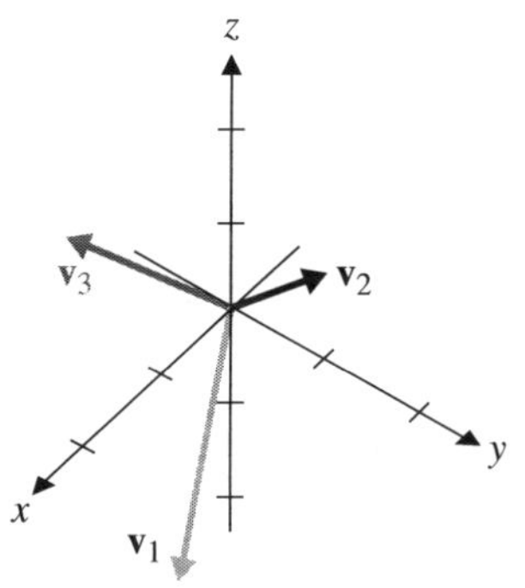

Figura 5.4
Um conjunto ortogonal de vetores

Geometricamente, os vetores no exemplo 5.1 são mutuamente perpendiculares, como mostra a figura 5.4.

Uma das vantagens de trabalhar com conjuntos ortogonais de vetores é que eles são linearmente independentes, como mostra o teorema 5.1.

Teorema 5.1 Se $\{\mathbf{v}_1, \mathbf{v}_2, \ldots, \mathbf{v}_k\}$ é um conjunto ortogonal de vetores não nulos em $\mathbb{R}^n$, então esses vetores são linearmente independentes.

Demonstração Se $c_1, \ldots, c_k$ são escalares tais que $c_1\mathbf{v}_1 + \cdots + c_k\mathbf{v}_k = \mathbf{0}$, então

$$(c_1\mathbf{v}_1 + \cdots + c_k\mathbf{v}_k) \cdot \mathbf{v}_i = \mathbf{0} \cdot \mathbf{v}_i = 0$$

ou, equivalentemente,

$$c_1(\mathbf{v}_1 \cdot \mathbf{v}_i) + \cdots + c_i(\mathbf{v}_i \cdot \mathbf{v}_i) + \cdots + c_k(\mathbf{v}_k \cdot \mathbf{v}_i) = 0 \tag{1}$$

Como $\{\mathbf{v}_1, \mathbf{v}_2, \ldots, \mathbf{v}_k\}$ é um conjunto ortogonal, todos os produtos escalares na equação (1) são iguais a zero, exceto $\mathbf{v}_i \cdot \mathbf{v}_i$. Assim, a equação (1) se reduz a

$$c_i(\mathbf{v}_i \cdot \mathbf{v}_i) = 0$$

Agora, $\mathbf{v}_i \cdot \mathbf{v}_i \neq 0$ porque $\mathbf{v}_i \neq \mathbf{0}$ por hipótese. Logo, é necessário que $c_i = 0$. O fato disso ser verdadeiro para todo $i = 1, \ldots, k$ implica que $\{\mathbf{v}_1, \mathbf{v}_2, \ldots, \mathbf{v}_k\}$ é um conjunto linearmente independente.

Obsevação Graças ao teorema 5.1, sabemos que, se um conjunto de vetores não nulos é ortogonal, ele é, automaticamente, linearmente independente. Por exemplo, podemos deduzir imediatamente que os três vetores no exemplo 5.1 são linearmente independentes. Compare essa abordagem com o trabalho necessário para provar a independência linear diretamente!

Definição Uma ***base ortogonal*** para um subespaço W de $\mathbb{R}^n$ é uma base de W que é um conjunto ortogonal.

Exemplo 5.2

Os vetores

$$\mathbf{v}_1 = \begin{bmatrix} 2 \\ 1 \\ -1 \end{bmatrix}, \quad \mathbf{v}_2 = \begin{bmatrix} 0 \\ 1 \\ 1 \end{bmatrix}, \quad \mathbf{v}_3 = \begin{bmatrix} 1 \\ -1 \\ 1 \end{bmatrix}$$

do exemplo 5.1 são ortogonais, e, portanto, linearmente independentes. Como três vetores quaisquer, linearmente independentes em $\mathbb{R}^3$, formam uma base de $\mathbb{R}^3$ pelo Teorema Fundamental das Matrizes Invertíveis, segue que $\{\mathbf{v}_1, \mathbf{v}_2, \mathbf{v}_3\}$ é uma base ortogonal de $\mathbb{R}^3$.

Observação No exemplo 5.2, suponha que apenas os vetores ortogonais $\mathbf{v}_1$ e $\mathbf{v}_2$ tivessem sido dados e que tenha sido pedido para você determinar um terceiro vetor $\mathbf{v}^3$ de modo que o conjunto $\{\mathbf{v}_1, \mathbf{v}_2, \mathbf{v}_3\}$ forme uma base ortogonal de $\mathbb{R}^3$. Uma maneira de fazer isso é lembrar que em $\mathbb{R}^3$, o produto vetorial de dois vetores $\mathbf{v}_1$ e $\mathbf{v}_2$ é ortogonal a cada um deles. (Veja a Investigação: O Produto Vetorial no capítulo 1.) Podemos tomar

$$\mathbf{v}_3 = \mathbf{v}_1 \times \mathbf{v}_2 = \begin{bmatrix} 2 \\ 1 \\ -1 \end{bmatrix} \times \begin{bmatrix} 0 \\ 1 \\ 1 \end{bmatrix} = \begin{bmatrix} 2 \\ -2 \\ 2 \end{bmatrix}$$

Note que o vetor resultante é um múltiplo do vetor $\mathbf{v}_3$ do exemplo 5.2, como deve ser.

Exemplo 5.3

Determine uma base ortogonal para o subespaço W de $\mathbb{R}^3$ dado por

$$W = \left\{ \begin{bmatrix} x \\ y \\ z \end{bmatrix} : x - y + 2z = 0 \right\}$$

Solução A seção 5.3 apresenta um procedimento geral para resolver esse tipo de problema. Por ora, encontraremos uma base ortogonal na força bruta. O subespaço W é um plano que passa pela origem em $\mathbb{R}^3$. Da equação do plano, temos que $x = y - 2z$, e, assim, W consiste nos vetores da forma

$$\begin{bmatrix} y - 2z \\ y \\ z \end{bmatrix} = y\begin{bmatrix} 1 \\ 1 \\ 0 \end{bmatrix} + z\begin{bmatrix} -2 \\ 0 \\ 1 \end{bmatrix}$$

Segue que $\mathbf{u} = \begin{bmatrix} 1 \\ 1 \\ 0 \end{bmatrix}$ e $\mathbf{v} = \begin{bmatrix} -2 \\ 0 \\ 1 \end{bmatrix}$ formam uma base para W, mas eles *não* são ortogonais. É suficiente encontrar outro vetor em W que seja ortogonal a qualquer um desses.

Suponha que $\mathbf{w} = \begin{bmatrix} x \\ y \\ z \end{bmatrix}$ seja um vetor em W ortogonal a $\mathbf{u}$. Então, $x - y + 2z = 0$, já que $\mathbf{w}$ está no plano W. Como $\mathbf{u} \cdot \mathbf{w} = 0$, também temos que $x + y = 0$. Resolvendo o sistema linear

$$\begin{aligned} x - y + 2z &= 0 \\ x + y \qquad &= 0 \end{aligned}$$

encontramos $x = -z$ e $y = z$. (Verifique isso.) Então, qualquer vetor não nulo $\mathbf{w}$ da forma

$$\mathbf{w} = \begin{bmatrix} -z \\ z \\ z \end{bmatrix}$$

servirá. Podemos tomar, por exemplo, $\mathbf{w} = \begin{bmatrix} -1 \\ 1 \\ 1 \end{bmatrix}$. É fácil verificar que $\{\mathbf{u}, \mathbf{w}\}$ é um conjunto ortogonal em W, e, consequentemente, uma base ortogonal para W, já que $\dim W = 2$.

Uma outra vantagem de se trabalhar com uma base ortogonal é que é fácil determinar as coordenadas de um vetor em relação a essa base. Na verdade, existe uma fórmula para isso, como o próximo teorema estabelece.

Teorema 5.2 Seja $\{\mathbf{v}_1, \mathbf{v}_2, \ldots, \mathbf{v}_k\}$ uma base ortogonal de um subespaço W de $\mathbb{R}^3$, e seja $\mathbf{w}$ um vetor em W. Então, os únicos escalares $c_1, \ldots, c_k$ tais que

$$\mathbf{w} = c_1\mathbf{v}_1 + \cdots + c_k\mathbf{v}_k$$

são dados por

$$c_i = \frac{\mathbf{w} \cdot \mathbf{v}_i}{\mathbf{v}_i \cdot \mathbf{v}_i} \quad \text{para } i = 1, \ldots, k$$

Demonstração Como $\{\mathbf{v}_1, \mathbf{v}_2, \ldots, \mathbf{v}_k\}$ é uma base de W, existem escalares $c_1, \ldots, c_k$, unicamente determinados, tais que $\mathbf{w} = c_1\mathbf{v}_1 + \cdots + c_k\mathbf{v}_k$ (pelo teorema 3.29). Para estabelecer a fórmula para c_i, efetuamos o produto escalar da combinação linear anterior por $\mathbf{v}_i$ para obter

$$\begin{aligned} \mathbf{w} \cdot \mathbf{v}_i &= (c_1\mathbf{v}_1 + \cdots + c_k\mathbf{v}_k) \cdot \mathbf{v}_i \\ &= c_1(\mathbf{v}_1 \cdot \mathbf{v}_i) + \cdots + c_i(\mathbf{v}_i \cdot \mathbf{v}_i) + \cdots + c_k(\mathbf{v}_k \cdot \mathbf{v}_i) \\ &= c_i(\mathbf{v}_i \cdot \mathbf{v}_i) \end{aligned}$$

já que $\mathbf{v}_i \cdot \mathbf{v}_j = 0$ se $i \neq j$. Como $\mathbf{v}_i \neq 0$, $\mathbf{v}_i \cdot \mathbf{v}_i \neq 0$. Dividindo por $\mathbf{v}_i \cdot \mathbf{v}_i$, obtemos o resultado desejado.

Exemplo 5.4

Determine as coordenadas do vetor $\mathbf{w} = \begin{bmatrix} 1 \\ 2 \\ 3 \end{bmatrix}$ em relação à base ortogonal $\mathcal{B} = \{\mathbf{v}_1, \mathbf{v}_2, \mathbf{v}_3\}$ dos exemplos 5.1 e 5.2.

Solução Usando o teorema 5.2, calculamos

$$c_1 = \frac{\mathbf{w} \cdot \mathbf{v}_1}{\mathbf{v}_1 \cdot \mathbf{v}_1} = \frac{2 + 2 - 3}{4 + 1 + 1} = \frac{1}{6}$$

$$c_2 = \frac{\mathbf{w} \cdot \mathbf{v}_2}{\mathbf{v}_2 \cdot \mathbf{v}_2} = \frac{0 + 2 + 3}{0 + 1 + 1} = \frac{5}{2}$$

$$c_3 = \frac{\mathbf{w} \cdot \mathbf{v}_3}{\mathbf{v}_3 \cdot \mathbf{v}_3} = \frac{1 - 2 + 3}{1 + 1 + 1} = \frac{2}{3}$$

Então,

$$\mathbf{w} = c_1\mathbf{v}_1 + c_2\mathbf{v}_2 + c_3\mathbf{v}_3 = \tfrac{1}{6}\mathbf{v}_1 + \tfrac{5}{2}\mathbf{v}_2 + \tfrac{2}{3}\mathbf{v}_3$$

(Verifique isso.) Com as notações introduzidas na seção 3.5, podemos também escrever a equação anterior como

$$[\mathbf{w}]_{\mathcal{B}} = \begin{bmatrix} \frac{1}{6} \\ \frac{5}{2} \\ \frac{2}{3} \end{bmatrix}$$

Compare o procedimento no exemplo 5.1 com o trabalho necessário para achar essas coordenadas diretamente. Você começará a apreciar a utilidade das bases ortogonais.

Como observado no início desta seção, a outra propriedade da base canônica de $\mathbb{R}^n$ é que cada vetor pertencente a ela é unitário. Combinando essa propriedade com a ortogonalidade, temos a definição a seguir.

Definição Um conjunto de vetores em $\mathbb{R}^n$ é um ***conjunto ortonormal*** se for um conjunto ortogonal de vetores unitários. Uma ***base ortonormal*** para um subespaço W de $\mathbb{R}^n$ é uma base de W que é um conjunto ortonormal.

Obsevação Se $S = \{\mathbf{q}_1, \ldots, \mathbf{q}_k\}$ é um conjunto ortonormal de vetores, então $\mathbf{q}_i \cdot \mathbf{q}_j = 0$ para $i \neq j$ e $\|\mathbf{q}_i\| = 1$. O fato de cada $\mathbf{q}_i$ ser um vetor unitário é equivalente a $\mathbf{q}_i \cdot \mathbf{q}_i = 1$. Consequentemente, podemos resumir a afirmação de que S é ortonormal como

$$\mathbf{q}_i \cdot \mathbf{q}_j = \begin{cases} 0 \text{ se } i \neq j \\ 1 \text{ se } i = j \end{cases}$$

Exemplo 5.5

Mostre que $S = \{\mathbf{q}_1, \mathbf{q}_2\}$ é um subconjunto ortonormal de $\mathbb{R}^3$ se

$$\mathbf{q}_1 = \begin{bmatrix} 1/\sqrt{3} \\ -1/\sqrt{3} \\ 1/\sqrt{3} \end{bmatrix} \quad \text{e} \quad \mathbf{q}_2 = \begin{bmatrix} 1/\sqrt{6} \\ 2/\sqrt{6} \\ 1/\sqrt{6} \end{bmatrix}$$

Solução Verificamos que

$$\mathbf{q}_1 \cdot \mathbf{q}_2 = 1/\sqrt{18} - 2/\sqrt{18} + 1/\sqrt{18} = 0$$
$$\mathbf{q}_1 \cdot \mathbf{q}_1 = 1/3 + 1/3 + 1/3 = 1$$
$$\mathbf{q}_2 \cdot \mathbf{q}_2 = 1/6 + 4/6 + 1/6 = 1$$

Quando temos um conjunto ortogonal, podemos obter facilmente, a partir dele, um conjunto ortonormal: simplesmente normalizamos cada vetor.

Construa uma base ortonormal para $\mathbb{R}^3$ usando os vetores do exemplo 5.1.

Exemplo 5.6

Solução Como já sabemos que $\mathbf{v}_1$, $\mathbf{v}_2$ e $\mathbf{v}_3$ formam uma base ortogonal, nós os normalizamos para obter

$$\mathbf{q}_1 = \frac{1}{\|\mathbf{v}_1\|}\mathbf{v}_1 = \frac{1}{\sqrt{6}}\begin{bmatrix} 2 \\ 1 \\ -1 \end{bmatrix} = \begin{bmatrix} 2/\sqrt{6} \\ 1/\sqrt{6} \\ -1/\sqrt{6} \end{bmatrix}$$

$$\mathbf{q}_2 = \frac{1}{\|\mathbf{v}_2\|}\mathbf{v}_2 = \frac{1}{\sqrt{2}}\begin{bmatrix} 0 \\ 1 \\ 1 \end{bmatrix} = \begin{bmatrix} 0 \\ 1/\sqrt{2} \\ 1/\sqrt{2} \end{bmatrix}$$

$$\mathbf{q}_3 = \frac{1}{\|\mathbf{v}_3\|}\mathbf{v}_3 = \frac{1}{\sqrt{3}}\begin{bmatrix} 1 \\ -1 \\ 1 \end{bmatrix} = \begin{bmatrix} 1/\sqrt{3} \\ -1/\sqrt{3} \\ 1/\sqrt{3} \end{bmatrix}$$

Então, $\{\mathbf{q}_1, \mathbf{q}_2, \mathbf{q}_3\}$ é uma base ortonormal para $\mathbb{R}^3$.

Como todo conjunto ortonormal de vetores é, em particular, ortogonal, ele é linearmente independente pelo teorema 5.1. Tendo uma base ortonormal, o teorema 5.2 fica mais simples.

Teorema 5.3 Seja $\{\mathbf{q}_1, \mathbf{q}_2, \ldots, \mathbf{q}_k\}$ uma base ortonormal para um subespaço W de $\mathbb{R}^n$ e seja $\mathbf{w}$ um vetor em W. Então

$$\mathbf{w} = (\mathbf{w} \cdot \mathbf{q}_1)\mathbf{q}_1 + (\mathbf{w} \cdot \mathbf{q}_2)\mathbf{q}_2 + \cdots + (\mathbf{w} \cdot \mathbf{q}_k)\mathbf{q}_k$$

e essa representação é única.

Demonstração Aplique o teorema 5.2 e use o fato de $\mathbf{q}_i \cdot \mathbf{q}_j = 1$ para $i = 1, \ldots, k$.

Matrizes Ortogonais

Matrizes cujas colunas formam um conjunto ortonormal aparecem frequentemente em aplicações, como você verá na seção 5.5. Essas matrizes têm várias propriedades úteis, que vamos examinar agora.

Teorema 5.4 Seja Q uma matriz $m \times n$. Suas colunas formam um conjunto ortonormal se, e somente se, $Q^TQ = I_n$.

Demonstração Precisamos provar que

$$(Q^TQ)_{ij} = \begin{cases} 0 & \text{se } i \neq j \\ 1 & \text{se } i = j \end{cases}$$

Denotemos por $\mathbf{q}_i$ a i-ésima coluna de Q (e, portanto, a i-ésima linha de Q^T). Como o elemento (i, j) de Q^TQ é o produto escalar da i-ésima linha de Q^T pela j-ésima coluna de Q, segue que

$$(Q^TQ)_{ij} = \mathbf{q}_i \cdot \mathbf{q}_j \tag{2}$$

pela definição de multiplicação de matrizes.

Agora, as colunas de Q formam um conjunto ortonormal se e somente se

$$\mathbf{q}_i \cdot \mathbf{q}_j = \begin{cases} 0 & \text{se } i \neq j \\ 1 & \text{se } i = j \end{cases}$$

o que, pela equação (2), vale se e somente se

$$(Q^TQ)_{ij} = \begin{cases} 0 & \text{se } i \neq j \\ 1 & \text{se } i = j \end{cases}$$

Isso completa a demonstração.

Se a matriz Q no teorema 5.4 for uma matriz *quadrada*, ela recebe um nome especial.

Matriz ortogonal não é uma terminologia muito adequada. "Matriz ortonormal" seria certamente um termo melhor, mas não é usado. Além disso, não há nenhuma palavra especialmente usada para designar uma matriz não quadrada com colunas ortonormais.

Definição Uma matriz quadrada Q cujas colunas formam um conjunto ortonormal é chamada ***matriz ortogonal***.

O fato mais importante a respeito de matrizes ortogonais é dado pelo teorema a seguir.

Teorema 5.5 Uma matriz quadrada Q é ortogonal se e somente se $Q^{-1} = Q^T$.

Demonstração Pelo teorema 5.4, Q é ortogonal se e somente se $Q^TQ = I$. Como Q é quadrada, isso é verdade se e somente se Q é invertível e $Q^{-1} = Q^T$, pelo teorema 3.13.

Exemplo 5.7 Mostre que as matrizes seguintes são ortogonais e ache suas inversas.

$$A = \begin{bmatrix} 0 & 1 & 0 \\ 0 & 0 & 1 \\ 1 & 0 & 0 \end{bmatrix} \quad \text{e} \quad B = \begin{bmatrix} \cos\theta & -\operatorname{sen}\theta \\ \operatorname{sen}\theta & \cos\theta \end{bmatrix}$$

Solução As colunas de A são exatamente os vetores da base canônica de $\mathbb{R}^3$, que é claramente ortonormal. Logo, A é ortogonal e

$$A^{-1} = A^T = \begin{bmatrix} 0 & 0 & 1 \\ 1 & 0 & 0 \\ 0 & 1 & 0 \end{bmatrix}$$

Para B, verificamos diretamente que

$$B^TB = \begin{bmatrix} \cos\theta & \operatorname{sen}\theta \\ -\operatorname{sen}\theta & \cos\theta \end{bmatrix}\begin{bmatrix} \cos\theta & -\operatorname{sen}\theta \\ \operatorname{sen}\theta & \cos\theta \end{bmatrix}$$

$$= \begin{bmatrix} \cos^2\theta + \operatorname{sen}^2\theta & -\cos\theta\operatorname{sen}\theta + \operatorname{sen}\theta\cos\theta \\ -\operatorname{sen}\theta\cos\theta + \cos\theta\operatorname{sen}\theta & \operatorname{sen}^2\theta + \cos^2\theta \end{bmatrix} = \begin{bmatrix} 1 & 0 \\ 0 & 1 \end{bmatrix} = I$$

Assim, B é ortogonal, e, pelo teorema 5.5, temos que

$$B^{-1} = B^T = \begin{bmatrix} \cos\theta & \operatorname{sen}\theta \\ -\operatorname{sen}\theta & \cos\theta \end{bmatrix}$$

A palavra *isometria* literalmente significa "medidas iguais", já que é derivada das raízes gregas *isos* ("igual") e *metron* ("medida").

Obsevação A matriz A do exemplo 5.7 é um exemplo de uma matriz de permutação — uma matriz obtida pela permutação de colunas de uma matriz identidade. Em geral, qualquer matriz de permutação $n \times n$ é ortogonal (veja o exercício 25). A matriz B é a matriz de uma rotação de ângulo θ em $\mathbb{R}^2$. Qualquer rotação tem a propriedade de ser uma transformação que *preserva comprimentos* (em geometria, conhecida como uma ***isometria***). O próximo teorema mostra que toda matriz de transformação que é ortogonal é uma isometria. Matrizes ortogonais também preservam produtos escalares. Na verdade, elas são caracterizadas por qualquer uma dessas propriedades.

Teorema 5.6 Seja Q uma matriz $n \times n$. As seguintes afirmações são equivalentes:

a. Q é ortogonal.
b. $\|Q\mathbf{x}\| = \|\mathbf{x}\|$ para todo $\mathbf{x}$ e $\mathbf{y}$ em $\mathbb{R}^n$.
c. $Q\mathbf{x} \cdot Q\mathbf{y} = \mathbf{x} \cdot \mathbf{y}$ para todo $\mathbf{x}$ e $\mathbf{y}$ em $\mathbb{R}^n$.

Demonstração Provaremos que (a) ⇒ (c) ⇒ (b) ⇒ (a). Para isso, precisaremos usar o fato de que, se $\mathbf{x}$ e $\mathbf{y}$ são vetores (coluna) em $\mathbb{R}^n$, então $\mathbf{x} \cdot \mathbf{y} = \mathbf{x}^T\mathbf{y}$.

(a) ⇒ (c) Assuma que Q é ortogonal. Então, $Q^TQ = I$, e temos

$$Q\mathbf{x} \cdot Q\mathbf{y} = (Q\mathbf{x})^TQ\mathbf{y} = \mathbf{x}^TQ^TQ\mathbf{y} = \mathbf{x}^TI\mathbf{y} = \mathbf{x}^T\mathbf{y} = \mathbf{x} \cdot \mathbf{y}$$

(c) ⇒ (b) Assuma que $Q\mathbf{x} \cdot Q\mathbf{y} = \mathbf{x} \cdot \mathbf{y}$ para todo $\mathbf{x}$ e $\mathbf{y}$ em $\mathbb{R}^n$. Então, tomando $\mathbf{y} = \mathbf{x}$, temos $Q\mathbf{x} \cdot Q\mathbf{x} = \mathbf{x} \cdot \mathbf{x}$, por isso $\|Q\mathbf{x}\| = \sqrt{Q\mathbf{x} \cdot Q\mathbf{x}} = \sqrt{\mathbf{x} \cdot \mathbf{x}} = \|\mathbf{x}\|$.

(b) ⇒ (a) Considere válida a propriedade (b) e denote por $\mathbf{q}_i$ a i-ésima coluna de Q. Usando o exercício 63 da seção 1.2 e a propriedade (b), temos

$$\begin{aligned} \mathbf{x} \cdot \mathbf{y} &= \tfrac{1}{4}(\|\mathbf{x} + \mathbf{y}\|^2 - \|\mathbf{x} - \mathbf{y}\|^2) \\ &= \tfrac{1}{4}(\|Q(\mathbf{x} + \mathbf{y})\|^2 - \|Q(\mathbf{x} - \mathbf{y})\|^2) \\ &= \tfrac{1}{4}(\|Q\mathbf{x} + Q\mathbf{y}\|^2 - \|Q\mathbf{x} - Q\mathbf{y}\|^2) \\ &= Q\mathbf{x} \cdot Q\mathbf{y} \end{aligned}$$

para todo $\mathbf{x}$ e $\mathbf{y}$ em $\mathbb{R}^n$. [Isso mostra que (b) ⇒ (c).]

Agora, se $\mathbf{e}_i$ é um vetor de base canônica, $\mathbf{q}_i = Q\mathbf{e}_i$. Consequentemente,

$$\mathbf{q}_i \cdot \mathbf{q}_j = Q\mathbf{e}_i \cdot Q\mathbf{e}_j = \mathbf{e}_i \cdot \mathbf{e}_j = \begin{cases} 0 & \text{se } i \neq j \\ 1 & \text{se } i = j \end{cases}$$

As colunas de Q formam, portanto, um conjunto ortonormal, e Q é uma matriz ortogonal.

Olhando as matrizes ortogonais A e B do exemplo 5.7, você pode notar que não apenas suas colunas formam conjuntos ortonormais, mas também suas *linhas*. Na verdade, toda matriz ortogonal tem essa propriedade, como mostra o próximo teorema.

Teorema 5.7 Se Q é uma matriz ortogonal, suas linhas formam um conjunto ortonormal.

Demonstração Pelo teorema 5.5, sabemos que $Q^{-1} = Q^{\mathrm{T}}$. Por isso

$$(Q^T)^{-1} = (Q^{-1})^{-1} = Q = (Q^T)^T$$

então Q^{T} é uma matrix ortogonal. Logo, as colunas de Q^{T} — que são exatamente as linhas de Q — formam um conjunto ortonormal.

O teorema final desta seção lista algumas outras propriedades das matrizes ortogonais.

Teorema 5.8 Seja Q uma matriz ortogonal.

a. Q^{-1} é ortogonal.
b. $\det Q = \pm 1$
c. Se λ é um autovalor de Q, então $|\lambda| = 1$.
d. Se Q_1 e Q_2 são matrizes ortogonais $n \times n$, então Q_1Q_2 também é.

Demonstração Provaremos a propriedade (c) e deixaremos as demonstrações das outras propriedades como exercícios.

(c) Sejam λ um autovalor de Q e $\mathbf{v}$ um autovetor associado a λ. Então, $Q\mathbf{v} = \lambda\mathbf{v}$, e, usando o teorema 5.6(b), temos

$$\|\mathbf{v}\| = \|Q\mathbf{v}\| = \|\lambda\mathbf{v}\| = |\lambda|\,\|\mathbf{v}\|$$

Como $\|\mathbf{v}\| \neq 0$, então $|\lambda| = 1$.

a + bi

Observação A propriedade (c) continua verdadeira para autovalores complexos. A matriz $\begin{bmatrix} 0 & -1 \\ 1 & 0 \end{bmatrix}$ é ortogonal com autovalores i e $-i$, ambos com módulo igual a 1.

Exercícios 5.1

Nos exercícios de 1 a 6, determine quais conjuntos de vetores são ortogonais.

1. $\begin{bmatrix} -3 \\ 1 \\ 2 \end{bmatrix}, \begin{bmatrix} 2 \\ 4 \\ 1 \end{bmatrix}, \begin{bmatrix} 1 \\ -1 \\ 2 \end{bmatrix}$

2. $\begin{bmatrix} 4 \\ 2 \\ -5 \end{bmatrix}, \begin{bmatrix} -1 \\ 2 \\ 0 \end{bmatrix}, \begin{bmatrix} 2 \\ 1 \\ 2 \end{bmatrix}$

3. $\begin{bmatrix} 3 \\ 1 \\ -1 \end{bmatrix}, \begin{bmatrix} -1 \\ 2 \\ 1 \end{bmatrix}, \begin{bmatrix} 2 \\ -2 \\ 4 \end{bmatrix}$

4. $\begin{bmatrix} 5 \\ 3 \\ 1 \end{bmatrix}, \begin{bmatrix} 1 \\ -2 \\ 1 \end{bmatrix}, \begin{bmatrix} 3 \\ 1 \\ -1 \end{bmatrix}$

5. $\begin{bmatrix} 2 \\ 3 \\ -1 \\ 4 \end{bmatrix}, \begin{bmatrix} -2 \\ 1 \\ -1 \\ 0 \end{bmatrix}, \begin{bmatrix} -4 \\ -6 \\ 2 \\ 7 \end{bmatrix}$

6. $\begin{bmatrix} 1 \\ 0 \\ -1 \\ 1 \end{bmatrix}, \begin{bmatrix} -1 \\ 0 \\ 1 \\ 2 \end{bmatrix}, \begin{bmatrix} 1 \\ 1 \\ 1 \\ 0 \end{bmatrix}, \begin{bmatrix} 0 \\ -1 \\ 1 \\ 1 \end{bmatrix}$

Nos exercícios de 7 a 10, mostre que os vetores dados formam uma base ortogonal para $\mathbb{R}^2$ ou $\mathbb{R}^3$. Então, use o teorema 5.2 para expressar **w** *como combinação linear dos vetores dessa base. Dê o vetor de coordenadas $[\mathbf{w}]_{\mathcal{B}}$ de* **w** *em relação à base $\mathcal{B} = \{\mathbf{v}_1, \mathbf{v}_2\}$ de $\mathbb{R}^2$ ou $\mathcal{B} = \{\mathbf{v}_1, \mathbf{v}_2, \mathbf{v}_3\}$ de $\mathbb{R}^3$.*

7. $\mathbf{v}_1 = \begin{bmatrix} 4 \\ -2 \end{bmatrix}, \mathbf{v}_2 = \begin{bmatrix} 1 \\ 2 \end{bmatrix}; \mathbf{w} = \begin{bmatrix} 1 \\ -3 \end{bmatrix}$

8. $\mathbf{v}_1 = \begin{bmatrix} 1 \\ 3 \end{bmatrix}, \mathbf{v}_2 = \begin{bmatrix} -6 \\ 2 \end{bmatrix}; \mathbf{w} = \begin{bmatrix} 1 \\ 1 \end{bmatrix}$

9. $\mathbf{v}_1 = \begin{bmatrix} 1 \\ 0 \\ -1 \end{bmatrix}, \mathbf{v}_2 = \begin{bmatrix} 1 \\ 2 \\ 1 \end{bmatrix}, \mathbf{v}_3 = \begin{bmatrix} 1 \\ -1 \\ 1 \end{bmatrix}; \mathbf{w} = \begin{bmatrix} 1 \\ 1 \\ 1 \end{bmatrix}$

10. $\mathbf{v}_1 = \begin{bmatrix} 1 \\ 1 \\ 1 \end{bmatrix}, \mathbf{v}_2 = \begin{bmatrix} 1 \\ -1 \\ 0 \end{bmatrix}, \mathbf{v}_3 = \begin{bmatrix} 1 \\ 1 \\ -2 \end{bmatrix}; \mathbf{w} = \begin{bmatrix} 1 \\ 2 \\ 3 \end{bmatrix}$

Nos exercícios de 11 a 15, determine se o conjunto ortogonal de vetores dado é ortonormal. Caso não seja, normalize os vetores para formar um conjunto ortonormal.

11. $\begin{bmatrix} \frac{3}{5} \\ \frac{4}{5} \end{bmatrix}, \begin{bmatrix} -\frac{4}{5} \\ \frac{3}{5} \end{bmatrix}$

12. $\begin{bmatrix} \frac{1}{2} \\ \frac{1}{2} \end{bmatrix}, \begin{bmatrix} \frac{1}{2} \\ -\frac{1}{2} \end{bmatrix}$

13. $\begin{bmatrix} \frac{1}{3} \\ \frac{2}{3} \\ \frac{2}{3} \end{bmatrix}, \begin{bmatrix} \frac{2}{3} \\ -\frac{1}{3} \\ 0 \end{bmatrix}, \begin{bmatrix} 1 \\ 2 \\ -\frac{5}{2} \end{bmatrix}$

14. $\begin{bmatrix} \frac{1}{2} \\ \frac{1}{2} \\ -\frac{1}{2} \\ \frac{1}{2} \end{bmatrix}, \begin{bmatrix} 0 \\ \frac{1}{3} \\ \frac{2}{3} \\ \frac{1}{3} \end{bmatrix}, \begin{bmatrix} \frac{1}{2} \\ -\frac{1}{6} \\ \frac{1}{6} \\ -\frac{1}{6} \end{bmatrix}$

15. $\begin{bmatrix} 1/2 \\ 1/2 \\ -1/2 \\ 1/2 \end{bmatrix}, \begin{bmatrix} 0 \\ \sqrt{6}/3 \\ 1/\sqrt{6} \\ -1/\sqrt{6} \end{bmatrix}, \begin{bmatrix} \sqrt{3}/2 \\ -\sqrt{3}/6 \\ \sqrt{3}/6 \\ -\sqrt{3}/6 \end{bmatrix}, \begin{bmatrix} 0 \\ 0 \\ 1/\sqrt{2} \\ 1/\sqrt{2} \end{bmatrix}$

Nos exercícios de 16 a 21, determine se a matriz dada é ortogonal. Caso seja, ache sua inversa.

16. $\begin{bmatrix} 0 & -1 \\ 1 & 0 \end{bmatrix}$

17. $\begin{bmatrix} 1/\sqrt{2} & 1/\sqrt{2} \\ -1/\sqrt{2} & 1/\sqrt{2} \end{bmatrix}$

18. $\begin{bmatrix} \frac{1}{3} & \frac{1}{2} & \frac{1}{5} \\ \frac{1}{3} & -\frac{1}{2} & \frac{1}{5} \\ -\frac{1}{3} & 0 & \frac{2}{5} \end{bmatrix}$

19. $\begin{bmatrix} \cos\theta\,\mathrm{sen}\theta & -\cos\theta & -\mathrm{sen}^2\theta \\ \cos^2\theta & \mathrm{sen}\theta & -\cos\theta\,\mathrm{sen}\theta \\ \mathrm{sen}\theta & 0 & \cos\theta \end{bmatrix}$

20. $\begin{bmatrix} \frac{1}{2} & -\frac{1}{2} & \frac{1}{2} & \frac{1}{2} \\ \frac{1}{2} & \frac{1}{2} & \frac{1}{2} & -\frac{1}{2} \\ -\frac{1}{2} & \frac{1}{2} & \frac{1}{2} & \frac{1}{2} \\ \frac{1}{2} & \frac{1}{2} & -\frac{1}{2} & \frac{1}{2} \end{bmatrix}$

21. $\begin{bmatrix} 1 & 0 & 0 & 1/\sqrt{6} \\ 0 & 2/3 & 1/\sqrt{2} & 1/\sqrt{6} \\ 0 & -2/3 & 1/\sqrt{2} & -1/\sqrt{6} \\ 0 & 1/3 & 0 & 1/\sqrt{2} \end{bmatrix}$

22. Prove o teorema 5.8(a).

23. Prove o teorema 5.8(b).

24. Prove o teorema 5.8(d).

25. Prove que toda matriz de permutação é ortogonal.

26. Se Q é uma matriz ortogonal, mostre que toda matriz obtida por rearranjo de linhas de Q também é ortogonal.

27. Seja Q uma matriz 2×2 ortogonal e sejam **x** e **y** vetores em $\mathbb{R}^2$. Se θ é o ângulo entre **x** e **y**, mostre que o ângulo entre $Q\mathbf{x}$ e $Q\mathbf{y}$ também é θ. (Isso prova que transformações lineares definidas por matrizes ortogonais *preservam ângulos* em $\mathbb{R}^2$, um fato que é verdadeiro em geral.)

28. **(a)** Mostre que uma matriz ortogonal 2×2 tem necessariamente a forma

$$\begin{bmatrix} a & -b \\ b & a \end{bmatrix} \quad \text{ou} \quad \begin{bmatrix} a & b \\ b & -a \end{bmatrix}$$

em que $\begin{bmatrix} a \\ b \end{bmatrix}$ é um vetor unitário.

(b) Usando a parte (a), mostre que toda matriz ortogonal 2×2 tem a forma

$$\begin{bmatrix} \cos\theta & -\mathrm{sen}\theta \\ \mathrm{sen}\theta & \cos\theta \end{bmatrix} \quad \text{ou} \quad \begin{bmatrix} \cos\theta & \mathrm{sen}\theta \\ \mathrm{sen}\theta & -\cos\theta \end{bmatrix}$$

em que $0 \le \theta < 2\pi$.

(c) Mostre que toda matriz 2×2 ortogonal corresponde a uma rotação ou a uma reflexão em $\mathbb{R}^2$.

(d) Mostre que uma matriz 2×2 ortogonal Q corresponde a uma rotação se $\det Q = 1$, e a uma reflexão se $\det Q = -1$.

Nos exercícios de 29 a 32, use o exercício 28 para determinar se a matriz dada representa uma rotação ou uma reflexão. Caso seja uma rotação, determine o ângulo de rotação; caso seja uma reflexão, determine a reta de reflexão.

29. $\begin{bmatrix} 1/\sqrt{2} & -1/\sqrt{2} \\ 1/\sqrt{2} & 1/\sqrt{2} \end{bmatrix}$

30. $\begin{bmatrix} -1/2 & \sqrt{3}/2 \\ -\sqrt{3}/2 & -1/2 \end{bmatrix}$

31. $\begin{bmatrix} -1/2 & \sqrt{3}/2 \\ \sqrt{3}/2 & 1/2 \end{bmatrix}$

32. $\begin{bmatrix} -\frac{3}{5} & -\frac{4}{5} \\ -\frac{4}{5} & \frac{3}{5} \end{bmatrix}$

33. Sejam A e B matrizes ortogonais $n \times n$.
   (a) Prove que $A(A^T + B^T)B = A + B$.
   (b) Use a parte (a) para provar que, se $\det A + \det B = 0$, então $A + B$ não é invertível.

34. Seja $\mathbf{x}$ um vetor unitário de $\mathbb{R}^n$. Particione $\mathbf{x}$ como

$$\mathbf{x} = \begin{bmatrix} x_1 \\ \hline x_2 \\ \vdots \\ x_n \end{bmatrix} = \begin{bmatrix} x_1 \\ \mathbf{y} \end{bmatrix}$$

Seja

$$Q = \left[\begin{array}{c|c} x_1 & \mathbf{y}^T \\ \hline \mathbf{y} & I - \left(\dfrac{1}{1 - x_1}\right)\mathbf{y}\mathbf{y}^T \end{array}\right]$$

Prove que Q é ortogonal. (Esse procedimento fornece um método rápido para achar uma base ortonormal de $\mathbb{R}^n$ com um primeiro vetor prescrito $\mathbf{x}$, uma construção que é frequentemente útil em aplicações.)

35. Prove que se uma matriz triangular superior é ortogonal, então ela tem que ser uma matriz diagonal.

36. Prove que se $n > m$, então não existe uma matriz A de ordem $m \times n$ tal que $\| A\mathbf{x} \| = \| \mathbf{x} \|$ para todo $\mathbf{x}$ em $\mathbb{R}^n$.

37. Seja $\mathcal{B} = \{\mathbf{v}_1, \ldots, \mathbf{v}_n\}$ uma base ortonormal de $\mathbb{R}^n$.
   (a) Prove que, para quaisquer $\mathbf{x}$ e $\mathbf{y}$ em $\mathbb{R}^n$, vale
   $$\mathbf{x} \cdot \mathbf{y} = (\mathbf{x} \cdot \mathbf{v}_1)(\mathbf{y} \cdot \mathbf{v}_1) + (\mathbf{x} \cdot \mathbf{v}_2)(\mathbf{y} \cdot \mathbf{v}_2) + \cdots + (\mathbf{x} \cdot \mathbf{v}_n)(\mathbf{y} \cdot \mathbf{v}_n)$$
   (Esta igualdade é chamada ***Identidade de Parseval.***)
   (b) Com base na Identidade de Parseval, o que se pode concluir sobre a relação entre os produtos escalares $\mathbf{x} \cdot \mathbf{y}$ e $[\mathbf{x}]_{\mathcal{B}} \cdot [\mathbf{y}]_{\mathcal{B}}$?

5.2 Complementos e Projeções Ortogonais

Nesta seção, vamos generalizar dois conceitos que encontramos no capítulo 1. A noção de um vetor normal a um plano será estendida para complementos ortogonais, e a projeção de um vetor sobre outro dará origem ao conceito de projeção ortogonal sobre um subespaço.

Complementos Ortogonais

$W^\perp$ é pronunciado como "W ortogonal."

Um vetor $\mathbf{n}$, normal a um plano, é ortogonal a todo vetor nesse plano. Um plano que passa pela origem é um subespaço W de $\mathbb{R}^3$, assim como ger($\mathbf{n}$) é um subespaço de $\mathbb{R}^3$. Temos então dois subespaços de $\mathbb{R}^3$, com a propriedade de que todo vetor em um deles é ortogonal a todo vetor no outro. Essa é a ideia por trás da definição a seguir.

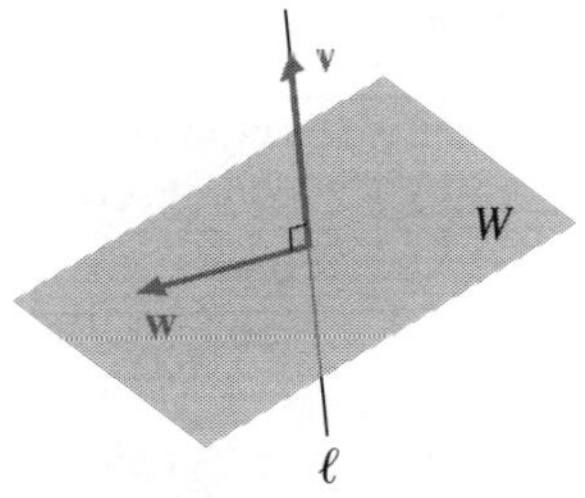

Figura 5.5
$\ell = W^\perp$ e $W = \ell^\perp$

Definição Seja W um subespaço de $\mathbb{R}^n$. Dizemos que um vetor $\mathbf{v}$ em $\mathbb{R}^n$ é ***ortogonal a*** W se $\mathbf{v}$ for ortogonal a todo vetor em W. O conjunto de todos os vetores ortogonais a W é chamado ***complemento ortogonal de*** W e denotado por $W^\perp$. Isto é,

$$W^\perp = \{\mathbf{v} \text{ em } \mathbb{R}^n : \mathbf{v} \cdot \mathbf{w} = 0 \quad \text{para todo } \mathbf{w} \text{ em } W\}$$

Exemplo 5.8

Se W é um plano que passa pela origem em $\mathbb{R}^3$ e se ℓ é a reta que passa pela origem e é perpendicular a W (isto é, paralela ao vetor normal a W), então todo vetor $\mathbf{v}$ em ℓ é ortogonal a todo vetor $\mathbf{w}$ em W; portanto, $\ell = W^\perp$. Além disso, W consiste *precisamente* nos vetores $\mathbf{w}$ que são ortogonais a todo vetor $\mathbf{v}$ em ℓ; por isso temos também que $W = \ell^\perp$. A figura 5.5 ilustra essa situação.

No exemplo 5.8, o complemento ortogonal de um subespaço é outro subespaço. Além disso, o complemento do complemento de um subespaço é o subespaço original. Essas propriedades são válidas em geral e são as propriedades (a) e (b) demonstradas no teorema 5.9. As propriedades (c) e (d) também serão úteis. (Lembre-se de que a *interseção* $A \cap B$ dos conjuntos A e B é o conjunto que consiste em seus elementos comuns. Veja o apêndice A.)

Teorema 5.9 Seja W um subespaço de $\mathbb{R}^n$.

a. $W^{\perp}$ is a subspace of $\mathbb{R}^n$.
b. $(W^{\perp})^{\perp} = W$
c. $W \cap W^{\perp} = \{\mathbf{0}\}$
d. Se $W = \text{ger}(\mathbf{w}_1, \ldots, \mathbf{w}_k)$, então $\mathbf{v}$ está em W se e somente se $\mathbf{v} \cdot \mathbf{w}_i = 0$ para todo $i = 1, \ldots, k$.

Demonstração (a) Como $\mathbf{0} \cdot \mathbf{w} = 0$ para todo $\mathbf{w}$ em W, $\mathbf{0}$ está em $W^{\perp}$. Sejam $\mathbf{u}$ e $\mathbf{v}$ em $W^{\perp}$ e seja a um escalar. Então

$$\mathbf{u} \cdot \mathbf{w} = \mathbf{v} \cdot \mathbf{w} = 0 \quad \text{para todo} \quad \mathbf{w} \text{ em } W$$

Logo,

$$(\mathbf{u} + \mathbf{v}) \cdot \mathbf{w} = \mathbf{u} \cdot \mathbf{w} + \mathbf{v} \cdot \mathbf{w} = 0 + 0 = 0$$

e $\mathbf{u} + \mathbf{v}$ está em $W^{\perp}$.

Também temos que

$$(a\mathbf{u}) \cdot \mathbf{w} = a(\mathbf{u} \cdot \mathbf{w}) = a(0) = 0$$

e vemos que $a\,\mathbf{u}$ está em $W^{\perp}$. Consequentemente, $W^{\perp}$ é um subespaço de $\mathbb{R}^n$.

(b) Provaremos essa propriedade como corolário 5.12.

(c) Pediremos que você prove essa propriedade no exercício 23.

(d) Pediremos que você prove essa propriedade no exercício 24.

Podemos agora expressar algumas relações fundamentais envolvendo os subespaços associados a matrizes $m \times n$.

Teorema 5.10 Seja A uma matriz $m \times n$. O complemento ortogonal do espaço linha de A é o espaço anulado por A, e o complemento ortogonal do espaço coluna de A é o espaço anulado por A^T:

$$(\text{lin}(A))^{\perp} = \text{anul}(A) \quad \text{e} \quad (\text{col}(A))^{\perp} = \text{anul}(A^T)$$

Demonstração Se $\mathbf{x}$ é um vetor em $\mathbb{R}^n$, $\mathbf{x}$ está em $(\text{lin}(A))^{\perp}$ se e somente se $\mathbf{x}$ é ortogonal a todas as linhas de A. Mas isso é verdade se e somente se $A\mathbf{x} = \mathbf{0}$, o que é equivalente a $\mathbf{x}$ estar em anul(A). Assim, provamos a primeira igualdade. Para provar a segunda igualdade, basta substituir A por A^{T} e usar o fato de que $\text{lin}(A^{\mathrm{T}}) = \text{col}(A)$.

Assim, uma matriz $m \times n$ produz quatro subespaços: lin(A), anul(A), col(A) e anul(A^{T}). Os dois primeiros são complementos ortogonais em $\mathbb{R}^n$, e os dois últimos,

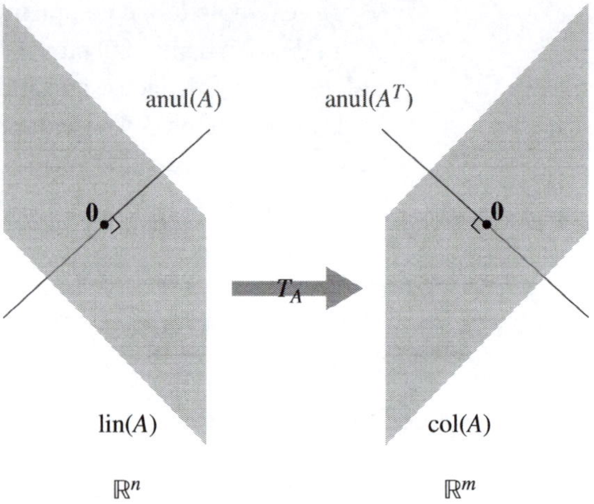

Figura 5.6
Os quatro subespaços fundamentais

complementos ortogonais em $\mathbb{R}^m$. A matriz A define uma transformação linear de $\mathbb{R}^n$ em $\mathbb{R}^m$ cuja imagem é col(A). Além disso, essa transformação linear leva anul(A) em **0** de $\mathbb{R}^m$. A figura 5.6 é um esquema para ilustrar essa ideia. Esses quatro subespaços são chamados ***subespaços fundamentais*** da matriz A de ordem $m \times n$.

Exemplo 5.9 Determine bases para os quatro espaços fundamentais da matriz

$$A = \begin{bmatrix} 1 & 1 & 3 & 1 & 6 \\ 2 & -1 & 0 & 1 & -1 \\ -3 & 2 & 1 & -2 & 1 \\ 4 & 1 & 6 & 1 & 3 \end{bmatrix}$$

e confira com o teorema 5.10.

Solução Nos exemplos 3.45, 3.47, e 3.48, calculamos bases para o espaço linha, o espaço coluna e o espaço anulado por A. Vimos que lin(A) = ger($\mathbf{u}_1, \mathbf{u}_2, \mathbf{u}_3$), sendo

$$\mathbf{u}_1 = [1 \quad 0 \quad 1 \quad 0 \quad -1], \quad \mathbf{u}_2 = [0 \quad 1 \quad 2 \quad 0 \quad 3], \quad \mathbf{u}_3 = [0 \quad 0 \quad 0 \quad 1 \quad 4]$$

Além disso, anul(A) = ger($\mathbf{x}_1, \mathbf{x}_2$), sendo

$$\mathbf{x}_1 = \begin{bmatrix} -1 \\ -2 \\ 1 \\ 0 \\ 0 \end{bmatrix}, \quad \mathbf{x}_2 = \begin{bmatrix} 1 \\ -3 \\ 0 \\ -4 \\ 1 \end{bmatrix}$$

Para mostrar que $(\text{lin}(A))^\perp$ = anul(A), é suficiente provar que cada $\mathbf{u}_i$ é ortogonal a cada $\mathbf{x}_j$, o que é um exercício fácil. (Por que isso é suficiente?)

O espaço coluna de A é col(A) = ger($\mathbf{a}_1, \mathbf{a}_2, \mathbf{a}_3$), onde

$$\mathbf{a}_1 = \begin{bmatrix} 1 \\ 2 \\ -3 \\ 4 \end{bmatrix}, \quad \mathbf{a}_2 = \begin{bmatrix} 1 \\ -1 \\ 2 \\ 1 \end{bmatrix}, \quad \mathbf{a}_3 = \begin{bmatrix} 1 \\ 1 \\ -2 \\ 1 \end{bmatrix}$$

Ainda precisamos calcular o espaço anulado por A^{T}. O escalonamento por linhas fornece

$$[A^T \,|\, \mathbf{0}] = \left[\begin{array}{cccc|c} 1 & 2 & -3 & 4 & 0 \\ 1 & -1 & 2 & 1 & 0 \\ 3 & 0 & 1 & 6 & 0 \\ 1 & 1 & -2 & 1 & 0 \\ 6 & -1 & 1 & 3 & 0 \end{array}\right] \longrightarrow \left[\begin{array}{cccc|c} 1 & 0 & 0 & 1 & 0 \\ 0 & 1 & 0 & 6 & 0 \\ 0 & 0 & 1 & 3 & 0 \\ 0 & 0 & 0 & 0 & 0 \\ 0 & 0 & 0 & 0 & 0 \end{array}\right]$$

Assim, se $\mathbf{y}$ está no espaço anulado por A^{T}, então $y_1 = -y_4$, $y_2 = -6y_4$ e $y_3 = -3y_4$. Consequentemente,

$$\text{anul}(A^T) = \left\{ \begin{bmatrix} -y_4 \\ -6y_4 \\ -3y_4 \\ y_4 \end{bmatrix} \right\} = \text{ger}\left(\begin{bmatrix} -1 \\ -6 \\ -3 \\ 1 \end{bmatrix} \right)$$

e é fácil verificar que esse vetor é ortogonal a $\mathbf{a}_1$, $\mathbf{a}_2$, e $\mathbf{a}_3$.

O método do exemplo 5.9 é facilmente adaptado a outras situações.

Exemplo 5.10

Seja W o subespaço de $\mathbb{R}^5$ gerado por

$$\mathbf{w}_1 = \begin{bmatrix} 1 \\ -3 \\ 5 \\ 0 \\ 5 \end{bmatrix}, \quad \mathbf{w}_2 = \begin{bmatrix} -1 \\ 1 \\ 2 \\ -2 \\ 3 \end{bmatrix}, \quad \mathbf{w}_3 = \begin{bmatrix} 0 \\ -1 \\ 4 \\ -1 \\ 5 \end{bmatrix}$$

Ache uma base para $W^{\perp}$.

Solução O subespaço W gerado por $\mathbf{w}_1$, $\mathbf{w}_2$, e $\mathbf{w}_3$ é o mesmo que o espaço coluna de

$$A = \begin{bmatrix} 1 & -1 & 0 \\ -3 & 1 & -1 \\ 5 & 2 & 4 \\ 0 & -2 & -1 \\ 5 & 3 & 5 \end{bmatrix}$$

Logo, pelo teorema 5.10, $(\text{col}(A))^{\perp} = \text{anul}(A^T)$, e podemos proceder como no exemplo anterior. Calculamos

$$[A^T \mid \mathbf{0}] = \left[\begin{array}{rrrrr|r} 1 & -3 & 5 & 0 & 5 & 0 \\ -1 & 1 & 2 & -2 & 3 & 0 \\ 0 & -1 & 4 & -1 & 5 & 0 \end{array}\right] \longrightarrow \left[\begin{array}{rrrrr|r} 1 & 0 & 0 & 3 & 4 & 0 \\ 0 & 1 & 0 & 1 & 3 & 0 \\ 0 & 0 & 1 & 0 & 2 & 0 \end{array}\right]$$

Logo, **y** está em $W^{\perp}$ se e somente se $y_1 = -3y_4 - 4y_5, y_2 = -y_4 - 3y_5$ e $y_3 = -2y_5$. Portanto,

$$W^{\perp} = \left\{ \begin{bmatrix} -3y_4 - 4y_5 \\ -y_4 - 3y_5 \\ -2y_5 \\ y_4 \\ y_5 \end{bmatrix} \right\} = \text{ger}\left(\begin{bmatrix} -3 \\ -1 \\ 0 \\ 1 \\ 0 \end{bmatrix}, \begin{bmatrix} -4 \\ -3 \\ -2 \\ 0 \\ 1 \end{bmatrix} \right)$$

e esses dois vetores formam uma base para $W^{\perp}$.

Projeções Ortogonais

Lembre-se de que, em $\mathbb{R}^2$, a projeção ortogonal de um vetor **v** sobre um vetor não nulo **u** é dada por

$$\text{proj}_{\mathbf{u}}(\mathbf{v}) = \left(\frac{\mathbf{u}\cdot\mathbf{v}}{\mathbf{u}\cdot\mathbf{u}}\right)\mathbf{u}$$

Além disso, o vetor $\text{perp}_{\mathbf{u}}(\mathbf{v}) = \mathbf{v} - \text{proj}_{\mathbf{u}}(\mathbf{v})$ é ortogonal a $\text{proj}_{\mathbf{u}}(\mathbf{v})$, e podemos decompor **v** como

$$\mathbf{v} = \text{proj}_{\mathbf{u}}(\mathbf{v}) + \text{perp}_{\mathbf{u}}(\mathbf{v})$$

como mostrado na figura 5.7.

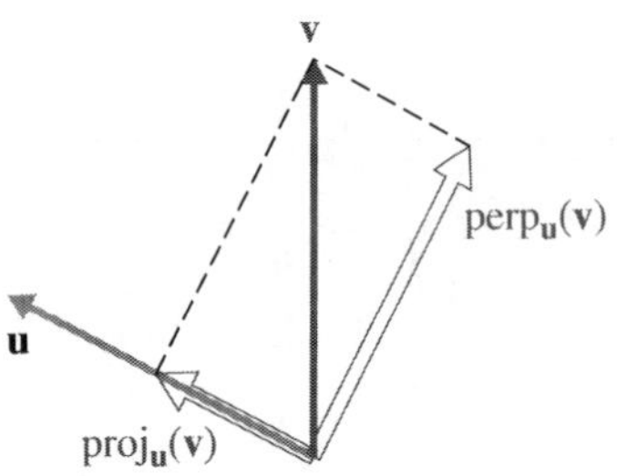

Figura 5.7
$\mathbf{v} = \text{proj}_{\mathbf{u}}(\mathbf{v}) + \text{perp}_{\mathbf{u}}(\mathbf{v})$

Se fizermos $W = \text{ger}(\mathbf{u})$, então $\mathbf{w} = \text{proj}_{\mathbf{u}}(\mathbf{v})$ está em W, e $\mathbf{w}^{\perp} = \text{perp}_{\mathbf{u}}(\mathbf{v})$ está em $W^{\perp}$. Temos então um modo de "decompor" **v** como soma de dois vetores, com um deles em W e o outro ortogonal a W — a saber, $\mathbf{v} = \mathbf{w} + \mathbf{w}^{\perp}$. Generalizaremos essa ideia para $\mathbb{R}^n$.

Definição Seja W um subespaço de $\mathbb{R}^n$ e seja $\{\mathbf{u}_1, \mathbf{u}_2, \ldots, \mathbf{u}_k\}$ uma base ortogonal de W. Para um vetor **v** em $\mathbb{R}^n$, a ***projeção ortogonal de* v *sobre* W** é definida por

$$\text{proj}_W(\mathbf{v}) = \left(\frac{\mathbf{u}_1\cdot\mathbf{v}}{\mathbf{u}_1\cdot\mathbf{u}_1}\right)\mathbf{u}_1 + \cdots + \left(\frac{\mathbf{u}_k\cdot\mathbf{v}}{\mathbf{u}_k\cdot\mathbf{u}_k}\right)\mathbf{u}_k$$

A ***componente ortogonal de* v *em relação a* W** é o vetor

$$\text{perp}_W(\mathbf{v}) = \mathbf{v} - \text{proj}_W(\mathbf{v})$$

Na definição de $\text{proj}_W(\mathbf{v})$, cada parcela é também uma projeção sobre um único vetor (ou, equivalentemente, sobre o espaço unidimensional gerado por ele — em nossa primeira definição). Assim, usando a notação de nossa definição anterior, podemos escrever

$$\text{proj}_W(\mathbf{v}) = \text{proj}_{\mathbf{u}_1}(\mathbf{v}) + \cdots + \text{proj}_{\mathbf{u}_k}(\mathbf{v})$$

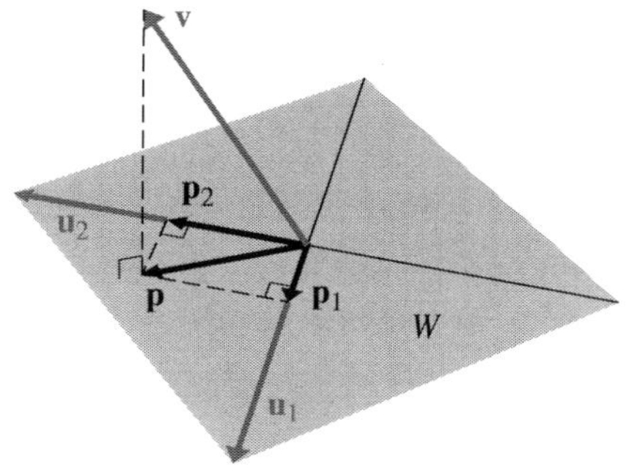

Figura 5.8
$\mathbf{p} = \mathbf{p}_1 + \mathbf{p}_2$

Como os vetores $\mathbf{u}_i$ são ortogonais, a projeção de $\mathbf{v}$ sobre W é a soma de suas projeções ortogonais sobre subespaços unidimensionais que são mutuamente ortogonais. A figura 5.8 ilustra essa situação com $W = \text{ger}(\mathbf{u}_1, \mathbf{u}_2)$, $\mathbf{p} = \text{proj}_W(\mathbf{v})$, $\mathbf{p}_1 = \text{proj}_{\mathbf{u}_1}(\mathbf{v})$ e $\mathbf{p}_2 = \text{proj}_{\mathbf{u}_2}(\mathbf{v})$.

Como um caso especial da definição de $\text{proj}_W(\mathbf{v})$, também obtemos agora uma boa interpretação do teorema 5.2. Em termos da nossa presente notação e terminologia, aquele teorema afirma que, se $\mathbf{w}$ está no subespaço W de $\mathbb{R}^n$ que tem uma base ortogonal $\{\mathbf{v}_1, \mathbf{v}_2, \ldots, \mathbf{v}_k\}$, então

$$\begin{aligned} \mathbf{w} &= \left(\frac{\mathbf{w}\cdot\mathbf{v}_1}{\mathbf{v}_1\cdot\mathbf{v}_1}\right)\mathbf{v}_1 + \cdots + \left(\frac{\mathbf{w}\cdot\mathbf{v}_k}{\mathbf{v}_k\cdot\mathbf{v}_k}\right)\mathbf{v}_k \\ &= \text{proj}_{\mathbf{v}_1}(\mathbf{w}) + \cdots + \text{proj}_{\mathbf{v}_k}(\mathbf{w}) \end{aligned}$$

Logo, $\mathbf{w}$ é decomposto em uma soma de projeções ortogonais sobre subespaços mutuamente ortogonais e unidimensionais de W.

A definição anterior parece depender da escolha da base ortogonal. Isto é, uma base diferente $\{\mathbf{u}_1', \ldots, \mathbf{u}_k'\}$ para W parece fornecer $\text{proj}_W(\mathbf{v})$ e $\text{perp}_W(\mathbf{v})$ "diferentes". Felizmente não é esse o caso, como provaremos logo. Por enquanto, vamos nos contentar com um exemplo.

Exemplo 5.11

Seja W um plano em $\mathbb{R}^3$ com equação $x - y + 2z = 0$, e seja $\mathbf{v} = \begin{bmatrix} 3 \\ -1 \\ 2 \end{bmatrix}$. Ache a projeção ortogonal de $\mathbf{v}$ sobre W e a componente ortogonal de $\mathbf{v}$ em relação a W.

Solução No exemplo 5.3, encontramos uma base ortogonal para W. Tomando

$$\mathbf{u}_1 = \begin{bmatrix} 1 \\ 1 \\ 0 \end{bmatrix} \quad \text{e} \quad \mathbf{u}_2 = \begin{bmatrix} -1 \\ 1 \\ 1 \end{bmatrix}$$

temos

$$\begin{aligned} \mathbf{u}_1\cdot\mathbf{v} &= 2 \quad & \mathbf{u}_2\cdot\mathbf{v} &= -2 \\ \mathbf{u}_1\cdot\mathbf{u}_1 &= 2 \quad & \mathbf{u}_2\cdot\mathbf{u}_2 &= 3 \end{aligned}$$

Logo,

$$\begin{aligned}\text{proj}_W(\mathbf{v}) &= \left(\frac{\mathbf{u}_1 \cdot \mathbf{v}}{\mathbf{u}_1 \cdot \mathbf{u}_1}\right)\mathbf{u}_1 + \left(\frac{\mathbf{u}_2 \cdot \mathbf{v}}{\mathbf{u}_2 \cdot \mathbf{u}_2}\right)\mathbf{u}_2 \\ &= \tfrac{2}{2}\begin{bmatrix} 1 \\ 1 \\ 0 \end{bmatrix} - \tfrac{2}{3}\begin{bmatrix} -1 \\ 1 \\ 1 \end{bmatrix} = \begin{bmatrix} \frac{5}{3} \\ \frac{1}{3} \\ -\frac{2}{3} \end{bmatrix}\end{aligned}$$

e $$\text{perp}_W(\mathbf{v}) = \mathbf{v} - \text{proj}_W(\mathbf{v}) = \begin{bmatrix} 3 \\ -1 \\ 2 \end{bmatrix} - \begin{bmatrix} \frac{5}{3} \\ \frac{1}{3} \\ -\frac{2}{3} \end{bmatrix} = \begin{bmatrix} \frac{4}{3} \\ -\frac{4}{3} \\ \frac{8}{3} \end{bmatrix}$$

É fácil ver que $\text{proj}_W(\mathbf{v})$ está em W, pois satisfaz a equação do plano. É igualmente fácil ver que $\text{perp}_W(\mathbf{v})$ é ortogonal a W, já que é um múltiplo escalar do vetor $\begin{bmatrix} 1 \\ -1 \\ 2 \end{bmatrix}$ normal a W. (Veja a figura 5.9)

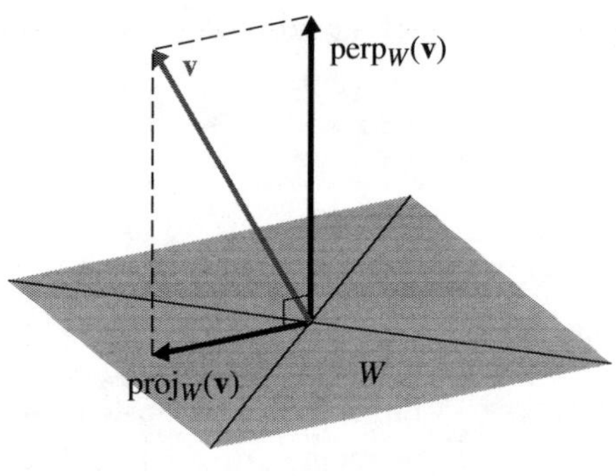

Figura 5.9
$\mathbf{v} = \text{proj}_W(\mathbf{v}) + \text{perp}_W(\mathbf{v})$

O próximo teorema mostra que sempre podemos decompor um vetor em relação a um subespaço e a seu complemento ortogonal.

Teorema 5.11 **O Teorema da Decomposição Ortogonal**

Seja W um subespaço de $\mathbb{R}^n$ e seja $\mathbf{v}$ um vetor em $\mathbb{R}^n$. Existem vetores únicos $\mathbf{w}$ em W e $\mathbf{w}^\perp$ em $W^\perp$ tais que

$$\mathbf{v} = \mathbf{w} + \mathbf{w}^\perp$$

Demonstração Precisamos provar duas coisas: que essa decomposição *existe* e que é *única*.

Para demonstrar a existência, escolhemos uma base ortogonal $\{\mathbf{u}_1, \ldots, \mathbf{u}_k\}$ de W. Sejam $\mathbf{w} = \text{proj}_W(\mathbf{v})$ e $\mathbf{w}^\perp = \text{perp}_W(\mathbf{v})$. Então

$$\mathbf{w} + \mathbf{w}^\perp = \text{proj}_W(\mathbf{v}) + \text{perp}_W(\mathbf{v}) = \text{proj}_W(\mathbf{v}) + (\mathbf{v} - \text{proj}_W(\mathbf{v})) = \mathbf{v}$$

É claro que $\text{proj}_W(\mathbf{v})$ está em W, pois trata-se de uma combinação linear dos vetores $\mathbf{u}_1, \ldots, \mathbf{u}_k$ da base de W. Para mostrar que $\mathbf{w}^\perp$ está em $W^\perp$, é suficiente mostrar que $\mathbf{w}^\perp$ é ortogonal a cada vetor $\mathbf{u}_i$, pelo teorema 5.9(d). Calculamos

$$\begin{aligned}
\mathbf{u}_i \cdot \mathbf{w}^\perp &= u_i \cdot \text{perp}_W(\mathbf{v}) \\
&= \mathbf{u}_i \cdot (\mathbf{v} - \text{proj}_W(\mathbf{v})) \\
&= \mathbf{u}_i \cdot \left(\mathbf{v} - \left(\frac{\mathbf{u}_1 \cdot \mathbf{v}}{\mathbf{u}_1 \cdot \mathbf{u}_1}\right)\mathbf{u}_1 - \cdots - \left(\frac{\mathbf{u}_k \cdot \mathbf{v}}{\mathbf{u}_k \cdot \mathbf{u}_k}\right)\mathbf{u}_k\right) \\
&= \mathbf{u}_i \cdot \mathbf{v} - \left(\frac{\mathbf{u}_1 \cdot \mathbf{v}}{\mathbf{u}_1 \cdot \mathbf{u}_1}\right)(\mathbf{u}_i \cdot \mathbf{u}_1) - \cdots - \left(\frac{\mathbf{u}_i \cdot \mathbf{v}}{\mathbf{u}_i \cdot \mathbf{u}_i}\right)(\mathbf{u}_i \cdot \mathbf{u}_i) - \cdots \\
&\quad - \left(\frac{\mathbf{u}_k \cdot \mathbf{v}}{\mathbf{u}_k \cdot \mathbf{u}_k}\right)(\mathbf{u}_i \cdot \mathbf{u}_k) \\
&= \mathbf{u}_i \cdot \mathbf{v} - 0 - \cdots - \left(\frac{\mathbf{u}_i \cdot \mathbf{v}}{\mathbf{u}_i \cdot \mathbf{u}_i}\right)(\mathbf{u}_i \cdot \mathbf{u}_i) - \cdots - 0 \\
&= \mathbf{u}_i \cdot \mathbf{v} - \mathbf{u}_i \cdot \mathbf{v} = 0
\end{aligned}$$

pois $\mathbf{u}_i \cdot \mathbf{u}_j = 0$ para $j \neq i$. Isso prova que $\mathbf{w}^\perp$ está em $W^\perp$ e completa esta parte da demonstração.

Para provar a unicidade da decomposição, vamos supor que exista outra decomposição $\mathbf{v} = \mathbf{w}_1 + \mathbf{w}_1^\perp$, com $\mathbf{w}_1$ em W e $\mathbf{w}_1^\perp$ em $W^\perp$. Então, $\mathbf{w} + \mathbf{w}^\perp = \mathbf{w}_1 + \mathbf{w}_1^\perp$, de modo que

$$\mathbf{w} - \mathbf{w}_1 = \mathbf{w}_1^\perp - \mathbf{w}^\perp$$

No entanto, como $\mathbf{w} - \mathbf{w}_1$ está em W e $\mathbf{w}_1^\perp - \mathbf{w}^\perp$ está em $W^\perp$ (pois eles são subespaços), sabemos que esse vetor comum está em $W \cap W^\perp = \{\mathbf{0}\}$ [usando o teorema 1(c)]. Logo,

$$\mathbf{w} - \mathbf{w}_1 = \mathbf{w}_1^\perp - \mathbf{w}^\perp = \mathbf{0}$$

e temos $\mathbf{w}_1 = \mathbf{w}$ e $\mathbf{w}_1^\perp = \mathbf{w}_1$.

O exemplo 5.11 ilustrou o Teorema da Decomposição Ortogonal. Quando W é o subespaço de $\mathbb{R}^3$ dado pelo plano de equação $x - y + 2z = 0$, a decomposição ortogonal de $\mathbf{v} = \begin{bmatrix} 3 \\ -1 \\ 2 \end{bmatrix}$, em relação a W, é $\mathbf{v} = \mathbf{w} + \mathbf{w}^\perp$, em que

$$\mathbf{w} = \text{proj}_W(\mathbf{v}) = \begin{bmatrix} \frac{5}{3} \\ \frac{1}{3} \\ -\frac{2}{3} \end{bmatrix} \quad \text{e} \quad \mathbf{w}^\perp = \text{perp}_W(\mathbf{v}) = \begin{bmatrix} \frac{4}{3} \\ -\frac{4}{3} \\ \frac{8}{3} \end{bmatrix}$$

A unicidade da decomposição ortogonal garante que as definições de $\text{proj}_W(\mathbf{v})$ e $\text{perp}_W(\mathbf{v})$ não dependem da escolha da base ortogonal. O Teorema da Decomposição Ortogonal também nos permite demonstrar a propriedade (b) do teorema 5.9. Vamos enunciar essa propriedade como um corolário do Teorema da Decomposição Ortogonal.

Corolário 5.12 Se W é um subespaço de $\mathbb{R}^n$, então

$$(W^\perp)^\perp = W$$

Demonstração Se $\mathbf{w}$ está em W e $\mathbf{x}$ está em $W^{\perp}$, então $\mathbf{w} \cdot \mathbf{x} = 0$. Mas isso implica que $\mathbf{w}$ está em $(W^{\perp})^{\perp}$. Logo, $W \subseteq (W^{\perp})^{\perp}$. Considere agora um vetor $\mathbf{v}$ em $(W^{\perp})^{\perp}$. Pelo teorema 5.11, podemos escrever $\mathbf{v} = \mathbf{w} + \mathbf{w}^{\perp}$ para vetores (determinados de modo único) $\mathbf{w}$ em W e $\mathbf{w}^{\perp}$ em $W^{\perp}$. Mas então

$$0 = \mathbf{v} \cdot \mathbf{w}^{\perp} = (\mathbf{w} + \mathbf{w}^{\perp}) \cdot \mathbf{w}^{\perp} = \mathbf{w} \cdot \mathbf{w}^{\perp} + \mathbf{w}^{\perp} \cdot \mathbf{w}^{\perp} = 0 + \mathbf{w}^{\perp} \cdot \mathbf{w}^{\perp} = \mathbf{w}^{\perp} \cdot \mathbf{w}^{\perp}$$

de modo que $\mathbf{w}^{\perp} = 0$. Logo, $\mathbf{v} = \mathbf{w} + \mathbf{w}^{\perp} = \mathbf{w}$, e, portanto, $\mathbf{v}$ está em W. Isso mostra que $(W^{\perp})^{\perp} \subseteq W$ e, como a inclusão contrária também é verdadeira, concluímos que $(W^{\perp})^{\perp} = W$, como queríamos.

Há também uma boa relação entre as dimensões de W e $W^{\perp}$, expressa no teorema 5.13.

Teorema 5.13 Se W é um subespaço de $\mathbb{R}^n$,

$$\dim W + \dim W^{\perp} = n$$

Demonstração Seja $\{\mathbf{u}_1, \ldots, \mathbf{u}_k\}$ uma base ortogonal de W e seja $\{\mathbf{v}_1, \ldots, \mathbf{v}_l\}$ uma base ortogonal de $W^{\perp}$. Então, $\dim W = k$ e $\dim W^{\perp} = l$. Seja $\mathcal{B} = \{\mathbf{u}_1, \ldots, \mathbf{u}_k, \mathbf{v}_1, \ldots, \mathbf{v}_l\}$. Afirmamos que $\mathcal{B}$ é uma base ortogonal de $\mathbb{R}^n$.

Primeiro, notamos que, como cada $\mathbf{u}_i$ está em W e cada $\mathbf{v}_j$ está em $W^{\perp}$,

$$\mathbf{u}_i \cdot \mathbf{v}_j = 0 \text{ para } i = 1, \ldots, k \text{ e } j = 1, \ldots, l$$

Assim, $\mathcal{B}$ é um conjunto ortogonal e, portanto, linearmente independente, de acordo com o teorema 5.1. Além disso, se $\mathbf{v}$ é um vetor em $\mathbb{R}^n$, o Teorema da Decomposição Ortogonal nos diz que $\mathbf{v} = \mathbf{w} + \mathbf{w}^{\perp}$ para algum $\mathbf{w}$ em W e $\mathbf{w}^{\perp}$ em $W^{\perp}$. Como $\mathbf{w}$ pode ser escrito como uma combinação linear dos vetores $\mathbf{u}_i$ e $\mathbf{w}^{\perp}$ pode ser escrito como combinação linear dos vetores $\mathbf{v}_j$, $\mathbf{v}$ pode ser escrito como combinação linear dos vetores de $\mathcal{B}$. Logo, $\mathcal{B}$ gera $\mathbb{R}^n$ e, portanto, é uma base de $\mathbb{R}^n$. Segue que $k + l = n = \dim \mathbb{R}^n$, ou

$$\dim W + \dim W^{\perp} = n$$

Aplicando esse resultado aos subespaços fundamentais de uma matriz, obtemos como bônus uma demonstração rápida do Teorema do Posto (teorema 3.26), enunciado aqui como corolário 5.14.

Corolário 5.14 **Teorema do Posto**

Se A é uma matriz $m \times n$,

$$\text{posto}(A) + \text{nulidade}(A) = n$$

Demonstração No teorema 5.13, considere $W = \text{lin}(A)$. Então, pelo teorema 5.10, $W^{\perp} = \text{anul}(A)$, de modo que $\dim W = \text{posto}(A)$ e $\dim W^{\perp} = \text{nulidade}(A)$. Disso segue o resultado.

Note que obtemos a identidade simétrica tomando $W = \text{col}(A)$ [e então $W^{\perp} = \text{anul}(A^{\text{T}})$]:

$$\text{posto}(A) + \text{nulidade}(A^T) = m$$

As seções 5.1 e 5.2 ilustraram algumas das vantagens de trabalhar com bases ortogonais. Entretanto, não demonstramos ainda que todo subespaço *tem* uma base ortogonal, nem mostramos um método de construir uma base desse tipo (exceto em alguns exemplos particulares, como no exemplo 5.3). Essas questões serão o assunto da próxima seção.

Exercícios 5.2

Nos exercícios de 1 a 6, determine o complemento ortogonal $W^{\perp}$ de W e dê uma base de $W^{\perp}$.

1. $W = \left\{ \begin{bmatrix} x \\ y \end{bmatrix} : 2x - y = 0 \right\}$

2. $W = \left\{ \begin{bmatrix} x \\ y \end{bmatrix} : 3x + 4y = 0 \right\}$

3. $W = \left\{ \begin{bmatrix} x \\ y \\ z \end{bmatrix} : x + y - z = 0 \right\}$

4. $W = \left\{ \begin{bmatrix} x \\ y \\ z \end{bmatrix} : 2x - y + 3z = 0 \right\}$

5. $W = \left\{ \begin{bmatrix} x \\ y \\ z \end{bmatrix} : x = t, y = -t, z = 3t \right\}$

6. $W = \left\{ \begin{bmatrix} x \\ y \\ z \end{bmatrix} : x = \frac{1}{2}t, y = -\frac{1}{2}t, z = 2t \right\}$

Nos exercícios 7 e 8, determine bases para o espaço linha de A e para o espaço anulado por A. Verifique que cada vetor em lin(A) é ortogonal a todo vetor em anul(A).

7. $A = \begin{bmatrix} 1 & -1 & 3 \\ 5 & 2 & 1 \\ 0 & 1 & -2 \\ -1 & -1 & 1 \end{bmatrix}$

8. $A = \begin{bmatrix} 1 & 1 & -1 & 0 & 2 \\ -2 & 0 & 2 & 4 & 4 \\ 2 & 2 & -2 & 0 & 1 \\ -3 & -1 & 3 & 4 & 5 \end{bmatrix}$

Nos exercícios 9 e 10, encontre bases para o espaço coluna de A e para o espaço anulado por A^T, sendo A a matriz no exercício dado. Verifique que todo vetor em col(A) é ortogonal a todo vetor em anul(A^T).

9. Exercício 7 **10.** Exercício 8

Nos exercícios de 11 a 14, seja W o subespaço gerado pelos vetores dados. Ache uma base de $W^{\perp}$.

11. $\mathbf{w}_1 = \begin{bmatrix} 2 \\ 1 \\ -2 \end{bmatrix}, \mathbf{w}_2 = \begin{bmatrix} 4 \\ 0 \\ 1 \end{bmatrix}$

12. $\mathbf{w}_1 = \begin{bmatrix} 1 \\ -1 \\ 3 \\ -2 \end{bmatrix}, \mathbf{w}_2 = \begin{bmatrix} 0 \\ 1 \\ -2 \\ 1 \end{bmatrix}$

13. $\mathbf{w}_1 = \begin{bmatrix} 2 \\ -1 \\ 6 \\ 3 \end{bmatrix}, \mathbf{w}_2 = \begin{bmatrix} -1 \\ 2 \\ -3 \\ -2 \end{bmatrix}, \mathbf{w}_3 = \begin{bmatrix} 2 \\ 5 \\ 6 \\ 1 \end{bmatrix}$

14. $\mathbf{w}_1 = \begin{bmatrix} 4 \\ 6 \\ -1 \\ 1 \\ -1 \end{bmatrix}, \mathbf{w}_2 = \begin{bmatrix} 1 \\ 2 \\ 0 \\ 1 \\ -3 \end{bmatrix}, \mathbf{w}_3 = \begin{bmatrix} 2 \\ 2 \\ 2 \\ -1 \\ 2 \end{bmatrix}$

*Nos exercícios de 15 a 18, determine a projeção ortogonal de **v** sobre o subespaço W gerado pelos vetores $\mathbf{u}_i$. (Você pode assumir que os vetores $\mathbf{u}_i$ são ortogonais.)*

15. $\mathbf{v} = \begin{bmatrix} 7 \\ -4 \end{bmatrix}, \mathbf{u}_1 = \begin{bmatrix} 1 \\ 1 \end{bmatrix}$

16. $\mathbf{v} = \begin{bmatrix} 3 \\ 1 \\ -2 \end{bmatrix}, \mathbf{u}_1 = \begin{bmatrix} 1 \\ 1 \\ 1 \end{bmatrix}, \mathbf{u}_2 = \begin{bmatrix} 1 \\ -1 \\ 0 \end{bmatrix}$

17. $\mathbf{v} = \begin{bmatrix} 1 \\ 2 \\ 3 \end{bmatrix}, \mathbf{u}_1 = \begin{bmatrix} 2 \\ -2 \\ 1 \end{bmatrix}, \mathbf{u}_2 = \begin{bmatrix} -1 \\ 1 \\ 4 \end{bmatrix}$

18. $\mathbf{v} = \begin{bmatrix} 3 \\ -2 \\ 4 \\ -3 \end{bmatrix}, \mathbf{u}_1 = \begin{bmatrix} 1 \\ 1 \\ 0 \\ 0 \end{bmatrix}, \mathbf{u}_2 = \begin{bmatrix} 1 \\ -1 \\ -1 \\ 1 \end{bmatrix}, \mathbf{u}_3 = \begin{bmatrix} 0 \\ 0 \\ 1 \\ 1 \end{bmatrix}$

Nos exercícios de 19 a 22, ache a decomposição ortogonal de **v** *em relação a W.*

19. $\mathbf{v} = \begin{bmatrix} 2 \\ -2 \end{bmatrix}, W = \text{ger}\left(\begin{bmatrix} 1 \\ 3 \end{bmatrix}\right)$

20. $\mathbf{v} = \begin{bmatrix} 3 \\ 2 \\ -1 \end{bmatrix}, W = \text{ger}\left(\begin{bmatrix} 1 \\ 1 \\ 1 \end{bmatrix}\right)$

21. $\mathbf{v} = \begin{bmatrix} 4 \\ -2 \\ 3 \end{bmatrix}, W = \text{ger}\left(\begin{bmatrix} 1 \\ 2 \\ 1 \end{bmatrix}, \begin{bmatrix} 1 \\ -1 \\ 1 \end{bmatrix}\right)$

22. $\mathbf{v} = \begin{bmatrix} 2 \\ -1 \\ 5 \\ 6 \end{bmatrix}, W = \text{ger}\left(\begin{bmatrix} 1 \\ 1 \\ 1 \\ 0 \end{bmatrix}, \begin{bmatrix} 1 \\ 0 \\ -1 \\ 1 \end{bmatrix}\right)$

23. Prove o teorema 5.9(c).

24. Prove o teorema 5.9(d).

25. Sejam W um subespaço de $\mathbb{R}^n$ e v um vetor em $\mathbb{R}^n$. Suponha que **w** e **w**′ são vetores ortogonais com **w** em W, e que $\mathbf{v} = \mathbf{w} + \mathbf{w}'$. O vetor $\mathbf{w}'$ tem necessariamente que estar em $W^\perp$? Prove ou dê um contraexemplo.

26. Seja $\{\mathbf{v}_1, \ldots, \mathbf{v}_n\}$ uma base ortogonal de $\mathbb{R}^n$, e seja $W = \text{ger}(\mathbf{v}_1, \ldots, \mathbf{v}_k)$. É necessariamente verdade que $W^\perp = \text{ger}(\mathbf{v}_{k+1}, \ldots, \mathbf{v}_n)$? Prove ou dê um contraexemplo.

Nos exercícios de 27 a 29, seja W um subspaço de $\mathbb{R}^n$, *e seja* **x** *um vetor em* $\mathbb{R}^n$.

27. Prove que **x** está em W se e somente se $\text{proj}_W(\mathbf{x}) = \mathbf{x}$.

28. Prove que **x** é ortogonal a W se e somente se $\text{proj}_W(\mathbf{x}) = \mathbf{0}$.

29. Prove que $\text{proj}_W(\text{proj}_W(\mathbf{x})) = \text{proj}_W(\mathbf{x})$.

30. Seja $S = \{\mathbf{v}_1, \ldots, \mathbf{v}_k\}$ um conjunto ortonormal de $\mathbb{R}^n$, e seja **x** um vetor de $\mathbb{R}^n$.

(a) Prove que

$$\|\mathbf{x}\|^2 \geq |\mathbf{x} \cdot \mathbf{v}_1|^2 + |\mathbf{x} \cdot \mathbf{v}_2|^2 + \cdots + |\mathbf{x} \cdot \mathbf{v}_k|^2$$

(Esta desigualdade é chamanda Desigualdade de ***Bessel.***)

(b) Prove que a desigualdade de Bessel é uma igualdade se e somente se **x** está em ger(S).

5.3 O Processo de Ortogonalização de Gram-Schmidt e a Fatoração *QR*

Nesta seção, apresentaremos um método simples para construir uma base ortogonal (ou ortonormal) para qualquer subespaço de $\mathbb{R}^n$. Esse método nos levará a uma das mais úteis das fatorações de matrizes.

O Processo de Ortogonalização de Gram-Schmidt

Gostaríamos de poder achar uma base ortogonal para um subespaço W de $\mathbb{R}^n$. A ideia é começar com uma base $\{\mathbf{x}_1, \ldots, \mathbf{x}_k\}$ de W e "ortogonalizar" um vetor de cada vez. Ilustraremos essa construção básica com o subespaço W do exemplo 5.3.

Exemplo 5.12 Seja $W = \text{ger}(\mathbf{x}_1, \mathbf{x}_2)$, onde

$$\mathbf{x}_1 = \begin{bmatrix} 1 \\ 1 \\ 0 \end{bmatrix} \quad \text{e} \quad \mathbf{x}_2 = \begin{bmatrix} -2 \\ 0 \\ 1 \end{bmatrix}$$

Construa uma base ortogonal para W.

Solução Começando por $\mathbf{x}_1$, obtemos um segundo vetor ortogonal a ele tomando a componente ortogonal de $\mathbf{x}_2$ em relação a $\mathbf{x}_1$ (figura 5.10).

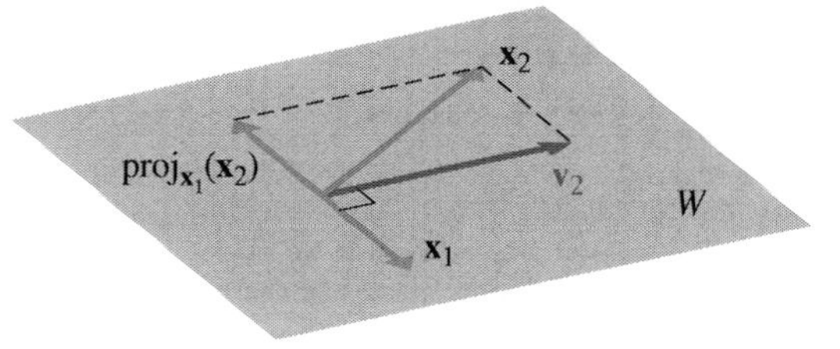

Figura 5.10
Construção de $\mathbf{v}_2$ ortogonal a $\mathbf{x}_1$

Algebricamente, colocamos $\mathbf{v}_1 = \mathbf{x}_1$. Então

$$\begin{aligned} \mathbf{v}_2 = \text{perp}_{\mathbf{x}_1}(\mathbf{x}_2) &= \mathbf{x}_2 - \text{proj}_{\mathbf{x}_1}(\mathbf{x}_2) \\ &= \mathbf{x}_2 - \left(\frac{\mathbf{x}_1 \cdot \mathbf{x}_2}{\mathbf{x}_1 \cdot \mathbf{x}_1}\right)\mathbf{x}_1 \\ &= \begin{bmatrix} -2 \\ 0 \\ 1 \end{bmatrix} - \left(\frac{-2}{2}\right)\begin{bmatrix} 1 \\ 1 \\ 0 \end{bmatrix} = \begin{bmatrix} -1 \\ 1 \\ 1 \end{bmatrix} \end{aligned}$$

Então, $\{\mathbf{v}_1, \mathbf{v}_2\}$ é um conjunto ortogonal de vetores em W. Assim, $\{\mathbf{v}_1, \mathbf{v}_2\}$ é linearmente independente e, portanto, é uma base para W, já que dim $W = 2$.

Obsevação Note que esse método depende da *ordem* dos vetores na base original. No exemplo 5.12, se tivéssemos tomado $\mathbf{x}_1 = \begin{bmatrix} -2 \\ 0 \\ 1 \end{bmatrix}$ e $\mathbf{x}_2 = \begin{bmatrix} 1 \\ 1 \\ 0 \end{bmatrix}$, teríamos obtido uma base ortogonal diferente para W. (Verifique isso.)

A generalização desse método para mais de dois vetores começa como no exemplo 5.12. O processo é construir iterativamente os vetores subsequentes fazendo-os ortogonais a todos os vetores já construídos. Esse método é conhecido como ***Processo de Ortogonalização de Gram-Schmidt***.

Teorema 5.15 **O Processo de Ortogonalização de Gram-Schmidt**

Seja $\{\mathbf{x}_1, \ldots, \mathbf{x}_k\}$ uma base para um subespaço W de $\mathbb{R}^n$ e defina o seguinte:

$$\begin{aligned} \mathbf{v}_1 &= \mathbf{x}_1, & W_1 &= \text{ger}(\mathbf{x}_1) \\ \mathbf{v}_2 &= \mathbf{x}_2 - \left(\frac{\mathbf{v}_1 \cdot \mathbf{x}_2}{\mathbf{v}_1 \cdot \mathbf{v}_1}\right)\mathbf{v}_1, & W_2 &= \text{ger}(\mathbf{x}_1, \mathbf{x}_2) \\ \mathbf{v}_3 &= \mathbf{x}_3 - \left(\frac{\mathbf{v}_1 \cdot \mathbf{x}_3}{\mathbf{v}_1 \cdot \mathbf{v}_1}\right)\mathbf{v}_1 - \left(\frac{\mathbf{v}_2 \cdot \mathbf{x}_3}{\mathbf{v}_2 \cdot \mathbf{v}_2}\right)\mathbf{v}_2, & W_3 &= \text{ger}(\mathbf{x}_1, \mathbf{x}_2, \mathbf{x}_3) \\ &\vdots \\ \mathbf{v}_k &= \mathbf{x}_k - \left(\frac{\mathbf{v}_1 \cdot \mathbf{x}_k}{\mathbf{v}_1 \cdot \mathbf{v}_1}\right)\mathbf{v}_1 - \left(\frac{\mathbf{v}_2 \cdot \mathbf{x}_k}{\mathbf{v}_2 \cdot \mathbf{v}_2}\right)\mathbf{v}_2 - \cdots \\ &\quad - \left(\frac{\mathbf{v}_{k-1} \cdot \mathbf{x}_k}{\mathbf{v}_{k-1} \cdot \mathbf{v}_{k-1}}\right)\mathbf{v}_{k-1}, & W_k &= \text{ger}(\mathbf{x}_1, \ldots, \mathbf{x}_k) \end{aligned}$$

Então, para cada $i = 1, \ldots, k$, o conjunto $\{\mathbf{v}_1, \ldots, \mathbf{v}_i\}$ é uma base ortogonal de W_i. Em particular, $\{\mathbf{v}_1, \ldots, \mathbf{v}_k\}$ é uma base ortogonal de W.

Jörgen Pedersen Gram (1850-1916) foi um atuário (estatístico de seguros) holandês que estava interessado no estudo de medidas. Foi o primeiro a publicar, em 1883, o processo que leva seu nome, em um artigo sobre mínimos quadrados. Erhard Schmidt (1876-1959) foi um matemático alemão que estudou sob a orientação do grande David Hilbert e é considerado um dos fundadores de um ramo da matemática conhecido como análise funcional. Sua contribuição ao Processo de Ortogonalização de Gram-Schmidt veio em um artigo sobre equações integrais, em 1907, no qual ele escreveu os detalhes do método mais explicitamente do que Gram havia feito.

Enunciado sucintamente, o teorema 5.15 diz que todo subespaço de $\mathbb{R}^n$ tem uma base ortogonal, e fornece um algoritmo para construir uma base dessas.

Demonstração Provaremos, por indução, que $\{\mathbf{v}_1, \ldots, \mathbf{v}_i\}$ é uma base ortogonal de W_i, para cada $i = 1, \ldots, k$.

Como $\mathbf{v}_1 = \mathbf{x}_1$, é claro que $\{\mathbf{v}_1\}$ é uma base (ortogonal) de $W_1 = \text{ger}(\mathbf{x}_1)$. Assuma agora que, para algum $i < k$, $\{\mathbf{v}_1, \ldots, \mathbf{v}_i\}$ é uma base ortogonal de W_i. Então

$$\mathbf{v}_{i+1} = \mathbf{x}_{i+1} - \left(\frac{\mathbf{v}_1 \cdot \mathbf{x}_{i+1}}{\mathbf{v}_1 \cdot \mathbf{v}_1}\right)\mathbf{v}_1 - \left(\frac{\mathbf{v}_2 \cdot \mathbf{x}_{i+1}}{\mathbf{v}_2 \cdot \mathbf{v}_2}\right)\mathbf{v}_2 - \cdots - \left(\frac{\mathbf{v}_i \cdot \mathbf{x}_{i+1}}{\mathbf{v}_i \cdot \mathbf{v}_i}\right)\mathbf{v}_i$$

Pela hipótese de indução, $\{\mathbf{v}_1, \ldots, \mathbf{v}_i\}$ é uma base ortogonal para $\text{ger}(\mathbf{x}_1, \ldots, \mathbf{x}_i) = W_i$. Logo,

$$\mathbf{v}_{i+1} = \mathbf{x}_{i+1} - \text{proj}_{W_i}(\mathbf{x}_{i+1}) = \text{perp}_{W_i}(\mathbf{x}_{i+1})$$

Então, pelo Teorema da Decomposição Ortogonal, $\mathbf{v}_{i+1}$ é ortogonal a W_i. Pela definição, $\mathbf{v}_1, \ldots, \mathbf{v}_i$ são combinações lineares de $\mathbf{x}_1, \ldots, \mathbf{x}_i$ e, portanto, estão em W_i. Consequentemente, $\{\mathbf{v}_1, \ldots, \mathbf{v}_{i+1}\}$ é um subconjunto ortogonal de vetores de W_{i+1}.

Além disso, $\mathbf{v}_{i+1} \neq \mathbf{0}$, pois, caso contrário, $\mathbf{x}_{i+1} = \text{proj}_{W_i}(\mathbf{x}_{i+1})$, o que implica que $\mathbf{x}_{i+1}$ está em W_i. Mas isso é impossível, já que $W_i = \text{ger}(\mathbf{x}_1, \ldots, \mathbf{x}_i)$ e $\{\mathbf{x}_1, \ldots, \mathbf{x}_{i+1}\}$ é linearmente independente. (Por quê?) Concluímos que $\{\mathbf{v}_1, \ldots, \mathbf{v}_{i+1}\}$ é um conjunto com $i+1$ vetores linearmente independentes em W_{i+1}. Consequentemente, $\{\mathbf{v}_1, \ldots, \mathbf{v}_{i+1}\}$ é uma base de W_{i+1}, pois $\dim W_{i+1} = i + 1$. Isso completa a demonstração.

Se quisermos uma base ortonormal de W, precisamos simplesmente normalizar os vetores produzidos pelo Processo de Ortogonalização de Gram-Schmidt. Isto é, para cada i, substituímos $\mathbf{v}_i$ pelo vetor unitário $\mathbf{q}_i = (1/\|\mathbf{v}_i\|)\mathbf{v}_i$.

Exemplo 5.13

Aplique o Processo de Ortogonalização de Gram-Schmidt para construir uma base para o subespaço $W = \text{ger}(\mathbf{x}_1, \mathbf{x}_2, \mathbf{x}_3)$ de $\mathbb{R}^4$, sendo

$$\mathbf{x}_1 = \begin{bmatrix} 1 \\ -1 \\ -1 \\ 1 \end{bmatrix}, \quad \mathbf{x}_2 = \begin{bmatrix} 2 \\ 1 \\ 0 \\ 1 \end{bmatrix}, \quad \mathbf{x}_3 = \begin{bmatrix} 2 \\ 2 \\ 1 \\ 2 \end{bmatrix}$$

Solução Primeiro, notamos que $\{\mathbf{x}_1, \mathbf{x}_2, \mathbf{x}_3\}$ é um conjunto linearmente independente e, portanto, forma uma base para W. Começamos colocando $\mathbf{v}_1 = \mathbf{x}_1$. Em seguida, calculamos a componente ortogonal de $\mathbf{x}_2$ em relação a $W_1 = \text{ger}(\mathbf{v}_1)$:

$$\begin{aligned}\mathbf{v}_2 = \text{perp}_{W_1}(\mathbf{x}_2) &= \mathbf{x}_2 - \left(\frac{\mathbf{v}_1 \cdot \mathbf{x}_2}{\mathbf{v}_1 \cdot \mathbf{v}_1}\right)\mathbf{v}_1 \\ &= \begin{bmatrix} 2 \\ 1 \\ 0 \\ 1 \end{bmatrix} - \left(\tfrac{2}{4}\right)\begin{bmatrix} 1 \\ -1 \\ -1 \\ 1 \end{bmatrix} \\ &= \begin{bmatrix} \frac{3}{2} \\ \frac{3}{2} \\ \frac{1}{2} \\ \frac{1}{2} \end{bmatrix}\end{aligned}$$

Para cálculos à mão, uma boa ideia, nesse ponto, é "alterar o comprimento de" $\mathbf{v}_2$ para eliminar as frações. Quando terminarmos, podemos normalizar o conjunto ortogonal que estamos construindo para obter um conjunto ortonormal; assim, podemos substituir $\mathbf{v}_i$ por qualquer múltiplo escalar conveniente sem afetar o resultado final. De acordo com essa ideia, vamos substituir $\mathbf{v}_2$ por

$$\mathbf{v}_2' = 2\mathbf{v}_2 = \begin{bmatrix} 3 \\ 3 \\ 1 \\ 1 \end{bmatrix}$$

Agora, vamos determinar a componente ortogonal de $\mathbf{x}_3$ em relação a

$$W_2 = \text{ger}(\mathbf{x}_1, \mathbf{x}_2) = \text{ger}(\mathbf{v}_1, \mathbf{v}_2) = \text{ger}(\mathbf{v}_1, \mathbf{v}_2')$$

usando a base ortogonal $\{\mathbf{v}_1, \mathbf{v}_2'\}$:

$$\begin{aligned} \mathbf{v}_3 = \text{perp}_{W_2}(\mathbf{x}_3) &= \mathbf{x}_3 - \left(\frac{\mathbf{v}_1 \cdot \mathbf{x}_3}{\mathbf{v}_1 \cdot \mathbf{v}_1}\right)\mathbf{v}_1 - \left(\frac{\mathbf{v}_2' \cdot \mathbf{x}_3}{\mathbf{v}_2' \cdot \mathbf{v}_2'}\right)\mathbf{v}_2' \\ &= \begin{bmatrix} 2 \\ 2 \\ 1 \\ 2 \end{bmatrix} - \left(\tfrac{1}{4}\right)\begin{bmatrix} 1 \\ -1 \\ -1 \\ 1 \end{bmatrix} - \left(\tfrac{15}{20}\right)\begin{bmatrix} 3 \\ 3 \\ 1 \\ 1 \end{bmatrix} \\ &= \begin{bmatrix} -\frac{1}{2} \\ 0 \\ \frac{1}{2} \\ 1 \end{bmatrix} \end{aligned}$$

Novamente, multiplicamos por um escalar para obter $\mathbf{v}_3' = 2\mathbf{v}_3 = \begin{bmatrix} -1 \\ 0 \\ 1 \\ 2 \end{bmatrix}$.

Temos agora uma base ortogonal $\{\mathbf{v}_1, \mathbf{v}_2', \mathbf{v}_3'\}$ de W. (Certifique-se de que esses vetores são ortogonais.) Para obter uma base ortonormal, normalizamos cada vetor:

$$\mathbf{q}_1 = \left(\frac{1}{\|\mathbf{v}_1\|}\right)\mathbf{v}_1 = \left(\frac{1}{2}\right)\begin{bmatrix} 1 \\ -1 \\ -1 \\ 1 \end{bmatrix} = \begin{bmatrix} 1/2 \\ -1/2 \\ -1/2 \\ 1/2 \end{bmatrix}$$

$$\mathbf{q}_2 = \left(\frac{1}{\|\mathbf{v}_2'\|}\right)\mathbf{v}_2' = \left(\frac{1}{2\sqrt{5}}\right)\begin{bmatrix} 3 \\ 3 \\ 1 \\ 1 \end{bmatrix} = \begin{bmatrix} 3/2\sqrt{5} \\ 3/2\sqrt{5} \\ 1/2\sqrt{5} \\ 1/2\sqrt{5} \end{bmatrix} = \begin{bmatrix} 3\sqrt{5}/10 \\ 3\sqrt{5}/10 \\ \sqrt{5}/10 \\ \sqrt{5}/10 \end{bmatrix}$$

$$\mathbf{q}_3 = \left(\frac{1}{\|\mathbf{v}_3'\|}\right)\mathbf{v}_3' = \left(\frac{1}{\sqrt{6}}\right)\begin{bmatrix} -1 \\ 0 \\ 1 \\ 2 \end{bmatrix} = \begin{bmatrix} -1/\sqrt{6} \\ 0 \\ 1/\sqrt{6} \\ 2/\sqrt{6} \end{bmatrix} = \begin{bmatrix} -\sqrt{6}/6 \\ 0 \\ \sqrt{6}/6 \\ \sqrt{6}/3 \end{bmatrix}$$

Então, $\{\mathbf{q}_1, \mathbf{q}_2, \mathbf{q}_3\}$ é uma base ortonormal de W.

O Processo de Ortogonalização de Gram-Schmidt é muito útil para construir uma base ortogonal que contenha um vetor específico. O próximo exemplo ilustra essa aplicação.

Exemplo 5.14 Ache uma base ortogonal de $\mathbb{R}^3$ que contenha o vetor

$$\mathbf{v}_1 = \begin{bmatrix} 1 \\ 2 \\ 3 \end{bmatrix}$$

Solução Primeiramente, determinamos uma base qualquer de $\mathbb{R}^3$ que contenha $\mathbf{v}_1$. Se tomarmos

$$\mathbf{x}_2 = \begin{bmatrix} 0 \\ 1 \\ 0 \end{bmatrix} \quad \text{e} \quad \mathbf{x}_3 = \begin{bmatrix} 0 \\ 0 \\ 1 \end{bmatrix}$$

então $\{\mathbf{v}_1, \mathbf{x}_2, \mathbf{x}_3\}$ claramente será uma base de $\mathbb{R}^3$. (Por quê?) Aplicamos agora o Processo de Ortogonalização de Gram-Schmidt a essa base para obter

$$\mathbf{v}_2 = \mathbf{x}_2 - \left(\frac{\mathbf{v}_1 \cdot \mathbf{x}_2}{\mathbf{v}_1 \cdot \mathbf{v}_1}\right)\mathbf{v}_1 = \begin{bmatrix} 0 \\ 1 \\ 0 \end{bmatrix} - \left(\tfrac{2}{14}\right)\begin{bmatrix} 1 \\ 2 \\ 3 \end{bmatrix} = \begin{bmatrix} -\frac{1}{7} \\ \frac{5}{7} \\ -\frac{3}{7} \end{bmatrix}, \quad \mathbf{v}_2' = \begin{bmatrix} -1 \\ 5 \\ -3 \end{bmatrix}$$

e, finalmente,

$$\mathbf{v}_3 = \mathbf{x}_3 - \left(\frac{\mathbf{v}_1 \cdot \mathbf{x}_3}{\mathbf{v}_1 \cdot \mathbf{v}_1}\right)\mathbf{v}_1 - \left(\frac{\mathbf{v}_2' \cdot \mathbf{x}_3}{\mathbf{v}_2' \cdot \mathbf{v}_2'}\right)\mathbf{v}_2' = \begin{bmatrix} 0 \\ 0 \\ 1 \end{bmatrix} - \left(\tfrac{3}{14}\right)\begin{bmatrix} 1 \\ 2 \\ 3 \end{bmatrix} - \left(\tfrac{-3}{35}\right)\begin{bmatrix} -1 \\ 5 \\ -3 \end{bmatrix} = \begin{bmatrix} \frac{-3}{10} \\ 0 \\ \frac{1}{10} \end{bmatrix},$$

$$\mathbf{v}_3' = \begin{bmatrix} -3 \\ 0 \\ 1 \end{bmatrix}$$

Então, $\{\mathbf{v}_1, \mathbf{v}_2', \mathbf{v}_3'\}$ é uma base ortogonal de $\mathbb{R}^3$ que contém $\mathbf{v}_1$.

Analogamente, dado um vetor unitário, podemos achar uma base ortonormal que o contenha usando o método acima descrito, e depois normalizar os vetores ortogonais obtidos.

Observação Quando o Processo de Ortogonalização de Gram-Schmidt é implementado em um computador, existe quase sempre algum erro de arredondamento, levando a uma perda da ortogonalidade dos vetores $\mathbf{q}_i$. Para evitar essa perda da ortogonalidade, geralmente são feitas algumas modificações. Os vetores $\mathbf{v}_i$ são normalizados assim que são calculados, em vez de no final, para que se obtenha os vetores $\mathbf{q}_i$, e conforme cada $\mathbf{q}_i$ é calculado, os vetores restantes $\mathbf{x}_j$ são modificados para ficarem ortogonais a $\mathbf{q}_i$. Esse procedimento é conhecido por ***Processo de Ortogonalização de Gram-Schmidt Modificado***. Entretanto, na prática, uma versão da fatoração QR é usada para calcular bases ortonormais.

The *QR* Factorization

Se A é uma matriz $m \times n$ com colunas linearmente independentes (exigindo $m \geq n$), aplicar o Processo de Ortogonalização de Gram-Schmidt a essas colunas implica em uma fatoração muito útil da matriz A como o produto de uma matriz ortogonal Q por uma matriz triangular superior R. Essa é a ***fatoração QR***, e tem aplicações à aproximação numérica de autovalores — o que investigaremos no fim desta seção — e ao problema da aproximação pelo método dos mínimos quadrados, que discutiremos no capítulo 7.

Para ver como surge a fatoração QR, sejam $\mathbf{a}_1, \ldots, \mathbf{a}_n$ as colunas (linearmente independentes) de A, e sejam $\mathbf{q}_1, \ldots, \mathbf{q}_n$ os vetores ortonormais obtidos pela aplicação do Processo de Ortogonalização de Gram-Schmidt com normalizações à matriz A. Pelo teorema 5.15, sabemos que, para cada $i = 1, \ldots, n$,

$$W_i = \text{ger}(\mathbf{a}_1, \ldots, \mathbf{a}_i) = \text{ger}(\mathbf{q}_1, \ldots, \mathbf{q}_i)$$

Assim, existem escalares $r_{1i}, r_{2i}, \ldots, r_{ii}$ tais que

$$\mathbf{a}_i = r_{1i}\mathbf{q}_1 + r_{2i}\mathbf{q}_2 + \cdots + r_{ii}\mathbf{q}_i \quad \text{para } i = 1, \ldots, n$$

Isto é,

$$\begin{aligned} \mathbf{a}_1 &= r_{11}\mathbf{q}_1 \\ \mathbf{a}_2 &= r_{12}\mathbf{q}_1 + r_{22}\mathbf{q}_2 \\ &\vdots \\ \mathbf{a}_n &= r_{1n}\mathbf{q}_1 + r_{2n}\mathbf{q}_2 + \cdots + r_{nn}\mathbf{q}_n \end{aligned}$$

o que pode ser escrito na forma de matriz como

$$A = [\mathbf{a}_1 \quad \mathbf{a}_2 \quad \cdots \quad \mathbf{a}_n] = [\mathbf{q}_1 \quad \mathbf{q}_2 \quad \cdots \quad \mathbf{q}_n] \begin{bmatrix} r_{11} & r_{12} & \cdots & r_{1n} \\ 0 & r_{22} & \cdots & r_{2n} \\ \vdots & \vdots & \ddots & \vdots \\ 0 & 0 & \cdots & r_{nn} \end{bmatrix} = QR$$

É claro que a matriz Q tem colunas ortonormais. Também é verdade que os elementos na diagonal de R são todos não nulos. Para ver isso, observe que, se $r_{ii} = 0$, então $\mathbf{a}_i$ é uma combinação linear de $\mathbf{q}_1, \ldots, \mathbf{q}_{i-1}$, e, portanto, está em W_{i-1}. Mas então $\mathbf{a}_i$ seria uma combinação linear de $\mathbf{a}_1, \ldots, \mathbf{a}_{i-1}$, o que seria impossível, já que os vetores $\mathbf{a}_1, \ldots, \mathbf{a}_n$ são linearmente independentes. Concluímos que $r_{ii} \neq 0$ para $i = 1, \ldots, n$. Como R é triangular superior, segue que ela tem que ser invertível. (Veja o exercício 23.)

Provamos o seguinte teorema:

Teorema 5.16 **A Fatoração QR**

Seja A uma matriz $m \times n$ com colunas linearmente independentes. Então, A pode ser escrita como $A = QR$, em que Q é uma matriz $m \times n$ com colunas ortonormais e R é uma matriz triangular superior invertível.

Obsevações:

- Também podemos assumir que os elementos da diagonal de R são *positivos*. Se $r_{ii} < 0$, simplesmente trocamos $\mathbf{q}_i$ por $-\mathbf{q}_i$ e r_{ii} por $-r_{ii}$.
- A exigência de que A tenha colunas linearmente independentes é uma condição necessária. Para provar isso, suponha que A seja uma matriz $m \times n$ com uma fatoração QR, como no teorema 5.16. Então, como R é invertível, temos que $Q = AR^{-1}$. Logo, posto(Q) = posto(A), pelo exercício 61 da seção 3.5. Mas posto (Q) = n, já que suas colunas são ortonormais e, portanto linearmente independentes. Logo, posto(A) = n também, e, consequentemente, as colunas de A são linearmente independentes, de acordo com o Teorema Fundamental.

- A fatoração QR pode ser estendida para matrizes arbitrárias de um modo um pouco diferente. Se A é uma matriz $m \times n$, é possível encontrar uma sequência de matrizes ortogonais $Q_1, \ldots, Q_{m-1}$ tais que $Q_{m-1} \cdots Q_2Q_1A$ seja uma matriz $m \times n$ triangular superior R. Então, $A = QR$, sendo $Q = (Q_{m-1} \cdots Q_2Q_1)^{-1}$ uma matriz ortogonal. Examinaremos essa abordagem na investigação "A Fatoração QR Modificada".

Exemplo 5.15 Determine uma fatoração QR de

$$A = \begin{bmatrix} 1 & 2 & 2 \\ -1 & 1 & 2 \\ -1 & 0 & 1 \\ 1 & 1 & 2 \end{bmatrix}$$

Solução As colunas de A são exatamente os vetores do exemplo 5.13. A base ortonormal para col(A), produzida pelo Processo de Ortogonalização de Gram-Schmidt, foi

$$\mathbf{q}_1 = \begin{bmatrix} 1/2 \\ -1/2 \\ -1/2 \\ 1/2 \end{bmatrix}, \quad \mathbf{q}_2 = \begin{bmatrix} 3\sqrt{5}/10 \\ 3\sqrt{5}/10 \\ \sqrt{5}/10 \\ \sqrt{5}/10 \end{bmatrix}, \quad \mathbf{q}_3 = \begin{bmatrix} -\sqrt{6}/6 \\ 0 \\ \sqrt{6}/6 \\ \sqrt{6}/3 \end{bmatrix}$$

de modo que

$$Q = [\mathbf{q}_1 \ \mathbf{q}_2 \ \mathbf{q}_3] = \begin{bmatrix} 1/2 & 3\sqrt{5}/10 & -\sqrt{6}/6 \\ -1/2 & 3\sqrt{5}/10 & 0 \\ -1/2 & \sqrt{5}/10 & \sqrt{6}/6 \\ 1/2 & \sqrt{5}/10 & \sqrt{6}/3 \end{bmatrix}$$

Do teorema 5.16, $A = QR$ para alguma matriz triangular superior R. Para achar R, usamos o fato de que Q tem colunas ortonormais e, consequentemente,

$$Q^TA = Q^TQR = IR = R$$

Calculamos

$$R = Q^TA = \begin{bmatrix} 1/2 & -1/2 & -1/2 & 1/2 \\ 3\sqrt{5}/10 & 3\sqrt{5}/10 & \sqrt{5}/10 & \sqrt{5}/10 \\ -\sqrt{6}/6 & 0 & \sqrt{6}/6 & \sqrt{6}/3 \end{bmatrix} \begin{bmatrix} 1 & 2 & 2 \\ -1 & 1 & 2 \\ -1 & 0 & 1 \\ 1 & 1 & 2 \end{bmatrix}$$

$$= \begin{bmatrix} 2 & 1 & 1/2 \\ 0 & \sqrt{5} & 3\sqrt{5}/2 \\ 0 & 0 & \sqrt{6}/2 \end{bmatrix}$$

Exercícios 5.3

Nos exercícios de 1 a 4, são dados vetores que formam uma base para $\mathbb{R}^2$ ou $\mathbb{R}^3$. Aplique o Processo de Ortogonalização de Gram-Schmidt para obter uma base ortogonal. Normalize então a base encontrada para obter uma base ortonormal.

$\mathbf{x}_1 = \begin{bmatrix} 1 \\ 1 \end{bmatrix}, \mathbf{x}_2 = \begin{bmatrix} 1 \\ 2 \end{bmatrix}$

2. $\mathbf{x}_1 = \begin{bmatrix} 3 \\ -3 \end{bmatrix}, \mathbf{x}_2 = \begin{bmatrix} 3 \\ 1 \end{bmatrix}$

3. $\mathbf{x}_1 = \begin{bmatrix} 1 \\ -1 \\ -1 \end{bmatrix}, \mathbf{x}_2 = \begin{bmatrix} 0 \\ 3 \\ 3 \end{bmatrix}, \mathbf{x}_3 = \begin{bmatrix} 3 \\ 2 \\ 4 \end{bmatrix}$

4. $\mathbf{x}_1 = \begin{bmatrix} 1 \\ 1 \\ 1 \end{bmatrix}, \mathbf{x}_2 = \begin{bmatrix} 1 \\ 1 \\ 0 \end{bmatrix}, \mathbf{x}_3 = \begin{bmatrix} 1 \\ 0 \\ 0 \end{bmatrix}$

Nos exercícios 5 e 6, são dados vetores que formam uma base para um subespaço W de $\mathbb{R}^3$ ou $\mathbb{R}^4$. Aplique o Processo de Ortogonalização de Gram-Schmidt para obter uma base ortogonal para W.

5. $\mathbf{x}_1 = \begin{bmatrix} 1 \\ 1 \\ 0 \end{bmatrix}, \mathbf{x}_2 = \begin{bmatrix} 3 \\ 4 \\ 2 \end{bmatrix}$

6. $\mathbf{x}_1 = \begin{bmatrix} 2 \\ -1 \\ 1 \\ 2 \end{bmatrix}, \mathbf{x}_2 = \begin{bmatrix} 3 \\ -1 \\ 0 \\ 4 \end{bmatrix}, \mathbf{x}_3 = \begin{bmatrix} 1 \\ 1 \\ 1 \\ 1 \end{bmatrix}$

*Nos exercícios 7 e 8, determine a decomposição ortogonal de **v** em relação ao subespaço W.*

7. $\mathbf{v} = \begin{bmatrix} 4 \\ -4 \\ 3 \end{bmatrix}$, *W como no exercício 5.*

8. $\mathbf{v} = \begin{bmatrix} 1 \\ 4 \\ 0 \\ 2 \end{bmatrix}$, *W como no exercício 6.*

Use o Processo de Ortogonalização de Gram-Schmidt para determinar uma base ortogonal para os espaços coluna das matrizes dos exercícios 9 e 10.

9. $\begin{bmatrix} 0 & 1 & 1 \\ 1 & 0 & 1 \\ 1 & 1 & 0 \end{bmatrix}$

10. $\begin{bmatrix} 1 & 1 & 1 \\ 1 & -1 & 2 \\ -1 & 1 & 0 \\ 1 & 5 & 1 \end{bmatrix}$

11. Ache uma base ortogonal de $\mathbb{R}^3$ que contenha o vetor $\begin{bmatrix} 3 \\ 1 \\ 5 \end{bmatrix}$.

12. Ache uma base ortogonal de $\mathbb{R}^4$ que contenha os vetores

$$\begin{bmatrix} 1 \\ 2 \\ -1 \\ 0 \end{bmatrix} \quad \text{e} \quad \begin{bmatrix} 1 \\ 0 \\ 1 \\ 3 \end{bmatrix}$$

Nos exercícios 13 e 14, preencha a matriz com os elementos que estão faltando, de modo a tornar a matriz Q ortogonal.

13. $Q = \begin{bmatrix} 1/\sqrt{2} & 1/\sqrt{3} & * \\ 0 & 1/\sqrt{3} & * \\ -1/\sqrt{2} & 1/\sqrt{3} & * \end{bmatrix}$

14. $Q = \begin{bmatrix} 1/2 & 2/\sqrt{14} & * & * \\ 1/2 & 1/\sqrt{14} & * & * \\ 1/2 & 0 & * & * \\ 1/2 & -3/\sqrt{14} & * & * \end{bmatrix}$

Nos execícios 15 e 16, determine uma fatoração QR da matriz no exercício dado.

15. Exercício 9 **16.** Exercício 10

Nos exercícios 17 e 18, as colunas de Q foram obtidas pela aplicação do Processo de Ortogonalização de Gram--Schmidt às colunas da matriz A. Ache a matriz triangular superior R de maneira que A = QR.

17. $A = \begin{bmatrix} 2 & 8 & 2 \\ 1 & 7 & -1 \\ -2 & -2 & 1 \end{bmatrix}, Q = \begin{bmatrix} \frac{2}{3} & \frac{1}{3} & \frac{2}{3} \\ \frac{1}{3} & \frac{2}{3} & -\frac{2}{3} \\ -\frac{2}{3} & \frac{2}{3} & \frac{1}{3} \end{bmatrix}$

18. $A = \begin{bmatrix} 1 & 3 \\ 2 & 4 \\ -1 & -1 \\ 0 & 1 \end{bmatrix}, Q = \begin{bmatrix} 1/\sqrt{6} & 1/\sqrt{3} \\ 2/\sqrt{6} & 0 \\ -1/\sqrt{6} & 1/\sqrt{3} \\ 0 & 1/\sqrt{3} \end{bmatrix}$

19. Se A é uma matriz ortogonal, ache uma fatoração QR de A.

20. Prove que A é invertível se e somente se $A = QR$, sendo Q ortogonal e R triangular superior com elementos não nulos na diagonal.

Nos exercícios 21 e 22, use o método sugerido pelo exercício 20 para calcular a inversa da matriz A no exercício dado.

21. Exercício 9 **22.** Exercício 15

23. Seja A uma matriz $m \times n$ com colunas linearmente independentes. Usando a propriedade (c) do Teorema Fundamental, dê uma demonstração alternativa para o fato de que a matriz triangular superior R de uma fatoração QR tem que ser invertível.

24. Seja A uma matriz $m \times n$ com colunas linearmente independentes, e seja $A = QR$ uma fatoração QR de A. Mostre que A e Q têm o mesmo espaço coluna.

Investigações

A Fatoração *QR* Modificada

Quando a matriz A não tem colunas linearmente independentes, o Processo de Ortogonalização de Gram-Schmidt, do modo como nós enunciamos, não funciona. Por isso não pode ser usado para desenvolver uma fatoração QR generalizada de A. Existe uma modificação no Processo de Ortogonalização de Gram-Schmidt que poderia ser usada, mas, em vez disso, investigaremos um método para converter A em uma matriz triangular superior, fazendo uma coluna de cada vez, usando uma sequência de matrizes ortogonais. O método é análogo ao da fatoração LU, no qual a matriz L é formada usando uma sequência de matrizes elementares.

Figura 5.11

A primeira coisa de que precisamos é o "análogo ortogonal" de uma matriz elementar, isto é, precisamos saber como construir uma matriz ortogonal Q que transforme uma dada coluna de A — chame-a de $\mathbf{x}$ — na coluna correspondente de R — chame-a de $\mathbf{y}$. Pelo teorema 5.6, será necessário que $\|\mathbf{x}\| = \|Q\mathbf{x}\| = \|\mathbf{y}\|$. A figura 5.11 sugere um modo de proceder: podemos refletir $\mathbf{x}$ em relação a uma reta perpendicular a $\mathbf{x} - \mathbf{y}$. Se

$$\mathbf{u} = \left(\frac{1}{\|\mathbf{x} - \mathbf{y}\|}\right)(\mathbf{x} - \mathbf{y}) = \begin{bmatrix} d_1 \\ d_2 \end{bmatrix}$$

é o vetor unitário na direção de $\mathbf{x} - \mathbf{y}$, então $\mathbf{u}^{\perp} = \begin{bmatrix} -d_2 \\ d_1 \end{bmatrix}$ é ortogonal a $\mathbf{u}$, e podemos usar o exercício 26 da seção 3.6 para encontrar a matriz canônica Q da reflexão em relação à reta que passa pela origem e tem a direção de $\mathbf{u}^{\perp}$.

1. Mostre que $Q = \begin{bmatrix} 1 - 2d_1^2 & -2d_1d_2 \\ -2d_1d_2 & 1 - 2d_2^2 \end{bmatrix} = I - 2\mathbf{u}\mathbf{u}^T$.

2. Calcule Q para

$$\text{(a) } \mathbf{u} = \begin{bmatrix} \frac{3}{5} \\ \frac{4}{5} \end{bmatrix} \quad \text{(b) } \mathbf{x} = \begin{bmatrix} 5 \\ 5 \end{bmatrix}, \mathbf{y} = \begin{bmatrix} 1 \\ 7 \end{bmatrix}$$

Podemos generalizar a definição de Q da seguinte maneira. Se $\mathbf{u}$ é um vetor unitário qualquer em $\mathbb{R}^n$, definimos a matriz

$$Q = I - 2\mathbf{u}\mathbf{u}^T$$

Alston Householder (1904-1993) foi um dos pioneiros no campo da álgebra linear numérica. Foi o primeiro a apresentar um tratamento sistemático de algoritmos para resolver problemas que envolvem sistemas lineares. Além de introduzir as amplamente usadas transformações de Householder que levam o seu nome, ele foi o primeiro a defender o uso sistemático de normas em álgebra linear. Seu livro *The theory of matrices in numerical analysis*, de 1964, é considerado um clássico.

Essa matriz é chamada ***matriz de Householder*** (ou um ***refletor elementar***).

3. Mostre que toda matriz de Householder Q tem as seguintes propriedades:
   (a) Q é simétrica. (b) Q é ortogonal. (c) $Q^2 = I$

4. Prove que, se Q é uma matriz de Householder associada ao vetor unitário $\mathbf{u}$, então

$$Q\mathbf{v} = \begin{cases} -\mathbf{v} & \text{se } \mathbf{v} \text{ está em ger}(\mathbf{u}) \\ \mathbf{v} & \text{se } \mathbf{v}\cdot\mathbf{u} = \mathbf{0} \end{cases}$$

5. Calcule Q para $\mathbf{u} = \begin{bmatrix} 1 \\ -1 \\ 2 \end{bmatrix}$ e verifique os resultados dos problemas 3 e 4 para este caso.

6. Seja $\mathbf{x} \neq \mathbf{y}$, com $\|\mathbf{x}\| = \|\mathbf{y}\|$, e defina $\mathbf{u} = (1/\|\mathbf{x} - \mathbf{y}\|)(\mathbf{x} - \mathbf{y})$. Prove que a matriz de Householder correspondente satisfaz $Q\mathbf{x} = \mathbf{y}$. (*Sugestão*: aplique o exercício 57 da seção 1.2 ao resultado do problema 4.)

7. Determine Q e verifique o resultado do problema 6 para

$$\mathbf{x} = \begin{bmatrix} 1 \\ 2 \\ 2 \end{bmatrix} \quad \text{e} \quad \mathbf{y} = \begin{bmatrix} 3 \\ 0 \\ 0 \end{bmatrix}$$

Agora estamos prontos para fazer a triangularização de uma matriz A de ordem $m \times n$, coluna por coluna.

8. Seja $\mathbf{x}$ a primeira coluna de A, e seja

$$\mathbf{y} = \begin{bmatrix} \|\mathbf{x}\| \\ 0 \\ \vdots \\ 0 \end{bmatrix}$$

Mostre que, se Q_1 é a matriz de Householder dada pelo problema 6, Q_1A é uma matriz por blocos da forma

$$Q_1A = \begin{bmatrix} * & * \\ \mathbf{0} & A_1 \end{bmatrix}$$

em que A_1 é uma matriz $(m - 1)\times(n - 1)$.

Se repetirmos o problema 8 para a matriz A_1, usaremos uma matriz de Householder P_2 tal que

$$P_2A_1 = \begin{bmatrix} * & * \\ \mathbf{0} & A_2 \end{bmatrix}$$

e A_2 é uma matriz $(m - 2)\times(n - 2)$.

9. Seja $Q_2 = \begin{bmatrix} 1 & \mathbf{0} \\ \mathbf{0} & P_2 \end{bmatrix}$. Mostre que Q_2 é uma matriz ortogonal tal que

$$Q_2Q_1A = \begin{bmatrix} * & * & * \\ 0 & * & * \\ \mathbf{0} & \mathbf{0} & A_2 \end{bmatrix}$$

10. Mostre que podemos continuar o processo dessa maneira para achar uma sequência de matrizes ortogonais $Q_1, \ldots, Q_{m-1}$ tal que $Q_{m-1} \cdots Q_2 Q_1 A = R$ seja uma matriz $m \times n$ triangular superior (isto é, $r_{ij} = 0$ se $i > j$).

11. Deduza que $A = QR$ com $Q = Q_1 Q_2 \cdots Q_{m-1}$ ortogonal.

12. Use o método desta investigação para achar uma fatoração QR de

$$\text{(a) } A = \begin{bmatrix} 3 & 9 & 1 \\ -4 & 3 & 2 \end{bmatrix} \quad \text{(b) } A = \begin{bmatrix} 1 & 3 & 3 & 2 \\ 2 & -4 & 1 & 1 \\ 2 & -5 & -1 & -2 \end{bmatrix}$$

Determinação de aproximações de autovalores pelo algoritmo *QR*

Um dos melhores (e mais amplamente usados) métodos para determinar aproximações numéricas de autovalores de uma matriz faz uso da fatoração *QR*. O propósito desta investigação é introduzir esse método, o ***algoritmo QR***, e mostrar seu funcionamento em alguns exemplos. Para um tratamento mais completo deste tópico, consulte um bom texto sobre álgebra linear numérica. (Você vai achar útil usar um CAS para executar os cálculos nos problemas a seguir.)

Por exemplo, veja G. H.Golub e C. F. Van Loan, *Matrix computations* (Baltimore: Johns Hopkins University Press, 1983).

Dada uma matriz quadrada A, o primeiro passo é fatorar A como $A = QR$ (usando o método que for adequado). Então, definimos $A_1 = RQ$.

1. Primeiro, prove que A_1 é semelhante a A. Depois, prove que A_1 tem os mesmos autovalores de A.

2. Se $A = \begin{bmatrix} 1 & 0 \\ 1 & 3 \end{bmatrix}$, determine A_1 e verifique que ela tem os mesmos autovalores de A.

Dando continuidade ao algoritmo, fatoramos A_1 como $A_1 = Q_1R_1$ e colocamos $A_2 = R_1Q_1$. Então, fatoramos A_2 como $A_2 = Q_2R_2$ e colocamos $A_3 = R_3Q_3$, e assim por diante. Portanto, para $k \geq 1$, calculamos $A_k = Q_kR_k$ e colocamos $A_{k+1} = R_kQ_k$.

3. Prove que A_k é semelhante a A para todo $k \geq 1$.

4. Dando prosseguimento ao problema 2, calcule A_2, A_3, A_4, e A_5 com precisão de duas casas decimais. O que você observa?

Pode ser provado que, se os autovalores de A são todos reais e têm valores absolutos distintos, as matrizes A_k se aproximam de uma matriz triangular superior U.

5. O que se pode afirmar sobrc os elementos da diagonal da matriz U?

6. Determine valores aproximados para os autovalores das matrizes a seguir, aplicando o algoritmo QR. Use duas casas decimais de precisão e execute pelo menos cinco iterações.

$$\text{(a) } \begin{bmatrix} 2 & 3 \\ 2 & 1 \end{bmatrix} \qquad \text{(b) } \begin{bmatrix} 1 & 1 \\ 2 & 1 \end{bmatrix}$$

$$\text{(c) } \begin{bmatrix} 1 & 0 & -1 \\ 1 & 2 & 1 \\ -4 & 0 & 1 \end{bmatrix} \qquad \text{(d) } \begin{bmatrix} 1 & 1 & -1 \\ 0 & 2 & 0 \\ -2 & 4 & 2 \end{bmatrix}$$

7. Aplique o algoritmo QR à matriz $A = \begin{bmatrix} 2 & 3 \\ -1 & -2 \end{bmatrix}$. O que acontece? Por quê?

8. Troque os autovalores da matriz do problema 7 substituindo A por $B = A + 0{,}9I$. Aplique o algoritmo QR à matriz B e então troque de novo, subtraindo 0,9 dos autovalores (aproximados) de B. Verifique que esse método determina valores aproximados para os autovalores de A.

9. Sejam $Q_0 = Q$ e $R_0 = R$. Primeiro mostre que

$$Q_0Q_1\cdots Q_{k-1}A_k = AQ_0Q_1\cdots Q_{k-1}$$

para todo $k \geq 1$. Em seguida, mostre que

$$(Q_0Q_1\cdots Q_k)(R_k\cdots R_1R_0) = A(Q_0Q_1\cdots Q_{k-1})(R_{k-1}\cdots R_1R_0)$$

[*Sugestão*: use repetidamente a mesma abordagem usada para a primeira equação, trabalhando "de dentro para fora".] Finalmente, deduza que $(Q_0Q_1\cdots Q_k)(R_k\cdots R_1R_0)$ é a fatoração QR de A^{k+1}.

5.4 Diagonalização Ortogonal de Matrizes Simétricas

Vimos, no capítulo 4, que uma matriz quadrada com elementos reais não necessariamente tem autovalores reais. De fato, a matriz $\begin{bmatrix} 0 & -1 \\ 1 & 0 \end{bmatrix}$ tem autovalores complexos i e $-i$. Também descobrimos que nem todas as matrizes quadradas são diagonalizáveis. A situação muda dramaticamente se restringirmos nossa atenção a matrizes *simétricas*. Como iremos mostrar nesta seção, todos os autovalores de uma matriz real simétrica são reais, e uma matriz real simétrica é sempre diagonalizável.

Lembre-se de que uma matriz é simétrica se for igual à sua transposta. Vamos começar estudando o processo de diagonalização para uma matriz simétrica 2×2.

Exemplo 5.16

Se possível, diagonalize a matriz $A = \begin{bmatrix} 1 & 2 \\ 2 & -2 \end{bmatrix}$.

Solução O polinômio característico de A é $\lambda^2 + \lambda - 6 = (\lambda + 3)(\lambda - 2)$, do qual vemos que A tem autovalores $\lambda_1 = -3$ e $\lambda_2 = 2$. Os autovetores associados são

$$\mathbf{v}_1 = \begin{bmatrix} 1 \\ -2 \end{bmatrix} \quad \text{e} \quad \mathbf{v}_2 = \begin{bmatrix} 2 \\ 1 \end{bmatrix}$$

respectivamente. Então, A é diagonalizável, e, se fizermos $P = [\mathbf{v}_1\ \mathbf{v}_2]$, veremos que $P^{-1}AP = \begin{bmatrix} -3 & 0 \\ 0 & 2 \end{bmatrix} = D$.

Entretanto, podemos fazer melhor. Observe que $\mathbf{v}_1$ e $\mathbf{v}_2$ são ortogonais. Assim, se nós os normalizarmos para obter autovetores unitários

$$\mathbf{u}_1 = \begin{bmatrix} 1/\sqrt{5} \\ -2/\sqrt{5} \end{bmatrix} \quad \text{e} \quad \mathbf{u}_2 = \begin{bmatrix} 2/\sqrt{5} \\ 1/\sqrt{5} \end{bmatrix}$$

e então tomarmos

$$Q = [\mathbf{u}_1 \quad \mathbf{u}_2] = \begin{bmatrix} 1/\sqrt{5} & 2/\sqrt{5} \\ -2/\sqrt{5} & 1/\sqrt{5} \end{bmatrix}$$

teremos $Q^{-1}AQ = D$. Mas agora Q é uma matriz *ortogonal*, pois $\{\mathbf{u}_1, \mathbf{u}_2\}$ é um conjunto ortonormal de vetores. Então, $Q^{-1} = Q^T$, e temos que $Q^TAQ = D$. (Note que verificar isso é fácil, pois calcular Q^{-1} envolve apenas tomar uma transposta!)

A situação do exemplo 5.16 é a que nos interessa. É suficientemente importante para garantir uma nova definição.

Definição Uma matriz quadrada A é ***ortogonalmente diagonalizável*** se existirem uma matriz ortogonal Q e uma matriz diagonal D tais que $Q^TAQ = D$.

Estamos interessados em encontrar condições sob as quais uma matriz é ortogonalmente diagonalizável. O teorema 5.17 nos diz onde procurar.

Teorema 5.17 Se A é ortogonalmente diagonalizável, então A é simétrica.

Demonstração Se A é ortogonalmente diagonalizável, então existem uma matriz ortogonal Q e uma matriz diagonal D tais que $Q^TAQ = D$. Como $Q^{-1} = Q^T$, temos que $Q^TQ = I = QQ^T$, e assim:

$$QDQ^T = QQ^TAQQ^T = IAI = A$$

Mas então

$$A^T = (QDQ^T)^T = (Q^T)^TD^TQ^T = QDQ^T = A$$

pois toda matriz diagonal é simétrica. Logo, A é simétrica.

Observação O teorema 5.17 mostra que as matrizes ortogonalmente diagonalizáveis só podem ser encontradas *entre* as matrizes simétricas. Ele *não* diz que toda matriz simétrica tem que ser ortogonalmente diagonalizável. Entretanto, é um fato notável que essa afirmação é realmente verdadeira! Encontrar uma demonstração para esse resultado surpreendente irá nos ocupar bastante pelo restante desta seção.

a + bi

Provaremos a seguir que não precisamos nos preocupar com autovalores *complexos* quando trabalhamos com matrizes simétricas com elementos *reais*.

Teorema 5.18 Se A é uma matriz real simétrica, então seus autovalores são reais.

Lembre-se de que o *conjugado complexo* de um número complexo $z = a + bi$ é o número $\bar{z} = a - bi$ (veja o apêndice C). Para mostrar que z é real, precisamos provar que $b = 0$. Um dos modos de fazer isso é provar que $z = \bar{z}$, pois então $bi = -bi$ (ou $2bi = 0$), e disso segue que $b = 0$.

Podemos também estender a noção de conjugado complexo a vetores e matrizes definindo, por exemplo, $\bar{A}$ como sendo a matriz cujos elementos são os complexos conjugados dos elementos de A, isto é, se $A = [a_{ij}]$, então $\bar{A} = [\bar{a}_{ij}]$. As propriedades da conjugação complexa são facilmente estendidas para matrizes; em particular, temos $\overline{AB} = \bar{A}\cdot\bar{B}$ para matrizes compatíveis A e B.

Demonstração Suponha que λ seja um autovalor de A e v, um autovetor associado. Então, $A\mathbf{v} = \lambda\mathbf{v}$, e, tomando conjugados complexos, temos $\overline{A\mathbf{v}} = \overline{\lambda\mathbf{v}}$. Mas então

$$A\bar{\mathbf{v}} = \bar{A}\bar{\mathbf{v}} = \overline{A\mathbf{v}} = \overline{\lambda\mathbf{v}} = \bar{\lambda}\bar{\mathbf{v}}$$

pois A é real. Tomando transpostas e usando o fato de que A é simétrica, temos

$$\bar{\mathbf{v}}^TA = \bar{\mathbf{v}}^TA^T = (A\bar{\mathbf{v}})^T = (\bar{\lambda}\bar{\mathbf{v}})^T = \bar{\lambda}\bar{\mathbf{v}}^T$$

Logo,

$$\lambda(\bar{\mathbf{v}}^T\mathbf{v}) = \bar{\mathbf{v}}^T(\lambda\mathbf{v}) = \bar{\mathbf{v}}^T(A\mathbf{v}) = (\bar{\mathbf{v}}^TA)\mathbf{v} = (\bar{\lambda}\bar{\mathbf{v}}^T)\mathbf{v} = \bar{\lambda}(\bar{\mathbf{v}}^T\mathbf{v})$$

ou $(\lambda - \bar{\lambda})(\bar{\mathbf{v}}^T\mathbf{v}) = 0$.

Agora se $\mathbf{v} = \begin{bmatrix} a_1 + b_1 i \\ \vdots \\ a_n + b_n i \end{bmatrix}$, então $\bar{\mathbf{v}} = \begin{bmatrix} a_1 - b_1 i \\ \vdots \\ a_n - b_n i \end{bmatrix}$, e assim:

$$\bar{\mathbf{v}}^T\mathbf{v} = (a_1^2 + b_1^2) + \cdots + (a_n^2 + b_n^2) \neq 0$$

já que $\mathbf{v} \neq \mathbf{0}$ (porque é um autovetor). Concluímos que $\lambda - \bar{\lambda} = 0$, ou $\lambda = \bar{\lambda}$. Logo, λ é real. ∎

O teorema 4.20 mostrou que, para qualquer matriz quadrada, autovetores associados a autovalores distintos são linearmente independentes. Para matrizes simétricas, vale um resultado mais forte: esses autovetores são *ortogonais* entre si.

Teorema 5.19 Se A é uma matriz simétrica, então quaisquer dois autovetores associados a autovalores distintos de A são ortogonais.

Demonstração Sejam $\mathbf{v}_1$ e $\mathbf{v}_2$ autovetores associados aos autovalores distintos λ_1 e λ_2, de modo que $A\mathbf{v}_1 = \lambda_1\mathbf{v}_1$ e $A\mathbf{v}_2 = \lambda_2\mathbf{v}_2$. Usando $A^T = A$ e o fato de $\mathbf{x} \cdot \mathbf{y} = \mathbf{x}^T\mathbf{y}$ para dois vetores $\mathbf{x}$ e $\mathbf{y}$ quaisquer em $\mathbb{R}^n$, temos

$$\begin{aligned}\lambda_1(\mathbf{v}_1 \cdot \mathbf{v}_2) &= (\lambda_1\mathbf{v}_1) \cdot \mathbf{v}_2 = A\mathbf{v}_1 \cdot \mathbf{v}_2 = (A\mathbf{v}_1)^T\mathbf{v}_2 \\ &= (\mathbf{v}_1^T A^T)\mathbf{v}_2 = (\mathbf{v}_1^T A)\mathbf{v}_2 = \mathbf{v}_1^T(A\mathbf{v}_2) \\ &= \mathbf{v}_1^T(\lambda_2\mathbf{v}_2) = \lambda_2(\mathbf{v}_1^T\mathbf{v}_2) = \lambda_2(\mathbf{v}_1 \cdot \mathbf{v}_2)\end{aligned}$$

Logo, $(\lambda_1 - \lambda_2)(\mathbf{v}_1 \cdot \mathbf{v}_2) = 0$. Mas $\lambda_1 - \lambda_2 \neq 0$. Portanto, $\mathbf{v}_1 \cdot \mathbf{v}_2 = 0$, como queríamos provar. ∎

Exemplo 5.17 Verifique o resultado do teorema 5.19 para

$$A = \begin{bmatrix} 2 & 1 & 1 \\ 1 & 2 & 1 \\ 1 & 1 & 2 \end{bmatrix}$$

Solução O polinômio característico de A é $-\lambda^3 + 6\lambda^2 - 9\lambda + 4 = -(\lambda - 4)\cdot(\lambda - 1)^2$. Disso conclui-se que os autovalores de A são $\lambda_1 = 4$ e $\lambda_2 = 1$. Os autoespaços associados são

$$E_4 = \text{ger}\left(\begin{bmatrix} 1 \\ 1 \\ 1 \end{bmatrix}\right) \quad \text{e} \quad E_1 = \text{ger}\left(\begin{bmatrix} -1 \\ 0 \\ 1 \end{bmatrix}, \begin{bmatrix} -1 \\ 1 \\ 0 \end{bmatrix}\right)$$

(Verifique isso.) Podemos verificar facilmente que

$$\begin{bmatrix} 1 \\ 1 \\ 1 \end{bmatrix} \cdot \begin{bmatrix} -1 \\ 0 \\ 1 \end{bmatrix} = 0 \quad \text{e} \quad \begin{bmatrix} 1 \\ 1 \\ 1 \end{bmatrix} \cdot \begin{bmatrix} -1 \\ 1 \\ 0 \end{bmatrix} = 0$$

Disso segue que todo vetor em E_4 é ortogonal a todo vetor em E_1. (Por quê?)

Observação Note que $\begin{bmatrix} -1 \\ 0 \\ 1 \end{bmatrix} \cdot \begin{bmatrix} -1 \\ 1 \\ 0 \end{bmatrix} = 1$. Logo, autovetores associados ao *mesmo* autovalor não são necessariamente ortogonais.

Podemos agora provar o principal resultado desta seção. Ele é chamado Teorema Espectral, pois o conjunto dos autovalores de uma matriz é às vezes chamado **espectro** da matriz. (Tecnicamente, deveríamos chamar o teorema 5.20 de Teorema Espectral *Real*, já que existe um resultado correspondente para matrizes com elementos complexos.

Teorema 5.20 **O Teorema Espectral**

Seja A uma matriz real $n \times n$. Então, A é simétrica se e somente se A é ortogonalmente diagonalizável.

Spectrum é uma palavra latina que significa "imagem". Quando átomos vibram, eles emitem luz. Quando a luz passa através de um prisma, ela se espalha em um espectro — uma faixa de cores do arco-íris. As frequências de vibração correspondem aos autovalores de um certo operador e são visíveis como retas brilhantes no espectro de luz emitido através de um prisma. Assim, podemos literalmente ver os autovalores de um átomo em seu espectro, e, por essa razão, é razoável que a palavra *spectrum* seja usada para designar o conjunto dos autovalores de uma matriz (ou operador).

Demonstração Já provamos a parte "se" no teorema 5.17. Para provar a implicação "somente se", procedemos por indução em n. Para $n = 1$, não há nada a fazer, pois toda matriz 1×1 já está na forma diagonal. Assuma agora que toda matriz $k \times k$ real, simétrica e com autovalores reais seja ortogonalmente diagonalizável. Sejam $n = k + 1$ e A uma matriz real simétrica $n \times n$ com autovalores reais.

Seja λ_1 um dos autovalores de A, e seja $\mathbf{v}_1$ um autovetor associado a λ_1. Então, $\mathbf{v}_1$ é um vetor real (por quê?), e podemos assumir que $\mathbf{v}_1$ é um vetor unitário, porque, se não fosse, poderíamos normalizá-lo e ainda teríamos um autovetor associado a λ_1. Usando o Processo de Ortogonalização de Gram-Schmidt, podemos estender $\mathbf{v}_1$ a uma base ortonormal $\{\mathbf{v}_1, \mathbf{v}_2, \ldots, \mathbf{v}_n\}$ de $\mathbb{R}^n$. Agora formamos a matriz

$$Q_1 = [\mathbf{v}_1 \quad \mathbf{v}_2 \cdots \mathbf{v}_n]$$

Então, Q_1 é ortogonal, e

$$Q_1^TAQ_1 = \begin{bmatrix} \mathbf{v}_1^T \\ \mathbf{v}_2^T \\ \vdots \\ \mathbf{v}_n^T \end{bmatrix} A[\mathbf{v}_1 \quad \mathbf{v}_2 \cdots \mathbf{v}_n] = \begin{bmatrix} \mathbf{v}_1^T \\ \mathbf{v}_2^T \\ \vdots \\ \mathbf{v}_n^T \end{bmatrix} [A\mathbf{v}_1 \quad A\mathbf{v}_2 \cdots A\mathbf{v}_n]$$

$$= \begin{bmatrix} \mathbf{v}_1^T \\ \mathbf{v}_2^T \\ \vdots \\ \mathbf{v}_n^T \end{bmatrix} [\lambda_1\mathbf{v}_1 \quad A\mathbf{v}_2 \cdots A\mathbf{v}_n]$$

$$= \left[\begin{array}{c|c} \lambda_1 & * \\ \hline \mathbf{0} & A_1 \end{array}\right] = B$$

Baldwin H. Ward & Kathryn C. Ward/CORBIS

Em uma conferência ministrada na Universidade de Göttingen, em 1905, o matemático alemão David Hilbert (1862-1943) considerou operadores lineares agindo em certos espaços vetoriais de dimensão infinita. Nessa conferência surgiu a noção de formas quadráticas em infinitas variáveis, e foi nesse contexto que Hilbert usou pela primeira vez o termo *spectrum* querendo se referir a um conjunto completo de autovalores. Os espaços em questão são atualmente chamados *espaços de Hilbert.*

Hilbert fez importantes contribuições a muitas áreas da matemática, entre elas equações integrais, teoria dos números, geometria e fundamentos da matemática. Em 1900, no Segundo Congresso Internacional de Matemática, em Paris, Hilbert deu uma palestra intitulada "Os problemas da Matemática". Nela, desafiou os matemáticos a resolverem 23 problemas de importância fundamental para o século que se iniciava. Vários dos problemas foram resolvidos — foi provado que algumas conjecturas eram verdadeiras, e outras, falsas —, e alguns talvez nunca sejam resolvidos. Mesmo assim, o discurso de Hilbert deu energia à comunidade matemática e é frequentemente considerado o discurso mais influente já proferido sobre matemática.

uma vez que $\mathbf{v}_1^T(\lambda_1\mathbf{v}_1) = \lambda_1(\mathbf{v}_1^T\mathbf{v}_1) = \lambda_1(\mathbf{v}_1 \cdot \mathbf{v}_1) = \lambda_1$, e $\mathbf{v}_i^T(\lambda_1\mathbf{v}_1) = \lambda_1(\mathbf{v}_i^T\mathbf{v}_1) = \lambda_1(\mathbf{v}_i \cdot \mathbf{v}_1) = 0$ para $i \neq 1$, pois $\{\mathbf{v}_1, \mathbf{v}_2, \ldots, \mathbf{v}_n\}$ é um conjunto ortonormal.

Mas

$$B^T = (Q_1^TAQ_1)^T = Q_1^TA^T(Q_1^T)^T = Q_1^TAQ_1 = B$$

e, portanto, B é simétrica. Logo, B tem a forma em blocos

$$B = \left[\begin{array}{c|c} \lambda_1 & \mathbf{0} \\ \hline \mathbf{0} & A_1 \end{array}\right]$$

e A_1 é simétrica. Além disso, B é semelhante a A (por quê?). Logo, o polinômio característico de B é igual ao polinômio característico de A, pelo teorema 4.22. Pelo exercício 39 da seção 4.3, o polinômio característico de A_1 divide o polinômio característico de A. Segue que os autovalores de A_1 também são autovalores de A, e são, portanto, reais. Também vemos que os elementos de A_1 são reais. (Por quê?) Assim, A_1 é uma matriz $k \times k$ simétrica, real e com autovalores reais e, portanto, a hipótese de indução aplica-se a ela. Consequentemente, existe uma matriz ortogonal P_2 tal que $P_2^TA_1P_2$ é uma matriz diagonal — digamos, D_1. Agora, considere

$$Q_2 = \left[\begin{array}{c|c} 1 & \mathbf{0} \\ \hline \mathbf{0} & P_2 \end{array}\right]$$

Então, Q_2 é uma matriz ortogonal $(k + 1)\times(k + 1)$, e, portanto, $Q = Q_1Q_2$ também é ortogonal. Consequentemente,

$$\begin{aligned} Q^TAQ &= (Q_1Q_2)^TA(Q_1Q_2) = (Q_2^TQ_1^T)A(Q_1Q_2) = Q_2^T(Q_1^TAQ_1)Q_2 = Q_2^TBQ_2 \\ &= \left[\begin{array}{c|c} 1 & \mathbf{0} \\ \hline \mathbf{0} & P_2^T \end{array}\right]\left[\begin{array}{c|c} \lambda_1 & \mathbf{0} \\ \hline \mathbf{0} & A_1 \end{array}\right]\left[\begin{array}{c|c} 1 & \mathbf{0} \\ \hline \mathbf{0} & P_2 \end{array}\right] \\ &= \left[\begin{array}{c|c} \lambda_1 & \mathbf{0} \\ \hline \mathbf{0} & P_2^TA_1P_2 \end{array}\right] \\ &= \left[\begin{array}{c|c} \lambda_1 & \mathbf{0} \\ \hline \mathbf{0} & D_1 \end{array}\right] \end{aligned}$$

que é uma matriz diagonal. Isso completa o passo de indução, e concluímos que, para todo $n \geq 1$, uma matriz simétrica real $n \times n$ com autovalores reais é ortogonalmente diagonalizável.

Exemplo 5.18

Encontre uma diagonalização ortogonal para a matriz

$$A = \begin{bmatrix} 2 & 1 & 1 \\ 1 & 2 & 1 \\ 1 & 1 & 2 \end{bmatrix}$$

Solução Essa é a matriz do exemplo 5.17. Já encontramos os autoespaços de A, que são

$$E_4 = \text{ger}\left(\begin{bmatrix} 1 \\ 1 \\ 1 \end{bmatrix}\right) \quad \text{e} \quad E_1 = \text{ger}\left(\begin{bmatrix} -1 \\ 0 \\ 1 \end{bmatrix}, \begin{bmatrix} -1 \\ 1 \\ 0 \end{bmatrix}\right)$$

Precisamos de três autovetores ortonormais. Primeiro, aplicamos o Processo de Ortogonalização de Gram-Schmidt a

$$\begin{bmatrix}-1\\0\\1\end{bmatrix} \quad \text{e} \quad \begin{bmatrix}-1\\1\\0\end{bmatrix}$$

para obter

$$\begin{bmatrix}-1\\0\\1\end{bmatrix} \quad \text{e} \quad \begin{bmatrix}-\frac{1}{2}\\1\\-\frac{1}{2}\end{bmatrix}$$

O novo vetor, que foi construído para ser ortogonal a $\begin{bmatrix}-1\\0\\1\end{bmatrix}$, ainda está em E_1 (por quê?) e, portanto, é ortogonal a $\begin{bmatrix}1\\1\\1\end{bmatrix}$. Logo, temos três vetores mutuamente ortogonais, e tudo o que precisamos fazer é normalizá-los e construir uma matriz Q tendo esses vetores como suas colunas. Vemos que

$$Q = \begin{bmatrix}1/\sqrt{3} & -1/\sqrt{2} & -1/\sqrt{6}\\ 1/\sqrt{3} & 0 & 2/\sqrt{6}\\ 1/\sqrt{3} & 1/\sqrt{2} & -1/\sqrt{6}\end{bmatrix}$$

e é muito simples verificar que

$$Q^TAQ = \begin{bmatrix}4 & 0 & 0\\ 0 & 1 & 0\\ 0 & 0 & 1\end{bmatrix}$$

O Teorema Espectral permite-nos escrever uma matriz simétrica real A na forma $A = QDQ^T$, com Q ortogonal e D diagonal. Os elementos na diagonal de D são exatamente os autovalores de A, e, se as colunas de Q são os vetores ortonormais $\mathbf{q}_1, \ldots, \mathbf{q}_n$, então, usando a representação coluna-linha do produto, temos

$$\begin{aligned} A = QDQ^T &= [\mathbf{q}_1 \ \cdots \ \mathbf{q}_n] \begin{bmatrix}\lambda_1 & \cdots & 0\\ \vdots & \ddots & \vdots\\ 0 & \cdots & \lambda_n\end{bmatrix} \begin{bmatrix}\mathbf{q}_1^T\\ \vdots\\ \mathbf{q}_n^T\end{bmatrix} \\ &= [\lambda_1\mathbf{q}_1 \ \cdots \ \lambda_n\mathbf{q}_n] \begin{bmatrix}\mathbf{q}_1^T\\ \vdots\\ \mathbf{q}_n^T\end{bmatrix} \\ &= \lambda_1\mathbf{q}_1\mathbf{q}_1^T + \lambda_2\mathbf{q}_2\mathbf{q}_2^T + \cdots + \lambda_n\mathbf{q}_n\mathbf{q}_n^T \end{aligned}$$

Essa soma é chamada ***decomposição espectral*** de A. Cada uma das parcelas $\lambda_i\mathbf{q}_i\mathbf{q}_i^T$ é uma matriz de posto 1, pelo exercício 62 da seção 3.5, e $\mathbf{q}_i\mathbf{q}_i^T$ é exatamente a matriz da projeção sobre o subespaço gerado por $\mathbf{q}_i$. (Veja o exercício 25.) Por essa razão, a decomposição espectral

$$A = \lambda_1\mathbf{q}_1\mathbf{q}_1^T + \lambda_2\mathbf{q}_2\mathbf{q}_2^T + \cdots + \lambda_n\mathbf{q}_n\mathbf{q}_n^T$$

é às vezes chamada ***forma de projeção do Teorema Espectral***.

Exemplo 5.19 Determine a decomposição espectral da matriz A do exemplo 5.18.

Solução Do exemplo 5.18, temos que

$$\lambda_1 = 4, \qquad \lambda_2 = 1, \qquad \lambda_3 = 1$$

$$\mathbf{q}_1 = \begin{bmatrix} 1/\sqrt{3} \\ 1/\sqrt{3} \\ 1/\sqrt{3} \end{bmatrix}, \quad \mathbf{q}_2 = \begin{bmatrix} -1/\sqrt{2} \\ 0 \\ 1/\sqrt{2} \end{bmatrix}, \quad \mathbf{q}_3 = \begin{bmatrix} -1/\sqrt{6} \\ 2/\sqrt{6} \\ -1/\sqrt{6} \end{bmatrix}$$

Logo,

$$\mathbf{q}_1\mathbf{q}_1^T = \begin{bmatrix} 1/\sqrt{3} \\ 1/\sqrt{3} \\ 1/\sqrt{3} \end{bmatrix} [1/\sqrt{3} \quad 1/\sqrt{3} \quad 1/\sqrt{3}] = \begin{bmatrix} 1/3 & 1/3 & 1/3 \\ 1/3 & 1/3 & 1/3 \\ 1/3 & 1/3 & 1/3 \end{bmatrix}$$

$$\mathbf{q}_2\mathbf{q}_2^T = \begin{bmatrix} -1/\sqrt{2} \\ 0 \\ 1/\sqrt{2} \end{bmatrix} [-1/\sqrt{2} \quad 0 \quad 1/\sqrt{2}] = \begin{bmatrix} 1/2 & 0 & -1/2 \\ 0 & 0 & 0 \\ -1/2 & 0 & 1/2 \end{bmatrix}$$

$$\mathbf{q}_3\mathbf{q}_3^T = \begin{bmatrix} -1/\sqrt{6} \\ 2/\sqrt{6} \\ -1/\sqrt{6} \end{bmatrix} [-1/\sqrt{6} \quad 2/\sqrt{6} \quad -1/\sqrt{6}] = \begin{bmatrix} 1/6 & -1/3 & 1/6 \\ -1/3 & 2/3 & -1/3 \\ 1/6 & -1/3 & 1/6 \end{bmatrix}$$

de modo que

$$A = \lambda_1\mathbf{q}_1\mathbf{q}_1^T + \lambda_2\mathbf{q}_2\mathbf{q}_2^T + \lambda_3\mathbf{q}_3\mathbf{q}_3^T$$

$$= 4\begin{bmatrix} \frac{1}{3} & \frac{1}{3} & \frac{1}{3} \\ \frac{1}{3} & \frac{1}{3} & \frac{1}{3} \\ \frac{1}{3} & \frac{1}{3} & \frac{1}{3} \end{bmatrix} + \begin{bmatrix} \frac{1}{2} & 0 & -\frac{1}{2} \\ 0 & 0 & 0 \\ -\frac{1}{2} & 0 & \frac{1}{2} \end{bmatrix} + \begin{bmatrix} \frac{1}{6} & -\frac{1}{3} & \frac{1}{6} \\ -\frac{1}{3} & \frac{2}{3} & -\frac{1}{3} \\ \frac{1}{6} & -\frac{1}{3} & \frac{1}{6} \end{bmatrix}$$

o que pode ser facilmente verificado.

Neste exemplo, $\lambda_2 = \lambda_3$, de modo que poderíamos combinar os dois últimos termos, $\lambda_2\mathbf{q}_2\mathbf{q}_2{}^T + \lambda_3\mathbf{q}_3\mathbf{q}_3{}^T$, para obter

$$\begin{bmatrix} \frac{2}{3} & -\frac{1}{3} & -\frac{1}{3} \\ -\frac{1}{3} & \frac{2}{3} & -\frac{1}{3} \\ -\frac{1}{3} & -\frac{1}{3} & \frac{2}{3} \end{bmatrix}$$

A matriz $\mathbf{q}_2\mathbf{q}_2{}^T + \mathbf{q}_3\mathbf{q}_3{}^T$ tem posto 2 e é a matriz da projeção sobre o subespaço bidimensional (isto é, o plano) gerado por $\mathbf{q}_2$ e $\mathbf{q}_3$. (Veja o exercício 26.)

Observe que a decomposição espectral expressa uma matriz simétrica A explicitamente em termos de seus autovalores e autovetores. Isso nos fornece uma maneira de construir uma matriz com autovalores e autovetores (ortonormais) dados.

Exemplo 5.20 Determine uma matriz 2×2 com autovalores $\lambda_1 = 3$ e $\lambda_2 = -2$ e autovetores associados

$$\mathbf{v}_1 = \begin{bmatrix} 3 \\ 4 \end{bmatrix} \quad \text{e} \quad \mathbf{v}_2 = \begin{bmatrix} -4 \\ 3 \end{bmatrix}$$

Solução Começamos normalizando os vetores para obter uma base ortonormal $\{\mathbf{q}_1, \mathbf{q}_2\}$, com

$$\mathbf{q}_1 = \begin{bmatrix} \frac{3}{5} \\ \frac{4}{5} \end{bmatrix} \quad \text{e} \quad \mathbf{q}_2 = \begin{bmatrix} -\frac{4}{5} \\ \frac{3}{5} \end{bmatrix}$$

Agora, calculamos a matriz A, cuja decomposição espectral é

$$\begin{aligned} A &= \lambda_1 \mathbf{q}_1 \mathbf{q}_1^T + \lambda_2 \mathbf{q}_2 \mathbf{q}_2^T \\ &= 3\begin{bmatrix} \frac{3}{5} \\ \frac{4}{5} \end{bmatrix}\begin{bmatrix} \frac{3}{5} & \frac{4}{5} \end{bmatrix} - 2\begin{bmatrix} -\frac{4}{5} \\ \frac{3}{5} \end{bmatrix}\begin{bmatrix} -\frac{4}{5} & \frac{3}{5} \end{bmatrix} \\ &= 3\begin{bmatrix} \frac{9}{25} & \frac{12}{25} \\ \frac{12}{25} & \frac{16}{25} \end{bmatrix} - 2\begin{bmatrix} \frac{16}{25} & -\frac{12}{25} \\ -\frac{12}{25} & \frac{9}{25} \end{bmatrix} \\ &= \begin{bmatrix} -\frac{1}{5} & \frac{12}{5} \\ \frac{12}{5} & \frac{6}{5} \end{bmatrix} \end{aligned}$$

É fácil verificar que A tem as propriedades desejadas. (Faça isso.)

Exercícios 5.4

Encontre uma diagonalização ortogonal para as matrizes nos exercícios de 1 a 10, determinando uma matriz ortogonal Q e uma matriz diagonal D tais que $Q^TAQ = D$.

1. $A = \begin{bmatrix} 4 & 1 \\ 1 & 4 \end{bmatrix}$

2. $A = \begin{bmatrix} -1 & 3 \\ 3 & -1 \end{bmatrix}$

3. $A = \begin{bmatrix} 1 & \sqrt{2} \\ \sqrt{2} & 0 \end{bmatrix}$

4. $A = \begin{bmatrix} 9 & -2 \\ -2 & 6 \end{bmatrix}$

5. $A = \begin{bmatrix} 5 & 0 & 0 \\ 0 & 1 & 3 \\ 0 & 3 & 1 \end{bmatrix}$

6. $A = \begin{bmatrix} 2 & 3 & 0 \\ 3 & 2 & 4 \\ 0 & 4 & 2 \end{bmatrix}$

7. $A = \begin{bmatrix} 1 & 0 & -1 \\ 0 & 1 & 0 \\ -1 & 0 & 1 \end{bmatrix}$

8. $A = \begin{bmatrix} 1 & 2 & 2 \\ 2 & 1 & 2 \\ 2 & 2 & 1 \end{bmatrix}$

9. $A = \begin{bmatrix} 1 & 1 & 0 & 0 \\ 1 & 1 & 0 & 0 \\ 0 & 0 & 1 & 1 \\ 0 & 0 & 1 & 1 \end{bmatrix}$

10. $A = \begin{bmatrix} 2 & 0 & 0 & 1 \\ 0 & 1 & 0 & 0 \\ 0 & 0 & 1 & 0 \\ 1 & 0 & 0 & 2 \end{bmatrix}$

11. Se $b \neq 0$, determine uma diagonalização ortogonal para a matriz $A = \begin{bmatrix} a & b \\ b & a \end{bmatrix}$.

12. Se $b \neq 0$, determine uma diagonalização ortogonal para a matriz $A = \begin{bmatrix} a & 0 & b \\ 0 & a & 0 \\ b & 0 & a \end{bmatrix}$.

13. Sejam A e B matrizes ortogonalmente diagonalizáveis $n \times n$, e c um escalar. Use o Teorema Espectral para provar que as seguintes matrizes são ortogonalmente diagonalizáveis:

(a) $A + B$ **(b)** cA **(c)** A^2

14. Se A é uma matriz invertível e ortogonalmente diagonalizável, mostre que A^{-1} é ortogonalmente diagonalizável.

15. Se A e B são matrizes ortogonalmente diagonalizáveis com $AB = BA$, prove que AB é ortogonalmente diagonalizável.

16. Se A é uma matriz simétrica, mostre que todo autovalor de A é não negativo se e somente se $A = B^2$ para alguma matriz simétrica B.

Nos exercícios de 17 a 20, encontre a decomposição espectral da matriz no exercício dado.

17. Exercício 1 **18.** Exercício 2

19. Exercício 5 **20.** Exercício 8

Nos exercícios 21 e 22, determine uma matriz simétrica 2 × 2 com autovalores λ_1 e λ_2 e autovetores ortogonais associados $\mathbf{v}_1$ e $\mathbf{v}_2$.

21. $\lambda_1 = -1, \lambda_2 = 2, \mathbf{v}_1 = \begin{bmatrix} 1 \\ 1 \end{bmatrix}, \mathbf{v}_2 = \begin{bmatrix} 1 \\ -1 \end{bmatrix}$

22. $\lambda_1 = 3, \lambda_2 = -3, \mathbf{v}_1 = \begin{bmatrix} 1 \\ 2 \end{bmatrix}, \mathbf{v}_2 = \begin{bmatrix} -2 \\ 1 \end{bmatrix}$

Nos exercícios 23 e 24, determine uma matriz simétrica 3 × 3 com autovalores λ_1, λ_2 e λ_3 e autovetores ortogonais associados $\mathbf{v}_1$, $\mathbf{v}_2$ e $\mathbf{v}_3$.

23. $\lambda_1 = 1, \lambda_2 = 2, \lambda_3 = 3, \mathbf{v}_1 = \begin{bmatrix} 1 \\ 1 \\ 0 \end{bmatrix}, \mathbf{v}_2 = \begin{bmatrix} 1 \\ -1 \\ 1 \end{bmatrix},$
$\mathbf{v}_3 = \begin{bmatrix} -1 \\ 1 \\ 2 \end{bmatrix}$

24. $\lambda_1 = 1, \lambda_2 = -4, \lambda_3 = -4, \mathbf{v}_1 = \begin{bmatrix} 4 \\ 5 \\ -1 \end{bmatrix}, \mathbf{v}_2 = \begin{bmatrix} -1 \\ 1 \\ 1 \end{bmatrix},$
$\mathbf{v}_3 = \begin{bmatrix} 2 \\ -1 \\ 3 \end{bmatrix}$

25. Seja $\mathbf{q}$ um vetor unitário de $\mathbb{R}^n$, e seja W, o subespaço gerado por q. Mostre que a projeção ortogonal de um vetor $\mathbf{v}$ sobre W (como definida nas seções 1.2 e 5.2) é dada por

$$\text{proj}_W(\mathbf{v}) = (\mathbf{q}\mathbf{q}^T)\mathbf{v}$$

e que a matriz dessa projeção é $\mathbf{q}\mathbf{q}^T$. (*Sugestão*: lembre-se de que, para $\mathbf{x}$ e $\mathbf{y}$ em $\mathbb{R}^n$, $\mathbf{x} \cdot \mathbf{y} = \mathbf{x}^T\mathbf{y}$.)

26. Seja $\{\mathbf{q}_1, \ldots, \mathbf{q}_k\}$ um conjunto ortonormal de vetores de $\mathbb{R}^n$, e seja W o subespaço gerado por esse conjunto.

(a) Mostre que a matriz da projeção ortogonal sobre W é dada por

$$P = \mathbf{q}_1\mathbf{q}_1^T + \cdots + \mathbf{q}_k\mathbf{q}_k^T$$

(b) Mostre que a matriz da projeção ortogonal P da parte (a) é simétrica e satisfaz $P^2 = P$.

(c) Seja $Q = [\mathbf{q}_1 \ \cdots \ \mathbf{q}_k]$ a matriz $n \times k$ cujas colunas formam uma base ortonormal de W. Mostre que $P = QQ^T$ e deduza que posto$(P) = k$.

27. Seja A uma matriz real $n \times n$, cujos autovalores são todos reais. Prove que existe uma matriz ortogonal Q e uma matriz triangular superior T tais que $Q^TAQ = T$. Esse resultado muito útil é conhecido como ***Teorema de Triangularização de Schur***. [*Sugestão*: adapte a demonstração do Teorema Espectral.]

28. Seja A uma matriz nilpotente (veja o exercício 56 na seção 4.2). Prove que existe uma matriz ortogonal Q tal que Q^TAQ é triangular superior com zeros em sua diagonal. [*Sugestão*: Use o exercício 27.]

5.5 Aplicações

Formas Quadráticas

Uma expressão da forma

$$ax^2 + by^2 + cxy$$

é chamada ***forma quadrática*** em x e y. Analogamente,

$$ax^2 + by^2 + cz^2 + dxy + exz + fyz$$

é uma forma quadrática em x, y e z. Em palavras, uma forma quadrática é uma soma de termos, cada qual com grau total igual a *dois* nas variáveis. Assim, $5x^2 - 3y^2 + 2xy$ é uma forma quadrática, enquanto que $x^2 + y^2 + x$ não é.

Podemos representar formas quadráticas usando matrizes:

$$ax^2 + by^2 + cxy = [x \quad y]\begin{bmatrix} a & c/2 \\ c/2 & b \end{bmatrix}\begin{bmatrix} x \\ y \end{bmatrix}$$

e

$$ax^2 + by^2 + cz^2 + dxy + exz + fyz = [x \quad y \quad z]\begin{bmatrix} a & d/2 & e/2 \\ d/2 & b & f/2 \\ e/2 & f/2 & c \end{bmatrix}\begin{bmatrix} x \\ y \\ z \end{bmatrix}$$

(Verifique isso.) Cada uma tem a forma $\mathbf{x}^T A\mathbf{x}$, sendo A uma matriz simétrica. Essa observação nos leva à definição geral a seguir.

Definição Uma ***forma quadrática*** em n variáveis é uma função $f: \mathbb{R}^n \to \mathbb{R}$ da forma

$$f(\mathbf{x}) = \mathbf{x}^T A\mathbf{x}$$

em que A é uma matriz simétrica $n \times n$ e $\mathbf{x}$ está em $\mathbb{R}^n$. Dizemos que A é a ***matriz associada a f***.

Exemplo 5.21

Qual é a forma quadrática cuja matriz associada é $A = \begin{bmatrix} 2 & -3 \\ -3 & 5 \end{bmatrix}$?

Solução Se $\mathbf{x} = \begin{bmatrix} x_1 \\ x_2 \end{bmatrix}$, então

$$f(\mathbf{x}) = \mathbf{x}^T A\mathbf{x} = [x_1 \quad x_2]\begin{bmatrix} 2 & -3 \\ 3 & 5 \end{bmatrix}\begin{bmatrix} x_1 \\ x_2 \end{bmatrix} = 2x_1^2 + 5x_2^2 - 6x_1x_2$$

Observe que os elementos *fora da diagonal* $a_{12} = a_{21} = -3$ são *somados* para dar o coeficiente -6 de x_1x_2. Isso é verdade em geral. Podemos expandir a forma quadrática em n variáveis $\mathbf{x}^T A\mathbf{x}$, como a seguir:

$$\mathbf{x}^T A\mathbf{x} = a_{11}x_1^2 + a_{22}x_2^2 + \cdots + a_{nn}x_n^2 + \sum_{i<j} 2a_{ij}x_ix_j$$

Logo, se $i \neq j$, o coeficiente de $x_i x_j$ é $2a_{ij}$.

Exemplo 5.22

Ache a matriz associada à forma quadrática

$$f(x_1, x_2, x_3) = 2x_1^2 - x_2^2 + 5x_3^2 + 6x_1x_2 - 3x_1x_3$$

Solução Os coeficientes dos termos em x_i^2 vão para a diagonal como a_{ii}, e os coeficientes dos produtos mistos x_ix_j são repartidos entre a_{ij} e a_{ji}. Isso fornece

$$A = \begin{bmatrix} 2 & 3 & -\frac{3}{2} \\ 3 & -1 & 0 \\ -\frac{3}{2} & 0 & 5 \end{bmatrix}$$

portanto,

$$f(x_1, x_2, x_3) = [x_1 \quad x_2 \quad x_3]\begin{bmatrix} 2 & 3 & -\frac{3}{2} \\ 3 & -1 & 0 \\ -\frac{3}{2} & 0 & 5 \end{bmatrix}\begin{bmatrix} x_1 \\ x_2 \\ x_3 \end{bmatrix}$$

como você pode verificar facilmente.

No caso da forma quadrática $f(x,y)$ em duas variáveis, o gráfico de $z = f(x, y)$ é uma superfície em $\mathbb{R}^3$. Alguns exemplos são mostrados na figura 5.12.

Observe que o efeito de manter x ou y constante é tomar secções transversais do gráfico por planos paralelos aos planos yz ou xz, respectivamente. Para os gráficos da figura 5.12, todas essas secções transversais são fáceis de se identificar. Por exemplo, na figura 5.12 (a), as secções transversais que obtemos mantendo x ou y constantes são parábolas que se abrem para cima, assim, $f(x, y) \geq 0$ para todos os valores de x e y. Na figura 5.12 (c), mantendo x constante, obtemos parábolas que se abrem para baixo, e, mantendo y constante, obtemos parábolas que se abrem para cima, produzindo um *ponto de sela*.

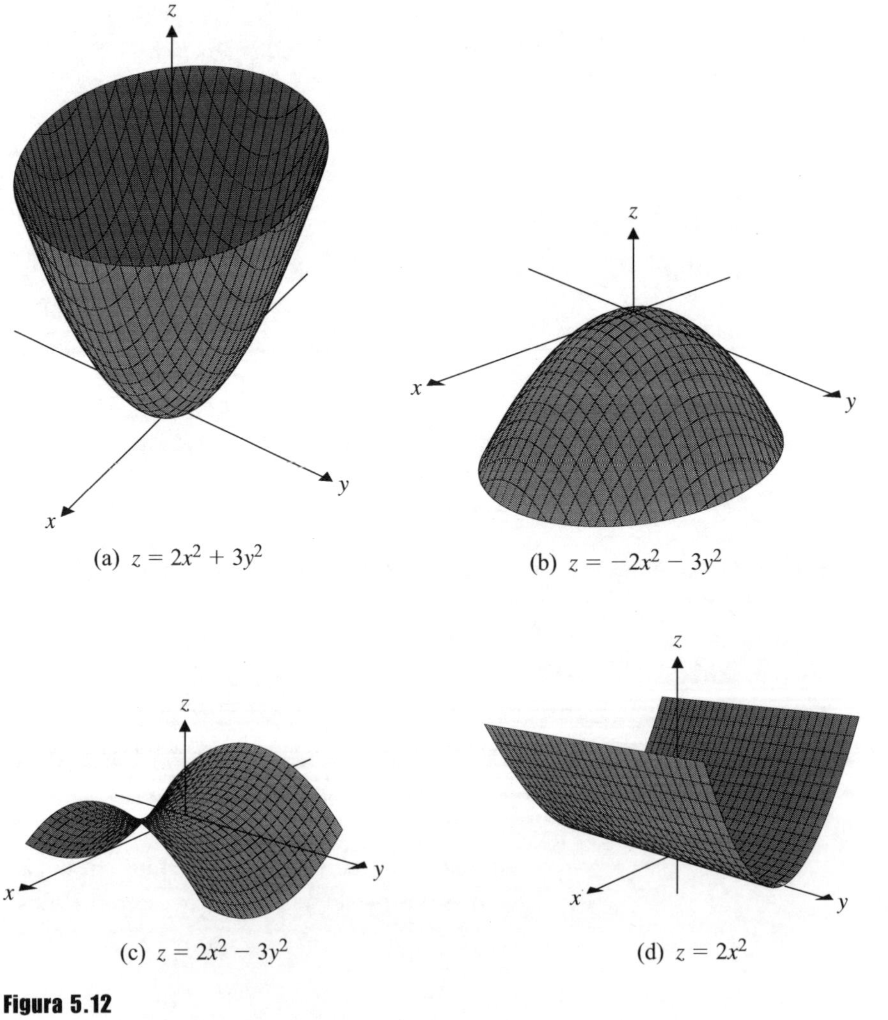

(a) $z = 2x^2 + 3y^2$ (b) $z = -2x^2 - 3y^2$

(c) $z = 2x^2 - 3y^2$ (d) $z = 2x^2$

Figura 5.12
Gráficos de formas quadráticas $f(x, y)$

O que torna esse tipo de análise muito fácil é o fato que essas formas quadráticas não têm termos mistos. A matriz associada a uma forma quadrática sem termos mistos é uma matriz diagonal. Por exemplo,

$$2x^2 - 3y^2 = [x \quad y]\begin{bmatrix} 2 & 0 \\ 0 & -3 \end{bmatrix}\begin{bmatrix} x \\ y \end{bmatrix}$$

Em geral, a matriz de uma forma quadrática é uma matriz simétrica, e, como vimos na seção 5.4, essas matrizes são sempre diagonalizáveis. Usaremos agora esse fato para mostrar que, para *toda* forma quadrática, podemos eliminar os termos mistos por intermédio de uma mudança de variáveis conveniente.

Seja $f(\mathbf{x}) = \mathbf{x}^T A\mathbf{x}$ uma forma quadrática em n variáveis, em que A é uma matriz simétrica $n \times n$. Pelo Teorema Espectral, existe uma matriz ortogonal Q que diagonaliza A, isto é, $Q^T AQ = D$, sendo D uma matriz diagonal que mostra os autovalores de A. Agora, consideramos

$$\mathbf{x} = Q\mathbf{y} \quad \text{ou, equivalentemente,} \quad \mathbf{y} = Q^{-1}\mathbf{x} = Q^T\mathbf{x}$$

A substituição na forma quadrática produz

$$\begin{aligned} \mathbf{x}^T A\mathbf{x} &= (Q\mathbf{y})^T A(Q\mathbf{y}) \\ &= \mathbf{y}^T Q^T AQ\mathbf{y} \\ &= \mathbf{y}^T D\mathbf{y} \end{aligned}$$

que é uma forma quadrática sem termos mistos, já que D é diagonal. Além disso, se os autovalores de A são $\lambda_1, \ldots, \lambda_n$, então Q pode ser escolhida de modo que

$$D = \begin{bmatrix} \lambda_1 & \cdots & 0 \\ \vdots & \ddots & \vdots \\ 0 & \cdots & \lambda_n \end{bmatrix}$$

Se $\mathbf{y} = [y_1 \quad \cdots \quad y_n]^T$, então, em relação às novas variáveis, a forma quadrática passa a ser

$$\mathbf{y}^T D\mathbf{y} = \lambda_1 y_1^2 + \cdots + \lambda_n y_n^2$$

Esse processo é chamado ***diagonalização de formas quadráticas***. Acabamos de provar o teorema seguinte, conhecido como ***Teorema dos Eixos Principais***. (A razão para esse nome ficará clara na próxima subseção.)

Teorema 5.21 **Teorema dos Eixos Principais**

Toda forma quadrática pode ser diagonalizada. Especificamente, se A é a matriz $n \times n$ simétrica associada à forma quadrática $\mathbf{x}^T A\mathbf{x}$ e se Q é uma matriz ortogonal tal que $Q^T AQ = D$ é uma matriz diagonal, então a mudança de variáveis $\mathbf{x} = Q\mathbf{y}$ transforma a forma quadrática $\mathbf{x}^T A\mathbf{x}$ em $\mathbf{y}^T D\mathbf{y}$, que não tem termos mistos. Se os autovalores de A são $\lambda_1, \ldots, \lambda_n$ e se $\mathbf{y} = [y_1 \cdots y_n]^T$, então

$$\mathbf{x}^T A\mathbf{x} = \mathbf{y}^T D\mathbf{y} = \lambda_1 y_1^2 + \cdots + \lambda_n y_n^2$$

Exemplo 5.23 Determine uma mudança de variáveis que transforma a forma quadrática

$$f(x_1, x_2) = 5x_1^2 + 4x_1x_2 + 2x_2^2$$

em uma que não tem termos mistos.

Solução A matriz de f é

$$A = \begin{bmatrix} 5 & 2 \\ 2 & 2 \end{bmatrix}$$

com autovalores $\lambda_1 = 6$ e $\lambda_2 = 1$. Os autovetores associados são, respectivamente,

$$\mathbf{q}_1 = \begin{bmatrix} 2/\sqrt{5} \\ 1/\sqrt{5} \end{bmatrix} \quad \text{e} \quad \mathbf{q}_2 = \begin{bmatrix} 1/\sqrt{5} \\ -2/\sqrt{5} \end{bmatrix}$$

(Verifique isso.) Se colocarmos

$$Q = \begin{bmatrix} 2/\sqrt{5} & 1/\sqrt{5} \\ 1/\sqrt{5} & -2/\sqrt{5} \end{bmatrix} \quad \text{e} \quad D = \begin{bmatrix} 6 & 0 \\ 0 & 1 \end{bmatrix}$$

então $Q^TAQ = D$. A mudança de variáveis $\mathbf{x} = Q\mathbf{y}$, com

$$\mathbf{x} = \begin{bmatrix} x_1 \\ x_2 \end{bmatrix} \quad \text{e} \quad \mathbf{y} = \begin{bmatrix} y_1 \\ y_2 \end{bmatrix}$$

transforma f em

$$f(\mathbf{y}) = f(y_1, y_2) = [y_1 \quad y_2]\begin{bmatrix} 6 & 0 \\ 0 & 1 \end{bmatrix}\begin{bmatrix} y_1 \\ y_2 \end{bmatrix} = 6y_1^2 + y_2^2$$

A forma quadrática original $\mathbf{x}^TA\mathbf{x}$ e a nova $\mathbf{y}^TD\mathbf{y}$ (do Teorema dos Eixos Principais) são *iguais* no seguinte sentido. No exemplo 5.23, suponha que queiramos calcular $f(\mathbf{x}) = \mathbf{x}^TA\mathbf{x}$ em $\mathbf{x} = \begin{bmatrix} -1 \\ 3 \end{bmatrix}$. Temos

$$f(-1, 3) = 5(-1)^2 + 4(-1)(3) + 2(3)^2 = 11$$

Em termos das novas variáveis,

$$\begin{bmatrix} y_1 \\ y_2 \end{bmatrix} = \mathbf{y} = Q^T\mathbf{x} = \begin{bmatrix} 2/\sqrt{5} & 1/\sqrt{5} \\ 1/\sqrt{5} & -2/\sqrt{5} \end{bmatrix}\begin{bmatrix} -1 \\ 3 \end{bmatrix} = \begin{bmatrix} 1/\sqrt{5} \\ -7/\sqrt{5} \end{bmatrix}$$

de modo que

$$f(y_1, y_2) = 6y_1^2 + y_2^2 = 6(1/\sqrt{5})^2 + (-7/\sqrt{5})^2 = 55/5 = 11$$

exactly as before.

O Teorema dos Eixos Principais tem algumas consequências interessantes e importantes. Iremos considerar duas delas. A primeira relata sobre os possíveis *valores* que uma forma quadrática pode assumir.

Definição Uma forma quadrática $f(\mathbf{x}) = \mathbf{x}^TA\mathbf{x}$ é classificada como uma das seguintes:

1. ***definida positiva***, se $f(\mathbf{x}) > 0$ para todo $\mathbf{x} \neq 0$.
2. ***semidefinida positiva***, se $f(\mathbf{x}) \geq 0$ para todo $\mathbf{x}$.
3. ***definida negativa***, se $f(\mathbf{x}) < 0$ para todo $\mathbf{x} \neq 0$.
4. ***semidefinida negativa***, se $f(\mathbf{x}) \leq 0$ para todo $\mathbf{x}$.
5. ***indefinida***, se $f(\mathbf{x})$ assume tanto valores positivos quanto negativos.

Uma matriz simétrica A é chamada ***definida positiva, semidefinida positiva, definida negativa, semidefinida negativa*** ou ***indefinida*** se a forma quadrática associada $f(\mathbf{x}) = \mathbf{x}^T A\mathbf{x}$ tem a propriedade correspondente.

As formas quadráticas nas partes (a), (b), (c) e (d) da figura 5.12 são, respectivamente, definida positiva, definida negativa, indefinida e semidefinida positiva. O Teorema dos Eixos Principais torna fácil informar se uma forma quadrática tem uma dessas propriedades.

Teorema 5.22 Seja A uma matriz simétrica $n \times n$. A forma quadrática $f(\mathbf{x}) = \mathbf{x}^T A\mathbf{x}$ é

a. definida positiva se e somente se todos os autovalores de A são positivos.
b. semidefinida positiva se e somente se todos os autovalores de A são não negativos.
c. definida negativa se e somente se todos os autovalores de A são negativos.
d. semidefinida negativa se e somente se todos os autovalores de A são não positivos.
e. indefinida se e somente se A tem autovalores positivos e negativos.

No exercício 27, pediremos que você prove o teorema 5.22.

Exemplo 5.24 Classifique $f(x, y, z) = 3x^2 + 3y^2 + 3z^2 - 2xy - 2xz - 2yz$ como definida positiva, definida negativa, indefinida ou nenhuma dessas.

Solução A matriz associada a f é

$$\begin{bmatrix} 3 & -1 & -1 \\ -1 & 3 & -1 \\ -1 & -1 & 3 \end{bmatrix}$$

que tem autovalores 1, 4 e 4. Como todos os autovalores são positivos, f é uma forma quadrática definida positiva.

Se uma forma quadrática $f(\mathbf{x}) = \mathbf{x}^T A\mathbf{x}$ é definida positiva, então, como $f(\mathbf{0}) = 0$, o valor *mínimo* de f é 0, e ele ocorre na origem. Analogamente, uma forma quadrática definida negativa tem um máximo na origem. Então, o teorema 5.22 nos permite resolver certos tipos de problemas de máximos e mínimos facilmente, sem usar os recursos do cálculo diferencial. Um tipo de problema que cai nessa categoria é o ***problema de otimização condicionada***.

Muitas vezes é importante conhecer os valores máximos ou mínimos de uma forma quadrática sujeita a certas condições. (Esses problemas aparecem não somente em matemática, mas também em estatística, física, engenharia e economia.) Estaremos interessados em encontrar os valores extremos de $f(\mathbf{x}) = \mathbf{x}^T A\mathbf{x}$ sujeitos à condição $\|\mathbf{x}\| = 1$. No caso de uma forma quadrática em duas variáveis, podemos visualizar o significado do problema. O gráfico de $z = f(x, y)$ é uma superfície em $\mathbb{R}^3$, e a condição $\|\mathbf{x}\| = 1$ restringe o ponto (x, y) à circunferência unitária no plano xy. Então, consideramos os pontos que estão simultaneamente na superfície e no cilindro unitário perpendicular ao plano xy. Esses pontos formam uma curva na superfície, e queremos o ponto mais alto e o mais baixo dessa curva. A figura 5.13 mostra essa situação para a forma quadrática e a correspondente superfície da figura 5.12(c).

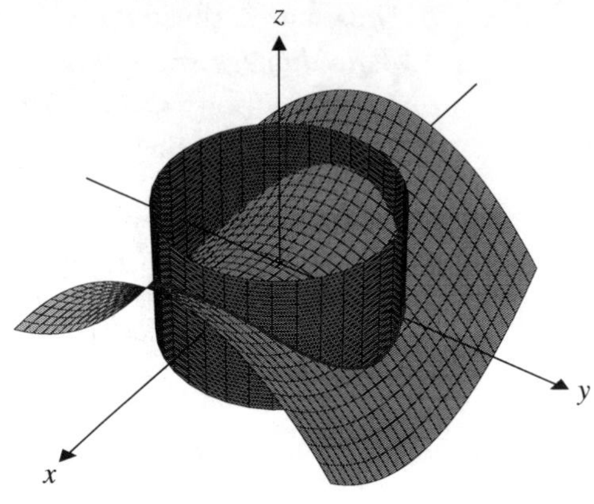

Figura 5.13
A intersecção de $z = 2x^2 - 3y^2$ com o cilindro $x^2 + y^2 = 1$

Neste caso, os valores máximo e mínimo de $f(x, y) = 2x^2 - 3y^2$ (os pontos mais alto e mais baixo da curva de intersecção) são 2 e -3, respectivamente, que são exatamente os autovalores da matriz associada. O teorema 5.23 mostra que é sempre esse o caso.

Teorema 5.23 Seja $f(\mathbf{x}) = \mathbf{x}^T A\mathbf{x}$ uma forma quadrática cuja matriz $n \times n$ associada é A. Sejam $\lambda_1 \geq \lambda_2 \geq \cdots \geq \lambda_n$ os autovalores de A. Então, sujeitas à restrição $\|\mathbf{x}\| = 1$, as afirmações seguintes são verdadeiras:

a. $\lambda_1 \geq f(\mathbf{x}) \geq \lambda_n$
b. O valor máximo de $f(\mathbf{x})$ é λ_1, e ele ocorre quando $\mathbf{x}$ é um autovetor unitário associado a λ_1.
c. O valor mínimo de $f(\mathbf{x})$ é λ_n, e ele ocorre quando $\mathbf{x}$ é um autovetor unitário associado a λ_n.

Demonstração Como sempre, começamos determinando uma diagonalização ortogonal para a matriz A. Obtemos uma matriz ortogonal Q tal que $Q^T AQ$ é a matriz diagonal

$$D = \begin{bmatrix} \lambda_1 & \cdots & 0 \\ \vdots & \ddots & \vdots \\ 0 & \cdots & \lambda_n \end{bmatrix}$$

Então, pelo Teorema dos Eixos Principais, a mudança de variável $\mathbf{x} = Q\mathbf{y}$ fornece $\mathbf{x}^T A\mathbf{x} = \mathbf{y}^T D\mathbf{y}$. Note que $\mathbf{y} = Q^T\mathbf{x}$ implica que

$$\mathbf{y}^T\mathbf{y} = (Q^T\mathbf{x})^T(Q^T\mathbf{x}) = \mathbf{x}^T(Q^T)^T Q^T\mathbf{x} = \mathbf{x}^T QQ^T\mathbf{x} = \mathbf{x}^T\mathbf{x}$$

pois $Q^T = Q^{-1}$. Logo, usando $\mathbf{x} \cdot \mathbf{x} = \mathbf{x}^T\mathbf{x}$, vemos que $\|\mathbf{y}\| = \sqrt{\mathbf{y}^T\mathbf{y}} = \sqrt{\mathbf{x}^T\mathbf{x}} = \|\mathbf{x}\| = 1$. Então, se $\mathbf{x}$ é um vetor unitário, também o é o vetor correspondente $\mathbf{y}$, e os valores $\mathbf{x}^T A\mathbf{x}$ e $\mathbf{y}^T D\mathbf{y}$ são os mesmos.

(a) Para provar a propriedade (a), observamos que, se $\mathbf{y} = [y_1 \cdots y_n]^T$, então

$$\begin{aligned} f(\mathbf{x}) &= \mathbf{x}^TA\mathbf{x} = \mathbf{y}^TD\,\mathbf{y} \\ &= \lambda_1 y_1^2 + \lambda_2 y_2^2 + \cdots + \lambda_n y_n^2 \\ &\leq \lambda_1 y_1^2 + \lambda_1 y_2^2 + \cdots + \lambda_1 y_n^2 \\ &= \lambda_1(y_1^2 + y_2^2 + \cdots + y_n^2) \\ &= \lambda_1 \|\mathbf{y}\|^2 \\ &= \lambda_1 \end{aligned}$$

Logo, $f(\mathbf{x}) \leq \lambda_1$ para todo $\mathbf{x}$ tal que $\|\mathbf{x}\| = 1$. A demonstração de que $f(\mathbf{x}) \geq \lambda_n$ é análoga. (Veja o exercício 37.)

(b) Se $\mathbf{q}_1$ é um autovetor unitário associado a λ_1, $A\mathbf{q}_1 = \lambda_1\mathbf{q}_1$

$$f(\mathbf{q}_1) = \mathbf{q}_1^TA\mathbf{q}_1 = \mathbf{q}_1^T\lambda_1\mathbf{q}_1 = \lambda_1(\mathbf{q}_1^T\mathbf{q}_1) = \lambda_1$$

Isso mostra que a forma quadrática realmente assume o valor λ_1. Pela pela propriedade (a), ele é o valor máximo de $f(\mathbf{x})$ e ocorre quando $\mathbf{x} = \mathbf{q}_1$.

(c) No exercício 38, pediremos que você prove essa propriedade.

Exemplo 5.25

Determine os valores máximo e mínimo da forma quadrática $f(x_1, x_2) = 5x_1^2 + 4x_1x_2 + 2x_2^2$, sujeita à condição $x_1^2 + x_2^2 = 1$, e determine os valores de x_1 e x_2 nos quais o máximo e o mínimo ocorrem.

Solução No exemplo 5.23, vimos que f tem autovalores $\lambda_1 = 6$ e $\lambda_2 = 1$, com autovetores unitários associados

$$\mathbf{q}_1 = \begin{bmatrix} 2/\sqrt{5} \\ 1/\sqrt{5} \end{bmatrix} \quad \text{e} \quad \mathbf{q}_2 = \begin{bmatrix} 1/\sqrt{5} \\ -2/\sqrt{5} \end{bmatrix}$$

Consequentemente, o valor máximo de f é 6, para $x_1 = 2/\sqrt{5}$ e $x_2 = 1/\sqrt{5}$. O valor mínimo de f é 1, para $x_1 = 1/\sqrt{5}$ e $x_2 = -2/\sqrt{5}$. (Observe que esses valores extremos ocorrem duas vezes — em sentidos opostos —, já que $-\mathbf{q}_1$= e $-\mathbf{q}_2$ também são autovalores unitários associados a λ_1 e λ_2, respectivamente.

Representação Gráfica de Equações Quadráticas

A forma geral de uma equação quadrática em x e y é

$$ax^2 + by^2 + cxy + dx + ey + f = 0$$

em que pelo menos um dos coeficientes a, b, ou c é não nulo. Os gráficos dessas equações quadráticas são chamados ***secções cônicas*** (ou ***cônicas***), pois podem ser obtidos tomando-se secções transversais de um cone (duplo) (isto é, cortando-o com um plano). Os exemplos mais importantes de secções cônicas são elipses (com circunferências como casos particulares), hipérboles e parábolas. Estas são chamadas cônicas ***não degeneradas***. A figura 5.14 mostra como elas podem ser visualizadas.

Também é possível que uma secção transversal de um cone resulte em um único ponto, uma reta ou um par de retas. Estas são chamadas cônicas ***degeneradas***.

Diz-se que o gráfico de uma cônica não degenerada está na ***posição padrão*** em relação aos eixos coordenados se sua equação pode ser expressa em uma das formas mostradas na figura 5.15.

Circunferência Elipse Parábola Hipérbole

Figura 5.14
As cônicas não degeneradas

Elipse ou circunferência: $\dfrac{x^2}{a^2} + \dfrac{y^2}{b^2} = 1;\ a, b > 0$

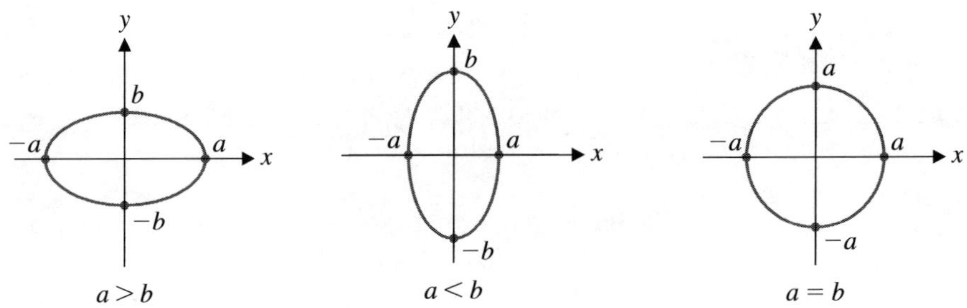

Hipérbole

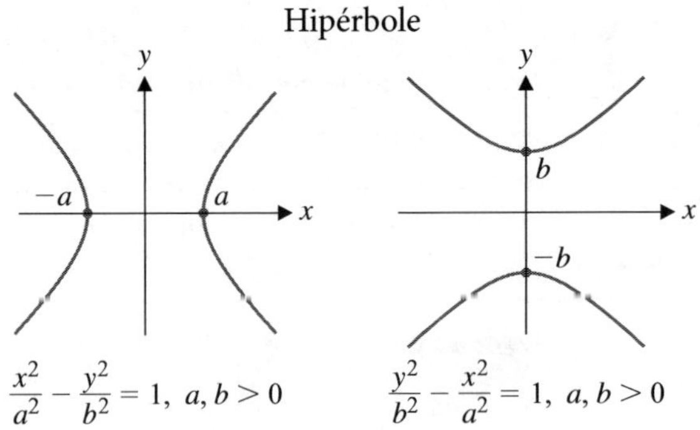

Parábola

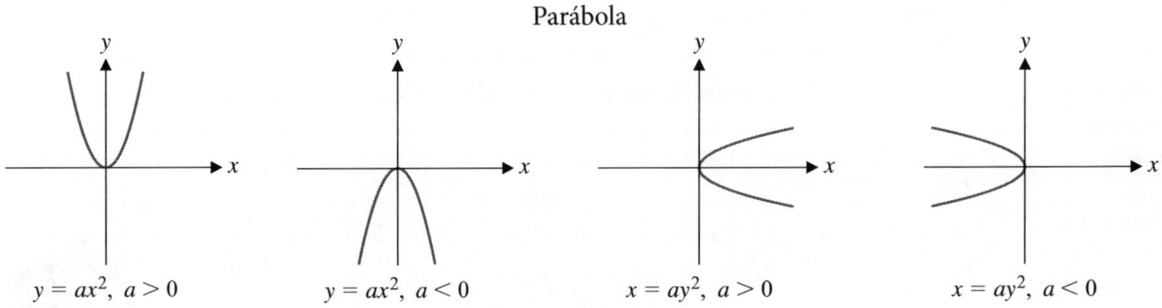

Figura 5.15
Cônicas não degeneradas na posição padrão

Exemplo 5.26

Se possível, escreva cada uma das seguintes equações quadráticas na forma de uma cônica na posição padrão e identifique o gráfico resultante.

(a) $4x^2 + 9y^2 = 36$ (b) $4x^2 - 9y^2 + 1 = 0$ (c) $4x^2 - 9y = 0$

Solução (a) A equação $4x^2 + 9y^2 = 36$ pode ser escrita na forma

$$\frac{x^2}{9} + \frac{y^2}{4} = 1$$

Seu gráfico é, portanto, uma elipse que corta o eixo x em $(\pm 3, 0)$ e o eixo y em $(0, \pm 2)$

(b) A equação $4x^2 - 9y^2 + 1 = 0$ pode ser escrita na forma

$$\frac{y^2}{\frac{1}{9}} - \frac{x^2}{\frac{1}{4}} = 1$$

Portanto, seu gráfico é uma hipérbole, abrindo-se para cima e para baixo e cortando o eixo y em $(0, \pm \frac{1}{3})$.

(c) A equação $4x^2 - 9y = 0$ pode ser escrita na forma

$$y = \frac{4}{9}x^2$$

Portanto, seu gráfico é uma parábola que se abre para cima.

Se uma equação quadrática contém termos demais para que possa ser escrita em uma das formas da figura 5.15, então seu gráfico não está na posição padrão. Quando existem termos adicionais, mas nenhum termo em xy, o gráfico da cônica está *transladado* da posição padrão.

Exemplo 5.27

Identifique e esboce o gráfico da cônica cuja equação é

$$x^2 + 2y^2 - 6x + 8y + 9 = 0$$

Solução Começamos agrupando os termos em x e y separadamente, para obter

$$(x^2 - 6x) + (2y^2 + 8y) = -9$$

ou

$$(x^2 - 6x) + 2(y^2 + 4y) = -9$$

Em seguida, completamos os quadrados nas duas expressões entre parênteses para obter

$$(x^2 - 6x + 9) + 2(y^2 + 4y + 4) = -9 + 9 + 8$$

ou

$$(x - 3)^2 + 2(y + 2)^2 = 8$$

Agora, fazemos as substituições $x' = x - 3$ e $y' = y + 2$, para que a equação anterior passe a ser

$$(x')^2 + 2(y')^2 = 8 \quad \text{ou} \quad \frac{(x')^2}{8} + \frac{(y')^2}{4} = 1$$

Essa é a equação de uma elipse na posição padrão no sistema de coordenadas $x'y'$. Essa elipse corta o eixo x' em $(\pm 2\sqrt{2}, 0)$ e o eixo y' em $(0, \pm 2)$. A origem do sistema de coordenadas $x'y'$ está em $x = 3$ e $y = -2$. Assim, a elipse foi transladada da posição padrão em três unidades para a direita e duas unidades para baixo. Seu gráfico é mostrado na figura 5.16.

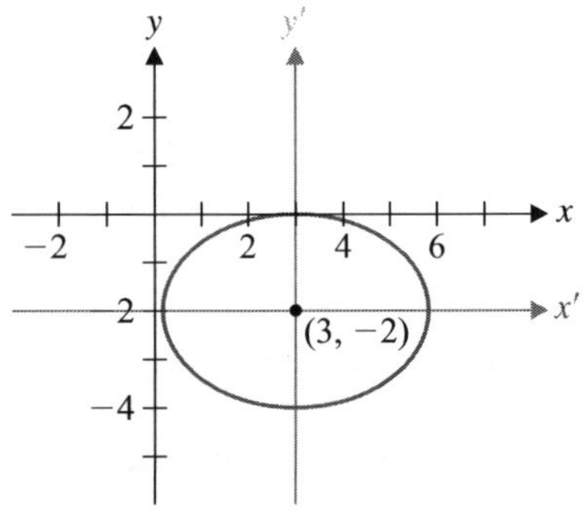

Figura 5.16
Uma elipse transladada

Se uma equação quadrática contém um termo com produto misto, isso indica que a cônica foi *rotacionada*.

Exemplo 5.28

Identifique e esboce o gráfico da cônica cuja equação é

$$5x^2 + 4xy + 2y^2 = 6$$

Solução O lado esquerdo da equação é uma forma quadrática, por isso podemos escrevê-la na forma $\mathbf{x}^T A\mathbf{x} = 6$, com

$$A = \begin{bmatrix} 5 & 2 \\ 2 & 2 \end{bmatrix}$$

No exemplo 5.23, encontramos os autovalores de A, 6 e 1, e uma matriz ortogonal Q que diagonaliza A,

$$Q = \begin{bmatrix} 2/\sqrt{5} & 1/\sqrt{5} \\ 1/\sqrt{5} & -2/\sqrt{5} \end{bmatrix}$$

Observe que $\det Q = -1$. Neste exemplo, permutaremos as colunas dessa matriz para que o determinante fique igual a $+1$. Então, Q será a matriz de uma *rotação*, pelo exercício 8 da seção 5.1. É sempre possível reordenar as colunas de uma matriz ortogonal Q para fazer seu determinante ficar igual a 1. (Por quê?) Fazemos

$$Q = \begin{bmatrix} 1/\sqrt{5} & 2/\sqrt{5} \\ -2/\sqrt{5} & 1/\sqrt{5} \end{bmatrix}$$

de modo que

$$Q^T A Q = \begin{bmatrix} 1 & 0 \\ 0 & 6 \end{bmatrix} = D$$

A mudança de variáveis $\mathbf{x} = Q\mathbf{x}'$ transforma a equação dada em $(\mathbf{x}')^T D\mathbf{x}' = 6$, por meio de uma rotação. Se $\mathbf{x}' = \begin{bmatrix} x' \\ y' \end{bmatrix}$, então essa equação é simplesmente

$$(x')^2 + 6(y')^2 = 6 \quad \text{ou} \quad \frac{(x')^2}{6} + (y')^2 = 1$$

que representa uma elipse no sistema de coordenadas $x'y'$.

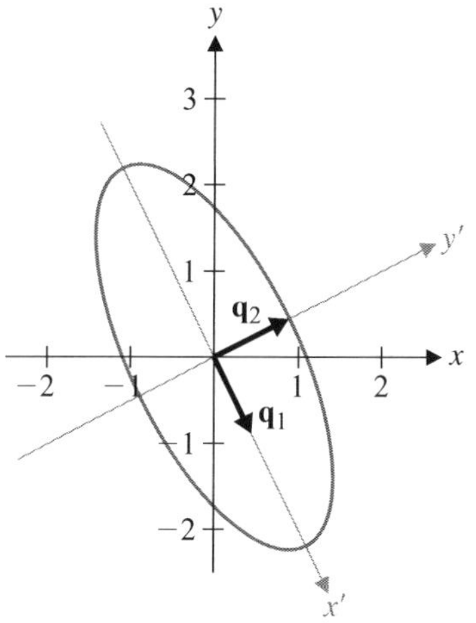

Figura 5.17
Uma elipse rotacionada

Para esboçar o gráfico dessa elipse, precisamos saber quais vetores fazem os papéis de $\mathbf{e}_1' = \begin{bmatrix} 1 \\ 0 \end{bmatrix}$ e de $\mathbf{e}_2' = \begin{bmatrix} 0 \\ 1 \end{bmatrix}$ no novo sistema de coordenadas. (Esses dois vetores localizam as posições dos eixos x' e y'.) Mas, de $\mathbf{x} = Q\mathbf{x}'$, temos

$$Q\mathbf{e}_1' = \begin{bmatrix} 1/\sqrt{5} & 2/\sqrt{5} \\ -2/\sqrt{5} & 1/\sqrt{5} \end{bmatrix} \begin{bmatrix} 1 \\ 0 \end{bmatrix} = \begin{bmatrix} 1/\sqrt{5} \\ -2/\sqrt{5} \end{bmatrix}$$

e

$$Q\mathbf{e}_2' = \begin{bmatrix} 1/\sqrt{5} & 2/\sqrt{5} \\ -2/\sqrt{5} & 1/\sqrt{5} \end{bmatrix} \begin{bmatrix} 0 \\ 1 \end{bmatrix} = \begin{bmatrix} 2/\sqrt{5} \\ 1/\sqrt{5} \end{bmatrix}$$

Essas são exatamente as colunas $\mathbf{q}_1$ e $\mathbf{q}_2$ de Q, que são os autovetores de A! O fato de que esses são vetores ortogonais combina perfeitamente com o fato de que a mudança de variáveis é precisamente uma rotação. O gráfico é mostrado na figura 5.17.

Agora você pode ver por que o Teorema dos Eixos Principais é assim chamado. Se uma matriz real simétrica A é a matriz de coeficientes de uma equação quadrática, os autovetores de A dao as direçoes dos eixos principais do gráfico correspondente.

É possível que o gráfico de uma cônica tenha sido tanto rotacionado quanto transladado em relação à posição padrão, como está ilustrado no exemplo 5.29.

Exemplo 5.29

Identifique e esboce o gráfico da cônica cuja equação é

$$5x^2 + 4xy + 2y^2 - \frac{28}{\sqrt{5}}x - \frac{4}{\sqrt{5}}y + 4 = 0$$

Solução A estratégia é eliminar o termo misto primeiro. Na forma matricial, essa equação é $\mathbf{x}^T A\mathbf{x} + B\mathbf{x} = 4 = 0$, sendo

$$A = \begin{bmatrix} 5 & 2 \\ 2 & 2 \end{bmatrix} \quad \text{e} \quad B = \begin{bmatrix} -\frac{28}{\sqrt{5}} & -\frac{4}{\sqrt{5}} \end{bmatrix}$$

O produto misto vem da forma quadrática $\mathbf{x}^T A\mathbf{x}$, que diagonalizamos como no exemplo 5.28, tomando $\mathbf{x} = Q\mathbf{x}'$, com

$$Q = \begin{bmatrix} 1/\sqrt{5} & 2/\sqrt{5} \\ -2/\sqrt{5} & 1/\sqrt{5} \end{bmatrix}$$

Então, como no exemplo 5.28,

$$\mathbf{x}^T A\mathbf{x} = (\mathbf{x}')^T D\mathbf{x}' = (x')^2 + 6(y')^2$$

Mas agora também temos

$$B\mathbf{x} = BQ\mathbf{x}' = \begin{bmatrix} -\frac{28}{\sqrt{5}} & -\frac{4}{\sqrt{5}} \end{bmatrix} \begin{bmatrix} 1/\sqrt{5} & 2/\sqrt{5} \\ -2/\sqrt{5} & 1/\sqrt{5} \end{bmatrix} \begin{bmatrix} x' \\ y' \end{bmatrix} = -4x' - 12y'$$

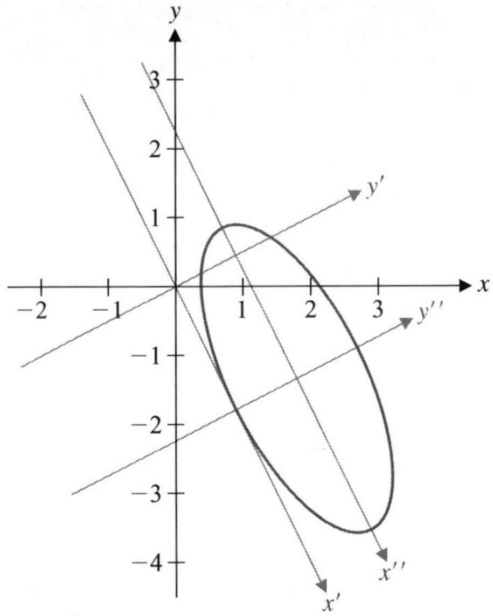

Figura 5.18

Portanto, em termos de x' e y', a equação dada fica

$$(x')^2 + 6(y')^2 - 4x' - 12y' + 4 = 0$$

Para trazer a cônica representada por essa equação à posição padrão precisamos *transladar* o sistema de eixos $x'y'$. Fazemos isso completando quadrados, como no exemplo 5.27. Temos

$$((x')^2 - 4x' + 4) + 6((y')^2 - 2y' + 1) = -4 + 4 + 6 = 6$$

ou

$$(x' - 2)^2 + 6(y' - 1)^2 = 6$$

Isso nos fornece as equações de translação

$$x'' = x' - 2 \quad \text{e} \quad y'' = y' - 1$$

No sistema de coordenadas $x''y''$, a equação é simplesmente

$$(x'')^2 + 6(y'')^2 = 6$$

que é a equação de uma elipse (como no exemplo 5.28). Podemos esboçar essa elipse primeiro fazendo a rotação e depois a translação. O gráfico resultante é o exibido na figura 5.18.

A forma geral de uma equação quadrática em três variáveis x, y, e z é

$$ax^2 + by^2 + cz^2 + dxy + exz + fyz + gx + hy + iz + j = 0$$

sendo pelo menos um dos coeficientes entre $a, b, \ldots, f$ não nulo. O gráfico dessa equação quadrática é chamado ***superfície quádrica*** (ou ***quádrica***). Mais uma vez,

Elipsoide: $\frac{x^2}{a^2} + \frac{y^2}{b^2} + \frac{z^2}{c^2} = 1$

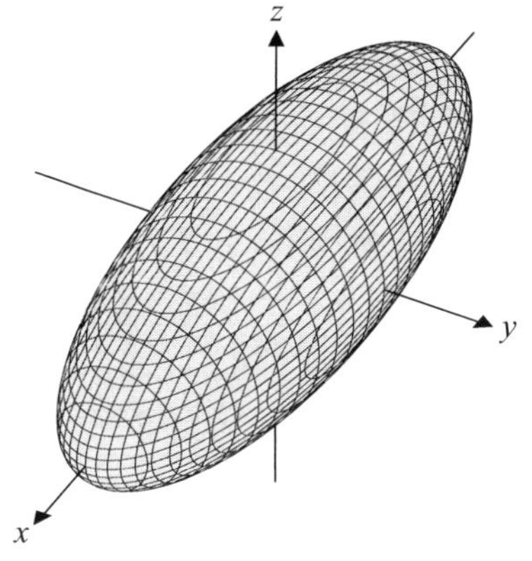

Hiperboloide de uma folha: $\frac{x^2}{a^2} + \frac{y^2}{b^2} - \frac{z^2}{c^2} = 1$

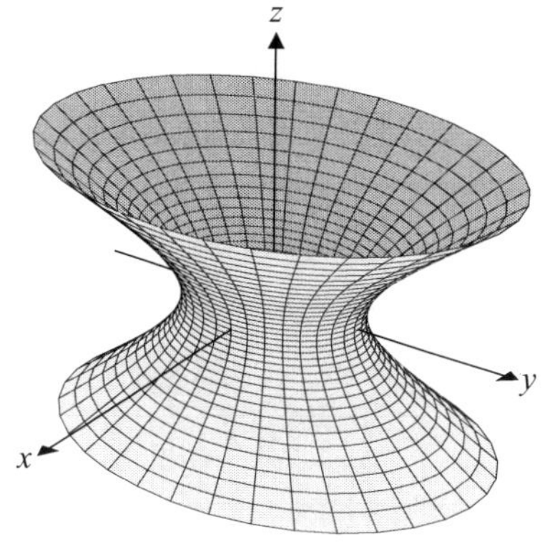

Hiperboloide de duas folhas: $\frac{x^2}{a^2} + \frac{y^2}{b^2} - \frac{z^2}{c^2} = -1$

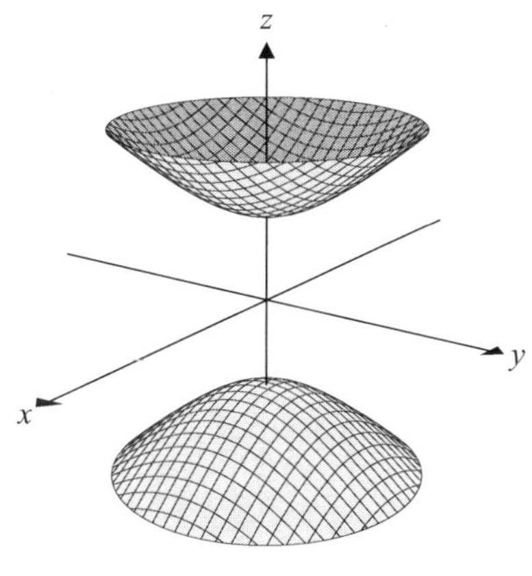

Cone elíptico: $z^2 = \frac{x^2}{a^2} + \frac{y^2}{b^2}$

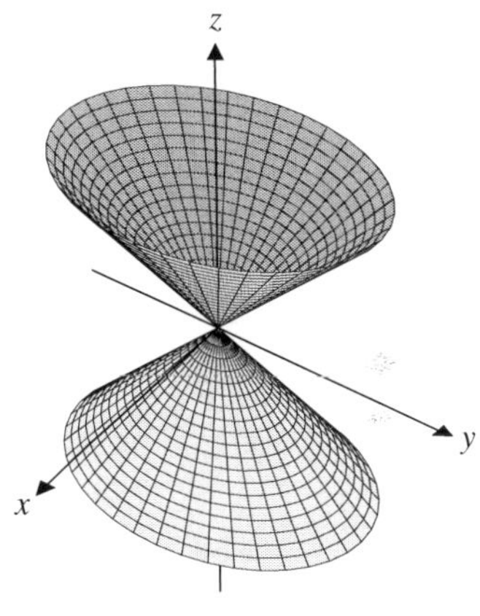

Paraboloide elíptico: $z = \frac{x^2}{a^2} + \frac{y^2}{b^2}$

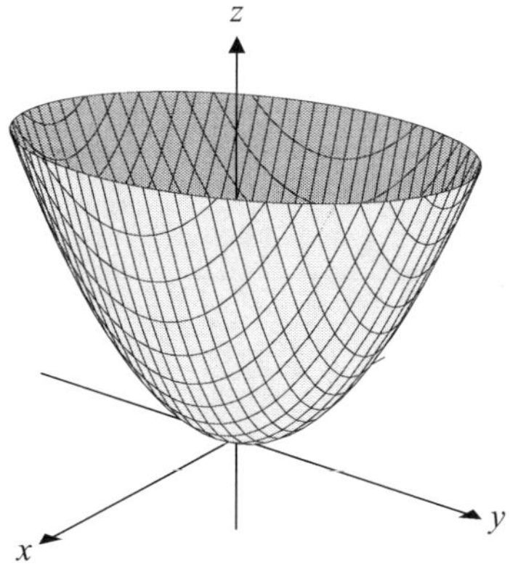

Paraboloide hiperbólico: $z = \frac{x^2}{a^2} - \frac{y^2}{b^2}$

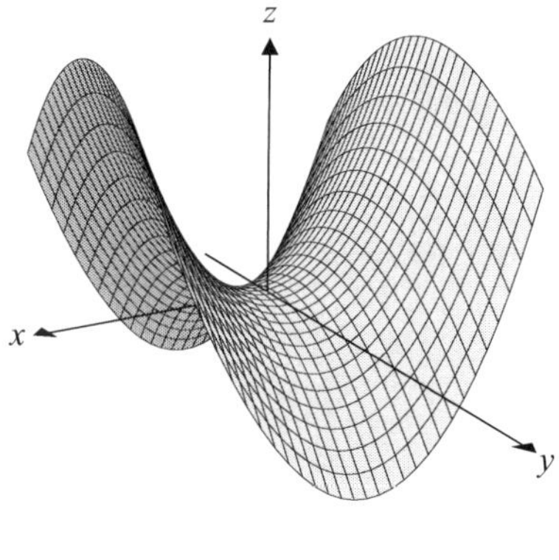

Figura 5.19
Superfícies quádricas

para reconhecer uma quádrica, precisamos colocá-la na posição padrão. Algumas quádricas na posição padrão estão exibidas na figura 5.19; as outras são obtidas por permutação das variáveis.

Exemplo 5.30 Identifique a superfície quádrica cuja equação é

$$5x^2 + 11y^2 + 2z^2 + 16xy + 20xz - 4yz = 36$$

Solução A equação pode ser escrita na forma matricial como $\mathbf{x}^T A\mathbf{x} = 36$, sendo

$$A = \begin{bmatrix} 5 & 8 & 10 \\ 8 & 11 & -2 \\ 10 & -2 & 2 \end{bmatrix}$$

Encontramos os autovalores de A, que são 18, 9 e -9, com autovetores associados ortogonais

$$\begin{bmatrix} 2 \\ 2 \\ 1 \end{bmatrix}, \quad \begin{bmatrix} 1 \\ -2 \\ 2 \end{bmatrix}, \quad \text{e} \quad \begin{bmatrix} 2 \\ -1 \\ -2 \end{bmatrix}$$

respectivamente. Eles são normalizados para obtermos

$$\mathbf{q}_1 = \begin{bmatrix} \frac{2}{3} \\ \frac{2}{3} \\ \frac{1}{3} \end{bmatrix}, \quad \mathbf{q}_2 = \begin{bmatrix} \frac{1}{3} \\ -\frac{2}{3} \\ \frac{2}{3} \end{bmatrix}, \quad \text{e} \quad \mathbf{q}_3 = \begin{bmatrix} \frac{2}{3} \\ -\frac{1}{3} \\ -\frac{2}{3} \end{bmatrix}$$

e formamos a matriz ortogonal

$$Q = [\mathbf{q}_1 \;\; \mathbf{q}_2 \;\; \mathbf{q}_3] = \begin{bmatrix} \frac{2}{3} & \frac{1}{3} & \frac{2}{3} \\ \frac{2}{3} & -\frac{2}{3} & -\frac{1}{3} \\ \frac{1}{3} & \frac{2}{3} & -\frac{2}{3} \end{bmatrix}$$

Note que, para que Q seja uma matriz de uma rotação, exigimos que $\det Q = 1$, o que é verdadeiro neste caso. (Caso contrário, $\det Q = -1$, e uma permutação de duas colunas mudaria o sinal do determinante.) Logo,

$$Q^T A Q = D = \begin{bmatrix} 18 & 0 & 0 \\ 0 & 9 & 0 \\ 0 & 0 & -9 \end{bmatrix}$$

e, com a mudança de variáveis $\mathbf{x} = Q\mathbf{x}'$, obtemos $\mathbf{x}^T A\mathbf{x} = (\mathbf{x}')^T D\mathbf{x}' = 36$, de modo que

$$18(x')^2 + 9(y')^2 - 9(z')^2 = 36 \quad \text{ou} \quad \frac{(x')^2}{2} + \frac{(y')^2}{4} - \frac{(z')^2}{4} = 1$$

Na figura 5.19, reconhecemos essa equação como sendo a equação de um hiperboloide de uma folha. Os eixos x', y' e z' estão nas direções dos autovetores $\mathbf{q}_1$, $\mathbf{q}_2$ e $\mathbf{q}_3$, respectivamente. O gráfico é exibido na figura 5.20.

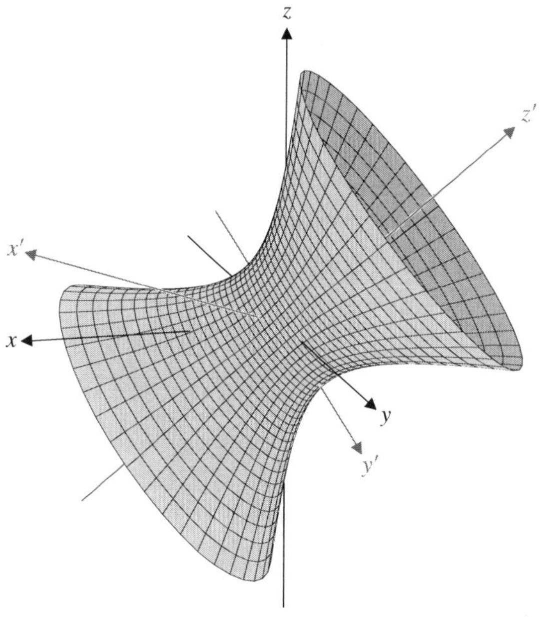

Figura 5.20
Um hiperboloide de uma folha, em posição fora do padrão

Podemos também identificar e esboçar gráficos de quádricas que não estão na posição padrão, por terem sido transladadas, usando o "método de completar quadrados" dos exemplos 5.27 e 5.29. Iremos pedir que você faça isso nos exercícios.

Exercícios 5.5

Formas Quadráticas

Nos exercícios de 1 a 6, calcule a forma quadrática $f(\mathbf{x}) = \mathbf{x}^T A\mathbf{x}$ para A e **x** *dados.*

1. $A = \begin{bmatrix} 2 & 3 \\ 3 & 4 \end{bmatrix}, \mathbf{x} = \begin{bmatrix} x \\ y \end{bmatrix}$

2. $A = \begin{bmatrix} 5 & 1 \\ 1 & -1 \end{bmatrix}, \mathbf{x} = \begin{bmatrix} x_1 \\ x_2 \end{bmatrix}$

3. $A = \begin{bmatrix} 3 & -2 \\ -2 & 4 \end{bmatrix}, \mathbf{x} = \begin{bmatrix} 1 \\ 6 \end{bmatrix}$

4. $A = \begin{bmatrix} 1 & 0 & -3 \\ 0 & 2 & 1 \\ -3 & 1 & 3 \end{bmatrix}, \mathbf{x} = \begin{bmatrix} x \\ y \\ z \end{bmatrix}$

5. $A = \begin{bmatrix} 1 & 0 & -3 \\ 0 & 2 & 1 \\ -3 & 1 & 3 \end{bmatrix}, \mathbf{x} = \begin{bmatrix} 2 \\ -1 \\ 1 \end{bmatrix}$

6. $A = \begin{bmatrix} 2 & 2 & 0 \\ 2 & 0 & 1 \\ 0 & 1 & 1 \end{bmatrix}, \mathbf{x} = \begin{bmatrix} 1 \\ 2 \\ 3 \end{bmatrix}$

Nos exercícios de 7 a 12, determine a matriz simétrica A associada à forma quadrática dada.

7. $x_1^2 + 2x_2^2 + 6x_1x_2$

8. x_1x_2

9. $3x^2 - 3xy - y^2$

10. $x_1^2 - x_3^2 + 8x_1x_2 - 6x_2x_3$

11. $5x_1^2 - x_2^2 + 2x_3^2 + 2x_1x_2 - 4x_1x_3 + 4x_2x_3$

12. $2x^2 - 3y^2 + z^2 - 4xz$

Diagonalize as formas quadráticas nos exercícios de 13 a 18, encontrando uma matriz ortogonal Q tal que a mudança de variáveis $\mathbf{x} = Q\mathbf{y}$ *transforme a forma dada em uma forma sem produtos mistos. Exiba Q e a nova forma quadrática.*

13. $2x_1^2 + 5x_2^2 - 4x_1x_2$

14. $x^2 + 8xy + y^2$

15. $7x_1^2 + x_2^2 + x_3^2 + 8x_1x_2 + 8x_1x_3 - 16x_2x_3$

16. $x_1^2 + x_2^2 + 3x_3^2 - 4x_1x_2$

17. $x^2 + z^2 - 2xy + 2yz$

18. $2xy + 2xz + 2yz$

Classifique cada uma das formas nos exercícios de 19 a 26 como definida positiva, semidefinida positiva, definida negativa, semidefinida negativa ou indefinida.

19. $x_1^2 + 2x_2^2$ **20.** $x_1^2 + x_2^2 - 2x_1x_2$

21. $-2x^2 - 2y^2 + 2xy$ **22.** $x^2 + y^2 + 4xy$

23. $2x_1^2 + 2x_2^2 + 2x_3^2 + 2x_1x_2 + 2x_1x_3 + 2x_2x_3$

24. $x_1^2 + x_2^2 + x_3^2 + 2x_1x_3$ **25.** $x_1^2 + x_2^2 - x_3^2 + 4x_1x_2$

26. $-x^2 - y^2 - z^2 - 2xy - 2xz - 2yz$

27. Prove o teorema 5.22.

28. Seja $A = \begin{bmatrix} a & b \\ b & d \end{bmatrix}$ uma matriz simétrica 2×2. Prove que A é definida positiva se e somente se $a > 0$ e $\det A > 0$. [*Sugestão*: $ax^2 + 2bxy + dy^2 = a\left(x + \frac{b}{a}y\right)^2 + \left(d - \frac{b^2}{a}\right)y^2$.]

29. Seja B uma matriz invertível. Prove que $A = B^TB$ é definida positiva.

30. Seja A uma matriz simétrica definida positiva. Mostre que existe uma matriz invertível B tal que $A = B^TB$. [Sugestão: use o Teorema Espectral para escrever $A = QDQ^T$. Mostre então que D pode ser fatorada como C^TC para alguma matriz invertível C.]

31. Sejam A e B matrizes $n \times n$ simétricas positivas definidas, e seja c um escalar. Mostre que as seguintes matrizes são positivas definidas:

(a) cA **(b)** A^2 **(c)** $A + B$

(d) A^{-1} (Mostre primeiro que A é necessariamente invertível.)

32. Seja A uma matriz simétrica definida positiva. Mostre que existe uma matriz simétrica definida positiva B tal que $A = B^2$. (Essa matriz B é chamada ***raiz quadrada*** de A.)

Nos exercícios de 33 a 36, determine os valores máximo e mínimo da forma quadrática $f(\mathbf{x})$ no exercício dado, sujeitos à restrição $\|\mathbf{x}\| = 1$, e determine os valores de $\mathbf{x}$ em que eles ocorrem.

33. Exercício 20 **34.** Exercício 22

35. Exercício 23 **36.** Exercício 24

37. Termine a demonstração do teorema 5.23 (a).

38. Prove o teorema 5.23 (c).

Representação Gráfica de Equações Quadráticas

Nos exercícios de 39 a 44, identifique o gráfico da equação dada.

39. $x^2 + 5y^2 = 25$ **40.** $x^2 - y^2 - 4 = 0$

41. $x^2 - y - 1 = 0$ **42.** $2x^2 + y^2 - 8 = 0$

43. $3x^2 = y^2 - 1$ **44.** $x = -2y^2$

Nos exercícios de 45 a 50, use uma translação de eixos para colocar a cônica na posição padrão. Identifique o gráfico, dê sua equação no sistema de coordenadas transladado e esboce a curva.

45. $x^2 + y^2 - 4x - 4y + 4 = 0$

46. $4x^2 + 2y^2 - 8x + 12y + 6 = 0$

47. $9x^2 - 4y^2 - 4y = 37$ **48.** $x^2 + 10x - 3y = -13$

49. $2y^2 + 4x + 8y = 0$

50. $2y^2 - 3x^2 - 18x - 20y + 11 = 0$

Nos exercícios de 51 a 54, use uma rotação de eixos para colocar a cônica na posição padrão. Identifique o gráfico, dê sua equação no sistema de coordenadas rotacionado e esboce a curva.

51. $x^2 + xy + y^2 = 6$ **52.** $4x^2 + 10xy + 4y^2 = 9$

53. $4x^2 + 6xy - 4y^2 = 5$ **54.** $3x^2 - 2xy + 3y^2 = 8$

Nos exercícios de 55 a 58, identifique a cônica cuja equação é dada e dê sua equação na forma padrão.

55. $3x^2 - 4xy + 3y^2 - 28\sqrt{2}x + 22\sqrt{2}y + 84 = 0$

56. $6x^2 - 4xy + 9y^2 - 20x - 10y - 5 = 0$

57. $2xy + 2\sqrt{2}x - 1 = 0$

58. $x^2 - 2xy + y^2 + 4\sqrt{2}x - 4 = 0$

Algumas vezes, o gráfico de uma equação quadrática é uma reta, um par de retas ou um único ponto. Referimo-nos a esses gráficos como ***cônicas degeneradas****. Também é possível que uma equação não seja satisfeita por nenhum valor das variáveis, e, nesses casos, não há gráfico; referimo-nos à cônica como* ***cônica imaginária****. Nos exercícios de 59 a 64, identifique a cônica da equação dada como cônica degenerada ou imaginária, e, quando possível, esboce seu gráfico.*

59. $x^2 - y^2 = 0$ **60.** $x^2 + 2y^2 + 2 = 0$

61. $3x^2 + y^2 = 0$ **62.** $x^2 + 2xy + y^2 = 0$

63. $x^2 - 2xy + y^2 + 2\sqrt{2}x - 2\sqrt{2}y = 0$

64. $2x^2 + 2xy + 2y^2 + 2\sqrt{2}x - 2\sqrt{2}y + 6 = 0$

65. Seja A uma matriz simétrica 2×2, e seja k um escalar. Prove que o gráfico da equação $\mathbf{x}^T A\mathbf{x} = k$ é

(a) uma hipérbole, se $k \neq 0$ e $\det A < 0$;

(b) uma elipse, uma circunferência ou uma cônica imaginária, se $k \neq 0$ e $\det A > 0$;

(c) um par de retas ou uma cônica imaginária, se $k \neq 0$ e $\det A = 0$;

(d) um par de retas ou um único ponto, se $k = 0$ e $\det A \neq 0$;

(e) uma reta, se $k = 0$ e $\det A = 0$.
[*Sugestão*: use o Teorema dos Eixos Principais.]

Nos exercícios de 66 a 73, identifique a quádrica cuja equação é dada e dê sua equação na forma padrão.

66. $4x^2 + 4y^2 + 4z^2 + 4xy + 4xz + 4yz = 8$

67. $x^2 + y^2 + z^2 - 4yz = 1$

68. $-x^2 - y^2 - z^2 + 4xy + 4xz + 4yz = 12$

69. $2xy + z = 0$

70. $16x^2 + 100y^2 + 9z^2 - 24xz - 60x - 80z = 0$

71. $x^2 + y^2 - 2z^2 + 4xy - 2xz + 2yz - x + y + z = 0$

72. $10x^2 + 25y^2 + 10z^2 - 40xz + 20\sqrt{2}x + 50y + 20\sqrt{2}z = 15$

73. $11x^2 + 11y^2 + 14z^2 + 2xy + 8xz - 8yz - 12x + 12y + 12z = 6$

74. Seja A uma matriz 2×2 com autovalores complexos $\lambda = a$ tais que $b \neq 0$ e $|\lambda| = 1$. Prove que toda trajetória do sistema dinâmico $\mathbf{x}_{k+1} = A\mathbf{x}_k$ está em uma elipse. [*Sugestão:* o teorema 4.43 mostra que se $\mathbf{v}$ é um autovetor associado a $\lambda = a - bi$, então a matriz ($P = [\text{Re}\,\mathbf{v}\ \text{Im}\,\mathbf{v}]$ é invertível e $A = P\begin{bmatrix} a & -b \\ b & a \end{bmatrix}P^{-1}$. Defina $B = (PP^T)^{-1}$. Mostre que a equação quadrática $\mathbf{x}^T B\mathbf{x} = k$ define uma elipse, qualquer que seja $k > 0$, e prove que se $\mathbf{x}$ está nessa elipse, o mesmo acontece com $A\mathbf{x}$.]

Revisão do Capítulo

Definições e Conceitos Principais

base ortogonal, 370
base ortonormal, 372
complemento ortogonal de um subespaço, 378
conjunto ortogonal de vetores, 369
conjunto ortonormal de vetores, 372
decomposição espectral, 405
fatoração QR, 393
matriz ortogonal, 374
matriz ortogonalmente diagonalizável, 400
Processo de Ortogonalização de Gram-Schmidt, 389
projeção ortogonal, 382
propriedades de matrizes ortogonais, 374–376
Subespaços fundamentais de uma matriz, 380
Teorema da Decomposição Ortogonal, 384
Teorema do Posto, 386
Teorema Espectral, 403

Questões de Revisão

1. Decida se cada uma das seguintes afirmações é verdadeira ou falsa:

(a) Todo conjunto ortonormal de vetores é linearmente independente.

(b) Todo subespaço não nulo de $\mathbb{R}^n$ admite uma base ortogonal.

(c) Se A é uma matriz quadrada com linhas ortonormais, então A é uma matriz ortogonal.

(d) Toda matriz ortogonal é invertível.

(e) Se A é uma matriz tal que a $\det A = 1$, então A é uma matriz ortogonal.

(f) Se A é uma matriz $m \times n$ tal que $(\text{lin}(\text{ortogonal}(A)))^{\perp} = \mathbb{R}^n$, então A é necessariamente a matriz nula.

(g) Se W é um subspaço de $\mathbb{R}^n$ e $\mathbf{v}$ é um vetor de $\mathbb{R}^n$ tal que $\text{proj}_W(\mathbf{v}) = \mathbf{0}$, então $\mathbf{v}$ é o vetor nulo.

(h) Se A é uma matriz ortogonal simétrica, então $A^2 = I$.

(i) Toda matriz ortogonalmente diagonalizável é invertível.

(j) Dados quaisquer n números reais $\lambda_1, \ldots, \lambda_n$, existe uma matriz simétrica $n \times n$ que tem $\lambda_1, \ldots, \lambda_n$ como seus autovalores.

2. Encontre todos os valores de a e b para os quais $\left\{\begin{bmatrix} 1 \\ 2 \\ 3 \end{bmatrix}, \begin{bmatrix} 4 \\ 1 \\ -2 \end{bmatrix}, \begin{bmatrix} a \\ b \\ 3 \end{bmatrix}\right\}$ é um conjunto ortogonal de vetores.

3. Determine o vetor de coordenadas $[\mathbf{v}]_{\mathcal{B}}$ de $\mathbf{v} = \begin{bmatrix} 7 \\ -3 \\ 2 \end{bmatrix}$ em relação à base ortogonal

$$\mathcal{B} = \left\{\begin{bmatrix} 1 \\ 0 \\ 1 \end{bmatrix}, \begin{bmatrix} 1 \\ 1 \\ -1 \end{bmatrix}, \begin{bmatrix} -1 \\ 2 \\ 1 \end{bmatrix}\right\} \text{ de } \mathbb{R}^3$$

4. O vetor de coordenadas de um vetor **v** em relação a uma base ortonormal $\mathcal{B} = \{\mathbf{v}_1, \mathbf{v}_2\}$ de $\mathbb{R}^2$ é $[\mathbf{v}]_\mathcal{B} = \begin{bmatrix} -3 \\ 1/2 \end{bmatrix}$. Se $\mathbf{v}_1 = \begin{bmatrix} 3/5 \\ 4/5 \end{bmatrix}$, encontre todos os possíveis vetores **v**.

5. Mostre que $\begin{bmatrix} 6/7 & 2/7 & 3/7 \\ -1/\sqrt{5} & 0 & 2/\sqrt{5} \\ 4/7\sqrt{5} & -15/7\sqrt{5} & 2/7\sqrt{5} \end{bmatrix}$ é uma matriz ortogonal.

6. Se $\begin{bmatrix} 1/2 & a \\ b & c \end{bmatrix}$ é uma matriz ortogonal, determine todos os possíveis valores de a, b, e c.

7. Se Q é uma matriz ortogonal $n \times n$ e $\{\mathbf{v}_1, \ldots, \mathbf{v}_k\}$ é um conjunto ortonormal de $\mathbb{R}^n$, prove que o conjunto $\{Q\mathbf{v}_1, \ldots, Q\mathbf{v}_k\}$ é ortonormal.

8. Se Q é uma matriz $n \times n$ tal que os ângulos $\angle(Q\mathbf{x}, Q\mathbf{y})$ e $\angle(\mathbf{x}, \mathbf{y})$ são iguais para todos os vetores **x** e **y** de $\mathbb{R}^n$, prove que Q é uma matriz ortogonal.

Nas questões de 9 a 12, determine uma base para $W^\perp$.

9. W é a reta em $\mathbb{R}^2$ de equação geral $2x - 5y = 0$

10. W é a reta em $\mathbb{R}^3$ com equações paramétricas

$$x = t$$
$$y = 2t$$
$$z = -t$$

11. $W = \text{ger}\left\{\begin{bmatrix} 1 \\ -1 \\ 4 \end{bmatrix}, \begin{bmatrix} 0 \\ 1 \\ -3 \end{bmatrix}\right\}$

12. $W = \text{ger}\left\{\begin{bmatrix} 1 \\ 1 \\ 1 \\ 1 \end{bmatrix}, \begin{bmatrix} 1 \\ -1 \\ 1 \\ 2 \end{bmatrix}\right\}$

13. Determine bases para cada um dos quatro subespaços fundamentais de

$$A = \begin{bmatrix} 1 & -1 & 2 & 1 & 3 \\ -1 & 2 & -2 & 1 & -2 \\ 2 & 1 & 4 & 8 & 9 \\ 3 & -5 & 6 & -1 & 7 \end{bmatrix}$$

14. Determine a decomposição ortogonal de

$$\mathbf{v} = \begin{bmatrix} 1 \\ 0 \\ -1 \\ 2 \end{bmatrix}$$

em relação a

$$W = \text{ger}\left\{\begin{bmatrix} 0 \\ 1 \\ 1 \\ 1 \end{bmatrix}, \begin{bmatrix} 1 \\ 0 \\ 1 \\ -1 \end{bmatrix}, \begin{bmatrix} 3 \\ 1 \\ -2 \\ 1 \end{bmatrix}\right\}$$

15. **(a)** Aplique o Processo de Ortogonalização de Gram-Schmidt a

$$\mathbf{x}_1 = \begin{bmatrix} 1 \\ 1 \\ 1 \\ 1 \end{bmatrix}, \mathbf{x}_2 = \begin{bmatrix} 1 \\ 1 \\ 1 \\ 0 \end{bmatrix}, \mathbf{x}_3 = \begin{bmatrix} 0 \\ 1 \\ 1 \\ 1 \end{bmatrix}$$

para encontrar uma base ortogonal para $W = \text{ger}\{\mathbf{x}_1, \mathbf{x}_2, \mathbf{x}_3\}$.

(b) Use o resultado do item (a) para encontrar uma fatoração QR de

$$A = \begin{bmatrix} 1 & 1 & 0 \\ 1 & 1 & 1 \\ 1 & 1 & 1 \\ 1 & 0 & 1 \end{bmatrix}.$$

16. Encontre uma base ortogonal de $\mathbb{R}^4$ que contenha os vetores $\begin{bmatrix} 1 \\ 0 \\ 2 \\ 2 \end{bmatrix}$ e $\begin{bmatrix} 0 \\ 1 \\ 1 \\ -1 \end{bmatrix}$.

17. Determine uma base ortogonal para o subespaço

$$W = \left\{\begin{bmatrix} x_1 \\ x_2 \\ x_3 \\ x_4 \end{bmatrix} : x_1 + x_2 + x_3 + x_4 = 0\right\} \text{ de } \mathbb{R}^4.$$

18. Seja $A = \begin{bmatrix} 2 & 1 & -1 \\ 1 & 2 & 1 \\ -1 & 1 & 2 \end{bmatrix}$.

(a) Determine uma diagonalização ortogonal para A.

(b) Determine a decomposição espectral de A.

19. Encontre uma matriz simétrica com autovalores $\lambda_1 = \lambda_2 = 1$, $\lambda_3 = -2$ e autoespaços

$$E_1 = \text{ger}\left(\begin{bmatrix} 1 \\ 1 \\ 0 \end{bmatrix}, \begin{bmatrix} 1 \\ 1 \\ 1 \end{bmatrix}\right), E_{-2} = \text{ger}\left(\begin{bmatrix} 1 \\ -1 \\ 0 \end{bmatrix}\right)$$

20. Se $\{\mathbf{v}_1, \mathbf{v}_2, \ldots, \mathbf{v}_n\}$ é uma base ortonormal de $\mathbb{R}^n$ e

$$A = c_1\mathbf{v}_1\mathbf{v}_1^T + c_2\mathbf{v}_2\mathbf{v}_2^T + \cdots + c_n\mathbf{v}_n\mathbf{v}_n^T$$

prove que A é uma matriz simétrica com autovalores $c_1, c_2, \ldots, c_n$ e vetores associados $\mathbf{v}_1, \mathbf{v}_2, \ldots, \mathbf{v}_n$, respectivamente.

6 Espaços Vetoriais

6.0 Introdução: Fibonacci no Espaço (Vetorial)

A Álgebra é generosa; ela frequentemente contribui com mais do que é pedido a ela.
— Jean le Rond d'Alembert (1717-1783)
Em Carl B. Boyer
A history of mathematics
Wiley, 1968, p. 481

A sequência de Fibonacci foi introduzida na seção 4.6. Ela é a sequência

$$0, 1, 1, 2, 3, 5, 8, 13, \ldots$$

de inteiros não negativos que tem a propriedade que, depois dos primeiros dois termos, cada termo é a soma dos dois termos que o precedem. Assim, $0 + 1 = 1$, $1 + 1 = 2$, $1 + 2 = 3$, $2 + 3 = 5$, e assim por diante.

Se denotarmos os termos da sequência de Fibonacci por $f_0, f_1, f_2, \ldots$, então a sequência inteira é completamente determinada pela especificação de que

$$f_0 = 0, f_1 = 1 \quad \text{e} \quad f_n = f_{n-1} + f_{n-2} \quad \text{para } n \geq 2$$

Por analogia com a notação vetorial, vamos escrever uma sequência $x_0, x_1, x_2, x_3, \ldots$ como

$$\mathbf{x} = [x_0, x_1, x_2, x_3, \ldots)$$

A sequência de Fibonacci então se torna

$$\mathbf{f} = [f_0, f_1, f_2, f_3, \ldots) = [0, 1, 1, 2, \ldots)$$

Vamos agora generalizar essa noção.

Definição Uma ***sequência do tipo Fibonacci*** é *qualquer* sequência $\mathbf{x} = [x_0, x_1, x_2, x_3, \ldots)$ tal que x_0 e x_1 são números reais e $x_n = x_{n-1} + x_{n-2}$ para $n \geq 2$.

Por exemplo, $[1, \sqrt{2}, 1 + \sqrt{2}, 1 + 2\sqrt{2}, 2 + 3\sqrt{2}, \ldots)$ é uma sequência do tipo Fibonacci.

Problema 1 Escreva os primeiros cinco termos de três outras sequências do tipo Fibonacci.

Novamente por analogia com vetores, vamos definir a *soma* de duas sequências $\mathbf{x} = [x_0, x_1, x_2, x_3, \ldots)$ e $\mathbf{y} = [y_0, y_1, y_2, \ldots)$ como sendo a sequência

$$\mathbf{x} + \mathbf{y} = [x_0 + y_0, x_1 + y_1, x_2 + y_2, \ldots)$$

Se c é um escalar, podemos, do mesmo modo, definir o múltiplo escalar de uma sequência por

$$c\mathbf{x} = [cx_0, cx_1, cx_2, \ldots)$$

Problema 2 (a) Usando seus exemplos do problema 1 ou outros exemplos, calcule a soma de vários pares de sequências do tipo Fibonacci. As sequências resultantes parecem ser sequências do tipo Fibonacci?

(b) Calcule vários múltiplos escalares de suas sequências do tipo Fibonacci do problema 1. As sequências resultantes parecem ser sequências do tipo Fibonacci?

Problema 3 (a) Prove que se $\mathbf{x}$ e $\mathbf{y}$ são sequências do tipo Fibonacci, então $\mathbf{x} + \mathbf{y}$ também é.

(b) Prove que se $\mathbf{x}$ é uma sequência do tipo Fibonacci e c é um escalar, então $c\mathbf{x}$ é também uma sequência do tipo Fibonacci.

Vamos denotar por ***Fib*** o conjunto de todas as sequências do tipo Fibonacci. O problema 3 mostra que, como $\mathbb{R}^n$, ***Fib*** é fechado para as operações de adição e multiplicação por escalar. Os próximos exercícios mostram que ***Fib*** tem muito mais em comum com $\mathbb{R}^n$.

Problema 4 Reveja as propriedades algébricas de vetores no teorema 1.1. O conjunto ***Fib*** satisfaz todas essas propriedades? Qual sequência do tipo Fibonacci faz o papel de $\mathbf{0}$? Para uma sequência do tipo Fibonacci $\mathbf{x}$, o que é $-\mathbf{x}$? A sequência $-\mathbf{x}$ é também uma sequência do tipo Fibonacci?

Problema 5 Em $\mathbb{R}^n$, temos a base canônica de vetores $\mathbf{e}_1, \mathbf{e}_2, \ldots, \mathbf{e}_n$. A sequência de Fibonacci $\mathbf{f} = [0, 1, 1, 2, \ldots)$ pode ser pensada como o análogo de $\mathbf{e}_2$ porque seus primeiros dois termos são 0 e 1. Qual sequência $\mathbf{e}$ em ***Fib*** faz o papel de $\mathbf{e}_1$?

Os vetores $\mathbf{e}_3, \mathbf{e}_4, \ldots$ têm análogos em ***Fib***?

Problema 6 Seja $\mathbf{x} = [x_0, x_1, x_2, \ldots)$ uma sequência tipo Fibonacci. Mostre que $\mathbf{x}$ é uma combinação linear de $\mathbf{e}$ e $\mathbf{f}$.

Problema 7 Mostre que $\mathbf{e}$ e $\mathbf{f}$ são linearmente independentes. (Isto é, mostre que se $c\mathbf{e} + d\mathbf{f} = \mathbf{0}$, então $c = d = 0$.)

Problema 8 Dadas as suas respostas aos problemas 6 e 7, qual seria um valor sensato para atribuir à "dimensão" de ***Fib***? Por quê?

Problema 9 Existe alguma sequência geométrica em ***Fib***? Isto é, se

$$[1, r, r^2, r^3, \ldots)$$

é uma sequência do tipo Fibonacci, quais são os possíveis valores de r?

Problema 10 Encontre uma "base" para ***Fib*** que consista de sequências geométricas tipo Fibonacci.

Problema 11 Usando sua resposta ao problema 10, dê uma dedução alternativa para a *fórmula de Binet* [fórmula (5) na seção 4.6]:

$$f_n = \frac{1}{\sqrt{5}}\left(\frac{1+\sqrt{5}}{2}\right)^n - \frac{1}{\sqrt{5}}\left(\frac{1-\sqrt{5}}{2}\right)^n$$

para os termos da sequência de Fibonacci $\mathbf{f} = [f_0, f_1, f_2, \ldots)$. [*Sugestão:* Expresse $\mathbf{f}$ em termos da base do problema 10.]

A sequência de Lucas recebeu esse nome em homenagem a Edouard Lucas (veja a página 336)

A sequência de ***Lucas*** *é a* sequência do tipo Fibonacci

$$\mathbf{l} = [l_0, l_1, l_2, l_3, \ldots) = [2, 1, 3, 4, \ldots)$$

Problema 12 Use a base do problema 10 para encontrar um análogo da fórmula de Binet para o n-ésimo termo l_n da sequência de Lucas.

Problema 13 Prove que as sequências de Fibonacci e de Lucas estão relacionadas pela identidade

$$f_{n-1} + f_{n+1} = l_n \quad \text{para } n \geq 1$$

[*Sugestão:* As sequências do tipo Fibonacci $\mathbf{f}^- = [1, 1, 2, 3, \ldots)$ e $\mathbf{f}^+ = [1, 0, 1, 1, \ldots)$ formam uma base para ***Fib***. (Por quê?)]

Nesta introdução, vimos que a coleção ***Fib*** de todas as sequências tipo Fibonacci se comporta, em muitos aspectos, como $\mathbb{R}^2$, embora os "vetores" sejam, na verdade, sequências infinitas. Essa analogia útil conduz à noção geral de um espaço vetorial, que é o assunto deste capítulo.

6.1 Espaços Vetoriais e Subespaços

Nos capítulos 1 e 3, vimos que a álgebra de vetores e a álgebra de matrizes são parecidas em muitos aspectos. Em particular, podemos fazer a adição de vetores e de matrizes, e podemos multiplicar ambos por escalares. As propriedades resultantes dessas duas operações (teorema 1.1 e teorema 3.2) são idênticas nos dois ambientes. Nesta seção, vamos usar essas propriedades para definir "vetores" mais gerais, que aparecem em uma grande variedade de exemplos. Ao provarmos teoremas gerais sobre esses "vetores", estaremos portanto, simultaneamente, provando resultados sobre todos esses exemplos. Esse é o verdadeiro poder da álgebra: sua habilidade em tomar propriedades de um ambiente concreto, como o $\mathbb{R}^n$, e as *abstrair* para um ambiente geral.

Definição Seja V um conjunto no qual duas operações, chamadas *adição* e *multiplicação por escalar*, estão definidas. Se $\mathbf{u}$ e $\mathbf{v}$ estão em V, a *soma* de $\mathbf{u}$ e $\mathbf{v}$ é denotada por $\mathbf{u} + \mathbf{v}$, e, se a é um escalar, o *múltiplo escalar* de $\mathbf{v}$ por a é denotado por $a\mathbf{v}$. Se os axiomas a seguir são verdadeiros para todo $\mathbf{u}$, $\mathbf{v}$ e $\mathbf{w}$ em V e para todos os escalares a e b, V é chamado ***espaço vetorial*** e seus elementos são chamados ***vetores***.

1. $\mathbf{u} + \mathbf{v}$ está em V. — Fechamento em relação à adição
2. $\mathbf{u} + \mathbf{v} = \mathbf{v} + \mathbf{u}$ — Comutatividade
3. $(\mathbf{u} + \mathbf{v}) + \mathbf{w} = \mathbf{u} + (\mathbf{v} + \mathbf{w})$ — Associatividade
4. Existe um elemento $\mathbf{0}$ em V, chamado ***vetor nulo***, tal que $\mathbf{u} + \mathbf{0} = \mathbf{u}$.
5. Para cada $\mathbf{u}$ em V, existe um elemento $-\mathbf{u}$ em V tal que $\mathbf{u} + (-\mathbf{u}) = \mathbf{0}$.
6. $a\mathbf{u}$ está em V. — Fechamento em relação à multiplicação por escalar
7. $a(\mathbf{u} + \mathbf{v}) = a\mathbf{u} + a\mathbf{v}$ — Distributividade
8. $(a + b)\mathbf{u} = a\mathbf{u} + b\mathbf{u}$ — Distributividade
9. $a(b\mathbf{u}) = (ab)\mathbf{u}$
10. $1\mathbf{u} = \mathbf{u}$

O matemático alemão Hermann Grassmann (1809-1877) é geralmente creditado como o primeiro a introduzir a ideia de um espaço vetorial (apesar de não tê-lo chamado assim), em 1844. Infelizmente, seu trabalho era muito difícil de ler e não recebeu a atenção que merecia. Uma pessoa que realmente o estudou foi o matemático italiano Giuseppe Peano (1858-1932). Em seu livro *Calcolo geometrico,* de 1888, Peano tornou claro o trabalho anterior de Grassmann e descreveu os axiomas para um espaço vetorial da maneira como hoje os conhecemos. O livro de Peano é também digno de nota por introduzir operações em conjuntos. Suas notações ∪, ∩, e ∈ (para "união", "intersecção" e "é um elemento de") são as que ainda usamos, apesar de não terem sido adotadas de imediato por outros matemáticos. A definição axiomática de um espaço vetorial feita por Peano também teve pouca influência por muitos anos. A aceitação só veio em 1918, depois que Hermann Weyl (1885-1955) a repetiu em seu livro *Space, time, matter* (Espaço, tempo, matéria), uma introdução à teoria geral da relatividade de Einstein.

Observações

- Na maioria dos casos, os "escalares" serão os números reais. Desta maneira, devemos nos referir a V como um *espaço vetorial real* (ou *espaço vetorial sobre os números reais*). É possível também que os escalares sejam números complexos ou pertencentes a $\mathbb{Z}_p$, para p primo. Nesses casos, V é chamado *espaço vetorial complexo* ou *espaço vetorial sobre* $\mathbb{Z}_p$, respectivamente. A maioria de nossos exemplos será de espaços vetoriais reais, por isso omitiremos o adjetivo "real". Se nos referirmos a algo como um "espaço vetorial", assuma que estamos trabalhando com o sistema dos números reais.

  De fato, os escalares podem ser tomados em qualquer sistema numérico no qual, falando informalmente, possamos somar, subtrair, multiplicar e dividir de acordo com as leis habituais da aritmética. Em álgebra abstrata, um sistema desses é conhecido como um ***corpo***.
- A definição de espaço vetorial não especifica quais elementos formam o conjunto V. Também não especifica como as operações chamadas "adição" e "multiplicação por escalar" devem ser. Frequentemente, elas serão familiares, mas não precisam ser. Veja o exemplo 6.6 a seguir e os exercícios de 5 a 7.

Veremos agora vários exemplos de espaços vetoriais. Em cada caso, devemos especificar o conjunto V, as operações de multiplicação escalar e de adição, e verificar os axiomas de 1 a 10. Devemos prestar especial atenção aos axiomas 1 e 6 (fechamento), ao axioma 4 (a existência de um vetor nulo em V) e ao axioma 5 (cada vetor em V deve ter um oposto em V).

Exemplo 6.1

Para cada $n \geq 1$, $\mathbb{R}^n$ é um espaço vetorial com as operações usuais de multiplicação por escalar e de adição. Os axiomas 1 e 6 seguem da definição dessas operações; os restantes seguem do teorema 1.1.

Exemplo 6.2

O conjunto de todas as matrizes 2×3 é um espaço vetorial com as operações usuais de adição de matrizes e multiplicação de matrizes por escalar. Aqui os "vetores" são, na verdade, matrizes. Sabemos que a soma de duas matrizes 2×3 é também uma matriz 2×3, e que multiplicar uma matriz 2×3 por um escalar nos dá outra matriz 2×3; assim, temos o fechamento. Os axiomas restantes seguem do teorema 3.2. Em particular, o vetor nulo **0** é a matriz nula 2×3, e o oposto de uma matriz 2×3 é justamente a matriz $-A$, de ordem 2×3.

Não há nada de especial sobre as matrizes 2×3. Para quaisquer inteiros positivos m e n, o conjunto de todas as matrizes $m \times n$ forma um espaço vetorial com as operações usuais de adição de matrizes e multiplicação de matriz por escalar. Esse espaço vetorial é denotado por M_{mn}.

Exemplo 6.3

Denote por $\mathscr{P}_2$ o conjunto de todos os polinômios de grau menor ou igual a 2, com coeficientes reais. Defina da maneira usual a adição e a multiplicação por escalar. (Veja o apêndice D.) Se

$$p(x) = a_0 + a_1x + a_2x^2 \quad \text{e} \quad q(x) = b_0 + b_1x + b_2x^2$$

estão em $\mathscr{P}_2$, então

$$p(x) + q(x) = (a_0 + b_0) + (a_1 + b_1)x + (a_2 + b_2)x^2$$

tem grau no máximo 2 e, portanto, está em $\mathscr{P}_2$. Se c é um escalar, então

$$cp(x) = ca_0 + ca_1x + ca_2x^2$$

também está em $\mathscr{P}_2$. Isso verifica os axiomas 1 e 6.

O vetor nulo **0** é o polinômio nulo, isto é, o polinômio cujos coeficientes são todos iguais a zero. O oposto de um polinômio $p(x) = a_0 + a_1x + a_2x^2$ é o polinômio $-p(x) = -a_0 - a_1x - a_2x^2$. Agora é fácil verificar os axiomas restantes. Vamos checar o axioma 2 e deixar os outros para o exercício 12. Com $p(x)$ e $q(x)$ como acima, temos

$$\begin{aligned} p(x) + q(x) &= (a_0 + a_1x + a_2x^2) + (b_0 + b_1x + b_2x^2) \\ &= (a_0 + b_0) + (a_1 + b_1)x + (a_2 + b_2)x^2 \\ &= (b_0 + a_0) + (b_1 + a_1)x + (b_2 + a_2)x^2 \\ &= (b_0 + b_1x + b_2x^2) + (a_0 + a_1x + a_2x^2) \\ &= q(x) + p(x) \end{aligned}$$

sendo que a terceira igualdade é consequência da comutatividade da adição dos números reais.

Em geral, para todo $n \geq 0$ fixado, o conjunto $\mathcal{P}_n$ de todos os polinômios de grau menor ou igual a n é um espaço vetorial, bem como o conjunto $\mathcal{P}$, formado por todos os polinômios.

Exemplo 6.4

Denotemos por $\mathcal{F}$ o conjunto de todas as funções a valores reais, definidas na reta real. Se f e g são duas dessas funções e c é um escalar, $f + g$ e cf são definidos por

$$(f + g)(x) = f(x) + g(x) \quad \text{e} \quad (cf)(x) = cf(x)$$

Em outras palavras, o *valor* de $f + g$ em x é obtido ao somarmos os valores de f e de g em x [figura 6.1(a)]. De maneira similar, o valor de cf em x é exatamente o valor de f em x multiplicado pelo escalar c [figura 6.1(b)]. O vetor nulo em $\mathcal{F}$ é a função constante f_0, identicamente nula, isto é, $f_0(x) = 0$ para todo x. O oposto de uma função f é a função $-f$, definida por $(-f)(x) = -f(x)$ [figura 6.1(c)].

Os axiomas 1 e 6 são obviamente verdadeiros. A verificação dos axiomas restantes é pedida no exercício 13. Portanto, $\mathcal{F}$ é um espaço vetorial.

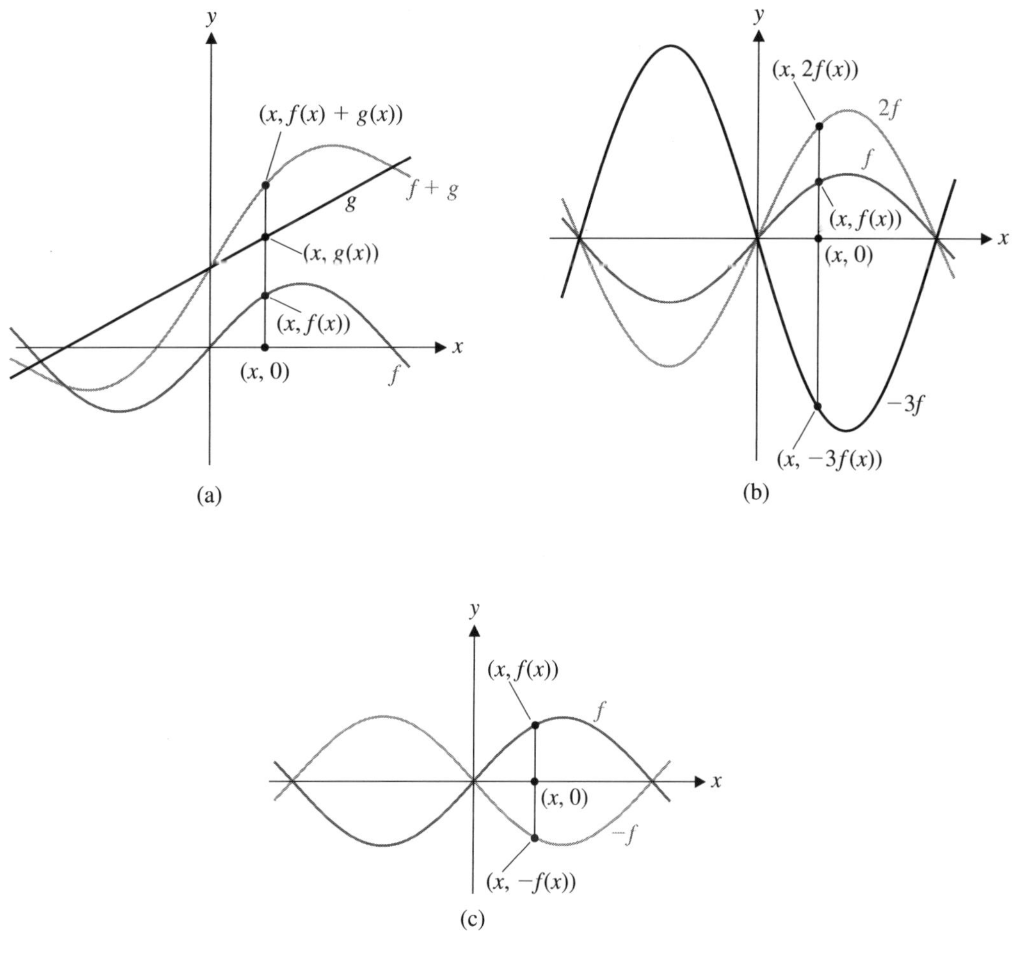

Figura 6.1
Os gráficos de (a) f, g e $f + g$, (b) f, $2f$ e $-3f$, e (c) f e $-f$.

No exemplo 6.4, poderíamos também ter considerado somente as funções definidas em algum *intervalo fechado* $[a,b]$ da reta real. Essa situação também produz um espaço vetorial, denotado por $\mathscr{F}[a,b]$.

Exemplo 6.5

O conjunto $\mathbb{Z}$ dos números inteiros com as operações usuais *não* é um espaço vetorial. Para demonstrar isso, é suficiente descobrir que *um* dos dez axiomas não se verifica e dar um exemplo específico para o qual isso acontece (um *contraexemplo*). Neste caso, descobrimos que não temos a propriedade do fechamento para a multiplicação por escalar. Por exemplo, o múltiplo do número inteiro 2 pelo escalar é $\frac{1}{3}$ é $(\frac{1}{3})(2) = \frac{2}{3}$, que não é inteiro. Dessa forma, não é verdadeiro que cx está em $\mathbb{Z}$ para *todo* x em $\mathbb{Z}$ e *todo* escalar c (isto é, o axioma 6 não se verifica).

Exemplo 6.6

Seja $V = \mathbb{R}^2$ com a definição usual de adição, mas com a seguinte definição de multiplicação por escalar:

$$c\begin{bmatrix} x \\ y \end{bmatrix} = \begin{bmatrix} cx \\ 0 \end{bmatrix}$$

Assim, por exemplo, $$1\begin{bmatrix} 2 \\ 3 \end{bmatrix} = \begin{bmatrix} 2 \\ 0 \end{bmatrix} \neq \begin{bmatrix} 2 \\ 3 \end{bmatrix}$$

Por isso, o axioma 10 não se verifica. [Na verdade, os outros nove axiomas são todos verdadeiros (confira essa afirmação), mas não precisamos examiná-los, pois já provamos que V não pode ser espaço vetorial. Este exemplo mostra o valor de olhar adiante em vez de seguir mecanicamente a lista de axiomas na ordem em que foram apresentados.]

a + bi

Exemplo 6.7

Denote por $\mathbb{C}^2$ o conjunto de todos os pares ordenados de números complexos. Defina a adição e a multiplicação por escalar como em $\mathbb{R}^2$, exceto que aqui os escalares são números complexos. Por exemplo,

$$\begin{bmatrix} 1 + i \\ 2 - 3i \end{bmatrix} + \begin{bmatrix} -3 + 2i \\ 4 \end{bmatrix} = \begin{bmatrix} -2 + 3i \\ 6 - 3i \end{bmatrix}$$

e $$(1 - i)\begin{bmatrix} 1 + i \\ 2 - 3i \end{bmatrix} = \begin{bmatrix} (1 - i)(1 + i) \\ (1 - i)(2 - 3i) \end{bmatrix} = \begin{bmatrix} 2 \\ -1 - 5i \end{bmatrix}$$

Usando propriedades dos números complexos, é fácil verificar todos os dez axiomas. Portanto, $\mathbb{C}^2$ é um espaço vetorial complexo.

No caso geral, $\mathbb{C}^n$ é um espaço vetorial complexo para todo $n \geq 1$.

Exemplo 6.8

Se p é primo, o conjunto $\mathbb{Z}_p^n$ (com as definições usuais de $\mathbb{Z}_p$ para a adição e para a multiplicação por escalar) é um espaço vetorial sobre $\mathbb{Z}_p$, para todo $n \geq 1$.

Antes de considerarmos outros exemplos, vamos enunciar um teorema que contém algumas propriedades muito úteis dos espaços vetoriais. É importante observar que, ao provarmos esse teorema para espaços vetoriais *em geral*, na verdade o estamos provando para cada espaço vetorial *específico*.

Teorema 6.1 Seja V um espaço vetorial, $\mathbf{u}$ um vetor em V e a um escalar.

a. $0\mathbf{u} = \mathbf{0}$
b. $a\mathbf{0} = \mathbf{0}$
c. $(-1)\mathbf{u} = -\mathbf{u}$
d. Se $a\mathbf{u} = \mathbf{0}$, então $a = 0$ ou $\mathbf{u} = \mathbf{0}$.

Demonstração Iremos provar as propriedades (b) e (d) e deixar as demonstrações das demais como exercícios.

(b) Temos

$$a\mathbf{0} = a(\mathbf{0} + \mathbf{0}) = a\mathbf{0} + a\mathbf{0}$$

pelos axiomas 4 e 7 de espaços vetoriais. Somando o oposto de $a\mathbf{0}$ a ambos os lados, obtemos

$$a\mathbf{0} + (-a\mathbf{0}) = (a\mathbf{0} + a\mathbf{0}) + (-a\mathbf{0})$$

o que implica em

$$\begin{aligned} \mathbf{0} &= a\mathbf{0} + (a\mathbf{0} + (-a\mathbf{0})) && \text{pelos axiomas 5 e 3} \\ &= a\mathbf{0} + \mathbf{0} && \text{pelo axioma 5} \\ &= a\mathbf{0} && \text{pelo axioma 4} \end{aligned}$$

(d) Suponha que $a\mathbf{u} = \mathbf{0}$. Para provar que $a = 0$ ou $\mathbf{u} = \mathbf{0}$, vamos assumir que $a \neq 0$. (Se $a = 0$, não há nada a provar.) Então, como $a \neq 0$, seu inverso $1/a$ está definido, e

$$\begin{aligned} \mathbf{u} &= 1\mathbf{u} && \text{pelo axioma 10} \\ &= \left(\frac{1}{a}a\right)\mathbf{u} \\ &= \frac{1}{a}(a\mathbf{u}) && \text{pelo axioma 9} \\ &= \frac{1}{a}\mathbf{0} \\ &= \mathbf{0} && \text{pela propriedade (b)} \end{aligned}$$

Escreveremos $\mathbf{u} - \mathbf{v}$ para $\mathbf{u} + (-\mathbf{v})$, dessa forma definindo a ***subtração*** de vetores. Iremos explorar a propriedade associativa da adição para poder escrever de forma não ambígua a soma de três vetores $\mathbf{u} + \mathbf{v} + \mathbf{w}$, e, mais geralmente,

$$a_1\mathbf{u}_1 + a_2\mathbf{u}_2 + \cdots + a_n\mathbf{u}_n$$

para uma ***combinação linear*** de vetores.

Subespaços

Vimos que, em $\mathbb{R}^n$, é possível que um espaço vetorial esteja contido em outro espaço vetorial, originando a noção de subespaço. Por exemplo, um plano que passa pela origem é um subespaço de $\mathbb{R}^3$. Agora, vamos estender esse conceito para espaços vetoriais em geral.

Definição Um subconjunto W de um espaço vetorial V é chamado ***subespaço*** de V se W é um espaço vetorial com os mesmos escalares, a mesma adição e a mesma multiplicação por escalar que V.

Como em $\mathbb{R}^n$, testar se um subconjunto W é um subespaço de um espaço vetorial V envolve apenas a verificação de dois dos dez axiomas de espaços vetoriais. Iremos provar essa afirmação na forma de um teorema.

Teorema 6.2 Sejam V um espaço vetorial e W um subconjunto não vazio de V. Então, W é um subespaço de V se e somente se as seguintes condições se verificam:

a. Se $\mathbf{u}$ e $\mathbf{v}$ estão em W, $\mathbf{u} + \mathbf{v}$ está em W.
b. Se $\mathbf{u}$ está em W e a é um escalar, $a\mathbf{u}$ está em W.

Demonstração Vamos supor que W seja um subespaço de V. Então, W satisfaz os axiomas 1 a 10 dos espaços vetoriais. Em particular, o axioma 1 é a condição (a), e o axioma 6 é a condição (b).

Reciprocamente, vamos supor que W seja um subconjunto do espaço vetorial V, satisfazendo as condições (a) e (b). Por hipótese, os axiomas 1 e 6 estão satisfeitos. Os axiomas 2, 3, 7, 8, 9 e 10 estão verificados em W, porque são verdadeiros para *todos* os vetores de V, e, em particular, são verdadeiros para os vetores que estão em W. (Dizemos que W *herda* essas propriedades de V.) Resta verificar os axiomas 4 e 5.

Como W é não vazio, ele contém pelo menos um vetor $\mathbf{u}$. Com isso, a condição (b) e o teorema 6.1(a) implicam que $0\mathbf{u} = \mathbf{0}$ também está em W. Logo, W satisfaz o axioma 4.

Se $\mathbf{u}$ está em V, então, tomando $a = -1$ na condição (b) e usando o teorema 6.1(c), temos que $-\mathbf{u} = (-1)\mathbf{u}$ também está em W.

Observação Como o teorema 6.2 generaliza a noção de um subespaço, do contexto de $\mathbb{R}^n$ a espaços vetoriais em geral, todos os subespaços de $\mathbb{R}^n$ que encontramos no capítulo 3 são subespaços de $\mathbb{R}^n$ no atual contexto. Em particular, retas e planos que passam pela origem são subespaços de $\mathbb{R}^3$.

Exemplo 6.9 Já provamos que o conjunto $\mathscr{P}_n$, formado por todos os polinômios de grau menor ou igual a n, é um espaço vetorial. Assim, $\mathscr{P}_n$ é um subespaço do espaço vetorial $\mathscr{P}$ formado por *todos* os polinômios.

Exemplo 6.10 Seja W o conjunto das matrizes simétricas $n \times n$. Prove que W é um subespaço de M_{nn}.

Solução É claro que W é não vazio, por isso só precisamos checar as condições (a) e (b) do teorema 6.2. Sejam A e B em W e seja a um escalar. Então, $A^T = A$ e $B^T = B$, e, consequentemente,

$$(A + B)^T = A^T + B^T = A + B$$

Portanto, $A + B$ é simétrica e, consequentemente, está em W. De maneira similar,

$$(aA)^T = aA^T = aA$$

por isso aA é simétrica e, portanto, está em W. Provamos que W é fechado para as operações de adição e multiplicação por escalar. Logo, é um subespaço de M_{nn}, pelo teorema 6.2.

Exemplo 6.11

Seja $\mathscr{C}$ o conjunto de todas as funções contínuas a valores reais definidas em $\mathbb{R}$, e seja $\mathscr{D}$ o conjunto de todas as funções diferenciáveis a valores reais definidas em $\mathbb{R}$. Prove que $\mathscr{C}$ e $\mathscr{D}$ são subespaços de $\mathscr{F}$, o espaço vetorial de todas as funções a valores reais definidas em $\mathbb{R}$.

Solução Do cálculo diferencial, sabemos que se f e g são funções contínuas e a é um escalar então $f + g$ e af também são contínuas. Desta forma, $\mathscr{C}$ é fechado para a adição e para a multiplicação por escalar e, portanto, é um subespaço de $\mathscr{F}$. Se f e g são diferenciáveis, $f + g$ e af também o são. De fato,

$$(f + g)' = f' + g' \quad \text{e} \quad (af)' = a(f')$$

Portanto, $\mathscr{D}$ é fechado para as operações de adição e multiplicação por escalar, o que o torna um subespaço de $\mathscr{F}$.

Um dos teoremas do cálculo afirma que toda função diferenciável é contínua. Consequentemente, $\mathscr{D}$ está contido em $\mathscr{C}$ (denotamos por $\mathscr{D} \subset \mathscr{C}$), o que torna $\mathscr{D}$ um subespaço de $\mathscr{C}$. Esse também é o caso da afirmação de que toda função polinomial é diferenciável, e, assim, $\mathscr{P} \subset \mathscr{D}$, logo, $\mathscr{P}$ é um subespaço de $\mathscr{D}$. Temos uma *hierarquia* de subespaços de $\mathscr{F}$, um dentro do outro:

$$\mathscr{P} \subset \mathscr{D} \subset \mathscr{C} \subset \mathscr{F}$$

Essa hierarquia está esquematizada na figura 6.2.

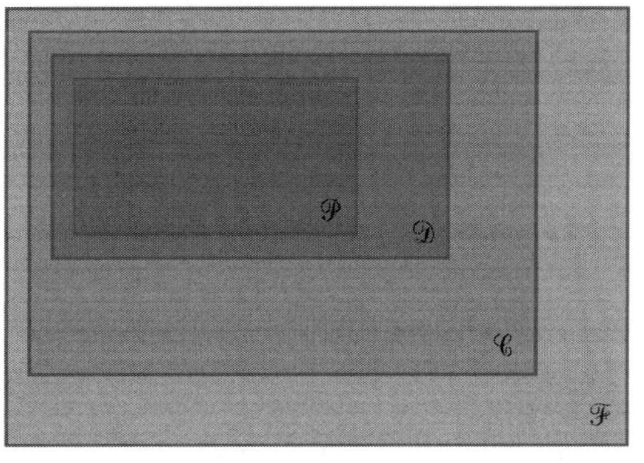

Figura 6.2
A hierarquia de subespaços de $\mathscr{F}$

Existem outros subespaços de $\mathscr{F}$ que podem ser colocados nessa hierarquia. Alguns deles serão explorados nos exercícios.

Na discussão anterior, poderíamos ter limitado nossa atenção às funções definidas em um intervalo fechado $[a,b]$. Então, os subespaços correspondentes de $\mathscr{F}[a, b]$ seriam $\mathscr{C}[a, b]$, $\mathscr{D}[a, b]$, e $\mathscr{P}[a, b]$.

Exemplo 6.12

Seja S o conjunto de todas as funções que satisfazem a equação diferencial

$$f'' + f = 0 \tag{1}$$

Em outras palavras, S é o conjunto solução da equação (1). Prove que S é um subespaço de $\mathscr{F}$.

Solução O conjunto S é não vazio, uma vez que a função nula é uma solução para a equação (1). Sejam f e g em S e seja a um escalar. Então:

$$\begin{aligned}(f+g)'' + (f+g) &= (f'' + g'') + (f+g)\\ &= (f'' + f) + (g'' + g)\\ &= 0 + 0\\ &= 0\end{aligned}$$

o que prova que $f + g$ está em S. De maneira análoga,

$$\begin{aligned}(af)'' + af &= af'' + af\\ &= a(f'' + f)\\ &= a0\\ &= 0\end{aligned}$$

e, assim, af também está em S.

Portanto, S é fechado para as operações de adição e multiplicação por escalar, e é um subespaço de $\mathscr{F}$.

A equação diferencial (1) é um exemplo de ***equação diferencial linear homogênea***. Os conjuntos solução de tais equações são sempre subespaços de $\mathscr{F}$. Observe que, no exemplo 6.12, não resolvemos a equação (1) (isto é, não encontramos nenhuma solução específica, além da função nula). Na seção 6.7 iremos discutir técnicas para encontrar soluções para esse tipo de equação.

À medida que você ganhar experiência no trabalho com espaços vetoriais e subespaços, perceberá que certos exemplos tendem a se parecer uns com os outros. Por exemplo, considere os espaços vetoriais $\mathbb{R}^4$, $\mathscr{P}_3$ e M_{22}. Elementos típicos desses espaços vetoriais são, respectivamente,

$$\mathbf{u} = \begin{bmatrix} a \\ b \\ c \\ d \end{bmatrix}, \quad p(x) = a + bx + cx^2 + dx^3, \quad \text{e} \quad A = \begin{bmatrix} a & b \\ c & d \end{bmatrix}$$

Nas palavras de Yogi Berra: "É *déjà vu* tudo de novo".

Quaisquer cálculos que envolvam as operações de espaço vetorial, adição e multiplicação por escalar, são, em essência, os mesmos nas três situações. Para evidenciar as similaridades, no próximo exemplo faremos os passos necessários nos três espaços vetoriais, lado a lado.

Exemplo 6.13

(a) Mostre que o conjunto W de todos os vetores da forma

$$\begin{bmatrix} a \\ b \\ -b \\ a \end{bmatrix}$$

é um subespaço de $\mathbb{R}^4$.

(b) Mostre que o conjunto W de todos os polinômios da forma $a + bx - bx^2 + ax^3$ é um subespaço de $\mathscr{P}_3$.

(c) Prove que o conjunto W formado por todas as matrizes da forma $\begin{bmatrix} a & b \\ -b & a \end{bmatrix}$ é um subespaço de M_{22}.

Solução

(a) W é não vazio, pois contém o vetor nulo $\mathbf{0}$. (Tome $a = b = 0$.) Sejam $\mathbf{u}$ e $\mathbf{v}$ elementos de W, digamos,

$$\mathbf{u} = \begin{bmatrix} a \\ b \\ -b \\ a \end{bmatrix} \quad \text{e} \quad \mathbf{v} = \begin{bmatrix} c \\ d \\ -d \\ c \end{bmatrix}$$

Então

$$\mathbf{u} + \mathbf{v} = \begin{bmatrix} a + c \\ b + d \\ -b - d \\ a + c \end{bmatrix} = \begin{bmatrix} a + c \\ b + d \\ -(b + d) \\ a + c \end{bmatrix}$$

e, portanto, $\mathbf{u} + \mathbf{v}$ também é um elemento de W (porque tem a *forma* correta).

Analogamente, se k é um escalar, então

$$k\mathbf{u} = \begin{bmatrix} ka \\ kb \\ -kb \\ ka \end{bmatrix}$$

portanto, $k\mathbf{u}$ é um elemento de W.

Assim, W é um subconjunto não vazio de $\mathbb{R}^4$, fechado para adição e multiplicação por escalar. Logo, pelo teorema 6.2, W é um subespaço de $\mathbb{R}^4$.

(b) W é não vazio, pois contém o polinômio nulo. (Tome $a = b = 0$.) Sejam $p(x)$ e $q(x)$ elementos de W, digamos,

$$p(x) = a + bx - bx^2 + ax^3$$

e

$$q(x) = c + dx - dx^2 + cx^3$$

Então

$$p(x) + q(x) = (a + c) + (b + d)x - (b + d)x^2 + (a + c)x^3$$

e, portanto, $p(x) + q(x)$ também é um elemento de W (porque tem a *forma* correta).

Analogamente, se k é um escalar, então

$$kp(x) = ka + kbx - kbx^2 + kax^3$$

Portanto, $kp(x)$ é um elemento de W.

Assim, W é um subconjunto não vazio de $\mathscr{P}_3$, fechado para adição e multiplicação por escalar. Logo, pelo teorema 6.2, W é um subespaço de $\mathscr{P}_3$.

(c) W é não vazio, pois contém a matriz nula O. (Tome $a = b = 0$.) Sejam A e B elementos de W, digamos,

$$A = \begin{bmatrix} a & b \\ -b & a \end{bmatrix}$$

e

$$B = \begin{bmatrix} c & d \\ -d & c \end{bmatrix}$$

Então

$$A + B = \begin{bmatrix} a + c & b + d \\ -(b + d) & a + c \end{bmatrix}$$

e, portanto, $A + B$ também é um elemento de W (porque tem a *forma* correta).

Analogamente, se k é um escalar, então

$$kA = \begin{bmatrix} ka & kb \\ -kb & ka \end{bmatrix}$$

Portanto, kA é um elemento de W.

Assim, W é um subconjunto não vazio de M_{22}, fechado para adição e multiplicação por escalar. Logo, pelo teorema 6.2, W é um subespaço de M_{22}.

O exemplo 6.13 mostra que frequentemente é possível relacionar exemplos que, olhados superficialmente, parecem não ter nada em comum. Em consequência, podemos aplicar nosso conhecimento sobre o $\mathbb{R}^n$ a polinômios, matrizes e outros exemplos. Encontraremos essa ideia várias vezes neste capítulo e vamos torná-la precisa na seção 6.5.

Exemplo 6.14

Se V é um espaço vetorial, então V é claramente um subespaço de si mesmo. O conjunto $\{\mathbf{0}\}$, que consiste apenas no vetor nulo, é também um subespaço de V, chamado ***subespaço nulo***. Para provar isso, simplesmente observamos que as condições de fechamento do teorema 6.2 estão satisfeitas:

$$\mathbf{0} + \mathbf{0} = \mathbf{0} \quad \text{e} \quad a\mathbf{0} = \mathbf{0} \quad \text{para qualquer escalar a } a$$

Os subespaços $\{\mathbf{0}\}$ e V são chamados ***subespaços triviais*** de V.

Uma análise da demonstração do teorema 6.2 revela o seguinte fato, muito útil:

> Se W é um subespaço de um espaço vetorial V, então W contém o vetor nulo $\mathbf{0}$ de V.

Esse fato é consistente com — e análogo a — o fato de que retas e planos são subespaços de $\mathbb{R}^3$ se e somente se eles contêm a origem. A condição de que todo subespaço deve conter $\mathbf{0}$ é útil algumas vezes para provar que um conjunto *não* é um subespaço.

Exemplo 6.15

Seja W o conjunto de todas as matrizes 2×2 da forma

$$\begin{bmatrix} a & a+1 \\ 0 & b \end{bmatrix}$$

W é um subespaço de M_{22}?

Solução Cada matriz em W tem a propriedade que seu elemento (1, 2) é igual ao seu elemento (1, 1) somado com um. Como a matriz nula

$$O = \begin{bmatrix} 0 & 0 \\ 0 & 0 \end{bmatrix}$$

não tem essa propriedade, ela não pertence a W. Dessa forma, W não é um subespaço de M_{22}.

Exemplo 6.16

Seja W o conjunto de todas as matrizes 2×2 com determinante igual a 0. W é um subespaço de M_{22}? (Como $\det O = 0$, a matriz nula pertence a W; consequentemente, o método do exemplo 15 não nos serve.)

Solução Sejam

$$A = \begin{bmatrix} 1 & 0 \\ 0 & 0 \end{bmatrix} \quad \text{e} \quad B = \begin{bmatrix} 0 & 0 \\ 0 & 1 \end{bmatrix}$$

Então, $\det A = \det B = 0$, logo, A e B são elementos de W. Mas

$$A + B = \begin{bmatrix} 1 & 0 \\ 0 & 1 \end{bmatrix}$$

Como $\det(A + B) = 1 \neq 0$, $A + B$ não pertence a W. Desse modo, W não é fechado para a adição e, consequentemente, não é um subespaço de M_{22}.

Conjuntos Geradores

A noção de conjunto gerador de vetores se transfere facilmente de $\mathbb{R}^n$ a espaços vetoriais em geral.

> **Definição** Se $S = \{\mathbf{v}_1, \mathbf{v}_2, ..., \mathbf{v}_k\}$ é um conjunto de vetores em um espaço vetorial V, o conjunto de todas as combinações lineares de $\mathbf{v}_1, \mathbf{v}_2, \ldots, \mathbf{v}_k$ é chamado ***conjunto gerado*** por $\mathbf{v}_1, \mathbf{v}_2, \ldots, \mathbf{v}_k$ e é denotado por $\text{ger}(\mathbf{v}_1, \mathbf{v}_2, \ldots, \mathbf{v}_k)$ ou $\text{ger}(S)$. Se $V = \text{ger}(S)$, dizemos que S é um ***conjunto de geradores*** de V, e que V é ***gerado*** por S.

Exemplo 6.17 Prove que os polinômios 1, x e x^2 geram $\mathscr{P}_2$.

Solução Por sua própria definição, um polinômio $p(x) = a + bx + cx^2$ é uma combinação linear de 1, x e x^2. Portanto, $\mathscr{P}_2 = \text{ger}(1, x, x^2)$.

O exemplo 6.17 pode ser facilmente generalizado para provar que $\mathscr{P}_n = \text{ger}(1, x, x^2, \ldots, x^n)$. No entanto, não é possível que um conjunto finito de polinômios possa gerar $\mathscr{P}$, o espaço vetorial de todos os polinômios. (Veja o exercício 44 na seção 6.2.) Mas, se permitirmos que o conjunto gerador seja infinito, é claro que *todas* as potências não negativas de x serão suficientes. Isto é, $\mathscr{P} = \text{ger}(1, x, x^2, \ldots)$.

Exemplo 6.18 Prove que $M_{23} = \text{ger}(E_{11}, E_{12}, E_{13}, E_{21}, E_{22}, E_{23})$, sendo

$$E_{11} = \begin{bmatrix} 1 & 0 & 0 \\ 0 & 0 & 0 \end{bmatrix} \quad E_{12} = \begin{bmatrix} 0 & 1 & 0 \\ 0 & 0 & 0 \end{bmatrix} \quad E_{13} = \begin{bmatrix} 0 & 0 & 1 \\ 0 & 0 & 0 \end{bmatrix}$$

$$E_{21} = \begin{bmatrix} 0 & 0 & 0 \\ 1 & 0 & 0 \end{bmatrix} \quad E_{22} = \begin{bmatrix} 0 & 0 & 0 \\ 0 & 1 & 0 \end{bmatrix} \quad E_{23} = \begin{bmatrix} 0 & 0 & 0 \\ 0 & 0 & 1 \end{bmatrix}$$

(Ou seja, E_{ij} é a matriz com um 1 na linha i, coluna j e zeros nas outras posições.)

Solução Só precisamos observar que

$$\begin{bmatrix} a_{11} & a_{12} & a_{13} \\ a_{21} & a_{22} & a_{23} \end{bmatrix} = a_{11}E_{11} + a_{12}E_{12} + a_{13}E_{13} + a_{21}E_{21} + a_{22}E_{22} + a_{23}E_{23}$$

Estendendo este exemplo, vemos que, em geral, M_{mn} é gerado pelas mn matrizes E_{ij}, para $i = 1, \ldots, m$ e $j = 1, \ldots, n$.

Exemplo 6.19 Em $\mathscr{P}_2$, determine se $r(x) = 1 - 4x + 6x^2$ está em $\text{ger}(p(x), q(x))$, para

$$p(x) = 1 - x + x^2 \quad \text{e} \quad q(x) = 2 + x - 3x^2$$

Solução Estamos procurando por escalares c e d tais que $cp(x) + dq(x) = r(x)$. Isso significa que

$$c(1 - x + x^2) + d(2 + x - 3x^2) = 1 - 4x + 6x^2$$

Reordenando de acordo com as potências de x, temos

$$(c + 2d) + (-c + d)x + (c - 3d)x^2 = 1 - 4x + 6x^2$$

Igualando os coeficientes das potências iguais de x, obtemos

$$\begin{aligned} c + 2d &= 1 \\ -c + d &= -4 \\ c - 3d &= 6 \end{aligned}$$

que é facilmente resolvido, e obtemos $c = 3$ e $d = -1$. Portanto, $r(x) = 3p(x) - q(x)$, e, consequentemente, $r(x)$ está em ger$(p(x), q(x))$. (Verifique.)

Exemplo 6.20

Em $\mathscr{F}$, determine se sen $2x$ está em ger(sen x, cos x).

Solução Fazemos c sen $x + d$ cos x = sen $2x$ e tentamos determinar c e d de forma a tornar a equação verdadeira. Como são funções, a equação deve ser satisfeita para *todos* os valores de x. Tomando $x = 0$, temos

$$c \operatorname{sen} 0 + d \cos 0 = \operatorname{sen} 0 \quad \text{ou} \quad c(0) + d(1) = 0$$

a partir do que sabemos que $d = 0$. Tomando $x = \pi/2$, obtemos

$$c \operatorname{sen}(\pi/2) + d \cos(\pi/2) = \operatorname{sen}(\pi) \quad \text{ou} \quad c(1) + d(0) = 0$$

que nos dá $c = 0$. Mas isso implica que sen $2x = 0$ (sen x) + 0 (cos x) para todo x, o que é absurdo, pois sen $2x$ não é a função nula. Concluímos que sen $2x$ não pertence a ger(sen x, cos x).

Observação É verdade que sen $2x$ pode ser escrito em termos de sen x e cos x. Por exemplo, temos a fórmula do ângulo duplo sen $2x$ = 2 sen x cos x. Entretanto, essa expressão não é uma combinação *linear.*

Exemplo 6.21

Em M_{22}, descreva o conjunto gerado por $A = \begin{bmatrix} 1 & 1 \\ 1 & 0 \end{bmatrix}$, $B = \begin{bmatrix} 1 & 0 \\ 0 & 1 \end{bmatrix}$, e $C = \begin{bmatrix} 0 & 1 \\ 1 & 0 \end{bmatrix}$.

Solução Toda combinação linear de A, B e C é da forma

$$\begin{aligned} cA + dB + eC &= c\begin{bmatrix} 1 & 1 \\ 1 & 0 \end{bmatrix} + d\begin{bmatrix} 1 & 0 \\ 0 & 1 \end{bmatrix} + e\begin{bmatrix} 0 & 1 \\ 1 & 0 \end{bmatrix} \\ &= \begin{bmatrix} c + d & c + e \\ c + e & d \end{bmatrix} \end{aligned}$$

Essa matriz é simétrica, por isso ger(A, B, C) está contido no subespaço das matrizes simétricas 2×2. De fato, temos uma igualdade, isto é, *toda* matriz simétrica 2×2 está em ger(A, B, C). Para provar isso, considere $\begin{bmatrix} x & y \\ y & z \end{bmatrix}$ uma matriz simétrica 2×2. Fazendo

$$\begin{bmatrix} x & y \\ y & z \end{bmatrix} = \begin{bmatrix} c + d & c + e \\ c + e & d \end{bmatrix}.$$

e resolvendo para c e d, encontramos $c = x - z$, $d = z$ e $e = -x + y + z$. Portanto,

$$\begin{bmatrix} x & y \\ y & z \end{bmatrix} = (x - z)\begin{bmatrix} 1 & 1 \\ 1 & 0 \end{bmatrix} + z\begin{bmatrix} 1 & 0 \\ 0 & 1 \end{bmatrix} + (-x + y + z)\begin{bmatrix} 0 & 1 \\ 1 & 0 \end{bmatrix}$$

(Verifique.) Segue que ger(A, B, C) é o subespaço das matrizes simétricas 2×2.

Como acontecia em $\mathbb{R}^n$, o conjunto gerado por um conjunto de vetores é sempre um subespaço do espaço vetorial que os contém. O teorema a seguir torna esse resultado preciso. Ele generaliza o teorema 3.19.

Teorema 6.3 Sejam $\mathbf{v}_1, \mathbf{v}_2, \ldots, \mathbf{v}_k$ vetores de um espaço vetorial V.

a. $\text{ger}(\mathbf{v}_1, \mathbf{v}_2, \ldots, \mathbf{v}_k)$ é um subespaço de V.
b. $\text{ger}(\mathbf{v}_1, \mathbf{v}_2, \ldots, \mathbf{v}_k)$ é o menor subespaço de V que contém $\mathbf{v}_1, \mathbf{v}_2, \ldots, \mathbf{v}_k$.

Demonstração (a) A demonstração da propriedade (a) é idêntica à demonstração do teorema 3.19, com V no lugar de $\mathbb{R}^n$.

(b) Para provar a propriedade (b), precisamos mostrar que qualquer subespaço de V que contenha $\mathbf{v}_1, \mathbf{v}_2, \ldots, \mathbf{v}_k$ também contém $\text{ger}(\mathbf{v}_1, \mathbf{v}_2, \ldots, \mathbf{v}_k)$. Assim, seja W um subespaço de V que contém $\mathbf{v}_1, \mathbf{v}_2, \ldots, \mathbf{v}_k$. Então, como W é fechado para a adição e para a multiplicação por escalar, ele contém todas as combinações lineares $c_1\mathbf{v}_1 + c_2\mathbf{v}_2 + \cdots + c_k\mathbf{v}_k$ de $\mathbf{v}_1, \mathbf{v}_2, \ldots, \mathbf{v}_k$. Portanto, $\text{ger}(\mathbf{v}_1, \mathbf{v}_2, \ldots, \mathbf{v}_k)$ está contido em W.

Exercícios 6.1

Nos exercícios de 1 a 11, determine se o conjunto dado com as operações especificadas de adição e de multiplicação por escalar é um espaço vetorial. Caso não seja, faça uma relação de todos os axiomas não satisfeitos.

1. O conjunto de todos os vetores em $\mathbb{R}^2$ da forma $\begin{bmatrix} x \\ x \end{bmatrix}$, com as operações usuais de adição de vetores e de multiplicação por escalar.

2. O conjunto de todos os vetores $\begin{bmatrix} x \\ y \end{bmatrix}$ de $\mathbb{R}^2$ com $x \geq 0, y \geq 0$ (isto é, o primeiro quadrante), com as operações usuais de adição de vetores e de multiplicação por escalar.

3. O conjunto de todos os vetores $\begin{bmatrix} x \\ y \end{bmatrix}$ de $\mathbb{R}^2$ com $xy \geq 0$ (isto é, a união do primeiro e do terceiro quadrantes), com as operações usuais de adição de vetores e de multiplicação por escalar.

4. O conjunto de todos os vetores $\begin{bmatrix} x \\ y \end{bmatrix}$ de $\mathbb{R}^2$ com $x \geq y$, com as operações usuais de adição de vetores e de multiplicação por escalar.

5. $\mathbb{R}^2$, com a operação usual de adição, mas a multiplicação por escalar definida por

$$c\begin{bmatrix} x \\ y \end{bmatrix} = \begin{bmatrix} cx \\ y \end{bmatrix}$$

6. $\mathbb{R}^2$, com a operação usual de multiplicação por escalar, mas com a adição de matrizes definida por

$$\begin{bmatrix} x_1 \\ y_1 \end{bmatrix} + \begin{bmatrix} x_2 \\ y_2 \end{bmatrix} = \begin{bmatrix} x_1 + x_2 + 1 \\ y_1 + y_2 + 1 \end{bmatrix}$$

7. O conjunto de todos os números reais positivos, com adição $\oplus$ definida por $x \oplus y = xy$, e a multiplicação por escalar $\odot$ definida por $c \odot x = x^c$.

8. O conjunto de todos os números racionais, com as operações usuais de adição e multiplicação.

9. O conjunto de todas as matrizes 2×2 triangulares superiores com as operações usuais de adição de matrizes e de multiplicação por escalar.

10. O conjunto de todas as matrizes 2×2 da forma $\begin{bmatrix} a & b \\ c & d \end{bmatrix}$, tais que $ad = 0$, com as operações usuais de adição de matrizes e de multiplicação por escalar.

11. O conjunto das matrizes $n \times n$ antissimétricas, com as operações usuais de adição de matrizes e de multiplicação por escalar (veja a página 162).

12. Termine de verificar que $\mathscr{P}_2$ é um espaço vetorial (veja o exemplo 6.3).

13. Termine de verificar que $\mathscr{F}$ é um espaço vetorial (veja o exemplo 6.4).

Nos exercícios de 14 a 17, determine se o conjunto dado com as operações especificadas de adição e de multiplicação por escalar é um espaço vetorial complexo. Caso não seja, faça uma relação de todos os axiomas não satisfeitos.

14. O conjunto de todos os vetores de $\mathbb{C}^2$ da forma $\begin{bmatrix} z \\ \bar{z} \end{bmatrix}$, com as operações usuais de adição e de multiplicação por escalar.

15. O conjunto $M_{mn}(\mathbb{C})$ de todas as matrizes complexas $m \times n$, com as operações usuais de adição de matrizes e de multiplicação por escalar.

16. O conjunto $\mathbb{C}^2$, com a adição de vetores usual, mas com a multiplicação por escalar definida por $c\begin{bmatrix} z_1 \\ z_2 \end{bmatrix} = \begin{bmatrix} \bar{c}z_1 \\ \bar{c}z_2 \end{bmatrix}$.

17. $\mathbb{R}^n$, com as operações usuais de adição de vetores e de multiplicação por escalar.

Nos exercícios de 18 a 21, determine se o conjunto dado com as operações especificadas de adição e de multiplicação por escalar é um espaço vetorial sobre $\mathbb{Z}_p$ indicado. Caso não seja, faça uma relação de todos os axiomas não satisfeitos.

18. O conjunto de todos os vetores em $\mathbb{Z}_2^n$ com uma quantidade par de elementos iguais a 1, sobre $\mathbb{Z}_2$, com as operações usuais de adição de vetores e de multiplicação por escalar.

19. O conjunto de todos os vetores em $\mathbb{Z}_2^n$ com uma quantidade ímpar de elementos iguais a 1, sobre $\mathbb{Z}_2$, com as operações usuais de adição de vetores e de multiplicação por escalar.

20. O conjunto $M_{mn}(\mathbb{Z}_p)$ de todas as matrizes $m \times n$ com elementos em $\mathbb{Z}_p$, sobre $\mathbb{Z}_p$, com as operações usuais de adição de matrizes e de multiplicação por escalar.

21. $\mathbb{Z}_6$, sobre $\mathbb{Z}_3$, com as operações usuais de adição e multiplicação. (Pense cuidadosamente!)

22. Demonstre o teorema 6.1(a).

23. Demonstre o teorema 6.1(c).

Nos exercícios de 24 a 45, use o teorema 6.2 para determinar se W é um subespaço de V.

24. $V = \mathbb{R}^3$, $W = \left\{\begin{bmatrix} a \\ 0 \\ a \end{bmatrix}\right\}$

25. $V = \mathbb{R}^3$, $W = \left\{\begin{bmatrix} a \\ -a \\ 2a \end{bmatrix}\right\}$

26. $V = \mathbb{R}^3$, $W = \left\{\begin{bmatrix} a \\ b \\ a+b+1 \end{bmatrix}\right\}$

27. $V = \mathbb{R}^3$, $W = \left\{\begin{bmatrix} a \\ b \\ |a| \end{bmatrix}\right\}$

28. $V = M_{22}$, $W = \left\{\begin{bmatrix} a & b \\ b & 2a \end{bmatrix}\right\}$

29. $V = M_{22}$, $W = \left\{\begin{bmatrix} a & b \\ c & d \end{bmatrix} : ad \geq bc\right\}$

30. $V = M_{nn}$, $W = \{A \text{ em } M_{nn} : \det A = 1\}$

31. $V = M_{nn}$, W é o conjunto de todas as matrizes $n \times n$ diagonais

32. $V = M_{nn}$, W é o conjunto de todas as matrizes $n \times n$ idempotentes

33. $V = M_{nn}$, $W = \{A \text{ em } M_{nn} : AB = BA\}$, em que B é uma matriz dada (fixada)

34. $V = \mathscr{P}_2$, $W = \{bx + cx^2\}$

35. $V = \mathscr{P}_2$, $W = \{a + bx + cx^2 : a + b + c = 0\}$

36. $V = \mathscr{P}_2$, $W = \{a + bx + cx^2 : abc = 0\}$

37. $V = \mathscr{P}$, W é o conjunto de todos os polinômios de grau 3

38. $V = \mathscr{F}$, $W = \{f \text{ in } \mathscr{F} : f(-x) = f(x)\}$

39. $V = \mathscr{F}$, $W = \{f \text{ in } \mathscr{F} : f(-x) = -f(x)\}$

40. $V = \mathscr{F}$, $W = \{f \text{ in } \mathscr{F} : f(0) = 1\}$

41. $V = \mathscr{F}$, $W = \{f \text{ in } \mathscr{F} : f(0) = 0\}$

42. $V = \mathscr{F}$, W é o conjunto de todas as funções integráveis

43. $V = \mathscr{D}$, $W = \{f \text{ em } \mathscr{D} : f'(x) \geq 0 \text{ para todo } x$

44. $V = \mathscr{F}$, $W = \mathscr{C}^{(2)}$, o conjunto de todas as funções com derivada de ordem 2 contínua

45. $V = \mathscr{F}$, $W = \{f \text{ in } \mathscr{F} : \lim_{x \to 0} f(x) = \infty\}$

46. Seja V um espaço vetorial com subespaços U e W. Prove que $U \cap W$ é um subespaço de V.

47. Seja V um espaço vetorial com subespaços U e W. Dê um exemplo com $V = \mathbb{R}^2$ para mostrar que $U \cup W$ não é necessariamente um subespaço de V.

48. Seja V um espaço vetorial com subespaços U e W. Defina a ***soma de U e W*** como

$$U + W = \{\mathbf{u} + \mathbf{w} : \mathbf{u} \text{ pertence a } U, \mathbf{w} \text{ pertence a } W\}$$

(a) Se $V = \mathbb{R}^3$, U é o eixo x e W é o eixo y, o que é $U + W$?

(b) Se U e W são subespaços de um espaço vetorial V, prove que $U + W$ é um subespaço de V.

49. Se U e V são espaços vetoriais, defina o ***Produto Cartesiano*** de U e V como sendo

$$U \times V = \{(\mathbf{u}, \mathbf{v}) : \mathbf{u} \text{ está em } U \text{ e } \mathbf{v} \text{ está em } V\}$$

Prove que $U \times V$ é um espaço vetorial.

50. Seja W um subespaço de um espaço vetorial V. Prove que $\Delta = \{(\mathbf{w}, \mathbf{w}) : \mathbf{w} \text{ está em } W\}$ é um subespaço de $V \times V$.

Nos exercícios 51 e 52, sejam $A = \begin{bmatrix} 1 & 1 \\ -1 & 1 \end{bmatrix}$ *e* $B = \begin{bmatrix} 1 & -1 \\ 1 & 0 \end{bmatrix}$. *Determine se C está em ger(A, B).*

51. $C = \begin{bmatrix} 1 & 2 \\ 3 & 4 \end{bmatrix}$

52. $C = \begin{bmatrix} 3 & -5 \\ 5 & -1 \end{bmatrix}$

Nos exercícios 53 e 54, sejam $p(x) = 1 - 2x$, $q(x) = x - x^2$ e $r(x) = -2 + 3x + x^2$. Determine se $s(x)$ está em ger($p(x)$, $q(x)$, $r(x)$).

53. $s(x) = 3 - 5x - x^2$ **54.** $s(x) = 1 + x + x^2$

Nos exercícios de 55 a 58, sejam $f(x) = \text{sen}^2 x$ e $g(x) = \cos^2 x$. Determine se $h(x)$ está em ger($f(x)$, $g(x)$).

55. $h(x) = 1$ **56.** $h(x) = \cos 2x$

57. $h(x) = \text{sen}\, 2x$ **58.** $h(x) = \text{sen}\, x$

59. M_{22} é gerado por $\begin{bmatrix} 1 & 1 \\ 0 & 1 \end{bmatrix}, \begin{bmatrix} 0 & 1 \\ 1 & 0 \end{bmatrix}, \begin{bmatrix} 1 & 0 \\ 1 & 1 \end{bmatrix}, \begin{bmatrix} 0 & -1 \\ 1 & 0 \end{bmatrix}$?

60. M_{22} é gerado por $\begin{bmatrix} 1 & 0 \\ 1 & 0 \end{bmatrix}, \begin{bmatrix} 1 & 1 \\ 1 & 0 \end{bmatrix}, \begin{bmatrix} 1 & 1 \\ 1 & 1 \end{bmatrix}, \begin{bmatrix} 0 & -1 \\ 1 & 0 \end{bmatrix}$?

61. $\mathscr{P}_2$ é gerado por $1 + x, x + x^2, 1 + x^2$?

62. $\mathscr{P}_2$ é gerado por $1 + x + 2x^2, 2 + x + 2x^2, -1 + x + 2x^2$?

63. Prove que todo espaço vetorial tem um um único vetor nulo.

64. Prove que, para todo vetor $\mathbf{v}$ de um espaço vetorial V, existe um único $\mathbf{v}'$ em V tal que $\mathbf{v} + \mathbf{v}' = \mathbf{0}$.

Projeto de Texto — O Surgimento de Espaços Vetoriais

Como observado no texto lateral da página 429, no final do século XIX, os matemáticos Hermann Grassmann e Giuseppe Peano contribuíram para a introdução da ideia de espaço vetorial e dos axiomas de espaço vetorial que usamos hoje. O trabalho de Grassmann teve sua origem em coordenadas baricêntricas, uma técnica inventada em 1827 por August Ferdinand Möbius (famoso pela faixa de Möbius). Entretanto, a aceitação generalizada do conceito de espaço vetorial não aconteceu até o início do século XX.

Escreva um relato sobre a história dos espaços vetoriais. Discuta as origens da noção de espaço vetorial e as contribuições de Grassmann e Peano. Por que a comunidade matemática demorou para adotar essas ideias e como a aceitação aconteceu?

1. Carl B. Boyer and Uta C. Merzbach, *A History of Mathematics* (Third Edition) (Hoboken, NJ: Wiley, 2011).
2. Jean-Luc, Dorier (1995), A General Outline of the Genesis of Vector Space Theory, *Historia Mathematica* 22 (1995), pp. 227–261.
3. Victor J. Katz, *A History of Mathematics: An Introduction* (Third Edition) (Reading, MA: Addison Wesley Longman, 2008).

6.2 Independência Linear, Base e Dimensão

Nesta seção, estendemos as noções de independência linear, base e dimensão a espaços vetoriais em geral, ampliando os resultados das seções 2.3 e 3.5. Na maioria dos casos, as demonstrações dos teoremas são as mesmas; simplesmente trocamos $\mathbb{R}^n$ pelo espaço vetorial V.

Independência Linear

Definição Um conjunto de vetores $\{\mathbf{v}_1, \mathbf{v}_2, \ldots, \mathbf{v}_k\}$ em um espaço vetorial V é ***linearmente dependente*** se existem escalares $c_1, c_2, \ldots, c_k$, *não todos nulos*, tais que

$$c_1\mathbf{v}_1 + c_2\mathbf{v}_2 + \cdots + c_k\mathbf{v}_k = \mathbf{0}$$

Um conjunto de vetores não linearmente dependente é chamado de ***linearmente independente***.

Assim como em $\mathbb{R}^n$, $\{\mathbf{v}_1, \mathbf{v}_2, \ldots, \mathbf{v}_k\}$ é linearmente independente no espaço vetorial V se e somente se

$$c_1\mathbf{v}_1 + c_2\mathbf{v}_2 + \cdots + c_k\mathbf{v}_k = \mathbf{0} \quad \text{implica que} \quad c_1 = 0, c_2 = 0, \ldots, c_k = 0$$

Temos, ainda, a formulação alternativa e útil de dependência linear a seguir.

Teorema 6.4 Um conjunto de vetores $\{\mathbf{v}_1, \mathbf{v}_2, \ldots, \mathbf{v}_k\}$ em um espaço vetorial V é linearmente dependente se e somente se pelo menos um dos vetores pode ser expresso como uma combinação linear dos demais.

Demonstração A demonstração é idêntica à do teorema 2.5.

Como um caso especial do teorema 6.4, temos que um conjunto de *dois* vetores é linearmente dependente se e somente se um dos vetores é múltiplo escalar do outro.

Exemplo 6.22 Em $\mathscr{P}_2$, o conjunto $\{1 + x + x^2, 1 - x + 3x^2, 1 + 3x - x^2\}$ é linearmente dependente, já que

$$2(1 + x + x^2) - (1 - x + 3x^2) = 1 + 3x - x^2$$

Exemplo 6.23 Em M_{22}, considere

$$A = \begin{bmatrix} 1 & 1 \\ 0 & 1 \end{bmatrix}, \quad B = \begin{bmatrix} 1 & -1 \\ 1 & 0 \end{bmatrix}, \quad C = \begin{bmatrix} 2 & 0 \\ 1 & 1 \end{bmatrix}$$

Então, $A + B = C$, e, portanto, o conjunto $\{A, B, C\}$ é linearmente dependente.

Exemplo 6.24 Em $\mathscr{F}$, o conjunto $\{\text{sen}^2 x, \cos^2 x, \cos 2x\}$ é linearmente dependente, já que

$$\cos 2x = \cos^2 x - \text{sen}^2 x$$

Exemplo 6.25 Prove que o conjunto $\{1, x, x^2, \ldots, x^n\}$ é linearmente independente em $\mathscr{P}_n$.

Solução 1 Suponha que $c_0, c_1, \ldots, c_n$ sejam escalares tais que

$$c_0 \cdot 1 + c_1 x + c_2 x^2 + \cdots + c_n x^n = 0$$

Então, o polinômio $p(x) = c_0 + c_1 x + c_2 x^2 + \cdots + c_n x^n$ vale zero para todos os valores de x. Mas um polinômio de grau no máximo n não pode ter mais do que n raízes (veja o apêndice D). Dessa forma, $p(x)$ só pode ser o polinômio identicamente nulo, o que significa que $c_0 = c_1 = c_2 = \cdots = c_n = 0$. Portanto, $\{1, x, x^2, \ldots, x^n\}$ é linearmente independente.

Solução 2 Começamos, como na primeira solução, assumindo que

$$p(x) = c_0 + c_1 x + c_2 x^2 + \cdots + c_n x^n = 0$$

Como isso vale para todo x, podemos substituir $x = 0$ para obter $c_0 = 0$. Ficamos com

$$c_1 x + c_2 x^2 + \cdots + c_n x^n = 0$$

Derivando, obtemos

$$c_1 + 2c_2x + 3c_3x^2 + \cdots + nc_nx^{n-1} = 0$$

e, calculando em $x = 0$, vemos que $c_1 = 0$. Diferenciando $2c_2x + 3c_3x^2 + \ldots + nc_nx^{n-1} = 0$ e calculando em $x = 0$, encontramos $2c_2 = 0$, portanto, $c_2 = 0$. Continuando dessa forma, vemos que $k!c_k = 0$ para $k = 0, \ldots, n$. Portanto, $c_0 = c_1 = c_2 = \cdots = c_n = 0$, e $\{1, x, x^2, \ldots, x^n\}$ é linearmente independente.

Exemplo 6.26

Em $\mathscr{P}_2$, determine se o conjunto $\{1 + x, x + x^2, 1 + x^2\}$ é linearmente independente.

Solução Sejam c_1, c_2 e c_3 escalares tais que

$$c_1(1 + x) + c_2(x + x^2) + c_3(1 + x^2) = 0$$

Então

$$(c_1 + c_3) + (c_1 + c_2)x + (c_2 + c_3)x^2 = 0$$

Isso implica que

$$\begin{aligned} c_1 + c_3 &= 0 \\ c_1 + c_2 &= 0 \\ c_2 + c_3 &= 0 \end{aligned}$$

cuja solução é $c_1 = c_2 = c_3 = 0$. Portanto, $\{1 + x, x + x^2, 1 + x^2\}$ é linearmente independente.

Observação Compare o exemplo 6.26 com o exemplo 2.23(b). O sistema de equações que aparece é exatamente o mesmo. Isso acontece por causa da correspondência entre $\mathscr{P}_2$ e $\mathbb{R}^3$, que relaciona

$$1 + x \leftrightarrow \begin{bmatrix} 1 \\ 1 \\ 0 \end{bmatrix}, \quad x + x^2 \leftrightarrow \begin{bmatrix} 0 \\ 1 \\ 1 \end{bmatrix}, \quad 1 + x^2 \leftrightarrow \begin{bmatrix} 1 \\ 0 \\ 1 \end{bmatrix}$$

e produz as colunas da matriz de coeficientes do sistema linear que temos que resolver. Dessa forma, provar que $\{1 + x, x + x^2, 1 + x^2\}$ é linearmente independente equivale a provar que

$$\left\{ \begin{bmatrix} 1 \\ 1 \\ 0 \end{bmatrix}, \begin{bmatrix} 0 \\ 1 \\ 1 \end{bmatrix}, \begin{bmatrix} 1 \\ 0 \\ 1 \end{bmatrix} \right\}$$

é linearmente independente. Mas isso pode ser feito de maneira simples, usando o Teorema Fundamental das Matrizes Invertíveis e verificando que a matriz

$$\begin{bmatrix} 1 & 0 & 1 \\ 1 & 1 & 0 \\ 0 & 1 & 1 \end{bmatrix}$$

tem posto 3.

Exemplo 6.27

Em $\mathscr{F}$, determine se o conjunto {sen x, cos x} é linearmente independente.

Solução As funções $f(x) = \text{sen}\, x$ e $g(x) = \cos x$ seriam linearmente *dependentes* se e somente se uma delas fosse um múltiplo escalar da outra. No entanto, a partir de seus gráficos, fica claro que esse não é o caso, pois, por exemplo, qualquer múltiplo não nulo $f(x) = \text{sen}\, x$ tem os mesmos zeros, nenhum dos quais é um zero de $g(x) = \cos x$.

Essa maneira de pensar nem sempre é apropriada. A seguir, explicaremos um método direto, mais computacional. Suponha que c e d sejam escalares e que

$$c\,\text{sen}x + d\cos x = 0$$

Para $x = 0$, obtemos $d = 0$, e, calculando em $x = \pi/2$, obtemos $c = 0$. Portanto o conjunto {sen x, cos x} é linearmente independente.

Apesar das definições de dependência e independência linear terem sido feitas para conjuntos *finitos* de vetores, podemos estender esses conceitos para conjuntos *infinitos*.

Um conjunto S de vetores de um espaço vetorial V é ***linearmente dependente*** se contém um número finito de vetores linearmente dependentes. Um conjunto de vetores que não é linearmente dependente é chamado de ***linearmente independente.***

Observe que, para um conjunto finito de vetores, essa é apenas a definição original. A seguir, temos um exemplo de um conjunto infinito de vetores linearmente independentes.

Exemplo 6.28

Em $\mathscr{P}$, mostre que $S = \{1, x, x^2, \ldots\}$ é linearmente independente.

Solução Suponha que exista um subconjunto finito T de S, linearmente dependente. Seja x^m a maior potência de x em T, e x^n, a menor. Então, existem escalares c_n, $c_{n+1}, \ldots, c_m$, não todos nulos, tais que

$$c_n x^n + c_{n+1}x^{n+1} + \cdots + c_m x^m = 0$$

No entanto, por um argumento semelhante ao usado no exemplo 6.25, isso implica que $c_n = c_{n+1} = \cdots = c_m = 0$, o que é uma contradição. Assim, S não pode conter um número finito de vetores linearmente dependentes. Por isso, ele é linearmente independente.

Bases

Agora podemos estender facilmente para espaços vetoriais arbitrários o conceito, tão importante, de uma base.

Definição Um subconjunto $\mathcal{B}$ de um espaço vetorial V é uma ***base*** de V se

1. $\mathcal{B}$ gera V e
2. $\mathcal{B}$ é linearmente independente .

Exemplo 6.29

Se $\mathbf{e}_i$ é a i-ésima coluna da matriz identidade $n \times n$, então $\{\mathbf{e}_1, \mathbf{e}_2, \ldots, \mathbf{e}_n\}$ é uma base para $\mathbb{R}^n$, conhecida como ***base canônica*** de $\mathbb{R}^n$.

Exemplo 6.30

$\{1, x, x^2, \ldots, x^n\}$ é uma base para $\mathscr{P}_n$, conhecida como ***base canônica*** de $\mathscr{P}_n$.

Exemplo 6.31

O conjunto $\mathcal{E} = \{E_{11}, \ldots, E_{1n}, E_{21}, \ldots, E_{2n}, E_{m1}, \ldots, E_{mn}\}$, em que as matrizes E_{ij} são as definidas no exemplo 6.18 da seção 6.1, é uma base para M_{mn}. $\mathcal{E}$ é conhecida como ***base canônica*** de M_{mn}.

Já vimos que $\mathcal{E}$ gera M_{mn}. É fácil provar que $\mathcal{E}$ é linearmente independente. (Verifique!) Assim, $\mathcal{E}$ é uma base para M_{mn}.

Exemplo 6.32

Prove que $\mathcal{B} = \{1 + x, x + x^2, 1 + x^2\}$ é uma base para $\mathscr{P}_2$.

Solução No exemplo 6.26, mostramos que $\mathcal{B}$ é linearmente independente. Para provar que $\mathcal{B}$ gera $\mathscr{P}_2$, seja $a + bx + cx^2$ um polinômio arbitrário em $\mathscr{P}_2$. Devemos mostrar que existem escalares c_1, c_2 e c_3 tais que

$$c_1(1 + x) + c_2(x + x^2) + c_3(1 + x^2) = a + bx + cx^2$$

ou, equivalentemente,

$$(c_1 + c_3) + (c_1 + c_2)x + (c_2 + c_3)x^2 = a + bx + cx^2$$

Igualando os coeficientes de acordo com as potências de x, obtemos o sistema linear

$$\begin{aligned} c_1 + c_3 &= a \\ c_1 + c_2 &= b \\ c_2 + c_3 &= c \end{aligned}$$

que tem uma solução, pois a matriz de coeficientes $\begin{bmatrix} 1 & 0 & 1 \\ 1 & 1 & 0 \\ 0 & 1 & 1 \end{bmatrix}$ tem posto 3 e, por isso, é invertível. (Não precisamos saber *qual* é a solução; só precisamos saber que ela existe.) Portanto, $\mathcal{B}$ é uma base para $\mathscr{P}_2$.

Observação Note que a matriz $\begin{bmatrix} 1 & 0 & 1 \\ 1 & 1 & 0 \\ 0 & 1 & 1 \end{bmatrix}$ é a chave para o exemplo 6.32. Podemos obtê-la imediatamente usando a correspondência entre $\mathscr{P}_2$ e $\mathbb{R}^3$, como indicado na observação feita após o exemplo 6.26.

Exemplo 6.33

Prove que $\mathcal{B} = \{1, x, x^2, \ldots\}$ é uma base para $\mathcal{P}$.

Solução No exemplo 6.28, vimos que $\mathcal{B}$ é linearmente independente. Esse conjunto também gera $\mathcal{P}$, pois todo polinômio é, claramente, uma combinação linear de (um número finito) potências de x.

Exemplo 6.34

Encontre bases para os três espaços vetoriais do exemplo 6.13:

$$\text{(a) } W_1 = \left\{\begin{bmatrix} a \\ b \\ -b \\ a \end{bmatrix}\right\} \quad \text{(b) } W_2 = \{a + bx - bx^2 + ax^3\} \quad \text{(c) } W_3 = \left\{\begin{bmatrix} a & b \\ -b & a \end{bmatrix}\right\}$$

Solução Mais uma vez, vamos trabalhar os três exemplos lado a lado para destacar as semelhanças entre eles. Em certo sentido, eles são todos *o mesmo* exemplo, mas devemos trabalhar até a seção 6.5 para tornar essa ideia precisa.

(a) Como

$$\begin{bmatrix} a \\ b \\ -b \\ a \end{bmatrix} = a\begin{bmatrix} 1 \\ 0 \\ 0 \\ 1 \end{bmatrix} + b\begin{bmatrix} 0 \\ 1 \\ -1 \\ 0 \end{bmatrix}$$

temos que $W_1 = \text{ger}(\mathbf{u}, \mathbf{v})$, sendo

$$\mathbf{u} = \begin{bmatrix} 1 \\ 0 \\ 0 \\ 1 \end{bmatrix} \quad \text{e} \quad \mathbf{v} = \begin{bmatrix} 0 \\ 1 \\ -1 \\ 0 \end{bmatrix}$$

Tendo em vista que, claramente, o conjunto $\{\mathbf{u}, \mathbf{v}\}$ é linearmente independente, ele também é uma base para W_1.

(b) Como

$$a + bx - bx^2 + ax^3 = a(1 + x^3) + b(x - x^2)$$

temos que $W_2 = \text{ger}(u(x), v(x))$, sendo

$$u(x) = 1 + x^3$$

e

$$v(x) = x - x^2$$

Tendo em vista que, claramente, o conjunto $\{u(x), v(x)\}$ é linearmente independente, ele também é uma base para W_2.

(c) Como

$$\begin{bmatrix} a & b \\ -b & a \end{bmatrix} = a\begin{bmatrix} 1 & 0 \\ 0 & 1 \end{bmatrix} + b\begin{bmatrix} 0 & 1 \\ -1 & 0 \end{bmatrix}$$

temos que $W_3 = \text{ger}(U, V)$, sendo

$$U = \begin{bmatrix} 1 & 0 \\ 0 & 1 \end{bmatrix} \quad \text{e} \quad V = \begin{bmatrix} 0 & 1 \\ -1 & 0 \end{bmatrix}$$

Tendo em vista que, claramente, o conjunto $\{U, V\}$ é linearmente independente, ele também é uma base para W_3.

Coordenadas

A seção 3.5 introduziu a ideia de coordenadas de um vetor em relação a uma base para subespaços de $\mathbb{R}^n$. Agora, vamos estender esse conceito para espaços vetoriais arbitrários.

Teorema 6.5

Seja V um espaço vetorial, e seja $\mathcal{B}$ uma base para V. Para todo vetor $\mathbf{v}$ de V, existe exatamente uma maneira de escrever $\mathbf{v}$ como uma combinação linear de vetores de $\mathcal{B}$.

Demonstração A demonstração é a mesma do teorema 3.29. Ela funciona mesmo se a base $\mathcal{B}$ for infinita, pois combinações lineares são, por definição, finitas.

A recíproca do teorema 6.5 também é verdadeira. Se $\mathcal{B}$ é um conjunto de vetores em um espaço vetorial V com a propriedade de todo vetor de V poder ser escrito de forma única como uma combinação linear de vetores de $\mathcal{B}$, então $\mathcal{B}$ é uma base para V (veja o exercício 30). Nesse sentido, a *propriedade de representação única* caracteriza uma base.

Como a representação de um vetor em relação a uma base é única, a definição a seguir faz sentido.

Definição Seja $\mathcal{B} = \{\mathbf{v}_1, \mathbf{v}_2, \ldots, \mathbf{v}_n\}$ uma base para um espaço vetorial V. Seja $\mathbf{v}$ um vetor em V, e escreva $\mathbf{v} = c_1\mathbf{v}_1 + c_2\mathbf{v}_2 + \cdots + c_n\mathbf{v}_n$. Então, $c_1, c_2, \ldots, c_n$ são as ***coordenadas de* v *relativas à base*** $\mathcal{B}$, e o vetor coluna

$$[\mathbf{v}]_{\mathcal{B}} = \begin{bmatrix} c_1 \\ c_2 \\ \vdots \\ c_n \end{bmatrix}$$

é o ***vetor de coordenadas de* v *relativo à base*** $\mathcal{B}$.

Observe que, se a base $\mathcal{B}$ de V tem n vetores, $[\mathbf{v}]_{\mathcal{B}}$ é um vetor (coluna) de $\mathbb{R}^n$.

Exemplo 6.35 Encontre o vetor de coordenadas $[p(x)]_{\mathcal{B}}$ de $p(x) = 2 - 3x + 5x^2$ relativo à base canônica $\mathcal{B} = \{1, x, x^2\}$ de $\mathcal{P}_2$.

Solução O polinômio $p(x)$ já é uma combinação linear de $1, x, x^2$, por isso

$$[p(x)]_{\mathcal{B}} = \begin{bmatrix} 2 \\ -3 \\ 5 \end{bmatrix}$$

Essa é a correspondência entre $\mathcal{P}_2$ e $\mathbb{R}^3$ sobre a qual fizemos uma observação após o exemplo 6.26, e pode ser generalizada facilmente para provar que o vetor de coordenadas de um polinômio

$$p(x) = a_0 + a_1x + a_2x^2 + \cdots + a_nx^n \quad \text{de } \mathcal{P}_n$$

relativo à base canônica $\mathcal{B} = \{1, x, x^2, \ldots, x^n\}$ é simplesmente o vetor

$$[p(x)]_{\mathcal{B}} = \begin{bmatrix} a_0 \\ a_1 \\ a_2 \\ \vdots \\ a_n \end{bmatrix} \quad \text{de } \mathbb{R}^{n+1}$$

Observação A *ordem* na qual os vetores da base aparecem em $\mathcal{B}$ afeta na ordem dos elementos de um vetor de coordenadas. Por exemplo, no exemplo 6.35, assuma que os vetores da base canônica estejam ordenados como $\mathcal{B}' = \{x^2, x, 1\}$. Então, o vetor de coordenadas de $p(x) = 2 - 3x + 5x^2$ relativo a $\mathcal{B}'$ é

$$[p(x)]_{\mathcal{B}'} = \begin{bmatrix} 5 \\ -3 \\ 2 \end{bmatrix}$$

Exemplo 6.36

Encontre o vetor de coordenadas $[A]_{\mathcal{B}}$ de $A = \begin{bmatrix} 2 & -1 \\ 4 & 3 \end{bmatrix}$ relativo à base canônica $\mathcal{B} = \{E_{11}, E_{12}, E_{21}, E_{22}\}$ de M_{22}.

Solução Como

$$A = \begin{bmatrix} 2 & -1 \\ 4 & 3 \end{bmatrix} = 2\begin{bmatrix} 1 & 0 \\ 0 & 0 \end{bmatrix} - \begin{bmatrix} 0 & 1 \\ 0 & 0 \end{bmatrix} + 4\begin{bmatrix} 0 & 0 \\ 1 & 0 \end{bmatrix} + 3\begin{bmatrix} 0 & 0 \\ 0 & 1 \end{bmatrix}$$
$$= 2E_{11} - E_{12} + 4E_{21} + 3E_{22}$$

temos
$$[A]_{\mathcal{B}} = \begin{bmatrix} 2 \\ -1 \\ 4 \\ 3 \end{bmatrix}$$

Essa é a correspondência entre M_{22} e $\mathbb{R}^4$, sobre a qual fizemos uma observação antes da introdução ao exemplo 6.13. Ela também pode ser generalizada facilmente para obtermos uma correspondência entre M_{mn} e $\mathbb{R}^{mn}$.

Exemplo 6.37

Encontre o vetor de coordenadas $[p(x)]_{\mathcal{C}}$ de $p(x) = 1 + 2x - x^2$ relativo à base $\mathcal{C} = \{1 + x, x + x^2, 1 + x^2\}$ de $\mathscr{P}_2$.

Solução Precisamos encontrar c_1, c_2 e c_3 tais que

$$c_1(1 + x) + c_2(x + x^2) + c_3(1 + x^2) = 1 + 2x - x^2$$

ou, equivalentemente,

$$(c_1 + c_3) + (c_1 + c_2)x + (c_2 + c_3)x^2 = 1 + 2x - x^2$$

Assim como no exemplo 6.32, isso significa que precisamos resolver o sistema

$$\begin{aligned} c_1 + c_3 &= 1 \\ c_1 + c_2 &= 2 \\ c_2 + c_3 &= -1 \end{aligned}$$

cuja solução é $c_1 = 2$, $c_2 = 0$, $c_3 = -1$. Portanto,

$$[p(x)]_{\mathcal{C}} = \begin{bmatrix} 2 \\ 0 \\ -1 \end{bmatrix}$$

(Esse resultado diz que $p(x) = 2(1 + x) - (1 + x^2)$. É fácil verificar que isso está correto.)

O próximo teorema prova que o processo de formar vetores de coordenadas é compatível com as operações de adição e de multiplicação por escalar do espaço vetorial.

Teorema 6.6 Seja $\mathcal{B} = \{\mathbf{v}_1, \mathbf{v}_2, \ldots, \mathbf{v}_n\}$ uma base para um espaço vetorial *V*. Sejam **u** e **v** vetores de *V*, e *a*, um escalar. Então

a. $[\mathbf{u} + \mathbf{v}]_{\mathcal{B}} = [\mathbf{u}]_{\mathcal{B}} + [\mathbf{v}]_{\mathcal{B}}$
b. $[a\mathbf{u}]_{\mathcal{B}} = a[\mathbf{u}]_{\mathcal{B}}$

Demonstração Começamos escrevendo **u** e **v** em termos dos vetores da base, digamos,

$$\mathbf{u} = c_1\mathbf{v}_1 + c_2\mathbf{v}_2 + \cdots + c_n\mathbf{v}_n \quad \text{e} \quad \mathbf{v} = d_1\mathbf{v}_1 + d_2\mathbf{v}_2 + \cdots + d_n\mathbf{v}_n$$

Então, usando propriedades de espaço vetorial, temos

$$\mathbf{u} + \mathbf{v} = (c_1 + d_1)\mathbf{v}_1 + (c_2 + d_2)\mathbf{v}_2 + \cdots + (c_n + d_n)\mathbf{v}_n$$

e

$$a\mathbf{u} = (ac_1)\mathbf{v}_1 + (ac_2)\mathbf{v}_2 + \cdots + (ac_n)\mathbf{v}_n$$

Assim,

$$[\mathbf{u} + \mathbf{v}]_{\mathcal{B}} = \begin{bmatrix} c_1 + d_1 \\ c_2 + d_2 \\ \vdots \\ c_n + d_n \end{bmatrix} = \begin{bmatrix} c_1 \\ c_2 \\ \vdots \\ c_n \end{bmatrix} + \begin{bmatrix} d_1 \\ d_2 \\ \vdots \\ d_n \end{bmatrix} = [\mathbf{u}]_{\mathcal{B}} + [\mathbf{v}]_{\mathcal{B}}$$

e

$$[a\mathbf{u}]_{\mathcal{B}} = \begin{bmatrix} ac_1 \\ ac_2 \\ \vdots \\ ac_n \end{bmatrix} = a\begin{bmatrix} c_1 \\ c_2 \\ \vdots \\ c_n \end{bmatrix} = a[\mathbf{u}]_{\mathcal{B}}$$

Um corolário imediato do teorema 6.6 afirma que vetores de coordenadas preservam combinações lineares:

$$[a_1\mathbf{u}_1 + \cdots + a_k\mathbf{u}_k]_{\mathcal{B}} = a_1[\mathbf{u}_1]_{\mathcal{B}} + \cdots + a_k[\mathbf{u}_k]_{\mathcal{B}} \tag{1}$$

No exercício 31, será pedido que você prove esse corolário.

O aspecto mais útil dos vetores de coordenadas é que eles nos permitem transferir informações de um espaço vetorial geral para $\mathbb{R}^n$, onde temos as ferramentas dos capítulos 1 a 3 à nossa disposição. Exploraremos essa ideia com algum detalhe nas seções 6.3 e 6.6. Por enquanto, temos o teorema a seguir, que é de grande utilidade.

Teorema 6.7 Seja $\mathcal{B} = \{\mathbf{v}_1, \mathbf{v}_2, \ldots, \mathbf{v}_n\}$ uma base para o espaço vetorial V, e sejam $\mathbf{u}_1, \ldots, \mathbf{u}_k$ vetores de V. Então, $\{\mathbf{u}_1, \ldots, \mathbf{u}_k\}$ é linearmente independente em V se e somente se $\{[\mathbf{u}_1]_\mathcal{B}, \ldots, [\mathbf{u}_k]_\mathcal{B}\}$ é linearmente independente em $\mathbb{R}^n$.

Demonstração Assuma que $\{\mathbf{u}_1, \ldots, \mathbf{u}_k\}$ seja linearmente independente em V e que

$$a_1[\mathbf{u}_1]_\mathcal{B} + \cdots + a_k[\mathbf{u}_k]_\mathcal{B} = \mathbf{0}$$

em $\mathbb{R}^n$. Então, usando a equação (1), temos

$$[a_1\mathbf{u}_1 + \cdots + a_k\mathbf{u}_k]_\mathcal{B} = \mathbf{0}$$

Portanto, as coordenadas do vetor $a_1\mathbf{u}_1 + \cdots + a_k\mathbf{u}_k$ relativas a $\mathcal{B}$ são todas nulas. Isto é,

$$a_1\mathbf{u}_1 + \cdots + a_k\mathbf{u}_k = 0\mathbf{v}_1 + 0\mathbf{v}_2 + \cdots + 0\mathbf{v}_n = \mathbf{0}$$

A independência linear de $\{\mathbf{u}_1, \ldots, \mathbf{u}_k\}$ implica que $a_1 = a_2 = \cdots = a_k = 0$ e, por isso, $\{[\mathbf{u}_1]_\mathcal{B}, \ldots, [\mathbf{u}_k]_\mathcal{B}\}$ é linearmente independente.

A implicação recíproca, que se utiliza de ideias análogas, é deixada para o exercício 32.

Observe que, no caso especial em que $\mathbf{u}_i = \mathbf{v}_i$, temos

$$\mathbf{v}_i = 0 \cdot \mathbf{v}_1 + \cdots + 1 \cdot \mathbf{v}_i + \cdots + 0 \cdot \mathbf{v}_n$$

portanto, $[\mathbf{v}_i]_\mathcal{B} = \mathbf{e}_i$, e $\{[\mathbf{v}_1]_\mathcal{B}, \ldots, [\mathbf{v}_n]_\mathcal{B}\} = \{\mathbf{e}_1, \ldots, \mathbf{e}_n\}$ é a base canônica de $\mathbb{R}^n$.

Dimensão

A definição de dimensão de um espaço vetorial é a mesma usada para um subespaço de $\mathbb{R}^n$: é o número de vetores em uma base do espaço. Como um espaço vetorial pode ter mais de uma base, precisamos provar que essa definição faz sentido. Isto é, precisamos estabelecer que bases diferentes de um mesmo espaço vetorial contêm o mesmo número de vetores.

O item (a) do próximo teorema generaliza o teorema 2.8.

Teorema 6.8 Seja $\mathcal{B} = \{\mathbf{v}_1, \mathbf{v}_2, \ldots, \mathbf{v}_n\}$ uma base para um espaço vetorial V.

a. Qualquer conjunto de V com mais de n vetores é linearmente dependente.
b. Qualquer conjunto de V com menos de n vetores não pode gerar V.

Demonstração Seja $\{\mathbf{u}_1, \ldots, \mathbf{u}_m\}$ um conjunto de vetores de V, com $m > n$. Então, $\{[\mathbf{u}_1]_\mathcal{B}, \ldots, [\mathbf{u}_m]_\mathcal{B}\}$ é um conjunto de $\mathbb{R}^n$ com mais de n vetores, e por isso é linearmente dependente, pelo teorema 2.8. Pelo teorema 6.7, isso implica que $\{\mathbf{u}_1, \ldots, \mathbf{u}_m\}$ também é linearmente dependente.

(b) Seja $\{\mathbf{u}_1, \ldots, \mathbf{u}_m\}$ um conjunto de vetores de V, com $m < n$. Então, $S = \{[\mathbf{u}_1]_\mathcal{B}, \ldots, [\mathbf{u}_m]_\mathcal{B}\}$ é um conjunto de $\mathbb{R}^n$ com menos de n vetores. Porém, ger$(\mathbf{u}_1, \ldots, \mathbf{u}_m) = V$ se e somente se ger$(S) = \mathbb{R}^n$ (veja o exercício 33). Mas ger(S) é exatamente o espaço coluna da matriz A, de ordem $n \times m$,

$$A = [[\mathbf{u}_1]_\mathcal{B} \cdots [\mathbf{u}_m]_\mathcal{B}]$$

Portanto, $\dim(\text{ger}(S)) = \dim(\text{col}(A)) \leq m < n$. Disso segue que S não pode gerar $\mathbb{R}^n$. Logo, $\{\mathbf{u}_1, \ldots, \mathbf{u}_m\}$ não gera V.

A seguir, iremos estender o teorema 3.23.

Teorema 6.9 **O Teorema da Base**

Se um espaço vetorial V tem uma base com n vetores, toda base de V tem exatamente n vetores.

A demonstração do teorema 3.23 também funciona aqui, praticamente palavra por palavra. Entretanto, é mais fácil usar o teorema 6.8.

Demonstração Seja $\mathcal{B}$ uma base para V com n vetores, e seja $\mathcal{B}'$ uma outra base para V com m vetores. Pelo teorema 6.8, $m \leq n$, caso contrário, $\mathcal{B}'$ seria linearmente dependente.

Usamos agora o teorema 6.8 trocando os papéis de $\mathcal{B}$ e de$\mathcal{B}'$. Como $\mathcal{B}'$ é uma base de V com m vetores, o teorema 6.8 implica que qualquer conjunto com mais de m vetores de V é linearmente dependente. Segue que $n \leq m$, pois $\mathcal{B}$ é uma base e, portanto, é linearmente independente.

Como $n \leq m$ e $m \leq n$, devemos ter $n = m$, como afirmamos.

A definição a seguir agora faz sentido, uma vez que o número de vetores em uma base (finita) não depende da escolha da base.

Definição Dizemos que um espaço vetorial V tem ***dimensão finita*** se ele admite uma base formada por uma quantidade finita de vetores. A ***dimensão*** de V, denotada por dim V, é a quantidade de vetores em uma base de V. A dimensão do espaço vetorial nulo $\{\mathbf{0}\}$ é definida como sendo zero. Um espaço vetorial que não tem base finita é um espaço vetorial de ***dimensão infinita***.

Exemplo 6.38

Como a base canônica de $\mathbb{R}^n$ tem n vetores, dim $\mathbb{R}^n = n$. No caso de $\mathbb{R}^3$, um subespaço unidimensional é exatamente o subespaço gerado por um único vetor não nulo, logo, uma reta que passa pela origem. Um subespaço bidimensional é gerado por sua base formada por dois vetores linearmente independentes (isto é, não paralelos) e, portanto, é um plano que contém a origem. Pelo Teorema Fundamental, quaisquer três vetores linearmente independentes necessariamente geram $\mathbb{R}^3$. Assim, os subespaços de $\mathbb{R}^3$ estão completamente classificados de acordo com a dimensão, como mostrado na tabela 6.1.

Tabela 6.1

dim V	V
3	$\mathbb{R}^3$
2	Plano que contém a origem
1	Reta que contém a origem
0	$\{\mathbf{0}\}$

Exemplo 6.39

A base canônica de $\mathscr{P}_n$ contém $n + 1$ vetores (veja o exemplo 6.30). Portanto, dim $\mathscr{P}_n = n + 1$.

Exemplo 6.40

A base canônica de M_{mn} contém mn vetores (veja o exemplo 6.31). Portanto, $\dim M_{mn} = mn$.

Exemplo 6.41

$\mathscr{P}$ e $\mathscr{F}$ têm dimensão infinita, uma vez que cada um deles contém o conjunto infinito $\{1, x, x^2, ...\}$ que é linearmente independente (veja o exercício 44).

Exemplo 6.42

Determine a dimensão do espaço vetorial W formado pelas matrizes simétricas 2×2 (veja o exemplo 6.10).

Solução Uma matriz simétrica 2×2 é da forma

$$\begin{bmatrix} a & b \\ b & c \end{bmatrix} = a\begin{bmatrix} 1 & 0 \\ 0 & 0 \end{bmatrix} + b\begin{bmatrix} 0 & 1 \\ 1 & 0 \end{bmatrix} + c\begin{bmatrix} 0 & 0 \\ 0 & 1 \end{bmatrix}$$

Portanto, W é gerado pelo conjunto

$$S = \left\{\begin{bmatrix} 1 & 0 \\ 0 & 0 \end{bmatrix}, \begin{bmatrix} 0 & 1 \\ 1 & 0 \end{bmatrix}, \begin{bmatrix} 0 & 0 \\ 0 & 1 \end{bmatrix}\right\}$$

Se S for linearmente independente, será uma base para W. Fazendo

$$a\begin{bmatrix} 1 & 0 \\ 0 & 0 \end{bmatrix} + b\begin{bmatrix} 0 & 1 \\ 1 & 0 \end{bmatrix} + c\begin{bmatrix} 0 & 0 \\ 0 & 1 \end{bmatrix} = \begin{bmatrix} 0 & 0 \\ 0 & 0 \end{bmatrix}$$

obtemos

$$\begin{bmatrix} a & b \\ b & c \end{bmatrix} = \begin{bmatrix} 0 & 0 \\ 0 & 0 \end{bmatrix}$$

do que resulta imediatamente que $a = b = c = 0$. Consequentemente, S é linearmente independente e, portanto, é uma base para W. Concluímos que $\dim W = 3$.

A dimensão de um espaço vetorial é seu "número mágico". Conhecer a dimensão de um espaço vetorial V nos dá muita informação sobre V e pode simplificar enormemente o trabalho necessário em certos tipos de cálculos, como ilustram os teoremas e exemplos a seguir.

Teorema 6.10

Seja V um espaço vetorial com $\dim V = n$. Então:

a. Qualquer conjunto linearmente independente em V contém no máximo n vetores.
b. Qualquer conjunto gerador de V contém no mínimo n vetores.
c. Qualquer conjunto linearmente independente em V com exatamente n vetores é uma base de V.
d. Qualquer conjunto gerador de V com exatamente n vetores, é uma base para V.
e. Qualquer conjunto linearmente independente em V pode ser estendido para uma base de V.
f. Qualquer conjunto gerador de V pode ser reduzido a uma base de V.

Demonstração As demonstrações das propriedades (a) e (b) são consequências das partes (a) e (b) do teorema 6.8, respectivamente.

(c) Seja S um conjunto linearmente independente com exatamente n vetores de V. Se S não gera V, existe algum vetor $\mathbf{v}$ em V que não é uma combinação linear dos vetores em S. Juntando $\mathbf{v}$ a S, produzimos um conjunto S' com $n + 1$ vetores, que ainda é linearmente independente (veja o exercício 54). Mas isso é impossível, pelo teorema 6.8(a). Concluímos que S gera V e, portanto, é uma base para V.

(d) Seja S um conjunto gerador de V que contém exatamente n vetores. Se S fosse linearmente dependente, algum vetor $\mathbf{v}$ em S seria uma combinação linear dos demais. Tirando $\mathbf{v}$ do conjunto, ficamos com um conjunto S', com $n - 1$ vetores, que ainda gera V (veja o exercício 55). Mas isso é impossível, pelo teorema 6.8(b). Concluímos que S é linearmente independente e, portanto, uma base para V.

(e) Seja S um conjunto linearmente independente de vetores em V. Se S gera V, ele é uma base para V e, pelo Teorema da Base, consiste exatamente em n vetores. Se S não gera V, então, como na demonstração da propriedade (c), existe algum vetor $\mathbf{v}$ em V que não é uma combinação linear dos vetores em S. Juntando $\mathbf{v}$ a S, produzimos um conjunto S' que ainda é linearmente independente. Se S' ainda não gera V, podemos repetir o processo e expandi-lo para um conjunto maior, linearmente independente. Em algum momento esse processo deve parar, pois, pelo teorema 6.8(a), nenhum conjunto linearmente independente em V pode conter mais do que n vetores. Quando o processo termina, temos um conjunto linearmente independente, S^*, que contém S e gera V. Portanto, S^* é uma base para V que estende S.

(f) Pediremos que você prove essa propriedade no exercício 56.

Você deve encarar o teorema 6.10, em parte, como um mecanismo para poupar trabalho. Em muitas ocasiões, ele pode diminuir incrivelmente a quantidade de trabalho necessário para verificar se um conjunto de vetores é linearmente independente, se é um conjunto gerador ou se é uma base.

Exemplo 6.43 Em cada caso, determine se S é uma base de V.

(a) $V = \mathscr{P}_2$, $S = \{1 + x, 2 - x + x^2, 3x - 2x^2, -1 + 3x + x^2\}$

(b) $V = M_{22}$, $S = \left\{\begin{bmatrix}1 & 0\\1 & 1\end{bmatrix}, \begin{bmatrix}0 & -1\\1 & 0\end{bmatrix}, \begin{bmatrix}1 & 1\\0 & -1\end{bmatrix}\right\}$

(c) $V = \mathscr{P}_2$, $S = \{1 + x, x + x^2, 1 + x^2\}$

Solução (a) Como $\dim(\mathscr{P}_2) = 3$ e S contém quatro vetores, pelo teorema 6.10(a), S é linearmente dependente. Segue que S não é uma base para $\mathscr{P}_2$.

(b) Como $\dim(M_{22}) = 4$ e S contém três vetores, pelo teorema 6.10(b), S não pode gerar M_{22}. Segue que S não é uma base para M_{22}.

(c) Como $\dim(\mathscr{P}_2) = 3$ e S contém três vetores, pelo teorema 6.10(c) ou (d), S será uma base para $\mathscr{P}_2$ se for linearmente independente ou se gerar $\mathscr{P}_2$. É mais fácil provar que S é linearmente independente; fizemos isso no exemplo 6.26. Portanto, S é uma base para $\mathscr{P}_2$. (Esse é o mesmo problema do exemplo 6.32, mas observe quão simples ele se torna quando usamos o teorema 6.10!)

Exemplo 6.44 Estenda $\{1 + x, 1 - x\}$ a uma base de $\mathscr{P}_2$.

Solução Observe que $\{1 + x, 1 - x\}$ é linearmente independente. (Por quê?) Como $\dim(\mathscr{P}_2) = 3$, precisamos de um terceiro vetor, um que não dependa linearmente dos dois primeiros. Poderíamos proceder como na demonstração do teorema 6.10(e) e usar o método de tentativa e erro para encontrar um vetor desses. Entretanto, na prática, é mais fácil proceder de outra maneira.

Vamos aumentar o conjunto de vetores dado, juntando *toda* a base canônica de $\mathscr{P}_2$. Obtemos

$$S = \{1 + x, 1 - x, 1, x, x^2\}$$

Agora, de acordo com o teorema 6.10(a), S é linearmente dependente, portanto, precisamos deixar de lado alguns vetores, neste caso, dois. Quais? Usamos o teorema 6.10(f), começando com primeiro vetor adicionado, 1. Como $1 = \frac{1}{2}(1 + x) + \frac{1}{2}(1 - x)$, o conjunto $\{1 + x, 1 - x, 1\}$ é linearmente dependente. Por isso descartamos o 1. De maneira análoga, $x = \frac{1}{2}(1 + x) - \frac{1}{2}(1 - x)$, portanto, $\{1 + x, 1 - x, x\}$ também é linearmente dependente. Finalmente, verificamos que $\{1 + x, 1 - x, x^2\}$ é linearmente independente. (Você consegue ver uma maneira rápida de justificar isso?) Portanto, $\{1 + x, 1 - x, x^2\}$ é uma base para $\mathscr{P}_2$ que estende $\{1 + x, 1 - x\}$.

No exemplo 6.42, o espaço vetorial W das matrizes simétricas 2×2 é um subespaço do espaço vetorial M_{22} formado por todas as matrizes 2×2. Como provamos, $\dim W = 3 \leq 4 = \dim M_{22}$. Esse é um exemplo de um resultado geral, como mostra o último teorema desta seção.

Teorema 6.11 Seja W um subespaço de um espaço vetorial V de dimensão finita. Então:

a. W é de dimensão finita e $\dim W \leq \dim V$.
b. $\dim W = \dim V$ se e somente de $W = V$.

Demonstração (a) Seja $n = \dim V$. Se $W = \{\mathbf{0}\}$, então $\dim W = 0 \leq n = \dim V$. Se W é não nulo, qualquer base $\mathcal{B}$ para V (com n vetores) certamente gera W, já que W está contido em V. Mas $\mathcal{B}$ pode ser reduzida a uma base $\mathcal{B}'$ de W (com no máximo n vetores), pelo teorema 6.10(f). Segue que W é de dimensão finita e $\dim(W) \leq n = \dim V$.

(b) Se $W = V$, certamente $\dim W = \dim V$. Por outro lado, se $\dim W = \dim V = n$, qualquer base $\mathcal{B}$ para W contém exatamente n vetores. Mas então esses são n vetores linearmente independentes em V, e, pelo teorema 6.10(c), segue que formam uma base para V. Portanto, $V = \text{ger}(\mathcal{B}) = W$.

Exercícios 6.2

Nos exercícios de 1 a 4, teste se os conjuntos de matrizes são linearmente independentes em M_{22}. Para os que forem linearmente dependentes, expresse uma das matrizes como combinação linear das demais.

1. $\left\{\begin{bmatrix} 1 & 1 \\ 0 & -1 \end{bmatrix}, \begin{bmatrix} 1 & -1 \\ 1 & 0 \end{bmatrix}, \begin{bmatrix} 1 & 0 \\ 3 & 2 \end{bmatrix}\right\}$

2. $\left\{\begin{bmatrix} 2 & -3 \\ 4 & 2 \end{bmatrix}, \begin{bmatrix} 1 & -1 \\ 3 & 3 \end{bmatrix}, \begin{bmatrix} -1 & 3 \\ 1 & 5 \end{bmatrix}\right\}$

3. $\left\{\begin{bmatrix} -1 & 1 \\ -2 & 2 \end{bmatrix}, \begin{bmatrix} 3 & 0 \\ 1 & 1 \end{bmatrix}, \begin{bmatrix} 0 & 2 \\ -3 & 1 \end{bmatrix}, \begin{bmatrix} -1 & 0 \\ -1 & 7 \end{bmatrix}\right\}$

4. $\left\{\begin{bmatrix} 1 & 1 \\ 0 & 1 \end{bmatrix}, \begin{bmatrix} 1 & 0 \\ 1 & 1 \end{bmatrix}, \begin{bmatrix} 0 & 1 \\ 1 & 1 \end{bmatrix}, \begin{bmatrix} 1 & 1 \\ 1 & 0 \end{bmatrix}\right\}$

Nos exercícios de 5 a 9, teste se os conjuntos de polinômios são linearmente independentes. Para os que forem linearmente dependentes, expresse um dos polinômios como combinação linear dos demais.

5. $\{x, 1 + x\}$ em $\mathscr{P}_1$

6. $\{1 + x, 1 + x^2, 1 - x + x^2\}$ em $\mathscr{P}_2$

7. $\{x, 2x - x^2, 3x + 2x^2\}$ em $\mathscr{P}_2$

8. $\{2x, x - x^2, 1 + x^3, 2 - x^2 + x^3\}$ em $\mathscr{P}_3$

9. $\{1 - 2x, 3x + x^2 - x^3, 1 + x^2 + 2x^3, 3 + 2x + 3x^3\}$ em $\mathscr{P}_3$

Nos exercícios de 10 a 14, teste se os conjuntos de funções são linearmente independentes em $\mathscr{F}$. Para os que forem linearmente dependentes, expresse uma das funções como combinação linear das demais.

10. $\{1, \text{sen } x, \cos x\}$ **11.** $\{1, \text{sen}^2 x, \cos^2 x\}$

12. $\{e^x, e^{-x}\}$ **13.** $\{1, \ln(2x), \ln(x^2)\}$

14. $\{\text{sen } x, \text{sen } 2x, \text{sen } 3x\}$

15. Se f e g estão em $\mathscr{C}^{(1)}$, o espaço vetorial de todas as funções com derivadas contínuas, então o determinante

$$W(x) = \begin{vmatrix} f(x) & g(x) \\ f'(x) & g'(x) \end{vmatrix}$$

é conhecido como ***Wronskiano*** de f e g [em homenagem ao matemático franco-polonês Jósef Maria Hoëné-Wronski (1776-1853), que trabalhou em teoria dos determinantes e em filosofia da matemática]. Prove que f e g são linearmente independentes, se seu Wronskiano não for identicamente nulo [isto é, se existir algum x tal que $W(x) \neq 0$].

16. Em geral, o Wronskiano de $f_1, \ldots, f_n$ pertencentes a $\mathscr{C}^{(n-1)}$ é o determinante

$$W(x) = \begin{vmatrix} f_1(x) & f_2(x) & \cdots & f_n(x) \\ f_1'(x) & f_2'(x) & \cdots & f_n'(x) \\ \vdots & \vdots & \ddots & \vdots \\ f_1^{(n-1)}(x) & f_2^{(n-1)}(x) & \cdots & f_n^{(n-1)}(x) \end{vmatrix}$$

e $f_1, \ldots, f_n$ são linearmente independentes se $W(x)$ não for identicamente nulo. Refaça os exercícios de 10 a 14 usando o teste do Wronskiano.

17. Seja $\{\mathbf{u}, \mathbf{v}, \mathbf{w}\}$ um conjunto de vetores linearmente independentes em um espaço vetorial V.

(a) $\{\mathbf{u} + \mathbf{v}, \mathbf{v} + \mathbf{w}, \mathbf{u} + \mathbf{w}\}$ é linearmente independente? Ou prove que é ou dê um contraexemplo para mostrar que não é.

(b) $\{\mathbf{u} - \mathbf{v}, \mathbf{v} - \mathbf{w}, \mathbf{u} - \mathbf{w}\}$ é linearmente independente? Ou prove que é ou dê um contraexemplo para mostrar que não é.

Nos exercícios de 18 a 25, determine se o conjunto $\mathcal{B}$ é uma base para o espaço vetorial V.

$V = M_{22}$, $\mathcal{B} = \left\{\begin{bmatrix} 1 & 0 \\ 0 & 1 \end{bmatrix}, \begin{bmatrix} 1 & 1 \\ 1 & 0 \end{bmatrix}, \begin{bmatrix} 1 & -1 \\ -1 & 1 \end{bmatrix}\right\}$

$V = M_{22}$, $\mathcal{B} = \left\{\begin{bmatrix} 1 & 0 \\ 0 & 1 \end{bmatrix}, \begin{bmatrix} 0 & -1 \\ 1 & 0 \end{bmatrix}, \begin{bmatrix} 1 & 1 \\ 1 & 1 \end{bmatrix}, \begin{bmatrix} 1 & 1 \\ 1 & -1 \end{bmatrix}\right\}$

20. $V = M_{22}$,

$\mathcal{B} = \left\{\begin{bmatrix} 1 & 0 \\ 0 & 1 \end{bmatrix}, \begin{bmatrix} 0 & 1 \\ 1 & 0 \end{bmatrix}, \begin{bmatrix} 1 & 1 \\ 0 & 1 \end{bmatrix}, \begin{bmatrix} 1 & 0 \\ 1 & 1 \end{bmatrix}\right\}$

21. $V = M_{22}$,

$\mathcal{B} = \left\{\begin{bmatrix} 1 & 2 \\ 2 & 1 \end{bmatrix}, \begin{bmatrix} 2 & 1 \\ 1 & 2 \end{bmatrix}, \begin{bmatrix} 1 & 3 \\ -3 & 1 \end{bmatrix}, \begin{bmatrix} 2 & 3 \\ 3 & 1 \end{bmatrix}, \begin{bmatrix} 1 & 2 \\ 3 & 2 \end{bmatrix}\right\}$

22. $V = \mathscr{P}_2$, $\mathcal{B} = \{x, 1 + x, x - x^2\}$

23. $V = \mathscr{P}_2$, $\mathcal{B} = \{1 - x, 1 - x^2, x - x^2\}$

24. $V = \mathscr{P}_2$, $\mathcal{B} = \{1, 1 + 2x + 3x^2\}$

25. $V = \mathscr{P}_2$, $\mathcal{B} = \{1, 2 - x, 3 - x^2, x + 2x^2\}$

26. Encontre o vetor de coordenadas de $A = \begin{bmatrix} 1 & 2 \\ 3 & 4 \end{bmatrix}$ relativo à base $\mathcal{B} = \{E_{22}, E_{21}, E_{12}, E_{11}\}$ de M_{22}.

27. Encontre o vetor de coordenadas de $A = \begin{bmatrix} 1 & 2 \\ 3 & 4 \end{bmatrix}$ relativo à base $\mathcal{B} = \left\{\begin{bmatrix} 1 & 0 \\ 0 & 0 \end{bmatrix}, \begin{bmatrix} 1 & 1 \\ 0 & 0 \end{bmatrix}, \begin{bmatrix} 1 & 1 \\ 1 & 0 \end{bmatrix}, \begin{bmatrix} 1 & 1 \\ 1 & 1 \end{bmatrix}\right\}$ de M_{22}.

28. Encontre o vetor de coordenadas de $p(x) = 1 + 2x + 3x^2$ relativo à base $\mathcal{B} = \{1 + x, 1 - x, x^2\}$ de $\mathscr{P}_2$.

29. Encontre o vetor de coordenadas de $p(x) = 2 - x + 3x^2$ relativo à base $\mathcal{B} = \{1, 1 + x, -1 + x^2\}$ de $\mathscr{P}_2$.

30. Seja $\mathcal{B}$ um conjunto de vetores em um espaço vetorial V satisfazendo a seguinte propriedade: todo vetor de V pode ser escrito, de forma única, como combinação linear dos vetores de $\mathcal{B}$. Prove que $\mathcal{B}$ é uma base de V.

31. Seja $\mathcal{B}$ uma base para um espaço vetorial V, sejam $\mathbf{u}_1, \ldots, \mathbf{u}_k$ vetores de V e sejam $a_1, \ldots, a_k$ escalares. Prove que $[a_1\mathbf{u}_1 + \ldots + a_k\mathbf{u}_k]_{\mathcal{B}} = [a_1\mathbf{u}_1]_{\mathcal{B}} + \ldots + [a_k\mathbf{u}_k]_{\mathcal{B}}$.

32. Termine a demonstração do teorema 6.7 provando que, se $\{[\mathbf{u}_1]_{\mathcal{B}}, \ldots, [\mathbf{u}_k]_{\mathcal{B}}\}$ é linearmente independente em $\mathbb{R}^n$, $\{\mathbf{u}_1, \ldots, \mathbf{u}_k\}$ é linearmente independente em V.

33. Seja $\{\mathbf{u}_1, \ldots, \mathbf{u}_m\}$ um conjunto de vetores de um espaço vetorial V de dimensão n, e seja $\mathcal{B}$ uma base de V. Seja $S = \{[\mathbf{u}_1]_{\mathcal{B}}, \ldots, [\mathbf{u}_m]_{\mathcal{B}}\}$ o conjunto dos vetores de coordenadas de $\{\mathbf{u}_1, \ldots, \mathbf{u}_m\}$ relativos a $\mathcal{B}$. Prove que $\text{ger}(\mathbf{u}_1, \ldots, \mathbf{u}_m) = V$ se e somente se $\text{ger}(S) = \mathbb{R}^n$.

Nos exercícios de 34 a 39, encontre a dimensão do espaço vetorial V e dê uma base para V.

34. $V = \{p(x) \text{ em } \mathscr{P}_2 : p(0) = 0\}$

35. $V = \{p(x) \text{ em } \mathscr{P}_2 : p(1) = 0\}$

36. $V = \{p(x) \text{ em } \mathscr{P}_2 : xp'(x) = p(x)\}$

37. $V = \{A \text{ em } M_{22} : A \text{ é triangular superior}\}$

38. $V = \{A \text{ em } M_{22} : A \text{ é antissimétrica}\}$

39. $V = \{A \text{ em } M_{22} : AB = BA\}$, para $B = \begin{bmatrix} 1 & 1 \\ 0 & 1 \end{bmatrix}$

40. Encontre uma fórmula para a dimensão do espaço vetorial das matrizes simétricas $n \times n$.

41. Encontre uma fórmula para a dimensão do espaço vetorial das matrizes antissimétricas $n \times n$.

42. Sejam U e W subespaços de um espaço vetorial V de dimensão finita. Prove a ***Identidade de Grassmann***:

$$\dim(U + W) = \dim U + \dim W - \dim(U \cap W)$$

[*Sugestão:* O subespaço $U + W$ foi definido no exercício 48 da seção 6.1. Seja $\mathcal{B} = \{v_1, \ldots, v_k\}$ uma base para $U \cap W$. Estenda $\mathcal{B}$ até uma base $\mathcal{C}$ de U e uma base $\mathcal{D}$ de W. Prove que $\mathcal{C} \cup \mathcal{D}$ é uma base de $U + W$.]

43. Sejam U e V espaços vetoriais de dimensão finita.

(a) Encontre uma fórmula para $\dim(U \times V)$ em termos de $\dim U$ e $\dim V$. (Veja o exercício 49 da seção 6.1.)

(b) Se W é um subespaço de V, mostre que $\dim \Delta = \dim W$, sendo $\Delta = \{(\mathbf{w}, \mathbf{w}) : \mathbf{w} \text{ está em } W\}$.

44. Prove que o espaço vetorial $\mathscr{P}$ tem dimensão infinita. [*Sugestão:* suponha que ele tenha uma base finita. Mostre que existe um polinômio que não é uma combinação linear dessa base.]

45. Estenda $\{1 + x, 1 + x + x^2\}$ a uma base de $\mathscr{P}_2$.

46. Estenda $\left\{\begin{bmatrix} 0 & 1 \\ 0 & 1 \end{bmatrix}, \begin{bmatrix} 1 & 1 \\ 0 & 1 \end{bmatrix}\right\}$ a uma base de M_{22}.

47. Estenda $\left\{\begin{bmatrix} 1 & 0 \\ 0 & 1 \end{bmatrix}, \begin{bmatrix} 0 & 1 \\ 1 & 0 \end{bmatrix}, \begin{bmatrix} 0 & -1 \\ 1 & 0 \end{bmatrix}\right\}$ a uma base de M_{22}.

48. Estenda $\left\{\begin{bmatrix} 1 & 0 \\ 0 & 1 \end{bmatrix}, \begin{bmatrix} 0 & 1 \\ 1 & 0 \end{bmatrix}\right\}$ a uma base do espaço vetorial das matrizes simétricas 2×2.

49. Encontre uma base para ger$(1, 1 + x, 2x)$ em $\mathscr{P}_1$.

50. Encontre uma base para ger$(1 - 2x, 2x - x^2, 1 - x^2, 1 + x^2)$ em $\mathscr{P}_2$.

51. Encontre uma base para ger$(1 - x, x - x^2, 1 - x^2, 1 - 2x + x^2)$ em $\mathscr{P}_2$.

52. Encontre uma base para ger$\left(\begin{bmatrix} 1 & 0 \\ 0 & 1 \end{bmatrix}, \begin{bmatrix} 0 & 1 \\ 1 & 0 \end{bmatrix}, \begin{bmatrix} -1 & 1 \\ 1 & -1 \end{bmatrix}, \begin{bmatrix} 1 & -1 \\ -1 & 1 \end{bmatrix}\right)$ em M_{22}.

53. Encontre uma base para ger$(\operatorname{sen}^2 x, \cos^2 x, \cos 2x)$ em $\mathscr{F}$.

54. Seja $S = \{\mathbf{v}_1, \ldots, \mathbf{v}_n\}$ um conjunto linearmente independente em um espaço vetorial V. Prove que se $\mathbf{v}$ é um vetor de V que não pertence a ger(S) então $S' = \{\mathbf{v}_1, \ldots, \mathbf{v}_n, \mathbf{v}\}$ ainda é linearmente independente.

55. Seja $S = \{\mathbf{v}_1, \ldots, \mathbf{v}_n\}$ um conjunto gerador para um espaço vetorial V. Prove que, se $\mathbf{v}_n$ está em ger$(\mathbf{v}_1, \ldots, \mathbf{v}_{n-1})$ então $S' = \{\mathbf{v}_1, \ldots, \mathbf{v}_{n-1}\}$ ainda é um conjunto gerador para V.

56. Prove o teorema 6.10(f).

57. Seja $\{\mathbf{v}_1, \ldots, \mathbf{v}_n\}$ uma base para um espaço vetorial V, e sejam $c_1, \ldots, c_n$ escalares não nulos. Prove que $\{c_1\mathbf{v}_1, \ldots, c_n\mathbf{v}_n\}$ também é uma base para V.

58. Seja $\{\mathbf{v}_1, \ldots, \mathbf{v}_n\}$ uma base para um espaço vetorial V. Prove que

$$\{\mathbf{v}_1, \mathbf{v}_1 + \mathbf{v}_2, \mathbf{v}_1 + \mathbf{v}_2 + \mathbf{v}_3, \ldots, \mathbf{v}_1 + \cdots + \mathbf{v}_n\}$$

também é uma base para V.

Considere $n + 1$ números reais distintos $a_0, a_1, \ldots, a_n$. Defina polinômios $p_0(x), p_1(x), \ldots, p_n(x)$ por

$$p_i(x) = \frac{(x - a_0)\cdots(x - a_{i-1})(x - a_{i+1})\cdots(x - a_n)}{(a_i - a_0)\cdots(a_i - a_{i-1})(a_i - a_{i+1})\cdots(a_i - a_n)}$$

*Esses são conhecidos como **polinômios de Lagrange** associados a $a_0, a_1, \ldots, a_n$. [Joseph-Louis Lagrange (1736-1813) nasceu na Itália, mas passou a maior parte de sua vida na Alemanha e na França. Fez contribuições muito importantes à teoria dos números, à álgebra, à astronomia, à mecânica e ao cálculo de variações. Em 1773, Lagrange foi o primeiro a interpretar um determinante como um volume (veja o capítulo 4).]*

59. (a) Calcule os polinômios de Lagrange associados aos números $a_0 = 1$, $a_1 = 2$ e $a_2 = 3$.

(b) Prove que, em geral,

$$p_i(a_j) = \begin{cases} 0 & \text{se } i \neq j \\ 1 & \text{se } i = j \end{cases}$$

60. (a) Prove que o conjunto $\mathcal{B} = \{p_0(x), p_1(x), \ldots, p_n(x)\}$ dos polinômios de Lagrange é linearmente independente em $\mathscr{P}_n$. [*Sugestão:* tome $c_0p_0(x) + \cdots + c_np_n(x) = 0$ e use o exercício 59(b).]

(b) Deduza que $\mathcal{B}$ é uma base para $\mathscr{P}_n$.

61. Se $q(x)$ é um polinômio arbitrário em $\mathscr{P}_n$, conclui-se, pelo exercício 60(b), que

$$q(x) = c_0p_0(x) + \cdots + c_np_n(x) \qquad (1)$$

para certos escalares $c_0, \ldots, c_n$.

(a) Prove que $c_i = q(a_i)$ para $i = 0, \ldots, n$, e deduza que $q(x) = q(a_0)p_0(x) + \cdots + q(a_n)p_n(x)$ é a única representação de $q(x)$ relativa à base $\mathcal{B}$.

(b) Prove que, para quaisquer $n + 1$ pontos (a_0, c_0), $(a_1, c_1), \ldots, (a_n, c_n)$ cujas abscissas são distintas, a função $q(x)$ definida pela equação (1) é o único polinômio de grau menor ou igual a n que passa por todos esses pontos. Essa fórmula é conhecida como ***fórmula de interpolação de Lagrange.*** (Compare-a com o problema 19 que aparece na Investigação: Aplicações Geométricas dos Determinantes, no capítulo 4.)

(c) Use a fórmula de interpolação de Lagrange para encontrar o polinômio de grau menor ou igual a 2 que passa pelos pontos

(i) $(1, 6), (2, -1)$, e $(3, -2)$

(ii) $(-1, 10), (0, 5)$, e $(3, 2)$

62. Use a fórmula de interpolação de Lagrange para provar que se um polinômio em $\mathcal{P}_n$ tem $n + 1$ raízes então ele é o polinômio nulo.

63. Encontre uma fórmula para o número de matrizes invertíveis em $M_{nn}(\mathbb{Z}_p)$. [*Sugestão:* isso é o mesmo que determinar o número de bases diferentes para $\mathbb{Z}_p^n$. (Por quê?) Conte o número de maneiras de se construir uma base para $\mathbb{Z}_p^n$, um vetor por vez.]

Investigação

Quadrados Mágicos

A gravura apresentada na página 461 é a *Melancolia I* (1514), de Albrecht Durer. Entre vários artefatos matemáticos que se encontram nesta gravura está um quadro de números na parede, no canto superior direito. (Ele é mostrado ampliado no detalhe.) Qualquer tabela de números como essa é conhecida como ***quadrado mágico***. Podemos imaginá-lo como uma matriz 4×4

$$\begin{bmatrix} 16 & 3 & 2 & 13 \\ 5 & 10 & 11 & 8 \\ 9 & 6 & 7 & 12 \\ 4 & 15 & 14 & 1 \end{bmatrix}$$

Observe que a soma dos números em cada linha, em cada coluna e em ambas as diagonais é a mesma: 34. Além disso, observe que os elementos são os inteiros 1, 2, . . . , 16. (É digno de nota como Durer foi sagaz colocando o 15 e o 14 lado a lado na última linha, registrando, dessa forma, a data da gravura.) Essas observações conduzem à próxima definição.

Definição Uma matriz M de ordem $n \times n$ é chamada ***quadrado mágico*** se a soma dos elementos em cada linha, cada coluna e em ambas as diagonais é a mesma. Essa soma comum é chamado ***peso*** de M e denotado por $\mathrm{p}(M)$. Se M é um quadrado mágico $n \times n$ que contém cada um dos elementos 1, 2, . . . , n^2 exatamente uma vez, então M é conhecido como um ***quadrado mágico clássico***.

1. Se M é um quadrado mágico clássico $n \times n$, mostre que

$$\mathrm{p}(M) = \frac{n(n^2 + 1)}{2}$$

(*Sugestão:* use o exercício 51 da seção 2.4.)

2. Dê um exemplo de um quadrado mágico clássico 3×3. Encontre outro, diferente. Seus dois exemplos são relacionados de alguma forma?

Burstein Collection/CORBIS

Burstein Collection/CORBIS

3. Obviamente, uma matriz 3×3 com todos os seus elementos iguais a $\frac{1}{3}$ é um quadrado mágico com peso igual a 1. Usando sua resposta ao problema 2, encontre um quadrado mágico 3×3 com peso 1, *tendo todos os seus elementos diferentes uns dos outros.* Descreva um método para construir um quadrado mágico 3×3 com elementos distintos e peso p, para qualquer número real p dado.

Denote por Mag_n o conjunto de todos os quadrados mágicos de ordem $n \times n$ e seja $Mag_n{}^0$ o conjunto de todos os quadrados mágicos $n \times n$ de peso 0.

4. (a) Prove que Mag_3 é um subespaço de M_{33}.
   (b) Prove que Mag_3^0 é um subespaço de Mag_3.

5. Use os problemas 3 e 4 para provar que, se M é um quadrado mágico 3×3 com peso p, então podemos descrever M como

$$M = M_0 + kJ$$

em que M_0 é um quadrado mágico de peso 0, J é uma matriz 3×3 formada apenas por 1s e k é um escalar. Qual deve ser o valor de k? [*Sugestão:* Mostre que $M - kJ$ está em $Mag_3{}^0$ para um valor apropriado de k.]

Vamos tentar encontrar uma maneira de descrever *todos* os quadrados mágicos 3×3. Seja

$$M = \begin{bmatrix} a & b & c \\ d & e & f \\ g & h & i \end{bmatrix}$$

um quadrado mágico com peso 0. As condições sobre as linhas, colunas e diagonais originam um sistema de oito equações lineares homogêneas nas variáveis $a, b, \ldots, i$.

6. Escreva esse sistema de equações e resolva-o. [*Observação:* o uso de um CAS irá facilitar as contas.]

7. Determine a dimensão de Mag_3^0. *Sugestão*: Usando uma substituição, se necessário, use sua solução ao problema 6 para mostrar que M pode ser escrito na forma

$$M = \begin{bmatrix} s & -s-t & t \\ -s+t & 0 & s-t \\ -t & s+t & -s \end{bmatrix}$$

8. Determine a dimensão de Mag_3. [*Sugestão:* Combine os resultados dos problemas 5 e 7.]

9. Você consegue encontrar uma maneira direta de provar que o elemento (2, 2) de um quadrado mágico 3×3 com peso p deve ser $p/3$? (*Sugestão*: some e subtraia certas linhas, colunas e diagonais para deixar um múltiplo do elemento central.)

10. Seja M um quadrado mágico 3×3 de peso 0, obtido de um quadrado mágico clássico 3×3, como descrito no problema 5. Se M tem a forma dada no problema 7, escreva uma equação para a soma dos quadrados dos elementos de M. Mostre que essa equação é a equação de uma circunferência nas variáveis s e t, e desenhe seu gráfico cuidadosamente. Mostre que existem exatamente oito pontos (s, t) sobre o círculo, com s e t ambos inteiros. Usando o problema 8, mostre que esses oito pontos dão origem a oito quadrados mágicos clássicos 3×3. Qual é a relação existente entre esses quadrados mágicos?

6.3 Mudança de Base

Em muitas aplicações, um problema descrito usando-se um sistema de coordenadas pode ser resolvido mais facilmente com a troca para um novo sistema de coordenadas. Essa troca é geralmente obtida com uma mudança de variáveis, um processo que você provavelmente encontrou em outros cursos de matemática. Em álgebra linear, uma base nos dá um sistema de coordenadas para um espaço vetorial, por meio da noção de vetores de coordenadas. A escolha de uma base adequada irá frequentemente simplificar um determinado problema. Por exemplo, considere a estrutura molecular do zinco, mostrada na figura 6.3(a). Um cientista, ao estudar o zinco, pode querer medir os comprimentos das ligações entre os átomos, os ângulos entre essas ligações, e assim por diante. Essa análise será enormemente facilitada com o uso de coordenadas e das ferramentas da álgebra linear. A base canônica e os eixos coordenados canônicos x, y e z associados nem sempre são a melhor escolha. Como a figura 6.3(b) mostra, neste caso, $\{\mathbf{u}, \mathbf{v}, \mathbf{w}\}$ é provavelmente uma escolha de base para $\mathbb{R}^3$ melhor do que a base canônica, uma vez que esses vetores se alinham bem com as ligações entre os átomos de zinco.

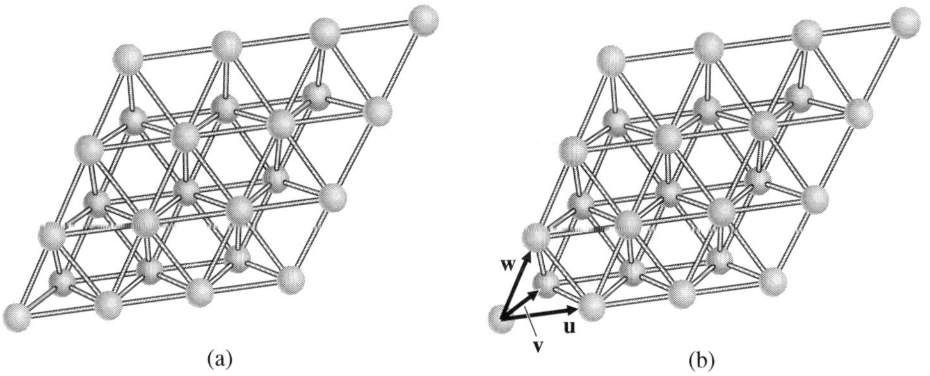

(a) (b)

Figura 6.3

Matrizes de Mudança de Base

A figura 6.4 mostra dois sistemas de coordenadas diferentes para $\mathbb{R}^2$, cada um originado por uma base diferente. A figura 6.4(a) mostra o sistema de coordenadas relativo à base $\mathcal{B} = \{\mathbf{u}_1, \mathbf{u}_2\}$, enquanto o da figura 6.4(b) resulta da base $\mathcal{C} = \{\mathbf{v}_1, \mathbf{v}_2\}$, sendo

$$\mathbf{u}_1 = \begin{bmatrix} -1 \\ 2 \end{bmatrix}, \quad \mathbf{u}_2 = \begin{bmatrix} 2 \\ -1 \end{bmatrix}, \quad \mathbf{v}_1 = \begin{bmatrix} 1 \\ 0 \end{bmatrix}, \quad \mathbf{v}_2 = \begin{bmatrix} 1 \\ 1 \end{bmatrix}$$

O mesmo vetor $\mathbf{x}$ é mostrado relativamente a cada sistema de coordenadas. Fica claro, pelos diagramas, que os vetores de coordenadas de $\mathbf{x}$ relativos a $\mathcal{B}$ e a $\mathcal{C}$ são, respectivamente,

$$[\mathbf{x}]_{\mathcal{B}} = \begin{bmatrix} 1 \\ 3 \end{bmatrix} \quad \text{e} \quad [\mathbf{x}]_{\mathcal{C}} = \begin{bmatrix} 6 \\ -1 \end{bmatrix}$$

Acontece que existe uma conexão direta entre os dois vetores de coordenadas. Uma maneira de encontrar essa relação é usar $[\mathbf{x}]_{\mathcal{B}}$ para calcular

$$\mathbf{x} = \mathbf{u}_1 + 3\mathbf{u}_2 = \begin{bmatrix} -1 \\ 2 \end{bmatrix} + 3\begin{bmatrix} 2 \\ -1 \end{bmatrix} = \begin{bmatrix} 5 \\ -1 \end{bmatrix}$$

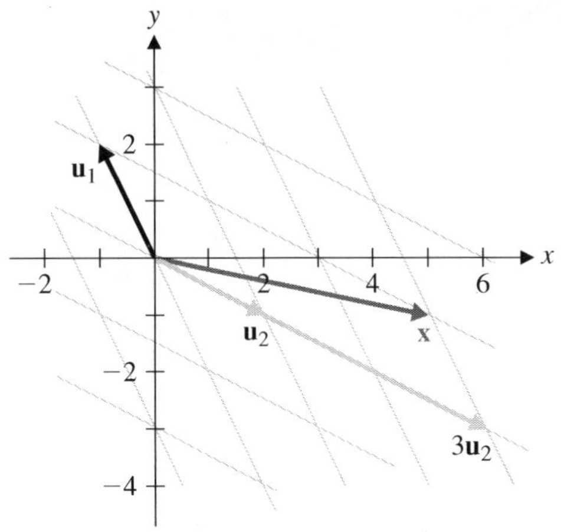

(a)

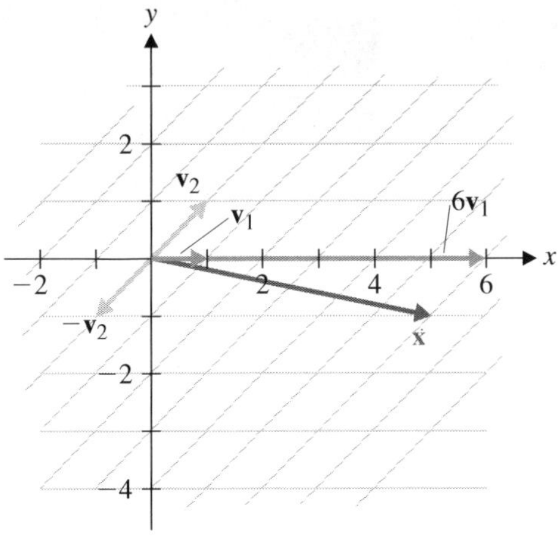

(b)

Figura 6.4

Então podemos encontrar $[\mathbf{x}]_{\mathcal{C}}$ escrevendo $\mathbf{x}$ como uma combinação linear de $\mathbf{v}_1$ e $\mathbf{v}_2$. Entretanto, existe uma maneira melhor de proceder, que nos dará um método geral para lidar com tais problemas. O próximo exemplo ilustra esse enfoque.

Exemplo 6.45

Usando as bases $\mathcal{B}$ e $\mathcal{C}$ acima, encontre $[\mathbf{x}]_{\mathcal{C}}$, sabendo que $[\mathbf{x}]_{\mathcal{B}} = \begin{bmatrix} 1 \\ 3 \end{bmatrix}$.

Solução Como $\mathbf{x} = \mathbf{u}_1 + 3\mathbf{u}_2$, se escrevermos $\mathbf{u}_1$ e $\mathbf{u}_2$ em termos de $\mathbf{v}_1$ e $\mathbf{v}_2$ iremos obter as coordenadas de $\mathbf{x}$ em relação a $\mathcal{C}$, conforme pedido. Encontramos

$$\mathbf{u}_1 = \begin{bmatrix} -1 \\ 2 \end{bmatrix} = -3\begin{bmatrix} 1 \\ 0 \end{bmatrix} + 2\begin{bmatrix} 1 \\ 1 \end{bmatrix} = -3\mathbf{v}_1 + 2\mathbf{v}_2$$

e

$$\mathbf{u}_2 = \begin{bmatrix} 2 \\ -1 \end{bmatrix} = 3\begin{bmatrix} 1 \\ 0 \end{bmatrix} - \begin{bmatrix} 1 \\ 1 \end{bmatrix} = 3\mathbf{v}_1 - \mathbf{v}_2$$

portanto,

$$\begin{aligned} \mathbf{x} &= \mathbf{u}_1 + 3\mathbf{u}_2 \\ &= (-3\mathbf{v}_1 + 2\mathbf{v}_2) + 3(3\mathbf{v}_1 - \mathbf{v}_2) \\ &= 6\mathbf{v}_1 - \mathbf{v}_2 \end{aligned}$$

Isso nos dá

$$[\mathbf{x}]_{\mathcal{C}} = \begin{bmatrix} 6 \\ -1 \end{bmatrix}$$

o que está de acordo com a figura 6.4(b).

Esse método pode não parecer nem um pouco mais fácil que o sugerido antes do exemplo 6.45, mas tem uma grande vantagem: agora podemos encontrar $[\mathbf{y}]_{\mathcal{C}}$ a partir de $[\mathbf{y}]_{\mathcal{B}}$ para *qualquer* vetor $\mathbf{y}$ de $\mathbb{R}^2$, com muito pouco trabalho adicional. Vamos examinar de um ponto de vista diferente os cálculos feitos no exemplo 6.45. De $\mathbf{x} = \mathbf{u}_1 + 3\mathbf{u}_2$ temos,

$$[\mathbf{x}]_{\mathcal{C}} = [\mathbf{u}_1 + 3\mathbf{u}_2]_{\mathcal{C}} = [\mathbf{u}_1]_{\mathcal{C}} + 3[\mathbf{u}_2]_{\mathcal{C}}$$

pelo teorema 6.6. Dessa maneira,

$$\begin{aligned}[\mathbf{x}]_{\mathcal{C}} &= [[\mathbf{u}_1]_{\mathcal{C}}[\mathbf{u}_2]_{\mathcal{C}}]\begin{bmatrix}1\\3\end{bmatrix}\\ &= \begin{bmatrix}-3 & 3\\ 2 & -1\end{bmatrix}\begin{bmatrix}1\\3\end{bmatrix}\\ &= P[\mathbf{x}]_{\mathcal{B}}\end{aligned}$$

sendo P a matriz cujas colunas são $[\mathbf{u}_1]_{\mathcal{C}}$ e $[\mathbf{u}_2]_{\mathcal{C}}$. Esse procedimento pode ser generalizado.

Definição Sejam $\mathcal{B} = \{\mathbf{u}_1, \ldots, \mathbf{u}_n\}$ e $\mathcal{C} = \{\mathbf{v}_1, \ldots, \mathbf{v}_n\}$ bases para um espaço vetorial V. A matriz $n \times n$, cujas colunas são os vetores de coordenadas $[\mathbf{u}_1]_{\mathcal{C}}, \ldots, [\mathbf{u}_n]_{\mathcal{C}}$ dos vetores de $\mathcal{B}$ em relação à base $\mathcal{C}$, é denotada por $P_{\mathcal{C}\leftarrow\mathcal{B}}$ e é chamada ***matriz de mudança de base*** de $\mathcal{B}$ para $\mathcal{C}$. Isto é,

$$P_{\mathcal{C}\leftarrow\mathcal{B}} = [[\mathbf{u}_1]_{\mathcal{C}}[\mathbf{u}_2]_{\mathcal{C}} \cdots [\mathbf{u}_n]_{\mathcal{C}}]$$

Pense em $\mathcal{B}$ como a base "antiga", e em $\mathcal{C}$, como a base "nova". Com isso, as colunas de $P_{\mathcal{C}\leftarrow\mathcal{B}}$ são exatamente os vetores de coordenadas obtidos aos escrevermos os vetores da base antiga em termos dos novos. O teorema 6.12 mostra que o exemplo 6.45 é um caso especial de um resultado geral.

Teorema 6.12 Sejam $\mathcal{B} = \{\mathbf{u}_1, \ldots, \mathbf{u}_n\}$ e $\mathcal{C} = \{\mathbf{v}_1, \ldots, \mathbf{v}_n\}$ bases para um espaço vetorial V, e seja $P_{\mathcal{C}\leftarrow\mathcal{B}}$ a matriz de mudança de base de $\mathcal{B}$ para $\mathcal{C}$. Então

a. $P_{\mathcal{C}\leftarrow\mathcal{B}}[\mathbf{x}]_{\mathcal{B}} = [\mathbf{x}]_{\mathcal{C}}$ para todo $\mathbf{x}$ em V.
b. $P_{\mathcal{C}\leftarrow\mathcal{B}}$ é a única matriz P com a propriedade $P[\mathbf{x}]_{\mathcal{B}} = [\mathbf{x}]_{\mathcal{C}}$ para todo $\mathbf{x}$ em V.
c. $P_{\mathcal{C}\leftarrow\mathcal{B}}$ é invertível e $(P_{\mathcal{C}\leftarrow\mathcal{B}})^{-1} = P_{\mathcal{B}\leftarrow\mathcal{C}}$

Demonstração (a) Seja um vetor de V e seja

$$[\mathbf{x}]_{\mathcal{B}} = \begin{bmatrix}a_1\\ \vdots\\ a_n\end{bmatrix}$$

Ou seja, $\mathbf{x} = a_1\mathbf{u}_1 + \cdots + a_n\mathbf{u}_n$. Então

$$\begin{aligned}[\mathbf{x}]_{\mathcal{C}} &= [a_1\mathbf{u}_1 + \cdots + a_n\mathbf{u}_n]_{\mathcal{C}}\\ &= a_1[\mathbf{u}_1]_{\mathcal{C}} + \cdots + a_n[\mathbf{u}_n]_{\mathcal{C}}\\ &= [[\mathbf{u}_1]_{\mathcal{C}} \cdots [\mathbf{u}_n]_{\mathcal{C}}]\begin{bmatrix}a_1\\ \vdots\\ a_n\end{bmatrix}\\ &= P_{\mathcal{C}\leftarrow\mathcal{B}}[\mathbf{x}]_{\mathcal{B}}\end{aligned}$$

(b) Suponha que P seja uma matriz $n \times n$ com a propriedade de $P[\mathbf{x}]_{\mathcal{B}} = [\mathbf{x}]_{\mathcal{C}}$ para todo $\mathbf{x}$ em V. Tomando $\mathbf{x} = \mathbf{u}_i$, o i-ésimo vetor da base $\mathcal{B}$, vemos que $[\mathbf{x}]_{\mathcal{B}} = [\mathbf{u}_i]_{\mathcal{B}} = \mathbf{e}_i$, portanto, a i-ésima coluna de P é

$$\mathbf{p}_i = P\mathbf{e}_i = P[\mathbf{u}_i]_{\mathcal{B}} = [\mathbf{u}_i]_{\mathcal{C}}$$

que é, por definição, a i-ésima coluna de $P_{\mathcal{C}\leftarrow\mathcal{B}}$. Segue que $P = P_{\mathcal{C}\leftarrow\mathcal{B}}$.

(c) Como $\{\mathbf{u}_1, \ldots, \mathbf{u}_n\}$ é linearmente independente em V, o conjunto $\{[\mathbf{u}_1]_{\mathcal{C}}, \ldots, [\mathbf{u}_n]_{\mathcal{C}}\}$ é linearmente independente em $\mathbb{R}^n$, pelo teorema 6.7. Portanto, pelo teorema Fundamental, $P_{\mathcal{C}\leftarrow\mathcal{B}} = [[\mathbf{u}_1]_{\mathcal{C}} \cdots \ [\mathbf{u}_n]_{\mathcal{C}}]$ é invertível.

Para todo $\mathbf{x}$ em V, temos $P_{\mathcal{C}\leftarrow\mathcal{B}}[\mathbf{x}]_{\mathcal{B}} = [\mathbf{x}]_{\mathcal{C}}$. Resolvendo para $[\mathbf{x}]_{\mathcal{B}}$, obtemos

$$[\mathbf{x}]_{\mathcal{B}} = (P_{\mathcal{C}\leftarrow\mathcal{B}})^{-1}[\mathbf{x}]_{\mathcal{C}}$$

para todo $\mathbf{x}$ em V. Portanto, $(P_{\mathcal{C}\leftarrow\mathcal{B}})^{-1}$ é uma matriz que muda bases de $\mathcal{C}$ para $\mathcal{B}$. Assim, pela propriedade da unicidade (b), devemos ter $(P_{\mathcal{C}\leftarrow\mathcal{B}})^{-1} = P_{\mathcal{B}\leftarrow\mathcal{C}}$.

Observações

- Você pode achar útil pensar na mudança de base como uma transformação (na verdade, é uma transformação linear), de $\mathbb{R}^n$ para ele mesmo, que simplesmente faz a troca de um sistema de coordenadas para outro. A transformação correspondente a $P_{\mathcal{C}\leftarrow\mathcal{B}}$ recebe $[\mathbf{x}]_{\mathcal{B}}$ como entrada e retorna $[\mathbf{x}]_{\mathcal{C}}$ como resultado; $(P_{\mathcal{C}\leftarrow\mathcal{B}})^{-1} = P_{\mathcal{B}\leftarrow\mathcal{C}}$ faz justamente o oposto. A figura 6.5 dá uma representação esquemática do processo.

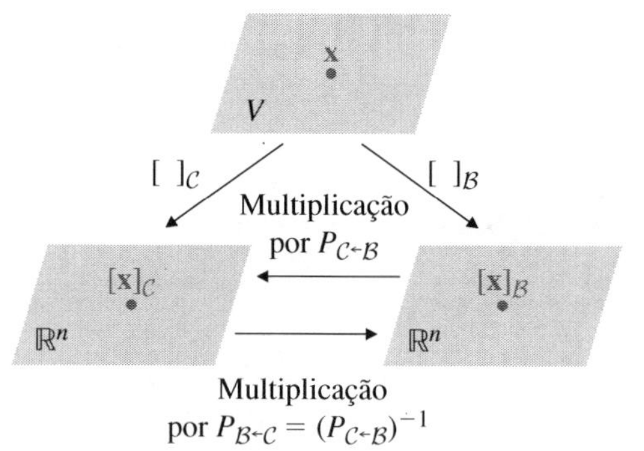

Figura 6.5
Mudança de base

- As colunas de $P_{\mathcal{C}\leftarrow\mathcal{B}}$ são os vetores de coordenadas de uma base relativamente à outra. Para lembrar qual base é qual, pense na notação $\mathcal{C} \leftarrow \mathcal{B}$ como dizendo "$\mathcal{B}$ em termos de $\mathcal{C}$". Também ajuda lembrar que $P_{\mathcal{C}\leftarrow\mathcal{B}}[\mathbf{x}]_{\mathcal{B}}$ é uma combinação linear das colunas de $P_{\mathcal{C}\leftarrow\mathcal{B}}$. Mas, como o resultado dessa combinação é $[\mathbf{x}]_{\mathcal{C}}$, as colunas de $P_{\mathcal{C}\leftarrow\mathcal{B}}$ devem, elas próprias, ser vetores de coordenadas relativos a $\mathcal{C}$.

Exemplo 6.46

Encontre as matrizes de mudança de base $P_{\mathcal{C}\leftarrow\mathcal{B}}$ e $P_{\mathcal{B}\leftarrow\mathcal{C}}$ para as bases $\mathcal{B} = \{1, x, x^2\}$ e $\mathcal{C} = \{1 + x, x + x^2, 1 + x^2\}$ de $\mathscr{P}_2$. Depois, encontre o vetor de coordenadas de $p(x) = 1 + 2x - x^2$ relativo a $\mathcal{C}$.

Solução Mudar *para* uma base canônica é fácil. Por isso, vamos determinar $P_{\mathcal{B}\leftarrow\mathcal{C}}$ primeiro. Observe que os vetores de coordenadas de $\mathcal{C}$ em termos de $\mathcal{B}$ são

$$[1 + x]_{\mathcal{B}} = \begin{bmatrix} 1 \\ 1 \\ 0 \end{bmatrix}, \quad [x + x^2]_{\mathcal{B}} = \begin{bmatrix} 0 \\ 1 \\ 1 \end{bmatrix}, \quad [1 + x^2]_{\mathcal{B}} = \begin{bmatrix} 1 \\ 0 \\ 1 \end{bmatrix}$$

(Reveja a observação feita após o exemplo 6.26.) Com isso,

$$P_{\mathcal{B}\leftarrow\mathcal{C}} = \begin{bmatrix} 1 & 0 & 1 \\ 1 & 1 & 0 \\ 0 & 1 & 1 \end{bmatrix}$$

Para encontrar $P_{\mathcal{C}\leftarrow\mathcal{B}}$, poderíamos escrever cada vetor de $\mathcal{B}$ como uma combinação linear dos vetores em $\mathcal{C}$ (faça isso), mas é muito mais fácil usar o fato de $P_{\mathcal{C}\leftarrow\mathcal{B}} = (P_{\mathcal{B}\leftarrow\mathcal{C}})^{-1}$, pelo teorema 6.12(c). Obtemos

$$P_{\mathcal{C}\leftarrow\mathcal{B}} = (P_{\mathcal{B}\leftarrow\mathcal{C}})^{-1} = \begin{bmatrix} \frac{1}{2} & \frac{1}{2} & -\frac{1}{2} \\ -\frac{1}{2} & \frac{1}{2} & \frac{1}{2} \\ \frac{1}{2} & -\frac{1}{2} & \frac{1}{2} \end{bmatrix}$$

Segue-se agora que

$$\begin{aligned} [p(x)]_{\mathcal{C}} &= P_{\mathcal{C}\leftarrow\mathcal{B}}[p(x)]_{\mathcal{B}} \\ &= \begin{bmatrix} \frac{1}{2} & \frac{1}{2} & -\frac{1}{2} \\ -\frac{1}{2} & \frac{1}{2} & \frac{1}{2} \\ \frac{1}{2} & -\frac{1}{2} & \frac{1}{2} \end{bmatrix}\begin{bmatrix} 1 \\ 2 \\ -1 \end{bmatrix} \\ &= \begin{bmatrix} 2 \\ 0 \\ -1 \end{bmatrix} \end{aligned}$$

o que está de acordo com o exemplo 6.37.

Observação Se não precisamos de $P_{\mathcal{C}\leftarrow\mathcal{B}}$ explicitamente, podemos encontrar $[p(x)]_{\mathcal{B}}$ a partir de $[p(x)]_{\mathcal{B}}$ e de $P_{\mathcal{B}\leftarrow\mathcal{C}}$ usando o método de eliminação gaussiana. A redução por linhas produz

$$[P_{\mathcal{B}\leftarrow\mathcal{C}} \mid [p(x)]_{\mathcal{B}}] \longrightarrow [I \mid (P_{\mathcal{B}\leftarrow\mathcal{C}})^{-1}[p(x)]_{\mathcal{B}}] = [I \mid P_{\mathcal{C}\leftarrow\mathcal{B}}[p(x)]_{\mathcal{B}}] = [I \mid [p(x)]_{\mathcal{C}}]$$

(Veja na próxima seção como usar o método de eliminação de Gauss-Jordan.)

Vale a pena repetir a observação feita no exemplo 6.46: mudar *para* uma base canônica é fácil. Se $\mathcal{E}$ é a base canônica de um espaço vetorial V e $\mathcal{B}$ é uma outra base qualquer, as colunas de $P_{\mathcal{E}\leftarrow\mathcal{B}}$ são os vetores de coordenadas de $\mathcal{B}$ relativos a $\mathcal{B}$, e esses são normalmente "visíveis". Faremos uso desta observação novamente no próximo exemplo.

Exemplo 6.47

Em M_{22}, seja $\mathcal{B}$ a base $\{E_{11}, E_{21}, E_{12}, E_{22}\}$, e seja $\mathcal{C}$ a base $\{A, B, C, D\}$, em que

$$A = \begin{bmatrix} 1 & 0 \\ 0 & 0 \end{bmatrix}, \quad B = \begin{bmatrix} 1 & 1 \\ 0 & 0 \end{bmatrix}, \quad C = \begin{bmatrix} 1 & 1 \\ 1 & 0 \end{bmatrix}, \quad D = \begin{bmatrix} 1 & 1 \\ 1 & 1 \end{bmatrix}$$

Encontre a matriz de mudança de base $P_{\mathcal{C}\leftarrow\mathcal{B}}$ e verifique que $[X]_{\mathcal{C}} = P_{\mathcal{C}\leftarrow\mathcal{B}}\,[X]_{\mathcal{B}}$ para $X = \begin{bmatrix} 1 & 2 \\ 3 & 4 \end{bmatrix}$.

Solução 1 Para resolver esse problema diretamente, devemos encontrar os vetores de coordenadas de $\mathcal{B}$ em relação a $\mathcal{C}$. Isso envolve a resolução de quatro problemas de combinação linear da forma $X = aA + bB + cC + dD$, com X em $\mathcal{B}$ e devemos encontrar a, b, c e d. No entanto, estamos com sorte, pois neste caso podemos encontrar por inspeção os coeficientes pedidos.

Claramente, $E_{11} = A$, $E_{21} = -B + C$, $E_{12} = -A + B$, e $E_{22} = -C + D$. Assim,

$$[E_{11}]_{\mathcal{C}} = \begin{bmatrix} 1 \\ 0 \\ 0 \\ 0 \end{bmatrix}, \quad [E_{21}]_{\mathcal{C}} = \begin{bmatrix} 0 \\ -1 \\ 1 \\ 0 \end{bmatrix}, \quad [E_{12}]_{\mathcal{C}} = \begin{bmatrix} -1 \\ 1 \\ 0 \\ 0 \end{bmatrix}, \quad [E_{22}]_{\mathcal{C}} = \begin{bmatrix} 0 \\ 0 \\ -1 \\ 1 \end{bmatrix}$$

portanto, $$P_{\mathcal{C}\leftarrow\mathcal{B}} = [[E_{11}]_{\mathcal{C}} \ [E_{21}]_{\mathcal{C}} \ [E_{12}]_{\mathcal{C}} \ [E_{22}]_{\mathcal{C}}] = \begin{bmatrix} 1 & 0 & -1 & 0 \\ 0 & -1 & 1 & 0 \\ 0 & 1 & 0 & -1 \\ 0 & 0 & 0 & 1 \end{bmatrix}$$

Se $X = \begin{bmatrix} 1 & 2 \\ 3 & 4 \end{bmatrix}$, então

$$[X]_{\mathcal{B}} = \begin{bmatrix} 1 \\ 3 \\ 2 \\ 4 \end{bmatrix}$$

e $$P_{\mathcal{C}\leftarrow\mathcal{B}}[X]_{\mathcal{B}} = \begin{bmatrix} 1 & 0 & -1 & 0 \\ 0 & -1 & 1 & 0 \\ 0 & 1 & 0 & -1 \\ 0 & 0 & 0 & 1 \end{bmatrix}\begin{bmatrix} 1 \\ 3 \\ 2 \\ 4 \end{bmatrix} = \begin{bmatrix} -1 \\ -1 \\ -1 \\ 4 \end{bmatrix}$$

Esse é o vetor de coordenadas relativo a $\mathcal{C}$ da matriz

$$\begin{aligned} -A - B - C + 4D &= -\begin{bmatrix} 1 & 0 \\ 0 & 0 \end{bmatrix} - \begin{bmatrix} 1 & 1 \\ 0 & 0 \end{bmatrix} - \begin{bmatrix} 1 & 1 \\ 1 & 0 \end{bmatrix} + 4\begin{bmatrix} 1 & 1 \\ 1 & 1 \end{bmatrix} \\ &= \begin{bmatrix} 1 & 2 \\ 3 & 4 \end{bmatrix} = X \end{aligned}$$

como deveria ser.

Solução 2 Podemos calcular $P_{\mathcal{C}\leftarrow\mathcal{B}}$ de maneira diferente, como a seguir. No exercício 21, será pedido que você prove o seguinte: se $\mathcal{E}$ é uma outra base de M_{22}, então $P_{\mathcal{C}\leftarrow\mathcal{B}} = P_{\mathcal{C}\leftarrow\mathcal{E}} P_{\mathcal{E}\leftarrow\mathcal{B}} = (P_{\mathcal{E}\leftarrow\mathcal{C}})^{-1} P_{\mathcal{E}\leftarrow\mathcal{B}}$. Se $\mathcal{E}$ é a base canônica, então $P_{\mathcal{E}\leftarrow\mathcal{B}}$ e $P_{\mathcal{E}\leftarrow\mathcal{C}}$ podem ser encontradas por inspeção. Temos

$$P_{\mathcal{E}\leftarrow\mathcal{B}} = \begin{bmatrix} 1 & 0 & 0 & 0 \\ 0 & 0 & 1 & 0 \\ 0 & 1 & 0 & 0 \\ 0 & 0 & 0 & 1 \end{bmatrix} \quad \text{e} \quad P_{\mathcal{E}\leftarrow\mathcal{C}} = \begin{bmatrix} 1 & 1 & 1 & 1 \\ 0 & 1 & 1 & 1 \\ 0 & 0 & 1 & 1 \\ 0 & 0 & 0 & 1 \end{bmatrix}$$

(Você vê por quê?) Portanto,

$$
\begin{aligned}
P_{\mathcal{C}\leftarrow\mathcal{B}} &= (P_{\mathcal{E}\leftarrow\mathcal{C}})^{-1}P_{\mathcal{E}\leftarrow\mathcal{B}} \\
&= \begin{bmatrix} 1 & 1 & 1 & 1 \\ 0 & 1 & 1 & 1 \\ 0 & 0 & 1 & 1 \\ 0 & 0 & 0 & 1 \end{bmatrix}^{-1} \begin{bmatrix} 1 & 0 & 0 & 0 \\ 0 & 0 & 1 & 0 \\ 0 & 1 & 0 & 0 \\ 0 & 0 & 0 & 1 \end{bmatrix} \\
&= \begin{bmatrix} 1 & -1 & 0 & 0 \\ 0 & 1 & -1 & 0 \\ 0 & 0 & 1 & -1 \\ 0 & 0 & 0 & 1 \end{bmatrix} \begin{bmatrix} 1 & 0 & 0 & 0 \\ 0 & 0 & 1 & 0 \\ 0 & 1 & 0 & 0 \\ 0 & 0 & 0 & 1 \end{bmatrix} \\
&= \begin{bmatrix} 1 & 0 & -1 & 0 \\ 0 & -1 & 1 & 0 \\ 0 & 1 & 0 & -1 \\ 0 & 0 & 0 & 1 \end{bmatrix}
\end{aligned}
$$

o que está de acordo com a primeira solução.

Observação O segundo método tem a vantagem de não exigir o cálculo de nenhuma combinação linear; a desvantagem é que requer que encontremos a inversa de uma matriz. Entretanto, usar um CAS facilita na hora de determinar a matriz inversa. Concluímos que, em geral, o segundo método é preferível ao primeiro. Se bem que, para alguns problemas, o primeiro método pode ser tão fácil de aplicar quanto o segundo. De qualquer forma, vamos descrever uma terceira abordagem, que você pode achar que é a melhor.

O método de Gauss-Jordan para determinar uma matriz de mudança de base

Encontrar a matriz de mudança de base para uma base canônica é fácil, e pode ser feito por inspeção. Encontrar a matriz de mudança de base a partir de uma base canônica é quase tão fácil quanto, mas exige o cálculo da inversa de uma matriz, como no exemplo 6.46. Se fizermos isso à mão, em geral, iremos encontrar essa inversa pelo método de eliminação de Gauss-Jordan (exceto para o caso 2×2). Vamos agora considerar uma modificação do método de Gauss-Jordan que pode ser usada para encontrar a matriz de mudança de base entre duas bases não canônicas, como no exemplo 6.47.

Suponha que $\mathcal{B} = \{\mathbf{u}_1, \ldots, \mathbf{u}_n\}$ e $\mathcal{C} = \{\mathbf{v}_1, \ldots, \mathbf{v}_n\}$ sejam bases para um espaço vetorial V, e $P_{\mathcal{C}\leftarrow\mathcal{B}}$ é a matriz de mudança de base de $\mathcal{B}$ para $\mathcal{C}$. A i-ésima coluna de P é

$$[\mathbf{u}_i]_{\mathcal{C}} = \begin{bmatrix} p_{1i} \\ \vdots \\ p_{ni} \end{bmatrix}$$

portanto, $\mathbf{u}_i = p_{1i}\mathbf{v}_1 + \cdots + p_{ni}\mathbf{v}_n$. Se $\mathcal{E}$ é uma base qualquer de V, então

$$[\mathbf{u}_i]_{\mathcal{E}} = [p_{1i}\mathbf{v}_1 + \cdots + p_{ni}\mathbf{v}_n]_{\mathcal{E}} = p_{1i}[\mathbf{v}_1]_{\mathcal{E}} + \cdots + p_{ni}[\mathbf{v}_n]_{\mathcal{E}}$$

Isso pode ser reescrito em forma de matriz como

$$\big[\,[\mathbf{v}_1]_{\mathcal{E}} \;\cdots\; [\mathbf{v}_n]_{\mathcal{E}}\big] \begin{bmatrix} p_{1i} \\ \vdots \\ p_{ni} \end{bmatrix} = [\mathbf{u}_i]_{\mathcal{E}}$$

que podemos resolver aplicando o método de eliminação de Gauss-Jordan à matriz completa

$$[[\mathbf{v}_1]_{\mathcal{E}} \; \cdots \; [\mathbf{v}_n]_{\mathcal{E}} \mid [\mathbf{u}_i]_{\mathcal{E}}]$$

Existem n sistemas de equações desse tipo para serem resolvidos, um para cada coluna de $P_{\mathcal{C}\leftarrow\mathcal{B}}$, mas *a matriz dos coeficientes* $[[\mathbf{v}_1]_{\mathcal{E}} \cdots [\mathbf{v}_n]_{\mathcal{E}}]$ *é a mesma em cada caso.* Portanto, podemos resolver todos os sistemas simultaneamente ao aplicarmos a redução por linha à matriz aumentada $n \times 2n$

$$[[\mathbf{v}_1]_{\mathcal{E}} \; \cdots \; [\mathbf{v}_n]_{\mathcal{E}} \mid [\mathbf{u}_1]_{\mathcal{E}} \; \cdots \; [\mathbf{u}_n]_{\mathcal{E}}] = [C \mid B]$$

Como $\{\mathbf{v}_1, \ldots, \mathbf{v}_n\}$ é linearmente independente, pelo teorema 6.7, $\{[\mathbf{v}_1]_{\mathcal{E}}, \ldots, [\mathbf{v}_n]_{\mathcal{E}}\}$ também o é. Portanto, pelo teorema Fundamental, a matriz C, cujas colunas são $[\mathbf{v}_1]_{\mathcal{E}}, \ldots, [\mathbf{v}_n]_{\mathcal{E}}$, tem a matriz identidade I, de ordem $n \times n$, como sua forma escalonada reduzida por linhas. Segue que o método de eliminação de Gauss-Jordan irá necessariamente produzir

$$[C \mid B] \rightarrow [I \mid P]$$

sendo $P = P_{\mathcal{C}\leftarrow\mathcal{B}}$.

Acabamos de provar o teorema a seguir.

Teorema 6.13 Sejam $\mathcal{B} = \{\mathbf{u}_1, \ldots, \mathbf{u}_n\}$ e $\mathcal{C} = \{\mathbf{v}_1, \ldots, \mathbf{v}_n\}$ bases para um espaço vetorial V. Sejam $B = [[\mathbf{u}_1]_{\mathcal{E}} \cdots [\mathbf{u}_n]_{\mathcal{E}}]$ e $C = [[\mathbf{v}_1]_{\mathcal{E}} \cdots [\mathbf{v}_n]_{\mathcal{E}}]$, em que $\mathcal{E}$ é uma base qualquer de V. Então, a redução por linhas aplicada à matriz aumentada $[C \mid B]$ de ordem $n \times 2n$ produz

$$[C \mid B] \rightarrow [I \mid P_{\mathcal{C}\leftarrow\mathcal{B}}]$$

Se $\mathcal{E}$ é uma base canônica, esse método é particularmente fácil de usar, uma vez que, neste caso, $B = P_{\mathcal{E}\leftarrow\mathcal{B}}$ e $C = P_{\mathcal{E}\leftarrow\mathcal{C}}$. Vamos ilustrar esse método refazendo o problema do exemplo 6.47.

Exemplo 6.48 Refaça o exemplo 6.47 usando o método de Gauss-Jordan.

Solução Tomando $\mathcal{E}$ como a base canônica para M_{22}, vemos que

$$B = P_{\mathcal{E}\leftarrow\mathcal{B}} = \begin{bmatrix} 1 & 0 & 0 & 0 \\ 0 & 0 & 1 & 0 \\ 0 & 1 & 0 & 0 \\ 0 & 0 & 0 & 1 \end{bmatrix} \quad \text{e} \quad C = P_{\mathcal{E}\leftarrow\mathcal{C}} = \begin{bmatrix} 1 & 1 & 1 & 1 \\ 0 & 1 & 1 & 1 \\ 0 & 0 & 1 & 1 \\ 0 & 0 & 0 & 1 \end{bmatrix}$$

A redução por linhas produz

$$[C \mid B] = \left[\begin{array}{cccc|cccc} 1 & 1 & 1 & 1 & 1 & 0 & 0 & 0 \\ 0 & 1 & 1 & 1 & 0 & 0 & 1 & 0 \\ 0 & 0 & 1 & 1 & 0 & 1 & 0 & 0 \\ 0 & 0 & 0 & 1 & 0 & 0 & 0 & 1 \end{array}\right] \longrightarrow \left[\begin{array}{cccc|cccc} 1 & 0 & 0 & 0 & 1 & 0 & -1 & 0 \\ 0 & 1 & 0 & 0 & 0 & -1 & 1 & 0 \\ 0 & 0 & 1 & 0 & 0 & 1 & 0 & -1 \\ 0 & 0 & 0 & 1 & 0 & 0 & 0 & 1 \end{array}\right]$$

(Verifique.) Com isso,

$$P_{\mathcal{C}\leftarrow\mathcal{B}} = \begin{bmatrix} 1 & 0 & -1 & 0 \\ 0 & -1 & 1 & 0 \\ 0 & 1 & 0 & -1 \\ 0 & 0 & 0 & 1 \end{bmatrix}$$

como encontramos anteriormente.

Exercícios 6.3

Nos exercícios 1 a 4:
(a) Encontre os vetores de coordenadas $[\mathbf{x}]_{\mathcal{B}}$ *e* $[\mathbf{x}]_{\mathcal{C}}$ *de* $\mathbf{x}$ *relativos às bases* $\mathcal{B}$ *e* $\mathcal{C}$*, respectivamente.*
(b) Encontre a matriz de mudança de base $P_{\mathcal{C}\leftarrow\mathcal{B}}$ *de* $\mathcal{B}$ *para* $\mathcal{C}$*.*
(c) Use sua resposta à parte (b) para calcular $[\mathbf{x}]_{\mathcal{C}}$ *e compare sua resposta com aquela encontrada na parte (a).*
(d) Encontre a matriz de mudança de base $P_{\mathcal{B}\leftarrow\mathcal{C}}$ *de* $\mathcal{C}$ *para* $\mathcal{B}$*.*
(e) Use suas respostas às partes (c) e (d) para calcular $[\mathbf{x}]_{\mathcal{B}}$*, e compare sua resposta com aquela encontrada na parte (a).*

1. $\mathbf{x} = \begin{bmatrix} 2 \\ 3 \end{bmatrix}, \mathcal{B} = \left\{ \begin{bmatrix} 1 \\ 0 \end{bmatrix}, \begin{bmatrix} 0 \\ 1 \end{bmatrix} \right\},$
$\mathcal{C} = \left\{ \begin{bmatrix} 1 \\ 1 \end{bmatrix}, \begin{bmatrix} 1 \\ -1 \end{bmatrix} \right\}$ em $\mathbb{R}^2$

2. $\mathbf{x} = \begin{bmatrix} 4 \\ -1 \end{bmatrix}, \mathcal{B} = \left\{ \begin{bmatrix} 1 \\ 0 \end{bmatrix}, \begin{bmatrix} 1 \\ 1 \end{bmatrix} \right\},$
$\mathcal{C} = \left\{ \begin{bmatrix} 0 \\ 1 \end{bmatrix}, \begin{bmatrix} 2 \\ 3 \end{bmatrix} \right\}$ em $\mathbb{R}^2$

3. $\mathbf{x} = \begin{bmatrix} 1 \\ 0 \\ -1 \end{bmatrix}, \mathcal{B} = \left\{ \begin{bmatrix} 1 \\ 0 \\ 0 \end{bmatrix}, \begin{bmatrix} 0 \\ 1 \\ 0 \end{bmatrix}, \begin{bmatrix} 0 \\ 0 \\ 1 \end{bmatrix} \right\},$
$\mathcal{C} = \left\{ \begin{bmatrix} 1 \\ 1 \\ 1 \end{bmatrix}, \begin{bmatrix} 0 \\ 1 \\ 1 \end{bmatrix}, \begin{bmatrix} 0 \\ 0 \\ 1 \end{bmatrix} \right\}$ em $\mathbb{R}^3$

4. $\mathbf{x} = \begin{bmatrix} 3 \\ 1 \\ 5 \end{bmatrix}, \mathcal{B} = \left\{ \begin{bmatrix} 0 \\ 1 \\ 0 \end{bmatrix}, \begin{bmatrix} 0 \\ 0 \\ 1 \end{bmatrix}, \begin{bmatrix} 1 \\ 0 \\ 0 \end{bmatrix} \right\},$
$\mathcal{C} = \left\{ \begin{bmatrix} 1 \\ 1 \\ 0 \end{bmatrix}, \begin{bmatrix} 0 \\ 1 \\ 1 \end{bmatrix}, \begin{bmatrix} 1 \\ 0 \\ 1 \end{bmatrix} \right\}$ em $\mathbb{R}^3$

Nos exercícios de 5 a 8, siga as mesmas instruções dadas para os exercícios de 1 a 4, usando p(x) no lugar de $\mathbf{x}$*.*

5. $p(x) = 2 - x, \mathcal{B} = \{1, x\}, \mathcal{C} = \{x, 1 + x\}$ em $\mathcal{P}_1$

6. $p(x) = 1 + 3x, \mathcal{B} = \{1 + x, 1 - x\},$
$\mathcal{C} = \{2x, 4\}$ em $\mathcal{P}_1$

7. $p(x) = 1 + x^2, \mathcal{B} = \{1 + x + x^2, x + x^2, x^2\},$
$\mathcal{C} = \{1, x, x^2\}$ em $\mathcal{P}_2$

8. $p(x) = 4 - 2x - x^2, \mathcal{B} = \{x, 1 + x^2, x + x^2\},$
$\mathcal{C} = \{1, 1 + x, x^2\}$ em $\mathcal{P}_2$

Nos exercícios 9 e 10, siga as mesmas instruções dadas para os exercícios de 1 a 4, usando A no lugar de $\mathbf{x}$*.*

9. $A = \begin{bmatrix} 4 & 2 \\ 0 & -1 \end{bmatrix}$, $\mathcal{B}$ = a base canônica,
$\mathcal{C} = \left\{ \begin{bmatrix} 1 & 2 \\ 0 & -1 \end{bmatrix}, \begin{bmatrix} 2 & 1 \\ 1 & 0 \end{bmatrix}, \begin{bmatrix} 1 & 1 \\ 0 & 1 \end{bmatrix}, \begin{bmatrix} 1 & 0 \\ 0 & 1 \end{bmatrix} \right\}$ em M_{22}

10. $A = \begin{bmatrix} 1 & 1 \\ 1 & 1 \end{bmatrix},$
$\mathcal{B} = \left\{ \begin{bmatrix} 1 & 0 \\ 0 & 1 \end{bmatrix}, \begin{bmatrix} 0 & 1 \\ 1 & 0 \end{bmatrix}, \begin{bmatrix} 1 & 1 \\ 0 & 0 \end{bmatrix}, \begin{bmatrix} 1 & 0 \\ 1 & 0 \end{bmatrix} \right\},$
$\mathcal{C} = \left\{ \begin{bmatrix} 1 & 1 \\ 0 & 1 \end{bmatrix}, \begin{bmatrix} 1 & 1 \\ 1 & 0 \end{bmatrix}, \begin{bmatrix} 1 & 0 \\ 1 & 1 \end{bmatrix}, \begin{bmatrix} 0 & 1 \\ 1 & 1 \end{bmatrix} \right\}$ em M_{22}

Nos exercícios 11 e 12, siga as mesmas instruções dadas para os exercícios de 1 a 4, usando f(x) no lugar de $\mathbf{x}$*.*

11. $f(x) = 2\,\text{sen}\,x - 3\cos x, \mathcal{B} = \{\text{sen}\,x + \cos x, \cos x\},$
$\mathcal{C} = \{\text{sen}\,x + \cos x, \text{sen}\,x - \cos x\}$ em ger(sen x, cos x)

12. $f(x) = \text{sen}\,x, \mathcal{B} = \{\text{sen}\,x + \cos x, \cos x\},$
$\mathcal{C} = \{\cos x - \text{sen}\,x, \text{sen}\,x + \cos x\}$ em ger(sen x, cos x)

13. Faça uma rotação de um ângulo $\theta = 60°$ no sentido anti-horário nos eixos coordenados x e y do plano para obter novos eixos coordenados x' e y'. Use os métodos desta seção para encontrar (a) as coordenadas x' e y' do ponto cujas coordenadas x e y são (3, 2) e (b) as coordenadas x e y do ponto cujas coordenadas x' e y' são (4, −4).

14. Repita o exercício 13 para $\theta = 135°$.

15. Sejam $\mathcal{B}$ e $\mathcal{C}$ bases de $\mathbb{R}^2$. Se $\mathcal{C} = \left\{ \begin{bmatrix} 1 \\ 2 \end{bmatrix}, \begin{bmatrix} 2 \\ 3 \end{bmatrix} \right\}$ e a matriz de mudança de base de $\mathcal{B}$ para $\mathcal{C}$ é

$$P_{\mathcal{C}\leftarrow\mathcal{B}} = \begin{bmatrix} 1 & -1 \\ -1 & 2 \end{bmatrix}$$

encontre $\mathcal{B}$.

16. Sejam $\mathcal{B}$ e $\mathcal{C}$ bases de $\mathcal{P}_2$. Se $\mathcal{B} = \{x, 1 + x, 1 - x + x^2\}$ e a matriz de mudança de base de $\mathcal{B}$ para $\mathcal{C}$ é

$$P_{\mathcal{C}\leftarrow\mathcal{B}} = \begin{bmatrix} 1 & 0 & 0 \\ 0 & 2 & 1 \\ -1 & 1 & 1 \end{bmatrix}$$

encontre $\mathcal{C}$.

Em cálculo, você aprende que um ***polinômio de Taylor de grau n ao redor de um ponto a*** *é um polinômio da forma*

$$p(x) = a_0 + a_1(x - a) + a_2(x - a)^2 + \cdots + a_n(x - a)^n$$

sendo $a_n \neq 0$. Trata-se de um polinômio cuja expansão se dá em termos de potências de $x - a$, em vez de potências de x. Os polinômios de Taylor são muito úteis para aproximar funções que são "bem comportadas" perto de $x = a$.

O conjunto $\mathcal{B} = \{1, x - a, (x - a)^2, \ldots, (x - a)^n\}$ é uma base para $\mathcal{P}_n$ para qualquer número real a. (Você vê uma maneira rápida de provar isso? Tente usar o teorema 6.7.) Esse fato nos permite usar as técnicas desta seção para reescrever um polinômio como um polinômio de Taylor ao redor de um ponto a dado.

17. Expresse $p(x) = 1 + 2x - 5x^2$ na forma de um polinômio de Taylor ao redor de $a = 1$.

18. Expresse $p(x) = 1 + 2x - 5x^2$ na forma de um polinômio de Taylor ao redor de $a = -2$.

19. Expresse $p(x) = x^3$ na forma de um polinômio de Taylor ao redor de $a = -1$.

20. Expresse $p(x) = x^3$ na forma de um polinômio de Taylor ao redor de $a = \frac{1}{2}$.

21. Sejam $\mathcal{B}$, $\mathcal{C}$ e $\mathcal{D}$ bases de um espaço vetorial V de dimensão finita. Prove que

$$P_{\mathcal{D}\leftarrow\mathcal{C}}P_{\mathcal{C}\leftarrow\mathcal{B}} = P_{\mathcal{D}\leftarrow\mathcal{B}}$$

22. Seja V um espaço vetorial de dimensão n com base $\mathcal{B} = \{\mathbf{v}_1, \ldots, \mathbf{v}_n\}$. Seja P uma matriz $n \times n$ invertível, e tome

$$\mathbf{u}_i = p_{1i}\mathbf{v}_1 + \cdots + p_{ni}\mathbf{v}_n$$

para $i = 1, \ldots, n$. Prove que $\mathcal{C} = \{\mathbf{u}_1, \ldots, \mathbf{u}_n\}$ é uma base de V e mostre que $P = P_{\mathcal{B}\leftarrow\mathcal{C}}$.

6.4 Transformações Lineares

Vimos transformações lineares na seção 3.6, no contexto de transformações matriciais de $\mathbb{R}^n$ para $\mathbb{R}^m$. Nesta seção, estenderemos esse conceito para transformações lineares entre espaços vetoriais arbitrários.

Definição Uma ***transformação linear*** de um espaço vetorial V para um espaço vetorial W é uma aplicação $T : V \rightarrow W$ tal que, para todo $\mathbf{u}$ e $\mathbf{v}$ em V e para todos os escalares a,

1. $T(\mathbf{u} + \mathbf{v}) = T(\mathbf{u}) + T(\mathbf{v})$
2. $T(a\mathbf{u}) = aT(\mathbf{u})$

É simples provar que essa definição é equivalente a exigir que T preserve todas as combinações lineares. Isto é,

$T : V \rightarrow W$ é uma transformação linear se e somente se

$$T(a_1\mathbf{v}_1 + a_2\mathbf{v}_2 + \cdots + a_k\mathbf{v}_k) = a_1T(\mathbf{v}_1) + a_2T(\mathbf{v}_2) + \cdots + a_kT(\mathbf{v}_k)$$

para todos os vetores $\mathbf{v}_1, \ldots, \mathbf{v}_k$ em V e escalares $a_1, \ldots, a_k$.

Exemplo 6.49 Toda transformação matricial é uma transformação linear. Isto é, se A é uma matriz $m \times n$ então a transformação $T_A : \mathbb{R}^n \rightarrow \mathbb{R}^m$, definida por

$$T_A(\mathbf{x}) = A\mathbf{x} \quad \text{para } \mathbf{x} \text{ em } \mathbb{R}^n$$

é uma transformação linear. Este é um outro enunciado para o teorema 3.30.

Exemplo 6.50

Defina $T : M_{nn} \to M_{nn}$ por $T(A) = A^T$. Prove que T é uma transformação linear.

Solução Verificamos que, para A e B em M_{nn} e escalares c,

$$T(A + B) = (A + B)^T = A^T + B^T = T(A) + T(B)$$

e

$$T(cA) = (cA)^T = cA^T = cT(A)$$

Portanto, T é uma transformação linear.

Exemplo 6.51

Seja D o ***operador diferencial*** $D : \mathscr{D} \to \mathscr{F}$ definido por $D(f) = f'$. Prove que D é uma transformação linear.

Solução Sejam f e g funções diferenciáveis, e c, um escalar. Então, do cálculo, sabemos que

$$D(f + g) = (f + g)' = f' + g' = D(f) + D(g)$$

e

$$D(cf) = (cf)' = cf' = cD(f)$$

Por isso, D é uma transformação linear.

Em cálculo, você aprende que toda função contínua definida no intervalo $[a, b]$ é integrável. O próximo exemplo mostra que a integração é uma transformação linear.

Exemplo 6.52

Defina $S : \mathscr{C}[a, b] \to \mathbb{R}$ por $S(f) = \int_a^b f(x)\,dx$. Prove que S é uma transformação linear.

Solução Sejam f e g funções de $\mathscr{C}[a, b]$. Então

$$\begin{aligned} S(f + g) &= \int_a^b (f + g)(x)\,dx \\ &= \int_a^b (f(x) + g(x))\,dx \\ &= \int_a^b f(x)\,dx + \int_a^b g(x)\,dx \\ &= S(f) + S(g) \end{aligned}$$

e

$$\begin{aligned} S(cf) &= \int_a^b (cf)(x)\,dx \\ &= \int_a^b cf(x)\,dx \\ &= c\int_a^b f(x)\,dx \\ &= cS(f) \end{aligned}$$

Portanto, S é linear.

Exemplo 6.53 Prove que nenhuma das transformações a seguir é linear:

(a) $T: M_{22} \to \mathbb{R}$ definida por $T(A) = \det A$

(b) $T: \mathbb{R} \to \mathbb{R}$ definida por $T(x) = 2^x$

(c) $T: \mathbb{R} \to \mathbb{R}$ definida por $T(x) = x + 1$

Solução Em cada caso, damos um contraexemplo específico para provar que uma das propriedades de uma transformação linear não se verifica.

(a) Considere $A = \begin{bmatrix} 1 & 0 \\ 0 & 0 \end{bmatrix}$ e $B = \begin{bmatrix} 0 & 0 \\ 0 & 1 \end{bmatrix}$. Então $A + B = \begin{bmatrix} 1 & 0 \\ 0 & 1 \end{bmatrix}$, portanto,

$$T(A + B) = \det(A + B) = \begin{vmatrix} 1 & 0 \\ 0 & 1 \end{vmatrix} = 1$$

Mas

$$T(A) + T(B) = \det A + \det B = \begin{vmatrix} 1 & 0 \\ 0 & 0 \end{vmatrix} + \begin{vmatrix} 0 & 0 \\ 0 & 1 \end{vmatrix} = 0 + 0 = 0$$

Portanto $T(A + B) \neq T(A) + T(B)$ e T não é linear.

(b) Sejam $x = 1$ e $y = 2$. Então

$$T(x + y) = T(3) = 2^3 = 8 \neq 6 = 2^1 + 2^2 = T(x) + T(y)$$

Por isso, T não é linear.

(c) Sejam $x = 1$ e $y = 2$. Então

$$T(x + y) = T(3) = 3 + 1 = 4 \neq 5 = (1 + 1) + (2 + 1) = T(x) + T(y)$$

Logo, T não é linear.

Observação O exemplo 6.53(c) mostra que você deve ser cuidadoso quando se depara com a palavra "linear". Vista como uma *função*, $T(x) = x + 1$ é linear, pois seu gráfico é uma reta. Entretanto, ela não é uma *transformação linear* do espaço vetorial $\mathbb{R}$ nele mesmo, pois não satisfaz a definição. (Quais funções lineares de $\mathbb{R}$ em $\mathbb{R}$ também são transformações lineares?)

Existem duas transformações lineares especiais que merecem ser destacadas.

Exemplo 6.54 (a) Para quaisquer espaços vetoriais V e W, a transformação $T_0 : V \to W$ que leva qualquer vetor de V ao vetor nulo de W é conhecida como ***transformação nula***. Isto é,

$$T_0(\mathbf{v}) = \mathbf{0} \quad \text{para todo } \mathbf{v} \text{ em } V$$

(b) Para qualquer espaço vetorial V, a transformação $I : V \to V$ que leva cada vetor de V em si mesmo é chamada ***transformação identidade***. Isto é,

$$I(\mathbf{v}) = \mathbf{v} \quad \text{para todo } \mathbf{v} \text{ em } V$$

(Se for importante identificar o espaço vetorial V, escreveremos I_V para maior clareza.) As demonstrações de que as transformações nula e identidade são lineares são deixadas como exercícios.

Propriedades das Transformações Lineares

No capítulo 3, todas as transformações lineares eram transformações matriciais, e suas propriedades estavam diretamente relacionadas com as propriedades das matrizes envolvidas. O teorema a seguir é fácil de provar para transformações matriciais. (Prove-o!) A demonstração completa, para transformações lineares em geral, precisa de um pouco mais de cuidado, mas ainda assim é direta.

Teorema 6.14 Seja $T: V \to W$ uma transformação linear. Então:

a. $T(\mathbf{0}) = \mathbf{0}$
b. $T(-\mathbf{v}) = -T(\mathbf{v})$ para todo $\mathbf{v}$ em V.
c. $T(\mathbf{u} - \mathbf{v}) = T(\mathbf{u}) - T(\mathbf{v})$ para quaisquer $\mathbf{u}$ e $\mathbf{v}$ em V.

Demonstração Provaremos as propriedades (a) e (c), e deixaremos a demonstração da propriedade (b) para o exercício 21.

(a) Seja $\mathbf{v}$ um vetor qualquer em V. Então, $T(\mathbf{0}) = T(0\mathbf{v}) = 0T(\mathbf{v}) = \mathbf{0}$, como queríamos. (Você pode justificar cada uma das passagens?)

(c) $T(\mathbf{u} - \mathbf{v}) = T(\mathbf{u} + (-1)\mathbf{v}) = T(\mathbf{u}) + (-1)T(\mathbf{v}) = T(\mathbf{u}) - T(\mathbf{v})$

Observação A propriedade (a) pode ser útil para provar que certas transformações *não* são lineares. Como uma ilustração, considere o exemplo 6.53(b). Se $T(x) = 2^x$, então $T(0) = 2^0 = 1 \neq 0$, e, pelo teorema 6.14(a), T não é linear. Mas fique alerta: existem muitas transformações que *de fato* levam o vetor nulo ao vetor nulo, mas, ainda assim, *não* são lineares. O exemplo 6.53(a) ilustra esse caso: o vetor nulo é a matriz nula O de ordem 2×2 e, portanto, $T(O) = \det O = 0$, mas já vimos que $T(A) = \det A$ não é linear.

A propriedade mais importante de uma transformação linear $T: V \to W$ é que T fica completamente determinada por seu efeito em uma base de V. O próximo exemplo mostra o que isso significa.

Exemplo 6.55 Suponha que T seja uma transformação linear de $\mathbb{R}^2$ em $\mathcal{P}_2$ tal que

$$T\begin{bmatrix}1\\1\end{bmatrix} = 2 - 3x + x^2 \quad \text{e} \quad T\begin{bmatrix}2\\3\end{bmatrix} = 1 - x^2$$

Encontre $T\begin{bmatrix}-1\\2\end{bmatrix}$ e $T\begin{bmatrix}a\\b\end{bmatrix}$.

Solução Como $\mathcal{B} = \left\{\begin{bmatrix}1\\1\end{bmatrix}, \begin{bmatrix}2\\3\end{bmatrix}\right\}$ é uma base para $\mathbb{R}^2$ (por quê?), todo vetor de $\mathbb{R}^2$ está em ger($\mathcal{B}$). Resolvendo

$$c_1\begin{bmatrix}1\\1\end{bmatrix} + c_2\begin{bmatrix}2\\3\end{bmatrix} = \begin{bmatrix}-1\\2\end{bmatrix}$$

obtemos $c_1 = -7$ e $c_2 = 3$. Portanto,

$$\begin{aligned} T\begin{bmatrix} -1 \\ 2 \end{bmatrix} &= T\left(-7\begin{bmatrix} 1 \\ 1 \end{bmatrix} + 3\begin{bmatrix} 2 \\ 3 \end{bmatrix}\right) \\ &= -7T\begin{bmatrix} 1 \\ 1 \end{bmatrix} + 3T\begin{bmatrix} 2 \\ 3 \end{bmatrix} \\ &= -7(2 - 3x + x^2) + 3(1 - x^2) \\ &= -11 + 21x - 10x^2 \end{aligned}$$

De maneira análoga, descobrimos que

$$\begin{bmatrix} a \\ b \end{bmatrix} = (3a - 2b)\begin{bmatrix} 1 \\ 1 \end{bmatrix} + (b - a)\begin{bmatrix} 2 \\ 3 \end{bmatrix}$$

portanto,

$$\begin{aligned} T\begin{bmatrix} a \\ b \end{bmatrix} &= T\left((3a - 2b)\begin{bmatrix} 1 \\ 1 \end{bmatrix} + (b - a)\begin{bmatrix} 2 \\ 3 \end{bmatrix}\right) \\ &= (3a - 2b)T\begin{bmatrix} 1 \\ 1 \end{bmatrix} + (b - a)T\begin{bmatrix} 2 \\ 3 \end{bmatrix} \\ &= (3a - 2b)(2 - 3x + x^2) + (b - a)(1 - x^2) \\ &= (5a - 3b) + (-9a + 6b)x + (4a - 3b)x^2 \end{aligned}$$

(Observe que, tomando $a = -1$ e $b = 2$, recuperamos a solução $T\begin{bmatrix} -1 \\ 2 \end{bmatrix} = -11 + 21x - 10x^2$.)

A demonstração do teorema geral é bastante direta.

Teorema 6.15 Seja $T : V \to W$ uma transformação linear e seja $\mathcal{B} = \{\mathbf{v}_1, \ldots, \mathbf{v}_n\}$ um conjunto gerador de V. Então, $T(\mathcal{B}) = \{T(\mathbf{v}_1), \ldots, T(\mathbf{v}_n)\}$ gera a imagem de T.

Demonstração A imagem de T é o conjunto de todos os vetores de W que são da forma $T(\mathbf{v})$, em que $\mathbf{v}$ é um elemento de V. Fixe um elemento $T(\mathbf{v})$ na imagem de T. Como $\mathcal{B}$ gera V, existem escalares $c_1, \ldots, c_n$ tais que

$$\mathbf{v} = c_1\mathbf{v}_1 + \cdots + c_n\mathbf{v}_n$$

Aplicando T e usando o fato de T ser uma transformação linear, vemos que

$$T(\mathbf{v}) = T(c_1\mathbf{v}_1 + \cdots + c_n\mathbf{v}_n) = c_1T(\mathbf{v}_1) + \cdots + c_nT(\mathbf{v}_n)$$

Em outras palavras, $T(\mathbf{v})$ está em ger$(T(\mathcal{B}))$, como se queria.

O teorema 6.15 se aplica, em particular, quando $\mathcal{B}$ é uma base de V. Você pode estar conjecturando que, neste caso, $T(\mathcal{B})$ seria uma base para a imagem de T. Infelizmente, isso nem sempre é verdade. Vamos tratar desse assunto na seção 6.5.

Composição de Transformações Lineares

Na seção 3.6, definimos a composição de transformações matriciais. A definição se estende, de uma maneira óbvia, para transformações lineares em geral.

$S \circ T$ é lido como "S de T".

Definição Se $T : U \to V$ e $S : V \to W$ são transformações lineares, a ***composição de S com T*** é a aplicação $S \circ T$ definida por

$$(S \circ T)(\mathbf{u}) = S(T(\mathbf{u}))$$

para cada $\mathbf{u}$ em U.

Observe que $S \circ T$ é uma aplicação de U em W (veja a figura 6.6). Note também que, para a definição fazer sentido, a imagem de T deve estar contida no domínio de S.

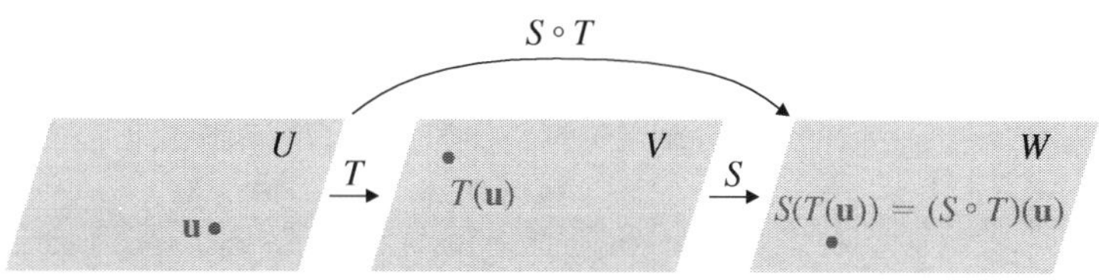

Figura 6.6
Composição de transformações lineares

Exemplo 6.56 Sejam $T : \mathbb{R}^2 \to \mathscr{P}_1$ e $S : \mathscr{P}_1 \to \mathscr{P}_2$ transformações lineares definidas por

$$T\begin{bmatrix} a \\ b \end{bmatrix} = a + (a + b)x \quad \text{e} \quad S(p(x)) = xp(x)$$

Encontre $(S \circ T)\begin{bmatrix} 3 \\ -2 \end{bmatrix}$ e $(S \circ T)\begin{bmatrix} a \\ b \end{bmatrix}$.

Solução Calculamos

$$\begin{aligned}(S \circ T)\begin{bmatrix} 3 \\ -2 \end{bmatrix} &= S\left(T\begin{bmatrix} 3 \\ -2 \end{bmatrix}\right) = S(3 + (3 - 2)x) = S(3 + x) = x(3 + x) \\ &= 3x + x^2\end{aligned}$$

e

$$\begin{aligned}(S \circ T)\begin{bmatrix} a \\ b \end{bmatrix} &= S\left(T\begin{bmatrix} a \\ b \end{bmatrix}\right) = S(a + (a + b)x) = x(a + (a + b)x) \\ &= ax + (a + b)x^2\end{aligned}$$

No capítulo 3, mostramos que a composição de duas transformações matriciais era uma outra transformação matricial. Em geral, temos o teorema a seguir.

Teorema 6.16 Se $T : U \to V$ e $S : V \to W$ são transformações lineares, $S \circ T : U \to W$ é uma transformação linear.

Demonstração Sejam **u** e **v** vetores de U e seja a um escalar. Então

$$\begin{aligned}(S \circ T)(\mathbf{u} + \mathbf{v}) &= S(T(\mathbf{u} + \mathbf{v})) \\ &= S(T(\mathbf{u}) + T(\mathbf{v})) && \text{pois } T \text{ é linear} \\ &= S(T(\mathbf{u})) + S(T(\mathbf{v})) && \text{pois } S \text{ é linear} \\ &= (S \circ T)(\mathbf{u}) + (S \circ T)(\mathbf{v})\end{aligned}$$

e

$$\begin{aligned}(S \circ T)(a\mathbf{u}) &= S(T(a\mathbf{u})) \\ &= S(aT(\mathbf{u})) && \text{pois } T \text{ é linear} \\ &= aS(T(\mathbf{u})) && \text{pois } S \text{ é linear} \\ &= a(S \circ T)(\mathbf{u})\end{aligned}$$

Portanto, $S \circ T$ é uma transformação linear.

As propriedades algébricas das transformações lineares espelham aquelas das transformações matriciais que, por sua vez, estão relacionadas com as propriedades algébricas das matrizes. Por exemplo, a composição de transformações lineares é associativa. Isto é, se R, S e T são transformações lineares, então

$$R \circ (S \circ T) = (R \circ S) \circ T$$

desde que essas composições façam sentido. A demonstração dessa propriedade é idêntica à mostrada na seção 3.6.

O próximo exemplo nos mostra outra propriedade útil (mas não surpreendente) das transformações lineares.

Exemplo 6.57

Sejam $S : U \to V$ e $T : V \to W$ transformações lineares, e seja $I : V \to V$ a transformação identidade. Então, para cada **v** em V, temos

$$(T \circ I)(\mathbf{v}) = T(I(\mathbf{v})) = T(\mathbf{v})$$

Como $T \circ I$ e T têm o mesmo valor em cada **v** de seus domínios, segue que $T \circ I = T$. De maneira análoga, $I \circ S = S$.

Observação Vale a pena observar o método utilizado no exemplo 6.57. Suponha que queiramos provar que duas transformações lineares (ambas de V em W) T_1 e T_2 são iguais. É suficiente provar que $T_1(\mathbf{v}) = T_2(\mathbf{v})$, para todo **v** de V.

Outras propriedades das transformações lineares serão exploradas nos exercícios.

Inversas de Transformações Lineares

Definição Uma transformação linear $T : V \to W$ é ***invertível*** se existir uma transformação linear $T' : W \to V$ tal que

$$T' \circ T = I_V \quad \text{e} \quad T \circ T' = I_W$$

Nesse caso, T' é uma ***inversa*** de T.

Observações

- O domínio V e o contradomínio W de T não têm que ser os mesmos, como no caso das transformações matriciais invertíveis. Entretanto, como veremos na próxima seção, existe uma relação estreita entre V e W.
- A exigência de T' ser linear poderia ter sido omitida dessa definição. De fato, como veremos no teorema 6.24, se T' é uma aplicação *qualquer* de W a V tal que $T' \circ T = I_V$ e $T \circ T' = I_W$, então T' é necessariamente linear também.
- Se T' é uma inversa para T então a definição implica que T é uma inversa para T'. Por isso, T' é invertível também.

Exemplo 6.58

Verifique que as aplicações $T : \mathbb{R}^2 \to \mathscr{P}_1$ e $T' : \mathscr{P}_1 \to \mathbb{R}^2$ definidas por

$$T\begin{bmatrix} a \\ b \end{bmatrix} = a + (a + b)x \quad \text{e} \quad T'(c + dx) = \begin{bmatrix} c \\ d - c \end{bmatrix}$$

são inversas.

Solução Calculamos

$$(T' \circ T)\begin{bmatrix} a \\ b \end{bmatrix} = T'\left(T\begin{bmatrix} a \\ b \end{bmatrix}\right) = T'(a + (a + b)x) = \begin{bmatrix} a \\ (a + b) - a \end{bmatrix} = \begin{bmatrix} a \\ b \end{bmatrix}$$

e

$$(T \circ T')(c + dx) = T(T'(c + dx)) = T\begin{bmatrix} c \\ d - c \end{bmatrix} = c + (c + (d - c))x = c + dx$$

Dessa forma, $T' \circ T = I_{\mathbb{R}^2}$ e $T \circ T' = I_{\mathscr{P}_1}$. Portanto, T e T' são inversas uma da outra.

Assim como no caso das matrizes invertíveis, a inversa de uma transformação linear, quando existe, é única. O teorema a seguir é o análogo do teorema 3.6.

Teorema 6.17 Se T é uma transformação linear invertível, sua inversa é única.

Demonstração A demonstração é a mesma do teorema 3.6, com produtos de matrizes substituídos por composições de transformações lineares. (Pediremos para você completar esta demonstração no exercício 31.)

Graças ao teorema 6.17, se T é invertível, podemos nos referir *à* inversa de T. Ela será denotada por T^{-1} (lida como "T inversa"). Nas próximas duas seções, iremos abordar a questão de determinar quando uma transformação linear dada é invertível e encontrar sua inversa, quando ela existir.

Exercícios 6.4

Nos exercícios de 1 a 12, determine se T é uma transformação linear.

1. $T: M_{22} \to M_{22}$ definida por T

$$T\begin{bmatrix} a & b \\ c & d \end{bmatrix} = \begin{bmatrix} a+b & 0 \\ 0 & c+d \end{bmatrix}$$

2. $T: M_{22} \to M_{22}$ definida por

$$T\begin{bmatrix} w & x \\ y & z \end{bmatrix} = \begin{bmatrix} 1 & w-z \\ x-y & 1 \end{bmatrix}$$

3. $T: M_{nn} \to M_{nn}$ definida por $T(A) = AB$, sendo B uma matriz $n \times n$, fixada

4. $T: M_{nn} \to M_{nn}$ definida por $T(A) = AB - BA$, sendo B uma matriz $n \times n$, fixada

5. $T: M_{nn} \to \mathbb{R}$ definida por $T(A) = \text{tr}(A)$

6. $T: M_{nn} \to \mathbb{R}$ definida por $T(A) = a_{11}a_{22} \cdots a_{nn}$

7. $T: M_{nn} \to \mathbb{R}$ definida por $T(A) = \text{posto}(A)$

8. $T: \mathscr{P}_2 \to \mathscr{P}_2$ definida por $T(a + bx + cx^2) = (a+1) + (b+1)x + (c+1)x^2$

9. $T: \mathscr{P}_2 \to \mathscr{P}_2$ definida por $T(a + bx + cx^2) = a + b(x+1) + b(x+1)^2$

10. $T: \mathscr{F} \to \mathscr{F}$ definida por $T(f) = f(x^2)$

11. $T: \mathscr{F} \to \mathscr{F}$ definida por $T(f) = (f(x))^2$

12. $T: \mathscr{F} \to \mathbb{R}$ definida por $T(f) = f(c)$, sendo c um escalar fixado

13. Prove que as transformações S e T do exemplo 6.56 são ambas lineares.

14. Seja $T: \mathbb{R}^2 \to \mathbb{R}^3$ uma transformação linear para a qual

$$T\begin{bmatrix} 1 \\ 0 \end{bmatrix} = \begin{bmatrix} 1 \\ 2 \\ -1 \end{bmatrix} \quad \text{e} \quad T\begin{bmatrix} 0 \\ 1 \end{bmatrix} = \begin{bmatrix} 3 \\ 0 \\ 4 \end{bmatrix}$$

Determine $T\begin{bmatrix} 5 \\ 2 \end{bmatrix}$ e $T\begin{bmatrix} a \\ b \end{bmatrix}$.

15. Seja $T: \mathbb{R}^2 \to \mathscr{P}_2$ uma transformação linear para a qual

$$T\begin{bmatrix} 1 \\ 1 \end{bmatrix} = 1 - 2x \quad \text{e} \quad T\begin{bmatrix} 3 \\ -1 \end{bmatrix} = x + 2x^2$$

Determine $T\begin{bmatrix} -7 \\ 9 \end{bmatrix}$ e $T\begin{bmatrix} a \\ b \end{bmatrix}$.

16. Seja $T: \mathscr{P}_2 \to \mathscr{P}_2$ uma transformação linear para a qual

$$T(1) = 3 - 2x, \quad T(x) = 4x - x^2, \quad \text{e} \quad T(x^2) = 2 + 2x^2$$

Determine $T(6 + x - 4x^2)$ e $T(a + bx + cx^2)$.

17. Seja $T: \mathscr{P}_2 \to \mathscr{P}_2$ uma transformação linear para a qual

$$T(1 + x) = 1 + x^2, \quad T(x + x^2) = x - x^2,$$
$$T(1 + x^2) = 1 + x + x^2$$

Determine $T(4 - x + 3x^2)$ e $T(a + bx + cx^2)$.

18. Seja $T: M_{22} \to \mathbb{R}$ uma transformação linear para a qual

$$T\begin{bmatrix} 1 & 0 \\ 0 & 0 \end{bmatrix} = 1, \quad T\begin{bmatrix} 1 & 1 \\ 0 & 0 \end{bmatrix} = 2,$$
$$T\begin{bmatrix} 1 & 1 \\ 1 & 0 \end{bmatrix} = 3, \quad T\begin{bmatrix} 1 & 1 \\ 1 & 1 \end{bmatrix} = 4$$

Determine $T\begin{bmatrix} 1 & 3 \\ 4 & 2 \end{bmatrix}$ e $T\begin{bmatrix} a & b \\ c & d \end{bmatrix}$.

19. Seja $T: M_{22} \to \mathbb{R}$ uma transformação linear. Prove que existem escalares a, b, c e d tais que

$$T\begin{bmatrix} w & x \\ y & z \end{bmatrix} = aw + bx + cy + dz$$

para quaisquer $\begin{bmatrix} w & x \\ y & z \end{bmatrix}$ em M_2

20. Prove que não existe uma transformação linear $T: \mathbb{R}^3 \to \mathscr{P}_2$ tal que

$$T\begin{bmatrix} 2 \\ 1 \\ 0 \end{bmatrix} = 1 + x, \quad T\begin{bmatrix} 3 \\ 0 \\ 2 \end{bmatrix} = 2 - x + x^2,$$
$$T\begin{bmatrix} 0 \\ 6 \\ -8 \end{bmatrix} = -2 + 2x^2$$

21. Prove o teorema 6.14(b).

22. Seja $\{\mathbf{v}_1, \ldots, \mathbf{v}_n\}$ uma base para um espaço vetorial V, e seja $T: V \to V$ uma transformação linear. Prove que se $T(\mathbf{v}_1) = \mathbf{v}_1, T(\mathbf{v}_2) = \mathbf{v}_2, \ldots, T(\mathbf{v}_n) = \mathbf{v}_n$ então T é a transformação identidade em V.

23. Seja $T: \mathscr{P}_n \to \mathscr{P}_n$ uma transformação linear tal que $T(x^k) = kx^{k-1}$ para $k = 0, 1, \ldots, n$. Prove que T é o operador diferencial D.

24. Sejam $\mathbf{v}_1, \ldots, \mathbf{v}_n$ vetores em um espaço vetorial V e seja $T: V \to W$ uma transformação linear.

(a) Se $\{T(\mathbf{v}_1), \ldots, T(\mathbf{v}_n)\}$ é linearmente independente em W, prove que $\{\mathbf{v}_1, \ldots, \mathbf{v}_n\}$ é linearmente independente em V.

(b) Prove que a recíproca da parte (a) é falsa. Isto é, não é necessariamente verdade que, se $\{\mathbf{v}_1, \ldots, \mathbf{v}_n\}$ é linearmente independente em V, então $\{T(\mathbf{v}_1), \ldots, T(\mathbf{v}_n)\}$ é linearmente independente em W. Ilustre essa afirmação com um exemplo de uma transformação $T: \mathbb{R}^2 \to \mathbb{R}^2$.

25. Defina as transformações lineares $S: \mathbb{R}^2 \to M_{22}$ e $T: \mathbb{R}^2 \to \mathbb{R}^2$ por

$$S\begin{bmatrix} a \\ b \end{bmatrix} = \begin{bmatrix} a+b & b \\ 0 & a-b \end{bmatrix} \quad \text{e} \quad T\begin{bmatrix} c \\ d \end{bmatrix} = \begin{bmatrix} 2c+d \\ -d \end{bmatrix}$$

Calcule $(S \circ T)\begin{bmatrix} 2 \\ 1 \end{bmatrix}$ e $(S \circ T)\begin{bmatrix} x \\ y \end{bmatrix}$. Você consegue calcular $(T \circ S)\begin{bmatrix} x \\ y \end{bmatrix}$? Em caso afirmativo, calcule.

26. Defina as transformações lineares $S: \mathscr{P}_1 \to \mathscr{P}_2$ e $T: \mathscr{P}_2 \to \mathscr{P}_1$ por

$$S(a+bx) = a + (a+b)x + 2bx^2$$

e

$$T(a+bx+cx^2) = b + 2cx$$

Calcule $(S \circ T)(3 + 2x - x^2)$ e $(S \circ T)(a + bx + cx^2)$. Você consegue calcular $(T \circ S)(a + bx)$? Em caso afirmativo, calcule.

$\frac{dy}{dx}$ **27.** Defina as transformações lineares $S: \mathscr{P}_n \to \mathscr{P}_n$ e $T: \mathscr{P}_n \to \mathscr{P}_n$ por

$$S(p(x)) = p(x+1) \quad \text{e} \quad T(p(x)) = p'(x)$$

Calcule $(S \circ T)(p(x))$ e $(T \circ S)(p(x))$. (*Sugestão:* recorde a Regra da Cadeia.)

$\frac{dy}{dx}$ **28.** Defina as transformações lineares $S: \mathscr{P}_n \to \mathscr{P}_n$ e $T: \mathscr{P}_n \to \mathscr{P}_n$ por

$$S(p(x)) = p(x+1) \quad \text{e} \quad T(p(x)) = xp'(x)$$

Calcule $(S \circ T)(p(x))$ e $(T \circ S)(p(x))$.

Nos exercícios 29 e 30, verifique que S e T são inversas.

29. $S: \mathbb{R}^2 \to \mathbb{R}^2$ definida por $S\begin{bmatrix} x \\ y \end{bmatrix} = \begin{bmatrix} 4x+y \\ 3x+y \end{bmatrix}$ e $T: \mathbb{R}^2 \to \mathbb{R}^2$ definida por $T\begin{bmatrix} x \\ y \end{bmatrix} = \begin{bmatrix} x-y \\ -3x+4y \end{bmatrix}$

30. $S: \mathscr{P}_1 \to \mathscr{P}_1$ definida por $S(a+bx) = (-4a+b) + 2ax$ e $T: \mathscr{P}_1 \to \mathscr{P}_1$ definida por

$$T(a+bx) = b/2 + (a+2b)x$$

31. Prove o teorema 6.17.

32. Seja $T: V \to V$ uma transformação linear tal que $T \circ T = I$.

(a) Prove que $\{\mathbf{v}, T(\mathbf{v})\}$ é linearmente dependente se e somente se $T(\mathbf{v}) = \pm\mathbf{v}$.

(b) Dê um exemplo de uma tal transformação linear com $V = \mathbb{R}^2$.

33. Seja $T: V \to V$ uma transformação linear tal que $T \circ T = T$.

(a) Prove que $\{\mathbf{v}, T(\mathbf{v})\}$ é linearmente dependente se e somente se $T(\mathbf{v}) = \mathbf{v}$ ou $T(\mathbf{v}) = \mathbf{0}$.

(b) Dê um exemplo de uma tal transformação linear para $V = \mathbb{R}^2$.

O conjunto de todas as transformações lineares definidas em um espaço vetorial V com valores em um espaço vetorial W é denotado por $\mathscr{L}(V, W)$. *Se S e T estão em* $\mathscr{L}(V, W)$, *podemos definir a* ***soma*** $S + T$ *por*

$$(S+T)(\mathbf{v}) = S(\mathbf{v}) + T(\mathbf{v})$$

para todo $\mathbf{v}$ *em V. Se c é um escalar, definimos o* ***múltiplo escalar*** cT *de T por c por*

$$(cT)(\mathbf{v}) = cT(\mathbf{v})$$

para todo $\mathbf{v}$ *em V. Assim, tanto* $S + T$ *quanto* cT *são transformações de V em W.*

34. Prove que $S + T$ e cT são transformações lineares.

35. Prove que $\mathscr{L}(V, W)$ é um espaço vetorial com essa adição e essa multiplicação por escalar.

36. Sejam R, S e T transformações lineares para as quais as operações a seguir fazem sentido. Prove que

(a) $R \circ (S + T) = R \circ S + R \circ T$

(b) $c(R \circ S) = (cR) \circ S = R \circ (cS)$ para qualquer escalar c.

6.5 Núcleo e a Imagem de uma Transformação Linear

O espaço anulado e o espaço coluna são dois dos subespaços fundamentais associados a uma matriz. Nesta seção, estenderemos essas noções para o núcleo e a imagem de uma transformação linear.

A palavra inglesa *kernel* é derivada do termo *cyrnel*, do inglês antigo, uma forma da palavra *corn*, significando "semente" (seed) ou "grão" (grain). Tal como num grão de milho, o núcleo (kernel) de uma transformação linear é o seu "cerne" ou "semente", no sentido de que ele carrega informações sobre muitas das propriedades importantes da transformação.

Definição Seja $T: V \to W$ uma transformação linear. O ***núcleo*** de T (também chamado *kernel* de T), denotado por $\ker(T)$, é o conjunto de todos os vetores de V que são levados por T até $\mathbf{0}$ em W. Isto é,

$$\ker(T) = \{\mathbf{v} \text{ em } V : T(\mathbf{v}) = \mathbf{0}\}$$

A ***imagem*** de T, denotada por $\mathrm{im}(T)$, é o conjunto de todos os vetores de W que são imagens de vetores de V por T. Isto é,

$$\begin{aligned}\mathrm{im}(T) &= \{T(\mathbf{v}) : \mathbf{v} \text{ em} V\} \\ &= \{\mathbf{w} \text{ em } W : \mathbf{w} = T(\mathbf{v}) \text{ para algum } \mathbf{v} \text{ em}\end{aligned}$$

Exemplo 6.59

Seja A uma matriz $m \times n$, e seja $T = T_A$ a transformação matricial de $\mathbb{R}^n$ em $\mathbb{R}^m$ correspondente, definida por $T(\mathbf{v}) = A\mathbf{v}$. Então, como vimos no capítulo 3, a imagem de T é o espaço coluna de A.

O núcleo de T é

$$\begin{aligned}\ker(T) &= \{\mathbf{v} \text{ em } \mathbb{R}^n : T(\mathbf{v}) = \mathbf{0}\} \\ &= \{\mathbf{v} \text{ em } \mathbb{R}^n : A\mathbf{v} = \mathbf{0}\} \\ &= \mathrm{anul}(A)\end{aligned}$$

Em outras palavras, o núcleo de uma transformação matricial é exatamente o espaço anulado pela matriz correspondente.

Exemplo 6.60

Encontre o núcleo e a imagem do operador diferencial $D : \mathscr{P}_3 \to \mathscr{P}_2$ definido por $D(p(x)) = p'(x)$.

Solução Como $D(a + bx + cx^2 + dx^3) = b + 2cx + 3dx^2$, temos que

$$\begin{aligned}\ker(D) &= \{a + bx + cx^2 + dx^3 : D(a + bx + cx^2 + dx^3) - 0\} \\ &= \{a + bx + cx^2 + dx^3 : b + 2cx + 3dx^2 = 0\}\end{aligned}$$

Mas $b + 2cx + 3dx^2 = 0$ se e somente se $b = 2c = 3d = 0$, o que implica que $b = c = d = 0$. Portanto,

$$\begin{aligned}\ker(D) &= \{a + bx + cx^2 + dx^3 : b = c = d = 0\} \\ &= \{a : a \text{ pertence a } \mathbb{R}\}\end{aligned}$$

Em outras palavras, o núcleo de D é o conjunto dos polinômios constantes.

A imagem de D é todo $\mathscr{P}_2$, pois *qualquer* polinômio de $\mathscr{P}_2$ é a imagem por D (ou seja, é a derivada) de *algum* polinômio em $\mathscr{P}_3$. Para sermos específicos, se $a + bx + cx^2$ pertence a $\mathscr{P}_2$, então

$$a + bx + cx^2 = D\left(ax + \left(\frac{b}{2}\right)x^2 + \left(\frac{c}{3}\right)x^3\right)$$

Exemplo 6.61

Seja $S : \mathscr{P}_1 \to \mathbb{R}$ a transformação linear definida por

$$S(p(x)) = \int_0^1 p(x)\,dx$$

Encontre o núcleo e a imagem de S.

Solução Temos, em detalhe,

$$\begin{aligned} S(a + bx) &= \int_0^1 (a + bx)\,dx \\ &= \left[ax + \frac{b}{2}x^2\right]_0^1 \\ &= \left(a + \frac{b}{2}\right) - 0 = a + \frac{b}{2} \end{aligned}$$

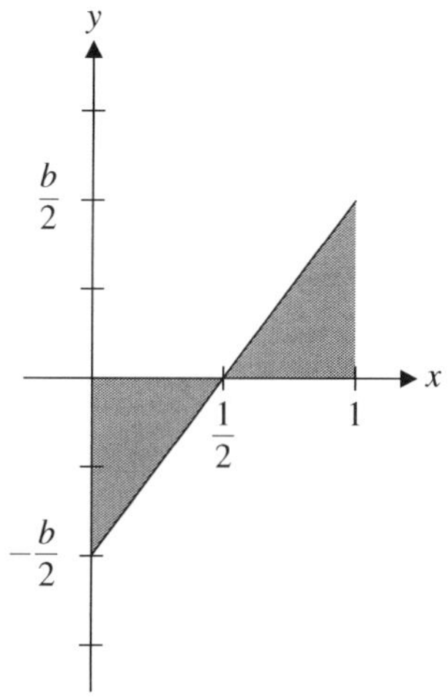

Figura 6.7

Se $y = -\dfrac{b}{2} + bx$,

então $\displaystyle\int_0^1 y\,dx = 0$

Portanto,

$$\begin{aligned} \ker(S) &= \{a + bx : S(a + bx) = 0\} \\ &= \left\{a + bx : a + \frac{b}{2} = 0\right\} \\ &= \left\{a + bx : a = -\frac{b}{2}\right\} \\ &= \left\{-\frac{b}{2} + bx\right\} \end{aligned}$$

Geometricamente, o ker(S) é formado por todos os polinômios lineares cujos gráficos têm a propriedade de que a área da região entre o gráfico e o eixo x é igualmente distribuída acima e abaixo do eixo no intervalo $[0, 1]$ (veja a figura 6.7).

A imagem de S é $\mathbb{R}$, já que todo número real pode ser obtido como a imagem por S de algum polinômio de $\mathscr{P}_1$. Por exemplo, se a é um número real arbitrário, então

$$\int_0^1 a\,dx = [ax]_0^1 = a - 0 = a$$

portanto, $a = S(a)$.

Exemplo 6.62

Seja $T : M_{22} \to M_{22}$ a transformação linear definida por tomar transpostas: $T(A) = A^T$. Encontre o núcleo e a imagem de T.

Solução Vemos que

$$\begin{aligned} \ker(T) &= \{A \text{ em } M_{22} : T(A) = O\} \\ &= \{A \text{ em } M_{22} : A^T = O\} \end{aligned}$$

No entanto, se $A^T = O$, $A = (A^T)^T = O^T = O$. Com isso, $\ker(T) = \{O\}$.

Como, para qualquer matriz A em M_{22}, vale que $A = (A^T)^T = T(A^T)$ (e A^T está em M_{22}), deduzimos que $\text{im}(T) = M_{22}$.

Em todos esses exemplos, o núcleo e a imagem de uma transformação linear são subespaços do domínio e do contradomínio, respectivamente, da transformação. Como estamos generalizando o espaço anulado e o espaço-coluna de uma matriz, isso talvez não seja surpreendente. Entretanto, não devemos tomar nada como certo, por isso precisamos provar que não se trata de uma coincidência.

Teorema 6.18 Seja $T: V \to W$ uma transformação linear. Então:

a. O núcleo de T é um subespaço de V.
b. A imagem de T é um subespaço de W.

Demonstração (a) Como $T(\mathbf{0}) = \mathbf{0}$, o vetor nulo de V está em ker(V), portanto, ker(T) é não vazio. Sejam $\mathbf{u}$ e $\mathbf{v}$ elementos de ker(T), e seja a um escalar. Então, $T(\mathbf{u}) = T(\mathbf{v}) = \mathbf{0}$, e, portanto,

$$T(\mathbf{u} + \mathbf{v}) = T(\mathbf{u}) + T(\mathbf{v}) = \mathbf{0} + \mathbf{0} = \mathbf{0}$$

e

$$T(a\mathbf{u}) = aT(\mathbf{u}) = a\mathbf{0} = \mathbf{0}$$

Logo, $\mathbf{u} + \mathbf{v}$ e $a\mathbf{u}$ estão em ker(T). Assim, ker(T) é um subespaço de V.

(b) Como $\mathbf{0} = T(\mathbf{0})$, o vetor nulo de W está em im(T) e, por isso, im(T) é não vazio. Sejam $T(\mathbf{u})$ e $T(\mathbf{v})$ elementos de im(T), e seja a um escalar. Então, $T(\mathbf{u}) + T(\mathbf{v}) = T(\mathbf{u} + \mathbf{v})$ é a imagem do vetor $\mathbf{u} + \mathbf{v}$. Como $\mathbf{u}$ e $\mathbf{v}$ estão em V, sua soma $\mathbf{u} + \mathbf{v}$ também está, e, dessa forma, $T(\mathbf{u}) + T(\mathbf{v})$ é um elemento de im(T). De maneira análoga, temos $aT(\mathbf{u}) = T(a\mathbf{u})$. Como $\mathbf{u}$ está em V, $a\mathbf{u}$ também está e, por isso, $aT(\mathbf{u})$ é um elemento de im(T). Portanto, im(T) é um subconjunto não vazio de W que é fechado para a adição e para a multiplicação por escalar, e, consequentemente, é um subespaço de W.

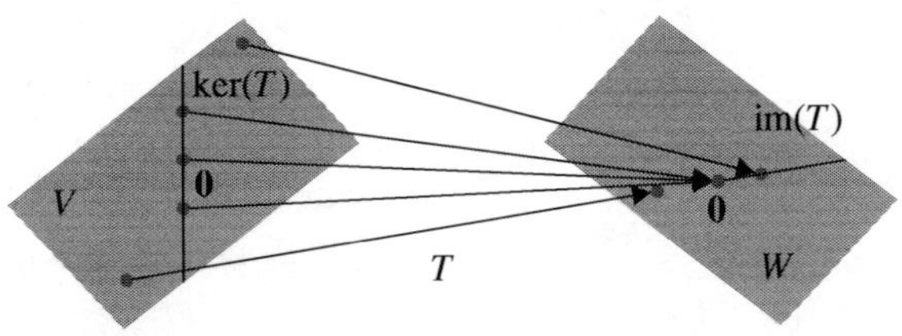

Figura 6.8
O núcleo e a imagem de $T: V \to W$

Na figura 6.8, temos uma representação esquemática do núcleo e da imagem de uma transformação linear.

No capítulo 3, definimos o posto de uma matriz como a dimensão de seu espaço-coluna, e a nulidade de uma matriz como a dimensão de seu espaço anulado. Agora, vamos estender essas definições para transformações lineares.

Definição Seja $T: V \to W$ uma transformação linear. O ***posto*** de T é a dimensão da imagem de T e é denotado por posto(T). A ***nulidade*** de T é a dimensão do núcleo de T e é denotada por nulidade(T).

Exemplo 6.63 Se A é uma matriz e $T = T_A$ é a transformação matricial definida por $T(\mathbf{v}) = A\mathbf{v}$, a imagem e o núcleo de T são, respectivamente, o espaço coluna e o espaço anulado por A, de acordo com exemplo 6.59. Assim, da seção 3.5, temos

$$\text{posto}(T) = \text{posto}(A) \quad \text{e} \quad \text{nulidade}(T) = \text{nulidade}(A)$$

Exemplo 6.64

Encontre o posto e a nulidade da transformação linear $D : \mathscr{P}_3 \to \mathscr{P}_2$ definida por $D(p(x)) = p'(x)$.

Solução No exemplo 6.60, vimos que $\text{im}(D) = \mathscr{P}_2$, portanto,

$$\text{posto}(D) = \dim \mathscr{P}_2 = 3$$

O núcleo de D é o conjunto de todos os polinômios constantes: $\ker(D) = \{a : a \text{ está em } \mathbb{R}\} = \{a \cdot 1 : a \text{ está em } \mathbb{R}\}$. Segue que $\{1\}$ é uma base para $\ker(D)$, e, portanto,

$$\text{nulidade}(D) = \dim(\ker(D)) = 1.$$

Exemplo 6.65

Encontre o posto e a nulidade da transformação linear $S : \mathscr{P}_1 \to \mathbb{R}$ definida por

$$S(p(x)) = \int_0^1 p(x)\, dx$$

Solução No exemplo 6.61 vimos que $\text{im}(S) = \mathbb{R}$. Por isso, $\text{posto}(S) = \dim \mathbb{R} = 1$. Também vimos que

$$\begin{aligned}\ker(S) &= \left\{-\frac{b}{2} + bx : b \text{ em } \mathbb{R}\right\} \\ &= \{b(-\tfrac{1}{2} + x) : b \text{ em } \mathbb{R}\} \\ &= \text{ger}(-\tfrac{1}{2} + x)\end{aligned}$$

portanto, $\{-\frac{1}{2} + x\}$ é uma base para $\ker(S)$. Consequentemente, $\text{nulidade}(S) = \dim(\ker(S)) = 1$.

Exemplo 6.66

Encontre o posto e a nulidade da transformação linear $T: M_{22} \to M_{22}$ definida por $T(A) = A^T$.

Solução No exemplo 6.62, vimos que $\text{im}(T) = M_{22}$ e $\ker(T) = \{O\}$. Com isso,

$$\text{posto}(T) = \dim M_{22} = 4 \quad \text{e} \quad \text{nulidade}(T) = \dim\{O\} = 0$$

No capítulo 3, vimos que o posto e a nulidade de uma matriz A $m \times n$ estão relacionados pela fórmula $\text{posto}(A) + \text{nulidade}(A) = n$. Esse é o Teorema do Posto (teorema 3.26). Como a transformação matricial $T = T_A$ tem $\mathbb{R}^n$ como seu domínio, poderíamos reescrever a relação como

$$\text{posto}(A) + \text{nulidade}(A) = \dim \mathbb{R}^n$$

Essa versão do Teorema do Posto se estende de modo natural às transformações lineares em geral, como você pode observar nos três últimos exemplos:

$$\text{posto}(D) + \text{nulidade}(D) = 3 + 1 = 4 = \dim \mathscr{P}_3 \qquad \text{exemplo 6.64}$$

$$\text{posto}(S) + \text{nulidade}(S) = 1 + 1 = 2 = \dim \mathscr{P}_1 \qquad \text{exemplo 6.65}$$

$$\text{posto}(T) + \text{nulidade}(T) = 4 + 0 = 4 = \dim M_{22} \qquad \text{exemplo 6.66}$$

Teorema 6.19 **O Teorema do Posto**

Seja $T : V \to W$ uma transformação linear de um espaço vetorial de dimensão finita V em um espaço vetorial W. Então

$$\text{posto}(T) + \text{nulidade}(T) = \dim V$$

Na próxima seção, você verá como adaptar a demonstração do teorema 3.26 para provar esta versão do resultado. Por hora, daremos uma demonstração alternativa que não usa matrizes.

Demonstração Seja $\dim V = n$ e seja $\{\mathbf{v}_1, \ldots, \mathbf{v}_k\}$ uma base para $\ker(T)$ (portanto, $\text{nulidade}(T) = \dim(\ker(T)) = k$). Como $\{\mathbf{v}_1, \ldots, \mathbf{v}_k\}$ é um conjunto linearmente independente, ele pode ser estendido a uma base de V, pelo teorema 6.28. Seja $\mathcal{B} = \{\mathbf{v}_1, \ldots, \mathbf{v}_k, \mathbf{v}_{k+1}, \ldots, \mathbf{v}_n\}$ uma dessas bases. Se pudermos provar que o conjunto $\mathcal{C} = \{T(\mathbf{v}_{k+1}), \ldots, T(\mathbf{v}_n)\}$ é uma base para $\text{im}(T)$ então teremos que $\text{posto}(T) = \dim(\text{im}(T)) = n - k$, e, dessa forma,

$$\text{posto}(T) + \text{nulidade}(T) = k + (n - k) = n = \dim V$$

como desejado.

Certamente $\mathcal{C}$ está contido na imagem de T. Para provar que $\mathcal{C}$ gera a imagem de T, tome um vetor $T(\mathbf{v})$ na imagem de T. Então $\mathbf{v}$ está em V e, como $\mathcal{B}$ é uma base para V, podemos encontrar escalares $c_1, \ldots, c_n$ tais que

$$\mathbf{v} = c_1\mathbf{v}_1 + \cdots + c_k\mathbf{v}_k + c_{k+1}\mathbf{v}_{k+1} + \cdots + c_n\mathbf{v}_n$$

Como $\mathbf{v}_1, \ldots, \mathbf{v}_k$ estão no núcleo de T, temos que $T(\mathbf{v}_1) = \cdots = T(\mathbf{v}_k) = \mathbf{0}$, portanto,

$$\begin{aligned} T(\mathbf{v}) &= T(c_1\mathbf{v}_1 + \cdots + c_k\mathbf{v}_k + c_{k+1}\mathbf{v}_{k+1} + \cdots + c_n\mathbf{v}_n) \\ &= c_1T(\mathbf{v}_1) + \cdots + c_kT(\mathbf{v}_k) + c_{k+1}T(\mathbf{v}_{k+1}) + \cdots + c_nT(\mathbf{v}_n) \\ &= c_{k+1}T(\mathbf{v}_{k+1}) + \cdots + c_nT(\mathbf{v}_n) \end{aligned}$$

Isso prova que a imagem de T é gerada por $\mathcal{C}$.

Para provar que $\mathcal{C}$ é linearmente independente, suponha que existam escalares $c_{k+1}, \ldots, c_n$ tais que

$$c_{k+1}T(\mathbf{v}_{k+1}) + \cdots + c_nT(\mathbf{v}_n) = \mathbf{0}$$

Então $T(c_{k+1}\mathbf{v}_{k+1} + \cdots + c_n\mathbf{v}_n) = \mathbf{0}$, o que significa que $c_{k+1}\mathbf{v}_{k+1} + \cdots + c_n\mathbf{v}_n$ está no núcleo de T e, portanto, pode ser escrito como combinação linear dos vetores $\mathbf{v}_1, \ldots, \mathbf{v}_k$ da base de $\ker(T)$, digamos,

$$c_{k+1}\mathbf{v}_{k+1} + \cdots + c_n\mathbf{v}_n = c_1\mathbf{v}_1 + \cdots + c_k\mathbf{v}_k$$

Mas agora $$c_1\mathbf{v}_1 + \cdots + c_k\mathbf{v}_k - c_{k+1}\mathbf{v}_{k+1} - \cdots - c_n\mathbf{v}_n = \mathbf{0}$$

e a independência linear de $\mathcal{B}$ implica que $c_1 = \cdots = c_n = 0$. Em particular, $c_{k+1} = \cdots = c_n = 0$, o que significa que $\mathcal{C}$ é linearmente independente.

Acabamos de provar que $\mathcal{C}$ é uma base para a imagem de T. Logo, pelos nossos comentários anteriores, a demonstração está completa.

Já verificamos o Teorema do Posto para os exemplos 6.64, 6.65 e 6.66. Na prática, esse teorema nos permite encontrar o posto e a nulidade de uma transformação linear fazendo apenas a metade do trabalho. Os exemplos a seguir ilustram esse procedimento.

Exemplo 6.67

Encontre o posto e a nulidade da transformação linear $T : \mathscr{P}_2 \to \mathscr{P}_3$ definida por $T(p(x)) = xp(x)$. (Verifique se T é realmente linear.)

Solução Fazendo detalhadamente, temos

$$T(a + bx + cx^2) = ax + bx^2 + cx^3$$

Com isso,

$$\begin{aligned} \ker(T) &= \{a + bx + cx^2 : T(a + bx + cx^2) = 0\} \\ &= \{a + bx + cx^2 : ax + bx^2 + cx^3 = 0\} \\ &= \{a + bx + cx^2 : a = b = c = 0\} \\ &= \{0\} \end{aligned}$$

Portanto, nulidade$(T) = \dim(\ker(T)) = 0$. O Teorema do Posto implica que

$$\text{posto}(T) = \dim \mathscr{P}_2 - \text{nulidade}(T) = 3 - 0 = 3.$$

Observação No exemplo 6.67, como é imediato ver que $\{x, x^2, x^3\}$ é uma base para a imagem de T, também teria sido simples encontrar primeiro o posto de T. Em geral, entretanto, um deles (o posto ou a nulidade de uma transformação linear) será mais fácil de ser determinado. O Teorema do Posto pode então ser usado para obter o outro. Com a prática, você aprenderá a escolher qual o melhor caminho a seguir.

Exemplo 6.68

Seja W o espaço vetorial das matrizes simétricas 2×2. Defina uma transformação linear $T : W \to \mathscr{P}_2$ por

$$T\begin{bmatrix} a & b \\ b & c \end{bmatrix} = (a - b) + (b - c)x + (c - a)x^2$$

(Verifique que T é linear.) Encontre o posto e a nulidade de T.

Solução A nulidade de T é mais fácil de ser calculada do que o posto, por isso vamos prosseguir da seguinte maneira:

$$\begin{aligned} \ker(T) &= \left\{ \begin{bmatrix} a & b \\ b & c \end{bmatrix} : T\begin{bmatrix} a & b \\ b & c \end{bmatrix} = 0 \right\} \\ &= \left\{ \begin{bmatrix} a & b \\ b & c \end{bmatrix} : (a - b) + (b - c)x + (c - a)x^2 = 0 \right\} \\ &= \left\{ \begin{bmatrix} a & b \\ b & c \end{bmatrix} : (a - b) = (b - c) = (c - a) = 0 \right\} \\ &= \left\{ \begin{bmatrix} a & b \\ b & c \end{bmatrix} : a = b = c \right\} \\ &= \left\{ \begin{bmatrix} c & c \\ c & c \end{bmatrix} \right\} = \text{ger}\left(\begin{bmatrix} 1 & 1 \\ 1 & 1 \end{bmatrix} \right) \end{aligned}$$

Portanto, $\left\{ \begin{bmatrix} 1 & 1 \\ 1 & 1 \end{bmatrix} \right\}$ é uma base para o núcleo de T e, por isso, nulidade$(T) = \dim(\ker(T)) = 1$. O Teorema do Posto e o exemplo 6.42 garantem que posto$(T) = \dim W - \text{nulidade}(T) = 3 - 1 = 2$.

Transformações Lineares Injetoras e Sobrejetoras

Vamos agora investigar critérios para determinar se uma transformação linear é invertível. São pontos chave para essa discussão duas propriedades muito importantes de uma transformação: ser injetora e ser sobrejetora.

Definição Uma transformação linear $T : V \to W$ é chamada ***injetora*** se T leva vetores distintos de V em vetores distintos de W. Se $\text{im}(T) = W$, T é chamada ***sobrejetora***.

Observações

- A definição de injetora pode ser escrita mais formalmente da seguinte maneira:

$T : V \to W$ é injetora se, para todo $\mathbf{u}$ e $\mathbf{v}$ em V,

$$\mathbf{u} \neq \mathbf{v} \text{ implica que } T(\mathbf{u}) \neq T(\mathbf{v})$$

Essa afirmação é equivalente a:

$T : V \to W$ é injetora se, para todo $\mathbf{u}$ e $\mathbf{v}$ em V,

$$T(\mathbf{u}) = T(\mathbf{v}) \text{ implica que } \mathbf{u} = \mathbf{v}$$

A figura 6.9 ilustra essas duas afirmações.

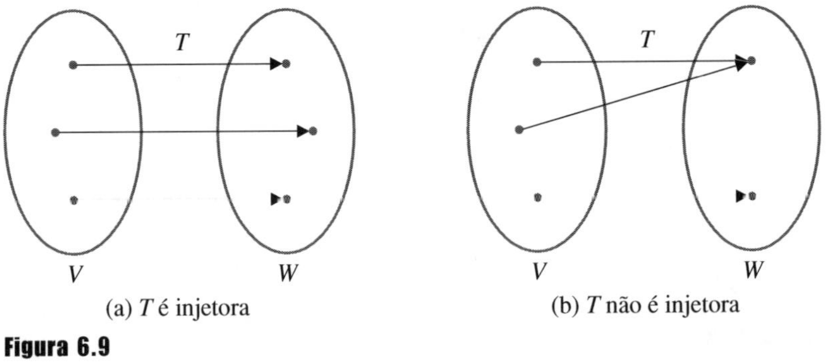

Figura 6.9

- Uma outra maneira de escrever a definição de sobrejetora é a seguinte:

$T : V \to W$ é sobrejetora se, para todo $\mathbf{w}$ em W, existe pelo menos um $\mathbf{v}$ em V tal que

$$\mathbf{w} = T(\mathbf{v})$$

Em outras palavras, *dado* $\mathbf{w}$ em W, será que existe algum $\mathbf{v}$ em V tal que $\mathbf{w} = T(\mathbf{v})$? Se, para um $\mathbf{w}$ arbitrário, conseguirmos resolver essa equação para $\mathbf{v}$, T é sobrejetora (veja a figura 6.10).

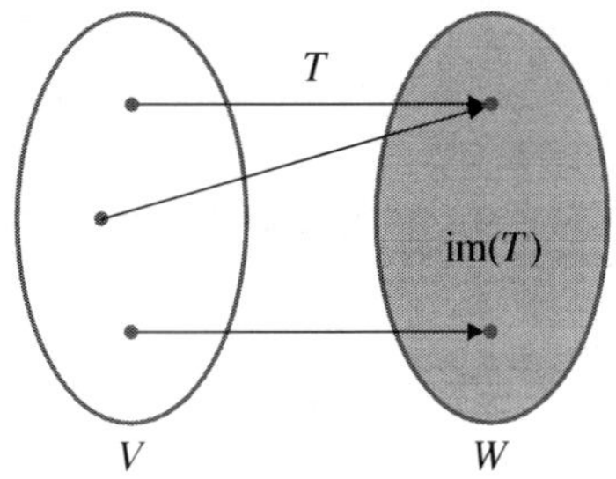

(a) T é sobrejetora

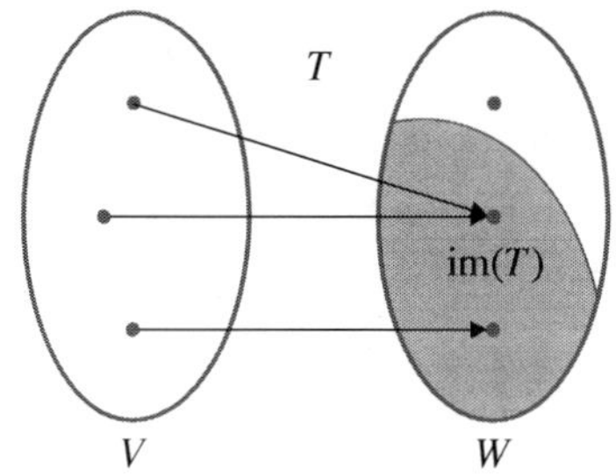

(b) T não é sobrejetora

Figura 6.10

Exemplo 6.69

Quais das seguintes transformações lineares são injetoras? E quais são sobrejetoras?

(a) $T : \mathbb{R}^2 \to \mathbb{R}^3$ definida por $T\begin{bmatrix} x \\ y \end{bmatrix} = \begin{bmatrix} 2x \\ x - y \\ 0 \end{bmatrix}$

(b) $D : \mathscr{P}_3 \to \mathscr{P}_2$ definida por $D(p(x)) = p'(x)$

(c) $T : M_{22} \to M_{22}$ definida por$T(A) = A^T$

Solução (a) Seja $T\begin{bmatrix} x_1 \\ y_1 \end{bmatrix} = T\begin{bmatrix} x_2 \\ y_2 \end{bmatrix}$. Então

$$\begin{bmatrix} 2x_1 \\ x_1 - y_1 \\ 0 \end{bmatrix} = \begin{bmatrix} 2x_2 \\ x_2 - y_2 \\ 0 \end{bmatrix}$$

Portanto, $2x_1 = 2x_2$ e $x_1 - y_1 = x_2 - y_2$. Resolvendo essas equações, vemos que $x_1 = x_2$ e $y_1 = y_2$. Dessa forma, $\begin{bmatrix} x_1 \\ y_1 \end{bmatrix} = \begin{bmatrix} x_2 \\ y_2 \end{bmatrix}$ e, consequentemente, T é injetora.

T não é sobrejetora, pois sua imagem não é todo $\mathbb{R}^3$. Para ser mais específico, não existe vetor $\begin{bmatrix} x \\ y \end{bmatrix}$ em $\mathbb{R}^2$ tal que $T\begin{bmatrix} x \\ y \end{bmatrix} = \begin{bmatrix} 0 \\ 0 \\ 1 \end{bmatrix}$. (Por que não?)

(b) No exemplo 6.60, provamos que $\text{im}(D) = \mathscr{P}_2$, portanto, D é sobrejetora. Mas D não é injetora, já que diferentes polinômios de $\mathscr{P}_3$ podem ter a mesma derivada. Por exemplo, $x^3 \neq x^3 + 1$, mas $D(x^3) = 3x^2 = D(x^3 + 1)$.

(c) Sejam A e B em M_{22}, com $T(A) = T(B)$. Então, $A^T = B^T$, por isso $A = (A^T)^T = (B^T)^T = B$. Segue que T é injetora. No exemplo 6.62, provamos que $\text{im}(T) = M_{22}$. T. Portanto, é sobrejetora.

Existe um critério muito simples para determinar se uma transformação linear é injetora.

Teorema 6.20 Um transformação linear $T : V \to W$ é injetora se e somente se $\ker(T) = \{\mathbf{0}\}$.

Demonstração Assuma que T é injetora. Se $\mathbf{v}$ está no núcleo de T, então $T(\mathbf{v}) = \mathbf{0}$. Mas também sabemos que $T(\mathbf{0}) = \mathbf{0}$, portanto, $T(\mathbf{v}) = T(\mathbf{0})$. Como T é injetora, isso implica que $\mathbf{v} = \mathbf{0}$. Por isso, o único vetor no núcleo de T é o vetor nulo.

Reciprocamente, assuma que $\ker(T) = \{\mathbf{0}\}$. Para provar que T é injetora, sejam $\mathbf{u}$ e $\mathbf{v}$ em V tais que $T(\mathbf{u}) = T(\mathbf{v})$. Então, $T(\mathbf{u} - \mathbf{v}) = T(\mathbf{u}) - T(\mathbf{v}) = \mathbf{0}$, o que implica que $\mathbf{u} - \mathbf{v}$ está no núcleo de T. Como $\ker(T) = \{\mathbf{0}\}$, devemos ter $\mathbf{u} - \mathbf{v} = \mathbf{0}$, ou, equivalentemente, $\mathbf{u} = \mathbf{v}$. Isso prova que T é injetora.

Exemplo 6.70

Prove que a transformação linear $T : \mathbb{R}^2 \to \mathscr{P}_1$ definida por

$$T\begin{bmatrix} a \\ b \end{bmatrix} = a + (a + b)x$$

é injetora e sobrejetora.

Solução Se $\begin{bmatrix} a \\ b \end{bmatrix}$ está no núcleo de T, então

$$0 = T\begin{bmatrix} a \\ b \end{bmatrix} = a + (a + b)x$$

Com isso, $a = 0$ e $a + b = 0$. Assim, $b = 0$ e, portanto, $\begin{bmatrix} a \\ b \end{bmatrix} = \begin{bmatrix} 0 \\ 0 \end{bmatrix}$. Consequentemente, $\ker(T) = \left\{\begin{bmatrix} 0 \\ 0 \end{bmatrix}\right\}$ e, pelo teorema 6.20, T é injetora.

Pelo Teorema do Posto,

$$\text{posto(T)} = \dim \mathbb{R}^2 - \text{nulidade(T)} = 2 - 0 = 2$$

Portanto, a imagem de T é um subespaço bidimensional de $\mathbb{R}^2$ e, consequentemente, $\text{im}(T) = \mathbb{R}^2$. Segue que T é sobrejetora.

Para transformações lineares entre dois espaços vetoriais de dimensão n, ser injetora e ser sobrejetora são propriedades que estão fortemente relacionadas. Observe primeiro que, para uma transformação linear $T : V \to W$, $\ker(T) = \{\mathbf{0}\}$ se e somente se $\text{nulidade}(T) = 0$, e T é sobrejetora se e somente se $\text{posto}(T) = \dim W$. (Por quê?) A demonstração do próximo teorema utiliza, essencialmente, o método do exemplo 6.70.

Teorema 6.21 Suponha que $\dim V = \dim W = n$. Então, uma transformação linear $T : V \to W$ será injetora se e somente se for sobrejetora.

Demonstração Assuma que T seja injetora. Então, $\text{nulidade}(T) = 0$, de acordo com o teorema 6.20 e a observação que precede o teorema 6.21. O Teorema do Posto implica que

$$\text{posto}(T) = \dim V - \text{nulidade}(T) = n - 0 = n$$

Portanto, T é sobrejetora.

Reciprocamente, assuma que T seja sobrejetora. Então, $\text{posto}(T) = \dim W = n$. Pelo Teorema do Posto,

$$\text{nulidade}(T) = \dim V - \text{posto}(T) = n - n = 0$$

Assim, $\ker(T) = \{\mathbf{0}\}$, e T é injetora.

Na seção 6.4, ressaltamos que, se $T : V \to W$ é uma transformação linear, a imagem de uma base de V por T não é necessariamente uma base da imagem de T. Agora, veremos uma condição que garante que uma base de V será levada por T a uma base de W.

Teorema 6.22 Seja $T : V \to W$ uma aplicação linear injetora. Se $S = \{\mathbf{v}_1, \ldots, \mathbf{v}_k\}$ é um conjunto linearmente independente em V, então $T(S) = \{T(\mathbf{v}_1), \ldots, T(\mathbf{v}_k)\}$ é um conjunto linearmente independente em W.

Demonstração Sejam $c_1, \ldots, c_k$ escalares tais que

$$c_1T(\mathbf{v}_1) + \cdots + c_kT(\mathbf{v}_k) = \mathbf{0}$$

Então, $T(c_1\mathbf{v}_1 + \cdots + c_k\mathbf{v}_k) = \mathbf{0}$, o que implica que $c_1\mathbf{v}_1 + \cdots + c_k\mathbf{v}_k$ está no núcleo de T. No entanto, como T é injetora, $\ker(T) = \{\mathbf{0}\}$, pelo teorema 6.20. Assim,

$$c_1\mathbf{v}_1 + \cdots + c_k\mathbf{v}_k = \mathbf{0}$$

Mas $\{\mathbf{v}_1, \ldots, \mathbf{v}_k\}$ é linearmente independente, por isso todos os escalares c_i devem ser 0. Portanto, $\{T(\mathbf{v}_1), \ldots, T(\mathbf{v}_k)\}$ é um conjunto linearmente independente.

Corolário 6.23 Suponha que $\dim V = \dim W = n$. Então, uma transformação linear injetora $T : V \to W$ leva uma base de V a uma base de W.

Demonstração Seja $\mathcal{B} = \{\mathbf{v}_1, \ldots, \mathbf{v}_n\}$ uma base de V. Pelo teorema 6.22, $T(\mathcal{B}) = \{T(\mathbf{v}_1), \ldots, T(\mathbf{v}_n)\}$ é um conjunto linearmente independente em W. Portanto, só precisamos provar que $T(\mathcal{B})$ gera W. Mas, pelo teorema 6.15, $T(\mathcal{B})$ gera a imagem de T. Além disso, T é sobrejetora, de acordo com o teorema 6.21 e, por isso, $\mathrm{im}(T) = W$. Consequentemente, $T(\mathcal{B})$ gera W, o que completa a demonstração.

Exemplo 6.71 Seja $T : \mathbb{R}^2 \to \mathscr{P}_1$ a transformação linear do exemplo 6.70, definida por

$$T\begin{bmatrix} a \\ b \end{bmatrix} = a + (a + b)x$$

Então, pelo corolário 6.23, a base canônica $\mathcal{E} = \{\mathbf{e}_1, \mathbf{e}_2\}$ de $\mathbb{R}^2$ é levada a uma base $T(\mathcal{E}) = \{T(\mathbf{e}_1), T(\mathbf{e}_2)\}$ de $\mathscr{P}_1$. Vemos que

$$T(\mathbf{e}_1) = T\begin{bmatrix} 1 \\ 0 \end{bmatrix} = 1 + x \quad \text{e} \quad T(\mathbf{e}_2) = T\begin{bmatrix} 0 \\ 1 \end{bmatrix} = x$$

Disso segue que $\{1 + x, x\}$ é uma base de $\mathscr{P}_1$.

Podemos agora determinar quais transformações lineares $T : V \to W$ são invertíveis.

Teorema 6.24 Uma transformação linear $T : V \to W$ é invertível se e somente se T é injetora e sobrejetora.

Demonstração Assuma que T é invertível. Então, existe uma transformação linear $T^{-1}: W \to V$ tal que

$$T^{-1} \circ T = I_V \quad \text{e} \quad T \circ T^{-1} = I_W$$

Para provar que T é injetora, considere $\mathbf{v}$ pertencente ao núcleo de T. Então, $T(\mathbf{v}) = \mathbf{0}$. Portanto,

$$\begin{aligned} T^{-1}(T(\mathbf{v})) = T^{-1}(\mathbf{0}) &\Rightarrow (T^{-1} \circ T)(\mathbf{v}) = \mathbf{0} \\ &\Rightarrow I(\mathbf{v}) = \mathbf{0} \\ &\Rightarrow \mathbf{v} = \mathbf{0} \end{aligned}$$

o que garante que $\ker(T) = \{\mathbf{0}\}$. Portanto, T é injetora, pelo teorema 6.20.

Para provar que T é sobrejetora, considere um elemento $\mathbf{w}$ de W e seja $\mathbf{v} = T^{-1}(\mathbf{w})$. Então

$$\begin{aligned} T(\mathbf{v}) &= T(T^{-1}(\mathbf{w})) \\ &= (T \circ T^{-1})(\mathbf{w}) \\ &= I(\mathbf{w}) \\ &= \mathbf{w} \end{aligned}$$

o que prova que $\mathbf{w}$ é a imagem de $\mathbf{v}$ por T. Como $\mathbf{v}$ é um elemento de V, isso prova que T é sobrejetora.

Reciprocamente, assuma que T é injetora e sobrejetora. Isso significa que nulidade$(T) = 0$ e posto$(T) = \dim W$. Precisamos provar que existe uma transformação linear $T': W \to V$ tal que $T' \circ T = I_V$ e $T \circ T' = I_W$.

Seja $\mathbf{w}$ um elemento de W. Como T é sobrejetora, existe algum vetor $\mathbf{v}$ em V tal que $T(\mathbf{v}) = \mathbf{w}$. Existe apenas um vetor $\mathbf{v}$ com essa propriedade pois se $\mathbf{v}'$ fosse um outro vetor de V tal que $T(\mathbf{v}') = \mathbf{w}$, então $T(\mathbf{v}) = T(\mathbf{v}')$. O fato de T ser injetora implica que $\mathbf{v} = \mathbf{v}'$. Portanto, faz sentido definir uma aplicação $T': W \to V$ colocando $T'(\mathbf{w}) = \mathbf{v}$.

Com isso,

$$(T' \circ T)(\mathbf{v}) = T'(T(\mathbf{v})) = T'(\mathbf{w}) = \mathbf{v}$$

e

$$(T \circ T')(\mathbf{w}) = T(T'(\mathbf{w})) = T(\mathbf{v}) = \mathbf{w}$$

Segue que $T' \circ T = I_V$ e $T \circ T' = I_W$. Agora devemos provar que T' é uma transformação *linear*.

Para isso, sejam $\mathbf{w}_1$ e $\mathbf{w}_2$ vetores de W, e sejam c_1 e c_2 escalares. Como acima, sejam $T(\mathbf{v}_1) = \mathbf{w}_1$ e $T(\mathbf{v}_2) = \mathbf{w}_2$. Então $\mathbf{v}_1 = T'(\mathbf{w}_1)$ e $\mathbf{v}_2 = T'(\mathbf{w}_2)$ e

$$\begin{aligned} T'(c_1\mathbf{w}_1 + c_2\mathbf{w}_2) &= T'(c_1T(\mathbf{v}_1) + c_2T(\mathbf{v}_2)) \\ &= T'(T(c_1\mathbf{v}_1 + c_2\mathbf{v}_2)) \\ &= I(c_1\mathbf{v}_1 + c_2\mathbf{v}_2) \\ &= c_1\mathbf{v}_1 + c_2\mathbf{v}_2 \\ &= c_1T'(\mathbf{w}_1) + c_2T'(\mathbf{w}_2) \end{aligned}$$

Consequentemente, T' é linear e, pelo teorema 6.17, concluímos que $T' = T^{-1}$.

Os termos *isomorfismo* e *isomorfo* são derivados de duas palavras gregas: *isos*, que significa "igual", e *morfo*, que significa "forma". Assim, falando figurativamente, espaços vetoriais isomorfos têm "configurações iguais".

Isomorfismos de Espaços Vetoriais

Agora estamos em condições de descrever, em termos concretos, o que significa dizer que dois espaços vetoriais são "essencialmente o mesmo".

Definição Uma transformação linear $T: V \to W$ é um ***isomorfismo*** se ela for injetora e sobrejetora. Se V e W são dois espaços vetoriais para os quais existe um isomorfismo de V em W, dizemos que V é ***isomorfo*** a W e denotamos por $V \cong W$.

Exemplo 6.72

Mostre que $\mathscr{P}_{n-1}$ e $\mathbb{R}^n$ são isomorfos.

Solução O processo de formar o vetor de coordenadas de um polinômio nos fornece um possível isomorfismo (como já observamos na seção 6.2, apesar de não termos usado o termo *isomorfismo* naquela ocasião). Especificamente, defina $T: \mathscr{P}_{n-1} \to \mathbb{R}^n$ por $T(p(x)) = [p(x)]_{\mathcal{E}}$, sendo $\mathcal{E} = \{1, x, \ldots, x^{n-1}\}$ a base canônica de $\mathscr{P}_{n-1}$. Isto é,

$$T(a_0 + a_1x + \cdots + a_{n-1}x^{n-1}) = \begin{bmatrix} a_0 \\ a_1 \\ \vdots \\ a_{n-1} \end{bmatrix}$$

O teorema 6.6 prova que T é uma transformação linear. Se $p(x) = a_0 + a_1x + \cdots + a_{n-1}x^{n-1}$ está no núcleo de T, então

$$\begin{bmatrix} a_0 \\ \vdots \\ a_{n-1} \end{bmatrix} = T(a_0 + a_1x + \cdots + a_{n-1}x^{n-1}) = \begin{bmatrix} 0 \\ \vdots \\ 0 \end{bmatrix}$$

Assim, $a_0 = a_1 = \cdots = a_{n-1} = 0$, e por isso $p(x) = 0$. Portanto, $\ker(T) = \{0\}$, e T é injetora. Como $\dim \mathscr{P}_{n-1} = \dim \mathbb{R}^n = n$, T também é sobrejetora, pelo teorema 6.21. Dessa forma, T é um isomorfismo, e $\mathscr{P}_{n-1} \cong \mathbb{R}^n$.

Exemplo 6.73

Prove que M_{mn} e $\mathbb{R}^{mn}$ são isomorfos.

Solução Uma vez mais, a aplicação de coordenadas de M_{mn} para $\mathbb{R}^{mn}$ que, a cada matriz, associa seu vetor de coordenadas em $\mathbb{R}^{mn}$ (como no exemplo 6.36) é um isomorfismo. Os detalhes da demonstração são deixados como um exercício.

Na verdade, a maneira mais fácil de dizer se dois espaços vetoriais são isomorfos é simplesmente verificar suas dimensões, como nos mostra o teorema a seguir.

Teorema 6.25 Sejam V e W dois espaços vetoriais de dimensão finita (sobre o mesmo corpo de escalares). Então, V é isomorfo a W se e somente se $\dim V = \dim W$.

Demonstração Seja $n = \dim V$. Se V é isomorfo a W então existe um isomorfismo $T : V \to W$. Como T é injetora, nulidade$(T) = 0$. O Teorema do Posto implica que

$$\text{posto}(T) = \dim V - \text{nulidade}(T) = n - 0 = n$$

Portanto, a imagem de T é um subespaço de W de dimensão n. No entanto, como T é sobrejetora, $W = \text{im}(T)$, por isso $\dim W = n$, como queríamos demonstrar.

Reciprocamente, assuma que V e W tenham a mesma dimensão, n. Seja $\mathcal{B} = \{\mathbf{v}_1, \ldots, \mathbf{v}_n\}$ uma base para V, e seja $\mathcal{C} = \{\mathbf{w}_1, \ldots, \mathbf{w}_n\}$ uma base para W. Vamos definir uma transformação linear $T : V \to W$ e então provar que T é injetora e sobrejetora. Um vetor $\mathbf{v}$ de V, arbitrário, pode ser escrito de forma única, como uma combinação linear dos vetores da base $\mathcal{B}$, digamos

$$\mathbf{v} = c_1\mathbf{v}_1 + \cdots + c_n\mathbf{v}_n$$

Defina T por

$$T(\mathbf{v}) = c_1\mathbf{w}_1 + \cdots + c_n\mathbf{w}_n$$

É imediato verificar que T é linear. (Faça-o.) Para ver que T é injetora, suponha que $\mathbf{v}$ esteja no núcleo de T. Então:

$$c_1\mathbf{w}_1 + \cdots + c_n\mathbf{w}_n = T(\mathbf{v}) = \mathbf{0}$$

e a independência linear de $\mathcal{C}$ implica que $c_1 = \cdots = c_n = 0$. Mas então

$$\mathbf{v} = c_1\mathbf{v}_1 + \cdots + c_n\mathbf{v}_n = \mathbf{0}$$

Portanto, $\ker(T) = \{\mathbf{0}\}$, o que significa que T é injetora. Como $\dim V = \dim W$, T também é sobrejetora, pelo teorema 6.21. Portanto, T é um isomorfismo, e $V \cong W$.

Exemplo 6.74 Prove que $\mathbb{R}^n$ e $\mathcal{P}_n$ não são isomorfos.

Solução Como $\dim \mathbb{R}^n = n \neq n + 1 = \dim \mathcal{P}_n$, $\mathbb{R}^n$ e $\mathcal{P}_n$ não são isomorfos, pelo teorema 6.25.

Exemplo 6.75 Seja W o espaço vetorial das matrizes 2×2 simétricas. Prove que W é isomorfo a $\mathbb{R}^3$.

Solução No exemplo 6.42, provamos que $\dim W = 3$. Assim, $\dim W = \dim \mathbb{R}^3$, por isso $W \cong \mathbb{R}^3$, pelo teorema 6.25. (Existe um candidato óbvio para um isomorfismo $T : W \to \mathbb{R}^3$. Qual é ele?)

Observação Todos os nossos exemplos têm sido de espaços vetoriais *reais*, mas os teoremas que provamos são verdadeiros para espaços vetoriais sobre o conjunto dos números complexos, $\mathbb{C}$, ou sobre $\mathbb{Z}_p$, com p primo. Por exemplo, o espaço vetorial $M_{22}(\mathbb{Z}_2)$ das matrizes 2×2 com elementos de $\mathbb{Z}_2$ tem dimensão 4 como um espaço vetorial sobre $\mathbb{Z}_2$, e, assim, $M_{22}(\mathbb{Z}_2) \cong \mathbb{Z}_2^4$.

Exercícios 6.5

1. Seja $T: M_{22} \to M_{22}$ a transformação linear definida por

$$T\begin{bmatrix} a & b \\ c & d \end{bmatrix} = \begin{bmatrix} a & 0 \\ 0 & d \end{bmatrix}$$

(a) Quais das seguintes matrizes pertencem a ker(T)?

(i) $\begin{bmatrix} 1 & 2 \\ -1 & 3 \end{bmatrix}$ **(ii)** $\begin{bmatrix} 0 & 4 \\ 2 & 0 \end{bmatrix}$ **(iii)** $\begin{bmatrix} 3 & 0 \\ 0 & -3 \end{bmatrix}$

(b) Quais das matrizes do item (a) pertencem a im(T)?

(c) Descreva ker(T) e im(T).

2. Seja $T: M_{22} \to \mathbb{R}^2$ a transformação linear definida por $T(A) = \text{tr}(A)$.

(a) Quais das seguintes matrizes pertencem a ker(T)?

(i) $\begin{bmatrix} 1 & 2 \\ -1 & 3 \end{bmatrix}$ **(ii)** $\begin{bmatrix} 0 & 4 \\ 2 & 0 \end{bmatrix}$ **(iii)** $\begin{bmatrix} 1 & 3 \\ 0 & -1 \end{bmatrix}$

(b) Quais dos seguintes escalares pertencem a im(T)?

(i) 0 **(ii)** 2 **(iii)** $\sqrt{2}/2$

(c) Descreva ker(T) e im(T).

3. Seja $T: \mathscr{P}_2 \to \mathbb{R}^2$ a transformação linear definida por

$$T(a + bx + cx^2) = \begin{bmatrix} a - b \\ b + c \end{bmatrix}$$

(a) Quais dos seguintes polinômios pertencem a ker(T)?

(i) $1 + x$ **(ii)** $x - x^2$ **(iii)** $1 + x - x^2$

(b) Quais dos seguintes vetores pertencem a im(T)?

(i) $\begin{bmatrix} 0 \\ 0 \end{bmatrix}$ **(ii)** $\begin{bmatrix} 1 \\ 0 \end{bmatrix}$ **(iii)** $\begin{bmatrix} 0 \\ 1 \end{bmatrix}$

(c) (c) Descreva ker(T) e im(T).

4. Seja $T: \mathscr{P}_2 \to \mathscr{P}_2$ a transformação linear definida por $T(p(x)) = xp'(x)$.

(a) Quais dos seguintes polinômios pertencem a ker(T)?

(i) 1 (ii) x (iii) x^2

(b) Quais dos polinômios do item (a) pertencem a im(T)?

(c) Descreva ker(T) e im(T).

Nos exercícios de 5 a 8, encontre bases para o núcleo e para a imagem da transformação linear T dos exercícios indicados. Em cada caso, encontre a nulidade e o posto de T e verifique o Teorema do Posto.

5. Exercício 1
6. Exercício 2
7. Exercício 3
8. Exercício 4

Nos exercícios de 9 a 14, encontre a nulidade ou o posto de T, e então use o Teorema do Posto para encontrar o outro.

9. $T: M_{22} \to \mathbb{R}^2$ definida por $T\begin{bmatrix} a & b \\ c & d \end{bmatrix} = \begin{bmatrix} a - b \\ c - d \end{bmatrix}$

10. $T: \mathscr{P}_2 \to \mathbb{R}^2$ definida por $T(p(x)) = \begin{bmatrix} p(0) \\ p(1) \end{bmatrix}$

11. $T: M_{22} \to M_{22}$ definida por $T(A) = AB$, sendo $B = \begin{bmatrix} 1 & -1 \\ -1 & 1 \end{bmatrix}$

12. $T: M_{22} \to M_{22}$ definida por $T(A) = AB - BA$, sendo $B = \begin{bmatrix} 1 & 1 \\ 0 & 1 \end{bmatrix}$

13. $T: \mathscr{P}_2 \to \mathbb{R}$ definida por $T(p(x)) = p'(0)$

14. $T: M_{33} \to M_{33}$ definida por $T(A) = A - A^T$

Nos exercícios de 15 a 20, determine se a transformação linear T é (a) injetora e (b) sobrejetora.

15. $T: \mathbb{R}^2 \to \mathbb{R}^2$ definida por $T\begin{bmatrix} x \\ y \end{bmatrix} = \begin{bmatrix} 2x - y \\ x + 2y \end{bmatrix}$

16. $T : \mathbb{R}^2 \to \mathcal{P}_2$ definida por T

$$T\begin{bmatrix} a \\ b \end{bmatrix} = (a - 2b) + (3a + b)x + (a + b)x^2$$

17. $T : \mathcal{P}_2 \to \mathbb{R}^3$ definida por

$$T(a + bx + cx^2) = \begin{bmatrix} 2a - b \\ a + b - 3c \\ c - a \end{bmatrix}$$

18. $T : \mathcal{P}_2 \to \mathbb{R}^2$ definida por $T(p(x)) = \begin{bmatrix} p(0) \\ p(1) \end{bmatrix}$

19. $T : \mathbb{R}^3 \to \mathbb{M}_{22}$ definida por $T\begin{bmatrix} a \\ b \\ c \end{bmatrix} = \begin{bmatrix} a - b & b - c \\ a + b & b + c \end{bmatrix}$

20. $T : \mathbb{R}^3 \to W$ definida por $T\begin{bmatrix} a \\ b \\ c \end{bmatrix} =$

$\begin{bmatrix} a + b + c & b - 2c \\ b - 2c & a - c \end{bmatrix}$, em que W é o espaço vetorial das matrizes simétricas 2×2

Nos exercícios de 21 a 26, determine se V e W são isomorfos. Caso sejam, descreva explicitamente um isomorfismo T : V → W.

21. $V = D_3$ (matrizes 3×3 diagonais), $W = \mathbb{R}^3$

22. $V = S_3$ (matrizes 3×3 simétricas), $W = U_3$ (matrizes 3×3 triangulares superiores)

23. $V = S_3$ (matrizes 3×3 simétricas), $W = S_3'$ (matrizes 3×3 antissimétricas)

24. $V = \mathcal{P}_2$, $W = \{p(x) \text{ em } \mathcal{P}_3 : p(0) = 0\}$

25. $V = \mathbb{C}$, $W = \mathbb{R}^2$

26. $V = \{A \text{ em } M_{22} : \text{tr}(A) = 0\}$, $W = \mathbb{R}^2$

27. Mostre que $T : \mathcal{P}_n \to \mathcal{P}_n$ definida por $T(p(x)) = p(x) + p'(x)$ é um isomorfismo.

28. Mostre que $T : \mathcal{P}_n \to \mathcal{P}_n$ definida por $T(p(x)) = p(x - 2)$ é um isomorfismo.

29. Mostre que $T : \mathcal{P}_n \to \mathcal{P}_n$ definida por $T(p(x)) = x^n p\left(\dfrac{1}{x}\right)$ é um isomorfismo.

30. **(a)** Prove que $\mathscr{C}[0, 1] \cong \mathscr{C}[2, 3]$. [*Sugestão:* defina $T : \mathscr{C}[0, 1] \to \mathscr{C}[2, 3]$ tomando $T(f)$ como a função cujo valor em x é $(T(f))(x) = f(x - 2)$, para x no intervalo $[2, 3]$.]

(b) Prove que $\mathscr{C}[0, 1] \cong \mathscr{C}[a, a + 1]$, para todo a.

31. Prove que $\mathscr{C}[0, 1] \cong \mathscr{C}[0, 2]]$.

32. Prove que $\mathscr{C}[a, b] \cong \mathscr{C}[c, d]$ para todo $a < b$ e $c < d$.

33. Sejam $S : V \to W$ e $T : U \to V$ transformações lineares.

(a) Prove que se S e T são ambas injetoras então $S \circ T$ também o é.

(b) Prove que se S e T são ambas sobrejetoras então $S \circ T$ também o é.

34. Sejam $S : V \to W$ e $T : U \to V$ transformações lineares.

(a) Prove que se $S \circ T$ é injetora então T também o é.

(b) Prove que se $S \circ T$ é sobrejetora então S também o é.

35. Seja $T : V \to W$ uma transformação linear entre dois espaços vetoriais de dimensão finita.

(a) Prove que se $\dim V < \dim W$ então T não pode ser sobrejetora.

(b) Prove que se $\dim V > \dim W$ então T não pode ser injetora.

36. Considere $n+1$ números reais distintos $a_0, a_1, \ldots, a_n$. Defina $T : \mathcal{P}_n \to \mathbb{R}^{n+1}$ por

$$T(p(x)) = \begin{bmatrix} p(a_0) \\ p(a_1) \\ \vdots \\ p(a_n) \end{bmatrix}$$

Prove que T é um isomorfismo.

37. Se V é um espaço vetorial de dimensão finita e $T: V \to V$ é uma transformação linear tal que posto(T) = posto(T^2), prove que $\text{im}(T) \cap \ker(T) = \{0\}$. [*Sugestão*: T^2 denota $T \circ T$. Use o Teorema do Posto para ajudar a mostrar que os núcleos de T e de T^2 são os mesmos.]

38. Sejam U e W subespaços de um espaço vetorial V de dimensão finita. Defina $T: U \times W \to V$ por $T(\mathbf{u}, \mathbf{w}) = \mathbf{u} - \mathbf{w}$.

(a) Prove que T é uma transformação linear.

(b) Mostre que $\text{im}(T) = U + W$.

(c) Mostre que $\ker(T) \cong U \cap W$. [Sugestão: Veja o exercício 50 da seção 6.1.]

(d) Prove a ***Identidade de Grassmann***:

$$\dim(U + W) = \dim U + \dim W - \dim(U \cap W)$$

[*Sugestão*: Aplique o Teorema do Posto, usando os resultados (a) e (b) e o exercício 43(b) da seção 6.2.]

6.6 A Matriz de uma Transformação Linear

O teorema 6.15 provou que uma transformação linear $T : V \to W$ é completamente determinada por seu efeito em um conjunto gerador de V. Em particular, se sabemos como T age em uma base para V, podemos calcular $T(\mathbf{v})$ para qualquer vetor $\mathbf{v}$ em V. O exemplo 6.55 ilustrou esse procedimento. Implicitamente, usamos essa propriedade tão importante das transformações lineares no teorema 3.31 para nos auxiliar a calcular a matriz canônica de uma transformação linear $T : \mathbb{R}^n \to \mathbb{R}^m$. Nesta seção, vamos provar que toda transformação linear entre espaços vetoriais de dimensão finita pode ser representada como uma transformação matricial.

Suponha que V seja um espaço vetorial de dimensão n, W seja um espaço vetorial de dimensão m e $T : V \to W$ seja uma transformação linear. Sejam $\mathcal{B}$ e $\mathcal{C}$ bases para V e W, respectivamente. Então, a aplicação de coordenadas $R(\mathbf{v}) = [\mathbf{v}]_{\mathcal{B}}$ define um isomorfismo $R : V \to \mathbb{R}^n$. Do mesmo modo, temos um isomorfismo $S : W \to \mathbb{R}^m$ dado por $S(\mathbf{w}) = [\mathbf{w}]_{\mathcal{C}}$, que nos permite associar a imagem $T(\mathbf{v})$ com o vetor $[T(\mathbf{v})]_{\mathcal{C}}$ em $\mathbb{R}^m$. A figura 6.11 ilustra as relações.

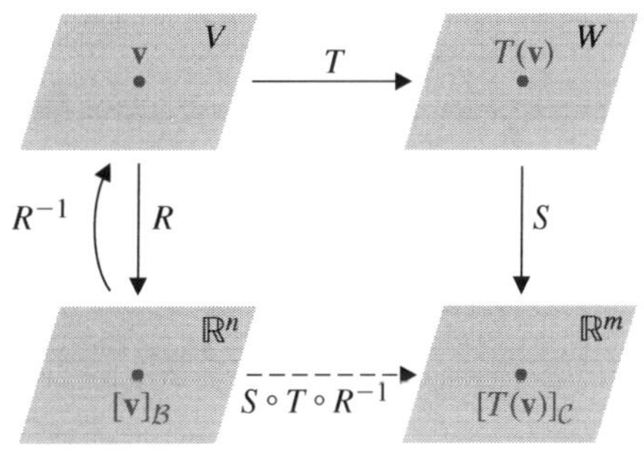

Figura 6.11

Como R é um isomorfismo, ele é invertível. Logo, podemos formar a aplicação composta

$$S \circ T \circ R^{-1} : \mathbb{R}^n \to \mathbb{R}^m$$

que leva $[\mathbf{v}]_{\mathcal{B}}$ em $[T(\mathbf{v})]_{\mathcal{C}}$. Como essa aplicação vai de $\mathbb{R}^n$ a $\mathbb{R}^m$, sabemos, do capítulo 3, que ela é uma transformação matricial. Qual é então a matriz canônica de $S \circ T \circ R^{-1}$? Gostaríamos de encontrar a matriz A, de ordem $m \times n$, tal que $A[\mathbf{v}]_{\mathcal{B}} = (S \circ T \circ R^{-1})([\mathbf{v}]_{\mathcal{B}})$. Ou, como $(S \circ T \circ R^{-1})([\mathbf{v}]_{\mathcal{B}}) = [T(\mathbf{v})]_{\mathcal{C}}$, o que queremos é

$$A[\mathbf{v}]_{\mathcal{B}} = [T(\mathbf{v})]_{\mathcal{C}}$$

Surpreendentemente, A é fácil de ser encontrada. A ideia básica é a mesma do teorema 3.31. As colunas de A são as imagens dos vetores da base canônica de $\mathbb{R}^n$ pela aplicação de $S \circ T \circ R^{-1}$. Mas, se $\mathcal{B} = \{\mathbf{v}_1, \ldots, \mathbf{v}_n\}$ é uma base para V, então

$$\begin{aligned} R(\mathbf{v}_i) &= [\mathbf{v}_i]_{\mathcal{B}} \\ &= \begin{bmatrix} 0 \\ \vdots \\ 1 \\ \vdots \\ 0 \end{bmatrix} \quad \leftarrow i\text{-ésimo elemento} \\ &= \mathbf{e}_i \end{aligned}$$

Portanto, $R^{-1}(\mathbf{e}_i) = \mathbf{v}_i$. Consequentemente, a i-ésima coluna da matriz A que procuramos é dada por

$$\begin{aligned}(S \circ T \circ R^{-1})(\mathbf{e}_i) &= S(T(R^{-1}(\mathbf{e}_i))) \\ &= S(T(\mathbf{v}_i)) \\ &= [T(\mathbf{v}_i)]_{\mathcal{C}}\end{aligned}$$

que é o vetor de coordenadas de $T(\mathbf{v}_i)$ em relação à base $\mathcal{C}$ de W.

Resumimos essa discussão como um teorema.

Teorema 6.26

Sejam V e W dois espaços vetoriais de dimensão finita com bases $\mathcal{B}$ e $\mathcal{C}$ respectivamente, sendo $\mathcal{B} = \{\mathbf{v}_1, \ldots, \mathbf{v}_n\}$. Se $T: V \to W$ é uma transformação linear, então a matriz A, de ordem $m \times n$, definida por

$$A = [[T(\mathbf{v}_1)]_{\mathcal{C}} \mid [T(\mathbf{v}_2)]_{\mathcal{C}} \mid \cdots \mid [T(\mathbf{v}_n)]_{\mathcal{C}}]$$

satisfaz

$$A[\mathbf{v}]_{\mathcal{B}} = [T(\mathbf{v})]_{\mathcal{C}}$$

para todo vetor $\mathbf{v}$ em V.

A matriz A do teorema 6.26 é conhecida como ***matriz de T em relação às bases $\mathcal{B}$ e $\mathcal{C}$***. Essa relação é ilustrada a seguir. (Lembre-se de que T_A denota a multiplicação por A.)

$$\begin{array}{ccc} \mathbf{v} & \xrightarrow{T} & T(\mathbf{v}) \\ \downarrow & & \downarrow \\ [\mathbf{v}]_{\mathcal{B}} & \xrightarrow{T_A} & A[\mathbf{v}]_{\mathcal{B}} = [T(\mathbf{v})]_{\mathcal{C}} \end{array}$$

Observações

- Às vezes, a matriz de uma transformação linear T em relação às bases $\mathcal{B}$ e $\mathcal{C}$ é denotada por $[T]_{\mathcal{C}\leftarrow\mathcal{B}}$. Observe a direção da flecha: da direita para a esquerda (e não da esquerda para a direita, como em $T: V \to W$). Com essa notação, a equação final do teorema 6.26 torna-se

$$[T]_{\mathcal{C}\leftarrow\mathcal{B}}[\mathbf{v}]_{\mathcal{B}} = [T(\mathbf{v})]_{\mathcal{C}}$$

Observe que os $\mathcal{B}$s nos subscritos aparecem lado a lado e parecem se "cancelar" mutuamente. Em outras palavras, essa equação diz "A matriz de T, multiplicada pelo vetor de coordenadas de $\mathbf{v}$, é igual ao vetor de coordenadas de $T(\mathbf{v})$".

No caso especial em que $V = W$ e $\mathcal{B} = \mathcal{C}$, escrevemos $[T]_{\mathcal{B}}$ (em vez de $[T]_{\mathcal{B}\leftarrow\mathcal{B}}$). O teorema 6.26 então afirma que

$$[T]_{\mathcal{B}}[\mathbf{v}]_{\mathcal{B}} = [T(\mathbf{v})]_{\mathcal{B}}$$

- A matriz de uma transformação linear em relação a bases dadas é única. Isto é, para qualquer vetor $\mathbf{v}$ de V, existe somente *uma* matriz A com a propriedade especificada pelo teorema 6.26, a saber,

$$A[\mathbf{v}]_{\mathcal{B}} = [T(\mathbf{v})]_{\mathcal{C}}$$

(Será pedido que você prove isso no exercício 39.)

- O diagrama que aparece após o teorema 6.26 é às vezes chamado *diagrama comutativo*, pois podemos começar no canto superior esquerdo com o vetor **v** e chegar a $[T(\mathbf{v})]_{\mathcal{C}}$ no canto inferior direito de duas maneiras diferentes, mas equivalentes. Se, como fizemos anteriormente, denotarmos por R e S as aplicações de coordenadas que levam **v** a $[\mathbf{v}]_{\mathcal{B}}$ e **w** a $[\mathbf{w}]_{\mathcal{C}}$, respectivamente, poderemos resumir essa "comutatividade" por

$$S \circ T = T_A \circ R$$

A razão para usarmos o termo *comutatividade* torna-se clara quando $V = W$ e $\mathcal{B} = \mathcal{C}$, pois então também temos que $R = S$, e

$$R \circ T = T_A \circ R$$

sugerindo que a aplicação de coordenadas R comuta com a transformação linear T (desde que usemos a versão matricial de T, ou seja, $T_A = T_{[T]_{\mathcal{B}}}$, onde for necessário).

- A matriz $[T]_{\mathcal{C}\leftarrow\mathcal{B}}$ depende da *ordem* dos vetores nas bases $\mathcal{B}$ e $\mathcal{C}$. Rearranjar os vetores de qualquer uma das bases altera a matriz $[T]_{\mathcal{C}\leftarrow\mathcal{B}}$. [Veja o exemplo 6.77(b).]

Exemplo 6.76 Seja $T : \mathbb{R}^3 \to \mathbb{R}^2$ a transformação linear definida por

$$T\begin{bmatrix} x \\ y \\ z \end{bmatrix} = \begin{bmatrix} x - 2y \\ x + y - 3z \end{bmatrix}$$

e sejam $\mathcal{B} = \{\mathbf{e}_1, \mathbf{e}_2, \mathbf{e}_3\}$ e $\mathcal{C} = \{\mathbf{e}_2, \mathbf{e}_1\}$ bases para $\mathbb{R}^3$ e $\mathbb{R}^2$, respectivamente. Encontre a matriz de T em relação a $\mathcal{B}$ e $\mathcal{C}$ e verifique o teorema 6.26 para $\mathbf{v} = \begin{bmatrix} 1 \\ 3 \\ -2 \end{bmatrix}$.

Solução Primeiro, calculamos

$$T(\mathbf{e}_1) = \begin{bmatrix} 1 \\ 1 \end{bmatrix}, \quad T(\mathbf{e}_2) = \begin{bmatrix} -2 \\ 1 \end{bmatrix}, \quad T(\mathbf{e}_3) = \begin{bmatrix} 0 \\ -3 \end{bmatrix}$$

Em seguida, precisamos conhecer seus vetores de coordenadas em relação a $\mathcal{C}$. Como

$$\begin{bmatrix} 1 \\ 1 \end{bmatrix} = \mathbf{e}_2 + \mathbf{e}_1, \quad \begin{bmatrix} -2 \\ 1 \end{bmatrix} = \mathbf{e}_2 - 2\mathbf{e}_1, \quad \begin{bmatrix} 0 \\ -3 \end{bmatrix} = -3\mathbf{e}_2 + 0\mathbf{e}_1$$

temos

$$[T(\mathbf{e}_1)]_{\mathcal{C}} = \begin{bmatrix} 1 \\ 1 \end{bmatrix}, \quad [T(\mathbf{e}_2)]_{\mathcal{C}} = \begin{bmatrix} 1 \\ -2 \end{bmatrix}, \quad [T(\mathbf{e}_3)]_{\mathcal{C}} = \begin{bmatrix} -3 \\ 0 \end{bmatrix}$$

Portanto, a matriz de T em relação a $\mathcal{B}$ e $\mathcal{C}$ é

$$\begin{aligned} A = [T]_{\mathcal{C}\leftarrow\mathcal{B}} &= [[T(\mathbf{e}_1)]_{\mathcal{C}} \ [T(\mathbf{e}_2)]_{\mathcal{C}} \ [T(\mathbf{e}_3)]_{\mathcal{C}}] \\ &= \begin{bmatrix} 1 & 1 & -3 \\ 1 & -2 & 0 \end{bmatrix} \end{aligned}$$

Para verificar o teorema 6.26 para **v**, primeiro calculamos

$$T(\mathbf{v}) = T\begin{bmatrix} 1 \\ 3 \\ -2 \end{bmatrix} = \begin{bmatrix} -5 \\ 10 \end{bmatrix}$$

Então,

$$[\mathbf{v}]_{\mathcal{B}} = \begin{bmatrix} 1 \\ 3 \\ -2 \end{bmatrix}$$

e

$$[T(\mathbf{v})]_{\mathcal{C}} = \begin{bmatrix} -5 \\ 10 \end{bmatrix}_{\mathcal{C}} = \begin{bmatrix} 10 \\ -5 \end{bmatrix}$$

(Verifique esses resultados.)

Usando todos esses fatos, podemos confirmar que

$$A[\mathbf{v}]_{\mathcal{B}} = \begin{bmatrix} 1 & 1 & -3 \\ 1 & -2 & 0 \end{bmatrix}\begin{bmatrix} 1 \\ 3 \\ -2 \end{bmatrix} = \begin{bmatrix} 10 \\ -5 \end{bmatrix} = [T(\mathbf{v})]_{\mathcal{C}}$$

Exemplo 6.77

Seja $D : \mathscr{P}_3 \to \mathscr{P}_2$ o operador diferencial $D(p(x)) = p'(x)$. Sejam $\mathcal{B} = \{1, x, x^2, x^3\}$ e $\mathcal{C} = \{1, x, x^2\}$ bases para $\mathscr{P}_3$ e $\mathscr{P}_2$, respectivamente.

(a) Ache a matriz A de D em relação a $\mathcal{B}$ e $\mathcal{C}$.

(b) Ache a matriz A' de D em relação a $\mathcal{B}'$ e $\mathcal{C}$, sendo $\mathcal{B}' = \{x^3, x^2, x, 1\}$.

(c) Usando o item (a), calcule $D(5 - x + 2x^3)$ e $D(a + bx + cx^2 + dx^3)$ e verifique o teorema 6.26.

Solução Primeiro observe que $D(a + bx + cx^2 + dx^3) = b + 2cx + 3dx^2$. (Veja o exemplo 6.60.)

(a) Como as imagens dos vetores da base $\mathcal{B}$ pela aplicação D são $D(1) = 0$, $D(x) = 1$, $D(x^2) = 2x$ e $D(x^3) = 3x^2$, seus vetores de coordenadas em relação à base $\mathcal{C}$ são

$$[D(1)]_{\mathcal{C}} = \begin{bmatrix} 0 \\ 0 \\ 0 \end{bmatrix}, \quad [D(x)]_{\mathcal{C}} = \begin{bmatrix} 1 \\ 0 \\ 0 \end{bmatrix}, \quad [D(x^2)]_{\mathcal{C}} = \begin{bmatrix} 0 \\ 2 \\ 0 \end{bmatrix}, \quad [D(x^3)]_{\mathcal{C}} = \begin{bmatrix} 0 \\ 0 \\ 3 \end{bmatrix}$$

Consequentemente,

$$A = [D]_{\mathcal{C}\leftarrow\mathcal{B}} = [[D(1)]_{\mathcal{C}} \mid [D(x)]_{\mathcal{C}} \mid [D(x^2)]_{\mathcal{C}} \mid [D(x^3)]_{\mathcal{C}}]$$
$$= \begin{bmatrix} 0 & 1 & 0 & 0 \\ 0 & 0 & 2 & 0 \\ 0 & 0 & 0 & 3 \end{bmatrix}$$

(b) Como a base $\mathcal{B}'$ é apenas a base $\mathcal{B}$ na ordem *inversa*, vemos que

$$A' = [D]_{\mathcal{C}\leftarrow\mathcal{B}'} = [[D(x^3)]_{\mathcal{C}} \mid [D(x^2)]_{\mathcal{C}} \mid [D(x)]_{\mathcal{C}} \mid [D(1)]_{\mathcal{C}}]$$
$$= \begin{bmatrix} 0 & 0 & 1 & 0 \\ 0 & 2 & 0 & 0 \\ 3 & 0 & 0 & 0 \end{bmatrix}$$

(Isso mostra que a *ordem* dos vetores nas bases $\mathcal{B}$ e $\mathcal{C}$ altera a matriz de uma transformação em relação a essas bases.)

(c) Primeiro vamos calcular $D(5 - x + 2x^3) = -1 + 6x^2$ diretamente, obtendo o vetor de coordenadas

$$[D(5 - x + 2x^3)]_{\mathcal{C}} = [-1 + 6x^2]_{\mathcal{C}} = \begin{bmatrix} -1 \\ 0 \\ 6 \end{bmatrix}$$

Por outro lado,

$$[5 - x + 2x^3]_{\mathcal{B}} = \begin{bmatrix} 5 \\ -1 \\ 0 \\ 2 \end{bmatrix}$$

portanto,

$$A[5 - x + 2x^3]_{\mathcal{B}} = \begin{bmatrix} 0 & 1 & 0 & 0 \\ 0 & 0 & 2 & 0 \\ 0 & 0 & 0 & 3 \end{bmatrix} \begin{bmatrix} 5 \\ -1 \\ 0 \\ 2 \end{bmatrix} = \begin{bmatrix} -1 \\ 0 \\ 6 \end{bmatrix} = [D(5 - x + 2x^3)]_{\mathcal{C}}$$

o que está de acordo com o teorema 6.26. Deixamos a verificação do caso geral como um exercício.

Como a transformação linear do exemplo 6.77 é fácil de ser usada diretamente, não há realmente nenhuma vantagem em usar sua matriz para fazer cálculos. Entretanto, em outros exemplos, especialmente nos grandes, o método que usa matrizes pode ser mais simples, uma vez que é muito bem adaptado para implementação computacional. O exemplo 6.78 ilustra a ideia básica por trás desse método indireto.

Exemplo 6.78

Seja $T: \mathcal{P}_2 \rightarrow \mathcal{P}_2$ a transformação linear definida por

$$T(p(x)) = p(2x - 1)$$

(a) Determine a matriz de T em relação a $\mathcal{E} = \{1, x, x^2\}$.
(b) Calcule $T(3 + 2x - x^2)$ indiretamente, usando o item (a).

Solução (a) Temos que

$$T(1) = 1, \quad T(x) = 2x - 1, \quad T(x^2) = (2x - 1)^2 = 1 - 4x + 4x^2$$

e, assim, os vetores de coordenadas são

$$[T(1)]_{\mathcal{E}} = \begin{bmatrix} 1 \\ 0 \\ 0 \end{bmatrix}, \quad [T(x)]_{\mathcal{E}} = \begin{bmatrix} -1 \\ 2 \\ 0 \end{bmatrix}, \quad [T(x^2)]_{\mathcal{E}} = \begin{bmatrix} 1 \\ -4 \\ 4 \end{bmatrix}$$

Portanto,

$$[T]_{\mathcal{E}} = [[T(1)]_{\mathcal{E}} \mid [T(x)]_{\mathcal{E}} \mid [T(x^2)]_{\mathcal{E}}] = \begin{bmatrix} 1 & -1 & 1 \\ 0 & 2 & -4 \\ 0 & 0 & 4 \end{bmatrix}$$

(b) Aplicamos o teorema 6.26 da seguinte maneira: o vetor de coordenadas de $p(x) = 3 + 2x - x^2$ em relação a $\mathcal{E}$ é

$$[p(x)]_{\mathcal{E}} = \begin{bmatrix} 3 \\ 2 \\ -1 \end{bmatrix}$$

Portanto, pelo teorema 6.26,

$$\begin{aligned} [T(3 + 2x - x^2)]_{\mathcal{E}} &= [T(p(x))]_{\mathcal{E}} \\ &= [T]_{\mathcal{E}}[p(x)]_{\mathcal{E}} \\ &= \begin{bmatrix} 1 & -1 & 1 \\ 0 & 2 & -4 \\ 0 & 0 & 4 \end{bmatrix}\begin{bmatrix} 3 \\ 2 \\ -1 \end{bmatrix} = \begin{bmatrix} 0 \\ 8 \\ -4 \end{bmatrix} \end{aligned}$$

Segue que $T(3 + 2x - x^2) = 0 \cdot 1 + 8 \cdot x - 4 \cdot x^2 = 8x - 4x^2$. (Calcule $T(3 + 2x - x^2) = 3 + 2(2x - 1) - (2x - 1)^2$ diretamente, para verificar esse resultado.)

A matriz de uma transformação linear às vezes pode ser usada de formas surpreendentes. O exemplo 6.79 mostra sua aplicação a um problema tradicional do Cálculo.

Exemplo 6.79

Seja $\mathcal{D}$ o espaço vetorial de todas as funções diferenciáveis. Considere o subespaço W de $\mathcal{D}$ dado por $W = \text{ger}(e^{3x}, xe^{3x}, x^2e^{3x})$. Como o conjunto $\mathcal{B} = \{e^{3x}, xe^{3x}, x^2e^{3x}\}$ é linearmente independente (por quê?), ele é uma base para W.

(a) Prove que o operador diferencial D leva W sobre si mesmo.

(b) Determine a matriz de D em relação a $\mathcal{B}$.

(c) Calcule a derivada de $5e^{3x} + 2xe^{3x} - x^2e^{3x}$ indiretamente, usando o teorema 6.26, e verifique-a usando o item (a).

Solução (a) Aplicando D a um elemento genérico de W, vemos que

$$D(ae^{3x} + bxe^{3x} + cx^2e^{3x}) = (3a + b)e^{3x} + (3b + 2c)xe^{3x} + 3cx^2e^{3x}$$

(verifique isso), que é um elemento de W.

(b) Usando a fórmula do item (a), temos que

$$D(e^{3x}) = 3e^{3x}, \quad D(xe^{3x}) = e^{3x} + 3xe^{3x}, \quad D(x^2e^{3x}) = 2xe^{3x} + 3x^2e^{3x}$$

portanto,

$$[D(e^{3x})]_{\mathcal{B}} = \begin{bmatrix} 3 \\ 0 \\ 0 \end{bmatrix}, \quad [D(xe^{3x})]_{\mathcal{B}} = \begin{bmatrix} 1 \\ 3 \\ 0 \end{bmatrix}, \quad [D(x^2e^{3x})]_{\mathcal{B}} = \begin{bmatrix} 0 \\ 2 \\ 3 \end{bmatrix}$$

Com isso,

$$[D]_{\mathcal{B}} = [[D(e^{3x})]_{\mathcal{B}} \mid [D(xe^{3x})]_{\mathcal{B}} \mid [D(x^2e^{3x})]_{\mathcal{B}}] = \begin{bmatrix} 3 & 1 & 0 \\ 0 & 3 & 2 \\ 0 & 0 & 3 \end{bmatrix}$$

(c) Para $f(x) = 5e^{3x} + 2xe^{3x} - x^2e^{3x}$, vemos, por inspeção, que

$$[f(x)]_{\mathcal{B}} = \begin{bmatrix} 5 \\ 2 \\ -1 \end{bmatrix}$$

Assim, pelo teorema 6.26, temos

$$[D(f(x))]_{\mathcal{B}} = [D]_{\mathcal{B}}[f(x)]_{\mathcal{B}} = \begin{bmatrix} 3 & 1 & 0 \\ 0 & 3 & 2 \\ 0 & 0 & 3 \end{bmatrix}\begin{bmatrix} 5 \\ 2 \\ -1 \end{bmatrix} = \begin{bmatrix} 17 \\ 4 \\ -3 \end{bmatrix}$$

o que, por sua vez, implica que $f'(x) = D(f(x)) = 17e^{3x} + 4xe^{3x} - 3x^2e^{3x}$, e esse resultado está de acordo com a fórmula obtida no item (a).

Observação O objetivo do exemplo 6.79 não é concluir que esse método é mais fácil que a diferenciação direta. Não há dúvida de que, uma vez obtida a fórmula do item (a), não temos muito o que fazer. O que merece ser destacado é que métodos matriciais podem ser usados no que parece, na superfície, ser um problema de cálculo diferencial. Exploraremos mais essa ideia no exemplo 6.83.

Exemplo 6.80

Seja V um espaço vetorial de dimensão n, e seja I a transformação identidade em V. Qual é a matriz de I em relação às bases $\mathcal{B}$ e $\mathcal{C}$ de V, se $\mathcal{B} = \mathcal{C}$ (inclusive quanto à ordem dos vetores da base)? E se $\mathcal{B} \neq \mathcal{C}$?

Solução Seja $\mathcal{B} = \{\mathbf{v}_1, \ldots, \mathbf{v}_n\}$. Então, $I(\mathbf{v}_1) = \mathbf{v}_1, \ldots, I(\mathbf{v}_n) = \mathbf{v}_n$, portanto,

$$[I(\mathbf{v}_1)]_{\mathcal{B}} = \begin{bmatrix} 1 \\ 0 \\ \vdots \\ 0 \end{bmatrix} = \mathbf{e}_1, \quad [I(\mathbf{v}_2)]_{\mathcal{B}} = \begin{bmatrix} 0 \\ 1 \\ \vdots \\ 0 \end{bmatrix} = \mathbf{e}_2, \quad \ldots, \quad [I(\mathbf{v}_n)]_{\mathcal{B}} = \begin{bmatrix} 0 \\ 0 \\ \vdots \\ 1 \end{bmatrix} = \mathbf{e}_n$$

e, se $\mathcal{B} = \mathcal{C}$,

$$\begin{aligned} [I]_{\mathcal{B}} &= [\,[I(\mathbf{v}_1)]_{\mathcal{B}} \mid [I(\mathbf{v}_2)]_{\mathcal{B}} \mid \cdots \mid [I(\mathbf{v}_n)]_{\mathcal{B}}\,] \\ &= [\mathbf{e}_1 \mid \mathbf{e}_2 \mid \cdots \mid \mathbf{e}_n] \\ &= I_n \end{aligned}$$

a matriz-identidade $n \times n$. (Era o que você esperava, não?)

No caso de $\mathcal{B} \neq \mathcal{C}$, temos

$$[I(\mathbf{v}_1)]_{\mathcal{C}} = [\mathbf{v}_1]_{\mathcal{C}}, \quad \ldots, \quad [I(\mathbf{v}_n)]_{\mathcal{C}} = [\mathbf{v}_n]_{\mathcal{C}}$$

portanto,

$$\begin{aligned} [I]_{\mathcal{C}\leftarrow\mathcal{B}} &= [\,[\mathbf{v}_1]_{\mathcal{C}} \mid \cdots \mid [\mathbf{v}_n]_{\mathcal{C}}\,] \\ &= P_{\mathcal{C}\leftarrow\mathcal{B}} \end{aligned}$$

a matriz de mudança de base de $\mathcal{B}$ para $\mathcal{C}$.

Matrizes da Transformação Linear Composta e da Transformação Linear Inversa

Vamos generalizar os teoremas 3.32 e 3.33 para obter um teorema que nos permitirá encontrar facilmente a inversa de uma transformação linear entre dois espaços vetoriais de dimensão finita (se ela existir).

Teorema 6.27 Sejam U, V e W espaços vetoriais de dimensão finita com bases $\mathcal{B}$, $\mathcal{C}$ e $\mathcal{D}$, respectivamente. Sejam $T : U \to V$ e $S : V \to W$ transformações lineares. Então

$$[S \circ T]_{\mathcal{D}\leftarrow\mathcal{B}} = [S]_{\mathcal{D}\leftarrow\mathcal{C}}[T]_{\mathcal{C}\leftarrow\mathcal{B}}$$

Observações

- Em palavras, esse teorema diz que "A matriz da composta é o produto das matrizes".
- Note que os "subscritos internos" $\mathcal{C}$ devem combinar e parecem se cancelar mutuamente, deixando apenas os "subscritos externos" na forma $\mathcal{D} \leftarrow \mathcal{B}$.

Demonstração Vamos provar que as colunas correspondentes das matrizes $[S \circ T]_{\mathcal{D}\leftarrow\mathcal{B}}$ e $[S]_{\mathcal{D}\leftarrow\mathcal{C}}[T]_{\mathcal{C}\leftarrow\mathcal{B}}$ são as mesmas. Seja $\mathbf{v}_i$ o i-ésimo vetor da base $\mathcal{B}$. Então, a i-ésima coluna de $[S \circ T]_{\mathcal{D}\leftarrow\mathcal{B}}$ é

$$\begin{aligned}[(S \circ T)(\mathbf{v}_i)]_{\mathcal{D}} &= [S(T(\mathbf{v}_i))]_{\mathcal{D}} \\ &= [S]_{\mathcal{D}\leftarrow\mathcal{C}}[T(\mathbf{v}_i)]_{\mathcal{C}} \\ &= [S]_{\mathcal{D}\leftarrow\mathcal{C}}[T]_{\mathcal{C}\leftarrow\mathcal{B}}[\mathbf{v}_i]_{\mathcal{B}}\end{aligned}$$

pela aplicação do teorema 6.26, duas vezes. Mas $[\mathbf{v}_i]_{\mathcal{B}} = \mathbf{e}_i$ (por quê?), por isso

$$[S]_{\mathcal{D}\leftarrow\mathcal{C}}[T]_{\mathcal{C}\leftarrow\mathcal{B}}[\mathbf{v}_i]_{\mathcal{B}} = [S]_{\mathcal{D}\leftarrow\mathcal{C}}[T]_{\mathcal{C}\leftarrow\mathcal{B}}\mathbf{e}_i$$

é a i-ésima coluna da matriz $[S]_{\mathcal{D}\leftarrow\mathcal{C}}[T]_{\mathcal{C}\leftarrow\mathcal{B}}$. Consequentemente, a i-ésima coluna de $[S \circ T]_{\mathcal{D}\leftarrow\mathcal{B}}$ e a i-ésima coluna de $[S]_{\mathcal{D}\leftarrow\mathcal{C}}[T]_{\mathcal{C}\leftarrow\mathcal{B}}$ são iguais, como queríamos provar. ∎

Exemplo 6.81

Use métodos matriciais para calcular $(S \circ T)\begin{bmatrix} a \\ b \end{bmatrix}$ para as transformações lineares S e T do exemplo 6.56.

Solução Lembre-se de que $T : \mathbb{R}^2 \to \mathscr{P}_1$ e $S : \mathscr{P}_1 \to \mathscr{P}_2$ são definidas por

$$T\begin{bmatrix} a \\ b \end{bmatrix} = a + (a + b)x \quad \text{e} \quad S(a + bx) = ax + bx^2$$

Escolhendo as bases canônicas $\mathcal{E}$, $\mathcal{E}'$ e $\mathcal{E}''$ para $\mathbb{R}^2$, $\mathscr{P}_1$, e $\mathscr{P}_2$, respectivamente, vemos que

$$[T]_{\mathcal{E}'\leftarrow\mathcal{E}} = \begin{bmatrix} 1 & 0 \\ 1 & 1 \end{bmatrix} \quad \text{e} \quad [S]_{\mathcal{E}''\leftarrow\mathcal{E}'} = \begin{bmatrix} 0 & 0 \\ 1 & 0 \\ 0 & 1 \end{bmatrix}$$

(Verifique isso.) Pelo teorema 6.27, a matriz de $S \circ T$ em relação a $\mathcal{E}$ e $\mathcal{E}''$ é

$$\begin{aligned}[(S \circ T)]_{\mathcal{E}''\leftarrow\mathcal{E}} &= [S]_{\mathcal{E}''\leftarrow\mathcal{E}'}[T]_{\mathcal{E}'\leftarrow\mathcal{E}} \\ &= \begin{bmatrix} 0 & 0 \\ 1 & 0 \\ 0 & 1 \end{bmatrix}\begin{bmatrix} 1 & 0 \\ 1 & 1 \end{bmatrix} = \begin{bmatrix} 0 & 0 \\ 1 & 0 \\ 1 & 1 \end{bmatrix}\end{aligned}$$

Assim, pelo teorema 6.26,

$$\left[(S \circ T)\begin{bmatrix} a \\ b \end{bmatrix}\right]_{\mathcal{E}''} = [(S \circ T)]_{\mathcal{E}'' \leftarrow \mathcal{E}}\begin{bmatrix} a \\ b \end{bmatrix}_{\mathcal{E}}$$

$$= \begin{bmatrix} 0 & 0 \\ 1 & 0 \\ 1 & 1 \end{bmatrix}\begin{bmatrix} a \\ b \end{bmatrix} = \begin{bmatrix} 0 \\ a \\ a + b \end{bmatrix}$$

Consequentemente, $(S \circ T)\begin{bmatrix} a \\ b \end{bmatrix} = ax + (a + b)x^2$, o que está de acordo com a solução encontrada no exemplo 6.56.

No teorema 6.24, provamos que uma transformação linear é invertível se e somente se ela for injetora e sobrejetora (isto é, se ela for um isomorfismo). Quando os espaços vetoriais envolvidos têm dimensão finita, podemos utilizar os métodos matriciais que desenvolvemos para encontrar a inversa de uma transformação linear invertível.

Teorema 6.28 Seja $T : V \to W$ uma transformação linear entre espaços vetoriais V e W de dimensão n, e sejam $\mathcal{B}$ e $\mathcal{C}$ bases para V e W, respectivamente. Então, T é invertível se e somente se a matriz $[T]_{\mathcal{C} \leftarrow \mathcal{B}}$ for invertível. Neste caso,

$$([T]_{\mathcal{C} \leftarrow \mathcal{B}})^{-1} = [T^{-1}]_{\mathcal{B} \leftarrow \mathcal{C}}$$

Demonstração Observe que as matrizes de T e T^{-1} (se T for invertível) têm ordem $n \times n$. Se T for invertível então $T^{-1} \circ T = I_V$. Aplicando o teorema 6.27, obtemos

$$I_n = [I_V]_{\mathcal{B}} = [T^{-1} \circ T]_{\mathcal{B}}$$
$$= [T^{-1}]_{\mathcal{B} \leftarrow \mathcal{C}}[T]_{\mathcal{C} \leftarrow \mathcal{B}}$$

Isso mostra que a matriz $[T]_{\mathcal{C} \leftarrow \mathcal{B}}$ é invertível e que $([T]_{\mathcal{C} \leftarrow \mathcal{B}})^{-1} = [T^{-1}]_{\mathcal{B} \leftarrow \mathcal{C}}$.

Reciprocamente, assuma que a matriz $A = [T]_{\mathcal{C} \leftarrow \mathcal{B}}$ seja invertível. Para provar que T é invertível, é suficiente mostrar que $\ker(T) = \{\mathbf{0}\}$. (Por quê?) Para isso, seja $\mathbf{v}$ um elemento do núcleo de T. Então $T(\mathbf{v}) = \mathbf{0}$ e, por isso

$$A[\mathbf{v}]_{\mathcal{B}} = [T]_{\mathcal{C} \leftarrow \mathcal{B}}[\mathbf{v}]_{\mathcal{B}} = [T(\mathbf{v})]_{\mathcal{C}} = [\mathbf{0}]_{\mathcal{C}} = \mathbf{0}$$

o que significa que $[\mathbf{v}]_{\mathcal{B}}$ está no espaço anulado pela matriz invertível A. Pelo Teorema Fundamental, isso implica que $[\mathbf{v}]_{\mathcal{B}} = \mathbf{0}$, o que, por sua vez, implica que $\mathbf{v} = \mathbf{0}$, como desejado.

Exemplo 6.82 No exemplo 6.70, provamos que a transformação linear $T : \mathbb{R}^2 \to \mathscr{P}_1$, definida por

$$T\begin{bmatrix} a \\ b \end{bmatrix} = a + (a + b)x$$

é injetora e sobrejetora, e, por isso, invertível. Encontre T^{-1}.

Solução No exemplo 6.81, vimos que a matriz de T em relação às bases canônicas $\mathcal{E}$ e $\mathcal{E}'$ de $\mathbb{R}^2$ e $\mathcal{P}_1$, respectivamente, é

$$[T]_{\mathcal{E}'\leftarrow\mathcal{E}} = \begin{bmatrix} 1 & 0 \\ 1 & 1 \end{bmatrix}$$

Do teorema 6.28, segue que a matriz de T^{-1} em relação às bases $\mathcal{E}'$ e $\mathcal{E}$ é

$$[T^{-1}]_{\mathcal{E}\leftarrow\mathcal{E}'} = ([T]_{\mathcal{E}'\leftarrow\mathcal{E}})^{-1} = \begin{bmatrix} 1 & 0 \\ 1 & 1 \end{bmatrix}^{-1} = \begin{bmatrix} 1 & 0 \\ -1 & 1 \end{bmatrix}$$

Pelo teorema 6.26,

$$\begin{aligned} [T^{-1}(a+bx)]_{\mathcal{E}} &= [T^{-1}]_{\mathcal{E}\leftarrow\mathcal{E}'}[a+bx]_{\mathcal{E}'} \\ &= \begin{bmatrix} 1 & 0 \\ -1 & 1 \end{bmatrix}\begin{bmatrix} a \\ b \end{bmatrix} \\ &= \begin{bmatrix} a \\ b-a \end{bmatrix} \end{aligned}$$

Isso significa que

$$T^{-1}(a+bx) = a\mathbf{e}_1 + (b-a)\mathbf{e}_2 = \begin{bmatrix} a \\ b-a \end{bmatrix}$$

(Note que a escolha da base canônica torna esse último cálculo praticamente irrelevante.)

O próximo exemplo, uma continuação do exemplo 6.79, mostra que matrizes podem ser usadas em Cálculo, em certos problemas de integração. Em um curso de Cálculo, a integral específica que consideraremos é geralmente obtida pela aplicação do método da integração por partes duas vezes. Compare esse método com o nosso.

Exemplo 6.83

Prove que o operador diferencial, restrito ao subespaço $W = \text{ger}(e^{3x}, xe^{3x}, x^2e^{3x})$ de $\mathcal{D}$, é invertível, e use esse fato para encontrar a integral

$$\int x^2e^{3x}\,dx$$

Solução No exemplo 6.79, descobrimos que a matriz de D em relação à base $\mathcal{B} = \{e^{3x}, xe^{3x}, x^2e^{3x}\}$ de W é

$$[D]_{\mathcal{B}} = \begin{bmatrix} 3 & 1 & 0 \\ 0 & 3 & 2 \\ 0 & 0 & 3 \end{bmatrix}$$

Portanto, pelo teorema 6.28, temos que D é invertível em W, e a matriz de D^{-1} é

$$[D^{-1}]_{\mathcal{B}} = ([D]_{\mathcal{B}})^{-1} = \begin{bmatrix} 3 & 1 & 0 \\ 0 & 3 & 2 \\ 0 & 0 & 3 \end{bmatrix}^{-1} = \begin{bmatrix} \frac{1}{3} & -\frac{1}{9} & \frac{2}{27} \\ 0 & \frac{1}{3} & -\frac{2}{9} \\ 0 & 0 & \frac{1}{3} \end{bmatrix}$$

Como integração é *antidiferenciação*, essa é a matriz correspondente à integração em W. Queremos integrar a função x^2e^{3x} cujo vetor de coordenadas é

$$[x^2e^{3x}]_{\mathcal{B}} = \begin{bmatrix} 0 \\ 0 \\ 1 \end{bmatrix}$$

Consequentemente, pelo teorema 6.26,

$$\begin{aligned} \left[\int x^2e^{3x}\,dx\right]_{\mathcal{B}} &= [D^{-1}(x^2e^{3x})]_{\mathcal{B}} \\ &= [D^{-1}]_{\mathcal{B}}[x^2e^{3x}]_{\mathcal{B}} \\ &= \begin{bmatrix} \frac{1}{3} & -\frac{1}{9} & \frac{2}{27} \\ 0 & \frac{1}{3} & -\frac{2}{9} \\ 0 & 0 & \frac{1}{3} \end{bmatrix} \begin{bmatrix} 0 \\ 0 \\ 1 \end{bmatrix} = \begin{bmatrix} \frac{2}{27} \\ -\frac{2}{9} \\ \frac{1}{3} \end{bmatrix} \end{aligned}$$

Com isso,

$$\int x^2e^{3x}\,dx = \tfrac{2}{27}e^{3x} - \tfrac{2}{9}xe^{3x} + \tfrac{1}{3}x^2e^{3x}$$

(Para ficar completamente correto, precisamos adicionar uma constante de integração. Ela não aparece aqui, pois estamos trabalhando com transformações *lineares*, que devem levar vetores nulos em vetores nulos, o que força a constante de integração a ser zero também.)

Aviso Em geral, a diferenciação *não* é uma transformação invertível. (Veja o exercício 22.) O exemplo anterior mostra que, fazendo as restrições necessárias, às vezes ela é invertível. Vamos explorar mais essa ideia nos exercícios de 27 a 30.

Mudança de Base e Semelhança

Suponha que $T: V \to V$ seja uma transformação linear, e $\mathcal{B}$ e $\mathcal{C}$ sejam duas bases diferentes para V. É natural querer saber se as matrizes $[T]_{\mathcal{B}}$ e $[T]_{\mathcal{C}}$ estão relacionadas, e como. A resposta a essa questão é extremamente satisfatória e está relacionada com algumas questões que consideramos anteriormente no capítulo 4.

A figura 6.12 sugere uma maneira de abordar esse problema. Seguir as setas pelo diagrama, do canto esquerdo superior ao canto direito inferior, de duas maneiras diferentes, mas equivalentes, mostra que $I \circ T = T \circ I$, o que já sabíamos, pois ambas são iguais a T. Entretanto, se a versão "de cima" de T está em relação à base $\mathcal{C}$ e a

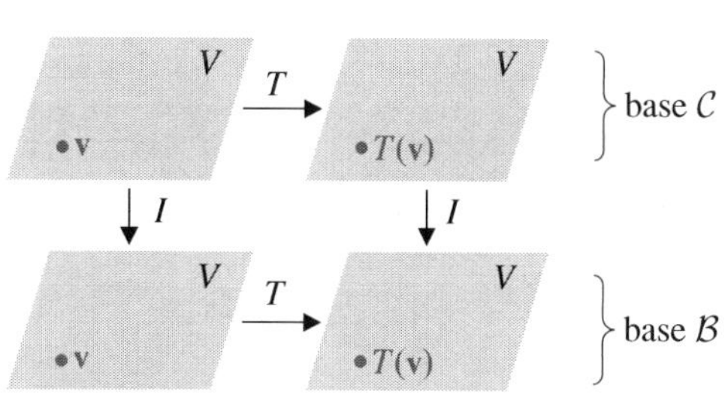

Figura 6.12
$I \circ T = T \circ I$

versão "de baixo" está em relação à base $\mathcal{B}$, então $T = I \circ T = T \circ I$ está em relação a $\mathcal{C}$ em seu domínio e em relação a $\mathcal{B}$ em seu contradomínio. Assim, a matriz de T, neste caso, é $[T]_{\mathcal{B}\leftarrow\mathcal{C}}$. Mas

$$[T]_{\mathcal{B}\leftarrow\mathcal{C}} = [I \circ T]_{\mathcal{B}\leftarrow\mathcal{C}} = [I]_{\mathcal{B}\leftarrow\mathcal{C}}[T]_{\mathcal{C}\leftarrow\mathcal{C}}$$

and

$$[T]_{\mathcal{B}\leftarrow\mathcal{C}} = [T \circ I]_{\mathcal{B}\leftarrow\mathcal{C}} = [T]_{\mathcal{B}\leftarrow\mathcal{B}}[I]_{\mathcal{B}\leftarrow\mathcal{C}}$$

Portanto, $[I]_{\mathcal{B}\leftarrow\mathcal{C}}[T]_{\mathcal{C}\leftarrow\mathcal{C}} = [T]_{\mathcal{B}\leftarrow\mathcal{B}}[I]_{\mathcal{B}\leftarrow\mathcal{C}}$.

Do exemplo 6.80, sabemos que $[I]_{\mathcal{B}\leftarrow\mathcal{C}} = P_{\mathcal{B}\leftarrow\mathcal{C}}$, a matriz (invertível) de mudança de base de $\mathcal{C}$ para $\mathcal{B}$. Se denotarmos essa matriz por P, também teremos que

$$P^{-1} = (P_{\mathcal{B}\leftarrow\mathcal{C}})^{-1} = P_{\mathcal{C}\leftarrow\mathcal{B}}$$

Com essa notação,

$$P[T]_{\mathcal{C}\leftarrow\mathcal{C}} = [T]_{\mathcal{B}\leftarrow\mathcal{B}}P$$

portanto, $$[T]_{\mathcal{C}\leftarrow\mathcal{C}} = P^{-1}[T]_{\mathcal{B}\leftarrow\mathcal{B}}P \quad \text{or} \quad [T]_{\mathcal{C}} = P^{-1}[T]_{\mathcal{B}}P$$

Assim, as matrizes $[T]]_{\mathcal{B}}$ e $[T]_{\mathcal{C}}$ são semelhantes, na terminologia da seção 4.4.

Vamos resumir a discussão feita acima em um teorema.

Teorema 6.29 Seja V um espaço vetorial de dimensão finita com bases $\mathcal{B}$ e $\mathcal{C}$, e seja $T: V \to V$ uma transformação linear. Então

$$[T]_{\mathcal{C}} = P^{-1}[T]_{\mathcal{B}}P$$

em que P é a matriz de mudança de base de $\mathcal{C}$ para $\mathcal{B}$.

Observação Uma maneira de ajudar a lembrar que P deve ser a matriz de mudança de base de $\mathcal{C}$ para $\mathcal{B}$, e não de $\mathcal{B}$ para $\mathcal{C}$, é olhar o que diz o teorema 6.29 quando escrito com todos os detalhes. Como mostrado abaixo, os "subscritos internos" devem ser os mesmos (todos $\mathcal{B}$s), e parecem se cancelar, sobrando apenas os "subscritos externos," que são ambos $\mathcal{C}$s.

$$[T]_{\mathcal{C}\leftarrow\mathcal{C}} = P_{\mathcal{C}\leftarrow\mathcal{B}}[T]_{\mathcal{B}\leftarrow\mathcal{B}}P_{\mathcal{B}\leftarrow\mathcal{C}}$$

Mesmo Mesmo

Mesmo

O teorema 6.29 é usado frequentemente quando estamos tentando encontrar uma base em relação à qual a matriz de uma transformação linear é particularmente simples. Por exemplo, podemos perguntar se existe uma base $\mathcal{C}$ de V para a qual a matriz $[T]_{\mathcal{C}}$ de $T: V \to V$ é uma matriz diagonal. O exemplo 6.84 ilustra essa aplicação.

Exemplo 6.84 Seja $T: \mathbb{R}^2 \to \mathbb{R}^2$ definida por

$$T\begin{bmatrix} x \\ y \end{bmatrix} = \begin{bmatrix} x + 3y \\ 2x + 2y \end{bmatrix}$$

Se possível, encontre uma base $\mathcal{C}$ para $\mathbb{R}^2$ tal que a matriz de T em relação a $\mathcal{C}$ seja diagonal.

Solução A matriz de T em relação à base canônica $\mathcal{E}$ é

$$[T]_{\mathcal{E}} = \begin{bmatrix} 1 & 3 \\ 2 & 2 \end{bmatrix}$$

Essa matriz é diagonalizável, como já vimos no exemplo 4.24. De fato, se

$$P = \begin{bmatrix} 1 & 3 \\ 1 & -2 \end{bmatrix} \quad \text{e} \quad D = \begin{bmatrix} 4 & 0 \\ 0 & -1 \end{bmatrix}$$

então $P^{-1}[T]_{\mathcal{E}}P = D$. Se tomarmos $\mathcal{C}$ como sendo a base de $\mathbb{R}^2$ formada pelas colunas de P, então P será a matriz de mudança de base $P_{\mathcal{E}\leftarrow\mathcal{C}}$ de $\mathcal{C}$ para $\mathcal{E}$. Pelo teorema 6.29,

$$[T]_{\mathcal{C}} = P^{-1}[T]_{\mathcal{E}}P = D$$

Portanto, a matriz de T em relação à base $\mathcal{C} = \left\{ \begin{bmatrix} 1 \\ 1 \end{bmatrix}, \begin{bmatrix} 3 \\ -2 \end{bmatrix} \right\}$ é diagonal.

Observações

- É fácil verificar que essa solução está correta, calculando $[T]_{\mathcal{C}}$ diretamente. Vemos que

$$T\begin{bmatrix} 1 \\ 1 \end{bmatrix} = \begin{bmatrix} 4 \\ 4 \end{bmatrix} = 4\begin{bmatrix} 1 \\ 1 \end{bmatrix} + 0\begin{bmatrix} 3 \\ -2 \end{bmatrix} \quad \text{e} \quad T\begin{bmatrix} 3 \\ -2 \end{bmatrix} = \begin{bmatrix} -3 \\ 2 \end{bmatrix} = 0\begin{bmatrix} 1 \\ 1 \end{bmatrix} - \begin{bmatrix} 3 \\ -2 \end{bmatrix}$$

Assim, os vetores de coordenadas que formam as colunas de $[T]_{\mathcal{C}}$ são

$$\left[T\begin{bmatrix} 1 \\ 1 \end{bmatrix}\right]_{\mathcal{C}} = \begin{bmatrix} 4 \\ 0 \end{bmatrix} \quad \text{e} \quad \left[T\begin{bmatrix} 3 \\ -2 \end{bmatrix}\right]_{\mathcal{C}} = \begin{bmatrix} 0 \\ -1 \end{bmatrix}$$

o que está de acordo com a solução anterior.

- O procedimento geral para tratar de um problema como o mostrado no exemplo 6.84 é tomar a matriz canônica $[T]_{\mathcal{E}}$ e determinar se ela é diagonalizável, procurando bases para seus autoespaços, como feito no capítulo 4. A solução prossegue exatamente como descrito no exemplo anterior.

O exemplo 6.84 motiva a definição a seguir.

Definição Seja V um espaço vetorial de dimensão finita e seja $T: V \to V$ uma transformação linear. Então, T é ***diagonalizável*** se existir uma base $\mathcal{C}$ para V tal que a matriz $[T]_{\mathcal{C}}$ é uma matriz diagonal.

Não é difícil provar que, se $\mathcal{B}$ for uma base *qualquer* para V, T será diagonalizável se e somente se a matriz $[T]_{\mathcal{B}}$ for diagonalizável. Essencialmente, foi isso que fizemos, para um caso particular, no último exemplo. No exercício 42, será pedido que você prove esse resultado em geral.

Às vezes é mais fácil escrever a matriz de uma transformação linear em relação a uma base "não canônica". Podemos então reverter o processo utilizado no exemplo 6.84 para encontrar a matriz canônica. Vamos revisitar o exemplo 3.59 para ilustrar essa ideia.

Exemplo 6.85

Seja ℓ a reta que passa pela origem de $\mathbb{R}^2$ e tem vetor diretor $\mathbf{d} = \begin{bmatrix} d_1 \\ d_2 \end{bmatrix}$.. Encontre a matriz canônica da projeção sobre ℓ.

Solução Denotemos por T a projeção. Não há nenhum problema em assumir que $\mathbf{d}$ é um vetor unitário (isto é, $d_1^2 + d_2^2 = 1$), pois qualquer múltiplo não nulo de $\mathbf{d}$ serve como vetor diretor de ℓ. Seja $\mathbf{d}' = \begin{bmatrix} -d_2 \\ d_1 \end{bmatrix}$, de modo que $\mathbf{d}$ e $\mathbf{d}'$ são ortogonais. Como $\mathbf{d}'$ também é um vetor unitário, o conjunto $\mathcal{D} = \{\mathbf{d}, \mathbf{d}'\}$ é uma base ortonormal para $\mathbb{R}^2$.

Como mostra a figura 3, $T(\mathbf{d}) = \mathbf{d}$ e $T(\mathbf{d}') = \mathbf{0}$. Portanto,

$$[T(\mathbf{d})]_{\mathcal{D}} = \begin{bmatrix} 1 \\ 0 \end{bmatrix} \quad \text{e} \quad [T(\mathbf{d}')]_{\mathcal{D}} = \begin{bmatrix} 0 \\ 0 \end{bmatrix}$$

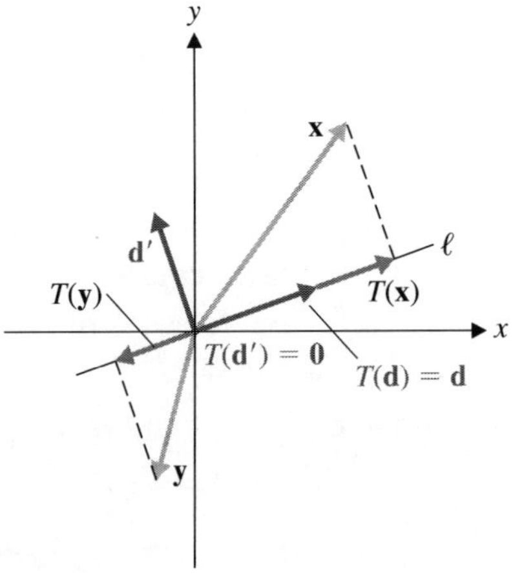

Figura 6.13
Projeção sobre ℓ

Assim,
$$[T]_{\mathcal{D}} = \begin{bmatrix} 1 & 0 \\ 0 & 0 \end{bmatrix}$$

A matriz de mudança de base de $\mathcal{D}$ para a base canônica $\mathcal{E}$ é

$$P_{\mathcal{E} \leftarrow \mathcal{D}} = \begin{bmatrix} d_1 & -d_2 \\ d_2 & d_1 \end{bmatrix}$$

portanto, a matriz de mudança de base de $\mathcal{E}$ para $\mathcal{D}$ é

$$P_{\mathcal{D} \leftarrow \mathcal{E}} = (P_{\mathcal{E} \leftarrow \mathcal{D}})^{-1} = \begin{bmatrix} d_1 & -d_2 \\ d_2 & d_1 \end{bmatrix}^{-1} = \begin{bmatrix} d_1 & d_2 \\ -d_2 & d_1 \end{bmatrix}$$

Então, pelo teorema 6.29, a matriz canônica de T é

$$\begin{aligned} [T]_{\mathcal{E}} &= P_{\mathcal{E} \leftarrow \mathcal{D}} [T]_{\mathcal{D}} P_{\mathcal{D} \leftarrow \mathcal{E}} \\ &= \begin{bmatrix} d_1 & -d_2 \\ d_2 & d_1 \end{bmatrix} \begin{bmatrix} 1 & 0 \\ 0 & 0 \end{bmatrix} \begin{bmatrix} d_1 & d_2 \\ -d_2 & d_1 \end{bmatrix} \\ &= \begin{bmatrix} d_1^2 & d_1 d_2 \\ d_1 d_2 & d_2^2 \end{bmatrix} \end{aligned}$$

o que está de acordo com a parte (b) do exemplo 3.59.

Exemplo 6.86

Seja $T : \mathscr{P}_2 \to \mathscr{P}_2$ a transformação linear definida por

$$T(p(x)) = p(2x - 1)$$

(a) Encontre a matriz de T em relação à base $\mathcal{B} = \{1 + x, 1 - x, x^2\}$ de $\mathscr{P}_2$.

(b) Prove que T é diagonalizável e encontre uma base $\mathcal{C}$ para $\mathscr{P}_2$ tal que $[T]_{\mathcal{C}}$ seja uma matriz diagonal.

Solução (a) No exemplo 6.78, descobrimos que a matriz de T em relação à base canônica $\mathcal{E} = \{1, x, x^2\}$ é

$$[T]_{\mathcal{E}} = \begin{bmatrix} 1 & -1 & 1 \\ 0 & 2 & -4 \\ 0 & 0 & 4 \end{bmatrix}$$

A matriz de mudança de base de $\mathcal{B}$ para $\mathcal{E}$ é

$$P = P_{\mathcal{E} \leftarrow \mathcal{B}} = \begin{bmatrix} 1 & 1 & 0 \\ 1 & -1 & 0 \\ 0 & 0 & 1 \end{bmatrix}$$

Portanto, a matriz de T em relação a $\mathcal{B}$ é

$$\begin{aligned} [T]_{\mathcal{B}} &= P^{-1}[T]_{\mathcal{E}}P \\ &= \begin{bmatrix} \frac{1}{2} & \frac{1}{2} & 0 \\ \frac{1}{2} & -\frac{1}{2} & 0 \\ 0 & 0 & 1 \end{bmatrix} \begin{bmatrix} 1 & -1 & 1 \\ 0 & 2 & -4 \\ 0 & 0 & 4 \end{bmatrix} \begin{bmatrix} 1 & 1 & 0 \\ 1 & -1 & 0 \\ 0 & 0 & 1 \end{bmatrix} \\ &= \begin{bmatrix} 1 & 0 & -\frac{3}{2} \\ -1 & 2 & \frac{5}{2} \\ 0 & 0 & 4 \end{bmatrix} \end{aligned}$$

(Verifique isso.)

(b) Os autovalores de $[T]_{\mathcal{E}}$ são 1, 2 e 4 (por quê?), por isso sabemos que $[T]_{\mathcal{E}}$ é diagonalizável, pelo teorema 4.25. Os autovetores associados a esses autovalores são

$$\begin{bmatrix} 1 \\ 0 \\ 0 \end{bmatrix}, \begin{bmatrix} -1 \\ 1 \\ 0 \end{bmatrix}, \begin{bmatrix} 1 \\ -2 \\ 1 \end{bmatrix}$$

respectivamente. Portanto, tomando

$$P = \begin{bmatrix} 1 & -1 & 1 \\ 0 & 1 & -2 \\ 0 & 0 & 1 \end{bmatrix} \quad \text{e} \quad D = \begin{bmatrix} 1 & 0 & 0 \\ 0 & 2 & 0 \\ 0 & 0 & 4 \end{bmatrix}$$

temos que $P^{-1}[T]_{\mathcal{E}}P = D$. Além disso, P é a matriz de mudança da base $\mathcal{C}$ para $\mathcal{E}$ e, desse modo, as colunas de P são os vetores de coordenadas de $\mathcal{C}$ em termos de $\mathcal{E}$. Segue que

$$\mathcal{C} = \{1, -1 + x, 1 - 2x + x^2\}$$

e $[T]_{\mathcal{C}} = D$.

As ideias que acabamos de discutir podem ser generalizadas para relacionar as matrizes $[T]_{\mathcal{C}\leftarrow\mathcal{B}}$ e $[T]_{\mathcal{C}'\leftarrow\mathcal{B}'}$ de uma transformação linear $T: V \to W$, em que $\mathcal{B}$ e $\mathcal{B}'$ são bases para V e $\mathcal{C}$ e $\mathcal{C}'$ são bases para W. (Veja o exercício 44.)

Vamos concluir esta seção revisitando o Teorema Fundamental das Matrizes Invertíveis e incorporando a ele alguns dos resultados deste capítulo.

Teorema 6.30 **Teorema Fundamental das Matrizes Invertíveis: Versão 4**

Seja A uma matriz $n \times n$ e seja $T: V \to W$ uma transformação linear cuja matriz $[T]_{\mathcal{C}\leftarrow\mathcal{B}}$, em relação às bases $\mathcal{B}$ e $\mathcal{C}$ de V e W, respectivamente, é A. As afirmações a seguir são equivalentes:

a. A é invertível.
b. Para cada $\mathbf{b}$ em $\mathbb{R}^n$, $A\mathbf{x} = \mathbf{b}$ tem solução única.
c. $A\mathbf{x} = \mathbf{0}$ admite apenas a solução trivial.
d. A matriz escalonada reduzida por linhas de A é I_n.
e. A é um produto de matrizes elementares.
f. posto$(A) = n$
g. nulidade$(A) = 0$
h. Os vetores coluna de A são linearmente independentes.
i. Os vetores coluna de A geram $\mathbb{R}^n$.
j. Os vetores coluna de A formam uma base para $\mathbb{R}^n$.
k. Os vetores linha de A são linearmente independentes.
l. Os vetores linha de A geram $\mathbb{R}^n$.
m. Os vetores linha de A formam uma base para $\mathbb{R}^n$.
n. $\det A \neq 0$
o. 0 não é um autovalor de A.
p. T é invertível.
q. T é injetora.
r. T é sobrejetora.
s. $\ker(T) = \{\mathbf{0}\}$
t. $\text{im}(T) = W$

Demonstração A equivalência (q) $\Leftrightarrow$ (s) é o teorema 6.20, e (r) $\Leftrightarrow$ (t) é a definição de sobrejetora. Como A é $n \times n$, devemos ter $\dim V = \dim W = n$. Dos teoremas 6.21 e 6.24, obtemos (p) $\Leftrightarrow$ (q) $\Leftrightarrow$(r). Finalmente, conectamos as últimas cinco afirmações às outras usando o teorema 6.28 desta seção para obter (a) $\Leftrightarrow$ (p).

Exercícios 6.6

Nos exercícios de 1 a 12, encontre a matriz $[T]_{\mathcal{C}\leftarrow\mathcal{B}}$ da transformação linear $T: V \to W$ em relação às bases $\mathcal{B}$ e $\mathcal{C}$ de V e W, respectivamente. Verifique o teorema 6.26 para o vetor $\mathbf{v}$ calculando $T(\mathbf{v})$ diretamente e usando o teorema.

1. $T: \mathcal{P}_1 \to \mathcal{P}_1$ definida por $T(a + bx) = b - ax$, $\mathcal{B} = \mathcal{C} = \{1, x\}$, $\mathbf{v} = p(x) = 4 + 2x$

2. $T: \mathcal{P}_1 \to \mathcal{P}_1$ definida por $T(a + bx) = b - ax$, $\mathcal{B} = \{1 + x, 1 - x\}$, $\mathcal{C} = \{1, x\}$, $\mathbf{v} = p(x) = 4 + 2x$

3. $T: \mathcal{P}_2 \to \mathcal{P}_2$ definida por $T(p(x)) = p(x + 2)$, $\mathcal{B} = \{1, x, x^2\}$, $\mathcal{C} = \{1, x + 2, (x + 2)^2\}$, $\mathbf{v} = p(x) = a + bx + cx^2$

4. $T: \mathscr{P}_2 \to \mathscr{P}_2$ definida por $T(p(x)) = p(x+2)$,
$\mathcal{B} = \{1, x+2, (x+2)^2\}, \mathcal{C} = \{1, x, x^2\}$,
$\mathbf{v} = p(x) = a + bx + cx^2$

5. $T: \mathscr{P}_2 \to \mathbb{R}^2$ definida por $T(p(x)) = \begin{bmatrix} p(0) \\ p(1) \end{bmatrix}$,
$\mathcal{B} = \{1, x, x^2\}, \mathcal{C} = \{\mathbf{e}_1, \mathbf{e}_2\}$,
$\mathbf{v} = p(x) = a + bx + cx^2$

6. $T: \mathscr{P}_2 \to \mathbb{R}^2$ definida por $T(p(x)) = \begin{bmatrix} p(0) \\ p(1) \end{bmatrix}$,
$\mathcal{B} = \{x^2, x, 1\}, \mathcal{C} = \left\{\begin{bmatrix} 1 \\ 0 \end{bmatrix}, \begin{bmatrix} 1 \\ 1 \end{bmatrix}\right\}$,
$\mathbf{v} = p(x) = a + bx + cx^2$

7. $T: \mathbb{R}^2 \to \mathbb{R}^3$ definida por
$$T\begin{bmatrix} a \\ b \end{bmatrix} = \begin{bmatrix} a + 2b \\ -a \\ b \end{bmatrix}, \quad \mathcal{B} = \left\{\begin{bmatrix} 1 \\ 2 \end{bmatrix}, \begin{bmatrix} 3 \\ -1 \end{bmatrix}\right\},$$
$$\mathcal{C} = \left\{\begin{bmatrix} 1 \\ 0 \\ 0 \end{bmatrix}, \begin{bmatrix} 1 \\ 1 \\ 0 \end{bmatrix}, \begin{bmatrix} 1 \\ 1 \\ 1 \end{bmatrix}\right\}, \quad \mathbf{v} = \begin{bmatrix} -7 \\ 7 \end{bmatrix}$$

8. Repita o exercício 7 com $\mathbf{v} = \begin{bmatrix} a \\ b \end{bmatrix}$.

9. $T: M_{22} \to M_{22}$ definida por $T(A) = A^T, \mathcal{B} = \mathcal{C} = \{E_{11}, E_{12}, E_{21}, E_{22}\}, \mathbf{v} = A = \begin{bmatrix} a & b \\ c & d \end{bmatrix}$

10. Repita o exercício 9 com $\mathcal{B} = \{E_{22}, E_{21}, E_{12}, E_{11}\}$ e $\mathcal{C} = \{E_{12}, E_{21}, E_{22}, E_{11}\}$

11. $T: M_{22} \to M_{22}$ definida por $T(A) = AB - BA$, para
$B = \begin{bmatrix} 1 & -1 \\ -1 & 1 \end{bmatrix}, \mathcal{B} = \mathcal{C} = \{E_{11}, E_{12}, E_{21}, E_{22}\}$,
$\mathbf{v} = A = \begin{bmatrix} a & b \\ c & d \end{bmatrix}$

12. $T: M_{22} \to M_{22}$ definida por $T(A) = A - A^T, \mathcal{B} = \mathcal{C} = \{E_{11}, E_{12}, E_{21}, E_{22}\}, \mathbf{v} = A = \begin{bmatrix} a & b \\ c & d \end{bmatrix}$

13. Considere o subespaço W de $\mathscr{D}$, dado por $W = \text{ger}(\text{sen } x, \cos x)$.

(a) Prove que o operador diferencial D leva W em si mesmo.

(b) Encontre a matriz de D em relação a $\mathcal{B} = \{\text{sen } x, \cos x\}$.

(c) Calcule a derivada de $f(x) = 3 \text{ sen } x - 5 \cos x$ indiretamente, usando o teorema 6.26, e verifique que ela está de acordo com $f'(x)$ calculada diretamente.

14. Considere o subespaço W de $\mathscr{D}$, dado por $W = \text{ger}(e^{2x}, e^{-2x})$.

(a) Mostre que o operador diferencial D leva W em si mesmo.

(b) Determine a matriz de D em relação a $\mathcal{B} = \{e^{2x}, e^{-2x}\}$.

(c) Calcule a derivada de $f(x) = e^{2x} - 3e^{-2x}$ indiretamente, usando o teorema 6.26, e verifique que ela está de acordo com $f'(x)$ calculada diretamente.

15. Considere o subespaço W de $\mathscr{D}$, dado por $W = \text{ger}(e^{2x}, e^{2x}\cos x, e^{2x}\text{ sen } x)$.

(a) Determine a matriz de D em relação a $\mathcal{B} = \{e^{2x}, e^{2x}\cos x, e^{2x}\text{ sen } x\}$.

(b) Calcule a derivada de $f(x) = 3e^{2x} - e^{2x}\cos x + 2e^{2x}\text{ sen } x$ indiretamente, usando o teorema 6.26, e verifique que ela está de acordo com $f'(x)$ calculada diretamente.

16. Considere o subespaço W de $\mathscr{D}$, dado por $W = \text{ger}(\cos x, \text{sen } x, x\cos x, x\text{ sen } x)$.

(a) Determine a matriz de D em relação a $\mathcal{B} = \{\cos x, \text{sen } x, x\cos x, x\text{ sen } x\}$.

(b) Calcule a derivada de $f(x) = \cos x + 2x\cos x$ indiretamente, usando o teorema 6.26, e verifique que ela está de acordo com $f'(x)$ calculada diretamente.

Nos exercícios 17 e 18, $T: U \to V$ e $S: V \to W$ são transformações lineares e $\mathcal{B}$, $\mathcal{C}$ e $\mathcal{D}$ são bases para U, V e W, respectivamente. Calcule $[S \circ T]_{\mathcal{D}\leftarrow\mathcal{B}}$ de duas maneiras: (a) encontre $S \circ T$ diretamente e então calcule sua matriz, e (b) encontre as matrizes de S e de T separadamente, e use o teorema 6.27.

17. $T: \mathscr{P}_1 \to \mathbb{R}^2$ definida por $T(p(x)) = \begin{bmatrix} p(0) \\ p(1) \end{bmatrix}$, $S: \mathbb{R}^2 \to \mathbb{R}^2$ definida por $S\begin{bmatrix} a \\ b \end{bmatrix} = \begin{bmatrix} a - 2b \\ 2a - b \end{bmatrix}$, $\mathcal{B} = \{1, x\}$, $\mathcal{C} = \mathcal{D} = \{\mathbf{e}_1, \mathbf{e}_2\}$

18. $T: \mathscr{P}_1 \to \mathscr{P}_2$ definida por $T(p(x)) = p(x+1)$, $S: \mathscr{P}_2 \to \mathscr{P}_2$ definida por $S(p(x)) = p(x+1)$, $\mathcal{B} = \{1, x\}$ $\mathcal{C} = \mathcal{D} = \{1, x, x^2\}$

Nos exercícios de 19 a 26, determine se a transformação linear T é invertível considerando sua matriz em relação às bases canônicas. Se T é invertível, use o teorema 6.28 e o método do exemplo 6.82 para encontrar T^{-1}.

19. T do exercício 1

20. T do exercício 5

21. T do exercício 3

22. $T: \mathscr{P}_2 \to \mathscr{P}_2$ definida por $T(p(x)) = p'(x)$

23. $T: \mathscr{P}_2 \to \mathscr{P}_2$ definida por $T(p(x)) = p(x) + p'(x)$

24. $T : M_{22} \to M_{22}$ definida por $T(A) = AB$, para

$$B = \begin{bmatrix} 3 & 2 \\ 2 & 1 \end{bmatrix}$$

25. T do exercício 11 **26.** T do exercício 12

Nos exercícios de 27 a 30, use o método do exemplo 6.83 para calcular a integral dada.

27. $\int (\text{sen } x - 3\cos x)\, dx$. (Veja o exercício 13.)

28. $\int 5e^{-2x}\, dx$. (Veja o exercício 14.)

29. $\int (e^{2x}\cos x - 2e^{2x}\text{ sen } x)\, dx$. (Veja o exercício 15.)

30. $\int (x\cos x + x\text{ sen } x)\, dx$. (Veja o exercício 16.)

Nos exercícios de 31 a 36, é dada uma transformação linear $T : V \to V$. Se possível, encontre uma base $\mathcal{C}$ para V tal que a matriz $[T]_{\mathcal{C}}$ de T em relação a $\mathcal{C}$ seja diagonal.

31. $T : \mathbb{R}^2 \to \mathbb{R}^2$ definida por $T\begin{bmatrix} a \\ b \end{bmatrix} = \begin{bmatrix} -4b \\ a + 5b \end{bmatrix}$

32. $T : \mathbb{R}^2 \to \mathbb{R}^2$ definida por $T\begin{bmatrix} a \\ b \end{bmatrix} = \begin{bmatrix} a - b \\ a + b \end{bmatrix}$

33. $T : \mathscr{P}_1 \to \mathscr{P}_1$ definida por $T(a + bx) = (4a + 2b) + (a + 3b)x$

34. $T : \mathscr{P}_2 \to \mathscr{P}_2$ definida por $T(p(x)) = p(x + 1)$

35. $T : \mathscr{P}_1 \to \mathscr{P}_1$ definida por $T(p(x)) = p(x) + xp'(x)$

36. $T : \mathscr{P}_2 \to \mathscr{P}_2$ definida por $T(p(x)) = p(3x + 2)$

37. Seja ℓ a reta que passa pela origem de $\mathbb{R}^2$ com vetor diretor $\mathbf{d} = \begin{bmatrix} d_1 \\ d_2 \end{bmatrix}$. Use o método do exemplo 6.85 para encontrar a matriz canônica da reflexão em torno de ℓ.

38. Seja W o plano em $\mathbb{R}^3$ com equação $x - y + 2z = 0$. Use o método do exemplo 6.85 para encontrar a matriz canônica da projeção ortogonal sobre W. Verifique se sua resposta está correta, usando-a para calcular a projeção ortogonal de v sobre W, sendo

$$\mathbf{v} = \begin{bmatrix} 3 \\ -1 \\ 2 \end{bmatrix}$$

Compare sua resposta com o exemplo 5.11. [*Sugestão:* encontre uma decomposição ortogonal de $\mathbb{R}^3$ como $\mathbb{R}^3 = W + W^\perp$, usando uma base ortogonal de W. Veja o exemplo 5.3.]

39. Seja $T : V \to W$ uma transformação linear entre espaços vetoriais de dimensão finita, e sejam $\mathcal{B}$ e $\mathcal{C}$ bases para V e W, respectivamente. Prove que a matriz de T em relação a $\mathcal{B}$ e $\mathcal{C}$ é única. Isto é, se A é uma matriz tal que $A[\mathbf{v}]_{\mathcal{B}} = [T(\mathbf{v})]_{\mathcal{C}}$ para todo $\mathbf{v}$ em V, então $A = [T]_{\mathcal{C} \leftarrow \mathcal{B}}$. [*Sugestão:* encontre valores de $\mathbf{v}$ que irão mostrar isso, uma coluna de cada vez.]

Nos exercícios de 40 a 45, seja $T : V \to W$ uma transformação linear entre espaços vetoriais de dimensão finita V e W. Sejam $\mathcal{B}$ e $\mathcal{C}$ bases para V e W, respectivamente, e seja $A = [T]_{\mathcal{C} \leftarrow \mathcal{B}}$.

40. Prove que $\ker(T) = \text{nulidade}(A)$.

41. Prove que $\text{posto}(T) = \text{posto}(A)$.

42. Se $V = W$ e $\mathcal{B} = \mathcal{C}$, prove que T é diagonalizável se e somente se A é diagonalizável.

43. Use os resultados desta seção para dar uma demonstração, baseada em matrizes, do Teorema do Posto (teorema 6.19).

44. Se $\mathcal{B}'$ e $\mathcal{C}'$ também são bases de V e W, respectivamente, qual é a relação entre $[T]_{\mathcal{C} \leftarrow \mathcal{B}}$ e $[T]_{\mathcal{C}' \leftarrow \mathcal{B}'}$? Demonstre sua afirmação.

45. Se $\dim V = n$ e $\dim W = m$, demonstre que $\mathscr{L}(V, W) \cong M_{mn}$. (Veja os exercícios da seção 6.4.) [*Sugestão:* sejam $\mathcal{B}$ e $\mathcal{C}$ bases para V e W, respectivamente. Prove que a aplicação $\varphi(T) = [T]_{\mathcal{C} \leftarrow \mathcal{B}}$, para T em $\mathscr{L}(V, W)$, define uma transformação linear $\varphi : \mathscr{L}(V, W) \to M_{mn}$ que é um isomorfismo.]

46. Se V é um espaço vetorial, então o ***espaço dual*** de V é o espaço vetorial $V^* = \mathscr{L}(V, \mathbb{R})$. Prove que se V tem dimensão finita, então $V^* \cong V$.

Investigação

Mosaicos, Reticulados e a Restrição Cristalográfica

Na natureza e na arte frequentemente são encontrados padrões que se repetem. A estrutura molecular dos cristais muitas vezes exibe repetição, assim como os azulejos e mosaicos encontrados no artesanato de muitas culturas. *Ladrilhamento* (ou *tesselação*) é o recobrimento de um plano por formas que não se sobrepõem e não deixam espaços vazios entre si. O artista holandês M. C. Escher (1898-1972) produziu muitos trabalhos nos quais explorou a possibilidade de revestir um plano usando figuras fantásticas (figura 6.14).

Figura 6.14
"Desenho Simétrico E103" de M. C. Escher

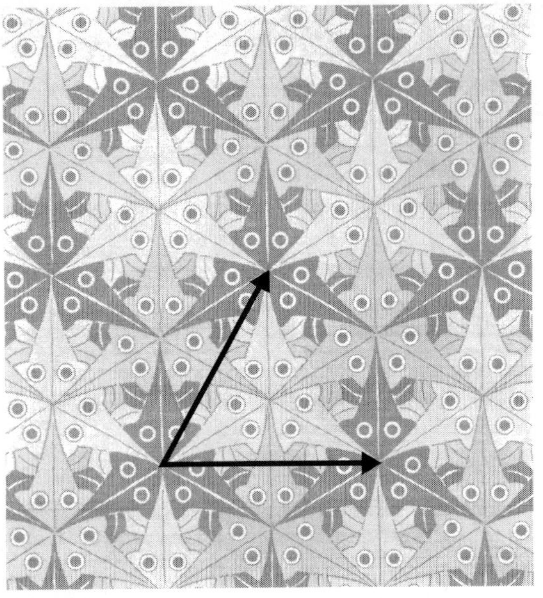

Figura 6.15
Invariância por translação
"Desenho Simétrico *E103*" de M. C. Escher

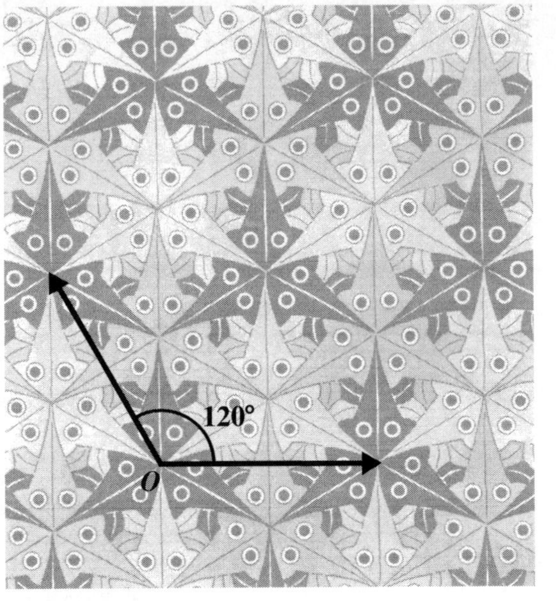

Figura 6.17
Simetria rotacional
"Desenho Simétrico *E103*" de M. C. Escher

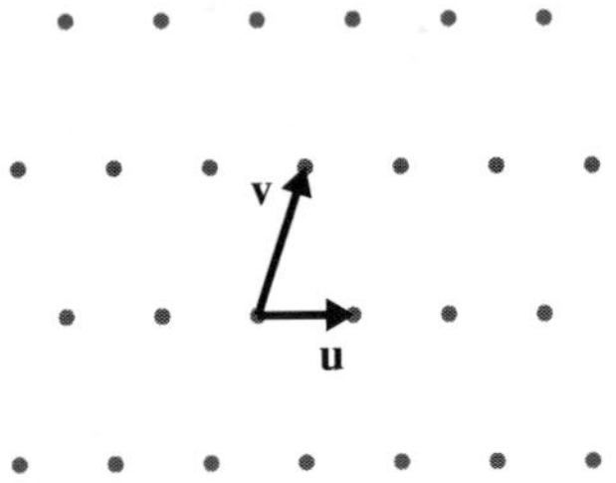

Figura 6.16
Um reticulado

Nesta investigação, estaremos interessados em padrões como os da figura 6.14, que assumimos como sendo infinitos e que se repetem em todas as direções do plano. Tal padrão tem a propriedade de que ele pode ser deslocado (ou *transladado*) em pelo menos duas direções (correspondentes a dois vetores linearmente independentes), de modo que não se nota que ele tenha sido deslocado. Dizemos que o desenho é *invariante* por translações e que tem ***simetria por translação*** nessas direções. Por exemplo, o padrão da figura 6.14 tem simetria por translação nas direções apontadas na figura 6.15.

Se um padrão tem simetria por translação em duas direções, ele tem simetria por translação em infinitas direções.

1. Denote por **u** e **v** os dois vetores mostrados na figura 6.15. Prove que o padrão da figura 6.14 é invariante por translação para qualquer combinação linear *inteira* de **u** e **v**, isto é, para qualquer vetor da forma $a\mathbf{u} + b\mathbf{v}$, com a e b inteiros.

Dados dois vetores quaisquer, linearmente independentes, **u** e **v** de $\mathbb{R}^2$, o conjunto de pontos determinado por todas as combinações lineares inteiras de **u** e **v** é chamado ***reticulado***. A figura 6.16 mostra um exemplo de um reticulado.

2. Desenhe o reticulado correspondente aos vetores **u** e **v** da figura 6.15.

A figura 6.14 também apresenta ***simetria rotacional***. Ou seja, é possível girar todo o padrão ao redor de algum ponto e ele parecer inalterado. Dizemos que o padrão é *invariante* por uma rotação. Por exemplo, o padrão da figura 6.14 é invariante por uma rotação de 120° ao redor do ponto O, como mostra a figura 6.17. O ponto O é chamado ***centro*** da simetria rotacional (ou ***centro de rotação***).

Observe que, se um padrão for baseado em um reticulado subjacente, quaisquer simetrias do desenho também serão simetrias do reticulado.

3. Explique por que se um ponto O é um centro de rotação de um ângulo θ, então ele é um centro de rotação para todo múltiplo inteiro de θ. Deduza que, se $0 < \theta \leq 360°$, então $360/\theta$ é necessariamente um inteiro. (Se $360/\theta = n$, dizemos que o padrão, ou o reticulado, tem uma simetria rotacional de ***n* dobras**.)

4. Qual é o menor ângulo positivo de simetria rotacional para o reticulado do problema 2? O padrão da figura 6.14 também tem simetria rotacional por esse ângulo?

5. Tome diversos valores de θ de maneira que $0 < \theta \leq 360°$ e $360/\theta$ seja um inteiro. Tente desenhar um reticulado que tenha simetria rotacional pelo ângulo θ. Em particular, você pode desenhar um reticulado com simetria rotacional de oito dobras?

Vamos provar que os valores de θ que são possíveis ângulos de simetria rotacional para um reticulado são bastante restritos. A técnica que usaremos será considerar transformações rotacionais em termos de bases diferentes. Assim, denotemos por R_θ a rotação ao redor da origem por um ângulo θ, e consideraremos $\mathcal{E}$ a base canônica de $\mathbb{R}^2$. Então, a matriz canônica de R_θ é

$$[R_\theta]_\mathcal{E} = \begin{bmatrix} \cos\theta & -\text{sen}\theta \\ \text{sen}\theta & \cos\theta \end{bmatrix}$$

6. Referindo-se aos problemas 2 e 4, tome a origem coincidindo com as origens dos vetores **u** e **v**.

   (a) Qual é o valor real (isto é, numérico) de $[R_\theta]_\mathcal{E}$ neste caso?

   (b) Seja $\mathcal{B}$ a base $\{\mathbf{u}, \mathbf{v}\}$. Calcule a matriz $[R_\theta]_\mathcal{B}$.

7. Em geral, sejam **u** e **v** dois vetores linearmente independentes quaisquer em $\mathbb{R}^2$, e suponha que o reticulado determinado por **u** e **v** seja invariante pela rotação de um ângulo θ. Se $\mathcal{B} = \{\mathbf{u}, \mathbf{v}\}$, prove que a matriz de R_θ em relação a $\mathcal{B}$ deve ser da forma

$$[R_\theta]_\mathcal{B} = \begin{bmatrix} a & b \\ c & d \end{bmatrix}$$

com a, b, c e d *inteiros.*

8. Usando a terminologia e a notação do problema 7, prove que $2\cos\theta$ deve ser um inteiro. (*Sugestão:* use o exercício 35 da seção 4.4 e o teorema 6.29.)

9. Usando o problema 8, faça uma relação de todos os valores possíveis de θ, para $0 < \theta \leq 360°$, que podem ser ângulos de simetria rotacional de um reticulado. Registre os valores correspondentes de n, sendo $n = 360/\theta$, para provar que um reticulado pode ter uma simetria rotacional de n dobras se e somente se $n = 1, 2, 3, 4$ ou 6. Esse resultado, conhecido como ***restrição cristalográfica***, foi provado pela primeira vez por W. Barlow em 1894.

10. Em uma biblioteca ou na Internet, tente encontrar um ladrilhamento de Escher para cada um dos cinco tipos possíveis de simetria rotacional, isto é, tal que o *menor* ângulo de simetria rotacional do padrão seja um dos especificados pela restrição cristalográfica.

6.7 Aplicações

Equações Diferenciais Lineares Homogêneas

Nos exercícios de 69 a 72 da seção 4.6, provamos que, se $y = y(t)$ é uma função derivável até segunda ordem que satisfaz a equação diferencial

$$y'' + ay' + by = 0 \tag{1}$$

então y é da forma

$$y = c_1e^{\lambda_1 t} + c_2e^{\lambda_2 t}$$

se λ_1 e λ_2 são raízes *distintas* da equação característica associada $\lambda^2 + a\lambda + b = 0$. (O caso em que $\lambda_1 = \lambda_2$ não foi resolvido.) O exemplo 6.12 e o exercício 20 desta seção provam que o conjunto de soluções da equação (1) forma um subespaço de $\mathscr{F}$, o espaço vetorial das funções. Nesta seção, vamos aprofundar esse estudo, prestando especial atenção ao papel desempenhado pelos espaços vetoriais, bases e dimensão.

Para preparar o cenário, vamos considerar uma classe mais simples de exemplos. Uma equação diferencial da forma

$$y' + ay = 0 \tag{2}$$

é chamada de ***equação diferencial linear homogênea de primeira ordem***. ("Primeira ordem" se refere ao fato de a maior derivada envolvida ser uma primeira derivada e "homogênea" significa o lado direito da equação é zero. Você consegue ver por que a equação é "linear"?) Uma ***solução*** para a equação (2) é uma função diferenciável $y = y(t)$ que satisfaça a equação (2) para qualquer valor de t.

É fácil verificar que uma solução para a equação (2) é $y = e^{-at}$. (Verifique.) Entretanto, gostaríamos de descrever *todas* as soluções, e é aqui que entram os espaços vetoriais. Temos o seguinte teorema.

Teorema 6.31 O conjunto S de todas as soluções de $y' + ay = 0$ é um subespaço de $\mathscr{F}$.

Demonstração Como a função nula certamente satisfaz a equação (2), S é não vazio. Sejam x e y duas funções de t, diferenciáveis, que pertencem a S, e seja c um escalar. Então

$$x' + ax = 0 \quad \text{e} \quad y' + ay = 0$$

Usando as regras de derivação, temos que

$$(x + y)' + a(x + y) = x' + y' + ax + ay = (x' + ax) + (y' + ay) = 0 + 0 = 0$$

e

$$(cy)' + a(cy) = cy' + c(ay) = c(y' + ay) = c \cdot 0 = 0$$

Assim, $x + y$ e cy também são elementos de S. Por isso S é um subespaço de $\mathscr{F}$.

Agora vamos provar que S é um subespaço de dimensão 1 de $\mathscr{F}$, e que $\{e^{-at}\}$ é uma base. Para isso, seja $x = x(t)$ um elemento de S. Então, para todo t,

$$x'(t) + ax(t) = 0 \quad \text{ou} \quad x'(t) = -ax(t)$$

Defina uma nova função $z(t) = x(t)e^{at}$. Então, pela Regra da Cadeia,

$$\begin{aligned} z'(t) &= x(t)ae^{at} + x'(t)e^{at} \\ &= ax(t)e^{at} - ax(t)e^{at} \\ &= 0 \end{aligned}$$

Como z' é identicamente nula, z é uma função constante, digamos, $z(t) = k$. Mas isso significa que

$$x(t)e^{at} = z(t) = k \quad \text{para todo } t$$

portanto, $x(t) = ke^{-at}$. Consequentemente, todas as soluções da equação (2) são múltiplos escalares de uma única solução $y = e^{-at}$. Acabamos de provar o seguinte teorema.

Teorema 6.32 Se S é o espaço solução de $y' + ay = 0$, então $\dim S = 1$ e $\{e^{-at}\}$ é uma base para S.

Um modelo para o crescimento populacional assume que a taxa de crescimento de uma população é proporcional ao tamanho da população. Esse modelo funciona bem se existirem poucas restrições (como espaço limitado, comida em quantidade limitada, ou similares) ao crescimento. Se o tamanho da população no instante t é $p(t)$, então a taxa de crescimento, ou a taxa de mudança da população, é a sua derivada $p'(t)$. Nossa suposição de que a taxa de crescimento da população é proporcional ao seu tamanho pode ser escrita como

$$p'(t) = kp(t)$$

em que k é a constante de proporcionalidade. Assim, p satisfaz a equação diferencial $p' - kp = 0$, e, pelo teorema 6.32,

$$p(t) = ce^{kt}$$

para algum escalar c. As constantes c e k são determinadas por meio de dados obtidos experimentalmente.

Exemplo 6.87 A bactéria Escherichia coli (ou, abreviadamente, E. coli) é usualmente encontrada nos intestinos dos seres humanos e de outros mamíferos. Ela traz graves riscos à saúde se escapar para o ambiente. Em condições de laboratório, cada célula da bactéria se divide em duas a cada 20 minutos. Se começarmos com uma única célula de *E. coli*, quantas teremos após um dia?

Solução Não precisamos de equações diferenciais para resolver esse problema, mas iremos usá-las para ilustrar o método básico.

Para determinar c e k, usaremos os dados mencionados na descrição do problema. Se tomarmos uma unidade de tempo como equivalente a 20 minutos, teremos $p(0) = 1$ e $p(1) = 2$. Portanto,

$$c = c \cdot 1 = ce^{k \cdot 0} = 1 \quad \text{e} \quad 2 = ce^{k \cdot 1} = e^k$$

Segue que $k = \ln 2$, portanto,

$$p(t) = e^{t \ln 2} = e^{\ln 2^t} = 2^t$$

Após um dia, $t = 72$, e, consequentemente, o número de células da bactéria será $p(72) = 2^{72} \approx 4{,}72 \times 10^{21}$ (veja a figura 6.18).

E. coli é mencionada no romance *The Andromeda Strain*, de Michael Crichton (New York: Dell, 1969), embora o "vilão" nesse romance seja supostamente um vírus alienígena. Na vida real, a bactéria *E. coli* contaminou o reservatório de água da cidade de Walkerton, Ontario, em 2000, fato que resultou em sete mortes e fez centenas de pessoas ficarem gravemente doentes.

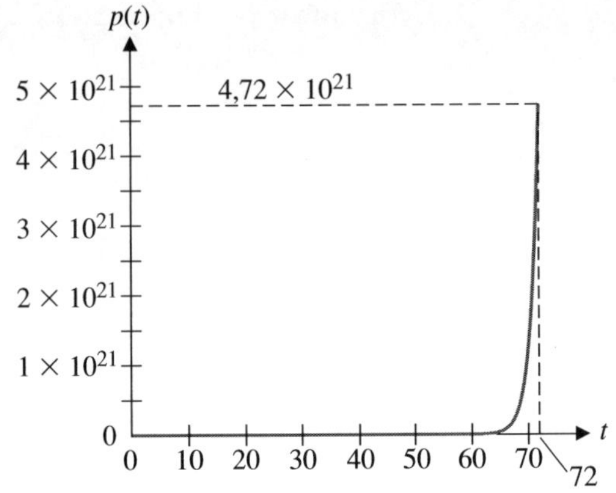

Figura 6.18
Crescimento exponencial

Substâncias radioativas decaem ao emitir radiação. Se $m(t)$ denota a massa da substância no instante t, então a taxa de decaimento é $m'(t)$. Os físicos provaram que a taxa de decaimento de uma substância é proporcional à sua massa, isto é,

$$m'(t) = km(t) \quad \text{ou} \quad m' - km = 0$$

em que k é uma constante negativa. Aplicando o teorema 6.32, obtemos

$$m(t) = ce^{kt}$$

para alguma constante c. O tempo necessário para que metade de uma substância radioativa decaia é conhecido como sua ***meia-vida***.

Exemplo 6.88

Após 5,5 dias, uma amostra de 100mg de radônio-222 decai para 37mg.

(a) Encontre uma fórmula para $m(t)$, a massa restante após t dias.

(b) Qual é a meia-vida do radônio-222?

(c) Quando restarão apenas 10mg?

Solução (a) A partir de $m(t) = ce^{kt}$, temos que

$$100 = m(0) = ce^{k\cdot 0} = c \cdot 1 = c$$

portanto,
$$m(t) = 100e^{kt}$$

Com o tempo medido em dias, foi dado que $m(5{,}5) = 37$. Assim,

$$100e^{5{,}5k} = 37$$

ou seja,
$$e^{5{,}5k} = 0{,}37$$

Resolvendo para k, obtemos

$$5{,}5k = \ln(0{,}37)$$

logo,
$$k = \frac{\ln(0{,}37)}{5{,}5} \approx -0{,}18$$

Portanto, $m(t) = 100\, e^{-0{,}18t}$.

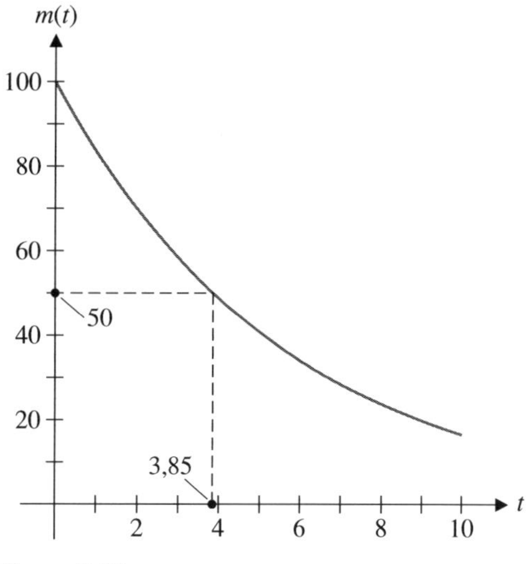

Figura 6.19
Decaimento radioativo

(b) Para encontrar a meia-vida do radônio-222, precisamos determinar o valor de t para o qual $m(t) = 50$. Resolvendo essa equação, encontramos

$$100e^{-0,18t} = 50$$

ou seja,

$$e^{-0,18t} = 0,50$$

Dessa forma,

$$-0,18t = \ln(\tfrac{1}{2}) = -\ln 2$$

e

$$t = \frac{\ln 2}{0,18} \approx 3,85$$

Assim, o radônio-222 tem uma meia-vida de aproximadamente 3,85 dias. (Veja a figura 6.19.)

(c) Precisamos determinar o valor de t para o qual $m(t) = 10$. Isto é, devemos resolver a equação

$$100e^{-0,18t} = 10 \quad \text{ou} \quad e^{-0,18t} = 0,1$$

Tomando o logaritmo natural em ambos os lados da equação, obtemos $-0,18t = \ln 0,1$. Assim,

$$t = \frac{\ln 0,1}{-0,18} \approx 12,79$$

portanto, restarão 10mg da amostra após aproximadamente 12,79 dias.

O conjunto solução S da equação diferencial de segunda ordem $y'' + ay' + by = 0$ também é um subespaço de $\mathscr{F}$ (exercício 20), cuja dimensão é 2. O item (a) do teorema 6.33, que estende o teorema 6.32, resulta do teorema 4.40. Nosso enfoque aqui é fazer uso do poder dos espaços vetoriais; ao fazer isso, obtemos também o item (b) do teorema 6.33, um resultado que não era possível com nossos métodos anteriores.

Por exemplo, veja *Linear algebra*, de S. H. Friedberg, A. J. Insel e L.E. Spence (Englewood Cliffs, NJ: Prentice-Hall, 1979).

Teorema 6.33 Seja S o espaço solução da equação

$$y'' + ay' + by = 0$$

e sejam λ_1 e λ_2 as raízes da equação característica $\lambda^2 + a\lambda + b = 0$.

a. Se $\lambda_1 \neq \lambda_2$, $\{e^{\lambda_1 t}, e^{\lambda_2 t}\}$ é uma base para S.

b. Se $\lambda_1 = \lambda_2$, $\{e^{\lambda_1 t}, te^{\lambda_1 t}\}$ é uma base para S.

Observações

- Note que, em outras palavras, o que o teorema diz é que as soluções de $y'' + ay' + by = 0$ são da forma

$$y = c_1 e^{\lambda_1 t} + c_2 e^{\lambda_2 t}$$

no primeiro caso e

$$y = c_1 e^{\lambda_1 t} + c_2 t e^{\lambda_1 t}$$

no segundo.

- Compare o teorema 6.33 com o teorema 4.38. As equações diferenciais lineares e as relações de recorrência têm muito em comum. Apesar de as primeiras pertencerem ao âmbito da matemática *contínua*, e as últimas, à matemática *discreta*, há muita semelhança entre elas.

Demonstração (a) Primeiro, provaremos que $\{e^{\lambda_1 t}, e^{\lambda_2 t}\}$ está contido em S. Seja λ qualquer uma das raízes da equação característica, e seja $f(t) = e^{\lambda t}$. Então

$$f'(t) = \lambda e^{\lambda t} \quad \text{e} \quad f''(t) = \lambda^2 e^{\lambda t}$$

Consequentemente,

$$\begin{aligned} f'' + af' + bf &= \lambda^2 e^{\lambda t} + a\lambda e^{\lambda t} + be^{\lambda t} \\ &= (\lambda^2 + a\lambda + b)e^{\lambda t} \\ &= 0 \cdot e^{\lambda t} = 0 \end{aligned}$$

Portanto, f é um elemento de S. Mas, como λ_1 e λ_2 são as raízes da equação característica, isso significa que $e^{\lambda_1 t}$ e $e^{\lambda_2 t}$ são elementos de S.

O conjunto $\{e^{\lambda_1 t}, e^{\lambda_2 t}\}$ também é linearmente independente, pois, se

$$c_1 e^{\lambda_1 t} + c_2 e^{\lambda_2 t} = 0$$

então, calculando em $t = 0$, temos

$$c_1 + c_2 = 0 \quad \text{ou} \quad c_2 = -c_1$$

Em seguida, calculando em $t = 1$, obtemos

$$c_1 e^{\lambda_1} - c_1 e^{\lambda_2} = 0 \quad \text{ou} \quad c_1(e^{\lambda_1} - e^{\lambda_2}) = 0$$

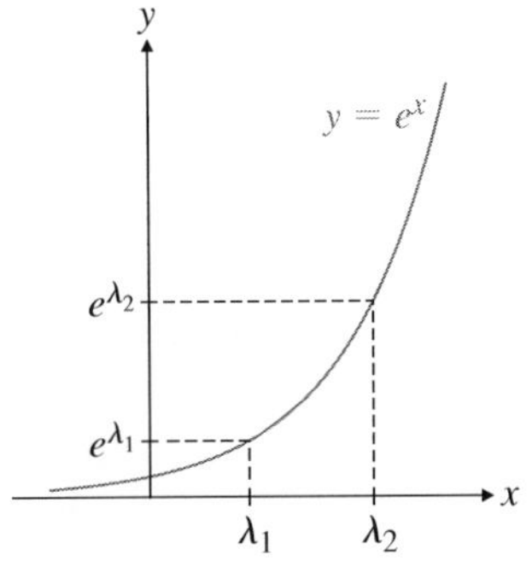

Figura 6.20

Mas $e^{\lambda_1} - e^{\lambda_2} \neq 0$, pois $e^{\lambda_1} - e^{\lambda_2} = 0$ implica que $e^{\lambda_1} = e^{\lambda_2}$, o que é claramente impossível se $\lambda_1 \neq \lambda_2$. (Veja a figura 6.20.) Deduzimos que $c_1 = 0$ e, portanto, que $c_2 = 0$. Por isso $\{e^{\lambda_1 t}, e^{\lambda_2 t}\}$ é linearmente independente.

Como $\dim S = 2$, $\{e^{\lambda_1 t}, e^{\lambda_2 t}\}$ é uma base para S.

(b) Pediremos que você prove essa propriedade no exercício 21.

Exemplo 6.89

Determine todas as soluções de $y'' - 5y' + 6y = 0$.

Solução A equação característica é $\lambda^2 - 5\lambda + 6 = (\lambda - 2)(\lambda - 3) = 0$. Assim, as raízes são 2 e 3 e por isso $\{e^{2t}, e^{3t}\}$ é uma base para o espaço de soluções. Segue que as soluções da equação dada são da forma

$$y = c_1e^{2t} + c_2e^{3t}$$

As constantes c_1 e c_2 podem ser determinadas se equações adicionais, conhecidas como ***condições de contorno***, forem especificadas.

Exemplo 6.90

Encontre a solução de $y'' + 6y' + 9y = 0$ que satisfaz $y(0) = 1$, $y'(0) = 0$.

Solução A equação característica é $\lambda^2 + 6\lambda + 9 = (\lambda + 3)^2 = 0$, portanto, -3 é uma raiz múltipla. Consequentemente, $\{e^{-3t}, te^{-3t}\}$ é uma base para o espaço de soluções, e a solução geral é da forma

$$y = c_1e^{-3t} + c_2te^{-3t}$$

Da primeira condição de contorno, obtemos

$$1 = y(0) = c_1e^{-3\cdot 0} + 0 = c_1$$

Portanto, $y = e^{-3t} + c_2te^{-3t}$. Derivando, obtemos

$$y' = -3e^{-3t} + c_2(-3te^{-3t} + e^{-3t})$$

assim, a segunda condição de contorno nos dá

$$0 = y'(0) = -3e^{-3\cdot 0} + c_2(0 + e^{-3\cdot 0}) = -3 + c_2$$

ou seja, $$c_2 = 3$$

Portanto, a solução procurada é

$$y = e^{-3t} + 3te^{-3t} = (1 + 3t)e^{-3t}$$

a + bi

O teorema 6.33 inclui o caso no qual as raízes da equação característica são complexas. Se $\lambda = p + qi$ é uma raiz complexa da equação $\lambda^2 + a\lambda + b = 0$, então seu conjugado $\bar{\lambda} = p - qi$ também é. (Veja os apêndices C e D.) Pelo teorema 6.33(a), o espaço das soluções S da equação diferencial $y'' + ay' + by = 0$ admite $\{e^{\lambda t}, e^{\bar{\lambda} t}\}$ como uma base. Então:

$$e^{\lambda t} = e^{(p+qi)t} = e^{pt}e^{i(qt)} = e^{pt}(\cos qt + i\,\text{sen}\,qt)$$

e

$$e^{\bar{\lambda} t} = e^{(p-qi)t} = e^{pt}e^{i(-qt)} = e^{pt}(\cos qt - i\,\text{sen}\,qt)$$

Portanto, $$e^{pt}\cos qt = \frac{e^{\lambda t} + e^{\bar{\lambda} t}}{2} \quad \text{e} \quad e^{pt}\,\text{sen}\,qt = \frac{e^{\lambda t} - e^{\bar{\lambda} t}}{2i}$$

Segue que $\{e^{pt}\cos qt, e^{pt}\,\text{sen}\,qt\}$ está contido em ger$(e^{\lambda t}, e^{\bar{\lambda} t}) = S$. Como $e^{pt}\cos qt$ e $e^{pt}\,\text{sen}\,qt$ são linearmente independentes (veja o exercício 22) e dim $S = 2$, então $\{e^{pt}\cos qt, e^{pt}\,\text{sen}\,qt\}$ também é uma base para S. Portanto, quando sua equação característica tem uma raiz complexa $p + qi$, a equação diferencial $y'' + ay' + by = 0$ tem soluções da forma

$$y = c_1e^{pt}\cos qt + c_2e^{pt}\,\text{sen}\,qt$$

a + bi **Exemplo 6.91** Encontre todas as soluções de $y'' - 2y' + 4 = 0$.

Solução A equação característica é $\lambda^2 - 2\lambda + 4 = 0$, com raízes $1 \pm i\sqrt{3}$. A discussão que acabamos de fazer nos permite afirmar que a solução geral para a equação diferencial dada é

$$y = c_1 e^t \cos \sqrt{3}t + c_2 e^t \operatorname{sen} \sqrt{3}t$$

a + bi **Exemplo 6.92** Um corpo de massa m está preso à extremidade de uma mola vertical (figura 6.21). Se o corpo for puxado para baixo e depois solto, ele irá oscilar para cima e para baixo. Duas leis da física governam essa situação. A primeira, a ***Lei de Hooke***, afirma que se uma mola é esticada (ou comprimida) x unidades, a força F necessária para recolocá-la na posição original é proporcional a x:

$$F = -kx$$

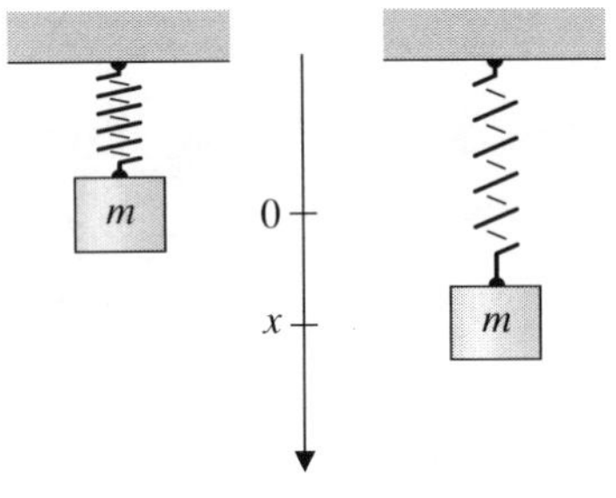

Figura 6.21

em que k é uma constante positiva (chamada constante de elasticidade da mola). A ***Segunda Lei do Movimento de Newton*** afirma que força é igual a massa vezes aceleração. Como $x = x(t)$ representa distância, ou deslocamento, da mola no instante t, x' é sua velocidade e x'' é sua aceleração. Assim, temos que

$$mx'' = -kx \text{ or } x'' + \left(\frac{k}{m}\right)x = 0$$

Tanto k quanto m são positivos e portanto $K = k/m$ também é positivo. Logo, nossa equação diferencial é da forma $x'' + Kx = 0$, com K positivo.

A equação característica é $\lambda^2 + K = 0$ e tem raízes $\pm i\sqrt{K}$. Portanto, a solução geral para a equação diferencial da mola oscilante é

$$x = c_1 \cos \sqrt{K}t + c_2 \operatorname{sen} \sqrt{K}t$$

Suponha que a mola esteja em repouso ($x = 0$) no instante $t = 0$ segundos, e que ela seja esticada tão longe quanto possível, para um comprimento de 20 cm, antes de ser liberada. Então

$$0 = x(0) = c_1 \cos 0 + c_2 \operatorname{sen} 0 = c_1$$

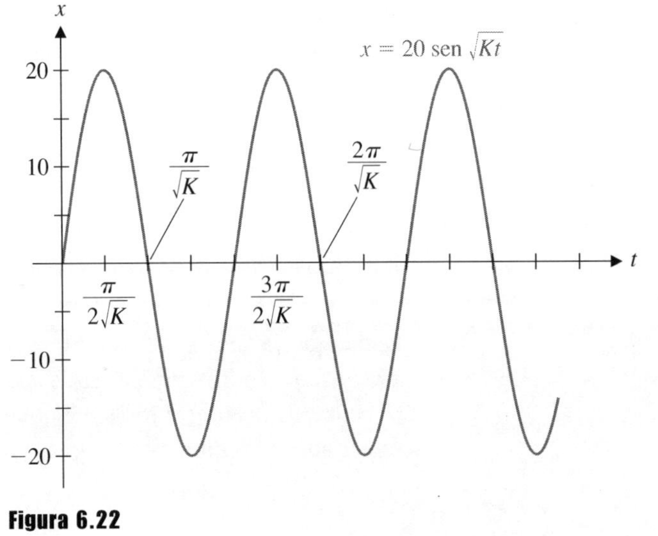

Figura 6.22

Portanto, $x = c_2 \operatorname{sen} \sqrt{K}t$. Como o valor máximo da função seno é 1, devemos ter $c_2 = 20$ (ocorrendo pela primeira vez quando $t = \pi/2\sqrt{K}$), o que nos dá a solução

$$x = 20 \operatorname{sen}\sqrt{K}t$$

(Veja a figura 6.22.)

Sem dúvida, essa é uma solução idealizada, pois despreza qualquer forma de resistência e prediz que a mola oscilará para sempre. É possível levar em conta efeitos de retardamento (tais como fricção), mas este modelo simples apresentado serviu para introduzir uma aplicação importante das equações diferenciais e das técnicas que desenvolvemos.

Exercícios 6.7

Equações Diferenciais Lineares Homogêneas

Nos exercícios de 1 a 12, encontre a solução da equação diferencial que satisfaz as condições de contorno dadas.

1. $y' - 3y = 0, y(1) = 2$

2. $x' + x = 0, x(1) = 1$

3. $y'' - 7y' + 12y = 0, y(0) = y(1) = 1$

4. $x'' + x' - 12x = 0, x(0) = 0, x'(0) = 1$

5. $f'' - f' - f = 0, f(0) = 0, f(1) = 1$

6. $g'' - 2g = 0, g(0) = 1, g(1) = 0$

7. $y'' - 2y' + y = 0, y(0) = y(1) = 1$

8. $x'' + 4x' + 4x = 0, x(0) = 1, x'(0) = 1$

9. $y'' - k^2y = 0, k \neq 0, y(0) = y'(0) = 1$

10. $y'' - 2ky' + k^2y = 0, k \neq 0, y(0) = 1, y(1) = 0$

11. $f'' - 2f' + 5f = 0, f(0) = 1, f(\pi/4) = 0$

12. $h'' - 4h' + 5h = 0, h(0) = 0, h'(0) = -1$

13. Uma cultura de bactérias tem uma taxa de crescimento proporcional ao tamanho da população. Inicialmente, existem 100 bactérias; depois de três horas, existem 1600.

(a) Se $p(t)$ denota o número de bactérias após t horas, encontre uma fórmula para $p(t)$.

(b) Quanto tempo demora para a população dobrar de tamanho?

(c) Quando a população atingirá um milhão de indivíduos?

CAS **14.** A tabela 6.2 relaciona a população dos Estados Unidos no período de 1900 a 2000, em intervalos de dez anos.

(a) Assumindo o modelo de crescimento exponencial, use os dados de 1900 e de 1910 para encontrar uma fórmula para $p(t)$, a população no ano t. (*Sugestão:* seja $t = 0$ o ano de 1900, e seja $t = 1$ o ano de 1910.) Quão acuradamente sua fórmula calcula a população norte-americana no ano de 2000?

(b) Repita o item (a), mas use os dados de 1970 e 1980 para encontrar uma fórmula para $p(t)$. Essa escolha dá uma aproximação melhor para o ano 2000?

(c) O que você pode concluir sobre o crescimento populacional dos Estados Unidos?

Tabela 6.2

Ano	População (em milhões)
1900	76
1910	92
1920	106
1930	123
1940	131
1950	150
1960	179
1970	203
1980	227
1990	250
2000	281

Fonte: U.S. Bureau of the Census

15. A meia-vida do rádio-226 é de 1590 anos. Suponha que comecemos com uma amostra de rádio-226 com massa de 50mg.

(a) Encontre uma fórmula para a massa $m(t)$ que resta após t anos e use essa fórmula para estimar a quantidade de massa restante após 1000 anos.

(b) Depois de quantos anos restarão apenas 10mg?

16. *Datação por carbono radioativo* é um método usado por cientistas para estimar a idade de objetos antigos feitos de matéria viva, como ossos, couro, madeira ou papel. Todos os tecidos de organismos contêm carbono, uma parte do qual é carbono-14, um isótopo radioativo que está sendo continuamente formado nas camadas mais altas da atmosfera. Como os organismos vivos absorvem carbono radioativo juntamente com outros átomos de carbono, a proporção entre as duas formas permanece constante. Entretanto, quando um organismo morre, o carbono-14 existente em suas células decai e não é substituído. Sabe-se que a meia-vida do carbono-14 é de 5730 anos, assim, ao medir a concentração de carbono-14 em um objeto, os cientistas podem determinar sua idade aproximada.

Uma das aplicações mais bem-sucedidas da datação por carbono radioativo foi a determinação da idade do monumento de Stonehenge, na Inglaterra (figura 6.23). Descobriu-se que a concentração de carbono-14 em amostras retiradas dos restos de pilares de madeira, era 45% da encontrada em matéria viva. Qual é a idade aproximada desses pilares?

Figura 6.23
Stonehenge

17. Um corpo é preso a uma mola, como no exemplo 6.92. No instante $t = 0$ segundos, a mola é esticada a um comprimento de 10 cm abaixo da sua posição de descanso. A mola é liberada, e 10 segundos mais tarde observa-se que seu comprimento é de 5 cm. Encontre uma fórmula para o comprimento da mola no instante t segundos.

18. Um corpo com massa de 50 g é preso a uma mola, como no exemplo 6.92. Sabendo que o período de oscilação é de 10 segundos, encontre a constante de elasticidade da mola.

19. Um pêndulo consiste em um peso fixado na extremidade de uma corda de comprimento L (veja a figura 6.24). Quando o peso é tirado de sua posição de repouso e depois solto, ele balança de um lado para o outro. O tempo que leva para o pêndulo balançar

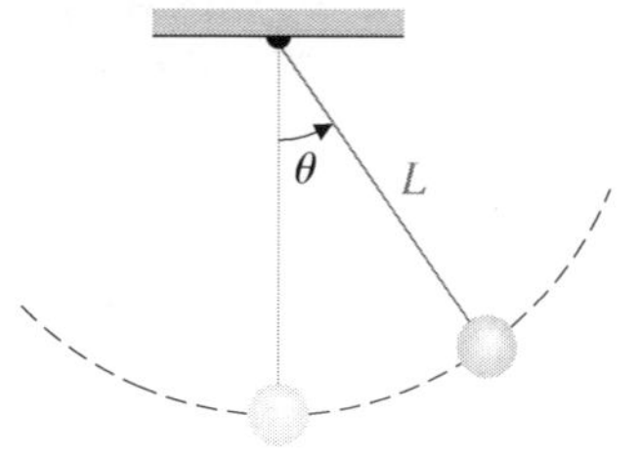

Figura 6.24

da sua posição máxima à direita até a sua posição máxima à esquerda e voltar para a posição máxima à direita é chamado *período* do pêndulo.

Seja $\theta = \theta(t)$ o ângulo do pêndulo medido a partir da vertical. Podemos provar que, se não existe resistência, então quando θ é pequeno, satisfaz a equação diferencial

$$\theta'' + \frac{g}{L}\theta = 0$$

sendo g a constante de aceleração da gravidade, de aproximadamente 9,7m/s^2. Suponha que $L = 1$ m e que o pêndulo está em repouso (isto é, $\theta = 0$) no instante $t = 0$ segundos. O peso é então levado para a direita em um ângulo de θ_1 radianos e depois solto.

(a) Determine o período do pêndulo.

(b) O período depende do ângulo θ_1 a partir do qual ele começa a oscilar? Essa questão foi formula e respondida por Galileu em 1638. [Galileu Galilei (1564-1642) estudou medicina na Universidade de Pisa, mas seu interesse real sempre foi a matemática. Em 1592, foi nomeado professor de matemática na Universidade de Pádua, em Veneza, onde ensinou principalmente geometria e astronomia. Foi um dos primeiros a usar o telescópio para olhar as estrelas e os planetas, e, ao fazer isso, produziu dados experimentais que davam suporte à teoria de Copérnico, de que os planetas giravam ao redor do Sol e não da Terra. Por essa razão, Galileu foi convocado a se apresentar perante a Inquisição, foi colocado em regime de prisão domiciliar e proibido de publicar seus resultados. Durante a prisão domiciliar, ele conseguiu redigir o resultado de suas pesquisas sobre a queda dos corpos e pêndulos. Suas anotações foram contrabandeadas para fora da Itália e publicadas como *Discursos sobre duas novas ciências*, em 1638.]

20. Prove que o conjunto das soluções S de uma equação diferencial de segunda ordem $y'' + ay' + by = 0$ é um subespaço de $\mathscr{F}$.

21. Prove o teorema 6.33(b).

22. Prove que $e^{pt}\cos qt$ e $e^{pt}\operatorname{sen} qt$ são linearmente independentes.

Revisão do Capítulo

Definições e Conceitos Principais

Questões de Revisão

1. Decida se cada uma das seguintes afirmações é verdadeira ou falsa:

(a) Se $V = \text{ger}(\mathbf{v}_1, \ldots, \mathbf{v}_n)$, então cada conjunto gerador de V contém pelo menos n vetores.

(b) Se $\{\mathbf{u}, \mathbf{v}, \mathbf{w}\}$ é um conjunto linearmente independente de vetores, então $\{\mathbf{u} + \mathbf{v}, \mathbf{v} + \mathbf{w}, \mathbf{u} + \mathbf{w}\}$ também é.

(c) M_{22} admite uma base formada por matrizes invertíveis.

(d) M_{22} admite uma base formada por matrizes cujo traço é zero.

(e) A transformação $T: \mathbb{R}^n \to \mathbb{R}$ definida por $T(\mathbf{x}) = \|\mathbf{x}\|$ é uma transformação linear.

(f) Se $T: V \to W$ é uma transformação linear e $\dim V \neq \dim W$, então T não pode ser injetora e sobrejetora.

(g) Se $T: V \to W$ é uma transformação linear e $\ker(T) = V$, então $W = \{0\}$.

(h) Se $T: M_{33} \to \mathscr{P}_4$ é uma transformação linear e $\text{nulidade}(T) = 4$, então T é sobrejetora.

(i) O espaço vetorial $V = \{p(x) \text{ em } \mathscr{P}_4 : p(1) = 0\}$ é isomorfo a $\mathscr{P}_3$.

(j) Se $I: V \to V$ é a transformação identidade, então a matriz $[I]_{\mathcal{C} \leftarrow \mathcal{B}}$ é a matriz identidade, quaisquer que sejam as bases $\mathcal{B}$ e $\mathcal{C}$ de V.

Nas questões de 2 a 5, determine se W é um subespaço de V.

2. $V = \mathbb{R}^2$, $W = \left\{ \begin{bmatrix} x \\ y \end{bmatrix} : x^2 + 3y^2 = 0 \right\}$

3. $V = M_{22}$, $W = \left\{ \begin{bmatrix} a & b \\ c & d \end{bmatrix} : a + b = c + d = a + c = b + d \right\}$

4. $V = \mathscr{P}_3$, $W = \{p(x) \text{ in } \mathscr{P}_3 : x^3 p(1/x) = p(x)\}$

5. $V = \mathscr{F}$, $W = \{f \text{ em } \mathscr{F} : f(x + \pi) = f(x) \text{ para todo } x\}$

6. Determine se $\{1, \cos 2x, 3\,\text{sen}^2 x\}$ é linearmente dependente ou independente.

7. Sejam A e B matrizes $n \times n$ não nulas tais que A é simétrica e B é antissimétrica. Prove que $\{A, B\}$ é linearmente independente.

Nas questões 8 e 9, encontre uma base para W e diga qual é a dimensão de W.

8. $W = \left\{ \begin{bmatrix} a & b \\ c & d \end{bmatrix} : a + d = b + c \right\}$

9. $W = \{p(x) \text{ em } \mathscr{P}_5 : p(-x) = p(x)\}$

10. Encontre as matrizes de mudança de base $P_{\mathcal{C} \leftarrow \mathcal{B}}$ e $P_{\mathcal{B} \leftarrow \mathcal{C}}$ relativas às bases $\mathcal{B} = \{1, 1 + x, 1 + x + x^2\}$ e $\mathcal{C} = \{1 + x, x + x^2, 1 + x^2\}$ de $\mathscr{P}_2$.

Nas questões de 11 a 13, determine se T é uma transformação linear.

11. $T: \mathbb{R}^2 \to \mathbb{R}^2$ definida por $T(\mathbf{x}) = \mathbf{y}\mathbf{x}^T\mathbf{y}$, sendo $\mathbf{y} = \begin{bmatrix} 1 \\ 2 \end{bmatrix}$

12. $T : M_{nn} \to M_{nn}$ definida por $T(A) = A^T A$

13. $T : \mathscr{P}_n \to \mathscr{P}_n$ definida por $T(p(x)) = p(2x - 1)$

14. Se $T : \mathscr{P}_2 \to M_{22}$ é uma transformação linear tal que

$T(1) = \begin{bmatrix} 1 & 0 \\ 0 & 1 \end{bmatrix}$, $T(1 + x) = \begin{bmatrix} 1 & 1 \\ 0 & 1 \end{bmatrix}$ e

$T(1 + x + x^2) = \begin{bmatrix} 0 & -1 \\ 1 & 0 \end{bmatrix}$, determinde $T(5 - 3x + 2x^2)$.

15. Determine a nulidade da transformação linear $T : M_{nn} \to \mathbb{R}$ definida por $T(A) = \text{tr}(A)$.

16. Seja W o espaço vetorial das matrizes 2×2 triangulares superiores.

(a) Encontre uma transformação linear $T : M_{nn} \to M_{nn}$ tal que $\ker(T) = W$.

(b) Encontre uma transformação linear $T : M_{nn} \to M_{nn}$ tal que $\text{im}(T) = W$.

17. Encontre a matriz $[T]_{\mathcal{C} \leftarrow \mathcal{B}}$ da transformação linear T da questão 14 em relação às bases canônica $\mathcal{B} = \{1, x, x^2\}$ de $\mathscr{P}_2$ e $\mathcal{C} = \{E_{11}, E_{12}, E_{21}, E_{22}\}$ de M_{22}.

18. Seja $S = \{\mathbf{v}_1, \ldots, \mathbf{v}_n\}$ um conjunto de vetores em um espaço vetorial V com a propriedade que cada vetor em V pode ser escrito como uma combinação linear de $\mathbf{v}_1, \ldots, \mathbf{v}_n$ de exatamente uma maneira. Prove que S é uma base para V.

19. Se $T : U \to V$ e $S : V \to W$ são transformações lineares tais que $\text{im}(T) \subseteq \ker(S)$, o que pode ser deduzido sobre $S \circ T$?

20. Seja $T : V \to V$ uma transformação linear, e seja $\{\mathbf{v}_1, \ldots, \mathbf{v}_n\}$ uma base para V tal que $\{T(\mathbf{v}_1), \ldots, T(\mathbf{v}_n)\}$é também uma base para V. Prove que T é invertível.

7 Distância e Aproximação

Uma reta pode ser a menor distância entre dois pontos, mas de modo nenhum a mais interessante.

— Doctor Who
Em "The time monster",
Por Robert Sloman
BBC, 1972

Apesar de parecer um paradoxo, todas as ciências exatas são dominadas por uma ideia de aproximação.

— Bertrand Russell
Em W. H. Auden and L. Kronenberger, Eds.
The viking book of aphorisms
Viking, 1962, p. 263

7.0 Introdução: A Geometria do Taxista

Vivemos em um mundo euclidiano tridimensional, por isso os conceitos da geometria euclidiana regem nosso modo de ver o mundo. Em particular, imagine-se parando pessoas na rua e pedindo que completem a seguinte frase: "A menor distância entre dois pontos é uma ________". É quase certo que elas responderão "linha reta". Existem, entretanto, outras noções de distância igualmente sensatas e intuitivas. Se nos permitirmos pensar sobre "distância" de um modo mais flexível, abriremos portas para a possibilidade de calcular "distâncias" entre polinômios, funções, matrizes e muitos outros objetos que surgem em álgebra linear.

Nesta seção, você descobrirá um tipo de "distância" que é tão real quanto a distância pela linha reta com a qual você está acostumado por causa da geometria euclidiana (a que é consequência do teorema de Pitágoras). Como você verá, esse novo tipo de "distância" ainda se comporta de modo familiar.

Suponha que você esteja em uma esquina de ruas em um cidade, tentando chegar a um restaurante em uma outra esquina. Se você perguntar a alguém quão longe está o restaurante, essa pessoa não deverá medir a distância "como um pássaro voa" (isto é, usando a versão euclidiana de distância). Em vez disso, a resposta será algo como "ele está a cinco quarteirões daqui". Considerando que essa é a forma como os motoristas de táxi medem distância, vamos nos referir a essa noção de "distância" como a ***distância do taxista***.

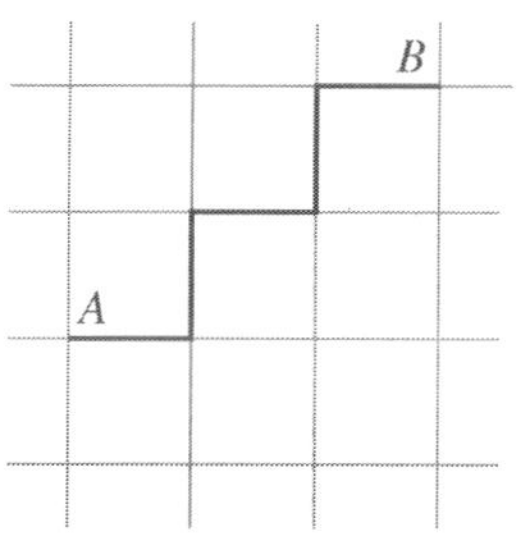

Figura 7.1
A distância do taxista

A figura 7.1 mostra um exemplo da distância do taxista. O menor caminho de A até B é passar pelos lados de cinco quarteirões da cidade. Note que, apesar de existir mais de um caminho para irmos de A até B, todos os caminhos mais curtos são compostos por três lados de quarteirões horizontais e dois lados verticais. (Quantos são os caminhos mais curtos para irmos de A até B?) Assim, a distância do taxista, para irmos de A até B, é 5.

Para uma situação ideal, vamos assumir que todos os quarteirões sejam quadrados de lado um, e usaremos a notação $d_t(A, B)$ para a distância do taxista entre A e B.

Problema 1: Ache a distância do taxista entre os seguintes pares de pontos:

(a) $(1, 2)$ e $(5, 5)$ (b) $(2, 4)$ e $(3, -2)$

(c) $(0, 0)$ e $(-4, -3)$ (d) $(-2, 3)$ e $(1, 3)$

(e) $(1, \frac{1}{2})$ e $(-\frac{3}{2}, \frac{3}{2})$ (f) $(2{,}5; 4{,}6)$ e $(3{,}1; 1{,}5)$

Problema 2: Qual das seguintes fórmulas é a correta para a distância do taxista $d_t(A, B)$ entre $A = (a_1, a_2)$ e $B = (b_1, b_2)$?

$$\text{(a) } d_t(A, B) = (a_1 - b_1) + (a_2 - b_2)$$
$$\text{(b) } d_t(A, B) = (|a_1| - |b_1|) + (|a_2| - |b_2|)$$
$$\text{(c) } d_t(A, B) = |a_1 - b_1| + |a_2 - b_2|$$

Podemos definir a **norma do taxista** para um vetor **v** como

$$\|\mathbf{v}\|_t = d_t(\mathbf{v}, \mathbf{0})$$

Problema 3: Ache $||\mathbf{v}||_t$ para os seguintes vetores:

$$\text{(a) } \mathbf{v} = \begin{bmatrix} 3 \\ -2 \end{bmatrix} \quad \text{(b) } \mathbf{v} = \begin{bmatrix} 6 \\ -4 \end{bmatrix}$$
$$\text{(c) } \mathbf{v} = \begin{bmatrix} -3 \\ -6 \end{bmatrix} \quad \text{(d) } \mathbf{v} = \begin{bmatrix} 1 \\ 2 \end{bmatrix}$$

Problema 4: Mostre que o teorema 1.3 é verdadeiro para a norma do taxista.

Problema 5: Verifique a desigualdade triangular (teorema 1.5), usando a norma do taxista e os seguintes pares de vetores:

$$\text{(a) } \mathbf{u} = \begin{bmatrix} 3 \\ 1 \end{bmatrix}, \mathbf{v} = \begin{bmatrix} 1 \\ 2 \end{bmatrix} \quad \text{(b) } \mathbf{u} = \begin{bmatrix} 1 \\ -1 \end{bmatrix}, \mathbf{v} = \begin{bmatrix} -2 \\ 3 \end{bmatrix}$$

Problema 6: Mostre que a desigualdade triangular é verdadeira, em geral, para a norma do taxista.

Em geometria euclidiana, podemos definir uma circunferência de raio r, com centro na origem, como o conjunto de todos os **x** tais que $||\mathbf{x}|| = r$. Analogamente, podemos definir a ***circunferência do taxista***, de raio r e centro na origem, como o conjunto de todos os **x** tais que $||\mathbf{x}||_t = r$.

Problema 7: Esboce circunferências do taxista centradas na origem, com os seguintes raios:

$$\text{(a) } r = 3 \quad \text{(b) } r = 4 \quad \text{(c) } r = 1$$

Problema 8: Na geometria euclidiana, o valor de π é metade do comprimento da circunferência unitária (uma circunferência de raio 1). Vamos definir o ***pi do taxista*** como o número π_t que é metade do comprimento da circunferência unitária do taxista. Qual é o valor de π_t?

Na geometria euclidiana, a mediatriz de um segmento $\overline{AB}$ pode ser definida como o conjunto de todos os pontos equidistantes de A e de B. Se usarmos a distância do taxista no lugar da distância euclidiana, será razoável perguntar como é, agora, a mediatriz de um segmento. Mais precisamente, a ***mediatriz do taxista*** de $\overline{AB}$ é o conjunto de todos os pontos X tais que

$$d_t(X, A) = d_t(X, B)$$

Problema 9: Esboce a mediatriz do taxista de $\overline{AB}$ para os seguintes pares de pontos:

$$\text{(a) } A = (2, 1), B = (4, 1) \quad \text{(b) } A = (-1, 3), B = (-1, -2)$$
$$\text{(c) } A = (1, 1), B = (5, 3) \quad \text{(d) } A = (1, 1), B = (5, 5)$$

Esses exemplos ilustram que a geometria do taxista compartilha algumas propriedades com a geometria euclidiana, mas também difere em alguns pontos chaves. Neste capítulo, vamos encontrar vários outros tipos de distâncias e normas, cada uma delas útil em um modo particular. Tentaremos descobrir o que elas têm em comum e nos beneficiar dessas semelhanças. Também vamos explorar uma variedade de problemas de aproximação nos quais a noção de distância tem um papel importante.

7.1 Espaços com Produto Interno

No capítulo 1, definimos o produto escalar $\mathbf{u} \cdot \mathbf{v}$ entre vetores $\mathbf{u}$ e $\mathbf{v}$ de $\mathbb{R}^n$, e fizemos repetido uso dessa operação por todo o livro. Nesta seção, usaremos as propriedades do produto escalar como um caminho para definir uma noção de *produto interno*. Na próxima seção, mostraremos que o produto interno pode ser utilizado para definir conceitos análogos aos de "comprimento" e "distância" em outros espaços vetoriais além de $\mathbb{R}^n$.

Nosso ponto de partida é a definição a seguir; ela é baseada nas propriedades do produto escalar demonstradas no teorema 1.2.

Definição Um ***produto interno*** em um espaço vetorial V é um operação que associa a cada par de vetores $\mathbf{u}$ e $\mathbf{v}$ de V um número real $\langle \mathbf{u}, \mathbf{v} \rangle$ tal que as seguintes propriedades valem para todos os vetores $\mathbf{u}$, $\mathbf{v}$ e $\mathbf{w}$ de V e todos os escalares k:

1. $\langle \mathbf{u}, \mathbf{v} \rangle = \langle \mathbf{v}, \mathbf{u} \rangle$
2. $\langle \mathbf{u}, \mathbf{v} + \mathbf{w} \rangle = \langle \mathbf{u}, \mathbf{v} \rangle + \langle \mathbf{u}, \mathbf{w} \rangle$
3. $\langle k\mathbf{u}, \mathbf{v} \rangle = k\langle \mathbf{u}, \mathbf{v} \rangle$
4. $\langle \mathbf{u}, \mathbf{u} \rangle \geq 0$ and $\langle \mathbf{u}, \mathbf{u} \rangle = 0$ se e somente se $\mathbf{u} = \mathbf{0}$

Um espaço vetorial com um produto interno é chamado de **espaço com produto interno.**

Observação Tecnicamente, essa definição define um espaço *real* com produto interno, porque se assume que V seja um espaço vetorial real e porque o produto interno de dois vetores reais é um número real. Existem, também, espaços *complexos* com produto interno, mas sua definição é um pouco diferente. (Veja Investigação: Vetores e Matrizes com Elementos Complexos ao final desta seção.)

Exemplo 7.1

$\mathbb{R}^n$ é um espaço com produto interno com $\langle \mathbf{u}, \mathbf{v} \rangle = \mathbf{u} \cdot \mathbf{v}$. As propriedades de (1) a (4) são verificadas conforme o teorema 1.2.

O produto escalar não é o único produto interno que pode ser definido em $\mathbb{R}^n$.

Exemplo 7.2

Sejam $\mathbf{u} = \begin{bmatrix} u_1 \\ u_2 \end{bmatrix}$ e $\mathbf{v} = \begin{bmatrix} v_1 \\ v_2 \end{bmatrix}$ dois vetores de $\mathbb{R}^2$. Mostre que

$$\langle \mathbf{u}, \mathbf{v} \rangle = 2u_1v_1 + 3u_2v_2$$

define um produto interno.

Solução: Devemos verificar as propriedades de (1) a (4). A propriedade (1) vale porque

$$\langle \mathbf{u}, \mathbf{v} \rangle = 2u_1v_1 + 3u_2v_2 = 2v_1u_1 + 3v_2u_2 = \langle \mathbf{v}, \mathbf{u} \rangle$$

Agora, consideramos $\mathbf{w} = \begin{bmatrix} w_1 \\ w_2 \end{bmatrix}$. Verificamos que

$$\begin{aligned} \langle \mathbf{u}, \mathbf{v} + \mathbf{w} \rangle &= 2u_1(v_1 + w_1) + 3u_2(v_2 + w_2) \\ &= 2u_1v_1 + 2u_1w_1 + 3u_2v_2 + 3u_2w_2 \\ &= (2u_1v_1 + 3u_2v_2) + (2u_1w_1 + 3u_2w_2) \\ &= \langle \mathbf{u}, \mathbf{v} \rangle + \langle \mathbf{u}, \mathbf{w} \rangle \end{aligned}$$

o que mostra a propriedade (2).

Se k é um escalar, então

$$\begin{aligned} \langle k\mathbf{u}, \mathbf{v} \rangle &= 2(ku_1)v_1 + 3(ku_2)v_2 \\ &= k(2u_1v_1 + 3u_2v_2) \\ &= k\langle \mathbf{u}, \mathbf{v} \rangle \end{aligned}$$

o que mostra a propriedade (3).

Finalmente,

$$\langle \mathbf{u}, \mathbf{u} \rangle = 2u_1u_1 + 3u_2u_2 = 2u_1^2 + 3u_2^2 \geq 0$$

e é claro que $\langle \mathbf{u}, \mathbf{u} \rangle = 2u_1^2 + 3u_2^2 = 0$ se e somente se $u_1 = u_2 = 0$ (ou seja, se e somente se $\mathbf{u} = \mathbf{0}$). Isso verifica a propriedade (4), completando a demonstração de que $\langle \mathbf{u}, \mathbf{u} \rangle$, como definido, é um produto interno.

O exemplo 7.2 pode ser generalizado para mostrar que se $w_1, \ldots, w_n$ são escalares *positivos* e

$$\mathbf{u} = \begin{bmatrix} u_1 \\ \vdots \\ u_n \end{bmatrix} \quad \text{e} \quad \mathbf{v} = \begin{bmatrix} v_1 \\ \vdots \\ v_n \end{bmatrix}$$

são vetores de $\mathbb{R}^n$, então

$$\langle \mathbf{u}, \mathbf{v} \rangle = w_1u_1v_1 + \cdots + w_nu_nv_n \tag{1}$$

define um produto interno em $\mathbb{R}^n$, que chamamos de ***produto escalar ponderado***. Se algum dos escalares w_i for negativo ou zero, a equação (1) não define um produto interno. (Veja os exercícios 13 e 14.)

Lembre-se de que o produto escalar pode ser calculado como $\mathbf{u} \cdot \mathbf{v} = \mathbf{u}^T\mathbf{v}$. Observe que podemos escrever o produto escalar ponderado da equação (1) como

$$\langle \mathbf{u}, \mathbf{v} \rangle = \mathbf{u}^T W \mathbf{v}$$

em que W é a matriz diagonal $n \times n$

$$W = \begin{bmatrix} w_1 & \cdots & 0 \\ \vdots & \ddots & \vdots \\ 0 & \cdots & w_n \end{bmatrix}$$

O próximo exemplo generaliza mais um pouco esse tipo de produto interno.

Exemplo 7.3

Seja A uma matriz $n \times n$ simétrica e positiva definida (veja a seção 5.5), e sejam **u** e **v** vetores de $\mathbb{R}^2$. Mostre que

$$\langle \mathbf{u}, \mathbf{v} \rangle = \mathbf{u}^T A \mathbf{v}$$

define um produto interno.

Solução Verificamos que

$$\begin{aligned} \langle \mathbf{u}, \mathbf{v} \rangle &= u^T A \mathbf{v} = \mathbf{u} \cdot A\mathbf{v} = A\mathbf{v} \cdot \mathbf{u} \\ &= A^T \mathbf{v} \cdot \mathbf{u} = (\mathbf{v}^T A)^T \cdot \mathbf{u} = \mathbf{v}^T A \mathbf{u} = \langle \mathbf{v}, \mathbf{u} \rangle \end{aligned}$$

Além disso,

$$\langle \mathbf{u}, \mathbf{v} + \mathbf{w} \rangle = \mathbf{u}^T A(\mathbf{v} + \mathbf{w}) = \mathbf{u}^T A\mathbf{v} + \mathbf{u}^T A\mathbf{w} = \langle \mathbf{u}, \mathbf{v} \rangle + \langle \mathbf{u}, \mathbf{w} \rangle$$

e

$$\langle k\mathbf{u}, \mathbf{v} \rangle = (k\mathbf{u})^T A\mathbf{v} = k(\mathbf{u}^T A\mathbf{v}) = k\langle \mathbf{u}, \mathbf{v} \rangle$$

Finalmente, como A é positiva definida, $\langle \mathbf{u}, \mathbf{u} \rangle = \mathbf{u}^T A\mathbf{u} >$ para todo $\mathbf{u} \neq \mathbf{0}$, por isso $\langle \mathbf{u}, \mathbf{u} \rangle = \mathbf{u}^T A\mathbf{u} = \mathbf{0}$ se e somente se $\mathbf{u} = \mathbf{0}$. Isso estabelece a última propriedade.

Para ilustrar o exemplo 7.3, considere $A = \begin{bmatrix} 4 & -2 \\ -2 & 7 \end{bmatrix}$. Então:

$$\langle \mathbf{u}, \mathbf{v} \rangle = \mathbf{u}^T A\mathbf{v} = [u_1 \ u_2] \begin{bmatrix} 4 & -2 \\ -2 & 7 \end{bmatrix} \begin{bmatrix} v_1 \\ v_2 \end{bmatrix} = 4u_1v_1 - 2u_1v_2 - 2u_2v_1 + 7u_2v_2$$

A matriz A é positiva definida, pelo teorema 5.24, visto que seus autovalores são 3 e 8. Portanto, $\langle \mathbf{u}, \mathbf{v} \rangle$ define um produto interno em $\mathbb{R}^2$.

Vamos, agora, definir alguns produtos internos em espaços vetoriais além de $\mathbb{R}^n$.

Exemplo 7.4

Em $\mathscr{P}_2$, seja $p(x) = a_0 + a_1x + a_2x^2$ e $q(x) = b_0 + b_1x + b_2x^2$. Mostre que

$$\langle p(x), q(x) \rangle = a_0b_0 + a_1b_1 + a_2b_2$$

define um produto interno em $\mathscr{P}_2$. (Por exemplo, se $p(x) = 1 - 5x + 3x^2$ e $q(x) = 6 + 2x - x^2$, $\langle p(x), q(x) \rangle = 1 \cdot 6 + (-5) \cdot 2 + 3 \cdot (-1) = -7$.)

Solução Como $\mathscr{P}_2$ é isomorfo a $\mathbb{R}^3$, precisamos somente mostrar que o produto escalar em $\mathbb{R}^3$ é um produto interno, o que já estabelecemos.

Exemplo 7.5 Sejam f e g pertencentes a $\mathscr{C}[a, b]$, o espaço vetorial de todas as funções contínuas em um intervalo fechado $[a, b]$. Mostre que

$$\langle f, g\rangle = \int_a^b f(x)g(x)\,dx$$

define um produto interno em $\mathscr{C}[a, b]$.

Solução Temos

$$\langle f, g\rangle = \int_a^b f(x)g(x)\,dx = \int_a^b g(x)f(x)\,dx = \langle g, f\rangle$$

Além disso, se h pertence a $\mathscr{C}[a, b]$, então

$$\begin{aligned}\langle f, g + h\rangle &= \int_a^b f(x)(g(x) + h(x))\,dx \\ &= \int_a^b (f(x)g(x) + f(x)h(x))\,dx \\ &= \int_a^b f(x)g(x)\,dx + \int_a^b f(x)h(x)\,dx \\ &= \langle f, g\rangle + \langle f, h\rangle\end{aligned}$$

Se k é um escalar, então

$$\begin{aligned}\langle kf, g\rangle &= \int_a^b kf(x)g(x)\,dx \\ &= k\int_a^b f(x)g(x)\,dx \\ &= k\langle f, g\rangle\end{aligned}$$

Finalmente, $\langle f, f\rangle = \int_a^b (f(x))^2\,dx \geq 0$, e de acordo com um teorema do cálculo, vemos que, como f é contínua, $\langle f, f\rangle = \int_a^b (f(x))^2\,dx = 0$ se e somente se f é a função nula. Portanto, $\langle f, g\rangle$ é um produto interno em $\mathscr{C}[a, b]$.

O exemplo 7.5 também define um produto interno em qualquer *subespaço* de $\mathscr{C}[a, b]$. Por exemplo, podemos nos restringir a polinômios definidos no intervalo $[a, b]$. Consideremos $\mathscr{P}[0, 1]$, o espaço vetorial de todos os polinômios do intervalo $[0, 1]$. Então, usando o produto interno do exemplo 7.5, temos

$$\begin{aligned}\langle x^2, 1 + x\rangle &= \int_0^1 x^2(1 + x)\,dx = \int_0^1 (x^2 + x^3)\,dx \\ &= \left[\frac{x^3}{3} + \frac{x^4}{4}\right]_0^1 = \frac{1}{3} + \frac{1}{4} = \frac{7}{12}\end{aligned}$$

Propriedades dos Produtos Internos

O teorema a seguir resume algumas propriedades adicionais que seguem da definição de produto interno.

Teorema 7.1 Sejam **u**, **v** e **w** vetores de um espaço V com produto interno, e seja k um escalar.

a. $\langle \mathbf{u} + \mathbf{v}, \mathbf{w} \rangle = \langle \mathbf{u}, \mathbf{w} \rangle + \langle \mathbf{v}, \mathbf{w} \rangle$
b. $\langle \mathbf{u}, k\mathbf{v} \rangle = k\langle \mathbf{u}, \mathbf{v} \rangle$
c. $\langle \mathbf{u}, \mathbf{0} \rangle = \langle \mathbf{0}, \mathbf{v} \rangle = 0$

Demonstração Provaremos a propriedade (a), deixando as demonstrações das propriedades (b) e (c) a serem feitas nos exercícios 23 e 24. Utilizando a definição de produto interno, temos

$$\begin{aligned} \langle \mathbf{u} + \mathbf{v}, \mathbf{w} \rangle &= \langle \mathbf{w}, \mathbf{u} + \mathbf{v} \rangle && \text{por (1)} \\ &= \langle \mathbf{w}, \mathbf{u} \rangle + \langle \mathbf{w}, \mathbf{v} \rangle && \text{por (2)} \\ &= \langle \mathbf{u}, \mathbf{w} \rangle + \langle \mathbf{v}, \mathbf{w} \rangle && \text{por (1)} \end{aligned}$$

Comprimento, Distância e Ortogonalidade

Em um espaço com produto interno, podemos definir comprimento de um vetor, distância entre vetores e vetores ortogonais como fizemos na seção 1.2. Simplesmente trocaremos todos os produtos escalares $\mathbf{u} \cdot \mathbf{v}$ pelo mais geral produto interno $\langle \mathbf{u}, \mathbf{v} \rangle$.

Definição Sejam **u** e **v** vetores de um espaço V com produto interno.

1. O **comprimento** (ou **norma**) de **v** é $\|\mathbf{v}\| = \sqrt{\langle \mathbf{v}, \mathbf{v} \rangle}$.
2. A **distância** entre **u** e **v** é $d(\mathbf{u}, \mathbf{v}) = \|\mathbf{u} - \mathbf{v}\|$.
3. **u** e **v** são **ortogonais** se $\langle \mathbf{u}, \mathbf{v} \rangle = 0$.

Note que $\|\mathbf{v}\|$ está sempre definido, pois $\langle \mathbf{v}, \mathbf{v} \rangle \geq 0$, pela definição de produto interno, e podemos extrair a raiz quadrada desse valor não negativo. Como em $\mathbb{R}^n$, um vetor de comprimento 1 é chamado de **vetor unitário**. A **esfera unitária** em V é o conjunto S de todos os vetores unitários de V.

Exemplo 7.6

Considere o produto interno em $\mathscr{C}[0, 1]$ dado pelo exemplo 7.5. Se $f(x) = x$ e $g(x) = 3x - 2$, calcule

(a) $\|f\|$ (b) $d(f, g)$ (c) $\langle f, g \rangle$

Solução (a) Temos que

$$\langle f, f \rangle = \int_0^1 f^2(x)\, dx = \int_0^1 x^2\, dx = \left.\frac{x^3}{3}\right]_0^1 = \frac{1}{3}$$

então $\|f\| = \sqrt{\langle f, f \rangle} = 1/\sqrt{3}$.

(b) Como $d(f, g) = \|f - g\| = \sqrt{\langle f - g, f - g\rangle}$ e

$$f(x) - g(x) = x - (3x - 2) = 2 - 2x = 2(1 - x)$$

temos
$$\langle f - g, f - g\rangle = \int_0^1 (f(x) - g(x))^2\,dx = \int_0^1 4(1 - 2x + x^2)\,dx$$
$$= 4\left[x - x^2 + \frac{x^3}{3}\right]_0^1 = \frac{4}{3}$$

Combinando esses resultados, vemos que $d(f, g) = d(f, g) = \sqrt{4/3} = 2/\sqrt{3}$.

(c) Calculamos

$$\langle f, g\rangle = \int_0^1 f(x)g(x)\,dx = \int_0^1 x(3x - 2)\,dx = \int_0^1 (3x^2 - 2x)\,dx = [x^3 - x^2]_0^1 = 0$$

Portanto, f e g são ortogonais.

É importante lembrar que a "distância" entre f e g, no exemplo 7.6, *não* se refere a nenhuma medida relacionada com os gráficos dessas funções. Nem o fato de f e g serem ortogonais significa que seus gráficos se interceptam em ângulos retos. Estamos simplesmente aplicando a definição de um produto interno específico. Contudo, fazendo isso, poderíamos ser guiados pelas correspondentes noções em $\mathbb{R}^2$ e $\mathbb{R}^3$, onde o produto interno é o produto escalar. A geometria de espaço euclidiano ainda nos guia até aqui, apesar de não podermos ter uma visualização da mesma forma.

Exemplo 7.7

Usando o produto interno de $\mathbb{R}^2$ definido no exemplo 7.2, faça um esboço de uma esfera unitária (circunferência).

Solução Se $\mathbf{x} = \begin{bmatrix} x \\ y \end{bmatrix}$, então $\langle \mathbf{x}, \mathbf{x}\rangle = 2x^2 + 3y^2$. Como a esfera unitária (circunferência unitária) consiste em todos os $\mathbf{x}$ tais que $\|\mathbf{x}\| = 1$, temos

$$1 = \|\mathbf{x}\| = \sqrt{\langle \mathbf{x}, \mathbf{x}\rangle} = \sqrt{2x^2 + 3y^2} \quad \text{ou} \quad 2x^2 + 3y^2 = 1$$

Essa é a equação de uma elipse, e seu gráfico é mostrado na figura 7.2.

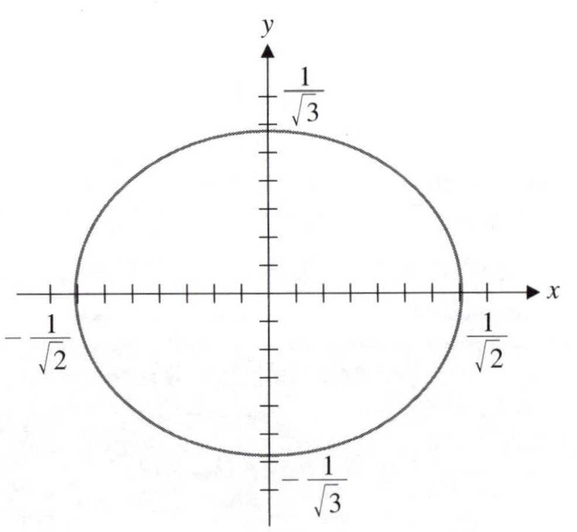

Figura 7.2
Uma circunferência unitária que é uma elipse

Discutiremos as propriedades de comprimento, distância e ortogonalidade na próxima seção e nos exercícios. Um resultado que precisaremos nesta seção é a versão generalizada do teorema de Pitágoras, que estende o teorema 1.6.

Teorema 7.2 **Teorema de Pitágoras**

Sejam **u** e **v** vetores de um espaço V com produto interno. Então, **u** e **v** são ortogonais se e somente se

$$\|\mathbf{u} + \mathbf{v}\|^2 = \|\mathbf{u}\|^2 + \|\mathbf{v}\|^2$$

Demonstração Você provará, no exercício 32, que

$$\|\mathbf{u} + \mathbf{v}\|^2 = \langle \mathbf{u} + \mathbf{v}, \mathbf{u} + \mathbf{v} \rangle = \|\mathbf{u}\|^2 + 2\langle \mathbf{u}, \mathbf{v} \rangle + \|\mathbf{v}\|^2$$

Segue, imediatamente, que $\|\mathbf{u} + \mathbf{v}\|^2 = \|\mathbf{u}\|^2 + \|\mathbf{v}\|^2$ se e somente se $\langle \mathbf{u}, \mathbf{v} \rangle = 0$.

Projeções Ortogonais e o Processo de Ortogonalização de Gram-Schmidt

No capítulo 5, discutimos a ortogonalidade em $\mathbb{R}^n$. A maior parte dos resultados pode ser generalizada, razoavelmente, para espaços com produtos internos gerais. Por exemplo, um ***conjunto ortogonal*** de vetores de um espaço V com produto interno é um conjunto $\{\mathbf{v}_1, \ldots, \mathbf{v}_k\}$ de vetores de V tal que $\langle \mathbf{v}_i, \mathbf{v}_j \rangle = 0$ para $\mathbf{v}_i \neq \mathbf{v}_j$. Um ***conjunto ortonormal*** de vetores é, então, um conjunto ortogonal de vetores *unitários*. Uma ***base ortogonal*** de um subespaço W de V é somente uma base de W que é um conjunto ortogonal; de modo semelhante, uma ***base ortonormal*** de um subespaço W de V é uma base de W que é um conjunto ortonormal.

Em $\mathbb{R}^n$, o processo de ortogonalização de Gram-Schmidt (teorema 5.15) mostra que todo subespaço possui uma base ortonormal. Podemos copiar a construção do processo de ortogonalização de Gram-Schmidt para mostrar que todo subespaço de dimensão finita de um espaço com produto interno possui uma base ortogonal — tudo que precisa ser feito é trocar o produto escalar pelo mais geral produto interno. Vamos ilustrar com um exemplo. (Compare as passagens aqui com as do exemplo 5.13.)

Exemplo 7.8 Construa uma base ortogonal para $\mathscr{P}_2$ com relação ao produto interno

$$\langle f, g \rangle = \int_{-1}^{1} f(x)g(x)\, dx$$

aplicando o processo de ortogonalização de Gram-Schmidt para a base $\{1, x, x^2\}$.

Solução Sejam $\mathbf{x}_1 = 1$, $\mathbf{x}_2 = x$, e $\mathbf{x}_3 = x^2$. Começamos definindo $\mathbf{v}_1 = \mathbf{x}_1 = 1$. Em seguida, calculamos

$$\langle \mathbf{v}_1, \mathbf{v}_1 \rangle = \int_{-1}^{1} dx = x\Big]_{-1}^{1} = 2 \quad \text{e} \quad \langle \mathbf{v}_1, \mathbf{x}_2 \rangle = \int_{-1}^{1} x\, dx = \frac{x^2}{2}\Big]_{-1}^{1} = 0$$

(Foto: Science Source/Photo Researchers)

Adrien Marie Legendre (1752-1833) foi um matemático francês que trabalhou com astronomia, teoria de números e funções elípticas. Envolveu-se em muitas discussões calorosas com Gauss. Em 1765, Legendre fez a primeira publicação sobre a lei da reciprocidade quadrática em teoria de números. Entretanto, Gauss fez a primeira demonstração rigorosa desse resultado em 1801, reivindicando créditos por ele, provocando uma compreensível mágoa por parte de Legendre. Então, em 1806, Legendre foi o primeiro a publicar aplicações do método de mínimos quadrados em um livro sobre órbitas dos cometas. Gauss publicou sobre o mesmo assunto em 1809 mas alegou que usava o método desde 1795, mais uma vez enfurecendo Legendre.

Portanto,

$$\mathbf{v}_2 = \mathbf{x}_2 - \frac{\langle \mathbf{v}_1, \mathbf{x}_2 \rangle}{\langle \mathbf{v}_1, \mathbf{v}_1 \rangle}\mathbf{v}_1 = x - \frac{0}{2}(1) = x$$

Para acharmos $\mathbf{v}_3$, primeiro calculamos

$$\langle \mathbf{v}_1, \mathbf{x}_3 \rangle = \int_{-1}^{1} x^2\,dx = \left.\frac{x^3}{3}\right]_{-1}^{1} = \frac{2}{3}, \quad \langle \mathbf{v}_2, \mathbf{x}_3 \rangle = \int_{-1}^{1} x^3\,dx = \left.\frac{x^4}{4}\right]_{-1}^{1} = 0,$$

$$\langle \mathbf{v}_2, \mathbf{v}_2 \rangle = \int_{-1}^{1} x^2\,dx = \frac{2}{3}$$

Então:

$$\mathbf{v}_3 = \mathbf{x}_3 - \frac{\langle \mathbf{v}_1, \mathbf{x}_3 \rangle}{\langle \mathbf{v}_1, \mathbf{v}_1 \rangle}\mathbf{v}_1 - \frac{\langle \mathbf{v}_2, \mathbf{x}_3 \rangle}{\langle \mathbf{v}_2, \mathbf{v}_2 \rangle}\mathbf{v}_2 = x^2 - \frac{\frac{2}{3}}{2}(1) - \frac{0}{\frac{2}{3}}x = x^2 - \frac{1}{3}$$

Segue que $\{\mathbf{v}_1, \mathbf{v}_2, \mathbf{v}_3\}$ é uma base ortogonal para $\mathscr{P}_2$ no intervalo $[-1, 1]$. Os polinômios

$$1, \quad x, \quad x^2 - \tfrac{1}{3}$$

são os três primeiros ***polinômios de Legendre***. Se dividirmos cada um desses polinômios por seu comprimento em relação ao mesmo produto interno, obteremos os ***polinômios de Legendre normalizados*** (veja o exercício 41).

Como fizemos na seção 5.2, podemos definir a ***projeção ortogonal*** $\text{proj}_W(\mathbf{v})$ de um vetor $\mathbf{v}$ no subespaço W de um espaço com produto interno. Se $\{\mathbf{u}_1, \ldots, \mathbf{u}_k\}$ é uma base ortogonal de W, então

$$\text{proj}_W(\mathbf{v}) = \frac{\langle \mathbf{u}_1, \mathbf{v} \rangle}{\langle \mathbf{u}_1, \mathbf{u}_1 \rangle}\mathbf{u}_1 + \cdots + \frac{\langle \mathbf{u}_k, \mathbf{v} \rangle}{\langle \mathbf{u}_k, \mathbf{u}_k \rangle}\mathbf{u}_k$$

Então, a ***componente ortogonal de* v *em relação a W*** é o vetor

$$\text{perp}_W(\mathbf{v}) = \mathbf{v} - \text{proj}_W(\mathbf{v})$$

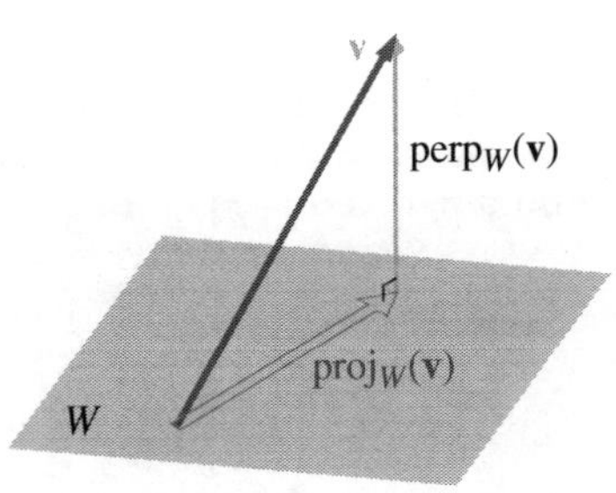

Figura 7.3

Como no teorema da decomposição ortogonal (teorema 5.11), $\text{proj}_W(\mathbf{v})$ e $\text{perp}_W(\mathbf{v})$ são ortogonais (veja o exercício 43), e temos a situação ilustrada na figura 7.3.

Usaremos essas fórmulas nas seções 7.3 e 7.5, quando consideraremos problemas de aproximação — em particular, o problema de como aproximar da melhor forma uma dada função por funções "boas". Consequentemente, deixaremos para dar exemplos naquelas seções, quando eles farão mais sentido. Nosso uso imediato para projeções ortogonais será para demonstrar uma desigualdade que primeiro encontramos no capítulo 1.

As Desigualdades de Cauchy-Schwarz e Triangular

As demonstrações das igualdades e desigualdades que envolvem o produto escalar em $\mathbb{R}^n$ são facilmente adaptadas para dar resultados correspondentes em espaços com produto interno geral. Algumas delas são vistas nos exercícios de 31 a 36. Na seção 1.2, vimos pela primeira vez a desigualdade de Cauchy-Schwarz, que é importante em muitos ramos da matemática. Vamos agora dar uma demonstração desse resultado.

Teorema 7.3 **A Desigualdade de Cauchy-Schwarz**

Sejam $\mathbf{u}$ e $\mathbf{v}$ vetores de um espaço V com produto interno. Então:

$$|\langle \mathbf{u}, \mathbf{v} \rangle| \leq \|\mathbf{u}\| \, \|\mathbf{v}\|$$

em que a igualdade vale se e somente se $\mathbf{u}$ e $\mathbf{v}$ são múltiplos escalares um do outro.

Essa desigualdade foi descoberta por vários matemáticos, em diferentes contextos. Não é de surpreender que o nome de Cauchy está relacionado com isso. O segundo nome associado a esse resultado é o de Karl Herman Amandus Schwarz (1843-1921), matemático alemão que lecionou na Universidade de Berlim. Sua versão da desigualdade, que leva seu nome, foi publicada em 1885 em um artigo que usava equações integrais para estudar superfícies de área mínima. Um terceiro nome, também associado a esse importante resultado, é o do matemático russo Viktor Yakovlevitch Bunyakovsky (1804-1889). Bunyakovsky publicou a desigualdade em 1859, um quarto de século antes do trabalho de Schwarz no mesmo assunto. Assim, seria mais apropriada a referência ao resultado como desigualdade de Cauchy-Bunyakovsky-Schwarz.

Demonstração Se $\mathbf{u} = \mathbf{0}$, a desigualdade é na verdade uma igualdade, visto que

$$|\langle \mathbf{0}, \mathbf{v} \rangle| = 0 = \|\mathbf{0}\| \, \|\mathbf{v}\|$$

Se $\mathbf{u} \neq \mathbf{0}$, então seja W um subespaço de V gerado por $\mathbf{u}$. Como $\text{proj}_W(\mathbf{v}) = \dfrac{\langle \mathbf{u}, \mathbf{v} \rangle}{\langle \mathbf{u}, \mathbf{u} \rangle}\mathbf{u}$ e $\text{perp}_W \mathbf{v} = \mathbf{v} - \text{proj}_W(\mathbf{v})$ são ortogonais, podemos aplicar o teorema de Pitágoras para obter

$$\begin{aligned} \|\mathbf{v}\|^2 &= \|\text{proj}_W(\mathbf{v}) + (\mathbf{v} - \text{proj}_W(\mathbf{v}))\|^2 = \|\text{proj}_W(\mathbf{v}) + \text{perp}_W(\mathbf{v})\|^2 \\ &= \|\text{proj}_W(\mathbf{v})\|^2 + \|\text{perp}_W(\mathbf{v})\|^2 \end{aligned} \quad (2)$$

Segue que $\|\text{proj}_W(\mathbf{v})\|^2 \leq \|\mathbf{v}\|^2$. Agora,

$$\|\text{proj}_W(\mathbf{v})\|^2 = \left\langle \frac{\langle \mathbf{u}, \mathbf{v} \rangle}{\langle \mathbf{u}, \mathbf{u} \rangle}\mathbf{u}, \frac{\langle \mathbf{u}, \mathbf{v} \rangle}{\langle \mathbf{u}, \mathbf{u} \rangle}\mathbf{u} \right\rangle = \left(\frac{\langle \mathbf{u}, \mathbf{v} \rangle}{\langle \mathbf{u}, \mathbf{u} \rangle}\right)^2 \langle \mathbf{u}, \mathbf{u} \rangle = \frac{\langle \mathbf{u}, \mathbf{v} \rangle^2}{\langle \mathbf{u}, \mathbf{u} \rangle} = \frac{\langle \mathbf{u}, \mathbf{v} \rangle^2}{\|\mathbf{u}\|^2}$$

por isso temos

$$\frac{\langle \mathbf{u}, \mathbf{v} \rangle^2}{\|\mathbf{u}\|^2} \leq \|\mathbf{v}\|^2 \quad \text{ou, equivalentemente,} \quad \langle \mathbf{u}, \mathbf{v} \rangle^2 \leq \|\mathbf{u}\|^2 \|\mathbf{v}\|^2$$

Extraindo-se as raízes quadradas, obtemos $|\langle \mathbf{u}, \mathbf{v} \rangle| \leq \|\mathbf{u}\| \, \|\mathbf{v}\|$.

Claramente, essa última desigualdade é uma igualdade se e somente se $\|\text{proj}_W(\mathbf{v})\|^2 = \|\mathbf{v}\|^2$. Pela equação (2), isso é verdadeiro se e somente se $\text{perp}_W(\mathbf{v}) = \mathbf{0}$, ou, equivalentemente,

$$\mathbf{v} = \text{proj}_W(\mathbf{v}) = \frac{\langle \mathbf{u}, \mathbf{v} \rangle}{\langle \mathbf{u}, \mathbf{u} \rangle}\mathbf{u}$$

Sendo esse o caso, então **v** é um múltiplo escalar de **u**. Reciprocamente, se $\mathbf{v} = k\mathbf{u}$, e então

$$\text{perp}_W(\mathbf{v}) = \mathbf{v} - \text{proj}_W(\mathbf{v}) = k\mathbf{u} - \frac{\langle \mathbf{u}, k\mathbf{u}\rangle}{\langle \mathbf{u}, \mathbf{u}\rangle}\mathbf{u} = k\mathbf{u} - \frac{k\langle \mathbf{u}, \mathbf{u}\rangle}{\langle \mathbf{u}, \mathbf{u}\rangle}\mathbf{u} = \mathbf{0}$$

Portanto, a igualdade vale na desigualdade de Cauchy-Schwarz.

Para uma demonstração alternativa dessa desigualdade, veja o exercício 44. Vamos analisar algumas consequências interessantes da desigualdade de Cauchy-Schwarz e desigualdades relacionadas em Investigação: Desigualdades Geométricas e problemas de Otimização, após esta seção. Por enquanto, ela será usada para demonstrar uma versão generalizada da desigualdade triangular (teorema 1.5).

Teorema 7.4 **A Desigualdade Triangular**

Sejam **u** e **v** vetores de um espaço V com produto interno. Então:

$$\|\mathbf{u} + \mathbf{v}\| \leq \|\mathbf{u}\| + \|\mathbf{v}\|$$

Demonstração A partir da igualdade que você irá demonstrar no exercício 32, temos

$$\begin{aligned}
\|\mathbf{u} + \mathbf{v}\|^2 &= \|\mathbf{u}\|^2 + 2\langle \mathbf{u}, \mathbf{v}\rangle + \|\mathbf{v}\|^2 \\
&\leq \|\mathbf{u}\|^2 + 2|\langle \mathbf{u}, \mathbf{v}\rangle| + \|\mathbf{v}\|^2 \\
&\leq \|\mathbf{u}\|^2 + 2\|\mathbf{u}\|\,\|\mathbf{v}\| + \|\mathbf{v}\|^2 \qquad \text{por Cauchy-Schwarz} \\
&= (\|\mathbf{u}\| + \|\mathbf{v}\|)^2
\end{aligned}$$

Extraindo-se as raízes quadradas, obtemos o resultado.

Exercícios 7.1

Nos exercícios de 1 a 4, considere $\mathbf{u} = \begin{bmatrix} 1 \\ -2 \end{bmatrix}$ e $\mathbf{v} = \begin{bmatrix} 4 \\ 3 \end{bmatrix}$.

1. $\langle \mathbf{u}, \mathbf{v}\rangle$ é o produto interno do exemplo 7.2. Calcule

(a) $\langle \mathbf{u}, \mathbf{v}\rangle$ **(b)** $\|\mathbf{u}\|$ **(c)** $d(\mathbf{u}, \mathbf{v})$

2. $\langle \mathbf{u}, \mathbf{v}\rangle$ é o produto interno do exemplo 7.3 com $A = \begin{bmatrix} 6 & 2 \\ 2 & 3 \end{bmatrix}$. Calcule

(a) $\langle \mathbf{u}, \mathbf{v}\rangle$ **(b)** $\|\mathbf{u}\|$ **(c)** $d(\mathbf{u}, \mathbf{v})$

3. No exercício 1, encontre um vetor não nulo ortogonal a **u**.

4. No exercício 2, encontre um vetor não nulo ortogonal a **u**.

Nos exercícios de 5 a 8, considere $p(x) = 3 - 2x$ *e* $q(x) = 1 + x + x^2$.

5. $\langle p(x), q(x)\rangle$ é o produto interno do exemplo 7.4. Calcule

(a) $\langle p(x), q(x)\rangle$ **(b)** $\|p(x)\|$ **(c)** $d(p(x), q(x))$

6. $\langle p(x), q(x)\rangle$ é o produto interno do exemplo 7.5 no espaço vetorial $\mathscr{P}[0,1]$. Calcule

(a) $\langle p(x), q(x)\rangle$ **(b)** $\|p(x)\|$ **(c)** $d(p(x), q(x))$

7. No exercício 5, encontre um vetor não nulo ortogonal a $p(x)$.

8. No exercício 6, encontre um vetor não nulo ortogonal a $p(x)$.

Nos exercícios 9 e 10, considere $f(x) = \text{sen}(x)$ *e* $g(x) = \text{sen}(x) + \cos(x)$ *no espaço vetorial* $\mathscr{C}\,[0, 2\pi]$ *com o produto interno definido no exemplo 7.5.*

9. Calcule

(a) $\langle f, g\rangle$ **(b)** $\|f\|$ **(c)** $d(f, g)$

10. Encontre um vetor não nulo ortogonal a f.

11. Sejam a, b e c números reais distintos. Mostre que

$$\langle p(x), q(x)\rangle = p(a)q(a) + p(b)q(b) + p(c)q(c)$$

define um produto interno em $\mathcal{P}_2$. [*Sugestão*: você precisará usar o fato de que um polinômio de grau n tem no máximo n raízes. Veja o apêndice D.]

12. Refaça o exercício 5 usando o produto interno do exercício 11, com $a = 0$, $b = 1$, $c = 2$.

Nos exercícios de 13 a 18, determine qual dos quatro axiomas de produto interno não é verdadeiro. Dê um exemplo específico em cada caso.

13. Sejam $\mathbf{u} = \begin{bmatrix} u_1 \\ u_2 \end{bmatrix}$ e $\mathbf{v} = \begin{bmatrix} v_1 \\ v_2 \end{bmatrix}$ de $\mathbb{R}^2$. Defina $\langle \mathbf{u}, \mathbf{v} \rangle = u_1v_1$.

14. Sejam $\mathbf{u} = \begin{bmatrix} u_1 \\ u_2 \end{bmatrix}$ e $\mathbf{v} = \begin{bmatrix} v_1 \\ v_2 \end{bmatrix}$ de $\mathbb{R}^2$. Defina $\langle \mathbf{u}, \mathbf{v} \rangle = u_1v_1 - u_2v_2$.

15. Sejam $\mathbf{u} = \begin{bmatrix} u_1 \\ u_2 \end{bmatrix}$ e $\mathbf{v} = \begin{bmatrix} v_1 \\ v_2 \end{bmatrix}$ de $\mathbb{R}^2$. Defina $\langle \mathbf{u}, \mathbf{v} \rangle = u_1v_2 + u_2v_1$.

16. Em $\mathcal{P}_2$, defina $\langle p(x), q(x) \rangle = p(0)q(0)$.

17. Em $\mathcal{P}_2$, defina $\langle p(x), q(x) \rangle = p(1)q(1)$.

18. Em M_{22}, defina $\langle A, B \rangle = \det(AB)$.

Nos exercícios 19 e 20, $\langle \mathbf{u}, \mathbf{v} \rangle$ define um produto interno em $\mathbb{R}^2$, em que $\mathbf{u} = \begin{bmatrix} u_1 \\ u_2 \end{bmatrix}$ e $\mathbf{v} = \begin{bmatrix} v_1 \\ v_2 \end{bmatrix}$. Encontre uma matriz simétrica A tal que $\langle \mathbf{u}, \mathbf{v} \rangle = \mathbf{u}^TA\mathbf{v}$.

19. $\langle \mathbf{u}, \mathbf{v} \rangle = 4u_1v_1 + u_1v_2 + u_2v_1 + 4u_2v_2$

20. $\langle \mathbf{u}, \mathbf{v} \rangle = u_1v_1 + 2u_1v_2 + 2u_2v_1 + 5u_2v_2$

Nos exercícios 21 e 22, esboce a circunferência unitária em $\mathbb{R}^2$ para o produto interno dado, em que $\mathbf{u} = \begin{bmatrix} u_1 \\ u_2 \end{bmatrix}$ e $\mathbf{v} = \begin{bmatrix} v_1 \\ v_2 \end{bmatrix}$.

21. $\langle \mathbf{u}, \mathbf{v} \rangle = u_1v_1 + \frac{1}{4}u_2v_2$

22. $\langle \mathbf{u}, \mathbf{v} \rangle = 4u_1v_1 + u_1v_2 + u_2v_1 + 4u_2v_2$

23. Demonstre o teorema 7.1(b).

24. Demonstre o teorema 7.1(c).

Nos exercícios de 25 a 29, suponha que **u**, **v** *e* **w** *sejam vetores em um espaço com produto interno tal que*

$$\langle \mathbf{u}, \mathbf{v} \rangle = 1, \quad \langle \mathbf{u}, \mathbf{w} \rangle = 5, \quad \langle \mathbf{v}, \mathbf{w} \rangle = 0$$
$$\|\mathbf{u}\| = 1, \quad \|\mathbf{v}\| = \sqrt{3}, \quad \|\mathbf{w}\| = 2$$

Calcule as expressões nos exercícios de 25 a 28.

25. $\langle \mathbf{u} + \mathbf{w}, \mathbf{v} - \mathbf{w} \rangle$

26. $\langle 2\mathbf{v} - \mathbf{w}, 3\mathbf{u} + 2\mathbf{w} \rangle$

27. $\|\mathbf{u} + \mathbf{v}\|$

28. $\|2\mathbf{u} - 3\mathbf{v} + \mathbf{w}\|$

29. Mostre que $\mathbf{u} + \mathbf{v} = \mathbf{w}$. (*Sugestão*: como você pode usar as propriedades de produto interno para verificar que $\mathbf{u} + \mathbf{v} - \mathbf{w} = \mathbf{0}$?)

30. Mostre que, em um espaço com produto interno, não podem existir vetores unitários **u** e **v** com $\langle \mathbf{u}, \mathbf{v} \rangle < -1$.

Nos exercícios de 31 a 36, $\langle \mathbf{u}, \mathbf{v} \rangle$ é um produto interno. Nos exercícios de 31 a 34, mostre que as afirmações são verdadeiras.

31. $\langle \mathbf{u} + \mathbf{v}, \mathbf{u} - \mathbf{v} \rangle = \|\mathbf{u}\|^2 - \|\mathbf{v}\|^2$

32. $\|\mathbf{u} + \mathbf{v}\|^2 = \|\mathbf{u}\|^2 + 2\langle \mathbf{u}, \mathbf{v} \rangle + \|\mathbf{v}\|^2$

33. $\|\mathbf{u}\|^2 + \|\mathbf{v}\|^2 = \frac{1}{2}\|\mathbf{u} + \mathbf{v}\|^2 + \frac{1}{2}\|\mathbf{u} - \mathbf{v}\|^2$

34. $\langle \mathbf{u}, \mathbf{v} \rangle = \frac{1}{4}\|\mathbf{u} + \mathbf{v}\|^2 - \frac{1}{4}\|\mathbf{u} - \mathbf{v}\|^2$

35. Mostre que $\|\mathbf{u} + \mathbf{v}\| = \|\mathbf{u} - \mathbf{v}\|$ se e somente se **u** e **v** são ortogonais.

36. Mostre que $d(\mathbf{u}, \mathbf{v}) = \sqrt{\|\mathbf{u}\|^2 + \|\mathbf{v}\|^2}$ se e somente se **u** e **v** são ortogonais.

Nos exercícios de 37 a 40, aplique o processo de ortogonalização de Gram-Schmidt na base $\mathcal{B}$ para obter uma base ortogonal para o espaço V, com produto interno, relativa ao produto interno dado.

37. $V = \mathbb{R}^2$, $\mathcal{B} = \left\{ \begin{bmatrix} 1 \\ 0 \end{bmatrix}, \begin{bmatrix} 1 \\ 1 \end{bmatrix} \right\}$, com o produto interno do exemplo 7.2.

38. $V = \mathbb{R}^2$, $\mathcal{B} = \left\{ \begin{bmatrix} 1 \\ 0 \end{bmatrix}, \begin{bmatrix} 1 \\ 1 \end{bmatrix} \right\}$, com o produto interno do exemplo 7.3.

39. $V = \mathcal{P}_2$, $\mathcal{B} = \{1, 1 + x, 1 + x + x^2\}$, com o produto interno do exemplo 7.4.

40. $V = \mathcal{P}_2[0, 1]$, $\mathcal{B} = \{1, 1 + x, 1 + x + x^2\}$, com o produto interno do exemplo 7.5.

41. **(a)** Calcule os três primeiros polinômios de Legendre normalizados. (Veja o exemplo 7.8.)

(b) Use o processo de ortogonalização de Gram--Schmidt para encontrar o quarto polinômio de Legendre normalizado.

42. Se multiplicarmos o polinômio de Legendre de grau n por um escalar apropriado, podemos obter um polinômio $L_n(x)$ tal que $L_n(1) = 1$.

(a) Encontre $L_0(x)$, $L_1(x)$, $L_2(x)$ e $L_3(x)$.

(b) Podemos mostrar que $L_n(x)$ satisfaz a relação de recorrência

$$L_n(x) = \frac{2n-1}{n} x L_{n-1}(x) - \frac{n-1}{n} L_{n-2}(x)$$

para todo $n \geq 2$. Verifique essa recorrência para $L_2(x)$ e $L_3(x)$. Depois, utilize-os para calcular $L_4(x)$ e $L_5(x)$.

43. Verifique que, se W é um subespaço de um espaço V com produto interno e v pertence a V, então $\text{perp}_W(\text{v})$ é ortogonal a todo $\mathbf{w}$ em W.

44. Sejam $\mathbf{u}$ e $\mathbf{v}$ vetores em um espaço V com produto interno. Demonstre a desigualdade de Cauchy-Schwarz para $\mathbf{u} \neq \mathbf{0}$, conforme a seguir:

(a) Seja t um escalar real. Então,

$$\langle t\mathbf{u} + \mathbf{v}, t\mathbf{u} + \mathbf{v} \rangle \geq 0 \text{ para todos os valores de } t.$$

Expanda essa inequação para obter uma inequação quadrática da forma

$$at^2 + bt + c \geq 0$$

Quem são a, b e c em função de $\mathbf{u}$ e $\mathbf{v}$?

(b) Use seus conhecimentos sobre equações quadráticas e seus gráficos para obter uma condição sobre a, b e c para a qual a inequação na parte (a) é verdadeira.

(c) Mostre que, em função de $\mathbf{u}$ e $\mathbf{v}$, sua condição na parte (b) é equivalente à desigualdade de Cauchy-Schwarz.

Investigação

Vetores e Matrizes com Elementos Complexos

Neste livro, desenvolvemos teoria e aplicações de espaços vetoriais reais, sendo $\mathbb{R}^n$ o exemplo mais elementar. Também exploramos o espaço vetorial finito $\mathbb{Z}_p^n$ e suas aplicações. O conjunto $\mathbb{C}^n$ formado pelas n-úplas de números complexos também é um espaço vetorial, com números complexos $\mathbb{C}$ como escalares. Todos os axiomas de espaços vetoriais (seção 6.1) valem para $\mathbb{C}^n$, e conceitos como independência linear, base e dimensão são extendidos a partir de $\mathbb{R}^n$ sem dificuldade.
A primeira notável diferença entre $\mathbb{R}^n$ e $\mathbb{C}^n$ é a definição de produto escalar. Se definirmos o produto escalar em $\mathbb{C}^n$ como em $\mathbb{R}^n$, então para o vetor não nulo $\mathbf{v} = \begin{bmatrix} i \\ 1 \end{bmatrix}$ temos

$$\|\mathbf{v}\| = \sqrt{\mathbf{v} \cdot \mathbf{v}} = \sqrt{i^2 + 1^2} = \sqrt{-1 + 1} = \sqrt{0} = 0$$

Esta é, claramente, uma situação não desejável (um vetor não nulo cujo comprimento é zero) e viola os teoremas 1.2(d) e 1.3. Agora, vamos generalizar o produto escalar real para C^n de um modo que este tipo de dificuldade seja evitado.

Definição Se $\mathbf{u} = \begin{bmatrix} u_1 \\ \vdots \\ u_n \end{bmatrix}$ e $\mathbf{v} = \begin{bmatrix} v_1 \\ \vdots \\ v_n \end{bmatrix}$ são vetores de $\mathbb{C}^n$ então o ***produto escalar complexo*** entre **u** e **v** é definido por

$$\mathbf{u} \cdot \mathbf{v} = \bar{u}_1 v_1 + \cdots + \bar{u}_n v_n$$

A norma (ou comprimeto) de um vetor complexo **v** é definida como no caso real: $\|\mathbf{v}\| = \sqrt{\mathbf{v} \cdot \mathbf{v}}$. E, a distância entre dois vetores complexos **u** e **v** ainda é definida como $d(\mathbf{u}, \mathbf{v}) = \|\mathbf{u} - \mathbf{v}\|$.

1. Mostre que, para $\mathbf{v} = \begin{bmatrix} v_1 \\ \vdots \\ v_n \end{bmatrix}$ de $\mathbb{C}^n$, $\|\mathbf{v}\| = \sqrt{|v_1^2| + |v_2^2| + \cdots + |v_n^2|}$.

2. Sejam $\mathbf{u} = \begin{bmatrix} i \\ 1 \end{bmatrix}$ e $\mathbf{v} = \begin{bmatrix} 2 - 3i \\ 1 + 5i \end{bmatrix}$. Determine:

(a) $\mathbf{u} \cdot \mathbf{v}$ (b) $\|\mathbf{u}\|$ (c) $\|\mathbf{v}\|$ (d) $d(\mathbf{u}, \mathbf{v})$ (e) um vetor não nulo ortogonal a **u**
(f) um vetor não nulo ortogonal a **v**

O produto escalar complexo é um exemplo da noção mais geral de um produto interno complexo, que satisfaz às mesmas condições que o produto interno real com duas exceções. O problema 3 apresenta um resumo.

3. Mostre que o produto escalar complex satisfaz às seguintes propriedades para todos os vetores **u**, **v** e **w** de $\mathbb{C}^n$ e todos os escalares complexos.

(a) $\mathbf{u} \cdot \mathbf{v} = \overline{\mathbf{v} \cdot \mathbf{u}}$
(b) $\mathbf{u} \cdot (\mathbf{v} + \mathbf{w}) = \mathbf{u} \cdot \mathbf{v} + \mathbf{u} \cdot \mathbf{w}$
(c) $(k\mathbf{u}) \cdot \mathbf{v} = \overline{k}(\mathbf{u} \cdot \mathbf{v})$ e $\mathbf{u} \cdot (k\mathbf{v}) = k(\mathbf{u} \cdot \mathbf{v})$
(d) $\mathbf{u} \cdot \mathbf{u} \geq 0$ e $\mathbf{u} \cdot \mathbf{u} = \mathbf{0}$ se e somente se $\mathbf{u} = \mathbf{0}$.

Para matrizes com elementos complexos, adição, multiplicação por escalar, transposta e multiplicação entre matrizes estão todos definidos exatamente como fizemos para matrizes reais na seção 3.1, e as propriedades algébricas dessas operações ainda valem. (Veja a seção 3.2.) De modo semelhante, temos a noção de inversa e de determinante de uma matriz complexa quadrada como no caso real, e as técnicas e propriedades são todas extendidas para o caso complexo (veja as seções 3.3 e 4.2.)

A noção de transposta, entretanto, é menos útil no caso complexo do que no caso real. As definições a seguir dão uma alternativa.

Definição Se A é uma matriz complexa então a ***transposta conjugada*** de A é a matriz A^* definida por

$$A^* = \overline{A}^T$$

Na última definição, $\overline{A}$ se refere à matriz cujos elementos são os conjugados complexos de seus elementos correspondents em A; ou seja, se $A = [a_{ij}]$, então $\overline{A} = [\overline{a}_{ij}]$.

4. Determine a transposta conjugada A^* da matriz dada:

(a) $A = \begin{bmatrix} i & 2i \\ -i & 3 \end{bmatrix}$ (b) $A = \begin{bmatrix} 2 & 5 - 2i \\ 5 + 2i & -1 \end{bmatrix}$

(c) $A = \begin{bmatrix} 2 - i & 1 + 3i & -2 \\ 4 & 0 & 3 - 4i \end{bmatrix}$ (d) $A = \begin{bmatrix} 3i & 0 & 1 + i \\ 1 - i & 4 & i \\ 1 + i & 0 & -i \end{bmatrix}$

Propriedades de conjugados complexos (apêndice C) se extendem para matrizes, como mostra o próximo problema.

5. Sejam A e B matrizes complexas, e seja c um escalar complexo. Demonstre as propriedades a seguir:

(a) $\overline{\overline{A}} = A$ (b) $\overline{A + B} = \overline{A} + \overline{B}$
(c) $\overline{cA} = \overline{c}\,\overline{A}$ (d) $\overline{AB} = \overline{A}\,\overline{B}$
(e) $(\overline{A})^T = (\overline{A^T})$

As propriedades do problema 5 podem ser usadas para se estabelecer as seguintes propriedades das transpostas conjugadas, que são análogas às propriedades de transpostas de matrizes reais (teorema 3.4).

6. Sejam A e B matrizes complexas, e seja c um escalar complexo. Demonstre as seguintes propriedades:

(a) $(A^*)^* = A$ (b) $(A + B)^* = A^* + B^*$
(c) $(cA)^* = \bar{c}A^*$ (d) $(AB)^* = B^*A^*$

7. Mostre que para vetores **u** e **v** de $\mathbb{C}^n$, o produto escalar complexo satisfaz $\mathbf{u} \cdot \mathbf{v} = \mathbf{u}^*\mathbf{v}$. (Este resultado é o motivo pelo qual definimos o produto escalar complexo do modo como fizemos. Ele nos dá o análogo à fórmula $\mathbf{u} \cdot \mathbf{v} = \mathbf{u}^T\mathbf{v}$ para vetores de $\mathbb{R}^n$.)

Para matrizes reais, vimos a importância das matrizes simétricas, especialmente nos estudos sobre diagonalização. Lembre-se que uma matriz real A é simétrica se $A^T = A$. Para matrizes complexas, a definição a seguir dá uma generalização correta.

Matrizes hermitianas recebem esse nome devido ao matemático francês Charles Hermite (1822–1901). Hermite é mais conhecido por sua demonstração de que o número *e* é transcendental, mas ele também foi o primeiro a usar o termo *matrizes ortogonais*, e demonstrou que matrizes simétricas (e hermitianas) têm autovalores reais.

Definição Uma matriz quadrada complexa A é chamada ***hermitiana*** se $A^* = A$— ou seja, se ela for igual à sua própria transposta conjugada.

8. Demonstre que os elementos da diagonal principal de uma matriz hermitiana devem ser reais.

9. Quais das matrizes a seguir são hermitianas?

(a) $A = \begin{bmatrix} 2 & 1+i \\ 1-i & i \end{bmatrix}$ (b) $A = \begin{bmatrix} -1 & 2-3i \\ 2-3i & 5 \end{bmatrix}$

(c) $A = \begin{bmatrix} -3 & -1+5i \\ 1-5i & 3 \end{bmatrix}$ (d) $A = \begin{bmatrix} 1 & 1+4i & 3-i \\ 1-4i & 2 & i \\ 3+i & -i & 0 \end{bmatrix}$

(e) $A = \begin{bmatrix} 0 & 3 & 2 \\ -3 & 0 & -1 \\ -2 & 1 & 0 \end{bmatrix}$ (f) $A = \begin{bmatrix} 3 & 0 & -2 \\ 0 & 2 & 1 \\ -2 & 1 & 5 \end{bmatrix}$

10. Prove que os autovalores de uma matriz hermitiana são números reais. [Sugestão: a demonstração do teorema 5.18 pode ser adaptada usando-se operações conjugadas transpostas.]

11. Prove que se A é uma matriz hermitiana então autovetores associados a autovalores distintos de A são ortogonais. [*Sugestão:* Adapte a demonstração do teorema 5.19 usando $\mathbf{u} \cdot \mathbf{v} = \mathbf{u}^*\mathbf{v}$ em vez de $\mathbf{u} \cdot \mathbf{v} = \mathbf{u}^T\mathbf{v}$.]

Lembre-se que uma matriz quadrada real Q é ortogonal se $Q^{-1} = Q^T$. A próxima definição fornece uma analogia para as complexas.

Definição Uma matriz quadrada complexa U é ***unitária*** se $U^{-1} = U^*$.

Do mesmo modo que para matrizes ortogonais, na prática, não é necessário calcular U^{-1} diretamente. Você só precisa mostrar que $U^*U = I$ para verificar que U é unitária.

12. Quais das matrizes a seguir são unitárias? Para as que são unitárias, determine suas inversas.

(a) $\begin{bmatrix} i/\sqrt{2} & -i/\sqrt{2} \\ i/\sqrt{2} & i/\sqrt{2} \end{bmatrix}$ (b) $\begin{bmatrix} 1+i & 1+i \\ 1-i & -1+i \end{bmatrix}$

(c) $\begin{bmatrix} 3/5 & -4/5 \\ 4i/5 & 3i/5 \end{bmatrix}$ (d) $\begin{bmatrix} (1+i)/\sqrt{6} & 0 & 2/\sqrt{6} \\ 0 & 1 & 0 \\ (-1-i)/\sqrt{3} & 0 & 1/\sqrt{3} \end{bmatrix}$

Matrizes unitárias, em muitos aspectos, se comportam como matrizes ortogonais. O problema a seguir nos dá caracterizações alternativas para matrizes unitárias.

13. Prove que as afirmações a seguir são equivalentes para uma matriz quadrada complexa U:

(a) U é unitária.

(b) As colunas de U formam um conjunto ortonormal de $\mathbb{C}^n$ em relação ao produto escalar complexo.

(c) As linhas de U formam um conjunto ortonormal de $\mathbb{C}^n$ em relação ao produto escalar complexo.

(d) $\|U\mathbf{x}\| = \|\mathbf{x}\|$ para todo $\mathbf{x}$ de $\mathbb{C}^n$.

(e) $U\mathbf{x} \cdot U\mathbf{y} = \mathbf{x} \cdot \mathbf{y}$ para todo $\mathbf{x}$ e todo $\mathbf{y}$ de $\mathbb{C}^n$.

[*Sugestão:* Adapte as demonstrações dos teoremas de 5.4 a 5.7.]

14. Repita o problema 12, desta vez, aplicando o critério da parte (b) ou da parte (c) do problema 13.

A definição a seguir é a generalização natural para a diagonalização ortogonal para matrizes complexas.

Definição Uma matriz quadrada complexa A é ***unitariamente diagonalizável*** se existir uma matriz unitária U e uma matriz diagonal D tais que

$$U^*AU = D$$

O processo para se diagonalizar uma matriz A, $n \times n$, unitariamente diagonalizável imita o do caso real. As colunas de U devem compor uma base ortonormal para $\mathbb{C}^n$ formada pelos autovetores de A. Portanto, nós (1) calculamos os autovetores de A, (2) encontramos uma base para cada autoespaço, (3) garantimos que as bases de cada autoespaço estão formadas por vetores ortonormais (usando o processo de ortogonalização de Gram-Schmidt, com o produto escalar complexo, se necessário), (4) formamos a matriz U colocando nas colunas os autovetores ortonormais que acabamos de achar. Assim, U^*AU será uma matriz diagonal D cujos elementos da diagonal principal são os autovalores de A, na mesma ordem dos correspondentes autovetores das colunas de U.

15. Para cada item a seguir, determine uma matriz unitária U e uma matriz diagonal D tais que $U^*AU = D$.

(a) $A = \begin{bmatrix} 2 & i \\ -i & 2 \end{bmatrix}$ (b) $A = \begin{bmatrix} 0 & -1 \\ 1 & 0 \end{bmatrix}$

(c) $A = \begin{bmatrix} -1 & 1+i \\ 1-i & 0 \end{bmatrix}$ (d) $A = \begin{bmatrix} 1 & 0 & 0 \\ 0 & 2 & 1-i \\ 0 & 1+i & 3 \end{bmatrix}$

As matrizes em (a), (c) e (d) do último problema são todas hermitianas. Acontece que toda matriz hermitiana é unitariamente diagonalizável. (Isto é o teorema espectral complexo, que pode ser demonstrado adaptando-se a demonstração feita para o teorema 5.20.) A esta altura, você, provavelmente, suspeita que a recíproca desse resultado também deve ser verdadeira — ou seja, que toda matriz unitariamente diagonalizável deve ser hermitiana. Mas, infelizmente, isso é *falso*! (Você consegue ver onde a analogia para os complexos na demonstração do teorema 5.17 falha?)

Para um contraexemplo específico, considere a matriz da parte (b) do problema 15. Ela não é hermitiana, mas *é* unitariamente diagonalizável.

Veja *Linear Algebra with Applications* de S. J. Leon (Upper Saddle River, NJ: Prentice-Hall, 2002).

A correta caracterização de unitariamente diagonalizável é o teorema a seguir, cuja demonstração pode ser encontrada em livros mais avançados.

Uma quadrada complexa A é ***unitariamente diagonalizável*** se e somente se

$$A^*A = AA^*$$

Uma matriz A tal que $A^*A = AA^*$ é chamada ***normal.***

16. Mostre que toda matriz hermitiana, toda matriz unitária, e toda matriz *anti-hermitiana* ($A^* = -A$) é normal. (Note que, no caso real, esse resultado se refere a matrizes simétricas, ortogonais e antissimétricas, respectivamente.)

17. Prove que se uma matriz quadrada complexa é unitariamente diagonalizável então ela deve ser normal.

Desigualdades Geométricas e Problemas de Otimização

Esta investigação introduzirá algumas aplicações importantes (e talvez surpreendentes) de várias desigualdades, tais como a desigualdade de Cauchy-Schwarz. Como você verá, alguns problemas de maximização/minimização (*problemas de otimização*) que tipicamente surgem em um curso de cálculo podem ser resolvidas sem usar nada de cálculo!

Recorde que a desigualdade de Cauchy-Schwarz em $\mathbb{R}^n$ afirma que, para todos os vetores **u** e **v**,

$$|\mathbf{u} \cdot \mathbf{v}| \leq \|\mathbf{u}\| \, \|\mathbf{v}\|$$

satisfazendo a igualdade se e somente se **u** e **v** são múltiplos escalares um do outro. Se $\mathbf{u} = [x_1 \ \cdots \ x_n]^T$ e $\mathbf{v} = [y_1 \ \cdots \ y_n]^T$, a desigualdade anterior é equivalente a

$$|x_1y_1 + \cdots + x_ny_n| \leq \sqrt{x_1^2 + \cdots + x_n^2}\sqrt{y_1^2 + \cdots + y_n^2}$$

Elevando-se ambos os lados ao quadrado e usando a notação de somatório, temos

$$\left(\sum_{i=1}^{n} x_iy_i\right)^2 \leq \left(\sum_{i=1}^{n} x_i^2\right)\left(\sum_{i=1}^{n} y_i^2\right)$$

A igualdade é satisfeita se e somente se existe algum escalar k tal que $y_i = kx_i$, para $i = 1, \ldots, n$.

Usaremos a desigualdade de Cauchy-Schwarz para obter um caso particular de uma das mais usadas de todas as desigualdades.

1. Sejam x e y números reais não negativos. Aplique a desigualdade de Cauchy-Schwarz para $\mathbf{u} = \begin{bmatrix} \sqrt{x} \\ \sqrt{y} \end{bmatrix}$ e $\mathbf{v} = \begin{bmatrix} \sqrt{y} \\ \sqrt{x} \end{bmatrix}$, para mostrar que

$$\sqrt{xy} \leq \frac{x+y}{2} \qquad (1)$$

com a igualdade satisfeita se e somente se $x = y$.

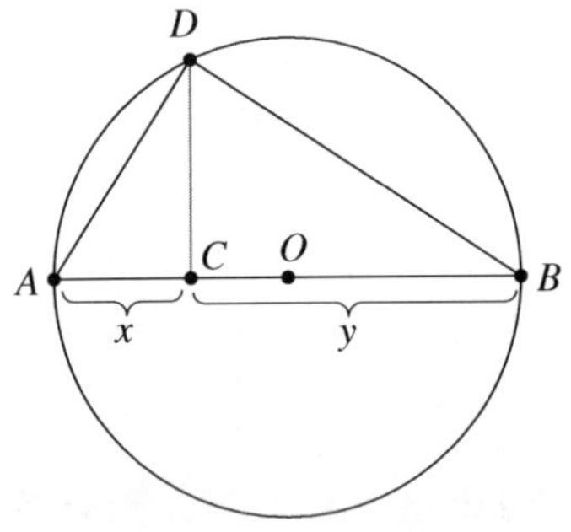

Figura 7.4

2. (a) Mostre a desigualdade (1) diretamente. [*Sugestão*: extraia a raiz quadrada de ambos os lados.] (b) A figura 7.4 mostra um círculo com centro O e diâmetro $AB = AC + CB = x + y$. O segmento $\overline{CD}$ é perpendicular a $\overline{AB}$. Mostre que $CD = \sqrt{xy}$ e use esse resultado para deduzir a desigualdade (1). (*Sugestão*: use semelhança de triângulos.)

O lado direito da desigualdade (1) é a conhecida ***média aritmética*** (ou *média*) entre os números x e y. O lado esquerdo mostra a menos conhecida ***média geométrica*** entre x e y. Consequentemente, a desigualdade (1) é a chamada ***Desigualdade Média Aritmética— Média Geométrica (MAMG)***. Ela vale de forma mais geral: para n variáveis não negativas $x_1, \ldots, x_n$, temos

$$\sqrt[n]{x_1 x_2 \cdots x_n} \leq \frac{x_1 + x_2 + \cdots + x_n}{n}$$

com a igualdade satisfeita se e somente se $x_1 = x_2 = \cdots = x_n$.

Em palavras, a desigualdade MAMG diz que a média geométrica de um conjunto de números não negativos é sempre menor ou igual à sua média aritmética, e as duas são precisamente as mesmas quando os números são todos iguais. (Para uma demonstração geral, veja o apêndice B.)

Vamos agora ver como uma desigualdade dessas pode ser aplicada em problemas de otimização. Aqui está um problema típico de cálculo.

Exemplo 7.9

Mostre que, dentre todos os retângulos cujo perímetro é de 100 unidades, o quadrado é o que tem a maior área.

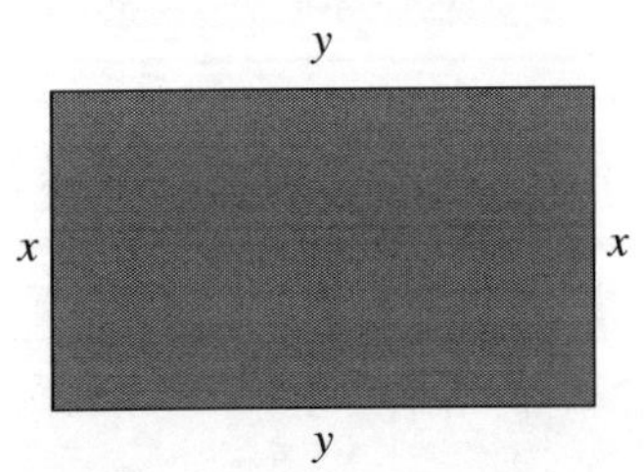

Figura 7.5

Solução Sejam x e y as dimensões do retângulo (veja a figura 7.5). A área que queremos maximizar é dada por

$$A = xy$$

Sabemos que o perímetro satisfaz

$$2x + 2y = 100$$

que é o equivalente a $x + y = 50$. Podemos relacionar xy com $x + y$ usando a desigualdade MAMG:

$$\sqrt{xy} \leq \frac{x+y}{2} \quad \text{ou, de forma equivalente,} \quad xy \leq \tfrac{1}{4}(x+y)^2$$

Como $x + y = 50$ é uma *constante* (e esse é o ponto-chave do problema), vemos que o valor máximo de $A = xy$ é $50^2/4 = 625$, e isso ocorre quando $x = y = 25$.

Sem usar nenhuma derivada! Não é impressionante? Note que, nesse problema de maximização, o ponto crucial foi mostrar que o lado direito da desigualdade MAMG era uma *constante*. De forma semelhante, podemos aplicar a desigualdade para um problema de *minimização*, se pudermos fazer com que o lado esquerdo seja uma constante.

Exemplo 7.10

Mostre que, dentre todos os prismas retangulares com volume de 8m^3, o cubo tem a menor área superficial.

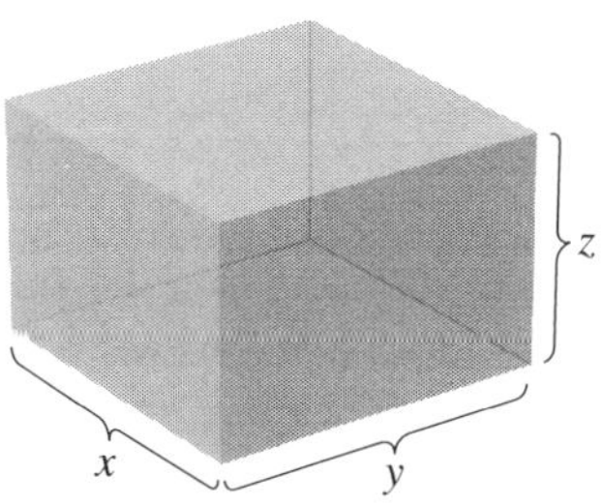

Figura 7.6

Solução Como mostrado na figura 7.6, se os lados de um prisma desses são x, y e z, seu volume é dado por

$$V = xyz$$

Logo, é dado que $xyz = 8$. A área superficial a ser minimizada é

$$S = 2xy + 2yz + 2zx$$

Como este é um problema de três variáveis, a tentativa mais razoável é a versão da desigualdade MAMG para $n = 3$, que é

$$\sqrt[3]{xyz} \leq \frac{x+y+z}{3}$$

Infelizmente, a expressão para S não parece aqui. Entretanto, a Desigualdade MAMG também implica que

$$\begin{aligned} \frac{S}{3} &= \frac{2xy + 2yz + 2zx}{3} \\ &\geq \sqrt[3]{(2xy)(2yz)(2zx)} \\ &= 2\sqrt[3]{(xyz)^2} \\ &= 2\sqrt[3]{64} = 8 \end{aligned}$$

que é equivalente a $S \geq 24$. Portanto, o valor mínimo de S é 24, e isso ocorre quando

$$2xy = 2yz = 2zx$$

(Por quê?) Isso implica que $x = y = z = 2$ (isto é, o prisma retangular é um cubo).

3. Mostre que, dentre todos os retângulos com área de 100 unidades quadradas, o quadrado tem o menor perímetro.

4. Qual é o valor mínimo de $f(x) = x + \dfrac{1}{x}$ para $x > 0$?

5. Uma caixa com uma base quadrada e sem tampa deve ser construída a partir de uma cartolina quadrada de lado 10 cm, retirando-se quatro quadrados dos cantos e dobrando-se os lados para cima. Quais deveriam ser as dimensões da caixa de modo a obter o maior volume interno possível?

6. Encontre o valor mínimo de $f(x, y, z) = (x + y)(y + z)(z + x)$, se x, y e z são números reais positivos tais que $xyz = 1$.

7. Para $x > y > 0$, encontre o valor mínimo de $x + \dfrac{8}{y(x - y)}$. (*Sugestão*: uma substituição pode ajudar.)

A desigualdade de Cauchy-Schwarz pode ser aplicada para problemas semelhantes, como os ilustrados nos próximos exemplos.

Exemplo 7.11

Encontre o valor máximo da função $f(x, y, z) = 3x + y + 2z$ sujeito à restrição $x^2 + y^2 + z^2 = 1$. Onde o valor máximo é atingido?

Solução Esse tipo de problema é, geralmente, tratado por técnicas vistas em cursos de cálculo para muitas variáveis. Aqui apresentamos como usar a desigualdade de Cauchy-Schwarz. A função $3x + y + 2z$ tem a forma de um produto escalar, então fazemos

$$\mathbf{u} = \begin{bmatrix} 3 \\ 1 \\ 2 \end{bmatrix} \quad \text{e} \quad \mathbf{v} = \begin{bmatrix} x \\ y \\ z \end{bmatrix}$$

Pela forma estendida da Desigualdade de Cauchy-Schwarz, temos

$$(3x + y + 2z)^2 \leq (3^2 + 1^2 + 2^2)(x^2 + y^2 + z^2) = 14$$

Logo, o valor máximo de nossa função é $\sqrt{14}$, e isso ocorre quando

$$\begin{bmatrix} x \\ y \\ z \end{bmatrix} = k\begin{bmatrix} 3 \\ 1 \\ 2 \end{bmatrix}$$

Portanto, $x = 3k$, $y = k$ e $z = 2k$, então, $3(3k) + k + 2(2k) = \sqrt{14}$. Segue que $k = \sqrt{14}$, e

$$\begin{bmatrix} x \\ y \\ z \end{bmatrix} = \begin{bmatrix} 3/\sqrt{14} \\ 1/\sqrt{14} \\ 2/\sqrt{14} \end{bmatrix}$$

8. Encontre o valor máximo de $f(x, y, z) = x + 2y + 4z$ restrito a $x^2 + 2y^2 + z^2 = 1$.

9. Encontre o valor máximo de $f(x, y, z) = x^2 + y^2 + \dfrac{z^2}{2}$ restrito a $x + y + z = 10$.

10. Encontre o valor máximo de sen θ + cos θ.

11. Encontre o ponto da reta $x + 2y = 5$ que está mais próximo da origem.

Existem muitas outras desigualdades que podem ser usadas para resolver problemas de otimização. A ***média quadrática*** dos números $x_1, \ldots, x_n$ é definida por

$$\sqrt{\frac{x_1^2 + \cdots + x_n^2}{n}}$$

Se $x_1, \ldots, x_n$ são não nulos, sua ***média harmônica*** é dada por

$$\frac{n}{1/x_1 + 1/x_2 + \cdots + 1/x_n}$$

Com isso, as médias quadrática, aritmética, geométrica e harmônica são todas relacionadas.

12. Sejam x e y números reais positivos. Mostre que

$$\sqrt{\frac{x^2 + y^2}{2}} \geq \frac{x + y}{2} \geq \sqrt{xy} \geq \frac{2}{1/x + 1/y}$$

com a igualdade satisfeita se e somente se $x = y$. (A inequação do meio é a desigualdade MAMG, por isso só é preciso verificar a primeira e a terceira desigualdades.)

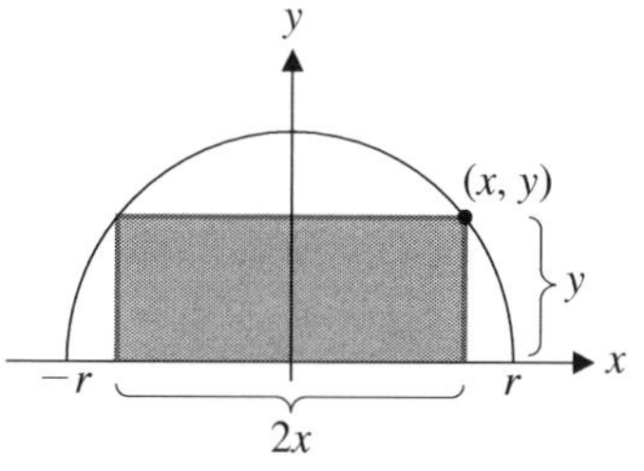

Figura 7.7

13. Encontre a área do maior retângulo que pode ser inscrito em uma semicircunferência de raio r (figura 7.7).

14. Encontre o valor mínimo da função

$$f(x, y) = \frac{(x + y)^2}{xy}$$

para $x, y > 0$. [*Sugestão:* $(x + y)^2/xy = (x + y)(1/x + 1/y)$.]

15. Sejam x e y números reais positivos com $x + y = 1$. Mostre que o valor mínimo de

$$f(x, y) = \left(x + \frac{1}{x}\right)^2 + \left(y + \frac{1}{y}\right)^2$$

é $\frac{25}{2}$, e determine os valores de x e y para os quais isso ocorre.

7.2 Normas e Funções Distância

Na última seção, vimos que é possível definir comprimento e distância em um espaço com produto interno. Como veremos brevemente, há também algumas versões desses dois conceitos que não são definidos em termos de um produto interno.

Para começarmos, precisamos especificar as propriedades que queremos que a "função distância" tenha. A definição a seguir faz isso, usando como base o teorema 1.3 e a desigualdade triangular.

Definição Uma ***norma*** em um espaço vetorial V é uma aplicação que associa a cada vetor $\mathbf{v}$ um número real $\|\mathbf{v}\|$, chamado ***norma*** de $\mathbf{v}$, de modo que as seguintes propriedades sejam satisfeitas para todos os vetores $\mathbf{u}$ e $\mathbf{v}$ e todos os escalares c:

1. $\|\mathbf{v}\| \geq \mathbf{0}$, e $\|\mathbf{v}\| = 0$ se e somente se $\mathbf{v} = \mathbf{0}$.
2. $\|c\mathbf{v}\| = |c|\,\|\mathbf{v}\|$
3. $\|\mathbf{u} + \mathbf{v}\| \leq \|\mathbf{u} + \mathbf{v}\|$

Um espaço vetorial com uma norma é chamado ***espaço vetorial normado.***

Exemplo 7.12 Mostre que, em um espaço com produto interno, $\|\mathbf{v}\| = \sqrt{\langle \mathbf{v}, \mathbf{v}\rangle}$ define uma norma.

Solução Claramente, $\sqrt{\langle \mathbf{v}, \mathbf{v}\rangle} \geq 0$. Além disso,

$$\sqrt{\langle \mathbf{v}, \mathbf{v}\rangle} = 0 \Leftrightarrow \langle \mathbf{v}, \mathbf{v}\rangle = 0 \Leftrightarrow \mathbf{v} = \mathbf{0}$$

pela definição de produto interno. Isso mostra a propriedade (1).

Para a propriedade (2), precisamos somente notar que

$$\|c\mathbf{v}\| = \sqrt{\langle c\mathbf{v}, c\mathbf{v}\rangle} = \sqrt{c^2\langle \mathbf{v}, \mathbf{v}\rangle} = \sqrt{c^2}\sqrt{\langle \mathbf{v}, \mathbf{v}\rangle} = |c|\|\mathbf{v}\|$$

A propriedade (3) é a desigualdade triangular, que verificamos no teorema 7.4.

Veremos agora alguns exemplos de normas que não são definidas em termos de um produto interno. O exemplo 7.13 é a generalização matemática para o $\mathbb{R}^n$ da norma do taxista, vista na introdução deste capítulo.

Exemplo 7.13 A ***norma da soma*** $\|\mathbf{v}\|_s$ de um vetor $\mathbf{v}$ de $\mathbb{R}^n$ é a soma dos valores absolutos de seus elementos — ou seja, se $\mathbf{v} = [v_1 \cdots v_n]^T$, então

$$\|\mathbf{v}\|_s = |v_1| + \cdots + |v_n|$$

Mostre que a norma da soma é uma norma.

Solução Claramente, $\|\mathbf{v}\|_s = |v_1| + \cdots + |v_n| \geq 0$, e a única forma de obtermos a igualdade é o caso de $|v_1| = \cdots = |v_n| = 0$. Mas isso ocorre se e somente se $v_1 = \cdots = v_n = 0$, ou, equivalentemente, $\mathbf{v} = \mathbf{0}$, o que verifica a propriedade (1). Para a propriedade (2), vemos que $c\mathbf{v} = [cv_1 \cdots cv_n]^T$, então

$$\|c\mathbf{v}\|_s = |cv_1| + \cdots + |cv_n| = |c|(|v_1| + \cdots + |v_n|) = |c|\|\mathbf{v}\|_s$$

Finalmente, a desigualdade Triangular é válida porque, se $\mathbf{u} = [u_1 \quad \cdots \quad u_n]^T$, então

$$\begin{aligned}\|\mathbf{u} + \mathbf{v}\|_s &= |u_1 + v_1| + \cdots + |u_n + v_n| \\ &\le (|u_1| + |v_1|) + \cdots + (|u_n| + |v_n|) \\ &= (|u_1| + \cdots + |u_n|) + (|v_1| + \cdots + |v_n|) = \|\mathbf{u}\|_s + \|\mathbf{v}\|_s\end{aligned}$$

A norma da soma, também conhecida como ***norma*-1**, é usualmente denotada por $\|\mathbf{v}\|_1$. Em $\mathbb{R}^2$, ela é a mesma que a norma do taxista. Assim, pelo exemplo 7.13, vemos que é possível ter várias normas diferentes para um mesmo espaço vetorial. O exemplo 7.14 nos dará mais uma norma em $\mathbb{R}^n$.

Exemplo 7.14

A ***norma do máximo*** $\|\mathbf{v}\|_m$ de um vetor $\mathbf{v}$ de $\mathbb{R}^n$ é o maior número dentre os valores absolutos de seus elementos — ou seja, se $\mathbf{v} = [v_1 \quad \cdots \quad v_n]^T$, então

$$\|\mathbf{v}\|_m = \text{máx}\{|v_1|, \ldots, |v_n|\}$$

Mostre que a norma do máximo é uma norma.

Solução Novamente, é claro que $\|\mathbf{v}\|_m \ge 0$. Se $\|\mathbf{v}\|_m = 0$, o maior de $|v_1|, \ldots, |v_n|$ é igual a zero e, portanto, todos eles são nulos. Assim, $|v_1| = \cdots = |v_n| = 0$, e $\mathbf{v} = \mathbf{0}$. Isso verifica a propriedade (1). Agora, note que, para qualquer escalar c,

$$\|c\mathbf{v}\|_m = \text{máx}\{|cv_1|, \ldots, |cv_n|\} = |c|\text{máx}\{|v_1|, \ldots, |v_n|\} = |c|\,\|\mathbf{v}\|_m$$

Finalmente, se $\mathbf{u} = [u_1 \quad \cdots \quad u_n]^T$, então

$$\begin{aligned}\|\mathbf{u} + \mathbf{v}\|_m &= \text{máx}\{|u_1 + v_1|, \ldots, |u_n + v_n|\} \\ &\le \text{máx}\{|u_1| + |v_1|, \ldots, |u_n| + |v_n|\} \\ &\le \text{máx}\{|u_1|, \ldots, |u_n|\} + \text{máx}\{|v_1|, \ldots, |v_n|\} = \|\mathbf{u}\|_m + \|\mathbf{v}\|_m\end{aligned}$$

(Por que a segunda desigualdade é verdadeira?) Isso comprova a desigualdade triangular.

A norma do máximo é também conhecida como ***norma*-∞** ou ***norma uniforme***, e é, usualmente, denotada por $\|\mathbf{v}\|_\infty$. Em geral, é possível definir a norma $\|\mathbf{v}\|_p$ em $\mathbb{R}^n$ por

$$\|\mathbf{v}\|_p = (|v_1|^p + \cdots + |v_n|^p)^{1/p}$$

para qualquer número real $p \ge 1$. Se $p = 1$, $\|\mathbf{v}\|_1 = \|\mathbf{v}\|_s$, o que justifica o uso do nome norma-1. Se $p = 2$,

$$\|\mathbf{v}\|_2 = (|v_1|^2 + \cdots + |v_n|^2)^{1/2} = \sqrt{v_1^2 + \cdots + v_n^2}$$

que é a norma usual de $\mathbb{R}^n$ obtida através do produto escalar. Chamada de ***norma*-2** ou ***norma euclidiana***, é geralmente denotada por $\|\mathbf{v}\|_E$. Conforme p cresce, pode ser mostrado, por teoria de cálculo, que $\|\mathbf{v}\|_p$ se aproxima da norma do máximo $\|\mathbf{v}\|_m$. Isso explica o uso da notação $\|\mathbf{v}\|_\infty$ para essa norma.

Exemplo 7.15

Para um vetor $\mathbf{v}$ de $\mathbb{Z}_2^n$, defina $||\mathbf{v}||_H$ por $w(\mathbf{v})$, o peso de $\mathbf{v}$. Mostre que isso define uma norma.

Solução Certamente, $\|\mathbf{v}\|_H = w(\mathbf{v}) \geq 0$, e somente o único vetor cujo peso é zero é o vetor nulo. Assim, a propriedade (1) é válida. Como os únicos candidatos a escalares c são 0 e 1, a propriedade (2) é imediata.

Para verificar a desigualdade triangular, primeiro observe que, se $\mathbf{u}$ e $\mathbf{v}$ são vetores de $\mathbb{Z}_2^n$, $w(\mathbf{u} + \mathbf{v})$ conta o número de lugares nos quais $\mathbf{u}$ e $\mathbf{v}$ diferem. [Por exemplo, se

$$\mathbf{u} = [1 \quad 1 \quad 0 \quad 1 \quad 0]^T \quad \text{e} \quad \mathbf{v} = [0 \quad 1 \quad 1 \quad 1 \quad 1]^T$$

então $\mathbf{u} + \mathbf{v} = [1 \quad 0 \quad 1 \quad 0 \quad 1]^T$, por isso $w(\mathbf{u} + \mathbf{v}) = 3$, coerente com o fato de $\mathbf{u}$ e $\mathbf{v}$ diferirem em exatamente três posições.] Suponha que ambos $\mathbf{u}$ e $\mathbf{v}$ tenham zeros em n_0 posições e 1s em n_1 posições; $\mathbf{u}$ tenha um 0 e $\mathbf{v}$ tenha um 1 em n_{01} posições; $\mathbf{u}$ tenha um 1 e $\mathbf{v}$ tenha um 0 em n_{10} posições. (No exemplo anterior, $n_0 = 0$, $n_1 = 2$, $n_{01} = 2$ e $n_{10} = 1$.) Agora,

$$w(\mathbf{u}) = n_1 + n_{10}, \quad w(\mathbf{v}) = n_1 + n_{01}, \quad \text{e} \quad w(\mathbf{u} + \mathbf{v}) = n_{10} + n_{01}$$

Portanto,

$$\begin{aligned}
\|\mathbf{u} + \mathbf{v}\|_H = w(\mathbf{u} + \mathbf{v}) &= n_{10} + n_{01} \\
&= (n_1 + n_{10}) + (n_1 + n_{01}) - 2n_1 \\
&\leq (n_1 + n_{10}) + (n_1 + n_{01}) \\
&= w(\mathbf{u}) + w(\mathbf{v}) = \|\mathbf{u}\|_H + \|\mathbf{v}\|_H
\end{aligned}$$

A norma $\|\mathbf{v}\|_H$ é chamada de ***norma de Hamming***.

Funções Distância

Para qualquer norma, podemos definir uma função distância como fizemos na última seção, ou seja,

$$d(\mathbf{u}, \mathbf{v}) = \|\mathbf{u} - \mathbf{v}\|$$

Exemplo 7.16

Sejam $\mathbf{u} = \begin{bmatrix} 3 \\ -2 \end{bmatrix}$ e $\mathbf{v} = \begin{bmatrix} -1 \\ 1 \end{bmatrix}$. Calcule $d(\mathbf{u}, \mathbf{v})$ relativa (a) à norma euclidiana, (b) à norma da soma e (c) à norma do máximo.

Solução Para todos os itens, precisamos saber que $\mathbf{u} - \mathbf{v} = \begin{bmatrix} 4 \\ -3 \end{bmatrix}$.

(a) Como já nos é quase familiar,

$$d_E(\mathbf{u}, \mathbf{v}) = \|\mathbf{u} - \mathbf{v}\|_E = \sqrt{4^2 + (-3)^2} = \sqrt{25} = 5$$

(b) $d_s(\mathbf{u}, \mathbf{v}) = \|\mathbf{u} - \mathbf{v}\|_s = |4| + |-3| = 7$

(c) $d_m(\mathbf{u}, \mathbf{v}) = \|\mathbf{u} - \mathbf{v}\|_m = \max\{|4|, |-3|\} = 4$

A função distância em $\mathbb{Z}_2^n$, determinada pela norma de Hamming, é chamada ***distância de Hamming***. Vamos investigar seu uso em códigos de correção de erros, na seção 8.5. O exemplo 7.17 nos dá uma mostra da distância de Hamming.

Exemplo 7.17 Ache a distância de Hamming entre

$$\mathbf{u} = [1 \quad 1 \quad 0 \quad 1 \quad 0]^T \quad \text{e} \quad \mathbf{v} = [0 \quad 1 \quad 1 \quad 1 \quad 1]^T$$

Solução Como estamos trabalhando em $\mathbb{Z}_2$, $\mathbf{u} - \mathbf{v} = \mathbf{u} + \mathbf{v}$. Mas

$$d_H(\mathbf{u}, \mathbf{v}) = \|\mathbf{u} + \mathbf{v}\|_H = w(\mathbf{u} + \mathbf{v})$$

Como vimos no exemplo 7.15, isso é somente o número de posições nas quais **u** e **v** diferem. Os vetores aqui são os mesmos usados naquele exemplo; o cálculo é, portanto, exatamente o mesmo. Logo, $d_H(\mathbf{u}, \mathbf{v}) = 3$.

O teorema 7.5 resume as mais importantes propriedades de uma função distância.

Teorema 7.5 Seja d uma função distância definida em um espaço linear normado V. As seguintes propriedades são válidas para todos os vetores **u**, **v** e **w** de V:

a. $d(\mathbf{u}, \mathbf{v}) \geq 0$, e $d(\mathbf{u}, \mathbf{v}) = 0$ se e somente se $\mathbf{u} = \mathbf{v}$.
b. $d(\mathbf{u}, \mathbf{v}) = d(\mathbf{v}, \mathbf{u})$
c. $d(\mathbf{u}, \mathbf{w}) \leq d(\mathbf{u}, \mathbf{v}) + d(\mathbf{v}, \mathbf{w})$

Demonstração (a) Usando a propriedade (1) da definição de norma, é fácil verificar que $d(\mathbf{u}, \mathbf{v}) = \|\mathbf{u} - \mathbf{v}\| \geq 0$, com igualdade satisfeita se e somente se $\mathbf{u} - \mathbf{v} = \mathbf{0}$, ou seja, $\mathbf{u} = \mathbf{v}$.

(b) A demonstração desse item é proposta no exercício 19.

(c) Aplicando a desigualdade triangular, temos

$$\begin{aligned} d(\mathbf{u}, \mathbf{v}) + d(\mathbf{v}, \mathbf{w}) &= \|\mathbf{u} - \mathbf{v}\| + \|\mathbf{v} - \mathbf{w}\| \\ &\geq \|(\mathbf{u} - \mathbf{v}) + (\mathbf{v} - \mathbf{w})\| \\ &= \|\mathbf{u} - \mathbf{w}\| = d(\mathbf{u}, \mathbf{w}) \end{aligned}$$

Uma função d que satisfaz às três propriedades do teorema 7.5 é também chamada de ***métrica***, e uma espaço vetorial que possui uma função dessas é dito ***espaço métrico***. Esses conceitos são muito importantes em vários ramos da matemática e são estudados em detalhes em cursos mais avançados.

Normas de Matrizes

Podemos definir normas de matrizes do mesmo modo que fizemos para vetores de $\mathbb{R}^n$. Afinal, o espaço vetorial M_{mn} das matrizes $m \times n$ é isomorfo a $\mathbb{R}^{mn}$. Claramente, as propriedades (1), (2) e (3) de uma norma também valerão no conjunto das matrizes. Além disso, para matrizes, as normas mais úteis satisfazem uma propriedade adicional. (Vamos restringir nossas atenções para matrizes quadradas, mas é possível generalizar tudo para matrizes arbitrárias.)

Definição Uma ***norma de matriz*** em M_{mn} é uma aplicação que associa a cada matriz $n \times n$ A um número real $\|A\|$, chamado ***norma*** de A, tal que as seguintes propriedades são satisfeitas para todas as matrizes $n \times n$ A e B e todos os escalares c:

1. $\|A\| \geq 0$ e $\|A\| = 0$ se e somente se $A = O$.
2. $\|cA\| = |c|\|A\|$
3. $\|A + B\| \leq \|A\| + \|B\|$
4. $\|AB\| \leq \|A\|\|B\|$

Uma norma de matriz em M_{nn} é ***compatível*** com uma norma de vetor $\|\mathbf{x}\|$ em $\mathbb{R}^n$ se, para toda matriz A $n \times n$ e todo vetor $\mathbf{x}$ de $\mathbb{R}^n$, tivermos

$$\|A\mathbf{x}\| \leq \|A\|\|\mathbf{x}\|$$

Exemplo 7.18

A ***norma de Frobenius*** $\|A\|_F$ de uma matriz A é obtida quando colocamos os elementos da matriz em um vetor e então calculamos a norma euclidiana. Em outras palavras, $\|A\|_F$ é simplesmente a raiz quadrada da soma dos quadrados dos elementos de A. Então, se $A = [a_{ij}]$,

$$\|A\|_F = \sqrt{\sum_{i,j=1}^{n} a_{ij}^2}$$

(a) Ache a norma de Frobenius de

$$A = \begin{bmatrix} 3 & -1 \\ 2 & 4 \end{bmatrix}$$

(b) Mostre que a norma de Frobenius é compatível com a norma euclidiana.

(c) Mostre que a norma de Frobenius é uma norma de matriz.

Solução (a) $\|A\|_F = \sqrt{3^2 + (-1)^2 + 2^2 + 4^2} = \sqrt{30}$

Antes de continuarmos, note que, se $\mathbf{A}_1 = [3 \quad -1]$ e $\mathbf{A}_2 = [2 \quad 4]$ são os vetores linha de A, então $\|\mathbf{A}_1\|_E = \sqrt{3^2 + (-1)^2}$ e $\|\mathbf{A}_2\|_E = \sqrt{2^2 + 4^2}$. Logo,

$$\|A\|_F = \sqrt{\|\mathbf{A}_1\|_E^2 + \|\mathbf{A}_2\|_E^2}$$

Do mesmo modo, se $\mathbf{a}_1 = \begin{bmatrix} 3 \\ 2 \end{bmatrix}$ e $\mathbf{a}_2 = \begin{bmatrix} -1 \\ 4 \end{bmatrix}$ são os vetores coluna de A, então

$$\|A\|_F = \sqrt{\|\mathbf{a}_1\|_E^2 + \|\mathbf{a}_2\|_E^2}$$

É fácil ver que esses fatos se estendem para matrizes $n \times n$ em geral. Vamos usar essas observações para resolver as partes (b) e (c).

(b) Escreva
$$A = \begin{bmatrix} \mathbf{A}_1 \\ \vdots \\ \mathbf{A}_n \end{bmatrix}$$

Então:

$$\begin{aligned}
\|A\mathbf{x}\|_E &= \left\| \begin{bmatrix} A_1\mathbf{x} \\ \vdots \\ A_n\mathbf{x} \end{bmatrix} \right\|_E \\
&= \sqrt{\|\mathbf{A}_1\mathbf{x}\|_E^2 + \cdots + \|\mathbf{A}_n\mathbf{x}\|_E^2} \\
&\le \sqrt{\|\mathbf{A}_1\|_E^2\|\mathbf{x}\|_E^2 + \cdots + \mathbf{A}_n\|_E^2\|\mathbf{x}\|_E^2} \\
&= (\sqrt{\|\mathbf{A}_1\|_\mathrm{E}^2 + \cdots + \|\mathbf{A}_\mathbf{n}\|_\mathrm{E}^2})\|\mathbf{x}\|_\mathrm{E} \\
&= \|\mathbf{A}\|_F\|\mathbf{x}\|_E
\end{aligned}$$

em que as desigualdades aparecem da desigualdade de Cauchy-Schwarz aplicada ao produto escalar dos vetores linha $\mathbf{A}_i$ com os vetores coluna $\mathbf{x}$. (Você consegue visualizar como a Desigualdade de Cauchy-Schwarz foi usada?) Assim, a norma de Frobenius é uma norma compatível com a norma euclidiana.

(c) Seja $\mathbf{b}_i$ a i-ésima coluna de B. Usando a representação de matriz coluna para o produto AB, temos

$$\begin{aligned}
\|AB\|_F &= \|[A\mathbf{b}_1 \cdots A\mathbf{b}_n]\|_F \\
&= \sqrt{\|A\mathbf{b}_1\|_E^2 + \cdots + \|A\mathbf{b}_n\|_E^2} \\
&\le \sqrt{\|A\|_F^2\|\mathbf{b}_1\|_\mathrm{E}^2 + \cdots + \|A\|_F^2\|\mathbf{b}_n\|_E^2} && \text{pela parte (b)} \\
&= \|A\|_F\sqrt{\|\mathbf{b}_1\|_E^2 + \cdots + \|\mathbf{b}_n\|_E^2} \\
&= \|A\|_F\|B\|_F
\end{aligned}$$

o que demonstra a propriedade (4) da definição de norma de matriz. As propriedades de (1) a (3) são válidas, já que a norma de Frobenius é derivada da norma euclidiana, que satisfaz essas propriedades. Portanto, a norma de Frobenius é uma norma de matriz.

Para muitos casos, a norma de Frobenius para matriz não é a melhor (ou a mais fácil) de usar. Os tipos mais úteis de normas de matriz aparecem quando consideramos o efeito da transformação matricial correspondente à matriz quadrada A. Essa aplicação de transformação leva o vetor $\mathbf{x}$ a $A\mathbf{x}$. Uma forma de medir o "tamanho" de A é comparar $\|\mathbf{x}\|$ e $\|A\mathbf{x}\|$ usando uma norma (de vetores) conveniente. Vamos ver mais a fundo. Qualquer que seja a definição para $\|A\|$, vamos querer que ela seja compatível com a norma de vetores que estamos usando — isto é, precisaremos que

$$\|A\mathbf{x}\| \le \|A\|\,\|\mathbf{x}\| \quad \text{ou} \quad \frac{\|A\mathbf{x}\|}{\|\mathbf{x}\|} \le \|A\| \quad \text{para } \mathbf{x} \ne \mathbf{0}$$

A expressão $\dfrac{\|A\mathbf{x}\|}{\|\mathbf{x}\|}$ mede a "capacidade de esticamento" de A. Se normalizarmos cada vetor não nulo $\mathbf{x}$, dividindo-o por sua norma, obteremos vetores unitários $\hat{\mathbf{x}} = \dfrac{1}{\|\mathbf{x}\|}\mathbf{x}$, e, assim,

$$\frac{\|A\mathbf{x}\|}{\|\mathbf{x}\|} = \frac{1}{\|\mathbf{x}\|}\|A\mathbf{x}\| = \left\|\frac{1}{\|\mathbf{x}\|}(A\mathbf{x})\right\| = \left\|A\left(\frac{1}{\|\mathbf{x}\|}\mathbf{x}\right)\right\| = \|A\hat{\mathbf{x}}\|$$

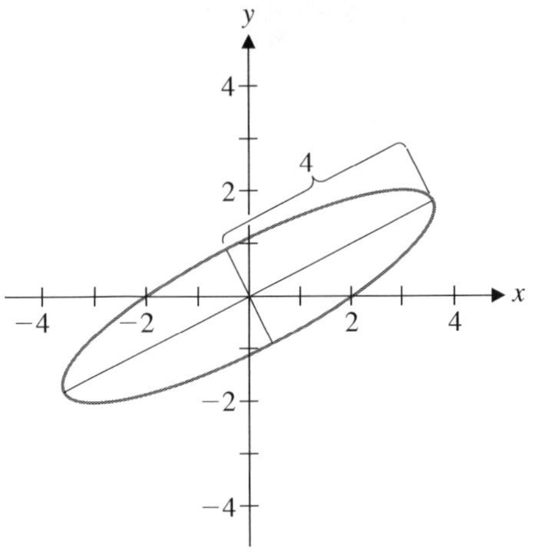

Figura 7.8

Se $\mathbf{x}$ varia sobre todos os vetores não nulos de $\mathbb{R}^n$, então $\hat{\mathbf{x}}$ varia sobre todos os vetores unitários (isto é, a esfera unitária), e o conjunto de todos os vetores $A\hat{\mathbf{x}}$ determina alguma curva em $\mathbb{R}^n$. Por exemplo, a figura 7.8 mostra como a matriz $A = \begin{bmatrix} 3 & 2 \\ 2 & 0 \end{bmatrix}$ afeta a circunferência unitária em $\mathbb{R}^2$ — ela leva-a em uma elipse. Com a norma euclidiana, o valor máximo de $\|A\hat{\mathbf{x}}\|$ é, claramente, metade do comprimento do eixo principal — neste caso, quatro unidades. Expressamos isso escrevendo $\max\limits_{\|\hat{\mathbf{x}}\|=1} \|A\hat{\mathbf{x}}\| = 4$.

Na seção 7.4, veremos que esse não é um fenômeno isolado. Ou seja,

$$\max_{\mathbf{x}\neq\mathbf{0}} \frac{\|A\mathbf{x}\|}{\|\mathbf{x}\|} = \max_{\|\hat{\mathbf{x}}\|=1} \|A\hat{\mathbf{x}}\|$$

sempre existe, e há um vetor unitário $\mathbf{y}$ particular para o qual $\|A\mathbf{y}\|$ é máxima. Agora, vamos provar que $\|A\| = \max\limits_{\|\mathbf{x}\|=1} \|A\mathbf{x}\|$ define uma norma de matriz.

Teorema 7.6 Se $\|\mathbf{x}\|$ é uma norma de vetor em $\mathbb{R}^n$, então $\|A\| = \max\limits_{\|\mathbf{x}\|=1} \|A\mathbf{x}\|$ define uma norma de matriz em M_{nn} que é compatível com a norma de vetor que a induz.

Demonstração (1) Certamente, $\|A\mathbf{x}\| \geq 0$ para todos os vetores $\mathbf{x}$, então, em particular, essa desigualdade é verdadeira se $\|\mathbf{x}\| = 1$. Assim, $\|A\| = \max\limits_{\|\mathbf{x}\|=1} \|A\mathbf{x}\| \geq 0$. Se $\|A\| = 0$, devemos ter $\|A\mathbf{x}\| = 0$ — e, portanto, $A\mathbf{x} = \mathbf{0}$ — para todo $\mathbf{x}$ tal que $\|\mathbf{x}\| = 1$. Em particular, $A\mathbf{e}_i = \mathbf{0}$ para cada um dos vetores da base canônica $\mathbf{e}_i$ de $\mathbb{R}^n$. Mas $A\mathbf{e}_i$ nada mais é do que a i-ésima coluna de A, logo, devemos ter $A = O$. Reciprocamente, se $A = O$, é claro que $\|A\| = 0$. (Por quê?)

(2) Seja c um escalar. Então:

$$\|cA\| = \max_{\|\mathbf{x}\|=1} \|cA\mathbf{x}\| = \max_{\|\mathbf{x}\|=1} |c|\,\|A\mathbf{x}\| = |c| \max_{\|\mathbf{x}\|=1} \|A\mathbf{x}\| = |c|\,\|A\|$$

(3) Seja B uma matriz $n \times n$ e seja $\mathbf{y}$ um vetor unitário para o qual

$$\|A + B\| = \max_{\|\mathbf{x}\|=1} \|(A + B)\mathbf{x}\| = \|(A + B)\mathbf{y}\|$$

Então:

$$\begin{aligned} \|A + B\| &= \|(A + B)\mathbf{y}\| \\ &= \|A\mathbf{y} + B\mathbf{y}\| \\ &\leq \|A\mathbf{y}\| + \|B\mathbf{y}\| \\ &\leq \|A\| + \|B\| \end{aligned}$$

(De onde vem a segunda desigualdade?) A seguir, vamos mostrar que nossa definição é compatível com a norma de vetor [propriedade (5)] e então usaremos esse fato para completar a demonstração de que temos uma norma de matriz.

(5) Se $\mathbf{x} = \mathbf{0}$, a desigualdade $\|A\mathbf{x}\| \leq \|A\| \, \|\mathbf{x}\|$ é verdadeira, já que ambos os lados são nulos. Se $\mathbf{x} \neq \mathbf{0}$, então, a partir dos comentários anteriores a este teorema,

$$\frac{\|A\mathbf{x}\|}{\|\mathbf{x}\|} \leq \max_{\mathbf{x} \neq \mathbf{0}} \frac{\|A\mathbf{x}\|}{\|\mathbf{x}\|} = \|A\|$$

Portanto, $\|A\mathbf{x}\| \leq \|A\| \, \|\mathbf{x}\|$.

(4) Seja $\mathbf{z}$ um vetor unitário tal que $\|AB\| = \max_{\|\mathbf{x}\|=1} \|(AB)\mathbf{x}\| = \|AB\mathbf{z}\|$. Então:

$$\begin{aligned} \|AB\| &= \|AB\mathbf{z}\| \\ &= \|A(B\mathbf{z})\| \\ &\leq \|A\| \, \|B\mathbf{z}\| && \text{pela propriedade (5)} \\ &\leq \|A\| \, \|B\| \, \|\mathbf{z}\| && \text{pela propriedade (5)} \\ &= \|A\| \, \|B\| \end{aligned}$$

Isso completa a demonstração de que $\|A\| = \max_{\|\mathbf{x}\|=1} \|A\mathbf{x}\|$ define uma norma de matriz em M_{nn} que é compatível com a norma de vetor $\|\mathbf{x}\|$ que a induz.

Definição A norma de matriz $\|A\mathbf{x}\|$ no teorema 7.6 é chamada ***norma de operador*** induzida pela norma de vetor $\|\mathbf{x}\|$.

O termo *norma de operador* reflete o fato de uma matriz de transformação que surge de uma matriz quadrada ser também chamada de *operador linear*. Essa norma é, portanto, uma medida de capacidade de esticamento de um operador linear.

As três normas de operadores mais comumente usadas são as induzidas pelas normas da soma, euclidiana e do máximo — que são

$$\|A\|_1 = \max_{\|\mathbf{x}\|_\sigma=1} \|A\mathbf{x}\|_s, \quad \|A\|_2 = \max_{\|\mathbf{x}\|_E=1} \|A\mathbf{x}\|_E, \quad \|A\|_\infty = \max_{\|\mathbf{x}\|_\mu=1} \|A\mathbf{x}\|_m$$

respectivamente. A primeira e a última têm fórmulas particularmente boas que as fazem fáceis de serem calculadas.

Teorema 7.7 Seja A uma matriz $n \times n$ com vetores colunas $\mathbf{a}_i$ e vetores linha $\mathbf{A}_i$ para $i = 1, \ldots, n$.

a. $\|A\|_1 = \max_{j=1,\ldots,n} \{\|\mathbf{a}_j\|_s\} = \max_{j=1,\ldots,n} \left\{ \sum_{i=1}^{n} |a_{ij}| \right\}$

b. $\|A\|_\infty = \max_{i=1,\ldots,n} \{\|\mathbf{A}_i\|_s\} = \max_{i=1,\ldots,n} \left\{ \sum_{j=1}^{n} |a_{ij}| \right\}$

Em outras palavras, $\|A\|_1$ é a maior dentre as somas dos valores absolutos nas colunas, e $\|A\|_\infty$ é a maior dentre as somas dos valores absolutos nas linhas. Antes de demonstrarmos o teorema, vamos ver um exemplo para perceber como é fácil usá-las.

Exemplo 7.19 Seja

$$A = \begin{bmatrix} 1 & -3 & 2 \\ 4 & -1 & -2 \\ -5 & 1 & 3 \end{bmatrix}$$

Ache $\|A\|_1$ e $\|A\|_\infty$.

Solução Claramente, a maior dentre as somas dos valores absolutos nas colunas ocorre na primeira coluna, por isso

$$\|A\|_1 = \|\mathbf{a}_1\|_s = |1| + |4| + |-5| = 10$$

A terceira linha tem a maior dentre as somas dos valores absolutos nas linhas, então

$$\|A\|_\infty = \|\mathbf{A}_3\|_s = |-5| + |1| + |3| = 9$$

Com relação à definição $\|A\|_1 = \max_{\|\mathbf{x}\|_s=1} \|A\mathbf{x}\|_s$, vemos que o valor máximo é, de fato, atingido quando tomamos $\mathbf{x} = \mathbf{e}_1$, e, nesse caso,

$$\|A\mathbf{e}_1\|_s = \|\mathbf{a}_1\|_s = 10 = \|A\|_1$$

Para $\|A\|_\infty = \max_{\|\mathbf{x}\|_m=1} \|A\mathbf{x}\|_m$, se considerarmos

$$\mathbf{x} = \begin{bmatrix} -1 \\ 1 \\ 1 \end{bmatrix}$$

obtemos

$$\|A\mathbf{x}\|_m = \left\| \begin{bmatrix} 1 & -3 & 2 \\ 4 & -1 & -2 \\ -5 & 1 & 3 \end{bmatrix} \begin{bmatrix} -1 \\ 1 \\ 1 \end{bmatrix} \right\|_m = \left\| \begin{bmatrix} -2 \\ -7 \\ 9 \end{bmatrix} \right\|_m$$
$$= \max\{|-2|, |-7|, |9|\} = 9 = \|A\|_\infty$$

Usaremos essas observações para demonstrar o teorema 7.7.

Demonstração do Teorema 7.7 A estratégia é a mesma para ambos os casos: soma por coluna e por linha. Se M representa o valor máximo, mostramos que $\|\mathbf{Ax}\| \leq M$ para todo vetor unitário $\mathbf{x}$. Então, achamos um vetor unitário específico $\mathbf{x}$ para o qual a igualdade seja válida. É importante lembrar que, para a propriedade (a), a norma de vetor é a norma da soma enquanto que para a propriedade (b), é a norma do máximo.

(a) Para demonstrar (a), considere $M = \max_{j=1,\ldots,n} \{\|\mathbf{a}_j\|_s\}$, , o valor máximo dentre as somas dos valores absolutos nas colunas, e $\|\mathbf{x}\|_S = 1$. Então, $|x_1| + \cdots + |x_n| = 1$, e

$$\begin{aligned}\|\mathbf{Ax}\|_s &= \|x_1\mathbf{a}_1 + \cdots + x_n\mathbf{a}_n\|_s \\ &\leq |x_1|\,\|\mathbf{a}_1\|_s + \cdots + |x_n|\,\|\mathbf{a}_n\|_s \\ &\leq |x_1|M + \cdots + |x_n|M \\ &= (|x_1| + \cdots + |x_n|)M = 1\cdot M = M\end{aligned}$$

Se o valor máximo dentre as somas dos valores absolutos nas colunas ocorre na coluna k, então, para $\mathbf{x} = \mathbf{e}_k$, obtemos

$$\|\mathbf{Ae}_k\|_s = \|\mathbf{a}_k\|_s = M$$

Portanto, $\|A\|_1 = \max_{\|\mathbf{x}\|_s=1} \|A\mathbf{x}\|_s = M = \max_{j=1,\ldots,n} \{\|\mathbf{a}_j\|_s\}$, como queríamos.

(b) A demonstração da propriedade (b) é proposta no exercício 32.

Na seção 7.4, vamos encontrar uma fórmula para a norma de operador $\|A\|_2$, apesar de ela não ser tão facilmente calculável como as fórmulas para $\|A\|_1$ ou $\|A\|_\infty$.

O Condicionamento Numérico de uma Matriz

Em Investigação: Mentiras que meu Computador me Contou, no capítulo 2, encontramos a noção de um sistema malcondicionado de equações lineares. Aqui está a definição que se encaixa para matrizes.

Definição Uma matriz A é ***malcondicionada*** se pequenas alterações nos valores de seus elementos podem causar grandes mudanças na solução de $A\mathbf{x} = \mathbf{b}$. Se pequenas alterações nos elementos de A produzem apenas pequenas mudanças na solução de $A\mathbf{x} = \mathbf{b}$, A é chamada de ***bencondicionada***.

Apesar da definição ser válida para matrizes arbitrárias, vamos nos ater a matrizes quadradas.

Exemplo 7.20

Mostre que $A = \begin{bmatrix} 1 & 1 \\ 1 & 1{,}0005 \end{bmatrix}$ é malcondicionada.

Solução Se tomarmos $\mathbf{b} = \begin{bmatrix} 3 \\ 3{,}0010 \end{bmatrix}$, a solução de $A\mathbf{x} = \mathbf{b}$ é $\mathbf{x} = \begin{bmatrix} 1 \\ 2 \end{bmatrix}$. Entretanto, se alterarmos A para

$$A' = \begin{bmatrix} 1 & 1 \\ 1 & 1{,}0010 \end{bmatrix}$$

a solução será alterada para $\mathbf{x}' = \begin{bmatrix} 2 \\ 1 \end{bmatrix}$. (Verifique essa afirmação.) Portanto, uma mudança relativa de $0{,}0005/1{,}0005 \approx 0{,}0005$, ou cerca de 0,05%, acarreta uma mudança de $(2 - 1)/1 = 1$, ou 100%, em x_1, e $(1 - 2)/2 = -0{,}5$, ou 50% em x_2. Logo, A é malcondicionada.

Podemos usar normas de matriz para dar uma forma mais precisa de determinar quando uma matriz é malcondicionada. Pense na variação de A para A' como um erro ΔA que provoca um erro $\Delta\mathbf{x}$ na solução $\mathbf{x}$ de $A\mathbf{x} = \mathbf{b}$. Então, $A' = A + \Delta A$, e $\mathbf{x}' = \mathbf{x} + \Delta\mathbf{x}$. No exemplo 7.20,

$$\Delta A = \begin{bmatrix} 0 & 0 \\ 0 & 0{,}0005 \end{bmatrix} \quad \text{e} \quad \Delta\mathbf{x} = \begin{bmatrix} 1 \\ -1 \end{bmatrix}$$

Então, como $A\mathbf{x} = \mathbf{b}$ e $A'\mathbf{x}' = \mathbf{b}$, temos $(A + \Delta A)(\mathbf{x} + \Delta\mathbf{x}) = \mathbf{b}$. Expandindo e usando $A\mathbf{x} = \mathbf{b}$ para simplificar, obtemos

$$A(\Delta\mathbf{x}) + (\Delta A)\mathbf{x} + (\Delta A)(\Delta\mathbf{x}) = 0 \quad \text{ou} \quad A(\Delta\mathbf{x}) = -\Delta A(\mathbf{x} + \Delta\mathbf{x})$$

Como estamos assumindo que $A\mathbf{x} = \mathbf{b}$ tem uma solução, A deve ser invertível. Portanto, podemos reescrever a última equação como

$$\Delta\mathbf{x} = -A^{-1}(\Delta A)(\mathbf{x} + \Delta\mathbf{x}) = -A^{-1}(\Delta A)\mathbf{x}'$$

Calculando normas de ambos os lados (usando uma norma de matriz compatível com uma norma de vetor), temos

$$\begin{aligned} \|\Delta\mathbf{x}\| &= \|-A^{-1}(\Delta A)\mathbf{x}'\| = \|A^{-1}(\Delta A)\mathbf{x}'\| \\ &\leq \|A^{-1}(\Delta A)\|\,\|\mathbf{x}'\| \\ &\leq \|A^{-1}\|\,\|\Delta A\|\,\|\mathbf{x}'\| \end{aligned}$$

(Qual a justificativa para cada passagem?) Assim,

$$\frac{\|\Delta\mathbf{x}\|}{\|\mathbf{x}'\|} \leq \|A^{-1}\|\,\|\Delta A\| = (\|A^{-1}\|\,\|A\|)\frac{\|\Delta A\|}{\|A\|}$$

A expressão $\|A^{-1}\|\,\|A\|$ é chamada ***número condicional*** de A, e é denotada por cond(A). Se A não é invertível, definimos cond$(A) = \infty$.

O que faremos com a desigualdade que acabamos de apresentar? A razão $\|\Delta A\|$ / $\|A\|$ é uma medida da *variação relativa* da matriz A, que assumimos ser pequena. Do mesmo modo, $\|\Delta\mathbf{x}\|$ / $\|\mathbf{x}'\|$ é uma medida do erro relativo criado na solução para $A\mathbf{x} = \mathbf{b}$ (contudo, neste caso, o erro é medido em relação à *nova* solução $\mathbf{x}'$, e não ao valor original de $\mathbf{x}$). Portanto, a desigualdade

$$\frac{\|\Delta\mathbf{x}\|}{\|\mathbf{x}'\|} \leq \text{cond}(A)\frac{\|\Delta A\|}{\|A\|} \tag{1}$$

fornece uma cota superior sobre quão grande o erro relativo na solução pode ser em relação ao erro relativo na matriz dos coeficientes. Quanto maior o número condicional, mais a matriz é malcondicionada, já que há mais "espaço" para o erro ser grande em relação à solução.

Observações

- O número condicional da matriz depende da escolha da norma. As normas mais usadas são as normas de operadores $\|A\|_1$ e $\|A\|_\infty$.
- Para qualquer norma, $\text{cond}(A) \geq 1$. (Veja o exercício 45.)

Exemplo 7.21

Encontre o número condicional de $A = \begin{bmatrix} 1 & 1 \\ 1 & 1{,}0005 \end{bmatrix}$ em relação a norma-∞.

Solução Primeiro, calculamos

$$A^{-1} = \begin{bmatrix} 2001 & -2000 \\ -2000 & 2000 \end{bmatrix}$$

Portanto, na norma-∞ (maior soma dos valores absolutos da linha),

$$\|A\|_\infty = 1 + 1{,}0005 = 2{,}0005 \quad \text{e} \quad \|A^{-1}\|_\infty = 2001 + |-2000| = 4001$$

assim $\text{cond}_\infty(A) = \|A^{-1}\|_\infty \|A\|_\infty = 4001(2{,}0005) \approx 8004$.

Consequentemente, se o número condicional for grande em relação a uma norma de matriz compatível, ele será grande em relação a *qualquer* norma de matriz compatível. Por exemplo, pode-se mostrar que, para a matriz A dos exemplos 7.20 e 7.21, $\text{cond}_1(A) \approx 8004$, $\text{cond}_2(A) \approx 8002$ (relativa à norma-2), e $\text{cond}_F(A) \approx 8002$ (relativa à norma de Frobenius).

A Convergência de Métodos Iterativos

Na seção 2.5, analisamos dois métodos iterativos para resolver um sistema de equações lineares: método de Jacobi e método de Gauss-Seidel. No teorema 2.9, afirmamos, sem demonstrar, que, se A é uma matriz $n \times n$ de diagonal estritamente dominante, ambos os métodos citados convergem para a solução de $A\mathbf{x} = \mathbf{b}$. Agora, temos condições de demonstrar esse teorema. De fato, um dos usos mais importantes para a norma de matriz é estabelecer propriedades de convergência de vários métodos iterativos.

Aqui, vamos trabalhar somente com o método de Jacobi. (O método de Gauss-Seidel pode ser analisado por técnicas semelhantes, mas com um pouco mais de cuidado.) A ideia é reescrever o processo iterativo em termos de matrizes. Vamos rever o exemplo 2.37 com isso em mente. O sistema de equações é

$$\begin{aligned} 7x_1 - x_2 &= 5 \\ 3x_1 - 5x_2 &= -7 \end{aligned} \qquad (2)$$

portanto $\quad A = \begin{bmatrix} 7 & -1 \\ 3 & -5 \end{bmatrix} \quad$ e $\quad \mathbf{b} = \begin{bmatrix} 5 \\ -7 \end{bmatrix}$

Rescrevemos a equação (2) como

$$\begin{aligned} x_1 &= \frac{5 + x_2}{7} \\ x_2 &= \frac{7 + 3x_1}{5} \end{aligned} \tag{3}$$

que é equivalente a

$$\begin{aligned} 7x_1 &= \phantom{-3x_1 +{}} x_2 + 5 \\ -5x_2 &= -3x_1 - 7 \end{aligned} \tag{4}$$

ou, em notação matricial,

$$\begin{bmatrix} 7 & 0 \\ 0 & -5 \end{bmatrix}\begin{bmatrix} x_1 \\ x_2 \end{bmatrix} = \begin{bmatrix} 0 & 1 \\ -3 & 0 \end{bmatrix}\begin{bmatrix} x_1 \\ x_2 \end{bmatrix} + \begin{bmatrix} 5 \\ -7 \end{bmatrix} \tag{5}$$

Analise a equação (5) com cuidado: a matriz que está do lado esquerdo contém os elementos da diagonal de A, enquanto que a que está no lado direito tem o *oposto* dos elementos que estão fora da diagonal principal de A e o vetor $\mathbf{b}$. Logo, decompondo A como

$$A = \begin{bmatrix} 7 & -1 \\ 3 & -5 \end{bmatrix} = \begin{bmatrix} 0 & 0 \\ 3 & 0 \end{bmatrix} + \begin{bmatrix} 7 & 0 \\ 0 & -5 \end{bmatrix} + \begin{bmatrix} 0 & -1 \\ 0 & 0 \end{bmatrix} = L + D + U$$

e a equação (5) pode ser escrita como

$$D\mathbf{x} = -(L + U)\mathbf{x} + \mathbf{b}$$

ou seja,

$$\mathbf{x} = -D^{-1}(L + U)\mathbf{x} + D^{-1}\mathbf{b} \tag{6}$$

já que a matriz D é invertível. A equação (6) é a versão matricial da equação (3). É fácil ver que podemos ter esse fato em um caso mais geral: uma matriz A $n \times n$ pode ser escrita como $A = L + D + U$, em que D é a parte diagonal de A e L e U são, respectivamente, os pedaços de A abaixo e acima da diagonal principal. O sistema $A\mathbf{x} = \mathbf{b}$ pode ser escrito na forma da equação (6), se D for invertível — e será se A for de diagonal estritamente dominante. (Por quê?) Para simplificar a notação, vamos considerar $M = -D^{-1}(L+U)$ e $\mathbf{c} = D^{-1}\mathbf{b}$, e a equação (6) pode ser escrita como

$$\mathbf{x} = M\mathbf{x} + \mathbf{c} \tag{7}$$

Vamos relembrar como usar essa equação para o método de Jacobi. Começamos com um vetor inicial $\mathbf{x}_0$, que substituímos no lado direito da equação (7), para obter o primeiro iterado $\mathbf{x}_1$ — isto é, $\mathbf{x}_1 = M\mathbf{x}_0 + \mathbf{c}$. Em seguida, substituímos no lado direito da equação (7) para obter o segundo iterado, $\mathbf{x}_2 = M\mathbf{x}_1 + \mathbf{c}$. De modo geral, temos

$$\mathbf{x}_{k+1} = M\mathbf{x}_k + \mathbf{c} \tag{8}$$

para $k \geq 0$. Para o exemplo 2.37, temos

$$M = -D^{-1}(L + U) = -\begin{bmatrix} 7 & 0 \\ 0 & -5 \end{bmatrix}^{-1}\begin{bmatrix} 0 & -1 \\ 3 & 0 \end{bmatrix} = \begin{bmatrix} 0 & \frac{1}{7} \\ \frac{3}{5} & 0 \end{bmatrix}$$

e

$$\mathbf{c} = D^{-1}\mathbf{b} = \begin{bmatrix} 7 & 0 \\ 0 & -5 \end{bmatrix}^{-1}\begin{bmatrix} 5 \\ -7 \end{bmatrix} = \begin{bmatrix} \frac{5}{7} \\ \frac{7}{5} \end{bmatrix}$$

portanto
$$\mathbf{x}_1 = \begin{bmatrix} 0 & \frac{1}{7} \\ \frac{3}{5} & 0 \end{bmatrix}\begin{bmatrix} 0 \\ 0 \end{bmatrix} + \begin{bmatrix} \frac{5}{7} \\ \frac{7}{5} \end{bmatrix} = \begin{bmatrix} \frac{5}{7} \\ \frac{7}{5} \end{bmatrix} \approx \begin{bmatrix} 0{,}714 \\ 1{,}400 \end{bmatrix}$$
$$\mathbf{x}_2 = \begin{bmatrix} 0 & \frac{1}{7} \\ \frac{3}{5} & 0 \end{bmatrix}\begin{bmatrix} 0{,}714 \\ 1{,}400 \end{bmatrix} + \begin{bmatrix} \frac{5}{7} \\ \frac{7}{5} \end{bmatrix} \approx \begin{bmatrix} 0{,}914 \\ 1{,}829 \end{bmatrix}$$

e assim por diante. (Esses são exatamente os mesmos cálculos que fizemos no exemplo 2.37, mas escritos em forma matricial.)

Para mostrar que o método de Jacobi irá convergir, precisamos mostrar que os iterados $\mathbf{x}_k$ tendem à solução $\mathbf{x}$ de $A\mathbf{x} = \mathbf{b}$. Basta mostrar que os ***vetores erros*** $\mathbf{x}_k - \mathbf{x}$ tendem ao vetor nulo. A partir dos cálculos anteriores, $A\mathbf{x} = \mathbf{b}$ é equivalente a $\mathbf{x} = M\mathbf{x} + \mathbf{c}$. Pela equação (8), teremos, portanto,

$$\begin{aligned}\mathbf{x}_{k+1} - \mathbf{x} &= M\mathbf{x}_k + \mathbf{c} - (M\mathbf{x} + \mathbf{c}) \\ &= M(\mathbf{x}_k - \mathbf{x})\end{aligned}$$

Agora, calculamos a norma de ambos os lados dessa equação. (A essa altura, não é importante qual norma usamos, desde que seja escolhida uma norma de matriz compatível com a norma de vetor.) Temos

$$\|\mathbf{x}_{k+1} - \mathbf{x}\| = \|M(\mathbf{x}_k - \mathbf{x})\| \leq \|M\|\,\|\mathbf{x}_k - \mathbf{x}\| \tag{9}$$

Se pudermos mostrar que $\|M\| < 1$, teremos $\|\mathbf{x}_{k+1} - \mathbf{x}\| < \|\mathbf{x}_k - \mathbf{x}\|$ para todo $k \geq 0$, e, consequentemente, $\|\mathbf{x}_k - \mathbf{x}\|$ tenderá a zero, por isso os vetores erros $\mathbf{x}_k - \mathbf{x}$ tenderão ao vetor nulo.

O fato de a dominância diagonal estrita ser definida em termos dos valores absolutos dos elementos nas *linhas* de uma matriz sugere que a norma-∞ de uma matriz (a norma norma de operador induzida pela norma do máximo) é a norma a ser escolhida. Se $A = [a_{ij}]$, então

$$M = \begin{bmatrix} 0 & -a_{12}/a_{11} & \cdots & -a_{1n}/a_{11} \\ -a_{21}/a_{22} & 0 & \cdots & -a_{2n}/a_{22} \\ \vdots & \vdots & \ddots & \vdots \\ -a_{n1}/a_{nn} & -a_{n2}/a_{nn} & \cdots & 0 \end{bmatrix}$$

(verifique isso) portanto, pelo teorema 7.7, $\|M\|_\infty$ é a maior soma dos valores absolutos dos elementos nas linhas da matriz M. Suponha que isso ocorra na k-ésima linha. Então:

$$\begin{aligned}\|M\|_\infty &= \left|\frac{-a_{k1}}{a_{kk}}\right| + \cdots + \left|\frac{-a_{k,k-1}}{a_{kk}}\right| + \left|\frac{-a_{k,k+1}}{a_{kk}}\right| + \cdots + \left|\frac{-a_{kn}}{a_{kk}}\right| \\ &= \frac{|a_{k1}| + \cdots + |a_{k,k-1}| + |a_{k,k+1}| + \cdots + |a_{kn}|}{|a_{kk}|} < 1\end{aligned}$$

visto que A é de diagonal estritamente dominante. Logo, $\|M\|_\infty < 1$ assim $\|\mathbf{x}_k - \mathbf{x}\| \to 0$, como queríamos demonstrar.

Exemplo 7.22

Calcule $\|M\|_\infty$ no exemplo 2.37 e use esse valor para achar o número de iterações necessárias para aproximar a solução, com precisão na terceira casa decimal (após arredondamento), se o vetor inicial for $\mathbf{x}_0 = \mathbf{0}$.

Solução Já calculamos $M = \begin{bmatrix} 0 & \frac{1}{7} \\ \frac{3}{5} & 0 \end{bmatrix}$, assim $\|M\|_\infty = \frac{3}{5} = 0{,}6 < 1$ (o que implica que o método de Jacobi converge no exemplo 2.37, como vimos). A solução aproximada $\mathbf{x}_k$ será precisa até a terceira casa decimal se o vetor erro $\mathbf{x}_k - \mathbf{x}$ tiver a propriedade de cada um de seus elementos ser menor que 0,0005, em módulo. (Por quê?) Assim, precisamos somente garantir que o *maior* elemento de $\mathbf{x}_k - \mathbf{x}$, em módulo, seja menor que 0,0005. Em outras palavras, precisamos achar o menor valor de k tal que

$$\|\mathbf{x}_k - \mathbf{x}\|_m < 0{,}0005$$

Usando a equação (9) anterior, vemos que

$$\|\mathbf{x}_k - \mathbf{x}\|_m \leq \|M\|_\infty \|\mathbf{x}_{k-1} - \mathbf{x}\|_m \leq \|M\|_\infty^2 \|\mathbf{x}_{k-2} - \mathbf{x}\|_m \leq \cdots \leq \|M\|_\infty^k \|\mathbf{x}_0 - \mathbf{x}\|_m$$

Agora, $\|M\|_\infty = 0{,}6$ e $\|\mathbf{x}_0 - \mathbf{x}\|_m \approx \|\mathbf{x}_0 - \mathbf{x}_1\|_m = \|\mathbf{x}_1\|_m = \left\| \begin{bmatrix} 0{,}714 \\ 1{,}400 \end{bmatrix} \right\|_m = 1{,}4$, portanto,

$$\|M\|_\infty^k \|\mathbf{x}_0 - \mathbf{x}\|_m \approx (0{,}6)^k (1{,}4)$$

(Se soubéssemos a solução exata antecipadamente, poderíamos usá-la no lugar de $\mathbf{x}_1$. Na prática, esse não é o caso, então usamos uma aproximação para a solução, como fizemos aqui.) Portanto, precisamos achar k tal que

$$(0{,}6)^k (1{,}4) < 0{,}0005$$

Podemos resolver essa inequação calculando o logaritmo (base 10) de ambos os lados. Assim, temos

$$\begin{aligned} \log_{10}((0{,}6)^k(1{,}4)) < \log_{10}(5 \times 10^{-4}) &\Rightarrow k\log_{10}(0{,}6) + \log_{10}(1{,}4) < \log_{10}5 - 4 \\ &\Rightarrow -0{,}222k + 0{,}146 < -3{,}301 \\ &\Rightarrow k > 15{,}5 \end{aligned}$$

Como k deve ser um número inteiro, podemos, concluir que $k = 16$ funcionará e que 16 iterações do método de Jacobi nos darão precisão até a terceira casa decimal para esse exemplo. (De fato, pelos nossos cálculos no exemplo 2.37, parece que obtemos esse grau de precisão mais cedo, mas nossa meta aqui era somente chegar a uma estimativa.)

Exercícios 7.2

Nos exercícios de 1 a 3, sejam $\mathbf{u} = \begin{bmatrix} -1 \\ 4 \\ -5 \end{bmatrix}$ *e* $\mathbf{v} = \begin{bmatrix} 2 \\ -2 \\ 0 \end{bmatrix}$.

1. Calcule a norma euclidiana, a norma da soma e a norma do máximo de **u**.

2. Calcule a norma euclidiana, a norma da soma e a norma do máximo de **v**.

3. Calcule d(**u**, **v**) relativa à norma euclidiana, à norma da soma e à norma do máximo.

4. (a) O que $d_5(\mathbf{u}, \mathbf{v})$ mede?
(b) O que $d_m(\mathbf{u}, \mathbf{v})$ mede?

Para os exercícios 5 e 6, considere $\mathbf{u} = [1\ 0\ 1\ 1\ 0\ 0\ 1]^T$ *e* $\mathbf{v} = [0\ 1\ 1\ 0\ 1\ 1\ 1]^T$.

5. Calcule a norma de Hamming de **u** e **v**.

6. Calcule a distância de Hamming entre **u** e **v**.

7. (a) Para quais vetores **v** temos $\|\mathbf{v}\|_E = \|\mathbf{v}\|_m$? Explique sua resposta.

(b) Para quais vetores **v** temos $\|\mathbf{v}\|_s = \|\mathbf{v}\|_m$? Explique sua resposta.

(c) Para quais vetores **v** temos $\|\mathbf{v}\|_s = \|\mathbf{v}\|_m = \|\mathbf{v}\|_E$? Explique sua resposta.

8. (a) Sob quais condições em **u** e **v** temos $\|\mathbf{u} + \mathbf{v}\|_E = \|\mathbf{u}\|_E + \|\mathbf{v}\|_E$? Explique sua resposta.

(b) Sob quais condições em **u** e **v** temos $\|\mathbf{u} + \mathbf{v}\|_s = \|\mathbf{u}\|_s + \|\mathbf{v}\|_s$? Explique sua resposta.

(c) Sob quais condições em **u** e **v** temos $\|\mathbf{u} + \mathbf{v}\|_m = \|\mathbf{u}\|_m + \|\mathbf{v}\|_m$? Explique sua resposta.

9. Mostre que, para todo **v** de $\mathbb{R}^n$, $\|\mathbf{v}\|_m \le \|\mathbf{v}\|_E$

10. Mostre que, para todo **v** de $\mathbb{R}^n$, $\|\mathbf{v}\|_E \le \|\mathbf{v}\|_s$.

11. Mostre que, para todo **v** de $\mathbb{R}^n$, $\|\mathbf{v}\|_s \le n\,\|\mathbf{v}\|_m$.

12. Mostre que, para todo **v** de $\mathbb{R}^n$, $\|\mathbf{v}\|_E \le \sqrt{n}\|\mathbf{v}\|_m$.

13. Desenhe as circunferências unitárias em $\mathbb{R}^2$ em relação às normas da soma e do máximo.

14. Mostrando que a identidade do exercício 33 da seção 7.1 não é válida, prove que a norma da soma não é originada por nenhum produto interno.

Para os exercícios de 15 a 18, mostre que $\|\ \|$ *define uma norma no espaço vetorial V.*

15. $V = \mathbb{R}^2$, $\left\|\begin{bmatrix} a \\ b \end{bmatrix}\right\| = \text{máx}\{|2a|, |3b|\}$

16. $V = M_{mn}$, $\|A\| = \max\limits_{i,j}\{|a_{ij}|\}$

17. $V = \mathscr{C}[0, 1]$, $\|f\| = \int_0^1 |f(x)|\,dx$

18. $\|f\| = \max\limits_{0\le x\le 1} |f(x)|$

19. Mostre o teorema 7.5(b).

Para os exercícios de 20 a 25, calcule $\|A\|_F$, $\|A\|_1$, *e* $\|A\|_\infty$.

20. $A = \begin{bmatrix} 2 & 3 \\ 4 & 1 \end{bmatrix}$

21. $A = \begin{bmatrix} 0 & -1 \\ -3 & 3 \end{bmatrix}$

22. $A = \begin{bmatrix} 1 & 5 \\ -2 & -1 \end{bmatrix}$

23. $A = \begin{bmatrix} 2 & 1 & 1 \\ 1 & 3 & 2 \\ 1 & 1 & 3 \end{bmatrix}$

24. $A = \begin{bmatrix} 0 & -5 & 2 \\ 3 & 1 & -3 \\ -4 & -4 & 3 \end{bmatrix}$

25. $A = \begin{bmatrix} 4 & -2 & -1 \\ 0 & -1 & 2 \\ 3 & -3 & 0 \end{bmatrix}$

Para os exercícios de 26 a 31, encontre os vetores **x** *e* **y** *com* $\|\mathbf{x}\|_s = 1$ *e* $\|\mathbf{y}\|_m = 1$ *tais que* $\|A\|_1 = \|A\mathbf{x}\|_s$ *e* $\|A\|_\infty = \|A\mathbf{y}\|_m$, *em que A é a matriz indicada no exercício.*

26. Exercício 20 **27.** Exercício 21 **28.** Exercício 22

29. Exercício 23 **30.** Exercício 24 **31.** Exercício 25

32. Demonstre o teorema 7.7(b).

33. (a) Se $\|A\|$ é uma norma de operador, mostre que $\|I\| = 1$, em que I é uma matriz identidade.

(b) Existe uma norma de vetor que induza a norma de Frobenius a uma norma de operador? Por que sim ou por que não?

34. Seja $\|A\|$ uma norma de matriz compatível com uma norma de vetor $\|\mathbf{x}\|$. Mostre que a $\|A\| \ge \|\lambda\|$ para todo autovalor λ de A.

Para os exercícios de 35 a 40, encontre $cond_1(A)$ *e* $cond_\infty(A)$. *Verifique se a matriz dada é malcondicionada.*

35. $A = \begin{bmatrix} 3 & 1 \\ 4 & 2 \end{bmatrix}$

36. $A = \begin{bmatrix} 1 & -2 \\ -3 & 6 \end{bmatrix}$

37. $A = \begin{bmatrix} 1 & 0{,}99 \\ 1 & 1 \end{bmatrix}$

38. $A = \begin{bmatrix} 150 & 200 \\ 3001 & 4002 \end{bmatrix}$

39. $A = \begin{bmatrix} 1 & 1 & 1 \\ 5 & 5 & 6 \\ 1 & 0 & 0 \end{bmatrix}$

40. $A = \begin{bmatrix} 1 & \frac{1}{2} & \frac{1}{3} \\ \frac{1}{2} & \frac{1}{3} & \frac{1}{4} \\ \frac{1}{3} & \frac{1}{4} & \frac{1}{5} \end{bmatrix}$

41. Seja $A = \begin{bmatrix} 1 & k \\ 1 & 1 \end{bmatrix}$.

(a) Encontre uma expressão para $\text{cond}_\infty(A)$ em função de k.

(b) O que acontece com $\text{cond}_\infty(A)$ quando k tende a 1?

42. Considere o sistema linear $A\mathbf{x} = \mathbf{b}$, em que A é invertível. Suponha que um erro $\Delta\mathbf{b}$ altere **b** para $\mathbf{b}' = \mathbf{b} + \Delta\mathbf{b}$. Seja $\mathbf{x}'$ a solução para o novo sistema; isto é, $A\mathbf{x}' = \mathbf{b}'$. Seja $\mathbf{x}' = \mathbf{x} + \Delta\mathbf{x}$, de modo que $\Delta\mathbf{x}$ represente o erro resultante na solução do sistema. Mostre que

$$\frac{\|\Delta\mathbf{x}\|}{\|\mathbf{x}\|} \le \text{cond}(A)\frac{\|\Delta\mathbf{b}\|}{\|\mathbf{b}\|}$$

para qualquer norma de matriz compatível.

43. Sejam $A = \begin{bmatrix} 10 & 10 \\ 10 & 9 \end{bmatrix}$ e $\mathbf{b} = \begin{bmatrix} 100 \\ 99 \end{bmatrix}$.

(a) Calcule $\text{cond}_\infty(A)$

(b) Suponha que A seja alterada para $A' = \begin{bmatrix} 10 & 10 \\ 10 & 11 \end{bmatrix}$. Quão grande pode ser a variação relativa, provocada por essa alteração, na solução de $A\mathbf{x} = \mathbf{b}$? [Use a desigualdade (1) desta seção.]

(c) Resolva o sistema usando A e A' e determine o real erro relativo.

(d) Suponha que **b** seja substituído por $\mathbf{b}' = \begin{bmatrix} 100 \\ 101 \end{bmatrix}$.
Quão grande pode ser a variação relativa, provocada por essa substituição, na solução de $A\mathbf{x} = \mathbf{b}$? (Use o exercício 42.)

(e) Resolva o sistema usando **b** e **b**′ e determine o real erro relativo.

44. Sejam $A = \begin{bmatrix} 1 & 1 & 1 \\ 2 & 5 & 0 \\ 1 & -1 & 2 \end{bmatrix}$ e $\mathbf{b} = \begin{bmatrix} 1 \\ 2 \\ 3 \end{bmatrix}$.

(a) Calcule $\text{cond}_1(A)$.

(b) Suponha que A seja alterada para
$A' = \begin{bmatrix} 1 & 1 & 1 \\ 1 & 5 & 0 \\ 1 & -1 & 2 \end{bmatrix}$. Quão grande pode ser a variação relativa, provocada por essa alteração, na solução de $A\mathbf{x} = \mathbf{b}$? [*Sugestão*: Use a desigualdade (1) desta seção.]

(c) Resolva o sistema usando A e A' e determine o real erro relativo.

(d) Suponha que b seja substituído por $\mathbf{b}' = \begin{bmatrix} 1 \\ 1 \\ 3 \end{bmatrix}$.
Quão grande pode ser a variação relativa, provocada por essa substituição, na solução de $A\mathrm{x} = \mathrm{b}$? [*Sugestão*: Use o exercício 42.]

(e) Resolva o sistema usando **b** e **b**′ e determine o real erro relativo.

45. Mostre que, se A é uma matriz invertível, $\text{cond}(A) \geq 1$ em relação a qualquer norma de matriz.

46. Mostre que, se A e B são matrizes invertíveis, $\text{cond}(AB) \leq \text{cond}(A)\text{cond}(B)$ em relação a qualquer norma de matriz.

47. Seja A uma matriz invertível e sejam λ_1 e λ_n os autovalores com o maior e o menor valor absoluto, respectivamente. Mostre que

$$\text{cond}\,(A) \geq \frac{|\lambda_1|}{|\lambda_n|}$$

[Sugestão: veja o exercício 34 e o teorema 4.18(b) da seção 4.3.]

CAS *Para os exercícios de 48 a 51, escreva na forma da equação (7) o sistema dado. Depois, use o método do exemplo 7.22 para estimar o número de iterações do método de Jacobi que precisaremos para aproximar a solução com precisão até a terceira casa decimal. (Use $\mathbf{x}_0 = \mathbf{0}$.) Compare sua resposta com a solução calculada para o exercício dado na seção 2.5.*

48. Exercício 1, seção 2.5 **49.** Exercício 3, seção 2.5

50. Exercício 4, seção 2.5 **51.** Exercício 5, seção 2.5

O exercício 52(c) se refere ao modelo de Leontief para uma economia aberta, como discutido nas seções 2.4 e 3.7.

52. Seja A uma matriz $n \times n$ tal que $\|A\| < 1$, em que a norma ou é a norma da soma ou é a norma do máximo.

(a) Mostre que $A^n \to O$ quando $n \to \infty$.

(b) A partir de (a), deduza que $I - A$ é invertível e

$$(I - A)^{-1} = I + A + A^2 + A^3 + \cdots$$

[*Sugestão*: Veja a demonstração do teorema 3.34.]

(c) Mostre que (b) pode ser usado para demonstrar os corolários 3.35 e 3.36.

7.3 Método de Aproximação por Mínimos Quadrados

Em muitos ramos da ciência, dados experimentais são usados para inferir uma relação matemática entre as variáveis que estão sendo medidas. Por exemplo, podemos medir a altura de uma árvore em vários períodos de tempo e tentar deduzir uma função que expresse a altura h da árvore em função do tempo t. Podemos também medir o tamanho p de uma população ao longo do tempo e tentar achar uma regra que relacione p e t. Relações entre variáveis também são de interesse em economia; por exemplo, uma companhia que fabrica produtos pode estar interessada em conhecer a relação entre seu custo total c e o número n de produtos fabricados.

Em cada um desses exemplos, os dados aparecem na forma de duas medidas: uma para a variável independente e outra para a (pressuposta) variável dependente. Assim, temos um conjunto de *pares de dados* (x_i, y_i), e estamos procurando uma função que melhor aproxime a relação entre a variável independente x e a variável dependente y. A figura 7.9 apresenta exemplos nos quais pares de dados experimentais são colocados em um gráfico, juntamente com uma curva que, aproximadamente, se "ajusta" aos dados.

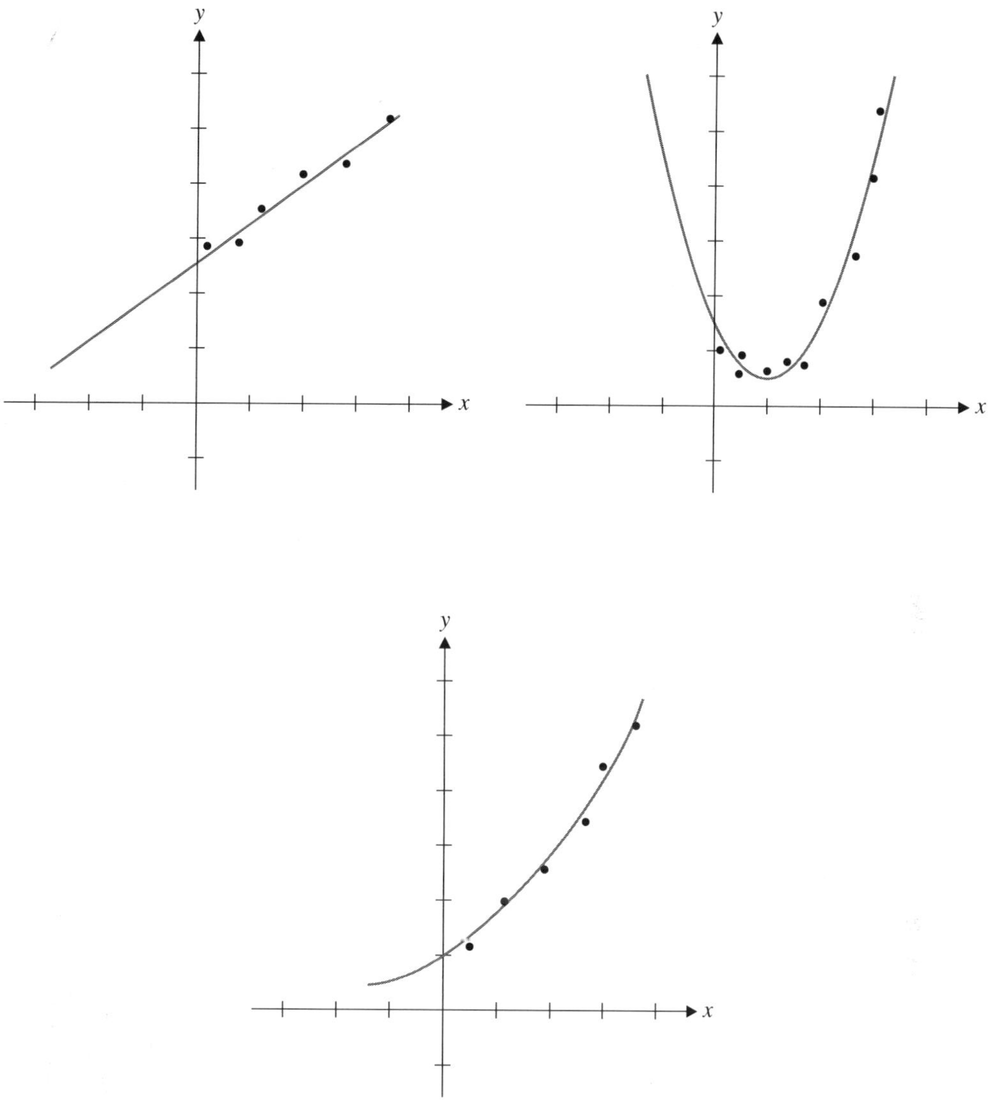

Figura 7.9
Curvas de "melhor ajuste"

Roger Cotes (1682-1716) foi um matemático inglês que, enquanto esteve em Cambridge, editou a segunda edição do *Principia*, de Newton. Apesar de ter publicado pouco, fez importantes descobertas nas teorias de logaritmo, cálculo integral e métodos numéricos.

O método dos mínimos quadrados, de que vamos falar agora, é atribuído a Gauss. Um novo asteroide, Ceres, foi descoberto no dia de Ano Novo de 1801, mas desapareceu atrás do Sol pouco depois de ser observado. Astrônomos previram quando e onde o Ceres reapareceria, mas seus cálculos diferiram muito daqueles feitos, independentemente, por Gauss. Ceres reapareceu em 7 de dezembro de 1801, quase exatamente onde Gauss predisse que ele estaria. Apesar de ele não ter revelado seus métodos naquela época, Gauss havia usado seu método de aproximação por mínimos quadrados, o qual ele descreveu em um artigo em 1809. O mesmo método já era conhecido antes; Cotes antecipou o método no começo do século XVIII, e Legendre publicou um artigo sobre ele em 1806. Entretanto, Gauss geralmente recebe os créditos pelo método de aproximação por mínimos quadrados.

Vamos começar nossos estudos sobre aproximações com um resultado mais geral.

O Teorema da Melhor Aproximação

Nas ciências, existem muitos problemas que podem ser enunciados de maneira geral, como "Qual é a melhor aproximação para X na forma de Y?" X pode ser um conjunto de dados, uma função, um vetor ou muitas outras coisas, enquanto Y pode ser um tipo específico de função, um vetor pertencente a um certo espaço vetorial etc. Um exemplo típico de um problema desses é encontrar o vetor $\mathbf{w}$ de um subespaço W de um espaço vetorial V que melhor aproxime (isto é, é o mais próximo de) um dado vetor $\mathbf{v}$ de V. Esse problema dá origem à definição a seguir.

Definição Se W é um subespaço de um espaço linear normado V e se $\mathbf{v}$ é um vetor de V, então a ***melhor aproximação para* v *em* W** é o vetor $\bar{\mathbf{v}}$ de W tal que

$$\|\mathbf{v} - \bar{\mathbf{v}}\| < \|\mathbf{v} - \mathbf{w}\|$$

para todo vetor $\mathbf{w}$ de W diferente de $\bar{\mathbf{v}}$.

Em $\mathbb{R}^2$ ou $\mathbb{R}^3$, estamos acostumados a pensar na "menor distância" como o correspondente a "distância perpendicular." Em terminologia algébrica, "menor distância" está relacionada com a noção de projeção ortogonal: se W é um subespaço de $\mathbb{R}^n$ e $\mathbf{v}$ é um vetor de $\mathbb{R}^n$, então esperamos que $\text{proj}_W(\mathbf{v})$ seja o vetor de W que está mais perto de $\mathbf{v}$ (figura 7.10).

Como a projeção ortogonal pode ser definida em qualquer espaço com produto interno, temos o teorema a seguir.

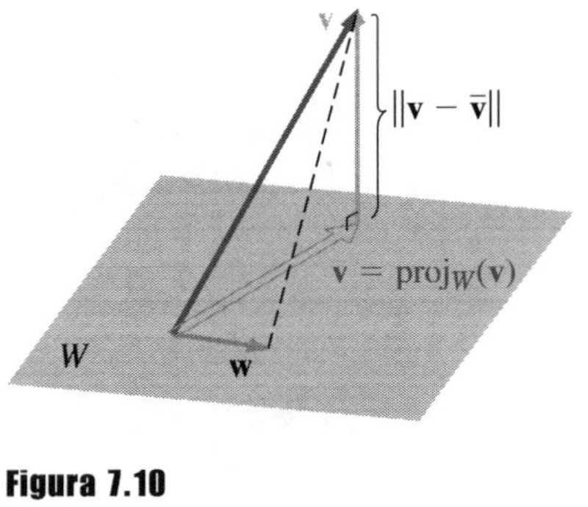

Figura 7.10

Se $\bar{\mathbf{v}} = \text{proj}_W(\mathbf{v})$, então
$\|\mathbf{v} - \bar{\mathbf{v}}\| < \|\mathbf{v} - \mathbf{w}\|$ para todo $\mathbf{w} \neq \bar{\mathbf{v}}$

Teorema 7.8 O Teorema da Melhor Aproximação

Se W é um subespaço de dimensão finita de um espaço V com produto interno e se $\mathbf{v}$ é um vetor de V, então $\text{proj}_W(\mathbf{v})$ é a melhor aproximação para $\mathbf{v}$ em W.

Demonstração Seja $\mathbf{w}$ um vetor em W diferente de $\text{proj}_W(\mathbf{v})$. Então, $\text{proj}_W(\mathbf{v}) - \mathbf{w}$ também está em W, e $\mathbf{v} - \text{proj}_W(\mathbf{v}) = \text{perp}_W(\mathbf{v})$ é ortogonal a $\text{proj}_W(\mathbf{v}) - \mathbf{w}$, pelo exercício 43 da seção 7.1. Agora, o teorema de Pitágoras implica que

$$\begin{aligned}\|\mathbf{v} - \text{proj}_W(\mathbf{v})\|^2 + \|\text{proj}_W(\mathbf{v}) - \mathbf{w}\|^2 &= \|(\mathbf{v} - \text{proj}_W(\mathbf{v})) + (\text{proj}_W(\mathbf{v}) - \mathbf{w})\|^2 \\ &= \|\mathbf{v} - \mathbf{w}\|^2\end{aligned}$$

como ilustrado na figura 7.10. Entretanto, $\|\text{proj}_W(\mathbf{v}) - \mathbf{w}\|^2 > 0$, já que $\mathbf{w} \neq \text{proj}_W(\mathbf{v})$, por isso

$$\|\mathbf{v} - \text{proj}_W(\mathbf{v})\|^2 < \|\mathbf{v} - \text{proj}_W(\mathbf{v})\|^2 + \|\text{proj}_W(\mathbf{v}) - \mathbf{w}\|^2 = \|\mathbf{v} - \mathbf{w}\|^2$$

ou, equivalentemente,

$$\|\mathbf{v} - \text{proj}_W(\mathbf{v})\| < \|\mathbf{v} - \mathbf{w}\|$$

Exemplo 7.23

Sejam $\mathbf{u}_1 = \begin{bmatrix} 1 \\ 2 \\ -1 \end{bmatrix}, \mathbf{u}_2 = \begin{bmatrix} 5 \\ -2 \\ 1 \end{bmatrix}$, e $\mathbf{v} = \begin{bmatrix} 3 \\ 2 \\ 5 \end{bmatrix}$. Encontre a melhor aproximação para $\mathbf{v}$ no plano $W = \text{ger}(\mathbf{u}_1, \mathbf{u}_2)$ e calcule a distância euclidiana de $\mathbf{v}$ até W.

Solução O vetor de W que melhor aproxima $\mathbf{v}$ é $\text{proj}_W(\mathbf{v})$. Como $\mathbf{u}_1$ e $\mathbf{u}_2$ são ortogonais,

$$\begin{aligned}\text{proj}_W(\mathbf{v}) &= \left(\frac{\mathbf{u}_1 \cdot \mathbf{v}}{\mathbf{u}_1 \cdot \mathbf{u}_1}\right)\mathbf{u}_1 + \left(\frac{\mathbf{u}_2 \cdot \mathbf{v}}{\mathbf{u}_2 \cdot \mathbf{u}_2}\right)\mathbf{u}_2 \\ &= \tfrac{2}{6}\begin{bmatrix} 1 \\ 2 \\ -1 \end{bmatrix} + \tfrac{16}{30}\begin{bmatrix} 5 \\ -2 \\ 1 \end{bmatrix} = \begin{bmatrix} 3 \\ -\frac{2}{5} \\ \frac{1}{5} \end{bmatrix}\end{aligned}$$

A distância de $\mathbf{v}$ até W é a distância de $\mathbf{v}$ até o ponto de W que está mais próximo de $\mathbf{v}$. Mas essa distância é simplesmente $\|\text{perp}_W(\mathbf{v})\| = \|\mathbf{v} - \text{proj}_W(\mathbf{v})\|$. Assim, calculamos

$$\mathbf{v} - \text{proj}_W(\mathbf{v}) = \begin{bmatrix} 3 \\ 2 \\ 5 \end{bmatrix} - \begin{bmatrix} 3 \\ -\frac{2}{5} \\ \frac{1}{5} \end{bmatrix} = \begin{bmatrix} 0 \\ \frac{12}{5} \\ \frac{24}{5} \end{bmatrix}$$

portanto, $\|\mathbf{v} - \text{proj}_W(\mathbf{v})\| = \sqrt{0^2 + (\frac{12}{5})^2 + (\frac{24}{5})^2} = \sqrt{\frac{720}{25}} = 12\sqrt{5}/5$

que é a distância de $\mathbf{v}$ até W.

Na seção 7.5, veremos outros exemplos do teorema da melhor aproximação quando analisamos o problema de aproximar funções.

Observação A projeção ortogonal do vetor $\mathbf{v}$ sobre um subespaço W é definida em termos de uma base ortogonal para W. O teorema da melhor aproximação nos dá uma demonstração alternativa de que $\text{proj}_W(\mathbf{v})$ não depende da escolha da base, já que só pode existir um único vetor em W mais próximo de $\mathbf{v}$ — o $\text{proj}_W(\mathbf{v})$.

Método de Aproximação por Mínimos Quadrados

Agora, vamos nos ater ao problema de achar uma curva que "melhor se ajuste" a um conjunto de pontos de dados. Antes de começarmos, precisamos definir o que significa "melhor se ajuste". Considere (1, 2), (2, 2) e (3, 4) como pontos que surgiram de medidas feitas durante algum experimento. Considere também que temos razões para acreditar que os valores de x e y estão relacionados por uma função linear — isto é, esperamos que os pontos estejam sobre alguma linha com equação $y = a + bx$. Se nossas medidas forem precisas, todos os três pontos vão satisfazer essa equação, e teremos

$$2 = a + b \cdot 1 \qquad 2 = a + b \cdot 2 \qquad 4 = a + b \cdot 3$$

Esse é um sistema de três equações lineares com duas variáveis:

$$\begin{aligned} a + b &= 2 \\ a + 2b &= 2 \\ a + 3b &= 4 \end{aligned} \quad \text{ou} \quad \begin{bmatrix} 1 & 1 \\ 1 & 2 \\ 1 & 3 \end{bmatrix}\begin{bmatrix} a \\ b \end{bmatrix} = \begin{bmatrix} 2 \\ 2 \\ 4 \end{bmatrix}$$

Infelizmente, esse sistema é impossível (já que os três pontos não estão sobre uma reta). Então, vamos buscar uma reta que esteja "o mais próximo possível" de passar pelos nossos pontos. Para qualquer reta, mediremos a distância vertical de cada ponto de dado até a reta (representando os *erros* na direção y), e então tentaremos escolher a reta que minimize o *erro total*. A figura 7.11 ilustra essa situação.

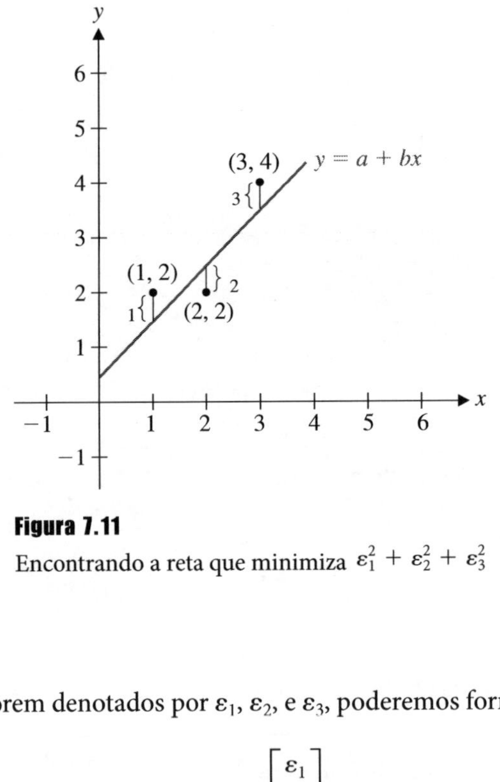

Figura 7.11
Encontrando a reta que minimiza $\varepsilon_1^2 + \varepsilon_2^2 + \varepsilon_3^2$

Se os erros forem denotados por ε_1, ε_2, e ε_3, poderemos formar o **vetor erro**

$$\mathbf{e} = \begin{bmatrix} \varepsilon_1 \\ \varepsilon_2 \\ \varepsilon_3 \end{bmatrix}$$

Queremos que **e** seja o menor possível, então $\|\mathbf{e}\|$ deve estar o mais próximo possível de zero. Qual norma devemos usar? A norma euclidiana é a melhor escolha. (A norma da soma também poderia ser uma escolha viável, já que $\|\mathbf{e}\|_s = |\varepsilon_1| + |\varepsilon_2| + |\varepsilon_3|$ é a soma de fato dos erros na figura 7.11. Entretanto, os valores em módulo são mais difíceis de serem trabalhados e, como você verá logo, a escolha da norma euclidiana nos leva a algumas fórmulas mais tratáveis.) Então, vamos minimizar

$$\|\mathbf{e}\| = \sqrt{\varepsilon_1^2 + \varepsilon_2^2 + \varepsilon_3^2} \quad \text{ou, equivalentemente,} \quad \|\mathbf{e}\|^2 = \varepsilon_1^2 + \varepsilon_2^2 + \varepsilon_3^2$$

É daí que vem o termo "mínimos quadrados": precisamos achar a menor soma de quadrados, no sentido da expressão que surgiu. O número $\|\mathbf{e}\|$ é chamado ***erro quadrático mínimo*** da aproximação.

A partir da figura 7.11, também obtemos as seguintes fórmulas para ε_1, ε_2, e ε_3 em nosso exemplo:

$$\varepsilon_1 = 2 - (a + b \cdot 1) \quad \varepsilon_2 = 2 - (a + b \cdot 2) \quad \varepsilon_3 = 4 - (a + b \cdot 3)$$

Exemplo 7.24

Qual das seguintes retas tem o erro quadrático mínimo para os pontos (1, 2), (2, 2) e (3, 4)?

(a) $y = 1 + x$

(b) $y = -2 + 2x$

(c) $y = \frac{2}{3} + x$

Solução A tabela 7.11 mostra os cálculos necessários.

Tabela 7.1

	$y = 1 + x$	$y = -2 + 2x$	$y = \frac{2}{3} + x$
ε_1	$2 - (1 + 1) = 0$	$2 - (-2 + 2) = 2$	$2 - (\frac{2}{3} + 1) = \frac{1}{3}$
ε_2	$2 - (1 + 2) = -1$	$2 - (-2 + 4) = 0$	$2 - (\frac{2}{3} + 2) = -\frac{2}{3}$
ε_3	$4 - (1 + 3) = 0$	$4 - (-2 + 6) = 0$	$4 - (\frac{2}{3} + 3) = \frac{1}{3}$
$\varepsilon_1^2 + \varepsilon_2^2 + \varepsilon_3^2$	$0^2 + (-1)^2 + 0^2 = 1$	$2^2 + 0^2 + 0^2 = 4$	$(\frac{1}{3})^2 + (-\frac{2}{3})^2 + (\frac{1}{3})^2 = \frac{2}{3}$
$\|\mathbf{e}\|$	1	2	$\sqrt{\frac{2}{3}} \approx 0{,}816$

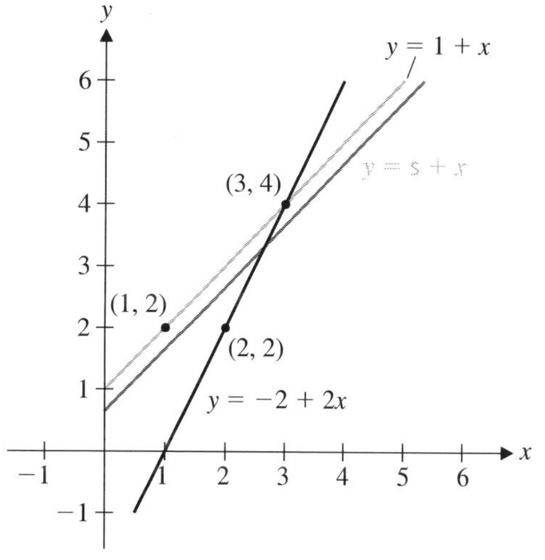

Figura 7.12

Vemos que a reta $y = \frac{2}{3} + x$ possui o menor erro quadrático mínimo dentre essas três retas. A figura 7.12 mostra os pontos e as três retas.

Resulta que a reta $y = \frac{2}{3} + x$ do exemplo 7.24 possui o menor erro quadrático mínimo dentre *todas* as retas, apesar de ela não passar por *nenhum* dos pontos dados. O restante desta seção será para ilustrar por que isso é verdade.

Em geral, suponha que tenhamos n pontos $(x_1, y_1), \ldots, (x_n, y_n)$ e uma reta $y = a + bx$. Nosso vetor erro é

$$\mathbf{e} = \begin{bmatrix} \varepsilon_1 \\ \vdots \\ \varepsilon_n \end{bmatrix}$$

em que $\varepsilon_i = y_i - (a + bx_i)$. A reta $y = a + bx$ que minimiza $\varepsilon_1^2 + \cdots + \varepsilon_n^2$ é chamada ***reta de mínimos quadrados*** (ou ***reta de melhor ajuste***) para os pontos $(x_1, y_1), ..., (x_n, y_n)$. Como visto antes do exemplo 7.24, podemos expressar esse problema em forma de matriz. Se os pontos dados estivessem de fato na reta $y = a + bx$, as n equações lineares

$$\begin{aligned} a + bx_1 &= y_1 \\ &\vdots \\ a + bx_n &= y_n \end{aligned}$$

seriam todas verdadeiras (isto é, o sistema seria compatível). Nosso interesse está no caso em que os pontos *não* são colineares, no qual o sistema é *indeterminado*. Em forma matricial, temos

$$\begin{bmatrix} 1 & x_1 \\ 1 & x_2 \\ \vdots & \vdots \\ 1 & x_n \end{bmatrix} \begin{bmatrix} a \\ b \end{bmatrix} = \begin{bmatrix} y_1 \\ y_2 \\ \vdots \\ y_n \end{bmatrix}$$

que está na forma $A\mathbf{x} = \mathbf{b}$, em que

$$A = \begin{bmatrix} 1 & x_1 \\ 1 & x_2 \\ \vdots & \vdots \\ 1 & x_n \end{bmatrix}, \quad \mathbf{x} = \begin{bmatrix} a \\ b \end{bmatrix}, \quad \mathbf{b} = \begin{bmatrix} y_1 \\ y_2 \\ \vdots \\ y_n \end{bmatrix}$$

O vetor erro $\mathbf{e}$ é apenas $\mathbf{b} - A\mathbf{x}$ (verifique isso), e queremos minimizar $\|\mathbf{e}\|^2$ ou, equivalentemente, $\|\mathbf{e}\|$. Podemos, assim, reescrever nosso problema em forma de matrizes do modo a seguir.

Definição Se A é uma matriz $m \times n$ e $\mathbf{b}$ está em $\mathbb{R}^m$, uma ***solução por mínimos quadrados*** de $A\mathbf{x} = \mathbf{b}$ é um vetor $\overline{\mathbf{x}}$ de $\mathbb{R}^n$ tal que

$$\|\mathbf{b} - A\overline{\mathbf{x}}\| \leq \|\mathbf{b} - A\mathbf{x}\|$$

para todo $\mathbf{x}$ em $\mathbb{R}^n$.

Solução para o Problema dos Mínimos Quadrados

Qualquer vetor da forma $A\mathbf{x}$ está no espaço coluna de A, e, quando $\mathbf{x}$ varia sobre todos os vetores de $\mathbb{R}^n$, $A\mathbf{x}$ varia sobre todos os vetores em col(A). Uma solução por mínimos quadrados de $A\mathbf{x} = \mathbf{b}$ é, portanto, equivalente a um vetor $\bar{\mathbf{y}}$ de col(A) tal que

$$\|\mathbf{b} - \bar{\mathbf{y}}\| \leq \|\mathbf{b} - \mathbf{y}\|$$

para todo $\mathbf{y}$ de col(A). Em outras palavras, precisamos do vetor em col(A) mais próximo a $\mathbf{b}$. Pelo teorema da melhor aproximação, o vetor que queremos é a projeção ortogonal de $\mathbf{b}$ em col(A). Assim, se $\bar{\mathbf{x}}$ é uma solução por mínimos quadrados de $A\mathbf{x} = \mathbf{b}$, temos

$$A\bar{\mathbf{x}} = \text{proj}_{\text{col}(A)}(\mathbf{b}) \tag{1}$$

Para acharmos $\bar{\mathbf{x}}$, pode parecer que precisamos primeiro calcular $\text{proj}_{\text{col}(A)}(\mathbf{b})$ e então resolver o sistema (1). Entretanto, há um jeito melhor.

Sabemos que

$$\mathbf{b} - A\bar{\mathbf{x}} = \mathbf{b} - \text{proj}_{\text{col}(A)}(\mathbf{b}) = \text{perp}_{\text{col}(A)}(\mathbf{b})$$

é ortogonal a col(A). De modo que $\mathbf{b} - A\bar{\mathbf{x}}$ pertence a $(\text{col}(A))^{\perp} = \text{anul}(A^T)$. Portanto, $A^T(\mathbf{b} - A\bar{\mathbf{x}}) = \mathbf{0}$, que, de fato, é equivalente a $A^T\mathbf{b} - A^TA\bar{\mathbf{x}} = \mathbf{0}$ ou

$$A^TA\bar{\mathbf{x}} = A^T\mathbf{b}$$

Isso representa um sistema de equações conhecido como ***equações normais*** para $\bar{\mathbf{x}}$.

Acabamos de ver que as soluções das equações normais para $\bar{\mathbf{x}}$ são precisamente as soluções por mínimos quadrados de $A\mathbf{x} = \mathbf{b}$. Isso demonstra a primeira parte do teorema a seguir.

Teorema 7.9 **Teorema dos Mínimos Quadrados**

Seja A uma matriz $m \times n$ e seja $\mathbf{b}$ pertencente a $\mathbb{R}^m$. Então, $A\mathbf{x} = \mathbf{b}$ sempre tem pelo menos uma solução por mínimos quadrados $\bar{\mathbf{x}}$. Além disso,

a. $\bar{\mathbf{x}}$ é uma solução por mínimos quadrados de $A\mathbf{x} = \mathbf{b}$ se e somente se $\bar{\mathbf{x}}$ é uma solução da equação normal $A^TA\bar{\mathbf{x}} = A^T\mathbf{b}$.

b. A possui colunas linearmente independentes se e somente se A^TA é invertível. Nesse caso, a solução por mínimos quadrados de $A\mathbf{x} = \mathbf{b}$ é única e é dada por

$$\bar{\mathbf{x}} = (A^TA)^{-1}A^T\mathbf{b}$$

Demonstração Já vimos a propriedade (a). Para a propriedade (b), note que as n colunas de A são linearmente independentes se e somente se posto(A) = n. Mas isso é verdade se e somente se A^TA é invertível, pelo teorema 3.28. Se A^TA é invertível, a solução única para $A^TA\bar{\mathbf{x}} = A^T\mathbf{b}$ é, claramente, $\bar{\mathbf{x}} = (A^TA)^{-1}A^T\mathbf{b}$. ∎

Exemplo 7.25

Encontre uma solução por mínimos quadrados para o sistema impossível $A\mathbf{x} = \mathbf{b}$, em que

$$A = \begin{bmatrix} 1 & 5 \\ 2 & -2 \\ -1 & 1 \end{bmatrix} \quad \text{e} \quad \mathbf{b} = \begin{bmatrix} 3 \\ 2 \\ 5 \end{bmatrix}$$

Solução Calculamos

$$A^TA = \begin{bmatrix} 1 & 2 & -1 \\ 5 & -2 & 1 \end{bmatrix} \begin{bmatrix} 1 & 5 \\ 2 & -2 \\ -1 & 1 \end{bmatrix} = \begin{bmatrix} 6 & 0 \\ 0 & 30 \end{bmatrix}$$

e

$$A^T\mathbf{b} = \begin{bmatrix} 1 & 2 & -1 \\ 5 & -2 & 1 \end{bmatrix} \begin{bmatrix} 3 \\ 2 \\ 5 \end{bmatrix} = \begin{bmatrix} 2 \\ 16 \end{bmatrix}$$

As equações normais $A^TA\overline{\mathbf{x}} = A^T\mathbf{b}$ são

$$\begin{bmatrix} 6 & 0 \\ 0 & 30 \end{bmatrix} \overline{\mathbf{x}} = \begin{bmatrix} 2 \\ 16 \end{bmatrix}$$

que resultam em $\overline{\mathbf{x}} = \begin{bmatrix} \frac{1}{3} \\ \frac{8}{15} \end{bmatrix}$. O fato de essa solução ser única foi garantido pelo teorema 7.9(b), devido às colunas de A serem claramente independentes.

Observação Poderíamos ter enunciado o exemplo 7.25 como: encontre a melhor aproximação para **b** no espaço coluna de A. As equações resultantes formam o sistema $A\mathbf{x} = \mathbf{b}$ cuja solução por mínimos quadrados acabamos de encontrar. (Verifique isso.) Nesse caso, os componentes de $\overline{\mathbf{x}}$ são os *coeficientes* daquela combinação linear das colunas de A que ocasionam a melhor aproximação para **b** — ou seja,

$$\frac{1}{3}\begin{bmatrix} 1 \\ 2 \\ -1 \end{bmatrix} + \frac{8}{15}\begin{bmatrix} 5 \\ -2 \\ 1 \end{bmatrix} = \begin{bmatrix} 3 \\ -\frac{2}{5} \\ \frac{1}{5} \end{bmatrix}$$

Esse é exatamente o resultado do exemplo 7.23. Compare as duas abordagens.

Exemplo 7.26

Encontre a reta de mínimos quadrados para os pontos (1, 2), (2, 2) e (3, 4) do exemplo 7.24.

Solução Já vimos que o sistema correspondente para $A\mathbf{x} = \mathbf{b}$ é

$$\begin{bmatrix} 1 & 1 \\ 1 & 2 \\ 1 & 3 \end{bmatrix} \begin{bmatrix} a \\ b \end{bmatrix} = \begin{bmatrix} 2 \\ 2 \\ 4 \end{bmatrix}$$

em que $y = a + bx$ é a reta procurada. Como as colunas de A são, sem dúvida, linearmente independentes, existirá uma única solução por mínimos quadrados, pela parte (b) do teorema dos mínimos quadrados. Calculamos

$$A^TA = \begin{bmatrix} 1 & 1 & 1 \\ 1 & 2 & 3 \end{bmatrix}\begin{bmatrix} 1 & 1 \\ 1 & 2 \\ 1 & 3 \end{bmatrix} = \begin{bmatrix} 3 & 6 \\ 6 & 14 \end{bmatrix} \quad \text{e} \quad A^T\mathbf{b} = \begin{bmatrix} 1 & 1 & 1 \\ 1 & 2 & 3 \end{bmatrix}\begin{bmatrix} 2 \\ 2 \\ 4 \end{bmatrix} = \begin{bmatrix} 8 \\ 18 \end{bmatrix}$$

Portanto, podemos resolver as equações normais $A^TA\overline{\mathbf{x}} = A^T\mathbf{b}$, utilizando o método de eliminação de Gauss para obter

$$[A^TA \mid A^T\mathbf{b}] = \left[\begin{array}{cc|c} 3 & 6 & 8 \\ 6 & 14 & 18 \end{array}\right] \longrightarrow \left[\begin{array}{cc|c} 1 & 0 & \frac{2}{3} \\ 0 & 1 & 1 \end{array}\right]$$

Assim, $\overline{\mathbf{x}} = \begin{bmatrix} \frac{2}{3} \\ 1 \end{bmatrix}$, de onde vemos que $a = \frac{2}{3}$, $b = 1$ são os coeficientes da reta de mínimos quadrados: $y = \frac{2}{3} + x$.

A reta que acabamos de achar é a reta do exemplo 7.24(c), assim, justificamos nossa afirmação de que essa reta é a que tem o menor erro quadrático mínimo para os pontos (1, 2), (2, 2) e (3, 4). Note que, se $\overline{\mathbf{x}}$ é a solução por mínimos quadrados de $A\mathbf{x} = \mathbf{b}$, podemos calcular o erro quadrático mínimo por

$$\|\mathbf{e}\| = \|\mathbf{b} - A\overline{\mathbf{x}}\|$$

Como $A\overline{\mathbf{x}} = \text{proj}_{\text{col}(A)}(\mathbf{b})$, isso é simplesmente o comprimento de $\text{perp}_{\text{col}(A)}(\mathbf{b})$ — ou seja, a distância de **b** ao espaço coluna de A. No exemplo 7.26, temos

$$\mathbf{e} = \mathbf{b} - A\overline{\mathbf{x}} = \begin{bmatrix} 2 \\ 2 \\ 4 \end{bmatrix} - \begin{bmatrix} 1 & 1 \\ 1 & 2 \\ 1 & 3 \end{bmatrix}\begin{bmatrix} \frac{2}{3} \\ 1 \end{bmatrix} = \begin{bmatrix} \frac{1}{3} \\ -\frac{2}{3} \\ \frac{1}{3} \end{bmatrix}$$

assim, como no exemplo 7.24(c), temos um erro quadrático mínimo de $\|\mathbf{e}\| = \sqrt{\frac{2}{3}} \approx 0{,}816$.

Observação Note que as colunas de A no exemplo 7.26 são linearmente independentes, portanto, $(A^TA)^{-1}$ existe e poderíamos calcular $\overline{\mathbf{x}}$ como $\overline{\mathbf{x}} = (A^TA)^{-1}A^T\mathbf{b}$. Entretanto, quase sempre é mais fácil resolver as equações normais usando o método de eliminação de Gauss (ou deixar nosso CAS fazer isso por você!).

É interessante ver o exemplo 7.26 sob dois pontos de vista geométricos diferentes. Por um lado, temos a reta de mínimos quadrados $y = \frac{2}{3} + x$, com os correspondentes erros $\varepsilon_1 = \frac{1}{3}$, $\varepsilon_2 = -\frac{2}{3}$, e $\varepsilon_3 = \frac{1}{3}$, como vistos na figura 7.13(a). Equivalentemente, temos a projeção de **b** no espaço coluna de A, como vemos na figura 7.13 (b). Neste caso,

$$\mathbf{p} = \text{proj}_{\text{col}(A)}(\mathbf{b}) = A\overline{\mathbf{x}} = \begin{bmatrix} 1 & 1 \\ 1 & 2 \\ 1 & 3 \end{bmatrix}\begin{bmatrix} \frac{2}{3} \\ 1 \end{bmatrix} = \begin{bmatrix} \frac{5}{3} \\ \frac{8}{3} \\ \frac{11}{3} \end{bmatrix}$$

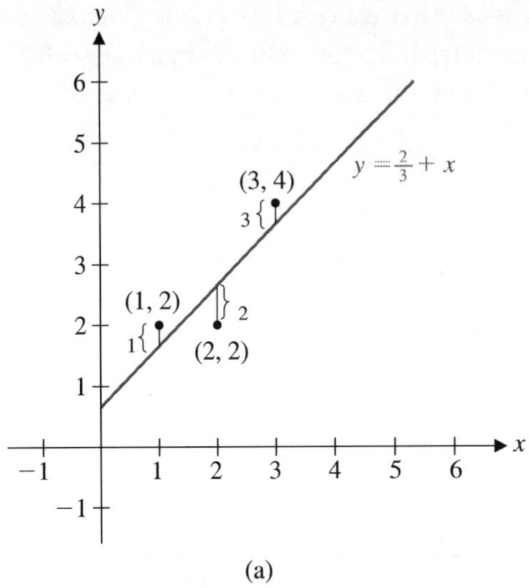

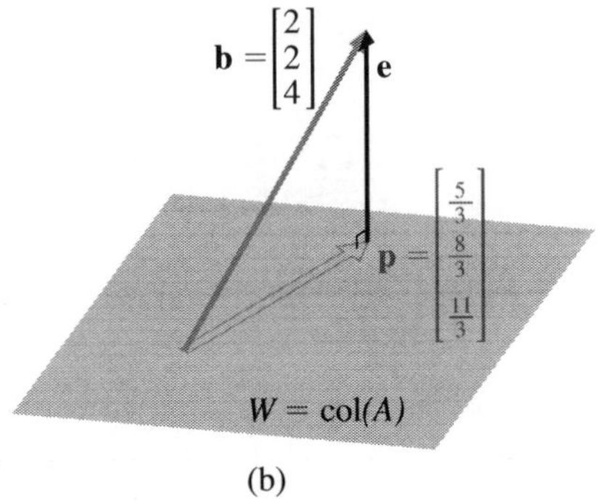

Figura 7.13

e o vetor erro quadrático mínimo é $\mathbf{e} = \begin{bmatrix} \varepsilon_1 \\ \varepsilon_2 \\ \varepsilon_3 \end{bmatrix}$. [Com o que se pareceria a figura 7.13 (b) se os pontos de dados *fossem* colineares?]

Exemplo 7.27

Encontre a reta de mínimos quadrados e o erro quadrático mínimo para os pontos (1, 1), (2, 2), (3, 2) e (4, 3).

Solução Seja $y = a + bx$ a equação da reta procurada. Substituindo os quatros pontos nessa equação, obtemos

$$\begin{aligned} a + b &= 1 \\ a + 2b &= 2 \\ a + 3b &= 2 \\ a + 4b &= 3 \end{aligned} \quad \text{ou} \quad \begin{bmatrix} 1 & 1 \\ 1 & 2 \\ 1 & 3 \\ 1 & 4 \end{bmatrix} \begin{bmatrix} a \\ b \end{bmatrix} = \begin{bmatrix} 1 \\ 2 \\ 2 \\ 3 \end{bmatrix}$$

Assim, queremos a solução por mínimos quadrados de $A\mathbf{x} = \mathbf{b}$, em que

$$A = \begin{bmatrix} 1 & 1 \\ 1 & 2 \\ 1 & 3 \\ 1 & 4 \end{bmatrix} \quad \text{e} \quad \mathbf{b} = \begin{bmatrix} 1 \\ 2 \\ 2 \\ 3 \end{bmatrix}$$

Como as colunas de A são linearmente independentes, a solução que queremos é

$$\overline{\mathbf{x}} = (A^TA)^{-1}A^T\mathbf{b} = \begin{bmatrix} \frac{1}{2} \\ \frac{3}{5} \end{bmatrix}$$

(Verifique esses cálculos.) Portanto, tomamos $a = \frac{1}{2}$ e $b = \frac{3}{5}$, resultando na reta de mínimos quadrados $y = \frac{1}{2} + \frac{3}{5}x$, como na figura 7.14.

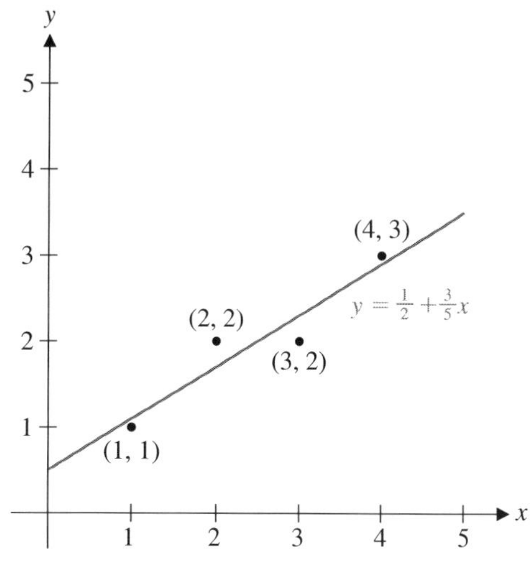

Figura 7.14

Considerando que

$$\mathbf{e} = \mathbf{b} - A\overline{\mathbf{x}} = \begin{bmatrix} 1 \\ 2 \\ 2 \\ 3 \end{bmatrix} - \begin{bmatrix} 1 & 1 \\ 1 & 2 \\ 1 & 3 \\ 1 & 4 \end{bmatrix} \begin{bmatrix} \frac{1}{2} \\ \frac{3}{5} \end{bmatrix} = \begin{bmatrix} -\frac{1}{10} \\ \frac{3}{10} \\ -\frac{3}{10} \\ \frac{1}{10} \end{bmatrix}$$

o erro quadrático mínimo é $\|\mathbf{e}\| = \sqrt{5}/5 \approx 0{,}447$.

Podemos utilizar o método dos mínimos quadrados para aproximar pontos de dados por outras curvas, além de retas.

Exemplo 7.28 Encontre a parábola que tem a melhor aproximação por mínimos quadrados para os pontos $(-1, 1)$, $(0, -1)$, $(1, 0)$ e $(2, 2)$.

Solução A equação de uma parábola é $y = a + bx + cx^2$. Substituindo os pontos dados nessa equação, obtemos o sistema linear

$$\begin{aligned} a - b + c &= 1 \\ a &= -1 \\ a + b + c &= 0 \\ a + 2b + 4c &= 2 \end{aligned} \quad \text{ou} \quad \begin{bmatrix} 1 & -1 & 1 \\ 1 & 0 & 0 \\ 1 & 1 & 1 \\ 1 & 2 & 4 \end{bmatrix} \begin{bmatrix} a \\ b \\ c \end{bmatrix} = \begin{bmatrix} 1 \\ -1 \\ 0 \\ 2 \end{bmatrix}$$

Assim, queremos a aproximação por mínimos quadrados de $A\mathbf{x} = \mathbf{b}$, em que

$$A = \begin{bmatrix} 1 & -1 & 1 \\ 1 & 0 & 0 \\ 1 & 1 & 1 \\ 1 & 2 & 4 \end{bmatrix} \quad \text{e} \quad \mathbf{b} = \begin{bmatrix} 1 \\ -1 \\ 0 \\ 2 \end{bmatrix}$$

Calculamos

$$A^TA = \begin{bmatrix} 4 & 2 & 6 \\ 2 & 6 & 8 \\ 6 & 8 & 18 \end{bmatrix} \quad \text{e} \quad A^T\mathbf{b} = \begin{bmatrix} 2 \\ 3 \\ 9 \end{bmatrix}$$

logo, as equações normais são

$$\begin{bmatrix} 4 & 2 & 6 \\ 2 & 6 & 8 \\ 6 & 8 & 18 \end{bmatrix} \overline{\mathbf{x}} = \begin{bmatrix} 2 \\ 3 \\ 9 \end{bmatrix}$$

cuja solução é

$$\overline{\mathbf{x}} = \begin{bmatrix} -\frac{7}{10} \\ -\frac{3}{5} \\ 1 \end{bmatrix}$$

Assim, a parábola de mínimos quadrados tem equação

$$y = -\tfrac{7}{10} - \tfrac{3}{5}x + x^2$$

como mostra a figura 7.15.

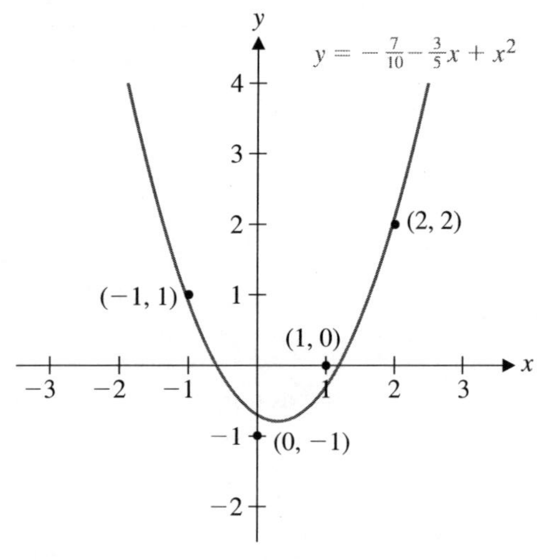

Figura 7.15
Uma parábola de mínimos quadrados

Uma das importantes aplicações do método dos mínimos quadrados é estimar constantes associadas a vários processos. O próximo exemplo ilustra essa aplicação em um contexto de crescimento populacional. Vimos, na seção 6.7, que uma população que está crescendo (ou decrescendo) exponencialmente satisfaz uma equação da forma $p(t) = ce^{kt}$, em que $p(t)$ é o tamanho da população no tempo t, e c e k são constantes. Claramente, $c = p(0)$, mas k não é tão fácil de ser determinada. É fácil ver que

$$k = \frac{p'(t)}{p(t)}$$

que explica por que k é, às vezes, chamada de *taxa de crescimento relativo* da população: ela é a razão da taxa de crescimento $p'(t)$ pelo tamanho da população $p(t)$.

CAS **Exemplo 7.29**

A tabela 7.2 apresenta a população do mundo para intervalos de dez anos, referente à segunda metade do século XX. Supondo um modelo de crescimento exponencial, encontre a taxa de crescimento relativo e preveja a população do mundo para 2010.

Tabela 7.2

Ano	População (em bilhões)
1950	2,56
1960	3,04
1970	3,71
1980	4,46
1990	5,28
2000	6,08

Fonte: U.S. Bureau of the Census, International Data Base

Solução Vamos medir o tempo t em intervalos de dez anos. Com isso, $t = 0$ é 1950, $t = 1$ é 1960, e assim por diante. Como $c = p(0) = 2{,}56$, a equação para a taxa de crescimento da população é

$$p = 2{,}56e^{kt}$$

Como podemos utilizar o método dos mínimos quadrados nessa equação? Se calcularmos o logaritmo neperiano de ambos os lados, alteramos a equação para uma linear:

$$\begin{aligned} \ln p &= \ln(2{,}56e^{kt}) \\ &= \ln 2{,}56 + \ln(e^{kt}) \\ &\approx 0{,}94 + kt \end{aligned}$$

Substituindo os valores de t e de p da tabela 7.2, chegamos ao seguinte sistema (onde arredondamos os valores para a terceira casa decimal):

$$\begin{aligned} 0{,}94 &= 0{,}94 \\ k &= 0{,}172 \\ 2k &= 0{,}371 \\ 3k &= 0{,}555 \\ 4k &= 0{,}724 \\ 5k &= 0{,}865 \end{aligned}$$

Podemos ignorar a primeira equação (que só corresponde à condição inicial $c = p(0) = 2{,}56$). As outras equações correspondem a um sistema $A\mathbf{x} = \mathbf{b}$, com

$$A = \begin{bmatrix} 1 \\ 2 \\ 3 \\ 4 \\ 5 \end{bmatrix} \quad \text{e} \quad \mathbf{b} = \begin{bmatrix} 0{,}172 \\ 0{,}371 \\ 0{,}555 \\ 0{,}724 \\ 0{,}865 \end{bmatrix}$$

Como $A^TA = 55$ e $A^T\mathbf{b} = 9{,}80$, as equações normais correspondentes são somente a equação

$$55\overline{\mathbf{x}} = 9{,}80$$

Portanto, $k = \overline{\mathbf{x}} = 9{,}80/55 \approx 0{,}178$. Consequentemente, a solução por mínimos quadrados tem a forma $p = 2{,}56e^{0{,}178t}$ (veja a figura 7.16).

A população mundial em 2010 corresponde a $t = 6$, de onde obtemos

$$p(6) = 2{,}56e^{0{,}178(6)} \approx 7{,}448$$

Assim, se nosso modelo estiver preciso, haverá aproximadamente 7,45 bilhões de pessoas na Terra no ano 2010. (O U.S. Census Bureau estima que a população global será de "apenas" 6,82 bilhões de pessoas em 2010. Por que você acha que nossa estimativa é mais alta?)

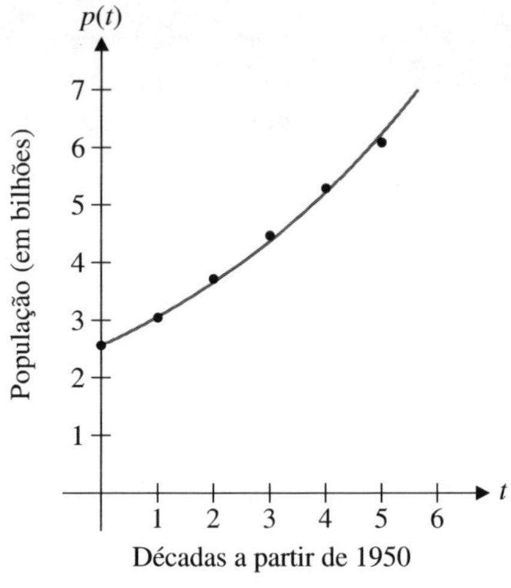

Figura 7.16

Mínimos Quadrados Via Fatoração *QR*

É muito frequente o caso em que as equações normais para o problema de mínimos quadrados são malcondicionadas. Portanto, um erro numérico pequeno ao usar o método de eliminação de Gauss resultará em um erro grande na solução por mínimos quadrados. Consequentemente, na prática, outros métodos são frequentemente utilizados para calcular aproximações por mínimos quadrados.

A fatoração QR de A é um caminho mais confiável para calcular uma aproximação por mínimos quadrados para $A\mathbf{x} = \mathbf{b}$.

Teorema 7.10 Seja A uma matriz $m \times n$ com colunas linearmente independentes, e considere $\mathbf{b}$ em $\mathbb{R}^m$. Se $A = QR$ é uma fatoração QR de A, a única solução por mínimos quadrados $\overline{\mathbf{x}}$ de $A\mathbf{x} = \mathbf{b}$ é

$$\overline{\mathbf{x}} = R^{-1}Q^T\mathbf{b}$$

Demonstração Lembre-se, pelo teorema 5.16, que a fatoração QR, $A = QR$, envolve uma matriz $m \times n$ Q com colunas ortogonais e uma matriz triangular superior invertível R. Pelo teorema dos mínimos quadrados, temos:

$$\begin{aligned} A^TA\overline{\mathbf{x}} &= A^T\mathbf{b} \\ \Rightarrow (QR)^TQR\overline{\mathbf{x}} &= (QR)^T\mathbf{b} \\ \Rightarrow R^TQ^TQR\overline{\mathbf{x}} &= R^TQ^T\mathbf{b} \\ \Rightarrow R^TR\overline{\mathbf{x}} &= R^TQ^T\mathbf{b} \end{aligned}$$

visto que $Q^TQ = I$. (Por quê?)

Como R é invertível, R^T também o é, por isso temos

$$R\overline{\mathbf{x}} = Q^T\mathbf{b} \quad \text{ou, de modo equivalente,} \quad \overline{\mathbf{x}} = R^{-1}Q^T\mathbf{b}$$

Observação Como R é triangular superior, na prática é mais fácil calcular $R\overline{\mathbf{x}} = Q^T\mathbf{b}$ diretamente do que inverter R e calcular $R^{-1}Q^T\mathbf{b}$.

Exemplo 7.30 Use a fatoração QR para encontrar uma solução por mínimos quadrados para $A\mathbf{x} = \mathbf{b}$, em que

$$A = \begin{bmatrix} 1 & 2 & 2 \\ -1 & 1 & 2 \\ -1 & 0 & 1 \\ 1 & 1 & 2 \end{bmatrix} \quad \text{e} \quad \mathbf{b} = \begin{bmatrix} 2 \\ -3 \\ -2 \\ 0 \end{bmatrix}$$

Solução Do exemplo 5.15,

$$A = QR = \begin{bmatrix} 1/2 & 3\sqrt{5}/10 & -\sqrt{6}/6 \\ -1/2 & 3\sqrt{5}/10 & 0 \\ -1/2 & \sqrt{5}/10 & \sqrt{6}/6 \\ 1/2 & \sqrt{5}/10 & \sqrt{6}/3 \end{bmatrix} \begin{bmatrix} 2 & 1 & 1/2 \\ 0 & \sqrt{5} & 3\sqrt{5}/2 \\ 0 & 0 & \sqrt{6}/2 \end{bmatrix}$$

Temos

$$Q^T\mathbf{b} = \begin{bmatrix} 1/2 & -1/2 & -1/2 & 1/2 \\ 3\sqrt{5}/10 & 3\sqrt{5}/10 & \sqrt{5}/10 & \sqrt{5}/10 \\ -\sqrt{6}/6 & 0 & \sqrt{6}/6 & \sqrt{6}/3 \end{bmatrix} \begin{bmatrix} 2 \\ -3 \\ -2 \\ 0 \end{bmatrix} = \begin{bmatrix} 7/2 \\ -\sqrt{5}/2 \\ -2\sqrt{6}/3 \end{bmatrix}$$

logo, precisamos que a solução satisfaça $R\overline{\mathbf{x}} = Q^T\mathbf{b}$, ou

$$\begin{bmatrix} 2 & 1 & 1/2 \\ 0 & \sqrt{5} & 3\sqrt{5}/2 \\ 0 & 0 & \sqrt{6}/2 \end{bmatrix} \overline{\mathbf{x}} = \begin{bmatrix} 7/2 \\ -\sqrt{5}/2 \\ -2\sqrt{6}/3 \end{bmatrix}$$

Substituições de trás para frente resultam em

$$\overline{\mathbf{x}} = \begin{bmatrix} 4/3 \\ 3/2 \\ -4/3 \end{bmatrix}$$

Revendo a Projeção Ortogonal

Um bom resultado que aparece do método dos mínimos quadrados é uma nova fórmula para a projeção ortogonal de um vetor em um subespaço de $\mathbb{R}^m$.

Teorema 7.11 Seja W um subespaço de $\mathbb{R}^m$ e seja A uma matriz $m \times n$ cujas colunas formam uma base para W. Se $\mathbf{v}$ é qualquer vetor de $\mathbb{R}^m$, então a projeção ortogonal de $\mathbf{v}$ em W é o vetor

$$\text{proj}_W(\mathbf{v}) = A(A^TA)^{-1}A^T\mathbf{v}$$

A transformação linear $P : \mathbb{R}^m \to \mathbb{R}^m$ que projeta $\mathbb{R}^m$ em W tem $A(A^TA)^{-1}A^T$ como sua matriz canônica.

Demonstração Do modo como construímos A, seu espaço coluna é W. Como as colunas de A são linearmente independentes, o teorema dos mínimos quadrados garante que existe uma única solução por mínimos quadrados para $A\mathbf{x} = \mathbf{v}$, dada por

$$\overline{\mathbf{x}} = (A^TA)^{-1}A^T\mathbf{v}$$

Pela equação (1),

$$A\bar{\mathbf{x}} = \text{proj}_{\text{col}(A)}(\mathbf{v}) = \text{proj}_W(\mathbf{v})$$

Portanto, $\text{proj}_W(\mathbf{v}) = A((A^TA)^{-1}A^T\mathbf{v}) = (A(A^TA)^{-1}A^T)\mathbf{v}$

como queríamos. Como essa equação é verdadeira para todo vetor $\mathbf{v}$ de $\mathbb{R}^m$, a última afirmação do teorema é imediata.

Vamos ilustrar o teorema 7.11 revendo o exemplo 5.11.

Exemplo 7.31

Encontre a projeção ortogonal de $\mathbf{v} = \begin{bmatrix} 3 \\ -1 \\ 2 \end{bmatrix}$ no plano W de $\mathbb{R}^3$, de equação $x - y + 2z = 0$, e encontre a matriz canônica da transformação da projeção ortogonal em W.

Solução Como no exemplo 5.11, vamos tomar como base para W o conjunto

$$\left\{ \begin{bmatrix} 1 \\ 1 \\ 0 \end{bmatrix}, \begin{bmatrix} -1 \\ 1 \\ 1 \end{bmatrix} \right\}$$

Formamos a matriz

$$A = \begin{bmatrix} 1 & -1 \\ 1 & 1 \\ 0 & 1 \end{bmatrix}$$

com esses vetores da base como colunas. Então,

$$A^TA = \begin{bmatrix} 1 & 1 & 0 \\ -1 & 1 & 1 \end{bmatrix} \begin{bmatrix} 1 & -1 \\ 1 & 1 \\ 0 & 1 \end{bmatrix} = \begin{bmatrix} 2 & 0 \\ 0 & 3 \end{bmatrix}$$

logo,
$$(A^TA)^{-1} = \begin{bmatrix} \frac{1}{2} & 0 \\ 0 & \frac{1}{3} \end{bmatrix}$$

Pelo teorema 7.11, a matriz canônica de uma transformação da projeção ortogonal em W é

$$A(A^TA)^{-1}A^T = A = \begin{bmatrix} 1 & -1 \\ 1 & 1 \\ 0 & 1 \end{bmatrix} \begin{bmatrix} \frac{1}{2} & 0 \\ 0 & \frac{1}{3} \end{bmatrix} \begin{bmatrix} 1 & 1 & 0 \\ -1 & 1 & 1 \end{bmatrix} = \begin{bmatrix} \frac{5}{6} & \frac{1}{6} & -\frac{1}{3} \\ \frac{1}{6} & \frac{5}{6} & \frac{1}{3} \\ -\frac{1}{3} & \frac{1}{3} & \frac{1}{3} \end{bmatrix}$$

logo, a projeção ortogonal de $\mathbf{v}$ em W é

$$\text{proj}_W(\mathbf{v}) = A(A^TA)^{-1}A^T\mathbf{v} = \begin{bmatrix} \frac{5}{6} & \frac{1}{6} & -\frac{1}{3} \\ \frac{1}{6} & \frac{5}{6} & \frac{1}{3} \\ -\frac{1}{3} & \frac{1}{3} & \frac{1}{3} \end{bmatrix} \begin{bmatrix} 3 \\ -1 \\ 2 \end{bmatrix} = \begin{bmatrix} \frac{5}{3} \\ \frac{1}{3} \\ -\frac{2}{3} \end{bmatrix}$$

que é a mesma resposta obtida no exemplo 5.11.

Observação Como a projeção de um vetor em um subespaço W é única, a matriz canônica dessa transformação (como dada no teorema 7.11) não pode depender da escolha da base para W. Em outras palavras, com uma base diferente para W, temos uma matriz A diferente, mas a matriz $A(A^TA)^{-1}A^T$ será a mesma! (O exercício 43 pedirá que você verifique isso.)

A Pseudoinversa de uma Matriz

Se A é uma matriz $n \times n$ com colunas linearmente independentes, então ela é invertível, e a única solução de $A\mathbf{x} = \mathbf{b}$ é $\mathbf{x} = A^{-1}\mathbf{b}$. Se $m > n$ e A é $m \times n$ com colunas linearmente independentes, $A\mathbf{x} = \mathbf{b}$ não possui nenhuma solução exata, mas a melhor aproximação é dada pela única solução por mínimos quadrados $\overline{\mathbf{x}} = (A^TA)^{-1}A^T\mathbf{b}$. A matriz $(A^TA)^{-1}A^T$, portanto, faz o papel de uma "matriz inversa de A" para essa situação.

Definição Se A é uma matriz com colunas linearmente independentes, a ***pseudoinversa*** de A é a matriz A^+ definida por

$$A^+ = (A^TA)^{-1}A^T$$

Note que, se A é $m \times n$, A^+ é $n \times m$.

Exemplo 7.32

Encontre a pseudoinversa de $A = \begin{bmatrix} 1 & 1 \\ 1 & 2 \\ 1 & 3 \end{bmatrix}$.

Solução Já fizemos a maior parte dos cálculos no exemplo 7.26. Aproveitando nosso trabalho anterior, temos

$$A^+ = (A^TA)^{-1}A^T = \begin{bmatrix} \frac{7}{3} & -1 \\ -1 & \frac{1}{2} \end{bmatrix}\begin{bmatrix} 1 & 1 & 1 \\ 1 & 2 & 3 \end{bmatrix} = \begin{bmatrix} \frac{4}{3} & \frac{1}{3} & -\frac{2}{3} \\ -\frac{1}{2} & 0 & \frac{1}{2} \end{bmatrix}$$

A pseudoinversa é uma conveniente notação mais curta para alguns dos conceitos que temos explorado. Por exemplo, se A é $m \times n$ com colunas linearmente independentes, a solução por mínimos quadrados de $A\mathbf{x} = \mathbf{b}$ é dada por

$$\overline{\mathbf{x}} = A^+\mathbf{b}$$

e a matriz canônica da projeção ortogonal P de $\mathbb{R}^m$, em col(A), é

$$[P] = AA^+$$

Se A é, de fato, uma matriz quadrada, fica fácil mostrar que $A^+ = A^{-1}$ (veja o exercício 53). Nesse caso, a solução por mínimos quadrados de $A\mathbf{x} = \mathbf{b}$ é a solução *exata*, já que

$$\overline{\mathbf{x}} = A^+\mathbf{b} = A^{-1}\mathbf{b} = \mathbf{x}$$

A matriz de projeção torna-se $[P] = AA^+ = AA^{-1} = I$. (Qual a interpretação geométrica dessa igualdade?)

O teorema 7.12 resume as propriedades mais importantes para a pseudoinversa de uma matriz. (Antes de ler a demonstração desse teorema, verifique essas propriedades para a matriz do exemplo 7.32.)

Teorema 7.12 Seja A uma matriz com colunas linearmente independentes. A pseudoinversa A^+ de A satisfaz às seguintes propriedades, chamadas ***condições de Penrose*** para A:

a. $AA^+A = A$
b. $A^+AA^+ = A^+$
c. AA^+ e A^+A são simétricas.

Demonstração Vamos demonstrar a condição (a) e metade da condição (c), e deixar as demonstrações restantes como exercícios 54 e 55.

(a) Calculamos

$$\begin{aligned} AA^+A &= A((A^TA)^{-1}A^T)A \\ &= A(A^TA)^{-1}(A^TA) \\ &= AI = A \end{aligned}$$

(c) Pelo teorema 3.4, A^TA é simétrica. Portanto, $(A^TA)^{-1}$ também é simétrica, pelo exercício 46 da seção 3.3. Calculando a transposta de AA^+, temos

$$\begin{aligned} (AA^+)^T &= (A(A^TA)^{-1}A^T)^T \\ &= (A^T)^T((A^TA)^{-1})^TA^T \\ &= A(A^TA)^{-1}A^T \\ &= AA^+ \end{aligned}$$

O exercício 56 explora mais propriedades da pseudoinversa. Na próxima seção, veremos como estender a definição de A^+ para tratar *todas* as matrizes, com as colunas de A sendo ou não linearmente independentes.

Exercícios 7.3

CAS

Nos exercícios de 1 a 3, considere os pontos de dados (1, 0), (2, 1) *e* (3, 5). *Calcule o erro quadrático mínimo para a reta dada. Em cada caso, esboce o gráfico da reta, junto com os pontos.*

1. $y = -2 + 2x$ **2.** $y = x$ **3.** $y = -3 + \frac{5}{2}x$

Nos exercícios de 4 a 6, considere os pontos (−5, 3), (0, 3), (5, 2) *e* (10, 0). *Calcule o erro quadrático mínimo para a reta dada. Em cada caso, esboce o gráfico da reta, junto com os pontos.*

4. $y = 3 - \frac{1}{3}x$ **5.** $y = \frac{5}{2}$ **6.** $y = 2 - \frac{1}{5}x$

Nos exercícios de 7 a 14, encontre a reta de mínimos quadrados para os pontos dados e calcule o erro quadrático mínimo correspondente.

7. (1, 0), (2, 1), (3, 5)

8. (1, 6), (2, 3), (3, 1)

9. (0, 4), (1, 1), (2, 0)

10. (0, 3), (1, 3), (2, 5)

11. (−5, − 1), (0, 1), (5, 2), (10, 4)

12. $(-5, -3), (0, 3), (5, 2), (10, 0)$

13. $(1, 1), (2, 3), (3, 4), (4, 5), (5, 7)$

14. $(1, 10), (2, 8), (3, 5), (4, 3), (5, 0)$

Nos exercícios de 15 a 18, encontre a parábola de mínimos quadrados para os pontos dados.

15. $(1, 1), (2, -2), (3, 3), (4, 4)$

16. $(1, 6), (2, 0), (3, 0), (4, 2)$

17. $(-2, 4), (-1, 7), (0, 3), (1, 0), (2, -1)$

18. $(-2, 0), (-1, -11), (0, -10), (1, -9), (2, 8)$

Nos exercícios de 19 a 22, encontre a solução por mínimos quadrados de $A\mathbf{x} = \mathbf{b}$, construindo e resolvendo as equações normais.

19. $A = \begin{bmatrix} 3 & 1 \\ 1 & 1 \\ 1 & 2 \end{bmatrix}, \mathbf{b} = \begin{bmatrix} 1 \\ 1 \\ 1 \end{bmatrix}$

20. $A = \begin{bmatrix} 1 & -2 \\ 3 & -2 \\ 2 & 1 \end{bmatrix}, \mathbf{b} = \begin{bmatrix} 1 \\ 1 \\ 1 \end{bmatrix}$

21. $A = \begin{bmatrix} 1 & -2 \\ 0 & -3 \\ 2 & 5 \\ 3 & 0 \end{bmatrix}, \mathbf{b} = \begin{bmatrix} 4 \\ 1 \\ -2 \\ 4 \end{bmatrix}$

22. $A = \begin{bmatrix} 1 & 0 \\ 2 & -1 \\ -1 & 1 \\ 0 & 2 \end{bmatrix}, \mathbf{b} = \begin{bmatrix} 1 \\ 5 \\ -1 \\ 2 \end{bmatrix}$

Nos exercícios 23 e 24, mostre que a solução por mínimos quadrados de $A\mathbf{x} = \mathbf{b}$ não é única e resolva as equações normais para encontrar todas as soluções por mínimos quadrados.

23. $A = \begin{bmatrix} 1 & 1 & 0 & 0 \\ 1 & 0 & 1 & 1 \\ 0 & -1 & 1 & 1 \\ 1 & -1 & 1 & 0 \end{bmatrix}, \mathbf{b} = \begin{bmatrix} 1 \\ -3 \\ 2 \\ 4 \end{bmatrix}$

24. $A = \begin{bmatrix} 0 & 1 & 1 & 0 \\ 1 & -1 & 1 & -1 \\ 1 & 0 & 1 & 0 \\ 1 & 1 & 1 & 1 \end{bmatrix}, \mathbf{b} = \begin{bmatrix} 5 \\ 3 \\ -1 \\ 1 \end{bmatrix}$

Nos exercícios 25 e 26, encontre a melhor aproximação para a solução do sistema de equações dado.

25. $\begin{aligned} x + y - z &= 2 \\ -y + 2z &= 6 \\ 3x + 2y - z &= 11 \\ -x + z &= 0 \end{aligned}$

26. $\begin{aligned} 2x + 3y + z &= 21 \\ x + y + z &= 7 \\ -x + y - z &= 14 \\ 2y + z &= 0 \end{aligned}$

Nos exercícios 27 e 28, é dada uma fatoração QR para A. Use-a para encontrar uma solução por mínimos quadrados de $A\boldsymbol{x} = \boldsymbol{b}$.

27. $A = \begin{bmatrix} 2 & 1 \\ 2 & 0 \\ 1 & 1 \end{bmatrix}, Q = \begin{bmatrix} \frac{2}{3} & \frac{1}{3} \\ \frac{2}{3} & -\frac{2}{3} \\ \frac{1}{3} & \frac{2}{3} \end{bmatrix}, R = \begin{bmatrix} 3 & 1 \\ 0 & 1 \end{bmatrix}, \mathbf{b} = \begin{bmatrix} 2 \\ 3 \\ -1 \end{bmatrix}$

28. $A = \begin{bmatrix} 1 & 0 \\ 2 & -1 \\ -1 & 1 \end{bmatrix}, Q = \begin{bmatrix} 1/\sqrt{6} & 1/\sqrt{2} \\ 2/\sqrt{6} & 0 \\ -1/\sqrt{6} & 1/\sqrt{2} \end{bmatrix},$

$R = \begin{bmatrix} \sqrt{6} & -\sqrt{6}/2 \\ 0 & 1/\sqrt{2} \end{bmatrix}, \mathbf{b} = \begin{bmatrix} 1 \\ 1 \\ 1 \end{bmatrix}$

29. Uma bola de tênis é solta de várias alturas, e a altura da bola na primeira rebatida é medida. Use os dados da tabela 7.3 para determinar a reta de mínimos quadrados para a altura das rebatidas b em função da altura inicial h.

Tabela 7.3

h (cm)	20	40	48	60	80	100
b (cm)	14,5	31	36	45,5	59	73,5

30. A Lei de Hooke diz que o comprimento L de uma mola é uma função linear da força F aplicada sobre a mola. (Veja a figura 7.17 e o exemplo 6.92.) Assim, existem constantes a e b tais que

$$L = a + bF$$

A tabela 7.4 mostra o resultado de pendurarmos vários pesos na mola.

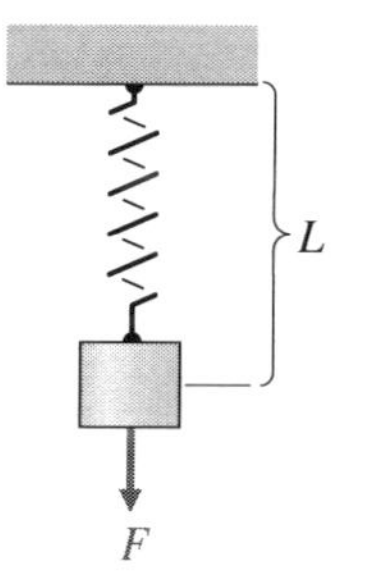

Figura 7.17

Tabela 7.4

F (onça)	2	4	6	8
L (polegadas)	7,4	9,6	11,5	13,6

Tabela 7.5

Ano de nascimento	1920	1930	1940	1950	1960	1970	1980	1990
Expectativa de vida (anos)	54,1	59,7	62,9	68,2	69,7	70,8	73,7	75,4

Fonte: World Almanac e Book of Facts. New York: World Almanac Books, 1999

(a) Determine as constantes a e b achando a reta de mínimos quadrados para esses dados. O que a constante a representa?

(b) Estime o comprimento da mola, considerando um peso de cinco onças pendurado nela.

31. A tabela 7.5 mostra a expectativa de vida para pessoas nascidas nos Estados Unidos nos anos dados.

(a) Determine a reta de mínimos quadrados para esses dados e utilize-a para prever a expectativa de vida de alguém nascido em 2000.

(b) Quão preciso é esse modelo? Explique.

32. Quando um objeto é arremessado para cima, a Segunda Lei de Newton para o movimento afirma que sua altura $s(t)$ no tempo t é dada por

$$s(t) = s_0 + v_0 t + \tfrac{1}{2}gt^2$$

em que v_0 é sua velocidade inicial e g é a constante de aceleração da gravidade. Considere as medidas mostradas na tabela 7.6.

Tabela 7.6

Tempo (s)	0,5	1	1,5	2	3
Altura (m)	11	17	21	23	18

(a) Encontre a aproximação quadrática por mínimos quadrados para esses dados.

(b) Estime a altura na qual o objeto foi solto (em m), sua velocidade inicial (em m/s) e sua aceleração da gravidade (em m/s^2).

(c) Quando, aproximadamente, o objeto atingirá o chão?

33. A tabela 7.7 mostra a população dos Estados Unidos em intervalos de dez anos, no período de 1950 a 2000.

(a) Supondo um modelo de crescimento exponencial da forma $p(t) = ce^{kt}$, em que $p(t)$ é a população em um tempo t, utilize mínimos quadrados para encontrar a equação para a taxa de crescimento da população. [*Sugestão*: considere $t = 0$ para 1950.]

(b) Use a equação obtida para estimar a população dos Estados Unidos em 2010.

Tabela 7.7

Ano	População (em milhões)
1950	150
1960	179
1970	203
1980	227
1990	250
2000	281

Fonte: U.S. Bureau of the Census

34. A tabela 7.8 mostra a média salarial da liga adulta de beisebol para os anos de 1970 a 2000.

(a) Encontre a aproximação quadrática por mínimos quadrados para esses dados.

(b) Encontre a aproximação exponencial por mínimos quadrados para esses dados.

(c) Qual equação dá uma melhor aproximação? Por quê?

(d) Qual a sua estimativa para a média salarial da liga adulta de beisebol em 2010 e em 2015?

Tabela 7.8

Ano	Média salarial (milhares de dólares)
1970	29,3
1975	44,7
1980	143,8
1985	371,6
1990	597,5
1995	1110,8
2000	1895,6
2005	2476,6

Fonte: Associação dos Jogadores da Liga Adulta de Beisebol

35. Uma amostra de 200 mg de polônio-210 radioativo é observada conforme ela decresce. A tabela 7.9 mostra a massa restante em vários tempos.

Assumindo um modelo exponencial decrescente, utilize mínimos quadrados para encontrar a meia-vida do polônio-210. (Veja a seção 6.7.)

Tabela 7.9

Tempo (dias)	0	30	60	90
Massa (mg)	200	172	148	128

36. Encontre o plano $z = a + bx + cy$ que melhor ajusta os pontos $(0, -4, 0)$, $(5, 0, 0)$, $(4, -1, 1)$, $(1, -3, 1)$ e $(-1, -5, -2)$.

Nos exercícios de 37 a 42, encontre a matriz canônica da projeção ortogonal sobre o subespaço W. Em seguida, use essa matriz para encontrar a projeção ortogonal de **v** *sobre W.*

37. $W = \text{ger}\left(\begin{bmatrix}1\\1\end{bmatrix}\right), \mathbf{v} = \begin{bmatrix}3\\4\end{bmatrix}$

38. $W = \text{ger}\left(\begin{bmatrix}1\\-2\end{bmatrix}\right), \mathbf{v} = \begin{bmatrix}1\\1\end{bmatrix}$

39. $W = \text{ger}\left(\begin{bmatrix}1\\1\\1\end{bmatrix}\right), \mathbf{v} = \begin{bmatrix}1\\2\\3\end{bmatrix}$

40. $W = \text{ger}\left(\begin{bmatrix}2\\2\\-1\end{bmatrix}\right), \mathbf{v} = \begin{bmatrix}1\\0\\0\end{bmatrix}$

41. $W = \text{ger}\left(\begin{bmatrix}1\\0\\-1\end{bmatrix}, \begin{bmatrix}1\\1\\1\end{bmatrix}\right), \mathbf{v} = \begin{bmatrix}1\\0\\0\end{bmatrix}$

42. $W = \text{ger}\left(\begin{bmatrix}1\\-2\\1\end{bmatrix}, \begin{bmatrix}1\\0\\-1\end{bmatrix}\right), \mathbf{v} = \begin{bmatrix}1\\2\\3\end{bmatrix}$

43. Verifique que a matriz canônica da projeção ortogonal sobre W, no exemplo 7.31 (como construída no teorema 7.11), não depende da escolha da base. Considere

$$\left\{\begin{bmatrix}1\\1\\0\end{bmatrix}, \begin{bmatrix}1\\3\\1\end{bmatrix}\right\}$$

como uma base para W e repita os cálculos para mostrar que a matriz projeção resultante é a mesma.

44. Seja A uma matriz com colunas linearmente independentes, e seja $P = A(A^TA)^{-1}A^T$ a matriz da projeção ortogonal sobre col(A).

(a) Mostre que P é simétrica.

(b) Mostre que P é idempotente.

Para os exercícios de 45 a 52, calcule a pseudoinversa de A.

45. $A = \begin{bmatrix}1\\2\end{bmatrix}$

46. $A = \begin{bmatrix}1\\-1\\2\end{bmatrix}$

47. $A = \begin{bmatrix}1 & 3\\-1 & 1\\0 & 2\end{bmatrix}$

48. $A = \begin{bmatrix}1 & 3\\3 & 1\\2 & 2\end{bmatrix}$

49. $A = \begin{bmatrix}1 & 1\\0 & 1\end{bmatrix}$

50. $A = \begin{bmatrix}1 & 2\\3 & 4\end{bmatrix}$

51. $A = \begin{bmatrix}1 & 0 & 0\\1 & 0 & 1\\0 & 1 & 1\\1 & 1 & 1\end{bmatrix}$

52. $A = \begin{bmatrix}1 & 2 & 0\\0 & 1 & -1\\1 & 1 & -2\\0 & 0 & 2\end{bmatrix}$

53. (a) Mostre que, se A é uma matriz quadrada com colunas linearmente independentes, $A^+ = A^{-1}$.

(b) Se A é uma matriz $m \times n$ com colunas ortogonais, o que é A^+?

54. Demonstre o teorema 7.12(b).

55. Demonstre a parte restante do teorema 7.12(c).

56. Seja A uma matriz com colunas linearmente independentes. Mostre as seguintes afirmações:

(a) $(cA)^+ = cA^+$, para todo escalar $c \neq 0$.

(b) $(A^+ 1)^+ = A$, se A é uma matriz quadrada.

(c) $(A^T)^+ = (A^+)^T$, se A é uma matriz quadrada.

57. Sejam dados n pontos $(x_1, y_1), \ldots, (x_n, y_n)$. Mostre que, se os pontos não estão todos em uma mesma reta vertical, eles possuem uma única reta de mínimos quadrados.

58. Sejam dados n pontos $(x_1, y_1), \ldots, (x_n, y_n)$. Generalize o exercício 57 para mostrar que, se pelo menos $k + 1$ dos $x_1, \ldots, x_n$ forem distintos, os pontos dados terão uma única aproximação polinomial por mínimos quadrados, com polinômios de grau no máximo k.

7.4 A Decomposição por Valores Singulares

No capítulo 5, vimos que toda matriz simétrica A pode ser fatorada como $A = PDP^T$, em que P é uma matriz ortogonal e D é uma matriz diagonal formada pelos autovalores de A. Se A não é simétrica, uma fatoração dessas não é possível, mas, como aprendemos no capítulo 4, ainda podemos fatorar uma matriz quadrada A como $A = PDP^{-1}$, em que D é como antes, mas P agora é simplesmente uma matriz invertível. Entretanto, nem toda matriz é diagonalizável. Você pode se surpreender porque agora vamos mostrar que *toda* matriz (simétrica ou não, quadrada ou não) possui uma fatoração da forma $A = PDQ^T$, em que P e Q são ortogonais e D é uma matriz diagonal! Esse resultado notável é a *decomposição por valores singulares* (DVS), e é uma das mais importantes dentre todas as fatorações de matrizes.

Nesta seção, vamos mostrar como calcular a DVS de uma matriz e considerar então algumas de suas muitas aplicações. Durante esse desenvolvimento, vamos juntar alguns resultados que ficaram soltos, respondendo a algumas questões que ficaram em aberto nas seções anteriores.

Os Valores Singulares de uma Matriz

Para qualquer matriz $m \times n$ A, a matriz $n \times n$ A^TA é simétrica e, portanto, pode ser ortogonalmente diagonalizável, pelo teorema espectral. Os autovalores de A^TA não são todos apenas reais (teorema 5.18), eles são todos *não negativos*. Para mostrar isso, seja λ um autovalor de A^TA com o correspondente autovetor unitário $\mathbf{v}$. Então:

$$\begin{aligned} 0 \le \|A\mathbf{v}\|^2 &= (A\mathbf{v}) \cdot (A\mathbf{v}) = (A\mathbf{v})^T A\mathbf{v} = \mathbf{v}^T A^T A\mathbf{v} \\ &= \mathbf{v}^T \lambda \mathbf{v} = \lambda(\mathbf{v} \cdot \mathbf{v}) = \lambda\|\mathbf{v}\|^2 = \lambda \end{aligned}$$

Portanto, faz sentido extrair a raiz quadrada (positiva) desses autovalores.

Definição Se A é uma matriz $m \times n$, os ***valores singulares*** de A são as raízes quadradas dos autovalores de A^TA, e são denotados por $\sigma_1, \ldots, \sigma_n$. É uma convenção ordenar os valores singulares de modo que $\sigma_1 \ge \sigma_2 \ge \cdots \ge \sigma_n$.

Exemplo 7.33 Encontre os valores singulares de

$$A = \begin{bmatrix} 1 & 1 \\ 1 & 0 \\ 0 & 1 \end{bmatrix}$$

Solução A matriz

$$A^TA = \begin{bmatrix} 1 & 1 & 0 \\ 1 & 0 & 1 \end{bmatrix} \begin{bmatrix} 1 & 1 \\ 1 & 0 \\ 0 & 1 \end{bmatrix} = \begin{bmatrix} 2 & 1 \\ 1 & 2 \end{bmatrix}$$

tem autovalores $\lambda_1 = 3$ e $\lambda_2 = 1$. Consequentemente, os valores singulares de A são $\sigma_1 = \sqrt{\lambda_1} = \sqrt{3}$ e $\sigma_2 = \sqrt{\lambda_2} = 1$.

Para entender o significado dos valores singulares de uma matriz A $m \times n$, considere os autovetores de A^TA. Como A^TA é simétrica, sabemos que existe uma base *ortonormal* para $\mathbb{R}^n$ formada pelos autovetores de A^TA. Seja $\{\mathbf{v}_1, \ldots, \mathbf{v}_n\}$ uma tal base correspondente aos autovalores de A^TA, ordenados de modo que $\lambda_1 \geq \lambda_2 \geq \cdots \geq \lambda_n$. Dos nossos cálculos feitos logo antes da definição,

$$\lambda_i = \|A\mathbf{v}_i\|^2$$

Portanto,

$$\sigma_i = \sqrt{\lambda_i} = \|A\mathbf{v}_i\|$$

Em outras palavras, os valores singulares de A são os comprimentos dos vetores $A\mathbf{v}_1, \ldots, A\mathbf{v}_n$.

Geometricamente, esse resultado tem uma boa interpretação. Considere o exemplo 7.33 novamente. Se $\mathbf{x}$ está na circunferência unitária de $\mathbb{R}^2$ (isto é, $\|\mathbf{x}\| = 1$), então

$$\begin{aligned}\|A\mathbf{x}\|^2 &= (A\mathbf{x})\cdot(A\mathbf{x}) = (A\mathbf{x})^T(A\mathbf{x}) = \mathbf{x}^TA^TA\mathbf{x} \\ &= [x_1 \quad x_2]\begin{bmatrix}2 & 1\\1 & 2\end{bmatrix}\begin{bmatrix}x_1\\x_2\end{bmatrix} = 2x_1^2 + 2x_1x_2 + 2x_2^2\end{aligned}$$

o que reconhecemos como uma forma quadrática. Pelo teorema 5.25, os valores máximo e mínimo dessa forma quadrática, em relação à restrição $\|\mathbf{x}\| = 1$, são $\lambda_1 = 3$ e $\lambda_2 = 1$, respectivamente, e eles ocorrem nos correspondentes autovetores de A^TA — isto é, quando $\mathbf{x} = \mathbf{v}_1 = \begin{bmatrix}1/\sqrt{2}\\1/\sqrt{2}\end{bmatrix}$ e $\mathbf{x} = \mathbf{v}_2 = \begin{bmatrix}-1/\sqrt{2}\\1/\sqrt{2}\end{bmatrix}$, respectivamente. Como

$$\|A\mathbf{v}_i\|^2 = \mathbf{v}_i^TA^TA\mathbf{v}_i = \lambda_i$$

para $i = 1,2$, vemos que $\sigma_1 = \|A\mathbf{v}_1\| = \sqrt{3}$ e $\sigma_2 = \|A\mathbf{v}_2\| = 1$ são os valores máximo e mínimo para os comprimentos $\|A\mathbf{x}\|$, conforme $\mathbf{x}$ passa pela circunferência unitária de $\mathbb{R}^2$.

Agora, a transformação linear correspondente a A leva $\mathbb{R}^2$ ao plano em $\mathbb{R}^3$ de equação $x - y - z = 0$ (verifique isso), e a imagem da circunferência unitária por essa transformação é uma elipse no plano. (Vamos verificar esse fato de modo mais geral em breve; veja a figura 7.18.) Logo, σ_1 e σ_2 são os comprimentos de metade dos eixos maior e menor dessa elipse, como mostrado na figura 7.19.

Podemos, agora, descrever a decomposição por valores singulares de uma matriz.

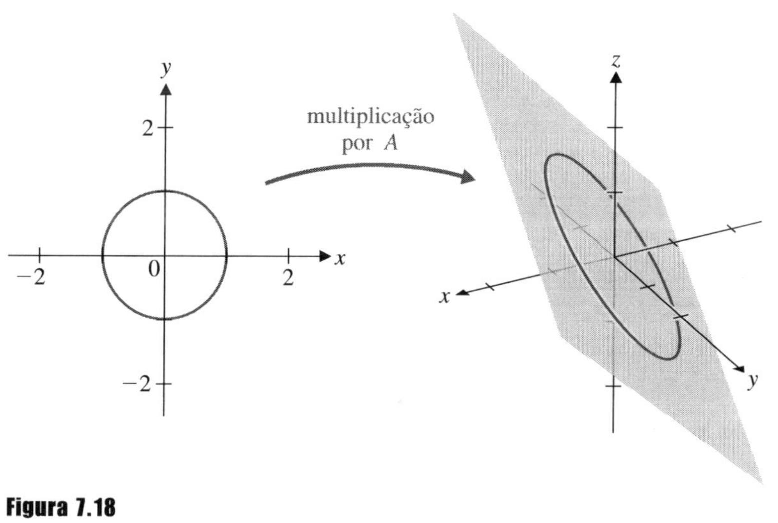

Figura 7.18

A matriz A transforma a circunferência unitária de $\mathbb{R}^2$ em uma elipse em $\mathbb{R}^3$

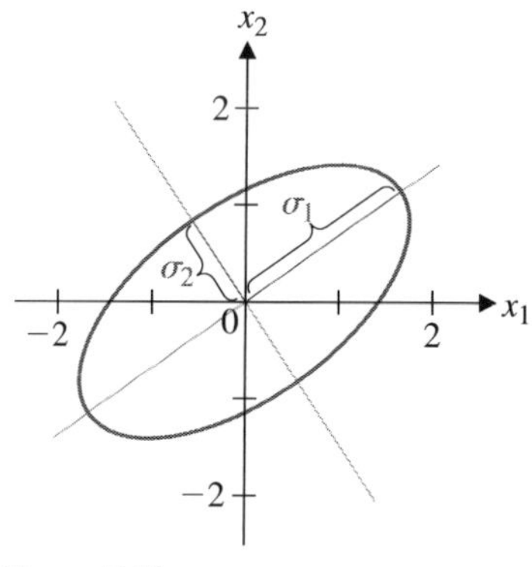

Figura 7.19

A Decomposição por Valores Singulares

Queremos mostrar que uma matriz A $m \times n$ pode ser fatorada como

$$A = U\Sigma V^T$$

em que U é uma matriz ortogonal $m \times m$, V é uma matriz ortogonal $n \times n$ e Σ é uma matriz "diagonal" $m \times n$. Se os valores singulares *não nulos* de A são

$$\sigma_1 \geq \sigma_2 \geq \cdots \geq \sigma_r > 0$$

e $\sigma_{r+1} = \sigma_{r+2} = \cdots = \sigma_n = 0$, então Σ terá a forma de blocos

$$\Sigma = \left[\begin{array}{c|c} D & O \\ \hline O & O \end{array}\right]\begin{array}{l}\}\, r \\ \}\, m-r\end{array}, \quad \text{em que } D = \begin{bmatrix} \sigma_1 & \cdots & 0 \\ \vdots & \ddots & \vdots \\ 0 & \cdots & \sigma_r \end{bmatrix} \qquad (1)$$

(com as colunas dos blocos de larguras r e $n-r$)

e cada matriz O é uma matriz nula do tamanho apropriado. (Se $r = m$ ou $r = n$, alguns desses não aparecerão.) Alguns exemplos desse tipo de matriz Σ com $r = 2$ são:

$$\Sigma = \begin{bmatrix} 4 & 0 & 0 \\ 0 & 3 & 0 \end{bmatrix}, \quad \Sigma = \begin{bmatrix} 2 & 0 \\ 0 & 2 \\ 0 & 0 \end{bmatrix}, \quad \Sigma = \begin{bmatrix} 8 & 0 & 0 \\ 0 & 3 & 0 \\ 0 & 0 & 0 \end{bmatrix}, \quad \Sigma = \begin{bmatrix} 5 & 0 & 0 \\ 0 & 2 & 0 \\ 0 & 0 & 0 \\ 0 & 0 & 0 \end{bmatrix}$$

(O que é D em cada caso?)

Para construir a matriz ortogonal V, vamos primeiro achar uma base ortonormal $\{\mathbf{v}_1, \ldots, \mathbf{v}_n\}$ de $\mathbb{R}^n$ formada por autovetores da matriz simétrica A^TA $n \times n$. Então,

$$V = [\mathbf{v}_1 \quad \cdots \quad \mathbf{v}_n]$$

é uma matriz ortogonal $n \times n$.

Para a matriz ortogonal U, primeiro notamos que $\{A\mathbf{v}_1, \ldots, A\mathbf{v}_n\}$ é um conjunto ortogonal de vetores de $\mathbb{R}^m$. Para ver isso, suponha que $\mathbf{v}_i$ seja o autovetor de A^TA associado ao autovalor λ_i. Então, para $i \neq j$, temos

$$\begin{aligned}(A\mathbf{v}_i) \cdot (A\mathbf{v}_j) &= (A\mathbf{v}_i)^T A\mathbf{v}_j \\ &= \mathbf{v}_i^T A^T A\mathbf{v}_j \\ &= \mathbf{v}_i^T \lambda_j \mathbf{v}_j \\ &= \lambda_j(\mathbf{v}_i \cdot \mathbf{v}_j) = 0\end{aligned}$$

visto que os autovetores $\mathbf{v}_i$ são ortogonais. Agora, lembre-se de que os valores singulares satisfazem $\sigma_i = \|A\mathbf{v}_i\|$, e que os primeiros r desses são não nulos. Portanto, podemos normalizar $A\mathbf{v}_1, \ldots, A\mathbf{v}_r$ considerando

$$\mathbf{u}_i = \frac{1}{\sigma_i}A\mathbf{v}_i \quad \text{para } i = 1, \ldots, r$$

Isso garante que $\{\mathbf{u}_1, \ldots, \mathbf{u}_r\}$ é um conjunto ortonormal de $\mathbb{R}^m$, mas, se $r < m$, ele não será uma base para $\mathbb{R}^m$. Nesse caso, estendemos o conjunto $\{\mathbf{u}_1, \ldots, \mathbf{u}_r\}$ para uma base ortonormal $\{\mathbf{u}_1, \ldots, \mathbf{u}_m\}$ de $\mathbb{R}^m$. (Essa é a única parte intrigante da construção; nos próximos exemplos e exercícios, descreveremos técnicas para dar prosseguimento a isso.) Então, consideramos

$$U = [\mathbf{u}_1 \quad \cdots \quad \mathbf{u}_m]$$

Só resta mostrar que isso funciona; ou seja, precisamos verificar que, com U, V e Σ como descritas anteriormente, temos $A = U\Sigma V^T$. Como $V^T = V^{-1}$, isso equivale a mostrar que

$$AV = U\Sigma$$

Sabemos que $$A\mathbf{v}_i = \sigma_i\mathbf{u}_i \quad \text{for } i = 1, \ldots, r$$

e $\|A\mathbf{v}_i\| = \sigma_i = 0$ para $i = r + 1, \ldots, n$. Assim,

$$A\mathbf{v}_i = \mathbf{0} \quad \text{para } i = r + 1, \ldots, n$$

Portanto,

$$\begin{aligned} AV &= A[\mathbf{v}_1 \ \cdots \ \mathbf{v}_n] \\ &= [A\mathbf{v}_1 \ \cdots \ A\mathbf{v}_n] \\ &= [A\mathbf{v}_1 \ \cdots \ A\mathbf{v}_r \ \mathbf{0} \ \cdots \ \mathbf{0}] \\ &= [\sigma_1\mathbf{u}_1 \ \cdots \ \sigma_r\mathbf{u}_r \ \mathbf{0} \ \cdots \ \mathbf{0}] \\ &= [\mathbf{u}_1 \ \cdots \ \mathbf{u}_m]\left[\begin{array}{ccc|c} \sigma_1 & \cdots & 0 & \\ \vdots & \ddots & \vdots & O \\ 0 & \cdots & \sigma_r & \\ \hline & O & & O \end{array}\right] \\ &= U\Sigma \end{aligned}$$

como queríamos.

Acabamos de demonstrar o seguinte teorema extremamente importante:

Teorema 7.13 **A Decomposição por Valores Singulares**

Seja A uma matriz $m \times n$ com valores singulares $\sigma_1 \geq \sigma_2 \geq \cdots \geq \sigma_r > 0$ e $\sigma_{r+1} = \sigma_{r+2} = \cdots = \sigma_n = 0$. Então, existem uma matriz ortogonal U $m \times m$, uma matriz ortogonal V $n \times n$ e uma matriz $m \times n$ Σ da forma mostrada na equação (1), tal que

$$A = U\Sigma V^T$$

Uma fatoração de A como a do teorema 7.13 é chamada de ***decomposição por valores singulares (DVS)*** de A. As colunas de U são chamadas de ***vetores singulares à esquerda*** de A, e as colunas de V são chamadas de ***vetores singulares à direita*** de A. As matrizes U e V não são determinadas de modo único por A, mas Σ *deve* conter os valores singulares de A, como na equação (1). (Veja o exercício 25.)

Exemplo 7.34 Encontre uma decomposição por valores singulares para as seguintes matrizes:

(a) $A = \begin{bmatrix} 1 & 1 & 0 \\ 0 & 0 & 1 \end{bmatrix}$ (b) $A = \begin{bmatrix} 1 & 1 \\ 1 & 0 \\ 0 & 1 \end{bmatrix}$

Solução (a) Calculamos

$$A^TA = \begin{bmatrix} 1 & 1 & 0 \\ 1 & 1 & 0 \\ 0 & 0 & 1 \end{bmatrix}$$

e encontramos seus autovalores $\lambda_1 = 2$, $\lambda_2 = 1$, and $\lambda_3 = 0$, com os correspondentes autovetores

$$\begin{bmatrix} 1 \\ 1 \\ 0 \end{bmatrix}, \begin{bmatrix} 0 \\ 0 \\ 1 \end{bmatrix}, \begin{bmatrix} -1 \\ 1 \\ 0 \end{bmatrix}$$

(Verifique isso.) Esses vetores são ortogonais, logo, nós os normalizamos para obter

$$\mathbf{v}_1 = \begin{bmatrix} 1/\sqrt{2} \\ 1/\sqrt{2} \\ 0 \end{bmatrix}, \quad \mathbf{v}_2 = \begin{bmatrix} 0 \\ 0 \\ 1 \end{bmatrix}, \quad \mathbf{v}_3 = \begin{bmatrix} -1/\sqrt{2} \\ 1/\sqrt{2} \\ 0 \end{bmatrix}$$

Os valores singulares de A são $\sigma_1 = \sqrt{2}, \sigma_2 = \sqrt{1} = 1$, e $\sigma_3 = \sqrt{0} = 0$. Logo,

$$V = \begin{bmatrix} 1/\sqrt{2} & 0 & -1/\sqrt{2} \\ 1/\sqrt{2} & 0 & 1/\sqrt{2} \\ 0 & 1 & 0 \end{bmatrix} \quad \text{e} \quad \Sigma = \begin{bmatrix} \sqrt{2} & 0 & 0 \\ 0 & 1 & 0 \end{bmatrix}$$

Para encontrar U, calculamos

$$\mathbf{u}_1 = \frac{1}{\sigma_1}A\mathbf{v}_1 = \frac{1}{\sqrt{2}}\begin{bmatrix} 1 & 1 & 0 \\ 0 & 0 & 1 \end{bmatrix}\begin{bmatrix} 1/\sqrt{2} \\ 1/\sqrt{2} \\ 0 \end{bmatrix} = \begin{bmatrix} 1 \\ 0 \end{bmatrix}$$

e

$$\mathbf{u}_2 = \frac{1}{\sigma_2}A\mathbf{v}_2 = \frac{1}{1}\begin{bmatrix} 1 & 1 & 0 \\ 0 & 0 & 1 \end{bmatrix}\begin{bmatrix} 0 \\ 0 \\ 1 \end{bmatrix} = \begin{bmatrix} 0 \\ 1 \end{bmatrix}$$

Esses vetores já formam uma base ortonormal (a base canônica) para $\mathbb{R}^2$, assim, temos

$$U = \begin{bmatrix} 1 & 0 \\ 0 & 1 \end{bmatrix}$$

Isso leva à DVS

$$A = \begin{bmatrix} 1 & 1 & 0 \\ 0 & 0 & 1 \end{bmatrix} = \begin{bmatrix} 1 & 0 \\ 0 & 1 \end{bmatrix}\begin{bmatrix} \sqrt{2} & 0 & 0 \\ 0 & 1 & 0 \end{bmatrix}\begin{bmatrix} 1/\sqrt{2} & 1/\sqrt{2} & 0 \\ 0 & 0 & 1 \\ -1/\sqrt{2} & 1/\sqrt{2} & 0 \end{bmatrix} = U\Sigma V^T$$

que pode facilmente ser verificada. (Note que V teve que ser transposta. Note também que o valor singularσ_3 não aparece em Σ.)

(b) Essa é a matriz do exemplo 7.33, por isso já sabemos que os valores singulares são $\sigma_1 = \sqrt{3}$ e $\sigma_2 = 1$, correspondendo a $\mathbf{v}_1 = \begin{bmatrix} 1/\sqrt{2} \\ 1/\sqrt{2} \end{bmatrix}$ e $\mathbf{v}_2 = \begin{bmatrix} -1/\sqrt{2} \\ 1/\sqrt{2} \end{bmatrix}$. Logo,

$$\Sigma = \begin{bmatrix} \sqrt{3} & 0 \\ 0 & 1 \\ 0 & 0 \end{bmatrix} \quad \text{e} \quad V = \begin{bmatrix} 1/\sqrt{2} & -1/\sqrt{2} \\ 1/\sqrt{2} & 1/\sqrt{2} \end{bmatrix}$$

Para U, calculamos

$$\mathbf{u}_1 = \frac{1}{\sigma_1} A\mathbf{v}_1 = \frac{1}{\sqrt{3}} \begin{bmatrix} 1 & 1 \\ 1 & 0 \\ 0 & 1 \end{bmatrix} \begin{bmatrix} 1/\sqrt{2} \\ 1/\sqrt{2} \end{bmatrix} = \begin{bmatrix} 2/\sqrt{6} \\ 1/\sqrt{6} \\ 1/\sqrt{6} \end{bmatrix}$$

e

$$\mathbf{u}_2 = \frac{1}{\sigma_2} A\mathbf{v}_2 = \frac{1}{1} \begin{bmatrix} 1 & 1 \\ 1 & 0 \\ 0 & 1 \end{bmatrix} \begin{bmatrix} -1/\sqrt{2} \\ 1/\sqrt{2} \end{bmatrix} = \begin{bmatrix} 0 \\ -1/\sqrt{2} \\ 1/\sqrt{2} \end{bmatrix}$$

Desta vez, precisamos estender $\{\mathbf{u}_1, \mathbf{u}_2\}$ para uma base ortonormal de $\mathbb{R}^3$. Há vários modos de fazer isso; um método é usar o processo de ortogonalização de Gram-Schmidt, como no exemplo 5.14. Primeiro, precisamos achar um conjunto de três vetores linearmente independentes que contenha $\mathbf{u}_1$ e $\mathbf{u}_2$. Se $\mathbf{e}_3$ é o terceiro vetor da base canônica de $\mathbb{R}^3$, é claro que $\{\mathbf{u}_1, \mathbf{u}_2, \mathbf{e}_3\}$ é linearmente independente. (Aqui, você deve ser capaz de determinar isso por tentativa, mas um método confiável, em geral, é usar o escalonamento por linhas da matriz com esses vetores como suas colunas, e depois o Teorema Fundamental.) Aplicando o processo de ortogonalização de Gram-Schmidt (com a normalização) para $\{\mathbf{u}_1, \mathbf{u}_2, \mathbf{e}_3\}$ (somente o último passo é necessário), encontramos

$$\mathbf{u}_3 = \begin{bmatrix} -1/\sqrt{3} \\ 1/\sqrt{3} \\ 1/\sqrt{3} \end{bmatrix}$$

portanto,

$$U = \begin{bmatrix} 2/\sqrt{6} & 0 & -1/\sqrt{3} \\ 1/\sqrt{6} & -1/\sqrt{2} & 1/\sqrt{3} \\ 1/\sqrt{6} & 1/\sqrt{2} & 1/\sqrt{3} \end{bmatrix}$$

e temos a DVS

$$A = \begin{bmatrix} 1 & 1 \\ 1 & 0 \\ 0 & 1 \end{bmatrix} = \begin{bmatrix} 2/\sqrt{6} & 0 & -1/\sqrt{3} \\ 1/\sqrt{6} & -1/\sqrt{2} & 1/\sqrt{3} \\ 1/\sqrt{6} & 1/\sqrt{2} & 1/\sqrt{3} \end{bmatrix} \begin{bmatrix} \sqrt{3} & 0 \\ 0 & 1 \\ 0 & 0 \end{bmatrix} \begin{bmatrix} 1/\sqrt{2} & 1/\sqrt{2} \\ -1/\sqrt{2} & 1/\sqrt{2} \end{bmatrix} = U\Sigma V^T$$

Existe uma outra forma para a decomposição por valores singulares, análoga à decomposição espectral de uma matriz simétrica. Obtida, a partir da DVS, por uma expansão em produto externo, ela é muito útil em aplicações. Podemos obter essa versão da DVS imitando o que fizemos para obter a decomposição espectral.

Assim, temos

$$A = U\Sigma V^T = [\mathbf{u}_1 \ \cdots \ \mathbf{u}_m]\left[\begin{array}{ccc|c} \sigma_1 & \cdots & 0 & \\ \vdots & \ddots & \vdots & O \\ 0 & \cdots & \sigma_r & \\ \hline & O & & O \end{array}\right]\begin{bmatrix} \mathbf{v}_1^T \\ \vdots \\ \mathbf{v}_n^T \end{bmatrix}$$

$$= [\mathbf{u}_1 \ \cdots \ \mathbf{u}_r \mid \mathbf{u}_{r+1} \ \cdots \ \mathbf{u}_m]\left[\begin{array}{ccc|c} \sigma_1 & \cdots & 0 & \\ \vdots & \ddots & \vdots & O \\ 0 & \cdots & \sigma_r & \\ \hline & O & & O \end{array}\right]\left[\begin{array}{c} \mathbf{v}_1^T \\ \vdots \\ \mathbf{v}_r^T \\ \hline \mathbf{v}_{r+1}^T \\ \vdots \\ \mathbf{v}_n^T \end{array}\right]$$

$$= [\mathbf{u}_1 \ \cdots \ \mathbf{u}_r]\begin{bmatrix} \sigma_1 & \cdots & 0 \\ \vdots & \ddots & \vdots \\ 0 & \cdots & \sigma_r \end{bmatrix}\begin{bmatrix} \mathbf{v}_1^T \\ \vdots \\ \mathbf{v}_r^T \end{bmatrix} + [\mathbf{u}_{r+1} \ \cdots \ \mathbf{u}_m][O]\begin{bmatrix} \mathbf{v}_{r+1}^T \\ \vdots \\ \mathbf{v}_n^T \end{bmatrix}$$

$$= [\mathbf{u}_1 \ \cdots \ \mathbf{u}_r]\begin{bmatrix} \sigma_1 & \cdots & 0 \\ \vdots & \ddots & \vdots \\ 0 & \cdots & \sigma_r \end{bmatrix}\begin{bmatrix} \mathbf{v}_1^T \\ \vdots \\ \mathbf{v}_r^T \end{bmatrix}$$

$$= [\sigma_1\mathbf{u}_1 \ \cdots \ \sigma_r\mathbf{u}_r]\begin{bmatrix} \mathbf{v}_1^T \\ \vdots \\ \mathbf{v}_r^T \end{bmatrix}$$

$$= \sigma_1\mathbf{u}_1\mathbf{v}_1^T + \cdots + \sigma_r\mathbf{u}_r\mathbf{v}_r^T$$

usando a multiplicação por blocos e a representação coluna-linha do produto. O próximo teorema resume o processo para obter essa ***forma de DVS por produto externo***.

Teorema 7.14 **A Forma de DVS por Produto Externo**

Seja A uma matriz $m \times n$ com valores singulares $\sigma_1 \geq \sigma_2 \geq \cdots \geq \sigma_r > 0$ e $\sigma_{r+1} = \sigma_{r+2} = \cdots = \sigma_n = 0$. Sejam $\mathbf{u}_1, \ldots, \mathbf{u}_r$ os vetores singulares à esquerda, e sejam $\mathbf{v}_1, \ldots, \mathbf{v}_r$ os vetores singulares à direita de A, correspondentes a esses valores singulares. Então,

$$A = \sigma_1\mathbf{u}_1\mathbf{v}_1^T + \cdots + \sigma_r\mathbf{u}_r\mathbf{v}_r^T$$

Observação Se A é uma matriz simétrica positiva definida, os teoremas 7.13 e 7.14 ambos se reduzem a resultados que já sabemos. Nesse caso, não é difícil mostrar que a DVS generaliza o teorema espectral, e que o teorema 7.14 generaliza a decomposição espectral. (Veja o exercício 27.)

A DVS de uma matriz A contém muitas informações importantes sobre A, como destaca o teorema 7.15, que é fundamental.

Teorema 7.15 Seja $A = U\Sigma V^T$ uma decomposição por valores singulares de uma matriz A $m \times n$. Sejam $\sigma_1, \ldots, \sigma_r$ todos os valores singulares não nulos de A. Então:

a. O posto de A é r.

b. $\{\mathbf{u}_1, \ldots, \mathbf{u}_r\}$ é uma base ortonormal para col(A).

c. $\{\mathbf{u}_{r+1}, \ldots, \mathbf{u}_m\}$ é uma base ortonormal para anul(A^T).

d. $\{\mathbf{v}_1, \ldots, \mathbf{v}_r\}$ é uma base ortonormal para lin(A).

e. $\{\mathbf{v}_{r+1}, \ldots, \mathbf{v}_n\}$ é uma base ortonormal para anul(A).

Demonstração (a) Pelo exercício 61 da seção 3.5, temos

$$\begin{aligned} \text{posto}(A) &= \text{posto}(U\Sigma V^T) \\ &= \text{posto}(\Sigma V^T) \\ &= \text{posto}(\Sigma) = r \end{aligned}$$

(b) Já sabemos que $\{\mathbf{u}_1, \ldots, \mathbf{u}_r\}$ é um conjunto ortonormal. Portanto, é linearmente independente, pelo teorema 5.1. Como $\mathbf{u}_i = (1/\sigma_i)A\mathbf{v}_i$ para $i = 1, \ldots, r$, cada $\mathbf{u}_i$ está no espaço coluna de A. (Por quê?) Além disso,

$$r = \text{posto}(A) = \dim(\text{col}(A))$$

Portanto, $\{\mathbf{u}_1, \ldots, \mathbf{u}_r\}$ é uma base ortonormal para col(A), pelo teorema 6.10(c).

(c) Como $\{\mathbf{u}_1, \ldots, \mathbf{u}_m\}$ é uma base ortonormal para $\mathbb{R}^m$ e $\{\mathbf{u}_1, \ldots, \mathbf{u}_r\}$ é uma base para col(A), pela propriedade (b), segue que $\{\mathbf{u}_{r+1}, \ldots, \mathbf{u}_m\}$ é uma base ortonormal para o complemento ortogonal de col(A). Mas $(\text{col}(A))^\perp = \text{anul}(A^T)$, pelo teorema 5.10.

(e) Como

$$A\mathbf{v}_{r+1} = \cdots = A\mathbf{v}_n = \mathbf{0}$$

o conjunto $\{\mathbf{v}_{r+1}, \ldots, \mathbf{v}_n\}$ é um conjunto ortonormal contido no espaço anulado pela matriz A. Portanto, $\{\mathbf{v}_{r+1}, \ldots, \mathbf{v}_n\}$ é um conjunto de $n - r$ vetores linearmente independentes em anul(A). Mas

$$\dim(\text{anul}(A)) = n - r$$

pelo teorema do posto, logo, $\{\mathbf{v}_{r+1}, \ldots, \mathbf{v}_n\}$ é uma base ortonormal para anul(A), pelo teorema 6.10(c).

(d) A propriedade (d) segue da propriedade (e) e do teorema 5.10. (Você provará isso no exercício 32.)

A DVS nos sugere um novo ponto de vista geométrico no efeito das transformações matriciais. Já observamos algumas vezes (sem demonstrar) que uma matriz $m \times n$ transforma a esfera unitária de $\mathbb{R}^n$ em um elipsoide em $\mathbb{R}^m$. Esse ponto surgiu, por exemplo, em nossa discussão do teorema de Perron e da norma de operador, bem como na introdução aos valores singulares, nesta seção. Vamos agora demonstrar esse resultado.

Teorema 7.16 Seja A uma matriz $m \times n$ com posto r. Então, a imagem da esfera unitária de $\mathbb{R}^n$ por uma transformação matricial que associa $\mathbf{x}$ a $A\mathbf{x}$ é

a. a superfície de um elipsoide em $\mathbb{R}^m$, se $r = n$.
b. o elipsoide sólido em $\mathbb{R}^m$, se $r < n$.

Demonstração Seja $A = U\Sigma V^T$ uma decomposição por valores singulares de uma matriz A $m \times n$. Sejam $\mathbf{u}_1, \ldots, \mathbf{u}_m$ e $\mathbf{v}_1, \ldots, \mathbf{v}_n$ os vetores singulares à esquerda e à direita de A, respectivamente. Como posto$(A) = r$, os valores singulares de A satisfazem

$$\sigma_1 \geq \sigma_2 \geq \cdots \geq \sigma_r > 0 \quad \text{e} \quad \sigma_{r+1} = \sigma_{r+2} = \cdots = \sigma_n = 0$$

pelo teorema 7.15(a). Seja $\mathbf{x} = \begin{bmatrix} x_1 \\ \vdots \\ x_n \end{bmatrix}$ um vetor unitário de $\mathbb{R}^n$. Agora, como V é uma matriz ortogonal, V^T também o é, por isso $V^T\mathbf{x}$ é um vetor unitário, pelo teorema 5.6.

$$V^T\mathbf{x} = \begin{bmatrix} \mathbf{v}_1^T \\ \vdots \\ \mathbf{v}_n^T \end{bmatrix} \mathbf{x} = \begin{bmatrix} \mathbf{v}_1^T\mathbf{x} \\ \vdots \\ \mathbf{v}_n^T\mathbf{x} \end{bmatrix}$$

logo $(\mathbf{v}_1^T\mathbf{x})^2 + \cdots + (\mathbf{v}_n^T\mathbf{x})^2 = 1$.

Pela DVS na forma do produto externo, temos $A = \sigma_1\mathbf{u}_1\mathbf{v}_1^T + \cdots + \sigma_r\mathbf{u}_r\mathbf{v}_r^T$. Portanto,

$$\begin{aligned} A\mathbf{x} &= \sigma_1\mathbf{u}_1\mathbf{v}_1^T\mathbf{x} + \cdots + \sigma_r\mathbf{u}_r\mathbf{v}_r^T\mathbf{x} \\ &= (\sigma_1\mathbf{v}_1^T\mathbf{x})\mathbf{u}_1 + \cdots + (\sigma_r\mathbf{v}_r^T\mathbf{x})\mathbf{u}_r \\ &= y_1\mathbf{u}_1 + \cdots + y_r\mathbf{u}_r \end{aligned}$$

em que y_i são os escalares $\sigma_i\mathbf{v}_i^T\mathbf{x}$.

(a) Se $r = n$, devemos ter $n \leq m$ e

$$\begin{aligned} A\mathbf{x} &= y_1\mathbf{u}_1 + \cdots + y_n\mathbf{u}_n \\ &= Uy \end{aligned}$$

em que $\mathbf{y} = \begin{bmatrix} y_1 \\ \vdots \\ y_n \end{bmatrix}$. Portanto, novamente pelo teorema 5.6, $\|A\mathbf{x}\| = \|U\mathbf{y}\| = \|\mathbf{y}\|$, já que U é ortogonal. Mas

$$\left(\frac{y_1}{\sigma_1}\right)^2 + \cdots + \left(\frac{y_n}{\sigma_n}\right)^2 = (\mathbf{v}_1^T\mathbf{x})^2 + \cdots + (\mathbf{v}_n^T\mathbf{x})^2 = 1$$

o que mostra que os vetores $A\mathbf{x}$ formam a superfície de um elipsoide em $\mathbb{R}^m$. (Por quê?)

(b) Se $r < n$, a única diferença nos passos que acabamos de ver é que a equação passa a ser

$$\left(\frac{y_1}{\sigma_1}\right)^2 + \cdots + \left(\frac{y_r}{\sigma_r}\right)^2 \leq 1$$

já que estão faltando algumas parcelas. Essa inequação corresponde a um elipsoide sólido em $\mathbb{R}^m$.

Exemplo 7.35 Descreva a imagem da esfera unitária de $\mathbb{R}^3$ sob a ação da matriz

$$A = \begin{bmatrix} 1 & 1 & 0 \\ 0 & 0 & 1 \end{bmatrix}$$

Solução No exemplo 7.34(a), encontramos a seguinte DVS de A:

$$\begin{bmatrix} 1 & 1 & 0 \\ 0 & 0 & 1 \end{bmatrix} = \begin{bmatrix} 1 & 0 \\ 0 & 1 \end{bmatrix} \begin{bmatrix} \sqrt{2} & 0 & 0 \\ 0 & 1 & 0 \end{bmatrix} \begin{bmatrix} 1/\sqrt{2} & 1/\sqrt{2} & 0 \\ 0 & 0 & 1 \\ -1/\sqrt{2} & 1/\sqrt{2} & 0 \end{bmatrix}$$

Como $r = \text{posto}(A) = 2 < 3 = n$, a segunda parte do teorema 7.16 se verifica. A imagem da esfera unitária irá satisfazer a inequação

$$\left(\frac{y_1}{\sqrt{2}}\right)^2 + \left(\frac{y_2}{1}\right)^2 \leq 1 \quad \text{ou} \quad \frac{y_1^2}{2} + y_2^2 \leq 1$$

em relação aos eixos coordenados y_1y_2 de $\mathbb{R}^2$ (correspondentes aos vetores $\mathbf{u}_1$ e $\mathbf{u}_2$, singulares à esquerda). Como $\mathbf{u}_1 = \mathbf{e}_1$ e $\mathbf{u}_2 = \mathbf{e}_2$, a imagem é como a mostrada na figura 7.20.

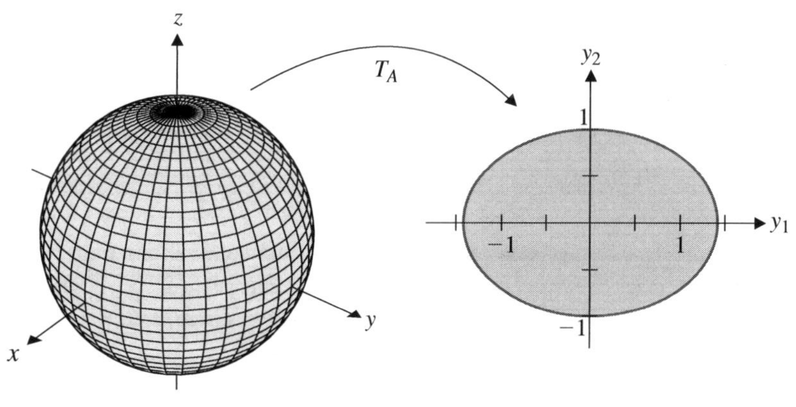

Figura 7.20

Em geral, podemos descrever o efeito de uma matriz A $m \times n$ sobre a esfera unitária de $\mathbb{R}^n$ em relação aos efeitos de cada fator na sua DVS, $A = U\Sigma V^T$, da direita para a esquerda. Como V^T é uma matriz ortogonal, ela leva a esfera unitária nela mesma. A matriz $m \times n$ Σ faz duas coisas: os elementos da diagonal $\sigma_{r+1} = \sigma_{r+2} = \cdots = \sigma_n = 0$ anulam $n - r$ das dimensões da esfera unitária, restando uma esfera unitária de dimensão r, a qual os elementos da diagonal $\sigma_1, \ldots, \sigma_r$ irão distorcer em um elipsoide. A matriz ortogonal U então alinha os eixos desse elipsoide com a base ortonormal de vetores $\mathbf{u}_1, \ldots, \mathbf{u}_r$ de $\mathbb{R}^m$. (Veja a figura 7.21.)

Aplicações da DVS

A decomposição por valores singulares é uma ferramenta extremamente importante, tanto prática quanto teoricamente. Vamos ver apenas algumas de suas muitas aplicações.

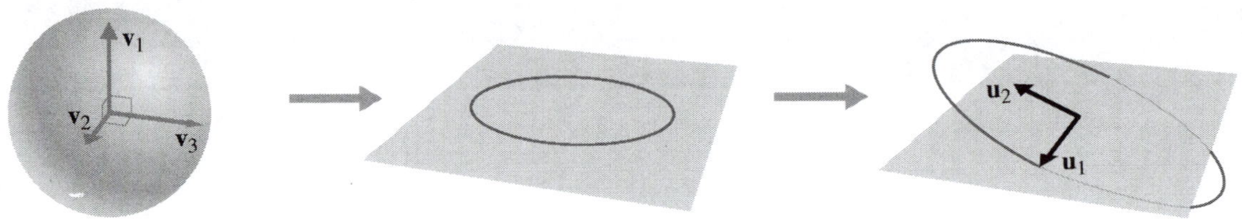

Figura 7.21

Posto Até agora, não nos preocupamos em calcular o posto de uma matriz sob um ponto de vista computacional. Calculamos o posto de uma matriz por redução nas linhas para a forma escalonada e contando o número de linhas não nulas. Entretanto, como temos visto, erros de arredondamento podem afetar esse processo, especialmente se a matriz for malcondicionada. Elementos que deveriam ser zero podem acabar sendo números muito pequenos, interferindo em nossa capacidade de determinar com precisão o posto e outras quantidades associadas com a matriz. Na prática, a DVS é frequentemente utilizada para encontrar o posto de uma matriz, já que ela é muito mais confiável quando erros por arredondamento estão presentes. A ideia básica por trás dessa abordagem é que as matrizes ortogonais U e V da DVS preservam comprimentos e, portanto, não introduzem erros adicionais; qualquer erro que ocorrer tenderá a aparecer na matriz Σ.

CAS **Exemplo 7.36**

Sejam

$$A = \begin{bmatrix} 8{,}1650 & -0{,}0041 & -0{,}0041 \\ 4{,}0825 & -3{,}9960 & 4{,}0042 \\ 4{,}0825 & 4{,}0042 & -3{,}9960 \end{bmatrix} \quad \text{e} \quad B = \begin{bmatrix} 8{,}17 & 0 & 0 \\ 4{,}08 & -4 & 4 \\ 4{,}08 & 4 & -4 \end{bmatrix}$$

A matriz B foi obtida ao arrendarmos os valores dos elementos de A para a segunda casa decimal. Se calcularmos os postos dessas duas matrizes aproximadamente iguais, encontraremos posto$(A) = 3$, mas posto$(B) = 2$. Pelo Teorema Fundamental, isso implica, entre muitas coisas, que A é invertível, mas B não.

A explicação para essa diferença crucial entre duas matrizes aproximadamente iguais recaem sobre suas DVSs. Os valores singulares de A são 10, 8 e 0,01, e então A tem posto 3. Os valores singulares de B são 10, 8 e 0, portanto, B tem posto 2.

Em aplicações práticas, é frequente assumirmos que, se um valor singular calculado for perto de zero, erros por arredondamento estão aparecendo e o valor real deveria ser zero. Nesse sentido, "ruídos" podem ser filtrados. Neste exemplo, se calcularmos $A = U\Sigma V^T$ e substituirmos

$$\Sigma = \begin{bmatrix} 10 & 0 & 0 \\ 0 & 8 & 0 \\ 0 & 0 & 0{,}01 \end{bmatrix} \quad \text{por} \quad \Sigma' = \begin{bmatrix} 10 & 0 & 0 \\ 0 & 8 & 0 \\ 0 & 0 & 0 \end{bmatrix}$$

então, $U\Sigma' V^T = B$. (Tente isso!)

Normas de Matrizes e o Número Condicional A DVS pode fornecer fórmulas simples para certas expressões que envolvem normas de matrizes. Considere, por exemplo, a norma de Frobenius para uma matriz. O teorema a seguir mostra que ela é completamente determinada pelos valores singulares da matriz.

Teorema 7.17 Seja A uma matriz $m \times n$ e sejam $\sigma_1, \ldots, \sigma_r$ todos os valores singulares não nulos de A. Então:

$$\|A\|_F = \sqrt{\sigma_1^2 + \cdots + \sigma_r^2}$$

A demonstração desse resultado depende deste análogo ao teorema 5.6:

Se A é uma matriz $m \times n$ e Q é uma matriz ortogonal $m \times m$, então

$$\|QA\|_F = \|A\|_F \qquad (2)$$

Para mostrar que isso é verdadeiro, calculamos

$$\begin{aligned} \|QA\|_F^2 &= \|[Q\mathbf{a}_1 \quad \cdots \quad Q\mathbf{a}_n]\|_F^2 \\ &= \|Q\mathbf{a}_1\|_E^2 + \cdots + \|Q\mathbf{a}_n\|_E^2 \\ &= \|\mathbf{a}_1\|_E^2 + \cdots + \|\mathbf{a}_n\|_E^2 \\ &= \|A\|_F^2 \end{aligned}$$

Demonstração do Teorema 7.17 Seja $A = U\Sigma V^T$ uma decomposição por valores singulares de A. Então, usando a equação (2) duas vezes, temos

$$\begin{aligned} \|A\|_F^2 &= \|U\Sigma V^T\|_F^2 \\ &= \|\Sigma V^T\|_F^2 = \|(\Sigma V^T)^T\|_F^2 \\ &= \|V\Sigma^T\|_F^2 = \|\Sigma^T\|_F^2 = \sigma_1^2 + \cdots + \sigma_r^2 \end{aligned}$$

que prova o resultado.

CAS **Exemplo 7.37** Verifique o teorema 7.17 para a matriz A no exemplo 7.18.

Solução A matriz $A = \begin{bmatrix} 3 & -1 \\ 2 & 4 \end{bmatrix}$ tem os valores singulares 4,5150 e 3,1008. Verificamos que

$$\sqrt{4{,}5150^2 + 3{,}1008^2} = \sqrt{30} = \|A\|_F$$

o que corresponde ao exemplo 7.18.

Na seção 7.2, comentamos que não existe uma fórmula fácil para a norma-2 de operador de uma matriz A. Apesar de isso ser verdade, a DVS de A nos fornece uma expressão boa para $\|A\|_2$. Lembre-se de que

$$\|A\|_2 = \max_{\|\mathbf{x}\|=1} \|A\mathbf{x}\|$$

em que a norma do vetor é a norma euclidiana simples. Pelo teorema 7.16, para $\|\mathbf{x}\| = 1$, o conjunto de vetores $\|A\mathbf{x}\|$ está sobre ou dentro de um elipsoide cujos semi-eixos têm comprimentos iguais aos valores singulares não nulos de A. Segue imediatamente que o maior deles é σ_1, portanto,

$$\|A\|_2 = \sigma_1$$

Isso nos fornece uma forma simples de expressar o número condicional de uma matriz (quadrada) com relação a norma-2 de operador. Lembre-se de que o número condicional (com relação a norma-2 de operador) de uma matriz invertível A é definido por

$$\text{cond}_2(A) = \|A^{-1}\|_2\|A\|_2$$

Como você terá que mostrar no exercício 28, se $A = U\Sigma V^T$, então $A^{-1} = V\Sigma^{-1}U^T$. Portanto, os valores singulares de A^{-1} são $1/\sigma_1, \ldots, 1/\sigma_n$ (por quê?), e

$$1/\sigma_n \geq \cdots \geq 1/\sigma_1$$

Segue que $\|A^{-1}\|_2 = 1/\sigma_n$, logo,

$$\text{cond}_2(A) = \frac{\sigma_1}{\sigma_n}$$

Exemplo 7.38

Encontre o número condicional 2 da matriz A do exemplo 7.36.

Solução Como $\sigma_1 = 10$ e $\sigma_3 = 0{,}01$,

$$\text{cond}_2(A) = \frac{\sigma_1}{\sigma_3} = \frac{10}{0{,}01} = 1000$$

Esse valor é grande o bastante para sugerir que A deve ser malcondicionada e que devemos estar atentos para o efeito de erros de arredondamento.

A Pseudoinversa e a Aproximação por Mínimos Quadrados Na seção 7.3, obtivemos a fórmula $A^+ = (A^TA)^{-1}A^T$ para a pseudoinversa de uma matriz A. Claramente, essa fórmula só é válida quando A^TA é invertível, como foi dito naquele momento. Munidos da DVS, agora podemos definir a pseudoinversa de *qualquer* matriz, generalizando nossa fórmula anterior.

E. H. Moore (1862-1932) foi um matemático americano que trabalhou com teoria de grupos, teoria de números e geometria. Ele foi o primeiro chefe do Departamento de Matemática da Universidade de Chicago, em sua inauguração em 1892. Em 1920, criou a generalização de uma matriz inversa que incluía matrizes retangulares. O trabalho não recebeu muita atenção devido ao seu jeito obscuro de escrever.

Definição Seja $A = U\Sigma V^T$ uma DVS de uma matriz A $m \times n$, em que $\Sigma = \begin{bmatrix} D & O \\ O & O \end{bmatrix}$ e D é uma matriz diagonal $r \times r$ que contém os valores singulares não nulos $\sigma_1 \geq \sigma_2 \geq \cdots \geq \sigma_r > 0$ de A. A ***pseudoinversa*** (ou ***inversa de Moore-Penrose***) de A é a matriz A^+ $m \times n$, definida por

$$A^+ = V\Sigma^+U^T$$

em que Σ^+ é a matriz $n \times m$

$$\Sigma^+ = \begin{bmatrix} D^{-1} & O \\ O & O \end{bmatrix}$$

Exemplo 7.39 Encontre a pseudoinversa da matriz do exemplo 7.34.

Solução (a) Pela DVS

$$A = \begin{bmatrix} 1 & 1 & 0 \\ 0 & 0 & 1 \end{bmatrix} = \begin{bmatrix} 1 & 0 \\ 0 & 1 \end{bmatrix}\begin{bmatrix} \sqrt{2} & 0 & 0 \\ 0 & 1 & 0 \end{bmatrix}\begin{bmatrix} 1/\sqrt{2} & 1/\sqrt{2} & 0 \\ 0 & 0 & 1 \\ -1/\sqrt{2} & 1/\sqrt{2} & 0 \end{bmatrix} = U\Sigma V^T$$

formamos

$$\Sigma^+ = \begin{bmatrix} 1/\sqrt{2} & 0 \\ 0 & 1 \\ 0 & 0 \end{bmatrix}$$

Assim,

$$A^+ = V\Sigma^+U^T = \begin{bmatrix} 1/\sqrt{2} & 0 & -1/\sqrt{2} \\ 1/\sqrt{2} & 0 & 1/\sqrt{2} \\ 0 & 1 & 0 \end{bmatrix}\begin{bmatrix} 1/\sqrt{2} & 0 \\ 0 & 1 \\ 0 & 0 \end{bmatrix}\begin{bmatrix} 1 & 0 \\ 0 & 1 \end{bmatrix} = \begin{bmatrix} 1/2 & 0 \\ 1/2 & 0 \\ 0 & 1 \end{bmatrix}$$

(b) Temos a DVS

$$A = \begin{bmatrix} 1 & 1 \\ 1 & 0 \\ 0 & 1 \end{bmatrix} = \begin{bmatrix} 2/\sqrt{6} & 0 & -1/\sqrt{3} \\ 1/\sqrt{6} & -1/\sqrt{2} & 1/\sqrt{3} \\ 1/\sqrt{6} & 1/\sqrt{2} & 1/\sqrt{3} \end{bmatrix}\begin{bmatrix} \sqrt{3} & 0 \\ 0 & 1 \\ 0 & 0 \end{bmatrix}\begin{bmatrix} 1/\sqrt{2} & 1/\sqrt{2} \\ -1/\sqrt{2} & 1/\sqrt{2} \end{bmatrix} = U\Sigma V^T$$

logo,

$$\Sigma^+ = \begin{bmatrix} 1/\sqrt{3} & 0 & 0 \\ 0 & 1 & 0 \end{bmatrix}$$

e

$$A^+ = V\Sigma^+U^T = \begin{bmatrix} 1/\sqrt{2} & -1/\sqrt{2} \\ 1/\sqrt{2} & 1/\sqrt{2} \end{bmatrix}\begin{bmatrix} 1/\sqrt{3} & 0 & 0 \\ 0 & 1 & 0 \end{bmatrix}\begin{bmatrix} 2/\sqrt{6} & 1/\sqrt{6} & 1/\sqrt{6} \\ 0 & -1/\sqrt{2} & 1/\sqrt{2} \\ -1/\sqrt{3} & 1/\sqrt{3} & 1/\sqrt{3} \end{bmatrix}$$

$$= \begin{bmatrix} 1/3 & 2/3 & -1/3 \\ 1/3 & -1/3 & 2/3 \end{bmatrix}$$

Jerry Bauer

Uma das pessoas que não conheciam o trabalho de Moore sobre matrizes inversas foi Roger Penrose (1931-), que introduziu sua própria noção de matriz inversa generalizada em 1955. Penrose fez muitas contribuições à geometria e à física teórica. É também o inventor de um tipo de *mosaico não periódico* que cobre o plano com somente dois formatos diferentes de mosaicos e sem ter um padrão de repetição. Recebeu muitos prêmios, incluindo o Prêmio Wolf em Física, em 1988, que dividiu com Stephen Hawking. Em 1994, foi nomeado *Sir* devido a suas contribuições à física. *Sir* Roger Penrose é, atualmente, o professor emérito Rouse Ball de Matemática na Universidade de Oxford.

Por cálculos diretos, verificamos que essa nova definição de pseudoinversa generaliza a antiga. De fato, se a matriz $m \times n$ $A = U\Sigma V^T$ possui colunas linearmente independentes, então uma substituição direta mostra que $(A^TA)^{-1}A^T = V\Sigma^+U^T$. (No exercício 50, pediremos que você verifique isso.) Outras propriedades da pseudoinversa serão exploradas nos exercícios.

Vimos que, quando A possui colunas linearmente independentes, existe uma única solução por mínimos quadrados $\overline{\mathbf{x}}$ de $A\mathbf{x} = \mathbf{b}$; isto é, as equações normais $A^TA\mathbf{x} = A^T\mathbf{b}$ têm a solução única

$$\overline{\mathbf{x}} = (A^TA)^{-1}A^T\mathbf{b} = A^+\mathbf{b}$$

Quando as colunas de A são linearmente dependentes, A^TA não é invertível, portanto, as equações normais têm infinitas soluções. Neste caso, pediremos a solução $\overline{\mathbf{x}}$ de *comprimento mínimo* (isto é, a que estiver mais perto da origem). Resulta que, desta vez, simplesmente usaremos a versão generalizada da pseudoinversa.

Teorema 7.18 O problema de mínimos quadrados $A\mathbf{x} = \mathbf{b}$ possui uma única solução por mínimos quadrados $\bar{\mathbf{x}}$ de comprimento mínimo, que é dada por

$$\bar{\mathbf{x}} = A^+\mathbf{b}$$

Demonstração Seja A uma matriz $m \times n$ com posto r e DVS $A = U\Sigma V^T$ (de modo que $A^+ = V\Sigma^+ U^T$). Seja $\mathbf{y} = V^T\mathbf{x}$ e seja $\mathbf{c} = U^T\mathbf{b}$. Escreva $\mathbf{y}$ e $\mathbf{c}$ em forma de bloco, como

$$\mathbf{y} = \begin{bmatrix} \mathbf{y}_1 \\ \mathbf{y}_2 \end{bmatrix} \quad \text{e} \quad \mathbf{c} = \begin{bmatrix} \mathbf{c}_1 \\ \mathbf{c}_2 \end{bmatrix}$$

em que $\mathbf{y}_1$ e $\mathbf{c}_1$ estão em $\mathbb{R}^r$.

Queremos minimizar $\|\mathbf{b} - A\mathbf{x}\|$, ou, equivalentemente, $\|\mathbf{b} - A\mathbf{x}\|^2$. Usando o teorema 5.6 e o fato de U^T ser ortogonal (já que U é), temos

$$\begin{aligned} \|\mathbf{b} - A\mathbf{x}\|^2 &= \|U^T(\mathbf{b} - A\mathbf{x})\|^2 = \|U^T(\mathbf{b} - U\Sigma V^T\mathbf{x})\|^2 = \|U^T\mathbf{b} - U^TU\Sigma V^T\mathbf{x}\|^2 \\ &= \|\mathbf{c} - \Sigma\mathbf{y}\|^2 = \left\| \begin{bmatrix} \mathbf{c}_1 \\ \mathbf{c}_2 \end{bmatrix} - \begin{bmatrix} D & O \\ O & O \end{bmatrix} \begin{bmatrix} \mathbf{y}_1 \\ \mathbf{y}_2 \end{bmatrix} \right\|^2 = \left\| \begin{bmatrix} \mathbf{c}_1 - D\mathbf{y}_1 \\ \mathbf{c}_2 \end{bmatrix} \right\|^2 \end{aligned}$$

A única parte dessa expressão sobre a qual temos algum controle é $\mathbf{y}_1$, então, o valor mínimo ocorre quando $\mathbf{c}_1 - D\mathbf{y}_1 = \mathbf{0}$, ou, equivalentemente, quando $\mathbf{y}_1 = D^{-1}\mathbf{c}_1$. Com isso, todas as soluções por mínimos quadrados $\mathbf{x}$ são da forma

$$\mathbf{x} = V\mathbf{y} = V\begin{bmatrix} D^{-1}\mathbf{c}_1 \\ \mathbf{y}_2 \end{bmatrix}$$

Defina

$$\bar{\mathbf{x}} = V\bar{\mathbf{y}} = V\begin{bmatrix} D^{-1}\mathbf{c}_1 \\ \mathbf{0} \end{bmatrix}$$

Afirmamos que esse $\bar{\mathbf{x}}$ é a solução por mínimos quadrados de menor comprimento. Para mostrar isso, vamos supor que

$$\mathbf{x}' = V\mathbf{y}' = V\begin{bmatrix} D^{-1}\mathbf{c}_1 \\ \mathbf{y}_2 \end{bmatrix}$$

seja uma solução por mínimos quadrados diferente (portanto, $\mathbf{y}_2 \neq \mathbf{0}$). Então:

$$\|\bar{\mathbf{x}}\| = \|V\bar{\mathbf{y}}\| = \|\bar{\mathbf{y}}\| < \|\mathbf{y}'\| = \|V\mathbf{y}'\| = \|\mathbf{x}'\|$$

como queríamos.

Ainda devemos mostrar que $\bar{\mathbf{x}}$ é igual a $A^+\mathbf{b}$. Para isso, basta calcular

$$\begin{aligned} \bar{\mathbf{x}} = V\bar{\mathbf{y}} &= V\begin{bmatrix} D^{-1}\mathbf{c}_1 \\ \mathbf{0} \end{bmatrix} = V\begin{bmatrix} D^{-1} & O \\ O & O \end{bmatrix}\begin{bmatrix} \mathbf{c}_1 \\ \mathbf{c}_2 \end{bmatrix} \\ &= V\Sigma^+\mathbf{c} = V\Sigma^+U^T\mathbf{b} = A^+\mathbf{b} \end{aligned}$$

Exemplo 7.40 Encontre a solução por mínimos quadrados de comprimento mínimo de $A\mathbf{x} = \mathbf{b}$, em que

$$A = \begin{bmatrix} 1 & 1 \\ 1 & 1 \end{bmatrix} \quad \text{e} \quad \mathbf{b} = \begin{bmatrix} 0 \\ 1 \end{bmatrix}$$

Solução As equações correspondentes

$$x + y = 0$$
$$x + y = 1$$

são claramente inconsistentes. A solução por mínimos quadrados, portanto, é nossa única esperança. Além disso, as colunas de A são linearmente dependentes, por isso existirão infinitas soluções por mínimos quadrados — dentre as quais queremos aquela de comprimento mínimo.

Uma DVS de A é dada por

$$A = \begin{bmatrix} 1 & 1 \\ 1 & 1 \end{bmatrix} = \begin{bmatrix} 1/\sqrt{2} & 1/\sqrt{2} \\ 1/\sqrt{2} & -1/\sqrt{2} \end{bmatrix}\begin{bmatrix} 2 & 0 \\ 0 & 0 \end{bmatrix}\begin{bmatrix} 1/\sqrt{2} & 1/\sqrt{2} \\ 1/\sqrt{2} & -1/\sqrt{2} \end{bmatrix} = U\Sigma V^T$$

(Verifique isso.) Segue que

$$A^+ = V\Sigma^+U^T = \begin{bmatrix} 1/\sqrt{2} & 1/\sqrt{2} \\ 1/\sqrt{2} & -1/\sqrt{2} \end{bmatrix}\begin{bmatrix} 1/2 & 0 \\ 0 & 0 \end{bmatrix}\begin{bmatrix} 1/\sqrt{2} & 1/\sqrt{2} \\ 1/\sqrt{2} & -1/\sqrt{2} \end{bmatrix} = \begin{bmatrix} 1/4 & 1/4 \\ 1/4 & 1/4 \end{bmatrix}$$

logo,

$$\bar{\mathbf{x}} = A^+\mathbf{b} = \begin{bmatrix} \frac{1}{4} & \frac{1}{4} \\ \frac{1}{4} & \frac{1}{4} \end{bmatrix}\begin{bmatrix} 0 \\ 1 \end{bmatrix} = \begin{bmatrix} \frac{1}{4} \\ \frac{1}{4} \end{bmatrix}$$

Você pode ver que a solução por mínimos quadrados, no exemplo 7.40, satisfaz $x + y = \frac{1}{2}$. Isso é uma obrigatoriedade entre as duas equações iniciais. No exercício 49, você deverá resolver as equações normais para esse problema diretamente e verificar que essa solução realmente é a mais perto da origem.

O Teorema Fundamental das Matrizes Invertíveis É apropriado concluir revisando o Teorema Fundamental das Matrizes Invertíveis mais uma vez. Não é de surpreender que os valores singulares de uma matriz quadrada nos digam quando uma matriz é invertível.

Teorema 7.19 **O Teorema Fundamental das Matrizes Invertíveis: Versão Final**

Seja A uma matriz $n \times n$ e seja $T: V \to W$ uma transformação linear cuja matriz $[T]_{\mathcal{C}\leftarrow\mathcal{B}}$, com relação às bases $\mathcal{B}$ e $\mathcal{C}$ de V e W, respectivamente, é A. As seguintes afirmações são equivalentes:

a. A é invertível.
b. Para cada $\mathbf{b}$ de $\mathbb{R}^n$, $A\mathbf{x} = \mathbf{b}$ tem uma única solução.
c. $A\mathbf{x} = \mathbf{0}$ tem apenasa solução trivial.
d. A forma escalonada reduzida por linhas de A é I_n.
e. A é um produto de matrizes elementares.
f. posto$(A) = n$
g. nulidade$(A) = 0$
h. Os vetores coluna de A são linearmente independentes.
i. Os vetores coluna de A geram $\mathbb{R}^n$.
j. Os vetores coluna de A formam uma base para $\mathbb{R}^n$.
k. Os vetores linha de A são linearmente independentes.
l. Os vetores linha de A geram $\mathbb{R}^n$.

m. Os vetores linha de A formam uma base para $\mathbb{R}^n$.
n. $\det A \neq 0$
o. 0 não é um autovalor de A.
p. T é invertível.
q. T é injetora.
r. T é sobrejetora.
s. $\ker(T) = \{\mathbf{0}\}$
t. $\text{imagem}(T) = W$
u. 0 não é um valor singular de A.

Demonstração Primeiro, note que, por definição de valor singular, 0 é um valor singular de A se e somente se 0 é um autovalor de A^TA.

(a) $\Rightarrow$ (u) Se A é invertível, então A^T também é, e o mesmo vale para A^TA. Assim, a propriedade (o) implica que 0 não é um autovalor de A^TA, logo, 0 não é um valor singular de A.

(u) $\Rightarrow$ (a) Se 0 não é um valor singular de A, então 0 não é uma autovalor de A^TA. Portanto, A^TA é invertível, pela equivalência entre as propriedades (a) e (o). Mas então $\text{posto}(A) = n$, pelo teorema 3.28. Logo, A é invertível, de acordo com a equivalência entre as propriedades (a) e (f).

Vinheta

Compressão de Imagem Digital

Dentre muitas aplicações da DVS, uma impressionante é seu uso para comprimir imagens digitais de modo que elas possam ser transmitidas eletronicamente com eficiência (por satélite, fax, Internet ou semelhante). Já discutimos o problema de detectar e corrigir erros em tais transmissões. O problema que agora queremos considerar está relacionado com reduzir o total de informações a serem transmitidas, sem perder nenhuma informação essencial.

Para o caso das imagens digitais, vamos supor que tenhamos uma figura em preto e branco, de tamanho 340 × 280 *pixels*. Cada *pixel* é um dos 256 tons de cinza, que podemos representar por um número entre 0 e 255. Podemos armazenar essa informação em uma matriz A 340 × 280, mas transmitir e manipular esses 95.200 números é muito caro. A ideia por trás da compressão de imagens é que algumas partes da figura são menos interessantes que outras. Por exemplo, em uma fotografia de alguém de pé ao ar livre, pode haver muito céu de plano de fundo, enquanto o rosto da pessoa contém muitos detalhes. Podemos evitar uma transmissão de um *pixel* a cada dois ou três *pixels* no plano de fundo, desejando manter todos os *pixels* na região do rosto.

O menor valor singular na DVS da matriz A provém das partes "menos interessantes" da imagem, e podemos ignorar a maioria delas. Suponha, então, que tenhamos a DVS de A na forma de produto externo

$$A = \sigma_1 \mathbf{u}_1 \mathbf{v}_1^T + \cdots + \sigma_r \mathbf{u}_r \mathbf{v}_r^T$$

Seja $k \leq r$ e defina

$$A_k = \sigma_1 \mathbf{u}_1 \mathbf{v}_1^T + \cdots + \sigma_k \mathbf{u}_k \mathbf{v}_k^T$$

Então, A_k é uma aproximação de A que corresponde a manter somente os k primeiros valores singulares e os correspondentes vetores singulares. Para o nosso exemplo de 340 × 280, podemos descobrir que é suficiente transmitir somente os dados correspondentes aos 20 primeiros valores singulares. Assim, em vez de transmitir 95.200 números, precisamos enviar somente 20 valores singulares mais os 20 vetores $\mathbf{u}_1, \ldots, \mathbf{u}_{20}$ de $\mathbb{R}^{340}$ e os 20 vetores $\mathbf{v}_1, \ldots, \mathbf{v}_{20}$ de $\mathbb{R}^{80}$, o que dá um total de

$$20 + 20 \cdot 340 + 20 \cdot 280 = 12.420$$

números. Isso representa uma economia substancial!

A foto do matemático Gauss, na figura 7.22, é uma imagem em 340 × 280 *pixels*. Ela tem 256 tons de cinza, portanto, a matriz A correspondente é 340 × 280, com elementos entre 0 e 255.

Resulta que a matriz A tem posto 280. Aproximando A por A_k, como descrito antes, obtemos uma imagem que corresponde aos k primeiros valores singulares de A. A figura 7.23 mostra várias dessas imagens para valores k de 2 a 256. De início, a imagem está muito embaçada, mas ela toma forma muito rapidamente. Note que A_{32} já dá uma aproximação bem razoável para a imagem real (a qual vem de $A = A_{280}$, como mostrada na quina superior esquerda da figura 7.23).

Alguns dos valores singulares de A são $\sigma_1 = 49.096$, $\sigma_{16} = 22.589$, $\sigma_{32} = 10.187$, $\sigma_{64} = 484$, $\sigma_{128} = 182$, $\sigma_{256} = 5$, e $\sigma_{280} = 0{,}5$. O menor valor singular contribui muito pouco para a imagem, o que é a razão da aproximação rapidamente parecer tão próxima da original.

Bettmann/Corbis

Figura 7.22

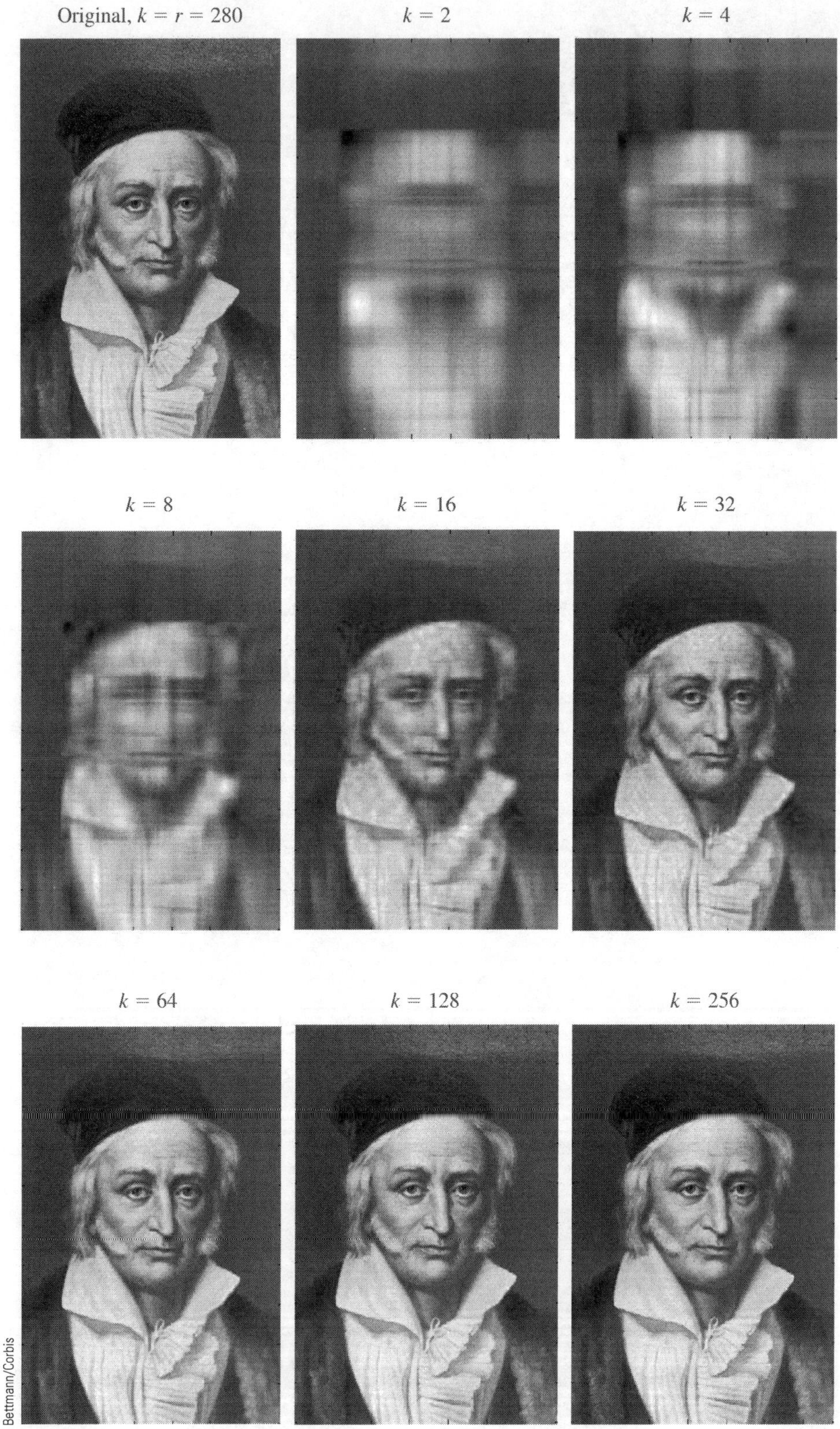

Bettmann/Corbis

Figura 7.23

Exercícios 7.4

Nos exercícios de 1 a 10, encontre os valores singulares da matriz dada.

1. $A = \begin{bmatrix} 2 & 0 \\ 0 & 3 \end{bmatrix}$ **2.** $A = \begin{bmatrix} 2 & 1 \\ 1 & 2 \end{bmatrix}$

3. $A = \begin{bmatrix} 1 & 1 \\ 0 & 0 \end{bmatrix}$ **4.** $A = \begin{bmatrix} \sqrt{2} & 1 \\ 0 & \sqrt{2} \end{bmatrix}$

5. $A = \begin{bmatrix} 3 \\ 4 \end{bmatrix}$ **6.** $A = [3 \quad 4]$

7. $A = \begin{bmatrix} 0 & 0 \\ 0 & 3 \\ -2 & 0 \end{bmatrix}$ **8.** $A = \begin{bmatrix} 0 & 1 \\ 1 & 0 \\ 2 & -2 \end{bmatrix}$

9. $A = \begin{bmatrix} 2 & 0 & 1 \\ 0 & 2 & 0 \end{bmatrix}$ **10.** $A = \begin{bmatrix} 1 & 0 & 1 \\ 0 & -3 & 0 \\ 1 & 0 & 1 \end{bmatrix}$

Nos exercícios de 11 a 20, encontre uma DVS da matriz indicada.

11. A do exercício 3 **12.** $A = \begin{bmatrix} 1 & 1 \\ 1 & 1 \end{bmatrix}$

13. $A = \begin{bmatrix} 0 & -2 \\ -3 & 0 \end{bmatrix}$ **14.** $A = \begin{bmatrix} 1 & -1 \\ 1 & 1 \end{bmatrix}$

15. A do exercício 5 **16.** A do exercício 6

17. A do exercício 7 **18.** A do exercício 8

19. A do exercício 9 **20.** $A = \begin{bmatrix} 1 & 1 & 1 \\ 1 & 1 & 1 \end{bmatrix}$

Nos exercícios de 21 a 24, encontre a DVS na forma do produto externo para as matrizes nos exercícios dados.

21. Exercícios 3 e 11 **22.** Exercício 14

23. Exercícios 7 e 17 **24.** Exercícios 9 e 19

25. Mostre que as matrizes U e V na DVS não são determinadas de modo único. [*Sugestão*: encontre um exemplo no qual seria possível fazer diferentes escolhas na construção dessas matrizes.]

26. Seja A uma matriz simétrica. Mostre que os valores singulares de A são

(a) os valores absolutos dos autovalores de A.

(b) os autovalores de A se A é positiva definida.

27. (a) Mostre que, para uma matriz A simétrica e positiva definida, o teorema 7.13 dá a diagonalização ortogonal de A, como assegurado pelo teorema espectral.

(b) Mostre que, para uma matriz A simétrica e positiva definida, o teorema 7.14 dá a decomposição espectral de A.

28. Se A é uma matriz invertível com DVS $A = U\Sigma V^T$, mostre que Σ é invertível e que $A^{-1} = V\Sigma^{-1}U^T$ é uma DVS de A^{-1}.

29. Mostre que, se $A = U\Sigma V^T$ é uma DVS de A, os vetores singulares à esquerda são autovetores de AA^T.

30. Mostre que A e A^T têm os mesmos valores singulares.

31. Seja Q uma matriz ortogonal tal que QA faça sentido. Mostre que A e QA têm os mesmos valores singulares.

32. Demonstre o teorema 7.15(d).

33. Qual é a imagem da circunferência unitária de $\mathbb{R}^2$ sob a ação da matriz do exercício 3?

34. Qual é a imagem da circunferência unitária de $\mathbb{R}^2$ sob a ação da matriz do exercício 7?

35. Qual é a imagem da esfera unitária de $\mathbb{R}^3$ sob a ação da matriz do exercício 9?

36. Qual é a imagem da esfera unitária de $\mathbb{R}^3$ sob a ação da matriz do exercício 10?

Nos exercícios de 37 a 40, calcule (a) $\|A\|_2$ e (b) $cond_2(A)$ para as matrizes indicadas.

37. A do exercício 3 **38.** A do exercício 8

39. $A = \begin{bmatrix} 1 & 0{,}9 \\ 1 & 1 \end{bmatrix}$ **40.** $A = \begin{bmatrix} 10 & 10 & 0 \\ 100 & 100 & 1 \end{bmatrix}$

Nos exercícios de 41 a 44, calcule a pseudoinversa A^+ de A nos exercícios dados.

41. Exercício 3 **42.** Exercício 8

43. Exercício 9 **44.** Exercício 10

Nos exercícios de 45 a 48, encontre A^+ e use-a para calcular a solução por mínimos quadrados de comprimento mínimo para $A\mathbf{x} = \mathbf{b}$.

45. $A = \begin{bmatrix} 1 & 2 \\ 2 & 4 \end{bmatrix}, \mathbf{b} = \begin{bmatrix} 3 \\ 5 \end{bmatrix}$

46. $A = \begin{bmatrix} 3 & 0 & 0 \\ 0 & 0 & 2 \end{bmatrix}, \mathbf{b} = \begin{bmatrix} 3 \\ 0 \end{bmatrix}$

47. $A = \begin{bmatrix} 1 & 1 \\ 1 & 1 \\ 1 & 1 \end{bmatrix}, \mathbf{b} = \begin{bmatrix} 1 \\ 2 \\ 3 \end{bmatrix}$

48. $A = \begin{bmatrix} 1 & 0 & 1 \\ 0 & 1 & 0 \\ 1 & 0 & 1 \end{bmatrix}, \mathbf{b} = \begin{bmatrix} 1 \\ 1 \\ 1 \end{bmatrix}$

49. **(a)** Monte e resolva as equações normais para o sistema de equações do exemplo 7.40.

(b) Encontre uma expressão paramétrica para o comprimento de um vetor solução da parte (a).

(c) Encontre o vetor solução de comprimento mínimo e verifique que esse é aquele resultante do método do exemplo 7.40. [Sugestão: relembre como encontrar as coordenadas do vértice de uma parábola.]

50. Verifique que, quando A tem colunas linearmente independentes, as definições de pseudoinversa nesta seção e na seção 7.3 coincidem.

51. Verifique que a pseudoinversa (como definida nesta seção) satisfaz às condições de Penrose para A (teorema 7.12 da seção 7.3).

52. Mostre que A^+ é a *única* matriz que satisfaz às condições de Penrose para A. Para fazer isso, suponha que A' é a matriz que satisfaz à condição de Penrose: (a) $AA'A = A$, (b) $A'AA' = A'$ e (c) AA' e $A'A$ são simétricas. Mostre que $A' = A^+$. [*Sugestão*: use as condições de Penrose para A^+ e A' para mostrar que $A^+ = A'AA^+$ e $A' = A'AA^+$. Ajuda notar que a condição (c) pode ser escrita como $AA' = (A')^T A^T$ e $A'A = A^T(A')^T$, com versão semelhante para A^+.]

53. Mostre que $(A^+)^+ = A$. [*Sugestão*: mostre que A satisfaz às condições de Penrose para A^+. Pelo exercício 52, A deve ser, portanto, $(A^+)^+$.]

54. Mostre que $(A^+)^T = (A^T)^+$. [*Sugestão*: mostre que $(A^+)^T$ satisfaz às condições de Penrose para A^T. Pelo exercício 52, $(A^+)^T$ deve ser, portanto, $(A^T)^+$.]

55. Mostre que, se A é uma matriz simétrica e idempotente, então $A^+ = A$.

56. Seja Q uma matriz ortogonal tal que QA faça sentido. Mostre que $(QA)^+ = A^+Q^T$.

57. Mostre que se A é uma matriz positiva definita com DVS $A = U\Sigma V^T$, então $U = V$.

58. Mostre que para uma matriz diagonal, as norma-1, norma-2 e norma-∞ são as mesmas.

59. Mostre que para qualquer matriz quadrada A, $\|A\|_2^2 \leq \|A\|_1 \|A\|_\infty$. [*Sugestão:* $\|A\|_2^2$ é o quadrado do maior valor singular de A e, portanto, é igual ao maior autovalor de A^TA. Agora, use o exercício 34 da seção 7.2.]

Todo número complexo pode ser escrito na forma polar como $z = re^{i\theta}$, em que $r = |z|$ é um número real não negativo e θ é seu argumento, com $|e^{i\theta}| = 1$. (Veja o apêndice C.) Assim, z tem sido decomposto em um fator de alongamento r e um fator de rotação $e^{i\theta}$. Existe uma decomposição análoga $A = RQ$ para matrizes quadradas, chamada ***decomposição polar****.*

60. Mostre que toda matriz quadrada A pode ser fatorada como $A = RQ$, em que R é simétrica e positiva semidefinida, e Q é ortogonal. [*Sugestão*: mostre que a DVS pode ser rescrita de modo que

$$A = U\Sigma V^T = U\Sigma(U^TU)V^T = (U\Sigma U^T)(UV^T)$$

Então, mostre que $R = U\Sigma U^T$ e $Q = UV^T$ têm as propriedades corretas.]

Encontre a decomposição polar das matrizes nos exercícios de 61 a 64.

61. A do exercício 3

62. A do exercício 14

63. $A = \begin{bmatrix} 1 & 2 \\ -3 & -1 \end{bmatrix}$

64. $A = \begin{bmatrix} 4 & 2 & -3 \\ -2 & 2 & 6 \\ 4 & -1 & 6 \end{bmatrix}$

7.5 Aplicações

Aproximação de Funções

Em muitas aplicações, é necessário aproximar uma dada função por uma função "melhor". Por exemplo, podemos querer aproximar $f(x) = e^x$ por uma função linear $g(x) = c + dx$ em algum intervalo $[a, b]$. Nesse caso, temos uma função contínua f, e queremos aproximá-la o máximo possível no intervalo $[a, b]$, por uma função g no subespaço $\mathscr{P}_1$. O problema geral pode ser reescrito desta forma:

> Dados uma função contínua f no intervalo $[a, b]$ e um subespaço W de $\mathscr{C}\,[a, b]$, encontre a função "mais próxima" de f em W.

O problema é análogo ao de ajustar pontos por mínimos quadrados, exceto que agora temos infinitos pontos — que são os pontos sobre o gráfico da função f. O que "aproximar" pode significar nesse contexto? Mais uma vez, o teorema da melhor aproximação nos dá a resposta.

A função f dada está no espaço vetorial $\mathscr{C}\,[a, b]$ das funções contínuas no intervalo $[a, b]$. Esse é um espaço com produto interno, com o produto interno

$$\langle f, g\rangle = \int_a^b f(x)g(x)\,dx$$

Se W é um subespaço de dimensão finita de $\mathscr{C}\,[a, b]$, a melhor aproximação para f em W é dada pela projeção de f em W, pelo teorema 7.8. Além disso, se $\{\mathbf{u}_1, \ldots, \mathbf{u}_k\}$ é uma base ortogonal de W, então

$$\text{proj}_W(f) = \frac{\langle \mathbf{u}_1, f\rangle}{\langle \mathbf{u}_1, \mathbf{u}_1\rangle}\mathbf{u}_1 + \cdots + \frac{\langle \mathbf{u}_k, f\rangle}{\langle \mathbf{u}_k, \mathbf{u}_k\rangle}\mathbf{u}_k$$

Exemplo 7.41

Encontre a melhor aproximação linear para $f(x) = e^x$ no intervalo $[-1, 1]$.

Solução Funções lineares são polinômios de grau 1, então usamos o subespaço $W = \mathscr{P}_1[-1, 1]$ de $\mathscr{C}[-1, 1]$ com o produto interno

$$\langle f, g\rangle = \int_{-1}^1 f(x)g(x)\,dx$$

Uma base para $\mathscr{P}_1[-1, 1]$ é dada por $\{1, x\}$. Como

$$\langle 1, x\rangle = \int_{-1}^1 x\,dx = 0$$

essa é uma base ortogonal, por isso a melhor aproximação para f em W é

$$\begin{aligned} g(x) = \text{proj}_W(e^x) &= \frac{\langle 1, e^x\rangle}{\langle 1, 1\rangle}1 + \frac{\langle x, e^x\rangle}{\langle x, x\rangle}x \\ &= \frac{\int_{-1}^1 (1\cdot e^x)\,dx}{\int_{-1}^1 (1\cdot 1)\,dx} + \frac{\int_{-1}^1 xe^x\,dx}{\int_{-1}^1 x^2\,dx}x \\ &= \frac{e - e^{-1}}{2} + \frac{2e^{-1}}{\frac{2}{3}}x \\ &= \tfrac{1}{2}(e - e^{-1}) + 3e^{-1}x \approx 1{,}18 + 1{,}10x \end{aligned}$$

em que usamos a integração por partes para calcular $\int_{-1}^{1} xe^x \, dx$. (Confira esses cálculos.) Veja a figura 7.24.

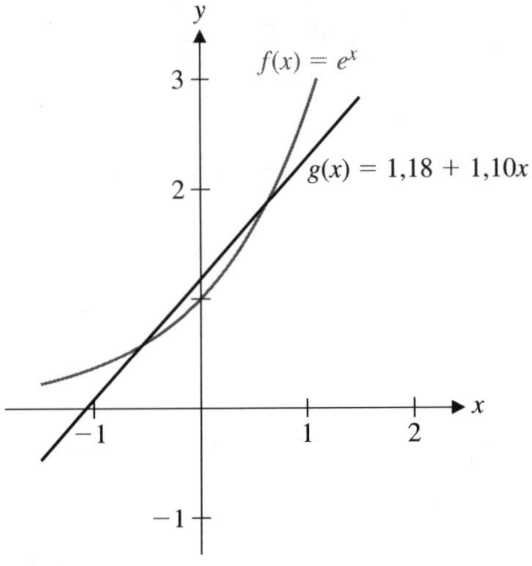

Figura 7.24

O erro em aproximar f por g é o especificado pelo teorema da melhor aproximação: a distância $\|f - g\|$ entre f e g em relação ao produto interno de $\mathscr{C}[-1, 1]$. Esse erro é somente

$$\|f - g\| = \sqrt{\int_{-1}^{1} (f(x) - g(x))^2 \, dx}$$

e é frequentemente chamado de ***raiz do erro quadrático médio***. Com a ajuda de um CAS, vemos que a raiz do erro quadrático médio no exemplo 7.41 é

$$\|e^x - (\tfrac{1}{2}(e - e^{-1}) + 3e^{-1}x)\| = \sqrt{\int_{-1}^{1} (e^x - \tfrac{1}{2}(e - e^{-1}) - 3e^{-1}x)^2 \, dx} \approx 0{,}23$$

Observação A raiz do erro quadrático médio pode ser entendida como o análogo à área entre os gráficos de f e g no intervalo especificado. Lembre que a área entre os gráficos de f e g no intervalo $[a, b]$ é dada por

$$\int_a^b |f(x) - g(x)| dx$$

(Veja a figura 7.25.)

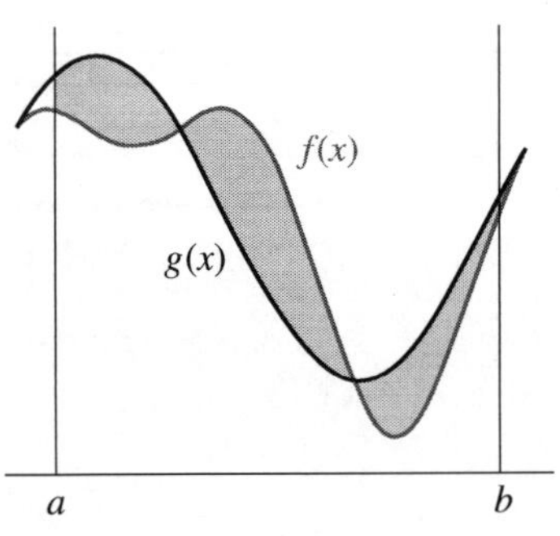

Figura 7.25

Apesar de a equação na observação anterior ser uma medida razoável de "erro" entre f e g, o valor absoluto a torna difícil de ser trabalhada. A raiz do erro quadrático médio é mais fácil de ser usada e, portanto, preferível. A raiz quadrada é necessária para "compensar" pelos quadrados e para manter a unidade de medida como seria para áreas entre curvas. Para fins de comparação, a área entre os gráficos de f e g no exemplo 7.41 é

$$\int_{-1}^{1} |e^x - \tfrac{1}{2}(e - e^{-1}) - 3e^{-1}x| \, dx \approx 0{,}28$$

Exemplo 4.30 Encontre a melhor aproximação quadrática para $f(x) = e^x$ no intervalo $[-1, 1]$.

Solução A função quadrática é um polinômio da forma $g(x) = a + bx + cx^2$ em $W = \mathcal{P}_2[-1, 1]$. Desta vez, a base canônica $\{1, x, x^2\}$ não é ortogonal. Entretanto, podemos construir uma base ortogonal usando o processo de ortogonalização de Gram-Schmidt, como fizemos no exemplo 7.8. O resultado é o conjunto dos polinômios de Legendre

$$\{1, x, x^2 - \tfrac{1}{3}\}$$

Usando esse conjunto como nossa base, calculamos a melhor aproximação para f em W por $g(x) = \text{proj}_W(e^x)$. Os termos lineares nesses cálculos são exatamente os do exemplo 7.41, então só precisamos dos cálculos adicionais

$$\langle x^2 - \tfrac{1}{3}, e^x \rangle = \int_{-1}^{1} (x^2 - \tfrac{1}{3})e^x\,dx = \int_{-1}^{1} x^2 e^x\,dx - \tfrac{1}{3}\int_{-1}^{1} e^x\,dx = \tfrac{2}{3}(e - 7e^{-1})$$

e $$\langle x^2 - \tfrac{1}{3}, x^2 - \tfrac{1}{3} \rangle = \int_{-1}^{1} (x^2 - \tfrac{1}{3})^2\,dx = \int_{-1}^{1} (x^4 - \tfrac{2}{3}x^2 + \tfrac{1}{9})\,dx = \tfrac{8}{45}$$

Então, a melhor aproximação quadrática para $f(x) = e^x$ no intervalo $[-1, 1]$ é

$$\begin{aligned} g(x) = \text{proj}_W(e^x) &= \frac{\langle 1, e^x\rangle}{\langle 1, 1\rangle}1 + \frac{\langle x, e^x\rangle}{\langle x, x\rangle}x + \frac{\langle x^2 - \frac{1}{3}, e^x\rangle}{\langle x^2 - \frac{1}{3}, x^2 - \frac{1}{3}\rangle}(x^2 - \tfrac{1}{3}) \\ &= \tfrac{1}{2}(e - e^{-1}) + 3e^{-1}x + \frac{\frac{2}{3}(e - 7e^{-1})}{\frac{8}{45}}(x^2 - \tfrac{1}{3}) \\ &= \frac{3(11e^{-1} - e)}{4} + 3e^{-1}x + \frac{15(e - 7e^{-1})}{4}x^2 \approx 1{,}00 + 1{,}10x + 0{,}54x^2 \end{aligned}$$

(Veja a figura 7.26.)

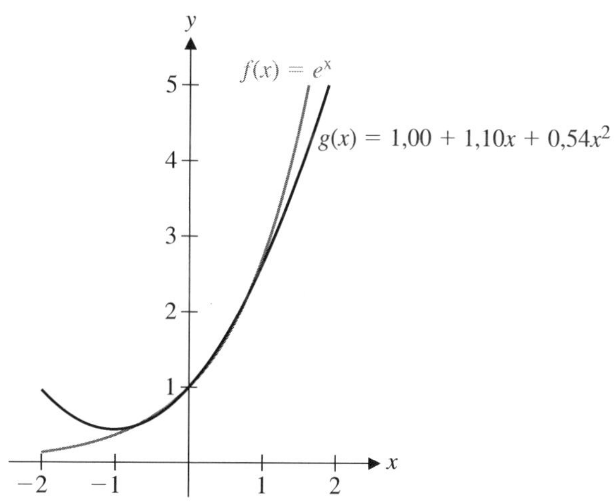

Figura 7.26

Note quão melhor é a aproximação quadrática no exemplo 7.42 em relação à aproximação linear no exemplo 7.41. Resulta que, no caso quadrático, a raiz do erro quadrático médio é

$$\|e^x - g(x)\| = \sqrt{\int_{-1}^{1} (e^x - g(x))^2\, dx} \approx 0{,}04$$

Em geral, quanto maior o grau da aproximação polinomial, menor será o erro e melhor será a aproximação.

Em muitas aplicações, as funções são aproximadas por combinações das funções seno e cosseno. Esse método é particularmente útil quando a função que está sendo aproximada apresenta comportamento periódico ou quase periódico (por exemplo, a função das ondas sonoras, um impulso elétrico ou a movimentação de um sistema vibratório). Uma função da forma

$$\begin{aligned} p(x) &= a_0 + a_1 \cos x + a_2 \cos 2x + \cdots + a_n \cos nx + b_1 \operatorname{sen} x \\ &\quad + b_2 \operatorname{sen} 2x + \cdots + b_n \operatorname{sen} nx \end{aligned} \tag{1}$$

é chamada ***polinômio trigonométrico***; se a_n e b_n não são ambos nulos, diz-se que $p(x)$ é de ***ordem n***. Por exemplo,

$$p(x) = 3 - \cos x + \operatorname{sen} 2x + 4 \operatorname{sen} 3x$$

é um polinômio trigonométrico de ordem 3.

Vamos restringir nossa atenção para o espaço vetorial $\mathscr{C}[-\pi, \pi]$ com o produto interno

$$\langle f, g \rangle = \int_{-\pi}^{\pi} f(x)g(x)\, dx$$

Os polinômios trigonométricos da forma da equação (1) são combinações lineares do conjunto

$$\mathcal{B} = \{1, \cos x, \ldots, \cos nx, \operatorname{sen} x, \ldots, \operatorname{sen} nx\}$$

A melhor aproximação para uma função f em $\mathscr{C}[-\pi, \pi]$ por um polinômio trigonométrico de ordem n será, portanto, $\operatorname{proj}_W(f)$, em que $W = \operatorname{ger}(\mathcal{B})$. Resulta que $\mathcal{B}$ é um conjunto ortogonal e, portanto, uma base para W. A verificação desse fato envolve mostrar que quaisquer duas funções distintas em $\mathcal{B}$ são ortogonais com relação ao dado produto interno. O exemplo 7.43 apresenta alguns dos cálculos necessários; pediremos que você providence os cálculos restantes nos exercícios de 17 a 19.

Exemplo 7.43 Mostre que sen jx é ortogonal a cos kx em $\mathscr{C}[-\pi, \pi]$, para $j, k \geq 1$.

Solução Usando a identidade trigonométrica, calculamos: se $j \neq k$, então

$$\begin{aligned} \int_{-\pi}^{\pi} \operatorname{sen} jx \cos kx\, dx &= \tfrac{1}{2}\int_{-\pi}^{\pi} [\operatorname{sen}(j+k)x + \operatorname{sen}(j-k)x]\, dx \\ &= -\tfrac{1}{2}\left[\frac{\cos(j+k)x}{j+k} + \frac{\cos(j-k)x}{j-k}\right]_{-\pi}^{\pi} \\ &= 0 \end{aligned}$$

já que a função cosseno é periódica de período 2π.

Se $j = k$, então

$$\int_{-\pi}^{\pi} \operatorname{sen} kx \cos kx \, dx = \frac{1}{2k}[\operatorname{sen}^2 kx]_{-\pi}^{\pi} = 0$$

visto que sen $k\pi = 0$ para qualquer inteiro k.

Para acharmos a projeção ortogonal de uma função f em $\mathscr{C}[-\pi, \pi]$ sobre o subespaço W gerado pela base ortogonal $\mathcal{B}$, precisamos saber os valores das raízes das normas dos vetores da base. Por exemplo, pela fórmula do ângulo-metade, temos

$$\begin{aligned}\langle \operatorname{sen} kx, \operatorname{sen} kx \rangle &= \int_{-\pi}^{\pi} \operatorname{sen}^2 kx \, dx \\ &= \tfrac{1}{2}\int_{-\pi}^{\pi} (1 - \cos 2kx)\, dx \\ &= \tfrac{1}{2}\left[x - \frac{\operatorname{sen} 2kx}{2k}\right]_{-\pi}^{\pi} \\ &= \pi\end{aligned}$$

No exercício 20, pediremos que você mostre que $\langle \cos kx, \cos kx \rangle = \pi$ e $\langle 1, 1 \rangle = 2\pi$. Agora, temos

$$\operatorname{proj}_W(f) = a_0 + a_1 \cos x + \cdots + a_n \cos nx + b_1 \operatorname{sen} x + \cdots + b_n \operatorname{sen} nx \quad (2)$$

em que

$$\begin{aligned} a_0 &= \frac{\langle 1, f\rangle}{\langle 1, 1\rangle} = \frac{1}{2\pi}\int_{-\pi}^{\pi} f(x)\, dx \\ a_k &= \frac{\langle \cos kx, f\rangle}{\langle \cos kx, \cos kx\rangle} = \frac{1}{\pi}\int_{-\pi}^{\pi} f(x) \cos kx \, dx \\ b_k &= \frac{\langle \operatorname{sen} kx, f\rangle}{\langle \operatorname{sen} kx, \operatorname{sen} kx\rangle} = \frac{1}{\pi}\int_{-\pi}^{\pi} f(x) \operatorname{sen} kx \, dx \end{aligned} \quad (3)$$

para $k \geq 1$. A aproximação para f dada pelas equações (2) e (3) é chamada ***aproximação de Fourier de ordem n*** para f em $[-\pi, \pi]$. Os coeficientes $a_0, a_1, \ldots, a_n, b_1, \ldots, b_n$ são chamados ***coeficientes de Fourier*** para f.

Exemplo 7.44 Encontre a aproximação de Fourier de ordem 4 para $f(x) = x$ em $[-\pi, \pi]$.

Solução Pelas fórmulas (3), temos

$$a_0 = \frac{1}{2\pi}\int_{-\pi}^{\pi} x\, dx = \frac{1}{2\pi}\left[\frac{x^2}{2}\right]_{-\pi}^{\pi} = 0$$

e, para $k \geq 1$, usando integração por partes, obtemos

$$a_k = \frac{1}{\pi}\int_{-\pi}^{\pi} x \cos kx \, dx = \frac{1}{\pi}\left[\frac{x}{k} \operatorname{sen} kx + \frac{1}{k^2}\cos kx\right]_{-\pi}^{\pi} = 0$$

Jean-Baptiste Joseph Fourier (1768-1830) foi um matemático e físico francês que ganhou reconhecimento por suas pesquisas sobre teoria de calor. Em sua solução marcante para a chamada equação do calor, ele introduziu técnicas para o que agora conhecemos como séries de Fourier, uma ferramenta bastante utilizada em muitos ramos da matemática, da física e da engenharia. Fourier foi um ativista político durante a Revolução Francesa e se tornou um dos favoritos de Napoleão, acompanhando-o em sua campanha no Egito em 1798. Mais tarde, Napoleão nomeou Fourier prefeito de *Isère*, onde ele supervisionou muitos projetos importantes de engenharia. Em 1808, Fourier se tornou um barão. Ele é homenageado por uma placa na Torre Eiffel.

e

$$\begin{aligned} b_k &= \frac{1}{\pi}\int_{-\pi}^{\pi} x \operatorname{sen} kx\, dx = \frac{1}{\pi}\left[-\frac{x}{k}\cos kx + \frac{1}{k^2}\operatorname{sen} kx\right]_{-\pi}^{\pi} \\ &= \frac{1}{\pi}\left[\frac{-\pi\cos k\pi - \pi\cos(-k\pi)}{k}\right] \\ &= \begin{cases} -\dfrac{2}{k} & \text{se } k \text{ é par} \\ \dfrac{2}{k} & \text{se } k \text{ é ímpar} \end{cases} \\ &= \frac{2(-1)^{k+1}}{k} \end{aligned}$$

Segue que a aproximação de Fourier de ordem 4 para $f(x) = x$ em $[-\pi, \pi]$ é

$$2(\operatorname{sen} x - \tfrac{1}{2}\operatorname{sen} 2x + \tfrac{1}{3}\operatorname{sen} 3x - \tfrac{1}{4}\operatorname{sen} 4x)$$

A figura 7.27 ilustra as quatro primeiras aproximações de Fourier para $f(x) = x$ em $[-\pi, \pi]$.

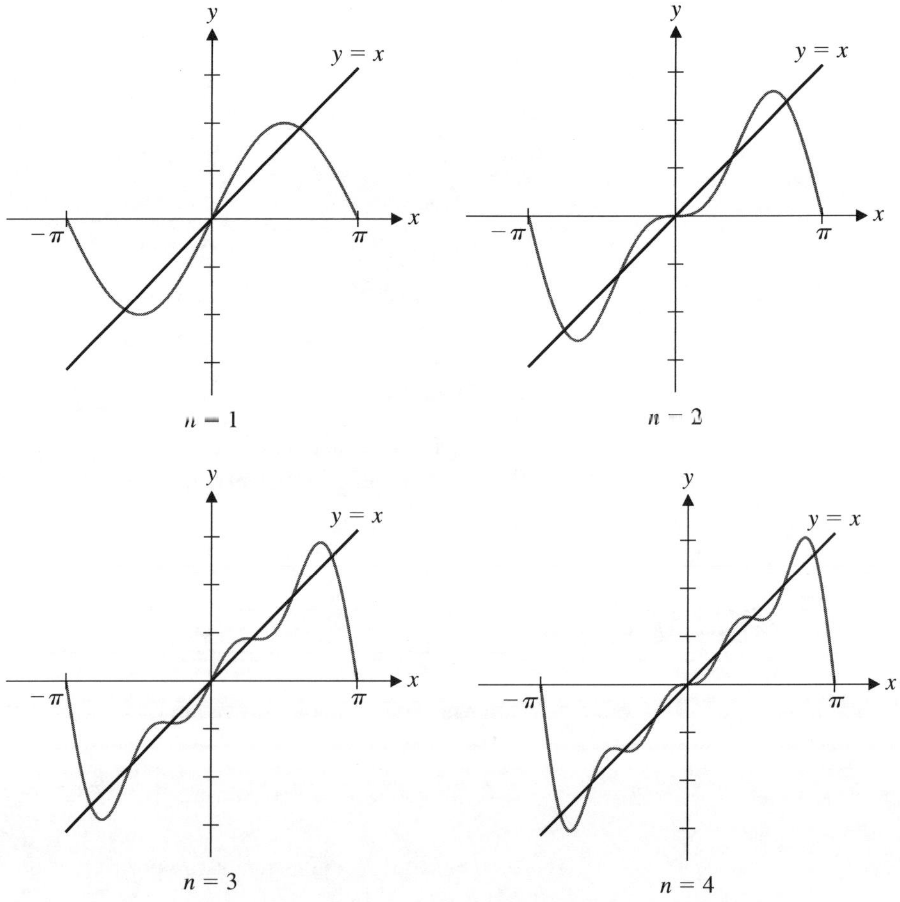

Figura 7.27

Você pode claramente ver a melhora nas aproximações da figura 7.27, um fato que você pode confirmar calculando as raízes dos erros quadráticos médios em cada caso. Conforme as ordens das aproximações de Fourier vão aumentando, pode ser mostrado que seu erro tende a zero. O polinômio trigonométrico, então, se torna uma *série infinita*, e escrevemos

$$f(x) = a_0 + \sum_{k=1}^{\infty}(a_k \cos kx + b_k \operatorname{sen} kx)$$

Ela é chamada ***série de Fourier*** de f em $[-\pi, \pi]$.

Exercícios 7.5

Aproximação de Funções

Nos exercícios de 1 a 4, encontre a melhor aproximação linear para f no intervalo $[-1, 1]$.

1. $f(x) = x^2$ **2.** $f(x) = x^2 + 2x$

3. $f(x) = x^3$ **4.** $f(x) = \operatorname{sen}(\pi x/2)$

Nos exercícios 5 e 6, encontre a melhor aproximação quadrática para f no intervalo $[-1, 1]$.

5. $f(x) = |x|$ **6.** $f(x) = \cos(\pi x/2)$

7. Aplique o processo de ortogonalização de Gram-Schmidt para a base $\{1, x\}$, a fim de construir uma base ortogonal para $\mathscr{P}_1[0, 1]$.

8. Aplique o processo de ortogonalização de Gram-Schmidt para a base $\{1, x, x^2\}$, a fim de construir uma base ortogonal para $\mathscr{P}_2[0, 1]$.

Nos exercícios de 9 a 12, encontre a melhor aproximação linear para f no intervalo $[0, 1]$.

9. $f(x) = x^2$ **10.** $f(x) = \sqrt{x}$

11. $f(x) = e^x$ **12.** $f(x) = \operatorname{sen}(\pi x/2)$

Nos exercícios de 13 a 16, encontre a melhor aproximação quadrática para f no intervalo $[0, 1]$.

13. $f(x) = x^3$ **14.** $f(x) = \sqrt{x}$

15. $f(x) = e^x$ **16.** $f(x) = \operatorname{sen}(\pi x/2)$

17. Mostre que 1 é ortogonal a cos *kx* e a sen *kx* em $\mathscr{C}[-\pi, \pi]$ para $k \geq 1$.

18. Mostre que cos *jx* é ortogonal a cos *kx* em $\mathscr{C}[-\pi, \pi]$ para $j \neq k, j, k \geq 1$.

19. Mostre que sen *jx* é ortogonal a sen *kx* em $\mathscr{C}[-\pi, \pi]$ para $j \neq k, j, k \geq 1$.

20. Mostre que $\|1\|^2 = 2\pi$ e $\|\cos kx\|^2 = \pi$ em $\mathscr{C}[-\pi, \pi]$.

Nos exercícios 21 e 22, encontre a aproximação de Fourier de terceira ordem de f em $[-\pi, \pi]$.

21. $f(x) = |x|$ **22.** $f(x) = x^2$

Nos exercícios de 23 a 26, encontre os coeficientes de Fourier a_0, a_k, *e* b_k *de f em* $[-\pi, \pi]$.

23. $f(x) = \begin{cases} 0 & \text{se } -\pi \leq x < 0 \\ 1 & \text{se } 0 \leq x \leq \pi \end{cases}$

24. $f(x) = \begin{cases} -1 & \text{se } -\pi \leq x < 0 \\ 1 & \text{se } 0 \leq x \leq \pi \end{cases}$

25. $f(x) = \pi - x$ **26.** $f(x) = |x|$

*Lembre-se de que uma função f é uma **função par** se f(-x) = f(x) para todo x; f é chamada de **função ímpar** se f(-x) = − f(x) para todo x.*

27. (a) Mostre que $\int_{-\pi}^{\pi} f(x)\,dx = 0$ se f for uma função ímpar.

(b) Mostre que os coeficientes de Fourier a_k são todos nulos se f for ímpar.

28. (a) Mostre que $\int_{-\pi}^{\pi} f(x)\,dx = 2\int_{0}^{\pi} f(x)\,dx$ se f for uma função par.

(b) Mostre que os coeficientes de Fourier b_k são todos nulos se f for par.

Revisão do Capítulo

Definições e Conceitos Principais

Questões de Revisão

1. Assinale cada uma das afirmações a seguir como verdadeira ou falsa:

(a) Se $\mathbf{u} = \begin{bmatrix} u_1 \\ u_2 \end{bmatrix}$ e $\mathbf{v} = \begin{bmatrix} v_1 \\ v_2 \end{bmatrix}$, então $\langle \mathbf{u}, \mathbf{v} \rangle = u_1v_1 + \pi u_2v_2$ define um produto interno de $\mathbb{R}^2$.

(b) Se $\mathbf{u} = \begin{bmatrix} u_1 \\ u_2 \end{bmatrix}$ e $\mathbf{v} = \begin{bmatrix} v_1 \\ v_2 \end{bmatrix}$, então $\langle \mathbf{u}, \mathbf{v} \rangle = 4u_1v_1 - 2u_1v_2 - 2u_2v_1 + 4u_2v_2$ define um produto interno em $\mathbb{R}^2$.

(c) $\langle A, B \rangle = \text{tr}(A) + \text{tr}(B)$ define um produto interno em M_{22}.

(d) Se **u** e **v** são vetores em um espaço com produto interno com $\|\mathbf{u}\| = 4$, $\|\mathbf{v}\| = \sqrt{5}$, e $\langle \mathbf{u}, \mathbf{v} \rangle = 2$, então $\|\mathbf{u} + \mathbf{v}\| = 5$.

(e) As norma da soma, norma do máximo e norma euclidiana em $\mathbb{R}^n$ são todas iguais para a função módulo quando $n = 1$.

(f) Se uma matriz A é bencondicionada, então cond(A) é pequeno.

(g) Se cond(A) é pequeno então a matriz A é bencondicionada.

(h) Todo sistema linear tem uma única solução por mínimos quadrados.

(i) Se A é uma matriz com colunas ortonormais então a matriz canônica de uma projeção ortogonal no espaço coluna de A é $P = AA^T$.

(j) Se A é uma matriz simétrica então os valores singulares de A são exatamente os autovalores de A.

Nas questões de 2 a 4, avalie se cada definição determina um produto interno.

2. $\langle p(x), q(x) \rangle = p(0)q(1) + p(1)q(0)$ para $p(x), q(x)$ em $\mathscr{P}_1$

3. $\langle A, B \rangle = \text{tr}(A^TB)$ para A, B em M_{22}

4. $\langle f, g \rangle = (\max_{0 \le x \le 1} f(x))(\max_{0 \le x \le 1} g(x))$ para f, g em $\mathscr{C}[0, 1]$

Nas questões 5 e 6, calcule a quantia indicada usando o produto interno especificado.

5. $\|1 + x + x^2\|$ se $\langle a_0 + a_1x + a_2x^2, b_0 + b_1x + b_2x^2 \rangle = a_0b_0 + a_1b_1 + a_2b_2$

6. $d(x, x^2)$ se $\langle p(x), q(x) \rangle = \int_0^1 p(x)q(x)\,dx$

Nas questões 7 e 8, construa um conjunto ortogonal de vetores usando o processo de ortogonalização de Gram-Schmidt a partir do conjunto de vetores dado e usando o produto interno especificado.

7. $\left\{ \begin{bmatrix} 1 \\ 1 \end{bmatrix}, \begin{bmatrix} 1 \\ 2 \end{bmatrix} \right\}$ se $\langle \mathbf{u}, \mathbf{v} \rangle = \mathbf{u}^T A\mathbf{v}$, em que $A = \begin{bmatrix} 6 & 4 \\ 4 & 6 \end{bmatrix}$

8. $\{1, x, x^2\}$ se $\langle p(x), q(x) \rangle = \int_0^1 p(x)q(x)\,dx$

Nas questões 9 e 10, determine se as definições dadas formam uma norma.

9. $\|\mathbf{v}\| = \mathbf{v}^T\mathbf{v}$ para $\mathbf{v}$ de $\mathbb{R}^n$

10. $\|p(x)\| = |p(0)| + |p(1) - p(0)|$ para $p(x)$ em $\mathscr{P}_1$

11. Mostre que a matriz $A = \begin{bmatrix} 1 & 0{,}1 & 0{,}11 \\ 0{,}1 & 0{,}11 & 0{,}111 \\ 0{,}11 & 0{,}111 & 0{,}1111 \end{bmatrix}$ é malcondiconada.

12. Prove que se Q é uma matriz ortogonal $n \times n$ então sua norma de Frobenius é $\|Q\|_F = \sqrt{n}$.

13. Encontre a reta de melhor ajuste para os pontos (1, 2), (2, 3), (3, 5) e (4, 7).

14. Encontre a solução de mínimos quadrados de

$$\begin{bmatrix} 1 & 2 \\ 1 & 0 \\ 2 & -1 \\ 0 & 5 \end{bmatrix} \begin{bmatrix} x_1 \\ x_2 \end{bmatrix} = \begin{bmatrix} 1 \\ 0 \\ -1 \\ 3 \end{bmatrix}.$$

15. Encontre a projeção orthogonal de $\mathbf{x} = \begin{bmatrix} 1 \\ 2 \\ 3 \end{bmatrix}$ no espaço coluna de $A = \begin{bmatrix} 1 & 1 \\ 0 & 1 \\ 1 & 0 \end{bmatrix}$.

16. Se $\mathbf{u}$ e $\mathbf{v}$ são vetores ortonormais, mostre que $P = \mathbf{u}\mathbf{u}^T + \mathbf{v}\mathbf{v}^T$ é a matriz canônica de uma projeção ortogonal no espaço ger $(\mathbf{u}, \mathbf{v})$. [*Sugestão:* Mostre que $P = A(A^TA)^{-1}A^T$ para alguma matriz A.]

Nas questões 17 e 18, determine (a) os valores singulares, (b) uma decomposição por valores singulares e (c) a pseudoinversa da matriz A.

17. $A = \begin{bmatrix} 1 & 1 \\ 0 & 0 \\ 1 & -1 \end{bmatrix}$

18. $A = \begin{bmatrix} 1 & 1 & -1 \\ 1 & 1 & -1 \end{bmatrix}$

19. Se P e Q são matrizes ortogonais tais que PAQ está definida, prove que PAQ tem os mesmos valores singulares que A.

20. Se A é uma matriz quadrada tal que $A^2 = O$, prove que $(A^+)^2 = O$.

Apêndice A

Notação Matemática e Métodos de Demonstração

Por favor, senhor, quero um pouco mais.
— Oliver
Charles Dickens, *Oliver Twist*

Qualquer um que entenda notação algébrica encontra, de uma só olhada em uma equação, resultados encontrados aritmeticamente somente com muito trabalho e dor.
— Augustin Cournot
Researches into the mathematical principles of the theory of wealth
Traduzido por Nathaniel T. Bacon
Macmillan, 1897, p. 4

Neste livro, foi feito um esforço para usar "português matemático" o máximo possível, reduzindo bastante as notações matemáticas. Entretanto, usar notações matemáticas é um atalho conveniente que pode simplificar muito a quantidade de escritos que temos que fazer. Além disso, elas são comumente usadas em todos os ramos da matemática, por isso, a habilidade de ler e escrever notações matemáticas é um ingrediente essencial para a compreensão matemática. Finalmente, existem alguns teoremas cujas demonstrações se tornam "óbvias" se a notação correta for utilizada.

Demonstrar teoremas em matemática é tanto uma arte quanto uma ciência. Para iniciantes, geralmente, é difícil saber qual abordagem usar para demonstrar um teorema; existem muitas abordagens, e qualquer uma delas pode ser a melhor. Para se tornar fluente em demonstrações, é importante estudar o maior número possível de exemplos e obter prática suficiente.

Este apêndice resume notações matemáticas básicas aplicadas a conjuntos. Notação de somatório, um atalho muito útil quando tratamos de somas, também é discutida. Finalmente, algumas abordagens para demonstrações são ilustradas com exemplos genéricos.

Notações para Conjuntos

Um ***conjunto*** é uma coleção de objetos, chamados ***elementos*** (ou ***membros***) do conjunto. Exemplos de conjuntos incluem o conjunto de todas as palavras neste texto, o conjunto de todos os livros na biblioteca da sua faculdade, o conjunto dos inteiros positivos e o conjunto de todos os vetores do plano cuja equação é $2x + 3y - z = 0$.

Frequentemente, podemos listar os elementos de um conjunto, sendo conveniente colocar a lista entre chaves. Por exemplo, temos

$$\{1, 2, 3\}, \quad \{a, t, x, z\}, \quad \{2, 4, 6, \ldots, 100\}, \quad \left\{\frac{\pi}{4}, \frac{2\pi}{5}, \frac{\pi}{2}, \frac{4\pi}{7}, \ldots, \frac{5\pi}{6}\right\}$$

Note que as reticências (. . .) denotam elementos omitidos quando um padrão está presente. (Qual é o padrão nos dois últimos exemplos?) Conjuntos infinitos são usualmente expressos com o uso de reticências. Por exemplo, o conjunto dos inteiros positivos é usualmente denotado por $\mathbb{N}$ ou $\mathbb{Z}^+$, logo,

$$\mathbb{N} = \mathbb{Z}^+ = \{1, 2, 3, \ldots\}$$

O conjunto de todos os inteiros é denotado por $\mathbb{Z}$, portanto,

$$\mathbb{Z} = \{\ldots, -2, -1, 0, 1, 2, \ldots\}$$

Dois conjuntos são considerados ***iguais*** se eles contêm exatamente os mesmos elementos. A *ordem* na qual os elementos são listados não importa, e repetições não são contadas. Portanto,

$$\{1, 2, 3\} = \{2, 1, 3\} = \{1, 3, 2, 1\}$$

O símbolo $\in$ significa "é um elemento de" ou "pertence a", e o símbolo $\notin$ denotada a negação — ou seja, "não é um elemento de" ou "não pertence a". Por exemplo,

$$5 \in \mathbb{Z}^+ \quad \text{mas} \quad 0 \notin \mathbb{Z}^+$$

Muitas vezes é mais conveniente descrever um conjunto em termos de uma regra satisfeita por todos os seus elementos. Em tais casos, a ***notação de construção de conjunto*** é apropriada. O formato é

$$\{x : x \text{ satisfaz } P\}$$

em que P representa uma propriedade ou uma coleção de propriedades que o elemento x deve satisfazer. Os dois pontos são pronunciados "tal que". Por exemplo,

$$\{n : n \in \mathbb{Z}, n > 0\}$$

é lido como "o conjunto de todo n tal que n é um inteiro e n é maior que zero". Esse é só mais um meio de descrever os inteiros positivos $\mathbb{Z}^+$. (Também poderíamos escrever $\mathbb{Z}^+ = \{n \in \mathbb{Z} : n > 0\}$.)

O ***conjunto vazio*** é o conjunto sem nenhum elemento. Ele é denotado por $\varnothing$ ou $\{\ \}$.

Exemplo A.1

Descreva em palavras os seguintes conjuntos:

(a) $A = \{n : n = 2k, k \in \mathbb{Z}\}$ (b) $B = \{m/n : m, n \in \mathbb{Z}, n \neq 0\}$

(c) $C = \{x \in \mathbb{R} : 4x^2 - 4x - 3 = 0\}$ (d) $D = \{x \in \mathbb{Z} : 4x^2 - 4x - 3 = 0\}$

Solução (a) A é o conjunto dos números n que são múltiplos inteiros de 2. Portanto, A é o conjunto de todos os números inteiros pares.

(b) B é o conjunto de todas as expressões da forma m/n, em que m e n são inteiros e n é não nulo. Esse é o conjunto dos *números racionais*, geralmente denotado por $\mathbb{Q}$. (Note que essa forma de descrever $\mathbb{Q}$ produz muitas repetições; entretanto, nossa convenção, como observamos antes, é a de que só incluímos uma ocorrência para cada elemento. Assim, a expressão descreve precisamente o conjunto de todos os números racionais.)

(c) C é o conjunto de todas as soluções reais da equação $4x^2 - 4x - 3 = 0$. Fatorando ou usando a fórmula de Bhaskara, vemos que as raízes dessa equação são $-\frac{1}{2}$ e $\frac{3}{2}$. (Verifique isso.) Portanto,

$$C = \{-\tfrac{1}{2}, \tfrac{3}{2}\}$$

(d) A partir da solução de (c), vemos que *não* existem soluções para $4x^2 - 4x - 3 = 0$ em $\mathbb{R}$ que sejam números inteiros. Portanto, D é o conjunto vazio, o qual podemos expressar por $D = \varnothing$.

John Venn (1834-1923) foi um matemático inglês que estudou na Universidade de Cambridge e posteriormente lecionou lá. Trabalhou principalmente em lógica matemática e é mais conhecido pela invenção dos diagramas de Venn.

Se todo elemento de um conjunto A também é elemento de um conjunto B, então A é chamado ***subconjunto*** de B, denotado por $A \subseteq B$. Podemos representar essa situação esquematicamente usando um ***diagrama de Venn***, como mostrado na figura A.1. (O retângulo representa o *conjunto universo*, um conjunto grande o bastante para conter todos os outros conjuntos em questão — nesse caso, A e B.)

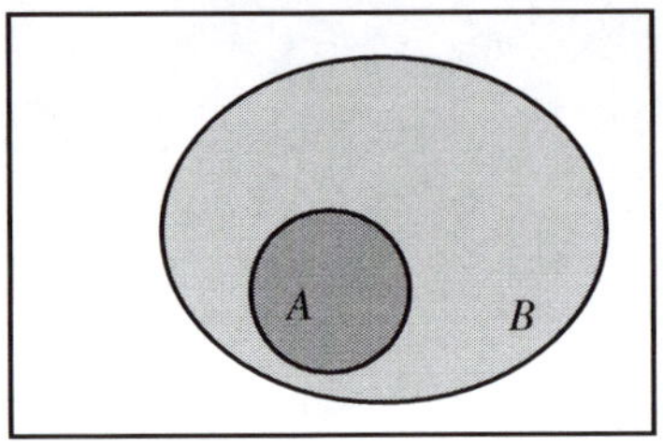

Figura A.1
$A \subseteq B$

Exemplo A.2

(a) $\{1, 2, 3\} \subseteq \{1, 2, 3, 4, 5\}$

(b) $\mathbb{Z}^+ \subseteq \mathbb{Z} \subseteq \mathbb{R}$

(c) Seja A o conjunto de todos os inteiros positivos cujos dois últimos dígitos são 24, e seja B o conjunto de todos os inteiros positivos que são múltiplos de 4. Então, se n pertence a A, ele é da forma

$$n = 100k + 24$$

para algum inteiro k. (Por exemplo, $36524 = 100 \cdot 365 + 24$.) Mas então

$$n = 100k + 24 = 4(25k + 6)$$

logo, $n/4 = 25k + 6$, que é um inteiro. Assim, n é múltiplo de 4, e ele pertence a B. Portanto, $A \subseteq B$.

Podemos mostrar que dois conjuntos A e B são iguais mostrando que cada um é um subconjunto do outro. Essa estratégia é particularmente útil se os conjuntos são definidos abstratamente ou se não é fácil listar e comparar seus elementos.

Exemplo A.3

Seja A o conjunto de todos os inteiros positivos cujos dois últimos dígitos formam um número múltiplo de 4. No caso de um número de um único dígito, consideramos a dezena como 0. Seja B o conjunto de todos os inteiros positivos que são múltiplos de 4. Mostre que $A = B$.

Solução Como no exemplo A.2(c), é fácil ver que $A \subseteq B$. Se n pertence a A, podemos separar o número m formado pelos seus dois últimos dígitos, escrevendo

$$n = 100k + m$$

para algum inteiro k. No entanto, como m é múltiplo de 4, temos $m = 4r$ para algum inteiro r. Portanto,

$$n = 100k + m = 100k + 4r = 4(25k + r)$$

assim, n também é múltiplo de 4. Logo, $A \subseteq B$

Para mostrar que $B \subseteq A$, considere n um elemento de B. Isto é, n é múltiplo de 4. Digamos que $n = 4s$, em que s é um inteiro. Se m é o número formado pelos dois últimos dígitos de n, então, como antes, $n = 100k + m$ para algum inteiro k. Mas agora

$$m = n - 100k = 4s - 100k = 4(s - 25k)$$

o que implica que m é múltiplo de 4, já que $s - 25k$ é um inteiro. Portanto, n pertence a A, e mostramos que $B \subseteq A$.

Como $A \subseteq B$ e $B \subseteq A$, devemos ter $A = B$.

A ***interseção*** dos conjuntos A e B é denotada por $A \cap B$ e consiste nos elementos que A e B têm em comum. Ou seja,

$$A \cap B = \{x : x \in A \quad \text{e} \quad x \in B\}$$

A figura A.2 mostra um diagrama de Venn para esse caso. A ***união*** de A e B é denotada por $A \cup B$ e consiste nos elementos que estão em A ou em B (ou em ambos). Ou seja,

$$A \cup B = \{x : x \in A \quad \text{ou} \quad x \in B\}$$

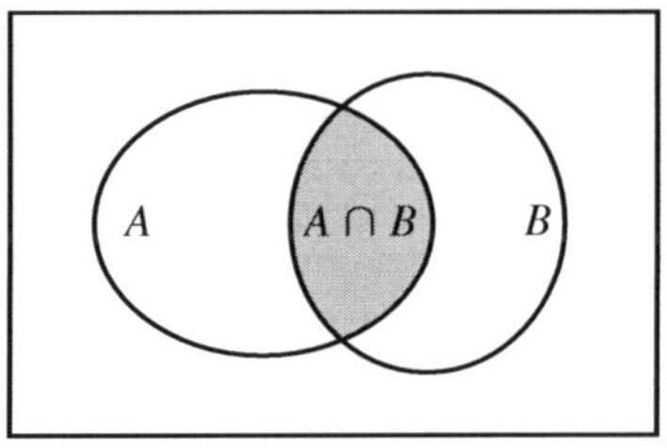

Figura A.2
$A \cap B$

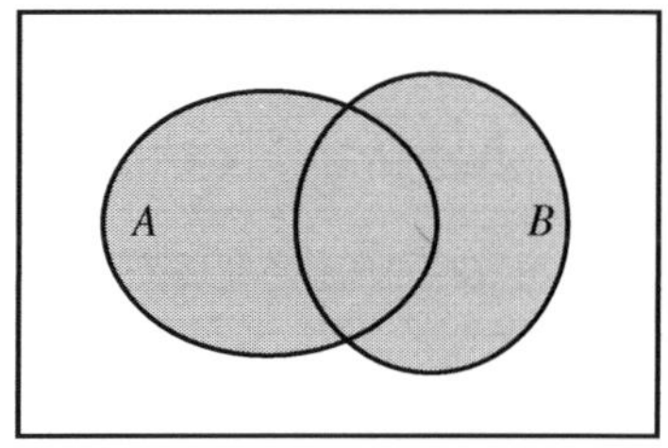

Figura A.3
$A \cup B$

Exemplo A.4

Veja a figura A.3.

Seja $A = \{n^2 : n \in \mathbb{Z}^+, 1 \leq n \leq 4\}$ e seja $B = \{n \in \mathbb{Z}^+ : n \leq 10 \text{ e } n \text{ é ímpar}\}$. Encontre $A \cap B$ e $A \cup B$.

Solução Vemos que

$$A = \{1^2, 2^2, 3^2, 4^2\} = \{1, 4, 9, 16\} \quad \text{e} \quad B = \{1, 3, 5, 7, 9\}$$

Portanto, $A \cap B = \{1, 9\}$ e $A \cup B = \{1, 3, 4, 5, 7, 9, 16\}$.

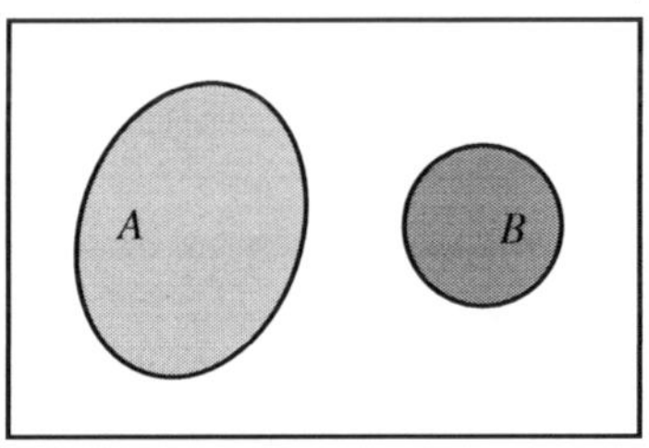

A.4
Conjuntos disjuntos

Se $A \cap B = \varnothing$, então A e B são chamados ***conjuntos disjuntos***. (Veja a figura A.4.) Por exemplo, o conjunto dos inteiros pares e o conjunto dos inteiros ímpares são disjuntos.

Notação de Somatório

Notação de somatório é um atalho conveniente usado para escrever uma soma como

$$1 + 2 + 3 + \cdots + 100$$

em que queremos ficar só com alguns termos. Como na notação de conjuntos, as reticências (. . .) deixam subentendido que temos um padrão estabelecido e só omitimos alguns dos termos intermediários. No exemplo anterior, espera-se que o leitor reconheça que estamos somando todos os inteiros positivos de 1 a 100. Entretanto, reticências podem dar uma ambiguidade. Por exemplo, o que alguém deveria somar no indicado a seguir?

$$1 + 2 + \cdots + 64$$

Σ é a letra grega maiúscula *sigma*, correspondente a S (para "soma"). A notação de somatório foi introduzida por Fourier em 1820 e foi rapidamente adotada pela comunidade matemática.

Esta é a soma de todos os inteiros positivos de 1 a 64 ou somente das potências de 2, $1 + 2 + 4 + 8 + 16 + 32 + 64$? Usualmente, é mais claro (e mais curto) usar a ***notação de somatório*** (ou ***notação sigma***).

Podemos abreviar uma soma da forma

$$a_1 + a_2 + \cdots + a_n \tag{1}$$

como

$$\sum_{k=1}^{n} a_k \tag{2}$$

a qual nos diz para somarmos os termos a_k sobre todos os inteiros, variando de 1 até n. Uma versão alternativa para essa expressão é

$$\sum_{1 \le k \le n} a_k$$

O subscrito k é chamado ***índice do somatório***. É uma "variável muda", no sentido de que não aparece na soma real na expressão (1). Portanto, podemos usar qualquer letra que nos agrade como índice do somatório (desde que ela já não apareça em algum outro lugar na expressão que estamos somando). Assim, a expressão (2) também pode ser escrita como

$$\sum_{i=1}^{n} a_i$$

O índice do somatório não precisa começar em 1. A soma $a_3 + a_4 + \cdots + a_{99}$ torna-se

$$\sum_{k=3}^{99} a_k$$

apesar de podermos reorganizar os índices para começar em 1 e reescrever a expressão como

$$\sum_{k=1}^{97} a_{k+2}.$$

A chave para usar a notação de somatório eficientemente é ser capaz de reconhecer padrões.

Exemplo A.5

Escreva as seguintes somas em notação de somatório:

(a) $1 + 2 + 4 + \cdots + 64$ (b) $1 + 3 + 5 + \cdots + 99$ (c) $3 + 8 + 15 + \cdots + 99$

Solução (a) Reconhecemos essa expressão como a soma das potências de 2:

$$1 + 2 + 4 + \cdots + 64 = 2^0 + 2^1 + 2^2 + \cdots + 2^6$$

Portanto, o índice do somatório aparece como o expoente, e temos $\sum_{k=0}^{6} 2^k$.

(b) Essa expressão é a soma de todos os inteiros ímpares de 1 a 99. Todo inteiro ímpar é da forma $2k + 1$, de modo que a soma é

$$\begin{aligned} &1 + 3 + 5 + \cdots + 99 \\ &= (2\cdot 0 + 1) + (2\cdot 1 + 1) + (2\cdot 2 + 1) + \cdots + (2\cdot 49 + 1) \\ &= \sum_{k=0}^{49} (2k + 1) \end{aligned}$$

(c) O padrão aqui é menos óbvio, mas um pouco de reflexão revela que cada termo é um a menos que um quadrado perfeito:

$$\begin{aligned} &3 + 8 + 15 + \cdots + 99 \\ &= (2^2 - 1) + (3^2 - 1) + (4^2 - 1) + \cdots + (10^2 - 1) \\ &= \sum_{k=2}^{10} (k^2 - 1) \end{aligned}$$

Exemplo A.6

Reescreva cada uma das somas do exemplo A.5 de modo que o índice do somatório comece em 1.

Solução (a) Se fizermos a mudança de variável $i = k + 1$, então, se k variar de 0 a 6, i variará de 1 a 7. Como $k = i - 1$, obteremos

$$\sum_{k=0}^{6} 2^k = \sum_{i=1}^{7} 2^{i-1}$$

(b) Utilizando a mesma substituição do item (a), obtemos

$$\sum_{k=0}^{49} (2k + 1) = \sum_{i=1}^{50} (2(i - 1) + 1) = \sum_{i=1}^{50} (2i - 1)$$

(c) A substituição $i = k - 2$ funcionará (experimente), mas é mais fácil só acrescentar um termo correspondente a $k = 1$, já que $1^2 - 1 = 0$. Portanto,

$$\sum_{k=2}^{10} (k^2 - 1) = \sum_{k=1}^{10} (k^2 - 1)$$

Somas múltiplas aparecem quando existe mais de um índice de somatório, como acontece com uma matriz. A notação

$$\sum_{i,j=1}^{n} a_{ij} \tag{3}$$

significa que é para somar os termos a_{ij} conforme i e j variam independentemente de 1 a n. A soma na expressão (3) é equivalente tanto a

$$\sum_{i=1}^{n} \sum_{j=1}^{n} a_{ij}$$

em que somamos primeiro em j e depois em i (sempre trabalhamos de dentro para fora), quanto a

$$\sum_{j=1}^{n} \sum_{i=1}^{n} a_{ij}$$

em que a ordem da soma é invertida.

Exemplo A.7

Escreva $\sum_{i,j=1}^{3} i^j$ usando ambas as possíveis ordens de soma.

Solução

$$\begin{aligned}\sum_{i=1}^{3} \sum_{j=1}^{3} i^j &= \sum_{i=1}^{n} (i^1 + i^2 + i^3) \\ &= (1^1 + 1^2 + 1^3) + (2^1 + 2^2 + 2^3) + (3^1 + 3^2 + 3^3) \\ &= (1 + 1 + 1) + (2 + 4 + 8) + (3 + 9 + 27) = 56\end{aligned}$$

e
$$\sum_{j=1}^{3}\sum_{i=1}^{3} i^j = \sum_{j=1}^{n}(1^j + 2^j + 3^j)$$
$$= (1^1 + 2^1 + 3^1) + (1^2 + 2^2 + 3^2) + (1^3 + 2^3 + 3^3)$$
$$= (1 + 2 + 3) + (1 + 4 + 9) + (1 + 8 + 27) = 56$$

Observação Obviamente, o valor da soma no exemplo A.7 é o mesmo, não importando a ordem do somatório que você escolhe, porque a soma é *finita*. Também é possível considerar *somas infinitas* (conhecidas como *séries infinitas* em cálculo), mas essas somas nem sempre têm um valor e precisamos de muita atenção ao rearranjar ou manipular seus termos. Por exemplo, suponha que

$$S = \sum_{k=0}^{\infty} 2^k$$

Então
$$S = 1 + 2 + 4 + 8 + \cdots$$
$$= 1 + 2(1 + 2 + 4 + \cdots)$$
$$= 1 + 2S$$

e, consequentemente, $S = -1$. Isso é um absurdo óbvio, já que S é uma soma de termos *não negativos*! (Onde está o erro?)

How to solve it[1] é o título de um livro do matemático George Pólya (1887-1985). Desde sua publicação, em 1945, o livro teve mais de um milhão de cópias vendidas e foi traduzido para mais de 17 línguas. Pólya nasceu na Hungria, mas, devido à situação política na Europa, mudou-se para os Estados Unidos em 1940. Lecionou nas Universidades de Brown e de Stanford, onde fez pesquisas matemáticas e desenvolveu uma reputação bem merecida de excelente professor. O prêmio Pólya é dado anualmente pela Society for Industrial and Applied Mathematics por contribuições importantes nas áreas matemáticas próximas àquelas nas quais Pólya trabalhava. A Mathematical Association of America concede, anualmente, o Pólya Lectureships, a matemáticos que expõe trabalhos com a alta qualidade pela qual Pólya foi conhecido.

Métodos de Demonstração

A noção de demonstração está no coração dos matemáticos. Uma dificuldade é saber *o que* é verdade; outra é saber *por que* algo é verdade e ser capaz de demonstrar sua verdade através de uma sequência lógica de afirmações. A intenção aqui não é tentar ensiná-lo a fazer demonstrações; você terá mais facilidade em demonstrar depois de estudar exemplos e de praticar — algo que você deveria trabalhar com frequência ao longo deste texto. A intenção desta breve seção é somente fornecer alguns exemplos elementares de alguns tipos de demonstrações. As demonstrações dos teoremas neste texto ilustrarão mais exemplos de "*how to solve it*".

Grosso modo, demonstrações matemáticas recaem em duas categorias: ***demonstrações diretas*** e ***demonstrações indiretas***. Muitos teoremas têm a estrutura "se P então Q", em que P (a *hipótese*, ou *premissa*) e Q (a *conclusão*, ou *tese*) são afirmações verdadeiras ou falsas. Denotamos uma implicação dessas por $P \Rightarrow Q$. O procedimento para uma demonstração direta é através de implicações encadeadas

$$P \Rightarrow P_1 \Rightarrow P_2 \Rightarrow \cdots \Rightarrow P_n \Rightarrow Q$$

que levam P diretamente a Q.

Exemplo A.8 Mostre que quaisquer dois quadrados perfeitos consecutivos diferem por um número ímpar. Essa instrução pode ser refraseada por "mostre que, se a e b são quadrados perfeitos consecutivos então $a - b$ é ímpar". Logo, ela tem a forma $P \Rightarrow Q$, com P sendo "a e b são quadrados perfeitos consecutivos" e Q sendo "$a - b$ é ímpar".

[1] N.T.: a tradução literal do título é *Como solucionar isso.*

Solução Suponha que a e b sejam quadrados perfeitos consecutivos, com a > b. Então:

$$a = (n + 1)^2 \quad \text{e} \quad b = n^2$$

para algum inteiro n. Mas agora

$$\begin{aligned} a - b &= (n + 1)^2 - n^2 \\ &= n^2 + 2n + 1 - n^2 \\ &= 2n + 1 \end{aligned}$$

logo $a - b$ é ímpar.

Existem dois tipos de demonstrações indiretas que podemos usar para estabelecer uma afirmação condicional da forma $P \Rightarrow Q$. Uma ***demonstração por absurdo*** assume que a hipótese P é verdadeira, como na demonstração direta, mas então supõe que a conclusão Q é *falsa*. A estratégia então é mostrar que isso não é possível (isto é, excluir a possibilidade de a conclusão ser falsa), encontrando uma contradição (ou um absurdo) para a veracidade de P. Segue então que Q tem que ser verdadeira.

Exemplo A.9

Seja n um inteiro positivo. Mostre que, se n^2 é par, então n também o é. (Tome alguns minutos para tentar uma demonstração direta dessa afirmação; isso o ajudará a apreciar a demonstração indireta a seguir.)

Solução Considere n como um inteiro positivo tal que n^2 é par. Agora, considere que n não é par. Então, n é ímpar, e

$$n = 2k + 1$$

para algum inteiro k. Mas, sendo isso válido, teremos

$$n^2 = (2k + 1)^2 = 4k^2 + 4k + 1$$

logo n^2 é ímpar, já que ele é 1 a mais que o número par $4k^2 + 4k$. Isso contradiz a nossa hipótese de que n^2 é par. Concluímos que nossa suposição de que n *não* é par tem que ser falsa; em outras palavras, n deve ser par.

Muito próxima do método da demonstração por absurdo está a ***demonstração por contrapositiva***. A *negação* da afirmação P é a afirmação "não ocorre P", abreviada simbolicamente por $\neg P$ e pronunciada "não P". Por exemplo, se P é "n é par", então $\neg P$ é "não ocorre n é par" — em outras palavras, "n é ímpar".

A *contrapositiva* da afirmação $P \Rightarrow Q$ é a afirmação $\neg Q \Rightarrow \neg P$. Uma afirmação condicional $P \Rightarrow Q$ e sua contrapositiva $\neg Q \Rightarrow \neg P$ são logicamente equivalentes no sentido de que elas são ambas verdadeiras ou ambas falsas. (Por exemplo, se $P \Rightarrow Q$ é um teorema, então $\neg Q \Rightarrow \neg P$ também é. Para ver isso, note que, se a hipótese $\neg Q$ for verdadeira, então Q será falsa. A conclusão $\neg P$ não pode ser falsa, pois, se fosse, P seria verdadeira, e nosso teorema $P \Rightarrow Q$ implicaria na veracidade de Q, fornecendo-nos uma contradição. Segue que $\neg P$ é verdadeira, e mostramos que $\neg Q \Rightarrow \neg P$.) Aqui está uma demonstração por contrapositiva da asserção do exemplo A.9.

Exemplo A.10 Seja n um número inteiro positivo. Mostre que, se n^2 é par, então n também é.

Solução A contrapositiva da afirmação dada é

"Se n não é par, então n^2 não é par" ou "Se n é ímpar, então n^2 também é"

Para demonstrar essa contrapositiva, considere n como ímpar. Então, $n = 2k + 1$ para algum inteiro k. Da mesma forma que antes, isso significa que $n^2 = (2k + 1)^2 = 4k^2 + 4k + 1$ é ímpar, o que completa a demonstração da contrapositiva. Como a contrapositiva é verdadeira, a afirmação original também é.

Apesar de não precisarmos de um método novo de demonstração para lidar com teoremas da forma "se e somente se", vamos brevemente considerar como demonstrá-lo. Uma afirmação da forma "P se e somente se Q" indica uma *dupla implicação* que denotamos por $P \Leftrightarrow Q$. Para demonstrar esse tipo de afirmação, devemos mostrar que $P \Rightarrow$ e que $Q \Rightarrow P$. Para fazer isso, podemos usar as técnicas apresentadas anteriormente, onde apropriadas. É importante notar que a parte "se" de $P \Leftrightarrow Q$ é "*P se Q*", que é $Q \Rightarrow P$; a parte "somente se" de $P \Leftrightarrow Q$ é "*P somente se Q*", significando $P \Rightarrow Q$. A implicação $P \Rightarrow Q$ é, algumas vezes, lida como "P é suficiente para Q" ou "Q é necessária para P"; $Q \Rightarrow P$ é lida como "Q é suficiente para P" ou "P é necessária para Q". Tomadas juntas, elas são $P \Leftrightarrow Q$, ou "P é necessária e suficiente para Q", e vice-versa.

Exemplo A.11 Um peão é colocado em um tabuleiro de xadrez e pode se mover um quadrado por vez, tanto na horizontal como na vertical. Um *caminho do peão* de um tabuleiro de xadrez é um caminho feito pelo peão, movendo-se como descrito, que visita cada quadrado exatamente uma vez, começando e terminando em um mesmo quadrado. Mostre que existe um caminho do peão de um tabuleiro de xadrez $n \times n$ se e somente se n for par.

Solução [$\Leftarrow$] ("se") Suponha que n é par. É fácil ver que a estratégia ilustrada na figura A.5 para um tabuleiro de xadrez 6×6 sempre nos dará um caminho do peão.

[$\Rightarrow$] ("somente se") Considere que existe um caminho do peão de um tabuleiro $n \times n$. Vamos dar uma demonstração por absurdo de que n dever ser par. Para essa finalidade, assumimos que n é ímpar. A cada movimento, o peão se move para um quadrado de cor diferente. O número total de movimentos em seu caminho é n^2, que também é um número ímpar, de acordo com o que foi mostrado no exemplo A.10. Portanto, o peão deve terminar em um quadrado de cor oposta à do início. (Por quê?) Isso é impossível, já que o peão termina onde ele começou, por isso temos um absurdo (ou uma contradição). Segue que n não pode ser ímpar; assim, n é par e a demonstração está completa.

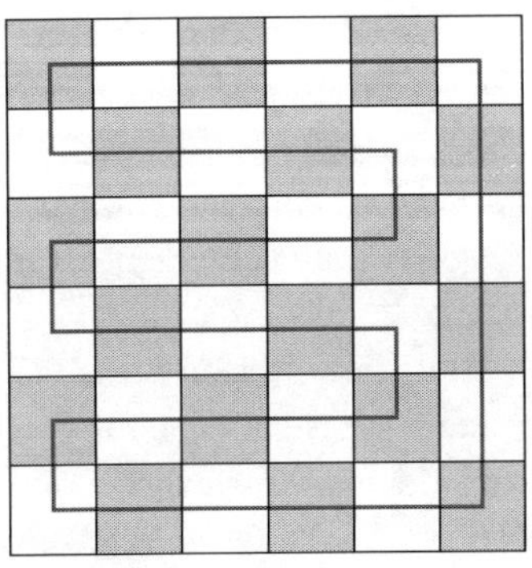

Figura A.5

Alguns teoremas dizem que várias afirmações são *equivalentes*. Isso significa que cada uma será verdadeira se e somente se todas as outras forem verdadeiras. Mostrar que n afirmações são equivalentes requer $\binom{n}{2} = \frac{n!}{2!(n-2)!} = \frac{n^2 - n}{2}$ demonstrações "se e somente se". Na prática, contudo, é usualmente mais fácil estabelecer um "anel" de n implicações que liguem todas as afirmações. A demonstração do Teorema Fundamental das Matrizes Invertíveis nos dá um excelente exemplo dessa abordagem.

Apêndice B

Indução Matemática

Pulgas grandes têm pulgas pequenas,
que as mordem, nas costas.
E pulgas pequenas têm pulgas
menores ainda, e assim ad infinitum.
Augustus De Morgan
A budget of paradoxes
Longmans, Green and Company,
1872, p. 377

A habilidade em descobrir padrões é uma das chaves do sucesso na resolução de um problema matemático. Considere o seguinte padrão:

$$1 = 1$$
$$1 + 3 = 4$$
$$1 + 3 + 5 = 9$$
$$1 + 3 + 5 + 7 = 16$$
$$1 + 3 + 5 + 7 + 9 = 25$$

As somas são todas quadrados perfeitos: $1^2, 2^2, 3^2, 4^2, 5^2$. Parece razoável conjeturar que essa propriedade continuará valendo, isto é, a soma de números ímpares consecutivos, começando de 1, será sempre um quadrado perfeito. Tentaremos ser mais precisos. Se a soma for n^2, o último número ímpar na soma será $2n - 1$. (Verifique esse fato nos cinco casos anteriores.) Em símbolos, nossa conjectura se escreve como

$$1 + 3 + 5 + \cdots + (2n - 1) = n^2 \quad \text{para todo } n \geq 1 \tag{1}$$

Note que a fórmula (1) é, na verdade, uma coleção *infinita* de afirmações, uma para cada valor de $n \geq 1$. Embora essa conjectura pareça razoável, não podemos assumir que o padrão continua. Precisamos prová-lo. É aqui onde entra a ***indução matemática***.

Primeiro Princípio de Indução Matemática

Seja $S(n)$ uma afirmação sobre o inteiro positivo n. Se

1. $S(1)$ é verdadeira e
2. para todo $k \geq 1$, a validade de $S(k)$ implica na validade de $S(k+1)$,

então $S(n)$ é verdadeira para todo $n \geq 1$.

A verificação de que $S(1)$ é verdadeira chama-se ***passo básico***. A hipótese de que $S(k)$ é verdadeira para algum $k \geq 1$ é chamada ***hipótese de indução***. O uso da hipótese de indução para provar que $S(k+1)$ é verdadeira se chama ***passo de indução***. Nos referimos à indução matemática como ***princípio do dominó***, pois seu procedimento é análogo ao de mostrar que uma fileira de dominós será derrubada se (1) o primeiro dominó for derrubado (passo básico) e que (2) a derrubada de qualquer dominó (hipótese de indução) acarretará a derrubada do dominó seguinte (passo de indução). Veja a figura B.1.

Usaremos o princípio de indução matemática para provar a fórmula (1).

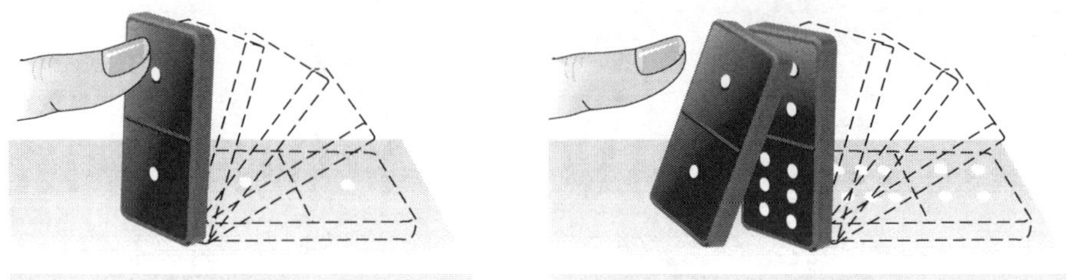

Se o primeiro dominó cai e. . . cada dominó que cai derruba o seguinte, . . .

então todos os dominós podem ser derrubados empurrando-se o primeiro.

Figura B.1

Exemplo B.1

Use indução matemática para provar que

$$1 + 3 + 5 + \cdots + (2n - 1) = n^2$$

para todo $n \geq 1$.

Solução Para $n = 1$, a soma do lado esquerdo é exatamente 1, enquanto que o lado direito é 1^2. Como $1 = 1^2$, está completo o passo básico.

Agora, suponhamos que a fórmula seja verdadeira para algum inteiro $k \geq 1$. Isto é, suponhamos que

$$1 + 3 + 5 + \cdots + (2k - 1) = k^2$$

(Essa é a hipótese de indução.) O passo de indução consiste em provar que a fórmula é verdadeira quando $n = k + 1$. Quando $n = k + 1$, o lado esquerdo da fórmula (1) é

$$\begin{aligned} 1 + 3 + 5 + \cdots + (2(k+1) - 1) &= 1 + 3 + 5 + \cdots + (2k + 1) \\ &= \underbrace{1 + 3 + 5 + \cdots + (2k - 1)}_{} + (2k + 1) \\ &= \qquad k^2 \qquad + 2k + 1 \quad \leftarrow \text{pela hipótese de indução} \\ &= (k + 1)^2 \end{aligned}$$

que é o lado direito da fórmula (1) para $n = k + 1$.

Isso completa o passo de indução, e concluímos que a fórmula (1) é verdadeira para todo $n \geq 1$, pelo princípio de indução matemática.

O próximo exemplo demonstra uma fórmula útil para a soma dos n primeiros inteiros positivos. A fórmula aparece várias vezes no texto; por exemplo, veja a solução do exercício 51 na seção 2.4.

Exemplo B.2 Prove que

$$1 + 2 + \cdots + n = \frac{n(n + 1)}{2}$$

para todo $n \geq 1$.

Solução A fórmula é verdadeira para $n = 1$, pois

$$1 = \frac{1(1 + 1)}{2}$$

Suponha que a fórmula seja verdadeira para $n = k$, isto é,

$$1 + 2 + \cdots + k = \frac{k(k + 1)}{2}$$

Precisamos mostrar que a fórmula vale quando $n = k + 1$, ou seja, precisamos provar que

$$1 + 2 + \cdots + (k + 1) = \frac{(k + 1)[(k + 1) + 1]}{2}$$

Mas observe que

$$\begin{aligned} 1 + 2 + \cdots + (k + 1) &= (1 + 2 + \cdots + k) + (k + 1) \\ &= \frac{k(k + 1)}{2} + (k + 1) \qquad \text{pela hipótese de indução} \\ &= \frac{k(k + 1) + 2(k + 1)}{2} \\ &= \frac{k^2 + 3k + 2}{2} \\ &= \frac{(k + 1)(k + 2)}{2} \\ &= \frac{(k + 1)[(k + 1) + 1]}{2} \end{aligned}$$

que é o que precisávamos provar.

Isso completa o passo de indução, e concluímos, pelo princípio de indução matemática, que a fórmula é verdadeira para todo $n \geq 1$.

Por um processo análogo, podemos provar que a soma dos quadrados dos n primeiros inteiros positivos satisfaz a fórmula

$$1^2 + 2^2 + 3^2 + \cdots + n^2 = \frac{n(n + 1)(2n + 1)}{6}$$

para todo $n \geq 1$. (Verifique você mesmo.)

O passo básico não precisa ser para $n = 1$, como ilustram os dois próximos exemplos.

Exemplo B.3

Prove que $n! > 2^n$ para todo $n \geq 4$.

Solução O passo básico neste exemplo é para $n = 4$. A desigualdade é claramente verdadeira, pois

$$4! = 24 > 16 = 2^4$$

Assuma que $k! > 2^k$, para algum inteiro $k \geq 4$. Então

$$\begin{aligned}
(k+1)! &= (k+1)k! \\
&> (k+1)2^k && \text{pela hipótese de indução} \\
&\geq 5 \cdot 2^k && \text{pois } k \geq 4 \\
&> 2 \cdot 2^k = 2^{k+1}
\end{aligned}$$

que verifica a desigualdade para $n = k + 1$ e completa o passo de indução.

Concluímos que $n! > 2^n$ para todos os inteiros $n \geq 4$, pelo princípio de indução matemática.

Se a é um número real não nulo e $n \geq 0$ é um inteiro, podemos dar uma definição recursiva da potência a^n que é compatível com a indução matemática. Definimos $a^0 = 1$ e, para $n \geq 0$,

$$a^{n+1} = a^n a$$

(Essa fórmula evita as reticências usadas na versão $a^n = \overbrace{aa \cdots a}^{n \text{ vezes}}$.) Podemos agora usar indução matemática para provar uma propriedade familiar dos expoentes.

Exemplo B.4

Seja a um número real não nulo. Prove que $a^m a^n = a^{m+n}$ para todos os inteiros m, $n \geq 0$.

Solução À primeira vista, não é claro como proceder, já que há *duas* variáveis, m e n. Precisamos simplesmente manter uma delas fixadas e usar a indução na outra. Assim, seja $m \geq 0$ um inteiro fixado. Quando $n = 0$, temos

$$a^m a^0 = a^m \cdot 1 = a^m = a^{m+0}$$

usando a definição $a^0 = 1$. Portanto, o passo básico é verdadeiro.

Agora assumimos que a fórmula vale para $n = k$, sendo $k \geq 0$. Logo, $a^m a^k = a^{m+k}$. Para $n = k + 1$, usando a definição recursiva e o fato de que a adição e a multiplicação são associativas, vemos que

$$\begin{aligned}
a^m a^{k+1} &= a^m(a^k a) && \text{por definição} \\
&= (a^m a^k)a \\
&= a^{m+k}a && \text{pela hipótese de indução} \\
&= a^{(m+k)+1} && \text{por definição} \\
&= a^{m+(k+1)}
\end{aligned}$$

Portanto, a fórmula é verdadeira para $n = k + 1$, e o passo de indução está completo.

Concluímos que $a^m a^n = a^{m+n}$ para todos os inteiros $m, n \geq 0$, pelo princípio de indução matemática.

Nos exemplos de B.1 a B.4, o uso da hipótese de indução durante o passo de indução foi relativamente simples. Entretanto, nem sempre é esse o caso. Uma versão alternativa do princípio de indução matemática é frequentemente mais útil.

Segundo Princípio de Indução Matemática

Seja $S(n)$ uma afirmação sobre o inteiro positivo n. Se

1. $S(1)$ é verdadeira e
2. a validade de $S(1), S(2), \ldots, S(k)$ implica na validade de $S(k + 1)$,

então $S(n)$ é verdadeiro para todo $n \geq 1$.

A única diferença entre os dois princípios de indução matemática está na hipótese de indução. A primeira versão assume que $S(k)$ é verdadeira, enquanto a segunda versão assume que $S(1), S(2), \ldots, S(k)$ sejam verdadeiras. Isso faz o segundo princípio parecer mais fraco que o primeiro, pois precisamos assumir mais para provar $S(k + 1)$ (embora, paradoxalmente, o segundo princípio seja às vezes chamado indução *forte*). Na verdade, no entanto, os dois princípios são logicamente equivalentes: cada um deles implica no outro. (Você pode perceber por quê?)

O próximo exemplo mostra um caso em que é mais fácil usar o segundo princípio de indução matemática do que o primeiro. Relembramos que um número primo é um inteiro positivo cujos únicos fatores inteiros positivos são 1 e ele mesmo.

Exemplo B.5

Prove que todo inteiro positivo $n \geq 2$ ou é primo ou pode ser fatorado como um produto de primos.

Solução O resultado é claramente verdadeiro quando $n = 2$, pois 2 é primo. Suponhamos agora que, para todo inteiro n entre 2 e k, ou n é primo ou pode ser fatorado como um produto de primos. Seja $n = k + 1$. Se $k + 1$ for primo, terminamos. Caso contrário, ele pode ser fatorado em um produto de dois números menores, digamos

$$k + 1 = ab$$

Como $2 \leq a, b \leq k$ (por quê?), a hipótese de indução se aplica a a e b. Portanto,

$$a = p_1 \cdots p_r \quad \text{e} \quad b = q_1 \cdots q_s$$

em que todos os p's e q's são primos. Então

$$ab = p_1 \cdots p_r q_1 \cdots q_s$$

é uma fatoração de ab como produto de primos, completando o passo de indução.

Concluímos que o resultado é verdadeiro para todo inteiro $n \geq 2$, pelo segundo princípio de indução matemática.

Você percebe por que seria difícil usar o primeiro princípio de indução matemática neste caso?

Concluímos com um exemplo altamente não trivial que envolve uma combinação de indução e indução *retroativa*. O resultado é a Desigualdade Média Aritmética – Média Geométrica, discutido na Investigação do capítulo 7 intitulada Desigualdades Geométricas e Problemas de Otimização. A demonstração engenhosa apresentada no exemplo B.6 é devida a Cauchy.

Exemplo B.6 Sejam $x_1, \ldots, x_n$ números reais não negativos. Prove que

$$\sqrt[n]{x_1x_2\cdots x_n} \le \frac{x_1 + x_2 + \cdots + x_n}{n}$$

para todo inteiro $n \ge 2$.

Solução Para $n = 2$, a desigualdade se torna $\sqrt{xy} \le (x + y)/2$. Nos problemas 1 e 2 da Investigação que mencionamos acima foi pedido que você verificasse isso.

Se $S(n)$ é a desigualdade enunciada, vamos provar que $S(k)$ implica em $S(2k)$. Suponhamos que $S(k)$ seja verdadeira, isto é,

$$\sqrt[k]{x_1x_2\cdots x_k} \le \frac{x_1 + x_2 + \cdots + x_k}{k}$$

para todos os números reais não negativos $x_1, \ldots, x_k$. Tomemos

$$x_1 = \frac{y_1 + y_2}{2}, \quad x_2 = \frac{y_3 + y_4}{2}, \quad \ldots, \quad x_k = \frac{y_{2k-1} + y_{2k}}{2}$$

Então

$$\begin{aligned}
\sqrt[2k]{y_1\cdots y_{2k}} &= \sqrt[k]{\sqrt{y_1\cdots y_{2k}}} = \sqrt[k]{\sqrt{y_1y_2}\cdots\sqrt{y_{2k-1}y_{2k}}} \\
&\le \sqrt[k]{\left(\frac{y_1 + y_2}{2}\right)\cdots\left(\frac{y_{2k-1} + y_{2k}}{2}\right)} && \text{por } S(2) \\
&= \sqrt[k]{x_1\cdots x_k} \\
&\le \frac{x_1 + x_2 + \cdots + x_k}{k} && \text{por } S(k) \\
&= \frac{\left(\frac{y_1 + y_2}{2}\right) + \cdots + \left(\frac{y_{2k-1} + y_{2k}}{2}\right)}{k}
\end{aligned}$$

o que verifica $S(2k)$.

Assim, a Desigualdade Média Aritmética – Média Geométrica é verdadeira para $n = 2, 4, 8, \ldots$, as potências de 2. Para completar a demonstração, precisamos "preencher as lacunas". Usaremos indução retroativa para provar que $S(k)$ implica em $S(k - 1)$. Assumindo que $S(k)$ é verdadeira, tomemos

$$x_k = \frac{x_1 + x_2 + \cdots + x_{k-1}}{k - 1}$$

Então,

$$\sqrt[k]{x_1x_2\cdots x_{k-1}\left(\frac{x_1 + x_2 + \cdots + x_{k-1}}{k-1}\right)} \leq \frac{x_1 + x_2 + \cdots + \left(\dfrac{x_1 + x_2 + \cdots + x_{k-1}}{k-1}\right)}{k}$$

$$= \frac{kx_1 + kx_2 + \cdots + kx_{k-1}}{k(k-1)}$$

$$= \frac{x_1 + x_2 + \cdots + x_{k-1}}{k-1}$$

Equivalentemente,

$$x_1x_2\cdots x_{k-1}\left(\frac{x_1 + x_2 + \cdots + x_{k-1}}{k-1}\right) \leq \left(\frac{x_1 + x_2 + \cdots + x_{k-1}}{k-1}\right)^k$$

ou

$$x_1x_2\cdots x_{k-1} \leq \left(\frac{x_1 + x_2 + \cdots + x_{k-1}}{k-1}\right)^{k-1}$$

Tomando-se a raiz de ordem $(k - 1)$ de ambos os lados, obtemos $S(k - 1)$.

As duas induções juntas provam que a Desigualdade Média Aritmética – Média Geométrica é verdadeira para todo $n \geq 2$.

Observação Apesar de ser um instrumento poderoso e indispensável, a indução matemática não pode fazer milagres. Isto é, ela não pode provar que uma propriedade ou uma fórmula vale se isso não for verdade. Considere os diagramas da figura 2, que mostram o número máximo de regiões $R(n)$ nos quais um círculo pode ser subdividido por n segmentos.

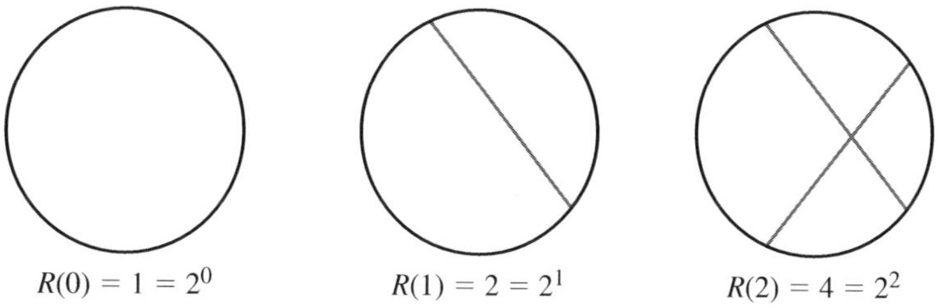

$R(0) = 1 = 2^0$ $R(1) = 2 = 2^1$ $R(2) = 4 = 2^2$

Figura B.2

Baseados na evidência da figura B.2, podemos conjeturar que $R(n) = 2^n$ para todo $n \geq 0$, e tentar provar essa conjectura usando indução matemática. Não conseguiremos, pois ela não é correta! Se tivéssemos considerado um caso a mais, teríamos descoberto que $R(3) = 7 \neq 8 = 2^3$, o que derruba nossa conjectura. Na verdade, a fórmula correta é

$$R(n) = \frac{n^2 + n + 2}{2}$$

que *pode* ser verificada por indução. (Você pode fazê-lo?)

Para outros exemplos nos quais a fórmula parece ser verdadeira, mas só percebemos que não depois de considerar muitos casos, veja o prazeroso artigo "The strong law of small numbers", de Richard K. Guy, no *American Mathematical Monthly*, vol. 95(1988), pp. 697-712.

Apêndice C

Números Complexos

Um ***número complexo*** é um número da forma $a + bi$, em que a e b são números reais e i é um símbolo com a propriedade $i^2 = -1$. O número real a é considerado um caso particular de número complexo, pois $a = a + 0i$. Se $z = a + bi$ é um número complexo, a ***parte real*** de z, denotada por $\text{Re } z$, é a, e a ***parte imaginária*** de z, denotada por $\text{Im } z$, é b. Dois números complexos $a + bi$ e $c + di$ são ***iguais*** se suas partes reais e suas partes imaginárias são respectivamente iguais, isto é, se $a = c$ e $b = d$. Um número complexo $a + bi$ pode ser identificado com o ponto (a, b) e representado graficamente no plano (chamado ***plano complexo*** ou ***plano de Argand***), como mostra a figura C.1. No plano complexo, o eixo horizontal é chamado ***eixo real***, e o eixo vertical, ***eixo imaginário***.

A extensão do conceito de número para incluir os irracionais e, aproveitamos para acrescentar, os imaginários, foi o maior passo à frente que a matemática pura já deu.

— Hermann Hankel
Theorie der complexen Zahlensysteme
Leipzig, 1867, p. 60

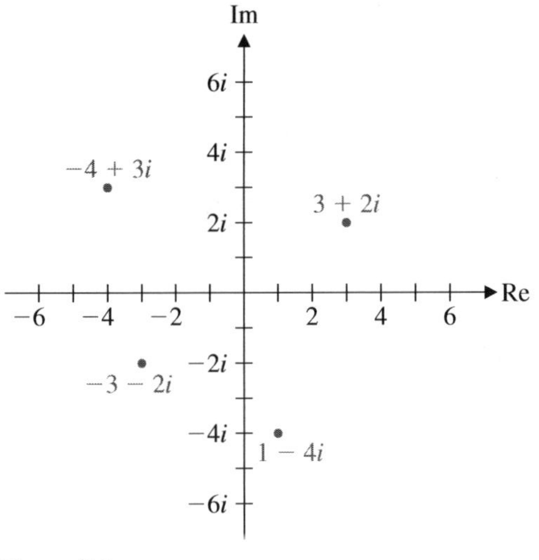

Figura C.1
O plano complexo

Não há nada de "imaginário" sobre os números complexos — eles são tão "reais" quanto os números reais. O termo *imaginário* surgiu com o estudo de equações polinomiais tais como $x^2 + 1 = 0$, cujas soluções não são "reais" (isto é, números reais). Vale a pena lembrar que antigamente os números negativos também eram pensados como "imaginários".

O francês Jean-Robert Argand (1768-1822) foi contador e matemático amador. Sua interpretação geométrica para os números complexos apareceu em 1806, em um livro que ele publicou por conta própria. No entanto, ele não foi o primeiro a dar tal interpretação. O agrimensor dinamarquês-norueguês Caspar Wessel (1745-1818) deu a mesma versão do plano complexo em 1787, mas seu artigo só foi reconhecido pela comunidade matemática depois de sua morte.

Operações com Números Complexos

A ***soma*** dos números complexos $a + bi$ e $c + di$ é definida como

$$(a + bi) + (c + di) = (a + c) + (b + d)i$$

Note que, com a identificação de $a + bi$ com (a, b), $c + di$ com (c, d) e $(a + c) + (b + d)i$ com $(a + c, b + d)$, a adição de números complexos é a mesma que a adição vetorial. O ***produto*** de $a + bi$ e $c + di$ é

$$\begin{aligned}(a + bi)(c + di) &= a(c + di) + bi(c + di)\\ &= ac + adi + bci + bdi^2\end{aligned}$$

Como $i^2 = -1$, essa expressão fica $(ac - bd) + (ad + bc)i$. Assim, temos

$$(a + bi)(c + di) = (ac - bd) + (ad + bc)i$$

Observe que, como caso especial, $a(c + di) = ac + adi$; assim, o ***oposto*** de $c + di$ é $-(c + di) = (-1)(c + di) = -c - di$. Tal fato nos permite calcular a ***diferença*** de $a + bi$ e $c + di$ como

$$\begin{aligned}(a + bi) - (c + di) &= (a + bi) + (-1)(c + di)\\ &= (a + (-c)) + (b + (-d))i\\ &= (a - c) + (b - d)i\end{aligned}$$

Exemplo C.1

Determine a soma, a diferença e o produto de $3 - 4i$ e $-1 + 2i$.

Solução A soma é

$$(3 - 4i) + (-1 + 2i) = (3 - 1) + (-4 + 2)i = 2 - 2i$$

A diferença é

$$(3 - 4i) - (-1 + 2i) = (3 - (-1)) + (-4 - 2)i = 4 - 6i$$

O produto é

$$\begin{aligned}(3 - 4i)(-1 + 2i) &= -3 + 6i + 4i - 8i^2\\ &= -3 + 10i - 8(-1) = 5 + 10i\end{aligned}$$

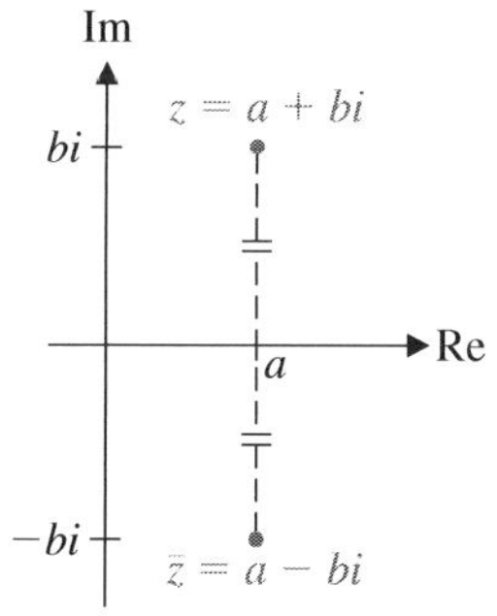

Figura C.2
Complexos conjugados

O ***conjugado*** de $z = a + bi$ é o número complexo

$$\bar{z} = a - bi$$

($\bar{z}$ é pronunciado como "*z* barra".) A figura C.2 mostra a interpretação geométrica do conjugado.

Para determinar o quociente de dois números complexos, multiplicamos o numerador e o denominador pelo conjugado do denominador.

Exemplo C.2

Expresse $\dfrac{-1 + 2i}{3 + 4i}$ na forma $a + bi$.

Solução Multiplicamos o numerador e o denominador por $\overline{3 + 4i} = 3 - 4i$. Usando o exemplo C.1, obtemos

$$\frac{-1 + 2i}{3 + 4i} = \frac{-1 + 2i}{3 + 4i} \cdot \frac{3 - 4i}{3 - 4i} = \frac{5 + 10i}{3^2 + 4^2} = \frac{5 + 10i}{25} = \frac{1}{5} + \frac{2}{5}i$$

Na página seguinte há um resumo de algumas das propriedades dos conjugados. As demonstrações seguem da definição de conjugado. Você deve verificá-las.

1. $\bar{\bar{z}} = z$
2. $\overline{z + w} = \bar{z} + \bar{w}$
3. $\overline{zw} = \overline{z\,w}$
4. Se $z \neq 0$, então $\overline{(w/z)} = \bar{w}/\bar{z}$
5. z é real se e somente se $z = z$

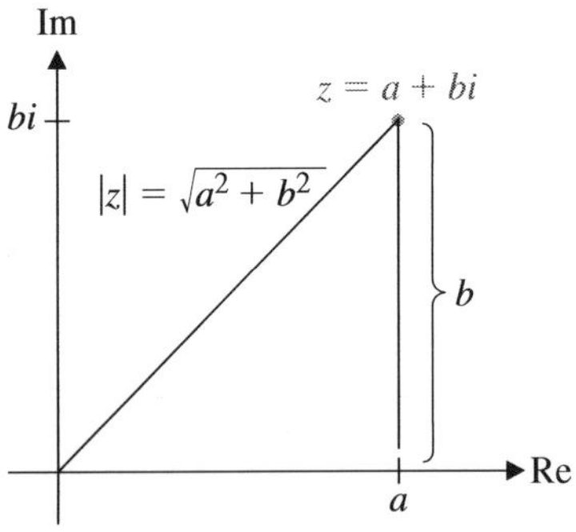

Figura C.3

O ***valor absoluto*** (ou ***módulo***) $|z|$ de um número complexo $z = a + bi$ é a sua distância até a origem. Como mostra a figura C.3, pelo Teorema de Pitágoras, temos

$$|z| = |a + bi| = \sqrt{a^2 + b^2}$$

Observe que

$$z\bar{z} = (a + bi)(a - bi) = a^2 - abi + bai - b^2i^2 = a^2 + b^2$$

Portanto, $$z\bar{z} = |z|^2$$

Essa fórmula nos dá uma maneira alternativa de descrever o processo de divisão para o quociente de dois números complexos. Se w e $z \neq 0$ são dois números complexos, então

$$\frac{w}{z} = \frac{w}{z} \cdot \frac{\bar{z}}{\bar{z}} = \frac{w\bar{z}}{z\bar{z}} = \frac{w\bar{z}}{|z|^2}$$

A seguir há um resumo de algumas das propriedades do valor absoluto. (Você deve tentar prová-las usando a definição de valor absoluto e outras propriedades de números complexos.)

1. $|z| = 0$ se e somente se $z = 0$
2. $|z| = |\bar{z}|$
3. $|zw| = |z||w|$
4. Se $z \neq 0$, então $\left|\frac{1}{z}\right| = \frac{1}{|z|}$
5. $|z + w| \leq |z| + |w|$

Forma Polar

Como você viu, o número complexo $z = a + bi$ pode ser representado geometricamente pelo ponto (a, b). Este, por sua vez, pode ser expresso em termos de suas ***coordenadas polares*** (r, θ), sendo $r \geq 0$, como mostrado na figura C.4. Temos

$$a = r\cos\theta \quad \text{e} \quad b = r\,\text{sen}\,\theta$$

portanto, $$z = a + bi = r\cos\theta + (r\,\text{sen}\,\theta)i$$

Dessa maneira, todo número complexo pode ser escrito na ***forma polar***

$$z = r(\cos\theta + i\,\text{sen}\,\theta)$$

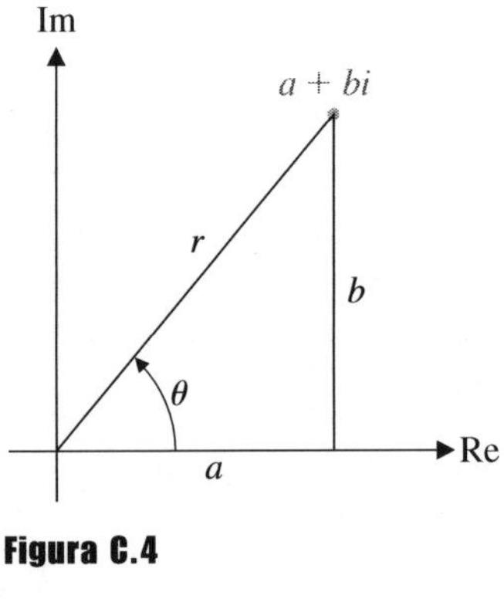

Figura C.4

em que $r = |z| = \sqrt{a^2 + b^2}$ e $\operatorname{tg} \theta = b/a$. O ângulo θ é chamado **argumento** de z e é denotado por arg z. Observe que arg z não é único: a adição ou subtração de qualquer múltiplo inteiro de 2π nos fornece outro argumento de z. Entretanto, há apenas um argumento θ que satisfaz

$$-\pi < \theta \leq \pi$$

Este é chamado ***argumento principal*** de z, e é denotado por Arg z.

Exemplo C.3 Escreva os seguintes números complexos na forma polar, usando seus argumentos principais:

(a) $z = 1 + i$ (b) $w = 1 - \sqrt{3}i$

Solução (a) Calculamos

$$r = |z| = \sqrt{1^2 + 1^2} = \sqrt{2} \quad \text{e} \quad \tan \theta = \frac{1}{1} = 1$$

Portanto, Arg $z = \theta = \dfrac{\pi}{4}$ (= 45°), e temos

$$z = \sqrt{2}\left(\cos \frac{\pi}{4} + i \operatorname{sen} \frac{\pi}{4}\right)$$

como mostra a figura C.5.

(b) Temos

$$r = |w| = \sqrt{1^2 + (-\sqrt{3})^2} = \sqrt{4} = 2 \quad \text{e} \quad \tan \theta = \frac{-\sqrt{3}}{1} = -\sqrt{3}$$

Como w está no quarto quadrante, devemos ter Arg $z = \theta = -\dfrac{\pi}{3}$ (= −60°).

$$w = 2\left(\cos\left(-\frac{\pi}{3}\right) + i \operatorname{sen}\left(-\frac{\pi}{3}\right)\right)$$

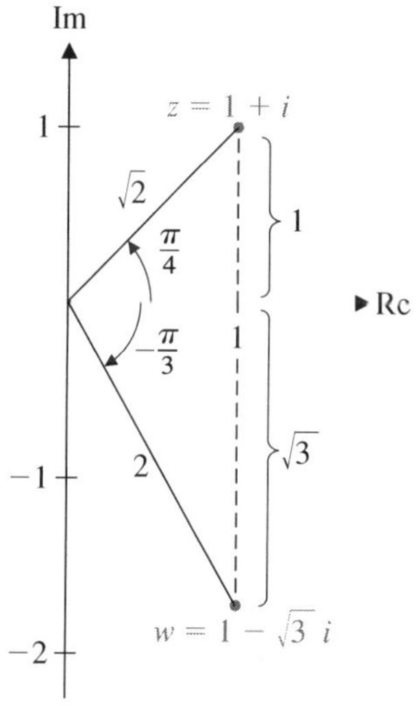

Figura C.5

Veja a figura C.5.

Usando a forma polar dos números complexos, podemos obter interpretações geométricas para a multiplicação e a divisão. Considere

$$z_1 = r_1(\cos \theta_1 + i \operatorname{sen}\theta_1) \quad \text{e} \quad z_2 = r_2(\cos \theta_2 + i \operatorname{sen}\theta_2)$$

Multiplicando, obtemos

$$\begin{aligned} z_1 z_2 &= r_1 r_2(\cos \theta_1 + i \operatorname{sen}\theta_1)(\cos \theta_2 + i \operatorname{sen}\theta_2) \\ &= r_1 r_2[(\cos \theta_1 \cos \theta_2 - \operatorname{sen}\theta_1 \operatorname{sen}\theta_2) + i(\operatorname{sen}\theta_1 \cos \theta_2 + \cos \theta_1 \operatorname{sen}\theta_2)] \end{aligned}$$

Usando as identidades trigonométricas

$$\cos(\theta_1 + \theta_2) = \cos \theta_1 \cos \theta_2 - \operatorname{sen}\theta_1 \operatorname{sen}\theta_2$$
$$\operatorname{sen}(\theta_1 + \theta_2) = \operatorname{sen}\theta_1 \cos \theta_2 + \cos \theta_1 \operatorname{sen}\theta_2$$

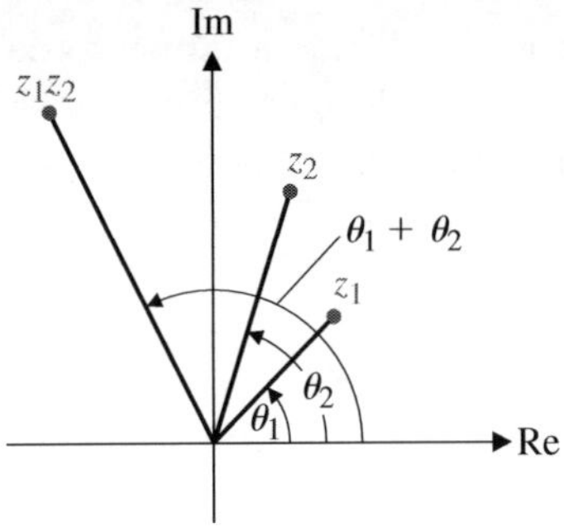

Figura C.6

obtemos

$$z_1z_2 = r_1r_2[\cos(\theta_1 + \theta_2) + i\,\text{sen}(\theta_1 + \theta_2)] \quad (1)$$

que é a forma polar de um número complexo de valor absoluto r_1r_2 e argumento $\theta_1 + \theta_2$. Isso mostra que

$$|z_1z_2| = |z_1||z_2| \quad \text{e} \quad \arg(z_1z_2) = \arg z_1 + \arg z_2$$

A fórmula (1) diz que, *para multiplicar dois números complexos, multiplicamos seus valores absolutos e somamos seus argumentos.* Veja a figura C.6.

Analogamente, usando as identidades de seno e cosseno da diferença, podemos mostrar que

$$\frac{z_1}{z_2} = \frac{r_1}{r_2}[\cos(\theta_1 - \theta_2) + i\,\text{sen}(\theta_1 - \theta_2)] \quad \text{se } z \neq 0$$

(Verifique.) Logo,

$$\left|\frac{z_1}{z_2}\right| = \frac{|z_1|}{|z_2|} \quad \text{e} \quad \arg\left(\frac{z_1}{z_2}\right) = \arg z_1 - \arg z_2$$

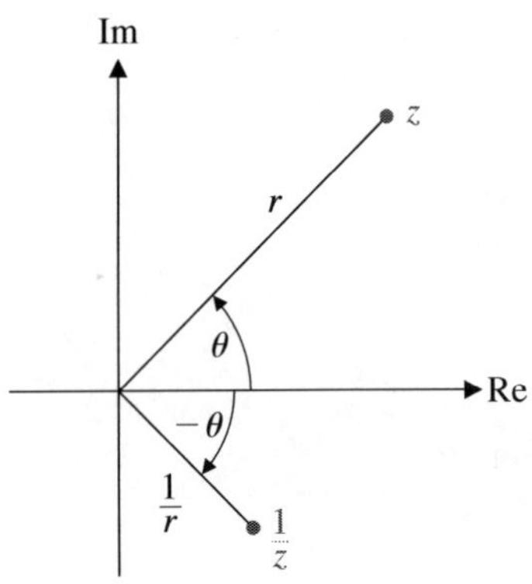

Figura C.7

e vemos que, *para dividir dois números complexos, dividimos seus valores absolutos e subtraímos seus argumentos.*

Como caso especial desse último resultado, obtemos uma fórmula para o inverso de um número complexo na forma polar. Supondo $z_1 = 1$ (e, portanto, $\theta_1 = 0$) e $z_2 = z$ (e, portanto, $\theta_2 = \theta$), obtemos o seguinte:

Se $z = r(\cos\theta + i\,\text{sen}\theta)$ é não nulo, então

$$\frac{1}{z} = \frac{1}{r}(\cos\theta - i\,\text{sen}\theta)$$

Veja a figura C.7.

Exemplo C.4

Determine o produto de $1 + i$ e $1 - \sqrt{3}i$ na forma polar.

Solução Do exemplo C.3, temos que

$$1 + i = \sqrt{2}\left(\cos\frac{\pi}{4} + i\,\text{sen}\frac{\pi}{4}\right) \quad \text{e} \quad 1 - \sqrt{3}i = 2\left(\cos\left(-\frac{\pi}{3}\right) + i\,\text{sen}\left(-\frac{\pi}{3}\right)\right)$$

Portanto,

$$\begin{aligned}(1 + i)(1 - \sqrt{3}i) &= 2\sqrt{2}\left[\cos\left(\frac{\pi}{4} - \frac{\pi}{3}\right) + i\,\text{sen}\left(\frac{\pi}{4} - \frac{\pi}{3}\right)\right] \\ &= 2\sqrt{2}\left[\cos\left(-\frac{\pi}{12}\right) + i\,\text{sen}\left(-\frac{\pi}{12}\right)\right]\end{aligned}$$

Veja a figura C.8.

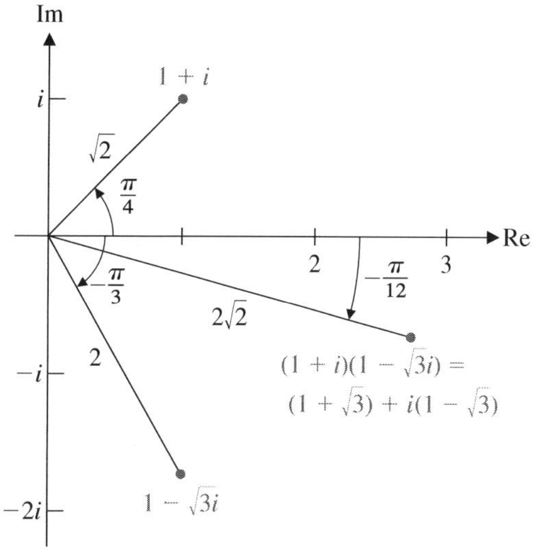

Figura C.8

Observação Como $(1+i)(1-\sqrt{3}i) = (1+\sqrt{3}) + i(1-\sqrt{3})$ (verifique), devemos ter

$$1+\sqrt{3} = 2\sqrt{2}\cos\left(-\frac{\pi}{12}\right) = -2\sqrt{2}\cos\left(\frac{\pi}{12}\right)$$

e

$$1-\sqrt{3} = 2\sqrt{2}\,\text{sen}\left(-\frac{\pi}{12}\right) = -2\sqrt{2}\,\text{sen}\left(\frac{\pi}{12}\right)$$

(Por quê?) Consequentemente,

$$\cos\left(\frac{\pi}{12}\right) = \frac{1+\sqrt{3}}{2\sqrt{2}} \quad \text{e} \quad \text{sen}\left(\frac{\pi}{12}\right) = \frac{\sqrt{3}-1}{2\sqrt{2}}$$

Dessa forma, temos um método para achar o seno e o cosseno de um ângulo como $\frac{\pi}{12}$, que não é um ângulo especial, mas que pode ser obtido como soma ou diferença de ângulos especiais.

O Teorema de De Moivre

Se n é um inteiro positivo e $z = r(\cos\theta + i\,\text{sen}\,\theta)$, o uso repetido da fórmula (1) produz fórmulas para as potências de z:

$$z^2 = r^2(\cos 2\theta + i\,\text{sen}\,2\theta)$$
$$z^3 = zz^2 = r^3(\cos 3\theta + i\,\text{sen}\,3\theta)$$
$$z^4 = zz^3 = r^4(\cos 4\theta + i\,\text{sen}\,4\theta)$$
$$\vdots$$

Abraham De Moivre (1667-1754) foi um matemático francês que deu importantes contribuições a trigonometria, geometria analítica, probabilidade e estatística.

Em geral, temos o seguinte resultado, conhecido como **Teorema de De Moivre**:

Teorema C.1 **Teorema de De Moivre**

Se $z = r(\cos\theta + i \operatorname{sen}\theta)$ e n é um inteiro positivo, então

$$z^n = r^n(\cos n\theta + i \operatorname{sen} n\theta)$$

Enunciado de outra maneira, temos

$$|z^n| = |z|^n \quad \text{e} \quad \arg(z^n) = n \arg z$$

Em palavras, o Teorema de De Moivre afirma que, *para obter a potência n-ésima de um número complexo, tomamos a potência n-ésima de seu valor absoluto e multiplicamos seu argumento por n.*

Exemplo C.5

Determine $(1 + i)^6$.

Solução Do exemplo C.3(a), temos

$$1 + i = \sqrt{2}\left(\cos\frac{\pi}{4} + i \operatorname{sen}\frac{\pi}{4}\right)$$

Logo, do Teorema de De Moivre, temos

$$\begin{aligned}(1 + i)^6 &= (\sqrt{2})^6\left(\cos\frac{6\pi}{4} + i \operatorname{sen}\frac{6\pi}{4}\right)\\ &= 8\left(\cos\frac{3\pi}{2} + i \operatorname{sen}\frac{3\pi}{2}\right)\\ &= 8(0 + i(-1)) = -8i\end{aligned}$$

Veja a figura C.9, que mostra $1 + i, (1 + i)^2, (1 + i)^3, \ldots, (1 + i)^6$.

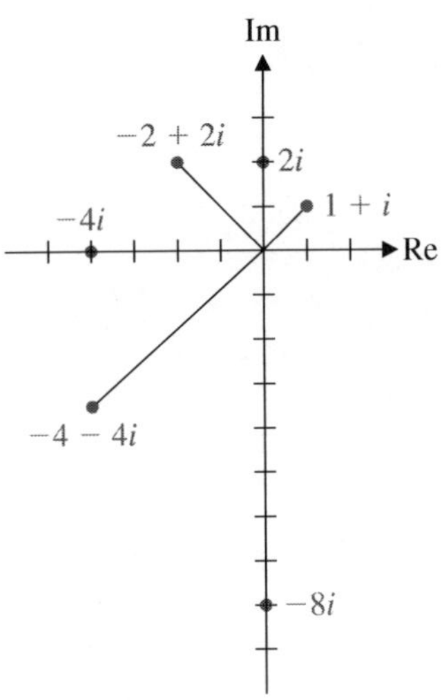

Figura C.9
Potências de $1 + i$

Podemos ainda usar o Teorema de De Moivre para determinar raízes n-ésimas de números complexos. Uma raiz n-ésima de um número complexo z é qualquer número complexo w que satisfaz

$$w^n = z$$

Na forma polar, podemos escrever

$$w = s(\cos\varphi + i \operatorname{sen}\varphi) \quad \text{e} \quad z = r(\cos\theta + i \operatorname{sen}\theta)$$

e, pelo Teorema de De Moivre,

$$s^n(\cos n\varphi + i \operatorname{sen} n\varphi) = r(\cos\theta + i \operatorname{sen}\theta)$$

Igualando os valores absolutos, vemos que

$$s^n = r \quad \text{ou} \quad s = r^{1/n} = \sqrt[n]{r}$$

Também devemos ter

$$\cos n\varphi = \cos\theta \quad \text{e} \quad \operatorname{sen} n\varphi = \operatorname{sen}\theta$$

(Por quê?) Como as funções seno e cosseno têm período 2π, essas equações implicam que $n\varphi$ e θ diferem por um múltiplo inteiro de 2π, isto é,

$$n\varphi = \theta + 2k\pi \quad \text{ou} \quad \varphi = \frac{\theta + 2k\pi}{n}$$

em que k é um inteiro. Portanto,

$$w = r^{1/n}\left[\cos\left(\frac{\theta + 2k\pi}{n}\right) + i\,\text{sen}\left(\frac{\theta + 2k\pi}{n}\right)\right]$$

descreve as possíveis raízes n-ésimas de z quando k varia no conjunto dos números inteiros. Não é difícil mostrar que $k = 0, 1, 2, \ldots, n - 1$ produz todos os valores distintos para w, e, portanto, existem exatamente n raízes n-ésimas diferentes de $z = r(\cos\theta + i\,\text{sen}\,\theta)$. Resumimos esse resultado da seguinte maneira:

Sejam $z = r(\cos\theta + i\,\text{sen}\,\theta)$ e n um inteiro positivo. Então, z tem exatamente n raízes distintas, dadas por

$$r^{1/n}\left[\cos\left(\frac{\theta + 2k\pi}{n}\right) + i\,\text{sen}\left(\frac{\theta + 2k\pi}{n}\right)\right] \tag{2}$$

para $k = 0, 1, 2, \ldots, n - 1$.

Exemplo C.6 Determine as três raízes cúbicas de -27.

Solução Na forma polar, $-27 = 27(\cos\pi + i\,\text{sen}\,\pi)$. Segue que as raízes cúbicas de -27 são dadas por

$$(-27)^{1/3} = 27^{1/3}\left[\cos\left(\frac{\pi + 2k\pi}{3}\right) + i\,\text{sen}\left(\frac{\pi + 2k\pi}{3}\right)\right] \quad \text{para } k = 0, 1, 2$$

usando a fórmula (2) com $n = 3$. Assim obtemos as raízes

$$27^{1/3}\left[\cos\frac{\pi}{3} + i\,\text{sen}\frac{\pi}{3}\right] = 3\left(\frac{1}{2} + \frac{\sqrt{3}}{2}i\right) = \frac{3}{2} + \frac{3\sqrt{3}}{2}i$$

$$27^{1/3}\left[\cos\left(\frac{\pi + 2\pi}{3}\right) + i\,\text{sen}\left(\frac{\pi + 2\pi}{3}\right)\right] = 3(\cos\pi + i\,\text{sen}\,\pi) = -3$$

$$27^{1/3}\left[\cos\left(\frac{\pi + 4\pi}{3}\right) + i\,\text{sen}\left(\frac{\pi + 4\pi}{3}\right)\right] = 3\left(\cos\frac{5\pi}{3} + i\,\text{sen}\frac{5\pi}{3}\right)$$

$$= 3\left(\frac{1}{2} - \frac{\sqrt{3}}{2}i\right) = \frac{3}{2} - \frac{3\sqrt{3}}{2}i$$

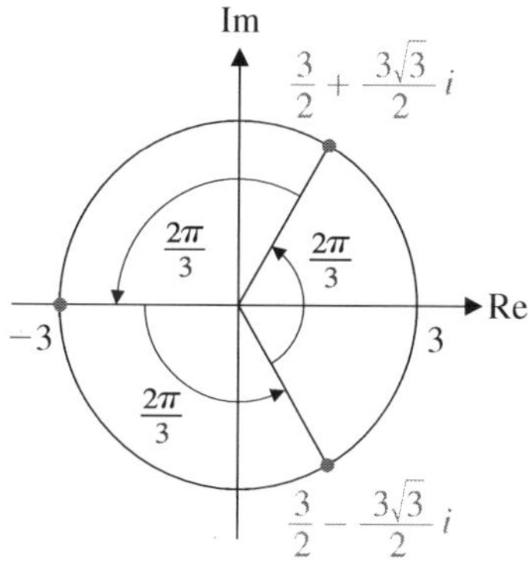

Figura C.10
As raízes cúbicas de -27

Como a figura C.10 mostra, as três raízes cúbicas de -27 são igualmente espaçadas de $2\pi/3$ radianos (120°) uma da outra no círculo de raio 3 centrado na origem.

Em geral, uma consequência da fórmula (2) é que as raízes n-ésimas de $z = r(\cos\theta + i\,\text{sen}\,\theta)$ estão no círculo de raio $r^{1/n}$ centrado na origem. Além disso, são igualmente espaçadas de $2\pi/n$ radianos ($360°/n$) umas das outras. (Verifique.) Assim, se encontrarmos uma raiz n-ésima de z, as outras raízes n-ésimas de z poderão ser obtidas girando-se a primeira raiz em sucessivos acréscimos de $2\pi/n$ radianos. Se soubéssemos disso no exemplo C.6, poderíamos ter usado o fato de que a raiz cúbica real de -27 é -3, e então, girá-la duas vezes em um ângulo de $2\pi/3$ radianos (120°) para obter as duas outras raízes cúbicas.

Leonhard Euler (1707-1783) foi o matemático mais produtivo de todos os tempos. Existem mais de 900 publicações em seu nome, e a coletânea de seus trabalhos preenche mais de 70 volumes. Há tantos resultados atribuídos a ele que "fórmula de Euler" ou "Teorema de Euler" podem significar muitas coisas diferentes, dependendo do contexto.

Euler trabalhou em tantas áreas da matemática que seria difícil listá-las todas. Suas contribuições a várias áreas como cálculo e análise, equações diferenciais, teoria dos números, geometria, topologia, mecânica e outras áreas de matemática aplicada continuam a ser influentes. Euler também introduziu muitas das notações que usamos hoje, incluindo π, e, i, Σ para somatório, Δ para diferença e $f(x)$ para função, e foi o primeiro a tratar o seno e o cosseno como funções.

Euler nasceu na Suíça mas passou a maior parte de sua vida profissional na Rússia e na Alemanha. Em 1727, associou-se à Academia de Ciências de São Petersburgo que havia sido fundada por Catarina I, esposa de Pedro, o Grande. Euler foi para Berlim em 1741 a convite de Frederico, o Grande, mas voltou a São Petersburgo em 1766, onde permaneceu até sua morte. Quando jovem, perdeu a visão de um olho devido a uma enfermidade, e em 1776 perdeu a outra vista, ficando completamente cego. Surpreendentemente, seu rendimento matemático não diminuiu, e ele permaneceu produtivo até o dia de sua morte.

Fórmula de Euler

Em cálculo, você aprendeu que a função e^z tem uma expansão em série de potências

$$e^z = 1 + z + \frac{z^2}{2!} + \frac{z^3}{3!} + \cdots$$

que converge, para todo número real z. Pode-se demonstrar que essa expansão também converge se z for um número complexo, e que a função exponencial complexa e^z verifica as regras usuais de potenciação. As funções seno e cosseno também têm expansões em séries de potências:

$$\operatorname{sen} x = x - \frac{x^3}{3!} + \frac{x^5}{5!} - \frac{x^7}{7!} + - \cdots$$

$$\cos x = 1 - \frac{x^2}{2!} + \frac{x^4}{4!} - \frac{x^6}{6!} + - \cdots$$

Se tomarmos $z = ix$, com x real, iremos obter

$$e^z = e^{ix} = 1 + ix + \frac{(ix)^2}{2!} + \frac{(ix)^3}{3!} + \cdots$$

Usando o fato de que $i^2 = -1$, $i^3 = -i$, $i^4 = 1$, $i^5 = i$, e assim por diante, que se repete em um ciclo de comprimento 4, vemos que

$$\begin{aligned} e^{ix} &= 1 + ix - \frac{x^2}{2!} - \frac{ix^3}{3!} + \frac{x^4}{4!} + \frac{ix^5}{5!} - \frac{x^6}{6!} - \frac{ix^7}{7!} + + - - \cdots \\ &= \left(1 - \frac{x^2}{2!} + \frac{x^4}{4!} - \frac{x^6}{6!} + - \cdots\right) + i\left(x - \frac{x^3}{3!} + \frac{x^5}{5!} - \frac{x^7}{7!} + - \cdots\right) \\ &= \cos x + i \operatorname{sen} x \end{aligned}$$

Esse notável resultado é conhecido como **fórmula de Euler**.

Teorema C.2 **Fórmula de Euler**

Para todo número real x,

$$e^{ix} = \cos x + i \operatorname{sen} x$$

Usando a fórmula de Euler, a forma polar de um número complexo pode ser escrita de maneira mais resumida como

$$z = r(\cos\theta + i \operatorname{sen}\theta) = re^{i\theta}$$

Por exemplo, do exemplo C.3(a), temos

$$1 + i = \sqrt{2}\left(\cos\frac{\pi}{4} + i \operatorname{sen}\frac{\pi}{4}\right) = \sqrt{2}e^{i\pi/4}$$

Também podemos ir na direção contrária e converter uma exponencial complexa na forma polar ou na forma canônica.

Exemplo C.7 Escreva os seguintes números na forma $a + bi$:

(a) $e^{i\pi}$ (b) $e^{2+i\pi/4}$

Solução (a) Usando a fórmula de Euler, temos

$$e^{i\pi} = \cos\pi + i \operatorname{sen}\pi = -1 + i \cdot 0 = -1$$

(Escrevendo essa equação na forma $e^{i\pi} + 1 = 0$, obtemos o que certamente é a uma das mais notáveis equações da Matemática. Ela contém: as operações fundamentais de adição, multiplicação e potenciação; o elemento neutro 0 da adição e o elemento unidade 1 da multiplicação; os dois números transcendentes mais importantes, π e e; e a unidade complexa i — tudo em uma única equação!)

(b) Usando as regras de potenciação juntamente com a fórmula de Euler, obtemos:

$$e^{2+i\pi/4} = e^2e^{i\pi/4} = e^2\left(\cos\frac{\pi}{4} + i \operatorname{sen}\frac{\pi}{4}\right) = e^2\left(\frac{\sqrt{2}}{2} + i\frac{\sqrt{2}}{2}\right)$$

$$= \frac{e^2\sqrt{2}}{2} + \frac{e^2\sqrt{2}}{2}i$$

Se $z = r^{i\theta} = r(\cos\theta + i \operatorname{sen}\theta)$, então

$$\bar{z} = r(\cos\theta - i \operatorname{sen}\theta) \quad (3)$$

As identidades trigonométricas

$$\cos(-\theta) = \cos\theta \quad \text{e} \quad \operatorname{sen}(-\theta) = -\operatorname{sen}\theta$$

nos permitem reescrever a equação (3) como

$$\bar{z} = r(\cos(-\theta) + i\,\text{sen}(-\theta)) = re^{i(-\theta)}$$

Essa relação dá a seguinte fórmula útil para o conjugado:

Se $z = re^{i\theta}$, então

$$\bar{z} = re^{-i\theta}$$

Observação A fórmula de Euler fornece uma demonstração rápida, de uma linha, do Teorema de De Moivre:

$$[r(\cos\theta + i\,\text{sen}\theta)]^n = (re^{i\theta})^n = r^n e^{in\theta} = r^n(\cos n\theta + i\,\text{sen}\,n\theta)$$

Apêndice D

Polinômios

Um ***polinômio*** é uma função p de uma única variável x que pode ser escrita na forma

$$p(x) = a_0 + a_1x + a_2x^2 + \cdots + a_nx^n \tag{1}$$

Euler deu a mais algébrica das provas da existência de raízes de uma equação [polinomial]... Acho injustiça atribuir tal prova exclusivamente a Gauss, que meramente adicionou os retoques finais.
Georg Frobenius, 1907
Citado no arquivo de MacTutor History of Mathematics, http://www-history.mcs.st-and.ac.uk/history/

em que $a_0, a_1, \ldots, a_n$ são constantes ($a_n \neq 0$) chamadas ***coeficientes*** de p. Convencionando que $x^0 = 1$, podemos usar o símbolo de somatório para escrever p como

$$p(x) = \sum_{k=0}^{n} a_kx^k$$

O inteiro n chama-se ***grau*** de p, e é denotado como $\text{gr}(p) = n$. Um polinômio de grau zero é chamado ***polinômio constante***.

Exemplo D.1

Quais das funções a seguir são polinômios?

(a) $2 - \frac{1}{3}x + \sqrt{2}x^2$ (b) $2 - \dfrac{1}{3x^2}$ (c) $\sqrt{2x^2}$

(d) $\ln\left(\dfrac{2e^{5x^3}}{e^{3x}}\right)$ (e) $\dfrac{x^2 - 5x + 6}{x - 2}$ (f) $\sqrt{x}$

(g) $\cos(2\cos^{-1}x)$ (h) e^x

Solução (a) Esta é a única expressão que, obviamente, é um polinômio.

(b) Um polinômio na forma apresentada na equação (1) não pode ter limite infinito conforme x tenda a um valor finito $[\lim_{x\to c} p(x) \neq \pm\infty]$, ao passo que $2 - 2/3x^2$ se aproxima de $-\infty$ conforme x tende a zero. Portanto, não é um polinômio.

(c) Temos

$$\sqrt{2x^2} = \sqrt{2}\sqrt{x^2} = \sqrt{2}|x|$$

que é igual a $\sqrt{2}\ x$, quando $x \geq 0$, e a $-\sqrt{2}\ x$, quando $x < 0$. Portanto, essa expressão é formada pela "ligação" de dois polinômios (um *polinômio por partes*), mas ela não é propriamente um polinômio.

(d) Usando propriedades de exponenciais e logaritmos, temos:

$$\ln\left(\frac{2e^{5x^3}}{e^{3x}}\right) = \ln(2e^{5x^3-3x}) = \ln 2 + \ln(e^{5x^3-3x})$$

$$= \ln 2 + 5x^3 - 3x = \ln 2 - 3x + 5x^3$$

e, portanto, essa expressão é um polinômio.

(e) O domínio dessa função consiste em todos os números reais $x \neq 2$. Para tais valores de x, a função pode ser simplificada para

$$\frac{x^2 - 5x + 6}{x - 2} = \frac{(x-2)(x-3)}{x-2} = x - 3$$

e podemos dizer que a expressão é um polinômio *em seu domínio.*

(f) Essa função não pode ser um polinômio (mesmo em seu domínio $x \geq 0$), pois a derivação repetida de um polinômio na forma apresentada na equação (1) acaba resultando em zero, e $\sqrt{x}$ não tem essa propriedade. (Verifique isso.)

(g) O domínio dessa expressão é $-1 \leq x \leq 1$. Seja $\theta = \cos^{-1} x$, de maneira que $\cos\theta = x$. Usando uma identidade trigonométrica, temos que

$$\cos(2\cos^{-1} x) = \cos 2\theta = 2\cos^2\theta - 1 = 2x^2 - 1$$

portanto, essa expressão é um polinômio em seu domínio.

(h) Analisando essa expressão como fizemos em (f), concluímos que ela não é um polinômio.

Dois polinômios são ***iguais*** se os coeficientes das potências correspondentes de x são todos iguais. Em particular, polinômios iguais devem ter o mesmo grau. A ***soma*** de dois polinômios é obtida adicionando-se os coeficientes das potências correspondentes de x.

Exemplo D.2

Determine a soma de $2 - 4x + x^2$ e $1 + 2x - x^2 + 3x^3$.

Solução Calculamos

$$\begin{aligned}(2 - 4x + x^2) + (1 + 2x - x^2 + 3x^3) &= (2+1) + (-4+2)x \\ &\quad + (1 + (-1))x^2 + (0+3)x^3 \\ &= 3 - 2x + 3x^3\end{aligned}$$

onde "completamos" o primeiro polinômio escrevendo zero como coeficiente de x^3.

Analogamente, definimos ***diferença*** de dois polinômios subtraindo os coeficientes em vez de adicioná-los. O ***produto*** de dois polinômios é obtido usando-se repetidamente a lei distributiva e agrupando as potências correspondentes de x.

Exemplo D.3 Determine o produto de $2 - 4x + x^2$ e $1 + 2x - x^2 + 3x^3$.

Solução Temos

$$\begin{aligned}
&(2 - 4x + x^2)(1 + 2x - x^2 + 3x^3)\\
&\quad = 2(1 + 2x - x^2 + 3x^3) - 4x(1 + 2x - x^2 + 3x^3)\\
&\qquad + x^2(1 + 2x - x^2 + 3x^3)\\
&\quad = (2 + 4x - 2x^2 + 6x^3) + (-4x - 8x^2 + 4x^3 - 12x^4)\\
&\qquad + (x^2 + 2x^3 - x^4 + 3x^5)\\
&\quad = 2 + (4x - 4x) + (-2x^2 - 8x^2 + x^2) + (6x^3 + 4x^3 + 2x^3)\\
&\qquad + (-12x^4 - x^4) + 3x^5\\
&\quad = 2 - 9x^2 + 12x^3 - 13x^4 + 3x^5
\end{aligned}$$

Observe que, para dois polinômios p e q, temos:

$$\text{gr}(pq) = \text{gr}(p) + \text{gr}(q)$$

Se p e q são polinômios com $\text{gr}(q) \leq \text{gr}(p)$, podemos dividir p por q através da divisão longa para obter o quociente p/q. O exemplo seguinte ilustra esse procedimento, que é o mesmo da divisão longa de um inteiro por outro. Assim como o quociente de dois inteiros não é, em geral, um inteiro, o quociente de dois polinômios não é, em geral, um polinômio.

Exemplo D.4 Calcule $\dfrac{1 + 2x - x^2 + 3x^3}{2 - 4x + x^2}$.

Solução Vamos efetuar a divisão longa. Ajuda muito escrever cada polinômio com as potências de x em ordem *decrescente*. Dessa maneira, temos:

$$3x^3 - x^2 + 2x + 1 \,\underline{|\, x^2 - 4x + 2}$$

Começamos dividindo $3x^3$ por x^2 para obter o quociente parcial $3x$. Então, multiplicamos $3x$ pelo divisor $x^2 - 4x + 2$, subtraímos o resultado do dividendo $(3x^3 - x^2 + 2x + 1)$ e baixamos o próximo termo desse polinômio:

$$\begin{array}{r|l}
3x^3 - x^2 + 2x + 1 & x^2 - 4x + 2 \\ \cline{2-2}
\underline{3x^3 - 12x^2 + 6x\phantom{{}+1}} & 3x \\
11x^2 - 4x + 1 &
\end{array}$$

Repetimos o processo com $11x^2$, multiplicando 11 por $x^2 - 4x + 2$ e subtraindo o resultado de $11x^2 - 4x + 1$. Obtemos

$$\begin{array}{r|l}
3x^3 - x^2 + 2x + 1 & x^2 - 4x + 2 \\ \cline{2-2}
\underline{3x^3 - 12x^2 + 6x\phantom{{}+22}} & 3x + 11 \\
11x^2 - 4x + 1 & \\
\underline{11x^2 - 44x + 22} & \\
40x - 21 &
\end{array}$$

Temos agora o resto $40x - 21$. Seu grau é menor que o grau do divisor $x^2 - 4x + 2$, portanto, o processo para e ficamos com

$$3x^3 - x^2 + 2x + 1 = (x^2 - 4x + 2)(3x + 11) + (40x - 21)$$

ou
$$\frac{3x^3 - x^2 + 2x + 1}{x^2 - 4x + 2} = 3x + 11 + \frac{40x - 21}{x^2 - 4x + 2}$$

O exemplo D.4 pode ser generalizado para dar o seguinte resultado, conhecido como ***algoritmo da divisão***.

Teorema D.1 **O Algaritimo da Divisão**

Se f e g são polinômios com $\text{gr}(g) \leq \text{gr}(f)$, então existem polinômios q e r tais que

$$f(x) = g(x)q(x) + r(x)$$

em que $r = 0$ ou $\text{gr}(r) < \text{gr}(g)$.

No exemplo D.4,

$$f(x) = 3x^3 - x^2 + 2x + 1, \quad g(x) = x^2 - 4x + 2, \quad q(x) = 3x + 11,$$
$$\text{e} \qquad r(x) = 40x - 21$$

No algoritmo da divisão, se o resto for zero, então

$$f(x) = g(x)q(x)$$

e dizemos que g é um ***fator*** de f. (Observe que q também é um fator de f.) Existe uma estreita relação entre os fatores de um polinômio e suas raízes. Uma ***raiz*** de um polinômio f é um número a tal que $f(a) = 0$. [O número a também é chamado ***zero*** da equação polinomial $f(x) = 0$.] O resultado a seguir, conhecido como ***Teorema da Fatoração***, estabelece a relação entre os fatores de um polinômio e suas raízes.

Teorema D.2 **O Teorema da Fatoração**

Sejam f um polinômio e a uma constante. Então, a é uma raiz de f se e somente se $x - a$ é um fator de $f(x)$.

Demonstração Pelo algoritmo da divisão,

$$f(x) = (x - a)q(x) + r(x)$$

em que ou $r(x) = 0$ ou $\text{gr}(r) < \text{gr}(x - a) = 1$. Em qualquer caso, $r(x) = r$ é uma constante. Por sua vez,

$$f(a) = (a - a)q(a) + r = r$$

e, portanto, $f(a) = 0$ se e somente se $r = 0$, que é equivalente a

$$f(x) = (x - a)q(x)$$

como queríamos provar.

Não se conhece nenhum método seguro para se achar as raízes de um polinômio dado. No entanto, em certos casos especiais, há algumas regras úteis. O caso do polinômio com coeficientes *inteiros* é particularmente interessante. O resultado a seguir, conhecido como ***Teorema das Raízes Racionais***, fornece um critério para se achar as raízes *racionais* de um polinômio.

Teorema D.3

Teorema das Raízes Racionais

Seja

$$f(x) = a_0 + a_1 x + \cdots + a_n x^n$$

um polinômio com coeficientes inteiros, e seja a/b um número racional escrito na forma irredutível. Se a/b é uma raiz de f então a_0 é um múltiplo de a e a_n é um múltiplo de b.

Demonstração Se a/b é uma raiz de f então

$$a_0 + a_1\left(\frac{a}{b}\right) + \cdots + a_{n-1}\left(\frac{a}{b}\right)^{n-1} + a_n\left(\frac{a}{b}\right)^n = 0$$

Multiplicando ambos os lados por b^n, temos

$$a_0 b^n + a_1 a b^{n-1} + \cdots + a_{n-1} a^{n-1} b + a_n a = 0 \tag{1}$$

que implica que

$$a_0 b^n + a_1 a b^{n-1} + \cdots + a_{n-1} a^{n-1} b = -a_n a^n \tag{2}$$

O lado esquerdo da equação (2) é um múltiplo de b, portanto, $a_n a^n$ também deve ser um múltiplo de b. Como a/b está na forma irredutível, a e b não têm divisores comuns maiores que 1. Assim, a_n deve ser múltiplo de b.

Podemos reescrever a equação (1) como

$$-a_0 b^n = a_1 a b^{n-1} + \cdots + a_{n-1} a^{n-1} b + a_n a^n$$

e um argumento semelhante mostra que a_0 deve ser múltiplo de a. (Mostre isso.)

Example D.5

Determine todas as raízes racionais da equação

$$6x^3 + 13x^2 - 4 = 0 \tag{3}$$

Solução Se a/b é raiz dessa equação então, pelo Teorema das Raízes Racionais, 6 é um múltiplo de b e -4 é um múltiplo de a. Portanto,

$$a \in \{\pm 1, \pm 2, \pm 4\} \quad \text{e} \quad b \in \{\pm 1, \pm 2, \pm 3, \pm 6\}$$

Considerando todos os possíveis números racionais a/b com essas escolhas de a e b, percebemos que as únicas raízes racionais possíveis para a equação dada são

$$\pm 1, \pm 2, \pm 4, \pm \tfrac{1}{2}, \pm \tfrac{1}{3}, \pm \tfrac{2}{3}, \pm \tfrac{4}{3}, \pm \tfrac{1}{6}$$

Substituindo esses valores na equação (3), um de cada vez, vemos que -2, $-\frac{2}{3}$, e $\frac{1}{2}$ são os únicos números dessa lista que são realmente raízes. (Verifique isso.) Como veremos brevemente, uma equação polinomial de grau 3 não pode ter mais do que três raízes, de maneira que estas não são apenas todas as raízes *racionais* da equação (3), mas são suas *únicas* raízes.

Podemos aperfeiçoar de várias maneiras o método de tentativa e erro do exemplo D.5. Por exemplo, uma vez encontrada uma raiz a de uma equação polinomial $f(x) = 0$, sabemos que $x - a$ é um fator de $f(x)$ — digamos que $f(x) = (x - a)g(x)$. Podemos, portanto, dividir $f(x)$ por $x - a$ (usando divisão longa) para obter $g(x)$. Como $\text{gr}(g) < \text{gr}(f)$, as raízes de $g(x) = 0$ [que também são raízes de $f(x) = 0$] podem ser mais facilmente encontradas. Em particular, se $g(x)$ é um polinômio de grau 2, podemos usar a ***fórmula de Bhaskara*** (ou ***fórmula quadrática***).

Suponhamos que

$$ax^2 + bx + c = 0$$

(Podemos assumir que a é positivo, pois, caso contrário, multiplicando-se ambos os lados da equação por -1, obteríamos uma equação equivalente.) Completando-se o quadrado, obtemos:

$$a\left(x^2 + \frac{b}{a}x + \frac{b^2}{4a^2}\right) = \frac{b^2}{4a} - c$$

(Verifique.) Equivalentemente,

$$a\left(x + \frac{b}{2a}\right)^2 = \frac{b^2}{4a} - c \quad \text{ou} \quad \left(x + \frac{b}{2a}\right)^2 = \frac{b^2 - 4ac}{4a^2}$$

Portanto,

$$x + \frac{b}{2a} = \pm\sqrt{\frac{b^2 - 4ac}{4a^2}} = \frac{\pm\sqrt{b^2 - 4ac}}{2a}$$

ou

$$x = \frac{-b \pm \sqrt{b^2 - 4ac}}{2a}$$

Vamos refazer a equação do exemplo D.5 tendo em mente a fórmula de Bhaskara.

Exemplo D.6 Determine as raízes de $6x^3 + 13x^2 - 4 = 0$.

Solução Pelo Teorema das Raízes Racionais, descobrimos que $x = -2$ é uma raiz racional de $6x^3 + 13x^2 - 4 = 0$. Então, $x + 2$ é um fator de $6x^3 + 13x^2 - 4$, e a divisão longa nos dá

$$6x^3 + 13x^2 - 4 = (x + 2)(6x^2 + x - 2)$$

(Verifique.) Podemos agora aplicar a fórmula de Bhaskara ao segundo fator para encontrar suas raízes:

$$x = \frac{-1 \pm \sqrt{1^2 - 4(6)(-2)}}{2 \cdot 6}$$

$$= \frac{-1 \pm \sqrt{49}}{12} = \frac{-1 \pm 7}{12}$$

$$= \tfrac{6}{12}, -\tfrac{8}{12}$$

ou, na forma irredutível, $\frac{1}{2}$ e $-\frac{2}{3}$. Assim, as três raízes da equação (3) são -2, $\frac{1}{2}$, e $-\frac{2}{3}$, como determinamos no exemplo D.5.

Observação O Teorema da Fatoração estabelece uma relação entre as raízes de um polinômio e seus fatores *lineares*. No entanto, um polinômio sem fatores lineares pode ter fatores de grau maior. Além disso, quando fatoramos um polinômio, precisamos levar em conta o sistema numérico no qual os fatores estão sendo considerados.

Por exemplo, considere o polinômio

$$p(x) = x^4 + 1$$

Pelo Teorema das Raízes Racionais, as únicas raízes possíveis de p sobre o conjunto $\mathbb{Q}$ dos *números racionais* são 1 e -1. Uma rápida verificação mostra que nenhum deles funciona; portanto, pelo Teorema da Fatoração, $p(x)$ não possui fator linear com coeficientes racionais. Mas, $p(x)$ ainda pode ser fatorado como o produto de dois *polinômios de grau 2*. Vamos procurar os fatores quadráticos usando o método dos ***coeficientes a determinar***.

Suponhamos que

$$x^4 + 1 = (x^2 + ax + b)(x^2 + cx + d)$$

Fazendo a multiplicação do lado direito e comparando os coeficientes, obtemos as seguintes equações:

$$\begin{aligned} a + c &= 0 \\ b + ac + d &= 0 \\ bc + ad &= 0 \\ bd &= 1 \end{aligned}$$

Se $a = 0$, então $c = 0$ e $d = -b$. Isso dá $-b^2 = 1$, que não possui solução em $\mathbb{Q}$. Portanto, podemos assumir que $a \neq 0$. Assim, $c = -a$, e obtemos $d = b$. Daí segue que $b^2 = 1$; logo, $b = 1$ ou $b = -1$.Isso implica que $a^2 = 2$ ou $a^2 = -2$, respectivamente, e nenhuma delas tem solução em $\mathbb{Q}$. Concluímos que $x^4 + 1$ não pode ser fatorado em $\mathbb{Q}$. Dizemos que ele é ***irredutível*** sobre $\mathbb{Q}$.

Entretanto, $x^4 + 1$ se fatora sobre o conjunto dos *números reais* $\mathbb{R}$. Os cálculos que acabamos de fazer mostram que

$$x^4 + 1 = (x^2 + \sqrt{2}x + 1)(x^2 - \sqrt{2}x + 1)$$

(Por quê?) Para ver se é possível fatorar mais, aplicamos a fórmula de Bhaskara. O primeiro fator possui as seguintes raízes:

$$x = \frac{-\sqrt{2} \pm \sqrt{(\sqrt{2})^2 - 4}}{2} = \frac{-\sqrt{2} \pm \sqrt{-2}}{2} = \frac{\sqrt{2}}{2}(-1 \pm i) = -\frac{1}{\sqrt{2}} \pm \frac{1}{\sqrt{2}}i$$

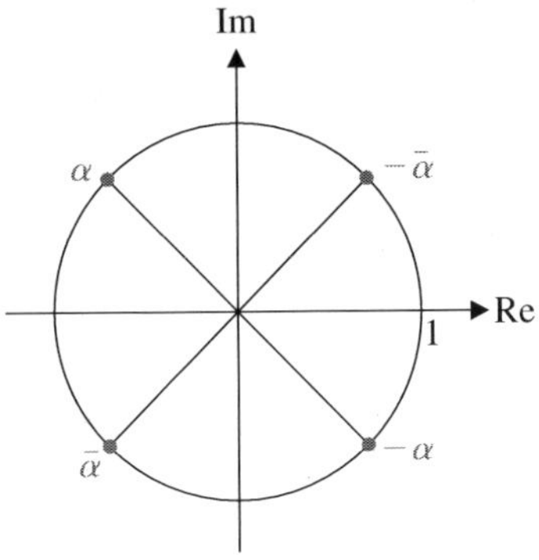

Figura D.1

que pertencem a $\mathbb{C}$ mas não pertencem a $\mathbb{R}$. Com isso, $x^2 + \sqrt{2}x + 1$ não pode ser escrito como produto de fatores lineares em $\mathbb{R}$. Analogamente, $x^2 - \sqrt{2}x + 1$ não pode ser escrito como multiplicação de fatores lineares em $\mathbb{R}$.

Nossos cálculos mostram que é possível uma fatoração completa de $x^4 + 1$ sobre o conjunto dos *números complexos* $\mathbb{C}$. As quatro raízes de $x^4 + 1$ são

$$\alpha = -\frac{1}{\sqrt{2}} + \frac{1}{\sqrt{2}}i, \quad \bar{\alpha} = -\frac{1}{\sqrt{2}} - \frac{1}{\sqrt{2}}i, \quad -\bar{\alpha} = \frac{1}{\sqrt{2}} + \frac{1}{\sqrt{2}}i,$$
$$-\alpha = \frac{1}{\sqrt{2}} - \frac{1}{\sqrt{2}}i$$

que, como mostra a figura D.1, estão todos no círculo unitário no plano complexo. Assim, a fatoração de $x^4 + 1$ é

$$x^4 + 1 = (x - \alpha)(x - \bar{\alpha})(x + \bar{\alpha})(x + \alpha)$$

A observação anterior ilustra várias propriedades importantes de polinômios. Note que o polinômio $p(x) = x^4 + 1$ satisfaz $\text{gr}(p) = 4$ e possui exatamente quatro raízes em $\mathbb{C}$. Além disso, suas raízes complexas ocorrem em *pares conjugados*, isto é, suas raízes complexas podem ser pareadas como

$$\{\alpha, \bar{\alpha}\} \quad \text{e} \quad \{-\alpha, -\bar{\alpha}\}$$

Esses dois últimos fatos são verdadeiros em geral. O primeiro é uma instância do ***Teorema Fundamental da Álgebra (TFA)***, um resultado provado pela primeira vez por Gauss em 1797.

Teorema D.4 **O Teorema Fundamental da Álgebra (TFA)**

Todo polinômio de grau n com coeficientes reais ou complexos possui exatamente n raízes (contando com as multiplicidades) em $\mathbb{C}$.

Esse importante teorema algumas vezes é enunciado como

"Todo polinômio com coeficientes reais ou complexos possui uma raiz em $\mathbb{C}$."

Vamos designar essa última afirmação por TFA′. Certamente, TFA resulta em TFA′. Reciprocamente, se TFA′ é verdadeiro, então se é dado um polinômio p de grau n, ele possui uma raiz α em $\mathbb{C}$. Neste caso, o Teorema da Fatoração garante que $x - \alpha$ é um fator de $p(x)$, e, portanto,

$$p(x) = (x - \alpha)q(x)$$

em que q é um polinômio de grau $n - 1$ (que também tem coeficientes reais ou complexos). Podemos agora aplicar TFA′ ao polinômio q para obter outra raiz, e assim por diante, mostrando que TFA é verdadeiro. Esse argumento pode ser levado adiante através de uma elegante demonstração por indução. (Tente fazer isso.)

Não é possível encontrar uma fórmula (do tipo da fórmula de Bhaskara) para a as raízes de polinômios de grau maior ou igual a 5. (Os trabalhos de Abel e Galois confirmam essa afirmação; veja a página 311.) Consequentemente, devemos usar outros métodos para demonstrar o TFA. A prova feita por Gauss usa métodos topológicos e pode ser estudada em cursos mais avançados de matemática.

Suponhamos agora que

$$p(x) = a_0 + a_1x + \cdots + a_nx^n$$

seja um polinômio com coeficientes reais, e que α seja uma raiz complexa de p, de maneira que

$$a_0 + a_1\alpha + \cdots + a_n\alpha^n = p(\alpha) = 0$$

Usando as propriedades dos conjugados, temos:

$$\begin{aligned} p(\overline{\alpha}) &= a_0 + a_1\overline{\alpha} + \cdots + a_n\overline{\alpha}^n = \overline{a}_0 + \overline{a}_1\overline{\alpha} + \cdots + \overline{a}_n\overline{\alpha}^n \\ &= \overline{a_0 + a_1\alpha + \cdots + a_n\alpha^n} \\ &= \overline{p(\alpha)} = \overline{0} = 0 \end{aligned}$$

Logo, $\overline{\alpha}$ também é uma raiz de p. Isso prova o seguinte resultado:

As raízes complexas de um polinômio com coeficientes reais ocorrem em pares conjugados.

Em algumas situações, não precisamos saber *quais* são as raízes de um polinômio, mas apenas *onde* elas estão localizadas. Por exemplo, poderíamos somente precisar saber se essas raízes são positivas ou negativas (como no teorema 4.35). Um teorema muito útil para a abordagem dessa questão é a ***Regra de Sinais de Descartes***. Ela nos permite fazer certas previsões sobre o número de raízes positivas de um polinômio com coeficientes reais, com base nos sinais de seus coeficientes.

Descartes enunciou essa regra em seu livro *La Géometrie*, em 1637, mas não deu uma demonstração. Mais tarde, vários matemáticos apresentaram uma demonstração, mas Gauss estabeleceu uma versão mais imediata em 1828.

Dado um polinômio $a_0 + a_1x + \cdots + a_nx^n$, escreva seus coeficientes não nulos na ordem crescente dos graus correspondentes. Então, substitua todo coeficiente positivo pelo sinal de mais (+) e todo coeficiente negativo pelo sinal de menos (−). Diremos que o polinômio possui k ***mudanças de sinal*** se houver k lugares em que os coeficientes trocam de sinal. Por exemplo, o polinômio $2 - 3x + 4x^3 + x^4 - 7x^5$ tem a sequência de sinais

$$\underbrace{+\ -}\underbrace{\ +}\ \underbrace{+\ -}$$

e, portanto, possui três mudanças de sinal, como indicado.

Teorema D.5 **Regra de Sinais de Descartes**

Seja p um polinômio com coeficientes reais que possui k mudanças de sinal. Então, o número de raízes positivas de p (contando com suas multiplicidades) é, no máximo, k.

Em palavras, a Regra de Sinais de Descartes diz que um polinômio real não pode ter mais raízes positivas do que suas mudanças de sinal.

Exemplo D.7

Mostre que o polinômio $p(x) = 4 + 2x^2 - 7x^4$ tem exatamente uma raiz positiva.

Solução Os coeficientes de p têm a sequência de sinais + + −, que possui apenas uma mudança. Assim, pela Regra de Sinais de Descartes, p tem, no máximo, uma raiz positiva. Por sua vez, $p(0) = 4$ e $p(1) = -1$, portanto, existe uma raiz no intervalo (0, 1). Essa é, portanto, a única raiz positiva de p.

Podemos usar a Regra de Sinais de Descartes também para obter uma limitação para o número de raízes *negativas* de um polinômio com coeficientes reais. Considere

$$p(x) = a_0 + a_1x + a_2x^2 + \cdots + a_nx^n$$

e b como uma raiz negativa de p. Então, $b = -c$, para $c > 0$, e temos que

$$\begin{aligned} 0 = p(b) &= a_0 + a_1b + a_2b^2 + \cdots + a_nb^n \\ &= a_0 - a_1c + a_2c^2 - + \cdots + (-1)^n a_nc^n \end{aligned}$$

Mas $$p(-x) = a_0 - a_1x + a_2x^2 - + \cdots + (-1)^n a_nx^n$$

portanto, c é uma raiz positiva de $p(-x)$. Assim, $p(x)$ tem tantas raízes negativas quanto $p(-x)$ tem raízes positivas. Combinada com a Regra de Sinais de Descartes, essa observação justifica o seguinte resultado:

> Seja p um polinômio com coeficientes reais. O número de raízes negativas de p é, no máximo, o número de mudanças de sinal de $p(-x)$.

Exemplo D.8

Mostre que as raízes de $p(x) = 1 + 3x + 2x^2 + x^5$ não podem ser todas reais.

Solução Os coeficientes de $p(x)$ não têm nenhuma mudança de sinal, portanto, p não possui raízes positivas. Como $p(-x) = 1 - 3x + 2x^2 - x^5$ possui três mudanças de sinal entre os seus coeficientes, p possui, no máximo, três raízes negativas. Note que 0 também não é raiz de p, e, por essa razão, p possui, no máximo, três raízes reais. Concluimos que p tem pelo menos duas raízes complexas (não reais).

Respostas a Exercícios Ímpares Selecionados

Respostas são fáceis. Fazer a pergunta correta é que é difícil.

—Doctor Who
"The Face of Evil,"
de Chris Boucher
BBC, 1977

Capítulo 1

Exercícios 1.1

1.

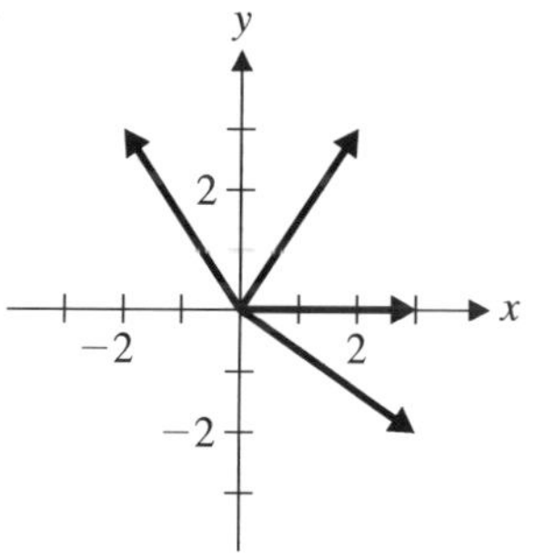

3. (a), (b)

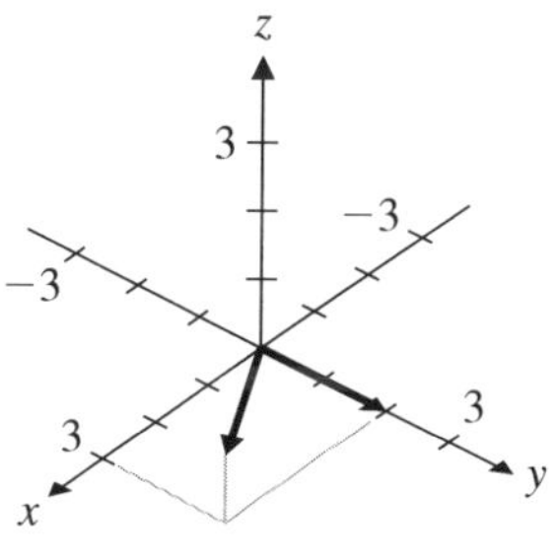

(c)

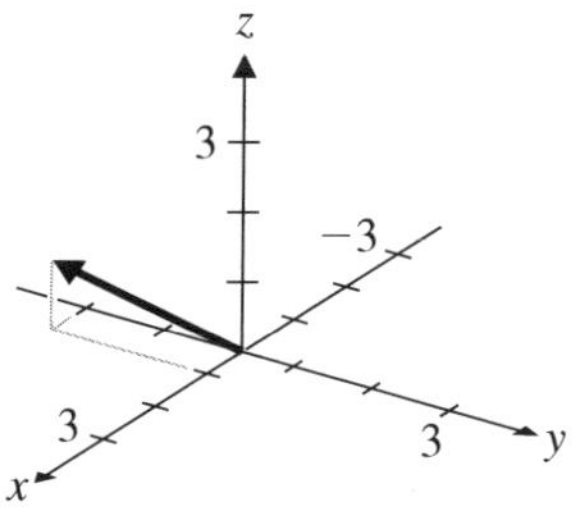

(d)

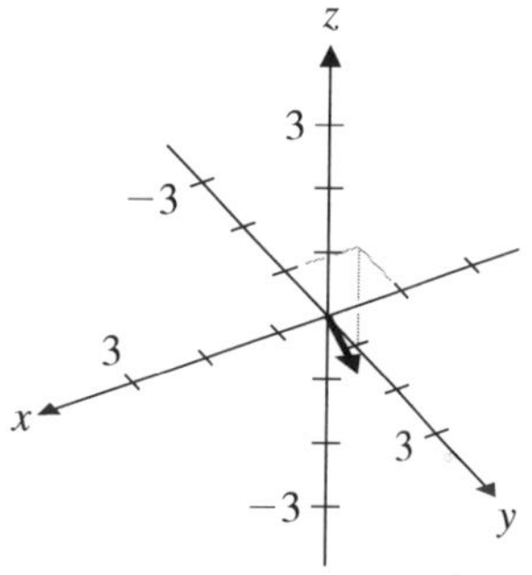

5. (a)

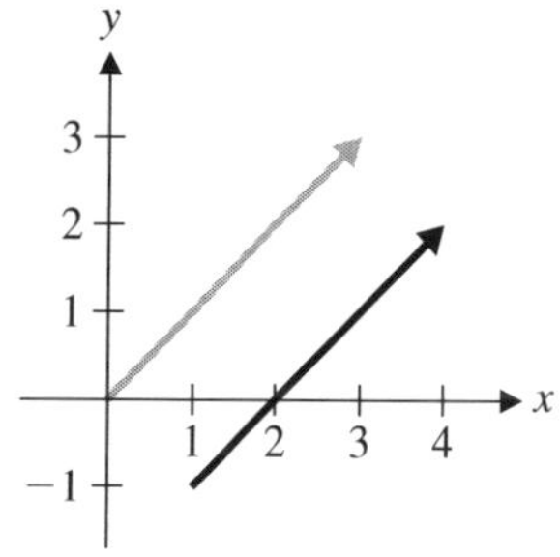

(b)

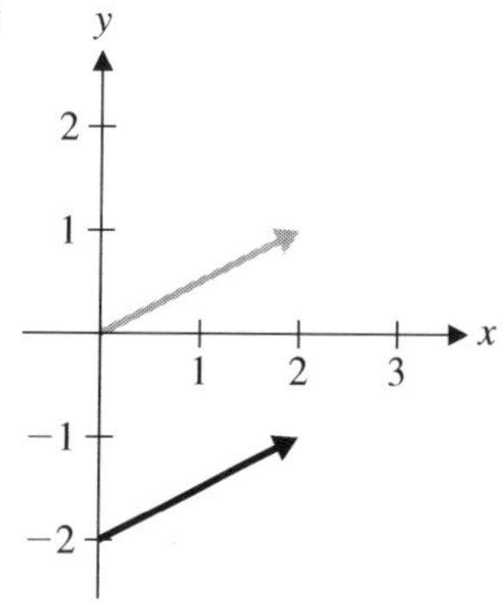

(c)

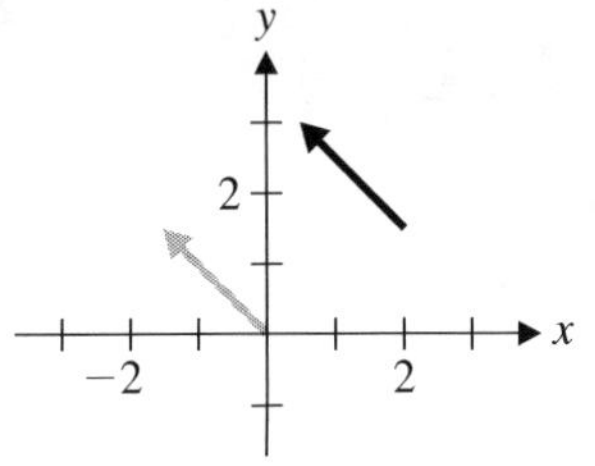

(d)

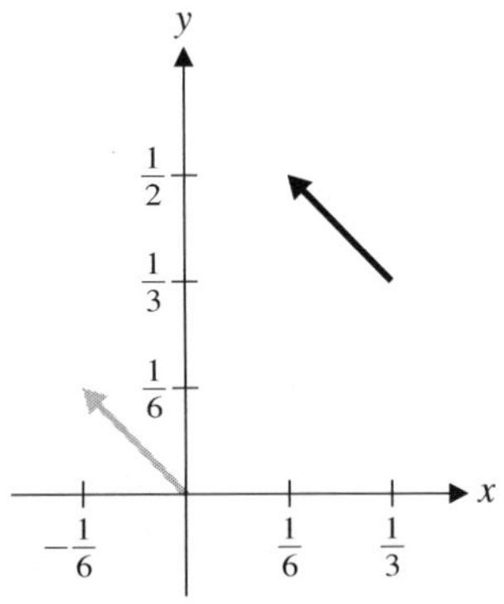

7. $\mathbf{a} + \mathbf{b} = [5, 3]$

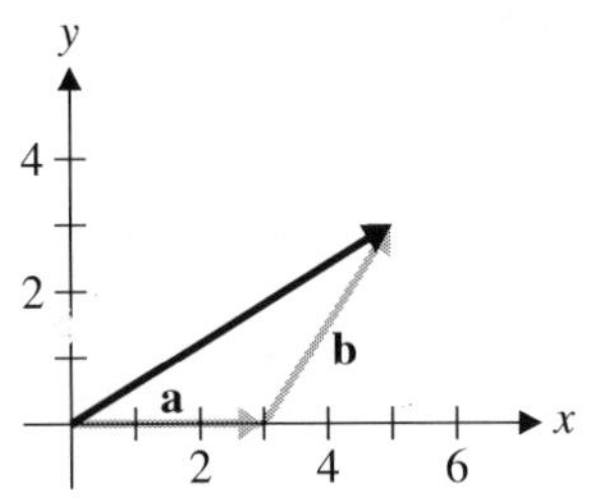

9. $\mathbf{d} - \mathbf{c} = [5, -5]$

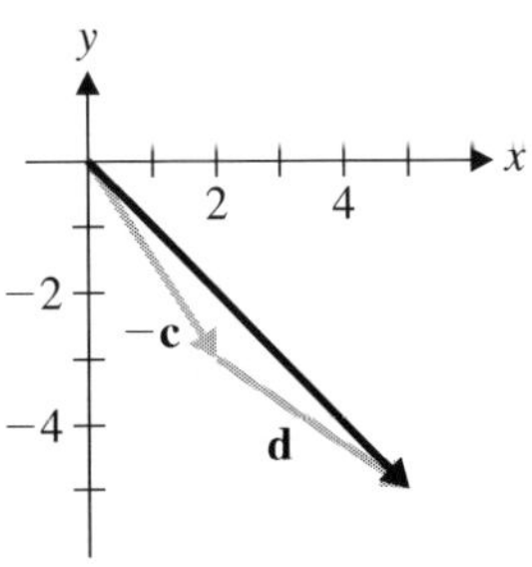

11. $[3, -2, 3]$

13. $\mathbf{u} = \begin{bmatrix} 1/2 \\ \sqrt{3}/2 \end{bmatrix}, \mathbf{v} = \begin{bmatrix} -\sqrt{3}/2 \\ -1/2 \end{bmatrix}, \mathbf{u} + \mathbf{v} = \begin{bmatrix} (1 - \sqrt{3})/2 \\ (\sqrt{3} - 1)/2 \end{bmatrix}, \mathbf{u} - \mathbf{v} = \begin{bmatrix} (1 + \sqrt{3})/2 \\ (1 + \sqrt{3})/2 \end{bmatrix}$

15. $5\mathbf{a}$

17. $\mathbf{x} = 3\mathbf{a}$

19.

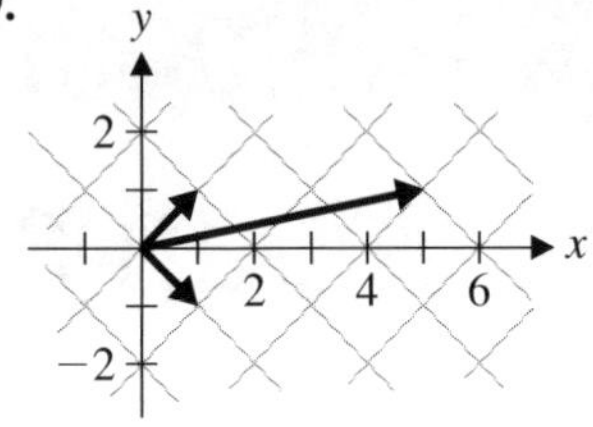

21. $\mathbf{w} = -2\mathbf{u} + 4\mathbf{v}$

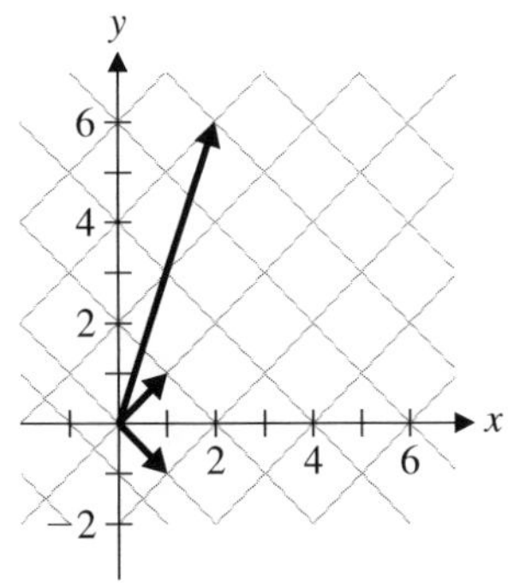

25. $\mathbf{u} + \mathbf{v} = \begin{bmatrix} 1 \\ 0 \end{bmatrix}$

27. $\mathbf{u} + \mathbf{v} = [0, 1, 0, 0]$

29.

+	0	1	2	3
0	0	1	2	3
1	1	2	3	0
2	2	3	0	1
3	3	0	1	2

·	0	1	2	3
0	0	0	0	0
1	0	1	2	3
2	0	2	0	2
3	0	3	2	1

31. 0

33. 1

35. 0

37. 2, 0, 3

39. 5

41. [1, 1, 0]

43. [0, 0, 2, 2], [2, 3, 1, 1]

45. $x = 2$

47. Não tem solução

49. $x = 3$

51. Não tem solução

53. $x = 2$

55. $x = 1$, ou $x = 5$

57. **(a)** Para todo $a \neq 0$ **(b)** $a = 1, 5$

(c) a e m não podem ter fatores comuns diferentes de 1 [i.e., o máximo divisor comum (mdc) de a e m é 1].

Exercícios 1.2

1. -1

3. 11

5. 2

7. $\sqrt{5}, \begin{bmatrix} -1/\sqrt{5} \\ 2/\sqrt{5} \end{bmatrix}$

9. $\sqrt{14}, \begin{bmatrix} 1/\sqrt{14} \\ 2/\sqrt{14} \\ 3/\sqrt{14} \end{bmatrix}$

11. $\sqrt{6}$, $[1/\sqrt{6}, 1/\sqrt{3}, 1/\sqrt{2}, 0]$

13. $\sqrt{17}$ **15.** $\sqrt{6}$

17. (a) $\mathbf{u}\cdot\mathbf{v}$ é um escalar, e não um vetor.
(c) $\mathbf{v}\cdot\mathbf{w}$ é um escalar e $\mathbf{u}$ é um vetor.

19. Agudo **21.** Agudo **23.** Agudo

25. 60° **27.** ≈88,10° **29.** ≈14,34°

31. Como $\overrightarrow{AB}\cdot\overrightarrow{AC} = \begin{bmatrix}-4\\1\\-1\end{bmatrix}\cdot\begin{bmatrix}1\\1\\-3\end{bmatrix} = 0$, $\angle BAC$ é um ângulo reto.

33. Se tomarmos o cubo como sendo um cubo unitário (como na figua 1.34), as quatro diagonais serão dadas pelos vetores

$$\mathbf{d}_1 = \begin{bmatrix}1\\1\\1\end{bmatrix}, \mathbf{d}_2 = \begin{bmatrix}1\\1\\-1\end{bmatrix}, \mathbf{d}_3 = \begin{bmatrix}-1\\1\\1\end{bmatrix}, \mathbf{d}_4 = \begin{bmatrix}1\\-1\\1\end{bmatrix}$$

Como $\mathbf{d}_i\cdot\mathbf{d}_j \neq 0$ para todo $i \neq j$ (seis possibilidades), não há nenhum par de diagonais perpendiculares.

35. $D = (-2, 1, 1)$

37. 5 mi/h em um ângulo de ≈ 53,13° em relação à margem

39. 60°

41. $\begin{bmatrix}-\frac{3}{5}\\\frac{4}{5}\end{bmatrix}$ **43.** $\begin{bmatrix}\frac{3}{2}\\-\frac{3}{2}\\\frac{3}{2}\\-\frac{3}{2}\end{bmatrix}$ **45.** $\begin{bmatrix}-0{,}301\\0{,}033\\-0{,}252\end{bmatrix}$

47. $\mathcal{A} = \sqrt{45}/2$ **49.** $k = -2, 3$

51. $\mathbf{v}$ é da forma $k\begin{bmatrix}b\\-a\end{bmatrix}$, e k é um escalar.

67. Estaria em contradição com a Desigualdade de Cauchy-Schwarz.

Exercícios 1.3

1. (a) $\begin{bmatrix}3\\2\end{bmatrix}\cdot\begin{bmatrix}x\\y\end{bmatrix} = 0$ **(b)** $3x + 2y = 0$

3. (a) $\begin{bmatrix}x\\y\end{bmatrix} = \begin{bmatrix}1\\0\end{bmatrix} + t\begin{bmatrix}-1\\3\end{bmatrix}$

(b) $x = 1 - t$
$y = 3t$

5. (a) $\begin{bmatrix}x\\y\\z\end{bmatrix} = t\begin{bmatrix}1\\-1\\4\end{bmatrix}$ **(b)** $x = t$, $y = -t$, $z = 4t$

7. (a) $\begin{bmatrix}3\\2\\1\end{bmatrix}\cdot\begin{bmatrix}x\\y\\z\end{bmatrix} = 2$ **(b)** $3x + 2y + z = 2$

9. (a) $\begin{bmatrix}x\\y\\z\end{bmatrix} = s\begin{bmatrix}2\\1\\2\end{bmatrix} + t\begin{bmatrix}-3\\2\\1\end{bmatrix}$

(b) $x = 2s - 3t$
$y = s + 2t$
$z = 2s + t$

11. $\begin{bmatrix}x\\y\end{bmatrix} = \begin{bmatrix}1\\-2\end{bmatrix} + t\begin{bmatrix}2\\2\end{bmatrix}$

13. $\begin{bmatrix}x\\y\\z\end{bmatrix} = \begin{bmatrix}1\\1\\1\end{bmatrix} + s\begin{bmatrix}3\\-1\\1\end{bmatrix} + t\begin{bmatrix}-1\\0\\-2\end{bmatrix}$

15. (a) $x = t$
$y = -1 + 3t$
$\begin{bmatrix}x\\y\end{bmatrix} = \begin{bmatrix}0\\-1\end{bmatrix} + t\begin{bmatrix}1\\3\end{bmatrix}$

17. Os vetores diretores das duas retas são dados por $\mathbf{d}_1 = \begin{bmatrix}1\\m_1\end{bmatrix}$ e $\mathbf{d}_2 = \begin{bmatrix}1\\m_2\end{bmatrix}$. As retas serão perpendiculares se e somente se $\mathbf{d}_1$ e $\mathbf{d}_2$ forem ortogonais. Mas $\mathbf{d}_1\cdot\mathbf{d}_2 = 0$ se e somente se $1 + m_1m_2 = 0$, ou, equivalentemente, $m_1m_2 = -1$.

19. (a) Perpendiculares **(b)** Paralelos
(c) Perpendiculares **(d)** Perpendiculares

21. $\begin{bmatrix}x\\y\end{bmatrix} = \begin{bmatrix}2\\-1\end{bmatrix} + t\begin{bmatrix}3\\2\end{bmatrix}$

23. $\begin{bmatrix}x\\y\\z\end{bmatrix} = \begin{bmatrix}-1\\0\\3\end{bmatrix} + t\begin{bmatrix}-1\\3\\-1\end{bmatrix}$

25. (a) $x = 0, x = 1, y = 0, y = 1, z = 0, z = 1$
(b) $x - y = 0$ **(c)** $x + y - z = 0$

27. $3\sqrt{2}/2$ **29.** $2\sqrt{3}/3$ **31.** $(\frac{1}{2}, \frac{1}{2})$

33. $(\frac{4}{3}, \frac{4}{3}, \frac{8}{3})$ **35.** $18\sqrt{13}/13$ **37.** $\frac{5}{3}$

43. ≈78,9° **45.** ≈80,4°

Exercícios 1.4

1. 13 N, com ângulo aproximado de 67,38 NE

3. $8\sqrt{3}$ N, em um ângulo de 30° com $\mathbf{f}_1$

5. 4 N, em um ângulo de 60° com $\mathbf{f}_2$

7. 5 N, em um ângulo de 60° com a força dada, $5\sqrt{3}$ N perpendicular à força de 5 N

9. $750\sqrt{2}$ N

11. 980 N

13. ≈ 117,6 N no cabo de 15 cm, ≈ 88,2 N no cabo de 20 cm

Questões de Revisão

1. **(a)** V **(c)** V **(e)** V **(g)** F **(i)** T

3. $\mathbf{x} = \begin{bmatrix} 8 \\ 11 \end{bmatrix}$ **5.** 120° **7.** $\begin{bmatrix} -2/\sqrt{5} \\ 1/\sqrt{5} \\ 0 \end{bmatrix}$

9. $2x + 3y - z = 7$ **11.** $\sqrt{6}/2$

13. Estaria em contradição com a Desigualdade de Cauchy-Schwarz.

15. $2\sqrt{6}/3$ **17.** $x = 2$ **19.** 3

Capítulo 2

Exercícios 2.1

1. Linear **3.** Não é linear por causa do termo x^{-1}

5. Não é linear **7.** $2x + 4y = 7$

9. $x + y = 4(x, y \neq 0)$

11. $\left\{\begin{bmatrix} 2t \\ t \end{bmatrix}\right\}$ **13.** $\left\{\begin{bmatrix} 4 - 2s - 3t \\ s \\ t \end{bmatrix}\right\}$

15. Solução única, $x = 3$, $y = -3$

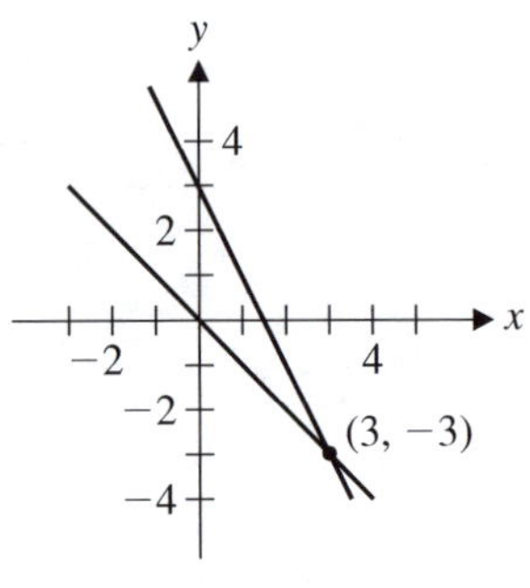

17. Sem solução

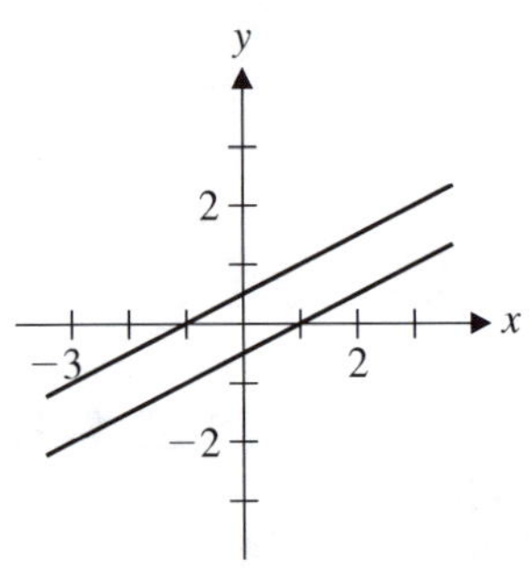

19. [7, 3] **21.** $[\frac{2}{3}, \frac{1}{3}, -\frac{1}{3}]$

23. [5, −2, 1, 1] **25.** [2, −7, −32]

27. $\left[\begin{array}{cc|c} 1 & -1 & 0 \\ 2 & 1 & 3 \end{array}\right]$ **29.** $\left[\begin{array}{cc|c} 1 & 5 & -1 \\ -1 & 1 & -5 \\ 2 & 4 & 4 \end{array}\right]$

31. $\begin{aligned} y + z &= 1 \\ x - y \quad &= 1 \\ 2x - y + z &= 1 \end{aligned}$ **33.** [1, 1]

35. [4, −1] **37.** Sem solução

39. **(a)** $\begin{aligned} 2x + y &= 3 \\ 4x + 2y &= 6 \end{aligned}$ **(b)** $\begin{aligned} x &= \frac{3}{2} - \frac{1}{2}s \\ y &= s \end{aligned}$

41. Sejam $u = \dfrac{1}{x}$ e $v = \dfrac{1}{y}$. A solução é $x = \frac{1}{3}, y = -\frac{1}{2}$.

43. Sejam $u = \text{tg}\, x$, $v = \text{sen}\, y$, $w = \cos z$. Uma solução possível é $x = \pi/4$, $y = -\pi/6$, $z = \pi/3$. (Existem infinitas soluções.)

Exercícios 2.2

1. Não **3.** Forma escalonada reduzida

5. Não **7.** Não

9. **(a)** $\begin{bmatrix} 1 & 1 & 1 \\ 0 & 1 & 1 \\ 0 & 0 & 1 \end{bmatrix}$ **11.** **(b)** $\begin{bmatrix} 1 & 0 \\ 0 & 1 \\ 0 & 0 \end{bmatrix}$

13. **(b)** $\begin{bmatrix} 1 & 0 & -1 \\ 0 & 1 & -1 \\ 0 & 0 & 0 \end{bmatrix}$

15. Faça as seguintes operações elementares com as linhas, na ordem: $L_4 + 29L_3$, $8L_3$, $L_4 - 3L_2$, $L_2 \leftrightarrow L_3$, $L_4 - L_1$, $L_3 + 2L_1$, e, finalmente, $L_2 + 2L_1$.

17. Uma possibilidade é fazer as seguintes operações elementares com as linhas de A, na ordem: $L_2 - 3L_1$, $\frac{1}{2}$ L_2, $L_1 + 2L_2$, $L_2 + 3L_1$, $L_1 \leftrightarrow L_2$.

19. *Sugestão:* tome uma matriz 2×2 qualquer e tente isso — cuidadosamente!

21. Na verdade, são duas operações elementares com as linhas combinadas: $3L_2$ e $L_2 - 2L_1$.

23. Exercício 1: 3; exercício 3: 2; exercício 5: 2; exercício 7: 3.

25. $\begin{bmatrix} 2 \\ 5 \\ 1 \end{bmatrix}$ **27.** $t\begin{bmatrix} 1 \\ 1 \\ -1 \end{bmatrix}$ **29.** $\begin{bmatrix} 2 \\ -1 \end{bmatrix}$

31. $\begin{bmatrix} 24 \\ -10 \\ 0 \\ 0 \\ 0 \end{bmatrix} + r\begin{bmatrix} 6 \\ -2 \\ 1 \\ 0 \\ 0 \end{bmatrix} + s\begin{bmatrix} 0 \\ 6 \\ 0 \\ 1 \\ 0 \end{bmatrix} + t\begin{bmatrix} 12 \\ -6 \\ 0 \\ 0 \\ 1 \end{bmatrix}$

33. Sem solução

35. Uma única solução

37. Infinitas soluções

39. *Sugestão:* prove que, se $ad - bc \neq 0$, o posto de $\begin{bmatrix} a & b \\ c & d \end{bmatrix}$ é 2. (Existem dois casos: $a = 0$ e $a \neq 0$.) Use o Teorema do Posto para deduzir que o sistema dado tem uma solução única.

41. **(a)** Não tem solução se $k = -1$
(b) Solução única se $k \neq \pm 1$
(c) Infinitas soluções se $k = 1$

43. **(a)** Não tem solução se $k = 1$
(b) Solução única se $k \neq -2, 1$
(c) Infinitas soluções se $k = -2$

45. $\begin{bmatrix} x \\ y \\ z \end{bmatrix} = \begin{bmatrix} 0 \\ -1 \\ 1 \end{bmatrix} + t\begin{bmatrix} 9 \\ -10 \\ -7 \end{bmatrix}$

49. Não há interseção

51. Os vetores procurados $\mathbf{x} = \begin{bmatrix} x_1 \\ x_2 \\ x_3 \end{bmatrix}$ são as soluções do sistema homogêneo com matriz completa

$$\left[\begin{array}{ccc|c} u_1 & u_2 & u_3 & 0 \\ v_1 & v_2 & v_3 & 0 \end{array}\right]$$

Pelo teorema 3, existem infinitas soluções. Se $u_1 \neq 0$ e $u_1v_2 - u_2v_1 \neq 0$, as soluções são dadas por

$$t\begin{bmatrix} u_2v_3 - u_3v_2 \\ u_3v_1 - u_1v_3 \\ u_1v_2 - u_2v_1 \end{bmatrix}$$

No entanto, por inspeção direta, vemos que essas são soluções válidas, mesmo quando $u_1 = 0$ e/ou $u_1v_2 - u_2v_1 = 0$.

53. $\begin{bmatrix} 0 \\ 2 \end{bmatrix}$ **55.** $\begin{bmatrix} 1 \\ 0 \\ 0 \end{bmatrix}$ **57.** $\begin{bmatrix} 3 \\ 3 \end{bmatrix}$

Exercícios 2.3

1. Sim **3.** Não **5.** Sim **7.** Sim

9. Precisamos provar que, para quaisquer valores de a e b, a equação vetorial $x\begin{bmatrix} 1 \\ 1 \end{bmatrix} + y\begin{bmatrix} 1 \\ -1 \end{bmatrix} = \begin{bmatrix} a \\ b \end{bmatrix}$ tem uma solução. Essa equação vetorial é equivalente ao sistema linear cuja matriz completa é $\left[\begin{array}{cc|c} 1 & 1 & a \\ 1 & -1 & b \end{array}\right]$. A redução por linhas nos dá $\left[\begin{array}{cc|c} 1 & 1 & a \\ 0 & -2 & b-a \end{array}\right]$, a partir da qual podemos ver que existe uma (única) solução. [Continuando a operar nas linhas, obtemos $x = (a + b)/2$, $y = (a - b)/2$] Assim, $\mathbb{R}^2 = \text{ger}\left(\begin{bmatrix} 1 \\ 1 \end{bmatrix}, \begin{bmatrix} 1 \\ -1 \end{bmatrix}\right)$.

11. Precisamos provar que, para quaisquer valores de a, b e c, a equação vetorial $x\begin{bmatrix} 1 \\ 0 \\ 1 \end{bmatrix} + y\begin{bmatrix} 1 \\ 1 \\ 0 \end{bmatrix} + z\begin{bmatrix} 0 \\ 1 \\ 1 \end{bmatrix} = \begin{bmatrix} a \\ b \\ c \end{bmatrix}$ tem uma solução. Essa equação vetorial é equivalente ao sistema linear cuja matriz completa é $\left[\begin{array}{ccc|c} 1 & 1 & 0 & a \\ 0 & 1 & 1 & b \\ 1 & 0 & 1 & c \end{array}\right]$. A redução por linhas nos dá $\left[\begin{array}{ccc|c} 1 & 1 & 0 & a \\ 0 & 1 & 1 & b \\ 0 & 0 & 2 & b+c-a \end{array}\right]$, e partir da qual podemos ver que existe uma (única) solução. [Continuando a operar nas linhas, obtemos $x = (a - b + c)/2$, $y = (a + b - c)/2$, $z = (-a + b + c)/2$.]

Assim, $\mathbb{R}^3 = \text{ger}\left(\begin{bmatrix} 1 \\ 0 \\ 1 \end{bmatrix}, \begin{bmatrix} 1 \\ 1 \\ 0 \end{bmatrix}, \begin{bmatrix} 0 \\ 1 \\ 1 \end{bmatrix}\right)$.

13. **(a)** A reta que passa pela origem e tem vetor diretor $\begin{bmatrix} -1 \\ 2 \end{bmatrix}$.
(b) A reta com equação geral $2x + y = 0$.

15. **(a)** O plano que passa pela origem e tem vetores diretores $\begin{bmatrix} 1 \\ 2 \\ 0 \end{bmatrix}, \begin{bmatrix} 3 \\ 2 \\ -1 \end{bmatrix}$.
(b) O plano com equação geral $2x - y + 4z = 0$.

17. Uma substituição nos dá o sistema linear

$$\begin{aligned} a \quad\;\; + 3c &= 0 \\ -a + b - 3c &= 0 \end{aligned}$$

cuja solução é t $\begin{bmatrix} -3 \\ 0 \\ 1 \end{bmatrix}$. Consequentemente, há infinitas soluções, e a mais simples talvez seja $a = -3$, $b = 0$, $c = 1$.

19. $\mathbf{u} = \mathbf{u} + 0(\mathbf{u} + \mathbf{v}) + 0(\mathbf{u} + \mathbf{v} + \mathbf{w})$
$\mathbf{v} = (-1)\mathbf{u} + (\mathbf{u} + \mathbf{v}) + 0(\mathbf{u} + \mathbf{v} + \mathbf{w})$
$\mathbf{w} = 0\mathbf{u} + (-1)(\mathbf{u} + \mathbf{v}) + (\mathbf{u} + \mathbf{v} + \mathbf{w})$

21. (c) Devemos provar que ger($\mathbf{e}_1, \mathbf{e}_2, \mathbf{e}_3$) = ger($\mathbf{e}_1, \mathbf{e}_1 + \mathbf{e}_2, \mathbf{e}_1 + \mathbf{e}_2 + \mathbf{e}_3$). Sabemos que ger($\mathbf{e}_1, \mathbf{e}_1 + \mathbf{e}_2, \mathbf{e}_1 + \mathbf{e}_2 + \mathbf{e}_3$) $\subseteq \mathbb{R}^3$ = ger($\mathbf{e}_1, \mathbf{e}_2, \mathbf{e}_3$). Usando o exercício 19, segue que $\mathbf{e}_1, \mathbf{e}_2, \mathbf{e}_3$ pertencem todos a ger($\mathbf{e}_1, \mathbf{e}_1 + \mathbf{e}_2, \mathbf{e}_1 + \mathbf{e}_2 + \mathbf{e}_3$). Portanto, pelo exercício 21(b), ger($\mathbf{e}_1, \mathbf{e}_2, \mathbf{e}_3$) = ger($\mathbf{e}_1, \mathbf{e}_1 + \mathbf{e}_2, \mathbf{e}_1 + \mathbf{e}_2 + \mathbf{e}_3$).

23. Linearmente independente

25. Linearmente dependente, $-\begin{bmatrix}0\\1\\2\end{bmatrix} + \begin{bmatrix}2\\1\\3\end{bmatrix} = \begin{bmatrix}2\\0\\1\end{bmatrix}$

27. Linearmente dependente, pois o conjunto contém o vetor nulo

29. Linearmente independente

31. Linearmente dependente, $\begin{bmatrix}3\\-1\\1\\-1\end{bmatrix} + \begin{bmatrix}-1\\3\\1\\-1\end{bmatrix} + \begin{bmatrix}-1\\-1\\1\\3\end{bmatrix} = \begin{bmatrix}1\\1\\3\\1\end{bmatrix}$

43. (a) Sim **(b)** Não

Exercícios 2.4

1. $x_1 = 160, x_2 = 120, x_3 = 160$

3. Dois pequenos, três médios e quatro grandes

5. 65 pacotes da mistura da casa, 30 pacotes da mistura especial e 45 pacotes da mistura *gourmet*.

7. $4FeS_2 + 11O_2 \longrightarrow 2Fe_2O_3 + 8SO_2$

9. $2C_4H_{10} + 13O_2 \longrightarrow 8CO_2 + 10H_2O$

11. $2C_5H_{11}OH + 15O_2 \longrightarrow 12H_2O + 10CO_2$

13. $Na_2CO_3 + 4C + N_2 \longrightarrow 2NaCN + 3CO$

15. (a) $\begin{aligned} f_1 &= 30 - t \\ f_2 &= -10 + t \\ f_3 &= t \end{aligned}$ **(b)** $f_1 = 15, f_3 = 15$

(c) $0 \le f_1 \le 20$
$0 \le f_2 \le 20$
$10 \le f_3 \le 30$

(d) Fluxo negativo significaria que a água estaria correndo no sentido contrário ao da seta.

17. (a) $\begin{aligned} f_1 &= -200 + s + t \\ f_2 &= 300 - s - t \\ f_3 &= s \\ f_4 &= 150 - t \\ f_5 &= t \end{aligned}$

(b) $200 \le f_3 \le 300$

(c) Se $f_3 = s = 0$, então $f_5 = t \ge 200$ (a partir da equação de f_1), mas $f_5 = t \le 150$ (a partir da equação de f_4). Isso é uma contradição.

(d) $50 \le f_3 \le 300$

19. $I_1 = 3$ amperes, $I_2 = 5$ amperes, $I_3 = 2$ amperes

21. (a) $I = 10$ amperes, $I_1 = I_5 = 6$ amperes, $I_2 = I_4 = 4$ amperes, $I_3 = 2$ amperes

(b) $R_{eff} = \frac{7}{5}$ ohms

(c) Sim. Mude-o para 4 ohms.

23. Agricultura : Manufatura = 2 : 3

25. O pintor cobra \$39 por hora, o encanador \$42 por hora, o eletrecista \$54 por hora.

27. (a) Carvão deve produzir \$100 milhões e aço \$160 milhões.

(b) Carvão deve reduzir sua produção em ≈ \$4,2 milhões e aço deve aumentar em ≈ \$5,7 million.

29. (a) Sim. Pressione os interruptores 1, 2 e 3 ou os interruptores 3, 4 e 5.

(b) Não

31. As configurações que podem ser obtidas são representadas pelos vetores

$$\begin{bmatrix}x_1\\x_2\\x_3\\x_4\\x_5\end{bmatrix}$$

em $\mathbb{Z}_2^5$, para os quais $x_1 + x_2 + x_4 + x_5 = 0$. (Existem 16 possibilidades.)

33. Se 0 = desligado, 1 = azul-claro e 2 = azul-escuro, o sistema linear que surge tem a matriz completa

$$\left[\begin{array}{ccccc|c} 1 & 1 & 0 & 0 & 0 & 2 \\ 1 & 1 & 1 & 0 & 0 & 1 \\ 0 & 1 & 1 & 1 & 0 & 2 \\ 0 & 0 & 1 & 1 & 1 & 1 \\ 0 & 0 & 0 & 1 & 1 & 2 \end{array}\right]$$

que pode ser reduzida, sobre $\mathbb{Z}_3$, para

$$\left[\begin{array}{ccccc|c} 1 & 0 & 0 & 0 & 1 & 1 \\ 0 & 1 & 0 & 0 & 2 & 1 \\ 0 & 0 & 1 & 0 & 0 & 2 \\ 0 & 0 & 0 & 1 & 1 & 2 \\ 0 & 0 & 0 & 0 & 0 & 0 \end{array}\right]$$

Isso fornece as soluções

$$\begin{bmatrix}x_1\\x_2\\x_3\\x_4\\x_5\end{bmatrix} = \begin{bmatrix}1\\1\\2\\2\\0\end{bmatrix} + t\begin{bmatrix}2\\1\\0\\2\\1\end{bmatrix}$$

sendo t um elemento de $\mathbb{Z}_3$. Assim, existem exatamente três soluções:

$$\begin{bmatrix}1\\1\\2\\2\\0\end{bmatrix}, \begin{bmatrix}0\\2\\2\\1\\1\end{bmatrix}, \begin{bmatrix}2\\0\\2\\0\\2\end{bmatrix}$$

em que cada elemento da matriz indica o número de vezes que o interruptor correspondente teve de ser pressionado.

35. **(a)** Pressione os quadrados 3 e 7.
(b) A matriz A dos coeficientes, de ordem 9×9, é equivalente por linhas, sobre $\mathbb{Z}_2$, à matriz identidade. Portanto, para qualquer elemento $\mathbf{b}$ de $\mathbb{Z}_2^9$, $A\mathbf{x} = \mathbf{b}$ tem uma única solução.

37. Graça tem 15 anos e Heitor tem 5.

39. 1200 e 600 jardas quadradas.

41. **(a)** $a = 4 - d, b = 5 - d, c = -2 + d$, sendo d arbitrário.
(b) Sem solução

43. **(a)** Sem solução
(b) $[a, b, c, d, e, f] = [4, 5, 6, -3, -1, 0] + f[-1, -1, -1, 1, 1, 1]$

45. **(a)** $y = x^2 - 2x + 1$ **(b)** $y = x^2 + 6x + 10$

47. $A = 1, B = 2$

49. $A = -\frac{1}{5}, B = \frac{1}{3}, C = 0, D = -\frac{2}{15}, E = -\frac{1}{5}$

51. $a = \frac{1}{2}, b = \frac{1}{2}, c = 0$

Exercícios 2.5

1.

n	0	1	2	3	4	5
x_1	0	0,8571	0,9714	0,9959	0,9991	0,9998
x_2	0	0,8000	0,9714	0,9943	0,9992	0,9998

Solução exata: $x_1 = 1$ e $x_2 = 1$

3.

n	0	1	2	3	4	5	6
x_1	0	0,2222	0,2539	0,2610	0,2620	0,2622	0,2623
x_2	0	0,2857	0,3492	0,3582	0,3603	0,3606	0,3606

Solução exata (com quatro casas decimais): $x_1 = 0{,}2623$ e $x_2 = 0{,}3606$

5.

n	0	1	2	3	4	5	6	7	8
x_1	0	0,3333	0,2500	0,3055	0,2916	0,3009	0,2986	0,3001	0,2997
x_2	0	0,2500	0,0834	0,1250	0,0972	0,1042	0,0996	0,1008	0,1000
x_3	0	0,3333	0,2500	0,3055	0,2916	0,3009	0,2986	0,3001	0,2997

Solução exata: $x_1 = 0{,}3$, $x_2 = 0{,}1$ e $x_3 = 0{,}3$

7.

n	0	1	2	3	4
x_1	0	0,8571	0,9959	0,9998	1,0000
x_2	0	0,9714	0,9992	1,0000	1,0000

O uso do método de Gauss-Seidel proporciona resultados que diferem em menos de 0,001 da resposta exata após três iterações. Para obter a mesma precisão usando o método de Jacobi, é necessário fazer quatro iterações.

9.

n	0	1	2	3	4
x_1	0	0,2222	0,2610	0,2622	0,2623
x_2	0	0,3492	0,3603	0,3606	0,3606

O uso do método de Gauss-Seidel proporciona resultados que diferem em menos de 0,001 da resposta exata após três iterações. Para obter a mesma precisão usando o método de Jacobi, é necessário fazer quatro iterações.

11.

n	0	1	2	3	4	5	6
x_1	0	0,3333	0,2777	0,2962	0,2993	0,2998	0,3000
x_2	0	0,1667	0,1112	0,1020	0,1004	0,1000	0,1000
x_3	0	0,2777	0,2962	0,2993	0,2998	0,3000	0,3000

O uso do método de Gauss-Seidel proporciona resultados que diferem em menos de 0,001 da resposta exata após quatro iterações. Para obter a mesma precisão usando o método de Jacobi, é necessário fazer sete iterações.

13.

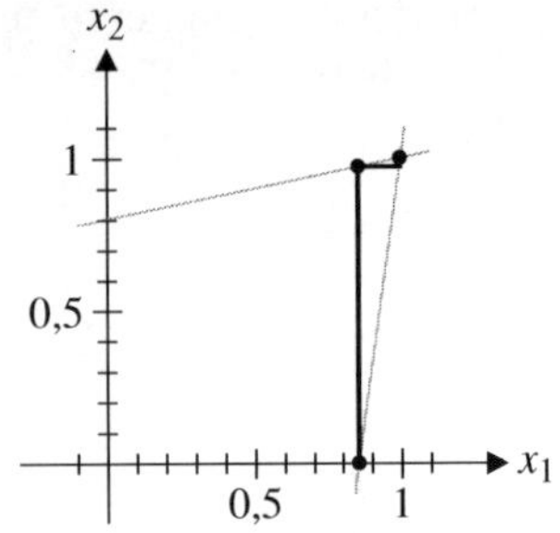

15.

n	0	1	2	3	4
x_1	0	3	−5	19	−53
x_2	0	−4	8	−28	80

Se permutarmos as equações e aplicarmos o método de Gauss-Seidel ao sistema equivalente

$$\begin{aligned} 3x_1 + 2x_2 &= 1 \\ x_1 - 2x_2 &= 3 \end{aligned}$$

iremos obter

n	0	1	2	3	4	5	6	7	8
x_1	0	0,3333	1,2222	0,9260	1,0247	0,9918	1,0027	0,9991	1,0003
x_2	0	−1,3333	−0,8889	−1,0370	−0,9876	−1,0041	−0,9986	−1,0004	−0,9998

Após sete iterações, o processo irá convergir para a solução exata $x_1 = 1$ e $x_2 = -1$ com erro menor do que 0,001.

17.

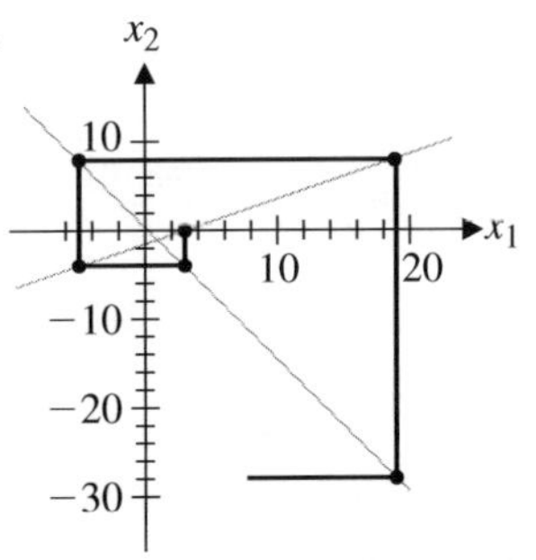

19.

n	0	1	2	3	4	5	6
x_1	0	−1,6	14,97	8,550	10,740	9,839	10,120
x_2	0	25,9	11,408	14,051	11,615	11,718	11,249
x_3	0	−10,35	−9,311	−11,200	−11,322	−11,721	−11,816

n	7	8	9	10	11	12
x_1	9,989	10,022	10,002	10,005	10,001	10,001
x_2	11,187	11,082	11,052	11,026	11,015	11,008
x_3	−11,912	−11,948	−11,973	−11,985	−11,992	−11,996

Após 12 iterações, o método de Gauss-Seidel convergiu para a solução exata $x_1 = 10$, $x_2 = 11$ e $x_3 = -12$, com erro menor do que 0,01.

21.

n	13	14	15	16
x_1	10,0004	10,0003	10,0001	10,0001
x_2	11,0043	11,0023	11,0014	11,0007
x_3	−11,9976	−11,9986	−11,9993	−11,9996

23. O método de Gauss-Seidel produz

n	0	1	2	3	4	5	6	7	8	9
x_1	0	0	12,5	21,875	24,219	24,805	24,951	24,988	24,997	24,999
x_2	0	0	18,75	21,438	24,609	24,902	24,976	24,994	24,998	24,999
x_3	0	50	68,75	73,438	74,609	74,902	74,976	74,994	74,998	74,999
x_4	0	62,5	71,875	74,219	74,805	74,951	74,988	74,997	74,999	75,000

A solução exata é $x_1 = 25$, $x_2 = 25$, $x_3 = 75$ e $x_4 = 75$.

25. O método de Gauss-Seidel produz os seguintes iterados:

n	0	1	2	3	4	5	6
t_1	0	20	21,25	22,8125	23,3301	23,6596	23,7732
t_2	0	5	11,25	13,3203	14,6386	15,0926	15,2732
t_3	0	21,25	24,6094	26,9873	27,7303	27,9626	28,0352
t_4	0	2,5	5,8594	8,2373	8,9804	9,2126	9,2852
t_5	0	7,1875	14,6289	16,2829	16,7578	16,9036	16,9491
t_6	0	23,0469	24,9072	25,3207	25,4394	25,4759	25,4873

n	7	8	9	10	11	12
t_1	23,8093	23,8206	23,8242	23,8252	23,8256	23,8257
t_2	15,2824	15,2966	15,3010	15,3024	15,3029	15,3029
t_3	28,0579	28,0650	28,0671	28,0678	28,0681	28,0681
t_4	9,3079	9,3150	9,3172	9,3178	9,3181	9,3181
t_5	16,9633	16,9677	16,9690	16,9695	16,9696	16,9696
t_6	25,4908	25,4919	25,4922	25,4924	25,4924	25,4924

27. (a)

n	0	1	2	3	4	5	6
x_1	0	0	$\frac{1}{4}$	$\frac{1}{4}$	$\frac{5}{16}$	$\frac{5}{16}$	$\frac{21}{64}$
x_2	1	$\frac{1}{2}$	$\frac{1}{2}$	$\frac{3}{8}$	$\frac{3}{8}$	$\frac{11}{32}$	$\frac{11}{32}$

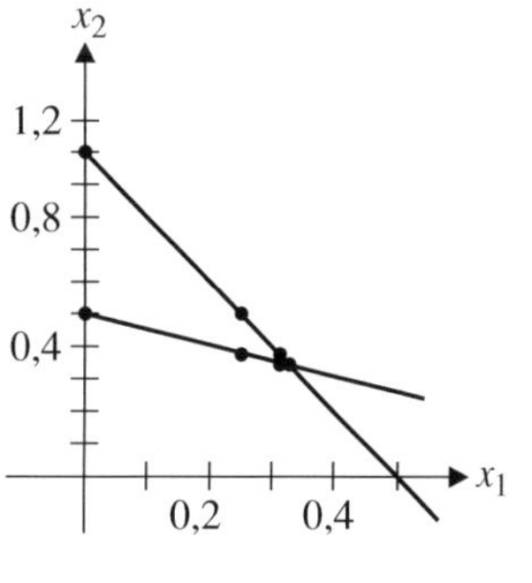

(b) $2x_1 + x_2 = 1$
$x_1 + 2x_2 = 1$

(c)

n	0	1	2	3	4	5	6	7
x_1	0	0	0,25	0,3125	0,3281	0,3320	0,3330	0,3332
x_2	1	0,5	0,375	0,3438	0,3360	0,3340	0,3335	0,3334

[As colunas 1, 2 e 3 dessa tabela são, respectivamente, as colunas *ímpares* 1, 3 e 5 da tabela no item (a).] Os iterados estão convergindo para $x_1 = x_2 = 0{,}3333$.

(d) $x_1 = x_2 = \frac{1}{3}$

Questões de Revisão

1. (a) F **(c)** F **(e)** V **(g)** V **(i)** F

3. $\begin{bmatrix} 0 \\ 2 \\ -1 \end{bmatrix}$ **5.** $\begin{bmatrix} 6 \\ 2 \end{bmatrix}$ **7.** $k = -1$ **9.** $(0, 3, 1)$

11. $x - 2y + z = 0$ **13. (a)** Sim **15.** 1 ou 2

17. Se $a(\mathbf{u} + \mathbf{v}) + b(\mathbf{u} - \mathbf{v}) = \mathbf{0}$, então $(a + b)\mathbf{u} + (a - b)\mathbf{v} = \mathbf{0}$. A independência linear de $\mathbf{u}$ e $\mathbf{v}$ implica que $a + b = 0$ e $a - b = 0$. Resolvendo esse sistema, obtemos $a = b = 0$. Portanto, $\mathbf{u} + \mathbf{v}$ e $\mathbf{u} - \mathbf{v}$ são linearmente independentes.

19. Seus postos têm que ser iguais.

Capítulo 3

Exercícios 3.1

1. $\begin{bmatrix} 3 & -6 \\ -5 & 7 \end{bmatrix}$ **3.** Impossível

5. $\begin{bmatrix} 12 & -6 & 3 \\ -4 & 12 & 14 \end{bmatrix}$ **7.** $\begin{bmatrix} 3 & 3 \\ 19 & 27 \end{bmatrix}$

9. $[10]$ **11.** $\begin{bmatrix} -4 & -2 \\ 8 & 4 \end{bmatrix}$

13. $\begin{bmatrix} 0 & 0 & 0 \\ 0 & 0 & 0 \\ 0 & 0 & 0 \end{bmatrix}$ **15.** $\begin{bmatrix} 27 & 0 \\ -49 & 125 \end{bmatrix}$

17. $\begin{bmatrix} 0 & 1 \\ 0 & 0 \end{bmatrix}$

19. $B = \begin{bmatrix} 1{,}50 & 1{,}00 & 2{,}00 \\ 1{,}75 & 1{,}50 & 1{,}00 \end{bmatrix}$, $BA = \begin{bmatrix} 650{,}00 & 462{,}50 \\ 675{,}00 & 406{,}25 \end{bmatrix}$

A coluna i corresponde ao depósito i; a linha 1 contém os custos de remessa por caminhão, e a linha 2 contém os custos de remessa por trem.

21. $\begin{bmatrix} 1 & -2 & 3 \\ 2 & 1 & -5 \end{bmatrix} \begin{bmatrix} x_1 \\ x_2 \\ x_3 \end{bmatrix} = \begin{bmatrix} 0 \\ 4 \end{bmatrix}$

23. $AB = [2\mathbf{a}_1 + \mathbf{a}_2 - \mathbf{a}_3 \quad 3\mathbf{a}_1 - \mathbf{a}_2 + 6\mathbf{a}_3 \quad \mathbf{a}_2 + 4\mathbf{a}_3]$

(em que $\mathbf{a}_i$ é a i-ésima coluna de A)

25. $\begin{bmatrix} 2 & 3 & 0 \\ -6 & -9 & 0 \\ 4 & 6 & 0 \end{bmatrix} + \begin{bmatrix} 0 & 0 & 0 \\ 1 & -1 & 1 \\ 0 & 0 & 0 \end{bmatrix} + \begin{bmatrix} 2 & -12 & -8 \\ -1 & 6 & 4 \\ 1 & -6 & -4 \end{bmatrix}$

27. $BA = \begin{bmatrix} 2\mathbf{A}_1 + 3\mathbf{A}_2 \\ \mathbf{A}_1 - \mathbf{A}_2 + \mathbf{A}_3 \\ -\mathbf{A}_1 + 6\mathbf{A}_2 + 4\mathbf{A}_3 \end{bmatrix}$ (em que $\mathbf{A}_i$ é a i-ésima linha de A)

29. Se $\mathbf{b}_i$ é a i-ésima coluna de B, então $A\mathbf{b}_i$ é a i-ésima coluna de AB. Se as colunas de B são linearmente dependentes, então existem escalares $c_{11}, \ldots, c_n$ (não todos nulos) tais que $c_1\mathbf{b}_1 + \cdots + c_n\mathbf{b}_n = \mathbf{0}$. Mas então $c_1(A\mathbf{b}_1) + \cdots + c_n(A\mathbf{b}_n) = A(c_1\mathbf{b}_1 + \cdots + c_n\mathbf{b}_n) = A\mathbf{0} = \mathbf{0}$, e, portanto, as colunas de AB são linearmente dependentes.

31. $\left[\begin{array}{cc|c} 3 & 2 & 0 \\ -1 & 1 & 0 \\ \hline 0 & 0 & 5 \end{array}\right]$ **33.** $\left[\begin{array}{cc|cc} 1 & 2 & 2 & 0 \\ 3 & 4 & 5 & 3 \\ \hline 1 & 0 & 1 & 2 \\ 0 & 1 & 0 & -1 \end{array}\right]$

35. (a) $A^2 = \begin{bmatrix} -1 & 1 \\ -1 & 0 \end{bmatrix}$, $A^3 = \begin{bmatrix} -1 & 0 \\ 0 & -1 \end{bmatrix}$,

$A^4 = \begin{bmatrix} 0 & -1 \\ 1 & -1 \end{bmatrix}$, $A^5 = \begin{bmatrix} 1 & -1 \\ 1 & 0 \end{bmatrix}$, $A^6 = \begin{bmatrix} 1 & 0 \\ 0 & 1 \end{bmatrix}$,

$A^7 = \begin{bmatrix} 0 & 1 \\ -1 & 1 \end{bmatrix}$

(b) $A^{2001} = \begin{bmatrix} -1 & 0 \\ 0 & -1 \end{bmatrix}$

37. $A^n = \begin{bmatrix} 1 & n \\ 0 & 1 \end{bmatrix}$

39. (a) $\begin{bmatrix} 1 & -1 & 1 & -1 \\ -1 & 1 & -1 & 1 \\ 1 & -1 & 1 & -1 \\ -1 & 1 & -1 & 1 \end{bmatrix}$ **(c)** $\begin{bmatrix} 0 & 0 & 0 & 0 \\ 1 & 1 & 1 & 1 \\ 2 & 4 & 8 & 16 \\ 3 & 9 & 27 & 81 \end{bmatrix}$

Exercícios 3.2

1. $X = \begin{bmatrix} 5 & 4 \\ 3 & 5 \end{bmatrix}$ **3.** $X = \begin{bmatrix} -\frac{2}{3} & \frac{4}{3} \\ \frac{10}{3} & 4 \end{bmatrix}$

5. $B = 2A_1 + A_2$ **7.** Impossível

9. $\text{ger}(A_1, A_2) = \left\{ \begin{bmatrix} c_1 & 2c_1 + c_2 \\ -c_1 + 2c_2 & c_1 + c_2 \end{bmatrix} \right\} = \left\{ \begin{bmatrix} w & x \\ 2x - 5w & x - w \end{bmatrix} \right\}$

11. $\text{ger}(A_1, A_2, A_3) = \left\{ \begin{bmatrix} c_1 - c_2 + c_3 & 2c_2 + c_3 & -c_1 + c_3 \\ 0 & c_1 + c_2 & 0 \end{bmatrix} \right\} = \left\{ \begin{bmatrix} -3b + 4c + 5e & b & c \\ 0 & e & 0 \end{bmatrix} \right\}$

13. Linearmente independente

15. Linearmente independente

23. $a = d, c = 0$ **25.** $3b = 2c, a = d - c$

27. $a = d, b = c = 0$

29. Sejam $A = [a_{ij}]$ e $B = [b_{ij}]$ matrizes $n \times n$ triangulares superiores, e suponha $i > j$. Então, pela definição de matriz triangular superior,

$$a_{i1} = a_{i2} = \cdots = a_{i,\,i-1} = 0 \quad \text{e}$$
$$b_{ij} = b_{i+1,\,j} = \cdots = b_{nj} = 0$$

Agora, considere $C = AB$. Então

$$\begin{aligned} c_{ij} &= a_{i1}b_{1j} + a_{i2}b_{2j} + \cdots a_{i,\,i-1}b_{i-1,\,j} + a_{ii}b_{ij} \\ &\quad + a_{i,\,i+1}b_{i+1,\,j} + \cdots + a_{in}b_{nj} \\ &= 0 \cdot b_{1j} + 0 \cdot b_{2j} + \cdots 0 \cdot b_{i-1,\,j} + a_{ii} \cdot 0 \\ &\quad + a_{i,\,i+1} \cdot 0 + \cdots + a_{in} \cdot 0 = 0 \end{aligned}$$

e disso concluímos que C é triangular superior.

35. (a) A e B simétricas $\Rightarrow (A + B)^T = A^T + B^T = A + B \Rightarrow A + B$ é simétrica

37. As matrizes em (b) e (c) são antissimétricas.

41. A ou B (ou ambas) deve ser a matriz nula.

43. (b) $\begin{bmatrix} 1 & 2 & 3 \\ 4 & 5 & 6 \\ 7 & 8 & 9 \end{bmatrix} = \begin{bmatrix} 1 & 3 & 5 \\ 3 & 5 & 7 \\ 5 & 7 & 9 \end{bmatrix} + \begin{bmatrix} 0 & -1 & -2 \\ 1 & 0 & -1 \\ 2 & 1 & 0 \end{bmatrix}$

47. *Sugestão:* use o traço.

Exercícios 3.3

1. $\begin{bmatrix} 2 & -7 \\ -1 & 4 \end{bmatrix}$ **3.** Não invertível

5. Não invertível **7.** $\begin{bmatrix} -1{,}6 & -2{,}8 \\ 0{,}\overline{3} & 1 \end{bmatrix}$

9. $\begin{bmatrix} a/(a^2 + b^2) & b/(a^2 + b^2) \\ -b/(a^2 + b^2) & a/(a^2 + b^2) \end{bmatrix}$ **11.** $\begin{bmatrix} -5 \\ 9 \end{bmatrix}$

13. (a) $\mathbf{x}_1 = \begin{bmatrix} 4 \\ -\frac{1}{2} \end{bmatrix}, \mathbf{x}_2 = \begin{bmatrix} -5 \\ 2 \end{bmatrix}, \mathbf{x}_3 = \begin{bmatrix} 6 \\ -2 \end{bmatrix}$

(c) O método utilizado na parte (b) usa menos multiplicações.

17. (b) $(AB)^{-1} = A^{-1}B^{-1}$ se e somente se $AB = BA$.

21. $X = A^{-1}(BA)^2B^{-1}$

23. $X = (AB)^{-1}BA + A$

25. $E = \begin{bmatrix} 0 & 0 & 1 \\ 0 & 1 & 0 \\ 1 & 0 & 0 \end{bmatrix}$ **27.** $E = \begin{bmatrix} 1 & 0 & 0 \\ 0 & 1 & 0 \\ -1 & 0 & 1 \end{bmatrix}$

29. $E = \begin{bmatrix} 1 & 0 & 0 \\ 0 & 1 & 2 \\ 0 & 0 & 1 \end{bmatrix}$ **31.** $\begin{bmatrix} \frac{1}{3} & 0 \\ 0 & 1 \end{bmatrix}$

33. $\begin{bmatrix} 0 & 1 \\ 1 & 0 \end{bmatrix}$ **35.** $\begin{bmatrix} 1 & 0 & 0 \\ 0 & 1 & 2 \\ 0 & 0 & 1 \end{bmatrix}$ **37.** $\begin{bmatrix} 1 & 0 & 0 \\ 0 & 1/c & 0 \\ 0 & 0 & 1 \end{bmatrix}$

39. $A = \begin{bmatrix} 1 & 0 \\ -1 & 1 \end{bmatrix}\begin{bmatrix} 1 & 0 \\ 0 & -2 \end{bmatrix}, A^{-1} = \begin{bmatrix} 1 & 0 \\ 0 & -\frac{1}{2} \end{bmatrix}\begin{bmatrix} 1 & 0 \\ 1 & 1 \end{bmatrix}$

43. (a) Se A é invertível, então $BA = CA \Rightarrow (BA)A^{-1} = (CA)A^{-1} \Rightarrow B(AA^{-1}) = C(AA^{-1}) \Rightarrow BI = CI \Rightarrow B = C$.

45. *Sugestão:* reescreva $A^2 - 2A + I = O$ como $A(2I - A) = I$.

47. Se AB é invertível, então existe uma matriz X tal que $(AB)\,X = I$. Mas com isso temos também que $A(BX) = I$, portanto, a matriz A é invertível (com inversa BX).

49. $\begin{bmatrix} \frac{1}{10} & \frac{2}{5} \\ \frac{3}{10} & \frac{1}{5} \end{bmatrix}$ **51.** $\begin{bmatrix} 1/(a^2 + 1) & -a/(a^2 + 1) \\ a/(a^2 + 1) & 1/(a^2 + 1) \end{bmatrix}$

53. Não invertível

55. $\begin{bmatrix} 1/a & 0 & 0 \\ -1/a^2 & 1/a & 0 \\ 1/a^3 & -1/a^2 & 1/a \end{bmatrix}, a \neq 0$

57. $\begin{bmatrix} -11 & -2 & 5 & -4 \\ 4 & 1 & -2 & 2 \\ 5 & 1 & -2 & 2 \\ 9 & 2 & -4 & 3 \end{bmatrix}$

59. $\begin{bmatrix} 1 & 0 & 0 & 0 \\ 0 & 1 & 0 & 0 \\ 0 & 0 & 1 & 0 \\ -a/d & -b/d & -c/d & 1/d \end{bmatrix}, d \neq 0$

61. Não invertível **63.** $\begin{bmatrix} 4 & 6 & 4 \\ 5 & 3 & 2 \\ 0 & 6 & 5 \end{bmatrix}$

69. $\left[\begin{array}{cc|cc} 1 & 0 & 0 & 0 \\ 0 & 1 & 0 & 0 \\ \hline -2 & -3 & 1 & 0 \\ -1 & -2 & 0 & 1 \end{array}\right]$ **71.** $\left[\begin{array}{cc|cc} -1 & 0 & 1 & 1 \\ 0 & 1 & -1 & 0 \\ \hline 0 & 1 & 0 & 0 \\ 1 & -1 & 0 & 0 \end{array}\right]$

Exercícios 3.4

1. $\begin{bmatrix} -2 \\ 1 \end{bmatrix}$ **3.** $\begin{bmatrix} -3/2 \\ -2 \\ -1 \end{bmatrix}$ **5.** $\begin{bmatrix} -7 \\ -15 \\ -2 \\ 2 \end{bmatrix}$

7. $\begin{bmatrix} 1 & 0 \\ -3 & 1 \end{bmatrix}\begin{bmatrix} 1 & 2 \\ 0 & 5 \end{bmatrix}$

9. $\begin{bmatrix} 1 & 0 & 0 \\ 4 & 1 & 0 \\ 8 & 3 & 1 \end{bmatrix}\begin{bmatrix} 1 & 2 & 3 \\ 0 & -3 & -6 \\ 0 & 0 & 3 \end{bmatrix}$

11. $\begin{bmatrix} 1 & 0 & 0 & 0 \\ 2 & 1 & 0 & 0 \\ 0 & 3 & 1 & 0 \\ -1 & 0 & -2 & 1 \end{bmatrix}\begin{bmatrix} 1 & 2 & 3 & -1 \\ 0 & 2 & -3 & 2 \\ 0 & 0 & 3 & 1 \\ 0 & 0 & 0 & 1 \end{bmatrix}$

13. $\begin{bmatrix} 1 & 0 & 0 \\ 0 & 1 & 0 \\ 0 & 0 & 1 \end{bmatrix}\begin{bmatrix} 1 & 0 & 1 & -2 \\ 0 & 3 & 3 & 1 \\ 0 & 0 & 0 & 5 \end{bmatrix}$

15. $L^{-1} = \begin{bmatrix} 1 & 0 \\ 1 & 1 \end{bmatrix}$, $U^{-1} = \begin{bmatrix} -\frac{1}{2} & \frac{1}{12} \\ 0 & \frac{1}{6} \end{bmatrix}$,

$A^{-1} = \begin{bmatrix} -5/12 & 1/12 \\ 1/6 & 1/6 \end{bmatrix}$

19. $\begin{bmatrix} 0 & 0 & 1 \\ 0 & 1 & 0 \\ 1 & 0 & 0 \end{bmatrix}\begin{bmatrix} 0 & 1 & 0 \\ 1 & 0 & 0 \\ 0 & 0 & 1 \end{bmatrix}$

21. $\begin{bmatrix} 0 & 1 & 0 & 0 \\ 1 & 0 & 0 & 0 \\ 0 & 0 & 1 & 0 \\ 0 & 0 & 0 & 1 \end{bmatrix}\begin{bmatrix} 0 & 0 & 0 & 1 \\ 0 & 1 & 0 & 0 \\ 0 & 0 & 1 & 0 \\ 1 & 0 & 0 & 0 \end{bmatrix}\begin{bmatrix} 0 & 0 & 1 & 0 \\ 0 & 1 & 0 & 0 \\ 1 & 0 & 0 & 0 \\ 0 & 0 & 0 & 1 \end{bmatrix}$

23. $\begin{bmatrix} 0 & 1 & 0 \\ 1 & 0 & 0 \\ 0 & 0 & 1 \end{bmatrix}\begin{bmatrix} 1 & 0 & 0 \\ 0 & 1 & 0 \\ -1 & 5 & 1 \end{bmatrix}\begin{bmatrix} -1 & 2 & 1 \\ 0 & 1 & 4 \\ 0 & 0 & -16 \end{bmatrix}$

25. $\begin{bmatrix} 0 & 1 & 0 & 0 \\ 1 & 0 & 0 & 0 \\ 0 & 0 & 0 & 1 \\ 0 & 0 & 1 & 0 \end{bmatrix}\begin{bmatrix} 1 & 0 & 0 & 0 \\ 0 & 1 & 0 & 0 \\ 0 & 0 & 1 & 0 \\ 0 & -1 & 0 & 1 \end{bmatrix}\begin{bmatrix} -1 & 1 & 1 & 2 \\ 0 & -1 & 1 & 3 \\ 0 & 0 & 1 & 1 \\ 0 & 0 & 0 & 4 \end{bmatrix}$

27. $\begin{bmatrix} 4 \\ -1 \\ -2 \end{bmatrix}$ **31.** $\begin{bmatrix} 1 & 0 \\ -1 & 1 \end{bmatrix}\begin{bmatrix} -2 & 0 \\ 0 & 6 \end{bmatrix}\begin{bmatrix} 1 & -\frac{1}{2} \\ 0 & 1 \end{bmatrix}$

Exercícios 3.5

1. Subespaço **3.** Subespaço

5. Subespaço **7.** Não é um subespaço

11. **b** pertence a col(A) e **w** não pertence a lin(A).

15. Não

17. $\{[1 \ \ 0 \ \ -1], [0 \ \ 1 \ \ 2]\}$ é uma base para lin(A); $\left\{\begin{bmatrix} 1 \\ 1 \end{bmatrix}, \begin{bmatrix} 0 \\ 1 \end{bmatrix}\right\}$ é uma base para col(A); $\left\{\begin{bmatrix} 1 \\ -2 \\ 1 \end{bmatrix}\right\}$ é uma base para anul(A).

19. $\{[1 \ \ 0 \ \ 1 \ \ 0], [0 \ \ 1 \ \ -1 \ \ 0], [0 \ \ 0 \ \ 0 \ \ 1]\}$ é uma base para lin(A); $\left\{\begin{bmatrix} 1 \\ 0 \\ 0 \end{bmatrix}, \begin{bmatrix} 1 \\ 1 \\ 1 \end{bmatrix}, \begin{bmatrix} 1 \\ 1 \\ -1 \end{bmatrix}\right\}$ é uma base para col(A); $\left\{\begin{bmatrix} -1 \\ 1 \\ 1 \\ 0 \end{bmatrix}\right\}$ é uma base para anul(A).

21. $\{[1 \ \ 0 \ \ -1], [1 \ \ 1 \ \ 1]\}$ é uma base para lin(A); $\left\{\begin{bmatrix} 1 \\ 0 \end{bmatrix}, \begin{bmatrix} 0 \\ 1 \end{bmatrix}\right\}$ é uma base para col(A).

23. $\{[1 \ \ 1 \ \ 0 \ \ 1], [0 \ \ 1 \ \ -1 \ \ 1], [0 \ \ 1 \ \ -1 \ \ -1]\}$ é uma base para lin(A); $\left\{\begin{bmatrix} 1 \\ 0 \\ 0 \end{bmatrix}, \begin{bmatrix} 0 \\ 1 \\ 0 \end{bmatrix}, \begin{bmatrix} 0 \\ 0 \\ 1 \end{bmatrix}\right\}$ é uma base para col(A).

25. $\{[1 \ \ 0 \ \ -1], [0 \ \ 1 \ \ 2]\}$ e $\{[1 \ \ 0 \ \ -1], [1 \ \ 1 \ \ 1]\}$ são ambos conjuntos linearmente independentes que geram lin(A) $= \{[a \ \ b \ \ -a + 2b]\}$. Tanto $\left\{\begin{bmatrix} 1 \\ 1 \end{bmatrix}, \begin{bmatrix} 0 \\ 1 \end{bmatrix}\right\}$ quanto $\left\{\begin{bmatrix} 1 \\ 0 \end{bmatrix}, \begin{bmatrix} 0 \\ 1 \end{bmatrix}\right\}$ são conjuntos linearmente independentes que geram col(A) $= \mathbb{R}^2$.

27. $\left\{\begin{bmatrix} 1 \\ -1 \\ 0 \end{bmatrix}, \begin{bmatrix} -1 \\ 0 \\ 1 \end{bmatrix}\right\}$

29. $\{[1 \ \ 0 \ \ 0], [0 \ \ 1 \ \ 0], [0 \ \ 0 \ \ 1]\}$

31. $\{[2 \ \ -3 \ \ 1], [1 \ \ -1 \ \ 0], [4 \ \ -4 \ \ 1]\}$

35. posto(A) $= 2$, nulidade(A) $= 1$

37. posto(A) $= 3$, nulidade(A) $= 1$

39. Se A é 3×5, então posto (A) ≤ 3. Logo não pode haver mais que três colunas linearmente independentes.

41. nulidade(A) $= 2, 3, 4$ ou 5

43. Se $a = -1$, então posto$(A) = 1$; se $a = 2$, então posto$(A) = 2$; para $a \neq -1, 2$, posto$(A) = 3$.

45. Sim **47.** Sim **49.** Não

51. O vetor **w** será um elemento de ger$(\mathcal{B})$ se e somente se o sistema linear com matriz completa $[\mathcal{B} \mid \mathbf{w}]$ for consistente, o que é verdadeiro neste caso, pois

$$[\mathcal{B} \mid \mathbf{w}] = \left[\begin{array}{cc|c} 1 & 1 & 1 \\ 2 & 0 & 6 \\ 0 & -1 & 2 \end{array}\right] \longrightarrow \left[\begin{array}{cc|c} 1 & 0 & 3 \\ 0 & 1 & -2 \\ 0 & 0 & 0 \end{array}\right]$$

A partir dessa forma escalonada reduzida por linhas, fica claro que $[\mathbf{w}]_{\mathcal{B}} = \begin{bmatrix} 3 \\ -2 \end{bmatrix}$.

53. posto$(A) = 2$, nulidade$(A) = 1$

55. posto$(A) = 3$, nulidade$(A) = 1$

57. Sejam $\mathbf{A}_1, \mathbf{A}_2, \ldots, \mathbf{A}_m$ os vetores linha de A, de maneira que lin$(A) =$ ger$(\mathbf{A}_1, \mathbf{A}_2, \ldots, \mathbf{A}_m)$. Se **x** é um elemento de anul(A), então, como $A\mathbf{x} = \mathbf{0}$, também temos $\mathbf{A}_i\mathbf{x} = 0$, para $i = 1, \ldots, m$, pela definição de multiplicação de matriz. Se **r** é um elemento de lin(A), então **r** é da forma

$\mathbf{r} = c_1\mathbf{A}_1 + \cdots + c_m\mathbf{A}_m$. Portanto,

$$\begin{aligned} \mathbf{r}\cdot\mathbf{x} &= (c_1\mathbf{A}_1 + \cdots + c_m\mathbf{A}_m)\cdot\mathbf{x} \\ &= c_1(\mathbf{A}_1\cdot\mathbf{x}) + \cdots + c_m(\mathbf{A}_m\cdot\mathbf{x}) = 0 \end{aligned}$$

59. (a) Se um conjunto de colunas de AB é linearmente independente, as colunas correspondentes de B são linearmente independentes (por um argumento semelhante ao usado para resolver o exercício 29 da seção 3.1). Segue que o número *máximo* de colunas linearmente independentes de AB [a saber, $k =$ posto(AB)] não pode ser maior que o número *máximo* de colunas linearmente independentes de B [a saber, $r =$ posto(B)]. Em outras palavras, posto$(AB) \leq$ posto(B).

61. (a) Do exercício 53(a), temos que posto$(UA) \leq$ posto(A) e posto$(A) =$ posto$((U^{-1}U)A) =$ posto$(U^{-1}(UA)) \leq$ posto(UA). Assim, posto(UA) $=$ posto(A).

Exercícios 3.6

1. $T(\mathbf{u}) = \begin{bmatrix} 0 \\ 11 \end{bmatrix}$, $T(\mathbf{v}) = \begin{bmatrix} 8 \\ 1 \end{bmatrix}$

11. $\begin{bmatrix} 1 & 1 \\ 1 & -1 \end{bmatrix}$ **13.** $\begin{bmatrix} 1 & -1 & 1 \\ 2 & 1 & -3 \end{bmatrix}$

15. $[F] = \begin{bmatrix} -1 & 0 \\ 0 & 1 \end{bmatrix}$ **17.** $[D] = \begin{bmatrix} 2 & 0 \\ 0 & 3 \end{bmatrix}$

19. $\begin{bmatrix} k & 0 \\ 0 & 1 \end{bmatrix}$ estica ou encolhe na direção x (combinada com uma reflexão em relação ao eixo y, se $k < 0$); $\begin{bmatrix} 1 & 0 \\ 0 & k \end{bmatrix}$ estica ou encolhe na direção y (combinada com uma reflexão em relação ao eixo x, se $k < 0$); $\begin{bmatrix} 0 & 1 \\ 1 & 0 \end{bmatrix}$ é uma reflexão em relação à reta $y = x$; $\begin{bmatrix} 1 & k \\ 0 & 1 \end{bmatrix}$ é um *cisalhamento* na direção x; $\begin{bmatrix} 1 & 0 \\ k & 1 \end{bmatrix}$ é um *cisalhamento* na direção y. Por exemplo,

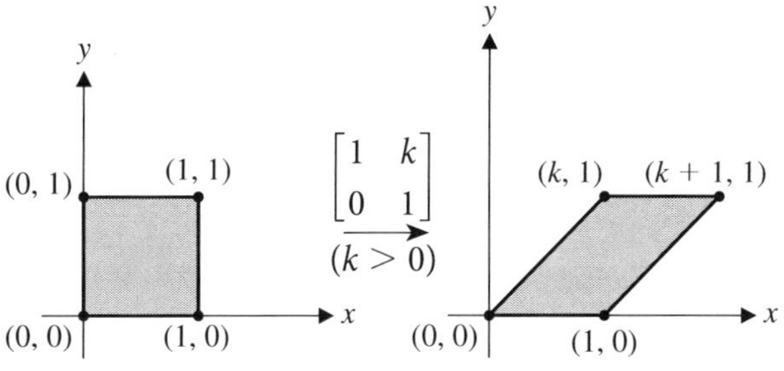

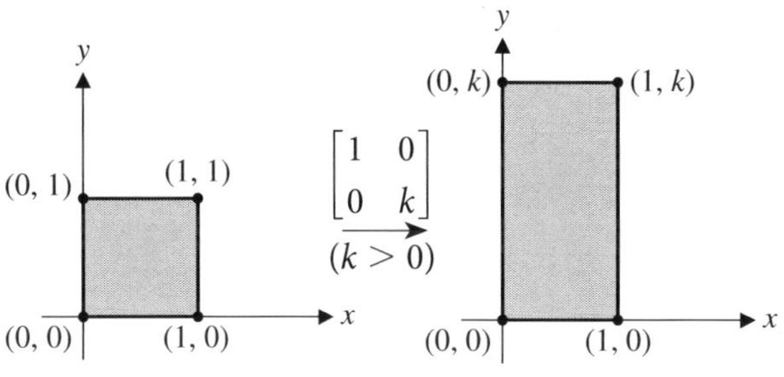

21. $\begin{bmatrix} \sqrt{3}/2 & 1/2 \\ -1/2 & \sqrt{3}/2 \end{bmatrix}$ **23.** $\begin{bmatrix} \frac{1}{2} & -\frac{1}{2} \\ -\frac{1}{2} & \frac{1}{2} \end{bmatrix}$

25. $\begin{bmatrix} 0 & -1 \\ -1 & 0 \end{bmatrix}$ **27.** $\begin{bmatrix} -\frac{3}{5} & \frac{4}{5} \\ \frac{4}{5} & \frac{3}{5} \end{bmatrix}$

31. $[S \circ T] = \begin{bmatrix} -8 & 5 \\ 4 & 1 \end{bmatrix}$

33. $[S \circ T] = \begin{bmatrix} 0 & 6 & -6 \\ 1 & -2 & 2 \end{bmatrix}$

35. $[S \circ T] = \begin{bmatrix} 1 & 0 & -1 \\ -1 & 1 & 0 \\ 0 & -1 & 1 \end{bmatrix}$

37. $\begin{bmatrix} -\sqrt{3}/2 & 1/2 \\ 1/2 & \sqrt{3}/2 \end{bmatrix}$ **39.** $\begin{bmatrix} -\sqrt{3}/2 & -1/2 \\ 1/2 & -\sqrt{3}/2 \end{bmatrix}$

45. Na forma vetorial, considere as retas paralelas dadas por $\mathbf{x} = \mathbf{p} + t\mathbf{d}$ e $\mathbf{x}' = \mathbf{p}' + t\mathbf{d}$. Suas imagens sob T são, respectivamente, $T(\mathbf{x}) = T(\mathbf{p} + t\mathbf{d}) = T(\mathbf{p}) + tT(\mathbf{d})$ e $T(\mathbf{x}') = T(\mathbf{p}' + t\mathbf{d}) = T(\mathbf{p}') + tT(\mathbf{d})$. Suponha que $T(\mathbf{d}) \neq \mathbf{0}$. Se $T(\mathbf{p}') - T(\mathbf{p})$ é paralelo a $T(\mathbf{d})$, as imagens representam a mesma reta; caso contrário, as imagens representam retas paralelas distintas. Por outro lado, se $T(\mathbf{d}) = \mathbf{0}$, então as imagens representam dois pontos distintos se $T(\mathbf{p}') \neq T(\mathbf{p})$, e um único ponto, caso contrário.

47.

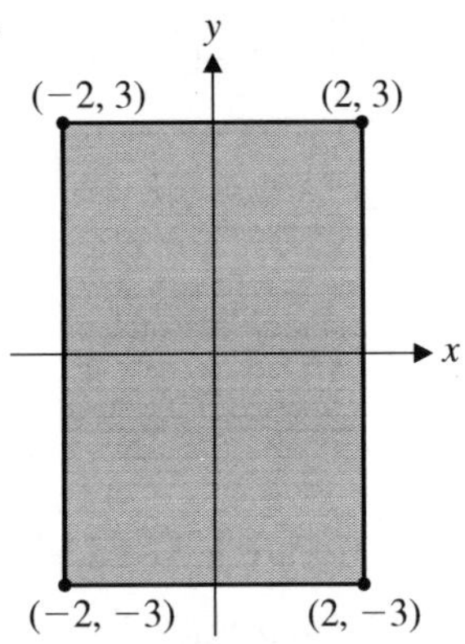

49.

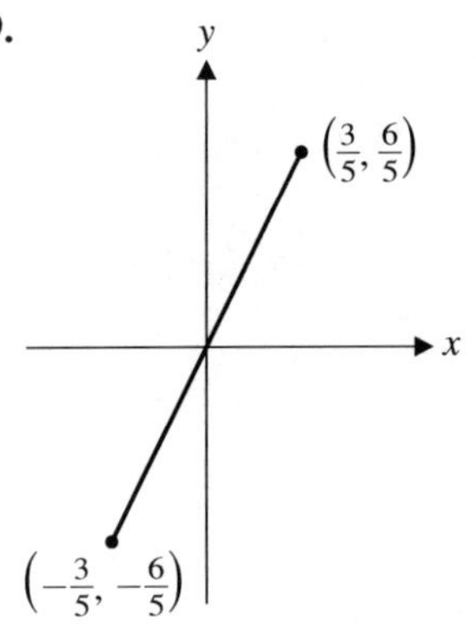

51.

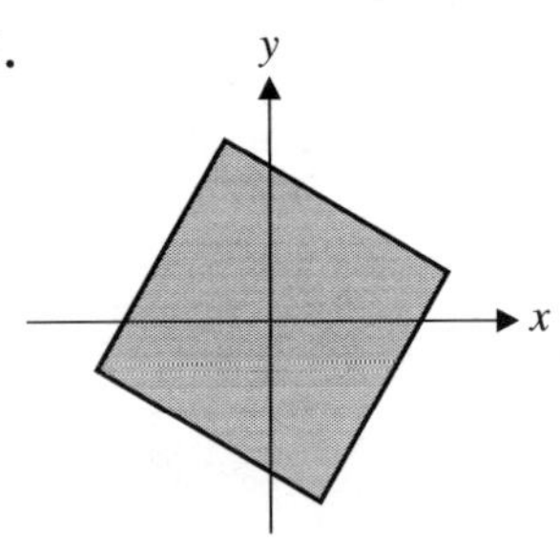

Exercises 3.7

1. $\mathbf{x}_1 = \begin{bmatrix} 0{,}4 \\ 0{,}6 \end{bmatrix}, \mathbf{x}_2 = \begin{bmatrix} 0{,}38 \\ 0{,}62 \end{bmatrix}$ **3.** 64%

5. $\mathbf{x}_1 = \begin{bmatrix} 150 \\ 120 \\ 120 \end{bmatrix}, \mathbf{x}_2 = \begin{bmatrix} 155 \\ 120 \\ 115 \end{bmatrix}$ **7.** $\frac{5}{18}$

9. (a) $P = \begin{bmatrix} 0{,}662 & 0{,}250 \\ 0{,}338 & 0{,}750 \end{bmatrix}$ **(b)** 0,353

(c) 42,5% de dias úmidos; 57,5% de dias secos

11. (a) $P = \begin{bmatrix} 0{,}08 & 0{,}09 & 0{,}11 \\ 0{,}07 & 0{,}11 & 0{,}05 \\ 0{,}85 & 0{,}80 & 0{,}84 \end{bmatrix}$

(b) 0,08; 0,1062; 0,1057; 0,1057; 0,1057

(c) 10,6% de boa safra, 5,5% de safra regular e 83,9% de safra ruim

13. Os elementos do vetor $\mathbf{j}P$ são exatamente as somas das colunas da matriz P. Portanto, P é matriz estocástica se e somente se $\mathbf{j}P = \mathbf{j}$.

15. 4 **17.** 9,375

19. Sim, $\mathbf{x} = \begin{bmatrix} 1 \\ 2 \end{bmatrix}$ **21.** Não

23. Não **25.** Sim, $\mathbf{x} = \begin{bmatrix} 10 \\ 27 \\ 35 \end{bmatrix}$

27. Produtiva **29.** Não produtiva

31. $\mathbf{x} = \begin{bmatrix} 10 \\ 16 \end{bmatrix}$ **33.** Sim, $\mathbf{x} = \begin{bmatrix} 10 \\ 6 \\ 8 \end{bmatrix}$

37. $\mathbf{x}_1 = \begin{bmatrix} 45 \\ 6 \end{bmatrix}, \mathbf{x}_2 = \begin{bmatrix} 120 \\ 27 \end{bmatrix}, \mathbf{x}_3 = \begin{bmatrix} 375 \\ 72 \end{bmatrix}$

39. $\mathbf{x}_1 = \begin{bmatrix} 500 \\ 70 \\ 50 \end{bmatrix}, \mathbf{x}_2 = \begin{bmatrix} 720 \\ 350 \\ 35 \end{bmatrix}, \mathbf{x}_3 = \begin{bmatrix} 1175 \\ 504 \\ 175 \end{bmatrix}$

41. (a) Para L_1, temos $\mathbf{x}_1 = \begin{bmatrix} 50 \\ 8 \end{bmatrix}, \mathbf{x}_2 = \begin{bmatrix} 40 \\ 40 \end{bmatrix}$,

$\mathbf{x}_3 = \begin{bmatrix} 200 \\ 32 \end{bmatrix}, \mathbf{x}_4 = \begin{bmatrix} 160 \\ 160 \end{bmatrix}, \mathbf{x}_5 = \begin{bmatrix} 800 \\ 128 \end{bmatrix}, \mathbf{x}_6 = \begin{bmatrix} 640 \\ 640 \end{bmatrix}$,

$\mathbf{x}_7 = \begin{bmatrix} 3200 \\ 512 \end{bmatrix}, \mathbf{x}_8 = \begin{bmatrix} 2560 \\ 2560 \end{bmatrix}, \mathbf{x}_9 = \begin{bmatrix} 12800 \\ 2048 \end{bmatrix}$,

$\mathbf{x}_{10} = \begin{bmatrix} 10240 \\ 10240 \end{bmatrix}$.

(b) A primeira população oscila entre dois estados, enquanto a segunda se aproxima do estado de repouso.

43. A população oscila em um ciclo composto de três estados (para a população relativa): se $0{,}1 < s \leq 1$, a população atual está crescendo; se $s = 0{,}1$, a população atual está passando por um ciclo de comprimento 3; se $0 \leq s < 0{,}1$, a população está diminuindo (e irá, com o tempo, se extinguir).

45. $A = \begin{bmatrix} 0 & 1 & 0 & 1 \\ 1 & 0 & 1 & 0 \\ 0 & 1 & 0 & 1 \\ 1 & 0 & 1 & 0 \end{bmatrix}$ **47.** $A = \begin{bmatrix} 0 & 1 & 1 & 1 & 1 \\ 1 & 0 & 1 & 0 & 0 \\ 1 & 1 & 0 & 1 & 0 \\ 1 & 0 & 1 & 0 & 1 \\ 1 & 0 & 0 & 1 & 0 \end{bmatrix}$

49.

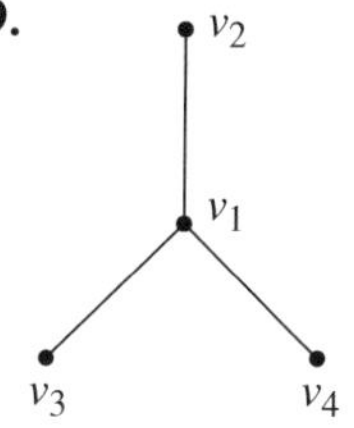

51.

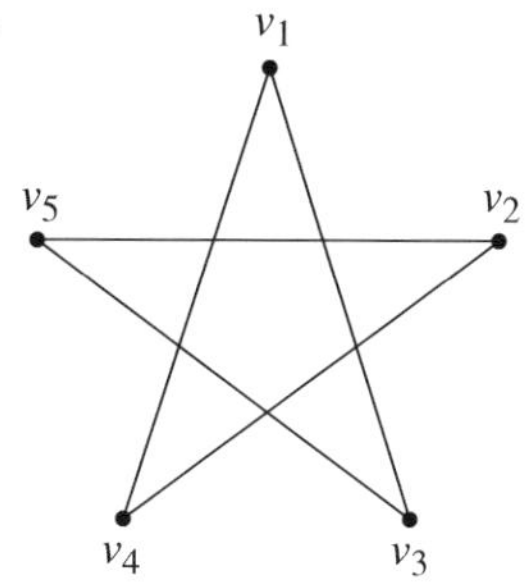

53. $A = \begin{bmatrix} 0 & 1 & 1 & 0 \\ 0 & 0 & 0 & 0 \\ 0 & 1 & 0 & 1 \\ 1 & 0 & 0 & 0 \end{bmatrix}$ **55.** $A = \begin{bmatrix} 0 & 1 & 0 & 1 & 0 \\ 1 & 0 & 0 & 1 & 0 \\ 1 & 1 & 0 & 0 & 0 \\ 1 & 0 & 0 & 0 & 1 \\ 1 & 0 & 0 & 0 & 0 \end{bmatrix}$

57.

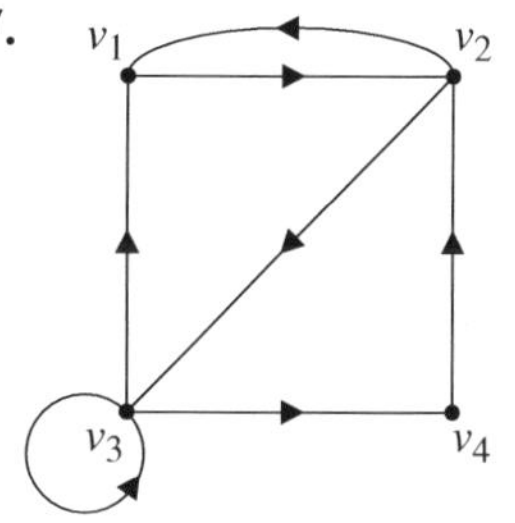

59.

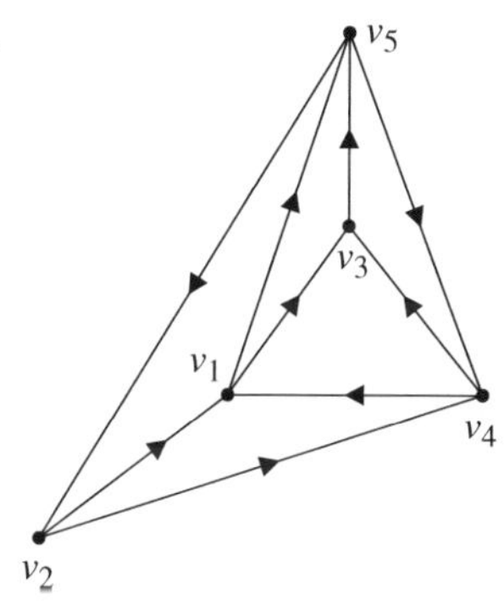

61. 2 **63.** 3 **65.** 0 **67.** 3

69. (a) O vértice i não é adjacente a nenhum outro vértice.

71. Se considerarmos apenas vitórias, P_2 estará em primeiro lugar; P_3, P_4 e P_6 estarão empatados em segundo lugar; P_1 e P_5 estarão empatados em terceiro. Se usarmos a noção de vitórias diretas e indiretas combinadas, os jogadores se classificarão da seguinte maneira: P_2 em primeiro lugar, seguido por P_6, P_4, P_3, P_5 e P_1.

73. (a)

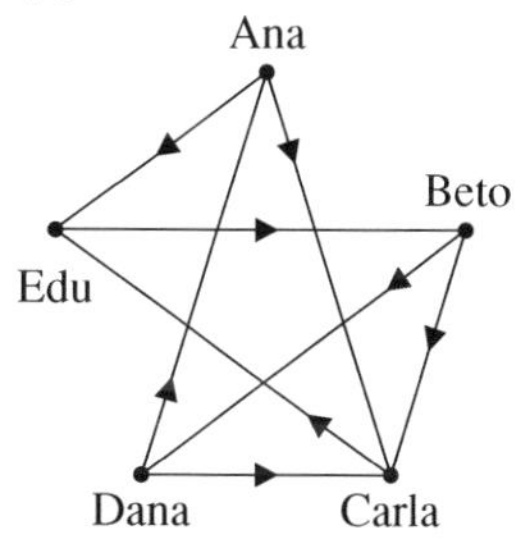

$A = \begin{bmatrix} 0 & 0 & 1 & 0 & 1 \\ 0 & 0 & 1 & 1 & 0 \\ 0 & 0 & 0 & 0 & 1 \\ 1 & 0 & 1 & 0 & 0 \\ 0 & 1 & 0 & 0 & 0 \end{bmatrix}$

(b) Dois passos. Todos os elementos da segunda linha de $A + A^2$ que não pertencem à diagonal são não nulos.

(d) Se o grafo tem n vértices, verifique o elemento (i, j) das potências A^k, para $k = 1, \ldots, n - 1$. O vértice i é conectado ao vértice j por um caminho de comprimento k se e somente se o elemento $(A^k)_{ij} \neq 0$.

75. O elemento $(AA^T)_{ij}$ conta o número de vértices adjacentes a *ambos* os vértices i e j.

77. Bipartido **79.** Bipartido

Questões de Revisão

1. (a) V **(c)** F **(e)** V **(g)** V **(i)** V

3. Impossível **5.** $\begin{bmatrix} \frac{17}{83} & -\frac{1}{83} \\ -\frac{1}{83} & \frac{5}{166} \end{bmatrix}$

7. $\begin{bmatrix} 1 & 3 \\ 3 & 9 \end{bmatrix} + \begin{bmatrix} 4 & 10 \\ 10 & 25 \end{bmatrix}$ **9.** $\begin{bmatrix} 0 & -9 \\ 2 & 4 \\ 1 & -6 \end{bmatrix}$

11. Por que $(I - A)(I + A + A^2) = I - A^3 = I - O = I$, $(I - A)^{-1} = I + A + A^2$.

13. Uma base para lin(A) é $\{[1, -2, 0, -1, 0], [0, 0, 1, 2, 0], [0, 0, 0, 0, 1]\}$; uma base para col$(A)$ é $\left\{\begin{bmatrix} 2 \\ 1 \\ 4 \end{bmatrix}, \begin{bmatrix} 5 \\ 2 \\ 3 \end{bmatrix}, \begin{bmatrix} 5 \\ 1 \\ 6 \end{bmatrix}\right\}$ (ou a base canônica de $\mathbf{R}^3$); e uma base para anul(A) é $\left\{\begin{bmatrix} 2 \\ 1 \\ 0 \\ 0 \\ 0 \end{bmatrix}, \begin{bmatrix} 1 \\ 0 \\ -2 \\ 1 \\ 0 \end{bmatrix}\right\}$.

15. Uma matriz invertível tem espaço anulado trivial (nulo). Se A é invertível, então A^T também é invertível e, portanto, ambas A e A^T têm espaços anulados triviais. Se A não é invertível, então A e A^T não têm necessariamente espaços anulados iguais. Por exemplo, tome $A = \begin{bmatrix} 1 & 1 \\ 0 & 0 \end{bmatrix}$.

17. Como A tem n colunas linearmente independentes, posto$(A) = n$. Logo, posto$(A^TA) = n$, pelo teorema 3.28. Como A^TA é $n \times n$, isso implica que A^TA é invertível, pelo Teorema Fundamental das Matrizes Invertíveis. AA^T pode não ser invertível. Por exemplo, tome $A = \begin{bmatrix} 1 \\ 0 \end{bmatrix}$.

19. $\begin{bmatrix} -1/5\sqrt{2} & -3/5\sqrt{2} \\ 2/5\sqrt{2} & 6/5\sqrt{2} \end{bmatrix}$

Capítulo 4

Exercícios 4.1

1. $A\mathbf{v} = \begin{bmatrix} 3 \\ 3 \end{bmatrix} = 3\mathbf{v}, \lambda = 3$

3. $A\mathbf{v} = \begin{bmatrix} -3 \\ 6 \end{bmatrix} = -3\mathbf{v}, \lambda = -3$

5. $A\mathbf{v} = \begin{bmatrix} 6 \\ -3 \\ 3 \end{bmatrix} = 3\mathbf{v}, \lambda = 3$

7. $\begin{bmatrix} 2 \\ 1 \end{bmatrix}$ **9.** $\begin{bmatrix} 4 \\ 1 \end{bmatrix}$ **11.** $\begin{bmatrix} 1 \\ 1 \\ -1 \end{bmatrix}$

13. $\lambda = 1, E_1 = \text{ger}\left(\begin{bmatrix} 0 \\ 1 \end{bmatrix}\right); \lambda = -1, E_{-1} = \text{ger}\left(\begin{bmatrix} 1 \\ 0 \end{bmatrix}\right)$

15. $\lambda = 0, E_0 = \text{ger}\left(\begin{bmatrix} 0 \\ 1 \end{bmatrix}\right); \lambda = 1, E_1 = \text{ger}\left(\begin{bmatrix} 1 \\ 0 \end{bmatrix}\right)$

17. $\lambda = 2, E_2 = \text{ger}\left(\begin{bmatrix} 1 \\ 0 \end{bmatrix}\right); \lambda = 3, E_3 = \text{ger}\left(\begin{bmatrix} 0 \\ 1 \end{bmatrix}\right)$

19. $\mathbf{v} = \begin{bmatrix} 1 \\ 0 \end{bmatrix}, \lambda = 1; \mathbf{v} = \begin{bmatrix} 0 \\ 1 \end{bmatrix}, \lambda = 2$

21. $\mathbf{v} = \begin{bmatrix} 1/\sqrt{2} \\ 1/\sqrt{2} \end{bmatrix}, \lambda = 2; \mathbf{v} = \begin{bmatrix} -1/\sqrt{2} \\ 1/\sqrt{2} \end{bmatrix}, \lambda = 0$

23. $\lambda = 2, E_2 = \text{ger}\left(\begin{bmatrix} 1 \\ 2 \end{bmatrix}\right); \lambda = 3, E_3 = \text{ger}\left(\begin{bmatrix} 1 \\ 1 \end{bmatrix}\right)$

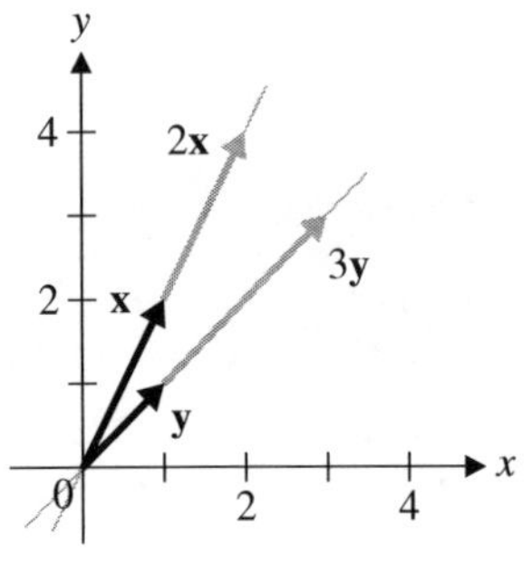

25. $\lambda = 2, E_2 = \text{ger}\left(\begin{bmatrix} 1 \\ 0 \end{bmatrix}\right)$

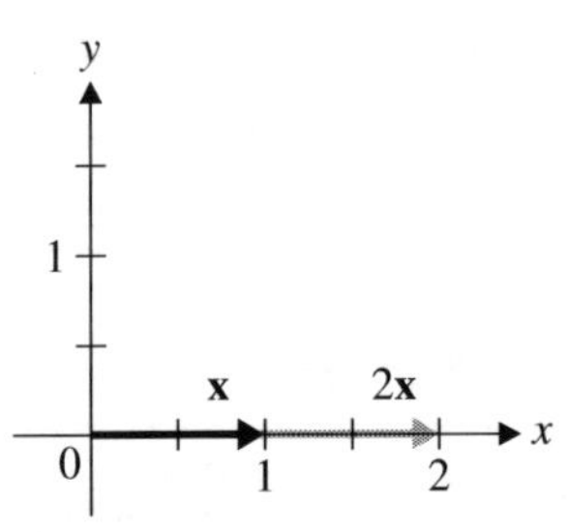

27. $\lambda = 1 + i, E_{1+i} = \text{ger}\left(\begin{bmatrix} 1 \\ i \end{bmatrix}\right); \lambda = 1 - i, E_{1-i} = \text{ger}\left(\begin{bmatrix} 1 \\ -i \end{bmatrix}\right)$

29. $\lambda = 1 + i, E_{1+i} = \text{ger}\left(\begin{bmatrix} 1 \\ 1 \end{bmatrix}\right); \lambda = 1 - i, E_{1-i} = \text{ger}\left(\begin{bmatrix} 1 \\ -1 \end{bmatrix}\right)$

31. $\lambda = 1, 2$ **33.** $\lambda = 4$

Exercícios 4.2

1. 16 **3.** 0 **5.** −18 **7.** 6
9. −12 **11.** $a^2b + ab^2$ **13.** 4 **15.** $abdg$
17. 0 **25.** 2 **27.** −24 **29.** 0
31. 0 **33.** −24 **35.** 8 **37.** −4
39. −8 **45.** $k \neq 0, 2$ **47.** −6 **49.** $-\frac{3}{2}$
51. $(-2)3^n$

53. $\det(AB) = (\det A)(\det B) = (\det B)(\det A) = \det(BA)$

55. 0, 1 **57.** $x = \frac{3}{2}, y = -\frac{1}{2}$

59. $x = -1, y = 0, z = 1$ **61.** $\begin{bmatrix} \frac{1}{2} & \frac{1}{2} \\ \frac{1}{2} & -\frac{1}{2} \end{bmatrix}$

63. $\begin{bmatrix} \frac{1}{2} & -\frac{1}{2} & -1 \\ 0 & 1 & -1 \\ 0 & 0 & 1 \end{bmatrix}$

Exercícios 4.3

1. (a) $\lambda^2 - 7\lambda + 12$ **(b)** $\lambda = 3, 4$

(c) $E_3 = \text{ger}\left(\begin{bmatrix} 3 \\ 2 \end{bmatrix}\right); E_4 = \text{ger}\left(\begin{bmatrix} 1 \\ 1 \end{bmatrix}\right)$

(d) As multiplicidades algébrica e geométrica são todas iguais a 1.

3. (a) $-\lambda^3 + 2\lambda^2 + 5\lambda - 6$
(b) $\lambda = -2, 1, 3$

(c) $E_{-2} = \text{ger}\left(\begin{bmatrix} 1 \\ -3 \\ 0 \end{bmatrix}\right); E_1 = \text{ger}\left(\begin{bmatrix} 1 \\ 0 \\ 0 \end{bmatrix}\right);$

$E_3 = \text{ger}\left(\begin{bmatrix} 1 \\ 2 \\ 10 \end{bmatrix}\right)$

(d) As multiplicidades algébrica e geométrica são todas iguais a 1.

5. (a) $-\lambda^3 + \lambda^2$ **(b)** $\lambda = 0, 1$

(c) $E_0 = \text{ger}\left(\begin{bmatrix} 2 \\ -1 \\ 1 \end{bmatrix}\right); E_1 = \text{ger}\left(\begin{bmatrix} 1 \\ 0 \\ 1 \end{bmatrix}\right)$

(d) $\lambda = 0$ tem multiplicidade algébrica igual a 2 e multiplicidade geométrica igual a 1; $\lambda = 1$ tem multiplicidades algébrica e geométrica iguais a 1.

7. (a) $-\lambda^3 + 9\lambda^2 - 27\lambda + 27$
(b) $\lambda = 3$

(c) $E_3 = \text{ger}\left(\begin{bmatrix} -1 \\ 0 \\ 1 \end{bmatrix}, \begin{bmatrix} 0 \\ 1 \\ 0 \end{bmatrix}\right)$

(d) $\lambda = 3$ tem multiplicidade algébrica igual a 3 e multiplicidade geométrica igual a 2.

9. (a) $\lambda^4 - 6\lambda^3 + 9\lambda^2 + 4\lambda - 12$

(b) $\lambda = -1, 2, 3$

(c) $E_{-1} = \text{ger}\left(\begin{bmatrix} 0 \\ 0 \\ -2 \\ 1 \end{bmatrix}\right)$; $E_2 = \text{ger}\left(\begin{bmatrix} 1 \\ -1 \\ 0 \\ 0 \end{bmatrix}\right)$;

$E_3 = \text{ger}\left(\begin{bmatrix} 0 \\ 0 \\ 2 \\ 1 \end{bmatrix}\right)$

(d) $\lambda = -1$ e $\lambda = 3$ têm multiplicidades algébrica e geométrica iguais a 1; $\lambda = 2$ tem multiplicidade algébrica igual a 2 e multiplicidade geométrica igual a 1.

11. (a) $\lambda^4 - 4\lambda^3 + 2\lambda^2 + 4\lambda - 3$

(b) $\lambda = -1, 1, 3$

(c) $E_{-1} = \text{ger}\left(\begin{bmatrix} 0 \\ 0 \\ 0 \\ 1 \end{bmatrix}\right)$;

$E_1 = \text{ger}\left(\begin{bmatrix} -2 \\ 0 \\ 1 \\ 3 \end{bmatrix}, \begin{bmatrix} -2 \\ 2 \\ 0 \\ 3 \end{bmatrix}\right)$;

$E_3 = \text{ger}\left(\begin{bmatrix} 0 \\ 0 \\ 2 \\ 1 \end{bmatrix}\right)$

(d) $\lambda = -1$ e $\lambda = 3$ têm multiplicidades algébrica e geométrica iguais a 1; $\lambda = 1$ tem multiplicidades algébrica e geométrica iguais a 2.

15. $\begin{bmatrix} 2^{-9} + 3 \cdot 2^{10} \\ -2^{-9} + 3 \cdot 2^{10} \end{bmatrix}$ **17.** $\begin{bmatrix} 2 \\ (2 \cdot 3^{20} - 1)/3^{20} \\ 2 \end{bmatrix}$

23. (a) $\lambda = -2, E_{-2} = \text{ger}\left(\begin{bmatrix} 2 \\ -5 \end{bmatrix}\right)$; $\lambda = 5, E_5 = \text{ger}\left(\begin{bmatrix} 1 \\ 1 \end{bmatrix}\right)$

(b) (i) $\lambda = -\frac{1}{2}, E_{-1/2} = \text{ger}\left(\begin{bmatrix} 2 \\ -5 \end{bmatrix}\right)$; $\lambda = \frac{1}{5}, E_{1/5} = \text{ger}\left(\begin{bmatrix} 1 \\ 1 \end{bmatrix}\right)$

(iii) $\lambda = 0, E_0 = \text{ger}\left(\begin{bmatrix} 2 \\ -5 \end{bmatrix}\right)$; $\lambda = 7$, $E_7 = \text{ger}\left(\begin{bmatrix} 1 \\ 1 \end{bmatrix}\right)$

27. $\begin{bmatrix} -3 & 4 & -12 \\ 1 & 0 & 0 \\ 0 & 1 & 0 \end{bmatrix}, -\lambda^3 - 3\lambda^2 + 4\lambda - 12$

35. $A^2 = 4A - 5I, A^3 = 11A - 20I$

$A^4 = 24A - 55I$

37. $A^{-1} = -\dfrac{1}{5}A + \dfrac{4}{5}I, A^{-2} = -\dfrac{4}{25}A + \dfrac{11}{25}I$

Exercícios 4.4

1. O polinômio característico de A é $\lambda^2 - 5\lambda + 1$, mas o de B é $\lambda^2 - 2\lambda + 1$.

3. Os autovalores de A são $\lambda = 2$ e $\lambda = 4$, mas os de B são $\lambda = 1$ e $\lambda = 4$.

5. $\lambda_1 = 4, E_4 = \text{ger}\left(\begin{bmatrix} 1 \\ 1 \end{bmatrix}\right)$; $\lambda_2 = 3, E_3 = \text{ger}\left(\begin{bmatrix} 1 \\ 2 \end{bmatrix}\right)$

7. $\lambda_1 = 6, E_6 = \text{ger}\left(\begin{bmatrix} 3 \\ 2 \\ 3 \end{bmatrix}\right)$; $\lambda_2 = -2, E_{-2} = \text{ger}\left(\begin{bmatrix} 0 \\ 1 \\ -1 \end{bmatrix}, \begin{bmatrix} 1 \\ 0 \\ -1 \end{bmatrix}\right)$

9. Não diagonalizável

11. $P = \begin{bmatrix} 1 & 1 & -1 \\ 1 & 1 & 1 \\ 1 & -2 & 0 \end{bmatrix}, D = \begin{bmatrix} 2 & 0 & 0 \\ 0 & -1 & 0 \\ 0 & 0 & 1 \end{bmatrix}$

13. Não diagonalizável

15. $P = \begin{bmatrix} 1 & 0 & 0 & -1 \\ 0 & 1 & 0 & 0 \\ 0 & 0 & 1 & 0 \\ 0 & 0 & 0 & 1 \end{bmatrix}, D = \begin{bmatrix} 2 & 0 & 0 & 0 \\ 0 & 2 & 0 & 0 \\ 0 & 0 & -2 & 0 \\ 0 & 0 & 0 & -2 \end{bmatrix}$

17. $\begin{bmatrix} 35839 & -69630 \\ -11605 & 24234 \end{bmatrix}$

19. $\begin{bmatrix} (3^k + 3(-1)^k)/4 & (3^{k+1} - 3(-1)^k)/4 \\ (3^k - (-1)^k)/4 & (3^{k+1} + (-1)^k)/4 \end{bmatrix}$

21. $\begin{bmatrix} 1 & 1 & 1 \\ 0 & -1 & 0 \\ 0 & 0 & -1 \end{bmatrix}$

23.

$$\begin{bmatrix} (5 + 2^{k+2} + (-3)^k)/10 & (2^k - (-3)^k)/5 & (-5 + 2^{k+2} + (-3)^k)/10 \\ (2^{k+1} - 2(-3)^k)/5 & (2^k + 4(-3)^k)/5 & (2^{k+1} - 2(-3)^k)/5 \\ (-5 + 2^{k+2} + (-3)^k)/10 & (2^k - (-3)^k)/5 & (5 + 2^{k+2} + (-3)^k)/10 \end{bmatrix}$$

25. $k = 0$ **27.** $k = 0$

29. Todos os valores reais de k

37. Se $A \sim B$, então existe uma matriz invertível P tal que $B = P^{-1}AP$. Assim, usando o exercício 45 da seção 3.2, temos

$$\begin{aligned} \operatorname{tr}(B) &= \operatorname{tr}(P^{-1}AP) = \operatorname{tr}(P^{-1}(AP)) = \operatorname{tr}((AP)P^{-1}) \\ &= \operatorname{tr}(APP^{-1}) = \operatorname{tr}(AI) = \operatorname{tr}(A) \end{aligned}$$

39. $P = \begin{bmatrix} 7 & -2 \\ 10 & -3 \end{bmatrix}$

41. $P = \begin{bmatrix} \frac{1}{2} & -\frac{1}{2} & 0 \\ -\frac{3}{2} & -\frac{3}{2} & 1 \\ -\frac{5}{2} & -\frac{3}{2} & 0 \end{bmatrix}$

51. (b) $\dim E_{-1} = 1, \dim E_1 = 2, \dim E_2 = 3$

Exercícios 4.5

1. (a) $\begin{bmatrix} 1 \\ 2{,}5 \end{bmatrix}$, 6,000

(b) $\lambda_1 = 6$

3. (a) $\begin{bmatrix} 1 \\ 0{,}618 \end{bmatrix}$, 2,618

(b) $\lambda_1 = (3 + \sqrt{5})/2 \approx 2{,}618$

5. (a) $m_5 = 11{,}001, \mathbf{y}_5 = \begin{bmatrix} -0{,}333 \\ 1{,}000 \end{bmatrix}$

7. (a) $m_8 = 10{,}000, \mathbf{y}_8 = \begin{bmatrix} 1 \\ 0 \\ 1 \end{bmatrix}$

9.

k	0	1	2	3	4	5
$\mathbf{x}_k$	$\begin{bmatrix} 1 \\ 1 \end{bmatrix}$	$\begin{bmatrix} 26 \\ 8 \end{bmatrix}$	$\begin{bmatrix} 17{,}692 \\ 5{,}923 \end{bmatrix}$	$\begin{bmatrix} 18{,}018 \\ 6{,}004 \end{bmatrix}$	$\begin{bmatrix} 17{,}999 \\ 6{,}000 \end{bmatrix}$	$\begin{bmatrix} 18{,}000 \\ 6{,}000 \end{bmatrix}$
$\mathbf{y}_k$	$\begin{bmatrix} 1 \\ 1 \end{bmatrix}$	$\begin{bmatrix} 1 \\ 0{,}308 \end{bmatrix}$	$\begin{bmatrix} 1 \\ 0{,}335 \end{bmatrix}$	$\begin{bmatrix} 1 \\ 0{,}333 \end{bmatrix}$	$\begin{bmatrix} 1 \\ 0{,}333 \end{bmatrix}$	$\begin{bmatrix} 1 \\ 0{,}333 \end{bmatrix}$
m_k	1	26	17,692	18,018	17,999	18,000

Logo, $\lambda_1 \approx 18, \mathbf{v}_1 \approx \begin{bmatrix} 1 \\ 0{,}333 \end{bmatrix}$.

11.

k	0	1	2	3	4	5	6
$\mathbf{x}_k$	$\begin{bmatrix} 1 \\ 0 \end{bmatrix}$	$\begin{bmatrix} 7 \\ 2 \end{bmatrix}$	$\begin{bmatrix} 7{,}571 \\ 2{,}857 \end{bmatrix}$	$\begin{bmatrix} 7{,}755 \\ 3{,}132 \end{bmatrix}$	$\begin{bmatrix} 7{,}808 \\ 3{,}212 \end{bmatrix}$	$\begin{bmatrix} 7{,}823 \\ 3{,}234 \end{bmatrix}$	$\begin{bmatrix} 7{,}827 \\ 3{,}240 \end{bmatrix}$
$\mathbf{y}_k$	$\begin{bmatrix} 1 \\ 0 \end{bmatrix}$	$\begin{bmatrix} 1 \\ 0{,}286 \end{bmatrix}$	$\begin{bmatrix} 1 \\ 0{,}377 \end{bmatrix}$	$\begin{bmatrix} 1 \\ 0{,}404 \end{bmatrix}$	$\begin{bmatrix} 1 \\ 0{,}411 \end{bmatrix}$	$\begin{bmatrix} 1 \\ 0{,}413 \end{bmatrix}$	$\begin{bmatrix} 1 \\ 0{,}414 \end{bmatrix}$
m_k	1	7	7,571	7,755	7,808	7,823	7,827

Logo, $\lambda_1 \approx 7{,}827, \mathbf{v}_1 \approx \begin{bmatrix} 1 \\ 0{,}414 \end{bmatrix}$.

13.

k	0	1	2	3	4	5
$\mathbf{x}_k$	$\begin{bmatrix}1\\1\\1\end{bmatrix}$	$\begin{bmatrix}21\\15\\13\end{bmatrix}$	$\begin{bmatrix}16{,}809\\12{,}238\\10{,}714\end{bmatrix}$	$\begin{bmatrix}17{,}011\\12{,}371\\10{,}824\end{bmatrix}$	$\begin{bmatrix}16{,}999\\12{,}363\\10{,}818\end{bmatrix}$	$\begin{bmatrix}17{,}000\\12{,}363\\10{,}818\end{bmatrix}$
$\mathbf{y}_k$	$\begin{bmatrix}1\\1\\1\end{bmatrix}$	$\begin{bmatrix}1\\0{,}714\\0{,}619\end{bmatrix}$	$\begin{bmatrix}1\\0{,}728\\0{,}637\end{bmatrix}$	$\begin{bmatrix}1\\0{,}727\\0{,}636\end{bmatrix}$	$\begin{bmatrix}1\\0{,}727\\0{,}636\end{bmatrix}$	$\begin{bmatrix}1\\0{,}727\\0{,}636\end{bmatrix}$
m_k	1	21	16,809	17,011	16,999	17,000

Logo, $\lambda_1 \approx 17, \mathbf{v}_1 \approx \begin{bmatrix}1\\0{,}727\\0{,}636\end{bmatrix}$.

15. $\lambda_1 \approx 5, \mathbf{v}_1 \approx \begin{bmatrix}1\\0\\0{,}333\end{bmatrix}$

17.

k	0	1	2	3	4	5	6
$\mathbf{x}_k$	$\begin{bmatrix}1\\0\end{bmatrix}$	$\begin{bmatrix}7\\2\end{bmatrix}$	$\begin{bmatrix}7{,}571\\2{,}857\end{bmatrix}$	$\begin{bmatrix}7{,}755\\3{,}132\end{bmatrix}$	$\begin{bmatrix}7{,}808\\3{,}212\end{bmatrix}$	$\begin{bmatrix}7{,}823\\3{,}234\end{bmatrix}$	$\begin{bmatrix}7{,}827\\3{,}240\end{bmatrix}$
$R(\mathbf{x}_k)$	7	7,755	7,823	7,828	7,828	7,828	7,828
$\mathbf{y}_k$	$\begin{bmatrix}1\\0\end{bmatrix}$	$\begin{bmatrix}1\\0{,}286\end{bmatrix}$	$\begin{bmatrix}1\\0{,}377\end{bmatrix}$	$\begin{bmatrix}1\\0{,}404\end{bmatrix}$	$\begin{bmatrix}1\\0{,}411\end{bmatrix}$	$\begin{bmatrix}1\\0{,}413\end{bmatrix}$	$\begin{bmatrix}1\\0{,}414\end{bmatrix}$

19.

k	0	1	2	3	4	5
$\mathbf{x}_k$	$\begin{bmatrix}1\\1\\1\end{bmatrix}$	$\begin{bmatrix}21\\15\\13\end{bmatrix}$	$\begin{bmatrix}16{,}809\\12{,}238\\10{,}714\end{bmatrix}$	$\begin{bmatrix}17{,}011\\12{,}371\\10{,}824\end{bmatrix}$	$\begin{bmatrix}16{,}999\\12{,}363\\10{,}818\end{bmatrix}$	$\begin{bmatrix}17{,}000\\12{,}363\\10{,}818\end{bmatrix}$
$R(\mathbf{x}_k)$	16,333	16,998	17,000	17,000	17,000	17,000
$\mathbf{y}_k$	$\begin{bmatrix}1\\1\\1\end{bmatrix}$	$\begin{bmatrix}1\\0{,}714\\0{,}619\end{bmatrix}$	$\begin{bmatrix}1\\0{,}728\\0{,}637\end{bmatrix}$	$\begin{bmatrix}1\\0{,}727\\0{,}636\end{bmatrix}$	$\begin{bmatrix}1\\0{,}727\\0{,}636\end{bmatrix}$	$\begin{bmatrix}1\\0{,}727\\0{,}636\end{bmatrix}$

21.

k	0	1	2	3	4	5	6	7	8
$\mathbf{x}_k$	$\begin{bmatrix}1\\1\end{bmatrix}$	$\begin{bmatrix}5\\4\end{bmatrix}$	$\begin{bmatrix}4{,}8\\3{,}2\end{bmatrix}$	$\begin{bmatrix}4{,}667\\2{,}667\end{bmatrix}$	$\begin{bmatrix}4{,}571\\2{,}286\end{bmatrix}$	$\begin{bmatrix}4{,}500\\2{,}000\end{bmatrix}$	$\begin{bmatrix}4{,}444\\1{,}778\end{bmatrix}$	$\begin{bmatrix}4{,}400\\1{,}600\end{bmatrix}$	$\begin{bmatrix}4{,}364\\1{,}455\end{bmatrix}$
$\mathbf{y}_k$	$\begin{bmatrix}1\\1\end{bmatrix}$	$\begin{bmatrix}1\\0{,}8\end{bmatrix}$	$\begin{bmatrix}1\\0{,}667\end{bmatrix}$	$\begin{bmatrix}1\\0{,}571\end{bmatrix}$	$\begin{bmatrix}1\\0{,}500\end{bmatrix}$	$\begin{bmatrix}1\\0{,}444\end{bmatrix}$	$\begin{bmatrix}1\\0{,}400\end{bmatrix}$	$\begin{bmatrix}1\\0{,}364\end{bmatrix}$	$\begin{bmatrix}1\\0{,}333\end{bmatrix}$
m_k	1	5	4,8	4,667	4,571	4,500	4,444	4,400	4,364

Como $\lambda_1 = \lambda_2 = 4, \mathbf{v}_1 = \begin{bmatrix}1\\0\end{bmatrix}$, m_k está convergindo lentamente para a resposta exata.

23.

k	0	1	2	3	4	5	6	7	8
$\mathbf{x}_k$	$\begin{bmatrix}1\\1\\1\end{bmatrix}$	$\begin{bmatrix}5\\4\\1\end{bmatrix}$	$\begin{bmatrix}4{,}2\\3{,}2\\0{,}2\end{bmatrix}$	$\begin{bmatrix}4{,}048\\3{,}048\\0{,}048\end{bmatrix}$	$\begin{bmatrix}4{,}012\\3{,}012\\0{,}012\end{bmatrix}$	$\begin{bmatrix}4{,}003\\3{,}003\\0{,}003\end{bmatrix}$	$\begin{bmatrix}4{,}001\\3{,}001\\0{,}001\end{bmatrix}$	$\begin{bmatrix}4{,}000\\3{,}000\\0{,}000\end{bmatrix}$	$\begin{bmatrix}4{,}000\\3{,}000\\0{,}000\end{bmatrix}$
$\mathbf{y}_k$	$\begin{bmatrix}1\\1\\1\end{bmatrix}$	$\begin{bmatrix}1\\0{,}8\\0{,}2\end{bmatrix}$	$\begin{bmatrix}1\\0{,}762\\0{,}048\end{bmatrix}$	$\begin{bmatrix}1\\0{,}753\\0{,}012\end{bmatrix}$	$\begin{bmatrix}1\\0{,}751\\0{,}003\end{bmatrix}$	$\begin{bmatrix}1\\0{,}750\\0{,}001\end{bmatrix}$	$\begin{bmatrix}1\\0{,}750\\0\end{bmatrix}$	$\begin{bmatrix}1\\0{,}750\\0\end{bmatrix}$	$\begin{bmatrix}1\\0{,}750\\0\end{bmatrix}$
m_k	1	5	4,2	4,048	4,012	4,003	4,001	4,000	4,000

Neste caso, $\lambda_1 = \lambda_2 = 4$ e $E_4 = \text{ger}\left(\begin{bmatrix}1\\0\\0\end{bmatrix}, \begin{bmatrix}0\\1\\0\end{bmatrix}\right)$.

É claro que m_k está convergindo para 4 e $\mathbf{y}_k$ está convergindo para um vetor no autoespaço E_4— precisamente, $\begin{bmatrix}1\\0\\0\end{bmatrix} + 0{,}75\begin{bmatrix}0\\1\\0\end{bmatrix}$.

25.

k	0	1	2	3	4	5
$\mathbf{x}_k$	$\begin{bmatrix}1\\1\end{bmatrix}$	$\begin{bmatrix}1\\0\end{bmatrix}$	$\begin{bmatrix}-1\\-1\end{bmatrix}$	$\begin{bmatrix}1\\0\end{bmatrix}$	$\begin{bmatrix}-1\\-1\end{bmatrix}$	$\begin{bmatrix}1\\0\end{bmatrix}$
$\mathbf{y}_k$	$\begin{bmatrix}1\\1\end{bmatrix}$	$\begin{bmatrix}1\\0\end{bmatrix}$	$\begin{bmatrix}1\\1\end{bmatrix}$	$\begin{bmatrix}1\\0\end{bmatrix}$	$\begin{bmatrix}1\\1\end{bmatrix}$	$\begin{bmatrix}1\\0\end{bmatrix}$
m_k	1	1	-1	1	-1	1

Os autovalores exatos são complexos (i e $-i$), de modo que não há chance do método da potência convergir para algum autovalor dominante, nem tampouco para um autovetor dominante, se começarmos com um valor inicial *real*. Em vez disso, o método da potência oscila entre dois conjuntos de valores reais.

27.

k	0	1	2	3	4	5
$\mathbf{x}_k$	$\begin{bmatrix}1\\1\\1\end{bmatrix}$	$\begin{bmatrix}3\\4\\3\end{bmatrix}$	$\begin{bmatrix}2{,}500\\4{,}000\\2{,}500\end{bmatrix}$	$\begin{bmatrix}2{,}250\\4{,}000\\2{,}250\end{bmatrix}$	$\begin{bmatrix}2{,}125\\4{,}000\\2{,}125\end{bmatrix}$	$\begin{bmatrix}2{,}063\\4{,}000\\2{,}063\end{bmatrix}$
$\mathbf{y}_k$	$\begin{bmatrix}1\\1\\1\end{bmatrix}$	$\begin{bmatrix}0{,}750\\1\\0{,}750\end{bmatrix}$	$\begin{bmatrix}0{,}625\\1\\0{,}625\end{bmatrix}$	$\begin{bmatrix}0{,}562\\1\\0{,}562\end{bmatrix}$	$\begin{bmatrix}0{,}531\\1\\0{,}531\end{bmatrix}$	$\begin{bmatrix}0{,}516\\1\\0{,}516\end{bmatrix}$
m_k	1	4	4	4	4	4

Os autovalores são $\lambda_1 = 12, \lambda_2 = 4, \lambda_3 = 2$, com os autovetores correspondentes

$$\mathbf{v}_1 = \begin{bmatrix} 1 \\ 0 \\ -1 \end{bmatrix}, \mathbf{v}_2 = \begin{bmatrix} 1 \\ 2 \\ 1 \end{bmatrix}, \mathbf{v}_3 = \begin{bmatrix} 1 \\ 0 \\ 1 \end{bmatrix}.$$

Como $\mathbf{x}_0 = \frac{1}{2}\mathbf{v}_2 + \frac{1}{2}\mathbf{v}_3$, o vetor inicial $\mathbf{x}_0$ tem uma componente nula na direção do autovetor dominante, de modo que o método da potência não pode convergir para o autovalor/autovetor dominante. Em vez disso, ele converge para um *segundo* par autovalor/autovetor, como os cálculos mostram.

k	0	1	2	3
$\mathbf{x}_k$	$\begin{bmatrix} 1 \\ 1 \\ 1 \end{bmatrix}$	$\begin{bmatrix} 4 \\ -2 \\ -4 \end{bmatrix}$	$\begin{bmatrix} -18 \\ 9 \\ 18 \end{bmatrix}$	$\begin{bmatrix} -18 \\ 9 \\ 18 \end{bmatrix}$
$\mathbf{y}_k$	$\begin{bmatrix} 1 \\ 1 \\ 1 \end{bmatrix}$	$\begin{bmatrix} 1 \\ -0,5 \\ -1 \end{bmatrix}$	$\begin{bmatrix} 1 \\ -0,5 \\ -1 \end{bmatrix}$	$\begin{bmatrix} 1 \\ -0,5 \\ -1 \end{bmatrix}$
m_k	1	4	-18	-18
$R(\mathbf{x}_k)$	$-0,667$	-18	-18	-18

Neste caso, não existe nenhum autovalor dominante. (Poderíamos escolher 18 ou -18 para m_k, $k \geq 2$.) Entretanto, o método do quociente de Rayleigh (exercícios de 17 a 20) converge para -18. Assim, -18 é o autovalor dominante de $A - 17I$, e $\lambda_2 = -18 + 17 = -1$ é o segundo autovalor de A.

29. Aplique o método da potência para

$$A - 18I = \begin{bmatrix} -4 & 12 \\ 5 & -15 \end{bmatrix}.$$

k	0	1	2	3
$\mathbf{x}_k$	$\begin{bmatrix} 1 \\ 1 \end{bmatrix}$	$\begin{bmatrix} 8 \\ -10 \end{bmatrix}$	$\begin{bmatrix} 15,2 \\ -19 \end{bmatrix}$	$\begin{bmatrix} 15,2 \\ -19 \end{bmatrix}$
$\mathbf{y}_k$	$\begin{bmatrix} 1 \\ 1 \end{bmatrix}$	$\begin{bmatrix} -0,8 \\ 1 \end{bmatrix}$	$\begin{bmatrix} -0,8 \\ 1 \end{bmatrix}$	$\begin{bmatrix} -0,8 \\ 1 \end{bmatrix}$
m_k	1	-10	-19	-19

Consequentemente, -19 é o autovalor dominante de $A - 18I$, e $\lambda_2 = -19 + 18 = -1$ é o segundo autovalor de A.

31. Aplique o método da potência a $A - 17I = \begin{bmatrix} -8 & 4 & 8 \\ 4 & -2 & -4 \\ 8 & -4 & -8 \end{bmatrix}$.

33.

k	0	1	2	3	4	5
$\mathbf{x}_k$	$\begin{bmatrix} 1 \\ 1 \end{bmatrix}$	$\begin{bmatrix} 0,5 \\ -0,5 \end{bmatrix}$	$\begin{bmatrix} -0,833 \\ 1,056 \end{bmatrix}$	$\begin{bmatrix} 0,798 \\ -0,997 \end{bmatrix}$	$\begin{bmatrix} 0,800 \\ -1,000 \end{bmatrix}$	$\begin{bmatrix} 0,800 \\ -1,000 \end{bmatrix}$
$\mathbf{y}_k$	$\begin{bmatrix} 1 \\ 1 \end{bmatrix}$	$\begin{bmatrix} 1 \\ -1 \end{bmatrix}$	$\begin{bmatrix} -0,789 \\ 1 \end{bmatrix}$	$\begin{bmatrix} -0,801 \\ 1 \end{bmatrix}$	$\begin{bmatrix} -0,800 \\ 1 \end{bmatrix}$	$\begin{bmatrix} -0,800 \\ 1 \end{bmatrix}$
m_k	1	0,5	1,056	$-0,997$	$-1,000$	$-1,000$

Assim, o autovalor de A que tem o menor valor absoluto é $1/(-1) = -1$.

35.

k	0	1	2	3	4	5
$\mathbf{x}_k$	$\begin{bmatrix} 1 \\ 1 \\ -1 \end{bmatrix}$	$\begin{bmatrix} -0{,}500 \\ 0{,}000 \\ 0{,}500 \end{bmatrix}$	$\begin{bmatrix} 0{,}500 \\ 0{,}333 \\ -0{,}500 \end{bmatrix}$	$\begin{bmatrix} 0{,}500 \\ 0{,}111 \\ -0{,}500 \end{bmatrix}$	$\begin{bmatrix} 0{,}500 \\ 0{,}259 \\ -0{,}500 \end{bmatrix}$	$\begin{bmatrix} 0{,}500 \\ 0{,}160 \\ -0{,}500 \end{bmatrix}$
$\mathbf{y}_k$	$\begin{bmatrix} 1 \\ 1 \\ -1 \end{bmatrix}$	$\begin{bmatrix} -1{,}000 \\ 0{,}000 \\ 1{,}000 \end{bmatrix}$	$\begin{bmatrix} -1{,}000 \\ -0{,}667 \\ 1{,}000 \end{bmatrix}$	$\begin{bmatrix} -1{,}000 \\ -0{,}222 \\ 1{,}000 \end{bmatrix}$	$\begin{bmatrix} -1{,}000 \\ -0{,}518 \\ 1{,}000 \end{bmatrix}$	$\begin{bmatrix} -1{,}000 \\ -0{,}321 \\ 1{,}000 \end{bmatrix}$
m_k	1	$-0{,}500$	$-0{,}500$	$-0{,}500$	$-0{,}500$	$-0{,}500$

É claro que m_k converge para $-0{,}5$. Por isso, o menor autovalor de A é $1/(-0{,}5) = -2$.

37. Os cálculos são os mesmos que os do exercício 33.

39. Aplicamos o método da potência inversa a $A - 5I = \begin{bmatrix} -1 & 0 & 6 \\ -1 & -2 & 1 \\ 6 & 0 & -1 \end{bmatrix}$. Tomando $\mathbf{x}_0 = \begin{bmatrix} 1 \\ 1 \\ 1 \end{bmatrix}$, temos

k	0	1	2	3
$\mathbf{x}_k$	$\begin{bmatrix} 1 \\ 1 \\ 1 \end{bmatrix}$	$\begin{bmatrix} 0{,}200 \\ -0{,}500 \\ 0{,}200 \end{bmatrix}$	$\begin{bmatrix} -0{,}080 \\ -0{,}500 \\ -0{,}080 \end{bmatrix}$	$\begin{bmatrix} 0{,}032 \\ -0{,}500 \\ 0{,}032 \end{bmatrix}$
$\mathbf{y}_k$	$\begin{bmatrix} 1 \\ 1 \\ 1 \end{bmatrix}$	$\begin{bmatrix} -0{,}400 \\ 1 \\ -0{,}400 \end{bmatrix}$	$\begin{bmatrix} 0{,}160 \\ 1 \\ 0{,}160 \end{bmatrix}$	$\begin{bmatrix} -0{,}064 \\ 1 \\ -0{,}064 \end{bmatrix}$
m_k	1	$-0{,}500$	$-0{,}500$	$-0{,}500$

É claro que m_k converge para $-0{,}5$. Por isso, o autovalor de A mais próximo de 5 é $5 + 1/(-0{,}5) = 5 - 2 = 3$.

41. 0,732 **43.** $-0{,}619$

47.

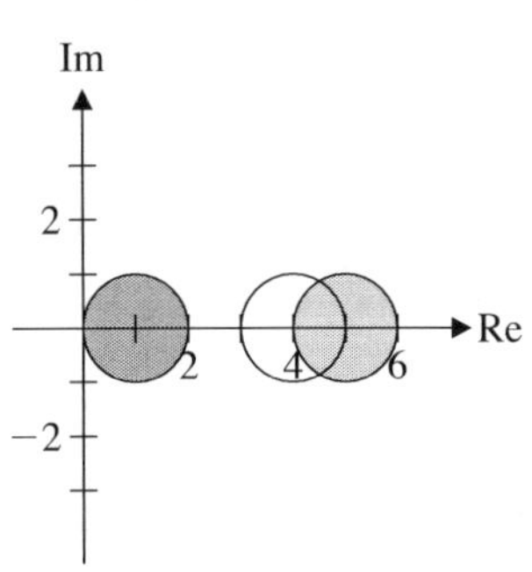

49.

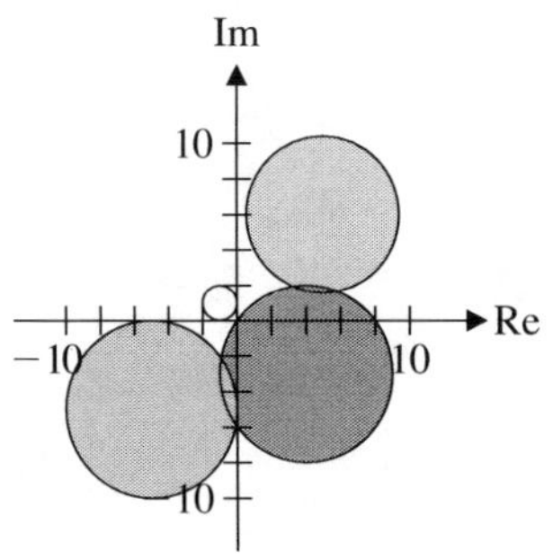

51. *Sugestão:* Mostre que 0 não está contido em nenhum disco de Gerschgorin e então aplique o teorema 4.16.

53. O exercício 52 implica que $|\lambda|$ é menor ou igual a todas as somas dos elementos das colunas de A, para cada autovalor λ. Mas, para uma matriz estocástica, todas as somas dos elementos das colunas são iguais a λ. Portanto, $|\lambda| \leq 1$.

Exercícios 4.6

1. Não regular **3.** Regular

5. Não regular **7.** $L = \begin{bmatrix} \frac{1}{5} & \frac{1}{5} \\ \frac{4}{5} & \frac{4}{5} \end{bmatrix}$

9. $L = \begin{bmatrix} 0{,}304 & 0{,}304 & 0{,}304 \\ 0{,}354 & 0{,}354 & 0{,}354 \\ 0{,}342 & 0{,}342 & 0{,}342 \end{bmatrix}$

11. $1, \begin{bmatrix} 2 \\ 1 \end{bmatrix}$ **13.** $2, \begin{bmatrix} 16 \\ 4 \\ 1 \end{bmatrix}$

15. A população está crescendo, decrescendo e permanece constante, respectivamente.

17.

$$P^{-1}LP = \begin{bmatrix} b_1 & b_2s_1 & b_3s_1s_2 & \cdots & b_{n-1}s_1s_2\cdots s_{n-2} & b_ns_1s_2\cdots s_{n-1} \\ 1 & 0 & 0 & \cdots & 0 & 0 \\ 0 & 1 & 0 & \cdots & 0 & 0 \\ \vdots & \vdots & \vdots & \ddots & \vdots & \vdots \\ 0 & 0 & 0 & \cdots & 0 & 0 \\ 0 & 0 & 0 & \cdots & 1 & 0 \end{bmatrix}.$$

O polinômio característico de L é $(\lambda^n - b_1\lambda^{n-1} - b_2s_1\lambda^{n-2} - b_3s_1s_2\lambda^{n-3} - \cdots - b_ns_1s_2\cdots s_{n-1})(-1)^n$.

19. $\lambda \approx 1{,}746$, $\mathbf{p} \approx \begin{bmatrix} 0{,}660 \\ 0{,}264 \\ 0{,}076 \end{bmatrix}$

21. $\lambda \approx 1{,}092$, $\mathbf{p} \approx \begin{bmatrix} 0{,}535 \\ 0{,}147 \\ 0{,}094 \\ 0{,}078 \\ 0{,}064 \\ 0{,}053 \\ 0{,}029 \end{bmatrix}$

25. (a) $h \approx 0.082$ **29.** 3, $\begin{bmatrix} \frac{3}{5} \\ \frac{2}{5} \end{bmatrix}$

31. 3, $\begin{bmatrix} \frac{1}{2} \\ \frac{1}{4} \\ \frac{1}{4} \end{bmatrix}$ **33.** Redutível

35. Irredutível **43.** 1, 2, 4, 8, 16

45. 0, 1, 1, 0, −1 **47.** $x_n = 4^n - (-1)^n$

49. $y_n = (n - \frac{1}{2})2^n$

51. $b_n = \dfrac{1}{2\sqrt{3}}[(1 + \sqrt{3})^n - (1 - \sqrt{3})^n]$

57. (a) $d_1 = 1, d_2 = 2, d_3 = 3, d_4 = 5, d_5 = 8$

(b) $d_n = d_{n-1} + d_{n-2}$

(c) $d_n = \dfrac{1}{\sqrt{5}}\left[\left(\dfrac{1 + \sqrt{5}}{2}\right)^{n+1} - \left(\dfrac{1 - \sqrt{5}}{2}\right)^{n+1}\right]$

59. A solução geral é $x(t) = -3C_1e^{-t} + C_2e^{4t}$, $y(t) = 2C_1e^{-t} + C_2e^{4t}$. A solução particular é $x(t) = -3e^{-t} + 3e^{4t}$, $y(t) = 2e^{-t} + 3e^{4t}$.

61. A solução geral é $x_1(t) = (1 + \sqrt{2})C_1e^{\sqrt{2}t} + (1 - \sqrt{2})C_2e^{-\sqrt{2}t}$, $x_2(t) = C_1e^{\sqrt{2}t} + C_2e^{-\sqrt{2}t}$. A solução particular é $x_1(t) = (2 + \sqrt{2})e^{\sqrt{2}t}/4 + (2 - \sqrt{2})e^{-\sqrt{2}t}/4$, $x_2(t) = \sqrt{2}e^{\sqrt{2}t}/4 - \sqrt{2}e^{-\sqrt{2}t}/4$.

63. A solução geral é $x(t) = -C_1 + C_3e^{-t}$, $y(t) = C_1 + C_2e^t - C_3e^{-t}$, $z(t) = C_1 + C_2e^t$. A solução particular é $x(t) = -2 - e^{-t}$, $y(t) = -2 + e^t + e^{-t}$, $z(t) = -2 + e^t$.

65. (a) $x(t) = -120e^{8t/5} + 520e^{11t/10}$, $y(t) = 240e^{8t/5} + 260e^{11t/10}$. A cepa X morre após aproximadamente 2,93 dias; a cepa Y continua a crescer.

67. $a = 10, b = 20$; $x(t) = 10e^t(\cos t + \operatorname{sen} t) + 10$, $y(t) = 10e^t(\cos t - \operatorname{sen} t) + 20$. A espécie Y morre quando $t \approx 1{,}22$.

71. $x(t) = C_1e^{2t} + C_2e^{3t}$

77. (a) $\begin{bmatrix} 1 \\ 1 \end{bmatrix}, \begin{bmatrix} 3 \\ 3 \end{bmatrix}, \begin{bmatrix} 9 \\ 9 \end{bmatrix}, \begin{bmatrix} 27 \\ 27 \end{bmatrix}$ **(c)** Repulsor

79. (a) $\begin{bmatrix} 1 \\ 1 \end{bmatrix}, \begin{bmatrix} 1 \\ 1 \end{bmatrix}, \begin{bmatrix} 1 \\ 1 \end{bmatrix}, \begin{bmatrix} 1 \\ 1 \end{bmatrix}$ **(c)** Nenhum

81. (a) $\begin{bmatrix} 1 \\ 1 \end{bmatrix}, \begin{bmatrix} 0{,}5 \\ -1 \end{bmatrix}, \begin{bmatrix} 1{,}75 \\ -0{,}5 \end{bmatrix}, \begin{bmatrix} 3{,}125 \\ -1{,}75 \end{bmatrix}$ **(c)** Ponto de sela

83. (a) $\begin{bmatrix} 1 \\ 1 \end{bmatrix}, \begin{bmatrix} 0{,}6 \\ 0{,}6 \end{bmatrix}, \begin{bmatrix} 0{,}36 \\ 0{,}36 \end{bmatrix}, \begin{bmatrix} 0{,}216 \\ 0{,}216 \end{bmatrix}$ **(c)** Atrator

85. $r = \sqrt{2}, \theta = 45°$, repulsor espiral

87. $r = 2, \theta = -60°$, repulsor espiral

89. $P = \begin{bmatrix} -1 & -1 \\ 1 & 0 \end{bmatrix}, C = \begin{bmatrix} 0{,}2 & -0{,}1 \\ 0{,}1 & 0{,}2 \end{bmatrix}$, atrator espiral

91. $P = \begin{bmatrix} 1/2 & -\sqrt{3}/2 \\ 1 & 0 \end{bmatrix}, C = \begin{bmatrix} 1/2 & -\sqrt{3}/2 \\ \sqrt{3}/2 & 1/2 \end{bmatrix}$, centro orbital

Questões de Revisão

1. (a) F **(c)** F **(e)** F **(g)** V **(i)** F

3. −18

5. Como $A^T = -A$, temos $\det A = \det(A^T) = \det(-A) = (-1)^n \det A = -\det A$, pelo teorema 4.7 e o fato que n é ímpar. Segue que $\det A = 0$.

7. $A\mathbf{x} = \begin{bmatrix} 5 \\ 10 \end{bmatrix} = 5\mathbf{x}, \lambda = 5$

9. (a) $4 - 3\lambda^2 - \lambda^3$

(c) $E_1 = \text{ger}\left(\begin{bmatrix} 1 \\ -1 \\ 0 \end{bmatrix}\right), E_{-2} = \text{ger}\left(\begin{bmatrix} 2 \\ -1 \\ 0 \end{bmatrix}, \begin{bmatrix} 1 \\ 0 \\ 1 \end{bmatrix}\right)$

11. $\begin{bmatrix} 162 \\ 158 \end{bmatrix}$ **13.** Não semelhantes **15.** Não semelhantes

17. 0, 1, ou −1

19. Se $A\mathbf{x} = \lambda\mathbf{x}$, então $(A^2 - 5A + 2I)\mathbf{x} = A^2\mathbf{x} - 5A\mathbf{x} + 2\mathbf{x} = 3^2\mathbf{x} - 5(3\mathbf{x}) + 2\mathbf{x} = -4\mathbf{x}$.

Capítulo 5

Exercícios 5.1

1. Ortogonal **3.** Não ortogonal **5.** Ortogonal

7. $[\mathbf{w}]_{\mathcal{B}} = \begin{bmatrix} \frac{1}{2} \\ -1 \end{bmatrix}$ **9.** $[\mathbf{w}]_{\mathcal{B}} = \begin{bmatrix} 0 \\ \frac{2}{3} \\ \frac{1}{3} \end{bmatrix}$ **11.** Ortonormal

13. $\begin{bmatrix} 1/3 \\ 2/3 \\ 2/3 \end{bmatrix}, \begin{bmatrix} 2/\sqrt{5} \\ -1/\sqrt{5} \\ 0 \end{bmatrix}, \begin{bmatrix} 2/3\sqrt{5} \\ 4/3\sqrt{5} \\ -5/3\sqrt{5} \end{bmatrix}$

15. Ortonormal

17. Ortogonal, $\begin{bmatrix} 1/\sqrt{2} & -1/\sqrt{2} \\ 1/\sqrt{2} & 1/\sqrt{2} \end{bmatrix}$

19. Ortogonal, $\begin{bmatrix} \cos\theta \operatorname{sen}\theta & \cos^2\theta & \operatorname{sen}\theta \\ -\cos\theta & \operatorname{sen}\theta & 0 \\ -\operatorname{sen}^2\theta & -\cos\theta \operatorname{sen}\theta & \cos\theta \end{bmatrix}$

21. Não ortogonal

27. $\cos(\angle(Q\mathbf{x}, Q\mathbf{y})) = \dfrac{Q\mathbf{x} \cdot Q\mathbf{y}}{\|Q\mathbf{x}\|\|Q\mathbf{y}\|} = \dfrac{\mathbf{x} \cdot \mathbf{y}}{\|\mathbf{x}\|\|\mathbf{y}\|}$

$= \cos(\angle(\mathbf{x}, \mathbf{y}))$ pelo teorema 5.6

29. Rotação, $\theta = 45°$ **31.** Reflexão, $y = \sqrt{3}x$

33. **(a)** $A(A^T + B^T)B = AA^TB + AB^TB = IB + AI = B + A = A + B$

(b) Da parte (a),

$$\begin{aligned} \det(A + B) &= \det(A(A^T + B^T)B) \\ &= \det A \det(A^T + B^T)\det B \\ &= \det A \det((A + B)^T)\det B \\ &= \det A \det(A + B)\det B \end{aligned}$$

Assuma que $\det A + \det B = 0$ (de modo que $\det B = -\det A$), mas que $A + B$ é invertível. Então, $\det(A + B) \neq 0$, logo $1 = \det A \det B = \det A(-\det A) = -(\det A)^2$. Como isso é impossível, concluímos que $A + B$ não pode ser invertível.

Exercícios 5.2

1. $W^\perp = \left\{\begin{bmatrix} x \\ y \end{bmatrix} : x + 2y = 0\right\}, \mathcal{B}^\perp = \left\{\begin{bmatrix} -2 \\ 1 \end{bmatrix}\right\}$

3. $W^\perp = \left\{\begin{bmatrix} x \\ y \\ z \end{bmatrix} : x = t, y = t, z = -t\right\},$

$\mathcal{B}^\perp = \left\{\begin{bmatrix} 1 \\ 1 \\ -1 \end{bmatrix}\right\}$

5. $W^\perp = \left\{\begin{bmatrix} x \\ y \\ z \end{bmatrix} : x - y + 3z = 0\right\}, \mathcal{B}^\perp = \left\{\begin{bmatrix} 1 \\ 1 \\ 0 \end{bmatrix}, \begin{bmatrix} 0 \\ 3 \\ 1 \end{bmatrix}\right\}$

7. lin(A): $\{[1 \ \ 0 \ \ 1], [0 \ \ 1 \ \ -2]\}$, anul($A$): $\left\{\begin{bmatrix} 1 \\ 2 \\ 1 \end{bmatrix}\right\}$

9. col(A): $\left\{\begin{bmatrix} 1 \\ 5 \\ 0 \\ -1 \end{bmatrix}, \begin{bmatrix} -1 \\ 2 \\ 1 \\ -1 \end{bmatrix}\right\}$, anul($A^T$):

$\left\{\begin{bmatrix} 1 \\ 0 \\ 2 \\ 1 \end{bmatrix}, \begin{bmatrix} -5 \\ 1 \\ -7 \\ 0 \end{bmatrix}\right\}$

11. $\left\{\begin{bmatrix} 1 \\ -10 \\ -4 \end{bmatrix}\right\}$ **13.** $\left\{\begin{bmatrix} -4 \\ 1 \\ 0 \\ 3 \end{bmatrix}, \begin{bmatrix} -3 \\ 0 \\ 1 \\ 0 \end{bmatrix}\right\}$

15. $\begin{bmatrix} \frac{3}{2} \\ \frac{3}{2} \end{bmatrix}$ **17.** $\begin{bmatrix} -\frac{1}{2} \\ \frac{1}{2} \\ 3 \end{bmatrix}$

19. $\mathbf{v} = \begin{bmatrix} -\frac{2}{5} \\ -\frac{6}{5} \end{bmatrix} + \begin{bmatrix} \frac{12}{5} \\ -\frac{4}{5} \end{bmatrix}$ **21.** $\mathbf{v} = \begin{bmatrix} \frac{7}{2} \\ -2 \\ \frac{7}{2} \end{bmatrix} + \begin{bmatrix} \frac{1}{2} \\ 0 \\ -\frac{1}{2} \end{bmatrix}$

25. Não

Exercícios 5.3

1. $\mathbf{v}_1 = \begin{bmatrix} 1 \\ 1 \end{bmatrix}, \mathbf{v}_2 = \begin{bmatrix} -1/2 \\ 1/2 \end{bmatrix}; \mathbf{q}_1 = \begin{bmatrix} 1/\sqrt{2} \\ 1/\sqrt{2} \end{bmatrix}, \mathbf{q}_2 = \begin{bmatrix} -1/\sqrt{2} \\ 1/\sqrt{2} \end{bmatrix}$

3. $\mathbf{v}_1 = \begin{bmatrix} 1 \\ -1 \\ -1 \end{bmatrix}, \mathbf{v}_2 = \begin{bmatrix} 2 \\ 1 \\ 1 \end{bmatrix}, \mathbf{v}_3 = \begin{bmatrix} 0 \\ -1 \\ 1 \end{bmatrix}; \mathbf{q}_1 = \begin{bmatrix} 1/\sqrt{3} \\ -1/\sqrt{3} \\ -1/\sqrt{3} \end{bmatrix},$

$\mathbf{q}_2 = \begin{bmatrix} 2/\sqrt{6} \\ 1/\sqrt{6} \\ 1/\sqrt{6} \end{bmatrix}, \mathbf{q}_3 = \begin{bmatrix} 0 \\ -1/\sqrt{2} \\ 1/\sqrt{2} \end{bmatrix}$

5. $\left\{\begin{bmatrix} 1 \\ 1 \\ 0 \end{bmatrix}, \begin{bmatrix} -\frac{1}{2} \\ \frac{1}{2} \\ 2 \end{bmatrix}\right\}$ **7.** $\mathbf{v} = \begin{bmatrix} -\frac{2}{9} \\ \frac{2}{9} \\ \frac{8}{9} \end{bmatrix} + \begin{bmatrix} \frac{38}{9} \\ -\frac{38}{9} \\ \frac{19}{9} \end{bmatrix}$

9. $\left\{\begin{bmatrix} 0 \\ 1 \\ 1 \end{bmatrix}, \begin{bmatrix} 1 \\ -\frac{1}{2} \\ \frac{1}{2} \end{bmatrix}, \begin{bmatrix} \frac{2}{3} \\ \frac{2}{3} \\ -\frac{2}{3} \end{bmatrix}\right\}$

11. $\left\{\begin{bmatrix}3\\1\\5\end{bmatrix}, \begin{bmatrix}-\frac{3}{35}\\ \frac{34}{35}\\ -\frac{1}{7}\end{bmatrix}, \begin{bmatrix}-\frac{15}{34}\\ 0\\ \frac{9}{34}\end{bmatrix}\right\}$

13. $Q = \begin{bmatrix}1/\sqrt{2} & 1/\sqrt{3} & 1/\sqrt{6}\\ 0 & 1/\sqrt{3} & -2/\sqrt{2}\\ -1/\sqrt{2} & 1/\sqrt{3} & 1/\sqrt{6}\end{bmatrix}$

15. $\begin{bmatrix}0 & 2/\sqrt{6} & 1/\sqrt{3}\\ 1/\sqrt{2} & -1/\sqrt{6} & 1/\sqrt{3}\\ 1/\sqrt{2} & 1/\sqrt{6} & -1/\sqrt{3}\end{bmatrix}\begin{bmatrix}\sqrt{2} & 1/\sqrt{2} & 1/\sqrt{2}\\ 0 & 3/\sqrt{6} & 1/\sqrt{6}\\ 0 & 0 & 2/\sqrt{3}\end{bmatrix}$

17. $R = \begin{bmatrix}3 & 9 & \frac{1}{3}\\ 0 & 6 & \frac{2}{3}\\ 0 & 0 & \frac{7}{3}\end{bmatrix}$

19. $A = AI$

21. $A^{-1} = (QR)^{-1} = R^{-1}Q^{-1} = R^{-1}Q^T =$

$\begin{bmatrix}1/\sqrt{2} & -1/\sqrt{6} & -1/2\sqrt{3}\\ 0 & 2/\sqrt{6} & -1/2\sqrt{3}\\ 0 & 0 & 3/2\sqrt{3}\end{bmatrix}\cdot$

$\begin{bmatrix}0 & 1/\sqrt{2} & 1/\sqrt{2}\\ 2/\sqrt{6} & -1/\sqrt{6} & 1/\sqrt{6}\\ 1/\sqrt{3} & 1/\sqrt{3} & -1/\sqrt{3}\end{bmatrix}$

23. Suponha $R\mathbf{x} = \mathbf{0}$. Então, $A\mathbf{x} = QR\mathbf{x} = Q\mathbf{0} = \mathbf{0}$. Como $A\mathbf{x}$ representa uma combinação linear das colunas de A (que são linearmente independentes), precisamos ter $\mathbf{x} = \mathbf{0}$. Consequentemente, R é invertível, pelo Teorema Fundamental.

Exercícios 5.4

1. $Q = \begin{bmatrix}1/\sqrt{2} & 1/\sqrt{2}\\ 1/\sqrt{2} & -1/\sqrt{2}\end{bmatrix}, D = \begin{bmatrix}5 & 0\\ 0 & 3\end{bmatrix}$

3. $Q = \begin{bmatrix}2/\sqrt{6} & 1/\sqrt{3}\\ 1/\sqrt{3} & -2/\sqrt{6}\end{bmatrix}, D = \begin{bmatrix}2 & 0\\ 0 & -1\end{bmatrix}$

5. $Q = \begin{bmatrix}1 & 0 & 0\\ 0 & 1/\sqrt{2} & -1/\sqrt{2}\\ 0 & 1/\sqrt{2} & 1/\sqrt{2}\end{bmatrix}, D = \begin{bmatrix}5 & 0 & 0\\ 0 & 4 & 0\\ 0 & 0 & -2\end{bmatrix}$

7. $Q = \begin{bmatrix}-1/\sqrt{2} & 0 & 1/\sqrt{2}\\ 0 & 1 & 0\\ 1/\sqrt{2} & 0 & 1/\sqrt{2}\end{bmatrix}, D = \begin{bmatrix}2 & 0 & 0\\ 0 & 1 & 0\\ 0 & 0 & 0\end{bmatrix}$

9. $Q = \begin{bmatrix}1/\sqrt{2} & 0 & 1/\sqrt{2} & 0\\ 1/\sqrt{2} & 0 & -1/\sqrt{2} & 0\\ 0 & 1/\sqrt{2} & 0 & 1/\sqrt{2}\\ 0 & 1/\sqrt{2} & 0 & -1/\sqrt{2}\end{bmatrix},$

$D = \begin{bmatrix}2 & 0 & 0 & 0\\ 0 & 2 & 0 & 0\\ 0 & 0 & 0 & 0\\ 0 & 0 & 0 & 0\end{bmatrix}$

11. $Q^TAQ = \begin{bmatrix}1/\sqrt{2} & 1/\sqrt{2}\\ 1/\sqrt{2} & -1/\sqrt{2}\end{bmatrix}\begin{bmatrix}a & b\\ b & a\end{bmatrix}\cdot$

$\begin{bmatrix}1/\sqrt{2} & 1/\sqrt{2}\\ 1/\sqrt{2} & -1/\sqrt{2}\end{bmatrix} = \begin{bmatrix}a+b & 0\\ 0 & a-b\end{bmatrix} = D$

13. (a) Se A e B são ortogonalmente diagonalizáveis, então cada uma é simétrica, pelo Teorema Espectral. Logo, pelo exercício 35 da seção 3.2, $A + B$ é simétrica, e então é ortogonalmente diagonalizável, pelo Teorema Espectral.

15. Se A e B são ortogonalmente diagonalizáveis, então cada uma é simétrica, pelo Teorema Espectral. Como $AB = BA$, então AB também é simétrica, pelo exercício 36 da seção 3.2. Então, AB é ortogonalmente diagonalizável, pelo Teorema Espectral.

17. $A = \begin{bmatrix}\frac{5}{2} & \frac{5}{2}\\ \frac{5}{2} & \frac{5}{2}\end{bmatrix} + \begin{bmatrix}\frac{3}{2} & -\frac{3}{2}\\ -\frac{3}{2} & \frac{3}{2}\end{bmatrix}$

19. $A = \begin{bmatrix}5 & 0 & 0\\ 0 & 0 & 0\\ 0 & 0 & 0\end{bmatrix} + \begin{bmatrix}0 & 0 & 0\\ 0 & 2 & 2\\ 0 & 2 & 2\end{bmatrix} + \begin{bmatrix}0 & 0 & 0\\ 0 & -1 & 1\\ 0 & 1 & -1\end{bmatrix}$

21. $\begin{bmatrix}\frac{1}{2} & -\frac{3}{2}\\ -\frac{3}{2} & \frac{1}{2}\end{bmatrix}$ **23.** $\begin{bmatrix}\frac{5}{3} & -\frac{2}{3} & -\frac{1}{3}\\ -\frac{2}{3} & \frac{5}{3} & \frac{1}{3}\\ -\frac{1}{3} & \frac{1}{3} & \frac{8}{3}\end{bmatrix}$

Exercícios 5.5

1. $2x^2 + 6xy + 4y^2$ **3.** 123 **5.** -5

7. $\begin{bmatrix}1 & 3\\ 3 & 2\end{bmatrix}$ **9.** $\begin{bmatrix}3 & -\frac{3}{2}\\ -\frac{3}{2} & -1\end{bmatrix}$ **11.** $\begin{bmatrix}5 & 1 & -2\\ 1 & -1 & 2\\ -2 & 2 & 2\end{bmatrix}$

13. $Q = \begin{bmatrix}2/\sqrt{5} & 1/\sqrt{5}\\ 1/\sqrt{5} & -2/\sqrt{5}\end{bmatrix}, y_1^2 + 6y_2^2$

15. $Q = \begin{bmatrix}2/\sqrt{5} & 2/3\sqrt{5} & -1/3\\ 0 & 5/3\sqrt{5} & 2/3\\ 1/\sqrt{5} & -4/3\sqrt{5} & 2/3\end{bmatrix}, 9y_1^2 + 9y_2^2 - 9y_3^2$

17. $Q = \begin{bmatrix}1/\sqrt{3} & 1/\sqrt{2} & 1/\sqrt{6}\\ -1/\sqrt{3} & 0 & 2/\sqrt{6}\\ -1/\sqrt{3} & 1/\sqrt{2} & -1/\sqrt{6}\end{bmatrix}, 2(x')^2 +$

$(y')^2 - (z')^2$

19. Definida positiva **21.** Definida negativa

23. Definida positiva **25.** Indefinida

27. Para cada vetor $\mathbf{x}$, temos que $\mathbf{x}^T A\mathbf{x} = \mathbf{x}^T B^T B\mathbf{x} = (B\mathbf{x})^T (B\mathbf{x}) = \|B\mathbf{x}\|^2 \geq 0$. Se $\mathbf{x}^T A\mathbf{x} = 0$, então $\|B\mathbf{x}\|^2 = 0$, de modo que $B\mathbf{x} = 0$. Como B é invertível, isso implica que $\mathbf{x} = \mathbf{0}$. Logo, $\mathbf{x}^T A\mathbf{x} > 0$ para todo $\mathbf{x} \neq \mathbf{0}$, e então $A = B^T B$ é definida positiva.

31. **(a)** Todo autovalor de cA é da forma $c\lambda$ para algum autovalor λ de A. Pelo teorema 5.22 , $\lambda > 0$. Logo $c\lambda > 0$, pois c é positivo. Portanto, cA é definida positiva, pelo teorema 5.22.

(c) Seja $\mathbf{x} \neq \mathbf{0}$. Então, $\mathbf{x}^T A\mathbf{x} > 0$ e $\mathbf{x}^T B\mathbf{x} > 0$, pois A e B são definidas positivas. Mas então $\mathbf{x}^T(A + B)\mathbf{x} = \mathbf{x}^T A\mathbf{x} + \mathbf{x}^T B\mathbf{x} > 0$, e portanto $A + B$ é definida positiva.

33. O valor máximo de $f(\mathbf{x})$ é 2 quando $\mathbf{x} = \pm \begin{bmatrix} 1/\sqrt{2} \\ -1/\sqrt{2} \end{bmatrix}$;

o valor mínimo de $f(\mathbf{x})$ é 0 quando $\mathbf{x} = \pm \begin{bmatrix} 1/\sqrt{2} \\ 1/\sqrt{2} \end{bmatrix}$.

35. O valor máximo de $f(\mathbf{x})$ é 4 quando $\mathbf{x} = \pm \begin{bmatrix} 1/\sqrt{3} \\ 1/\sqrt{3} \\ 1/\sqrt{3} \end{bmatrix}$;

o valor mínimo de $f(\mathbf{x})$ é 1 quando $\mathbf{x} =$

$$\pm \begin{bmatrix} 1/\sqrt{2} \\ 0 \\ -1/\sqrt{2} \end{bmatrix} \text{ ou } \pm \begin{bmatrix} -1/\sqrt{2} \\ 1/\sqrt{2} \\ 0 \end{bmatrix}.$$

39. Elipse **41.** Parábola **43.** Hipérbole

45. Círculo, $x' = x - 2, y' = y - 2, (x')^2 + (y')^2 = 4$

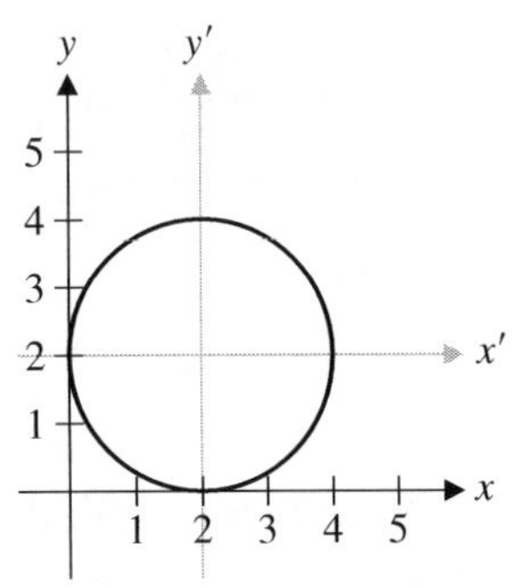

47. Hipérbole, $x' = x, y' = y + \frac{1}{2}, (x')^2/4 - (y')^2/9 = 1$

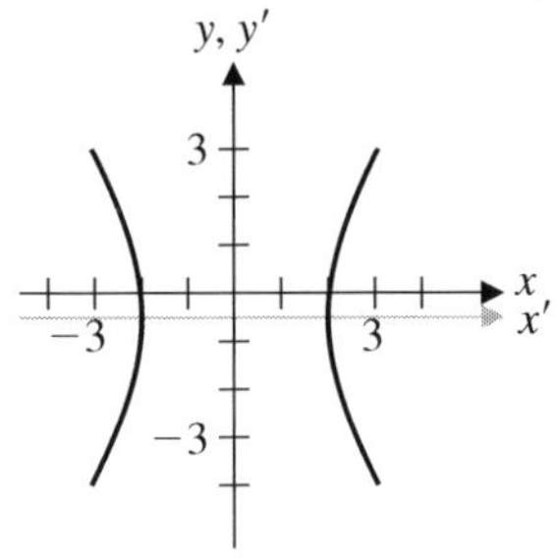

49. Parábola, $x' = x - 2, y' = y + 2, x' = -\frac{1}{2}(y')^2$

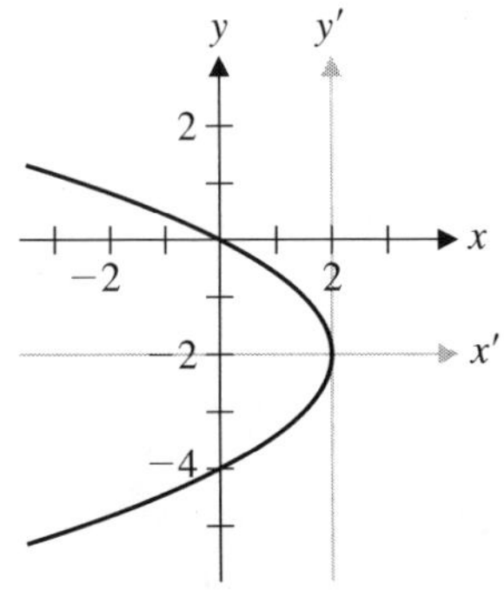

51. Elipse, $(x')^2/4 + (y')^2/12 = 1$

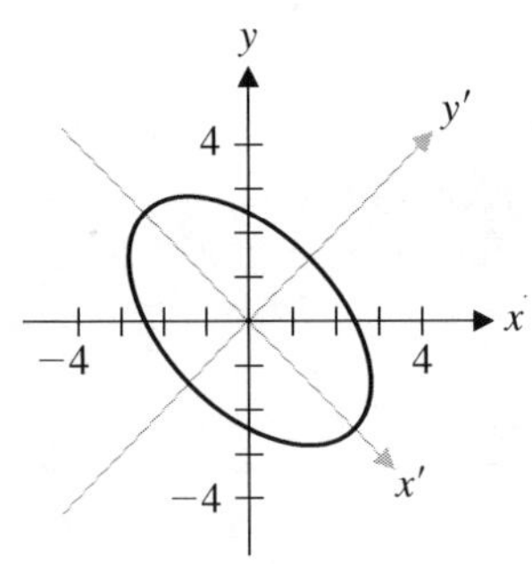

53. Hipérbole, $(x')^2 - (y')^2 = 1$

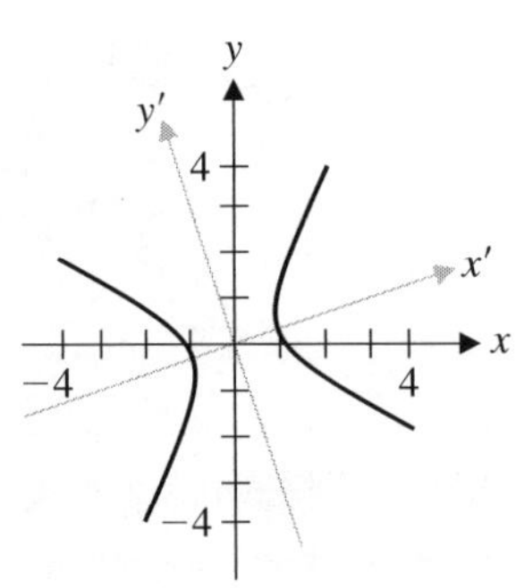

55. Elipse, $(x'')^2/50 + (y'')^2/10 = 1$

57. Hipérbole, $(x'')^2 - (y'')^2 = 1$

59. Degenerada (duas retas)

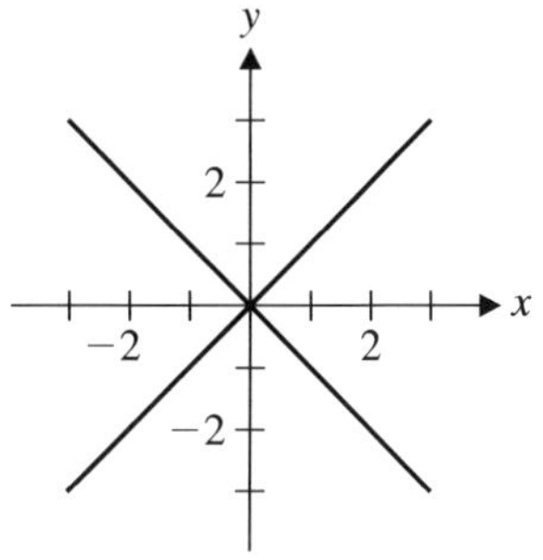

61. Degenerada (um ponto)

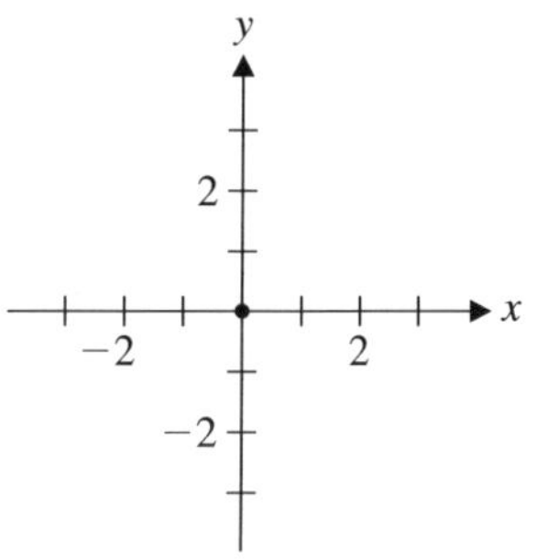

63. Degenerada (duas retas)

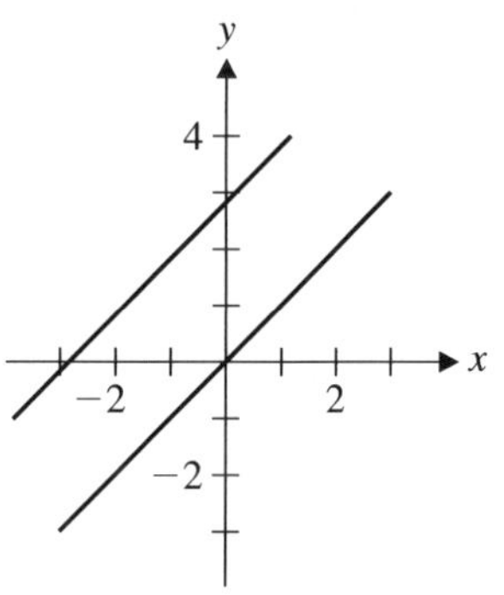

67. Hiperboloide de uma folha, $(x')^2 - (y')^2 + 3(z')^2 = 1$

69. Paraboloide hiperbólico, $z = -(x')^2 + (y')^2$

71. Paraboloide hiperbólico, $x' = -\sqrt{3}(y')^2 + \sqrt{3}(z')^2$

73. Elipsoide, $3(x'')^2 + (y'')^2 + 2(z'')^2 = 4$

Questões de Revisão

1. (a) V **(c)** V **(e)** F **(g)** F **(i)** F

3. $\begin{bmatrix} 9/2 \\ 2/3 \\ -11/6 \end{bmatrix}$ **5.** Verifique que $Q^TQ = I$.

7. O teorema 5.6(c) mostra que se $\mathbf{v}_i \cdot \mathbf{v}_j = 0$, então $Q\mathbf{v}_i \cdot Q\mathbf{v}_j = 0$. O teorema 5.6(b) mostra que $\{Q\mathbf{v}_1, \ldots, Q\mathbf{v}_k\}$ consiste em vetores unitários porque os vetores de $\{\mathbf{v}_1, \ldots, \mathbf{v}_k\}$ são unitários. Portanto, $\{Q\mathbf{v}_1, \ldots, Q\mathbf{v}_k\}$ é um conjunto ortonormal.

9. $\left\{\begin{bmatrix} 2 \\ -5 \end{bmatrix}\right\}$ **11.** $\left\{\begin{bmatrix} -1 \\ 3 \\ 1 \end{bmatrix}\right\}$

13. lim(A) : {[1 0 2 3 4], [0 1 0 2 1]}

col(A): $\left\{\begin{bmatrix} 1 \\ -1 \\ 2 \\ 3 \end{bmatrix}, \begin{bmatrix} -1 \\ 2 \\ 1 \\ -5 \end{bmatrix}\right\}$

anul(A): $\left\{\begin{bmatrix} -2 \\ 0 \\ 1 \\ 0 \\ 0 \end{bmatrix}, \begin{bmatrix} -3 \\ -2 \\ 0 \\ 1 \\ 0 \end{bmatrix}, \begin{bmatrix} -4 \\ -1 \\ 0 \\ 0 \\ 1 \end{bmatrix}\right\}$

anul(A^T): $\left\{\begin{bmatrix} -5 \\ -3 \\ 1 \\ 0 \end{bmatrix}, \begin{bmatrix} -1 \\ 2 \\ 0 \\ 1 \end{bmatrix}\right\}$

15. (a) $\left\{\begin{bmatrix} 1 \\ 1 \\ 1 \\ 1 \end{bmatrix}, \begin{bmatrix} \frac{1}{4} \\ \frac{1}{4} \\ \frac{1}{4} \\ -\frac{3}{4} \end{bmatrix}, \begin{bmatrix} -\frac{2}{3} \\ \frac{1}{3} \\ \frac{1}{3} \\ 0 \end{bmatrix}\right\}$

17. $\left\{\begin{bmatrix} -1 \\ 1 \\ 0 \\ 0 \end{bmatrix}, \begin{bmatrix} \frac{1}{2} \\ \frac{1}{2} \\ -1 \\ 0 \end{bmatrix}, \begin{bmatrix} \frac{1}{3} \\ \frac{1}{3} \\ \frac{1}{3} \\ -1 \end{bmatrix}\right\}$

19. $\begin{bmatrix} -\frac{1}{2} & \frac{3}{2} & 0 \\ \frac{3}{2} & -\frac{1}{2} & 0 \\ 0 & 0 & 1 \end{bmatrix}$

Capítulo 6

Exercícios 6.1

1. Espaço vetorial

3. Não é um espaço vetorial; o axioma 1 não vale.

5. Não é um espaço vetorial; o axioma 8 não vale.

7. Espaço vetorial **9.** Espaço vetorial

11. Espaço vetorial **15.** Espaço vetorial complexo

17. Não é um espaço vetorial complexo; o axioma 6 não vale.

19. Não é um espaço vetorial; os axiomas 1, 4, e 6 não valem.

21. Não é um espaço vetorial; as operações de adição e multiplicação nem são as mesmas.

25. Subespaço **27.** Não é um subespaço

29. Não é um subespaço **31.** Subespaço

33. Subespaço **35.** Subespaço

37. Não é um subespaço **39.** Subespaço

41. Subespaço **43.** Não é um subespaço

45. Não é um subespaço

47. Tome U como sendo o eixo x e W como o eixo y, por exemplo. Então, $\begin{bmatrix}1\\0\end{bmatrix}$ e $\begin{bmatrix}0\\1\end{bmatrix}$ estão em $U \cup W$, mas $\begin{bmatrix}1\\1\end{bmatrix} = \begin{bmatrix}1\\0\end{bmatrix} + \begin{bmatrix}0\\1\end{bmatrix}$ não está.

51. Não

53. Sim; $s(x) = (3 + 2t)p(x) + (1 + t)q(x) + tr(x)$ para todo escalar t.

55. Sim; $h(x) = f(x) + g(x)$

57. Não

59. Não

61. Sim

Exercícios 6.2

1. Linearmente independente

3. Linearmente dependente; $\begin{bmatrix}-1 & 0\\-1 & 7\end{bmatrix} = 4\begin{bmatrix}-1 & 1\\-2 & 2\end{bmatrix} + \begin{bmatrix}3 & 0\\1 & 1\end{bmatrix} - 2\begin{bmatrix}0 & 2\\-3 & 1\end{bmatrix}$

5. Linearmente independente

7. Linearmente dependente; $3x + 2x^2 = 7x - 2(2x - x^2)$

9. Linearmente independente

11. Linearmente dependente; $1 = \operatorname{sen}^2 x + \cos^2 x$

13. Linearmente dependente; $\ln(x^2) = -2\ln 2 \cdot 1 + 2 \cdot \ln(2x)$

17. **(a)** Linearmente independente

(b) Linearmente dependente

19. Base **21.** Não é uma base

23. Não é uma base **25.** Não é uma base

27. $[A]_{\mathcal{B}} = \begin{bmatrix}-1\\-1\\-1\\4\end{bmatrix}$ **29.** $[p(x)]_{\mathcal{B}} = \begin{bmatrix}6\\-1\\3\end{bmatrix}$

35. $\dim V = 2, \mathcal{B} = \{1 - x, 1 - x^2\}$

37. $\dim V = 3, \mathcal{B} = \left\{\begin{bmatrix}1 & 0\\0 & 0\end{bmatrix}, \begin{bmatrix}0 & 1\\0 & 0\end{bmatrix}, \begin{bmatrix}0 & 0\\0 & 1\end{bmatrix}\right\}$

39. $\dim V = 2, \mathcal{B} = \left\{\begin{bmatrix}1 & 0\\0 & 1\end{bmatrix}, \begin{bmatrix}0 & 1\\0 & 0\end{bmatrix}\right\}$

41. $(n^2 - n)/2$

43. **(a)** $\dim(U \times V) = \dim U + \dim V$

(b) Mostre que se $\{\mathbf{w}_1, \ldots, \mathbf{w}_n\}$ é uma base de W, então $\{(\mathbf{w}_1, \mathbf{w}_1), \ldots, (\mathbf{w}_n, \mathbf{w}_n)\}$ é uma base de Δ.

45. $\{1 + x, 1 + x + x^2, 1\}$

47. $\left\{\begin{bmatrix}1 & 0\\0 & 1\end{bmatrix}, \begin{bmatrix}0 & 1\\1 & 0\end{bmatrix}, \begin{bmatrix}0 & -1\\1 & 0\end{bmatrix}, \begin{bmatrix}1 & 0\\0 & 0\end{bmatrix}\right\}$

49. $\{1, 1 + x\}$

51. $\{1 - x, x - x^2\}$

53. $\{\operatorname{sen}^2 x, \cos^2 x\}$

59. **(a)** $p_0(x) = \frac{1}{2}x^2 - \frac{5}{2}x + 3, p_1(x) = -x^2 + 4x - 3, p_2(x) = \frac{1}{2}x^2 - \frac{3}{2}x + 1$

61. **(c)** (i) $3x^2 - 16x + 19$ (ii) $x^2 - 4x + 5$

63. $(p^n - 1)(p^n - p)(p^n - p^2)\cdots(p^n - p^{n-1})$

Exercícios 6.3

1. $[\mathbf{x}]_{\mathcal{B}} = \begin{bmatrix}2\\3\end{bmatrix}, [\mathbf{x}]_{\mathcal{C}} = \begin{bmatrix}\frac{5}{2}\\-\frac{1}{2}\end{bmatrix}, P_{\mathcal{C}\leftarrow\mathcal{B}} = \begin{bmatrix}\frac{1}{2} & \frac{1}{2}\\\frac{1}{2} & -\frac{1}{2}\end{bmatrix}, P_{\mathcal{B}\leftarrow\mathcal{C}} = \begin{bmatrix}1 & 1\\1 & -1\end{bmatrix}$

3. $[\mathbf{x}]_{\mathcal{B}} = \begin{bmatrix}1\\0\\-1\end{bmatrix}, [\mathbf{x}]_{\mathcal{C}} = \begin{bmatrix}1\\-1\\-1\end{bmatrix}, P_{\mathcal{C}\leftarrow\mathcal{B}} = \begin{bmatrix}1 & 0 & 0\\-1 & 1 & 0\\0 & -1 & 1\end{bmatrix},$

$P_{\mathcal{B}\leftarrow\mathcal{C}} = \begin{bmatrix}1 & 0 & 0\\1 & 1 & 0\\1 & 1 & 1\end{bmatrix}$

5. $[p(x)]_{\mathcal{B}} = \begin{bmatrix}2\\-1\end{bmatrix}, [p(x)]_{\mathcal{C}} = \begin{bmatrix}-3\\2\end{bmatrix}, P_{\mathcal{C}\leftarrow\mathcal{B}} = \begin{bmatrix}-1 & 1\\1 & 0\end{bmatrix},$

$P_{\mathcal{B}\leftarrow\mathcal{C}} = \begin{bmatrix}0 & 1\\1 & 1\end{bmatrix}$

7. $[p(x)]_{\mathcal{B}} = \begin{bmatrix}1\\-1\\1\end{bmatrix}, [p(x)]_{\mathcal{C}} = \begin{bmatrix}1\\0\\1\end{bmatrix}, P_{\mathcal{C}\leftarrow\mathcal{B}} = \begin{bmatrix}1 & 0 & 0\\1 & 1 & 0\\1 & 1 & 1\end{bmatrix},$

$P_{\mathcal{B}\leftarrow\mathcal{C}} = \begin{bmatrix}1 & 0 & 0\\-1 & 1 & 0\\0 & -1 & 1\end{bmatrix}$

9. $[A]_{\mathcal{B}} = \begin{bmatrix} 4 \\ 2 \\ 0 \\ -1 \end{bmatrix}, [A]_{\mathcal{C}} = \begin{bmatrix} \frac{5}{2} \\ 0 \\ -3 \\ \frac{9}{2} \end{bmatrix}, P_{\mathcal{C}\leftarrow\mathcal{B}} =$

$\begin{bmatrix} \frac{1}{2} & 0 & -1 & -\frac{1}{2} \\ 0 & 0 & 1 & 0 \\ -1 & 1 & 1 & 1 \\ \frac{3}{2} & -1 & -2 & -\frac{1}{2} \end{bmatrix}, P_{\mathcal{B}\leftarrow\mathcal{C}} = \begin{bmatrix} 1 & 2 & 1 & 1 \\ 2 & 1 & 1 & 0 \\ 0 & 1 & 0 & 0 \\ -1 & 0 & 1 & 1 \end{bmatrix}$

11. $[f(x)]_{\mathcal{B}} = \begin{bmatrix} 2 \\ -5 \end{bmatrix}, [f(x)]_{\mathcal{C}} = \begin{bmatrix} -1/2 \\ 5/2 \end{bmatrix},$

$P_{\mathcal{C}\leftarrow\mathcal{B}} = \begin{bmatrix} 1 & 1/2 \\ 0 & -1/2 \end{bmatrix}, P_{\mathcal{B}\leftarrow\mathcal{C}} = \begin{bmatrix} 1 & 1 \\ 0 & -2 \end{bmatrix}$

13. (a) $\begin{bmatrix} (3 - 2\sqrt{3})/2 \\ (-3\sqrt{3} + 2)/2 \end{bmatrix} \approx \begin{bmatrix} 3{,}232 \\ -1{,}598 \end{bmatrix}$

(b) $\begin{bmatrix} 2 + 2\sqrt{3} \\ 2\sqrt{3} - 2 \end{bmatrix} \approx \begin{bmatrix} 5{,}464 \\ 1{,}464 \end{bmatrix}$

15. $\mathcal{B} = \left\{ \begin{bmatrix} -1 \\ -1 \end{bmatrix}, \begin{bmatrix} 3 \\ 4 \end{bmatrix} \right\}$

17. $-2 - 8(x - 1) - 5(x - 1)^2$

19. $-1 + 3(x + 1) - 3(x + 1)^2 + (x + 1)^3$

Exercícios 6.4

1. Transformação linear **3.** Transformação linear

5. Transformação linear

7. Não é transformação linear

9. Transformação linear

11. Não é transformação linear

13. Temos

$$\begin{aligned} S(p(x) + q(x)) &= S((p + q)(x)) = x((p + q)(x)) \\ &= x(p(x) + q(x)) = xp(x) + xq(x) \\ &= S(p(x)) + S(q(x)) \end{aligned}$$

e
$$\begin{aligned} S(cp(x)) &= S((cp)(x)) = x((cp)(x)) \\ &= x(cp(x)) = cxp(x) = cS(p(x)) \end{aligned}$$

Logo, S é linear. Analogamente,

$$\begin{aligned} T\left(\begin{bmatrix} a \\ b \end{bmatrix} + \begin{bmatrix} c \\ d \end{bmatrix}\right) &= T\begin{bmatrix} a + c \\ b + d \end{bmatrix} \\ &= (a + c) + ((a + c) + (b + d))x \\ &= (a + (a + b)x) + (c + (c + d)x) \\ &= T\left(\begin{bmatrix} a \\ b \end{bmatrix}\right) + T\left(\begin{bmatrix} c \\ d \end{bmatrix}\right) \end{aligned}$$

e
$$\begin{aligned} T\left(k\begin{bmatrix} a \\ b \end{bmatrix}\right) &= T\begin{bmatrix} ka \\ kb \end{bmatrix} = (ka) + (ka + kb)x \\ &= k(a + (a + b)x) = kT\left(\begin{bmatrix} a \\ b \end{bmatrix}\right) \end{aligned}$$

Logo, T é linear.

15. $T\begin{bmatrix} -7 \\ 9 \end{bmatrix} = 5 - 14x - 8x^2, T\begin{bmatrix} a \\ b \end{bmatrix} = \left(\dfrac{a + 3b}{4}\right) - \left(\dfrac{a + 7b}{4}\right)x + \left(\dfrac{a - b}{2}\right)x^2$

17. $T(4 - x + 3x^2) = 4 + 3x + 5x^2, T(a + bx + cx^2) = a + cx + \left(\dfrac{3a - b - c}{2}\right)x^2$

19. *Sugestão:* tome $a = T(E_{11}), b = T(E_{12}), c = T(E_{21}), d = T(E_{22})$.

23. *Sugestão:* considere o efeito de T e de D sobre a base canônica de $\mathscr{P}_n$.

25. $(S \circ T)\begin{bmatrix} 2 \\ 1 \end{bmatrix} = \begin{bmatrix} 4 & -1 \\ 0 & 6 \end{bmatrix}, (S \circ T)\begin{bmatrix} x \\ y \end{bmatrix} = \begin{bmatrix} 2x & -y \\ 0 & 2x + 2y \end{bmatrix}$.

$(T \circ S)\begin{bmatrix} x \\ y \end{bmatrix}$ não tem sentido.

27. $(S \circ T)(p(x)) = p'(x + 1), (T \circ S)(p(x)) = (p(x + 1))' = p'(x + 1)$

29. $(S \circ T)\begin{bmatrix} x \\ y \end{bmatrix} = S\left(T\begin{bmatrix} x \\ y \end{bmatrix}\right) = S\left(\begin{bmatrix} x - y \\ -3x + 4y \end{bmatrix}\right) = \begin{bmatrix} 4(x - y) + (-3x + 4y) \\ 3(x - y) + (-3x + 4y) \end{bmatrix} = \begin{bmatrix} x \\ y \end{bmatrix}$

$(T \circ S)\begin{bmatrix} x \\ y \end{bmatrix} = T\left(S\begin{bmatrix} x \\ y \end{bmatrix}\right) = T\left(\begin{bmatrix} 4x + y \\ 3x + y \end{bmatrix}\right) = \begin{bmatrix} (4x + y) - (3x + y) \\ -3(4x + y) + 4(3x + y) \end{bmatrix} = \begin{bmatrix} x \\ y \end{bmatrix}$

Logo, $S \circ T = I$ e $T \circ S = I$, e portanto S e T são inversas uma da outra.

Exercícios 6.5

1. (a) Apenas (ii) está em $\ker(T)$.

(b) Somente (iii) está em $\text{im}(T)$.

(c) $\ker(T) = \left\{ \begin{bmatrix} 0 & b \\ c & 0 \end{bmatrix} \right\}, \text{im}(T) = \left\{ \begin{bmatrix} a & 0 \\ 0 & d \end{bmatrix} \right\}$

3. (a) Apenas (iii) está em $\ker(T)$.

(b) Todos eles estão em $\text{im}(T)$.

(c) $\ker(T) = \{a + bx + cx^2 : a = -c, b = -c\} = \{t + tx - tx^2\}, \text{im}(T) = \mathbb{R}^2$

5. Uma base para ker(T) é $\left\{\begin{bmatrix}0 & 1\\0 & 0\end{bmatrix}, \begin{bmatrix}0 & 0\\1 & 0\end{bmatrix}\right\}$, e uma base para im($T$) é $\left\{\begin{bmatrix}1 & 0\\0 & 0\end{bmatrix}, \begin{bmatrix}0 & 0\\0 & 1\end{bmatrix}\right\}$; posto($T$) = nulidade($T$) = 2, e posto($T$) + nulidade($T$) = 4 = dim M_{22}.

7. Uma base para ker(T) é $\{1 + x - x^2\}$, e uma base para im(T) é $\left\{\begin{bmatrix}1\\0\end{bmatrix}, \begin{bmatrix}0\\1\end{bmatrix}\right\}$; posto($T$) = 2, nulidade($T$) = 1 e posto($T$) + nulidade($T$) = 3 = dim $\mathscr{P}_2$.

9. posto(T) = nulidade(T) = 2

11. posto(T) = nulidade(T) = 2

13. posto(T) = 1, nulidade(T) = 2

15. Injetora e sobrejetora

17. Nem injetora e nem sobrejetora

19. Injetora mas não sobrejetora

21. Isomorfo, $T\begin{bmatrix}a & 0 & 0\\0 & b & 0\\0 & 0 & c\end{bmatrix} = \begin{bmatrix}a\\b\\c\end{bmatrix}$

23. Não isomorfo

25. Isomorfo, $T(a + bi) = \begin{bmatrix}a\\b\end{bmatrix}$

31. *Sugestão*: defina $T: \mathscr{C}\,[0, 1] \to \mathscr{C}\,[0, 2]$ tomando $T(f)$ como a função cujo valor em x é $(T(f))(x) = f(x/2)$ para todo x em $[0, 2]$.

33. **(a)** Considere $\mathbf{v}_1$ e $\mathbf{v}_2$ em V e suponha $(S \circ T)(\mathbf{v}_1) = (S \circ T)(\mathbf{v}_2)$. Então $S(T(\mathbf{v}_1)) = S(T(\mathbf{v}_2))$, o que implica que $T(\mathbf{v}_1) = T(\mathbf{v}_2)$, pois S é injetora. Mas então $\mathbf{v}_1 = \mathbf{v}_2$, pois T é injetora. Logo, $S \circ T$ é injetora.

35. **(a)** Pelo Teorema do Posto, posto(T) + nulidade(T) = dim V. Se T fosse sobrejetora, então im(T) = W, e, assim, posto (T) = dim (im(T)) = dim W. Logo,

$$\dim V + \text{nulidade}(T) < \dim W + \text{nulidade}(T) = \text{posto}(T) + \text{nulidade}(T) = \dim V$$

Logo, nulidade (T) < 0, o que é impossível. Portanto, T não pode ser sobrejetora.

Exercícios 6.6

1. $[T]_{C\leftarrow B} = \begin{bmatrix}0 & 1\\-1 & 0\end{bmatrix}$, $[T]_{C\leftarrow B}[4 + 2x]_B =$

$$\begin{bmatrix}0 & 1\\-1 & 0\end{bmatrix}\begin{bmatrix}4\\2\end{bmatrix} = \begin{bmatrix}2\\-4\end{bmatrix} = [2 - 4x]_C = [T(4 + 2x)]_C$$

3. $[T]_{C\leftarrow B} = \begin{bmatrix}1 & 0 & 0\\0 & 1 & 0\\0 & 0 & 1\end{bmatrix}$, $[T]_{C\leftarrow B}[a + bx + cx^2]_B =$

$$\begin{bmatrix}1 & 0 & 0\\0 & 1 & 0\\0 & 0 & 1\end{bmatrix}\begin{bmatrix}a\\b\\c\end{bmatrix} = \begin{bmatrix}a\\b\\c\end{bmatrix} = [a + b(x + 2) + c(x + 2)^2)]_C = [T(a + bx + cx^2)]_C$$

5. $[T]_{C\leftarrow B} = \begin{bmatrix}1 & 0 & 0\\1 & 1 & 1\end{bmatrix}$, $[T]_{C\leftarrow B}[a + bx + cx^2]_B =$

$$\begin{bmatrix}1 & 0 & 0\\1 & 1 & 1\end{bmatrix}\begin{bmatrix}a\\b\\c\end{bmatrix} = \begin{bmatrix}a\\a + b + c\end{bmatrix}$$

$$= \begin{bmatrix}a + b\cdot 0 + c\cdot 0^2\\a + b\cdot 1 + c\cdot 1^2\end{bmatrix}_C = [T(a + bx + cx^2)]_C$$

7. $[T]_{C\leftarrow B} = \begin{bmatrix}6 & 4\\-3 & -2\\2 & -1\end{bmatrix}$, $[T]_{C\leftarrow B}\begin{bmatrix}-7\\7\end{bmatrix}_B =$

$$\begin{bmatrix}6 & 4\\-3 & -2\\2 & -1\end{bmatrix}\begin{bmatrix}2\\-3\end{bmatrix} = \begin{bmatrix}0\\0\\8\end{bmatrix} = \begin{bmatrix}7\\7\\7\end{bmatrix}_C = \left[T\begin{bmatrix}-7\\7\end{bmatrix}\right]_C$$

9. $[T]_{C\leftarrow B} = \begin{bmatrix}1 & 0 & 0 & 0\\0 & 0 & 1 & 0\\0 & 1 & 0 & 0\\0 & 0 & 0 & 1\end{bmatrix}$, $[T]_{C\leftarrow B}[A]_B =$

$$\begin{bmatrix}1 & 0 & 0 & 0\\0 & 0 & 1 & 0\\0 & 1 & 0 & 0\\0 & 0 & 0 & 1\end{bmatrix}\begin{bmatrix}a\\b\\c\\d\end{bmatrix} = \begin{bmatrix}a\\c\\b\\d\end{bmatrix} = \left[\begin{bmatrix}a & c\\b & d\end{bmatrix}\right]_C = [T(A)]_C$$

11. $[T]_{C\leftarrow B} = \begin{bmatrix}0 & -1 & 1 & 0\\-1 & 0 & 0 & 1\\1 & 0 & 0 & -1\\0 & 1 & -1 & 0\end{bmatrix}$, $[T]_{C\leftarrow B}[A]_B =$

$$\begin{bmatrix}0 & -1 & 1 & 0\\-1 & 0 & 0 & 1\\1 & 0 & 0 & -1\\0 & 1 & -1 & 0\end{bmatrix}\begin{bmatrix}a\\b\\c\\d\end{bmatrix} = \begin{bmatrix}c - b\\d - a\\a - d\\b - c\end{bmatrix} =$$

$$\left[\begin{bmatrix}c - b & d - a\\a - d & b - c\end{bmatrix}\right]_C = [AB - BA]_C = [T(A)]_C$$

13. (b) $[D]_{\mathcal{B}} = \begin{bmatrix} 0 & -1 \\ 1 & 0 \end{bmatrix}$

(c) $[D]_{\mathcal{B}}[3\,\text{sen}x - 5\cos x]_{\mathcal{B}} = \begin{bmatrix} 0 & -1 \\ 1 & 0 \end{bmatrix}\begin{bmatrix} 3 \\ -5 \end{bmatrix} = \begin{bmatrix} 5 \\ 3 \end{bmatrix} = [3\cos x + 5\,\text{sen}x]_{\mathcal{B}} = [D(3\,\text{sen}x - 5\cos x)]_{\mathcal{B}}$

15. (a) $[D]_{\mathcal{B}} = \begin{bmatrix} 2 & 0 & 0 \\ 0 & 2 & 1 \\ 0 & -1 & 2 \end{bmatrix}$

17. $[S \circ T]_{\mathcal{D} \leftarrow \mathcal{B}} = \begin{bmatrix} -1 & -2 \\ 1 & -1 \end{bmatrix}$

19. Invertível, $T^{-1}(a + bx) = -b + ax$

21. Invertível, $T^{-1}(p(x)) = p(x - 2)$

23. Invertível, $T^{-1}(a + bx + cx^2) = (a - b + 2c) + (b - 2c)x + cx^2$ ou $T^{-1}(p(x)) = p(x) - p'(x) + p''(x)$

25. Não invertível **27.** $-3\,\text{sen}\,x - \cos x + C$

29. $\frac{4}{5}e^{2x}\cdot\cos x - \frac{3}{5}e^{2x}\,\text{sen}x + C$

31. $\mathcal{C} = \left\{\begin{bmatrix} 1 \\ -1 \end{bmatrix}, \begin{bmatrix} -4 \\ 1 \end{bmatrix}\right\}$ **33.** $\mathcal{C} = \{1 - x, 2 + x\}$

35. $\mathcal{C} = \{1, x\}$

37. $[T]_{\mathcal{E}} = \begin{bmatrix} (d_1^2 - d_2^2)/(d_1^2 + d_2^2) & 2d_1d_2/(d_1^2 + d_2^2) \\ 2d_1d_2/(d_1^2 + d_2^2) & (d_2^2 - d_1^2)/(d_1^2 + d_2^2) \end{bmatrix}$

Exercícios 6.7

1. $y(t) = 2e^{3t}/e^3$

3. $y(t) = ((1 - e^4)e^{3t} + (e^3 - 1)e^{4t})/(e^3 - e^4)$

5. $f(t) = \left(\dfrac{e^{(\sqrt{5}-1)/2}}{e^{\sqrt{5}} - 1}\right)[e^{(1+\sqrt{5})t/2} - e^{(1-\sqrt{5})t/2}]$

7. $y(t) = e^t - (1 - e^{-1})te^t$

9. $y(t) = ((k + 1)e^{kt} + (k - 1)e^{-kt})/2k$

11. $y(t) = e^t\cos(2t)$

13. (a) $p(t) = 100e^{\ln(16)t/3} \approx 100e^{0{,}924t}$

(b) 45 minutos **(c)** Em 9,968 horas

15. (a) $m(t) = 50e^{-ct}$, sendo $c = \ln(2)/1590 \approx 4{,}36 \times 10^{-4}$; restam 32,33mg após 1000 anos

(b) Após 3691,9 anos

17. $x(t) = \dfrac{5 - 10\cos(10\sqrt{K})}{\text{sen}(10\sqrt{K})}\,\text{sen}(\sqrt{K}t) + 10\cos(\sqrt{K}t)$

19. (b) Não

Questões de Revisão

1. (a) F **(c)** V **(e)** F **(g)** F **(i)** V

3. Subespaço **5.** Subespaço

7. Seja $c_1A + c_2B = O$. Então $c_1A - c_2B = c_1A^T + c_2B^T = (c_1A + c_2B)^T = O$. Somando as duas igualdades, obtemos $2c_1A = O$, e portanto, $c_1 = 0$ pois A é não nula. Consequentemente, $c_2B = O$, logo, $c_2 = 0$. Assim, $\{A, B\}$ é linearmente independente.

9. $\{1, x^2, x^4\}$, dim $W = 3$

11. Transformação linear

13. Transformação linear **15.** $n^2 - 1$

17. $\begin{bmatrix} 1 & 0 & -1 \\ 0 & 1 & -2 \\ 0 & 0 & 1 \\ 1 & 0 & -1 \end{bmatrix}$

19. $S \circ T$ é a transformação nula.

Capítulo 7

Exercícios 7.1

1. (a) -10 **(b)** $\sqrt{14}$ **(c)** $\sqrt{93}$

3. Qualquer múltiplo escalar não nulo de $\begin{bmatrix} 3 \\ 1 \end{bmatrix}$

5. (a) 1 **(b)** $\sqrt{13}$ **(c)** $\sqrt{14}$

7. x^2 é uma possibilidade

9. (a) π **(b)** $\sqrt{\pi}$ **(c)** $\sqrt{\pi}$

13. O axioma (4) não é válido: $\mathbf{u} = \begin{bmatrix} 0 \\ 1 \end{bmatrix} \neq \mathbf{0}$, mas $\langle \mathbf{u}, \mathbf{u} \rangle = 0$.

15. O axioma (4) não é válido: $\mathbf{u} = \begin{bmatrix} 0 \\ 1 \end{bmatrix} \neq \mathbf{0}$, mas $\langle \mathbf{u}, \mathbf{u} \rangle = 0$.

17. O axioma (4) não é válido: $p(x) = 1 - x$ não é o polinômio nulo, mas $\langle p(x), p(x) \rangle = 0$.

19. $A = \begin{bmatrix} 4 & 1 \\ 1 & 4 \end{bmatrix}$

21.

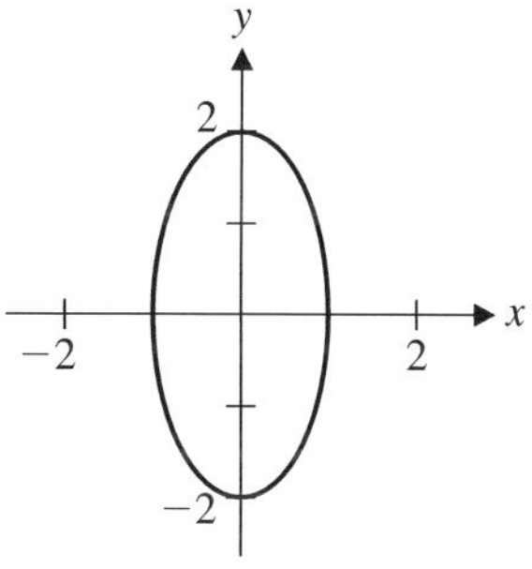

25. -8 **27.** $\sqrt{6}$

29. $\|\mathbf{u} + \mathbf{v} - \mathbf{w}\|^2 = \langle \mathbf{u} + \mathbf{v} - \mathbf{w}, \mathbf{u} + \mathbf{v} - \mathbf{w} \rangle$
$= \langle \mathbf{u}, \mathbf{u} \rangle + \langle \mathbf{v}, \mathbf{v} \rangle + \langle \mathbf{w}, \mathbf{w} \rangle + 2\langle \mathbf{u}, \mathbf{v} \rangle - 2\langle \mathbf{u}, \mathbf{w} \rangle - 2\langle \mathbf{v}, \mathbf{w} \rangle$
$= 1 + 3 + 4 + 2 - 10 - 0 = 0$

Logo, $\|\mathbf{u} + \mathbf{v} - \mathbf{w}\| = 0$ e, assim, pelo axioma (4), $\mathbf{u} + \mathbf{v} - \mathbf{w} = \mathbf{0}$, ou $\mathbf{u} + \mathbf{v} = \mathbf{w}$.

31. $\langle \mathbf{u} + \mathbf{v}, \mathbf{u} - \mathbf{v}\rangle = \langle \mathbf{u}, \mathbf{u}\rangle - \langle \mathbf{u}, \mathbf{v}\rangle + \langle \mathbf{v}, \mathbf{u}\rangle - \langle \mathbf{v}, \mathbf{v}\rangle = \|\mathbf{u}\|^2 - \langle \mathbf{u}, \mathbf{v}\rangle + \langle \mathbf{u}, \mathbf{v}\rangle - \|\mathbf{v}\|^2 = \|\mathbf{u}\|^2 - \|\mathbf{v}\|^2$

33. Usando o exercício 32 e uma identidade análoga para $\|\mathbf{u} - \mathbf{v}\|^2$, temos

$$\begin{aligned}\|\mathbf{u} + \mathbf{v}\|^2 + \|\mathbf{u} - \mathbf{v}\|^2 &= \langle \mathbf{u} + \mathbf{v}, \mathbf{u} + \mathbf{v}\rangle + \langle \mathbf{u} - \mathbf{v}, \mathbf{u} - \mathbf{v}\rangle \\ &= \|\mathbf{u}\|^2 + 2\langle \mathbf{u}, \mathbf{v}\rangle + \|\mathbf{v}\|^2 \\ &\quad + \|\mathbf{u}\|^2 - 2\langle \mathbf{u}, \mathbf{v}\rangle + \|\mathbf{v}\|^2 \\ &= 2\|\mathbf{u}\|^2 + 2\|\mathbf{v}\|^2\end{aligned}$$

Dividindo por 2, obtemos a identidade desejada.

35. $$\begin{aligned}\|\mathbf{u} + \mathbf{v}\| = \|\mathbf{u} - \mathbf{v}\| &\Leftrightarrow \|\mathbf{u} + \mathbf{v}\|^2 = \|\mathbf{u} - \mathbf{v}\|^2 \\ &\Leftrightarrow \|\mathbf{u}\|^2 + 2\langle \mathbf{u}, \mathbf{v}\rangle + \|\mathbf{v}\|^2 \\ &\quad = \|\mathbf{u}\|^2 - 2\langle \mathbf{u}, \mathbf{v}\rangle + \|\mathbf{v}\|^2 \\ &\Leftrightarrow 2\langle \mathbf{u}, \mathbf{v}\rangle = -2\langle \mathbf{u}, \mathbf{v}\rangle \Leftrightarrow \langle \mathbf{u}, \mathbf{v}\rangle = 0\end{aligned}$$

37. $\left\{\begin{bmatrix}1\\0\end{bmatrix}, \begin{bmatrix}0\\1\end{bmatrix}\right\}$ **39.** $\{1, x, x^2\}$

41. (a) $1/\sqrt{2}, \sqrt{3}x/\sqrt{2}, \sqrt{5}(3x^2 - 1)/2\sqrt{2}$

(b) $\sqrt{7}(5x^3 - 3x)/2\sqrt{2}$

Exercícios 7.2

1. $\|\mathbf{u}\|_E = \sqrt{42}$, $\|\mathbf{u}\|_s = 10$, $\|\mathbf{u}\|_m = 5$

3. $d_E(\mathbf{u}, \mathbf{v}) = \sqrt{70}$, $d_s(\mathbf{u}, \mathbf{v}) = 14$, $d_m(\mathbf{u}, \mathbf{v}) = 6$

5. $\|\mathbf{u}\|_H = 4$, $\|\mathbf{v}\|_H = 5$

7. (a) No máximo uma componente de $\mathbf{v}$ é não nula.

9. Suponha $\|\mathbf{v}\|_m = |v_k|$. Então $\|\mathbf{v}\|_E = \sqrt{v_1^2 + \cdots + v_k^2 + \cdots + v_n^2} \geq \sqrt{v_k^2} = |v_k| = \|\mathbf{v}\|_m$.

11. Suponha $\|\mathbf{v}\|_m = |v_k|$. Então $|v_i| \leq |v_k|$ para $i = 1, \ldots, n$, de modo que

$$\begin{aligned}\|\mathbf{v}\|_s = |v_1| + \cdots + |v_n| &\leq |v_k| + \cdots + |v_k| \\ &= n|v_k| = n\|\mathbf{v}\|_m\end{aligned}$$

13.

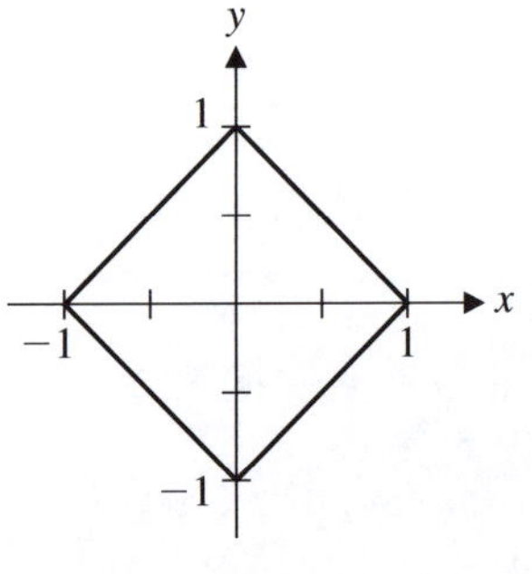

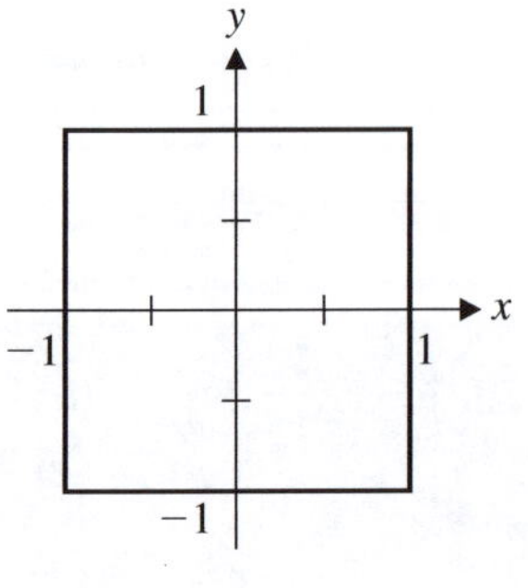

21. $\|A\|_F = \sqrt{19}$, $\|A\|_1 = 4$, $\|A\|_\infty = 6$

23. $\|A\|_F = \sqrt{31}$, $\|A\|_1 = 6$, $\|A\|_\infty = 6$

25. $\|A\|_F = 2\sqrt{11}$, $\|A\|_1 = 7$, $\|A\|_\infty = 7$

27. $\mathbf{x} = \begin{bmatrix}0\\1\end{bmatrix}, \mathbf{y} = \begin{bmatrix}-1\\1\end{bmatrix}$ **29.** $\mathbf{x} = \begin{bmatrix}0\\0\\1\end{bmatrix}, \mathbf{y} = \begin{bmatrix}1\\1\\1\end{bmatrix}$

31. $\mathbf{x} = \begin{bmatrix}1\\0\\0\end{bmatrix}, \mathbf{y} = \begin{bmatrix}1\\-1\\-1\end{bmatrix}$

33. (a) Pela definição de norma de operador, $\|I\| = \max_{\|\mathbf{x}\|=1}\|I\mathbf{x}\| = \max_{\|\mathbf{x}\|=1}\|\mathbf{x}\| = 1$.

35. $\text{cond}_1(A) = \text{cond}_\infty(A) = 21$; bem condicionada

37. $\text{cond}_1(A) = \text{cond}_\infty(A) = 400$; mal condicionada

39. $\text{cond}_1(A) = 77$, $\text{cond}_\infty(A) = 128$; moderadamente mal condicionada

41. (a) $\text{cond}_\infty(A) = (\max\{|k| + 1, 2\}) \cdot \left(\max\left\{\left|\frac{k}{k-1}\right| + \left|\frac{1}{k-1}\right|, \left|\frac{2}{k-1}\right|\right\}\right)$

43. (a) $\text{cond}_\infty(A) = 40$

(b) No máximo 400% de mudança relativa

45. Usando o exercício 33(a), temos $\text{cond}(A) = \|A\|\|A^{-1}\| \geq \|AA^{-1}\| = \|I\| = 1$.

49. $k \geq 6$ **51.** $k \geq 10$

Exercícios 7.3

1. $\|\mathbf{e}\| = \sqrt{2} \approx 1{,}414$ **3.** $\|\mathbf{e}\| = \sqrt{6}/2 \approx 1{,}225$

5. $\|\mathbf{e}\| = \sqrt{7} \approx 2{,}646$

7. $y = -3 + \frac{5}{2}x$, $\|\mathbf{e}\| \approx 1{,}225$

9. $y = \frac{11}{3} - 2x$, $\|\mathbf{e}\| \approx 0{,}816$

11. $y = \frac{7}{10} + \frac{8}{25}x$, $\|\mathbf{e}\| \approx 0{,}447$

13. $y = -\frac{1}{5} + \frac{7}{5}x$, $\|\mathbf{e}\| \approx 0{,}632$

15. $y = 3 - \frac{18}{5}x + x^2$ **17.** $y = \frac{18}{5} - \frac{17}{10}x - \frac{1}{2}x^2$

19. $\bar{\mathbf{x}} = \begin{bmatrix}\frac{1}{5}\\ \frac{7}{15}\end{bmatrix}$ **21.** $\bar{\mathbf{x}} = \begin{bmatrix}\frac{4}{3}\\ -\frac{5}{6}\end{bmatrix}$

23. $\bar{\mathbf{x}} = \begin{bmatrix}4 + t\\ -5 - t\\ -5 - 2t\\ t\end{bmatrix}$ **25.** $\begin{bmatrix}\frac{42}{11}\\ \frac{19}{11}\\ \frac{42}{11}\end{bmatrix}$

27. $\bar{\mathbf{x}} = \begin{bmatrix} \frac{5}{3} \\ -2 \end{bmatrix}$ **29.** $y = 0{,}92 + 0{,}73x$

31. **(a)** Se fizermos o ano de 1920 corresponder a $t = 0$, então $y = 56{,}6 + 2{,}9t$; 79,9 anos

33. **(a)** $p(t) = 150e^{0{,}131t}$

35. 139 dias

37. $\begin{bmatrix} \frac{1}{2} & \frac{1}{2} \\ \frac{1}{2} & \frac{1}{2} \end{bmatrix}, \begin{bmatrix} \frac{7}{2} \\ \frac{7}{2} \end{bmatrix}$ **39.** $\begin{bmatrix} \frac{1}{3} & \frac{1}{3} & \frac{1}{3} \\ \frac{1}{3} & \frac{1}{3} & \frac{1}{3} \\ \frac{1}{3} & \frac{1}{3} & \frac{1}{3} \end{bmatrix}, \begin{bmatrix} 2 \\ 2 \\ 2 \end{bmatrix}$

41. $\begin{bmatrix} \frac{5}{6} & \frac{1}{3} & -\frac{1}{6} \\ \frac{1}{3} & \frac{1}{3} & \frac{1}{3} \\ -\frac{1}{6} & \frac{1}{3} & \frac{5}{6} \end{bmatrix}, \begin{bmatrix} \frac{5}{6} \\ \frac{1}{3} \\ -\frac{1}{6} \end{bmatrix}$ **45.** $A^+ = [\frac{1}{5} \quad \frac{2}{5}]$

47. $A^+ = \begin{bmatrix} \frac{1}{3} & -\frac{2}{3} & -\frac{1}{6} \\ \frac{1}{6} & \frac{1}{6} & \frac{1}{6} \end{bmatrix}$ **49.** $A^+ = \begin{bmatrix} 1 & -1 \\ 0 & 1 \end{bmatrix}$

51. $A^+ = \begin{bmatrix} \frac{2}{3} & 0 & -\frac{1}{3} & \frac{1}{3} \\ \frac{1}{3} & -1 & \frac{1}{3} & \frac{2}{3} \\ -\frac{2}{3} & 1 & \frac{1}{3} & -\frac{1}{3} \end{bmatrix}$

53. **(a)** Se A é invertível, então A^T também é, e temos $A^+ = (A^TA)^{-1}A^T = A^{-1}(A^T)^{-1}A^T = A^{-1}$.

Exercícios 7.4

1. 2, 3 **3.** $\sqrt{2}$, 0 **5.** 5 **7.** 2, 3

9. $\sqrt{5}$, 2, 0

11. $A = \begin{bmatrix} 1 & 0 \\ 0 & 1 \end{bmatrix}\begin{bmatrix} \sqrt{2} & 0 \\ 0 & 0 \end{bmatrix}\begin{bmatrix} 1/\sqrt{2} & 1/\sqrt{2} \\ 1/\sqrt{2} & -1/\sqrt{2} \end{bmatrix}$

13. $A = \begin{bmatrix} 0 & 1 \\ 1 & 0 \end{bmatrix}\begin{bmatrix} 3 & 0 \\ 0 & 2 \end{bmatrix}\begin{bmatrix} -1 & 0 \\ 0 & -1 \end{bmatrix}$

15. $A = \begin{bmatrix} \frac{3}{5} & -\frac{4}{5} \\ \frac{4}{5} & \frac{3}{5} \end{bmatrix}\begin{bmatrix} 5 \\ 0 \end{bmatrix}[1]$

17. $A = \begin{bmatrix} 0 & 0 & 1 \\ 1 & 0 & 0 \\ 0 & -1 & 0 \end{bmatrix}\begin{bmatrix} 3 & 0 \\ 0 & 2 \\ 0 & 0 \end{bmatrix}\begin{bmatrix} 0 & 1 \\ 1 & 0 \end{bmatrix}$

19. $A = \begin{bmatrix} 1 & 0 \\ 0 & 1 \end{bmatrix}\begin{bmatrix} \sqrt{5} & 0 & 0 \\ 0 & 2 & 0 \end{bmatrix}\begin{bmatrix} 2/\sqrt{5} & 0 & 1/\sqrt{5} \\ 0 & 1 & 0 \\ 1/\sqrt{5} & 0 & -2/\sqrt{5} \end{bmatrix}$

21. $A = \sqrt{2}\begin{bmatrix} 1 \\ 0 \end{bmatrix}[1/\sqrt{2} \quad 1/\sqrt{2}] + 0\begin{bmatrix} 0 \\ 1 \end{bmatrix}$
$[-1/\sqrt{2} \quad 1/\sqrt{2}]$ (Exercício 3)

23. (Exercício 7) $A = 3\begin{bmatrix} 0 \\ 1 \\ 0 \end{bmatrix}[0 \quad 1] + 2\begin{bmatrix} 0 \\ 0 \\ -1 \end{bmatrix}[1 \quad 0]$

33. O segmento de reta $[-1, 1]$

35. A elipse cheia (contorno e interior) $\dfrac{y_1^2}{5} + \dfrac{y_2^2}{4} \leq 1$

37. **(a)** $\|A\|_2 = \sqrt{2}$ **(b)** $\text{cond}_2(A) = \infty$

39. **(a)** $\|A\|_2 = 1{,}95$ **(b)** $\text{cond}_2(A) = 38{,}11$

41. $A^+ = \begin{bmatrix} \frac{1}{2} & 0 \\ \frac{1}{2} & 0 \end{bmatrix}$ **43.** $A^+ = \begin{bmatrix} \frac{2}{5} & 0 \\ 0 & \frac{1}{2} \\ \frac{1}{5} & 0 \end{bmatrix}$

45. $A^+ = \begin{bmatrix} \frac{1}{25} & \frac{2}{25} \\ \frac{2}{25} & \frac{4}{25} \end{bmatrix}, \bar{\mathbf{x}} = \begin{bmatrix} 0{,}52 \\ 1{,}04 \end{bmatrix}$

47. $A^+ = \begin{bmatrix} \frac{1}{6} & \frac{1}{6} & \frac{1}{6} \\ \frac{1}{6} & \frac{1}{6} & \frac{1}{6} \end{bmatrix}, \bar{\mathbf{x}} = \begin{bmatrix} 1 \\ 1 \end{bmatrix}$

61. $\begin{bmatrix} \sqrt{2} & 0 \\ 0 & 0 \end{bmatrix}\begin{bmatrix} 1/\sqrt{2} & 1/\sqrt{2} \\ -1/\sqrt{2} & 1/\sqrt{2} \end{bmatrix}$

63. $\begin{bmatrix} 2 & -1 \\ -1 & 3 \end{bmatrix}\begin{bmatrix} 0 & 1 \\ -1 & 0 \end{bmatrix}$

Exercícios 7.5

1. $g(x) = \frac{1}{3}$ **3.** $g(x) = \frac{3}{5}x$

5. $g(x) = \frac{3}{16} + \frac{15}{16}x^2$ **7.** $\{1, x - \frac{1}{2}\}$

9. $g(x) = x - \frac{1}{6}$

11. $g(x) = (4e - 10) + (18 - 6e)x \approx 0{,}87 + 1{,}69x$

13. $g(x) = \frac{1}{20} - \frac{3}{5}x + \frac{3}{2}x^2$

15. $g(x) = 39e - 105 + (588 - 216e)x + (210e - 570)x^2 \approx 1{,}01 + 0{,}85x + 0{,}84x^2$

21. $\dfrac{\pi}{2} - \dfrac{4}{\pi}\left(\cos x + \dfrac{\cos 3x}{9}\right)$

23. $a_0 = \frac{1}{2}, a_k = 0, b_k = \dfrac{1 - (-1)^k}{k\pi}$

25. $a_0 = \pi, a_k = 0, b_k = \dfrac{2(-1)^k}{k}$

Questões de Revisão

1. **(a)** V **(c)** F **(e)** V **(g)** V **(i)** V

3. Produto interno **5.** $\sqrt{3}$ **7.** $\left\{\begin{bmatrix} 1 \\ 1 \end{bmatrix}\right\}, \begin{bmatrix} -\frac{1}{2} \\ \frac{1}{2} \end{bmatrix}$

9. Não é uma norma

11. $\text{cond}_\infty(A) \approx 2432$

13. $y = 1{,}7x$

15. $\begin{bmatrix} \frac{7}{3} \\ \frac{2}{3} \\ \frac{5}{3} \end{bmatrix}$

17. (a) $\sqrt{2}, \sqrt{2}$

(b) $A = \begin{bmatrix} 1/\sqrt{2} & 1/\sqrt{2} & 0 \\ 0 & 0 & 1 \\ 1/\sqrt{2} & -1/\sqrt{2} & 0 \end{bmatrix} \begin{bmatrix} \sqrt{2} & 0 \\ 0 & \sqrt{2} \\ 0 & 0 \end{bmatrix} \begin{bmatrix} 1 & 0 \\ 0 & 1 \end{bmatrix}$

(c) $A^+ = \begin{bmatrix} \frac{1}{2} & 0 & \frac{1}{2} \\ \frac{1}{2} & 0 & -\frac{1}{2} \end{bmatrix}$

19. Os valores singulares de PAQ são as raízes quadradas dos autovalores de $(PAQ)^T(PAQ) = Q^TA^TP^TPAQ = Q^T(A^TA)Q$. Mas $Q^T(A^TA)Q$ é semelhante a A^TA porque $Q^T = Q^{-1}$, e portanto tem os mesmos autovalores que A^TA. Assim, PAQ e A têm os mesmos valores singulares.

Índice Remissivo

N

O

P

U

V

W

Z